# Fachrechnen für Elektroberufe

Von Studiendirektor Klaus Großmann, Eutin
Studiendirektor Hans Harthus, Osnabrück
Studiendirektor Otto Schneider, Göttingen
Studienrat Hans-Ulrich Giersch, Osnabrück
Oberstudienrat Norbert Vogelsang, Osnabrück

6., neubearbeitete und erweiterte Auflage
mit 613 Bildern und Tabellen, 276 Beispielen
und 4246 Aufgaben

B. G. Teubner Stuttgart 1992

Hinweise auf DIN-Normen in diesem Werk entsprechen dem Stand der Normung bei Abschluß des Manuskripts. Maßgebend sind die jeweils neuesten Ausgaben der Normblätter des DIN Deutsches Institut für Normung e. V. im Format A 4, die durch die Beuth-Verlag-GmbH, Berlin und Köln, zu beziehen sind. – Sinngemäß gilt das gleiche für alle in diesem Buch angezogenen amtlichen Richtlinien, Bestimmungen, Verordnungen usw.

Die Deutsche Bibliothek – CIP-Einheitsaufnahme

**Fachrechnen für Elektroberufe** / von Klaus Grossmann ... –
Stuttgart : Teubner
Bis 5. Aufl. u.d.T.: Grossmann, Klaus, Fachrechnen für Elektroberufe
NE: Grossmann, Klaus
[Hauptbd.] – 6., neubearb. und erw. Aufl. – 1992
ISBN-13: 978-3-519-06816-7 e-ISBN-13: 978-3-322-84863-5
DOI: 10.1007/978-3-322-84863-5



Satz: SATZPUNKT Ewert, Braunschweig
Gesamtherstellung: Präzis-Druck GmbH, Karlsruhe-Rüppurr
Umschlaggestaltung: W. Koch, Sindelfingen

# Vorwort

Liebe Schüler!

Dieses Buch soll Ihnen helfen, Ihre Fachkenntnisse der Grundstufe durch praxisbezogenes Rechnen zu festigen und zu vertiefen. Die nötigen Formeln, Kennlinien und Schaltpläne finden Sie in der Einleitung zu jedem Abschnitt. Dabei geben wir Ihnen jeweils nur die in der Fachkunde nötige Grundformel, die Sie selbsttätig umstellen müssen. Deshalb haben wir das wichtige Formelumstellen in Abschnitt 1.2 des Grundlagenteils besonders sorgsam behandelt.

Ein oder mehrere Beispiele zeigen Ihnen die Ansätze und Rechenwege, die natürlich nicht für alle Aufgaben des Abschnitts gelten. Überlegen Sie darum stets zuerst den Ansatz, bevor Sie ans Rechnen gehen. Wir beginnen jeweils mit leichteren Aufgaben und steigern allmählich den Schwierigkeitsgrad. Bei Mehrfachfragenstellung a), b), c) und mehreren Größenangaben gehören stets die Angaben a) a), b) b), c) c) zusammen.

Der Anhang bringt weitere Tabellen mit wichtigen elektronischen Daten. Da Sie in der Regel einen Taschenrechner einsetzen, haben wir auf die Tafeln mit Quadratzahlen und Wurzeln verzichtet.

Verehrte Kollegen!

Bei der Neuauflage des bewährten „Fachrechnens für Elektroberufe" haben wir den Rahmenplan der KMK zugrunde gelegt und weitgehend die Lehrpläne der einzelnen Bundesländer berücksichtigt. Das Buch wurde wesentlich ergänzt und erweitert. Jeder Abschnitt beginnt mit einer Einleitung, die alle für die Lösung der Aufgaben erforderlichen Hilfsmittel sowie einige durchgerechnete Beispielaufgaben enthält.

Die Aufgaben vermeiden nach Möglichkeit das rein mechanische Rechnen und fördern statt dessen das Denkvermögen des Schülers. Der Schwierigkeitsgrad der Aufgaben steigt innerhalb der einzelnen Abschnitte. Bedingt durch den großen Umfang, lassen sich nicht alle Aufgaben dieses Buches in der Grundstufe rechnen. Sie können daher die Aufgaben für Ihren Unterricht aussuchen, die dem Klassenniveau entsprechen.

Schülern wie Kollegen danken wir für Anregungen, die wir in dieser Auflage auswerten konnten. Auch weiterhin nehmen wir Hinweise gern entgegen.

Frühjahr 1992 — Die Verfasser

# Inhaltsverzeichnis

## Grundlagen

## Energietechnik

# Grundlagen

# Grundlagen

# 1 Grundlagen des fachkundlichen Rechnens

## 1.1 Runden von Zahlen (DIN 1333), Rechengenauigkeit, Überschlagsrechnung

**Runden von Zahlen**

**Abrunden** (Runden nach unten): Die letzte Stelle, die noch angegeben werden soll, bleibt unverändert, wenn eine 0, 1, 2, 3 oder 4 folgt.

**Aufrunden** (Runden nach oben): Die letzte Stelle wird um 1 erhöht, wenn eine 5, 6, 7, 8 oder 9 folgt.

**Beispiele 1.1** 231,4 ≈ 231 7653 ≈ 7650 0,8132 ≈ 0,813 4,0638 ≈ 4,06
15793 ≈ 15800 23,867 ≈ 23,9 0,51782 ≈ 0,518 372,8 ≈ 373

Vor einer 5 wird jedoch nur dann aufgerundet, wenn sie „echt" und nicht durch vorheriges Aufrunden aus einer 4 entstanden ist.

**Beispiele 1.2** 3075 ≈ 3080 2,6751 ≈ 2,68, aber 0,030849 ≈ 0,0308

**Rechengenauigkeit.** Durch das Runden wird die Anzahl der tragenden Ziffern bestimmt. Nullen am Anfang von Dezimalbrüchen und am Ende ganzer Zahlen zählen nicht zu den tragenden Ziffern, wohl aber eine Null zwischen zwei von Null verschiedenen tragenden Ziffern (z. B. 307).

Die Anzahl der tragenden Ziffern bestimmt die Genauigkeit der Zahlenangabe, die nicht größer sein soll, als es dem jeweiligen Fall gemäß ist. Technische Messungen werden in der Regel mit höchstens 0,1 % Meßunsicherheit durchgeführt; das entspricht einer Anzeigegenauigkeit von 3 tragenden Ziffern, unabhängig von der Lage des Kommas. Bei technischen Rechnungen genügt dementsprechend meist die Genauigkeit von 3 tragenden Ziffern, wobei die 4. Ziffer der Zahlenangabe auch noch festgestellt werden sollte, um die 3. Ziffer richtig runden zu können.

**Überschlagsrechnung.** Es empfiehlt sich, vor der eigentlichen Ausrechnung eine Überschlagsrechnung vorzunehmen. Bei einiger Übung kann man damit eine Genauigkeit von mindestens 10 % erreichen. Sie gibt daher eine gute Kontrolle der schriftlichen Rechnung. Auch bei der Benutzung eines Taschenrechners ist die Überschlagsrechnung von Bedeutung, um Eingabefehler zu erkennen.

**Beispiele 1.3**

$$\frac{127 \cdot 0{,}018}{16} \approx 8 \cdot 0{,}018 \approx \mathbf{0{,}15}$$

$$42 \cdot 18{,}2 \cdot 3600 \cdot 8{,}9 \approx 40 \cdot 20 \cdot 3600 \cdot 9 \approx 7200 \cdot 3600 \approx \mathbf{25\,000\,000}$$

$$\frac{3500}{660 \cdot 8{,}5 \cdot 0{,}75} \approx \frac{350}{66 \cdot 6{,}4} \approx \frac{5}{6{,}4} \approx \mathbf{0{,}8}$$

**Aufgaben**

1. Folgende Zahlen sind auf 3 tragende Ziffern genau zu runden.

a) 74,532 0,4367 0,89559 104,50
94348 367,50 2,185

b) 109,07 6,2750 324,08 28,749
18980 3,14159 76,361

c) 634508 8,2750 43,459 11,786
8,361 0,14650 0,02135

d) 0,1278 65,943 862,48 27,650
74,43 54850 315,46

2. Die folgenden Aufgaben sind auf 3 tragende Ziffern genau auszurechnen.
   a) Wie groß ist die Gesamtlänge in dm?
      3,8 mm + 79,5 cm + 0,6 dm + 524 mm
      125 mm + 1/25 dm + 6 mm + 357 cm
      0,76 m – 108 mm + $38\frac{3}{4}$ cm – 0,5 dm
   b) Die Gesamtfläche ist in $cm^2$ zu berechnen.
      12,5 $dm^2$ + 34 $cm^2$ + 765 $mm^2$ + 0,921 $m^2$
      83 $mm^2$ + $2\frac{3}{5}$ $dm^2$ + 0,126 $m^2$ + 38 $cm^2$
      0,072 $m^2$ – 238 $mm^2$ + $5\frac{7}{8}$ $dm^2$ + 13 $cm^2$
   c) Wie groß ist der gesamte Rauminhalt in $dm^3$?
      0,015 $dm^3$ + 324 $cm^3$ + 576 $mm^3$ + 0,0005 $m^3$
      65 $cm^3$ + $\frac{4}{5}$ $dm^3$ + 7850 $mm^3$ + 240 $cm^3$
      0,125 $m^3$ + 9,6 $dm^3$ – 5240 $mm^3$ – 380 $cm^3$
   d) Die Gesamtmasse ist in kg zu berechnen.
      183 g + 0,06 kg + 2,28 kg + 650 g
      $2\frac{1}{4}$ kg + 678 g + 12 kg + 790 g
      0,5 kg – 360 g – 84 g + 1,02 kg
3. Die hier aufgeführten gemeinen Brüche bzw. gemischten Zahlen sind in Dezimalbrüche bzw. Dezimalzahlen umzuwandeln und diese mit 3 tragenden Ziffern genau zu schreiben.
   a) 1/2 4/10 11/25 14/40 23/50 1/3
      5/11 6/14 $2\frac{1}{5}$ $5\frac{12}{14}$ $3\frac{17}{30}$
   b) 3/4 2/10 11/20 3/25 9/50 4/6
      4/9 2/22 $3\frac{1}{2}$ $4\frac{8}{18}$ $5\frac{2}{45}$
   c) 1/4 6/16 9/20 7/25 1/7
      2/13 5/9 $4\frac{6}{8}$ $6\frac{3}{21}$ $12\frac{4}{15}$
4. Folgende Zeitwerte sind in Stunden und die Winkelwerte in Grad als Dezimalzahlen mit drei tragenden Ziffern zu schreiben.
   a) 6 h 24 min 48 min 52 s 3 h 50 s
      2 h 36 min 12 s 87500 s 48 min
   b) 30° 12' 45' 15° 54' 75° 8' 10° 26'
      257' 4° 348' 916' 25'
5. Die angeschriebenen Zeit- und Winkelwerte sollen in Stunden, Minuten und Sekunden bzw. in Grad und Winkelminuten ausgedrückt werden.
   a) 0,75 h 2/5 min 7,6 min 1380 s
      6,42 h 752 min 38,4 min 3/4 h
   b) 45,8° 12,5° 3/4° 526'
      9,75° 26,4° 1850' 5/8° 0,45°

## 1.2 Rechnen mit Gleichungen

**Gleichungen.** Eine wichtige Aufgabe in Technik und Wissenschaft ist es, die Abhängigkeit zweier oder auch mehrerer Größe voneinander zu ermitteln und auf möglichst einfache und übersichtliche Weise darzustellen. Oft ist es möglich, diese Abhängigkeit in Form einer Gleichung anzugeben. Darin werden die beiden Seiten der Gleichung durch ein Gleichheitszeichen miteinander verbunden.

Für die Berechnung einer Rechteckfläche mit den Seitenlängen 6 m und 4 m verwendet man z. B. die Gleichung 6 m · 4 m = 24 $m^2$; für die Berechnung der Masse eines Werkstücks aus Kupfer mit dem Rauminhalt 5 $dm^3$ und der Dichte 8,9 kg/$dm^3$ die Gleichung $m = 8{,}9\ \frac{\text{kg}}{\text{dm}^3} \cdot 5\ \text{dm}^3 = 44{,}5\ \text{kg}$.

**Größen.** In den Gleichungen, mit denen physikalische und technische Sachverhalte beschrieben werden, sind *Größen* miteinander verknüpft, die aus Zahlenwert und Einheit bestehen, z. B. in den vorstehenden Gleichungen die Längen 6 m und 4 m, die Fläche 24 $m^2$, der Rauminhalt 5 $dm^3$, die Dichte 8,9 kg/$dm^3$ und die Masse 44,5 kg.

**Formeln.** Da der durch eine Gleichung gegebene gesetzmäßige Zusammenhang jedoch nicht an bestimmte Zahlenwerte und Einheiten gebunden ist, kann man in die Gleichung zur Vereinfachung der Schreibweise Zeichen für die Größen einsetzen, z. B. Buchstaben. Man erhält so eine Buchstabengleichung oder Formel. Für die Berechnung der Fläche $A$ eines Rechtecks mit den Seitenlängen $l_1$ und $l_2$ gilt z. B. die Formel $A = l_1 \cdot l_2$, für die Berechnung der Masse $m$ eines Werkstücks mit der Dichte $\varrho$ (griechisch rho) und dem Rauminhalt $V$ die Formel $m = \varrho \cdot V$.

**Formelzeichen.** Welcher Buchstabe als Formelzeichen für eine Größe verwendet wird, ist eigentlich gleichgültig. Jedoch sind für verschiedene Größen auch verschiedene Formelzeichen zu wählen, die in einer Rechnung natürlich beibehalten werden müssen. Aus Gründen der Einheitlichkeit sind im Normblatt DIN 1304 für die wichtigsten Größen Formelzeichen festgelegt, z. B. $l$ für Länge, $A$ für Fläche, $V$ für Rauminhalt, $G$ für Gewichtskraft, $m$ für Masse usw.

Reichen die Buchstaben zur Kennzeichnung gleichartiger Größen (z. B. von Längen) nicht aus, können sie zur weiteren Unterscheidung Beizeichen oder Indizes (Einzahl: Index) erhalten, die aus Ziffern oder Buchstaben bestehen, z. B. $l_1$, $l_2$, $l_a$.

**Funktionsgleichung – Bestimmungsgleichung.** Die Formel $m = \varrho \cdot V$ drückt die Abhängigkeit der Masse $m$ vom Rauminhalt $V$ aus. Man sagt, die Masse $m$ ist eine Funktion des Rauminhalts $V$ und umgekehrt, und nennt die Formel eine Funktionsgleichung.

Ist jedoch außer der Dichte des betreffenden Werkstoffs ein ganz bestimmter Rauminhalt gegeben, kann man mit der Formel $m = \rho \cdot V$ die Masse $m$ ausrechnen. Aus der Funktionsgleichung ist eine Bestimmungsgleichung geworden. Für $\varrho$ = 8,9 kg/dm³ und $V$ = 5 dm³ erhält man z. B., wie oben bereits angeführt, die Masse

$$m = 8{,}9\ \frac{\text{kg}}{\text{dm}^3} \cdot 5\ \text{dm}^3 = 44{,}5\ \text{kg}.$$

**Formelumstellung.** Um im vorstehenden Beispiel die Abhängigkeit des Rauminhalts $V$ von der Masse $m$ durch eine Formel anzugeben oder bei gegebener Masse $m$ den dazugehörigen Rauminhalt $V$ auszurechnen, ist keine neue Formel erforderlich. Man kann die Aufgabe durch Umstellung der Formel lösen. Teilt man z. B. beide Seiten der Formel $m = \varrho \cdot V$ durch die Dichte $\varrho$, erhält man

$\frac{m}{\varrho} = \frac{\varrho \cdot V}{\varrho}$. Nach Kürzen auf der rechten Seite und Vertauschen beider Seiten heißt die Formel $V = \frac{m}{\varrho}$.

Zum Umstellen einer Formel ist es vorteilhaft, sie mit einer Waage zu vergleichen, deren Gleichgewicht nur dann erhalten bleibt, wenn man auf beiden Seiten stets die gleichen Veränderungen vornimmt. Eine Gleichung bleibt demnach richtig, wenn man bei der Formelumstellung

- auf beiden Seiten diesselbe Größe oder Zahl addiert oder subtrahiert,
- beide Seiten mit derselben Größe oder Zahl multipliziert oder durch sie dividiert,
- beide Seiten mit derselben Zahl potenziert oder aus beiden Seiten dieselbe Wurzel zieht.

Auch beim Vertauschen beider Seiten bleibt die Gleichung richtig.

**Beispiel 1.4** Ein Rechteck hat die Fläche $A$ = 24 cm². Die eine Seite $l_1$ ist 8 cm lang. Wie lang ist die Seite $l_2$?

**Lösung** Die Fläche eines Rechtecks ist $A = l_1 \cdot l_2$. Beide Seiten dieser Gleichung werden durch $l_1$ dividiert.

$$\frac{A}{l_1} = \frac{l_1 \cdot l_2}{l_1}$$

**Beispiel 1.4,** Fortsetzung

Auf der rechten Seite bleibt nach Kürzen von $l_1$ nur noch $l_2$. Die Seiten werden vertauscht.

$$l_2 = \frac{A}{l_1} = \frac{24\ \text{cm}^2}{8\ \text{cm}} = \mathbf{3\ cm}$$

**Beispiel 1.5**

**Lösung**

Aus der Gleichung $S^2 = P^2 + Q^2$ soll $S$ berechnet werden.
Aus beiden Seiten der Gleichung wird die Quadratwurzel gezogen.

$\sqrt{S^2} = \sqrt{P^2 + Q^2}$. Es ist aber $\sqrt{S^2} = S$ und damit

$$S = \sqrt{\mathbf{P^2 + Q^2}}\ .$$

## Aufgaben

Die folgenden Formeln sind nach jeder der in ihnen vorkommenden Größen umzustellen.

1. a) $l = l_1 + l_2$; $U_q = U + U_i$; $\Delta R = R_2 - R_1$
   b) $U = U_1 + U_2 + U_3$; $G = G_1 + G_2 + G_3$; $\Delta\vartheta = \vartheta_2 - \vartheta_1$
   c) $I = I_1 + I_2 + I_3$; $U_q = U_{q1} + U_{q2}$; $P_v = P_1 - P_2$

2. a) $P = U \cdot I$; $P = F \cdot v$; $M = F \cdot l$
   b) $W = P \cdot t$; $m = \varrho \cdot V$; $S = U \cdot I$
   c) $W = F \cdot s$; $A = l_1 \cdot l_2$; $P = U \cdot I_w$

3. a) $I = \dfrac{U}{R}$; $J = \dfrac{I}{A}$; $B = \dfrac{\Phi}{A}$
   b) $G = \dfrac{1}{R}$; $\eta = \dfrac{P_2}{P_1}$; $v = \dfrac{s}{t}$
   c) $\gamma = \dfrac{1}{\rho}$; $H = \dfrac{\Theta}{l}$; $I_c = \dfrac{U}{X_c}$

4. a) $R = \dfrac{\varrho \cdot l}{A}$; $\Delta R = \alpha \cdot R \cdot \Delta\vartheta$; $X_L = 2\pi \cdot f \cdot L$
   b) $R = \dfrac{l}{\gamma \cdot A}$; $Q = c \cdot m \cdot \Delta\vartheta$; $S = 3 \cdot U_{St} \cdot I_{St}$
   c) $P = \dfrac{F \cdot s}{t}$; $X_c = \dfrac{1}{2\pi \cdot f \cdot C}$; $H = \dfrac{I \cdot N}{l}$

5. a) $\dfrac{U_1}{U_2} = \dfrac{N_1}{N_2}$; $\dfrac{U_1}{U_2} = \dfrac{R_1}{R_2}$; $\dfrac{U_1}{U} = \dfrac{R_1}{R}$
   b) $\dfrac{I_1}{I_2} = \dfrac{N_2}{N_1}$; $\dfrac{I_1}{I_2} = \dfrac{R_2}{R_1}$; $\dfrac{I_1}{I} = \dfrac{R}{R_1}$
   c) $\dfrac{I_1}{I_2} = \dfrac{U_2}{U_1}$; $\dfrac{R_x}{R_n} = \dfrac{l_1}{l_2}$; $\dfrac{R_1}{R_2} = \dfrac{R_3}{R_4}$

6. a) $P = I^2 \cdot R$; $U^2 = U_w^2 + U_L^2$; $S^2 = P^2 + Q^2$
   b) $P = \dfrac{U^2}{R}$; $I^2 = I_w^2 + I_L^2$; $c^2 = a^2 + b^2$
   c) $\dfrac{1}{R} = \dfrac{1}{R_1} + \dfrac{1}{R_2}$; $Z^2 = R_w^2 + X^2$; $l^2 = h^2 + a^2$

## 1.3 Taschenrechner

Ein Taschenrechner übernimmt beim Lösen der Fachrechenaufgaben das Ausrechnen des Zahlenergebnisses (**1**.1). Voraussetzung für seinen Einsatz ist jedoch eine sichere Handhabung. Deshalb müssen Sie sich anhand der Bedienungsanleitung und durch Übung mit ihm vertraut machen. Um Rechen- und Bedienungsfehler zu vermeiden, sollten Sie jede Rechenoperation durch Überschlagsrechnung überprüfen.

Die handelsüblichen Taschenrechner haben eine Vielzahl von Rechnerfunktionen. Deshalb sollen nachfolgend nur die wichtigsten vorgestellt werden, die für das Fachrechnen in der Grundstufe von Bedeutung sind. Die übrigen Funktionen sind der jeweiligen Gebrauchsanweisung zu entnehmen.

**1**.1 Taschenrechner

Ein Taschenrechner hat meist folgende Funktionen:

| | | |
|---|---|---|
| [- 2.1375348] | Anzeige | Zahlen mit meist bis zu 8 Stellen, höchstens 7 Stellen rechts vom Komma; bei negativen Zahlen Minuszeichen |
| [ON/C] | Einschalten | Kennzeichnen in der Anzeige das Zeichen „▲" und die Zahl „0". Speicher wird vollständig gelöscht. |
| [ON/C] | Löschen | Einmalige Betätigung vor einer Funktions- oder Operationstaste löscht falsche Eingabe in der Anzeige. Zweimalige Betätigung nach einer Funktions- oder Operationstaste löscht Anzeige und alle unvollständigen Operationen. |
| [OFF] | Ausschalten | Stromversorgung unterbrochen. |
| [0] bis [9] | Zifferntasten | Eingabe der Ziffern von 0 bis 9. |
| [.] | Komma | Eingabe des Dezimalkommas. |
| [+/-] | Vorzeichenwechsel | Betätigung nach einer Zahleneingabe oder Berechnung ändert das Vorzeichen der angezeigten Zahl. |
| [π] | π-Wert | Eingabe der Zahl $\pi = 3{,}14159\ldots$ |
| [÷] [x]<br>[-] [+]<br>[=] | Division<br>Multiplikation<br>Subtraktion<br>Addition<br>Gleichheitsz. | Alle Rechenoperationen werden unmittelbar für die angezeigte Zahl durchgeführt. Einfache Aufgaben der Grundrechenarten werden in der Reihenfolge der Formulierung eingegeben. |
| [(] [)] | Klammer | Klammern werden in der Form des schriftlichen Ansatzes eingetastet. Bei Zweifel, ob der Rechner die Aufgabe in der gewünschten Folge abwickelt, Klammertasten betätigen! |
| [$x^2$]<br>[$\sqrt{x}$]<br>[1/x] | Quadrat<br>Quadratwurzel<br>Reziprokwert | Diese Tasten bilden den Quadratwert bzw. die Quadratwurzel bzw. den Kehrwert der Anzeige. Sie werden unmittelbar nach Eingabe der Zahl oder nach beendeter Rechenoperation betätigt. |

**Einfache Rechenoperationen** mit dem Rechner sind in Tab. **1**.2 dargestellt.

Tabelle **1**.2 **Rechenbeispiele**

| Rechenoperation/Beispiele | Eingabe | Taste | Anzeige |
|---|---|---|---|
| **Addition und Subtraktion** | | | |
| 28 + 6,3 = 34,3 | [2] [8]<br>[6] [.] [3] | [+]<br>[=] | 28<br>34.3 |
| 32,27 − 7,32 = 24,95 | [3] [2] [.] [2] [7]<br>[7] [.] [3] [2] | [−]<br>[=] | 32.27<br>24.95 |
| 19 + 9,5 − 3,7 = 24,8 | [1] [9]<br>[9] [.] [5]<br>[3] [.] [7] | [+]<br>[−]<br>[=] | 19<br>28.5<br>24.8 |
| − 7,3 + (−4,8) = − 12,1 | [7] [.] [3]<br>[4] [.] [8] | [+/−] [+]<br>[+/−] [=] | − 7.3<br>− 12.1 |
| **Multiplikation und Division** | | | |
| 3,75 · 0,96 = 3,6 | [3] [.] [7] [5]<br>[.] [9] [6] | [×]<br>[=] | 3.75<br>3.6 |
| 84,7 : 15,2 = 5,5723684 | [8] [4] [.] [7]<br>[1] [5] [.] [2] | [÷]<br>[=] | 84.7<br>5.5723684 |
| $\frac{7{,}3 \cdot (-2{,}5)}{3{,}2} = -5{,}703125$ | [7] [.] [3]<br>[2] [.] [5]<br>[3] [.] [2] | [×]<br>[+/−] [÷]<br>[=] | 7.3<br>− 18.25<br>− 5.703125 |

## Kombinieren von Rechenoperationen

Die Regel „Punktrechnung vor Strichrechnung" wird vom Rechner (mit algebraischer Rechenlogik) berücksichtigt, d.h. Summen/Differenzen von Produkten/Quotienten werden in der Reihenfolge der Formulierung eingegeben.

| | | | |
|---|---|---|---|
| 3 · 5 + 4 · 3 = 27 | [3]<br>[5]<br>[4]<br>[3] | [×]<br>[+]<br>[×]<br>[=] | 3<br>15<br>4<br>27 |
| $\frac{1}{4} + \frac{2}{3} = 0{,}9166666$ | [1]<br>[4]<br>[2]<br>[3] | [÷]<br>[+]<br>[÷]<br>[=] | 1<br>0.25<br>2<br>0.9166667 |

Auf weitere Rechenoperationen wird in diesem Buch an geeigneter Stelle eingegangen.

Die folgenden Aufgaben sind zunächst durch „Überschlagsrechnen" zu lösen.

**Aufgaben**

1. a) 156,37 + 34,32 c) 235,86 – 97,91
   b) 84,95 + 47,68 d) 157,36 – 78,64
2. a) 34,83 + 9,75 – 24,53
   b) 16,85 – 21,37 + 7,58
   c) 325mm + 456 mm – 275 mm + 165 mm – 366 mm
   d) 14,67 kg + 23,56 kg – 19,7 kg + 12,45 kg – 8,75 kg
3. a) $16{,}3\ \text{kg} \cdot \frac{2}{3} \cdot 2{,}7$
   b) $\frac{7}{12} \cdot 18{,}3\ \text{kg} \cdot 4{,}6$
   c) $\frac{350\ \text{N}}{12{,}5} \cdot 4{,}5\ \text{m}$
   d) $\frac{125\ \text{km/h}}{0{,}6} \cdot 4{,}7\ \text{h}$
4. a) 7,5 · 3,2 kg + 14,1 · 2,5 kg
   b) 6,4 kg · 2,6 – 16,2 kg · 0,25
   c) $\frac{12{,}34\ \text{cm}}{1{,}37} + 2{,}7 \cdot 1{,}37\ \text{cm}$
   d) $\frac{15{,}45\ \text{m}}{2{,}1} + 0{,}9 \cdot 3{,}75\ \text{m}$
5. a) 2,4 · (4,39 + 16,23) – 12,34
   b) 1,8 · (38,78 – 17,6) + 4,75
   c) $\frac{52\ \text{mm} + 36\ \text{mm}}{2} \cdot 45\ \text{mm}$
   d) $\frac{6{,}5\ \text{cm} + 4{,}5\ \text{cm}}{2} \cdot 5\text{cm}$
6. a) $\frac{4{,}56 + 3{,}86}{2 \cdot 13}$
   b) $\frac{6{,}78 - 4{,}23}{0{,}7 \cdot 3}$
   c) $\frac{3 \cdot 235\ \text{km} + 2 \cdot 135\ \text{km}}{8{,}5\ \text{h} - 2{,}3\ \text{h}}$
   d) $\frac{7{,}8 \cdot 15\ \text{dm} - 3{,}2 \cdot 9\ \text{dm}}{15.5}$
7. a) 2,5 + 3,2 · 4
   b) $5{,}65 - 1{,}8^2$
   c) $3{,}5^2 - 1{,}8^2$
   d) $34^2 + 25^2$

## 1.4 Dreisatz- und Prozentrechnung

### 1.4.1 Dreisatzrechnung (Schlußrechnung)

Mit der Dreisatzrechnung wird aus drei gegebenen Größen die vierte, unbekannte Größe berechnet.

**Rechenregeln**

**Direktes (gerades) Verhältnis** (je mehr, desto mehr)

**Beispiel 1.6** Eine Rolle Kupferdraht wiegt 84 kg. Wie lang ist der Draht, wenn 1000 m 112 kg wiegen?

**Lösung**

$112\ \text{kg} \triangleq 1000\ \text{m}$ Behauptungssatz

$1\ \text{kg} \triangleq \frac{1000\ \text{m}}{112}$ Mittelsatz: Schluß auf die Einheit

$84\ \text{kg} \triangleq \frac{1000 \cdot 84}{112}\ \text{m}$ Schlußsatz

$84\ \text{kg} \triangleq \mathbf{750\ m}$

**oder als Verhältnisgleichung**

$$\frac{l_2}{l_1} = \frac{m_2}{m_1} \qquad l_2 = \frac{l_1 \cdot m_2}{m_1} \qquad l_2 = \frac{1000\ \text{m} \cdot 84\ \text{kg}}{112\ \text{kg}} = \mathbf{750\ m}$$

## Indirektes (umgekehrtes) Verhältnis (je mehr, desto weniger)

**Beispiel 1.7** Aus 1 kg Kupfer kann man 187 m Kupferrunddraht mit 6 $mm^2$ Querschnitt herstellen. Welche Drahtlänge erhält man bei 2,5 $mm^2$ Querschnitt?

**Lösung**

$6\ mm^2 \mathrel{\hat{=}} 187\ m$ Behauptungssatz

$1\ mm^2 \mathrel{\hat{=}} 187 \cdot 6\ m$ Mittelsatz: Schluß auf die Einheit

$2{,}5\ mm^2 \mathrel{\hat{=}} \frac{187 \cdot 6}{2{,}5}\ m$ Schlußsatz

$2{,}5\ mm^2 \mathrel{\hat{=}} \mathbf{449\ m}$

**oder als Verhältnisgleichung**

$$\frac{l_2}{l_1} = \frac{A_1}{A_2} \qquad l_2 = \frac{l_1 \cdot A_1}{A_2}$$

$$l_2 = \frac{187\ m \cdot 6\ mm^2}{2{,}5\ mm^2} = \mathbf{449\ m}$$

**Mehrfache Verhältnisse.** Hierbei sind 5 (7 oder 9 usw.) Größen gegeben, und die 6. (8. oder 10. usw.) Größe ist zu berechnen. Dazu sind gleichzeitig oder nacheinander die Teilverhältnisse (direkt oder indirekt) zu bilden.

**Beispiel 1.8** Zur Herstellung von 1000 m Aluminiumdraht mit 4 $mm^2$ Querschnitt braucht man 108 kg Al. Welche Drahtlänge kann man aus 40 kg Al mit 2,5 $mm^2$ Querschnitt erreichen?

**Lösung**

108 kg und 4 $mm^2 \mathrel{\hat{=}} 1000$ m Behauptungssatz

1 kg und 1 $mm^2 \mathrel{\hat{=}} \frac{1000 \cdot 4}{108}$ m Mittelsatz: Schluß auf die Einheit

40 kg und 2,5 $mm^2 \mathrel{\hat{=}} \frac{1000 \cdot 4 \cdot 40}{108 \cdot 2{,}5}$ m = **593 m** Schlußsatz

oder als Verhältnisgleichung mit $l_1 = 1000$ m, $A_1 = 4\ mm^2$, $m_1 = 108$ kg, $A_2 = 2{,}5\ mm^3$ und $m_2 = 40$ kg

$$\frac{l_2}{l_1} = \frac{m_2 \cdot A_1}{m_1 \cdot A_2} \qquad l_2 = \frac{l_1 \cdot m_2 \cdot A_1}{m_1 \cdot A_2} = \frac{1000\ m \cdot 40\ kg \cdot 4\ mm^2}{108\ kg \cdot 2{,}5\ mm^2} = \mathbf{593\ m}$$

**Aufgaben**

1. Für die Herstellung von 1 kg Zinnlot 60 werden 600 g Zinn, 32 g Antimon und 368 g Blei gebraucht. Wieviel Gramm Zinn, Antimon und Blei erfordern a) 650 g, b) 3,8 kg, c) 200 g Zinnlot 60?
2. Ein Kabelgraben kann von 5 Arbeitern in 24 Arbeitsstunden ausgehoben werden. Wieviel Arbeitsstunden wenden a) 7, b) 3, c) 4 Arbeiter auf?
3. a) 100, b) 50, c) 20 Schrauben kosten 4,80 DM. Was kosten 80 Schrauben?
4. Ein Aufzug braucht für die Aufwärtsbewegung bei der Hubgeschwindigkeit 0,3 m/s die Fahrzeit 40 Sekunden. Mit welcher Fahrzeit muß man bei der Hubgeschwindigkeit a) 0,5 m/s, b) 0,2 m/s, c) 0,6 m/s für die gleiche Höhe rechnen?
5. Ein Facharbeiter kann ein Werkstück in 120 Minuten herstellen. Welche Stückzahl fertigt er in a) 8, b) 24, c) 42 Stunden?
6. Zur Herstellung einer Erdungsanlage werden 50 m Bandstahl mit der Masse

42 kg ausgegeben. Übrig bleiben a) 6 kg, b) 5 kg, c) 2,4 kg. Wieviel Meter Bandstahl wurden verarbeitet, und wie lang ist das Reststück?

7. Aus 10 kg Stahl kann man 17,1 m Bandstahl mit dem Querschnitt 25 mm x 3 mm herstellen. Wieviel Meter Bandstahl erhält man aus derselben Stahlmenge mit dem Querschnitt
   a) 40 mm x 2,5 mm,
   b) 60 mm x 4 mm,
   c) 30 mm x 3 mm?
8. 50 kg Kupfer ergeben 352 m Kupferdraht mit 16 mm$^2$ Querschnitt. Welche Leiterlänge erreicht man aus
   a) 38 kg mit 6 mm$^2$,
   b) 1 kg mit 10 mm$^2$,
   c) 1000 kg mit 25 mm$^2$?
9. Ein Vielfach-Meßinstrument hat eine Skale mit 60 Teilstrichen. Wie groß ist die gemessene Stromstärke im 5-A-Bereich, wenn der Zeiger auf Teilstrich a) 38, b) 25, c) 52 steht?
10. Die Strichskale eines Vielfachinstruments hat 120 Teilstriche. Der Zeiger steht im 600-V-Bereich auf Teilstrich a) 43, b) 78, c) 96. Wie groß ist die angezeigte Spannung?

## 1.4.2 Prozentrechnung

Die Prozentrechnung ist eine Dreisatzrechnung mit dem Bezug auf Hundert; denn Prozent heißt „vom Hundert" (v.H.) oder „auf Hundert".

| 12 % | von | 220 V | = | 26,4 V | oder | 0,12 · 220 V = 26,4 V |
|---|---|---|---|---|---|---|
| **Prozentsatz** | | **Grundwert** | | **Prozentwert** | | |

Der Grundwert entspricht immer 100 % $= \frac{100}{100}$. Dann sind 1 % $= \frac{1}{100}$ des Grundwerts. Aus Grundwert und Prozentsatz kann man mit der Dreisatzrechnung den Prozentwert berechnen, ebenso aus Prozentsatz und Prozentwert den Grundwert sowie aus Grundwert und Prozentwert den Prozentsatz.

Bei jeder Prozentrechnung ist es wichtig, den richtigen Grundwert zu beachten. Beispiele für den Einsatz des Taschenrechners:

| | | Eingabe | Taste | Anzeige |
|---|---|---|---|---|
| **Beispiel 1.9** | 12 % von 220 mit Prozenttaste | [1] [2] | [%] [×] | 0.12 |
| | | [2] [2] [0] | [=] | 26.4 |
| | oder | [.] [1] [2] | [×] | 0.12 |
| | | [2] [2] [0] | [=] | 26.4 |
| **Beispiel 1.10** | 6,5 % von 10,5 + 22 | [1] [0] [.] [5] | [+] | 10.5 |
| | | [2] [2] | [=] [×] | 32.5 |
| | | [6] [.] [5] | [%] | 0.065 |
| | | | [=] | 2.1125 |
| | oder | [1] [0] [.] [5] | [+] | 10.5 |
| | | [2] [2] | [=] [×] | 32.5 |
| | | [.] [0] [6] [5] | [=] | 2.1125 |

**Aufgaben**

1. Folgende Prozentsätze sind als Bruchteile des Grundwerts anzuschreiben.

   a) 1 % 2,5 % 3 % 5 % 10 %
   12,5 % 15 % 20 % 25 % 50 %

   b) 65 % 80 % $66\frac{2}{3}$ % 30 % $33\frac{1}{3}$ %
   4,5 % 0,5 % 0,03 % 87,5 % 17,4 %

2. Folgende Bruchteile des Grundwerts sind in Prozentsätze zu verwandeln.

   a) 1/2 1/3 1/4 1/5 1/6 1/7 1/8 1/20
   1/25 1/30 1/50 2/3 3/4 3/8

   b) 5/8 7/10 3/20 4/25 6/50 23/40
   7/8 2/5 5/6 1/7 2/9 7/9 11/18

3. Der prozentuale Spannungsfall in einer Leitung darf a) 1,5 %, b) 0,5 %, c) 3 % der Netzspannung nicht überschreiten. Welcher Spannungsfall in Volt ist bei der Netzspannung 220 V zulässig?

4. In der Zuleitung zu einer Verbraucheranlage tritt bei 380 V Netzspannung der Spannungsunterschied zwischen Anfang und Ende der Leitung von a) 4,2 V, b) 8,5 V, c) 6,3 V auf. Wie groß ist der Spannungsunterschied zwischen Anfang und Ende der Leitung in Prozent der Netzspannung?

5. Die Klemmenspannung eines Elektrowärmegeräts beträgt beim Betrieb am 220-V-Netz a) 214 V, b) 206 V, c) 212 V. Wie groß ist der in der Zuleitung verursachte Spannungsfall in Prozent der Netzspannung?

6. Messing Ms 80 besteht aus 80 % Kupfer und 20 % Zink. Wieviel kg Kupfer und Zink sind in a) 3,5 kg, b) 27 kg, c) 84 kg Ms 80 enthalten?

7. Der in einer Zuleitung entstehende Leistungsverlust soll 2,5 % der aus dem Netz aufgenommenen Leistung nicht überschreiten. Wie groß darf der Leistungsverlust in der Zuleitung bei a) 35 kW, b) 12 kW, c) 86 kW Leistungsaufnahme durch den Verbraucher im Höchstfall sein?

8. Die Legierung Kupfernickel (CuNi) besteht aus 54 % Kupfer, 45 % Nickel und 1 % Mangan. Wieviel kg dieser Legierung kann man bei Verwendung von a) 1,5 kg Kupfer, b) 3,8 kg Nickel, c) 180 g Mangan herstellen?

9. Für eine elektrische Anlage sollen
   a) 16 m, b) 42 m, c) 138 m Leitung verlegt werden. Mit welchem Verlust ist zu rechnen, wenn
   a) 4 %, b) 5 %, c) 3 %
   der verlegten Leitungslänge als Verschnitt angenommen werden?

10. Das Aufmaß ergibt eine verlegte Leitung von
    a) 56 m, b) 328 m, c) 7,5 m Länge.
    Welche Leitungslänge muß man berechnen, wenn für den Verschnitt 5 % der verlegten Leitungslänge angenommen werden?

11. Für eine Installation wurden 50 m Leitung ausgegeben. Das Aufmaß ergab
    a) 33,8 m, b) 26 m, c) 42 m
    verlegte Leitung.

    Wie groß ist der Verschnitt in Prozent der verlegten Leitungslänge, wenn
    a) 14 m, b) 22,5 m, c) 6,5 m Leitung zurückgegeben wurden?

12. Für die Herstellung einer Motorwelle werden 420 mm Rundstahl mit dem Durchmesser 24 mm und der Masse 1,438 kg verwendet. Die fertige Welle wiegt
    a) 1,32 kg, b) 1,28 kg, c) 1,06 kg.

    Wie groß ist der Verschnitt in Prozent des Fertiggewichts?

13. Der Bruttoverdienst eines Facharbeiters beträgt
    a) 1496 DM, b) 2100 DM, c) 1725 DM;
    an Abzügen für Steuern und für Sozialversicherung werden
    a) 39 %, b) 35 %, c) 37 % einbehalten.
    Wieviel bekommt er ausbezahlt?

14. Ein Facharbeiter erhält für Überstunden zusätzlich
    a) 48 DM, b) 63 DM, c) 112 DM
    ausbezahlt.
    Wie hoch ist der zusätzliche Bruttoverdienst, wenn
    a) 39 %, b) 35 %, c) 37 %
    für Abzüge einbehalten wurden.

15. Mit Hilfe einer Vorrichtung wird die Fertigungszeit eines Werkstücks um a) 15 %, b) 12 %, c) 20 % auf 17 min gesenkt.

    Wie lange dauerte die Fertigungszeit vorher?

## 1.5 Berechnen von Längen, Flächen, Volumen und Massen

### 1.5.1 Berechnen von Längen

**Den Kreisumfang** $l$ erhält man, indem man den Durchmesser des Kreises mit der Zahl $\pi = 3{,}14$ multipliziert ($\pi$ : griechisch pi, **1.3**).

$$l = \pi \cdot d$$

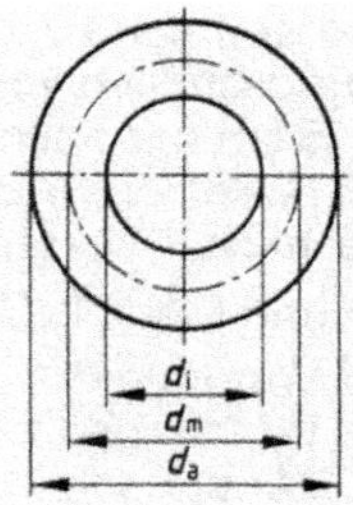

1.3

**Den mittleren Windungsdurchmesser** $d_m$ für Spulenwicklungen berechnet man aus Außendurchmesser $d_a$ und Innendurchmesser $d_i$ mit der Formel

$$d_m = \frac{d_a + d_i}{2},$$

**die mittlere Windungslänge** $l_m$ mit der Formel

$$l_m = \pi \cdot d_m.$$

**Seiten im rechtwinkligen Dreieck** (**1.4**)

$a$, $b$ = Katheten, $c$ = Hypotenuse

⦜ = Rechter Winkel = 90°

**Lehrsatz des Pythagoras**

$$a^2 + b^2 = c^2$$

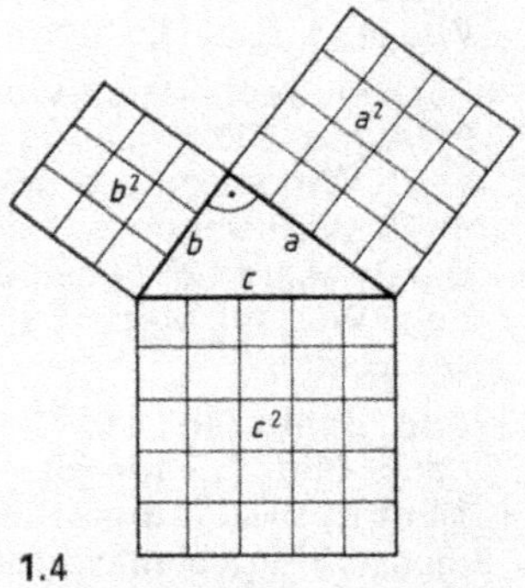

1.4

Im rechtwinkligen Dreieck ist das Quadrat über der Hypotenuse $c$ gleich der Summe der Quadrate über den beiden Katheten $a$ und $b$.

**Beispiel 1.11** Wieviel Meter Draht enthält eine Rolle aus $N = 160$ Windungen mit dem mittleren Windungsdurchmesser $d_m = 200$ mm?

**Lösung** Drahtlänge $l = l_1 \cdot N = d_m \cdot \pi \cdot N = 0{,}2\text{ m} \cdot 3{,}14 \cdot 160 = \mathbf{100\text{ m}}$

**Beispiel 1.12** Ein rechtwinkliges Dreieck hat die Kathetenlängen $a = 4$ cm und $b = 3$ cm. Wie lang ist die Hypotenuse $c$?

**Lösung** $c^2 = a^2 + b^2$ Aus beiden Seiten der Gleichung wird die Wurzel gezogen.

$$c = \sqrt{a^2 + b^2} = \sqrt{(4\text{ cm})^2 + (3\text{ cm})^2} = \sqrt{16\text{ cm}^2 + 9\text{ cm}^2} = \sqrt{25\text{ cm}^2} = \mathbf{5\text{ cm}}$$

Die meisten Taschenrechner verfügen über eine $\pi$-Taste. Eine mit dieser Taste ausgeführte Rechnung ist genauer, als wenn man für $\pi = 3{,}14$ einsetzt.

**Beispiel 1.13**

| | Eingabe | Taste | Anzeige |
|---|---|---|---|
| $0{,}2 \cdot \pi \cdot 160$ | [.] [2] | [×] | 0.2 |
| | [π] | | 3.1415927 |
| | | [×] | 0.6283185 |
| | [1] [6] [0] | [=] | 100.53096 |

**Beispiel 1.14**

| | Eingabe | Taste | Anzeige |
|---|---|---|---|
| $4^2 + 3^2$ | [4] | [x²] [+] | 16 |
| | [3] | [x²] | 9 |
| | | [=] | 25 |

## Aufgaben

1. Zwischen zwei Abzweigdosen sind a) 10 m, b) 7,8 m, c) 5,4 m gerade Leitung zu verlegen. Der Schellenabstand soll etwa 30 cm, der Abstand der Endschellen von den Abzweigdosen 15 cm betragen. Wieviel Schellen sind zu setzen, und wie groß ist ihr tatsächlicher Abstand zu wählen?

2. Ein Bund Mantelleitung hat
   a) 34 Windungen,
   b) 16 Windungen,
   c) 25 Windungen
   und den mittleren Windungsdurchmesser 65 cm.
   Wie lang ist die Leitung?

3. Für eine Installation wurde ein Bund NYA mit 100 m Länge ausgegeben, a) 25 Windungen, b) 36 Windungen, c) 18 Windungen mit dem mittleren Durchmesser 25 cm sind übriggeblieben. Wieviel Meter Leitung wurden verarbeitet?

4. Aus Bandstahl sollen 25 Schellen nach Bild **1**.5 für ein Kabel mit a) 34 mm, b) 28 mm, c) 30 mm Durchmesser hergestellt werden.

   Wieviel Meter Bandstahl sind erforderlich, wenn der Verschnitt 5 % der Fertiglänge beträgt?

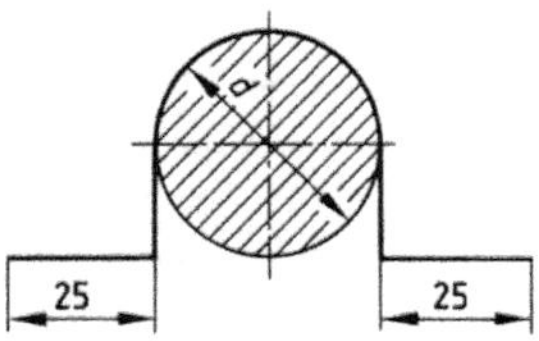


**1**.5

5. Die in Bild **1**.6 dargestellte Schelle für zwei Kabel mit dem Durchmesser a) 15 mm, b) 12 mm, c) 8 mm ist herzustellen. Welche Bandstahllänge ist erforderlich?

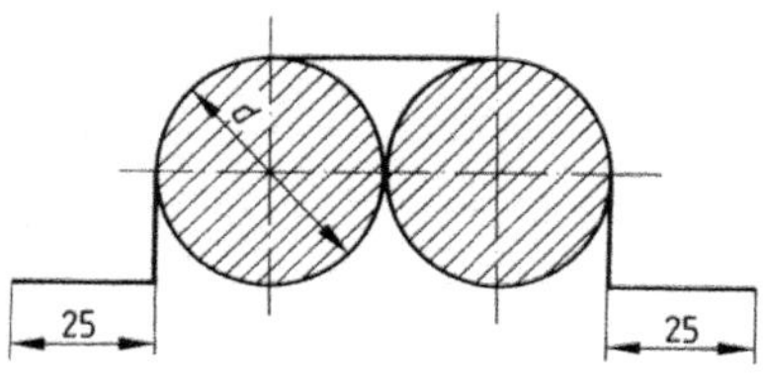


**1**.6

6. Auf dem zylindrischen Isolierkörper **1**.7 mit den Maßen

   a) $l = 25$ cm und $d_a = 50$ mm,
   b) $l = 30$ cm und $d_a = 45$ mm,
   c) $l = 42$ cm und $d_a = 38$ mm

   befindet sich eine Lage Widerstandsdraht mit dem Durchmesser 1,2 mm. Die Windungen sind so dicht aufgebracht, daß sie sich berühren. Wie lang ist eine Drahtwindung, und wie groß sind Windungszahl und Länge des aufgebrachten Widerstandsdrahts?

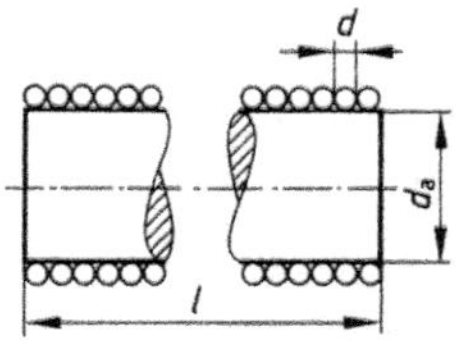


**1**.7

7. Eine Magnetspule hat den Innendurchmesser $d_i = 28$ mm, den Außendurchmesser
   $d_a$ a) 35 mm, b) 40 mm, c) 38 mm und 640 Windungen (**1**.8).

   Wie groß sind mittlerer Windungsdurchmesser, mittlere Windungslänge und Länge des Spulendrahts?

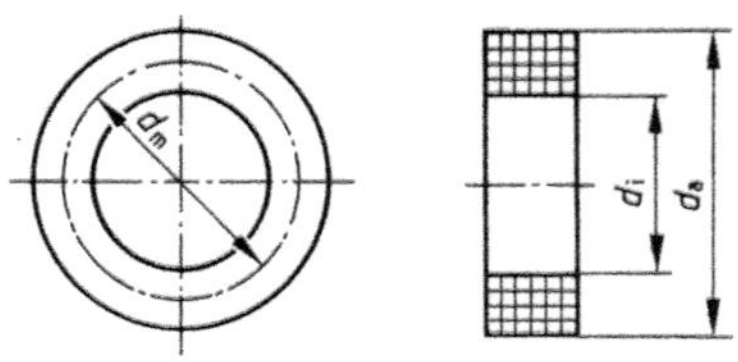


**1**.8

8. Wie lang ist der Abspanndraht für den Mast in Bild **1**.9 mit
   a) 6 m, b) 8,4 m, c) 9,5 m Höhe und dem Abstand $a = 3{,}5$ m?

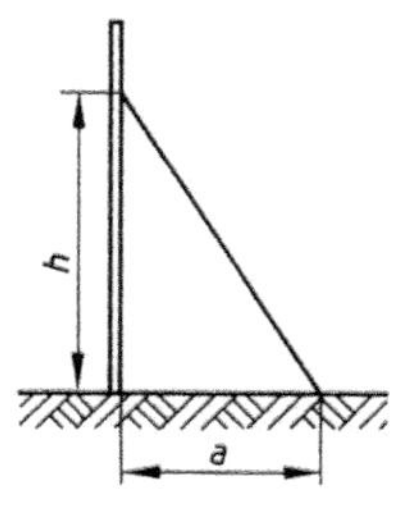


**1**.9

9. Wieviel Meter Leitung werden eingespart, wenn ein rechteckig umbauter Hof mit den Längen
   a) 6 m und 8,4 m,
   b) 4,8 m und 5 m,
   c) 7,5 m und 10 m

   diagonal überspannt wird gegenüber einer Leitungsführung entlang den Gebäuden?

10. Zur Aufstellung eines Elektromotors ist eine Konsole nach Bild **1**.10 anzufertigen. Wieviel Meter Winkelstahl sind für folgende Maße der Konsole erforderlich:
   a) $l = 500$ mm und $h = 400$ mm,
   b) $l = 420$ mm und $h = 350$ mm,
   c) $l = 380$ mm und $h = 300$ mm?

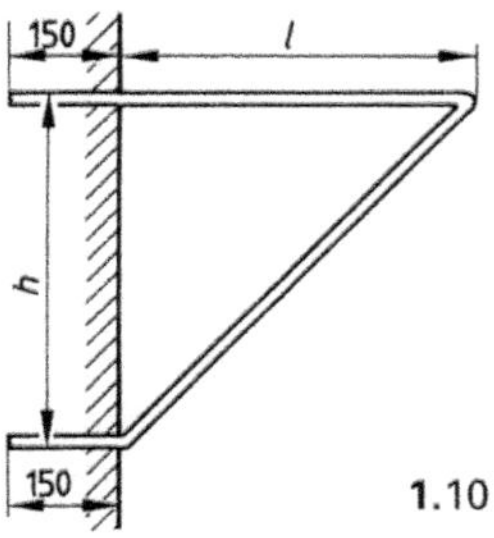


**1**.10

11. Eine Spule wird statt mit übereinanderliegenden Windungen (**1**.11) so gewickelt, daß die folgende Wicklungslage „auf Lücke" gelegt wird (**1**.12). Wie groß wird für beide Wicklungsarten die Wickelhöhe $h_w$ für drei Wicklungslagen, wenn Draht mit dem Durchmesser a) 5 mm, b) 3 mm, c) 6 mm verwendet wird?

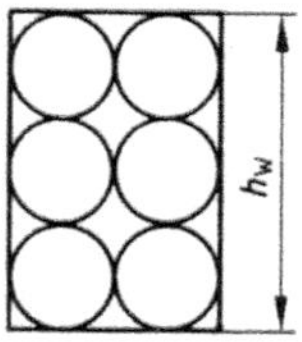


**1**.11

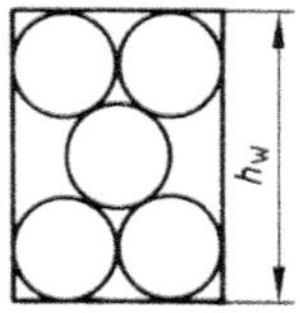


**1**.12

12. Ein ehemals 9 m hoher Freileitungsmast ist abgebrochen. Der obere Teil liegt so, daß der Abstand a) 1,5 m, b) 2,5 m, c) 3,5 m vom Maststumpf beträgt (**1**.13). In welcher Höhe $h$ ist der Mast abgebrochen?

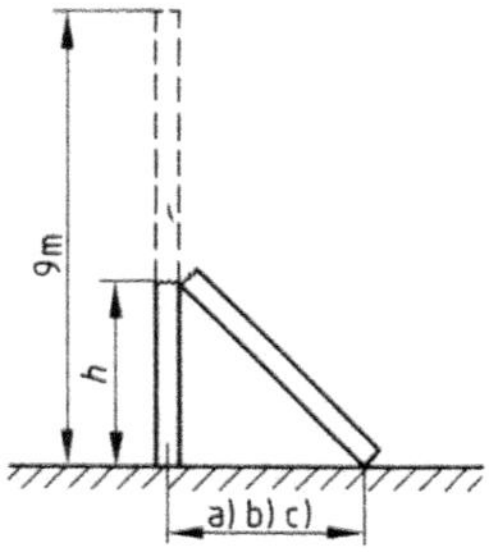


**1**.13

## 1.5.2 Berechnen von Flächen

Den Flächeninhalt $A$ erhält man mit folgenden Formeln.

**Rechteck (1.14)**

$$A = l_1 \cdot l_2$$

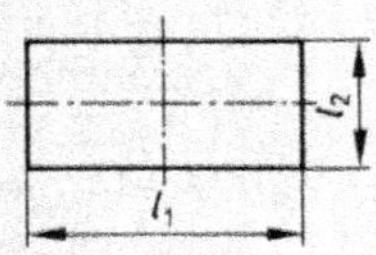


**1**.14

**Dreieck (1.15)**

$$A = \frac{l \cdot h}{2}$$

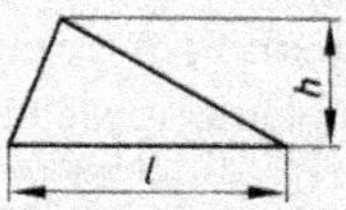


**1**.15

**Trapez (1.16)**

$$A = l_m \cdot h$$

mit der mittleren Grundlinie

$$l_m = \frac{l_1 + l_2}{2}$$

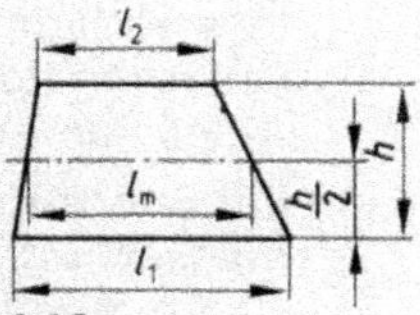


**1**.16

**Kreis (1.17)**

$$A = \frac{\pi}{4} d^2$$

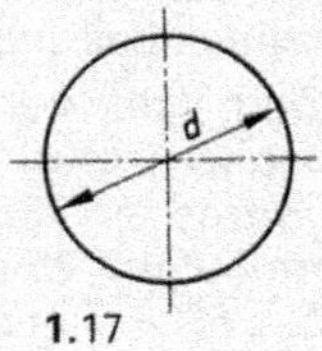


**1**.17

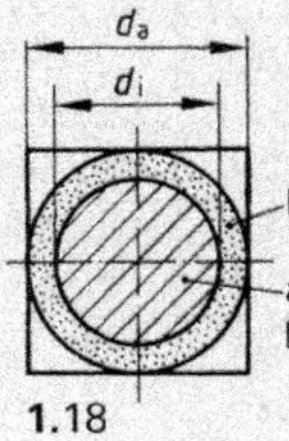

1.18

Unter dem Füllfaktor $f$ eines isolierten Drahtes mit kreisförmigem Querschnitt versteht man das Verhältnis des „aktiven" Leiterquerschnitts und dem Quadrat um den äußeren Durchmesser, also einschließlich der Drahtisolation $d_a^2$. Es ist also entsprechend Bild **1.18**

$$\boxed{f = \frac{d_i^2 \cdot \pi}{4 \cdot d_a^2}}$$

**Beispiel 1.15** Aus einem rechteckigen Blech mit den Seitenlängen $l_1$ = 405 mm und $l_2$ = 460 mm wird eine runde Scheibe mit dem Durchmesser $d$ = 40 cm gestanzt. Wie groß ist der Abfall in Prozent vom Ausgangsmaterial?

**Lösung** $A_1 = l_1 \cdot l_2 = 40{,}5\ \text{cm} \cdot 46\ \text{cm} = 1863\ \text{cm}^2$

$$A_2 = \frac{d_2 \cdot \pi}{4} = \frac{(40\ \text{cm})^2 \cdot 3{,}14}{4} = 1257\ \text{cm}^2$$

Abfall: $\Delta A = A_1 - A_2 = 1863\ \text{cm}^2 - 1257\ \text{cm}^2 = 606\ \text{cm}^2 \mathrel{\hat{=}} \mathbf{32{,}5\ \%}$

**Beispiel 1.16** für den Rechnereinsatz $\frac{40^2 \cdot \pi}{4}$

| | | | |
|---|---|---|---|
| 4 0 | x² | × | 1600 |
| π | | | 3.1415927 |
| | | ÷ | 5026.5482 |
| 4 | | | 4 |
| | | = | 1256.6371 |

gerundet **1257**

**Beispiel 1.17** Ein Kupferdraht hat den blanken Durchmesser $d_i$ = 5 mm. Mit Isolation ist der Durchmesser $d_a$ = 5,4 mm. Wie groß ist der Füllfaktor $f$?

**Lösung** $f = \frac{d_i^2 \cdot \pi}{4 \cdot d_a^2} = \frac{(5\ \text{mm})^2 \cdot 3{,}14}{4 \cdot (5{,}4\ \text{mm})^2} = \mathbf{0{,}673}$

**Aufgaben**

1. Ein blanker Stahldraht hat a) 3 mm, b) 2,5 mm, c) 1,8 mm Durchmesser. Wie groß ist der Drahtquerschnitt?
2. Wie groß ist der Durchmesser eines Kupferdrahts mit a) 1,5 mm², b) 2,5 mm², c) 4 mm² Nennquerschnitt?
3. Ein Leitungsseil besteht aus
   a) 7 Einzeldrähten mit je 1,8 mm
   b) 19 Einzeldrähten mit je 3,6 mm,
   c) 37 Einzeldrähten mit je 2,7 mm
   Durchmesser. Wie groß ist der Querschnitt des Leitungsseils?
4. Für Staberder verwendet man Flußstahlrohr 1 Zoll mit dem Außendurchmesser 33,5 mm und der Wanddicke 3,25 mm oder Winkelstahl L 65 x 7, für Hilfserder Flußstahlrohr 1/2 Zoll mit dem Außendurchmesser 21,3 mm und der Wanddicke 2,75 mm. Wie groß sind die jeweiligen Querschnitte?
5. Ein Aluminium-Stahl-Seil besteht aus
   a) 26 Aluminiumdrähten mit je 3 mm Durchmesser und 7 Stahldrähten mit je 2,7 mm Durchmesser,
   b) 14 Aluminiumdrähten mit je 2 mm Durchmesser und 7 Stahldrähten mit je 2,4 mm Durchmesser,
   c) 24 Aluminiumdrähten mit je 3,74 mm Durchmesser und 7 Stahldrähten mit je 2,48 mm Durchmesser.

   In welchem Verhältnis stehen die Querschnitte des Stahlkerns und des Aluminiummantels zueinander?
6. Ein Rundkupferleiter mit dem Durchmesser a) 8 mm, b) 12,3 mm, c) 22,3 mm soll durch einen Flachkupferleiter mit 2,5 mm Dicke ersetzt werden.

   Wie breit muß das Flachkupfer mindestens sein?

7. Wie groß sind die Fläche des in Bild **1**.19 dargestellten Transformatorbleches und die bei der Herstellung anfallende Verschnittfläche in Prozent des fertigen Bleches?

a) $l_1$ = 120 mm und $l_2$ = 90 mm
b) $l_1$ = 100 mm und $l_2$ = 80 mm
c) $l_1$ = 128 mm und $l_2$ = 112 mm

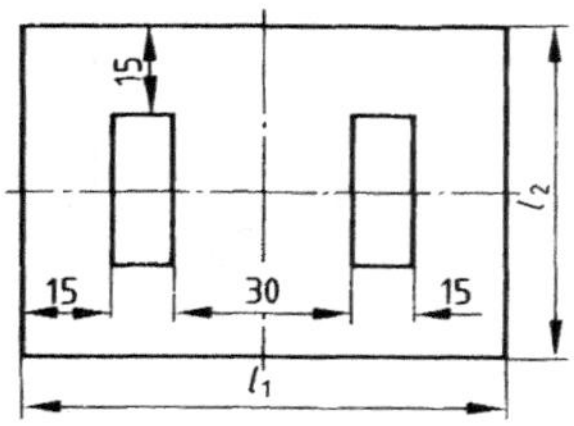


**1**.19

8. Wie groß ist der in Bild **1**.20 dargestellte Querschnitt einer Kontaktschiene? Um wieviel Prozent wird der rechteckige Querschnitt durch die dreieckigen Führungsnuten geschwächt?

a) $l_1$ = 16 mm $l_3$ = 4 mm
$l_2$ = 30 mm $l_4$ = 6 mm
b) $l_1$ = 20 mm $l_3$ = 6 mm
$l_2$ = 40 mm $l_4$ = 5 mm
c) $l_1$ = 28 mm $l_3$ = 5 mm
$l_2$ = 50 mm $l_4$ = 6 mm

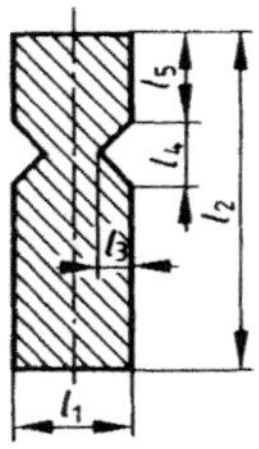


**1**.20

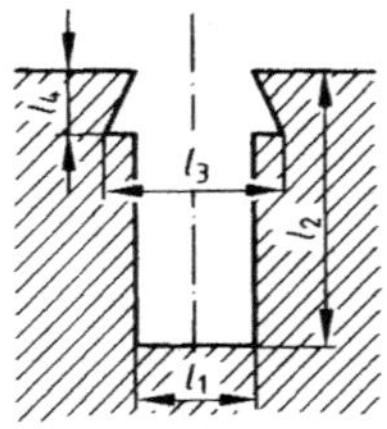


**1**.21

9. Wie groß ist der Querschnitt der in Bild **1**.21 dargestellten Ankernute mit folgenden Maßen?

a) $l_1$ = 12 mm $l_3$ = 18 mm
$l_2$ = 38 mm $l_4$ = 8 mm
b) $l_1$ = 8 mm $l_3$ = 12 mm
$l_2$ = 26 mm $l_4$ = 6 mm
c) $l_1$ = 14 mm $l_3$ = 20 mm
$l_2$ = 50 mm $l_4$ = 10 mm

10. Eine Ankernute hat die Maße $l_1$ = 15 mm und $l_2$ = 40 mm (**1**.22). Um einen Körperschluß zu vermeiden, ist die Nute innen mit einer 2 mm dicken Isolation ausgekleidet.

a) Wie groß ist die zur Verfügung stehende Wickelfläche $A_w$? Wieviel Windungen mit

b) 3 mm Innendurchmesser und 3,2 mm Durchmesser mit Isolation,

c) 0,8 mm Innendurchmesser und 1,0 mm Durchmesser mit Isolation,

d) 2,2 mm Innendurchmesser und 2,4 mm Durchmesser mit Isolation lassen sich in dem Wickelraum unterbringen?

e) Wie groß ist der Nutenfüllfaktor?

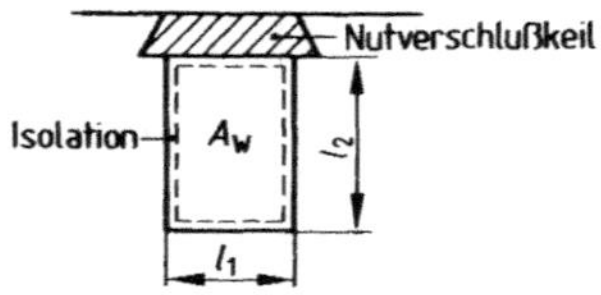


**1**.22

11. Berechnen Sie die Nutenfüllfaktoren für die Drähte 0,5 mm (blank)/0,6 mm (mit Isolation); 1,0 mm/1,1 mm; 1,5 mm/1,6 mm; 2,0 mm/2,1 mm; 2,5 mm/2,6 mm; 3,0 mm/3,1 mm; 3,5 mm/3,6 mm; 4,0 mm/4,1 mm. Stellen Sie die Abhängigkeit des Füllfaktors vom blanken Drahtdurchmesser (hier gleichbleibende Isolationsstärke) grafisch dar. Welche Schlußfolgerung ziehen Sie aus dem Ergebnis?

12. Der Spulenkörper **1**.23 hat die Maße:

a) $d_i$ = 30 mm $d_a$ = 50 mm $l_w$ = 50 mm
b) $d_i$ = 42 mm $d_a$ = 64 mm $l_w$ = 38 mm
c) $d_i$ = 28 m $d_a$ = 40 mm $l_w$ = 46 mm

Der Spulenkörper soll eine Wicklung aus Kupferdraht mit 0,8 mm Durchmesser erhalten. Der Füllfaktor wird mit 62 % angenommen. Berechnen Sie die Wickelhöhe $h_w$, den zur Verfügung stehenden Wickelquerschnitt, die Windungszahl und die unterzubringende Leiterlänge.

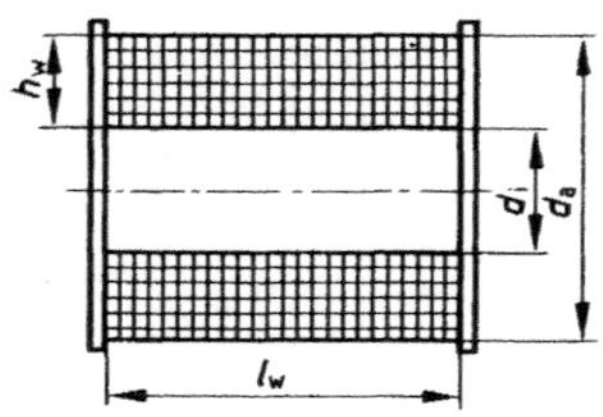


**1**.23

## 1.5.3 Berechnen von Volumen und Massen

**Den Rauminhalt oder das Volumen *V*** von Prisma und Zylinder erhält man durch Multiplikation der Grundfläche bzw. des Querschnitts $A$ mit der Höhe $h$ bzw. Länge $l$.

**Prisma** (1.24)

$$V = A \cdot h \quad \text{mit} \quad A = l_1 \cdot l_2$$

**Zylinder** (1.25)

$$V = A \cdot h \quad \text{mit} \quad A = \frac{\pi}{4}\, d^2$$

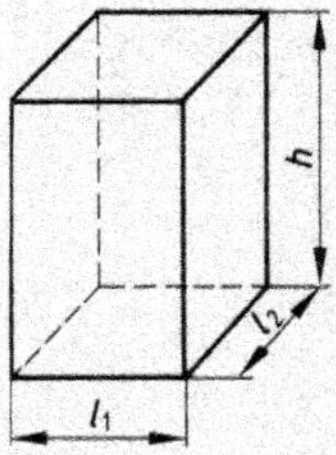

1.24

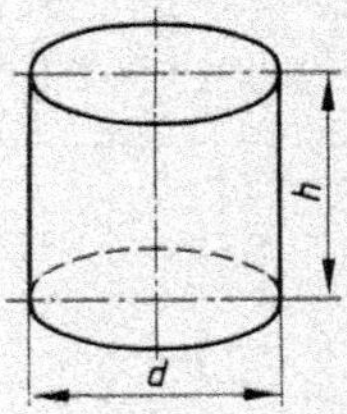

1.25

**Die Masse *m*** eines Körpers, in der Umgangssprache meist als Gewicht bezeichnet, erhält man aus seinem Rauminhalt $V$ und der Dichte $\rho$ (griechisch rho) des Werkstoffs mit der Formel

Masse

$$m = \varrho \cdot V$$

$m$ in g, kg oder Mg = t
$V$ in cm³, dm³ oder m³

$\rho$ in $\frac{g}{cm^3}$, $\frac{kg}{dm^3}$ oder $\frac{Mg}{m^3} = \frac{t}{m^3}$.

**Beispiel 1.18** Eine zweiadrige Kupferleitung hat die Länge $l = 25$ km. Jeder der beiden Kupferleiter hat den Durchmesser $d = 5{,}64$ mm. Wie groß ist die Masse der beiden Leiter ($\rho = 8{,}9$ kg/dm³)?

**Lösung** Die angegebenen Maße umgerechnet in dm ergeben:
25 km = 250 000 dm und 5,64 mm = 0,0564 dm

$$\text{Volumen } V = l \cdot A = 2 \cdot 250\,000 \text{ dm} \cdot \frac{(0{,}0564 \text{ dm})^2 \cdot 3{,}14}{4} = 1249 \text{ dm}^3$$

$$\text{Masse } m = \rho \cdot V = 8{,}9 \frac{\text{kg}}{\text{dm}^3} \cdot 1249 \text{ dm}^3 = \mathbf{11\,116\ kg}$$

**Beispiel 1.19** für den Rechnereinsatz. Ein würfelförmiger Stahlblock hat die Kantenlänge $l = 0{,}65$ m. Wie groß sind Volumen und Masse?

**Lösung** $V = l \cdot l \cdot l = l^3 = 0{,}65 \text{ m} \cdot 0{,}65 \text{ m} \cdot 0{,}65 \text{ m} = \mathbf{0{,}274625\ m^3}$

$$m = \rho \cdot V = 7{,}85 \frac{\text{t}}{\text{m}^3} \cdot 0{,}274625 \text{ m}^3 = \mathbf{2{,}156\ t}$$

| | | | |
|---|---|---|---|
| $0{,}65^3$ | [.] [6] [5] | [$y^x$] | 0.65 |
| | [3] | [=] | 0.274625 |

gerundet **0,275**

Dieses Zwischenergebnis wird nicht gelöscht

| | | | |
|---|---|---|---|
| $0{,}65^3 \cdot 7{,}85$ | | [x] | 0.274625 |
| | [7] [.] [8] [5] | [=] | 2.1558063 |

gerundet **2,16**

**Aufgaben**

1. Ein Banderder aus verzinktem Bandstahl hat die Länge a) 80 m, b) 50 m, c) 30 m und den Querschnitt 100 $mm^2$. Wie groß sind sein Volumen und seine Masse?
2. Wie groß sind Volumen und Masse eines blanken Kupferdrahts mit folgenden Angaben:
   a) $l$ =168 m und $A$ = 1,5 $mm^2$,
   b) $l$ =100 m und $A$ = 0,75 $mm^2$,
   c) $l$ = 24 m und $A$ = 2,5 $mm^2$?
3. Wie groß ist die Masse eines Plattenerders mit den Maßen:
   a) 1000 x 500 x 3,
   b) 1000 x 1000 x 4,
   c) 860 x 420 x 5?
4. Für eine Rolle aus blankem Kupferdraht mit Querschnitt und Masse
   a) 4 $mm^2$, 39 kg,
   b) 6 $mm^2$, 45 kg,
   c) 10 $mm^2$, 28 kg
   ist die Drahtlänge zu berechnen.
5. Für einen Banderder braucht man Bandstahl
   a) 50 m mit den Maßen 30 x 4
   b) 100 m mit den Maßen 45 x 3,
   c) 25 m mit den Maßen 35 x 3.
   Wieviel Kilogramm Bandstahl sind zu bestellen?
6. Eine Freileitung besteht aus einem Aluminium-Stahl-Seil mit
   a) 14 Al-Drähten von 2 mm Durchmesser und 7 Stahldrähten mit 2,4 mm Durchmesser,
   b) 6 Al-Drähten mit 1,8 mm Durchmesser und 1 Stahldraht mit 1,8 mm Durchmesser,
   c) 26 Al-Drähten mit 2,44 mm Durchmesser und 7 Stahldrähten mit 1,9 mm Durchmesser.
   Die Leitung ist 1,6 km lang. Wie groß ist ihre Masse, und wie hoch sind der prozentuale Masseanteil des Stahlkerns und des Aluminiummantels?
7. Eine Rolle aus blankem Kupferdraht mit
   a) 2,8 mm Durchmesser wiegt 7,8 kg,
   b) 0,6 mm Durchmesser wiegt 2,4 kg,
   c) 4,5 mm Durchmesser wiegt 5,6 kg.
   Wieviel Meter Draht sind auf der Rolle?
8. Für einen Staberder braucht man 5 m Flußstahlrohr mit den Maßen:
   a) 1 Zoll mit 33,5 mm Außendurchmesser und 3,25 mm Wanddicke
   b) 1 1/2 Zoll mit 48,25 mm Außendurchmesser und 3,5 mm Wanddicke,
   c) 1/2 Zoll mit 21,25 mm Außendurchmesser und 2,75 mm Wanddicke.
   Wie groß ist die Masse des Erders?
9. Das Blechpaket eines Käfigläufers mit a) 12cm, b) 18 cm, c) 9 cm Durchmesser ist 104 mm lang und besteht aus Blechen it 0,8 mm Dicke. Der Läufer hat 22 runde Nuten mit je 7 mm Durchmesser. Wie groß sind das Eisenvolumen und die Masse des Blechpakets? Aus wieviel Blechen besteht das Paket?
10. Das Blechpaket eines Transformators besteht aus
    a) 25, b) 16, c) 34 der in Bild **1**.26 dargestellten Bleche. Die Bleche sind je a) 0,4 mm, b) 0,5 mm, c) 0,3 mm dick. Wie groß ist die Masse des Blechpakets?

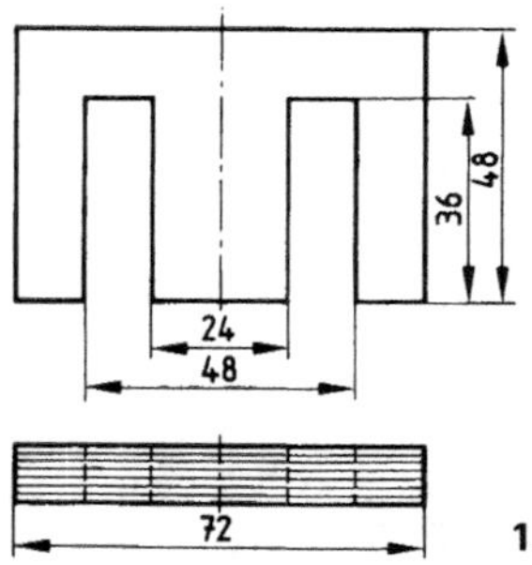


**1**.26

11. Der in Bild **1**.27 dargestellte Spulenkörper hat die Wickellänge a) 42 mm, b) 35 mm, c) 28 cm. Er soll mit einer

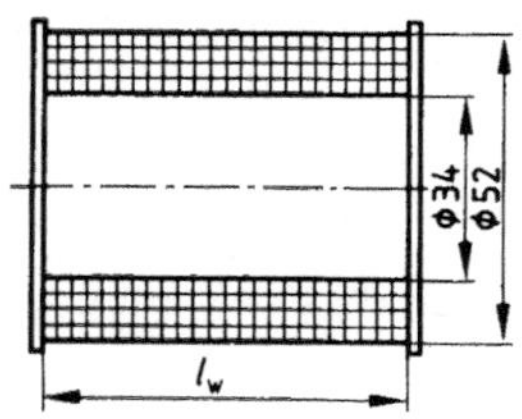


**1**.27

Wicklung aus Kupferlackdraht mit 0,65 mm Außendurchmesser versehen werden. Der Füllfaktor wird mit 0,8 angenommen, das Drahtgewicht für 1000 m beträgt 2,95 kg. Berechnen Sie die Windungszahl, die Leiterlänge und die Masse des erforderlichen Spulendrahts.

## 1.6 Funktionen und Kennlinien

Man kann die Abhängigkeit zweier Größen voneinander in einem Diagramm (Schaubild) durch eine *Kennlinie* darstellen. Dabei ist zu unterscheiden, ob der Zusammenhang gefunden wurde auf Grund statistischer, physikalischer oder technischer Beobachtungen und Messungen oder ob dieser Zusammenhang ein streng gesetzmäßiger ist, das heißt sich durch eine *Funktionsgleichung* (s. Abschn. 1.2) beschreiben läßt.

Ein Beispiel für eine Funktion, die nicht durch eine Funktionsgleichung berechnet, sondern nur durch Messen ermittelt werden kann, ist die Inanspruchnahme elektrischer Energie durch einen Industriebetrieb in Abhängigkeit von der Tageszeit. Die im Verlauf eines Tages gemessene elektrische Leistung wird zusammen mit der jeweiligen Uhrzeit in einer *Wertetabelle* angeschrieben.

| Uhrzeit | 0 | 2 | 4 | 6 | 8 | 10 | 12 | 14 | 16 | 18 | 20 | 24 |
|---|---|---|---|---|---|---|---|---|---|---|---|---|
| elektrische Leistung in kW | 40 | 40 | 40 | 52 | 630 | 875 | 902 | 836 | 742 | 917 | 928 | 40 |

Mit diesen Wertepaaren erhält man die in Bild **1**.28 dargestellte Kennlinie.

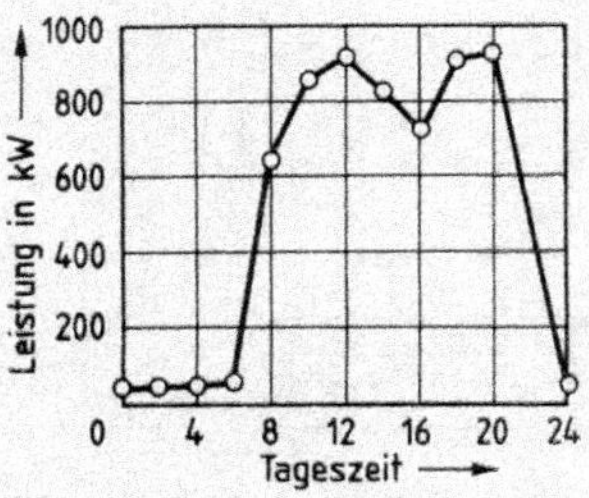


**1**.28

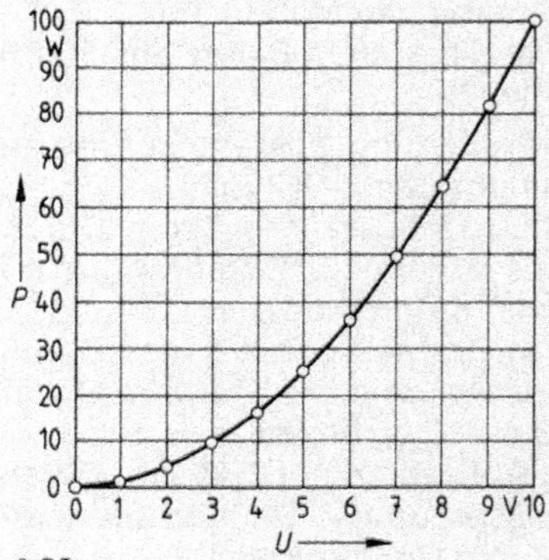


**1**.29

Ist die Abhängigkeit zweier Größen voneinander durch eine Funktionsgleichung darstellbar, kann man für eine der beiden Größen beliebige Werte annehmen und dann mit der Funktionsgleichung die dazugehörigen Werte der anderen Größe berechnen.

Für die Abhängigkeit der elektrischen Leistung $P$ von der Spannung $U$ bei konstantem Widerstand $R$ gilt z. B. die Gleichung $P = U^2 / R$. Durch Einsetzen verschiedener Werte für $U$ bei $R$ (konst) = 1 Ω und Ausrechnen der dazugehörigen Leistung $P$ erhält man die folgende Wertetabelle:

| *U* in V | 1 | 2 | 3 | 4 | 5 | 6 | 7 | 8 | 9 | 10 |
|---|---|---|---|---|---|---|---|---|---|---|
| *P* in W | 1 | 4 | 9 | 16 | 25 | 36 | 49 | 64 | 81 | 100 |

Die Wertepaare *U* und *P* ergeben die in Bild **1**.29 dargestellte Kennlinie.

> Die Größe, für die man zunächst willkürlich Werte annimmt, heißt unabhängige Veränderliche. Sie wird bei der bildlichen Darstellung des funktionalen Zusammenhangs in der Regel auf der waagerechten Achse des Schaubildes abgetragen.
>
> Die Größe, die eine Funktion der unabhängig Veränderlichen ist, heißt abhängig Veränderliche. Sie wird meist auf der senkrechten Achse abgetragen.

Jeder Punkt der Kennlinie entspricht einem einzigen Wertepaar der beiden zusammengehörigen Veränderlichen. Umgekehrt wird jedes Wertepaar durch einen ganz bestimmten Punkt in der Zeichenebene dargestellt. Verbindet man die einzelnen Punkte miteinander, erhält man als Funktionskurve die Kennlinie der Funktion

Eine andere Möglichkeit, die Funktionsgleichung $P = U^2/R$ grafisch darzustellen, zeigt Bild **1**.30 Hier sind die beiden Achsen nicht wie in Bild **1**.29 linear geteilt, sondern logarithmisch (s. Abschn. 1.8.4). Die Vorteile der in der Technik häufig angewendeten logarithmischen Teilung gegenüber der linearen liegen in der oft einfacheren Darstellung von Kennlinien, in der besseren Ablesbarkeit in bestimmten Kennlinienbereichen und in der Platzeinsparung.

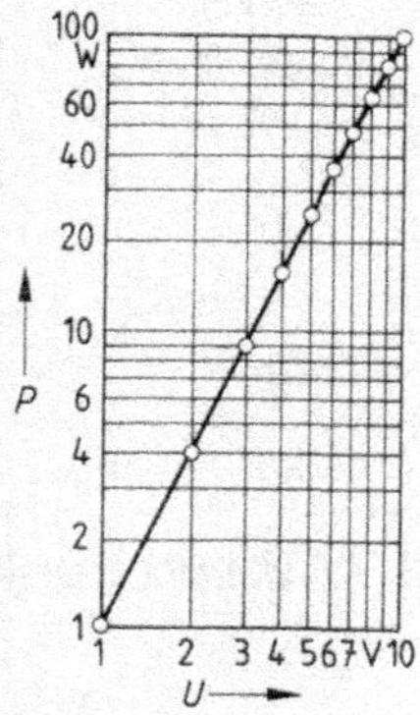

**1**.30

**Aufgaben**

1. Für die folgenden Durchmesser sind die dazugehörigen Kreisinhalte aus der Kennlinie **1**.31 abzulesen und die Richtigkeit und Ablesegenauigkeit durch Rechnung zu prüfen.
   3 mm, 5,8 mm, 7,4 mm, 8,2 mm, 6,64 mm
2. Für die folgenden Kreisinhalte sind die dazugehörigen Durchmesser aus der Kennlinie abzulesen und die Richtigkeit und Ablesegenauigkeit durch Rechnung zu prüfen.
   4 mm² 3,8 mm² 6,3 mm² 73,2 mm²
   28 mm² 50 mm² 19,3 mm² 48 mm²
   6 mm² 25 mm²
3. Die Abhängigkeit des Kreisumfangs *l* vom Kreisdurchmesser *d* ist für *d* = 0 bis 10 cm durch eine Wertetabelle und eine Kennlinie darzustellen. Sodann sind für die Durchmesser 5,7 cm; 0,6 cm; 2,4 cm; 8,3 cm und 4,25 cm die dazugehörigen Umfänge und für die Umfänge 20 cm; 14 cm; 5,8 cm; 12 cm und 26 cm die dazugehörigen Durchmesser abzulesen und ihre Richtigkeit und die Ablesegenauigkeit durch Rechnung zu prüfen.

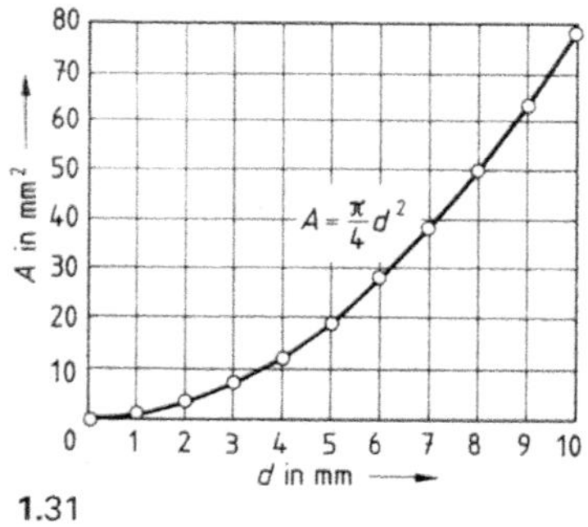

**1**.31

4. Stellen Sie die Abhängigkeit der Strombelastbarkeit vom Nennquerschnitt für Cu-Leitungen (Tab. 3a des Anhangs, Gruppe B2) grafisch dar.
5. In Bild **1**.32 ist der Leistungsverlauf für einen 10-Ω-Widerstand in Abhängigkeit von der Spannung dargestellt. Stellen Sie für die Funktionsgleichung $P = U^2/R$ zwei Wertetabellen für 5 Ω und 20 Ω auf. Übertragen Sie den Leistungsverlauf in das Bild. Was fällt Ihnen auf?
6. Übertragen Sie den Leistungsverlauf aus Aufgabe 5 nach Bild **1**.33 (logarithmische Teilung). Zeichnen Sie hier noch zwei weitere Kennlinien für die Widerstände 50 Ω und 100 Ω. Beschriften Sie die waagerechte Achse vollständig. Was fällt Ihnen auf?

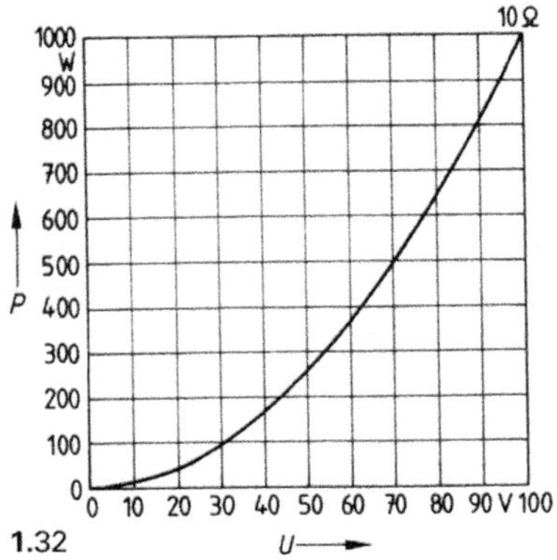

**1**.32

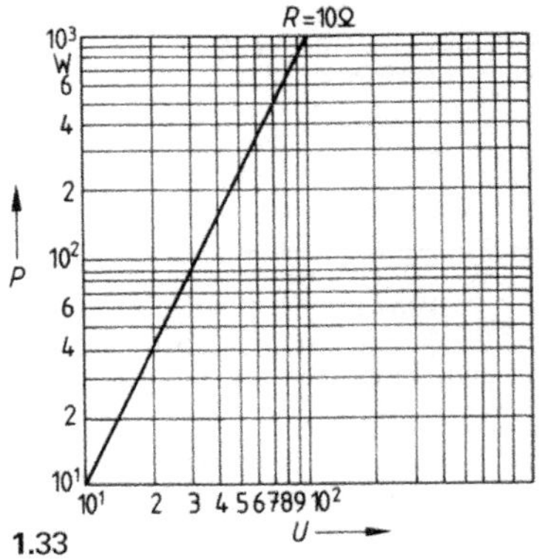

**1**.33

## 1.7 Winkelfunktionen

Nach dem Ähnlichkeitssatz der Geometrie ist das Verhältnis zwischen den Längen je zweier gleichliegender Seiten in Dreiecken mit gleichen Winken, unabhängig von ihrer Größe, stets gleich. Für die in Bild **1**.34 dargestellten rechtwinkligen Dreiecke mit den Winkeln $\alpha$ und $\beta$ (griechisch alpha und beta) gelten z. B. die Verhältnisgleichungen

$$\frac{a_1}{c_1} = \frac{a_2}{c_2} \qquad \frac{a_2}{c_2} = \frac{a_3}{c_3} \qquad \frac{a_1}{c_1} = \frac{a_3}{c_3}$$

$$\frac{b_1}{c_1} = \frac{b_2}{c_2} \qquad \frac{b_2}{c_2} = \frac{b_3}{c_3} \qquad \frac{b_1}{c_1} = \frac{b_3}{c_3}$$

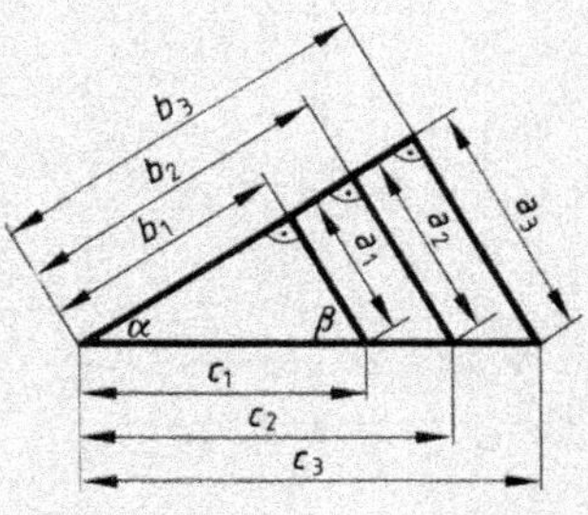

**1**.34

Ändern sich die Winkel $\alpha$ und $\beta$, ändern sich auch die Verhältnisse der Seitenlängen. Diese Verhältnisse sind demnach nur von den Winkeln abhängig. Sie sind Funktionen der Dreieckswinkel; man nennt sie daher Winkelfunktionen oder trigonometrische Funktionen.

**Winkelfunktionen Sinus, Kosinus und Tangens**

Das Verhältnis der Längen der den Winkeln $\alpha$ und $\beta$ gegenüberliegenden Katheten $a$ bzw. $b$ zur Länge der Hypotenuse $c$ wird als Sinus (sin) des betreffenden Winkels bezeichnet (**1**.35). Es sind also $\sin \alpha = a/c$ und $\sin \beta = b/c$ (gesprochen: Sinus alpha bzw. beta).

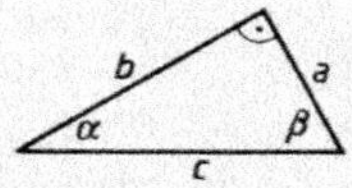

1.35

Das Verhältnis der Längen der den Winkeln anliegenden Katheten zur Länge der Hypotenuse heißt der Kosinus (cos) des betreffenden Winkels (**1**.35). Es sind demnach $\cos \alpha = b/c$ und $\cos \beta = a/c$ (gesprochen: Kosinus alpha bzw. beta).

Das Verhältnis der Längen der den Winkeln gegenüberliegenden Katheten zu den Längen der anliegenden Katheten heißt Tangens (tan) des betreffenden Winkels (**1**.35). Es sind demnach $\tan \alpha = a/b$ und $\tan \beta = b/a$ (gesprochen: Tangens alpha bzw. beta). Im rechtwinkligen Dreieck gilt somit:

$$\textbf{Sinus eines Winkels} = \frac{\textbf{gegenüberliegende Kathete}}{\textbf{Hypotenuse}}$$

$$\textbf{Kosinus eines Winkels} = \frac{\textbf{anliegende Kathete}}{\textbf{Hypotenuse}}$$

$$\textbf{Tangens eines Winkels} = \frac{\textbf{gegenüberliegende Kathete}}{\textbf{anliegende Kathete}}$$

Bei anderen Dreiecken sind für Berechnungen der Sinus- bzw. Kosinussatz anzuwenden.

Die Sinus-, Kosinus- und Tangenswerte von 0° bis 360° können entsprechenden Taschenrechnern entnommen werden. Eine Wertetabelle und die dazugehörigen Kennlinien zeigen die Bilder **1**.36 und **1**.37.

| Winkel | 0° | 10° | 20° | 30° | 40° | 50° | 60° | 70° | 80° | 90° |
|---|---|---|---|---|---|---|---|---|---|---|
| Sinus | 0 | 0,174 | 0,342 | 0,500 | 0,643 | 0,766 | 0,866 | 0,940 | 0,985 | 1,000 |
| Kosinus | 0 | 0,985 | 0,940 | 0,866 | 0,766 | 0,643 | 0,500 | 0,342 | 0,174 | 0 |
| Tangens | 0 | 0,176 | 0,364 | 0,577 | 0,839 | 1,192 | 1,732 | 2,747 | 5,671 | ∞ |

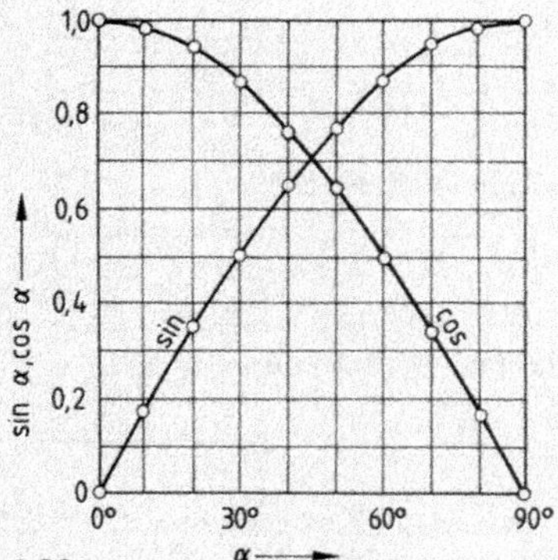

**1**.36

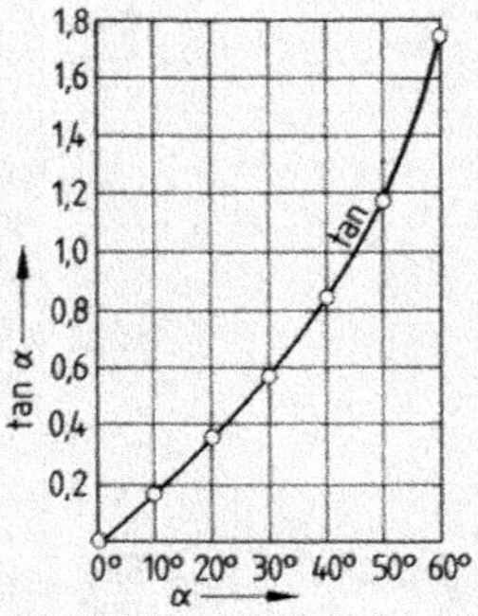

**1**.37

Mit Hilfe der Winkelfunktionen ist es möglich, im rechtwinkligen Dreieck aus einer Seite und einem Winkel die übrigen Seiten und den zweiten Winkel sowie aus zwei Seiten die Winkel und die dritte Seite auszurechnen.

**Beispiel 1.20** Die Hypotenuse eines rechtwinkligen Dreiecks (**1**.35) mit dem Winkel $\alpha$ = 30° ist 24 cm lang. Wie lang sind die Katheten *a* und *b*? Wie groß ist der Winkel $\beta$?

**Lösung** Nach der Sinus-Kosinus-Tafel sind sin 30° = 0,5 und cos 30° = 0,866.

$\sin\alpha = a/c \qquad a = c \cdot \sin\alpha = 24\text{ cm} \cdot 0{,}5 = \mathbf{12\ cm}$

$\cos\alpha = b/c \qquad b = c \cdot \cos\alpha = 24\text{ cm} \cdot 0{,}866 = \mathbf{20{,}8\ cm}$

$$\sin\beta = \frac{b}{c} = \frac{20{,}8\text{ cm}}{24\text{ cm}} = 0{,}867 \mathrel{\hat{=}} \beta = \mathbf{60°}$$

**Beispiel 1.21** In einem rechtwinkligen Dreieck (**1**.35) ist die Kathete *b* = 400 mm, die Hypotenuse *c* = 450 mm lang. Wie groß sind die Winkel $\alpha$ und $\beta$ sowie die Kathete *a*?

**Lösung**

$$\cos\alpha = \frac{b}{c} = \frac{400\text{ mm}}{450\text{ mm}} = 0{,}889 \mathrel{\hat{=}} \alpha = \mathbf{27{,}5°}$$

$$\sin\beta = \frac{b}{c} = \frac{400\text{ mm}}{450\text{ mm}} = 0{,}889 \mathrel{\hat{=}} \beta = \mathbf{62{,}5°}$$

$$\sin\alpha = \frac{a}{c} \qquad \alpha = 27{,}5° \quad \sin\alpha = 0{,}462$$

$$a = c \cdot \sin\alpha = 450\text{ mm} \cdot 0{,}462 = \mathbf{208\ mm}$$

**Beispiel 1.22** In einem rechtwinkligen Dreieck sind die Kathete *a* = 30 cm und die Kathete *b* = 40 cm lang. Wie groß sind die Winkel $\alpha$ und $\beta$ sowie die Hypotenuse *c*?

**Lösung**

$$\tan\alpha = \frac{a}{b} = \frac{30\text{ cm}}{40\text{ cm}} = 0{,}75 \mathrel{\hat{=}} \alpha = \mathbf{36{,}9°}$$

$$\tan\beta = \frac{b}{a} = \frac{40\text{ cm}}{30\text{ cm}} = 1{,}33 \mathrel{\hat{=}} \beta = \mathbf{53{,}1°}$$

$$c = \frac{b}{\cos\alpha} = \frac{40\text{ cm}}{0{,}8} = \mathbf{50\ cm}$$

Mit dem Taschenrechner wird die Beispielaufgabe 1.20 so gelöst:

| | | | |
|---|---|---|---|
| sin 30° · 24 | [3] [0] | [sin] [x] | 0.5 |
| | [2] [4] | [=] | 12 |
| cos 30° · 24 | [3] [0] | [cos] [x] | 0.8660254 |
| | [2] [4] | [=] | 20.78461 |
| | | | gerundet 20,8 |
| | | Das Zwischenergebnis nicht löschen | |
| | | [÷] | 20.78461 |
| | [2] [4] | [=] | 0.8660254 |
| | | Das Zwischenergebnis nicht löschen | |
| | | [INV] [sin] | 60 |

Die Rechnertaste [INV] = Inverttaste gestattet das „Zurückrechnen" eines Sinus-, Kosinus- oder Tangenswertes in den zugehörigen Winkel.

Negative Zahlenwerte werden mit der +/– -Taste in den Rechner eingegeben.

| | | | |
|---|---|---|---|
| **Beispiel:** –0,5 | [0] [.] [5] | [+/-] | - 0.5 |

**Aufgaben**

1. Übungen mit dem Taschenrechner zum Ermitteln der Sinus-, Kosinus- und Tangenswerte für folgende Winkel:

| | | | | | |
|---|---|---|---|---|---|
| 15° | 45° | 75° | 120° | 150° | 180° |
| 210° | 240° | 270° | 300° | 330° | 360° |

Zeichnen Sie die Sinus- und Kosinuskurve von 0° bis 360°. Falls erforderlich, verwenden Sie auch noch Zwischenwerte.

2. Übungen mit dem Taschenrechner zum Ermitteln der Winkel folgender Sinus-, Kosinus- und Tangenswerte.

| | | | | | |
|---|---|---|---|---|---|
| a) sin | 0,342 | 0 | 0,643 | 0,866 | |
| | –0,67 | –0,53 | –0,785 | | |
| b) cos | 0,342 | 0 | 0,643 | 0,866 | |
| | –0,67 | –0,53 | –0,785 | | |
| c) tan | 0,342 | 0,5 | 1 | 2,144 | 8 |
| | –0,67 | –1,8 | –12 | –36 | |

3. Die folgenden Seiten bzw. Winkel des in Bild **1.34** dargestellten rechtwinkligen Dreiecks sind gegeben und die fehlenden Seiten bzw. Winkel zu berechnen.

| | | |
|---|---|---|
| a) | $a$ = 12 cm; | $c$ = 24 cm |
| b) | $b$ = 4,7 m; | $c$ = 12 m |
| c) | $a$ = 30 mm; | $\alpha$ = 54° |
| d) | $a$ = 20 m; | $\beta$ = 40° |
| e) | $a$ = 6,4 dm; | $\beta$ = 30,5° |
| f) | $b$ = 13,5 m; | $\alpha$ = 62° |
| g) | $c$ = 27 cm; | $\alpha$ = 35° |
| h) | $c$ = 56 dm; | $\beta$ = 73,5° |

4. Die Kathete $a$ des Zeichendreiecks **1.38** mit dem Winkel $\alpha$ = 60° ist a) 34 cm, b) 25 cm, c) 12 cm lang. Wie lang sind die andere Kathete und die Hypotenuse, wie groß ist der Winkel $\beta$?

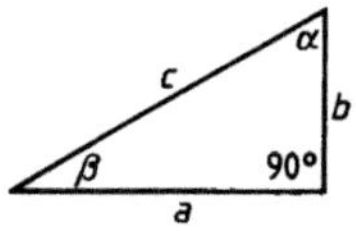

1.38

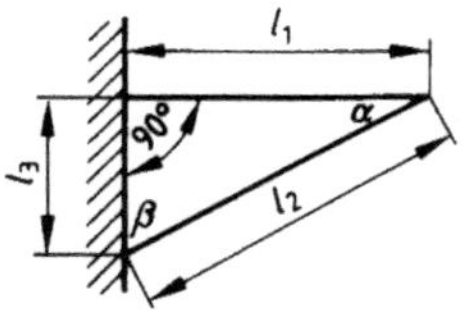

1.39

5. Für einen Motor ist eine Wandkonsole nach Bild **1.39** herzustellen. Wie groß sind die Winkel $\alpha$ und $\beta$ sowie der Abstand $l_3$ der Befestigungspunkte, bei den übrigen Maßen
a) $l_1$ = 420 mm und $l_2$ = 500 mm,
b) $l_1$ = 360 mm und $l_2$ = 410 mm,
c) $l_1$ = 468 mm und $l_2$ = 525 mm?

6. Das Aufhängeseil einer Straßenleuchte **1.40** soll an zwei gegenüberliegenden Hauswänden befestigt werden, deren Abstand a) 14 m, b) 8 m, c) 24 m beträgt. Der Durchhang $h$ des Aufhängeseils ist mit a) 1 m, b) 60 cm, c) 1,5 m festgelegt. Wie groß sind die erforderliche Seillänge und der Winkel $\alpha$?

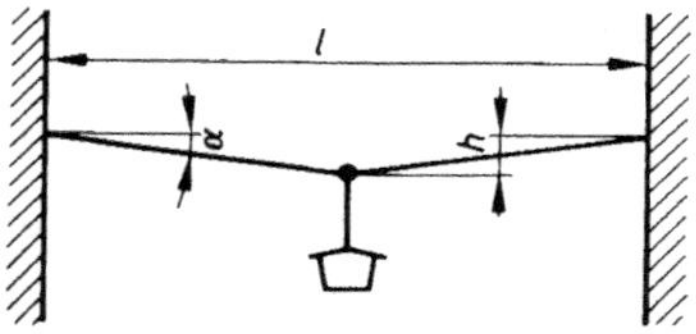

1.40

7. Wie lang muß die Stütze für den Mast in Bild **1.41** sein? Die Stütze ist in der Höhe $h$ = a) 6,6 m, b) 5,4 m, c) 7,6 m befestigt und reicht 1,5 m tief in den Boden. Wie lang muß die in halber Höhe über dem Boden angebrachte Querstrebe sein ($\alpha$ = 30°)?

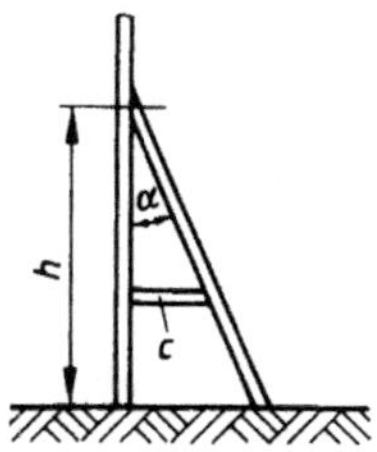

1.41

8. Für Montagearbeiten wird eine a) 8 m, b) 6 m, c) 5 m lange Leiter an die Hauswand gelehnt. Wie weit muß sie von der Hauswand entfernt aufgestellt werden, damit der Neigungswinkel 75° erreicht wird?

9. Ein Beobachter sieht die Spitze eines 45 m hohen Hochspannungsmasts unter dem Neigungswinkel a) 30°, b) 20°, c) 50°. Wie weit ist der Mast vom Beobachter entfernt, wenn die Augenhöhe 1,5 m beträgt?

10. In einer Werkstatthalle werden die Lampen nach Bild **1**.42 an einem 14 m langen Seil aufgehängt. Die beiden Befestigungspunkte des Seils sind a) 10 m, b) 12 m, c) 11 m voneinander entfernt. Wie groß ist der Winkel $\alpha$? In welcher Entfernung von der Decke hängen die Lampen?

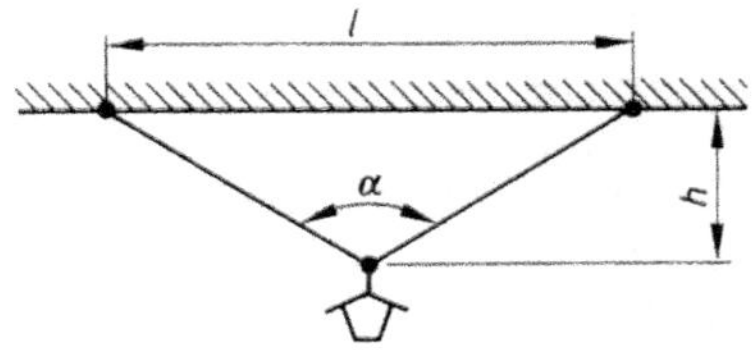


**1**.42

## 1.8 Potenzen und Wurzeln

### 1.8.1 Potenzen

Ein Produkt aus mehreren gleichen Faktoren wird verkürzt als Potenz geschrieben.

**Beispiele 1.23** $2 \cdot 2 \cdot 2 = 8 = \mathbf{2^3}$ (gelesen: zwei hoch drei)
$10 \cdot 10 \cdot 10 \cdot 10 = 10\,000 = \mathbf{10^4}$
$0{,}3 \cdot 0{,}3 = 0{,}09 = \mathbf{0{,}3^2}$

Der Exponent (Hochzahl) gibt an, wie oft die Basis (Grundzahl) als Faktor gesetzt wird.

$\boxed{2^4 = 16}$

2 Basis oder Grundzahl
4 Exponent oder Hochzahl
16 Potenzwert

**Zehnerpotenzen**
Große Zahlen schreibt man häufig in Verbindung mit Potenzen zur Basis 10 (Zehnerpotenzen).

**Beispiele 1.24** $300 = 3 \cdot 100 = \mathbf{3 \cdot 10^2}$
$78\,000 = 78 \cdot 1000 = \mathbf{78 \cdot 10^3}$
$10\,700\,000 = 10{,}7 \cdot 1\,000\,000 = \mathbf{10{,}7 \cdot 10^6}$

Auch kleine Zahlen können als Faktoren mit Zehnerpotenzen geschrieben werden. Dabei erhält der Exponent ein n e g a t i v e s Vorzeichen.

**Beispiele 1.25** $0{,}01 = \frac{1}{100} = \frac{1}{10^2} = \mathbf{10^{-2}}$

$0{,}005 = \frac{5}{1000} = \frac{5}{10^3} = \mathbf{5 \cdot 10^{-3}}$

Eine Potenz mit dem Exponenten Null hat den Wert Eins.

**Beispiele 1.26** $5^0 = 1$ $0{,}3^0 = 1$ $34^0 = 1$ $x^0 = 1$

**Beispiele 1.27**

| | |
|---|---|
| 12 mA = $12 \cdot 10^{-3}$ A | 3,3 MΩ = $3{,}3 \cdot 10^6$ Ω |
| 220 kV = $220 \cdot 10^3$ V | 6,8 kW = $6{,}8 \cdot 10^3$ W |
| 25 µF = $25 \cdot 10^{-6}$ F | 36 mm = $36 \cdot 10^{-3}$ m |

Tabelle 1.43 Vorsätze für Vielfache und Teile von Einheiten

| Vorsatz | gesprochen | Umrechnungsfaktor | Vorsatz | gesprochen | Umrechnungsfaktor |
|---|---|---|---|---|---|
| E | Exa | $10^{18}$ | d | Dezi | $10^{-1}$ |
| P | Peta | $10^{15}$ | c | Centi | $10^{-2}$ |
| T | Tera | $10^{12}$ | m | Milli | $10^{-3}$ |
| G | Giga | $10^{9}$ | µ[1] | Mikro | $10^{-6}$ |
| M | Mega | $10^{6}$ | n | Nano | $10^{-9}$ |
| k | Kilo | $10^{3}$ | p | Piko | $10^{-12}$ |
| h | Hekto | $10^{2}$ | f | Femto | $10^{-15}$ |
| D | Deka | $10^{1}$ | a | Atto | $10^{-18}$ |

1) griechisch my

**Aufgaben**

1. Schreiben Sie als Potenzen.

a) $3 \cdot 3 \cdot 3 \cdot 3$  $\frac{1}{y} \cdot \frac{1}{y}$  32  0,16

$\frac{2}{5} \cdot \frac{2}{5} \cdot \frac{2}{5}$

b) $x \cdot x \cdot x$  $\frac{1}{b} \cdot \frac{1}{b} \cdot \frac{1}{b}$  125  64  0,49

c) $3ab \cdot 3ab$  $\frac{3}{4} \cdot \frac{3}{4}$  36  0,36

$4\frac{x}{y} \cdot 16\frac{x}{y}$

d) $xy \cdot xy$  $\frac{1}{125}$  81  0,64

$\frac{2a}{c} \cdot \frac{2a}{c} \cdot \frac{2a}{c}$

2. Schreiben Sie als Zehnerpotenzen.

a) 1000  10 000  $\frac{1}{1000}$  1 000 000  $\frac{1}{100\,000}$

b) 10  $\frac{1}{100}$  10 000  $\frac{1}{10\,000}$  $\frac{1}{10\,000\,000}$

c) 100  $\frac{1}{10}$  $\frac{1}{1\,000\,000}$

1 000 000 000  $\frac{1}{100\,000}$

3. Berechnen Sie die folgenden Potenzen auf drei tragende Ziffern.

a) $6^2$  $14{,}5^2$  $5^3$  $8^0$  $0{,}7^2$
b) $220^2$  $0{,}1^2$  $12{,}5^3$  $0{,}4^3$  $3{,}42^0$
c) $0{,}5^2$  $6{,}3^3$  $25^0$  $0{,}3^4$  $1{,}2^2$
d) $5^{-2}$  $\left(\frac{1}{2}\right)^{-2}$  $0{,}5^{-2}$  $\left(\frac{3}{4}\right)^{-2}$  $0{,}125^{-2}$

4. Schreiben Sie die folgenden Zahlen als Faktoren mit Zehnerpotenzen.

a) 500  0,2  68 000  1500  0,0125
b) 4  0,025  1200  270 000  0,38
c) 3600  0,85  468 000  0,000025  0,42
d) 15 000  380 000  0,004  0,000000025  0,09

5. Schreiben Sie die folgenden Größen als Produkt aus Zahlenfaktor, Zehnerpotenz und Einheit.

a) 26 mA  3,6 kW  2,2 MΩ  25 µF  15 kHz
b) 220 kV  33 MΩ  8,2 µA  0,4 mH  4 nF
c) 50 MW  45 mV  468 kHz  12 pF  1,25 µV
d) 400 kV  10,7 MHz  2,7 nF  53 µA  16 mH

6. Rechnen Sie folgende Aufgaben. Schreiben Sie die gegebenen Größen als Produkt aus Zahlenfaktor, Zehnerpotenz und Einheit.

a) 380 V + 1,4 kV + 0,5 MV
b) 280 kΩ + 2,7 MΩ + 3400 Ω
c) 27 mA · 5 mV
d) 1,3 kA · 270 mV
e) $\frac{24\text{ mVA}}{4\text{ mA}}$
f) $\frac{360\text{ mVA}}{60\text{ mV}}$

7. Rechnen Sie die folgenden Angaben der elektrischen Arbeit um in die Einheit Ws (Wattsekunde) und schreiben Sie das Ergebnis als Produkt aus Zahlenfaktor, Zehnerpotenz und Einheit.

1 kWh  300 kWh  $420 \cdot 10^3$ kWh  $62 \cdot 10^6$ kWh

## 1.8.2 Wurzeln

Das Wurzelziehen (Radizieren) ist die Umkehrung des Potenzierens.

**Beispiele 1.28** $\sqrt[2]{9} = \mathbf{3}$ (gelesen: zweite Wurzel oder Quadratwurzel aus neun, kurz: Wurzel aus neun)

Bei Quadratwurzeln ist es üblich, den Wurzelexponenten wegzulassen, also $\sqrt{9} = \mathbf{3}$.

$\sqrt[3]{8} = \mathbf{2}$ (gelesen: dritte Wurzel aus acht)

Der Wurzelexponent gibt an, mit welchem Exponenten die Wurzel potenziert werden muß, um die Zahl unter dem Wurzelzeichen, den Wurzelradikanden, zu erhalten.

$$\boxed{\sqrt[4]{16} = 2}$$

16 Wurzelradikand
4 Wurzelexponent
2 Wurzel

Das Radizieren (Wurzelziehen) ist die Umkehrrechenart des Potenzierens. Hier einige Beispiele für den Rechnereinsatz:

**Beispiele 1.29**

| | | | | |
|---|---|---|---|---|
| $4{,}5^2$ | | [4] [.] [5] | [x²] | 20.25 |
| $\sqrt{20{,}25}$ | Anzeige | 20.25 | [√x] | 4.5 |
| $6{,}2^3$ | | [6] [.] [2] | [yˣ] | 6.2 |
| | | [3] | [=] | 238.328 |
| $\sqrt[3]{238{,}328}$ | Anzeige | 238.328 | [INV] [yˣ] | 238.328 |
| | | [3] | [=] | 6.2 |
| $4^4$ | | [4] | [yˣ] | 4 |
| | | [4] | [=] | 256 |
| $\sqrt[4]{256}$ | Anzeige | 256 | [INV] [yˣ] | 256 |
| | | [4] | [=] | 4 |

### Aufgaben

1. Berechnen Sie die folgenden Wurzeln auf drei tragende Ziffern.
   a) $\sqrt{64}$ $\sqrt{0{,}25}$ $\sqrt{10}$ $\sqrt[3]{1000}$ $\sqrt{0{,}5}$
   b) $\sqrt{25}$ $\sqrt{0{,}1}$ $\sqrt{500}$ $\sqrt[3]{125}$ $\sqrt{0{,}09}$
   c) $\sqrt{156}$ $\sqrt{0{,}64}$ $\sqrt{1000}$ $\sqrt[3]{0{,}125}$ $\sqrt{6{,}4}$
   d) $\sqrt{0{,}36}$ $\sqrt[3]{56}$ $\sqrt{16}$ $\sqrt[3]{0{,}064}$ $\sqrt{169}$
2. Für die Zahlen $n = 0$ bis 100 sind die Quadratwurzeln durch eine Wertetabelle und eine Kennlinie darzustellen. Aus der Kennlinie sind die Quadratwurzeln
   $\sqrt{24}$ $\sqrt{86}$ $\sqrt{13{,}5}$ $\sqrt{4{,}92}$ $\sqrt{73{,}8}$ $\sqrt{95}$
   $\sqrt{68}$ $\sqrt{25{,}4}$ $\sqrt{10}$ $\sqrt{50}$ $\sqrt{5}$
   abzulesen und ihre Richtigkeit und die Ablesegenauigkeit durch Rechnung zu prüfen.

### 1.8.3 Rechnen mit Potenzen und Wurzeln

**Addition und Subtraktion** von Potenzen und Wurzeln sind nur bei gleichen Basen und gleichen Exponenten möglich.

**Beispiele 1.30** $3^2 + 3^2 = 2 \cdot 3^2 = 2 \cdot 9 = \mathbf{18}$ $\qquad 3 \cdot \sqrt{16} + 4 \cdot \sqrt{16} = 7 \cdot \sqrt{16} = 7 \cdot 4 = \mathbf{28}$

$3 \cdot 2^2 - 2 \cdot 2^2 = 1 \cdot 2^2 = 1 \cdot 4 = \mathbf{4}$ $\qquad 6 \cdot \sqrt{25} - 4 \cdot \sqrt{25} = 2 \cdot \sqrt{25} = 2 \cdot 5 = \mathbf{10}$

**Potenzen mit gleichen Basen** werden multipliziert bzw. dividiert, indem man die Exponenten addiert bzw. subtrahiert.

$$a^n \cdot a^m = a^{n+m} \qquad \frac{a^n}{a^m} = a^{n-m}$$

**Beispiele 1.31** $2^3 \cdot 2^2 = 2^{3+2} = 2^5 = \mathbf{32}$ $\qquad \frac{2^3}{2^2} = 2^{3-2} = 2^1 = \mathbf{2}$

**Potenzen mit gleichen Exponenten** werden multipliziert bzw. dividiert, indem man das Produkt bzw. den Quotienten der Basen mit dem Exponenten potenziert.

$$a^n \cdot b^n = (a \cdot b)^n \qquad \frac{a^n}{b^n} = \left(\frac{a}{b}\right)^n$$

**Wurzeln mit gleichen Exponenten** werden multipliziert bzw. dividiert, indem man das Produkt bzw. den Quotienten der Wurzelradikanden mit dem Wurzelexponenten radiziert.

$$\sqrt{a} \cdot \sqrt{b} = \sqrt{a \cdot b} \qquad \frac{\sqrt{a}}{\sqrt{b}} = \sqrt{\frac{a}{b}}$$

**Beispiele 1.32** $4^3 \cdot 2^3 = (4 \cdot 2)^3 = 8^3 = \mathbf{512}$ $\qquad \frac{\sqrt{64}}{\sqrt{16}} = \sqrt{\frac{64}{16}} = \sqrt{4} = \mathbf{2}$

**Potenzen werden potenziert bzw. radiziert,** indem man die Exponenten multipliziert bzw. dividiert.

$$(a^n)^m = a^{n \cdot m} \qquad \sqrt[m]{a^n} = a^{\frac{n}{m}}$$

**Beispiele 1.33** $(2^3)^2 = 2^{3 \cdot 2} = \mathbf{64}$ $\qquad \sqrt[3]{10^{12}} = 10^{\frac{12}{3}} = \mathbf{10^4}$

**Beispiele 1.34** für den Rechnereinsatz

$3^2 \cdot 6 + 2^3 \cdot 5$

| | | | |
|---|---|---|---|
| 3 | x² | × | 9 |
| 6 | + | | 54 |
| 2 | yˣ | | 2 |
| 3 | × | | 8 |
| 5 | = | | 94 |

$\frac{48}{2^2} - \sqrt{9}$

| | | | |
|---|---|---|---|
| 4 8 | ÷ | | 48 |
| 2 | x² | − | 12 |
| 9 | √x | = | 9 |

**Aufgaben**

1. Berechnen Sie die folgenden Ausdrücke.

a) $2^3 + 4 \cdot 2^3$ $\quad 4 \cdot 3^2 + 3 \cdot 3^2$ $\quad 3\left(\frac{1}{5}\right)^3 - 2\left(\frac{1}{5}\right)^3 + \left(\frac{1}{5}\right)^3$ $\quad 2 \cdot 3^2 + 3^2 - 3 \cdot 3^2$

b) $8\sqrt{9} - 2\sqrt{9}$ $\quad 5\sqrt[3]{8} - \sqrt[3]{8}$ $\quad 3\sqrt{\frac{1}{2}} + 2\sqrt{\frac{1}{2}}$ $\quad 7\sqrt{\frac{3}{4}} + \sqrt{\frac{3}{4}}$

2. Die folgenden Ausdrücke sind auf drei tragende Ziffern genau zu berechnen.

a) $(1{,}4 \cdot 4)^2$ $\quad \frac{2{,}7^2}{83{,}5}$ $\quad \left(\frac{14}{6}\right)^2$ $\quad \frac{110^2 \cdot 2{,}8}{40^2}$ $\quad \left(\frac{3}{4}\right)^3 : \left(\frac{4}{3}\right)^3$

b) $0{,}54^2 \cdot 16$ $\quad \left(\frac{2}{5}\right)^2$ $\quad \frac{27{,}5^2}{12^2}$ $\quad \frac{(1{,}2 \cdot 7)^2}{14}$ $\quad 2 : \left(\frac{1}{2}\right)^3$

3. Die folgenden Ausdrücke sollen auf drei tragende Ziffern genau berechnet werden.

a) $\sqrt{800 \cdot 0{,}5}$ $\quad \sqrt{\frac{36}{16}}$ $\quad \sqrt{\frac{1}{2}}$ $\quad \sqrt{\frac{40^2}{250}}$ $\quad \sqrt{\frac{12^2 \cdot 4}{3{,}5^2}}$

b) $\sqrt{100 \cdot 49}$ $\quad \sqrt{\frac{144}{64}}$ $\quad \sqrt{6\frac{1}{7}}$ $\quad \sqrt{\frac{3600}{27{,}5}}$ $\quad \sqrt{\frac{3 \cdot 18^2}{4^2 \cdot 12}}$

4. Vereinfachen bzw. berechnen Sie die folgenden Ausdrücke.

a) $\sqrt{27^2}$ $\quad \sqrt{4 \cdot 10^{-3} \cdot 2{,}5 \cdot 10^6}$ $\quad \sqrt{27\, a^3 b^6}$ $\quad \sqrt{x^3 y^{-6}}$

b) $\sqrt{0{,}4^{-2}}$ $\quad \sqrt{\frac{1}{8 \cdot 10^{-9} \cdot 20 \cdot 10^6}}$ $\quad \sqrt{\frac{1}{8x^6 y^3}}$ $\quad \sqrt{\frac{x^{-4}}{y^{-2}}}$

5. Vereinfachen bzw. berechnen Sie die folgenden Ausdrücke.

a) $4 \cdot 10^{-3}\,\text{A} + 2{,}5 \cdot 10^{-3}\,\text{A}$ $\quad 2{,}2 \cdot 10^6\,\Omega - 1{,}8 \cdot 10^6\,\Omega$ $\quad 1{,}6 \cdot 10^3\,\text{W} + 860\,\text{W}$

b) $\frac{84 \cdot 10^{-2}\,\text{m}}{0{,}7 \cdot 10^{-3}\,\text{m}}$ $\quad \frac{0{,}48 \cdot 10^{-3}\,\text{m}}{0{,}04 \cdot 10^{-4}\,\text{m}}$ $\quad \frac{(12 \cdot 10^{-2}\,\text{m})^2}{18 \cdot 10^{-3}\,\text{m}}$

### 1.8.4 Logarithmen

Wenn von einer Potenz die Basis (Grundzahl) und der Potenzwert bekannt sind, nicht jedoch der Exponent, erhält man die Gleichung

$y = a^x$.

$y$ Potenzwert
$a$ Basis (Grundzahl)
$x$ Exponent

Man nennt diese Art von Gleichungen Exponentialgleichungen. Eine Lösung mit den bisher bekannten Rechenregeln ist nicht möglich. Man braucht eine neue Rechenart, das Logarithmieren. Wir schreiben dann für $y = a^x$.

$$x = a \lg y$$

gesprochen: $x$ ist der Logarithmus von $y$ zur Basis $a$.

Von den Logarithmen der vielen verschiedenen Basen haben sich zwei Möglichkeiten für die Mathematik und die Technik als zweckmäßig erwiesen:

- **die Zehner- oder dekadische Logarithmen** (auch Briggsche Logarithmen genannt)

$$y = 10^x \qquad x = \lg y$$

lg ≙ Logarithmus, bei Rechnern die Taste log

- **die natürliche Logarithmen** (auch Napiersche Logarithmen)

$$y = e^x \qquad x = \ln y$$

ln ≙ natürlicher Logarithmus, bei Rechnern die Taste ln
$e = 2{,}7183$

Das Rechnen mit Zehnerlogarithmen bietet Rechenvorteile, soll aber hier nicht weiter behandelt werden. Das Rechnen mit natürlichen Logarithmen ist in der höheren Mathematik von Bedeutung, wird aber hier auch nicht behandelt.

Wir wollen hier nur einige Übungen mit dem Taschenrechner anstellen, um ganz besonders die in Abschn. 1.6 erwähnte „logarithmische Teilung" zu begründen.

Geben Sie in den Rechner ein:

| | | | |
|---|---|---|---|
| [0] | [log] | [Error] | kein gültiger Wert |
| [0] [.] [2] | [log] | [-0.69897] | Die Zahlen zwischen 0 und 1 ergeben negative Logarithmenwerte. Sie sind für unsere Betrachtungen ohne Bedeutung. |
| [0] [.] [4] | [log] | [-0.39794] | |
| [0] [.] [6] | [log] | [-0.22185] | |
| [0] [.] [8] | [log] | [-0.09691] | |
| [1] | [log] | [0] | |

Wir beginnen deshalb bei lg 1 = 0 und wollen eine Wertetabelle aufstellen für alle ganzen Zahlen zwischen 1 und 10. Es ergibt sich dann:

| lg 1 | lg 2 | lg 3 | lg 4 | lg 5 | lg 6 | lg 7 | lg 8 | lg 9 | lg 10 |
|---|---|---|---|---|---|---|---|---|---|
| 0 | 0,301 | 0,477 | 0,602 | 0,699 | 0,778 | 0,845 | 0,903 | 0,954 | 1 |

Setzen wir diese Wertetabelle in eine grafische Darstellung mit geeignetem Maßstab um, erhalten wir eine Kurve für die dekadischen Logarithmen (**1.44**).

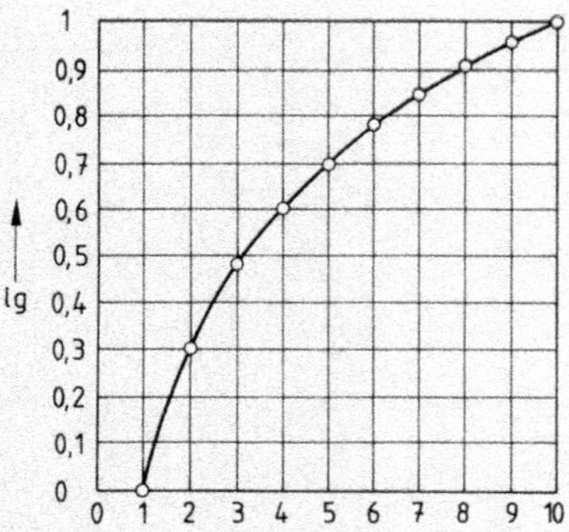


**1.44**

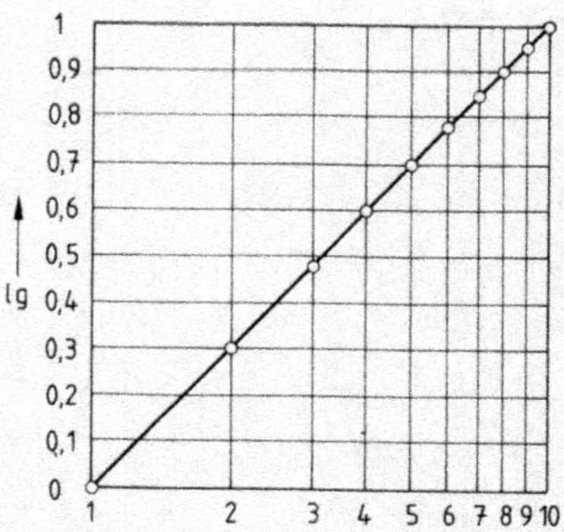


**1.45**

Teilt man nun die waagerechte Achse nicht linear ein, sondern den Logarithmuswerten entsprechend – also den

Abstand von lg 1 nach lg 2 , z. B. 3,01 cm;
Abstand von lg 1 nach lg 3, z. B. 4,77 cm;
Abstand von lg 1 nach lg 4, z. B. 6,02 cm usw.,

erhält man beim Eintragen der Kurvenpunkte und deren Verbindung eine Gerade (**1**.45 auf S. 35).

Da die Werte zwischen lg 0 und lg 1 meist ohne Bedeutung sind, beginnen logarithmisch geteilte Achsen normalerweise mit dem Wert 1 oder mit Teilen oder Vielfachen von 1, also etwa 0,01 0,1 10 100 usw.

Liegt zwischen zwei Größen eine quadratische Abhängigkeit vor, wie z. B. $P = U^2/R$ (s. Abschn. 1.6), müssen beide Achsen logarithmisch (doppelt logarithmisch) geteilt werden, um eine Gerade als Kennlinie zu erhalten.

**Aufgaben**

1. Berechnen und zeichnen Sie für das Beispiel $P = U^2/R$ in Abschn. 1.6 die Kennlinie für
   a) senkrechte Achse linear geteilt und waagerechte Achse logarithmisch geteilt (0 W, 10 W ... 100 W und 1 V ... 10 V),
   b) senkrechte Achse logarithmisch geteilt und waagerechte Achse linear geteilt (10 W, 20 W ... 100 W und 0 V, 1 V ... 10 V),
   c) beide Achsen logarithmisch geteilt (10 W bis 100 W, 1 V bis 10 V) für $R = 1\ \Omega$ (konstant) und Spannungen von 1 V bis 10 V.
2. Stellen Sie eine Wertetabelle auf für
   lg 10 lg 20 lg 30 lg 40 ... lg 100
   lg 100 lg 200 lg 300 lg 400 ... lg 1000
   lg 1000 lg 2000 lg 3000 lg 4000 ... lg 10000
   Was fällt Ihnen auf?
3. Übertragen Sie die Abhängigkeit $A = \frac{\pi \cdot d^2}{4}$ (vgl. Abschn. 1.6, Aufg. 1) in ein logarithmisch geteiltes Diagramm für folgende Durchmesserangaben so, daß sich als Kennlinie eine Gerade ergibt.
   a) 0,1 mm 0,2 mm 0,3 mm 0,4 mm ... 1,0 mm
   b) 1,0 mm 2,0 mm 3,0 mm 4,0 mm ... 10 mm
   c) 10 mm 20 mm 30 mm 40 mm ... 100 mm
4. Ermitteln Sie mit dem Taschenrechner die Werte für ln 1 ln 2 ln 3 ln 4 ... ln 10 und zeichnen Sie die Kennlinie.

# 2 Elektrischer Stromkreis

**Ohmsches Gesetz**

Die Stromstärke $I$ steigt mit zunehmender Spannung $U$ und nimmt mit zunehmendem Widerstand $R$ ab (2.1). Die Stromstärke ändert sich dabei im gleichen Verhältnis wie die Spannung und im umgekehrten Verhältnis wie der Widerstand.

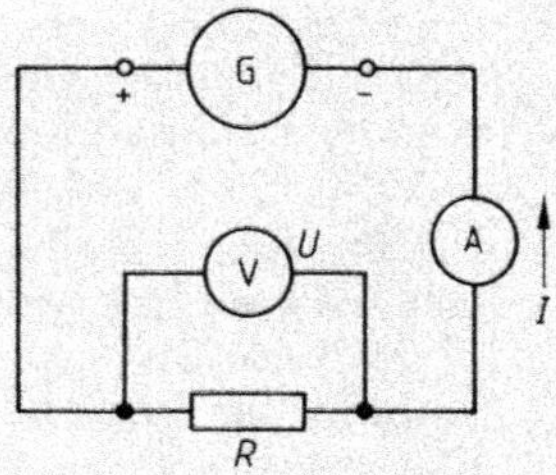

2.1

$$I = \frac{U}{R}$$

$I$ in A (Ampere)
$U$ in V (Volt)
$R$ in Ω (Ohm)

**Beispiel 2.1** Wie groß ist die Stromstärke $I$ in einem Widerstand $R = 50\ \Omega$, wenn an seinen Klemmen die Spannung $U = 220$ V liegt?

**Lösung** Stromstärke $I = \frac{U}{R} = \frac{220\ \text{V}}{50\ \Omega} = \mathbf{4{,}4\ A}$

**Beispiel 2.2** Welche Spannung $U$ ist erforderlich, wenn durch einen Widerstand $R = 500\ \Omega$ ein Strom $I = 0{,}4$ A fließen soll?

**Lösung** Spannung $U = I \cdot R = 0{,}4\ \text{A} \cdot 500\ \Omega = \mathbf{200\ V}$

**Beispiel 2.3** Welchen Widerstand $R$ muß ein Verbraucher haben, damit bei der angelegten Spannung $U = 220$ V der Strom $I = 8$ A fließt?

**Lösung** Widerstand $R = \frac{U}{I} = \frac{220\ \text{V}}{8\ \text{A}} = \mathbf{27{,}5\ \Omega}$

**Aufgaben**

1. Die an einem Schiebewiderstand liegende Spannung wird
   a) verdreifacht, b) vervierfacht, c) halbiert.
   Gleichzeitig wird sein Widerstandswert durch Verstellen des Abgriffs verdoppelt. Auf welchen Wert ändert sich die Stromstärke?
2. Auf welchen Wert muß der Widerstand eines Schaltelements geändert werden, um bei
   a) vierfacher, b) doppelter, c) dreifacher Spannung
   eine Halbierung der Stromstärke zu erreichen?
3. Durch Verstellen des Schleifkontakts wird der Widerstandswert des Stellwiderstands **2.2**
   a) verdreifacht, b) halbiert, c) verdoppelt.
   Auf welchen Wert muß die anliegende Spannung geändert werden, damit die Stromstärke viermal so groß wird?

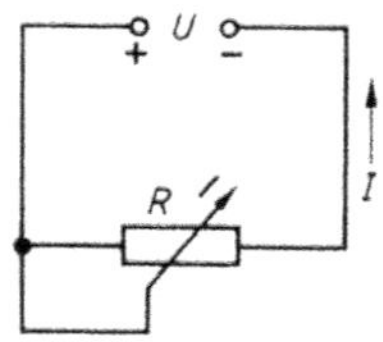

2.2

4. Ein kleiner Heizofen mit dem Widerstand a) 55 Ω, b) 40 Ω, c) 385 Ω wird an das 220-V-Netz angeschlossen. Wie groß ist die vom Strommesser angezeigte Stromstärke? (**2.3**)

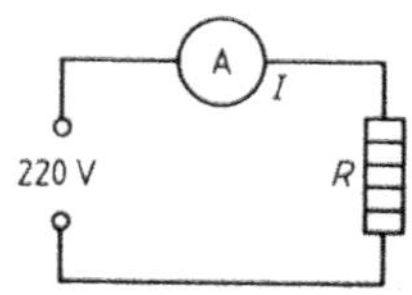

2.3

5. Ein Widerstand hat auf dem Typenschild die Angaben a) 330 Ω/1,2 A, b) 2 kΩ/8 mA, c) 2400 Ω/0,3 A.
   Wie groß darf die angelegte Spannung im Höchstfall sein?

6. Wie groß ist der Widerstand einer kleinen Glühlampe mit der Angabe a) 3,5 V/0,2 A, b) 2,5 V/0,3 A, c) 3,8 V/0,07 A bei Nennbelastung?
7. Ein Widerstand nimmt die Stromstärke 0,64 mA auf. Wie groß wird die Stromstärke nach Spannungserhöhung von a) 20 %, b) 65 %, c) 38 % sein?
8. Die Stromstärke eines an 220 V angeschlossenen Heizwiderstands soll um a) 25 %, b) 34 %, c) 72 % verringert werden. Um welchen Betrag ist die Klemmenspannung zu verringern?
9. Der Widerstand a) 1,5 MΩ, b) 470 kΩ, c) 24 Ω wird an 220 V angeschlossen. Wie groß ist die aufgenommene Stromstärke?
10. Eine Relaisspule mit a) 37 Ω, b) 145 Ω, c) 1,5 kΩ nimmt den Erregerstrom 40 mA auf. Wie groß ist die anliegende Spannung?
11. Um den Widerstand einer Spule zu bestimmen, wird sie an 24 V angeschlossen (**2**.4). Die Stromaufnahme beträgt a) 84 μA, b) 24 mA und c) 40 mA. Der Eigenverbrauch der Meßgeräte wird nicht berücksichtigt. Welchen Widerstandswert hat die Spule?

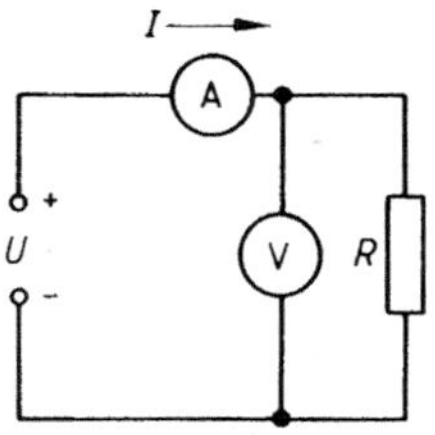


2.4

12. In der Schaltung nach Bild **2**.5 betragen die Stromstärken bei den Schalterstellungen

| | „Oben" | „Unten" |
|---|---|---|
| a) | $I_1 = 4$ A, | $I_2 = 6$ A, |
| b) | $I_1 = 2$ A, | $I_2 = 5$ A, |
| c) | $I_1 = 150$ mA, | $I_2 = 625$ mA. |

Wie groß sind die Spannung $U$ und der Widerstand $R_2$?

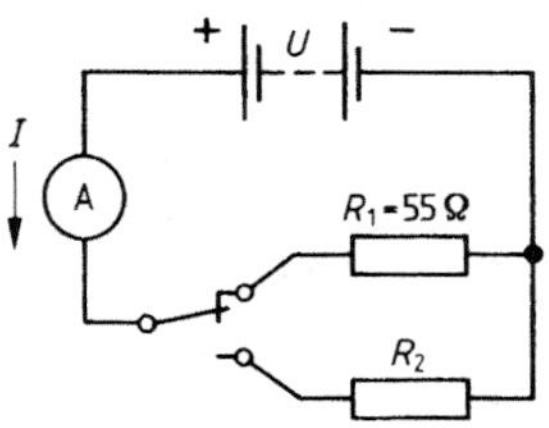


2.5

13. In der Schaltung nach Bild **2**.6 betragen die Stromstärken bei den Schalterstellungen

| | „Links" | „Rechts" |
|---|---|---|
| a) | $I_1 = 2{,}5$ A, | $I_2 = 1{,}8$ A, |
| b) | $I_1 = 4{,}6$ A, | $I_2 = 2{,}8$ A, |
| c) | $I_1 = 680$ mA, | $I_2 = 420$ mA. |

Wie groß sind der Belastungswiderstand $R$ und die Spannung $U_2$?

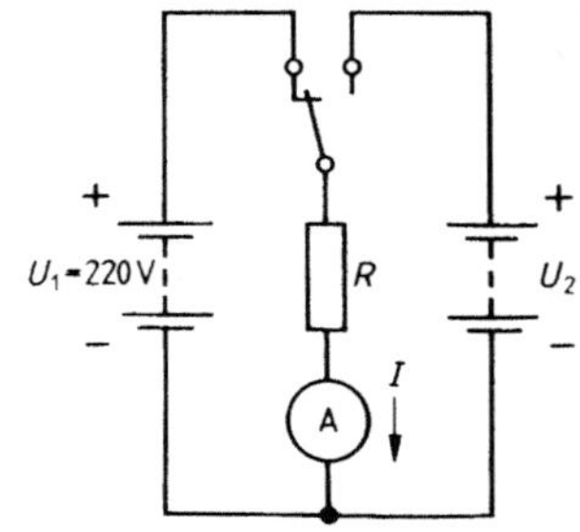


2.6

14. Wie groß ist die Stromstärke in einem Spannungsmesser mit dem Meßbereichsendwert 600 V und einem Innenwiderstand 2 MΩ, wenn der Zeiger die Spannung a) 380 V, b) 245 V, c) 48 V anzeigt?
15. Ein Strommesser mit dem Meßbereichsendwert 10 A hat einen Innenwiderstand 4 mΩ. Wie groß ist die an den Klemmen des Strommessers liegende Spannung, wenn der Zeiger die Stromstärke a) 4,5 A, b) 5,6 A, c) 8,7 A anzeigt?
16. Ein Vielfach-Meßinstrument wird im Bereich 0 bis 30 mV bei Vollausschlag des Zeigers von 2 mA durchflossen. Die Skale hat 60 Teilstriche. Wieviel Milliampere fließen durch das Instrument, wenn der Zeiger auf Teilstrich a) 15, b) 26, c) 42 steht?
17. Ein Bügeleisen für 500 W nimmt an seiner Nennspannung 220 V die Stromstärke 2,27 A auf. Wie groß ist die Stromaufnahme, wenn die Anschlußspannung a) 190 V, b) 110 V, c) 250 V beträgt?
18. Die Spannung an einem Widerstand steigt um a) 50 %, b) 35 %, c) 80 %. Um wieviel Prozent muß der Widerstandswert geändert werden, damit die Stromstärke gleich bleibt?

19. In Bild **2**.7 sind die Kennlinien von drei Widerständen dargestellt. Wie groß sind die Widerstandswerte?

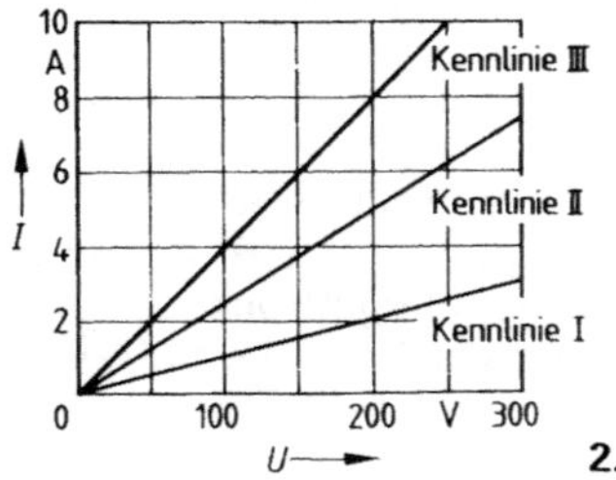


**2**.7

20. Um wieviel Prozent vom ursprünglichen Wert muß der Widerstand eines an 220 V angeschlossenen Verbrauchers erhöht werden, damit die Stromstärke von
    a) 12,5 A auf 7,2 A,
    b) 84 mA auf 54 mA,
    c) 0,48 A auf 360 mA zurückgeht?

21. In einem Stromkreis steigt die Stromstärke durch Verringerung des Gesamtwiderstands um a) 40 %, b) 25 %, c) 70 % vom ursprünglichen Wert. Um wieviel Prozent wurde der Widerstand des Stromkreises verringert?

22. Wird die an einem Widerstand liegende Spannung um 7 V erhöht, nimmt die Stromstärke um a) 4 %, b) 2,5 %, c) 6 % zu. Wie groß war die Spannung vor der Erhöhung? Wie groß ist die Spannung nach der Erhöhung?

23. In einer Kupferleitung mit dem Widerstand 0,3 Ω darf der Spannungsfall a) 3 %, b) 1,5 %, c) 5 % der Betriebsspannung 220 V nicht überschreiten. Wie groß darf die Stromstärke in der Leitung höchstens sein?

24. Das Leistungsschild eines Schiebewiderstands enthält u. a. die Angabe „80 Ω/2,2 A". Mit wieviel Prozent des Nennstroms ist der Widerstandsdraht belastet, wenn er an a) 110 V, b) 42 V, c) 76 V angeschlossen wird?

25. Für die Herstellung eines Vorschaltwiderstands, der die Spannung von 110 V auf a) 40 V, b) 30 V, c) 60 V herabsetzen soll, steht Eisendraht mit $d$ = 1,5 mm zur Verfügung. Die Stromstärke soll 3,5 A betragen. Der Draht ist auf einen zylindrischen Wickelkörper mit dem Durchmesser 5 cm zu wickeln. Wieviel Windungen sind für die Herstellung des Widerstands erforderlich?

# 3 Berechnen von Widerständen

## 3.1 Abhängigkeit von Länge, Querschnitt und Material

Der Widerstand $R$ eines Leiters ändert sich im gleichen Verhältnis wie die Leiterlänge $l$ und im umgekehrten Verhältnis wie der Leiterquerschnitt $A$. Außerdem hängt der Widerstand von der Art des Leiterwerkstoffs ab, ausgedrückt durch den spezifischen Widerstand $\varrho$ (griechisch rho) oder die elektrische Leitfähigkeit $\gamma$ (griechisch gamma) – Tabelle 1 des Anhangs.

**Der spezifische Widerstand** $\varrho$ eines Leiterwerkstoffs ist zahlenmäßig gleich seinem Widerstand bei 1 m Länge, 1 mm² Querschnitt und der Temperatur 20 °C.

$$\boldsymbol{R = \frac{\varrho \cdot l}{A}}$$

$R$ in Ω; $\rho$ in $\frac{\Omega \cdot mm^2}{m}$; $l$ in m; $A$ in mm²

**Die elektrische Leitfähigkeit** $\gamma$ eines Leiterwerkstoffs ist zahlenmäßig gleich der Länge eines Leiters mit 1 mm² Querschnitt, der bei 20 °C den Widerstand 1 Ω hat. Die Leitfähigkeit ist damit der Kehrwert des spezifischen Widerstands, also $\gamma = 1/\varrho$.

$$\boldsymbol{R = \frac{l}{\gamma \cdot A}}$$

$R$ in Ω; $l$ in m; $\gamma$ in $\frac{m}{\Omega \cdot mm^2}$; $A$ in mm²

Zum Berechnen eines Spulenwiderstands wird die Drahtlänge $l$ in der Gleichung ersetzt durch das Produkt aus der mittleren Windungslänge $l_m$ und der Windungszahl $N$.

$$R = \frac{\varrho \cdot l_m \cdot N}{A} = \frac{l_m \cdot N}{\gamma \cdot A}$$

Für Rundspulen ist $l_m = d_m \cdot \pi$.

Die für Spulen erforderliche Wickelfläche $A_w$ wird berechnet aus der Wickelhöhe $h_w$ und der Wickeltiefe $t_w$. Wird angenommen, daß ein Runddraht unter Einbeziehung des Nutenfüllfaktors die Fläche $d_a^2$ in Anspruch nimmt, kann die Wickelfläche $A_w$ auch aus $d_a^2$ und der Windungszahl berechnet werden. Bei größeren Windungszahlen ist es dabei gleichgültig, ob die Windungslagen direkt übereinander oder auf „Lücke" gewickelt werden (**3.1**).

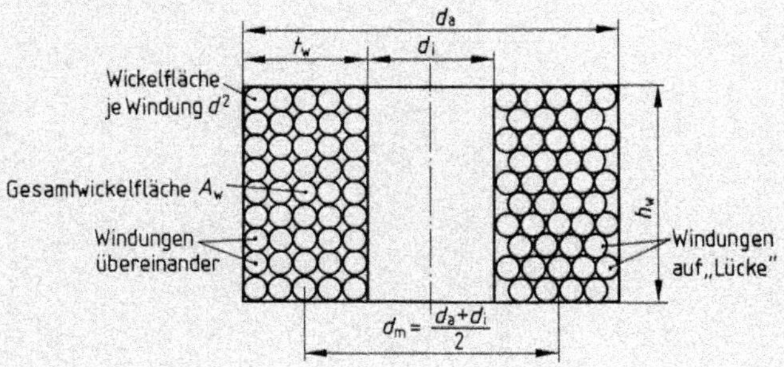


**3.1**

$$A_W = h_W \cdot t_W = d_a^2 \cdot N$$

$A_W$ in mm² $\quad d_a^2$ in mm²
$h_W$ in mm $\quad N$ ohne Einheit
$t_W$ in mm

**Leitwert.** Der Kehrwert eines beliebigen Widerstands $R$ heißt Leitwert $G$.

$$G = \frac{1}{R}$$

$G$ in S (Siemens) $= \frac{1}{\Omega}$ $\quad R$ in $\Omega$

Zum Berechnen von Kehrwerten haben Rechner eine Reziproktaste [1/x].

**Beispiele 3.1**

| | | | |
|---|---|---|---|
| $\frac{1}{4}$ | [4] | [1/x] | 0.25 |
| $\frac{1}{8{,}3}$ | [8] [.] [3] | [1/x] | 0.1204819 |

**Beispiel 3.2** Wie groß ist der Widerstand $R$ eines Kupferdrahts von der Länge $l = 80$ m und dem Querschnitt $A = 4$ mm²?

**Lösung**
$$R = \frac{\rho \cdot l}{A} = \frac{0{,}0178 \frac{\Omega \cdot \text{mm}^2}{\text{m}} \cdot 80\ \text{m}}{4\ \text{mm}^2} = \mathbf{0{,}356\ \Omega}$$

**Beispiel 3.3** Welche Länge $l$ muß ein Kupfernickeldraht (CuNi 44) mit dem Querschnitt $A = 2$ mm² und dem Widerstand $R = 10\ \Omega$ haben?

**Lösung** Der Widerstandswerkstoff CuNi 44 hat den spezifischen Widerstand $\rho = 0{,}5\ \Omega \cdot \text{mm}^2/\text{m}$. Die der Rechnung zugrunde liegende Formel $R = \rho \cdot l/A$ muß für die Ermittlung der Leiterlänge $l$ umgeformt werden. Dazu multipliziert man beide Seiten der Gleichung mit $A$ und teilt dann durch $\rho$. Nach Vertauschen beider Seiten erhält man $l = R \cdot A/\varrho$. Nun können die Zahlenwerte mit den Einheiten eingesetzt werden, und die Leiterlänge ist

$$l = \frac{R \cdot A}{\varrho} = \frac{10\ \Omega \cdot 2\ \text{mm}^2}{0{,}5 \frac{\Omega \cdot \text{mm}^2}{\text{m}}} = 40 \frac{1}{\frac{1}{\text{m}}} = \mathbf{40\ m.}$$

**Beispiel 3.4** Ein Kupferleiter von der Länge $l = 120$ m soll einen Widerstand $R = 0{,}357\ \Omega$ haben. Welchen Querschnitt $A$ muß er erhalten?

**Lösung** Man geht von der Grundformel $R = \varrho \cdot l/A$ aus. Wenn man auf beiden Seiten mit $A$ multipliziert erhält man $R \cdot A = \varrho \cdot l$. Nach Teilen durch $R$ ist der Leiterquerschnitt

$$A = \frac{\varrho \cdot l}{R} = \frac{0{,}01786 \frac{\Omega \cdot \text{mm}^2}{\text{m}} \cdot 120\ \text{m}}{0{,}357\ \Omega} = \mathbf{6\ mm^2}$$

**Beispiel 3.5** Berechnen Sie den Widerstand einer Aluminiumschiene von der Länge $l = 7$ m und mit dem rechteckigen Querschnitt $A = 80$ mm x 12,5 mm.

**Lösung** Mit dem Querschnitt $A = b \cdot s = 80\ \text{mm} \cdot 12{,}5\ \text{mm} = 1000\ \text{mm}^2$ erhält man den Widerstand

$$R = \frac{l}{\gamma \cdot A} = \frac{7\ \text{m}}{35 \frac{\text{m}}{\Omega \cdot \text{mm}^2} \cdot 1000\ \text{mm}^2} = \mathbf{0{,}0002\ \Omega.}$$

**Aufgaben**

1. Wie groß ist der Widerstand eines Kupferdrahts mit a) 140 m, b) 37 m, c) 2,6 km Länge und 2,5 $mm^2$ Querschnitt?
2. Für einen Strommesser ist ein Nebenwiderstand a) 0,04 Ω, b) 0,0086 Ω, c) 184 mΩ herzustellen. Wie lang muß der Kupfernickel-Draht[1] mit dem Querschnitt 0,5 $mm^2$ sein?
3. Ein a) 6 m, b) 2,5 m, c) 0,5 m langes, einadriges Meßkabel aus isoliertem Kupferdraht soll den Widerstand 0,0178 Ω haben. Wie groß muß der Leiterquerschnitt sein?
4. Aus welcher Widerstandslegierung besteht der Draht eines Vorwiderstands mit 0,5 $mm^2$ Querschnitt und der Länge a) 25 m, b) 10 m, c) 2 m, dessen Widerstandswert a) 21,5 Ω, b) 10 Ω, c) 1,6 Ω beträgt?
5. Welche Leitfähigkeit hat
   a) Platin mit $\varrho = 0{,}098\ \frac{\Omega \cdot mm^2}{m}$,
   b) Quecksilber mit $\varrho = 0{,}958\ \frac{\Omega \cdot mm^2}{m}$,
   c) Messing mit $\varrho = 0{,}063\ \frac{\Omega \cdot mm^2}{m}$?
6. Wie groß sind Widerstand und Leitwert einer Aluminiumschiene mit der Länge a) 8 m, b) 2,4 m, c) 960 m, und dem Querschnitt 20 mm x 3 mm?
7. Aus Kupferlackdraht mit dem blanken Durchmesser a) 0,15 mm, b) 0,08 mm, c) 0,5 mm soll eine Relaisspule mit 60 Ω Widerstand hergestellt werden. Welche Drahtlänge ist erforderlich?
8. Eine 70 m lange, zweiadrige Aluminiumleitung (**3**.2) darf einen Widerstand von höchstens a) 0,4 Ω, b) 0,26 Ω, c) 0,8 Ω haben. Wie groß muß der Durchmesser des Aluminiumdrahts sein?

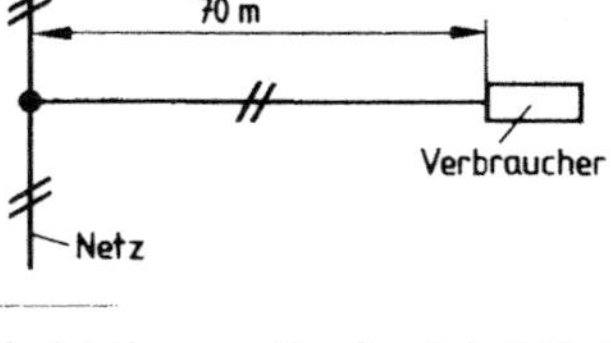

**3**.2

9. Ein Stahldraht hat den Durchmesser und die Länge
   a) $d = 3$ mm und $l = 18$ m,
   b) $d = 1{,}8$ mm und $l = 6{,}75$ m,
   c) $d = 2{,}5$ mm und $l = 124$ m.
   Wie groß sind Widerstand und Leitwert?
10. Ein Festwiderstand aus Kupfernickel-Draht (CuNi 44) mit
   a) $d = 0{,}6$ mm und $l = 18$ m,
   b) $d = 0{,}25$ mm und $l = 5{,}8$ m,
   c) $d = 1{,}4$ mm und $l = 48{,}6$ m
   liegt an der Spannung 24 V.
   Wie groß sind der Widerstand, der Leitwert und die Stromstärke?
11. Ein Heizwiderstand aus Heizleiterband NiCr 8020 mit
   a) 2 mm x 0,3 mm,
   b) 1,2 mm x 0,2 mm,
   c) 3 mm x 0,5 mm
   Querschnitt soll an 220 V die Stromstärke 4,4 A aufnehmen. Wie groß müssen der Widerstand und die Bandlänge sein?
12. Ein Kabel besteht aus 54 Aluminiumdrähten mit je a) 3 mm, b) 2,7 mm, c) 3,6 mm Durchmesser. Das ganze Kabel ist 150 m lang. Zu berechnen sind der Widerstand, der Leitwert und die Masse des Kabels.
13. Eine zweiadrige Kupferleitung (**3**.3) hat die Länge und den Durchmesser
   a) $l = 28$ m; $d = 1{,}38$ mm,
   b) $l = 134$ m; $d = 1{,}78$ mm,
   c) $l = 67$ m; $d = 2{,}26$ mm.
   Sie wird von 9 A durchflossen. Wie groß sind der Widerstand und der Spannungsfall?

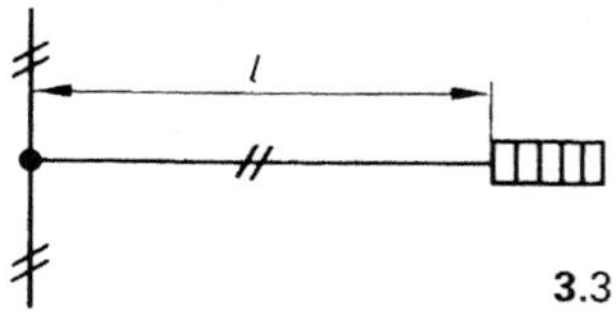

**3**.3

14. In einer zweiadrigen Aluminiumleitung mit der Länge 87,5 m darf die Stromstärke 16 A fließen. Der höchstzulässige Spannungsfall beträgt a) 3,2 V, b) 9 V, c) 7,5 V (**3**.3). Wie groß darf der Leiterwiderstand im Höchstfall sein, und welcher Leiterquerschnitt ist mindestens erforderlich?

[1] Die Legierung Kupfernickel (CuNi) wurde früher als Konstantan bezeichnet.

15. Eine Aluminiumleitung mit dem Querschnitt a) 2,5 mm², b) 4 mm², c) 6 mm² soll durch eine Kupferleitung mit gleicher Länge und gleichem Widerstand ersetzt werden. Wie groß muß der Querschnitt der Kupferleitung sein?

16. Auf das Prozellanrohr **3**.4 mit der Wikkellänge $l_w$ und dem Außendurchmesser $d_a$ ist ein Manganindraht mit dem Durchmesser $d$ so dicht gewickelt, daß sich die Windungen berühren (s. Aufgabe 17). Wie groß sind für

| | $l_w$ | $d_a$ | $d$ |
|---|---|---|---|
| a) | 300 mm | 50 mm | 1,5 mm |
| b) | 250 mm | 40 mm | 1,2 mm |
| c) | 400 mm | 60 mm | 1,6 mm |

die Länge einer Drahtwindung, die Windungszahl, die Leiterlänge und der Widerstand?

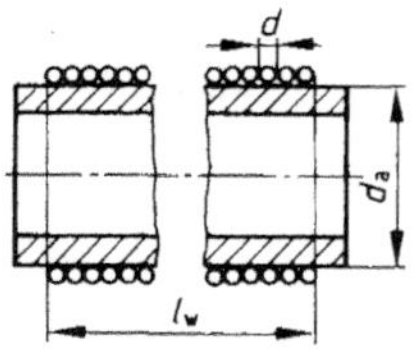

**3.4**

17. Die Windungen eines Drahtwiderstands werden so dicht gewickelt, daß sie sich berühren, ohne daß die Gefahr des Kurzschlusses zwischen den einzelnen Drahtwindungen besteht. Wie ist das zu erklären? Zur Beurteilung des Sachverhalts ist es zweckmäßig, die auf eine Leiterwindung entfallende Spannung, die Windungsspannung, zu berechnen. Wie groß ist die Windungsspannung z. B. beim Drahtwiderstand der Aufgabe 16, wenn dieser an 220 V angeschlossen wird?

18. Ein Stellwiderstand mit 64 Ω soll mit Nickelindraht aus $d = 0{,}6$ mm neu bewickelt werden. Wie groß sind Windungslänge, Leiterlänge und Windungszahl, und welche Wickellänge braucht man bei Verwendung eines Isolierrohrs mit Außendurchmesser $d_a$ = a) 30 mm, b) 40 mm, c) 50 mm, wenn die Windungen so dicht aufgebracht werden, daß sie sich berühren (s. Aufgabe 17)?

19. Beschriftung einer Relaisspule:
a) 35 – 3800 – 0,4 CuL,
b) 50 – 2600 – 0,3 CuL,
c) 55 – 4200 – 0,2 CuL.
Zu berechnen sind die Drahtlänge, der mittlere Windungsdurchmesser und die Masse der Wicklung.

20. Ein Heizwiderstand für 220 V; 4 A bestehend aus Heizleiterband CrAl 25 5 mit dem Querschnitt
a) 2 mm x 0,3 mm,
b) 1 mm x 0,1 mm,
c) 3 mm x 0,5 mm
ist durchgebrannt und soll erneuert werden. Wieviel m Widerstandsband sind erforderlich?

21. In einer zweiadrigen Kupferleitung zum Anschluß eines Gleichstrommotors 220 V; 16 A darf ein höchster Spannungsfall von 3,5 % der Netzspannung auftreten. Die Zuleitung ist a) 40 m, b) 60 m, c) 81 m lang. Welcher Nennquerschnitt ist erforderlich?

22. Der infolge Überlastung durchgebrannte Widerstandsdraht eines Schiebewiderstands mit 12 Ω soll erneuert werden. Zu beachten sind: Widerstandswerkstoff CuNi 44 mit dem Drahtdurchmesser a) 1,6 mm, b) 1,4 mm, c) 1,2 mm; Wickelkörper mit 60 mm Außendurchmesser und 400 mm verfügbarer Wickellänge. Wieviel Meter Draht sind erforderlich, und wie groß ist die ausgenutzte Wikkellänge, wenn sich die Windungen berühren?

23. Ein Kupferleiter mit den Angaben
a) $l = 64$ m; $A = 10$ mm²,
b) $l = 38$ m; $A = 16$ mm²,
c) $l = 82$ m; $A = 25$ mm²
ist durch einen widerstandsgleichen Stahl-Runddraht gleicher Länge zu ersetzen. Wie groß muß dessen Durchmesser sein?

24. Die Spule eines Bremsmagneten hat den mittleren Windungsdurchmesser 15,7 cm. Der Durchmesser des Kupferdrahts beträgt 0,5 mm. An 110 V angeschlossen, soll die Spule 0,8 A aufnehmen. Die tatsächliche Stromaufnahme beträgt aber a) 0,75 A, b) 0,46 A, c) 0,62 A. Wieviel Windungen hat die Spule zu viel?

25. Der in Bild **3.5** abgebildete Spulenkörper mit den Maßen
a) $l_1$ = 40 mm $l_2$ = 30 mm und $l_w$ = 48 mm
b) $l_1$ = 50 mm $l_2$ = 35 mm und $l_w$ = 54 mm
c) $l_1$ = 65 mm $l_2$ = 48 mm und $l_w$ = 62 mm

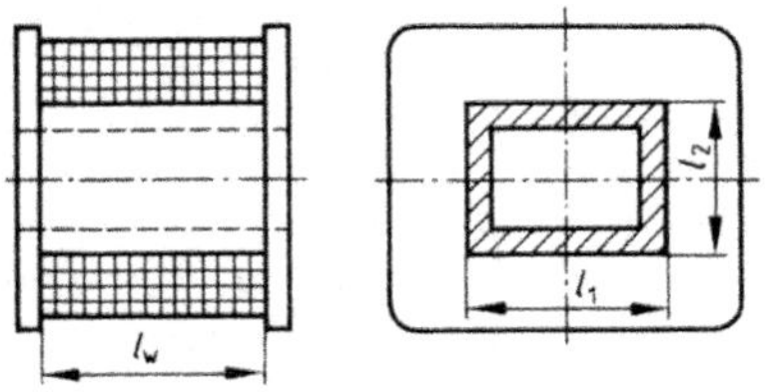


3.5

soll mit einer Wicklung auf Kupferrunddraht B 0,4 M DIN 46 436 (Kerndurchmesser $d_1$ = 0,4 mm; Außendurchmesser $d_2$ = 0,527 mm) versehen werden. Die Windungszahl soll a) 4000, b) 6000, c) 8000 betragen; Füllfaktor ist 0,8. Wie groß sind die erforderliche Leiterlänge, der Widerstand und die Masse des Kupferdrahts?

26. Auf einer Rolle befindet sich Kupferdraht mit einem Durchmesser von a) 0,8 mm, b) 1,2 mm, c) 1,5 mm. Die Masse beträgt 12 kg. Wieviel Meter Draht sind auf der Rolle? Wie groß ist der Drahtwiderstand?

## 3.2 Stromdichte

Um die Belastung eines Leiters unabhängig von der Größe des Leiterquerschnitts angeben zu können, ermittelt man seine Belastung je Flächeneinheit, seine Stromdichte $J$.

$$J = \frac{I}{A} \qquad J \text{ in } \frac{\text{A}}{\text{mm}^2} \qquad I \text{ in A} \quad A \text{ in mm}^2$$

Gebräuchliche Werte für die Stromdichte $J$.
- Spulen und Maschinenwicklungen 2 bis 6 A/mm²,
- Anlaßwiderstände 5 bis 10 A/mm²,
- Heizleiter 10 bis 30 A/mm².

Bei zusätzlicher Kühlung dürfen auch höhere Werte auftreten.

**Beispiel 3.6** In einem Kupferdraht mit einem Querschnitt $A$ = 10 mm² soll höchstens eine Stromdichte $J$ = 6 A/mm² auftreten. Wie groß darf die Stromstärke im Höchstfall sein?

**Lösung** $I = J \cdot A = 6\ \text{A/mm}^2 \cdot 10\ \text{mm}^2 = \mathbf{60\ A}$

**Aufgaben**

1. Ein Leiter mit 4 mm² Querschnitt wird von a) 6 A, b) 8 A, c) 35 A durchflossen. Wie groß ist die Stromdichte?
2. In einer Sammelschiene mit dem Querschnitt a) 8 mm x 3 mm, b) 12 mm x 4 mm, c) 40 mm x 5 mm soll die Stromdichte höchstens 6,5 A/mm² betragen. Wie groß darf die Stromstärke im Höchstfall sein?
3. Der Mindestquerschnitt eines Heizleiters für 6 A ist zu berechnen. Die zulässige Stromdichte beträgt a) 12 A/mm², b) 18 A/mm², c) 25 A/mm².
4. VDE 0100 ordnet den Querschnitten isolierter Starkstromleitungen der Gruppe 3 folgende Stromsicherungen zu:

| | | | | | | | | | |
|---|---|---|---|---|---|---|---|---|---|
| Leiterquerschnitt in $mm^2$ | 0,75 | 1 | 1,5 | 2,5 | 4 | 6 | 10 | 16 | 25 |
| Nennstrom der Sicherung in A | 10 | 16 | 20 | 25 | 35 | 50 | 63 | 80 | 100 |

Wie groß sind die den Sicherungswerten entsprechenden Stromdichten?

5. Eine Wicklung aus Kupferlackdraht a) CuL 0,48, b) CuL 0,18, c) CuL 1,2 wird von 0,4 A durchflossen. Wie groß ist die Stromdichte?
6. Die Wicklung eines Elektromagneten besteht aus isoliertem Kupferrunddraht mit 1,2 mm Durchmesser. Die Stromdichte soll
a) 4 A/$mm^2$, b) 2,5 A/$mm^2$, c) 5 A/$mm^2$
nicht überschreiten. Wie groß ist die zulässige Stromstärke?
7. In der Erregerwicklung eines Gleichstrommotors für 220 V soll der Erregerstrom 0,8 A fließen bei der zulässigen Stromdichte
a) 3 A/$mm^2$, b) 4 A/$mm^2$, c) 5 A/$mm^2$.
Stellen Sie fest, ob die Bedingung für einen Draht mit
a) 0,6 mm, b) 0,5 mm, c) 0,4 mm
Durchmesser erfüllt ist.
8. Auf das Prozellanrohr **3.6** mit dem Außendurchmesser 50 mm soll der Widerstand a) 1000 Ω, b) 330 Ω, c) 10 Ω aus Manganindraht so dicht gewickelt werden, daß sich die Windungen berühren (s. Aufgabe 17 in Abschn. 3.1). Die Belastbarkeit soll 0,8 A betragen, die Stromdichte 4 A/$mm^2$ nicht überschreiten. Berechnen Sie den Drahtquerschnitt, die Leiterlänge, den Leiterdurchmesser, die mittlere Windungslänge, die Windungszahl, die Wickellänge $l_w$ und die zulässige Klemmenspannung.

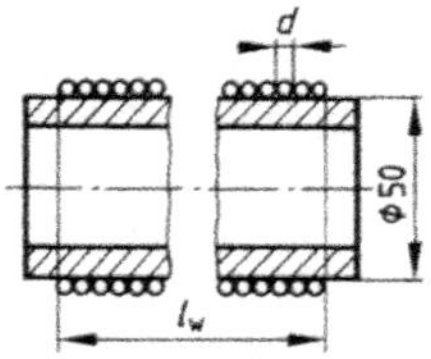


3.6

9. In einer Relaisspule aus Kupferlackdraht a) CuL 0,34, b) CuL 0,42, c) CuL 0,65 soll an 24 V die Stromdichte 2,5 A/$mm^2$ betragen. Berechnen Sie die Stromaufnahme, den Widerstand, die Leiterlänge und die Masse des Kupfers.
10. Die Ankerwicklung eines Gleichstrom-Nebenschlußmotors wird bei Nennbelastung von 63,8 A durchflossen. Der Durchmesser des Ankerleiters beträgt 2,6 mm. Der Erregerstrom ist auf dem Leistungsschild mit 3 A angegeben. Der Drahtdurchmesser der Erregerwicklung wird mit 0,88 mm ermittelt.
    a) Berechnen Sie die Stromdichten für beide Wicklungen und begründen Sie die größere Stromdichte in der Ankerwicklung.
    b) Wie groß ist der prozentuale Anteil des Erregerstroms vom Ankerstrom?

## 3.3 Abhängigkeit des Leiterwiderstands von der Temperatur

Die Widerstandsänderung $\Delta R$ ($\Delta$ = griechisch Delta) eines Leiters mit dem Widerstand $R_1$ und dem Temperaturbeiwert $\alpha$ erhält man für die Temperaturänderung $\Delta\vartheta$ ($\vartheta$ = griechisch theta) mit der Formel

$$\Delta R = \alpha \cdot R_w \cdot \Delta\vartheta$$

$\Delta R$ Widerstandsänderung in Ω

Der Warmwiderstand $R_w$ nach einer Temperaturerhöhung wird berechnet mit der Formel:

$$\boxed{R_w = R_k + \Delta R}$$

oder

$$R_w = R_k + R_k \cdot \alpha \cdot \Delta\vartheta$$

oder

$$R_w = R_k (1 + \alpha \cdot \Delta\vartheta)$$

$R_w$ (Warmwiderstand) in Ω nach Temperaturzunahme
$R_k$ (Kaltwiderstand) in Ω vor Temperaturzunahme (Bezugstemperatur 20 °C).
$\alpha$ in $\frac{1}{K}$ oder $K^{-1}$
$\Delta\vartheta$ in K (°C) ist der Temperaturunterschied zwischen der Anfangs- und der Endtemperatur ($\Delta\vartheta = \vartheta_w - \vartheta_k$)

Der Widerstand metallischer Leiter nimmt mit steigender Temperatur zu ($\alpha$ ist positiv); der Widerstand von Kohle, Halbleitern, Gasen und Flüssigkeiten nimmt mit steigender Temperatur ab ($\alpha$ ist negativ). Bei den meisten Metallegierungen ändert sich der Widerstand mit der Temperatur nicht oder nur unwesentlich (s. Tabelle 1, des Anhangs).

**Beispiel 3.7** Ein Kupferdraht hat bei der Temperatur $\vartheta_k = 20$ °C den Widerstand $R_k = 6\ \Omega$. Wie groß ist sein Widerstand $R_w$ nach Erwärmung auf die Temperatur $\vartheta_w = 80$ °C?

**Lösung** Kupfer hat den Temperaturbeiwert $\alpha = 0{,}004\ \frac{1}{K}$.

Die Temperaturerhöhung beträgt

$\Delta\vartheta = \vartheta_W - \vartheta_k = 80\ °C - 20\ °C = 60\ K$.

Daraus ergeben sich die Widerstandserhöhung

$\Delta R = R_k \cdot \alpha \cdot \Delta\vartheta = 6\ \Omega \cdot 0{,}004 \cdot \frac{1}{K} \cdot 60\ K = 1{,}44\ \Omega$

und der Warmwiderstand

$R_W = R_k + \Delta R = 6\ \Omega + 1{,}44\ \Omega = \mathbf{7{,}44\ \Omega}$.

Einsatz des Taschenrechner am Beispiel 3.7

mit Klammerangaben
6 (1 + 0,004 · 60)

| Eingabe | Funktion | Anzeige |
|---|---|---|
| [6] | [×] [(] | 6 |
| [1] | [+] | 1 |
| [.] [0] [0] [4] | [×] | 0.004 |
| [6] [0] | [)] [=] | 7.44 |

ohne Klammerangaben

| Eingabe | Funktion | Anzeige |
|---|---|---|
| [1] | [+] | 1 |
| [.] [0] [0] [4] | [×] | 0.004 |
| [6] [0] | [=] [×] | 1.24 |
| [6] | [=] | 7.44 |

**Aufgaben**

1. Ein Kupferdraht hat bei 16 °C den Widerstand 24 Ω. Um wieviel Ohm nimmt sein Widerstand zu, wenn die Temperatur auf a) 60 °C, b) 52 °C, c) 36 °C ansteigt?

2. Um wieviel Kelvin ist die Temperatur eines Aluminiumleiters angestiegen, wenn sich sein Widerstand
   a) von 0,48 Ω auf 0,52 Ω,
   b) von 16,5 Ω auf 20 Ω,
   c) von 1,46 kΩ auf 1,5 Ω
   geändert hat?

3. Die Kupferwicklung eines Elektromagneten hat vor dem Einschalten bei der Raumtemperatur 20 °C den Widerstand a) 52 Ω, b) 128 Ω, c) 540 Ω. Während des Betriebs beträgt die mittlere Betriebstemperatur 64 °C. Wie groß sind die Widerstandszunahme und der Widerstand der erwärmten Wicklung?

4. Die mittlere Betriebstemperatur einer Maschinenwicklung aus Kupferdraht soll durch je eine Widerstandsmessung vor der Inbetriebnahme und sofort nach dem Abschalten des Motors ermittelt werden. Dabei ergeben sich folgende Werte:

   a) 0,64 Ω und 0,742 Ω,
   b) 145 Ω und 158 Ω,
   c) 92 Ω und 96,8 Ω.

   Die Umgebungstemperatur der Maschine beträgt 15 °C.

5. Zur Ermittlung der mittleren Betriebstemperatur eines Elektromotors wird der Widerstand der Motorwicklung im „kalten" und „warmen" Zustand durch Spannungs- und Strommessung bestimmt. Bei 20 °C und 0,5 V angelegter Spannung fließt ein Strom von

   a) 640 mA, b) 375 mA, c) 724 mA.

   Nach mehrstündigem Betrieb und erwärmter Wicklung werden bei ebenfalls 0,5 V gemessen:

   a) 580 mA, b) 328 mA, c) 695 mA.

   Wie groß ist der Widerstand der kalten und der warmen Wicklung, und wie groß ist die mittlere Betriebstemperatur?

6. Eine 15-W-Metallfadenlampe für 220 V hat die in Bild **3**.7, eine 60-W-Kohlefadenlampe für 220 bis 230 V die in Bild **3**.8 dargestellte Strom-Spannungs-Kennlinie. Für beide Lampen sind für die Spannungen 20 V, 40 V, 60 V bis 240 V die jeweiligen Widerstandswerte zu berechnen. Deren Abhängigkeit von der Spannung ist durch eine Kennlinie darzustellen. Wie groß ist der Einschaltstrom beider Lampen beim Anschluß an 220 V, wenn der Kaltwiderstand dem ersten berechneten Wert entspricht?

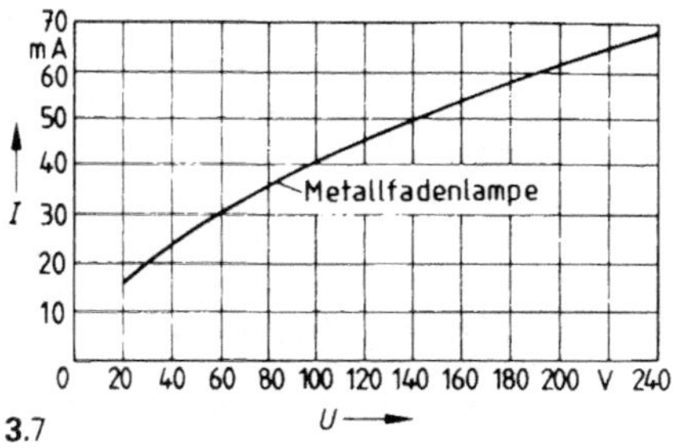


**3**.7

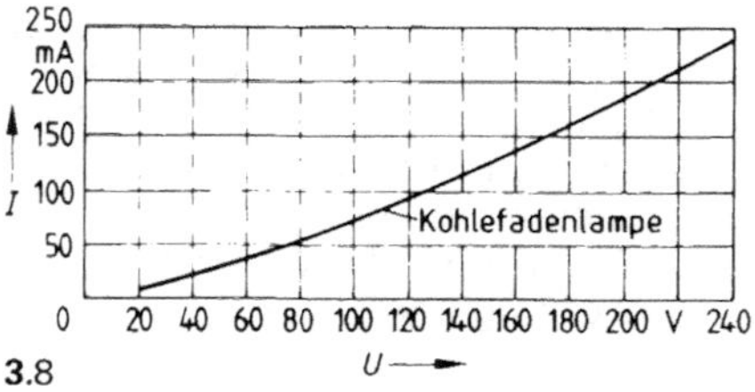


**3**.8

7. Bei welcher Temperatur hat Leitungskupfer die Leitfähigkeit

   a) $52 \frac{m}{\Omega \cdot mm^2}$,

   b) $50 \frac{m}{\Omega \cdot mm^2}$,

   c) $60 \frac{m}{\Omega \cdot mm^2}$?

8. Eine 2,8 km lange zweiadrige Kupferleitung mit dem Querschnitt 25 mm² wird als Freileitung tagsüber auf a) 45 °C, b) 50 °C, c) 42 °C erwärmt. Nachts kühlt sie sich auf 15 °C ab. Wie groß ist in beiden Fällen ihr Widerstandswert? Um wieviel Prozent weicht der Widerstandswert tagsüber und nachts bei den angegebenen Temperaturen von dem Leitungswiderstand bei 20 °C ab?

9. Um wieviel Kelvin darf sich die Temperatur eines Meßwiderstands aus Manganindraht ändern, wenn die Widerstandsänderung im Höchstfall a) 0,1 %, b) 0,05 %, c) 1,5 % betragen darf?

10. Die Wicklungstemperatur eines Motors steigt nach mehrstündigem Betrieb

    a) von 20 °C auf 70 °C,
    b) von 20 °C auf 80 °C,
    c) von 20 °C auf 90 °C.

Auf wieviel Prozent vom ursprünglichen Wert sinkt die Stromstärke in der Wicklung, wenn die Spannung konstant ist?

11. Der Gleichstromwiderstand einer Transformatorwicklung beträgt bei 18 °C 153 Ω. Nach längerer Betriebszeit wird der Widerstand mit a) 30 %, b) 35 %, c) 40 % mehr gemessen als im kalten Zustand. Wie groß war die Betriebstemperatur?

12. Die Temperatur einer Wicklung aus Kupferlackdraht erhöht sich im Betrieb von 16 °C auf 72 °C. Nach Abschalten des Stroms beträgt der Widerstand a) 248 Ω, b) 0,73 Ω, c) 4,5 kΩ. Wie groß ist der Widerstandswert der Wicklung bei 16 °C?

13. Ein Widerstandsthermometer aus Nickel hat bei –60 °C den Widerstand 69,5 Ω. Wie hoch ist die Temperatur, wenn der Widerstand auf a) 129,1 Ω, b) 175,9 Ω, c) 223,1 Ω gestiegen ist und angenommen wird, daß der Temperturbeiwert $\alpha$ in diesem Temperaturbereich unverändert 0,00617 $K^{-1}$ beträgt?

14. In der Grundwertreihe für Widerstandsthermometer aus Platin (Pt 100) sind u.a. folgende Temperatur-Widerstandswerte angegeben:

a) 10 °C – 103,9 Ω und
80 °C – 130,9 Ω

b) 150 °C – 157,3 Ω und
295 °C – 210,3 Ω

c) 330 °C – 222,7 Ω und
485 °C – 276 Ω

Wie groß ist der mittlere Temperaturbeiwert in diesem Temperaturbereich?

# 4 Schaltung von Widerständen

## 4.1 Reihenschaltung

Bei der Reihenschaltung **4**.1 ist die Stromstärke in allen Widerständen gleich groß.

$$I = I_1 = I_2 = I_3 \dots$$

Die Gesamtspannung ist gleich der Summe der Teilspannungen (2. Kirchhoffsches Gesetz).

$$U = U_1 + U_2 + U_3 \dots$$

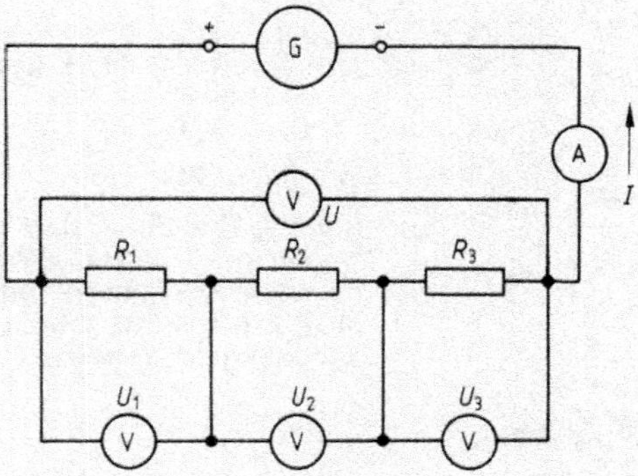


**4**.1

Bei $n$ gleichen Widerständen $R_1$ ist die Gesamtspannung $U = n \cdot U_1$. Der Gesamtwiderstand ist gleich der Summe der Einzelwiderstände.

$$R = R_1 + R_2 + R_3 \dots$$

Bei $n$ gleichen Widerständen $R_1$ ist der Gesamtwiderstand $R = n \cdot R_1$.

Ferner gilt, da die Stromstärke in allen Widerständen gleich groß ist, nach dem Ohmschen Gesetz:

$$\frac{U}{R} = \frac{U_1}{R_1} \quad \text{oder} \quad \frac{U}{R} = \frac{U_2}{R_2} \quad \text{oder} \quad \frac{U_1}{R_1} = \frac{U_2}{R_2} \quad \text{usw.}$$

**Beispiel 4.1** Die Widerstände $R_1 = 8\ \Omega$ und $R_2 = 14\ \Omega$ werden in Reihenschaltung an die Spannung $U = 22$ V gelegt. Wie groß sind die Stromstärke $I$ sowie die Teilspannungen $U_1$ und $U_2$ an den Widerständen?

**Lösung** $R = R_1 + R_2 = 8\ \Omega + 14\ \Omega = \mathbf{22}\ \Omega$ $\quad I = \frac{U}{R} = \frac{22\ \text{V}}{22\ \Omega} = \mathbf{1\ A}$

$U_1 = I \cdot R_1 = 1\ \text{A} \cdot 8\ \Omega = \mathbf{8\ V}$ $\quad U_2 = I \cdot R_2 = 1\ \text{A} \cdot 14\ \Omega = \mathbf{14\ V}$

**Beispiel 4.2** Die Spannung $U = 110$ V soll an einem Gesamtwiderstand $R = 2200\ \Omega$ so aufgeteilt werden, daß die Teilspannung $U_1 = 75$ V abgegriffen werden kann. Wie groß müssen die beiden Einzelwiderstände $R_1$ und $R_2$ sein?

**Lösung** $U_2 = U - U_1 = 110\ \text{V} - 75\ \text{V} = 35\ \text{V}$ $\quad I = \frac{U}{R} = \frac{110\ \text{V}}{2200\ \Omega} = 0{,}05\ \text{A}$

$R_1 = \frac{U_1}{I} = \frac{75\ \text{V}}{0{,}05\ \text{A}} = \mathbf{1500\ \Omega}$ $\quad R_2 = \frac{U_2}{I} = \frac{35\ \text{V}}{0{,}05\ \text{A}} = \mathbf{700\ \Omega}$

Aufgaben zu Widerstandsschaltungen lassen sich auch grafisch lösen. Das soll anhand des Rechenbeispiels 4.1 aufgezeigt werden.

**Beispiel 4.3** Gegeben sind die Widerstände $R_1 = 8\ \Omega$ und $R_2 = 14\ \Omega$. Beide sind in Reihenschaltung an 22 V angeschlossen. Man betrachtet zunächst jeden Widerstand für sich und berechnet die Stromaufnahme.

$$I_1 = \frac{U}{R_1} = \frac{22\ \text{V}}{8\ \Omega} = 2{,}75\ \text{A} \quad \text{und}$$

$$I_2 = \frac{U}{R_2} = \frac{22\ \text{V}}{14\ \Omega} = 1{,}57\ \text{A}$$

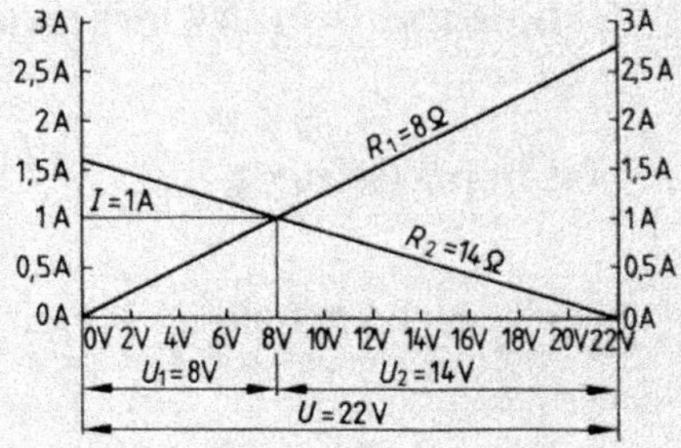


**4.2**

$I_1$ und $I_2$ sind die oberen Endpunkte der beiden Widerstandsgeraden. Diese werden in ein Achsensystem eingetragen (**4.2**). Ein Lot vom Schnittpunkt der beiden Widerstandsgeraden auf die $I$-Achse gibt den Gesamtstrom $I = 1$ A an. Das Lot auf die $U$-Achse zeigt für $U_1$ den Spannungsfall 8 V, für $U_2$ den Spannungsfall 14 V an.

**Aufgaben**

1. Für einen Versuch wird ein Widerstand mit 1,8 kΩ gebraucht. Vorhanden sind zwei Widerstände mit
   a) 650 Ω und 286 Ω,
   b) 418 Ω und 534 Ω,
   c) 307 Ω und 103 Ω.
   
   Wie groß muß der zuzuschaltende Widerstand sein?

2. Für eine Lampenkette sollen Kleinspannungslampen mit der Nennspannung a) 12 V, b) 6 V, c) 8 V in Reihenschaltung an das 220-V-Netz angeschlossen werden. Wieviel Lampen sind erforderlich?

3. Eine Lampenkette für 220 V besteht aus a) 14 Lampen, b) 16 Lampen, c) 12 Lampen in Reihenschaltung. Für drei Lampen, die durchgebrannt sind, werden Strombrücken eingelegt. Wie groß ist die Spannungszunahme in Volt und in Prozent des ursprünglichen Wertes an jeder der noch verbliebenen Lampen?

4. Die drei Widerstände
   a) 20 Ω, 30 Ω und 50 Ω,
   b) 47 Ω, 18 Ω und 85 Ω,
   c) 852 Ω, 1,24 kΩ und 908 Ω
   
   liegen in Reihenschaltung an 60 V. Wie groß sind der Gesamtwiderstand, die Teilspannungen und die Stromaufnahme?

5. Die Erregerwicklung eines Gleichstrommotors für 220 V hat den Widerstand a) 1200 Ω, b) 850 Ω, c) 620 Ω. Mit der Wicklung soll ein Widerstand in Reihe geschaltet werden (Feldsteller), der die Erregerstromstärke um 30 % schwächt. Welchen Widerstandswert muß ein solcher Feldsteller haben?

6. Zur Skalenbeleuchtung eines Rundfunkempfängers sind vier gleiche Skalenlampen
   a) 10 V/0,05 A, b) 15 V/0,2 A,
   c) 12 V/0,15 A
   
   in Reihenschaltung mit einem Vorwiderstand an 250 V Betriebsspannung gelegt. Wie groß ist die auf den Vorwiderstand entfallende Teilspannung, und wie groß ist dessen Widerstandswert?

7. Zwei Spannungsmesser mit je 300 V Meßbereich werden in Reihenschaltung an 600 V angeschlossen (**4.3**). Die Innenwiderstände für die beiden Meßgeräte betragen
   a) 120 kΩ und 150 kΩ,
   b) 350 kΩ und 400 kΩ,
   c) 420 kΩ und 500 kΩ.
   
   Wie groß sind die Stromstärke und Teilspannungen an den Meßgeräten?

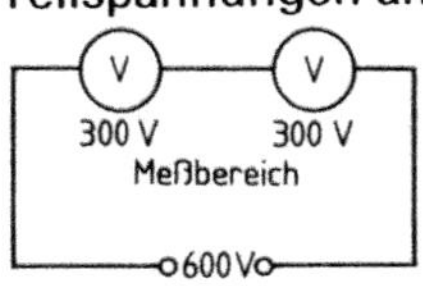


**4.3**

8. Der Spannungsmesser in Bild **4.4** zeigt a) 10 V, b) 8 V, c) 4 V. Wie groß sind die Stromstärke $I$, die Teilspannung an $R_2$ und der Widerstand $R_2$?

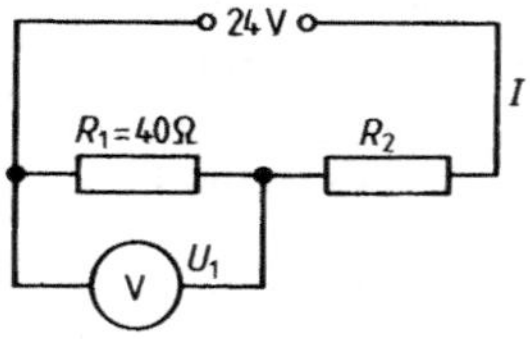


**4.4**

9. Eine Glühlampe a) 8 V/0,625 A, b) 12 V/1,25 A, c) 24 V/0,2 A soll für eine Versuchsschaltung an 220 V angeschlossen werden. Wie groß ist die auf den Vorschaltwiderstand entfallende Teilspannung, und wie groß muß sein Widerstandswert sein?

10. Ein Elektrowärmegerät für 220 V mit der Stromaufnahme 20 A ist mit einer 18 m langen zweiadrigen Kupferleitung mit dem Querschnitt a) 6 $mm^2$, b) 2,5 $mm^2$, c) 10 $mm^2$ an das Netz angeschlossen. Wie groß sind der Spannungsfall in der Leitung in Volt und in Prozent der Netzspannung sowie die Klemmenspannung am Verbraucher?

11. Zwei Glühlampen mit der Aufschrift
    a) 2,5 V/0,2 A und 2,5 V/0,1 A
    b) 12 V/0,1 A und 12 V/0,15 A,
    c) 10 V/0,05 A und 10 V/0,2 A
    liegen in Reihenschaltung an
    a) 5 V, b) 24 V, c) 20 V.

    Wie groß ist die Stromstärke?

    Wie verteilt sich die Spannung auf die beiden Lampen, wenn die durch die Temperaturänderung auftretende Widerstandsänderung der Glühfäden nicht berücksichtigt wird?

    Welche von beiden Lampen leuchtet heller?

12. Zwei Widerstände liegen in Reihenschaltung an 220 V (**4.5**). Wie groß sind die Stromstärke und der Widerstand $R_1$, wenn der Spannungsmesser a) 100 V, b) 88 V, c) 124 V anzeigt?

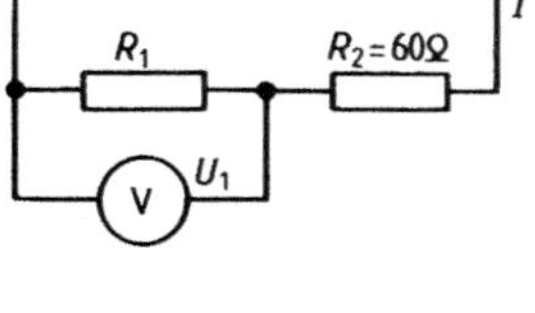


**4.5**

13. In der zweiadrigen Kupferdrahtzuleitung zu einem Heizofen für 220 V darf der Spannungsfall 3 % der Netzspannung 220 V nicht überschritten werden. Die Leitung ist 56 m lang (einfache Länge), die Stromstärke beträgt 45,5 A. Stellen Sie fest, ob ein Leitungsquerschnitt von a) 16 $mm^2$, b) 25 $mm^2$, c) 10 $mm^2$ die geforderte Bedingung erfüllt.

14. Ein Heizgerät nimmt bei kurzgeschlossenem Vorwiderstand (Schalter in Bild **4.6** geschlossen) an 220 V a) 8 A, b) 10 A, c) 5 A auf. Bei eingeschaltetem Vorwiderstand (Schalter offen) soll die Stromstärke um 2 A verringert werden. Welchen Wert muß der Vorwiderstand haben?

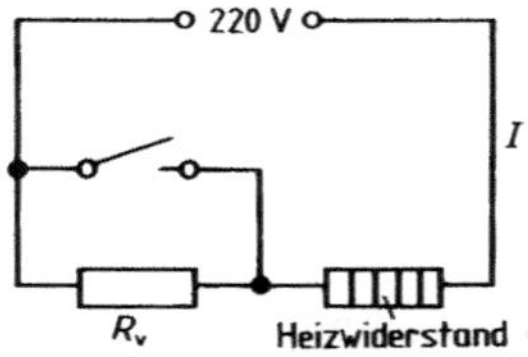


**4.6**

15. Bei der in Bild **4.7** dargestellten Reihenschaltung dreier Widerstände zeigen der Strom- und der Spannungsmesser folgende Werte an:
    a) 2 A und 80 V,
    b) 0,8 A und 60 V,
    c) 500 mA und 110 V.
    Welche Werte haben die beiden Widerstände $R_1$ und $R_2$?

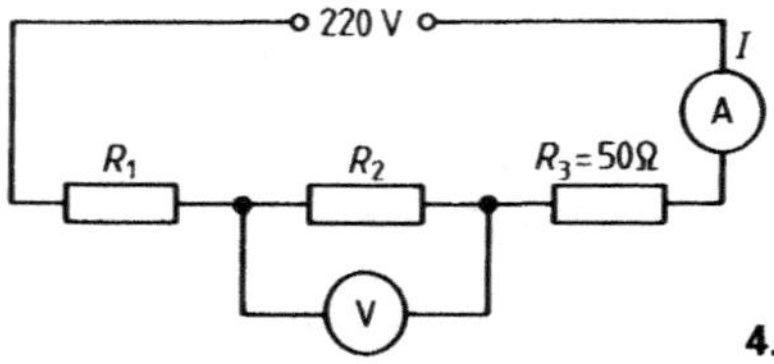


**4.7**

16. In einer Wicklung für 220 V und 2 A soll die Stromstärke durch einen Vorwiderstand um
    a) 30 %, b) 20 %, c) 50 %
    verringert werden. Für den Vorwiderstand soll ein Kupfernickeldraht mit 0,5 $\Omega \cdot mm^2/m$ verwendet werden. Welcher Drahtdurchmesser und welche Drahtlänge sind für den Vorwiderstand erforderlich, wenn die Stromdichte nicht größer als 4 $A/mm^2$ sein darf?

17. Eine Glimmlampe hat folgende Nennwerte:
   a) 140 V/16 mA,
   b) 120 V/0,1 mA,
   c) 44 V/0,8 mA.

   Welcher Vorwiderstand ist zur Strombegrenzung für den Anschluß an 220 V erforderlich?

18. Bei der in Bild **4**.8 dargestellten Meßschaltung werden folgende Werte gemessen:
   a) 180 V und 2 A,
   b) 50 V und 0,5 A,
   c) 18 V und 0,3 A.

   Wie groß sind der Widerstand $R_2$ und die angelegte Spannung?

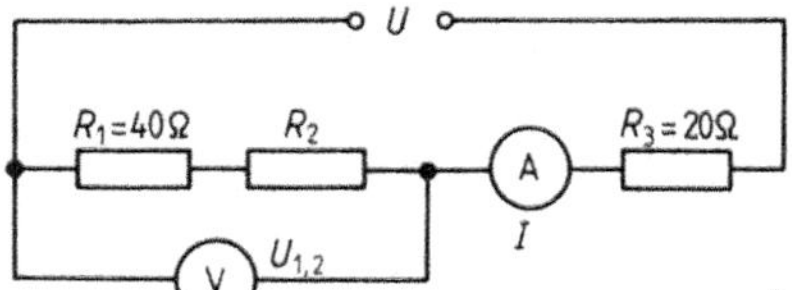


**4**.8

19. Der Heizwiderstand eines Ofens
   a) 100 Ω und 1,8 A,
   b) 90 Ω und 2 A,
   c) 40 Ω und 4 A

   ist über einen Vorwiderstand an 220 V angeschlossen. Um welchen Betrag in Volt und in Prozent seiner Nennspannung steigt die Klemmenspannung am Heizwiderstand, wenn von den vier in Reihe geschalteten gleichen Widerstandsspiralen des Vorwiderstands eine durchgebrannt ist und deshalb überbrückt wurde?

20. Die Meßgeräte in der Schaltung nach Bild **4**.9 zeigen bei Schleiferstellung I folgende Werte an:
   a) $U_{1;2} = 110$ V, $U_{2;3} = 180$ V, $I = 5$ A;
   b) $U_{1;2} = 7{,}6$ V, $U_{2;3} = 8\ \Omega$, $I = 0{,}2$ A;
   c) $U_{1;2} = 45$ V, $U_{2;3} = 70$ V, $I = 2{,}5$ A.

   Wie groß sind die Spannung $U$ und die Teilwiderstände $R_1$ und $R_2$? Wie ändern sich die Stromstärke und die Teilspannungen, wenn der Schleifkontakt nach II verschoben wird?

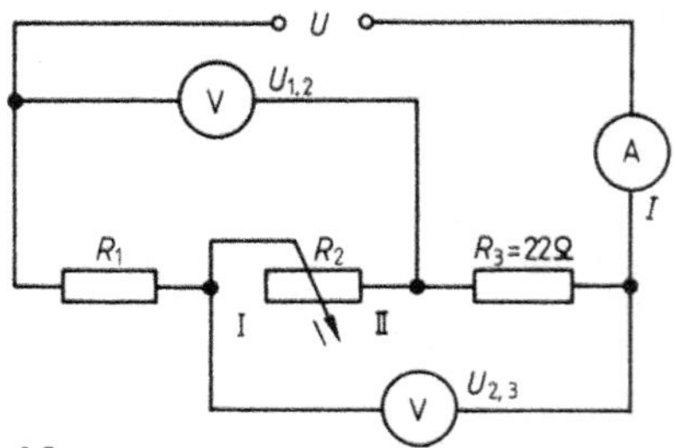


**4**.9

## 4.2 Parallelschaltung

Bei der Parallelschaltung **4**.10 ist die Spannung an allen Widerständen gleich groß.

$$U = U_1 = U_2 = U_3 = \ldots$$

Die Gesamtstromstärke ist gleich der Summe der Teilstromstärken (1. Kirchhoffsches Gesetz).

$$I = I_1 + I_2 + I_3 + \ldots$$

Bei $n$ gleichen Widerständen $R_1$ ist die Gesamtstromstärke $I = n \cdot I_1$.

Der Gesamtleitwert ist gleich der Summe der Einzelleitwerte.

$$G = G_1 + G_2 + G_3 + \ldots$$

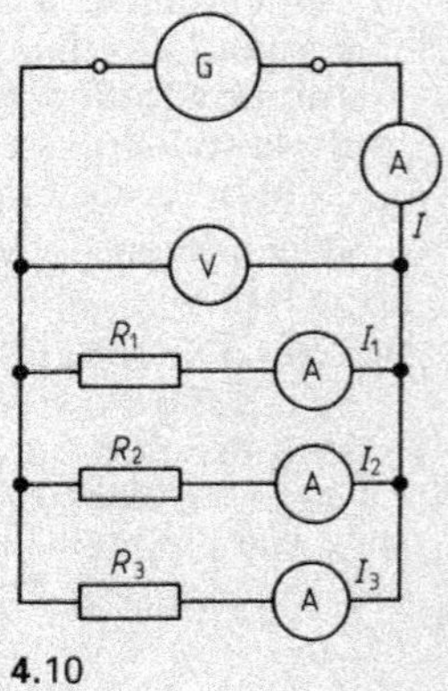


**4**.10

Bei $n$ gleichen Widerständen mit dem Leitwert $G_1$ ist der Gesamtleitwert $G = n \cdot G_1$.
Der Kehrwert des Gesamtwiderstands ist gleich der Summe der Kehrwerte der Einzelwiderstände.

$$\frac{1}{R} = \frac{1}{R_1} + \frac{1}{R_2} + \frac{1}{R_3} + \ldots$$

Für $n$ gleiche Widerstände $R_1$ ist der Gesamtwiderstand $R = \frac{R_1}{n}$. Da die Spannung an allen Widerständen gleich groß ist, gilt nach dem Ohmschen Gesetz:

$$I \cdot R = I_1 \cdot R_1 = I_2 \cdot R_2 = I_3 \cdot R_3 = \ldots$$

Auch für die Parallelschaltung von Widerständen läßt sich das grafische Lösungsverfahren anwenden, wie das folgende Beispiel zeigt.

**Beispiel 4.4** Die Widerstände $R_1 = 80\ \Omega$ und $R_2 = 120\ \Omega$ liegen in Parallelschaltung an 120 V. Wie groß ist der Gesamtwiderstand?

**Lösung** Auf einer beliebig langen waagerechten Linie werden zwei senkrechte „Widerstandsachsen" gezeichnet. Man trägt entsprechend Bild **4**.11 die Widerstände $R_1$ und $R_2$ ein. Im Schnittpunkt der beiden Geraden wird das Lot auf eine der beiden Widerstandsachsen gefällt. Der Gesamtwiderstand ist mit $R = 48\ \Omega$ abzulesen.
Eine Nachrechnung bestätigt das Ergebnis.

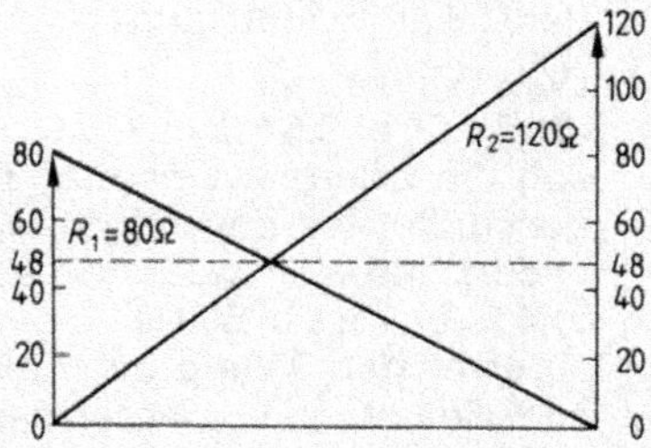


**4**.11

**Beispiel 4.5** Die drei Widerstände $R_1 = 8\ \Omega$, $R_2 = 10\ \Omega$ und $R_3 = 40\ \Omega$ sind parallel geschaltet. Die Gesamtstromstärke ist $I = 5$ A. Wie groß sind der Gesamtwiderstand $R$, die Spannung $U$ und die Teilstromstärken $I_1$, $I_2$ und $I_3$?

**Lösung**

$$\frac{1}{R} = \frac{1}{R_1} + \frac{1}{R_2} + \frac{1}{R_3} = \frac{1}{8\ \Omega} + \frac{1}{10\ \Omega} + \frac{1}{40\ \Omega}$$

$$\frac{1}{R} = 0{,}125\ \frac{1}{\Omega} + 0{,}1\ \frac{1}{\Omega} + 0{,}025\ \frac{1}{\Omega} = 0{,}25\ \frac{1}{\Omega}$$

Durch Bildung des Kehrwerts erhält man $R = \frac{1}{0{,}25}\ \Omega = \mathbf{4\ \Omega}$.

$U = I \cdot R = 5\ \text{A} \cdot 4\ \Omega = \mathbf{20\ V}$

$$I_1 = \frac{U}{R_1} = \frac{20\ \text{V}}{8\ \Omega} = \mathbf{2{,}5\ A} \qquad I_2 = \frac{U}{R_2} = \frac{20\ \text{V}}{10\ \Omega} = \mathbf{2\ A} \qquad I_3 = \frac{U}{R_3} = \frac{20\ \text{V}}{40\ \Omega} = \mathbf{0{,}5\ A}$$

**Probe** $I = I_1 + I_2 + I_3 = 2{,}5\ \text{A} + 2\ \text{A} + 0{,}5\ \text{A} = 5\ \text{A}$

**Beispiel 4.6** Zwei Widerstände $R_1 = 150\ \Omega$ und $R_2 = 100\ \Omega$, liegen in Parallelschaltung an der Spannung $U = 60$ V. Wie groß ist die Gesamtstromstärke $I$?

**Lösung**

$$I_1 = \frac{U}{R_1} = \frac{60\ \text{V}}{150\ \Omega} = 0{,}4\ \text{A} \qquad I_2 = \frac{U}{R_2} = \frac{60\ \text{V}}{100\ \Omega} = 0{,}6\ \text{A}$$

$I = I_1 + I_2 = 0{,}4\ \text{A} + 0{,}6\ \text{A} = \mathbf{1\ A}$

**Aufgaben**

1. Drei Widerstände je a) 18 Ω, b) 1,26 kΩ, c) 756 Ω sind parallelgeschaltet. Wie groß ist der Gesamtwiderstand?
2. Die Widerstände
   a) 325 Ω und 184 Ω,
   b) 763 kΩ und 2,8 MΩ,
   c) 0,46 Ω und 0,3 Ω
   sind parallelgeschaltet. Wie groß ist der Gesamtwiderstand?
3. Drei Widerstände
   a) $R_1$ = 125 Ω, $R_2$ = 400 Ω und $R_3$ = 80 Ω
   b) $R_1$ = 0,94 Ω, $R_2$ = 1,2 Ω und $R_3$ = 0,8 Ω
   c) $R_1$ = 6,5 kΩ, $R_2$ = 5 kΩ und $R_3$ = 2,4 kΩ
   sind parallelgeschaltet. Wie groß ist der Gesamtwiderstand?
4. Dem Widerstand
   a) 12,5 Ω, b) 3,6 kΩ, c) 875 Ω
   soll ein zweiter Widerstand parallelgeschaltet werden, um den Gesamtwiderstand
   a) 4 Ω, b) 1 kΩ, c) 500 Ω
   zu erreichen. Wie groß muß der Zusatzwiderstand bemessen sein?
5. Zu den zwei parallelen Widerständen
   a) 87,4 Ω und 52 Ω
   b) 0,75 kΩ und 0,8 kΩ,
   c) 43 Ω und 100 Ω
   soll ein dritter hinzugeschaltet werden, damit der Gesamtwiderstand
   a) 10 Ω, b) 200 Ω, c) 5 Ω
   erreicht wird. Welchen Wert muß der dritte Widerstand haben?
6. Ein Strommesser mit dem Meßbereichsendwert 30 mA braucht zum vollen Zeigerausschlag 0,2 V. Wieviel Ohm muß ein Parallelwiderstand haben, damit der Meßbereich auf a) 60 mA, b) 100 mA, c) 150 mA erweitert wird?
7. Die zwei Heizwiderstände eines Ofens mit
   a) 100 Ω und 25 Ω,
   b) 70 Ω und 105 Ω,
   c) 15 Ω und 10 Ω
   sind parallelgeschaltet. In der Zuleitung wird die Stromstärke 6 A gemessen. Wie groß sind der Gesamtwiderstand, die angelegte Spannung und die Teilstromstärken?
8. In der Parallelschaltung zweier Widerstände (**4**.12) ist die Stromstärke $I_1$ = a) 2,5 A, b) 2 A, c) 10 A. Wie groß sind der Widerstandswert $R_1$ und die Gesamtstromstärke $I$?

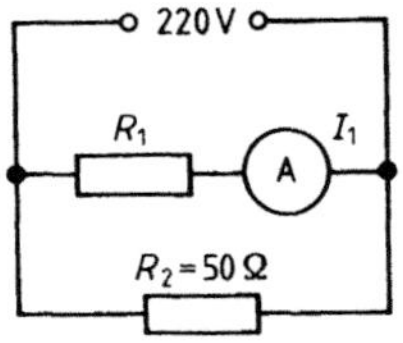


**4**.12

9. Zu einer Kupferleitung mit der Länge 60 m und dem Durchmesser 1,38 mm soll eine zweite Kupferleitung parallelgeschaltet werden, damit der Gesamtwiderstand a) 0,268 Ω, b) 0,195 Ω, c) 0,143 Ω wird. Wie groß muß der Durchmesser der zweiten Leitung sein?
10. In der Parallelschaltung zweier Widerstände nach Bild **4**.13 beträgt die Stromstärke $I$ nach Schließen des Schalters a) 2 A, b) 3,5 A, c) 1,7 A. Wie groß sind die Stromstärke $I_1$ und der Widerstandswert $R_1$?

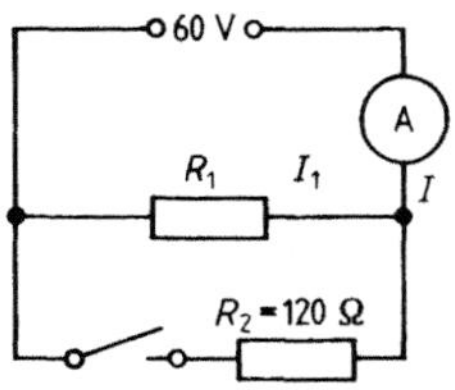


**4**.13

11. Wie groß sind in der Schaltung nach Bild **4**.14 die Stromstärken $I_1$, $I_2$ und $I$, wenn der Teilwiderstand $R_1$ = a) 50 Ω, b) 88 Ω, c) 110 Ω beträgt?

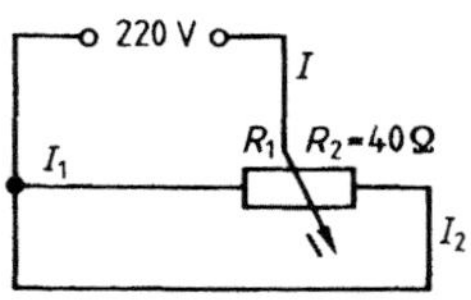


**4**.14

12. In einem Elektromwärmegerät befinden sich zwei gleiche Heizwiderstände, die in der Parallelschaltung an

220 V die Gesamtstromstärke a) 8 A, b) 1 A, c) 2,4 A aufnehmen. Wie groß ist die Stromaufnahme, wenn beide Heizwiderstände in Reihe geschaltet sind?

13. In der Schaltung nach Bild **4**.15 fließt bei offenem Schalter die Gesamtstromstärke
a) 1 A, b) 2,5 A, c) 1,5 A;
bei geschlossenem Schalter
a) 1,2 A, b) 3 A, c) 2,3 A.
Wie groß ist der Widerstandswert $R_1$?

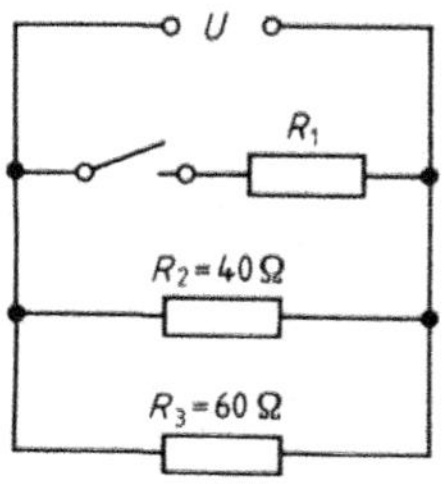


**4**.15

14. Zu einer Aluminiumleitung mit dem Querschnitt
a) 10 mm², b) 16 mm², c) 10 mm²
wird eine Kupferleitung mit
a) 10 mm², b) 25 mm², c) 6 mm²
Querschnitt parallelgeschaltet. Die durch beide Leitungen fließende Gesamtstromstärke beträgt 100 A. Wie groß ist die Stromstärke in jeder Leitung?

15. Zwei Heizwiderstände einer Kochplatte lassen sich wie folgt schalten: Schaltstufe I: Beide Widerstände in Reihe an 220 V; Schaltstufe II: Nur ein Widerstand an 220 V geschaltet; Schaltstufe III: Beide Widerstände in Parallelschaltung an 220 V. Die Stromaufnahmen betragen in

| | Schaltstufe I | II | III |
|---|---|---|---|
| a) | 2 A | 4,4 A | 8,07 A |
| b) | 1 A | 2,75 A | 4,32 A |
| c) | 4 A | 8 A | 16 A |

Wie groß sind die Werte der beiden Heizwiderstände, und welcher der beiden Widerstände ist in Schaltstufe II eingeschaltet?

## 4.3 Zusammengesetzte Schaltungen

**Beispiel 4.7** Wie groß ist die Stromstärke $I$ in der Schaltung **4**.16?

**Lösung** Die Reihenschaltung von $R_4$, $R_5$ und $R_6$ hat insgesamt den Wert

$R_{4,5,6} = R_4 + R_5 + R_6$
$= 10\,\Omega + 10\,\Omega + 10\,\Omega = 30\,\Omega$.

Der Widerstand $R_{4,5,6}$ liegt zu dem Widerstand $R_3$ parallel. Die zugehörigen Leitwerte können zusammengezählt werden; also ist der Leitwert der Parallelschaltung

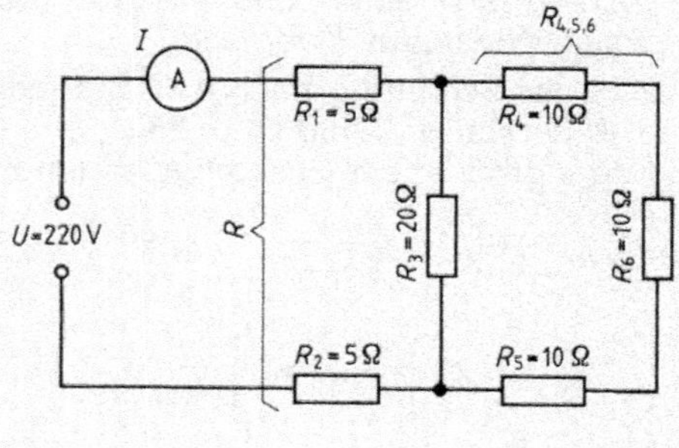


**4**.16

$$\frac{1}{R_{3,4,5,6}} = \frac{1}{R_{4,5,6}} + \frac{1}{R_3} = \frac{1}{30\,\Omega} + \frac{1}{20\,\Omega} = \frac{5}{60}\,\text{S} \qquad R_{3,4,5,6} = \frac{60}{5}\,\Omega = 12\,\Omega.$$

Nun ist der Gesamtwiderstand die Reihenschaltung von $R_{3,4,5,6}$, $R_1$ und $R_2$

$R = R_1 + R_2 + R_{3,4,5,6} = 5\,\Omega + 5\,\Omega + 12\,\Omega = 22\,\Omega$.

Damit ist die Stromstärke $I = \frac{U}{R} = \frac{220\,\text{V}}{22\,\Omega} = \mathbf{10\,A}$.

## Aufgaben

1. Die Widerstände der in den Bildern **4**.17 und **4**.18 dargestellten Schaltungen haben folgende Werte:
   a) $R_1 = 100\ \Omega$, $R_2 = 100\ \Omega$, $R_3 = 100\ \Omega$,
   b) $R_1 = 25\ \Omega$, $R_2 = 20\ \Omega$, $R_3 = 30\ \Omega$,
   c) $R_1 = 18{,}4\ \Omega$, $R_2 = 7{,}8\ \Omega$, $R_3 = 24{,}3\ \Omega$.

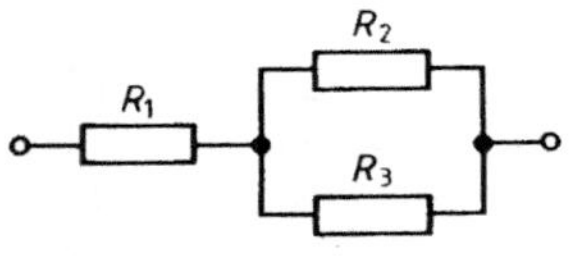


**4**.17

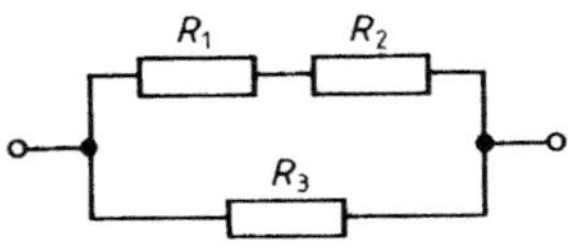


**4**.18

Wie groß ist der Gesamtwiderstand?

2. Zu dem Widerstand 120 Ω soll eine Gruppe von a) 4, b) 3, c) 5 gleichen, parallelen Widerständen in Reihe geschaltet werden, so daß man den Gesamtwiderstand 200 Ω erhält. Welchen Wert muß jeder der Parallelwiderstände haben?
3. Zu a) 3, b) 4, c) 5 in Reihe geschalteten Widerständen von je 80 Ω soll ein weiterer Widerstand geschaltet werden, um den Gesamtwiderstand 80 Ω zu erhalten. Wie ist der Zusatzwiderstand zu schalten, und wie groß muß sein Widerstandswert sein?
4. In der Schaltung nach **4**.19 hat jeder Widerstand a) 100 Ω, b) 25 Ω, c) 6 Ω. Wie groß ist der Gesamtwiderstand?

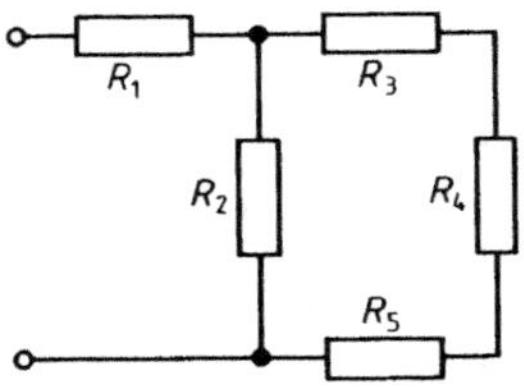


**4**.19

5. Zwei Parallelwiderstände je
   a) 24 Ω, b) 64 Ω, c) 1,8 kΩ
   und drei Parallelwiderstände je
   a) 18 Ω, b) 72 Ω, c) 0,6 kΩ
   liegen in Reihenschaltung an 220 V.
   Wie groß sind der Gesamtwiderstand der Schaltung und die Stromstärke in der Zuleitung?
6. In der in Bild **4**.20 dargestellten Schaltung beträgt der Wert des Widerstands $R_2$ a) 100 Ω, b) 150 Ω, c) 300 Ω. Wie groß sind der Gesamtwiderstand der Schaltung, die Gesamtstromstärke und die Stromstärke in den einzelnen Widerständen?

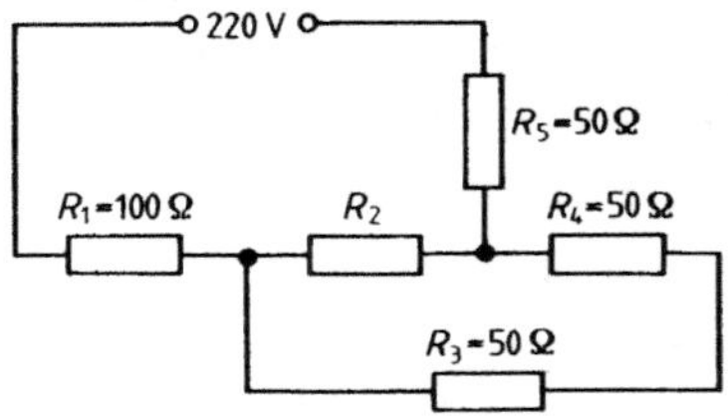


**4**.20

7. Der Strommesser in der Schaltung nach Bild **4**.21 zeigt a) 0,6 A, b) 0,35 A, c) 0,5 A. Wie groß ist der Widerstandswert $R_3$?

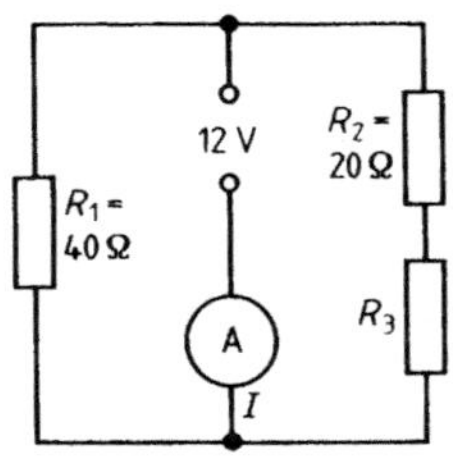


**4**.21

8. In der Schaltung nach Bild **4**.22 ist der Schleifer am Widerstand $R_3$ von Stellung I nach Stellung II zu verstellen (Endwerte am Widerstand). Dabei ändert sich die Stromstärke von
   a) 5,5 A auf 3 A,
   b) 4,4 A auf 2 A,
   c) 2,75 A auf 1,5 A.
   Welchen Wert haben die Widerstände $R_1$ und $R_3$?

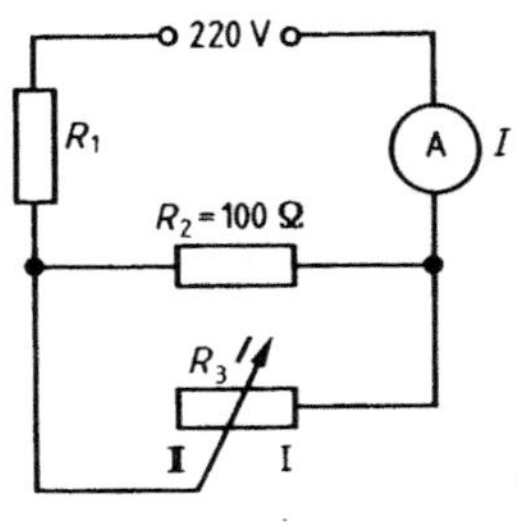


**4**.22

9. Bei der in Bild **4**.23 dargestellten Schaltung zeigt der Strommesser folgende Werte an:

| | Schalter geschlosssen | Schalter offen |
|---|---|---|
| a) | 1,2 A | 0,8 A |
| b) | 1,0 A | 0,6 A |
| c) | 0,6 A | 0,5 A |

Welchen Wert haben die Widerstände $R_1$ und $R_3$?

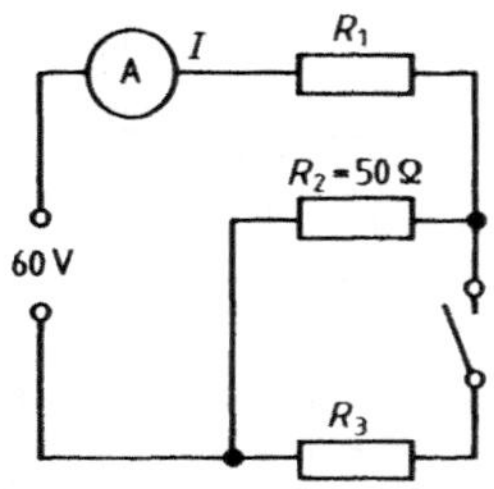


**4**.23

10. In der Schaltung **4**.24 zeigt der Spannungsmesser a) 24 V, b) 18 V, c) 36 V. Welchen Wert haben die Widerstände $R_1$ und $R_2$?

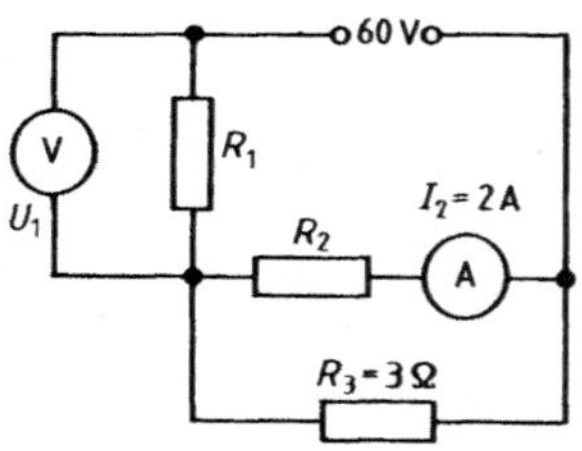


**4**.24

11. Vier Widerstände je a) 100 Ω, b) 80 Ω, c) 440 Ω sind wie in Bild **4**.25 geschaltet. Wie groß ist die Stromstärke in der Zuleitung? Auf welchen Wert ändert sich die Stromaufnahme, wenn die Verbindungsleitung *A* entfernt wird und wenn beide Verbindungsleitungen *A* und *B* entfernt werden?

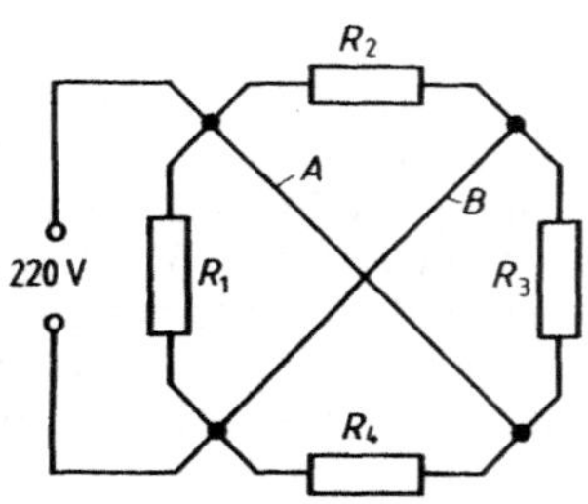


**4**.25

12. In der Schaltung **4**.26 zeigt der Spannungsmesser $U_3$ a) 100 V, b) 84 V, c) 56 V an. Welche Werte haben die Widerstände $R_1$, $R_3$ und $R_4$?

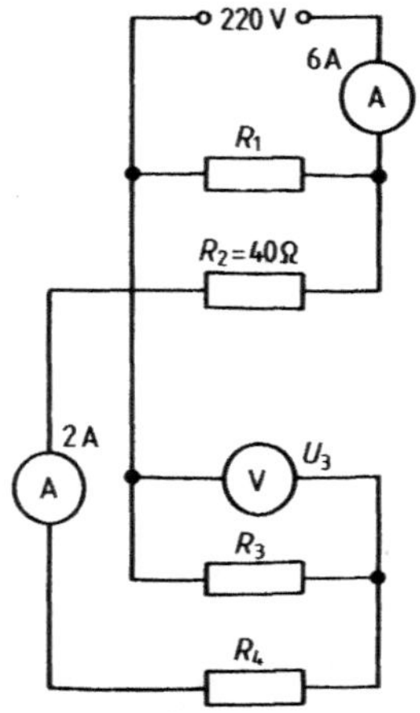


**4**.26

13. Der Spannungsmesser in der Schaltung **4**.27 zeigt a) 100 V, b) 60 V, c) 48 V an. Welche Werte haben die Widerstände $R_2$, $R_3$, $R_4$ und $R_5$?

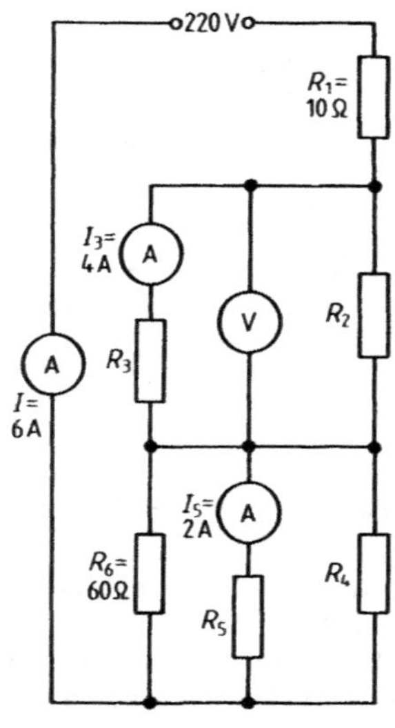


**4**.27

## 4.4 Vorwiderstand und Spannungsteiler

Werden zwei oder mehrere Widerstände in Reihe geschaltet, kann an den Widerständen eine Teilspannung abgenommen werden. Man bezeichnet solche Schaltungen als Spannungsteiler (**4**.28).

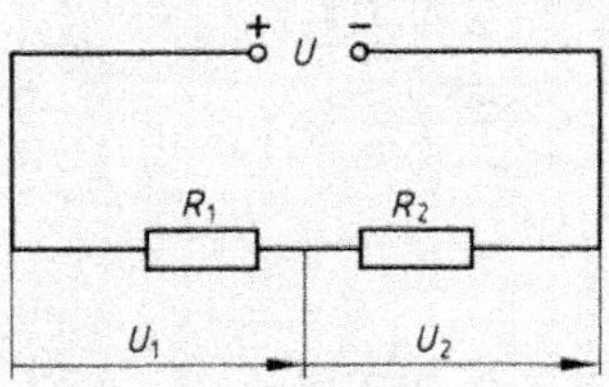


**4**.28

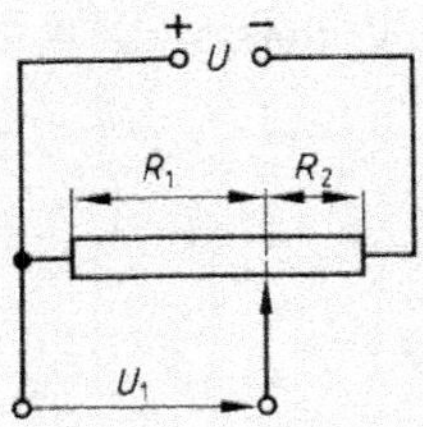


**4**.29

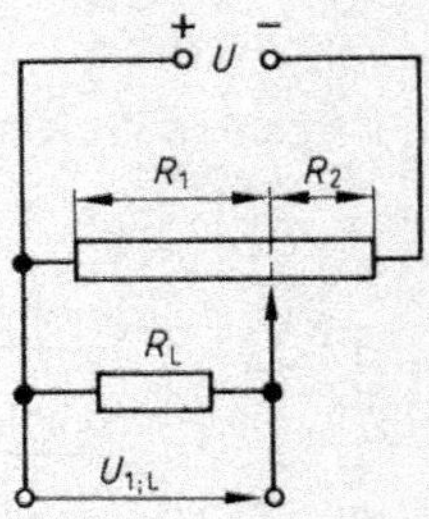


**4**.30

Ein Spannungsteiler (Potentiometer) mit verstellbarem Schleifkontakt gestattet, die abgegriffene Spannung von der vollen Spannung bis zum Wert Null zu verändern. Wird an die Ausgangsklemmen kein Verbraucher angeschlossen, spricht man von einem unbelasteten Spannungsteiler (**4**.29). Bei angeschlossenem Verbraucher ($R_L$) handelt es sich um einen belasteten Spannungsteiler (**4**.30).

**Beispiel 4.8** Wie groß ist die Spannung $U_{1;L}$ am Lastwiderstand $R_L$ = 4 kΩ in der Spannungsteilerschaltung **4**.31?

**Lösung** Beide Widerstände $R_1$ = 6 kΩ und $R_L$ = 4 kΩ sind parallelgeschaltet. Ihr Gesamtwiderstand $R_{1;L}$ ist

$$\frac{1}{R_{1;L}} = \frac{1}{R_1} + \frac{1}{R_L} = \frac{1}{6\ \text{k}\Omega} + \frac{1}{4\ \text{k}\Omega} = \frac{10\ \text{k}\Omega}{24\ (\text{k}\Omega)^2}$$

$$R_{1;L} = 2{,}4\ \text{k}\Omega.$$

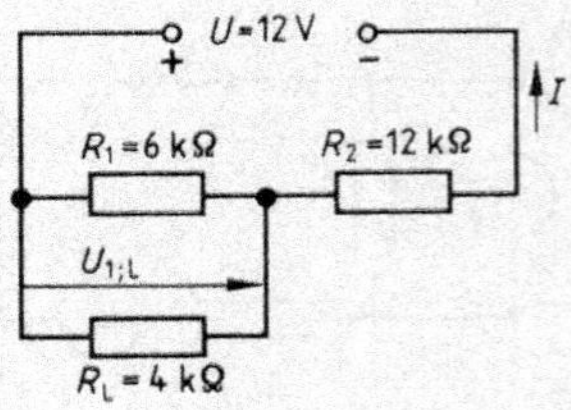


**4**.31

Damit ist der Gesamtwiderstand $R$ der Schaltung

$R = R_{1;L} + R_2 = 2{,}4\ \text{k}\Omega = 14{,}4\ \text{k}\Omega$.

Die Gesamtstromstärke $I$ ist nach dem Ohmschen Gesetz

$$I = \frac{U}{R} = \frac{12\ \text{V}}{14{,}4\ \text{k}\Omega} = 0{,}833\ \text{mA}.$$

Diese Stromstärke verursacht an den parallelgeschalteten Widerständen $R_1$ und $R_L$ den gesuchten Spannungsabfall

$U_{1;L} = I \cdot R_{1;L} = 0{,}833\ \text{mA} \cdot 2{,}4\ \text{k}\Omega = \mathbf{2\ V}$.

### Aufgaben

1. Ein Widerstand hat die bewickelte Länge a) 24 cm, b) 36 cm, c) 60 cm und liegt an 120 V. An welchen Stellen müssen Abgriffe für 24 V, 42 V, 56 V und 80 V vorgesehen werden? Fertigen Sie eine Zeichnung an!

2. Vier Widerstände mit 1 kΩ, 2 kΩ, 3 kΩ und 4 kΩ sind in Reihe geschaltet und liegen an a) 60 V, b) 80 V, c) 125 V. Wieviel und welche Spannungen lassen sich zwischen jeweils zwei Verbindungsstellen abnehmen? Fertigen Sie eine Zeichnung an!

3. Zwei Widerstände
   a) $R_1 = 150$ kΩ und $R_2 = 33$ kΩ,
   b) $R_1 = 150$ kΩ und $R_2 = 47$ kΩ,
   c) $R_1 = 150$ kΩ und $R_2 = 52$ kΩ
   sind entsprechend Bild **4**.32 geschaltet. Wie groß sind die Spannungen $U_1$ und $U_2$ ohne Belastung? Wie groß

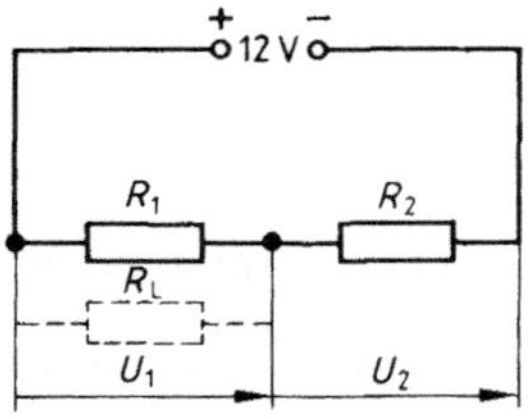


**4**.32

   wird die Spannung $U_1$, wenn dem Widerstand $R_1$ ein Belastungswiderstand 150 kΩ parallelgeschaltet wird?

4. Am Lastwiderstand 50 kΩ soll entsprechend Bild **4**.33 die Spannung $U_2$ = a) 1,5 V, b) 2,5 V, c) 3,5 V betragen. Welchen Wert muß der Widerstand $R_x$ haben?

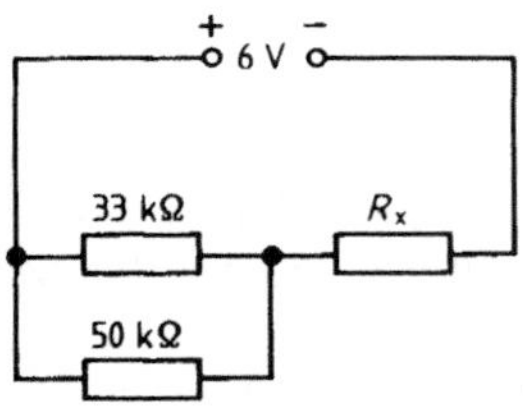


**4**.33

5. Ein Spannungsteiler mit dem Gesamtwiderstand 100 Ω liegt an 220 V. Mit dem Schleifer können 10 gleiche Spannungsteilerabschnitte abgegriffen werden. Wie groß ist die Ausgangsspannung bei den einzelnen Schleiferstellungen
   a) im Leerlauf,
   b) bei Belastung mit 100 Ω,
   c) bei Belastung mit 10 Ω?

   Die Ausgangsspannung ist in Abhängigkeit von der Schleiferstellung in Wertetabellen zusammenzustellen und in drei Kennlinien aufzutragen. Gesamtlänge für den waagerechten Maßstab der Schleiferstellung 100 mm; senkrechter Maßstab für die Ausgangsspannung 2 V/mm.

6. Die Widerstände
   a) $R_1 = 10$ kΩ und $R_2 = 5{,}6$ kΩ
   b) $R_1 = 10$ kΩ und $R_2 = 4{,}7$ kΩ
   c) $R_1 = 10$ kΩ und $R_2 = 8{,}3$ kΩ
   sind entsprechend Bild **4**.34 geschaltet. Welchen Wert muß der Lastwiderstand $R_x$ haben, damit er die Spannung 6 V erhält?

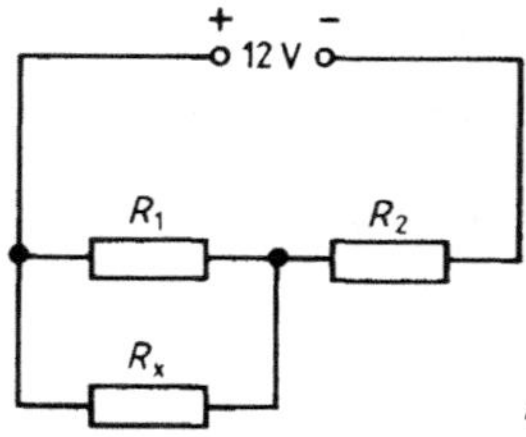


**4**.34

7. Ein Spanungsteiler aus den beiden Widerständen $R_1 = 0{,}5$ MΩ und $R_2 =$ 1 MΩ liegt an der Spannung 15 V. Die Teilspannung an $R_2$ wird mit einem Spannungsmesser gemessen, dessen Innenwiderstand a) 15 kΩ, b) 1,2 MΩ, c) 10 MΩ beträgt.

   Welche Spannung zeigt der Spannungsmesser, und welche Teilspannung liegt an $R_2$ ohne angeschalteten Spannungsmesser?

   Was ist bei der Spannungsmessung an hochohmigen Spannungsteilern zu beachten?

8. Der Abstand der Einstellungspunkte am Potentiometer a) mit 25 kΩ, b) mit 50 kΩ, c) mit 80 kΩ beträgt entsprechend Bild **4**.35 jeweils ein Viertel des

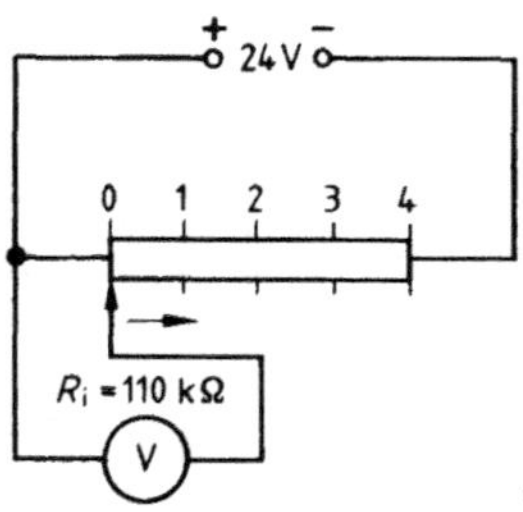


**4**.35

   Gesamtwiderstands. Berechnen Sie die vom Spannungsmesser angezeigte Spannung für die vier Meßpunkte und zeichnen Sie die Kennlinie.

9. Wie ändert sich der Kennlinienverlauf des Potentiometers in Aufgabe 8,

wenn parallel zum Spannungsmesser noch ein Lastwiderstand mit a) 16 kΩ, b) 8 kΩ, c) 10 kΩ geschaltet wird? Zeichnen Sie die Belastungskennlinien!

10. Der Lastwiderstand in der Schaltung Bild **4**.36 hat die Nenndaten
    a) 50 Ω und 100 mA,
    b) 50 Ω und 50 mA,
    c) 50 Ω und 30 mA.

    Der Querstrom $I_q$ soll das 10fache des Laststroms betragen. Berechnen Sie die Widerstandswerte $R_1$ und $R_2$.

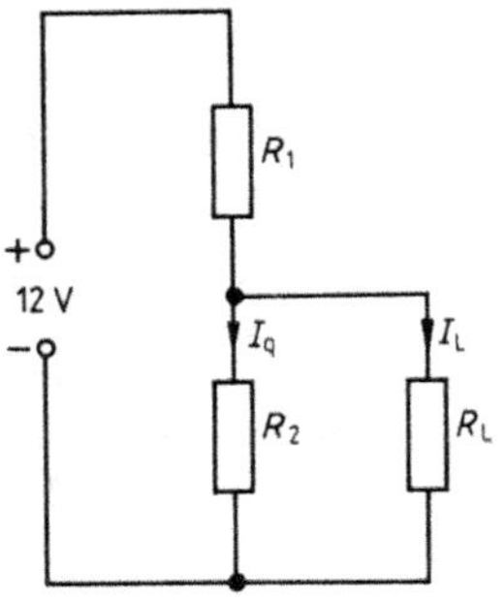


**4**.36

11. In der Schaltung nach Bild **4**.37 (gestaffelter Spannungsteiler) soll die Spannung $U_2$ berechnet werden. Die Speisepannung $U_1$ beträgt a) 10 V, b) 8 V, c) 3 V.

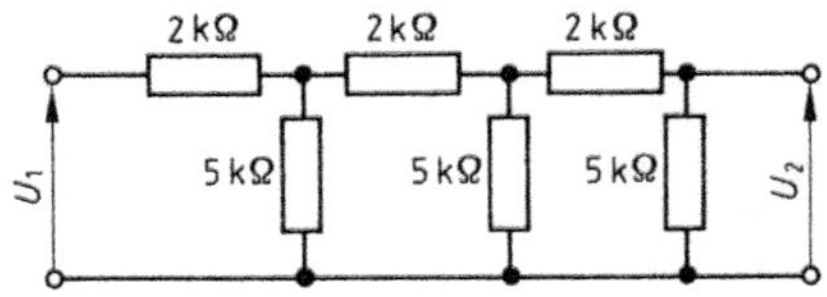


**4**.37

12. Die Spannung am Widerstand $R_x$ nach Bild **4**.38 beträgt a) 4 V, b) 10 V, c) 8 V. Berechnen Sie den Wert des Widerstands $R_x$.

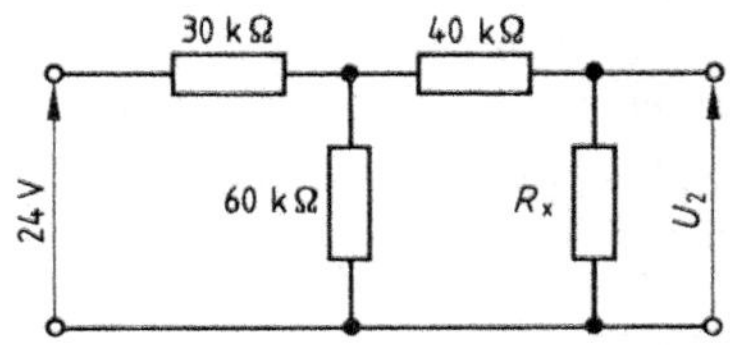


**4**.38

## 4.5 Brückenschaltung

Schalten wir zwei Spannungsteiler aus je zwei Widerständen parallel (**4**.39) und verbinden die Klemmen A und B über ein Meßgerät oder ein anderes Bauteil miteinander, erhalten wir eine Brückenschaltung.

Eine solche Brückenschaltung ist abgeglichen, wenn im Brückenzweig zwischen A und B kein Strom fließt. Dies ist der Fall, wenn sich die Widerstände wie folgt verhalten:

$$\frac{R_1}{R_2} = \frac{R_3}{R_4}$$

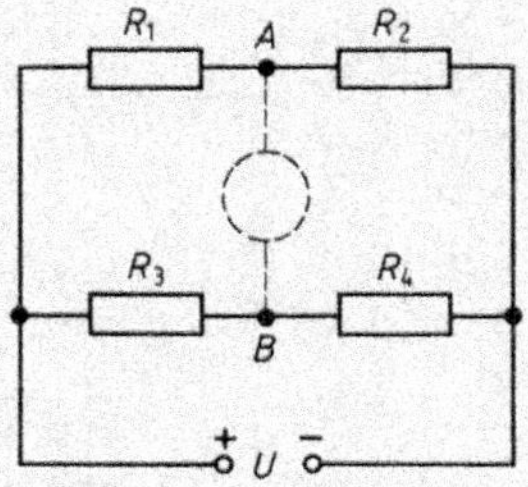


**4**.39

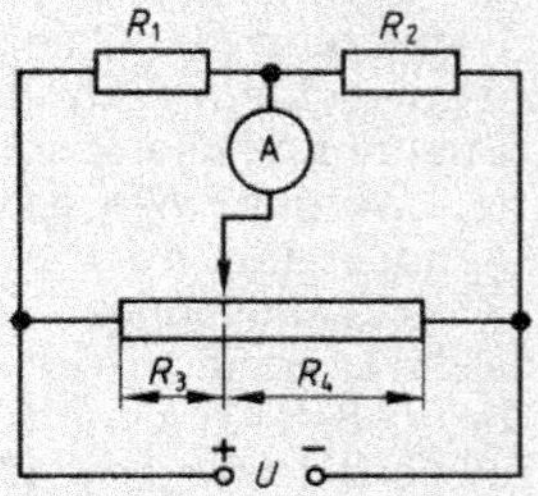


**4**.40

Der Brückenabgleich kann durchgeführt werden, indem wir entsprechend **4**.40 z. B. die Widerstände $R_3$ und $R_4$ als Spannungsteiler mit veränderbarem Abgriff schalten.

Die abgeglichene Brückenschaltung (Wheatstone-Brücke) gestattet das Bestimmen unbekannter Widerstände.

Bei einer nicht abgeglichenen Brückenschaltung ist der Brückenstrom ein Maß für die „Verstimmung" der Brücke. Die nicht abgeglichene Brückenschaltung kommt in der elektrischen Meßtechnik häufig vor.

**Beispiel 4.9** Wie groß ist in der Schaltung **4**.41 die Spannung zwischen den Punkten A und B, wenn ein hochohmiger Spannungsmesser eingeschaltet ist?

Welchen Wert hat der Widerstand $R_1$, der an Stelle des Widerstands 8 kΩ eingesetzt werden muß, um die Brückenschaltung abzugleichen?

**Lösung** Bei Verwendung eines hochohmigen Spannungsmessers ist der Strom durch den Brückenzweig vernachlässigbar klein. Daher kann die Brückenschaltung aufgefaßt werden wie zwei parallelgeschaltete Spannungsteiler.

Im oberen Brückenzweig fließt die Stromstärke

$$I_{1;2} = \frac{U}{R_1 + R_2} = \frac{10\ \text{V}}{8\ \text{k}\Omega + 4\ \text{k}\Omega} = 0{,}833\ \text{mA}$$

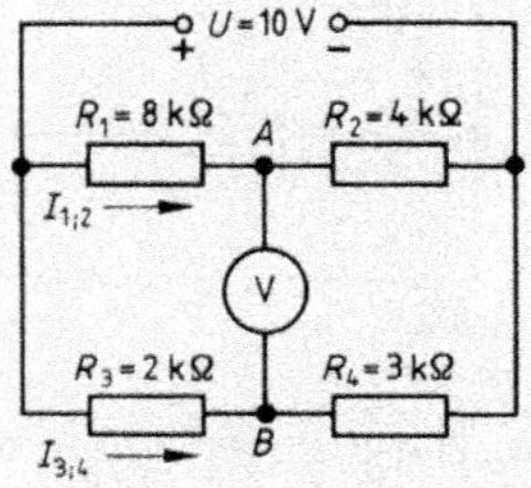

**4**.41

Im unteren Brückenzweig beträgt die Stromstärke

$$I_{3;4} = \frac{U}{R_3 + R_4} = \frac{10\ \text{V}}{2\ \text{k}\Omega + 3\ \text{k}\Omega} = 2\ \text{mA}.$$

Der Spannungsfall am Widerstand $R_1$ ist

$U_1 = I_{1;2} \cdot R_1 = 0{,}833\ \text{mA} \cdot 8\ \text{k}\Omega = 6{,}67\ \text{V}$

und am Widerstand $R_3$

$U_3 = I_{3;4} \cdot R_3 = 2\ \text{mA} \cdot 2\ \text{k}\Omega = 4\ \text{V}.$

Zwischen den Punkten A und B besteht demnach die Differenzspannung

$U_{AB} = U_1 - U_3 = 6{,}67\ \text{V} - 4\ \text{V} = \mathbf{2{,}67\ V}.$

Die Brückenschaltung ist abgeglichen, wenn sich die Widerstände so verhalten:

$$\frac{R_x}{R_3} = \frac{R_2}{R_4}$$ $R_x$ steht für den unbekannten Widerstand

Damit wird $R_x = \dfrac{R_2 \cdot R_3}{R_4} = \dfrac{4\ \text{k}\Omega \cdot 2\ \text{k}\Omega}{3\ \text{k}\Omega} = \mathbf{2{,}67\ k\Omega}.$

**Aufgaben**

1. In der Brückenschaltung **4**.42 soll der Wert des Widerstands $R_x$ bestimmt werden, bei dem der Brückenstrom Null wird. Die Widerstände $R_3$ und $R_4$ haben folgende Werte:

   a) $R_3 = 6\ \Omega$, $R_4 = 4\ \Omega$;
   b) $R_3 = 9\ \Omega$, $R_4 = 8\ \Omega$;
   c) $R_3 = 12\ \Omega$, $R_4 = 15\ \Omega$.

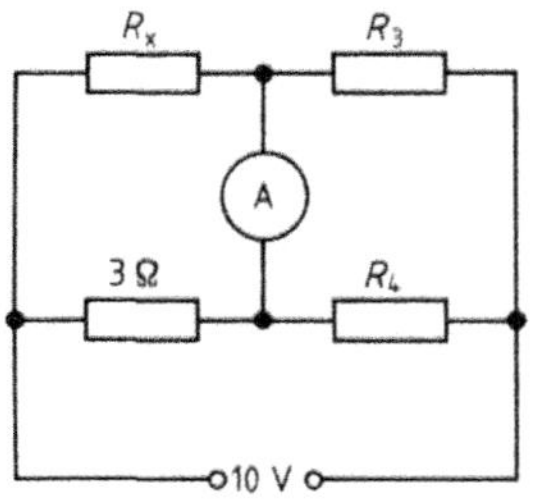

**4**.42

2. In der abgeglichenen Brückenschaltung **4**.43 sind die Widerstände $R_3$ und $R_4$ durch einen Schleifdraht mit konstantem Durchmesser ersetzt. Das Widerstandsverhältnis $R_3$:$R_4$ wird in diesem Fall das Längenverhältnis $l_1$:$l_2$. Der Widerstand $R_2$ hat den Wert a) 24 Ω, b) 45 Ω, c) 75 Ω. Welchen Wert hat der Widerstand $R_x$?

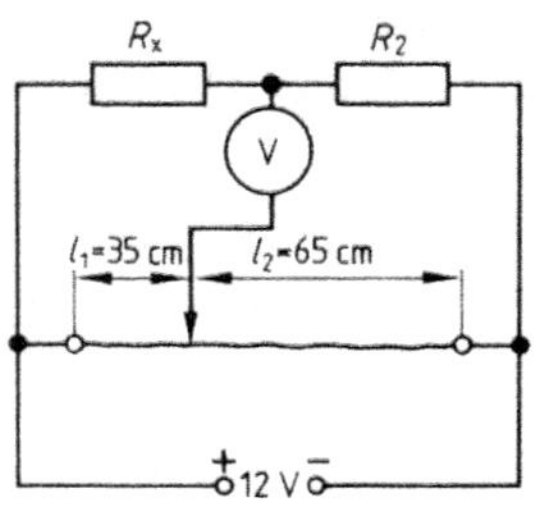

**4**.43

3. Wie groß ist die Gesamtstromstärke in der Schaltung **4**.44, wenn die Speisespannung a) 10 V, b) 6 V, c) 8 V beträgt? Wie groß ist der Spannungsfall zwischen den Punkten A und B am Widerstand 10 kΩ?

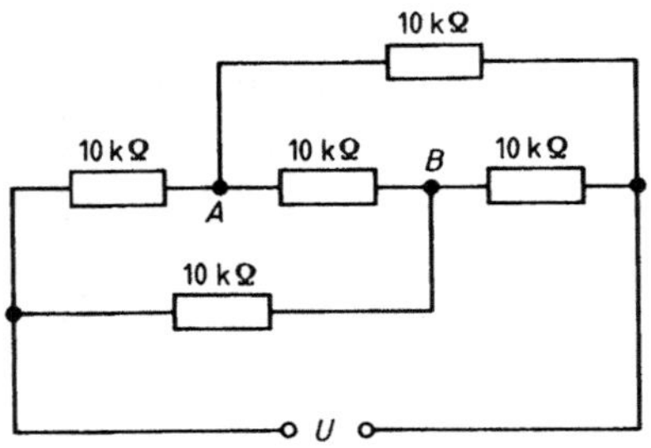


**4**.44

4. Die Brückenschaltung nach Bild **4**.45 ist nicht abgeglichen. Schaltet man zur Messung der Brückenspannung einen hochohmigen Spannungsmesser in die „Brückendiagonale", kann die Brückenschaltung betrachtet werden wie zwei parallelgeschaltete Spannungsteiler.

   a) Wie groß ist die Brückenspannung?

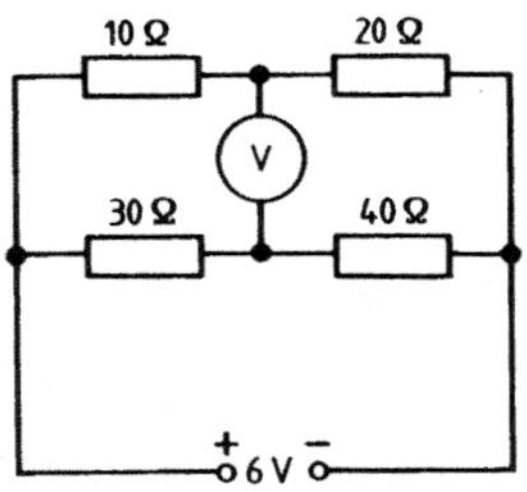


**4**.45

   b) Wie groß wird diese Spannung sein, wenn der Widerstand 40 Ω durch einen mit 100 Ω ersetzt wird?

5. Vier Widerstände
   a) $R_1 = 40\ \Omega$, $R_2 = 60\ \Omega$, $R_3 = 80\ \Omega$, $R_4 = 120\ \Omega$
   b) $R_1 = 2\ \Omega$, $R_2 = 4\ \Omega$, $R_3 = 5\ \Omega$, $R_4 = 5\ \Omega$
   c) $R_1 = 12\ \Omega$, $R_2 = 48\ \Omega$, $R_3 = 36\ \Omega$, $R_4 = 12\ \Omega$

   sind entsprechend Bild **4**.46 geschaltet.

   Wie groß sind die Stromstärken und die Teilspannungen?

   Wie groß ist die Spannung zwischen den Punkten A und B bei Verwendung eines hochohmigen Spannungsmessers?

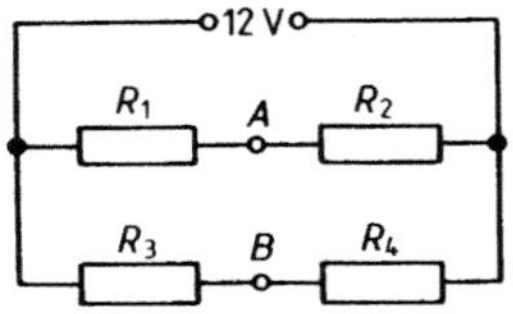


**4**.46

   Durch Verbinden der Punkte A und B wird die Schaltung zu einer Brückenschaltung. Wie groß sind die Stromstärken in den Widerständen und die Teilspannungen, wenn die Punkte A und B durch eine Kurzschlußbrücke miteinander verbunden werden?

   Wie groß ist in diesem Fall die Stromstärke im Brückenzweig?

6. In der Brückenschaltung **4**.47 ist der Widerstand $R_1$ unbekannt. Die übrigen Widerstände haben folgende Werte:

   a) $R_2 = 30\ \Omega$, $R_3 = 36\ \Omega$, $R_4 = 144\ \Omega$;
   b) $R_2 = 54\ \Omega$, $R_3 = 78\ \Omega$, $R_4 = 26\ \Omega$;
   c) $R_2 = 9{,}8\ \Omega$, $R_3 = 1{,}8\ \Omega$, $R_4 = 450\ \Omega$.

   Berechnen Sie den Widerstand $R_1$ für den Fall des Brückenabgleichs.

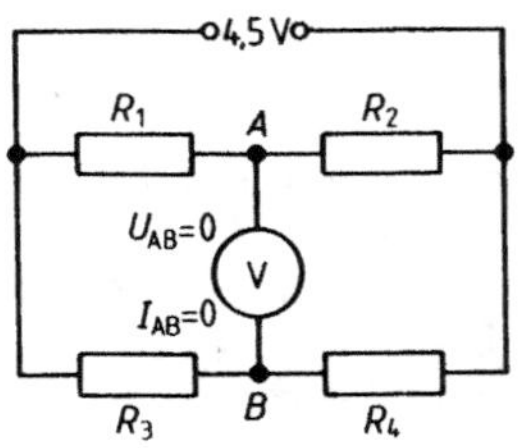


**4**.47

# 5 Leistung, Arbeit, Energie, Wirkungsgrad

## 5.1 Elektrische Leistung

Die elektrische Leistung $P$ wird durch das Produkt aus Spannung $U$ und Stromstärke $I$ bestimmt.

$$\boldsymbol{P = U \cdot I}$$

$P$ in W (Watt)
$U$ in V
$I$ in A

Wird in diese Formel statt der Spannung $U$ nach dem Ohmschen Gesetz das Produkt $I \cdot R$ eingesetzt, erhält man:

$$\boldsymbol{P = I^2 \cdot R}$$

$P$ in W
$I$ in A
$R$ in Ω

Setzt man dagegen anstelle der Stromstärke $I$ nach dem Ohmschen Gesetz den Bruch $\frac{U}{R}$ ein, bekommt man:

$$\boldsymbol{P = \frac{U^2}{R}}$$

$P$ in W
$U$ in V
$R$ in Ω

**Beispiel 5.1** Welche Stromstärke fließt im Glühfaden einer Glühlampe mit der Aufschrift 220 V/60 W?

**Lösung** Aus $P = U \cdot I$ erhalten wir nach Teilen durch $U$ auf beiden Seiten der Formel

$$I = \frac{P}{U} = \frac{60\ \text{W}}{220\ \text{V}} = \mathbf{0{,}27\ A}.$$

**Beispiel 5.2** Für welche Spannung ist ein Widerstand für 4,5 kW 11,8 A gebaut?

**Lösung** Aus der Formel $P = U \cdot I$ ergibt sich nach Teilen durch $I$ auf beiden Seiten

$$U = \frac{P}{I} = \frac{4500\ \text{W}}{11{,}8\ \text{A}} = \mathbf{380\ V}.$$

**Aufgaben**

1. In der Zuleitung eines an 220 V angeschlossenen Tauchsieders fließt die Stromstärke a) 1,36 A, b) 1,59 A, c) 1,82 A. Wie groß ist die Leistungsaufnahme?
2. Ein Kupferdraht von 200 m Länge hat a) 1,5 mm², b) 2,5 mm², c) 4 mm² Querschnitt. Er wird von 10 A durchflossen. Wie groß ist die im Kupferdraht in Wärme umgesetzte Leistung?
3. Auf dem Sockel einer Radioskalenlampe steht a) 4 V/0,3 A, b) 7 V/0,3 A, c) 12 V/0,15 A. Wie groß ist die für die Beleuchtung aufgewendete Leistung, wenn zwei solcher Lämpchen vorhanden sind?
4. Wie groß ist die Stromstärke in der Zuleitung zu einem Bügeleisen mit der Leistung a) 1000 W, b) 800 W, c) 1,2 kW, das an 220 V angeschlossen ist?
5. Die Wicklung des Gleichstromrelais **5.1** hat den Widerstand 1250 Ω. Sie wird von a) 4 mA, b) 6 mA, c) 5,5 mA durchflossen. Wie groß ist die vom Relais aufgenommene Leistung?

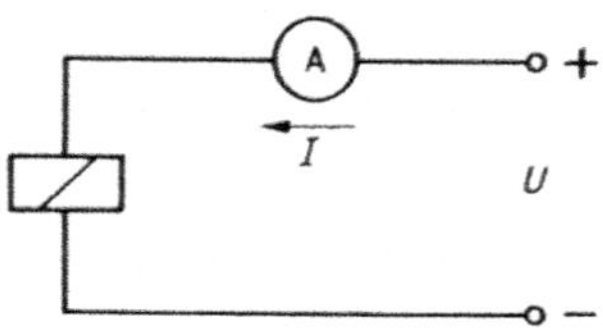

6. Wie groß ist der Heizwiderstand eines Waffeleisens? Die Angaben auf dem Leistungsschild lauten:
   a) 220 V 1200 W,
   b) 220 V 800 W,
   c) 110 V 800 W.
7. An welche höchste Spannung darf ein Widerstand mit der Aufschrift
   a) 10 kΩ 2 W,
   b) 50 Ω 25 W,
   c) 1,2 kΩ 0,5 W
   angeschlossen werden?
8. Auf dem Leistungsschild eines Stellwiderstands steht die Angabe
   a) 69 Ω 4 A,
   b) 1 kΩ 2,4 A,
   c) 330 Ω 1,3 A.

   Wie groß ist die Leistungsaufnahme bei Anschluß des Widerstands an 220 V?
9. Eine Spule für 12 V hat den Widerstand a) 600 Ω, b) 400 Ω, c) 1200 Ω. Wie groß muß der Widerstand einer Spule mit derselben Leistungsaufnahme für 24 V sein?
10. Ein Schichtwiderstand hat die Nenndaten
    a) 125 Ω 2 W,
    b) 4,7 kΩ 0,25 W,
    c) 1 MΩ 1 W.

    Wie groß darf die Stromstärke im Höchstfall sein? Bei welcher Spannung wird diese Stromstärke erreicht?
11. Ein Bügeleisen für 220 Volt hat die Nennleistung a) 500 W, b) 800 W, c) 1000 W. Wie groß ist die Leistungsaufnahme, wenn die Netzspannung 216 V beträgt?
12. Ein Heizwiderstand mit dem spezifischen Widerstand 1,1 $\Omega \cdot mm^2/m$ und dem Querschnitt 0,126 $mm^2$ soll an 220 V die Leistung a) 400 W, b) 700 W, c) 150 W aufnehmen. Berechnen Sie die erforderliche Drahtlänge, die Stromaufnahme und die Stromdichte im Widerstandsdraht.
13. Die Erregerspule eines Gleichstrommagneten aus Kupferdraht mit dem Durchmesser a) 0,9 mm, b) 0,8 mm, c) 1,2 mm soll 1200 Windungen bei der mittleren Windungslänge 24 cm erhalten. Wie groß ist die Leistungsaufnahme bei Anschluß an 24 V?
14. Ein Spannungserzeuger hat folgende Quellenspannung und Klemmenspannung:
    a) $U_q$ = 4,5 V und $U$ = 4,05 V,
    b) $U_q$ = 2 V und $U$ = 1,85 V,
    c) $U_q$ = 6 V und $U$ = 5,5 V.

    Wie groß ist der durch den inneren Widerstand 0,5 Ω hervorgerufene Leistungsverlust?
15. Zwei Spannungserzeuger mit je 1,2 V Leerlaufspannung und 0,02 Ω innerem Widerstand sind parallelgeschaltet (**5**.2). Wie groß sind die Stromstärke und die Leistung bei Belastung durch einen Verbraucherwiderstand $R_a$ = 3,99 Ω?

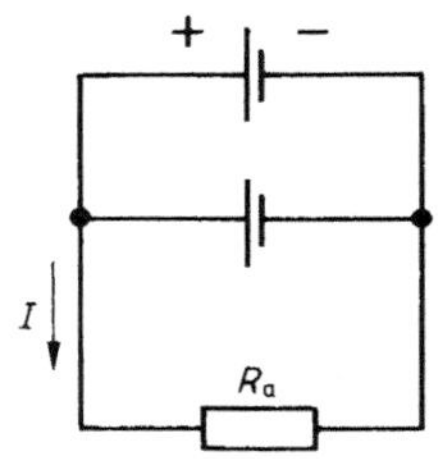

5.2

16. In einer Versuchsschaltung wird der Widerstand a) 10 Ω, b) 20 Ω, c) 8 Ω nacheinander an 1 V, 2 V, 4 V, 8 V und 10 V angeschlossen. Wie groß ist die vom Widerstand in jedem Fall aufgenommene Leistung?

    Die Leistung ist in Abhängigkeit von der anliegenden Spannung grafisch darzustellen. Waagerechter Spannungsmaßstab 1 V/cm; senkrechter Leistungsmaßstab 1 W/cm. Dem Diagramm sollen die Leistungswerte für 2,5 V; 5 V und 10 V entnommen werden. Das Verhältnis dieser Leistungswerte zueinander ist mit dem Verhältnis der zugehörigen Spannungen zu vergleichen.
17. Ein Lötkolben mit den Nenndaten
    a) 110 V 80 Ω,
    b) 110 V 60 Ω,
    c) 110 V 100 Ω,
    soll an das 220-V-Netz angeschlossen werden (**5**.3). Welchen Wert muß der Vorwiderstand haben? Wieviel Meter

Kupfernickeldraht mit 0,4 mm Durchmesser sind erforderlich? Wie groß ist die Stromdichte im Widerstandsdraht?

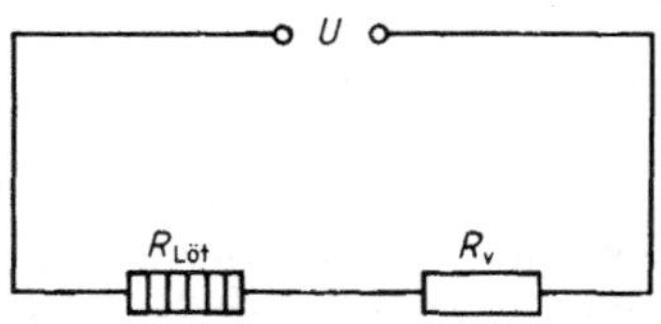

5.3

18. Eine für 125 V bestimmte Glühlampe mit der Leistung a) 40 W, b) 60 W, c) 100 W soll nach Bild **5**.4 an 220 V betrieben werden. Welchen Wert muß der Vorwiderstand $R_v$ haben und welche Leistung nimmt er auf?

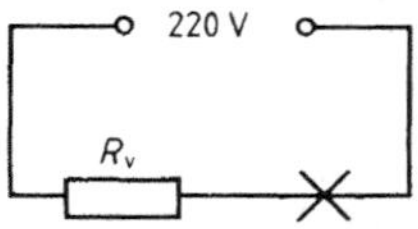

5.4

19. Ein Gleichstromgenerator für 440 V soll mit seiner Nennleistung a) 7,5 kW, b) 5,4 kW, c) 15 kW belastet werden. Zur Verfügung stehen Widerstände mit der Leistungsschildangabe 250 Ω 2 A. Wieviel Widerstände sind erforderlich? Wie sind sie zu schalten?
20. Ein Lötkolben für 110 V hat die Nennleistung a) 180 W, b) 20 W, c) 300 W. Der Kolben soll über einen Vorwiderstand an das 220-V-Netz angeschlossen werden. Zum Herstellen des Vorwiderstands steht Kupfernickeldraht mit 1,8 Ω/m zur Verfügung. Welchen Wert muß der Vorwiderstand haben, und wieviel Meter Draht sind erforderlich?
21. An ein 220-V-Netz werden zwei Glühlampen für je 110 V, in Reihe geschaltet, angeschlossen (**5**.5). Lampe 1 hat die Nennleistung 40 W. Die Nennleistung der Lampe 2 beträgt a) 100 W, b) 60 W, c) 40 W. Wie groß ist die Stromstärke, und wie verteilt sich die Spannung auf beide Lampen? Die Widerstandsänderung durch die Temperaturänderung der Lampenwendel wird nicht berücksichtigt.

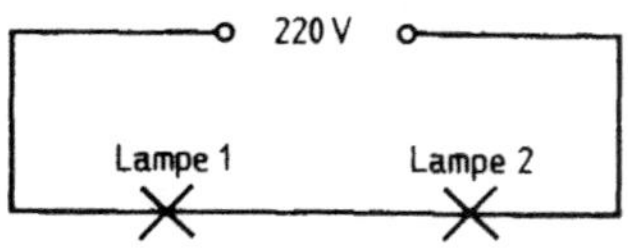

5.5

22. Für einen Schmelzofen soll ein Heizkörper hergestellt werden, der am 220-V-Netz die Leistung a) 3 kW, b) 2 kW, c) 2,5 kW aufnimmt. Wie lang muß der Heizleiterdraht mit dem spezifischen Widerstand 1 Ω · mm²/m und dem Durchmesser 1,2 mm sein, und wie groß ist die Stromdichte im Widerstandsdraht?
23. Ein Elektrowärmegerät für 220 V hat die Nennleistung a) 1 kW, b) 800 W, c) 2 kW. Es wird nacheinander an 50 V 100 V 150 V 200 V und 220 V angeschlossen. Wie groß sind die jeweils aufgenommene Stromstärke und die Leistung, wenn die Widerstandsänderung durch die Temperaturänderung unberücksichtigt bleibt?

    Die Leistung ist in Abhängigkeit von der Stromstärke grafisch darzustellen. Strommaßstab 1 A/cm; Leistungsmaßstab 100 W/cm.
24. Ein elektrischer Heizofen enthält zwei Heizwiderstände:
    a) $R_1 = 30\ \Omega$ und $R_2 = 80\ \Omega$,
    b) $R_1 = 40\ \Omega$ und $R_2 = 70\ \Omega$,
    c) $R_1 = 50\ \Omega$ und $R_2 = 60\ \Omega$.

    Wie groß sind die Leistungsaufnahmen der Widerstände, wenn diese wahlweise einzeln, parallel oder in Reihe an 220 V geschaltet werden?
25. Die vier Erregerspulen eines Gleichstrom-Nebenschlußmotors liegen wie in Bild **5**.6 dargestellt in Reihenschaltung an 440 V. Mit einer Meßbrücke werden für die einzelnen Spulen folgende Widerstände gemessen:

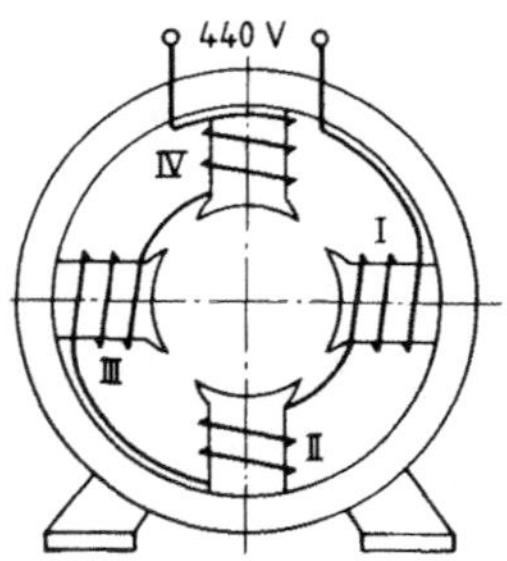

5.6

a) Spule I: 220 Ω Spule II: 208 Ω
Spule III: 194 Ω Spule IV: 204 Ω
b) Spule I: 209 Ω Spule II: 205 Ω
Spule III: 202 Ω Spule IV: 204 Ω
c) Spule I: 192 Ω Spule II: 206 Ω
Spule III: 200 Ω Spule IV: 198 Ω

Berechnen Sie die Spannungen an den einzelnen Spulen und die Erregerleistung des Motors.

26. In der Zuleitung zu zwei parallel geschalteten Widerständen
a) $R_1 = 24\ \Omega$ und $R_2 = 6\ \Omega$
b) $R_1 = 12\ \Omega$ und $R_2 = 8\ \Omega$
c) $R_1 = 18\ \Omega$ und $R_2 = 9\ \Omega$
fließen 45 A (**5**.7). Wie groß ist die Leistungsaufnahme beider Widerstände?

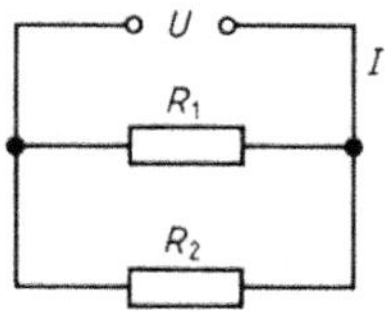


**5**.7

27. Zum Auftauen einer 4,3 m langen 1-Zoll-Wasserleitung ($\rho = 0{,}14\ \Omega \cdot mm^2/m$) mit Nennweite 25 mm und Wanddicke 3,25 mm wird ein Auftautransformator benutzt, der
a) 3,2 V, b) 4,1 V, c) 3,8 V
liefert. Wie groß ist die zum Auftauen nötige Leistung, wenn an jeder Anschlußstelle der Übergangswiderstand 0,002 Ω auftritt?

28. Ein Heizofen für 220 V mit der Nennleistung a) 1000 W, b) 450 W, c) 1500 W ist zu reparieren. Dabei wird die Heizwendel auf 9/10 der ursprünglichen Länge gekürzt. Wie groß ist die Änderung der Heizleistung?

29. Um wieviel Prozent ändert sich die Leistungsaufnahme eines elektrischen Heizgeräts für die Nennspannung 220 V, wenn die Netzspannung
a) um 15 % sinkt,
b) auf 225 V steigt,
c) um 10 % steigt?

30. Ein Heizgerät für 220 V hat die Nennleistung a) 2 kW, b) 1,8 kW, c) 2,5 kW. Es soll über einen Vorwiderstand an das Netz angeschlossen werden, der die Leistung des Heizgeräts auf 1,4 kW vermindert. Welchen Wert muß der Vorwiderstand haben?

## 5.2 Elektrische Arbeit

Wird eine Leistung während einer bestimmten Zeit abgegeben oder in Anspruch genommen, wird Arbeit verrichtet.

**Die Arbeit *W* ist das Produkt aus Leistung *P* und Zeit *t*.**

$$W = P \cdot t$$

*W* in Ws = J (Joule) oder in kWh
*P* in W oder in kW
*t* in s oder in h

**Beispiel 5.3** Ein Bügeleisen für $U = 220$ V hat die Nennleistung $P = 500$ W. Wie groß ist die dem Netz entnommene elektrische Arbeit $W$ in Kilowattstunden bei einer Bügelzeit von $t = 4$ h?

**Lösung** $W = P \cdot t = 0{,}5\ \text{kW} \cdot 4\ \text{h} = \mathbf{2\ kWh}$

**Beispiel 5.4** Beim Betrieb eines Verbrauchers verändert sich der Zählerstand in der Zeit $t = 6$ h von $W_1 = 13\,680$ kWh auf $W_2 = 13\,698$ kWh. Wie groß war die mittlere Leistungsaufnahme $P$ des Verbrauchers?

**Lösung** Beanspruchte Arbeit während der Betriebsdauer

$W = W_2 - W_1 = 13\,698\ \text{kWh} - 13\,680\ \text{kWh} = 18\ \text{kWh}$

Aus $W = P \cdot t$ erhält man nach Teilen durch $t$ die Leistung

$$P = \frac{W}{t} = \frac{18\ \text{kWh}}{6\ \text{h}} = \mathbf{3\ kW}.$$

**Aufgaben**

1. Eine a) 40-W-Glühlampe, b) 15-W-Glühlampe, c) 100-W-Glühlampe bleibt drei Stunden eingeschaltet. Wie groß ist die dem Netz entnommene elektrische Arbeit?
2. Wieviel Kilowattstunden entnimmt ein Rundfunkgerät mit der Nennleistung a) 75 W, b) 65 W, c) 130 W dem Netz, wenn es 4 1/2 Stunden eingeschaltet ist?
3. Beim Anschluß eines Bügeleisens an das 220-V-Netz wird in der Zuleitung die Stromstärke a) 4,54 A, b) 8,18 A, c) 3,18 A gemessen. Wie groß ist die elektrische Arbeit, wenn 2 1/2 Stunden gebügelt wird?
4. Ein Gleichstrommotor nahm aus dem Netz 6,4 kWh auf (**5**.8). Wie lange war der Motor eingeschaltet, wenn die Stromaufnahme a) 13,6 A, b) 17,1 A, c) 7,95 A betrug?

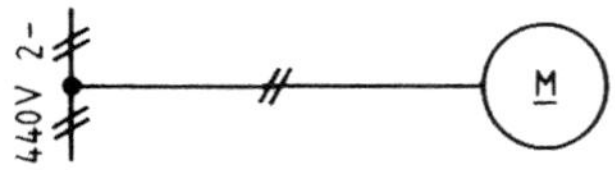


**5**.8

5. Wie lange kann ein Waffeleisen mit dem Anschlußwert a) 900 W, b) 250 W, c) 800 W eingeschaltet sein, bis dem Netz eine Kilowattstunde entnommen ist?
6. Beim Betrieb eines Verbrauchers änderte sich der Zählerstand in sechs Stunden von 14 438 kWh auf a) 14 456 kWh, b) 14 462 kWh, c) 14 439,2 kWh. Wie groß ist die Leistung des angeschlossenen Verbrauchers?
7. Wie groß ist die Stromaufnahme eines Brotrösters am 220-V-Netz, wenn nach dem Zählerstand in a) 2,5 Stunden, b) 2,22 Stunden, c) 2,86 Stunden eine Kilowattstunde entnommen wurde?
8. Ein Bügeleisen für 220 V mit der Nennleistung a) 800 W, b) 500 W, c) 1000 W ist fünf Stunden in Betrieb. Wie groß ist die Stromaufnahme? Welchen Wert hat der Heizwiderstand? Welche Kosten entstehen durch das Bügeln beim Arbeitspreis von 0,16 DM/kWh?
9. Ein 220-V-Gleichstrommtor hat die Nennstromaufnahme a) 6 A, b) 3,5 A, c) 8,8 A und wird täglich 3 3/4 Stunden lang mit Nennleistung betrieben. Wie hoch sind die bei dem Arbeitspreis 0,235 DM/kWh entstehenden monatlichen Kosten (30 Tage)?
10. Ein 300-W-Kleintauchsieder ist a) 6 Minuten, b) 10 Minuten, c) 1/4 Stunde eingeschaltet. Wie hoch sind die Kosten, wenn eine Kilowattstunde 0,188 DM kostet?
11. Ein Brotröster für 220 V; 5 A ist 15 Minuten eingeschaltet. Wie teuer ist das Rösten, wenn eine Kilowattstunde a) 0,158 DM, b) 0,175 DM, c) 0,40 DM kostet?
12. Ein ständig angeschlossenes Gerät hat einen Isolationsfehler mit dem Übergangswiderstand 4400 Ω. Wie groß ist die durch die Fehlerstelle während eines Monats (30 Tage) dem Netz entnommene elektrische Arbeit, wenn ständig ein Fehlerstrom von a) 50 mA, b) 40 mA, c) 60 mA fließt?
13. Ein Heizofen für 220 Volt hat eine a) 11 m, b) 6,7 m, c) 4,5 m lange Heizwendel aus einem Heizleiterwerkstoff mit dem spezifischen Widerstand 1,13 $\Omega \cdot mm^2/m$ und dem Durchmesser 0,4 mm.

    Berechnen Sie den Leiterquerschnitt, den Heizleiterwiderstand, die Stromaufnahme, die Leistungsaufnahme und die dem Netz in einer Stunde und 15 Minuten entnommene elektrische Arbeit.
14. Der Anschlußwert der nach Bild **5.9** angeschlossenen Waschmaschine beträgt a) 3,3 kW, b) 2,8 kW, c) 2,3 kW. Wie hoch sind die Kosten für das Waschen, wenn ein Waschgang 1 1/2 Stunden dauert und eine Kilowattstunde 0,15 DM kostet? Wie groß sind die Stromdichte und der Spannungsfall in der Zuleitung?

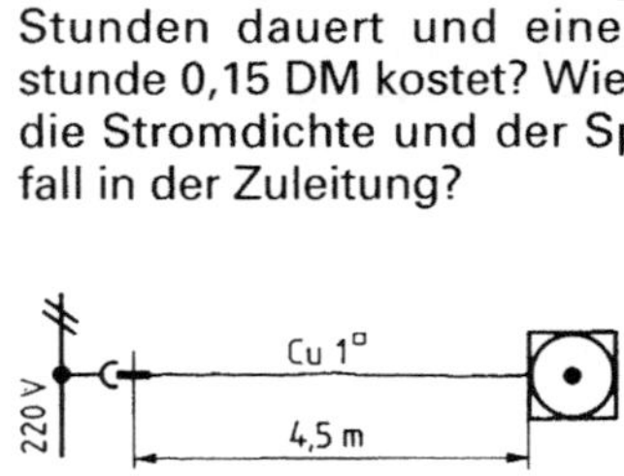


**5.9**

15. Ein Heizgerät für 220 V; 2000 W ist 45 Minuten eingeschaltet. Wie teuer ist dies, wenn die Anschlußspannung a) 210 V, b) 213 V, c) 225 V beträgt und die Kilowattstunde 0,16 DM kostet?

16. Ein elektrisches Heizgerät wird mit einer 5 m langen zweiadrigen Kupferleitung vom Querschnitt 0,75 mm² an das 220-V-Netz angeschlossen (**5.10**).

Wie groß ist die vom Gerät in 3 1/2 Stunden aufgenommene elektrische Arbeit, wenn die Spannung am Gerät nur a) 218 V, b) 217,5 V, c) 219 V beträgt?

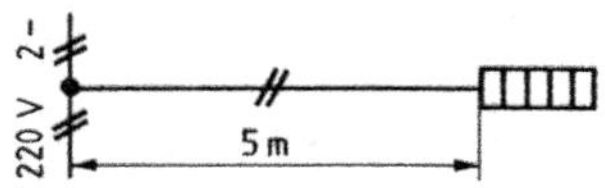

5.10

17. Ein Verbraucher mit dem Widerstand 100 Ω wird zwei Stunden und 15 Minuten über einen Vorwiderstand am 220-V-Netz betrieben. Der Vorwiderstand besteht aus 15 m Kupfernickeldraht (CuNi 44) mit dem Durchmesser a) 0,4 mm, b) 0,5 mm, c) 0,3 mm. Wie groß ist die vom Vorwiderstand aufgenommene elektrische Arbeit?

18. Eine Projektionslampe für 50 V hat die Nennleistung a) 150 W, b) 300 W, c) 500 W (**5.11**). Wie groß ist die bei einer 2 3/4stündigen Vorführung aus dem Netz aufgenommene elektrische Arbeit?

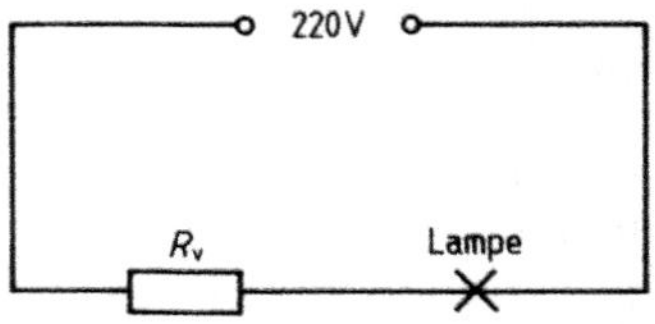

**5.11**

19. Der Widerstand $R_1$ nimmt an 220 V in 45 Minuten die elektrische Arbeit a) 1,65 kWh, b) 2,1 kWh, c) 1,5 kWh auf. Schalten wir entsprechend Bild **5.12** den Widerstand $R_2$ zu, wird in derselben Zeit die 2,5fache elektrische Arbeit aus dem Netz entnommen. Welchen Wert hat jeder der Widerstände?

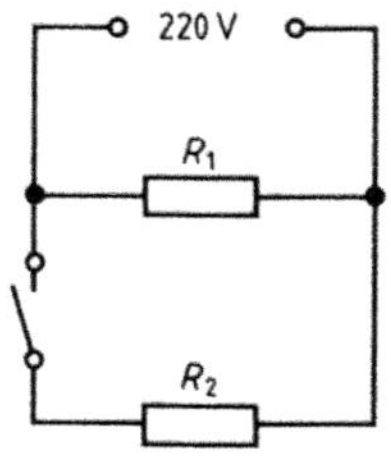

5.12

## 5.3 Energieumwandlung und Wirkungsgrad

Energie kann weder erzeugt werden noch verlorengehen. Sie wird vielmehr immer nur von einer Art in eine andere umgewandelt.

**Der Energieverlust $W_v$** bei Energieumwandlungen ist der Unterschied zwischen zugeführter Energie $W_{zu}$ und ausgenutzter Energie $W_{ab}$.

$$W_v = W_{zu} - W_{ab}$$

**Für den Leistungsverlust $P_v$** gilt entsprechend:

$$P_v = P_{zu} - P_{ab}$$

**Der Wirkungsgrad** $\eta$ (griechisch eta) ist das Verhältnis von genutzter Energie $W_{ab}$ zu zugeführter Energie $W_{zu}$.

$$\eta = \frac{W_{ab}}{W_{zu}} \quad \text{und entsprechend} \quad \eta = \frac{P_{ab}}{P_{zu}}$$

$W_{zu}$, $W_{ab}$ und $W_v$ in Ws oder kWh
$P_{zu}$, $P_{ab}$ und $P_v$ in W oder kW
$\eta$ ohne Einheit

Werden mehrere Geräte zusammengeschaltet (wie z. B. in Bild **5**.15), erhält man den Gesamtwirkungsgrad $\eta$ als Produkt der Einzelwirkungsgrade $\eta_1$ und $\eta_2$.

$$\eta = \eta_1 \cdot \eta_2$$

**Beispiel 5.5** Ein Gleichstrommotor gibt an seiner Welle die mechanische Leistung $P_{ab}$ = 3 kW ab. Die Betriebsspannung beträgt $U$ = 440 V, die Stromstärke $I$ = 8 A. Welchen Wirkungsgrad $\eta$ hat der Motor, und wie groß ist sein Leistungsverlust $P_v$?

**Lösung** $P_{zu} = U \cdot I = 440\,\text{V} \cdot 8\,\text{A} = 3520\,\text{W}$

$$\eta = \frac{P_{ab}}{P_{zu}} = \frac{3000\,\text{W}}{3520\,\text{W}} = 0{,}85 = \mathbf{85\ \%}$$

$$P_v = P_{zu} - P_{ab} = 3520\,\text{W} - 3000\,\text{W} = \mathbf{520\,W}$$

**Aufgaben**

1. Ein Gleichstromgenerator nimmt die mechanische Leistung a) 3,5 kW, b) 2,8 kW, c) 3,9 kW auf und gibt die elektrische Leistung 2,5 kW ab. Wie groß ist der Wirkungsgrad?
2. Wie groß sind Leistungsverlust und Wirkungsgrad eines Gleichstrommotors (**5**.13), der die elektrische Leistung 6 kW aufnimmt und an der Welle die mechanische Leistung 2,94 kW abgibt?

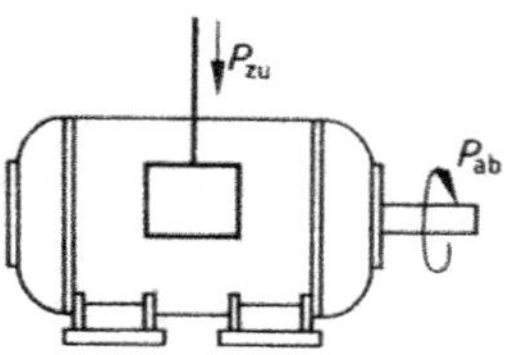


5.13

3. Ein Generator soll a) 20 kW, b) 25 kW, c) 10,5 kW liefern. Wie groß ist seine Antriebsleistung in Kilowatt, wenn der Wirkungsgrad 87 % beträgt?
4. Zum Antrieb einer Bohrmaschine sind a) 1,5 kW, b) 1,1 kW, c) 2,5 kW erforderlich. Welche Leistung in Kilowatt nimmt der Antriebsmotor mit dem Wirkungsgrad 0,77 aus dem Netz auf?
5. Wie groß ist die Leistung, die ein Elektromotor mit dem Wirkungsgrad 0,84 aufnehmen muß, wenn er eine Pumpe mit a) 1,9 kW, b) 4,2 kW, c) 2,5 kW antreiben soll?
6. Ein Elektromotor mit dem Wirkungsgrad a) 78 %, b) 80,5 %, c) 83 % nimmt die Leistung 3,8 kW auf. Wie groß ist die abgegebene Leistung?
7. In einer Glühlampe werden etwa 3 % der elektrischen Energie in Licht umgewandelt. Wie groß ist die in Licht umgewandelte Leistung in Watt einer a) 25-W-Glühlampe, b) 60-W-Glühlampe, c) 75-W-Glühlampe?
8. Ein Motor hat das in Bild **5**.14 wiedergegebene Leistungsschild. Welchen Wirkungsgrad hat er bei Nennbelastung?

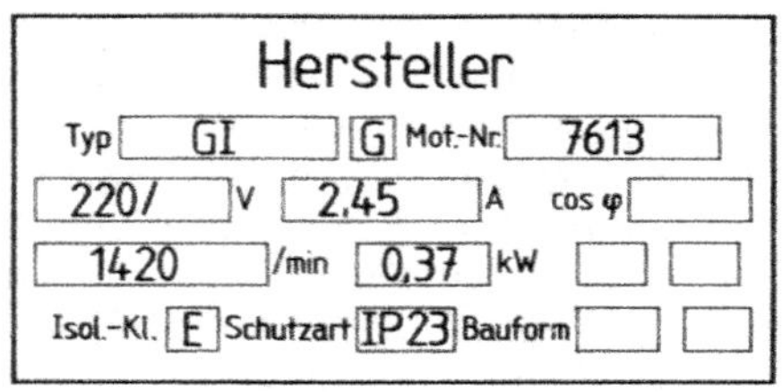


**5.14**

9. Ein kleiner Stellmotor gibt 0,15 kW ab. Sein Wirkungsgrad beträgt a) 65 %, b) 68 %, c) 70 %. Wie groß ist die Stromstärke, die er aus dem 220-V-Netz aufnimmt?

10. Auf dem Leistungsschild eines Gleichstrommotors steht u.a.

| | | | | |
|---|---|---|---|---|
| a) | 220 V | 54 A | 10 kW | 2850 $min^{-1}$ |
| b) | 440 V | 92 A | 36 kW | 1800 $min^{-1}$ |
| c) | 110 V | 7,6 A | 0,6 kW | 1000 $min^{-1}$ |

Wie groß sind Wirkungsgrad und Leistungsverlust bei Nennbelastung?

11. Wie groß ist der Wirkungsgrad eines Gleichstrommotors mit folgenden Nennwerten:

| | | | | |
|---|---|---|---|---|
| a) | 440 V | 10 A | 720 W | Leistungsverlust, |
| b) | 220 V | 66 A | 1950 W | Leistungsverlust, |
| c) | 110 V | 53 A | 940 W | Leistungsverlust? |

12. Ein Gleichstromgenerator für 440 V mit dem Wirkungsgrad 0,85 liefert a) 160 A, b) 132 A, c) 73 A Nennstrom. Wie groß sind die erforderliche Antriebsleistung und der Leistungsverlust?

13. Ein Gleichstrommotor mit der Nennleistung a) 2,4 kW, b) 4 kW, c) 6 kW hat den Wirkungsgrad 82 %. Er läuft jeden Tag 2 1/4 Stunden mit Vollast. Wie groß sind die aufgenommene elektrische Arbeit und die monatlichen Betriebskosten, wenn eine Kilowattstunde 0,158 DM kostet?

14. Wie groß sind die stündlichen Betriebskosten für einen Elektromotor mit a) 2 kW, b) 13 kW, c) 36 kW Nennleistung und dem Wirkungsgrad 0,89, wenn eine Kilowattstunde 0,158 DM kostet?

15. Der 3-Zylinder-Zweitaktmotor eines Notstromaggregats liefert a) 22,4 kW, b) 9,2 kW, c) 32,8 kW und treibt einen Gleichstromgenerator an, der den Wirkungsgrad 89 % hat. Wie groß sind Nennleistung, Leistungsverlust und Nennstromstärke des Generators bei der Klemmenspannung 220 V?

16. Eine Pumpe leistet 2,36 kW. Sie hat den Wirkungsgrad 0,67 und wird von einem Gleichstrommotor für 220 V angetrieben (**5**.15). Der Motor nimmt die Nennstromstärke 19 A auf. Wie groß sind der Wirkungsgrad des Motors und der Gesamtwirkungsgrad der Anlage?

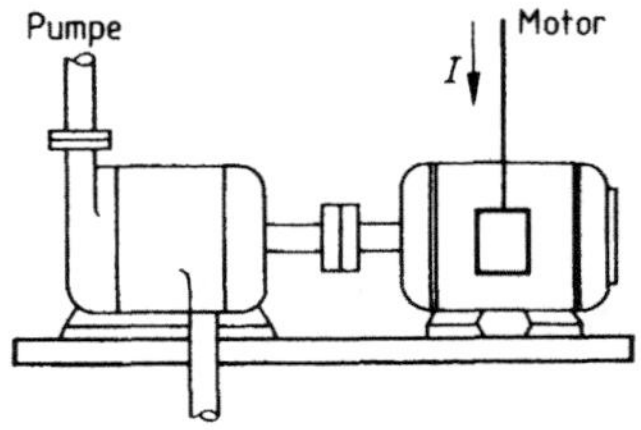


**5**.15

17. Der Gleichstromgenerator eines Notstromaggregats hat die Klemmenspannung 215 V. Er speist einen Gleichstrommotor mit der Stromaufnahme
a) 13 A, b) 11 A, c) 17 A
und dem Wirkungsgrad 76,5 % sowie 12 Glühlampen von je 60 W (**5**.16).
Wie groß sind der Leistungsverlust und der Wirkungsgrad des Generators, wenn der antreibende Viertaktmotor die Leistung
a) 5 kW, b) 4,5 kW, c) 6 kW
abgibt? Wie groß ist die Leistungsabgabe des Gleichstrommotors?

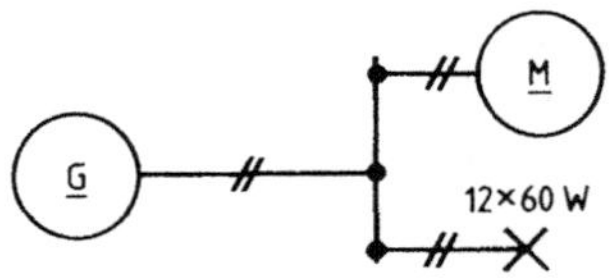


**5**.16

18. Ein Gleichstrommotor für 440 V mit dem Wirkungsgrad 87,5 % treibt einen Gleichstromgenerator an, der bei der Klemmenspannung 220 V mit a) 45 A, b) 80 A, c) 125 A belastet werden kann. Wie groß sind die Stromaufnahme des Motors und der Gesamtwirkungsgrad der Anlage, wenn der Generator 1600 W Leistungsverlust hat?

19. Ein Gleichstrommotor für 220 Volt und der Nennstromstärke a) 13,3 A, b) 11,9 A, c) 14,4 A hat den Wirkungsgrad 0,82. Der Motor treibt einen Gleichstromgenerator an, der bei 25 V Klemmenspannung die Nennstromstärke 65 A liefert. Wie groß sind der Wirkungsgrad des Generators und der Gesamtwirkungsgrad der Anlage?

20. Ein Gleichstrommotor mit der Nennleistung a) 8,2 kW, b) 6,6 kW, c) 9,2 kW und dem Wirkungsgrad 85,5 % ist über eine 10 m lange Kupferleitung mit dem Querschnitt 2,5 mm² an das 440-V-Netz angeschlossen (**5**.17). Wie groß sind die Stromdichte und der Spannungsverlust in der Zuleitung?

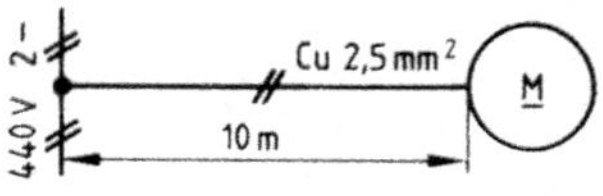


**5**.17

## 5.4 Grundlagen aus der Mechanik

### 5.4.1 Zusammensetzen und Zerlegen von Kräften

**Kräfteparallelogramm.** Kräfte werden geometrisch, d. h. nach Größe und Richtung, zur r e s u l t i e r e n d e n  K r a f t addiert: Kräfteparallelogramm.
Die Z e r l e g u n g  e i n e r  K r a f t $F$ in zwei Teilkräfte, die K o m p o n e n t e n $F_1$ und $F_2$, erfolgt ebenfalls mit einem Kräfteparallelogramm. Dabei erscheinen die Kraft $F$ wieder als Diagonale und die Komponenten als Seiten des Kräfteparallelogramms (**5**.18).

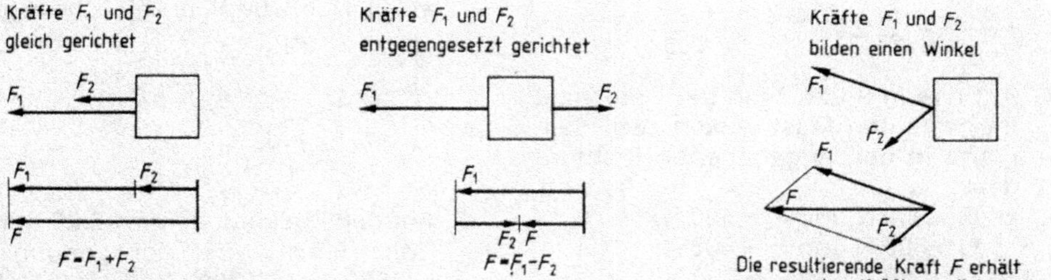


**5**.18 Kräfteparallelogramm

**Beispiel 5.6** Die Last $G = 6$ kN des in Bild **5**.19 dargestellten Kranauslegers übt auf die Strebe 1 eine Zugkraft, auf die Strebe 2 eine Druckkraft aus. Die Größe dieser beiden Kraftkomponenten $F_1$ und $F_2$ erhält man durch Konstruktion des Kräfteparallelogramms. Darin sind die Richtungen der Komponentenwirkungslinien durch die Richtungen der beiden Streben 1 und 2 vorgegeben. Wählt man als Kräftemaßstab 400 N/mm, so wird der Pfeil für die Last

$$G \mathrel{\hat{=}} \frac{6000\ \text{N}}{400\ \text{N/mm}} = 15\ \text{mm lang.}$$

Für die Kraftpfeile der beiden Komponenten kann man dann die Längen $F_1 \mathrel{\hat{=}} 16$ mm und $F_2 \mathrel{\hat{=}} 24$ mm ablesen. Dann sind

$F_1$ = 16 mm · 400 N/mm = 6400 N und
$F_2$ = 24 mm · 400 N/mm = 9600 N.

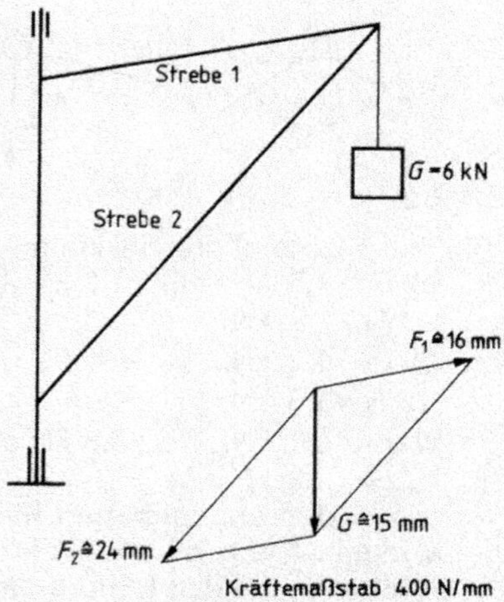


**5**.19 Kranausleger

**Aufgaben**

1. Zwei Arbeiter ziehen einen Wagen. Der erste zieht mit der Kraft 270 N, der zweite in derselben Richtung mit a) 250 N, b) 300 N, c) 180 N. Mit welcher resultierenden Kraft wird der Wagen gezogen?

2. Ein Leitungsmast ist in der einen Richtung durch die Seilkraft 900 N und in der Gegenrichtung mit der Seilkraft a) 800 N, b) 900 N, c) 1100 N belastet. Wie groß ist die resultierende Kraft?

3. Auf den in Bild **5**.20 dargestellten Leitungsmast wirken die drei Seilkräfte
   a) $F_1 = 1{,}5$ kN, $F_2 = 500$ N, $F_3 = 1{,}1$ kN,
   b) $F_1 = 800$ N, $F_2 = 600$ N, $F_3 = 400$ N,
   c) $F_1 = 1{,}8$ kN, $F_2 = 700$ N, $F_3 = 1$ kN.
   In welcher Richtung und mit welcher Kraft wird der Leitungsmast belastet?

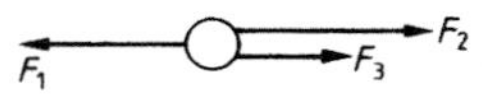


**5**.20

4. Auf den in Bild **5**.21 in der Draufsicht dargestellten Mast wirken zwei Seilkräfte in den angegebenen Richtungen
   a) $F_1 = 800$ N und $F_2 = 500$ N,
   b) $F_1 = 800$ N und $F_2 = 600$ N,
   c) $F_1 = 500$ N und $F_2 = 700$ N.
   Wie groß ist die resultierende Kraft?

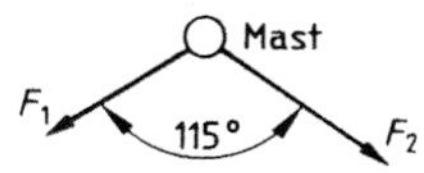


**5**.21

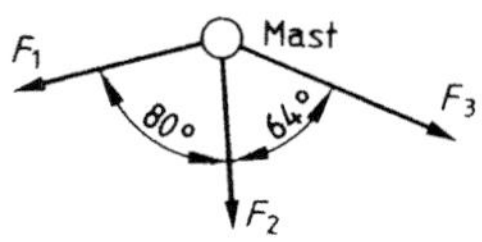


**5**.22

5. Bild **5**.22 zeigt drei Seilkräfte
   a) $F_1 = 1{,}5$ kN, $F_2 = 1{,}2$ kN und $F_3 = 2$ kN,
   b) $F_1 = 1{,}2$ kN, $F_2 = 1$ kN und $F_3 = 1{,}8$ kN,
   c) $F_1 = 1$ kN, $F_2 = 0{,}8$ kN und $F_3 = 1{,}2$ kN,
   die in den angegebenen Richtungen wirken. Wie groß muß die Gesamtkraft sein, die den Kräften das Gleichgewicht hält? Welche Winkel bildet diese Gesamtkraft mit den Kräften $F_1$, $F_2$ und $F_3$?

6. Die Last in Bild **5**.23 hat die Gewichtskraft a) 12 kN, b) 8 kN, c) 5 kN. Wie groß ist die Zugkraft in den Seilenden?

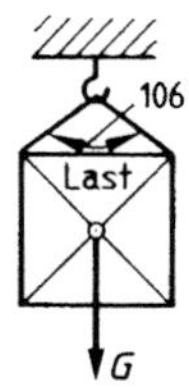


**5**.23

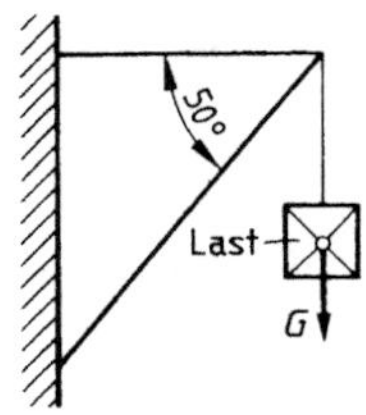


**5**.24

7. Der Wandkran **5**.24 ist mit a) 8,5 kN, b) 6,8 kN, c) 9,2 kN belastet. Wie groß ist die Zugkraft bzw. Druckkraft in den Streben des Krans?

8. Eine Straßenleuchte ist nach Bild **5**.25 an zwei Hauswänden befestigt. Wie groß ist die Zugkraft in den Seilenden, wenn die Gewichtskraft der Leuchte a) 300 N, b) 400 N, c) 250 N beträgt?

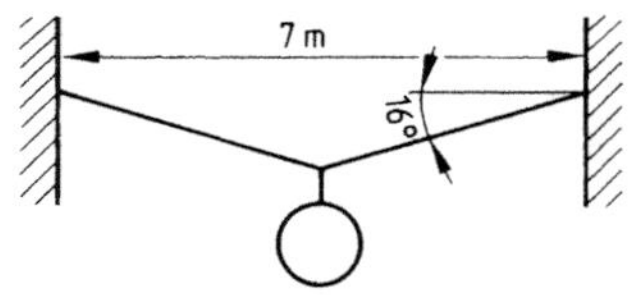


**5**.25

9. Auf den Freileitungsmast **5**.26 mit der Höhe 9,5 m wirkt der Leitungszug a) 1500 N, b) 1200 N, c) 1800 N. Wie groß ist die Zugkraft im Ankerseil?

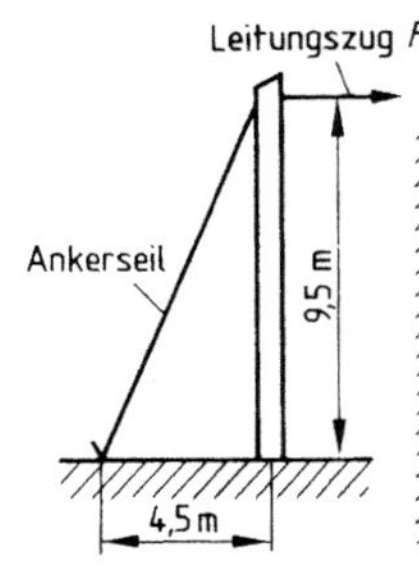


**5**.26

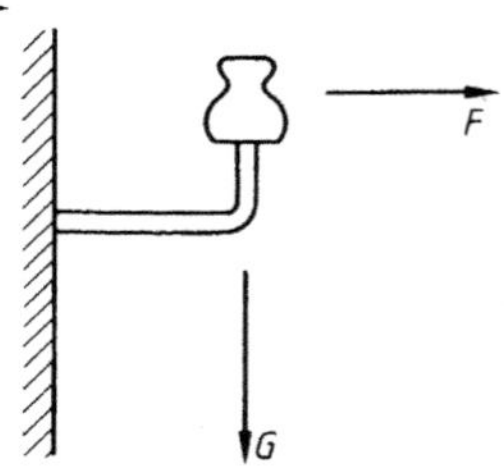


**5**.27

10. Der in einer Wand befestigte Stützisolator **5**.27 hat die Seilkraft $F$ und die Seilgewichtskraft $G$ aufzunehmen. Mit welcher resultierenden Kraft ist der Isolator belastet bei
    a) $F = 1200$ N, $G = 560$ N,
    b) $F = 900$ N, $G = 640$ N,
    c) $F = 1{,}5$ kN, $G = 870$ N?

## 5.4.2 Drehmoment

**Das Drehmoment *M*** ist ein Maß für die „Drehwirkung" einer Kraft (**5**.28). Man erhält es als Produkt aus Kraft *F* und Hebelarm *l*:

$$M = F \cdot l$$

*M* in Nm
*F* in N
*l* in m

**Beispiel 5.7** Ein Drehstrommotor hat eine Riemenscheibe mit $d$ = 300 mm. Die Zugkraft am Riemen ist $F$ = 240 N. Berechnen Sie das Drehmoment.

**Lösung** $r = \frac{d}{2} = \frac{300\ \text{mm}}{2} = 150\ \text{mm} = 0{,}15\ \text{m}$

Drehmoment $M = F \cdot r$

$M = 240\ \text{N} \cdot 0{,}15\ \text{m} = \mathbf{36\ Nm}$

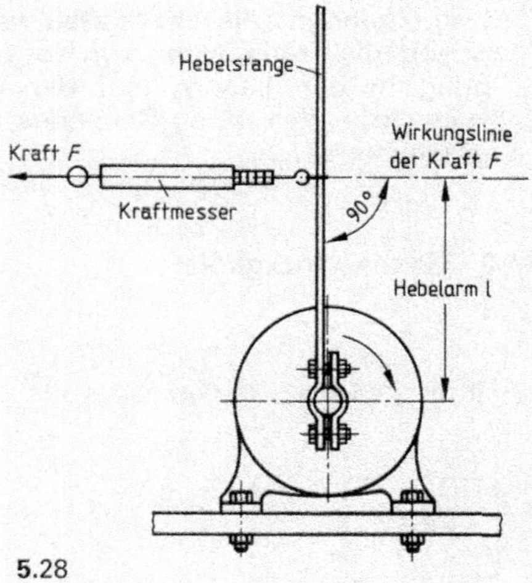


**5**.28

**Aufgaben**

1. Wie groß ist das erzeugte Drehmoment, wenn an der Kurbel einer Seilwinde nach Bild **5**.29 die Kraft a) 180 N, b) 220 N, c) 340 N wirkt?
2. Bei einer Versuchsanordnung nach Bild **5**.28 wird am 50 cm langen Hebelarm die Kraft a) 210 N, b) 180 N, c) 320 N gemessen. Wie groß wird die Kraft am Umfang der Riemenscheibe mit dem Durchmesser 130 mm sein?
3. Die Riemenscheibe eines Motors hat den Durchmesser a) 80 mm, b) 110 mm, c) 140 mm. Wie groß ist das Drehmoment, wenn die Kraft am Umfang der Riemenscheibe 120 N beträgt?
4. Ein Drehstrommotor entwickelt das Nennmoment 120 Nm. Wie groß ist die Kraft am Umfang der Riemenscheibe mit a) 120 mm, b) 90 mm, c) 110 mm Durchmesser?
5. Ein Drehstrommotor entwickelt bei seiner Nenndrehzahl 1450 $\text{min}^{-1}$ das Drehmoment 84 Nm. Wie groß muß der Durchmesser einer Riemenscheibe sein, wenn die Kraft an ihrem Umfang a) 1,4 kN, b) 935 N, c) 645 N betragen soll?
6. Die Last 800 N soll mit der Rollenanordnung nach Bild **5**.30 gehoben werden. Wie groß muß der Kraftaufwand sein, wenn
   a) die Gewichtskraft der Rolle vernachlässigt wird,
   b) die Gewichtskraft der Rolle 150 N,
   c) die Gewichtskraft der Rolle 250 N beträgt?

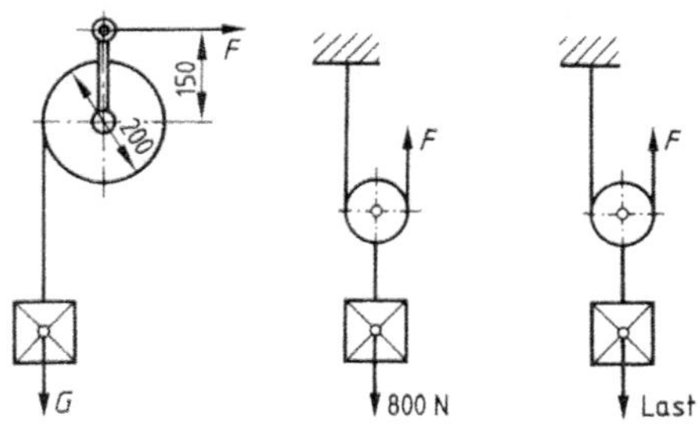


**5**.29 **5**.30 **5**.31

7. Die Last 1,2 kN soll mit der Rolle nach Bild **5**.31 gehoben werden. Der Kraftaufwand beträgt a) 800 N, b) 900 N, c) 850 N. Wie groß ist die Gewichtskraft der Rolle?

8. An der Kurbel der Seilwinde nach Bild **5**.29 wirkt die Kraft $F$ = a) 260 N, b) 300 N, c) 400 N. Welche höchste Last $G$ kann mit diesem Kraftaufwand gehoben werden, wenn von der Reibung in den Lagern und der Gewichtskraft des freien Seilendes abgesehen wird?

9. Mit einer Seilwinde nach Bild **5**.29 soll die Last a) 650 N, b) 500 N, c) 480 N gehoben werden. Mit welcher Kraft $F$ muß an der Kurbel gedreht werden, wenn man von Reibungsverlusten in Höhe von 35 % ausgehen kann?

### 5.4.3 Geschwindigkeit

**Unter der Geschwindigkeit *v*** versteht man den Quotienten aus Weg $s$ und Zeit $t$.

$$v = \frac{s}{t}$$

$s$ in m  $t$ in s  $v$ in $\frac{\text{m}}{\text{s}}$ oder

$s$ in m  $t$ in min  $v$ in $\frac{\text{m}}{\text{min}}$ oder

$s$ in km  $t$ in h  $v$ in $\frac{\text{km}}{\text{h}}$

**Umfangsgeschwindigkeit.** Bei der Drehbewegung erhält man die Umfangsgeschwindigkeit $v$ mit der Formel

$$v = \pi \cdot d \cdot n$$

$d$ in m  $n$ in $\frac{1}{\text{min}}$ oder $\text{min}^{-1}$

$v$ in $\frac{\text{m}}{\text{min}}$ oder nach Division mit 60 $\frac{\text{s}}{\text{min}}$ in $\frac{\text{m}}{\text{s}}$

**Beispiel 5.8** Der Rotor eines vierpoligen Drehstrommotors für 380 V und 50 Hz hat den Durchmesser $d$ = 14 cm. Nach der Leistungsschildangabe ist die Nenndrehzahl $n = 1440\ \text{min}^{-1}$. Wie groß ist die Umfangsgeschwindigkeit $v$ des Rotors in m/min und in m/s?

**Lösung** $v = d \cdot \pi \cdot n = 0{,}14\ \text{m} \cdot 3{,}14 \cdot 1440\ \text{min}^{-1} = 633\ \text{m/min} = \mathbf{10{,}6\ m/s}$

**Aufgaben**

1. Ein Kraftfahrzeug legt in 45 Minuten den Weg von a) 30 km, b) 40 km, c) 50 km zurück. Wie groß ist die Durchschnittsgeschwindigkeit des Fahrzeugs in km/h?
2. Ein Kraftfahrzeug braucht für die Strecke 120 km
   a) eine Stunde und 10 Minuten,
   b) zwei Stunden und 15 Minuten,
   c) zwei Stunden und 30 Minuten.
   Wie groß ist seine Durchschnittsgeschwindigkeit in m/s?
3. Ein Pkw fährt mit der Durchschnittsgeschwindigkeit 120 km/h. In welcher Zeit legt er a) 500 km, b) 700 km, c) 900 km zurück?
4. Ein Monteur fährt um 8.40 Uhr zu seiner 28 km entfernten Arbeitsstelle, die er um a) 9.15 Uhr, b) 8.58 Uhr, c) 9.08 Uhr erreicht. Mit welcher durchschnittlichen Geschwindigkeit ist er gefahren?
5. Ein 12-mm-Wendelbohrer soll mit a) 14 m/min, b) 16 m/min, c) 18 m/min Umfangsgeschwindigkeit arbeiten. Die Drehzahl der Bohrmaschine ist auf a) 433 $\text{min}^{-1}$, b) 495 $\text{min}^{-1}$, c) 556 $\text{min}^{-1}$ eingestellt. Um wieviel % der Solldrehzahl ist die Antriebsdrehzahl zu groß?
6. Ein Drehstrommotor mit der Nenndrehzahl 1440 $\text{min}^{-1}$ treibt eine Kreis-

säge an. Das Sägeblatt hat a) 120 mm, b) 160 mm, c) 200 mm Durchmesser. Wie groß ist die Schnittgeschwindigkeit der Säge?

7. Die Riemengeschwindigkeit an der Riemenscheibe eines Elektromotors soll 10 m/s betragen. Die Drehzahl des Elektromotors ist
   a) 1420 $min^{-1}$, b) 930 $min^{-1}$,
   c) 2920 $min^{-1}$.
   Wie groß muß der Durchmesser der Riemenscheibe sein?
8. Eine Schleifscheibe mit
   a) 242 mm, b) 82 mm, c) 162 mm
   Durchmesser soll mit der Umfangsgeschwindigkeit
   a) 18 m/s, b) 12 m/s, c) 24 m/s
   angetrieben werden. Wie groß muß ihre Drehzahl sein?
9. Der Durchmesser einer Schleifscheibe verändert sich im Laufe der Zeit von 180 mm auf a) 160 mm, b) 140 mm, c) 150 mm. Berechnen Sie die Abnahme der Schleifgeschwindigkeit in m/s und in Prozent vom ursprünglichen Wert, wenn die Drehzahl des antreibenden Motors 2870 $min^{-1}$ beträgt.
10. Ein Drehmeißel darf mit der Schnittgeschwindigkeit 18 m/min arbeiten. Es soll eine Welle mit dem Durchmesser a) 80 mm, b) 70 mm, c) 60 mm und der Länge 320 mm überdreht werden. An der Drehmaschine lassen sich folgende Drehzahlen einstellen:
   60 $min^{-1}$, 70 $min^{-1}$, 80 $min^{-1}$, 90 $min^{-1}$ und 100 $min^{-1}$.
   Wie groß darf die Drehzahl sein, ohne den Drehmeißel zu überlasten? Um wieviel Prozent weicht bei der eingestellten Drehzahl die Schnittgeschwindigkeit vom zulässigen Wert ab? Wie lange dauert der Drehvorgang, wenn mit dem Vorschub 0,3 mm/Umdr. gearbeitet wird?

## 5.5 Mechanische Arbeit und Leistung

**Mechanische Arbeit.** Wird ein Körper mit der Kraft $F$ über die Strecke $s$ bewegt, wird dabei die mechanische Arbeit $W$ verrichtet.

$$\boldsymbol{W = F \cdot s}$$

$F$ in N  $s$ in m  $W$ in Nm = J = Ws

**Die mechanische Leistung $P$** ist der Quotient aus Arbeit $W$ und Zeit $t$.

$$\boldsymbol{P = \frac{W}{t} = \frac{F \cdot s}{t} = F \cdot v}$$

$W$ in Nm  $t$ in s  $v$ in $\frac{\text{m}}{\text{s}}$  $F$ in N

$s$ in m  $P$ in $\frac{\text{Nm}}{\text{s}} = \frac{\text{J}}{\text{s}} = \text{W}$

**Beispiel 5.9** Ein Bauaufzug soll in $t = 30$ s die Last $G = 20$ kN einschließlich Eigengewicht auf die Höhe $h = 18$ m heben. Die zu erwartenden Reibungsverluste $P$ sollen durch den Wirkungsgrad 80 % berücksichtigt werden. Welche Leistung in kW muß der Antriebsmotor an seiner Welle abgeben?

**Lösung** Die Hubkraft $F$ ist gleich dem Gewicht $G$ der Last, die Hubhöhe $h$ gleich dem zurückzulegenden Weg $s$. Dann ist die reine Hubleistung

$$P_1 = \frac{F \cdot s}{t} = \frac{20 \text{ kN} \cdot 18 \text{ m}}{30 \text{ s}} = 12 \frac{\text{kNm}}{\text{s}} = 12 \text{ kW}.$$

Unter Berücksichtigung der Verluste muß der Antriebsmotor die Gesamtleistung

$$P_2 = \frac{P_1}{\eta} = \frac{12}{0{,}8} \frac{\text{kNm}}{\text{s}} = 15 \frac{\text{kNm}}{\text{s}} = \mathbf{15\ kW} \text{ abgeben.}$$

**Aufgaben**

1. Ein Arbeiter hat die Last 600 N auf die Höhe a) 12 m, b) 18 m, c) 22 m transportiert. Wie groß ist die verrichtete mechanische Arbeit?
2. Ein Aufzug befördert in zehn Sekunden a) 1,2 kN, b) 1,5 kN, c) 1,8 kN auf 8 m Höhe. Wie groß ist die mechanische Leistung des Aufzugsmotors in Nm/s und in kW?
3. Mit einem Fahrstuhl sollen 7,5 kN in 15 s auf a) 12 m, b) 20 m, c) 16 m Höhe befördert werden. Für welche Nennleistung in Kilowatt muß der Hubmotor ausgelegt sein, wenn der Wirkungsgrad des Getriebes 60 % beträgt?
4. Wie groß ist die Last, die ein Kranmotor mit der Nennleistung
   a) 4 kW, b) 5,5 kW, c) 7,5 kW
   in 20 s auf die Höhe
   a) 10 m, b) 12 m, c) 8 m
   befördern kann, wenn der Getriebewirkungsgrad 0,6 beträgt?
5. Ein Aufzugsmotor hat die Nennleistung 3,7 kW. Das Gewicht der Aufzugskabine beträgt 600 N, der Wirkungsgrad des Getriebes 70 %. Welche Nutzlast kann
   a) in 5 s auf 4 m
   b) in 7,5 s auf 6 m
   c) in 12,5 s auf 10 m
   Höhe befördert werden?
6. Den Turbinen eines Wasserkraftwerks werden in jeder Sekunde 80 Kubikmeter Wasser zugeführt. Wie groß ist die Aufnahmeleistung der Turbinen in Megawatt, wenn die Fallhöhe des Wassers a) 180 m, b) 200 m, c) 250 m beträgt?
7. Der Turbine eines Wasserkraftwerks sollen a) 5880 kW, b) 4410 kW, c) 7360 kW zugeführt werden. Wieviel Kubikmeter Wasser müssen in jeder Sekunde durch die Fallrohre fließen, wenn die Fallhöhe 120 m beträgt?
8. Mit einer elektrisch angetriebenen Motorwinde wird die Last a) 4 kN, b) 5,5 kN, c) 8,6 kN in einer Minute 8,4 m hoch gehoben. Wie groß muß die Motorleistung sein, wenn das Getriebe der Winde den Wirkungsgrad 65 % hat?
9. Eine Pumpe soll einen a) 12 m, b) 8 m, c) 10 m über der Wasseroberfläche stehenden Behälter füllen. Der Behälter faßt 5 $m^3$ und soll in 20 Minuten gefüllt werden. Wie groß ist die erforderliche Pumpenleistung?
10. Eine Pumpe hat die Nennleistung a) 4,41 kW, b) 3,68 kW, c) 2,94 kW und den Wirkungsgrad 60 %. Wieviel Liter Wasser können in 10 Minuten auf die Höhe 9 m gepumpt werden? Wie groß muß die Nennleistung des Antriebsmotors sein?

# 6 Elektrisches Verhalten und Schaltung von Spannungsquellen

## 6.1 Quellenspannung, Klemmenspannung und innerer Widerstand von Spannungsquellen

Die Klemmenspannung einer Spannungsquelle (**6**.1) ist von der Belastung abhängig (**6**.2). Sie sinkt bei konstantem Innenwiderstand mit zunehmender Belastungsstromstärke ab. Man erhält die Klemmenspannung $U$, indem man den inneren Spannungsfall $U_i$ von der Quellenspannung $U_q$ subtrahiert (2. Kirchhoffsches Gesetz).

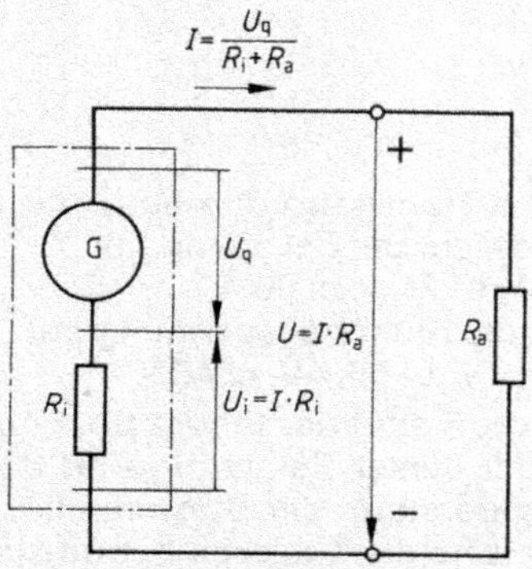


**6.1**

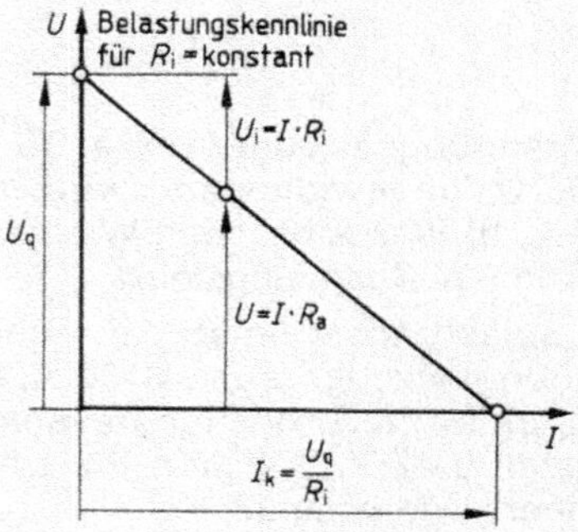


**6.2**

$$\boldsymbol{U = U_q - U_i}$$

Den inneren Spannungsfall $U_i$ erhalten wir mit dem Ohmschen Gesetz aus dem Innenwiderstand $R_i$ und der Belastungsstromstärke $I$.

$$\boldsymbol{U_i = I \cdot R_i}$$

Entsprechend ergibt sich die Klemmenspannung $U$ aus der Belastungsstromstärke $I$ und dem Belastungswiderstand $R_a$.

$$\boldsymbol{U = I \cdot R_a}$$

Für den gesamten Stromkreiswiderstand gilt:

$$\boldsymbol{R = R_i + R_a}$$

Für die Stromstärke $I$ gilt:

$$\boldsymbol{I = \frac{U_q}{R_i + R_a}}$$

Die Kurzschlußstromstärke $I_k$ erhält man mit der Formel

$$I_k = \frac{U_q}{R_i}.$$

**Beispiel 6.1** Eine Spannungsquelle mit der Quellenspannung $U_q = 12$ V und dem Innenwiderstand $R_i = 0{,}6\ \Omega$ wird belastet. Wie groß ist die Klemmenspannung $U$ bei einer Stromstärke von $I = 4$ A, und wie groß ist der zu erwartende Kurzschlußstrom $I_k$?

**Lösung** $U_i = I \cdot R_i = 4\ \text{A} \cdot 0{,}6\ \Omega = 2{,}4\ \text{V}$ $U = U_q - U_i = 12\ \text{V} - 2{,}4\ \text{V} = \mathbf{9{,}6\ V}$

$$I_k = \frac{U_q}{R_i} = \frac{12\ \text{V}}{0{,}6\ \Omega} = \mathbf{20\ A}$$

**Aufgaben**

1. Ein Spannungserzeuger mit a) 15 Ω, b) 0,06 Ω Innenwiderstand wird mit a) 0,3 A, b) 84,2 A belastet. Wie groß ist der innere Spannungsfall?
2. Die Belastungsstromstärke eines Spannungserzeugers ist a) 60 A, b) 3,5 A, c) 140 mA, der innere Spannungsfall 0,42 V. Welchen Wert hat der innere Widerstand?
3. Wie groß ist die Belastungsstromstärke in einem Generator mit dem Innenwiderstand 120 mΩ, wenn der innere Spannungsfall a) 0,3 V, b) 480 mV, c) 2,16 V auftritt?
4. Eine Monozelle mit der Quellenspannung 1,5 V hat bei Belastung die Klemmenspannung a) 1,48 V, b) 1,3 V, c) 0,38 V. Wie groß ist ihr innerer Spannungsfall?
5. Ein Generator mit der Quellenspannung 220 V und dem konstanten inneren Widerstand a) 100 mΩ, b) 0,4 Ω, c) 0,72 Ω wird kurzgeschlossen. Wie groß ist die Kurzschlußstromstärke?
6. Ein Spannungserzeuger mit der Quellenspannung 220 V und dem konstanten Innenwiderstand 0,8 Ω wird mit a) 10 A, b) 2,5 A, c) 125 A belastet. Wie groß sind der innere Spannungsfall, die Klemmenspannung und der angeschlossene Belastungswiderstand?
7. Die Quellenspannung einer Stromquelle wird im Leerlauf mit einem hochohmigen Spannungsmesser (z. B. einem Transistorvoltmeter) mit 60 V gemessen. Bei Belastung mit
   a) 5 A, b) 24 A, c) 60 A
   sinkt die Klemmenspannung auf
   a) 58,2 V, b) 56,4 V, c) 48 V.
   Wie groß sind der innere Spannungsfall bei dieser Belastung und der Innenwiderstand der Stromquelle? Wie groß wäre die Kurzschlußstromstärke?
8. Ein Akkumulator mit 12 V Quellenspannung hat bei Belastung mit 6 A die Klemmenspannung a) 11,7 V, b) 8,4 V, c) 10,6 V. Wie groß ist der innere Widerstand? Welche Klemmenspannung ist bei Belastung mit 15 A zu erwarten?
9. Eine Stromquelle mit der Quellenspannung 42 V und dem konstanten inneren Widerstand 0,8 Ω wird mit a) 83,2 Ω, b) 30 Ω, c) 10 Ω belastet. Wie groß sind der Gesamtwiderstand des Stromkreises, die Belastungsstromstärke und die Klemmenspannung der Stromquelle? Wie groß wäre die Kurzschlußstromstärke?
10. Ein Spannungserzeuger hat die Quellenspannung und den konstanten Innenwiderstand
    a) 100 V und 0,5 Ω,
    b) 80 V und 0,5 Ω,
    c) 50 V und 0,25 Ω.
    Die Klemmenspannung ist in Abhängigkeit von der Belastungsstromstärke durch eine Belastungskennlinie darzustellen. Waagerechter Strom-

maßstab: 2 A/mm, senkrechter Spannungsmaßstab: 1 V/mm.

11. Drei Spannungserzeuger haben die in Bild **6**.3 dargestellten Belastungskennlinien. Aus ihnen sind für jeden Erzeuger die Quellenspannung und der Kurzschlußstrom abzulesen. Wie groß sind der Innenwiderstand und die Klemmenspannung der Erzeuger bei der Belastungsstromstärke 20 A?

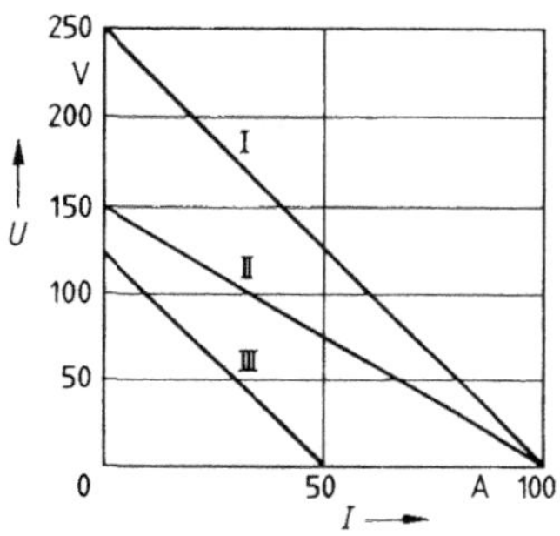


**6**.3

12. Eine Batterie mit der Quellenspannung 24 V und dem konstanten Innenwiderstand 1,2 Ω wird mit a) 3 A, b) 1,5 A, c) 4 A belastet. Wie groß sind die Klemmenspannung, der Belastungswiderstand und die abgebbare Kurzschlußstromstärke?

    Wie groß muß der Belastungswiderstand sein, um Leistungsanpassung zu erreichen? Wie groß sind für diesen Fall die Klemmenspannung, die Belastungsstromstärke und die abgegebene Leistung (s. Abschn. 6.3)?

13. Der Belastungswiderstand eines galvanischen Elements mit der Quellenspannung 1,5 V und dem konstanten Innenwiderstand 1,4 Ω beträgt a) 2 Ω, b) 1,4 Ω, c) 1 Ω. Wie groß sind die Belastungsstromstärke und die Klemmenspannung?
    Wie groß muß der Belastungswiderstand sein, um Leistungsanpassung zu erreichen? Wie groß sind für diesen Fall die Klemmenspannung, die Belastungsstromstärke und die abgegebene Leistung (s. Abschn. 6.3)?

14. Um welchen Betrag in Volt und in Prozent sinkt die Klemmenspannung eines Spannungserzeugers mit der Quellenspannung 65 V und dem konstanten Innenwiderstand 0,6 Ω, wenn der Belastungswiderstand
    a) von 30 Ω auf 15 Ω,
    b) von 30 Ω auf 10 Ω,
    c) von 30 Ω auf 20 Ω
    verringert wird?

15. Die Belastungsstromstärke einer Spannungsquelle mit der Quellenspannung 230 V und dem Innenwiderstand 2 Ω steigt
    a) von 20 A auf 30 A,
    b) von 20 A auf 40 A,
    c) von 20 A auf 25 A.
    Auf wieviel Prozent vom ursprünglichen Wert sinkt die Klemmenspannung, wenn der Innenwiderstand als konstant angenommen wird?

16. An einem Generator mit der Quellenspannung 240 V und dem Innenwiderstand 0,2 Ω ist über ein zweiadriges Kupferkabel mit
    a) 33,6 m Länge 6 $mm^2$ Querschnitt,
    b) 60 m Länge 2,5 $mm^2$ Querschnitt,
    c) 28 m Länge 4 $mm^2$ Querschnitt
    ein Verbraucher mit den Nennwerten 220 V; 11 A angeschlossen. Wie groß sind die Klemmenspannung des Generators und des Verbrauchers sowie der Spannungsfall in der Leitung in Volt und in Prozent der Generator-Klemmenspannung?

## 6.2 Zusammenschalten mehrerer Spannungsquellen

**Reihenschaltung** (6.4). Die Quellenspannungen der einzelnen Spannungserzeuger werden zur Gesamt-Quellenspannung addiert.

$$U_q = U_{q1} + U_{q2} + U_{q3} + \ldots$$

Bei $n$ Spannungserzeugern mit gleichen Quellenspannungen $U_{q1}$ ist die Gesamt-Quellenspannung $U_q = n \cdot U_{q1}$.

Die Innenwiderstände der einzelnen Spannungserzeuger werden zum Gesamt-Innenwiderstand addiert.

$$R_i = R_{i1} + R_{i2} + R_{i3} + \ldots$$

Bei $n$ Spannungserzeugern mit gleichen Innenwiderständen $R_{i1}$ ist der gesamte Innenwiderstand $R_i = n \cdot R_{i1}$.

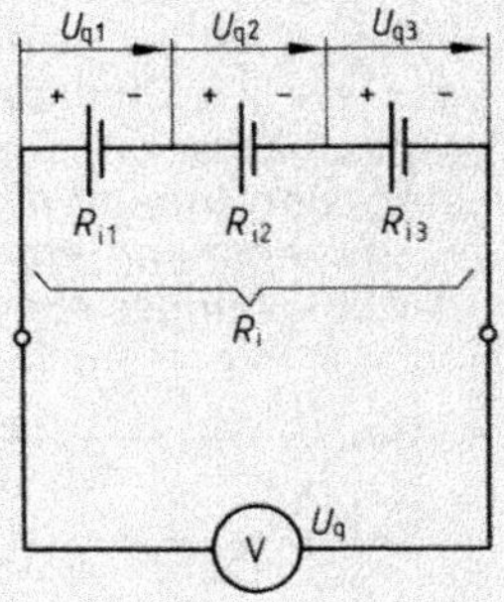


**6.4**

**Parallelschaltung** (6.5). Die Gesamt-Quellenspannung ist so groß wie die Quellenspannung jedes einzelnen Spannungserzeugers.

$$U_q = U_{q1} = U_{q2} = U_{q3} = \ldots$$

Wie bei der Parallelschaltung von Verbraucherwiderständen gilt für den Ersatz-Innenwiderstand die Formel

$$\frac{1}{R_i} = \frac{1}{R_{i1}} + \frac{1}{R_{i2}} + \frac{1}{R_{i3}} + \ldots$$

Bei $n$ gleichen Spannungserzeugern mit gleichen Innenwiderständen $R_{i1}$ ist der Ersatz-Innenwiderstand $R_i = \frac{R_{i1}}{n}$.

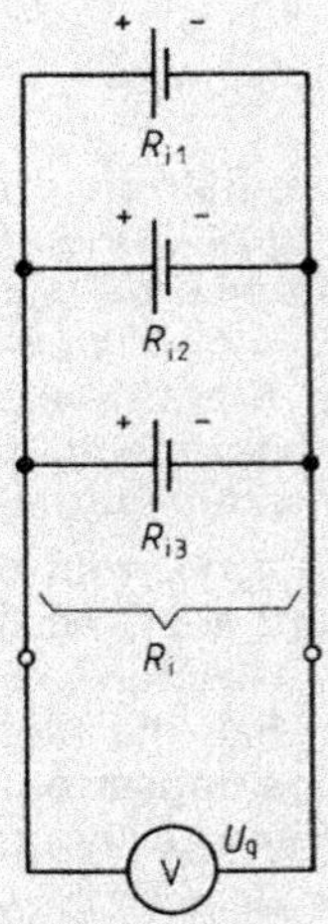


**6.5**

**Beispiel 6.2** Eine Batterie aus 6 gleichen, in Reihe geschalteten Trockenelementen, von denen jedes die Quellenspannung $U_{q1}$ = 1,5 V und den Innenwiderstand $R_{i1}$ = 0,6 Ω hat, wird mit einem Widerstand $R_a$ = 6,4 Ω belastet. Wie groß sind Stromstärke $I$ und Klemmenspannung $U$ der Batterie?

**Lösung**

| | |
|---|---|
| Gesamte Quellenspannung der Batterie | $U_q = n \cdot U_{q1} = 6 \cdot 1{,}5\,\text{V} = 9\,\text{V}$ |
| gesamter Innenwiderstand | $R_i = n \cdot R_{i1} = 6 \cdot 0{,}6\,\Omega = 3{,}6\,\Omega$ |
| gesamter Stromkreiswiderstand | $R = R_i + R_a = 3{,}6\,\Omega + 6{,}4\,\Omega = 10\,\Omega$ |
| Stromstärke | $I = \frac{U_q}{R} = \frac{9\,\text{V}}{10\,\Omega} = \mathbf{0{,}9\,A}$ |
| Klemmenspannung der Batterie | $U = I \cdot R_a = 0{,}9\,\text{A} \cdot 6{,}4\,\Omega = \mathbf{5{,}76\,V}$ |

**Aufgaben**

1. Ein Bleiakkumulator hat a) 6, b) 4, c) 12 Zellen mit einer Quellenspannung von je 2 V und einem inneren Widerstand von je 0,04 Ω. Wie groß sind die Quellenspannung und der innere Widerstand des Akkumulators?
2. Eine Batterie besteht aus a) 3, b) 5, c) 4 parallelgeschalteten galvanischen Elementen mit je 1,5 V Quellenspannung und 0,6 Ω innerem Widerstand. Wie groß sind die Quellenspannung und der innere Widerstand der Batterie?
3. Eine Batterie soll die Quellenspannung und den inneren Widerstand
   a) 4,5 V 2,4 Ω,
   b) 6 V 3,2 Ω,
   c) 1,5 V 0,2 Ω haben.
   Zur Verfügung stehen Einzelzellen mit je 1,5 V Quellenspannung und 0,8 Ω innerem Widerstand. Wieviel Elemente sind erforderlich, und wie sind sie zu schalten?
4. Monozellen mit der Quellenspannung von je 1,5 V und dem inneren Widerstand von je 1,2 Ω sollen zu einer Batterie mit der Quellenspannung von
   a) 9 V und 1,8 Ω,
   b) 6 V und 0,6 Ω,
   c) 3 V und 0,4 Ω
   zusammengeschaltet werden. Wieviel Elemente (Einzelzellen) sind erforderlich, und wie sind sie zu schalten?
5. Ein Stahlakkumulator mit a) 6, b) 4, c) 3 in Reihe geschalteten Zellen von je 1,2 V Quellenspannung und 0,03 Ω Innenwiderstand wird mit je 5 A belastet.

   Wie groß sind die Quellenspannung und der Innenwiderstand der Batterie?

   Welche Klemmenspannung wird gemessen, und welchen Wert hat der Belastungswiderstand?

   Wie groß wäre die Stromstärke im Kurzschlußfall?
6. Eine Batterie, bestehend aus a) 12, b) 9, c) 6 Elementen mit je 1,5 V Quellenspannung und 0,2 Ω Innenwiderstand hat die Quellenspannung 4,5 V. Wie sind die Elemente geschaltet, und wie groß ist der Innenwiderstand der Batterie?

   Wie groß sind die Belastungsstromstärke und die Spannung an den Batterieklemmen, wenn ein Verbraucher mit dem Widerstand 8,7 Ω angeschlossen wird?
7. Wie groß ist die Stromstärke in der Schaltung **6.6**, wenn der Belastungswiderstand a) 100 Ω, b) 440 Ω, c) 55 Ω beträgt?

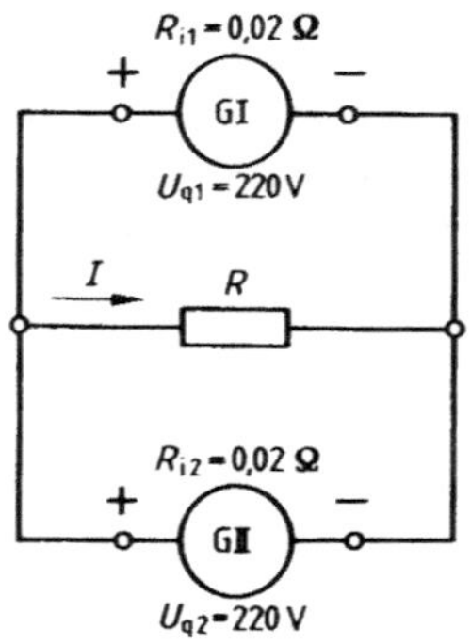


**6.6**

8. Wie groß sind die Stromstärken in den beiden Belastungswiderständen der Schaltung nach Bild **6.7** mit
   a) $R_1 = 100\ \Omega$ und $R_2 = 200\ \Omega$,
   b) $R_1 = 50\ \Omega$ und $R_2 = 120\ \Omega$,
   c) $R_1 = 20\ \Omega$ und $R_2 = 15\ \Omega$?

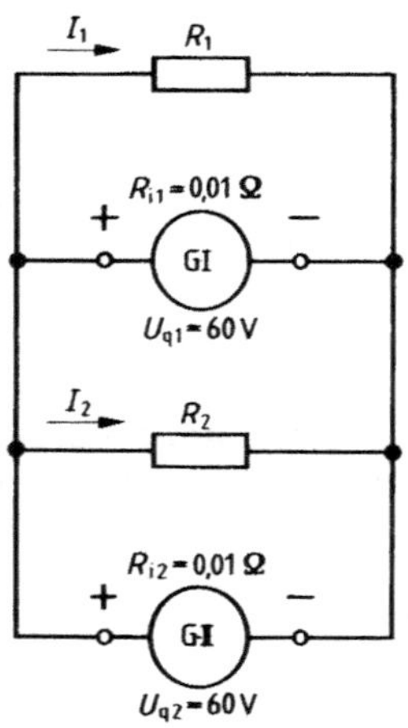


**6.7**

9. Eine Batterie aus Monozellen mit je 1,5 V Quellenspannung und 0,4 Ω Innenwiderstand soll die Gesamt-Quellenspannung 4,5 V haben. Wieviel Elemente sind erforderlich, und wie sind sie zu schalten, damit die Klemmenspannung der Batterie bei Belastung mit 2,5 A nicht unter 4 V sinkt?
10. Zwei Spannungserzeuger mit den Werten
    a) $U_{q1} = 240$ V, $R_{i1} = 2\ \Omega$ und $U_{q2} = 240$ V, $R_{i2} = 4\ \Omega$
    b) $U_{q1} = 240$ V, $R_{i1} = 2\ \Omega$ und $U_{q2} = 230$ V, $R_{i2} = 0{,}5\ \Omega$
    c) $U_{q1} = 240$ V, $R_{i1} = 0{,}5\ \Omega$ und $U_{q2} = 230$ V, $R_{i2} = 2\ \Omega$

    liegen in Parallelschaltung an 10 V. Wie groß ist die Klemmenspannung? Wie groß sind die Stromstärken im Belastungswiderstand und in den Spannungserzeugern?

## 6.3 Leistunganpassung

Eine Spannungsquelle gibt die größte Leistung $P_{a\,max}$ ab, wenn der Außenwiderstand (Lastwiderstand) $R_a$ gleich dem Innenwiderstand $R_i$ der Spannungsquelle ist, d. h. wenn der Außenwiderstand dem Innenwiderstand „angepaßt" ist. Die Quellenspannung $U_q$ teilt sich dann auf in

$$\boldsymbol{R_a = R_i} \qquad \boldsymbol{U_a = \frac{U_q}{2}} \qquad \boldsymbol{U_i = \frac{U_q}{2}}.$$

Die Stromstärke $I_a$ im Stromkreis ist für den Fall der Leistungsanpassung

$$I_a = \frac{I_k}{2}$$

und der Wirkungsgrad 0,5 = 50 %.

Die maximale Leistung, die die Spannungsquelle bei Anpassung abgeben kann, wird wie folgt berechnet:

$$P_{a\,max} = U_a \cdot I_a = \frac{U_q}{2} \cdot \frac{I_k}{2} = \frac{U_q \cdot I_k}{4}.$$

**Beispiel 6.3** Eine Monozelle liefert im Leerlauf die Quellenspannung $U_q = 1{,}5$ V. Der Kurzschlußstrom $I_k$ wird mit 3 A gemessen. Wie groß sind der innere Widerstand $R_i$ und die maximale Leistungsabgabe $P_{a\,max}$?

**Lösung**

$$R_i = \frac{U_q}{I_k} = \frac{1{,}5\ \text{V}}{3\ \text{A}} = \mathbf{0{,}5\ \Omega}$$

$$P_{a\,max} = \frac{U_q \cdot I_k}{4} = \frac{1{,}5\ \text{V} \cdot 3\ \text{A}}{4} = \mathbf{1{,}125\ W}$$

**Aufgaben**

1. Ein Spannungserzeuger liefert die Quellenspannung 127 V. Der Innenwiderstand ist mit 5 Ω angegeben. Berechnen Sie die Leistungsabgabe für die Lastwiderstände $R_{a1} = 4\ \Omega$, $R_{a2} = 5\ \Omega$, $R_{a3} = 6\ \Omega$.
2. Der Kurzschlußstrom eines Tonfrequenzgenerators beträgt 95 mA, die innere Kurzschlußleistung a) 3 W, b) 5 W, c) 6 W. An den Lastwiderstand soll die maximale Leistung abgegeben werden. Welchen Wert muß der Lastwiderstand haben?

3. Die maximale Abgabeleistung einer Spannungsquelle kann auch berechnet werden nach der Gleichung $P_{a\,max} = U_q^2/4\,R_i$. Versuchen Sie eine Herleitung dieser Gleichung.
4. An eine Batterie mit a) $U_q = 1{,}5$ V, b) $U_q = 4$ V, c) $U_q = 6$ V und dem Innenwiderstand 4 Ω sollen zwei Widerstände mit je 8 Ω so angeschlossen werden, daß in ihnen die größte Leistung umgesetzt wird. Wie müssen die Widerstände geschaltet werden, und wie groß ist dann die maximale Leistungsabgabe?
5. An den Ausgang eines Verstärkers sollen zwei Lautsprecher so angeschlossen werden, daß die größtmögliche Leistung abgegeben wird. Der Innenwiderstand des Verstärkers beträgt 8 Ω und die Leerlaufspannung a) 12 V, b) 16 V, c) 8 V. Zur Verfügung stehen Lautsprecher mit 16 Ω Innenwiderstand. Wie sind die Lautsprecher zu schalten? Wie groß ist die Ausgangsleistung?
6. Ein Plattenspieler liefert am Ausgang die Leerlaufspannung 0,3 mV. Sein Innenwiderstand beträgt a) 10 kΩ, b) 15 kΩ, c) 6 kΩ. Welchen Eingangswiderstand muß ein Verstärker haben, damit die maximale Leistung abgegeben wird? Wie groß ist diese Leistung?
7. Der Leitungsverstärker einer Fernmeldeleitung hat den inneren Widerstand a) 600 Ω, b) 900 Ω, c) 400 Ω. Bei Leistungsanpassung kann er maximal 20 W abgeben.
   Wie groß ist die Leerlaufspannung des Verstärkers?
8. Von einem Leitungsverstärker einer Fernmeldeanlage sind bekannt: Leerlaufspannung 80 V und innerer Widerstand 500 Ω. Die an den Verstärker angeschlossene Fernmeldeleitung hat den Widerstand 100 Ω. Der Widerstand des Verbrauchers beträgt a) 600 Ω, b) 400 Ω, c) 800 Ω. Berechnen Sie die Kurzschlußleistung des Verstärkers und die Leistung des Verbrauchers, wenn der Kurzschluß des Verstärkers aufgehoben wird.
9. Ein Plattenspieler liefert am Ausgang die Leerlaufspannung a) 1,1 V, b) 0,5 V. Der Kurzschlußstrom beträgt 22 mA. Berechnen Sie für den Fall der Leistungsanpassung den Eingangswiderstand eines Verstärkers und die maximale Leistung.
10. Eine Spannungsquelle mit dem inneren Widerstand 50 Ω liefert bei Kurzschluß ihrer Ausgangsklemmen die Stromstärke 1 A. Stellen Sie den Verlauf von $U_a$, $I_a$ und $P_a$ für verschiedene Lastwiderstände in normierter Form dar (waagerechte Achse $R_a/R_i$; senkrechte Achse $I_a/I_k$; $U_a/U_q$; $P_a/P_{a\,max}$ (**6**.8).

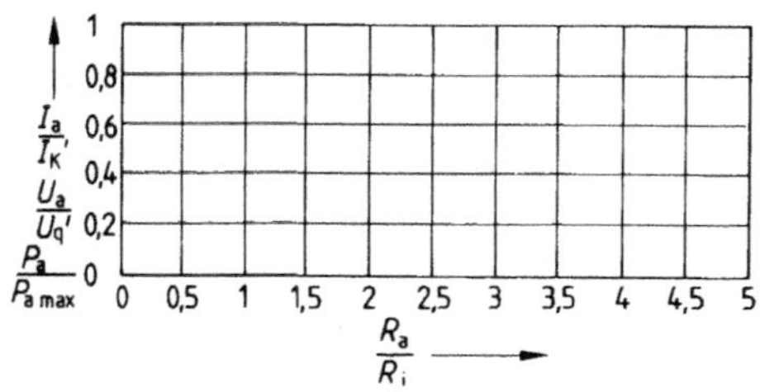


**6**.8

# 7 Wirkungen des elektrischen Stroms

## 7.1 Wärmewirkung

Die für die Erwärmung eines Stoffes erforderliche Wärmemenge $Q$ wird durch das Produkt aus Masse $m$, spezifischer Wärmekapazität $c$ und Temperaturdifferenz $\Delta\vartheta$ bestimmt.

$$\boxed{Q = m \cdot c \cdot \Delta\vartheta}$$

$Q$ in J oder kJ — $c$ in $\frac{\text{J}}{\text{g} \cdot \text{K}}$ oder $\frac{\text{kJ}}{\text{kg} \cdot \text{K}}$

$m$ in g oder kg — $\Delta\vartheta$ in K

**Beispiel 7.1** Es sollen 80 l Wasser von der Temperatur $\vartheta_1 = 15\ °\text{C}$ auf $\vartheta_2 = 85\ °\text{C}$ erwärmt werden. Welche Wärmemenge $Q$ ist dafür erforderlich?

**Lösung** 80 l Wasser haben die Masse von 80 kg. Dann ist die Temperaturdifferenz
$\Delta\vartheta = \vartheta_2 - \vartheta_1 = 85\ °\text{C} - 15\ °\text{C} = 70\ \text{K}$.
Mit der Einheit Kilojoule (kJ) ist die Wärmemenge

$$Q = c \cdot m \cdot \Delta\vartheta = 4{,}2\ \frac{\text{kJ}}{\text{kg} \cdot \text{K}} \cdot 80\ \text{kg} \cdot 70\ \text{K} = \mathbf{23\,500\ kJ.}$$

**Wärmemenge.** Die durch den elektrischen Strom erzeugte Wärmemenge $Q$ ist gleich der elektrischen Arbeit $W$.

$$\boxed{Q = W}$$

$Q$ in J
$W$ in Ws — 1 Ws = 1 J

Es ist jedoch vielfach zweckmäßiger, eine Umrechnung von Kilojoule in die gebräuchliche Einheit Kilowattstunde vorzunehmen.

$$\boxed{Q = 3600 \cdot W}$$

$Q$ in kJ
$W$ in kWh — 1 kWh = 3600 kJ

**Wärmewirkungsgrad.** Bei der Umwandlung elektrischer Energie in Wärme entstehen W ä r m e v e r l u s t e dadurch, daß ein Teil der Stromwärme auf den Gerätekörper und die Luft übergeht. Der Wärmewirkungsgrad $\eta$ ist das Verhältnis der Wärme $Q_2$, die der erwärmte Stoff aufgenommen hat, zu der erzeugten Stromwärme $Q_1$.

$$\boxed{\eta = \frac{Q_2}{Q_1}}$$

$\eta$ ohne Einheit
$Q_1$ und $Q_2$ in J oder kJ

**Beispiel 7.2** Ein Kochtopf enthält 5 l Wasser von $\vartheta_1 = 20\ °\text{C}$. Um es auf einer 800-W-Kochplatte zum Kochen ($\vartheta_2 = 100\ °\text{C}$) zu bringen, braucht man die Zeit $t = 50$ min. Wie groß ist der Wirkungsgrad $\eta$?

**Lösung** 5 l Wasser entsprechen 5 kg Wasser. Die Temperaturerhöhung des Wassers beträgt $\Delta\vartheta = \vartheta_2 - \vartheta_1 = 100\ °\text{C} - 20\ °\text{C} = 80\ \text{K}$. Die dazu nötige Wärmemenge ist

$$Q_2 = c \cdot m \cdot \Delta\vartheta = 4{,}2\ \frac{\text{kJ}}{\text{kg} \cdot \text{K}} \cdot 5\ \text{kg} \cdot 80\ \text{K} = 1680\ \text{kJ}.$$

Die in der Zeit $t = 50\ \text{min} = \frac{50}{60}\ \text{h}$ verrichtete Arbeit beträgt

$$W = P \cdot t = 0{,}8\ \text{kW} \cdot \frac{50}{60}\ \text{h} = 0{,}667\ \text{kWh}.$$

Die erzeugte Stromwärme ist

$$Q_1 = 3600 \frac{\text{kJ}}{\text{kWh}} \cdot 0{,}667 \text{ kWh} = 2400 \text{ kJ}.$$

Daraus ergibt sich der Wirkungsgrad für das Kochen auf der Kochplatte

$$\eta = \frac{Q_2}{Q_1} = \frac{1680 \text{ kJ}}{2400 \text{ kJ}} = 0{,}696 \approx \mathbf{0{,}7}.$$

**Aufgaben**

1. In einem Warmwasserspeicher werden 30 l Wasser um a) 62 K, b) 23 K, c) 77 K erwärmt. Wie groß ist die dem Wasser zugeführte Wärmemenge?
2. Welche Wärmemenge ist erforderlich, um a) 3,5 l, b) 1,5 l, c) 5 l Wasser von 15 °C in einem Kochendwasser-Automaten zum Sieden zu bringen?
3. Ein Elektroboiler hat das Fassungsvermögen a) 60 l, b) 80 l, c) 40 l. Das mit 8 °C zufließende Wasser wird im Boiler auf 70 °C erwärmt. Wie groß ist die erforderliche Wärmemenge?
4. In einer Badewanne befinden sich 210 l Wasser mit der Temperatur 55 °C. Wie groß ist die an den Raum abgegebene Wärmemenge, wenn sich das Wasser auf a) 18 °C, b) 32 °C, c) 26 °C abgekühlt hat?
5. Welche Wärmemenge ist erforderlich, um eine Tasse (150 $\text{cm}^3$) heißes Wasser von 98 °C zu bereiten, wenn die Anfangstemperatur des Wassers a) 10 °C, b) 14 °C, c) 7 °C beträgt?
6. Wieviel Liter Wasser von 12 °C können durch die Zufuhr der Wärmemenge a) 2520 kJ, b) 1386 kJ, c) 3465 kJ auf 87 °C erwärmt werden?
7. Die Wärmemenge 1680 kJ wird a) 5 l Wasser, b) 8,5 l Wasser, c) 12 l Wasser von 15 °C zugeführt. Auf welche Temperatur wird das Wasser erwärmt?
8. In einem Kochendwasser-Automaten wird der Inhalt durch die zugeführte Wärmemenge a) 1390 kJ, b) 1033 kJ, c) 1710 kJ von 12 °C auf 97 °C erwärmt. Wieviel Liter Wasser sind eingefüllt worden?
9. Um 15 l Wasser auf 85 °C zu erwärmen, ist die Wärmemenge a) 5028 kJ, b) 4714 kJ, c) 4400 kJ erforderlich. Wie hoch war die Anfangstemperatur des Wassers?
10. Für den Aufheizvorgang von 12 l Wasser wurde der in Bild **7.1** gezeigte Temperaturverlauf festgestellt. Wie groß ist die in den ersten und in den letzten 5 Minuten zugeführte Wärmemenge?
    Wie groß ist die gesamte zugeführte Wärmemenge?

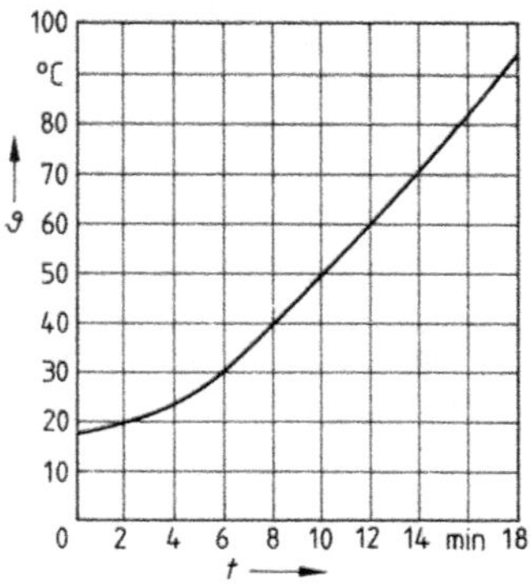


7.1

11. Eine a) 1,8 kg, b) 2,4 kg, c) 2,8 kg schwere Stahlplatte soll in einem Glühofen von 17 °C auf 1240 °C erwärmt werden. Wie groß ist die dazu erforderliche Wärmemenge?
12. Auf welche Temperatur wird ein a) 350 g, b) 300 g, c) 400 g schwerer Lötkolben aus Kupfer erwärmt, dem bei der Raumtemperatur 18 °C die Wärmemenge 42 kJ zugeführt wird? Beim Löten sinkt seine Temperatur auf 210 °C. Welche Wärmemenge hat er an das Werkstück abgegeben?

13. Ein Konvektionswandofen mit dem Anschlußwert 2 kW ist a) eine Viertelstunde, b) 10 Minuten, c) 7 Minuten lang eingeschaltet. Wie groß sind die dem Netz entnommene elektrische Arbeit und die erzeugte Wärmemenge?

14. Ein Tauchsieder mit einer Leistung a) 300 W, b) 260 W, c) 350 W ist 12 Minuten eingeschaltet (7.2). Wie groß ist die erzeugte Wärmemenge?

7.2

15. Wie groß ist die für eine Warmhalteplatte erforderliche Leistung, wenn sie a) in einer halben Stunde, b) in 40 Minuten, c) in 70 Minuten die Wärmemenge 420 kJ entwickeln soll?

16. Wie groß ist die vom Wasser aufgenommene Wärmemenge, wenn ein Kocher mit der Leistung 800 W und dem Wirkungsgrad 75 % für a) 42 Minuten, b) 24 Minuten, c) 54 Minuten eingeschaltet ist?

17. Wie groß ist die Wärmemenge, die ein Widerstand 25 Ω stündlich entwickelt, wenn er von a) 4 A, b) 2,5 A, c) 5 A durchflossen wird (7.3)?

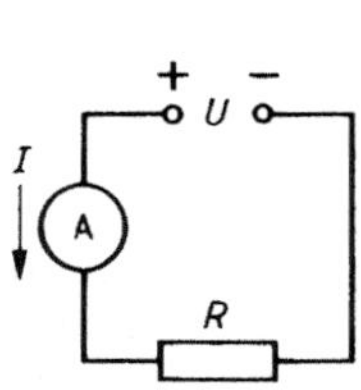


7.3

18. Ein Gerät mit dem Widerstand a) 40 Ω, b) 24,2 Ω, c) 32,3 Ω ist an 220 V angeschlossen. Wie groß ist die im Gerät in 20 Minuten entwickelte Wärmemenge?

19. Ein Elektrokocher mit der Leistung a) 1,6 kW, b) 1,8 kW, c) 2000 W ist an 220 V angeschlossen. Dabei werden in 7 Minuten 1,7 l Wasser von 15 °C zum Kochen gebracht. Wie groß sind die dem Netz entnommene elektrische Arbeit, die erzeugte Wärmemenge, die vom Wasser aufgenommene Wärmemenge und der Wirkungsgrad?

20. Wie groß muß die Leistung eines Durchlauferhitzers sein, wenn er bei dem Wirkungsgrad 94,2 % in einer Minute a) 9 l, b) 10,5 l, c) 6 l Wasser von 13 °C auf 40 °C erwärmen soll?

21. In einem Warmwasserspeicher sollen nachts in der Zeit von 22.00 Uhr bis 6.00 Uhr a) 80 l, b) 200 l, c) 120 l Wasser von 12 °C auf 85 °C erwärmt werden. Wie groß ist die erforderliche Leistungsaufnahme des Speichers, wenn der Wirkungsgrad 0,85 beträgt?

22. Ein Durchlauferhitzer mit
a) 12 kW, b) 18 kW, c) 21 kW
Anschlußwert liefert in einer Minute
a) 3,8 l, b) 5,8 l, c) 6,8 l Wasser
mit der Temperatur 55 °C. Mit welchem Wirkungsgrad arbeitet das Gerät, wenn die Zulauftemperatur des Wassers 12 °C beträgt?

23. Wie teuer ist die Bereitung von a) 3,5 l, b) 1,5 l, c) 5. l kochendem Wasser in einem Kochendwasser-Automaten mit dem Anschlußwert 2 kW, wenn dieser mit dem Wirkungsgrad 90 % arbeitet und die Zulauftemperatur des Wassers 14 °C beträgt? Eine Kilowattstunde kostet 0,16 DM.

24. Eine Projektionslampe a) 125 V 300 W, b) 50 V 250 W, c) 150 V 150 W wird mit einem Vorwiderstand an 220 V betrieben (7.4) Wie groß ist die Wärmemenge, die der Vorwiderstand während einer 1,5stündigen Vorführung entwickelt?

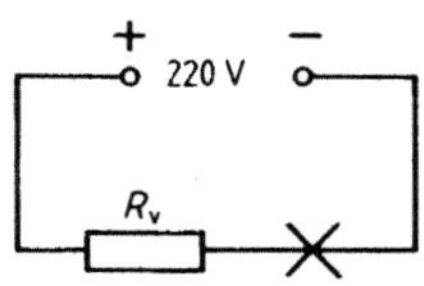


7.4

25. Ein Elektrokocher für 220 Volt und a) 800 W, b) 700 W, c) 1000 W Leistung hat den Wirkungsgrad 0,75. Wieviel Liter Wasser von 14 °C kann man damit in 15 Minuten zum Kochen bringen?

26. In einem Warmwasserspeicher mit dem Inhalt a) 50 l, b) 15 l, c) 80 l und dem Anschlußwert 4 kW wird Wasser von 10 °C auf 85 °C erwärmt. Wie lange dauert der Aufheizvorgang bei dem Wirkungsgrad 0,87?

27. In Bild 7.5 sind die Strom-Zeit-Kennlinien für einige Schmelzsicherungen wiedergegeben. Ermitteln Sie die Abschaltzeiten der flinken und trägen a) 6-A-Sicherung, b) 4-A-Sicherung, c) 10-A-Sicherung für die Stromstärken 20 A und 50 A. Wie groß ist die jeweils bis zum Durchschmelzen des Schmelzdrahts entwickelte Wärmemenge, wenn dessen Widerstand mit 0,03 Ω angenommen wird?

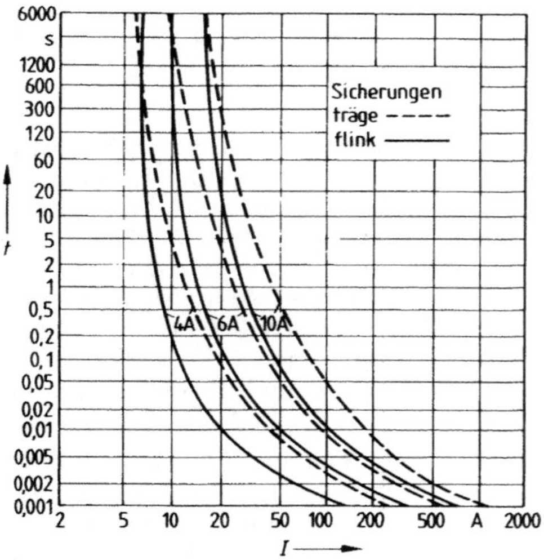


7.5

28. Eine Waschmaschine mit der Heizleitung
a) 3 kW, b) 3,3 kW, c) 2,3 kW
und der Wasserfüllung 20 l braucht
a) 45 Minuten, b) 40 Minuten, c) 60 Minuten,
um das mit 15 °C zulaufende Wasser auf 95 °C zu erwärmen. Wie groß sind die erzeugte Wärmemenge und der Wirkungsgrad? Wie teuer ist das Aufheizen bei 0,16 DM/kWh Arbeitspreis? Wie lange dauert es, wenn mit erhöhtem Wasserstand (Wasserfüllung 35 l) gewaschen wird?

29. Mit einem Tauchsieder für 220 V werden a) 1,5 l, b) 1,05 l, c) 2 1/4 l Wasser mit der Anfangstemperatur 14 °C in zehn Minuten zum Kochen gebracht. Wie groß ist der Widerstand des Heizkörpers, wenn der Wirkungsgrad des Tauchsieders 90 % beträgt?

30. Wieviel Liter Wasser von 12°C werden für den Hauptspülgang einer Geschirrspülmaschine auf
a) 65 °C, b) 55 °C, c) 40 °C
aufgeheizt, wenn das Aufheizen
a) 23 Minuten, b) 16,5 Minuten, c) 9,5 Minuten
dauert und der Wirkungsgrad mit 78 % angenommen wird? Wie teuer ist das Aufheizen, wenn eine Kilowattstunde 12 Pfennig kostet?

31. Ein Elektroboiler hat das in Bild 7.6 gezeigte Leistungsschild. Der Wirkungsgrad beträgt 0,85. Wie lange dauert der Aufheizvorgang, wenn das Wasser mit der Temperatur 8 °C zuläuft und der Temperaturwähler auf a) 50 °C, b) 38 °C, c) 75 °C eingestellt wird?

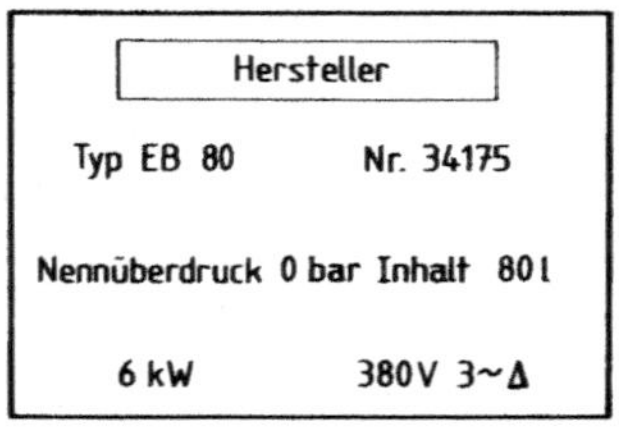


7.6

32. Mit einer Kochplatte für 220 V und der Leistung a) 1500 W, b) 1000 W, c) 1800 W sollen 2,5 l Wasser von 18 °C auf 97 °C erwärmt werden. Der Wirkungsgrad beträgt 70 %. In wieviel Minuten hat das Wasser die Endtemperatur erreicht, wenn die Netzspannung um 2,5 % abgesunken ist?

33. Die a) 1,04 m, b) 2,08 m, c) 1,49 m lange Heizwendel eines Elektro-Warmwassergeräts für 220 V besteht aus einem Heizleiterwerkstoff mit $\rho$ = 1,46 Ω · mm²/m und dem Durchmesser 0,4 mm. Auf welche Temperatur können 15 l Wasser von 12 °C bei dem Wirkungsgrad 86 % in 20 Minuten erwärmt werden?

## 7.2 Magnetische Wirkung

**Durchflutung.** Die Stärke von Spulenfeldern wächst bei gleichen Spulenabmessungen und damit gleicher mittlerer Feldlinienlänge $l$ im gleichen Verhältnis wie die Stromstärke $I$ und die Windungszahl $N$ der Spule (**7**.7).

Das Produkt aus der Stromstärke $I$ und der Windungszahl $N$ der Spule nennt man ihre Durchflutung $\Theta$ (griechisch Theta).

$$\Theta = I \cdot N$$

$\Theta$ in A
$I$ in A
$N$ ohne Einheit

**Magnetische Feldstärke.** Die Stärke des Spulenfelds wächst im gleichen Verhältnis wie die Durchflutung $\Theta$ und im umgekehrten Verhältnis wie die mittlere Feldlinienlänge $l$.

Man nennt den Ausdruck $\Theta/l = I \cdot N/l$ die magnetische Feldstärke $H$ der Spule.

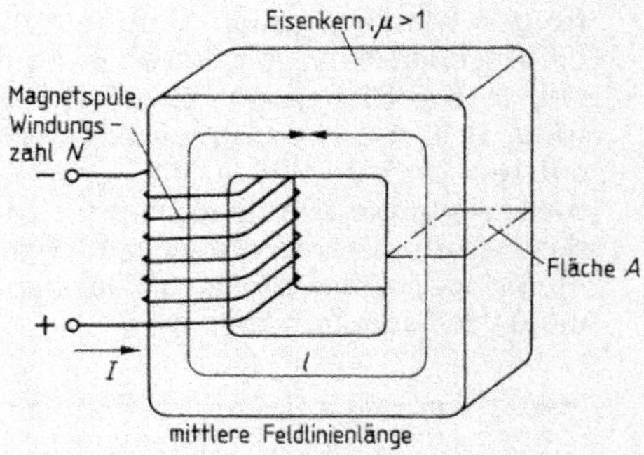


7.7

$$H = \frac{I \cdot N}{l} = \frac{\Theta}{l}$$

$H$ in A/m
$I$ in A
$\Theta$ in A
$l$ in m

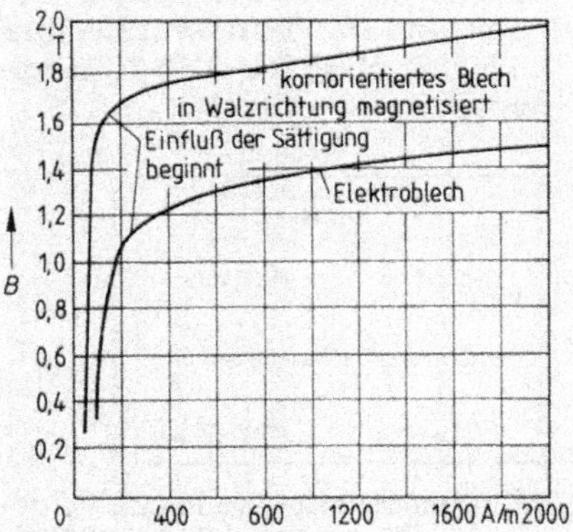


7.8 $H$ →

**Die Flußdichte oder magnetische Induktion $B$** steigt mit der Feldstärke $H$ und der Permeabilität (magnetische Durchlässigkeit) $\mu$ des Werkstoffs. Die Abhängigkeit zwischen $B$ und $H$ wird nicht berechnet, sondern Magnetisierungskurven des betreffenden Werkstoffs entnommen (**7**.8). Die Einheit der Flußdichte ist die Voltsekunde je Quadratmeter (Vs/m²) oder Tesla (T).

**Den magnetischen Fluß $\Phi$** (griechisch Phi), der die Querschnittsfläche $A$ durchsetzt, erhält man, indem man die magnetische Flußdichte $B$ mit der Querschnittsfläche $A$ multipliziert.

$$\Phi = B \cdot A$$

$\Phi$ in Vs = Wb $\quad$ $B$ in $\frac{\text{Vs}}{\text{m}^2} = \text{T}$ $\quad$ $A$ in m²

**Beispiel 7.3** Eine Spule hat $N = 3000$ Windungen und wird von $I = 0{,}8$ A durchflossen. Wie groß ist die Durchflutung $\Theta$?

**Lösung** $\Theta = I \cdot N = 0{,}8\ \text{A} \cdot 3000 = \mathbf{2400\ A}$

**Beispiel 7.4** Die mittlere Feldlinienlänge $l$ des Magnetfelds der Spule aus Beispiel 7.3 beträgt 24 cm. Wie groß ist die Feldstärke $H$?

**Lösung** $$H = \frac{I \cdot N}{l} = \frac{0{,}8\ \text{A} \cdot 3000}{0{,}24\ \text{m}} = \mathbf{10\,000\ \frac{A}{m}}$$

**Beispiel 7.5** Der magnetische Fluß $\Phi$ eines Magneten beträgt $10{,}8 \cdot 10^{-4}$ Vs. Die Polaustrittsfläche hat den Querschnitt $A = 9\ \text{cm}^2$. Wie groß ist die Flußdichte?

**Lösung** $$B = \frac{\Phi}{A} = \frac{10{,}8 \cdot 10^{-4}\ \text{Vs}}{9 \cdot 10^{-4}\ \text{m}^2} = \mathbf{1{,}2\ \frac{Vs}{m^2}}$$

**Aufgaben**

1. Eine eisenlose Spule hat die Windungszahl a) 1500, b) 2100, c) 1800. Wird die Spule an 24 V Gleichspannung angeschlossen, fließen 1,5 A. Wie groß ist die Durchflutung?
2. Eine Spule mit
   a) 1500 Windungen, b) 2500 Windungen, c) 1800 Windungen
   soll die Durchflutung
   a) 6000 A, b) 5000 A, c) 3600 A
   liefern. Wie groß muß die Stromstärke in der Spule sein?
3. Wieviel Windungen muß eine Spule erhalten, damit bei der Stromaufnahme a) 300 mA, b) 372 mA, c) 266 mA die Durchflutung 930 A erzeugt wird?
4. Auf einem Spulenkörper stehen diese Angaben: a) 300 Windungen 4 A, b) 600 Windungen 2 A, c) 1200 Windungen 1 A. Wie groß ist die Feldstärke der Spule, wenn die mittlere Feldlinienlänge 24 cm beträgt und der angegebene Erregerstrom fließt?
5. In einer Spule mit a) 1800 Windungen, b) 2000 Windungen, c) 4000 Windungen soll die Feldstärke 6 A/cm erzeugt werden. Wie groß muß die Stromstärke in der Spule sein, wenn die mittlere Feldlinienlänge 0,3 m beträgt?
6. Die in Bild **7.9** dargestellte Ringspule hat a) 240 Windungen, b) 350 Windungen, c) 450 Windungen. Sie wird von 0,8 A durchflossen. Wie groß ist die erzeugte Feldstärke?

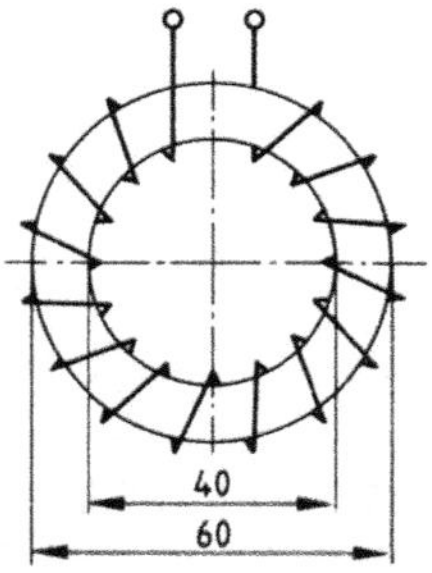


**7.9**

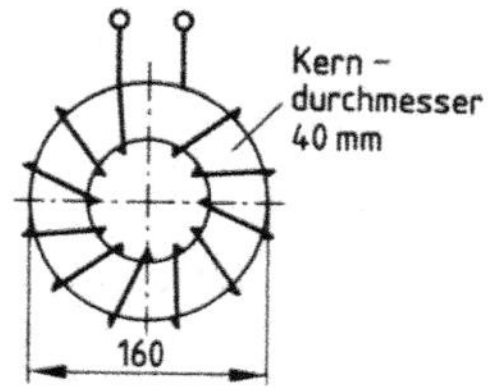


**7.10**

7. Die Ringspule **7.10** hat a) 1600 Windungen, b) 2200 Windungen, c) 2600 Windungen und soll die Feldstärke 40 A/cm erzeugen. Der Widerstand der Spule beträgt 38,2 Ω. Wie groß muß die Spulenspannung sein, damit der erforderliche Erregerstrom fließt?
8. Der magnetische Fluß in dem runden Kern eines Elektromagneten soll $12 \cdot 10^{-3}$ Vs betragen. Wie groß ist die Flußdichte, wenn der Kern den Durchmesser a) 125 mm, b) 140 mm, c) 150 mm hat?
9. Im rechteckigen Eisenkern mit 12 cm x 15 cm einer Gleichstrommaschine beträgt der magnetische Fluß
   a) $14{,}4 \cdot 10^{-3}$ Vs,
   b) $19{,}8 \cdot 10^{-3}$ Vs,
   c) $16{,}2 \cdot 10^{-3}$ Vs.
   Wie groß ist die Flußdichte im Eisenkern?

## 7.3 Chemische Wirkung

**Die Masse *m*** des bei der Elektrolyse **7.11** abgeschiedenen Stoffs erhält man, wenn man sein elektrochemisches Äquivalent *c* mit dem Strom *I* und der Zeit *t* multipliziert.

$$m = c \cdot I \cdot t$$

*m* in mg oder g
*c* in $\frac{\text{mg}}{\text{As}}$ oder $\frac{\text{g}}{\text{Ah}}$
*I* in A
*t* in s oder h

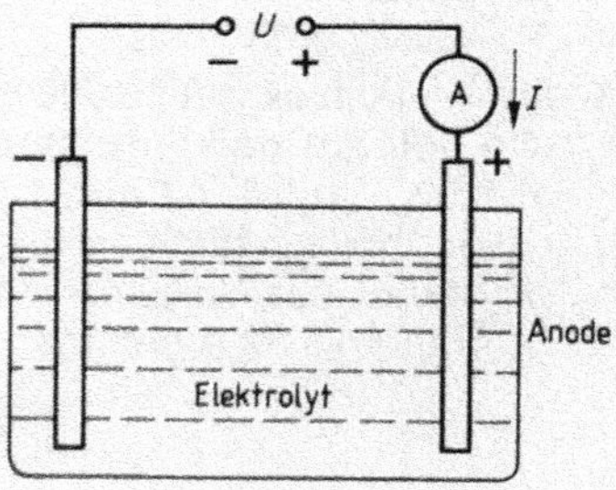


**7.11**

**Beispiel 7.6** Welche Silbermenge $m$ wird in $t = 6$ h durch einen Strom von $I = 20$ A ausgeschieden, wenn für Silber $c = 4{,}02$ g/Ah ist?

**Lösung** $m = c \cdot I \cdot t = 4{,}02 \frac{\text{g}}{\text{Ah}} \cdot 20\ \text{A} \cdot 6\ \text{h} = \mathbf{482\ g}$

## Aufgaben

1. Wieviel Gramm Kupfer werden durch die Stromstärke 125 A in a) 6,5 Stunden, b) 87 Minuten, c) 54 Minuten ausgeschieden?
2. In einer Vernickelungsanstalt sollen bei 8 Stunden täglicher Arbeitszeit a) 12,5 kg, b) 2,5 kg, c) 15 kg Nickel verarbeitet werden. Welche Stromstärke muß die Stromquelle liefern?
3. Wie lange dauert es, bis die Stromstärke a) 73 A, b) 153 A, c) 184 A aus einem Zinkbad 0,6 kg Zink abgeschieden hat?
4. Ein Werkstück mit der Oberfläche a) 18 500 $cm^2$, b) 1400 $cm^2$, c) 32 400 $cm^2$ soll galvanisch verchromt werden. Wie groß muß die Stromstärke sein, wenn mit der Stromdichte 0,55 A/$dm^2$ gearbeitet wird?
5. Das in Bild **7.12** dargestellte Werkstück aus Stahl wird 4 Stunden lang mit der Stromstärke a) 20 A, b) 15 A, c) 35 A versilbert. Wie groß ist die Masse des Werkstücks vor und nach dem Versilbern?

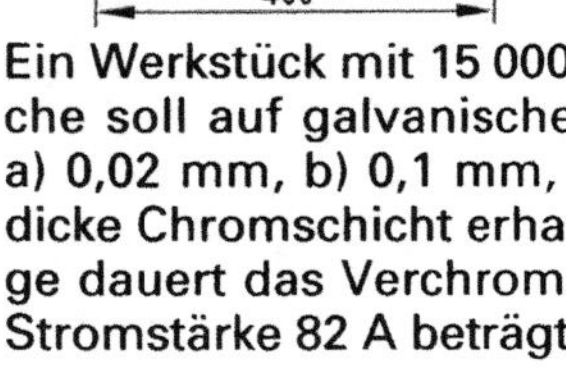


7.12

6. Ein Werkstück mit 15 000 $cm^2$ Oberfläche soll auf galvanischem Weg eine a) 0,02 mm, b) 0,1 mm, c) 0,045 mm dicke Chromschicht erhalten. Wie lange dauert das Verchromen, wenn die Stromstärke 82 A beträgt?
7. Ein 140 mm langer Kupferdraht mit dem Durchmesser a) 0,8 mm, b) 0,6 mm, c) 1,5 mm soll mit der Stromdichte 0,45 A/$dm^2$ versilbert werden. Wie dick ist die in 4,5 Stunden aufgetragene Silberschicht?
8. Eine Blechplatte mit den Maßen 570 mm x 420 mm hängt a) 3 Stunden, b) 2 1/4 Stunden, c) 5 Stunden in einem Kupferbad. Wie dick ist die in dieser Zeit entstandene Kupferschicht, wenn mit der Stromdichte 0,45 A/$dm^2$ gearbeitet wird?
9. In einem Elektrolysebad sollen 100 Winkel mit der Oberfläche 140 $cm^2$ eine a) 0,08 mm, b) 0,02 mm, c) 0,1 mm dicke Nickelschicht erhalten. Die eingestellte Stromdichte beträgt 0,5 A/$dm^2$. Wie lange dauert der Galvanisiervorgang?
10. Fünfzehn Hohlzylinder (**7.13**) mit den Maßen
    a) $d_i = 30$ mm und $d_a = 60$ mm
    b) $d_i = 30$ mm und $d_a = 80$ mm
    c) $d_i = 30$ mm und $d_a = 50$ mm
    sollen allseitig vernickelt werden. Auf welchen Wert muß die Stromstärke für eine Stromdichte von 0,6 A/$dm^2$ eingestellt werden? Wie lange dauert der Vorgang, wenn man eine 0,08 mm dicke Nickelschicht erreichen möchte?

**7.13**

# 8 Spannungsquellen

## 8.1 Elektromagnetische Spannungserzeuger

In einer Leiterwindung oder Spule entsteht eine Induktionsspannung, wenn sich der von ihnen umschlossene magnetische Fluß ändert. Bei geschlossenem Stromkreis fließt ein Induktionsstrom.

Die induzierte Spannung $U_q$ wächst mit der Änderungsgeschwindigkeit des von der Spule umfaßten magnetischen Flusses und mit der Windungszahl $N$ der Spule.

$$U_q = N \frac{\Delta\Phi}{\Delta t}$$

$U_q$ in V
$\Delta\Phi$ in Vs
$\Delta t$ in s

Die Flußänderung in einer Spule kann auch durch eine Bewegung der Spule im Magnetfeld erreicht werden. Die Größe der in die Spule induzierten Spannung $U_q$ nimmt mit der Flußdichte $B$, der wirksamen Leiterlänge $l$ des Spulendrahts, der Geschwindigkeit $v$ der Bewegung und der Windungszahl $N$ der Spule zu.

$$U_q = B \cdot l \cdot v \cdot N$$

$U_q$ in V
$B$ in Vs/m²
$l$ in m
$v$ in m/s
$N$ ohne Einheit

**Beispiel 8.1** Der von einer Spule mit der Windungszahl $N = 600$ umfaßte magnetische Fluß $\Phi$ ändert sich im Zeitabschnitt $\Delta t = 0{,}2$ s gleichmäßig von $2 \cdot 10^{-3}$ Vs auf $1{,}2 \cdot 10^{-3}$ Vs. Wie groß ist die in die Spule induzierte Quellenspannung $U_q$?

**Lösung** Die Flußänderung $\Delta\Phi$ ist

$\Delta\Phi = \Phi_1 - \Phi_2 = 2 \cdot 10^{-3}\,\text{Vs} - 1{,}2 \cdot 10^{-3}\,\text{Vs} = 0{,}8 \cdot 10^{-3}\,\text{Vs}$.

Damit ist die in die die Spule induzierte Quellenspannung

$$U_q = N \frac{\Delta\Phi}{\Delta t} = 600 \frac{0{,}8 \cdot 10^{-3}\,\text{Vs}}{0{,}2\,\text{s}} = \mathbf{2{,}4\,V}.$$

**Beispiel 8.2** Ein Leiter mit der wirksamen Länge $l = 12$ cm wird mit gleichbleibender Geschwindigkeit $v = 15$ cm/s durch ein Magnetfeld mit der Dichte $B = 1{,}2$ Vs/m² bewegt. Wie groß ist die induzierte Spannung? Wieviel in Reihe geschaltete Windungen muß eine Spule haben, damit die Spannung $U_q = 15$ V beträgt?

**Lösung** Die Quellenspannung für eine Windung ist

$$U_{q1} = B \cdot l \cdot v = 1{,}2 \frac{\text{Vs}}{\text{m}^2} \cdot 1{,}2\,\text{m} \cdot 0{,}15 \frac{\text{m}}{\text{s}} = \mathbf{0{,}12\,V}.$$

$$\text{Windungszahl } N = \frac{U_q}{U_{q1}} = \frac{15\,\text{V}}{0{,}12\,\text{V}} = \mathbf{125}$$

### Aufgaben

1. Wie groß ist die induzierte Spannung in einem a) 0,04 m, b) 0,06 m, c) 0,08 m langen Leiter, der mit der gleichbleibenden Geschwindigkeit 0,08 m/s durch ein homogenes Magnetfeld mit der Flußdichte 0,62 Vs/m² bewegt wird?

2. Ein Leiter wird mit gleichbleibender Geschwindigkeit 0,04 m/s durch ein a) 3 cm, b) 5 cm, c) 7 cm breites Magnetfeld (das entspricht der wirksamen Leiterlänge) bewegt. Ein angeschlossenes Meßgerät zeigt während der Bewegungszeit die konstante

Stromstärke 0,1 mA an. Der Innenwiderstand des Meßgeräts beträgt 10 Ω. Wie groß ist die Flußdichte des magnetischen Feldes?

3. Mit welcher Geschwindigkeit muß ein Leiter von 8 dm Länge durch ein Magnetfeld mit der Flußdichte 0,8 $Vs/m^2$ bewegt werden, damit in ihm die Quellenspannung a) 1,2 V, b) 800 mV, c) 600 mV induziert wird?
4. Der Rotor eines Generators ist 18 cm lang und hat den Durchmesser 10 cm. Die wirksame Zahl der Ankerleiter ist a) 312 b, c) 208, c) 522. Mit welcher Drehzahl (Angabe in $min^{-1}$) muß der Rotor angetrieben werden, damit in dem magnetischen Feld mit der mittleren Flußdichte 0,75 $Vs/m^2$ die Spannung 220 V induziert wird?
5. Der von einer Leiterschleife umfaßte magnetische Fluß ändert sich a) in 0,2 s, b) 0,15 s, c) 0,35 s gleichmäßig von $2{,}5 \cdot 10^{-3}$ Vs auf Null.
   Wie groß ist die in die Leiterschleife induzierte Spannung während dieser Zeit?
6. Eine Spule mit 1200 Windungen umfaßt einen Eisenkern mit dem Querschnitt 9 $cm^2$. Der magnetische Fluß wird durch eine von Gleichstrom durchflossene Spule erzeugt. Die Flußdichte beträgt a) 0,9 $Vs/m^2$, b) 0,7 $Vs/m^2$, c) 0,5 $Vs/m^2$. Wird der Erregerstrom abgeschaltet, nimmt der magnetische Fluß in 5 ms auf praktisch 0 Vs ab.
   Wie groß ist die in die Spule induzierte Spannung während der Abschaltzeit?
7. Durch Abnahme des magnetischen Flusses in a) 3 ms, b) 4 ms, c) 7 ms von $4 \cdot 10^{-4}$ Vs auf $1 \cdot 10^{-4}$ Vs soll in eine Spule die Spannung 200 V induziert werden.
   Wie groß muß die Windungszahl der Spule sein?
8. Berechnen Sie für die Flußänderungsdiagramme **8**.1 a) bis d) die Spannungen und stellen Sie deren Verlauf in einem Diagramm dar.
9. Der von einer Spule umfaßte magnetische Fluß ändert sich nach dem in Bild **8**.2 dargestellten Verlauf. Berechnen Sie die Größe der in eine Spule mit a) 600 Windungen, b) 1200 Windungen, c) 1800 Windungen induzierten Spannung und geben Sie den Spannungsverlauf in einem Diagramm an.

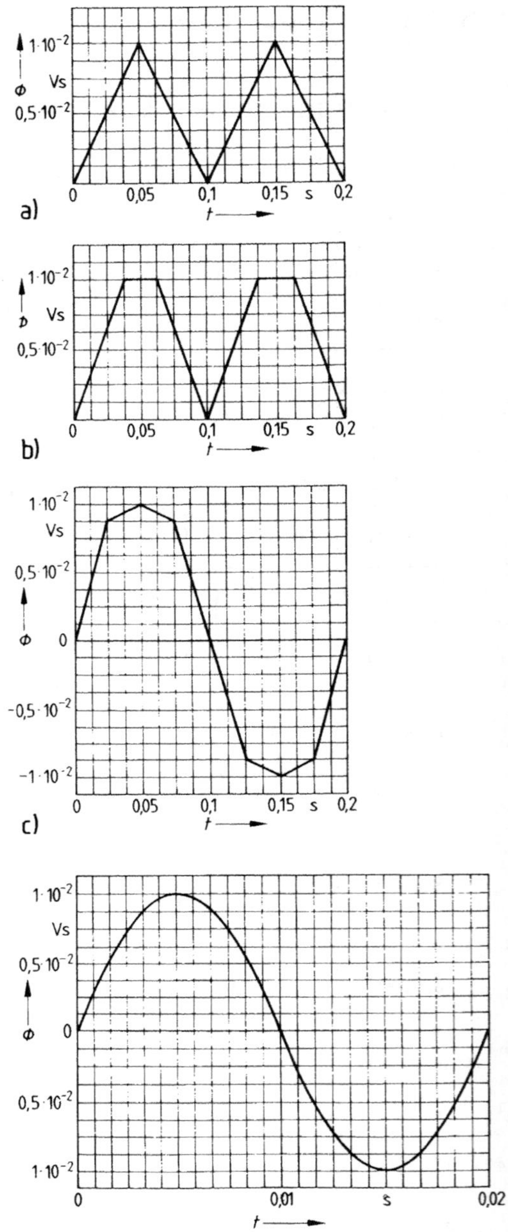


**8**.1

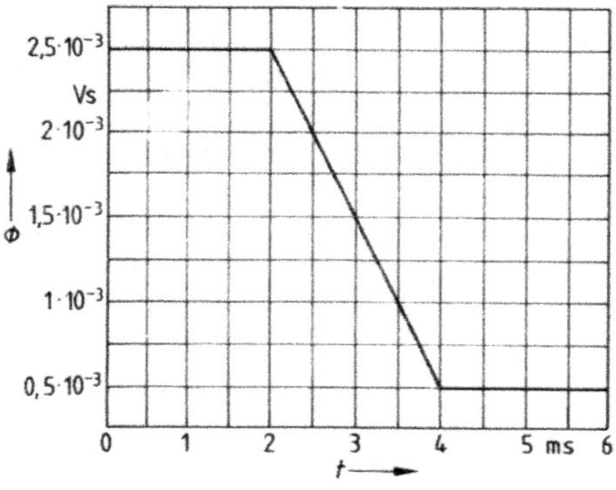


8.2

10. Eine Spule hat a) 30 Windungen, b) 40 Windungen, c) 70 Windungen und einen Querschnitt von 4 cm x 5 cm. Die Spule wird mit 800 $min^{-1}$ in einem homogenen Magnetfeld mit der Flußdichte 0,3 $Vs/m^2$ gedreht. Wie groß ist der Scheitelwert der induzierten Spannung? Wieviel Spulen müßten angebracht werden, um bei entsprechender Schaltung den Gesamtwert 220 V zu erzeugen?

11. In eine Spule mit 120 Windungen und den Maßen 6 cm x 5 cm soll die Spannung a) 12 V, b) 18 V, c) 9 V induziert werden. Das homogene Magnetfeld hat die Flußdichte 0,8 $Vs/m^2$. Mit welcher Drehzahl (Angabe in $min^{-1}$) muß die Spule gedreht werden?

12. Von den 36 Nuten eines zweipoligen Ankers befinden sich gleichzeitig 27 Nuten im homogenen Feld einer Gleichstrommaschine. Nur die in diesen Nuten liegenden Leiter nehmen an der Spannungserzeugung teil. Der Anker ist 20 cm lang und hat a) 12 cm, b) 15 cm, c) 8 cm Durchmesser. Die Antriebsdrehzahl beträgt 1000 $min^{-1}$. In jeder Nute befinden sich 10 Drähte. Wie groß muß die Flußdichte sein, damit die Maschine die Leerlaufspannung = Quellenspannung 220 V liefert?

## 8.2 Akkumulatoren

**Die Kapazität *K*** eines Akkumulators wird ausgedrückt durch die Ladung, die er bis zur Entladeschlußspannung abgeben kann.

$$K = I \cdot t$$

$K$ in Ah (Amperestunden)
$I$ in A
$t$ in h

Sowohl beim Laden als auch beim Entladen wird ein Teil der umgesetzten Energie in Wärme umgewandelt. Diese Verluste werden durch den Wirkungsgrad berücksichtigt.

**Der Wattstunden-Wirkungsgrad** $\eta_{Wh}$ ist das Verhältnis der beim Entladen frei werdenden elektrischen Arbeit $W_{ab}$ und der beim Laden zuzuführenden elektrischen Arbeit $W_{zu}$.

$$\eta_{Wh} = \frac{W_{ab}}{W_{zu}}$$

$\eta_{Wh}$ ohne Einheit
$W_{ab}$ und $W_{zu}$ in Wh oder kWh

**Der Amperestunden-Wirkungsgrad** $\eta_{Ah}$ ist das Verhältnis der beim Entladen entnehmbaren Elektrizitätsmenge $Q_{ab}$ und der beim Laden aufgenommenen Elektrizitätsmenge $Q_{zu}$.

$$\eta_{Ah} = \frac{Q_{ab}}{Q_{zu}}$$

$\eta_{Ah}$ ohne Einheit
$Q_{ab}$ und $Q_{zu}$ in Ah

**Beispiel 8.3** Ein Akkumulator hat die Kapazität von $K = 75$ Ah bei 10stündiger Entladung. Welche Stromstärke $I$ kann bei 10stündiger Entladung entnommen werden? Wie groß ist die ungefähre Ladestromstärke?

**Lösung** Dividiert man in der Formel $K = I \cdot t$ beide Seiten durch $t$, erhält man

$$I = \frac{K}{t} = \frac{75\ \text{Ah}}{10\ \text{h}} = \mathbf{7{,}5\ A}.$$

Die Ladestromstärke kann in diesem Fall ebenso groß wie die zehnstündige Entladestromstärke gewählt werden. Sie beträgt zahlenmäßig 1/10 der Nennkapazität.

**Aufgaben**

1. Wie groß muß die Kapazität einer Batterie gewählt werden, wenn sie 20 Stunden lang die Stromstärke a) 4,2 A, b) 2,8 A, c) 7,6 A abgeben soll?
2. Eine 12-V-Batterie ist mit dem Widerstand 1,75 Ω belastet. Wie groß ist ihre Stromstärke? Und wie lange darf die Batterie belastet werden, wenn ihre Kapazität a) 105 Ah, b) 84 Ah, c) 135 Ah beträgt?
3. Mit wieviel Glühlampen 12 V/15 W in Parallelschaltung darf eine Batterie mit der Kapazität a) 70 Ah, b) 56 Ah, c) 98 Ah sechs Stunden lang belastet werden?
4. Eine 6-V-Batterie kann 20 Stunden lang mit 4,9 A belastet werden. Wie lange darf ein Verbraucher mit dem Widerstand a) 2,5 Ω, b) 3,4 Ω, c) 1,8 Ω angeschlossen sein?
5. Wie groß ist der Amperestunden-Wirkungsgrad einer Batterie, die mit 15 A in zehn Stunden geladen wird und 20 Stunden lang a) 5,6 A, b) 3,5 A, c) 6,75 A liefert?
6. Eine Batterie mit dem Amperestunden-Wirkungsgrad 92 % wird mit a) 7,6 A, b) 10,7 A, c) 12,2 A in zehn Stunden geladen. Wie groß sind die Ladeamperestunden, die Kapazität und die Entladestromstärke für eine 20stündige Entladezeit?
7. Die Kapazität einer Batterie beträgt bei 20stündiger Entladezeit a) 105 Ah, b) 152 Ah, c) 4,5 Ah, der Amperestunden-Wirkungsgrad ist 90 %. Wie groß muß die Ladestromstärke für eine zehnstündige Ladezeit sein?
8. Eine Batterie mit a) 98 Ah, b) 56 Ah, c) 112 Ah Kapazität bei 20stündiger Entladezeit und dem Amperestunden-Wirkungsgrad 89 % wird mit der Stromstärke 8 A geladen. Wie lange dauert der Ladevorgang?
9. Die Kapazität einer Batterie ändert sich bei verschiedenen Belastungen nach den in Bild **8**.3 angegebenen Kennlinien. Wie groß ist danach die Abnahme der Kapazität, wenn sie entweder mit 8,4 A, 25 A oder 50 A entladen wird? Wieviel der ursprünglichen Kapazität 84 Ah werden jeweils nur erreicht?

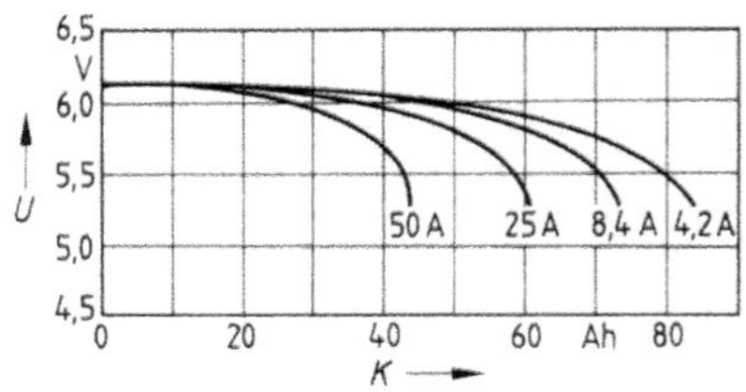


10. Die Kapazität von Starterbatterien sinkt bei 20stündiger Entladung von
    a) 56 Ah auf 50 Ah,
    b) 98 Ah auf 87,5 Ah,
    c) 180 Ah auf 162 Ah
    
    bei zehnstündiger Entladung. Wie groß ist der Kapazitätsverlust? Wie groß sind die Entladestromstärken?
11. Ein Bleiakkumulator hat die in Bild **8**.4 dargestellten Kennlinien. Es sind daraus die mittlere Zellenspannung beim Laden und Entladen zu entnehmen

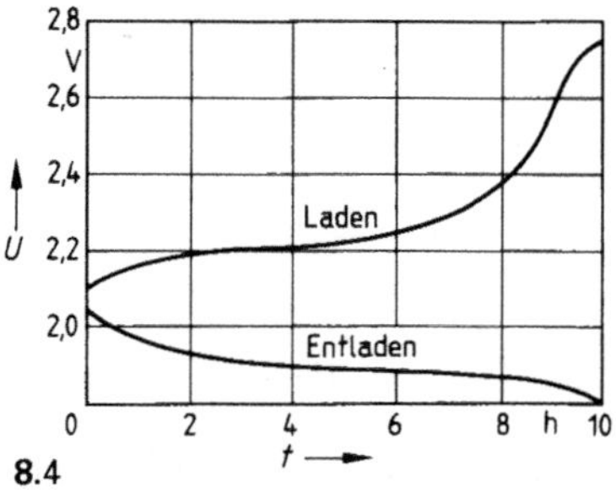


**8.4**

und die Lade- sowie Entladeamperestunden. Berechnen Sie die Kapazität, den Wattstunden-Wirkungsgrad und den Amperestunden-Wirkungsgrad, wenn der Akku durchschnittlich mit 10 A geladen und mit 9 A entladen wird.

12. Das Bild **8**.5 zeigt die Lade- und Entladekennlinie eines Stahlakkumulators mit Nickel-Eisen-Zellen bei 7stündiger Ladung und 5stündiger Entladung. Diesem Diagramm sind die Spannungen am Ende des Lade- und Entladevorgangs sowie die mittlere Zellenspannung beim Lade- und Entladevorgang zu entnehmen. Die Ladestromstärke beträgt durchschnittlich 4,4 A und die Entladestromstärke 4,7 A. Wie groß sind der Amperestunden-Wirkungsgrad und der Wattstunden-Wirkungsgrad?

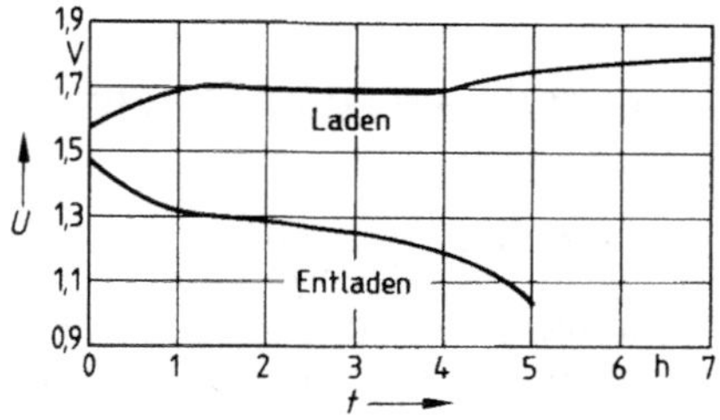


**8**.5

13. Eine 180-Ah-Starterbatterie besteht aus sechs in Reihe geschalteten Zellen. Berechnen Sie die Spannungen am Ende der Ladung, am Ende der Entladung und während der Entladung. Die Werte für die Zellenspannung sind der Kennlinie **8**.4 zu entnehmen. Wie groß ist die Ladestromstärke am Anfang und am Ende des Ladevorgangs, wenn die Batterie zum Laden mit dem Vorwiderstand 0,9 Ω an 26 V angeschlossen wird?

# 9 Spannungs- und Stromarten

## 9.1 Wechselspannungen und Wechselströme

### 9.1.1 Periodendauer, Frequenz und Wellenlänge

Spannungen und Ströme haben oft einen periodischen (regelmäßig wiederkehrenden) Verlauf. Wenn die positive Fläche unter der Spannungs- bzw. Stromkurve während einer Periode gleich der negativen ist, ist der arithmetische Mittelwert Null, und es liegt eine reine Wechselgröße vor (**9**.1).

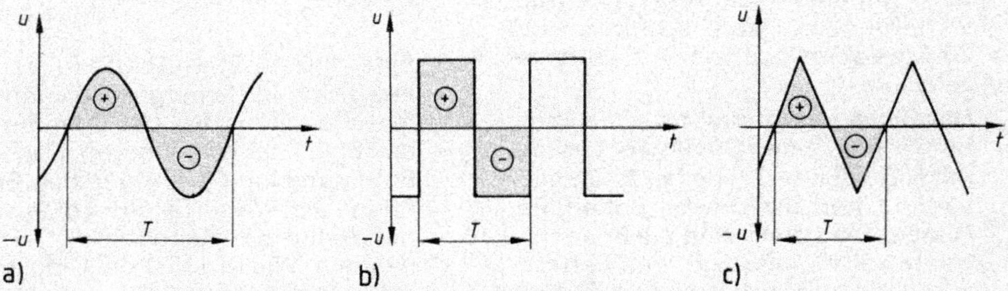


**9**.1 a) Sinusförmige, b) rechteckförmige, c) dreieckförmige Wechselspannung

Die Zeit, in der sich ein Vorgang wiederholt, heißt

| | |
|---|---|
| **Perioden- oder Schwingungsdauer** $T$. | $T$ in s |

Der Kehrwert der Periodendauer ist die

| | |
|---|---|
| **Frequenz** $f = \frac{1}{T}$ . | $f$ in Hertz (Hz)<br>$1\ \text{Hz} = \frac{1}{\text{s}} = \text{s}^{-1}$ |

Die Ausbreitungsgeschwindigkeit $c$ elektromagnetischer Wellen beträgt in Luft und im Vakuum $c = 300\,000$ km/s, in Leitungen etwa 240 000 km/s. Dann ist die

| | |
|---|---|
| **Wellenlänge** $\lambda = \frac{c}{f}$ . | $\lambda$ in km |

**Beispiel 9.1** Welche Periodendauer $T$ hat ein Wechselstrom mit der Frequenz $f = 225$ kHz? Wie groß ist seine Wellenlänge auf einer Leitung?

**Lösung**

$$T = \frac{1}{f} = \frac{1}{225 \cdot 10^3\ 1/\text{s}} = \mathbf{4{,}44\ \mu s}$$

$$\lambda = \frac{c}{f} = \frac{240\,000 \cdot 10^3\ \text{m/s}}{225 \cdot 10^3\ 1/\text{s}} = \mathbf{1067\ m}$$

**Aufgaben**

1. Welche Periodendauer hat die Wechselspannung mit a) 50 Hz, b) 60 Hz, c) $16\frac{2}{3}$ Hz?
2. Die Ausgangsspannung eines Frequenzumrichters für den Antrieb einer Holzbearbeitungsmaschine hat die Periodendauer a) 4 ms, b) 3,33 ms, c) 2,5 ms. Wie groß ist die Frequenz der Wechselspannung?
3. Der Mikroprozessor eines Personalcomputers hat die Taktfrequenz a) 4,44 MHz, b) 7,16 MHz, c) 12,5 MHz. Wie groß ist die Periodendauer?
4. Wie groß sind Periodendauer und Wellenlänge eines UKW-Senders auf
   a) Kanal 2 mit 87,6 MHz,
   b) Kanal 13 mit 90,9 MHz,
   c) Kanal 22 mit 93,6 MHz?
5. Berechnen Sie die Wellenlänge für die
   a) Langwellenfrequenz 190 kHz,
   b) Mittelwellenfrequenz 0,8 MHz,
   c) Kurzwellenfrequenz 21 MHz.
6. Welche Wellenlänge hat die Frequenz a) 235,3 MHz, b) 765 MHz, c) 1,35 GHz in der Antennenzuleitung?
7. Die Zeitablenkung eines Oszilloskops ist auf a) 10 µs/cm, b) 0,5 ms/cm, c) 2 ms/cm eingestellt.
   Welche Frequenz und welche Wellenlänge hat die Wechselspannung mit einer Schwingung je Zentimeter?
8. Auf dem Bildschirm eines Oszilloskops werden drei Perioden einer Rechteckspannung über 6 cm dargestellt.
   Berechnen Sie die Frequenz und Periodendauer, wenn die Zeitablenkung auf a) 50 µs/cm, b) 0,2 ms/cm, c) 1 ms/cm eingestellt ist.

### 9.1.2 Zeitwert einer sinusförmigen Wechselgröße

Dreht sich eine Leiterwindung (Spule) mit konstanter Drehzahl in einem homogenen Magnetfeld, wird in ihr eine einphasige sinusförmige Wechselspannung erzeugt (induziert, **9**.2a). Die Höhe der induzierten Spannung nimmt mit dem Sinus des Drehwinkels zu oder ab.

**Gradmaß – Bogenmaß.** Der Verlauf der sinusförmigen Wechselgröße läßt sich mit Hilfe des Einheitskreises darstellen. Er heißt so, weil sein Radius mit 1 ($r = 1$) angegeben wird, unabhängig von der „wahren Länge". Der Umfang ist dann $U = 2 \cdot r \cdot \pi = 2 \cdot 1 \cdot \pi = 2\,\pi$. Der Umlauf eines Zeigers in Bild **9**.2b – dabei wurde international Linksdrehung vereinbart – entspricht demnach 360° im Gradmaß und 2 π im Bogenmaß.

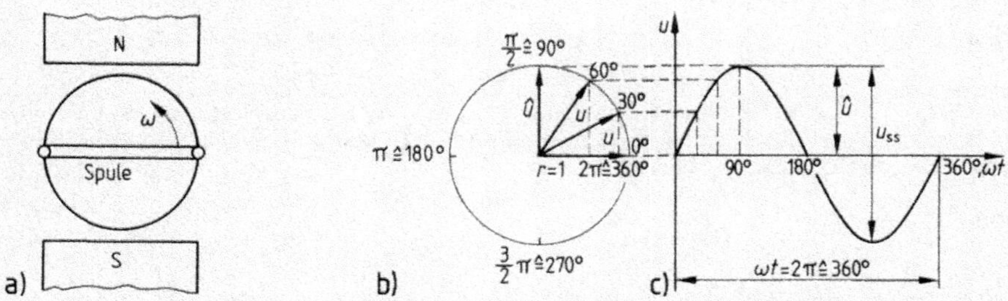


**9**.2 a) Drehende Spule im Magnetfeld, b) Zeigerdiagramm, c) Liniendiagramm

$$\frac{\textbf{Gradmaß}}{360^\circ} = \frac{\textbf{Bogenmaß}}{2\pi}$$

Bei der Berechnung im Gradmaß bzw. im Bogenmaß (Radiant) ist der Taschenrechner in den jeweiligen Modus umzuschalten.

**Kreisfrequenz – Winkelgeschwindigkeit.** Ein Umlauf des Zeigers entspricht der Periodendauer $T$. Dann ist die Winkelgeschwindigkeit, auch Kreisfrequenz genannt, $\omega = 2 \cdot \pi/T$, mit der Frequenz $f = 1/T$ ist $\omega = 2\,\pi\,f$. Stellt man die Gleichung um, erhält man $2\,\pi = \omega T$. Die waagerechte Achse im Liniendiagramm (**9**.2c) gibt den „elektrischen Winkel" im Gradmaß $\varphi$ bzw. im Bogenmaß $\omega\,t$ an.

$$\omega = 2 \cdot \pi \cdot f$$
$$2\,\pi = \omega\,T$$
$$\varphi = \omega\,t$$

$\omega$ in $\frac{1}{s}$

Die Augenblicks- oder Zeitwerte von sinusförmigen Spannungen und Strömen werden als kleine Buchstaben ($u$ und $i$) geschrieben. Man erhält die Augenblickswerte durch Multiplizieren der Scheitelwerte. $\hat{u}$ und $\hat{i}$ (gesprochen „u-, i-Dach") mit dem Sinus des zugehörigen Phasenwinkels $\varphi$ (phi) bzw. $\omega\,t$.

$$u = \hat{u} \cdot \sin\varphi \qquad u = \hat{u} \cdot \sin\omega t$$
$$i = \hat{i} \cdot \sin\varphi \qquad i = \hat{i} \cdot \sin\omega t$$

**Beispiel 9.2** Wie groß sind die Augenblickswerte eines sinusförmigen Wechselstroms mit dem Scheitelwert $\hat{i} = 2$ A für die Phasenwinkel $\varphi = 0°, 30°, 60°$ und $90°$ bzw. $\omega t = 0,\ \pi/6,\ \pi/3,\ \pi/2$?

**Lösung**

| Phasenwinkel $\varphi, \omega t$ | Berechnung mit Gradmaß $i = \hat{i} \cdot \sin\varphi$ | Berechnung mit Bogenmaß $i = \hat{i} \cdot \sin\omega t$ |
|---|---|---|
| $0°,\ 0$ | $i = 2\,A \cdot \sin 0° = 2\,A \cdot 0 = 0$ A | $i = 2\,A \cdot \sin 0 = 2$ A $\cdot\, 0 = 0$ A |
| $30°,\ \frac{\pi}{6}$ | $i = 2\,A \cdot \sin 30° = 2\,A \cdot 0{,}5 = 1$ A | $i = 2\,A \cdot \sin\frac{\pi}{6} = 2$ A $\cdot\, 0{,}5 = 1$ A |
| $60°,\ \frac{\pi}{3}$ | $i = 2\,A \cdot \sin 60° = 2\,A \cdot 0{,}866 = 1{,}73$ A | $i = 2\,A \cdot \sin\frac{\pi}{3} = 2$ A $\cdot\, 0{,}866 = 1{,}73$ A |
| $90°,\ \frac{\pi}{2}$ | $i = 2\,A \cdot \sin 90° = 2\,A \cdot 1 = 2$ A | $i = 2\,A \cdot \sin\frac{\pi}{2} = 2$ A $\cdot\, 1 = 2$ A |

**Beispiel 9.3** Eine sinusförmige Wechselspannung hat den Scheitelwert $\hat{u} = 179$ V. Bei welchem Phasenwinkel im Gradmaß und im Bogenmaß erreicht diese Spannung den Zeitwert $u = 71{,}6$ V?

**Lösung** $\sin\varphi = \frac{u}{\hat{u}} = \frac{71{,}6\ \text{V}}{179\ \text{V}} = 0{,}4 \qquad \sin\omega t = \frac{u}{\hat{u}} = \frac{71{,}6\ \text{V}}{179\ \text{V}} = 0{,}4$

$\varphi = \mathbf{23{,}6°} \qquad \omega t = \mathbf{0{,}412}$

Anmerkung Einige Taschenrechner haben eine Taste, über die die Umrechnung von Grad- in Bogenmaß direkt erfolgen kann. Sehen Sie in der Betriebsanweisung Ihres Rechners nach.

**Aufgaben**

1. Eine sinusförmige Wechselspannung hat den Scheitelwert 130 V. Wie groß ist der Zeitwert a) 30°, b) 15°, c) 45° nach dem Nulldurchgang?
2. Ein Wechselstrom erreicht a) 60°, b) 22°, c) 50° nach dem Nulldurchgang den Zeitwert 13 A. Wie groß ist der Scheitelwert?
3. Bei welchen Phasenwinkel nach dem Nulldurchgang erreicht eine Wechselspannung den Zeitwert 145 V, wenn ihr Scheitelwert a) 319 V, b) 177 V, c) 526 V beträgt?
4. Bei welchem Phasenwinkel erreicht eine Wechselspannung a) 30 %, b) 20 %, c) 70 % des Maximalwerts 180 V?
5. Wandeln Sie um vom Gradmaß in Bogenmaß a) 45°, b) 60°, c) 120°, d) 270° und vom Bogenmaß in Gradmaß e) 0,35, f) 1, g) $\frac{2}{3}\pi$, h) 5,2.
6. Wie groß ist die Kreisfrequenz einer Wechselspannung a) 50 Hz, b) $16\frac{2}{3}$ Hz, c) 60 Hz?
7. Die Kreisfrequenz einer Wechselspannung beträgt a) 6280 1/s, b) 1884 1/s, c) 5024 1/s. Welche Frequenz hat die Wechselspannung? Wie lange dauert eine Schwingung?
8. Eine Wechselspannung mit der Frequenz 50 Hz hat den Nulldurchgang bei $t = 0$. Berechnen Sie die Phasenwinkel $\omega t$ und $\varphi$ für a) $t = 1$ ms, b) $t = 4{,}3$ ms, c) $t = 10$ ms.
9. Wie groß sind die Zeitwerte eines Wechselstroms mit dem Scheitelwert 7,2 A und der Frequenz 50 Hz nach a) 1 ms, b) 3 ms, c) 12 ms, d) 20 ms, e) 21 ms und f) 32 ms nach dem Nulldurchgang? Zeichnen Sie den Stromverlauf bis 40 ms und kennzeichnen Sie die Werte a) bis f).
10. Ein Wechselstrom mit dem Scheitelwert 8 A erreicht den Zeitwert a) 2,07 A, b) 0 A, c) 5,66 A in dem Augenblick, in dem eine frequenzgleiche Wechselspannung mit dem Scheitelwert 319 V den Zeitwert 276 V hat (**9**.3). Wie groß ist der Winkel $\varphi$, um den der Nulldurchgang des Stroms gegenüber dem der Spannung später erfolgt?

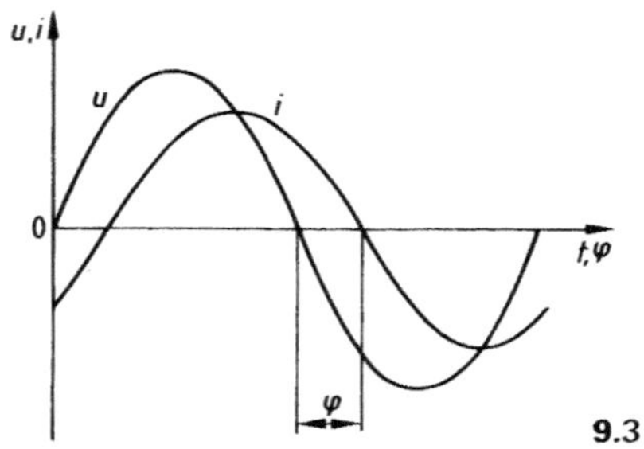


**9**.3

11. Eine Wechselspannung mit der Frequenz 50 Hz und dem Scheitelwert 177 V erreicht den Nulldurchgang 2,5 ms später als ein Wechselstrom gleicher Frequenz mit dem Scheitelwert 17 A. Wie groß ist der Augenblickswert der Spannung in dem Moment, in dem der Zeitwert des Stroms a) 14 A, b) 12 A, c) 16,5 A beträgt?
12. Von zwei Wechselspannungen gleicher Frequenz, die den Scheitelwert 580 V haben, erreicht die eine den Nulldurchgang $\frac{1}{6}$ Periode später als die erste. Wie groß ist der Zeitwert der ersten Spannung, wenn die andere
    a) 50 % des Scheitelwerts,
    b) den Nulldurchgang,
    c) 30 % des Scheitelwerts erreicht?
13. In einem Drehstromnetz beträgt die Frequenz a) 50 Hz, b) 60 Hz, c) 40 Hz. In welchen Zeitabständen folgen die drei Phasen aufeinander?
14. Der Wechselstromgenerator (**9**.2a) wird mit der Drehzahl a) 3000 $\text{min}^{-1}$, b) 1500 $\text{min}^{-1}$, c) 3600 $\text{min}^{-1}$ angetrieben. Welchen Wert hat die Frequenz der erzeugten Wechselspannung? Wie lange dauert eine Schwingung?

### 9.1.3 Effektiv-, Scheitelwert (Maximal-, Spitzen-, Höchstwert, Amplitude) und Schwingungsbreite

Unter dem Effektivwert einer Wechselgröße versteht man den Spannungs- oder den Stromwert, der an einem Ohmschen Widerstand die gleiche Leistung $P$ hervorruft wie eine gleich große Gleichspannung oder ein gleich großer Gleichstrom. Bei Wechselgrößen wird der Effektivwert vereinfacht mit $U$ und $I$ statt mit $U_{RMS}$ und $I_{RMS}$ bezeichnet (**9**.4)

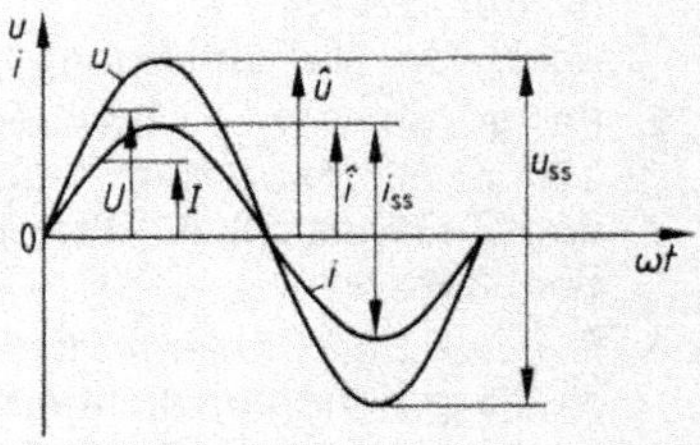


**9**.4

**Effektivwert**

- eines sinusförmigen Wechselstroms $I = \frac{\hat{\imath}}{\sqrt{2}}$
- einer sinusförmigen Wechselspannung $U = \frac{\hat{u}}{\sqrt{2}}$

Die Scheitelwerte ergeben sich zu

- $\hat{u} = \sqrt{2} \cdot U \qquad \hat{u} = 1{,}414 \cdot U$
- $\hat{\imath} = \sqrt{2} \cdot I \qquad \hat{\imath} = 1{,}414 \cdot I.$

Die Schwingungsbreite (Spitze-Spitze-Wert) von Wechselspannung und Wechselstrom ist der doppelte Scheitelwert.

$u_{SS} = 2 \cdot \hat{u} \qquad i_{SS} = 2 \cdot \hat{\imath}$

**Beispiel 9.4** Bei der angelegten sinusförmigen Spannung $U = 4{,}2$ V fließt durch einen Widerstand die Stromstärke $I = 2{,}83$ A. Wie groß sind die Scheitelwerte der Spannung und der Stromstärke?

**Lösung** $\hat{u} = \sqrt{2} \cdot U = 1{,}414 \cdot 4{,}24\ \text{V} = \mathbf{6\ V}$

$\hat{\imath} = \sqrt{2} \cdot I = 1{,}414 \cdot 2{,}83\ \text{V} = \mathbf{4\ A}$

Für andere Formen von Wechselgrößen gelten andere Scheitelfaktoren (**9**.5).

Tabelle **9**.5 Scheitelwerte

| Spannung, Strom | | Scheitelfaktor $= \frac{\text{Scheitelwert}}{\text{Effektivwert}}$ |
|---|---|---|
| Dreieckform | 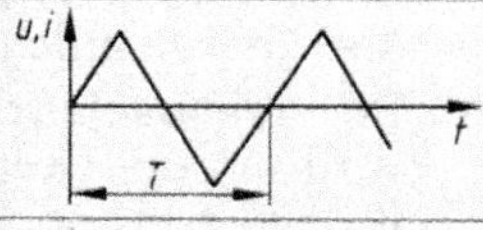 | $\sqrt{3} = 1{,}73$ |
| Sägezahnform | 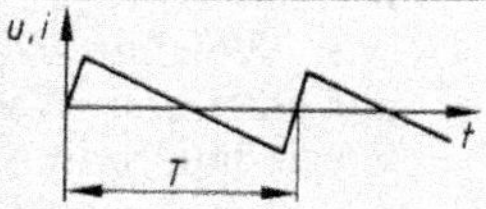 | $\sqrt{3} = 1{,}73$ |
| Rechteckform | 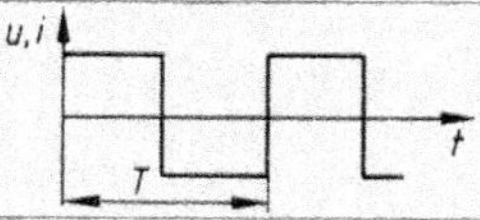 | 1 |

**Beispiel 9.5** Eine Sägezahnspannung hat einen Scheitelwert von 42 V. Der Effektivwert ist zu berechnen.

**Lösung** $U = \frac{\hat{u}}{\sqrt{3}} = \frac{42\ \text{V}}{\sqrt{3}} = \mathbf{24{,}2\ V}$

## Aufgaben

1. Ein Wechselstromgenerator liefert a) 220 V, b) 500 V, c) 380 V. Wie groß ist der Scheitelwert der Spannung?
2. Mit einem Meßinstrument wird der sinusförmige Wechselstrom a) 12,5 A, b) 27,8 A, c) 33,5 A gemessen. Wie groß ist der Scheitelwert des Stroms?
3. Die höchstzulässige Spannung eines Kondensators beträgt a) 160 V, b) 40 V, c) 630 V. Wie groß darf der Effektivwert der angelegten Sägezahnspannung max. sein?
4. Ein sinusförmiger Wechselstrom hat den Scheitelwert $\hat{i}$ = a) 1,7 A, b) 9,2 A, c) 31,4 A. Wie groß ist sein Effektivwert?
5. Auf dem Oszilloskop wird eine Wechselspannung mit der Schwingungsbreite $u_{ss}$ = 28 V dargestellt. Wie groß ist der Effektivwert, wenn die Spannung a) dreieckförmig, b) rechteckförmig, c) sinusförmig ist?
6. Auf dem Bildschirm eines Oszilloskops erscheint der Spitze-Spitze-Wert einer sinusförmigen Wechselspannung mit a) 5 cm, b) 6,4 cm, c) 8,6 cm Höhe. Der Eingangsteiler ist auf 50 mV/cm eingestellt. Welchen Effektivwert hat die Spannung?
7. Mit dem Oszilloskops wird der Spitze-Spitze-Wert einer Dreieckspannng mit 5,4 cm Höhe angezeigt. Die Eingangsempfindlichkeit zeigt a) 50 mV/cm, b) 200 mV/cm, c) 0,5 V/cm. Berechnen Sie den Effektivwert und den Höchstwert der Spannung.
8. Ein Widerstand von a) 47 Ω, b) 220 Ω, c) 6,7 kΩ liegt an einer sinusförmigen Wechselspannung von $u_{ss}$ = 84 V. Welche Leistung nimmt der Widerstand auf?
9. Durch einen Widerstand von a) 1 kΩ, b) 2,2 kΩ, c) 820 Ω fließt ein sinusförmiger Wechselstrom mit dem Effektivwert von 44 mA. Welcher Scheitelwert tritt bei der angelegten Spannung auf?
10. Ein Elektro-Wärmegerät mit dem Widerstand a) 24,4 Ω, b) 64,5 Ω, c) 40,3 Ω wird an Wechselspannung 220 V angeschlossen. Wie groß sind Effektiv- und Scheitelwert des Wechselstroms?
11. In der Zuleitung zu einem Elektrowärmegerät werden folgende Werte gemessen
    a) 6,83 A und 216 V,
    b) 4,6 A und 219 V,
    c) 9,7 A und 214 V.

    Wie groß ist der Zeitwert der Leistungsaufnahme des Geräts, wenn die Spannung ihren Scheitelwert erreicht?
12. Zwischen welchen beiden Zeitwerten schwankt die Leistungsaufnahme eines elektrischen Kochers a) 700 W, b) 800 W, c) 1000 W, der an die Wechselspannung 220 V angeschlossen ist?
13. Eine Glühlampe 220 V 100 W ist an ein Netz mit schwankender Spannung angeschlossen. Wie groß ist der Scheitelwert der Leistungsaufnahme, wenn die Netzspannung a) um 3 % sinkt, b) um 5 % steigt, c) um 2 % steigt?

## 9.2 Spannungs- und Strompulse

**Der Tastgrad *g*** einer rechteckförmigen Pulsgröße (**9**.6) ist das Verhältnis der Pulsdauer $t_i$ und der Periodendauer $T$. Er ist stets kleiner als 1 ($g < 1$). Ist der Zeitverlauf nur angenähert rechteckförmig (**9**.9) wird die Pulsdauer bei 50 % der Amplitude festgelegt.

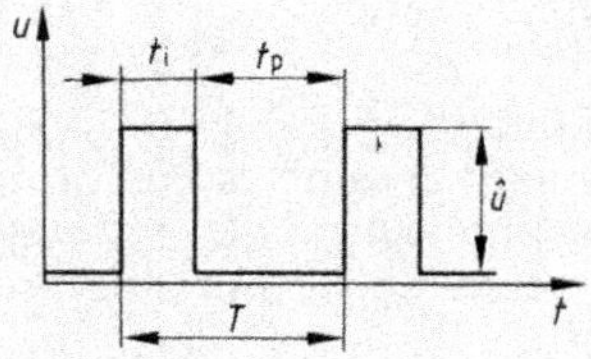


**9**.6

**Das Tastverhältnis *V*** ist der Kehrwert des Tastgrads ($V > 1$).

$$g = \frac{t_i}{T} \qquad V = \frac{T}{t_i} = \frac{1}{g}$$

**Mittelwerte.** Viele Wirkungen des elektrischen Stroms sind wegen der Trägheit nur als mittlere Werte feststellbar. Man unterscheidet den arithmetischen Mittelwert $U_{AV}$ bzw. $I_{AV}$ und den Effektivwert $U_{RMS}$ bzw. $I_{RMS}$.

**Der arithmetische Mittelwert** ist z. B. für den Ladungstransport in der Elektrochemie oder für die Drehmomentbildung in Gleichstrommaschinen maßgebend. Er wird von Drehspulinstrumenten angezeigt (**9**.7).

Die Mittelwerte von nicht rechteckförmigen Größen werden durch Abmessen flächengleicher Spannungs- bzw. Stromzeitflächen bestimmt. Bei Kenntnis der mathematischen Funktion lassen sie sich mit Hilfe der höheren Mathematik bestimmen.

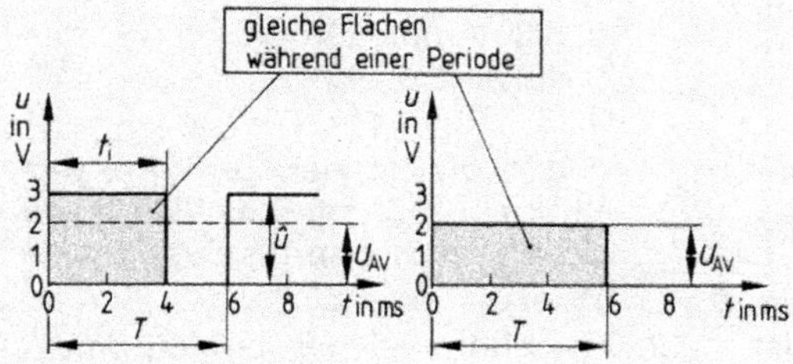


**9**.7

Für Rechteckpulse gilt:

$$\hat{u} \cdot t_i = U_{AV} \cdot T \qquad \hat{i} \cdot t_i = I_{AV} \cdot T$$

$$U_{AV} = \hat{u} \cdot \frac{t_i}{T} = \hat{u} \cdot g \qquad I_{AV} = \hat{i} \cdot \frac{t_i}{T} = \hat{i} \cdot g$$

**Der Effektivwert** ist z. B. für den Leistungsumsatz in einem Widerstand maßgebend. Er wird von Dreheisenmeßwerken und von „Echteffektiv-Vielfachinstrumenten“ angezeigt (**9**.8).

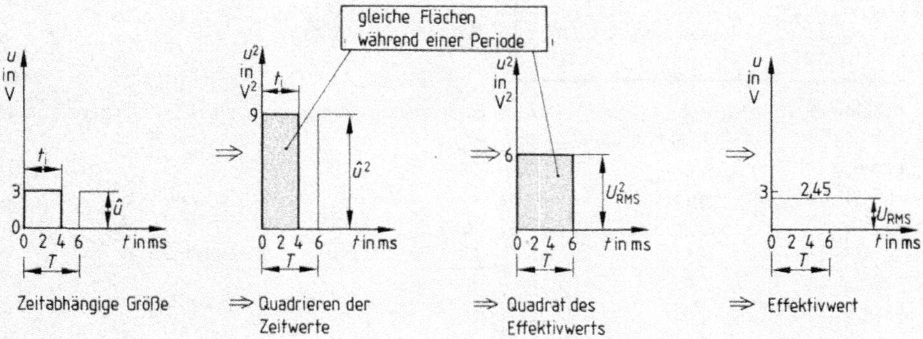


9.8

Für Rechteckpulse gilt:

| | |
|---|---|
| $\hat{u}^2 \cdot t_i = U_{RMS}^2 \cdot T$ | $\hat{\imath}^2 \cdot t_i = I_{RMS}^2 \cdot T$ |
| $U_{RMS} = \sqrt{\hat{u}^2 \frac{t_i}{T}}$ | $I_{RMS} = \sqrt{\hat{\imath}^2 \frac{t_i}{T}}$ |

**Der Formfaktor *F*** ist das Verhältnis von Effektivwert und arithmetischer Mittelwert.

$F = \frac{U_{RMS}}{U_{AV}}$ $\qquad$ $F = \frac{I_{RMS}}{I_{AV}}$

**Beispiel 9.6** Eine Rechteck-Pulsspannung hat den in Bild **9**.7 dargestellten Verlauf. Die Amplitude (Spitzenwert) beträgt 3 V. Berechnen Sie Tastgrad, Tastverhältnis, arithmetischen Mittelwert, Effektivwert und Formfaktor.

**Lösung**

$$g = \frac{t_i}{T} = \frac{4\text{ ms}}{6\text{ ms}} = \mathbf{0{,}667}$$

$$V = \frac{1}{g} = \frac{1}{0{,}667} = \mathbf{1{,}5}$$

$$U_{AV} = \hat{u} \cdot \frac{t_i}{T} = 3\text{ V} \cdot \frac{4\text{ ms}}{6\text{ ms}} = \mathbf{2\ V}$$

$$U_{RMS} = \sqrt{\hat{u}^2 \frac{4\text{ ms}}{6\text{ ms}}} = \sqrt{(3\text{ V})^2 \frac{4\text{ ms}}{6\text{ ms}}} = \mathbf{2{,}45\ V}$$

$$F = \frac{U_{RMS}}{U_{AV}} = \frac{2{,}45\text{ V}}{2\text{ V}} = \mathbf{1{,}225}$$

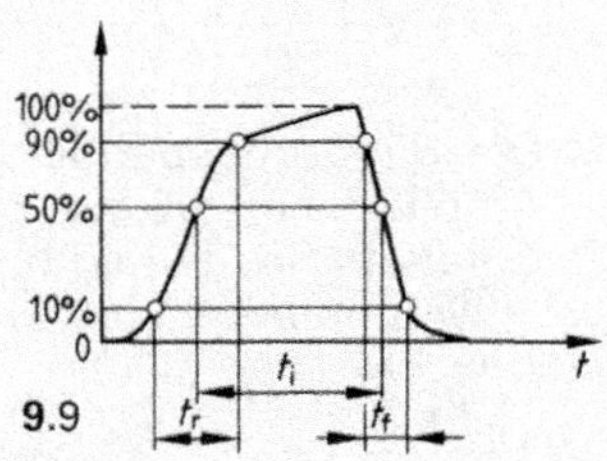


9.9

**Anstiegszeit $t_r$ und Abfallzeit $t_f$** sind die Zeiten, die verstreichen, bis der Spannungs- oder Stromwert von 10 % auf 90 % der Amplitude angestiegen bzw. von 90 % auf 10 % abgefallen ist (**9**.9).

**Flankensteilheit *S*** nennt man das Verhältnis der Spannungs- oder Stromänderung je Zeiteinheit.

$$S = \frac{\Delta U}{\Delta t} \quad \text{bzw.} \quad S = \frac{\Delta I}{\Delta t}$$

**Beispiel 9.7** Berechnen Sie für den im Bild **9**.10 dargestellten Impuls, Anstiegszeit, Abfallzeit und Flankensteilheit.

**Lösung**

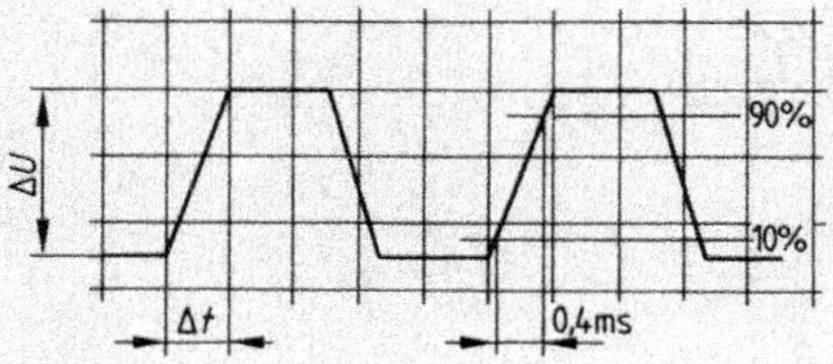


**9**.10

$x$-Maßstab 0,5 $\frac{\text{ms}}{\text{cm}}$

$Y$-Maßstab 0,5 $\frac{\text{V}}{\text{cm}}$

$t_r = t_f = \mathbf{0{,}4\ ms}$

$$S = \frac{\Delta U}{\Delta t} = \frac{1{,}5\ \text{V}}{0{,}5\ \text{ms}} = \mathbf{3\ \frac{V}{ms}}$$

## Aufgaben

1. Ein Rechteckstrom hat den in Bild **9**.11 dargestellten Verlauf. Die Periodendauer beträgt a) 1,5 ms, b) 30 µs, c) 0,9 ms. Ermitteln Sie grafisch den arithmetischen Mittelwert und den Effektivwert. Prüfen Sie die Ergebnisse durch Rechnung.

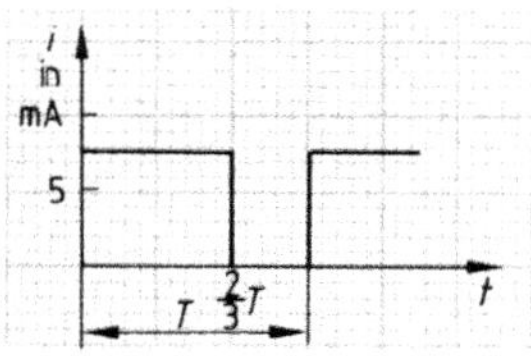


**9**.11

2. Die Sägezahnspannung **9**.12 hat die Amplitude a) 150 mV, b) 0,6 V, c) 3 V. Ermitteln Sie den arithmetischen Mittelwert und den Effektivwert.

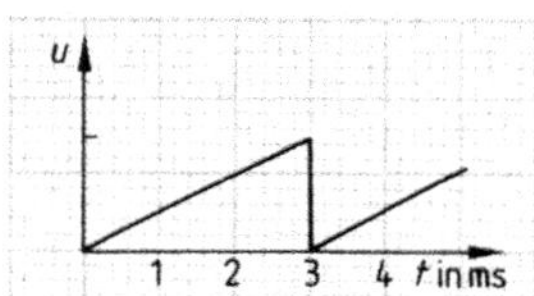


**9**.12

3. Bild **9**.13 zeigt die Ausgangsspannung einer Einpuls-Mittelpunkt-Gleichrichterschaltung. In Tabellenbüchern wird der arithmetische Mittelwert mit $\hat{u}/\pi$ angegeben. Prüfen Sie diese Angabe.

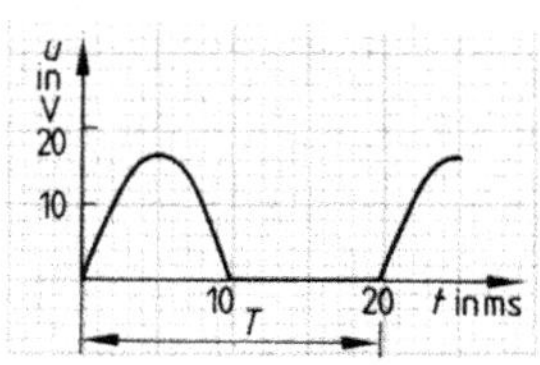


**9**.13

4. Eine rechteckförmige Pulsspannung hat die Amplitude $u$ = 5,4 V, die Pulsdauer a) $t_i$ = 0,5 ms, b) $t_i$ = 0,2 ms, c) $t_i$ = 300 µs und eine Periodendauer $T$ = 0,8 ms. Berechnen Sie den Tastgrad, das Tastverhältnis, den arithmetischen Mittelwert, den Effektivwert und den Formfaktor.

5. Eine Rechteckspannung mit dem Tastgrad a) 0,6, b) 0,4, c) 0,2 und dem arithmetischen Mittelwert 12 V hat die Periodendauer $T$ = 2 ms. Wie groß sind Impulsdauer und Effektivwert?

6. Am Ausgang eines Flipflops liegen Rechteckpulse mit $t_i$ = 30 ns, $\hat{u}$ = 5,5 V und a) $g$ = 0,3, b) $g$ = 0,5, c) $g$ = 0,8. Berechnen Sie die Periodendauer, den arithmetischen Mittelwert und die Pulspausendauer (das ist die Zeit zwischen der Rück- und der Vorderflanke des Folgepulses).

7. Für Rechteckpulse beträgt das Tastverhältnis 7,2, die Amplitude 80 mA und die Impulsdauer a) 64 µs, b) 100 µs, c) 35 µs. Wie groß sind Periodendauer, arithmetischer Mittelwert und Formfaktor?

8. In einer Thyristoransteuerung fließen über den Widerstand a) 100 Ω, b) 180 Ω, c) 270 Ω Rechteckstrompulse

mit der Amplitude 0,5 A und Impulsdauer 1 ms. Die Periodendauer beträgt 20 ms. Berechnen Sie den Tastgrad und die Verlustleistung des Widerstands.

9. Für den in Bild **9.14** dargestellten Impuls mit der Amplitude a) 15 V, b) 3 V, c) 0,6 V sind zu berechnen $t_r$, $t_f$ und $S$ für beide Flanken.

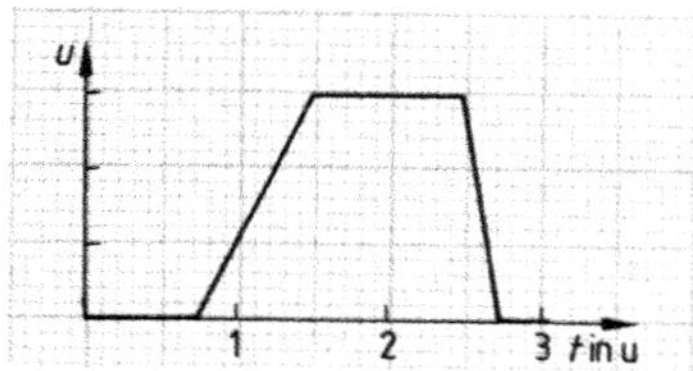


**9.14**

10. Die Synchronisierimpulse einer Kippstufe mit der Periodendauer a) 8 µs, b) 32 µs, c) 0,4 ms haben den Verlauf nach Bild **9.15**. Bestimmen Sie Anstiegszeit, Abfallzeit, Impulsdauer, Steilheit der Vorderflanke, Tastverhältnis und Tastgrad.

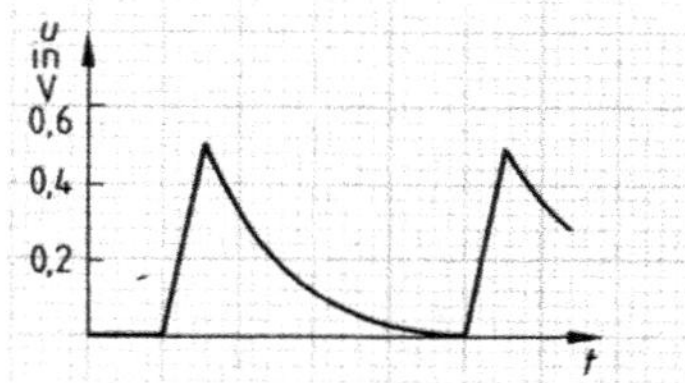


**9.15**

## 9.3 Mischgrößen

Bei den Mischgrößen sind Gleich- und Wechselgrößen überlagert (**9.16**). Während einer Periode $T$ ist die Summe der Spannungs- bzw. Stromzeitflächen bezogen auf die Zeitachse nicht Null (**9.16c**). Der sich ergebende arithmetische Mittelwert wird als Gleichspannungs- bzw. Gleichstromanteil $U_{AV}$ bzw. $I_{AV}$ bezeichnet.

Der Wechselspannungsanteil der Mischgröße liegt spiegelbildlich (gleiche Flächen) zum eingetragenen Gleichanteil.

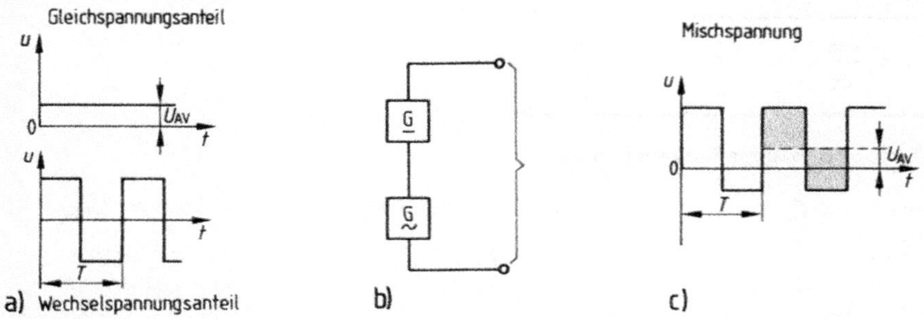


**9.16**

Weitere Beispiele von Mischgrößen:

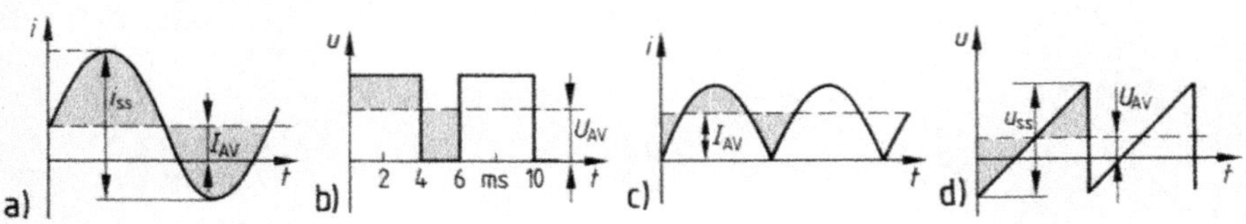


**9.17**

Der Gleichanteil der Mischgröße wird grafisch über die Spannungs- bzw. Strom-Zeit-Fläche ermittelt. Bei Rechteckspannungen nach Bild **9.17b** kann der Gleichanteil über den Tastgrad berechnet werden.

**Beispiel 9.8** Ein rechteckförmiger Mischstrom hat den in Bild **9**.18 dargestellten Verlauf. Der Gleichstromanteil ist zu bestimmen.

**Lösung** Der Gleichstromanteil ergibt sich aus der Summe der Stromzeitflächen während einer Periodendauer rechnerisch zu:

$$\text{Gleichanteil} = \frac{\text{positive Fläche} - \text{negative Fläche}}{\text{Periodendauer}}$$

$$I_{AV} = \frac{(3\,A \cdot 4\,\text{ms}) - (2\,A \cdot 2\,\text{ms})}{6\,\text{ms}} = \mathbf{1{,}33\,A}$$

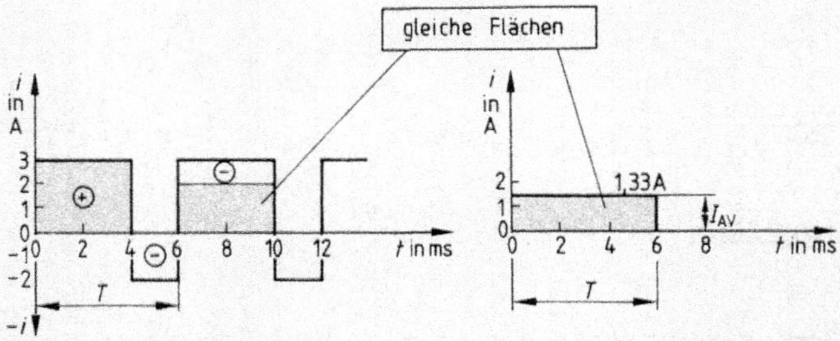


**9**.18

**Der Effektivwert** einer Mischgröße wird auch über gleiche Flächen bestimmt. Jedoch müssen wir wie in Abschn. 9.1 mit der Spannungs-Quadrat-Zeit-Fläche bzw. der Strom-Quadrat-Zeit-Fläche arbeiten. Für häufig vorkommende Kurvenverläufe sind die Werte in der Tabelle **9**.19 notiert.

**Der Formfaktor** ***F*** ist auch hier der Quotient aus Effektivwert und arithmetischem Mittelwert. Vgl. Abschn. 9.1.

$$F = \frac{U_{RMS}}{U_{AV}} \quad \text{bzw.} \quad F = \frac{I_{RMS}}{I_{AV}}$$

Tabelle 9.19 **Häufige Kurvenverläufe**

| Kurvenverlauf | arithmetischer Mittelwert $U_{AV}$, $I_{AV}$ | Effektivwert $U_{RMS}$, $I_{RMS}$ |
|---|---|---|
| 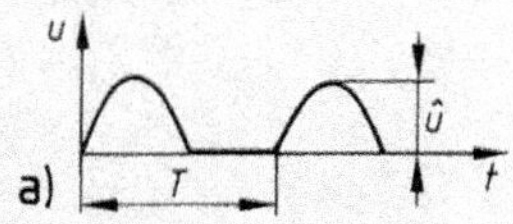 | 0,318 $\hat{u}$<br>0,318 $\hat{\imath}$ | 0,5 $\hat{u}$<br>0,5 $\hat{\imath}$ |
| 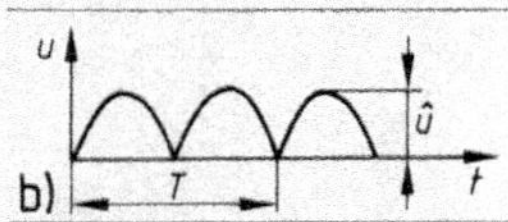 | 0,637 $\hat{u}$<br>0,637 $\hat{\imath}$ | 0,707 $\hat{u}$<br>0,707 $\hat{\imath}$ |
| 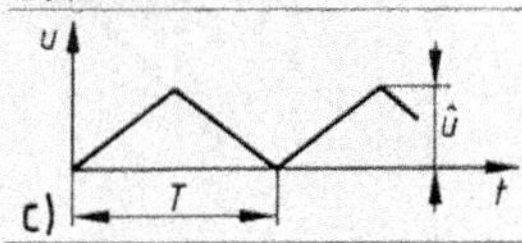 | 0,5 $\hat{u}$<br>0,5 $\hat{\imath}$ | 0,577 $\hat{u}$<br>0,577 $\hat{\imath}$ |

**Beispiel 9.9** Die Ausgangsspannung einer Gleichrichterschaltung hat den Spannungsverlauf nach **9**.19b. Ein Drehspulmeßwerk zeigt den arithmetischen Mittelwert 24 V an. Wie groß sind der Formfaktor und die im Widerstand 100 Ω umgesetzte Leistung?

**Lösung**

$$\hat{u} = \frac{U_{AV}}{0{,}637} = \frac{24\ \text{V}}{0{,}637} = 37{,}68\ \text{V}$$

$$U_{RMS} = 0{,}707 \cdot \hat{u} = 0{,}707 \cdot 37{,}68\ \text{V} = 26{,}64\ \text{V}$$

$$F = \frac{U_{RMS}}{U_{AV}} = \frac{26{,}64\ \text{V}}{24\ \text{V}} = \mathbf{1{,}11}$$

Für die Leistungsberechnung ist der Effektivwert maßgebend.

$$P = \frac{U_{RMS}^2}{R_L} = \frac{(26{,}64\ \text{V})^2}{100\ \Omega} = 7{,}1\ \text{W}$$

**Aufgaben**

1. Der Gleichspannung 10 V ist eine Rechteckspannung mit der Frequenz 200 Hz und der Amplitude 5 V überlagert (**9**.16). Zeichnen Sie maßstäblich den Spannungsverlauf mit $m_u$ = 5 V/cm und $m_t$ = 1 ms/cm.
2. Wie groß ist der arithmetische Mittelwert einer Rechteckspannung nach Bild **9**.16c mit dem Spitze-Spitze-Wert 32 V und dem positiven Maximalwert a) 20 V, b) 22 V und c) 16 V?
3. Der Gleichstromanteil eines Rechteckstroms mit Verlauf nach Bild **9**.17b beträgt a) 55 mA, b) 0,27 A und c) 150 µA. Wie groß ist der Maximalwert?
4. Eine Sägezahnspannung nach Bild **9**.17d mit der Frequenz 1 kHz hat den positiven Maximalwert a) 12 V, b) 10 V und c) 11 V. Mit einem Drehspulinstrument wird der arithmetische Mittelwert 5 V gemessen. Wie groß ist die Schwingungsweite $u_{SS}$ der Spannung?
5. Dem Kollektorgleichstrom **9**.20 mit $I_C$ = 0,4 A wird ein sinusförmiger Wechselstrom mit dem Spitze-Spitze-Wert $i_{CSS}$ = 80 mA überlagert. Welche maximale und welche minimale Spannung sind über dem Kollektorwiderstand a) $R_C$ = 22 Ω, b) $R_C$ = 27 Ω, c) $R_C$ = 47 Ω zu messen?

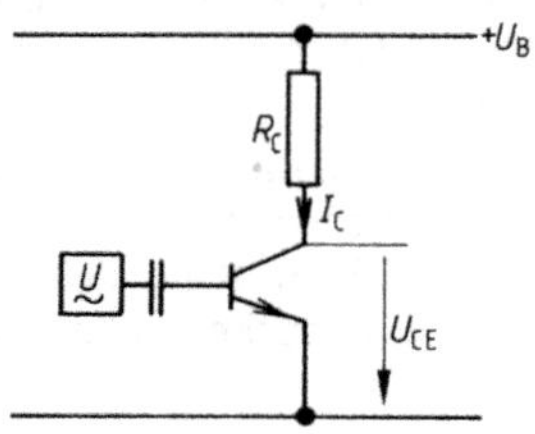


**9**.20

6. Der Kollektorgleichspannung $U_{CE}$ in Bild **9**.20 von 4,7 V ist der Effektivwert einer sinusförmigen Signalwechselspannung von a) 0,88 V, b) 1,02 V, c) 2,35 V überlagert. Welche Spitzenspannung tritt auf, wie groß ist der arithmetische Mittelwert?
7. Mit dem Oszilloskop wird der Maximalwert a) 8 V, b) 50 V und c) 18 V einer Dreieckspannung **9**.19c gemessen. Welche Werte zeigen ein Dreheisen- und ein Drehspulinstrument an? Wie groß ist der Formfaktor?
8. Wie groß sind der arithmetische Mittelwert und der Formfaktor der Ausgangsspannung der Einpuls-Gleichrichterschaltung **9**.19a, wenn der Effektivwert a) 17,5 V, b) 28 V, c) 99 V beträgt?
9. Die Zweipuls-Brückengleichrichterschaltung **9**.21 ist an der Netzwechselspannung a) 220 V, b) 110 V, c) 380 V angeschlossen. Der Spannungsfall an den Dioden wird vernachlässigt. Bestimmen Sie für die Ausgangsspannung nach **9**.19b den arithmetischen Mittelwert, den Effektivwert und den Formfaktor. Welche Leistung wird am Widerstand $R_L$ = 560 Ω erzeugt?

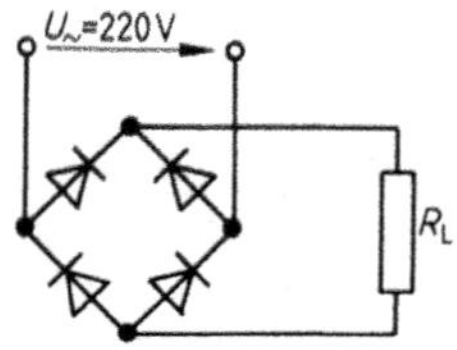


**9**.21

# 10 Elektrische Meßgeräte

## 10.1 Fehlergrenzen, Meßunsicherheit, Eigenverbrauch von Meßgeräten

Die Fehlergrenzen eines Meßgeräts sind die vereinbarten oder garantierten äußersten Abweichungen nach oben oder unten von der Sollanzeige. Sie werden meist durch die Angabe des Bereichs geschrieben, innerhalb dessen der Meßwert liegen darf: z. B. ±1,5 % bezogen auf den Endwert. Diese Angabe nennt man auch Klassenzahl des Meßgeräts.

Die Meßunsicherheit eines Meßergebnisses umfaßt alle zufälligen Fehler und nicht erfaßte, nur abschätzbare Fehler.

Meßgeräte haben einen Eigenwiderstand und stellen deshalb in Stromkreisen Verbraucher dar. Da der Leistungsverbrauch gegenüber der Nutzleistung meist sehr gering ist, wird er bei Berechnungen auch nur selten berücksichtigt.

**Beispiel 10.1** Ein Spannungsmesser der Klasse 1,5 hat z. B. bei einem Meßbereich von 250 V für den gesamten Bereich einen zulässigen Anzeigefehler von ±1,5 · 250 V/100 = ±3,75 V. Ist der angezeigte Meßwert 250 V, liegt die zu messende Spannung demnach zwischen 246,25 V und 253,75 V. Bei einem Meßwert von 10 V dagegen liegt die zu messende Spannung zwischen 6,25 V und 13,75 V. Das entspricht dem

prozentualen Fehler $\frac{\pm 3{,}75\ \text{V}}{10\ \text{V}} \cdot 100\ \% = \mathbf{\pm 3{,}75\ \%}$.

**Aufgaben**

1. Auf einem Spannungsmesser steht die Klassenzahl a) 1, b) 1,5 c) 2,5. Wie groß ist die zulässige Abweichung in Volt bei Endausschlag, wenn der Meßbereich des Geräts 0 bis 250 V beträgt?
2. Ein Strommesser mit dem Meßbereichsendwert a) 3 A, b) 15 A, c) 6 A hat die Klassenzahl 2,5. Wie groß ist die zulässige Abweichung in Milliampere, wenn der Zeiger auf dem Meßbereichsendwert steht?
3. Ein Strommesser mit dem Meßbereichsendwert 1,5 A hat die Klassenzahl 1,5. Wie groß ist die zulässige prozentuale Abweichung des Meßwerts, wenn der Zeiger auf 1,2 A steht?
4. Ein Vielfach-Meßinstrument mit der Klassenzahl 2,5 ist auf den a) 300-V-, b) 600-V-, c) 150-V-Bereich geschaltet. Wie groß ist die zulässige prozentuale Abweichung, wenn der Zeiger nach Bild **10**.1 auf dem 18. Teilstrich steht?

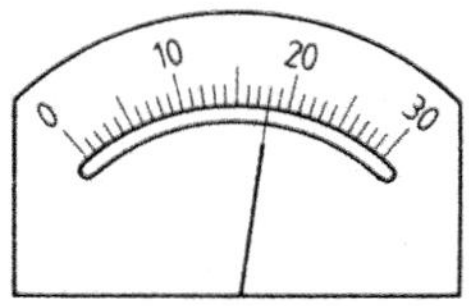


**10**.1

5. Ein Spannungsmesser mit a) 0,8 kΩ/V, b) 0,6 kΩ/V, c) 0,5 kΩ/V hat den Meßbereich 0 bis 300 V. Wie groß ist die Stromstärke durch die Meßspule bei vollem Zeigerausschlag?
6. Der Innenwiderstand eines Strommessers beträgt a) 60 mΩ, b) 50 mΩ, c) 40 mΩ. Wie groß ist der Spannungsfall an den Klemmen, wenn die Meßspule von 2,5 A durchflossen wird? Wie groß ist der Leistungsverlust im Meßgerät?
7. Ein Spannungsmesser mit 600 Ω/V hat den Meßbereich a) 60 V, b) 100 V, c) 600 V. Er zeigt 55,5 V an. Wie groß ist die Meßstromstärke in Milliampere?

8. Ein Vielfach-Meßinstrument ist als Strommesser auf den Meßbereich a) 15 A, b) 6 A, c) 300 mA geschaltet. Der Innenwiderstand beträgt 0,03 Ω. Wie groß ist der Spannungsabfall an den Klemmen des Meßinstruments, wenn der Zeiger entsprechend Bild **10**.2 auf Teilstrich 22,5 steht?

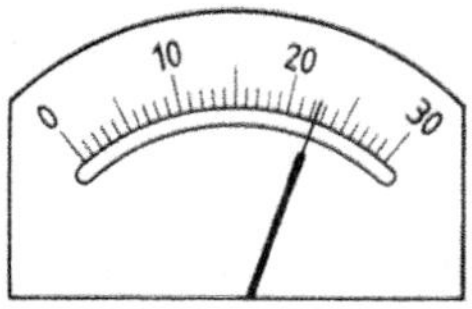


**10**.2

9. Ein Strommesser soll als Spannungsmesser verwendet werden. Der Innenwiderstand des Meßwerks beträgt a) 0,2 Ω, b) 0,6 Ω, c) 0,8 Ω. Es wird der Meßbereich 0,6 A gewählt. Wie groß ist die im Höchstfall zu messende Spannung? Wie groß ist der Leistungsverlust im Meßgerät?

10. Ein Spannungsmesser mit 1,2 kΩ/V hat den Meßbereichsendwert 60 V. Wie groß sind die Meßstromstärke und der Leistungsverlust, wenn der Zeiger die Spannung a) 45 V, b) 18 V, c) 9 V anzeigt?

11. Ein Strommesser mit dem Meßbereich a) 30 mA, b) 150 mA, c) 300 mA hat den Innenwiderstand 12 Ω. Wie groß ist der Leistungsverbrauch des Meßgeräts, wenn der Zeiger auf 70 % des Meßbereichsendwerts steht?

12. Ein Spannungsmesser mit 20 kΩ/V hat den Meßbereich a) 300 mV, b) 150 mV, c) 60 mV. Wie groß ist der Leistungsverlust, wenn die Spannungsanzeige zwei Drittel vom Meßbereichsendwert beträgt?

## 10.2 Strom- und Spannungsmessung, Meßbereichserweiterung

**Zur Strommessung** wird das Meßgerät mit dem Verbraucher in Reihe geschaltet.

**Zur Spannungsmessung** wird das Meßgerät zum Verbraucher parallelgeschaltet. Werden Stromstärke und Spannung gleichzeitig gemessen, sind u. U. die Innenwiderstände der Meßgeräte zu berücksichtigen (Strom-/Spannungsfehlerschaltung).

**Die Meßbereichserweiterung** bei Drehspulmeßwerken erfolgt für Spannungsmesser durch einen Vorwiderstand (**10**.3), für Strommesser durch einen Neben-(Parallel-)widerstand (**10**.4). Für die Meßbereichserweiterung bei Dreheisenmeßwerken sind für Spannungsmesser Vorwiderstände und für Strommesser Spulenanzapfungen sowie Meßwandler gebräuchlich.

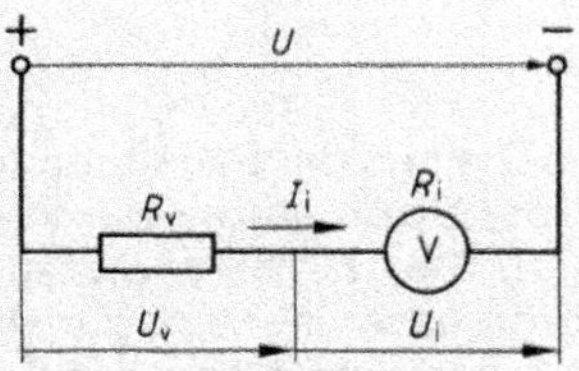


**10**.3

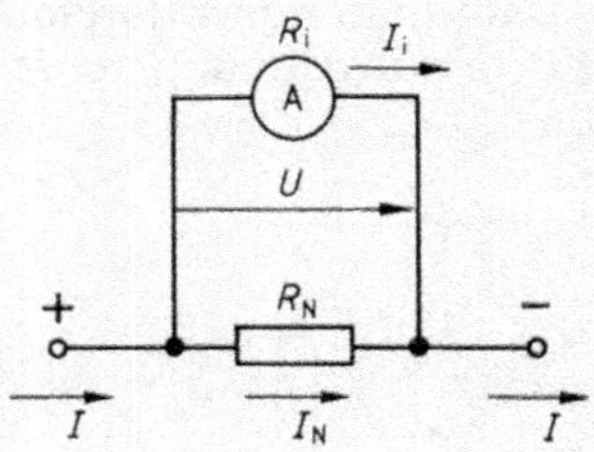


**10**.4

**Beispiel 10.2** Der Meßbereich eines Spannungsmessers mit dem Innenwiderstand $R_i$ = 100 kΩ soll von $U_i$ = 60 V auf $U$ = 300 V erweitert werden. Welchen Wert muß ein Vorwiderstand $R_v$ haben?

**Lösung** Im Vorwiderstand $R_v$ muß die Spannung $U_v = U - U_i$ = 300 V − 60 V = 240 V „vernichtet" werden.

Da sich nach dem 2. Kirchhoffschen Gesetz die Spannungen wie die Widerstände verhalten, gilt

$$\frac{R_v}{R_i} = \frac{U_v}{U_i}.$$

Damit wird

$$R_v = \frac{U_v \cdot R_i}{U_i} = \frac{240\ \text{V} \cdot 100\ \text{k}\Omega}{60\ \text{V}} = \mathbf{400\ k\Omega}.$$

**Beispiel 10.3** Ein Strommesser mit dem Meßbereich $I_i$ = 3 A hat den Innenwiderstand $R_i$ = 0,2 Ω. Mit dem Strommesser sollen Stromstärken bis $I$ = 15 A gemessen werden. Welchen Wert muß ein Parallelwiderstand $R_N$ haben?

**Lösung** Der Spannungsfall am Strommesser ist bei Vollausschlag

$U_i = I_i \cdot R_i = 3\ \text{A} \cdot 0{,}2\ \Omega = 0{,}6\ \text{V}.$

Diese Spannung liegt auch am Widerstand $R_N$. Durch $R_N$ fließt demnach die Stromstärke

$I_N = I - I_i = 15\ \text{A} - 3\ \text{A} = 12\ \text{A}.$

Damit ist der Widerstand

$$R_N = \frac{U_i}{I_N} = \frac{0{,}6\ \text{V}}{12\ \text{A}} = \mathbf{0{,}05\ \Omega}.$$

**Aufgaben**

1. Ein Widerstand 180 Ω ist über einen Strommesser mit vernachlässigbar kleinem Innenwiderstand an 6 V angeschlossen. Parallel zum Widerstand liegt ein Spannungsmesser mit dem Innenwiderstand 4 kΩ. Der Strommesser zeigt 34,5 mA an. Wie groß ist die Stromstärke durch den Widerstand?
2. Berechnen Sie aus der Meßschaltung nach Bild **10**.5 die Stromstärke durch den Widerstand 600 Ω. Stellen Sie fest, um wieviel Prozent der wahre Wert des Stroms vom angezeigten Wert a) 0,25 A, b) 0,23 A, c) 0,21 A abweicht. Der Leitungswiderstand ist für die Korrekturrechnung zu vernachlässigen.

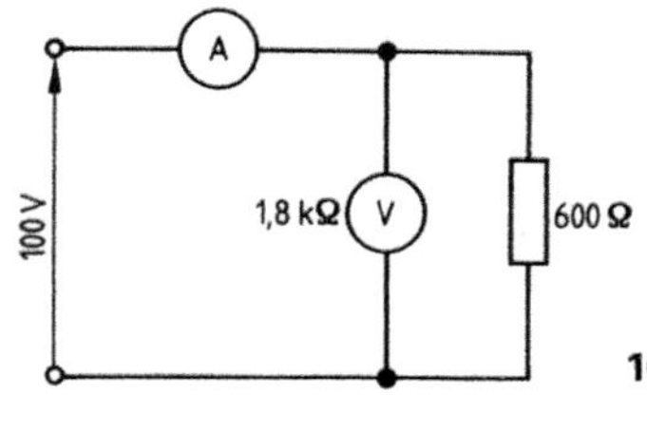

**10**.5

3. Die Spannung am Widerstand 12 Ω in der Schaltung nach Bild **10**.6 ist zu ermitteln. Berechnen Sie die Abweichung der wahren Spannung am Widerstand in Volt und in Prozent vom angezeigten Wert, wenn der Innenwiderstand des Strommessers a) 2 Ω, b) 1 Ω, c) 3 Ω beträgt.

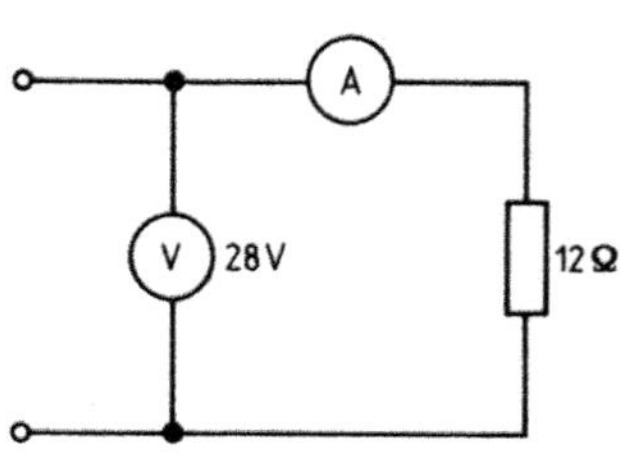

**10**.6

4. Berechnen Sie aus der Schaltung nach Bild **10**.7 die Stromstärke durch den Widerstand 100 Ω. Wie groß ist der vom Strommesser angezeigte Wert, wenn der Innenwiderstand des Spannungsmessers a) 1,5 kΩ, b) 1 kΩ, c) 0,5 kΩ beträgt?

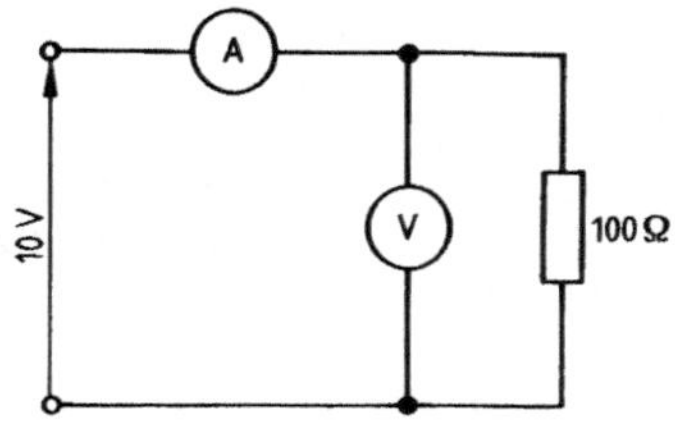


**10**.7

5. Welche der Meßschaltungen **10**.8a und b ist zur Ermittlung der Stromstärke durch den Widerstand 400 Ω günstiger? Begründen Sie Ihre Antwort.

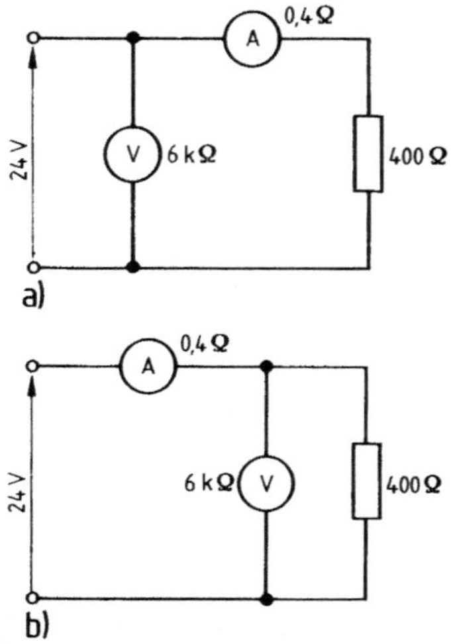


**10**.8

6. Welche der beiden Meßschaltungen **10**.9a und **10**.9b ist zur Ermittlung der Spannung am Widerstand 20 Ω günstiger? Begründen Sie Ihre Antwort.

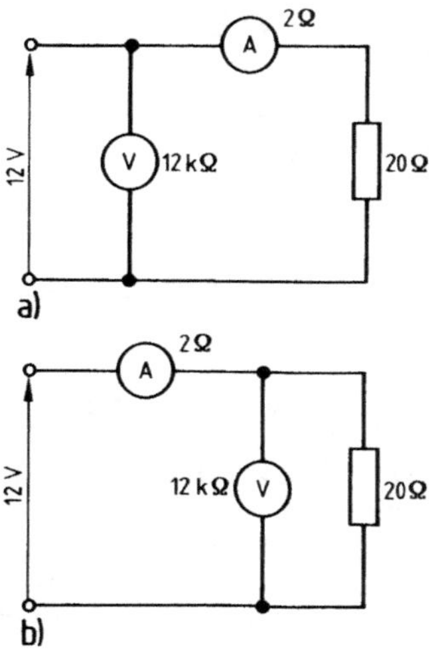


**10**.9

7. Der Meßbereich eines Spannungsmessers mit a) 600 Ω/V, b) 500 Ω/V, c) 700 Ω/V soll von 0 bis 60 V auf 0 bis 600 V erweitert werden. Welchen Wert muß ein Vorwiderstand haben?

8. Ein Strommesser mit dem Meßbereich 1,5 A hat den Innenwiderstand a) 0,2 Ω, b) 0,3 Ω, c) 0,4 Ω. Der Meßbereich soll auf 2,5 A erweitert werden. Wie groß muß der Wert eines Parallelwiderstands sein?

9. Ein Spannungsmesser mit dem Innenwiderstand 900 kΩ hat den Meßbereichsendwert 600 V. Der Meßbereich soll auf 1000 V erweitert werden. Welchen Wert muß ein Vorwiderstand haben? Wie groß ist die gemessene Spannung, wenn mit eingebautem Vorwiderstand der Zeiger a) 120 V, b) 230 V, c) 250 V auf der alten Skale anzeigt?

10. Der Innenwiderstand eines Strommessers mit dem Meßbereich 1,5 A beträgt 0,4 Ω. Mit dem Meßinstrument sollen Stromstärken a) bis 6 A, b) bis 4,5 A, c) 3,5 A gemessen werden. Als Parallelwiderstand soll ein Stück Kupfernickeldraht (CuNi 44) mit dem Durchmesser 0,8 mm verwendet werden. Wie lang muß der Widerstandsdraht sein?

11. Ein Spannungsmesser hat einen Meßbereich von a) 100 mV, b) 150 mV, c) 250 mV. Der Meßstrom beträgt bei Vollausschlag 2 mA. Welchen Wert muß der dem Spannungsmesser vorzuschaltende Widerstand haben, um den Meßbereich auf 600 mV zu erweitern?

12. Ein Drehspulinstrument hat 20 Ω Innenwiderstand. Bei Vollausschlag des Zeigers fließen 3 mA. Welche Meßbereiche hat das Instrument, wenn folgende Nebenwiderstände angeschlossen werden können: a) 0,04 Ω, b) 0,618 Ω, c) 1,277 Ω, d) 0,004 Ω, e) 0,008 Ω?

13. Ein Strommesser hat den Innenwiderstand 10 Ω. Der Meßbereich soll auf den 5-, 10-, 50- und 100fachen Wert erweitert werden. Welche Werte müssen die entsprechenden Nebenwiderstände haben?

14. Der Meßbereich eines Instruments beträgt 1,5 A, der Innenwiderstand a) 0,04 Ω, b) 0,06 Ω, c) 0,09 Ω. Als Nebenwiderstand soll Kupferdraht mit dem Querschnitt 1 mm² verwendet werden. Wie lang muß der Draht sein, wenn der Meßbereich 3 A betragen soll?

15. Ein Strommesser für a) 15 A, b) 25 A, c) 6 A mit dem Innenwiderstand 0,05 Ω erhält einen Nebenwiderstand 0,25 Ω. Auf welchen Wert ist der Meßbereich durch den Nebenwiderstand erweitert worden?
Wie groß ist die Stromstärke in der Zuleitung, wenn der Zeiger a) 12 A, b) 15 A, c) 1,8 A anzeigt?

16. Der Innenwiderstand eines Spannungsmessers beträgt a) 3 kΩ, b) 5 kΩ, c) 8 kΩ und der Meßbereich 250 V. Auf welchen Skalenwert wird der Meßbereich erweitert, wenn dem Meßwerk der Widerstand 1 kΩ vorgeschaltet wird?
Wie groß ist die gemessene Spannung, wenn der Zeiger bei eingeschaltetem Vorwiderstand 105 V anzeigt?

17. Ein Spannungsteiler besteht nach Bild **10**.10 aus den Widerständen $R_1$ = 2 MΩ und $R_2$ = a) 1,5 MΩ, b) 800 kΩ, c) 3 MΩ. Die Teilspannung an $R_2$ soll mit einem Spannungsmesser mit 333 Ω/V im 250-V-Bereich gemessen werden. Wie groß ist die angezeigte Spannung?
Wie groß ist die Teilspannung ohne den eingeschalteten Spannungsmesser?

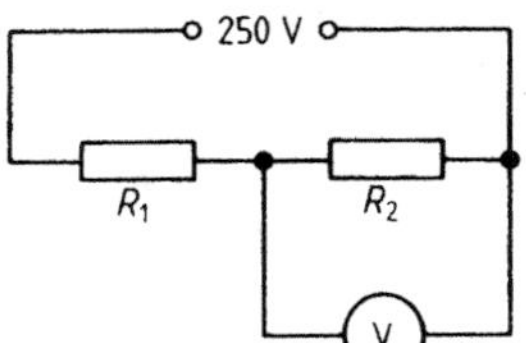


**10**.10

18. Das Drehspulinstrument **10**.11 hat den Innenwiderstand
a) 200 Ω, b) 250 Ω, c) 300 Ω
bei 20 °C. Der Zeiger erreicht den Meßbereichsendwert, wenn die Spannung 10 mV beträgt. Der Innenwiderstand besteht aus 150 Ω CuMn-12Ni-Draht (Manganin) und
a) 50 Ω, b) 100 Ω, c) 150 Ω
Kupferdraht für die Drehspule. Wie groß ist der Meßstrom bei vollem Zeigerausschlag, wenn infolge eines Wärmestaus die Umgebungstemperatur auf 50 °C gestiegen ist?

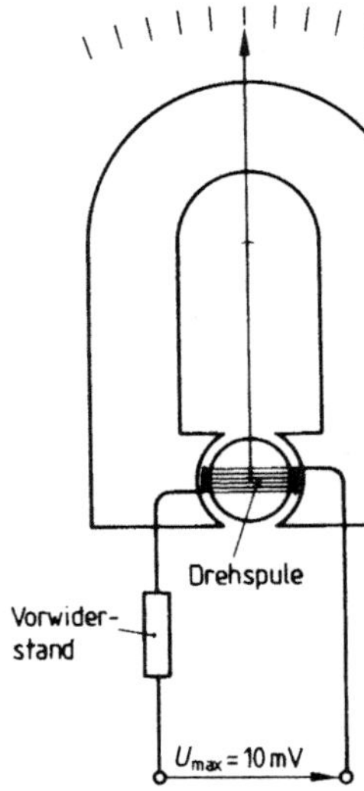


**10**.11

19. Bild **10**.12 zeigt ein Meßinstrument mit mehreren Vorwiderständen zur Meßbereichserweiterung. Berechnen Sie die Werte der einzelnen Vorwiderstände.

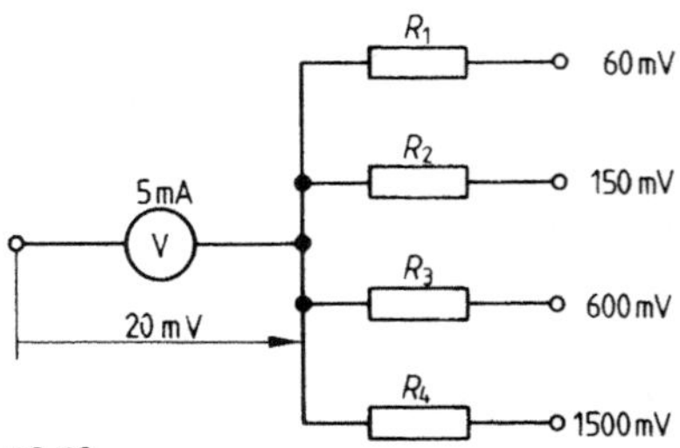


**10**.12

20. Der Innenwiderstand des in Bild **10**.13 dargestellten Meßinstruments beträgt 20 Ω. Der Zeiger erreicht Vollausschlag bei
a) 6 mA, b) 3 mA, c) 4 mA.
Der Nebenwiderstand $R_N$ und der Vorwiderstand $R_v$ haben folgende Werte:

| | $R_N$ | $R_V$ |
|---|---|---|
| a) | 30 Ω | 88 Ω |
| b) | 8,571 Ω | 94 Ω |
| c) | 13,33 Ω | 92 Ω. |

Wie groß sind der Strommeßbereich für den Anschluß an 0 und A und der Spannungsmeßbereich für den Anschluß an 0 und V?

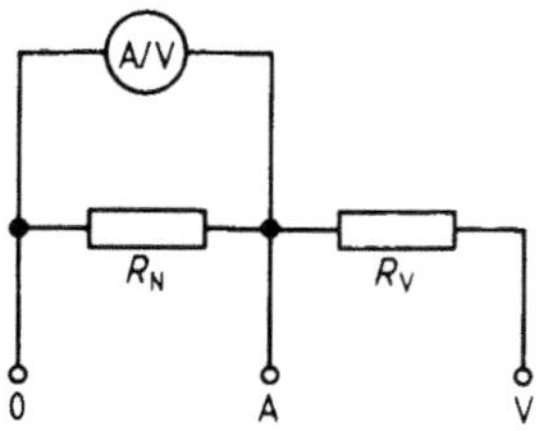


**10**.13

21. Der Innenwiderstand des Strommessers in Bild **10**.14 beträgt 80 Ω. Das Meßwerk erreicht vollen Zeigerausschlag, wenn die Meßspule von 5 mA durchflossen wird.
Welchen Wert müssen die Widerstände $R_1$ und $R_2$ haben für die Meßbereiche:

| | 0 – A1 | 0 – A2 |
|---|---|---|
| a) | 100 mA | 30 mA |
| b) | 300 mA | 60 mA |
| c) | 500 mA | 50 mA? |

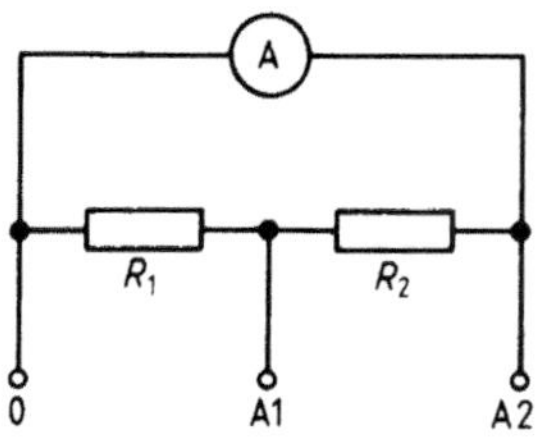


**10**.14

22. Der Innenwiderstand des Strommessers nach Bild **10**.15 beträgt 20 Ω. Der Zeiger erreicht Vollausschlag beim Meßstrom a) 10 mA, b) 5 mA, c) 20 mA. Durch Zuschaltung der Widerstände $R_1$, $R_2$ und $R_3$ soll das Meßgerät für folgende Meßbereiche einsetzbar sein: 0 – A1 = 500 mA, 0 – A2 = 100 mA und 0 – A3 = 50 mA. Berechnen Sie die Widerstandswerte von $R_1$, $R_2$ und $R_3$.

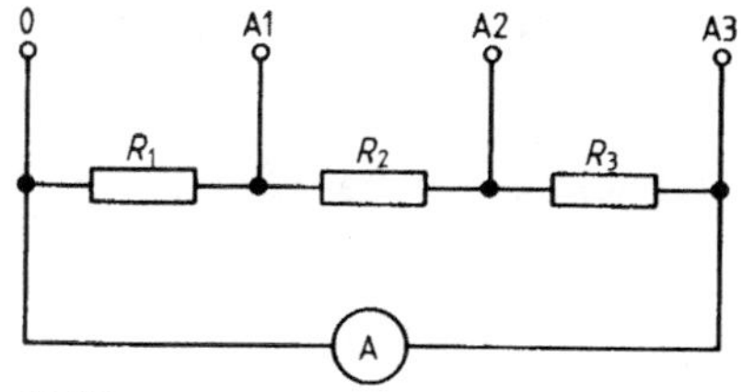


**10**.15

23. Zwei Spannungsmesser mit je 30 mV Meßbereich sollen in Reihe geschaltet an 60 mV jeweils Vollausschlag anzeigen (**10**.16). Der eine Spannungsmesser hat den Innenwiderstand 60 Ω, der andere a) 90 Ω, b) 120 Ω, c) 150 Ω. Was ist zu tun?

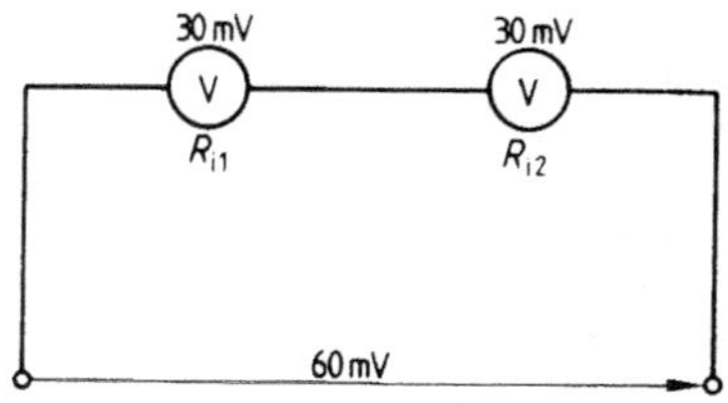


**10**.16

24. Die Empfindlichkeit eines Spiegelgalvanometers mit dem Innenwiderstand a) 40 Ω, b) 60 Ω, c) 100 Ω soll von $2 \cdot 10^{-9}$ A/Teilstrich auf $5 \cdot 10^{-8}$ A/Teilstrich herabgesetzt werden. Was ist zu tun?

25. Mit Hilfe einer einfachen Strom- und Spannungsmessung wird ein unbekannter Widerstand mit
a) 50 Ω, b) 120 Ω, c) 400 Ω
ermittelt. Eine genauere Messung mit Berücksichtigung des Spannungsmesserstroms ergibt den Wert:
a) 50,3 Ω, b) 121,5 Ω, c) 417 Ω.
Wie groß ist der Innenwiderstand des Spannungsmessers?

## 10.3 Widerstandsbestimmung

**Mit dem Ohmschen Gesetz** können wir den elektrischen Widerstand aus je einer Strom- und Spannungsmessung berechnen. Der Eigenverbrauch der Meßinstrumente wird durch die in die Schaltbilder **10.**17a und b eingeschriebenen Formeln berücksichtigt (s. a. Abschn. 10.2).

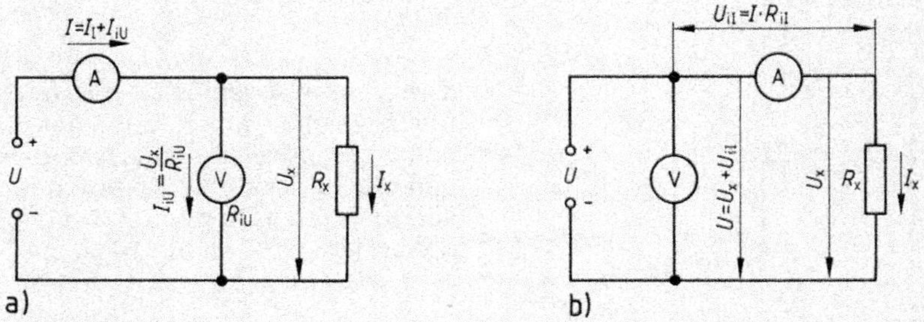


**10.**17

**Brückenschaltung**. Die direkte Messung des Widerstands mit Hilfe der Brückenschaltung bezeichnet man als Nullverfahren (**10.**18 a). Die Brückenschaltung ist abgeglichen, wenn die Betriebsspannung in beiden Parallelzweigen im gleichen Verhältnis geteilt wird (s. a. Abschn. 4.5). Für diesen Fall gilt die Brückengleichung

$$\frac{R_1}{R_2} = \frac{R_3}{R_4}.$$

**Bei der Schleifdrahtmeßbrücke** (**10.**18 b) gilt für die abgeglichene Brücke die Formel

$$\frac{R_x}{R_{vgl}} = \frac{l_1}{l_2}.$$

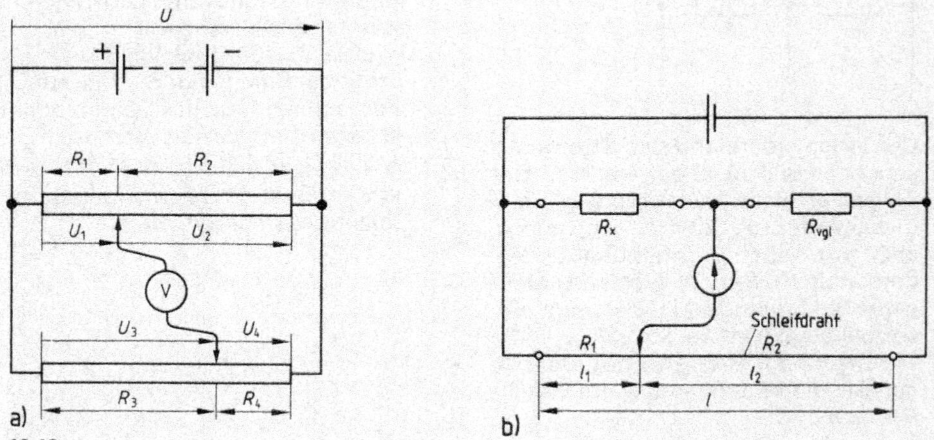


**10.**18

Die Widerstandswerte von Schichtwiderständen werden oft durch Farbringe gekennzeichnet (**10**.19).

**Beispiel 10.4**

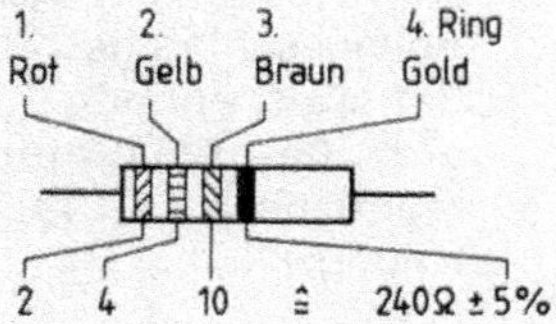


**Beispiel 10.5** Mit der angegebenen Meßschaltung **10**.20 soll der Wert des Widerstands $R_x$ bestimmt werden. Der Strommesser zeigt $I = 5{,}4$ mA an.

**Lösung** Der Strommesser mißt die Stromstärke durch $R_x$ und durch den zu $R_x$ parallelgeschalteten Spannungsmesser. Durch den Spannungsmesser fließt der Strom

$$I_{iU} = \frac{U_{iU}}{R_{iU}} = \frac{24\ \text{V}}{40\ \text{k}\Omega} = 0{,}6\ \text{mA}$$

Dann muß nach dem 1. Kirchhoffschen Gesetz durch $R_x$ der Strom $I_x = I - I_{iU} = 5{,}4$ mA – 0,6 mA = 4,8 mA fließen. Da auch der Widerstand $R_x$ an 24 V liegt, ist sein Widerstandswert

$$R_x = \frac{U_{iU}}{I_x} = \frac{24\ \text{V}}{4{,}8\ \text{mA}} = \mathbf{5\ k\Omega.}$$

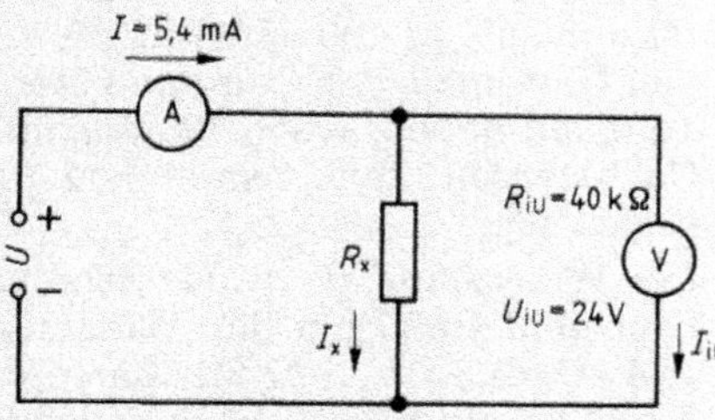


**10**.20

Tabelle **10**.19 **Farbringkennzeichnung der Widerstandswerte**

| Kennfarbe | Widerstandswert in Ohm 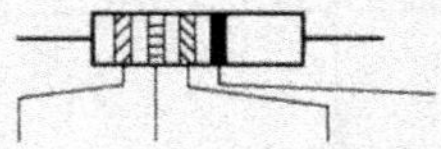 1. Ziffer | 2. Ziffer | Multiplikator | Toleranz ± |
|---|---|---|---|---|
| Keine | – | – | – | 20 % |
| Silber | – | – | 0,01 | 10 % |
| Gold | – | – | 0,1 | 5 % |
| Schwarz | – | 0 | 1 | – |
| Braun | 1 | 1 | 10 | 1 % |
| Rot | 2 | 2 | 100 | 2 % |
| Orange | 3 | 3 | 1000 | – |
| Gelb | 4 | 4 | 10000 | – |
| Grün | 5 | 5 | 100000 | 0,5 % |
| Blau | 6 | 6 | $10^6$ | – |
| Violett | 7 | 7 | $10^7$ | – |
| Grau | 8 | 8 | $10^8$ | – |
| Weiß | 9 | 9 | $10^9$ | – |

**Aufgaben**

1. Die Meßgeräte in der Schaltung nach Bild **10**.21 zeigen folgende Werte an:
   a) 20 mA und 10 V,
   b) 12 mA und 15 V,
   c) 10 mA und 2 V.
   Der Innenwiderstand des Spannungsmessers beträgt 6 kΩ. Welchen Wert hat der Widerstand $R$?

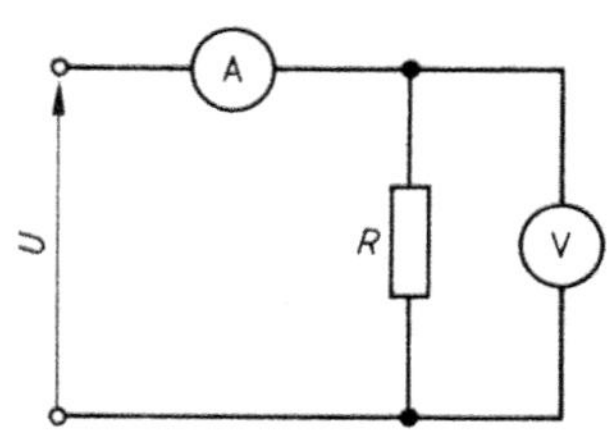


**10**.21

2. Die Meßgeräte in der Schaltung nach Bild **10**.22 zeigen folgende Werte an: a) 2 A und 10,2 V, b) 2 A und 23 V, c) 2 A und 52 V.
Der Innenwiderstand des Strommessers beträgt a) 0,1 Ω, b) 1,5 Ω, c) 6 Ω. Welchen Wert hat der Widerstand *R*?

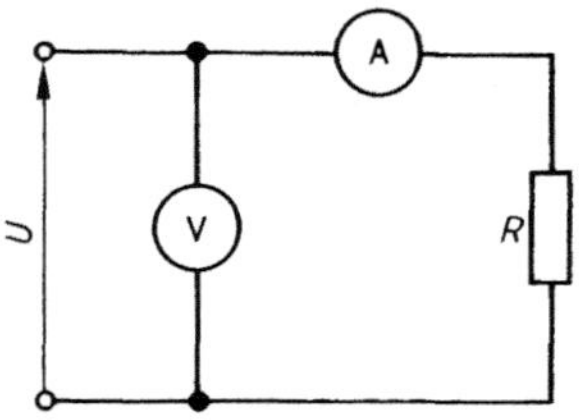


**10**.22

3. Mit der in Bild **10**.17a dargestellten Meßschaltung soll der Widerstand $R_x$ bestimmt werden. Der Strommesser zeigt 0,5 A, der Spannungsmesser 10 V an. Der Innenwiderstand des Spannungsmessers beträgt a) 200 Ω, b) 150 Ω, c) 300 Ω. Er ist bei der Berechnung von $R_x$ zu berücksichtigen.
4. Zur Bestimmung des Widerstands $R_x$ werden die Meßgeräte nach Bild **10**.17b geschaltet. Der Spannungsmesser zeigt 20 V, der Strommesser 0,2 A an. Der Innenwiderstand des Strommessers ist a) 2 Ω, b) 1,5 Ω, c) 2,2 Ω. Er ist bei der Berechnung von $R_x$ zu berücksichtigen.
5. Der Strommesser in der Meßschaltung nach Bild **10**.17a zeigt a) 3,6 A, b) 6,6 A, c) 12,6 A an. Der Spannungsmesser mit dem Innenwiderstand 100 Ω zeigt 60 V an. Um wieviel Prozent wird die Berechnung des Widerstandswerts $R_x$ verfälscht, wenn die Innenwiderstände der Meßgeräte nicht berücksichtigt werden?
6. Der Spannungsmesser in der Meßschaltung nach Bild **10**.17b zeigt 24 V. Innenwiderstand $R_i$ und Anzeige des Strommessers betragen:

| $R_i$ | Anzeige |
|---|---|
| a) 0,6 Ω | 1,165 A |
| b) 4 Ω | 1 A |
| c) 2 Ω | 1,09 A |

Um wieviel Prozent wird das Berechnungsergebnis für den Widerstand $R_x$ verfälscht, wenn der Innenwiderstand des Strommessers unberücksichtigt bleibt?

7. Ein Vielfachinstrument soll als Ohmmeter eingesetzt werden. Folgende Werte sind bekannt: Meßwerkwiderstand 50 Ω, Vorwiderstand 2,95 kΩ. Vollausschlag des Zeigers bei 0,5 mA, Batteriespannung 1,5 V. Ergänzen Sie die 30er-Skalenteilung des Instruments nach Bild **10**.23 mit einer Ohmteilung.

**10**.23

8. Eine Ölflammenüberwachung arbeitet mit Kaltkatodenröhre (Relaisröhre). Die Starterzündspannung $U_Z$ wird nach Bild **10**.24 am Fotowiderstand abgegriffen und beträgt a) 90 V, b) 85 V, c) 95 V. Bei welchem Widerstandswert des Fotowiderstands wird die Röhre zünden?

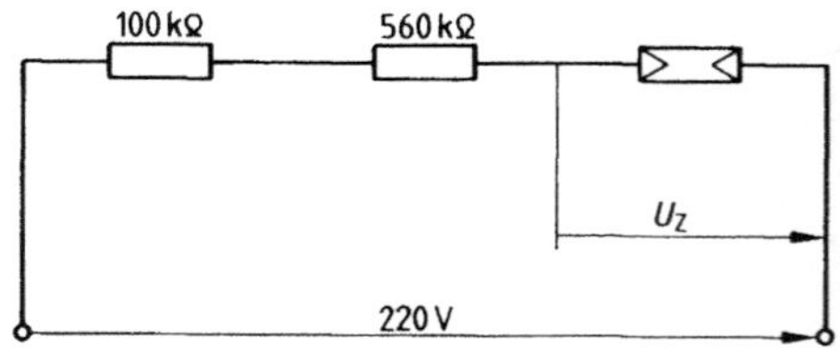


**10**.24

9. Der Kondensator im Zeitglied eines elektronischen Reglers hat die Kapazität a) 50 μF, b) 100 μF, c) 25 μF. Wieviel Ohm muß das Potentiometer im Zeitglied haben, wenn die maximale Nachstellzeit (Zeitkonstante) 12 s betragen soll?
10. Der Widerstand $R_4$ in der Schaltung nach Bild **10**.25 hat den Widerstand a) 4 kΩ, b) 3 kΩ, c) 12 kΩ. Berechnen Sie $R_x$ für die abgeglichene Schaltung.

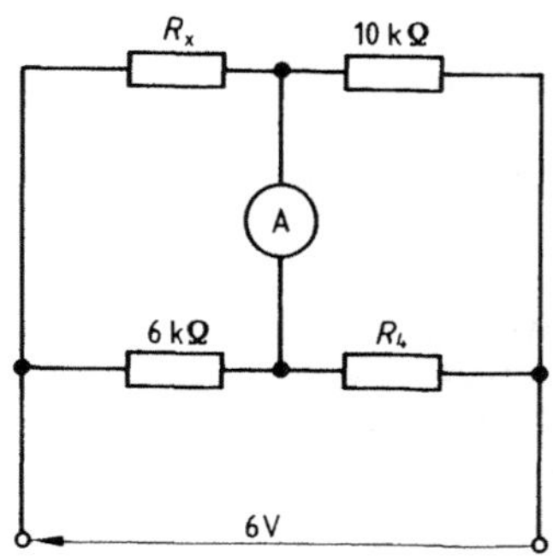


**10**.25

11. Mit der in Bild **10**.26 dargestellten Brückenschaltung soll der Widerstand $R_x$ bestimmt werden. Die übrigen Widerstände haben folgende Werte:

a) $R_1 = 8\,\Omega$ $R_2 = 4\,\Omega$ $R_3 = 12\,\Omega$
b) $R_1 = 4\,\Omega$ $R_2 = 2\,\Omega$ $R_3 = 6\,\Omega$
c) $R_1 = 12\,\Omega$ $R_2 = 6\,\Omega$ $R_3 = 8\,\Omega$

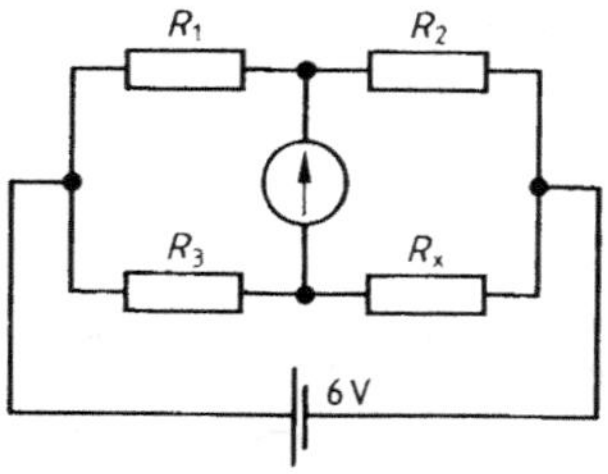


**10**.26

12. Die Brückenschaltung **10**.27 soll durch den Widerstand $R_x$ abgeglichen werden. Die übrigen Widerstände haben folgende Werte:

a) $R_1 = 3\,\Omega$ $R_2 = 6\,\Omega$ $R_3 = 1\,\Omega$ $R_4 = 3\,\Omega$
b) $R_1 = 12\,\Omega$ $R_2 = 6\,\Omega$ $R_3 = 4\,\Omega$ $R_4 = 12\,\Omega$
c) $R_1 = 9\,\Omega$ $R_2 = 6\,\Omega$ $R_3 = 2\,\Omega$ $R_4 = 6\,\Omega$

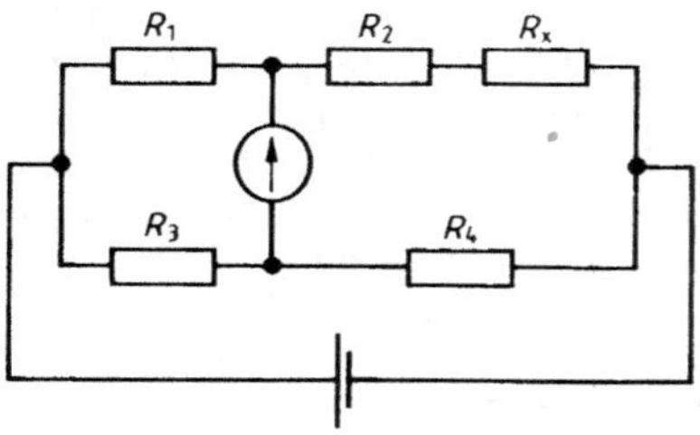


**10**.27

13. Welchen Wert hat der Widerstand $R_x$ der in Bild **10**.28 gezeigten abgeglichenen Brückenschaltung (Schleifdraht-Meßbrücke), wenn der Vergleichswiderstand $R_{vgl}$ = a) 10 Ω, b) 100 Ω, c) 1000 Ω hat und das Längenverhältnis der Schleifdrahtabschnitte $l_1 : l_2 = 3:2$ beträgt?

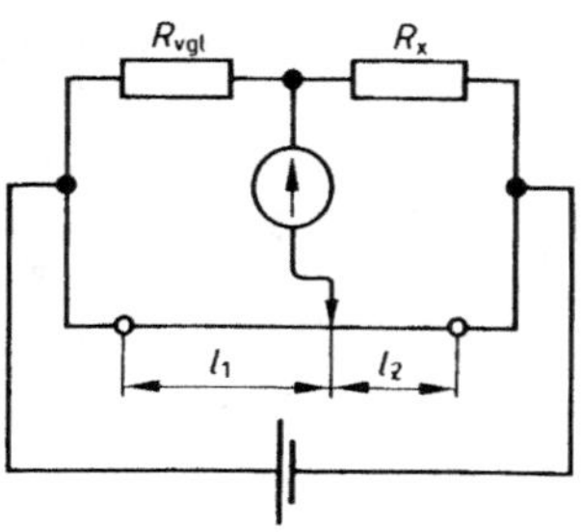


**10**.28

14. Bestimmen Sie die Widerstandswerte der Schichtwiderstände mit der Farbkennzeichnung:

a) braun-schwarz-schwarz;
b) braun-schwarz-rot;
c) orange-orange-orange;
d) grün-blau-gelb;
e) grau-rot-grün;
f) weiß-grau-blau;
g) blau-gelb-violett;
h) rot-gelb-orange.

15. Welche Farbringe haben folgende Widerstände: a) 57 Ω, b) 470 Ω, c) 1,5 kΩ, d) 22 kΩ, e) 68 kΩ, f) 720 kΩ und g) 3,5 MΩ?

16. Eine Rundspule mit dem mittleren Windungsdurchmesser a) 40 mm, b) 60 mm, c) 50 mm hat 3400 Windungen aus Kupferdraht mit dem Durchmesser 0,4 mm.

Bestimmen Sie den Widerstand der Spule.

17. Eine Rolle blanker Kupferdraht mit a) 0,6 mm, b) 0,5 mm, c) 0,4 mm Durchmesser hat die Masse 10 kg. Wieviel Meter Draht sind auf der Rolle, und wie groß ist der Widerstand?

18. Aus 30 Meter Kupfer-Nickel-Draht mit dem Durchmesser a) 1,38 mm, b) 0,98 mm, c) 0,8 mm wird ein Abgleichwiderstand hergestellt. Wieviel Ohm hat dieser Widerstand?

19. Die Brückenschaltung nach Bild **10**.29 ist abgeglichen, wenn sich die Teillängen am Schleifdraht $l_1 : l_2$ verhalten wie a) 1,5:2,8, b) 3:4, c) 5:8. Wie groß ist der Widerstandswert $R_x$?

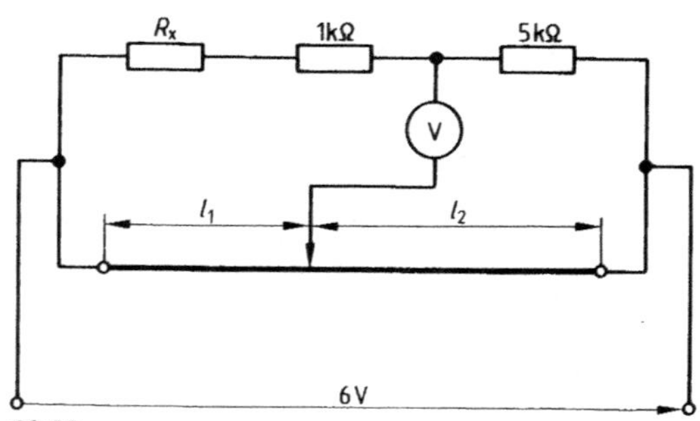


**10**.29

20. Die Brückenschaltung nach Bild **10**.30 hat vier Normalwiderstände mit 0,1 Ω, 1 Ω, 10 Ω und 100 Ω. Abgeglichen ist die Schaltung bei $l_1$:$l_2$ = 3,5:2. Berechnen Sie für diesen Abgleich die Größe der jeweiligen Widerstände $R_x$.

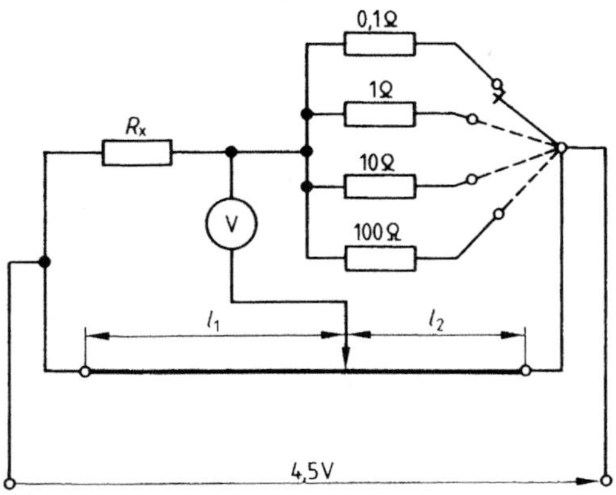


**10**.30

21. Die Brückenschaltung nach Bild **10**.31 besteht aus drei CuMn12Ni-Widerständen und einem temperaturabhängigen Widerstand aus Kupferdraht. Die Schaltung ist bei 0 °C abgeglichen und nimmt an 6 V die Stromstärke 50 mA auf. Wie groß ist in diesem Fall jeder Widerstand?

Welchen Wert hat der temperaturabhängige Widerstand, wenn die Temperatur auf a) 20 °C, b) 25 °C, c) 30 °C gestiegen ist? Wie groß ist jetzt der Brückenstrom durch den Spannungsmesser mit dem Innenwiderstand 100 Ω?

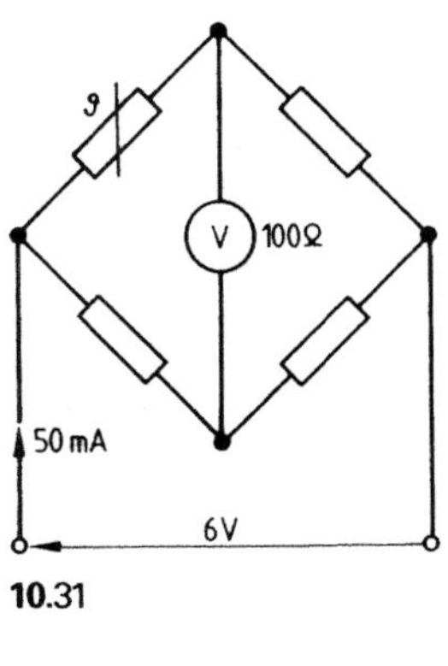


**10**.31

22. Die in Bild **10**.32 dargestellte Brückenschaltung soll durch den Widerstand $R_x$ abgeglichen werden. Für die Herstellung des Widerstands steht CuNi44-Draht mit dem Querschnitt a) 0,5 mm², b) 0,2 mm², c) 0,3 mm² zur Verfügung.
Wieviel Meter Widerstandsdraht sind erforderlich?

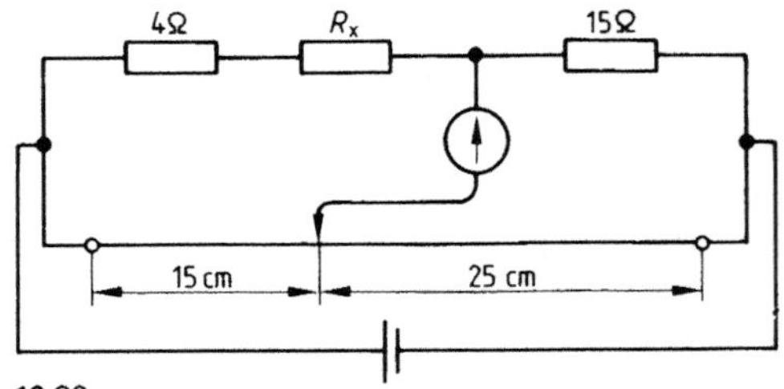


**10**.32

23. Um die Erdschlußstelle eines zweiadrigen Kabels mit der Länge a) 5 km, b) 3,6 km, c) 14,8 km zu ermitteln, wird eine Brückenschaltung nach Bild **10**.33 hergestellt. Der Brückenabgleich ist erreicht, wenn sich die Schleifdrahtabschnitte $l_1$ und $l_2$ verhalten wie a) 32 cm : 68 cm, b) 87 cm : 13 cm, c) 13 cm : 87 cm. Wie groß ist die Entfernung $l_x$ vom Kabelanfang bis zur Erdschlußstelle?

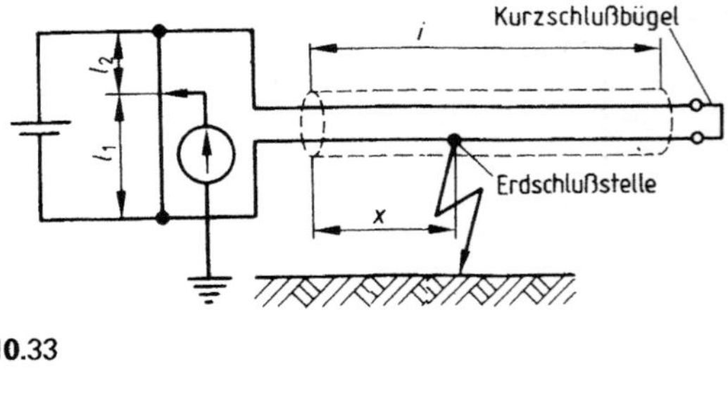


**10**.33

## 10.4 Leistungs- und Arbeitsmessung

Die **elektrische Leistung** ist das Produkt aus Spannung und Stromstärke. Sie kann daher aus je einer Spannungs- und Strommessung bestimmt werden. Direkt werden elektrische Leistungen mit Leistungsmessern bestimmt (das sind Meßgeräte mit einem elektrodynamischen Meßwerk). Solche Meßwerke haben einen Strompfad und einen Spannungspfad (**10**.34). Beide Meßpfade verursachen, wie Strom- und Spannungsmesser, Leistungsverluste.

Meßgeräte zur Messung der **elektrischen Arbeit** (Kilowattstundenzähler) messen das Produkt aus Leistung und Zeit. Sie haben wie Leistungsmesser ein Triebwerk mit Spannungs- und Strompfad (**10**.35). Die Drehbewegung der eingebauten Zählerscheibe wird auf ein Zählwerk übertragen.

Mit Zählern läßt sich auch die elektrische Leistung von Verbrauchern bestimmen.

$$P = \frac{n_z}{k}$$

$P$ in kW
$n_z$ Drehzahl der Zählerscheibe in 1/h oder $h^{-1}$
$k$ Zählerkonstante in 1/kWh oder $kWh^{-1}$

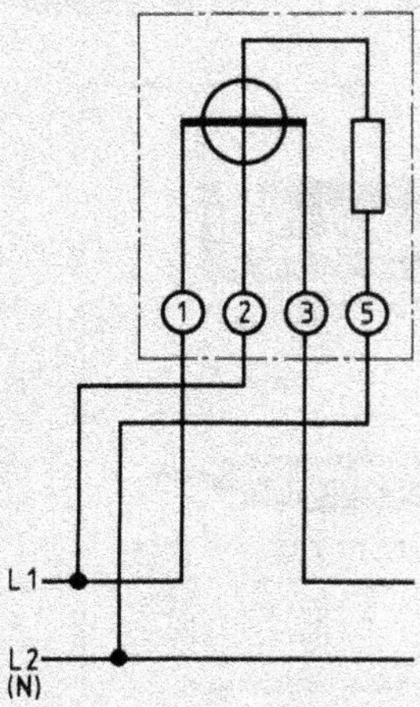


**10.34**

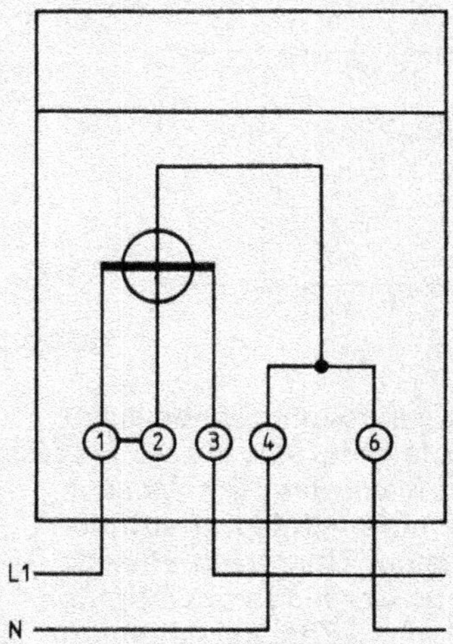


**10.35**

**Beispiel 10.6** Zur Bestimmung der Leistungsaufnahme $P$ eines Heizofens wird das Gerät über einen Einphasenzähler mit der Zählerkonstanten $k = 1200 \text{ kWh}^{-1}$ an $U = 220$ V angeschlossen. Dabei macht die Zählerscheibe in zwei Minuten 78 Umdrehungen.

Wie groß ist die Leistungsaufnahme?

**Lösung** In einer Stunde macht die Zählerscheibe

$$n_z = 78 \cdot \frac{60}{2} = 2340 \text{ Umdr.}$$

$$P = \frac{n_z}{k} = \frac{2340 \text{ h}^{-1}}{1200 \text{ kWh}^{-1}} = \mathbf{1{,}95\ W}$$

**Aufgaben**

1. Die Widerstände des Strom- und Spannungspfads in einem Leistungsmesser betragen a) 0,06 Ω, und 2 kΩ, b) 0,04 Ω und 2 kΩ, c) 0,08 Ω und 2 kΩ. Wie groß ist der Eigenverbrauch des Meßgeräts, wenn bei der Meßspannung 220 V durch die Stromspule 5 A fließen?
2. Die Leistungsaufnahme eines Heizwiderstands wird nach Bild **10**.36 auf zwei verschiedene Arten gemessen. Während der Messung zeigen die Meßgeräte folgende Werte an:

   a) 218 V; 4,6 A; 1050 W,
   b) 218 V; 6,88 A; 1550 W,
   c) 218 V; 8,26 A; 1850 W.

   Wie groß ist die Leistungsaufnahme des Heizofens? Warum weichen die Meßergebnisse voneinander ab?

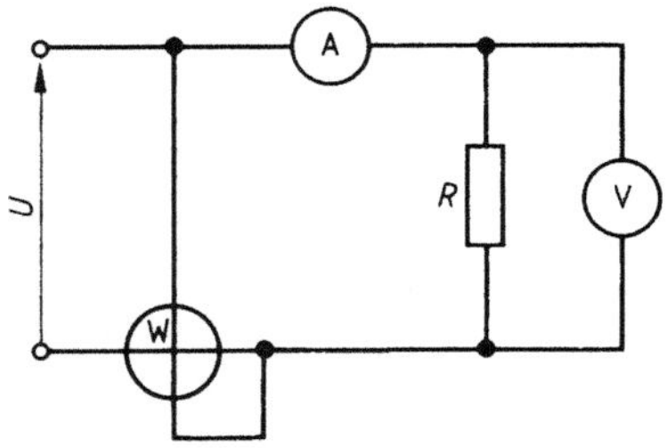


**10**.36

3. Die Leistungsaufnahme eines elektrischen Heizofens für 220 V und 3 kW soll überprüft werden. Die Messung erfolgt mit einem Kilowattstundenzähler und einer Uhr. Nach Einschalten des Ofens werden in drei Minuten a) 83, b) 88, c) 93 Zählerscheibenumdrehungen gezählt. Die Zählerkonstante ist mit 600 Umdr./kWh angegeben. Wie groß ist die tatsächliche Leistungsaufnahme des Motors? Um wieviel Prozent weicht sie von der Nennleistungsangabe ab?
4. Unter welcher Voraussetzung kann ein Leistungsmesser beschädigt werden (Überlastung), obwohl der Zeiger noch nicht den Meßbereichsendwert anzeigt?
5. Die Leistungsaufnahme einer Glühlampe soll mit Hilfe eines Zählers bestimmt werden. Die Zählerkonstante ist a) 1800 $kWh^{-1}$, b) 1200 $kWh^{-1}$, c) 600 $kWh^{-1}$.
   Für eine Zählerscheibenumdrehung werden bei eingeschalteter Glühlampe a) 26,7 s, b) 40 s, c) 80 s festgestellt.
   Wie groß ist die Leistungsaufnahme der Lampe?
6. Ein Zähler, dessen Zählerscheibe entsprechend der Leistungsschildangabe 1800 Umdrehungen je Kilowattstunde machen soll, wird geprüft. Bei der Belastung mit 1600 W werden in einer Minute a) 45 Umdrehungen, b) 46 Umdrehungen, c) 48 Umdrehungen gezählt. Wie groß ist der Fehler des Zählers in Prozent?
7. Bild **10**.37 zeigt die Frontplatte eines Wechselstrom – Kilowattstundenzählers. In welcher Zeit macht die Zählerscheibe 600 Umdrehungen, wenn ein Verbraucher mit der Stromaufnahme a) 8 A, b) 5,46 A, c) 4,54 A angeschlossen ist?

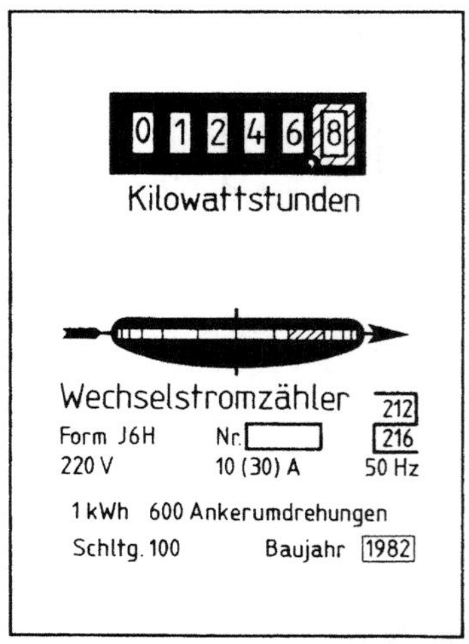


**10**.37

8. Die Zählerkonstante eines Kilowattstundenzählers soll geprüft werden. Ein angeschlossener Verbraucher nimmt an 220 Volt die Stromstärke
   a) 6,82 A, b) 4,54 A, c) 5,45 A
   auf. Bei der Prüfung macht die Zählerscheibe in zwei Minuten
   a) 60 Umdrehungen, b) 60 Umdrehungen, c) 24 Umdrehungen.
   Welche Zählerkonstante ergibt sich aus der Berechnung?

9. Ein Stellwiderstand mit 470 Ω wird zur Prüfung eines Zählers an 220 V angeschlossen. Es wird festgestellt, daß bei der angegebenen Zählerkonstanten von
a) 600 $kWh^{-1}$, b) 1800 $kWh^{-1}$, c) 1200 $kWh^{-1}$
für eine Zählerscheibenumdrehung
a) 64 s, b) 180 s, c) 130 s
nötig sind. Wie groß ist der prozentuale Fehler des Zählers, bezogen auf den Sollwert?

10. Für die Belastung eines Gleichstromgenerators
a) 3 kW und 220 V,
b) 2 kW und 220 V,
c) 1,5 kW und 220 V
stehen Drahtwiderstände mit 115 Ω/3 A zur Verfügung.
Mit welcher Leistung ist der Generator belastet, wenn a) 7, b) 5, c) 4 Widerstände parallel an die Anschlußklemmen A1 und A2 angeschlossen werden?
Stellen Sie den prozentualen Fehler eines Leistungsmessers fest, der während der Messung
a) 2800 W, b) 2050 W, c) 1620 W
anzeigt, bezogen auf den angezeigten Wert.

11. Auf einem Zähler findet man die Angabe: 1200 Ankerumdrehungen ≙ 1 kWh. Wie groß ist der Anschlußwert einer angeschlossenen Bügelmaschine, wenn sich die Zählerscheibe in zwei Minuten a) 78mal, b) 51mal, c) 99mal gedreht hat?

## 10.5 Messen mit dem Oszilloskop

Schnell veränderliche Vorgänge werden mit dem Elektronenstrahl-Oszilloskop sichtbar gemacht. Der Elektronenstrahl wird durch eine elektrische Spannung abgelenkt.

***x*-Ablenkung,** Zeitbasis. Die horizontale Ablenkung des Elektronenstrahls von links nach rechts auf der *x*-Achse (**10**.38) erfolgt bei den meisten Messungen durch eine intern erzeugte Triggerspannung. Die kalibrierten Zeitablenkfaktoren (-koeffizienten) $A_x$ werden mit einem mehrstufigen Schalter – Zeitbasis – eingestellt. Die Zeitablenkfaktoren gibt man in Zeit je Rastereinheit, TIME/DIV. – z. B. 0,5 s/cm an. Die Zeitdauer *t* eines Signals ist dann

$$t = l_x \cdot A_x .$$

$t$ Zeitdauer des Signals in s
$l_x$ Länge des Signals auf dem Bildschirm in cm
$A_x$ Zeitablenkfaktor in s/cm

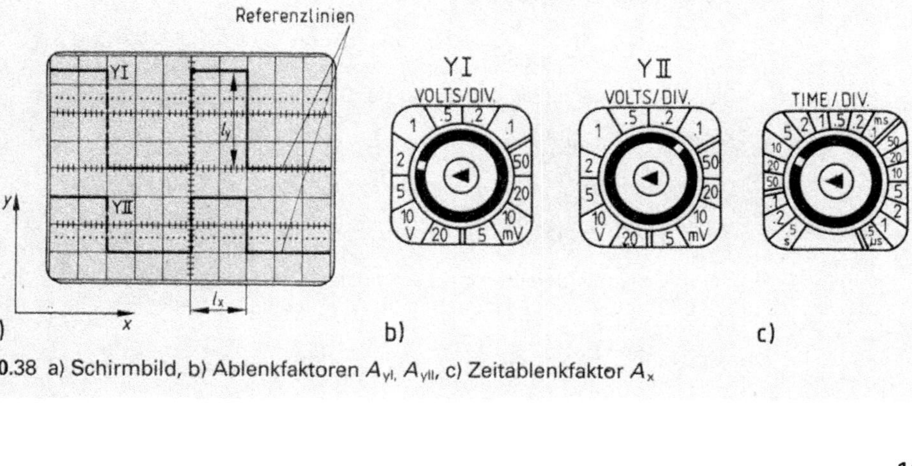


**10**.38 a) Schirmbild, b) Ablenkfaktoren $A_{yI}$, $A_{yII}$, c) Zeitablenkfaktor $A_x$

**$y$-Ablenkung,** Spannungsmessung. Die Größe der an der $y$-Buchse liegenden Signalspannung lenkt den Elektronenstrahl in vertikaler Richtung auf der $y$-Achse ab. Der Ablenkfaktor $A_y$ wird mit dem Eingangsteiler Spannung je Rastereinheit, VOLTS/DIV. eingestellt. Die Größe des Signals $u$ berechnet man aus der Bildhöhe $l_y$ des Signals, gemessen von der Referenzlinie ($u = 0$).

$$u = l_y \cdot A_y$$

$u$ Größe der Signalspannung in V
$l_y$ Höhe des Signals auf dem Bildschirm in cm
$A_y$ Ablenkfaktor in V/cm

Bei großen Spannungen ist ein Tastteiler (z. B. 10:1) vorzuschalten, der die zu messende Spannung verringert dem Y-Eingang des Oszilloskops zuführt.

Viele handelsübliche Oszilloskope haben mehrere Kanäle (z. B. mit den Eingängen YI und YII). Die zugehörigen Ablenkfaktoren $A_{yI}$ und $A_{yII}$ sind getrennt einstellbar (**10**.38 b).

**Strommessung.** Alle darzustellenden Meßgrößen müssen in eine entsprechende Spannung umgeformt werden. Den Stromverlauf bildet man durch den proportionalen Spannungsfall $u_i$ an einem bekannten Meßwiderstand $R_m$ ab. Für die Stromstärke gilt dann:

$$i = \frac{u_i}{R_m}$$

$i$ Stromstärke in A
$u_i$ Spannungsfall am Meßwiderstand in V
$R_m$ Meßwiderstand in Ω

**Beispiel 10.7** Am Lastwiderstand $R_L$ (**10**.39) liegt pulsierende Gleichspannung. Strom und Spannung werden nach der Schaltung oszilloskopiert. Das Schirmbild mit den zugehörigen Einstellungen zeigt Bild **10**.38. Die Spannung wird über einen Tastteiler 10:1 dem Eingang YI zugeführt. Der dem Strom proportionale Spannungsfall $u_i$ am Meßwiderstand $R_m$ = 1 Ω wird durch Kanal YII abgebildet.

Wie groß sind Spannung $u$, Stromstärke $i$, Impulsdauer $t$ und Wert des Lastwiderstands $R$?

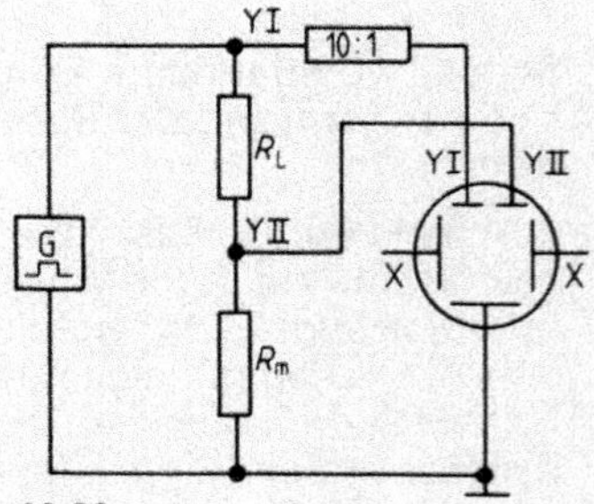


**10**.39

**Lösung** $u = l_y \cdot A_{yI} \cdot \frac{10}{1} = 4{,}5\ \text{cm} \cdot 2\ \frac{\text{V}}{\text{cm}} \cdot 10 = \mathbf{90\ V}$

Die dem Strom proportionale Spannung ist

$u_i = l_y \cdot A_{yII} = 2\ \text{cm} \cdot 0{,}1\ \frac{\text{V}}{\text{cm}} = 0{,}2\ \text{V}$ und damit $i = \frac{u_i}{R_m} = \frac{0{,}2\ \text{V}}{1\ \Omega} = \mathbf{0{,}2\ A.}$

Die Impulsdauer ist die Zeit, in der der Spannungsimpuls vorhanden ist.

$t = l_x \cdot A_x = 2\ \text{cm} \cdot 10\ \frac{\text{ms}}{\text{cm}} = \mathbf{20\ ms}$

Der Widerstand

$R = \frac{u}{i} = \frac{90\ \text{V}}{0{,}2\ \text{A}} = \mathbf{450\ \Omega}$

ist der Gesamtwiderstand aus Lastwiderstand $R_L$ und Meßwiderstand $R_m$, der viel geringer als der Lastwiderstand ist. Mit ausreichender Genauigkeit können wir rechnen

$R_L = R = \mathbf{450\ \Omega.}$

**XY-Betrieb.** Zur Darstellung von Kennlinien wird das Oszilloskop im XY-Betrieb genutzt. Dazu wird bei heute üblichen Geräten die Taste X-Y betätigt. Das X-Signal wird über den Eingang YII den *x*-Platten zugeführt. Der Eingangsteiler von Kanal II wird für die Amplitudeneinstellung in *x*-Richtung benutzt. In Beispiel 10.8 ist eine Diodenkennlinie dargestellt, deren Strom auf der *y*-Achse (Eingang YI) in Abhängigkeit von der Spannung auf der *x*-Achse (Eingang YII) dargestellt ist. Bei dieser Schaltung ist das Stromsignal durch Betätigung der Taste INVERT umgepolt, damit die Kennlinie in der üblichen Darstellung erscheint.

**Beispiel 10.8** Bild **10.**40 zeigt Meßschaltung und Darstellung einer Diodenkennlinie. Die Ablenkfaktoren betragen $A_{YI} = 1$ V/cm, $A_{YII} = 0{,}2$ V/cm, der Meßwiderstand beträgt 100 Ω. Wie groß ist der Widerstand der Diode in Durchlaßrichtung im Arbeitspunkt *A*?

**Lösung** Im Arbeitspunkt sind die Spannung $u = l_x \cdot A_{YII} = 3{,}4\ \text{cm} \cdot 0{,}2\ \text{V/cm} = 0{,}68\ \text{V}$ und die Stromstärke

$$i = \frac{u_i}{R_m} = \frac{l_y \cdot A_{YI}}{R_m} = \frac{2\ \text{cm} \cdot 1\ \text{V/cm}}{100\ \Omega} = 0{,}02\ \text{A}.$$

Der Widerstand der Diode (Gleichstromwiderstand) wird berechnet aus der Spannung und dem Strom.

$$R = \frac{u}{i} = \frac{0{,}68\ \text{V}}{0{,}02\ \text{A}} = \mathbf{34\ \Omega}$$

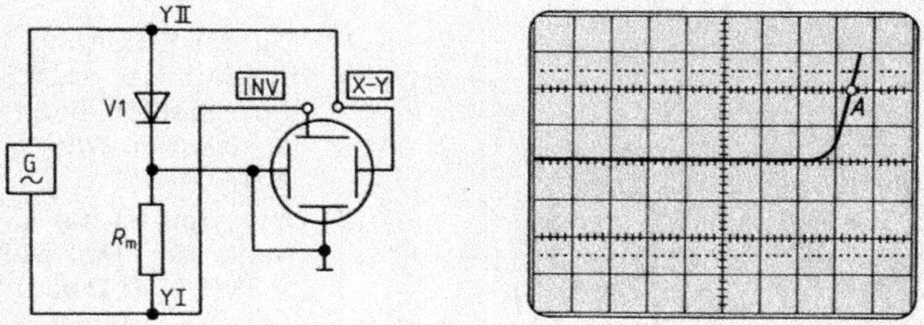


**10.**40

## Aufgaben

1. Die Bildhöhe einer mit dem Oszilloskop dargestellten Gleichspannung beträgt a) 3,2 cm, b) 4,5 cm, c) 2,8 cm. Welchen Betrag hat die gemessene Spannung, wenn der Ablenkfaktor 20 V/cm eingestellt ist?
2. Die Gleichspannung a) 1,5 V, b) 6 V, c) 30 mV soll auf dem Oszilloskopbildschirm mit der Bildhöhe 3 cm dargestellt werden. Welcher Ablenkfaktor ist am Abschwächer nach Bild **10.**38 einzustellen?
3. Die Gleichspannung 230 V wird über einen Tastteiler 10:1 abgegriffen und mit dem Oszilloskop dargestellt. Der eingestellte Ablenkfaktor beträgt a) 20 V/cm, b) 10 V/cm, c) 5 V/cm. Wie groß ist die Bildhöhe?
4. Welche maximale Spannung kann mit dem Oszilloskop nach Bild **10.**38 dargestellt werden bei Ausnutzung der a) halben Bildschirmhöhe, b) vollen Bildschirmhöhe, c) vollen Bildschirmhöhe und zusätzlicher Verwendung des Tastteilers 10:1?
5. Wie lange wandert der Elektronenstrahl von der linken bis zur rechten Bildschirmkante des Oszilloskopbildschirms nach Bild **10.**38, wenn die Zeitbasis auf a) 0,1 ms/cm, b) 50 μs/cm, c) 2 μs/cm eingestellt ist?

6. Eine Wechselspannung mit der Frequenz a) 16 $^{2}/_{3}$ Hz, b) 66 $^{2}/_{3}$ kHz, c) 33 $^{1}/_{3}$ Hz soll mit einer Periode über 3 cm auf dem Oszilloskopbildschirm nach Bild **10**.38 dargestellt werden. Auf welchen Wert ist die Zeitbasis einzustellen?

7. Ein Oszilloskop zeigt den Gleichspannungsimpuls (**10**.41). Der Abschwächer und die Zeitbasis befinden sich jeweils auf den Stellen a), b), c).

   Wie groß sind Betrag und Dauer des Spannungsimpulses?

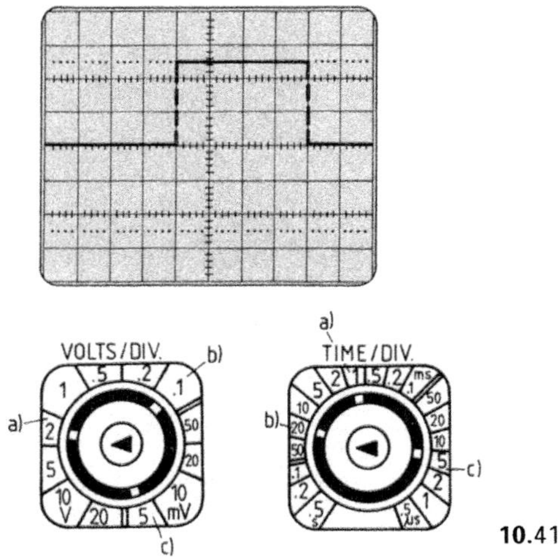


**10**.41

8. Über den Meßwiderstand a) 1 Ω, b) 2 Ω, c) 5 Ω wird eine dem Strom proportionale Spannung $u_i$ oszilloskopiert. Mit dem eingestelten Ablenkfaktor 20 mV/cm wird die Bildhöhe 1,8 cm gemessen. Wie groß ist die Stromstärke?

9. Ein Gleichspannungsimpuls von 5 V und der Impulsdauer 3 µs wird auf die Reihenschaltung des Lastwiderstands 68 Ω und des Meßwiderstands 1 Ω gegeben. Die Einsteller des Zweikanaloszilloskops stehen auf $A_{yI}$ = 2 V/cm, $A_{yII}$ = 50 mV/cm und $A_x$ = 0,5 µs/cm. Skizzieren Sie maßstäblich die Spannungs- und Stromdarstellungen auf dem Bildschirm für die Schaltungen a) **10**.42, b) **10**.43, c) **10**.43 mit Invertierung von Kanal II.

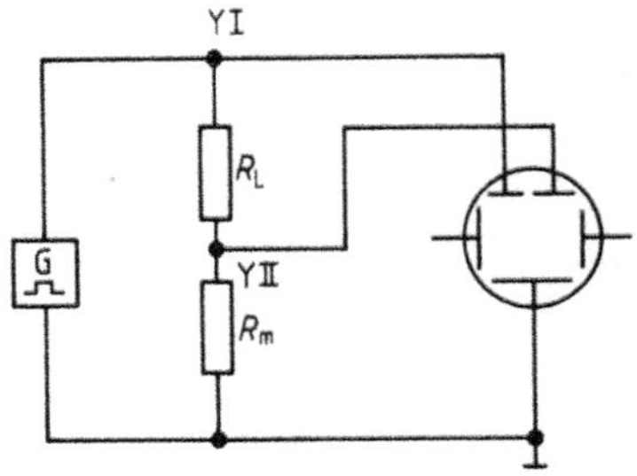


**10**.42

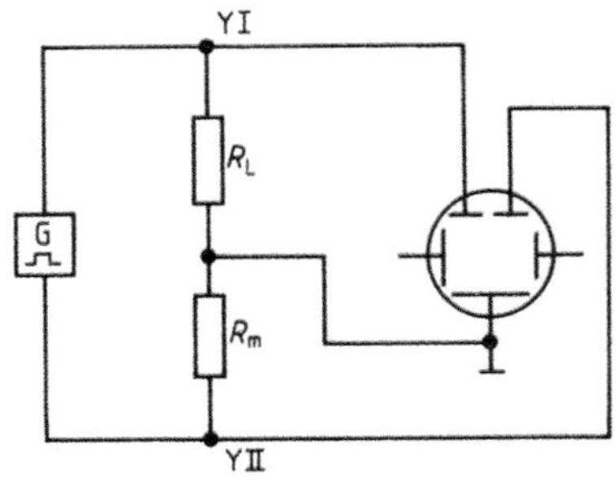


**10**.43

10. Mit der Schaltung **10**.42 werden die Schirmbilder nach Bild **10**.44 mit den dargestellten Einstellungen der Ablenkfaktoren ermittelt. Der Eingang YII ist invertiert.

    Wie groß ist der Lastwiderstand $R_L$, wenn der Meßwiderstand a) 10 Ω, b) 33 Ω, c) 47 Ω beträgt?

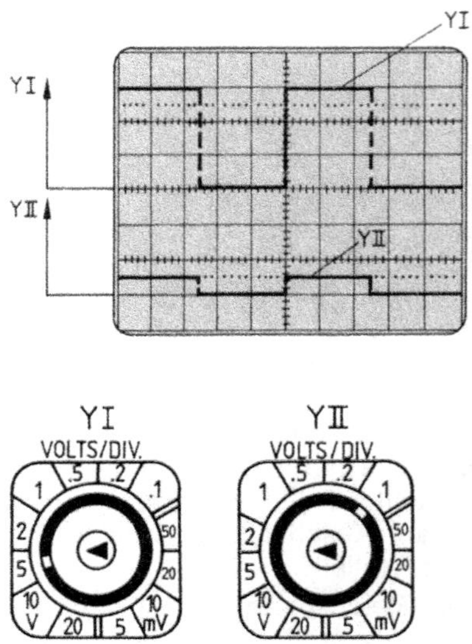


**10**.44

11. Bild **10**.45 zeigt eine sinusförmige Wechselspannung, die mit dem Zeitablenkfaktor $A_x = 2$ ms/cm und mit dem Ablenkfaktor $A_y$ = a) 10 V/cm, b) 2 V/cm, c) 5 V/cm aufgenommen wurde. Dem Y-Eingang war ein Tastteiler 10:1 vorgeschaltet.
Wie groß sind Scheitelwert, Spitze-Spitze-Wert und Frequenz der Wechselspannung?

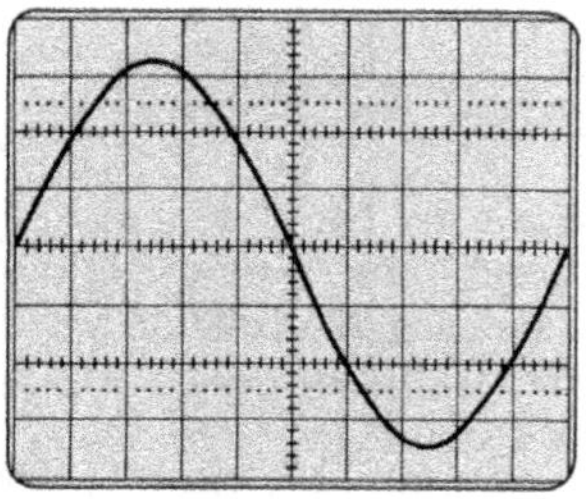

**10**.45

12. Am Meßwiderstand a) 1 Ω, b) 5 Ω, c) 12 Ω wurde mit $A_y$ = 0,2 V/cm und $A_x$ = 0,5 ms/cm die Oszilloskopdarstellung **10**.46 aufgenommen.
Wie groß sind Scheitelwert, Spitze-Spitze-Wert und Frequenz des Wechselstroms?
Welche Leistung entsteht am Meßwiderstand?

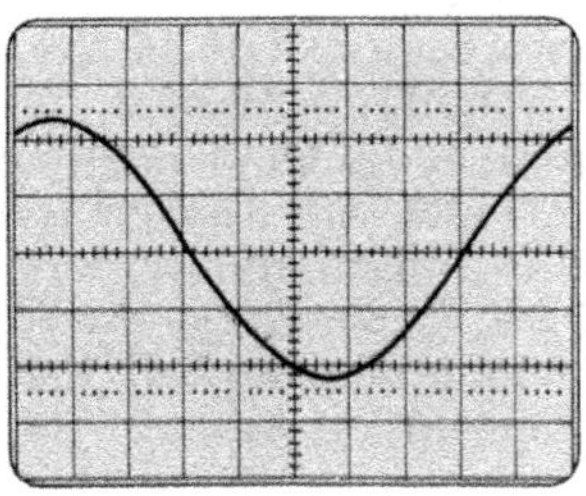

**10**.46

13. Das Oszillogramm zweier Wechselspannungen und die Einstellung der Ablenkfaktoren zeigt Bild **10**.47.
   a) Wie groß sind Frequenz und Effektivwert der Wechselspannungen?
   b) Wie groß ist der Phasenwinkel zwischen den Spannungen?

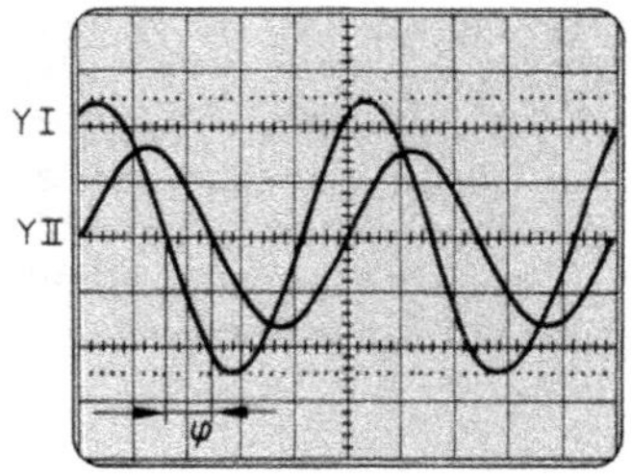


**10**.47

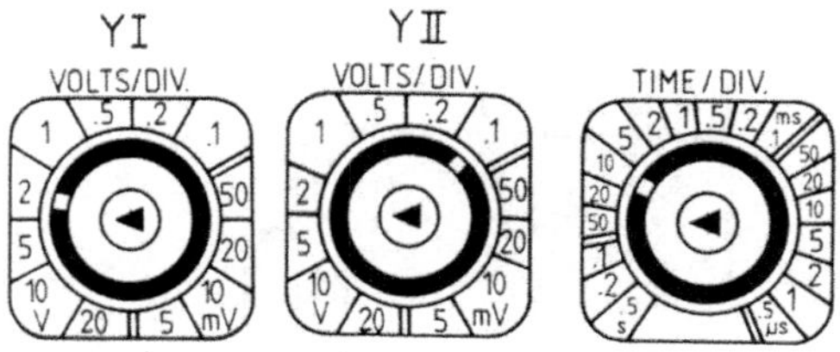


14. Bestimmen Sie die Frequenz, den arithmetischen Mittelwert und den Effektivwert der Rechteck-Wechselspannung **10**.48, die mit dem Zeitablenkfaktor a) 1 µs/cm, b) 50 µs/cm, c) 0,2 ms/cm und $A_y$ = 0,2 V/cm aufgenommen wurde.

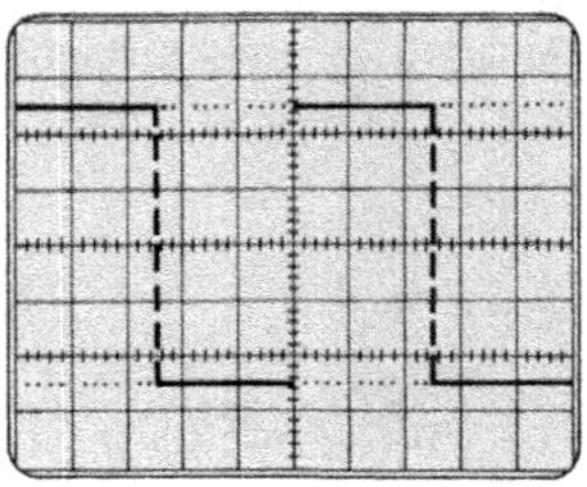

**10**.48

15. Wie lang ist die Periodendauer, wie groß sind Tastgrad und Gleichspannungsanteil der Rechteck-Spannungspulse **10**.49, wenn $A_x$ = 0,5 ms/cm und $A_y$ = a) 50 mV/cm, b) 0,2 V/cm, c) 2 V/cm betragen?

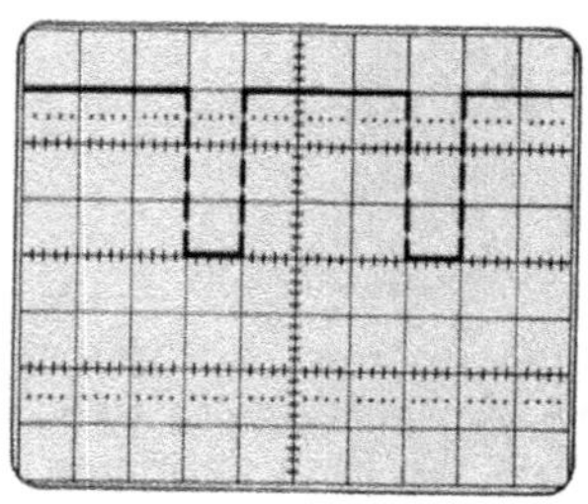

**10**.49

16. Die Sägezahnspannung **10**.50 wurde mit $A_y = 0{,}5$ V/cm und dem Zeitablenkfaktor a) 0,1 ms/cm, b) 50 µs/cm, c) 0,2 ms/cm oszilloskopiert. Berechnen Sie die Anstiegszeit $t_r$, die Abfallzeit $t_f$, die vordere Flankensteilheit $S_r$ und die hintere Flankensteilheit $S_f$.

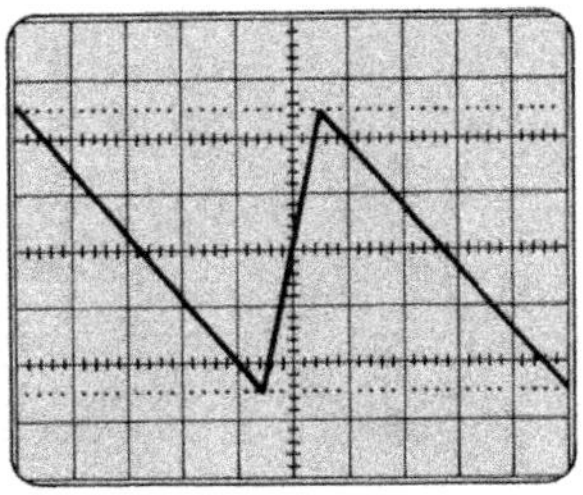

**10**.50

17. Mit der Schaltung **10**.51 a) wird im XY-Betrieb die Widerstandskennlinie von Ohmschen Widerständen dargestellt. Der Meßwiderstand hat 1 Ω, die eingestellten Ablenkfaktoren betragen $A_{yI} = 0{,}2$ V/cm und $A_{yII} = 2$ V/cm. Erläutern Sie, welche Größen mit Kanal YI und Kanal YII aufgenommen werden. Berechnen Sie die Widerstände $R_x$ für die Kennlinien a, b, und c nach Bild **10**.51 b.

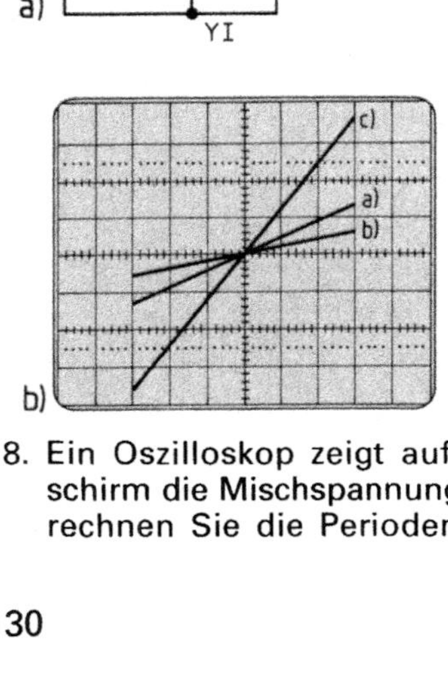


**10**.51

18. Ein Oszilloskop zeigt auf dem Bildschirm die Mischspannung **10**.52. Berechnen Sie die Periodendauer und den arithmetischen Mittelwert der Spannung, die mit der Zeitablenkung 5 µs/cm und dem Ablenkfaktor a) 0,2 V/cm, b) 0,5 V/cm, c) 2 V/cm aufgenommen wurde.

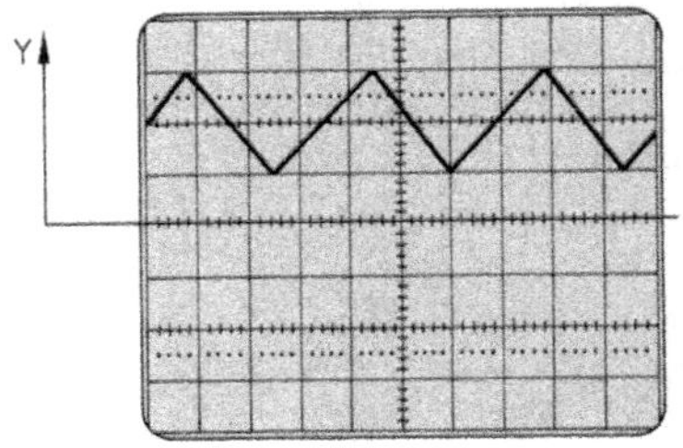


**10**.52

19. In der Schaltung **10**.51 a ist statt $R_x$ an die Klemmen 1 und 2 eine Z-Diode angeschlossen. Im XY-Betrieb wird das Bild **10**.53 oszilloskopiert. Wie groß sind die Spannungen der Z-Diode in Sperr- und Durchlaßrichtung? Welche Strom-Scheitelwerte fließen in Sperr- und Durchlaßrichtung?

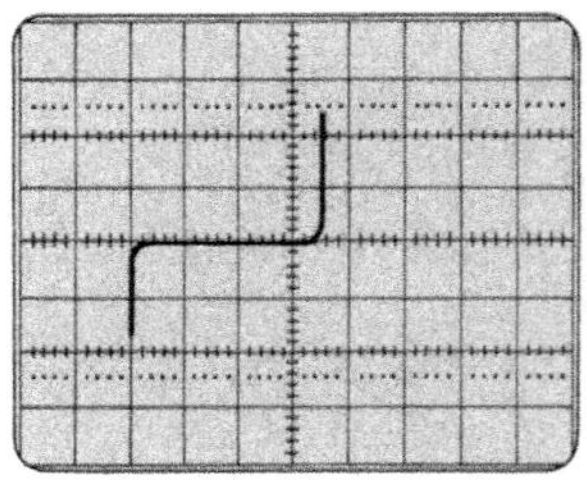

$R_m = 47\Omega$
$A_{yI} = 5$V/cm
$A_{yII} = 2$V/cm

**10**.53

20. Die Widerstandskennlinie eines VDR-Widerstands zeigt Bild **10**.54. Sie wurde nach Schaltung **10**.51 a im XY-Betrieb aufgenommen. Berechnen Sie den Widerstandswert (Gleichstromwiderstand) für die Spannung a) 4,2 V, b) 5 V, c) 6 V. Zeichnen Sie die Widerstandskennlinie für den Fall, daß Kanal YI nicht invertiert wird.

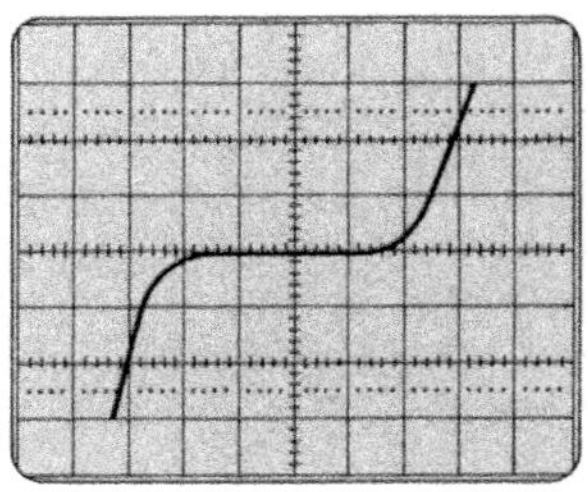

$R_m = 330\ \Omega$
$A_{yI} = 1$V/cm
$A_{yII} = 2$V/cm

**10**.54

# 11 Einführung in die Elektronik

Fast alle in der Elektrotechnik verwendeten Widerstände ändern ihren Widerstandswert unter dem Einfluß physikalischer Größen. Dabei spielt ganz besonders die Temperatur eine Rolle.

## 11.1 Stromrichtungsunabhängige Widerstände

Nach ihrem Temperaturverhalten unterscheidet man lineare und nichtlineare Widerstände.

**Lineare Widerstände (Ohmsche Widerstände).** Das Spannungs-Strom-Verhalten dieser Widerstände ist linear, der Temperaturkoeffizient (in der Literatur oft TK genannt) $\alpha$ gering und in einem weiten Temperaturbereich konstant. Zu den linearen Widerständen gehören u. a. Drahtwiderstände, Metallschichtwiderstände und Kohleschichtwiderstände (**11**.1).

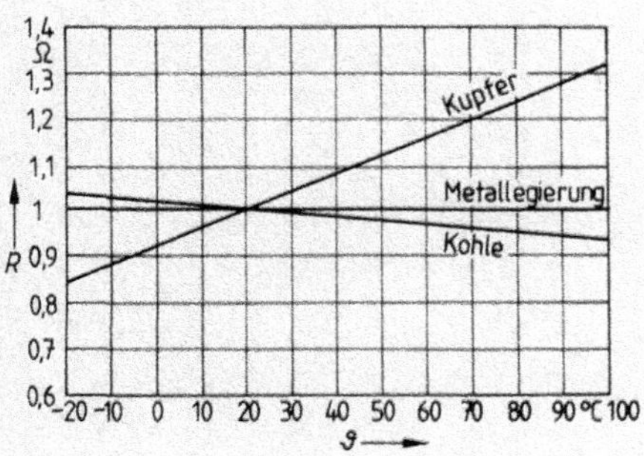


**11**.1

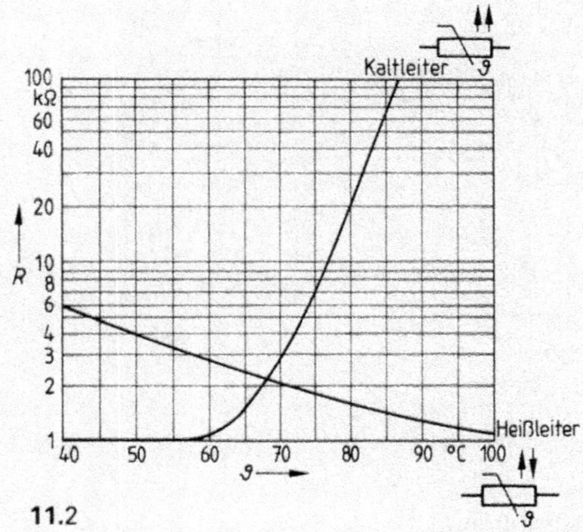


**11**.2

**Nichtlineare Widerstände.** Das Spannungs-Strom-Verhalten ist nicht linear. Je nach Abhängigkeit von äußeren Einflußgrößen unterscheidet man K a l t l e i t e r, bei denen der Widerstand mit steigender Temperatur größer wird, und H e i ß l e i t e r, bei denen der Widerstand mit steigender Temperatur abnimmt (**11**.2)

**Beispiel 11.1** Berechnen Sie aus der Kaltleiterkennlinie **11**.2 für den Temperaturbereich von 75 °C bis 80 °C den mittleren Temperaturkoeffizienten $\alpha$.

**Lösung** Aus der Kennlinie läßt sich ablesen, daß der Widerstand des Kaltleiters bei 75 °C etwa 7 kΩ und bei 80 °C etwa 20 kΩ beträgt. Damit ist die Widerstandsänderung $\Delta R = 13\ \text{k}\Omega$.

Die Gleichung $\Delta R = \alpha \cdot R_k \cdot \Delta\vartheta$ wird nach $\alpha$ umgestellt.

$$\alpha = \frac{\Delta R}{R_k \cdot \Delta\vartheta} = \frac{13\ \text{k}\Omega}{7\ \text{k}\Omega \cdot 5\ \text{K}} = \mathbf{0{,}371\ K^{-1}}$$

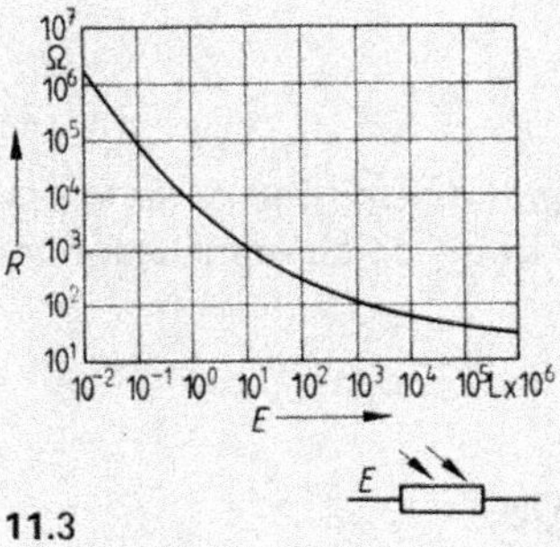


11.3

**Fotowiderstände (LDR)** gehören zu den Bauelementen, deren Widerstandswerte sich mit der Intensität des auftreffenden Lichts (Beleuchtungsstärke *E*) ändern. Den typischen Verlauf der Kennlinie zeigt Bild **11**.3.

**Spannungsabhängige Widerstände (VDR),** auch Varistoren genannt, gehören zu den Bauelementen, deren Widerstandswerte sich mit der Spannung verändern. Eine Kennlinie in einem logarithmisch geteilten Diagramm zeigt Bild **11**.4.

**Feldplatten (MDR)** ändern ihren Widerstandswert unter dem Einfluß eines Magnetfelds (magnetische Flußdichte *B* in Tesla). Bei dieser Abhängigkeit geht man von einem Grundwiderstand $R_0$ aus; es erfolgt keine magnetische Einwirkung. $R_B$ ist dann der Widerstand mit Einwirkung eines Magnetfelds. In der senkrechten Achse wird das Verhältnis $R_B/R_0$ aufgetragen. Man unterscheidet bei Feldplatten D-, L- und N-Material. Den typischen Kennlinienverlauf zeigt Bild **11**.5.

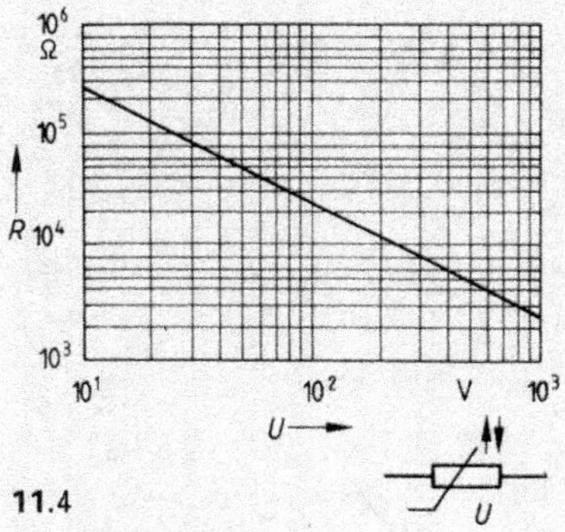


11.4

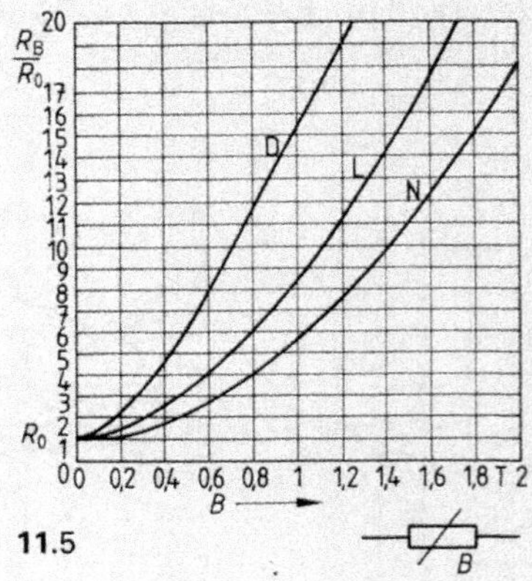


11.5

## Aufgaben

1. Berechnen Sie nach den abgelesenen Werten der Heißleiterkennlinie **11**.2 die mittlere Widerstandsänderung in $\Delta R$/K im Bereich zwischen 50 °C und 60 °C.
2. Zeichnen Sie die Kennlinie des Heißleiters **11**.2 für den Temperaturbereich 40° bis 80 °C in linearem Maßstab.
3. Ermitteln Sie aus der Heißleiterkennlinie **11**.2 den mittleren Temperaturkoeffizienten (TK) für die Temperaturbereiche 40 °C bis 50 °C, 50 °C bis 60 °C, 60 °C bis 70 °C und 70 °C bis 80 °C.
4. Ein Heißleiter wird an eine veränderliche Spannung gelegt und die Stromaufnahme gemessen.
   Die Meßreihe ergab folgende Werte:

| | | | | |
|---|---|---|---|---|
| *U* in V | 0,5 | 1,0 | 1,5 | 2,0 |
| *I* in mA | 0,1 | 0,2 | 0,3 | 0,42 |
| *U* in V | 2,5 | 3,0 | 3,5 | 4,0 |
| *I* in mA | 0,55 | 0,7 | 0,97 | 1,4 |

   Zeichnen Sie für diesen Bereich die Spannungs-Strom-Kennlinie.

5. Ermitteln Sie aus der Kennlinie des Kaltleiters **11**.2 für den Temperaturbereich 55 °C bis 80 °C die Temperatur-Widerstands-Abhängigkeit. Fassen Sie die Ergebnisse in einer Wertetabelle zusammen und zeichnen Sie die Kennlinie mit linearer Achseneinteilung.
6. Berechnen Sie für den Kaltleiter **11**.2 in Temperaturdifferenzen von jeweils 5 K zwischen 50 °C und 80 °C die mittlere Widerstandsänderung je Kelvin und den dazugehörigen Temperaturkoeffizienten.
7. Kaltleiter eignen sich gut als Überstromschutz in elektrischen Geräten. Bild **11**.6 zeigt die Schaltzeit eines Kaltleiters in Abhängigkeit von der Stromstärke. Zeichnen Sie diese Kennlinie um in eine solche mit doppel-logarithmischer Teilung.

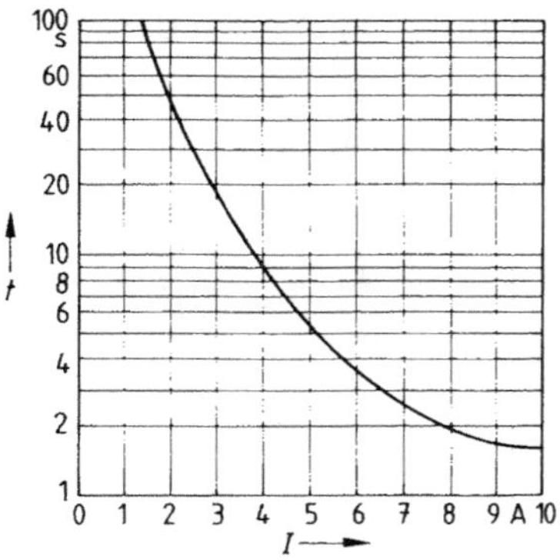


**11**.6

8. Für einen begrenzten Spannungsbereich (z. B. 0 V bis 20 V) kann für einen LDR-Widerstand eine lineare Spannungs-Strom-Abhängigkeit angenommen werden, wenn sich die Temperatur nicht ändert. Ermitteln Sie diese Abhängigkeit als Widerstandsgerade für die Beleuchtungsstärken 1000 lx, 500 lx und 100 lx entsprechend der Kennlinie **11**.3.
9. Zeichnen Sie die Kennlinie des VDR-Widerstands **11**.4 für den Bereich von 10 V bis 100 V um in eine Kennlinie mit linearer Achsenteilung.
10. Zeichnen Sie für das N-Material der Feldplatte **11**.5 die Kennlinie mit einer logarithmisch geteilten senkrechten Achse.
11. Ein spannungsabhängiger Widerstand hat die in Bild **11**.7 dargestellte Strom-Spannungs-Kennlinie. Daraus erkennt man, daß sein Gleichstromwiderstand mit zunehmender Spannung a bnimmt. Wie groß ist der Widerstand bei 2 V 3 V 4 V 5 V 6 V 7 V 8 V 9 V 10 V? Die berechneten Widerstandswerte sind in Abhängigkeit von der Spannung durch eine Kennlinie mit den Maßstäben 0,1 V/mm und 10 Ω/mm darzustellen.

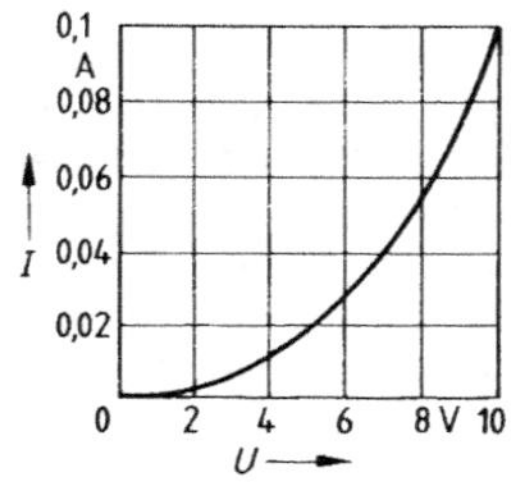


**11**.7

12. Die Strom-Spannungs-Kennlinie eines Eisen-Wasserstoff-Widerstands mit der Aufschrift 3 bis 9 V/0,1 A soll mit der Schaltung nach Bild **11**.8 aufgenommen werden.
Die Messungen ergeben folgende Wertepaare:

| | | | | | | | | | |
|---|---|---|---|---|---|---|---|---|---|
| *U* in V | 0,5 | 1 | 1,5 | 2 | 2,5 | 3 | 3,5 | 4 | 4,5 |
| *I* in mA | 39 | 61 | 73 | 80 | 83 | 85 | 86 | 87 | 88 |
| *U* in V | 5 | 5,6 | 6 | 6,5 | 7 | 7,5 | 8 | 8,5 | 9 |
| *I* in mA | 89 | 89 | 89 | 89 | 89 | 90 | 91 | 93 | 96 |

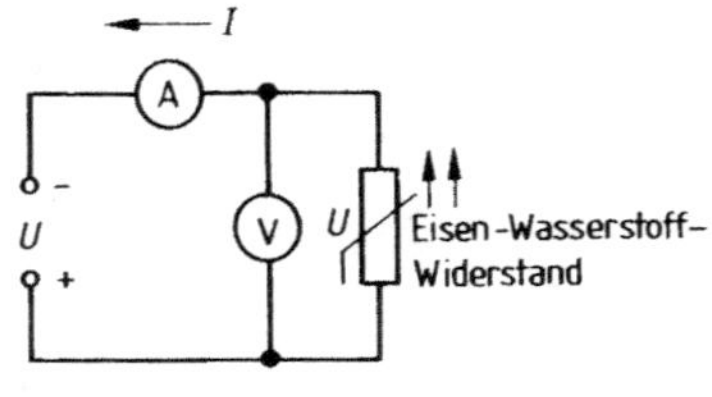


**11**.8

Zeichnen Sie die Kennlinie. Welche Schlüsse kann man aus ihrem Verlauf ziehen?

Werden nichtlineare Widerstände mit anderen Widerständen in Reihe oder parallelgeschaltet, läßt sich der Gesamtwiderstand in der Regel nur zeichnerisch ermitteln (s. a. Abschn. 4.1 und 4.2). Die Kennlinien der Widerstände müssen bekannt sein.

13. In Bild **11.9** ist mit dem Relais K ein Heißleiter in Reihe geschaltet. Nach dem Einschalten des Stromkreises über den Schalter S fließt ein Strom, der den Heißleiter erwärmt; sein Widerstand wird geringer, und die Stromstärke erhöht sich. Das Relais zieht verzögert an. Nach dem Anziehen wird der Heißleiter von einem Schließer des Relais überbrückt und kann sich auf Umgebungstemperatur abkühlen. Das Relais hat den Widerstand 850 Ω und zieht bei 20 mA an.

    Bei welcher Heißleitertemperatur spricht das Relais an? Wie groß ist der Einschaltstrom der Schaltung bei 20 °C? Der Heißleiter hat die in Bild **11.10** dargestellte Kennlinie.

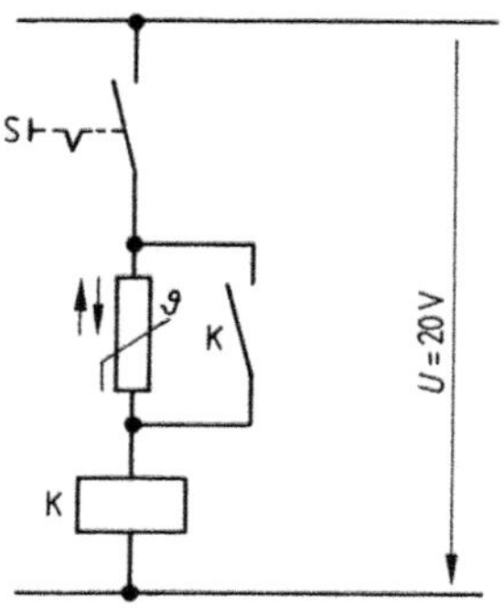


**11.9**

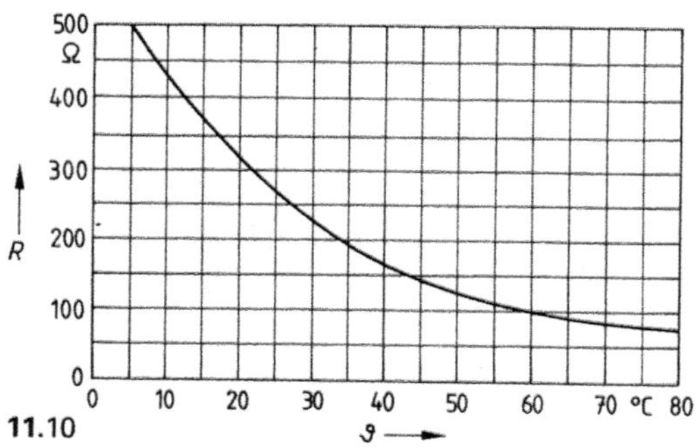


**11.10**

14. Ein Heißleiter kann zur Messung von Temperaturen verwendet werden. Bild **11.11** zeigt eine einfache Meßschaltung. Die konstante Spannung 12 V liegt an der Reihenschaltun von $R_{Th}$ und $R_v$. Die Strombelastung des Heißleiters muß so gering gewählt werden, daß die Eigenerwärmung vernachlässigbar ist. Der Spannungsfall $U_{Th}$ am Heißleiter ist ein Maß für die Temperatur. In der Schaltung hat der Vorwiderstand 1 kΩ. Stellen Sie die Abhängigkeit der Spannung $U_{Th}$ von der Temperatur im Bereich von 15 °C bis 60 °C grafisch dar.

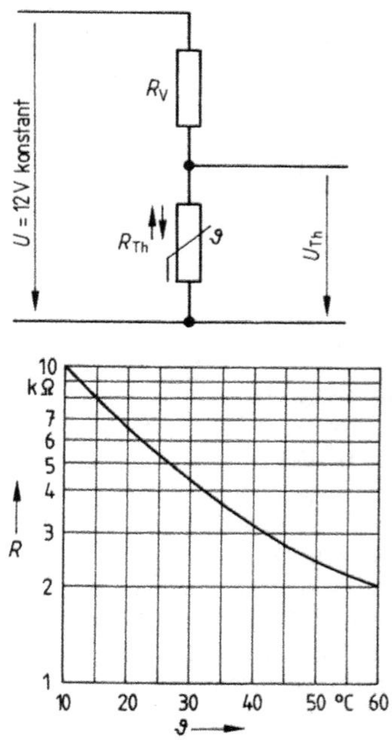


**11.11**

15. Wird ein Heißleiter mit einem Ohmschen Widerstand in Reihe geschaltet , kann in recht weiten Grenzen eine Spannungsstabilisierung erreicht werden. Bild **11.12** zeigt die

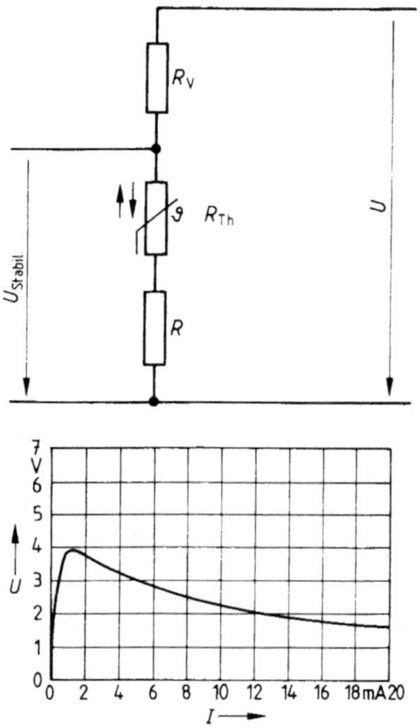


**11**.12

Spannungs-Strom-Abhängigkeit eines Heißleiters. Der Reihenwiderstand $R$ soll
a) 150 Ω, b) 250 Ω
betragen. Ermitteln Sie aus diesen Werten die Kennlinie der Reihenschaltung aus $R$ und $R_{Th}$ grafisch und geben Sie den Stabilisierungsbereich von ±10 % für
a) 4 V und b) 5 V an.

16. Auch Kaltleiter lassen sich als Temperaturfühler einsetzen. Bild **11**.13 zeigt eine einfache Meßschaltung. Die Spannung am Vorwiderstand $R_v$ beträgt 12 V bei der Umgebungstemperatur 20 °C. Die Nenntemperatur des Kaltleiters wird mit 60 °C angenommen. Wie groß wird die Spannung $U_{Th}$ bei 70 °C, 80 °C, 90 °C, 100 °C und 120 °C am Meßfühler (Kaltleiter), wenn der Mittelwert von $\alpha$ in diesem Bereich mit $0{,}4\ K^{-1}$ angenommen wird? Zeichnen Sie eine Kennlinie für die $U_{Th}$-$\vartheta$-Abhängigkeit.

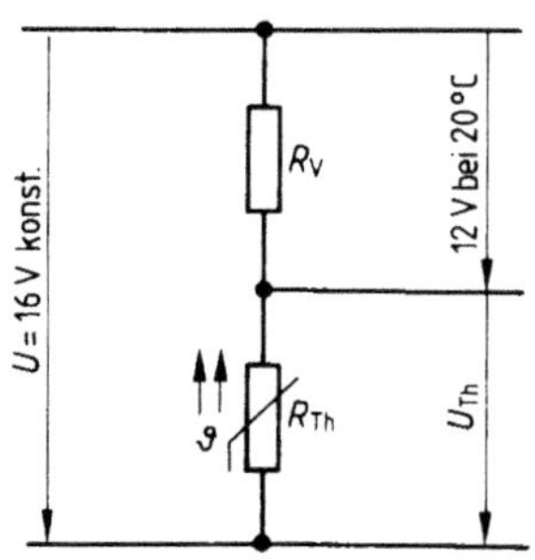


**11**.13

17. Die in Bild **11**.14 dargestellte Kennlinie eines Heißleiters kann durch einen parallelgeschalteten Widerstand weitgehend linearisiert werden. Ermitteln Sie den Kennlinienverlauf für eine Parallelschaltung des Heißleiters 100 kΩ mit der Nenntemperatur 25 °C und dem Parallelwiderstand 30 kΩ für den Temperaturbereich 25 °C bis 80 °C.

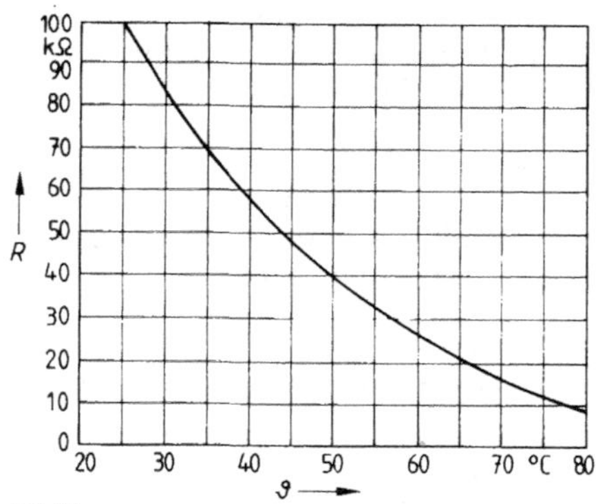


**11**.14

18. Mit der Meßschaltung **11**.15 (ohne den Widerstand $R$) wurde durch Verstellung des Schleifers am Potentiometer $R_p$ die Spannung $U_2$ am Varistor $R_v$ kontinuierlich von 100 V auf 300 V erhöht. Dabei ergaben sich die unten angegebenen Meßwerte. Zeichnen Sie die Strom-Spannungskennlinie des Varistors, ermitteln Sie den Arbeitspunkt für die Reihenschaltung

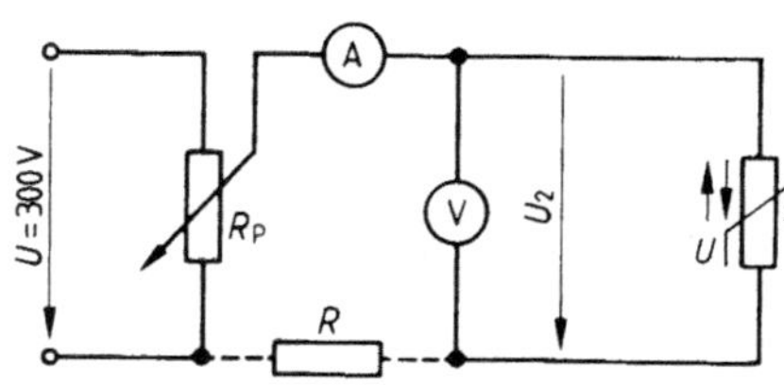


**11**.15

des Varistors mit dem Widerstand $R$ = a) 3 kΩ, b) 2 kΩ, c) 1,5 kΩ und bestimmen Sie den Gesamtwiderstand der Schaltung.

| | | | | | |
|---|---|---|---|---|---|
| $U$ in V | 100 | 125 | 150 | 175 | 200 |
| $I$ in mA | 5 | 6 | 7 | 12 | 20 |
| $U$ in V | 225 | 250 | 275 | 300 | |
| $I$ in mA | 50 | 100 | 167 | 250 | |

19. In der Brückenschaltung **11**.16 betragen die Widerstände
a) $R_1$ = 10 kΩ, $R_2$ = 15 kΩ, $R_3$ = 2 kΩ,
b) $R_1$ = 12 kΩ, $R_2$ = 8 kΩ, $R_3$ = 2 kΩ,
c) $R_1$ = 2 kΩ, $R_2$ = 4 kΩ, $R_3$ = 1 kΩ.
Die Schaltung soll bei 25 °C abgeglichen sein. Welchen Wert muß bei dieser Temperatur der Heißleiter $R_{Th}$ aufweisen? Bei welcher Temperatur ist die Schaltung abgeglichen, wenn für den Heißleiter die Kennlinie **11**.17 gilt?
Bestimmen Sie die Brückenspannung (es wird ein hochohmiger Spannungsmesser verwendet) bei 20 °C und 100 °C (Kennlinie **11**.17).

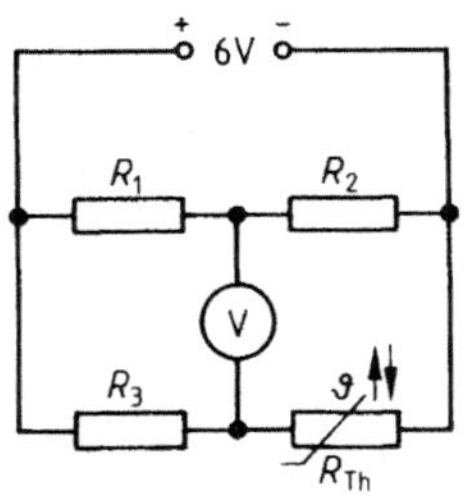


**11**.16

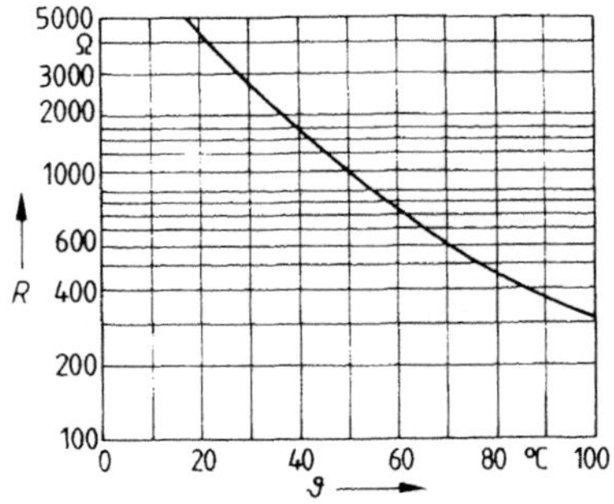


**11**.17

20. Welche Brückenspannung ergibt sich, wenn an Stelle des Widerstands $R_1$ in Aufgabe 19 ein zusätzlicher Heißleiter mit den gleichen Daten wie in Aufgabe 19 eingesetzt wird und beide Heißleiter der gleichen Temperatur am Meßort ausgesetzt werden (Schaltung **11**.18). Die Widerstandswerte für $R_2$ und $R_3$ werden wie in Aufgabe 19 angenommen.

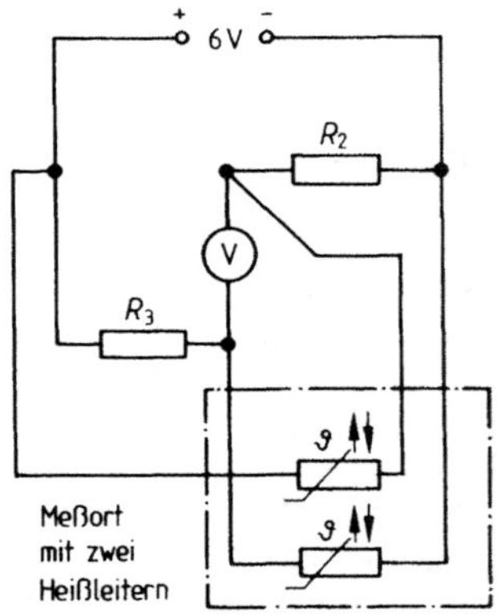


**11**.18

## 11.2 Dioden

**Diodenkennlinien** geben den Zusammenhang zwischen Spannung und Strom grafisch an. Dabei wird $I$ als Funktion von $U$ angegeben; die Steigung der Kennlinie ist ein Maß für den Leitwert. Der Index $F$ (forward) kennzeichnet die Größen im Durchlaßbereich, der Index $R$ (reverse) im Sperrbereich (**11.**19).

> Durchlaßrichtung bedeutet positive Richtung nach rechts und oben,
> Sperrichtung bedeutet negative Richtung nach links und unten.

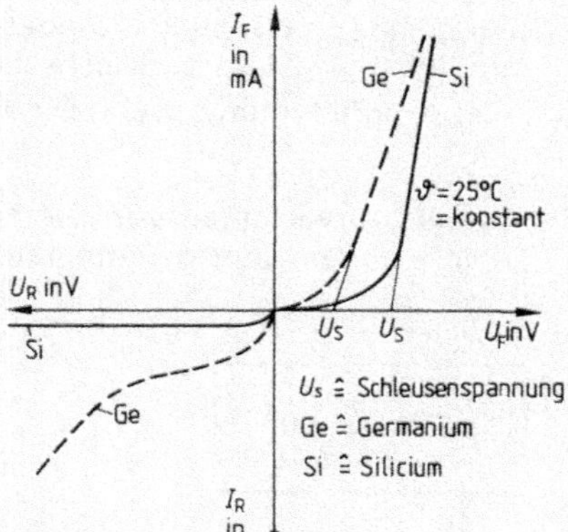


**11.**19

Zu jedem Wertepaar von $U$ und $I$ (Arbeitspunkt) läßt sich ein Widerstand $R_F$ oder $R_R$ angeben. Man unterscheidet den statischen und dynamischen Diodenwiderstand.

**Statischer Diodenwiderstand** (Gleichstromwiderstand)

$$R_F = \frac{U_F}{I_F} \quad \text{(Durchlaßwiderstand)} \qquad R_R = \frac{U_R}{I_R} \quad \text{(Sperrwiderstand)}$$

Nach Überschreiten der Schleusenspannung $U_S$ fällt der Durchlaßwiderstand ab (**11.**20). Wird $U_R \gg U_{Rmax}$, ist auch der Sperrwiderstand $R_R$ niederohmig.

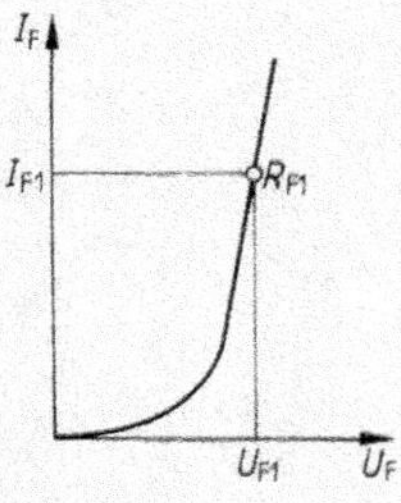


**11.**20

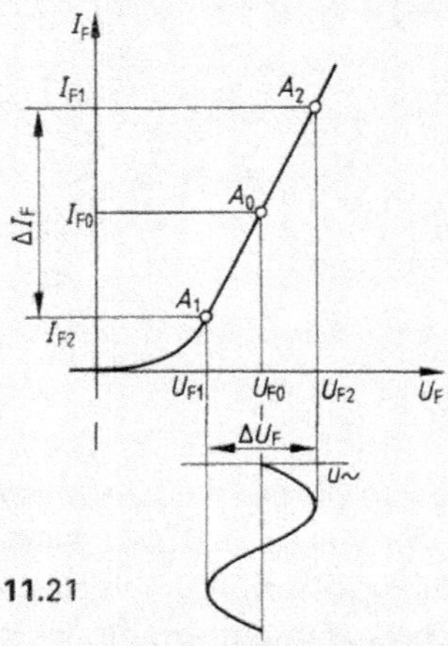


**11.**21

**Dynamischer Diodenwiderstand** (differentieller oder Wechselstromwiderstand)

$$r_F = \frac{U_{F2} - U_{F1}}{I_{F2} - I_{F1}} = \frac{\Delta U_F}{\Delta I_F} \quad \text{(differentieller Durchlaßwiderstand)} \qquad r_R = \frac{U_{R2} - U_{R1}}{I_{R2} - I_{R1}} = \frac{\Delta U_R}{\Delta I_R} \quad \text{(differentieller Sperrwiderstand)}$$

Wird der Gleichspannung $U_{F0}$ eine Wechselspannung überlagert (Mischspannung), fließt im Diodenstromkreis auch ein Mischstrom. Der Arbeitspunkt wandert in Abhängigkeit von der Wechselspannung $\Delta U_F$ nach $U_{F1}$ und $U_{F2}$ (**11**.21 auf S. 133).

$r_R$ ist von Bedeutung, wenn Dioden im Durchbruchbereich betrieben werden (z. B. Z-Dioden).

**Temperaturverhalten von Dioden** (**11**.22). Die Durchlaßspannung $U_F$ hat bei $I_F$ = konst. einen negativen Temperaturkoeffizienten $\alpha_u$.
Es gilt:

$$\alpha_u = \frac{\Delta U_F}{\Delta I} < 0.$$

Typisch für Siliciumdioden ist $\alpha_u = \frac{2\ \text{mV}}{\text{K}}$.

Sperrströme nehmen mit steigender Sperrschichttemperatur exponentiell zu. In Abhängigkeit von der Temperaturänderung $\Delta\vartheta$ gelten folgende Vervielfachungsfaktoren:

1,05 bei $\Delta\vartheta$ = 1 K
1,10 bei $\Delta\vartheta$ = 2 K
10 bei $\Delta\vartheta$ = 50 K

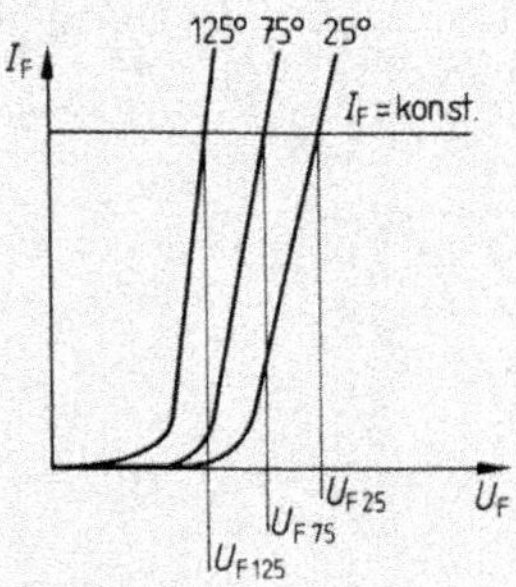


**11**.22

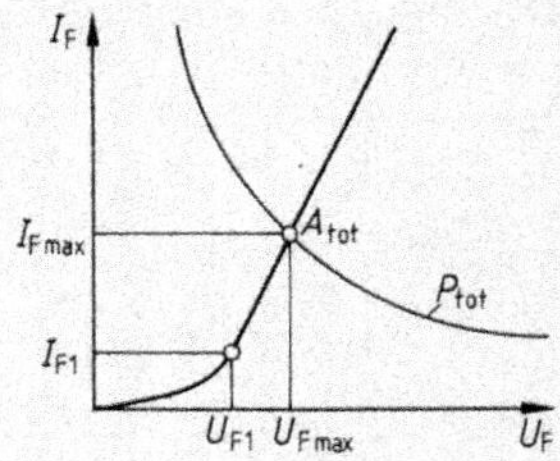


**11**.23

**Grenzwerte von Dioden** sind im wesentlichen:
- die maximal zulässige Sperrspannung $U_{R\max}$,
- der maximal zulässige Durchlaßstrom $I_{F\max}$.

Aus der Sperrspannung ergibt sich das Sperrverhalten; aus Durchlaßspannung und Durchlaßstrom ergibt sich die in der Diode in Wärme umgewandelte Verlustleistung $P_v$ (**11**.23).
Es gilt:

$$P_{tot} = U_{F\max} \cdot I_{F\max} = P_v$$

$$P_v = U_F \cdot I_F$$

## Anwendungen von Dioden

**Begrenzung und Stabilisierung** kleiner Spannungen ist mit Dioden möglich, weil die Durchlaßspannung in einem großen Strombereich nur wenig schwankt, d. h. eine geringe Spannungsänderung $\Delta U_F$ ruft eine große Stromänderung $\Delta I_F$ hervor (**11**.24).

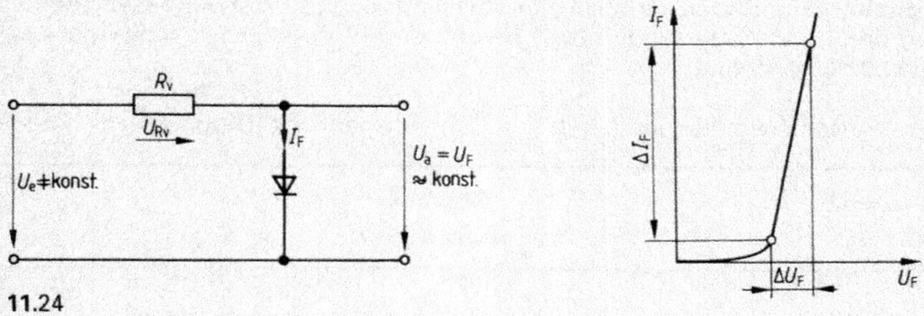


**11**.24

Aufgaben des Vorwiderstands $R_v$ sind

- Übernahme der Spannungsdifferenz $U_{Rv} = U_e - U_F$,
- Begrenzung des Durchlaßstroms $R_v = \dfrac{U_{Rv}}{I_{Rv}} = \dfrac{U_e - U_F}{I_F}$.

Liegt keine Kennlinie vor, gilt $U_F = U_S$ ($U_S$ für Siliciumdioden 0,7 V, $U_S$ für Germaniumdioden 0,3 V).

**Minimaler und maximaler Vorwiderstand** ($R_{vmin}$ und $R_{vmax}$). Damit der Arbeitspunkt auch noch bei kleinstmöglicher Eingangsspannung $U_{emin}$ oberhalb des Knickbereichs der Diode liegt, muß $R_v \leqq R_{vmax}$ sein (**11**.25).

$$R_{vmax} \leqq \frac{U_{emin} - U_F}{I_{Fmin}}$$

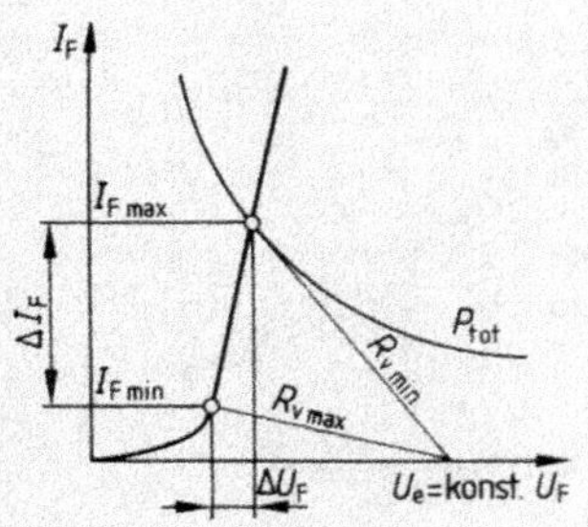


**11**.25

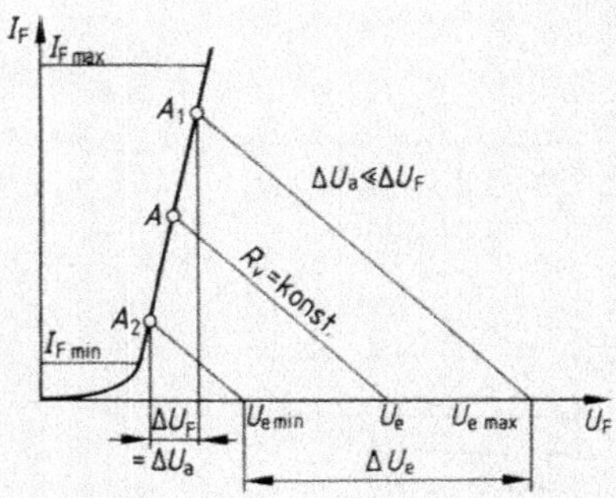


**11**.26

Damit bei $U_e = U_{emax}$ der Durchlaßstrom $I_F \leqq I_{Fmax}$ bleibt, muß $R_v \geqq R_{vmin}$ sein.

$$R_{vmin} \geqq \frac{U_{emax} - U_F}{I_{Fmax}}$$

Damit gelten für den Eingangsbereich (**11**.26):

$$U_{emax} = R_v \cdot I_{Fmax} + U_F \quad \text{und} \quad U_{emin} = R_v \cdot I_{Fmin} + U_F.$$

**Diodenschalter.** Eine Diode kann als elektronischer Schalter verwendet werden, indem man den hohen Sperrwiderstand $R_R$ und den geringen Durchlaßwiderstand $R_F$ nutzt (**11**.27). Es gilt für

| Schalter geschlossen (Diode leitet) | Schalter geöffnet (Diode sperrt) |
|---|---|
| $U_{RL} = U_e - U_F \approx U_e$ | $U_{RL} = U_e - U_R \approx 0$ |
| $U_{RL} = I_F \cdot R_L$ | $U_{RL} = I_R \cdot R_L.$ |

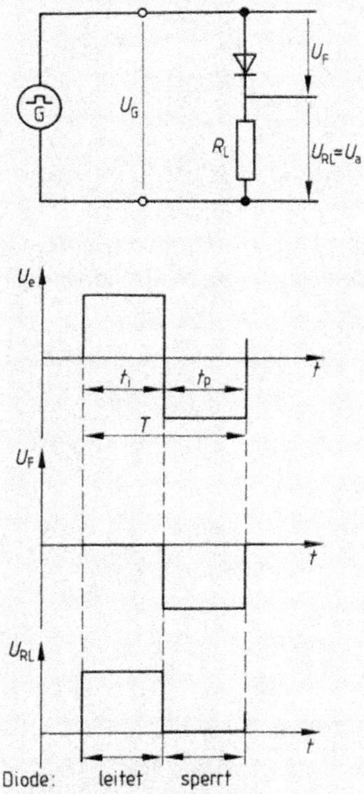


**11**.27

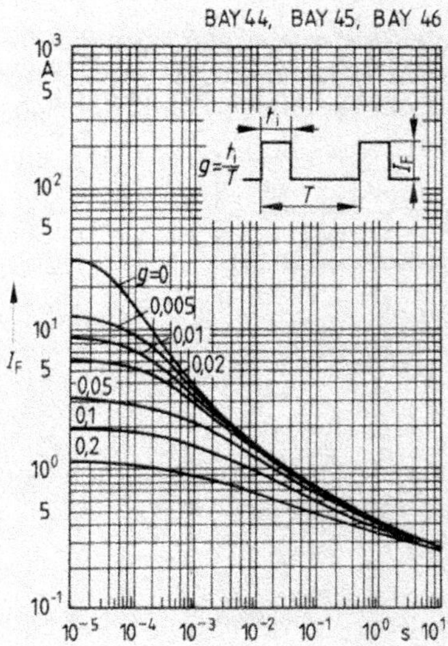


**11**.28

Bei impulsförmiger Belastung können Dioden mit Leistungen betrieben werden, die größer sind als die in den Datenblättern angegebene statische Verlustleistung $P_{tot}$, solange dabei die maximale zulässige Sperrschichttemperatur nicht überschritten wird. Die Belastbarkeitsgrenzen sind den Impulsbelastbarkeitskurven zu entnehmen (**11**.28).

**Beispiel 11.2** Wie groß sind bei der Diode **11**.29 Gleichstrom- und differentieller Durchlaßwiderstand, wenn $U_F = 0{,}9$ V und in diesem Arbeitspunkt $\Delta U_F = 0{,}2$ V betragen?

**Lösung** Aus der Kennlinie sind folgende Zahlenwerte abzulesen ($\vartheta_j$ = 25 °C)[1]:

bei $U_{F0} = 0{,}9$ V $\quad I_{F0} = 70$ mA

bei $U_{F1} = 1{,}0$ V $\quad I_{F1} = 145$ mA

bei $U_{F2} = 0{,}8$ V $\quad I_{F2} = 20$ mA

Gleichstromwiderstand

$$R_F = \frac{U_F}{I_F} = \frac{0{,}9\ \text{V}}{70\ \text{mA}} = \mathbf{12{,}9\ \Omega}$$

differentieller Widerstand

$$r_F = \frac{U_{F2} - U_{F1}}{I_{F2} - I_{F1}} = \frac{1\ \text{V} - 0{,}8\ \text{V}}{145\ \text{mA} - 70\ \text{mA}}$$

$$r_F = \mathbf{1{,}6\ \Omega}$$

1) Übliche Angaben sind auch $T_j$ oder $t_j$.

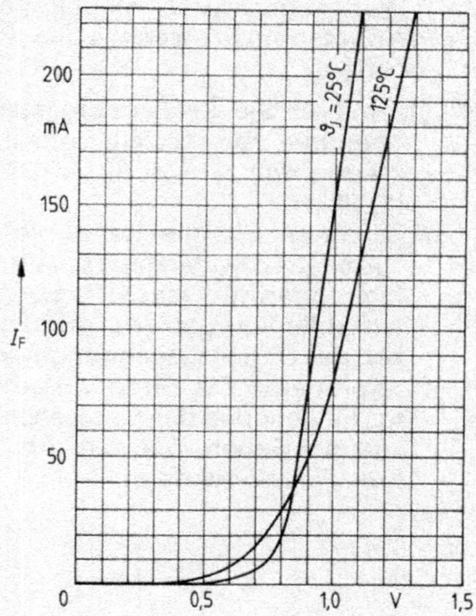


**11**.29

## Aufgaben

1. Aus der Schaltung **11**.30 wurden folgende Meßwerte zur Aufnahme einer Diodenkennlinie ermittelt:

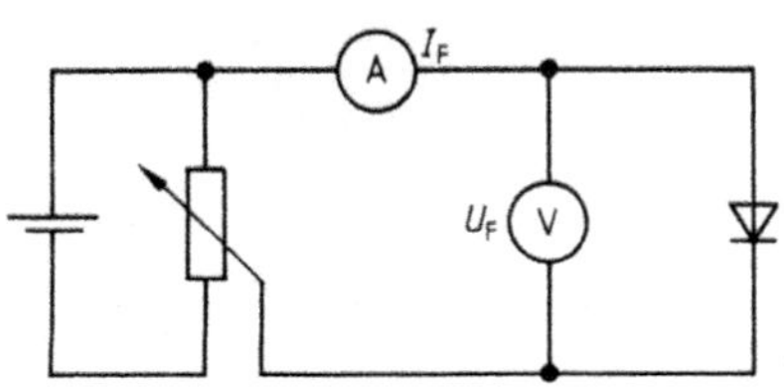


**11**.30

| $U_F$ | $I_F$ |
|---|---|
| 0,50 V | 0 mA |
| 0,55 V | 1 mA |
| 0,60 V | 2 mA |
| 0,65 V | 4 mA |
| 0,70 V | 8 mA |
| 0,75 V | 14 mA |
| 0,80 V | 22 mA |
| 0,85 V | 53 mA |
| 0,90 V | 90 mA |

a) Zeichnen Sie die Kennlinie in Durchlaßrichtung und berechnen Sie für jeden Meßwert den Gleichstromwiderstand.

b) Ermitteln Sie aus der von ihnen gezeichneten Diodenkennlinie die Schleusenspannung (Schwellspannung).

2. Bild **11**.31 zeigt die Kennlinie einer Germaniumdiode in Durchlaßrichtung.

a) Stellen Sie die Abhängigkeit $I_F$ von $U_F$ in einer Tabelle zusammen, berechnen Sie den jeweiligen Gleichstromwiderstand der Diode und ermitteln Sie die Schwellspannung.

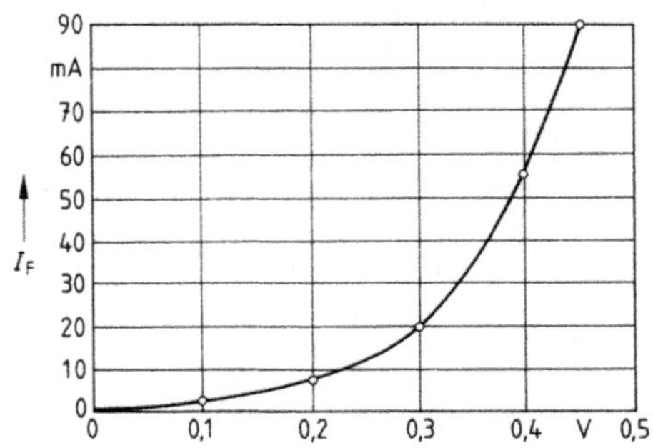


**11**.31

b) Berechnen Sie die differentiellen Widerstände für die eingetragenen Arbeitspunkte, wenn $\Delta U_F = 0{,}1$ V beträgt.

3. a) Ermitteln Sie aus der dargestellten Kennlinie die Gleichstromwiderstände für $I_F = 0$ A bis 80 mA (**11**.32).
   b) Zeichnen Sie die Kennlinie des Gleichstromwiderstands auf einfach-logarithmisches Papier und auf Millimeterpapier in Abhängigkeit der Durchlaßspannung und interpretieren Sie deren Verlauf unter Anwendung des Ohmschen Gesetzes. Geben Sie die Art des Kennlinienverlaufs an.

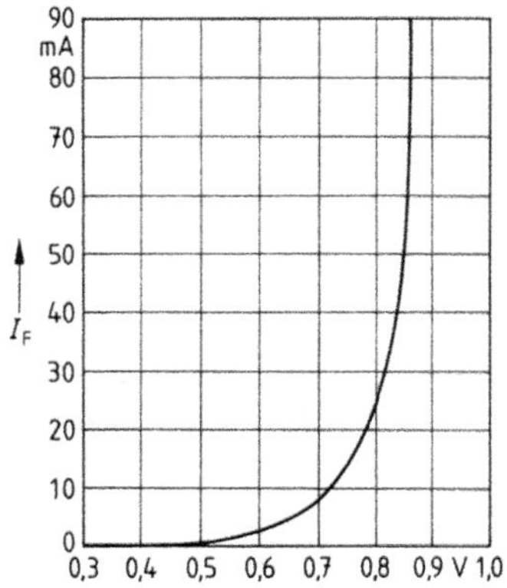


**11**.32

4. Bestimmen Sie bei der Diode BA 318 (**11**.29) den Durchlaßstrom und den Gleichstrom-Durchlaßwiderstand bei a) $U_F = 0{,}8$ V, b) $U_F = 0{,}6$ V, c) $U_F = 1$ V und $T_j$ (Sperrschichttemperatur) = 25 °C. Wie verändern sich $I_F$ und $R_F$, wenn $T_j = 125$ °C beträgt?

5. Berechnen Sie den differentiellen Durchlaßwiderstand der BA 318 (**11**.29), wenn $U_{F0} = 0{,}8$ V, $\Delta U_F = 0{,}1$ V betragen ($T_j = 25$ °C).

6. Welche Werte haben $R_F$ und $R_R$ der Germaniumdiode AA 119 (**11**.33) bei
   a) $U_F = 1$ V, $U_R = 10$ V;
   b) $U_F = 0{,}5$ V, $U_R = 20$ V;
   c) $U_F = 1{,}2$ V, $U_R = 30$ V?
   ($T_u = 25$ °C).

7. a) Wie groß ist der differentielle Durchlaßwiderstand $r_F$ der AA 119 bei $T_u = 25$ °C, wenn $U_{F0} = 1$ V und $\Delta U_F = 0{,}2$ V betragen (**11**.33)?
   b) Bestimmen Sie den differentiellen Sperrwiderstand $r_R$ der AA 119 bei $U_{R0} = 20$ V und $\Delta U_R = 10$ V; $T_u = 25$ °C (**11**.33).

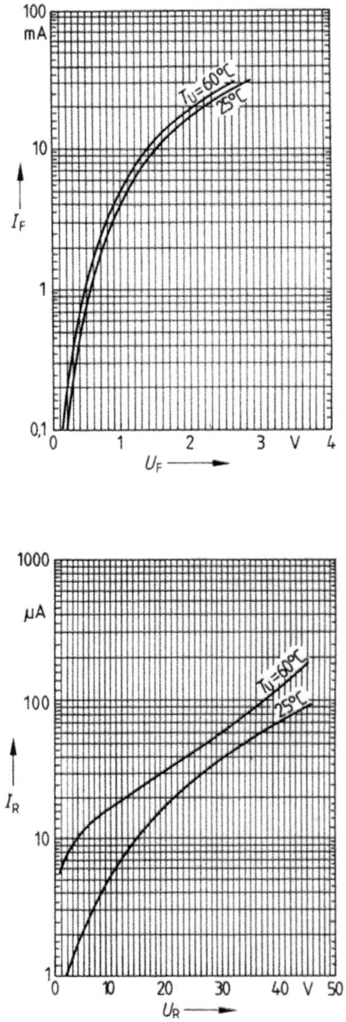


**11**.33

8. Bestimmen Sie für die Diode BAY 43 (**11**.34) anhand der Mittelwert-Kennlinien bei $T_U = 100$ °C folgende Werte:

a) Durchlaßwiderstand bei $U_F = 0{,}7$ V.
b) differentieller Durchlaßwiderstand bei $U_{F0} = 0{,}7$ V und $\Delta U_F = 0{,}1$ V,
c) Sperrwiderstand bei $U_R = 60$ V,
d) differentieller Sperrwiderstand bei $U_{R0} = 60$ V und $\Delta U_R = 20$ V.

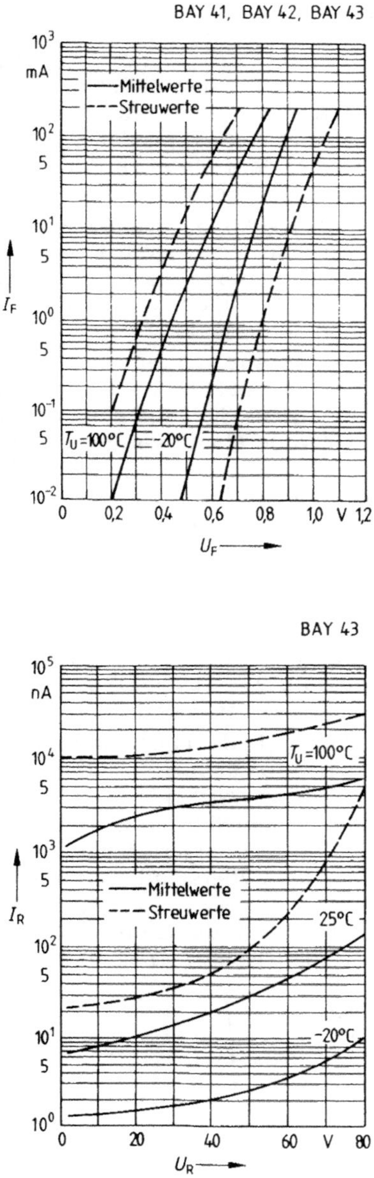


**11.34**

9. Die Diode BAY 42 (**11.34**) hat bei $T_U = 100$ °C und $I_F = 50$ mA den Durchlaßwiderstand $R_F = 14\ \Omega$. Welchen Wert nimmt die Durchlaßspannung an, wenn diese Diode den dynamischen (differentiellen) Durchlaßwiderstand $r_F = 1{,}53\ \Omega$ hat und der Durchlaßstrom auf 100 mA steigt? Prüfen Sie Ihr Ergebnis anhand der Kennlinie. Wie groß ist die Verlustleistung im ursprünglichen und im neuen Arbeitspunkt?
10. Berechnen Sie den Temperaturkoeffizienten der Durchlaßspannung einer Universaldiode (**11.35**) bezogen auf die konstanten Durchlaßströme 0,1 mA, 1 mA, 10 mA und 100 mA anhand der Kennlinien.

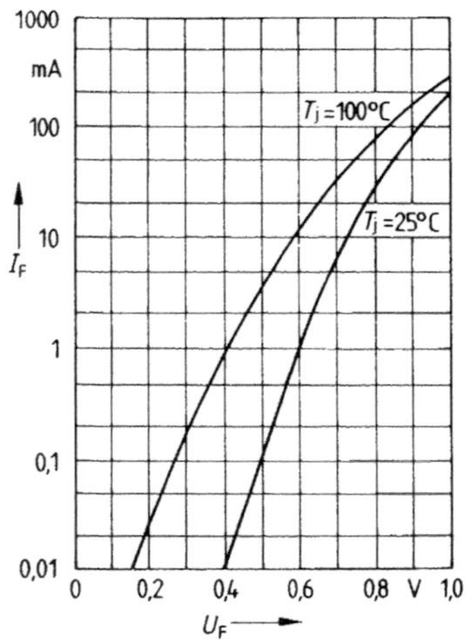


**11.35**

11. Berechnen Sie mit den in Aufgabe 10 ermittelten Werten für den Temperaturkoeffizienten die zugehörigen Werte der Durchlaßspannung für $T_j = 200$ °C. Zeichnen Sie die Kennlinie $I_F = f(U_F)$ für $T_j = 200$ °C und bewerten Sie den Verlauf im Vergleich zu den Kennlinien **11.35**.
12. Die Durchlaßspannung der Schaltdiode BAW 75 hat, bezogen auf $I_F = 10$ mA, den Temperaturkoeffizienten −1,47 mV/K. Bei $T_j = 25$ °C liegt an ihr $U_F = 0{,}8$ V. Berechnen Sie die Durchlaßspannung bei $T_j = 100$ °C. Wie hoch wäre diese Spannung bei der maximal zulässigen Sperrschichttemperatur 200 °C?

13. In Bild **11**.36 ist die Änderung der Arbeitsspannung einer Z-Diodenfamilie BZX 55... in Abhängigkeit von der Sperrschichttemperatur dargestellt. Berechnen Sie den Temperaturkoeffizienten $\alpha_{UZ}$ im Bereich $T_{j1}$ = 80 °C bis $T_{j2}$ = 120 °C für die Dioden BZX 55 C4 V7 bis BZX 55 C10.
Bewerten Sie Ihre Ergebnisse und vergleichen Sie diese mit dem Verlauf der Kennlinie **11**.37.

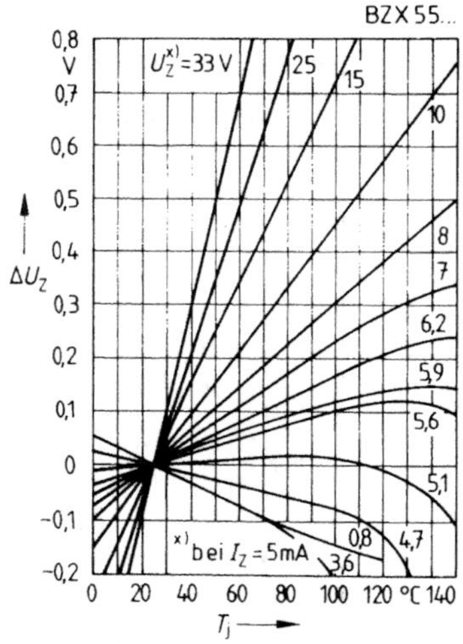


**11**.36

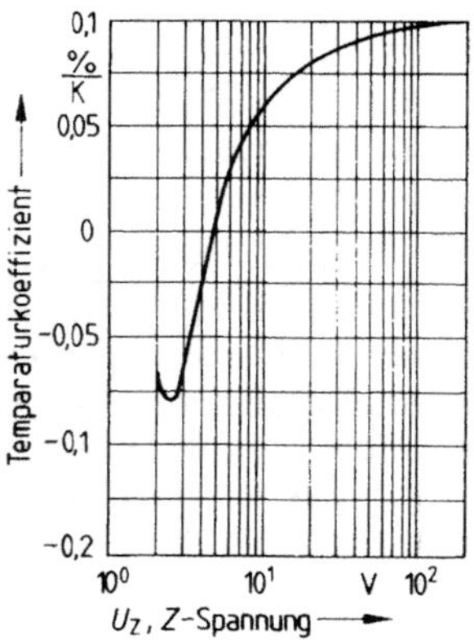


**11**.37

14. Die Diode 1N4148 hat eine zulässige Verlustleistung $P_{tot}$ = 400 mW. Stellen Sie die Wertetabelle für die Verlustleistungshyperbel auf und zeichnen Sie die $P_{tot}$-Kennlinie in Abhängigkeit von $U_F$ = 0,5 V bis $U_F$ = 8 V.

15. Bei $T_U$ = 25 °C und $T_U$ = 100 °C fließen durch die Diode BAY 45 jeweils 100 mA, wenn $U_F$ = 0,97 V bzw. $U_F$ = 0,90 V anliegen. Ordnen Sie den beiden $T_U$-Werten die Durchlaßspannung zu und berechnen Sie die beiden Verlustleistungen.

16. Eine Diode BA 147 mit $I_{Fmax}$ = 150 mA liegt in einer unbelasteten Stabilisierungsschaltung an $U_e$ = 12 V ± 10 %. Berechnen Sie $R_{vmin}$ und $R_{vmax}$, wenn der minimale Durchlaßstrom 3 mA beträgt. Wählen Sie aus der Reihe E 12 den Normwert für den Vorwiderstand, der dem Mittelwert von $R_{vmax}$ und $R_{vmin}$ am nächsten liegt.

17. Die Diode AA 113 mit $I_{Fmax}$ = 50 mA liegt in Reihe mit einem Widerstand 180 Ω. Die Ausgangsspannung soll etwa 0,3 V betragen ($I_{Fmin}$ = 2 mA). Berechnen Sie $U_{emin}$ und $U_{emax}$.

18. Zur Betriebsspannungskontrolle eines Netzgeräts mit der Ausgangsgleichspannung $U$ = 30 V soll eine rote LED mit Vorwiderstand verwendet werden.
   a) Welchen Widerstandswert und welche Belastbarkeit hat $R_v$, wenn von der Diode $U_F$ = 1,2 V bei $I_F$ = 30 mA bekannt sind? Wählen Sie einen passenden Vorwiderstand der Reihe E 12 aus.
   b) Soll eine grüne Diode verwendet werden, gilt $U_F$ = 2,7 V bei $I_F$ = 15 mA. Wie groß sind $R_v$ und $P_{Rv}$?

19. Eine Leuchtdiode (LED) mit der Kennlinie **11**.38 soll über $R_{v1}$ = 100 Ω an $U$ = 5 V betrieben werden.
   a) Bestimmen Sie den Strom $I_F$ und die Teilspannungen $U_F$ und $U_{Rv}$.
   b) Welchen Widerstandswert muß ein anderer Vorwiderstand $R_{v2}$ haben, damit durch die Diode ein Strom $I_F$ = 20 mA fließt? ($U$ = 5 V).

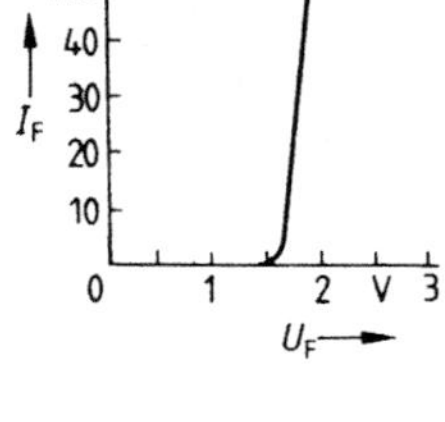


**11**.38

20. Berechnen Sie die prozentualen Schwankungen von $U_e$ in der Schaltung **11**.39, wenn $I_L = 50$ mA ±15 % beträgt. Welche Werte nimmt $R_L$ dabei an? ($I_{Fmax} = 150$ mA, $I_{Fmin} = 3$ mA)

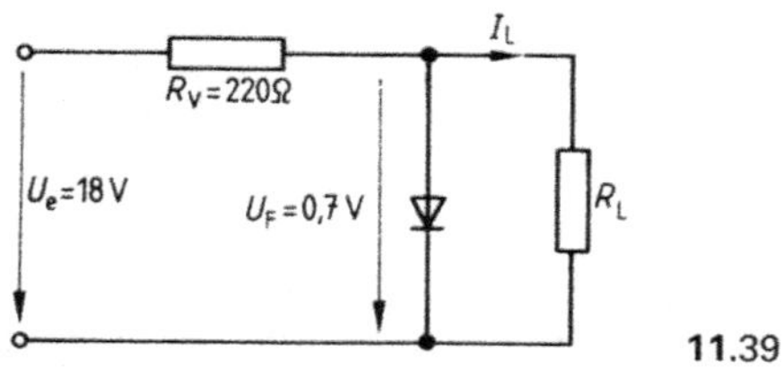


**11**.39

21. In der Schaltung **11**.40 wird die Diode BAY 80 zur Spannungsbegrenzung an $R_L$ eingesetzt. Ihre Diodenkennlinie hat folgende Werte:

| | | | | | |
|---|---|---|---|---|---|
| $U_F$ in V | 0,52 | 0,70 | 0,78 | 0,86 | 0,92 |
| $I_F$ in mA | 0,1 | 5 | 10 | 20 | 50 |
| $U_F$ in V | 1,00 | 1,07 | 1,13 | 1,20 | |
| $I_F$ in mA | 100 | 150 | 200 | 250 | |

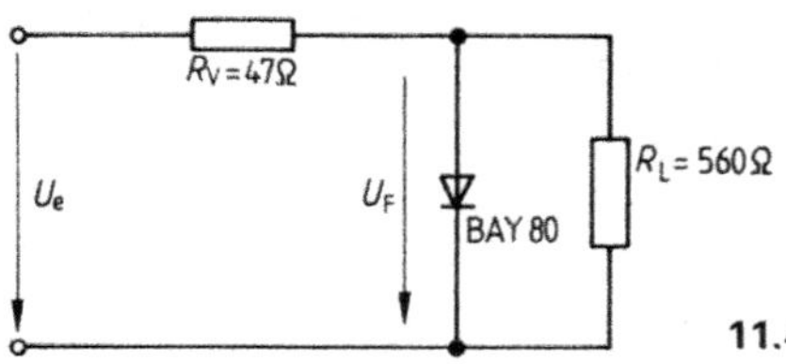


**11**.40

Berechnen Sie den Wert der Eingangsspannung, wenn $U_F = 1$ V ist. Welche Werte darf die Eingangsspannung annehmen, wenn $U_{Fmin} = 0{,}92$ V nicht unterschritten und $U_{Fmax} = 1{,}07$ V nicht überschritten werden dürfen?

22. Die Diode BAV 17 mit $P_{tot} = 400$ mW schaltet unter $T_j = 25$ °C den Lastwiderstand 56 Ω. Es fließen bei $U_F = 0{,}9$ V $I_F = 100$ mA. Berechnen Sie bei $I_R = 70$ mA.
    a) die erforderliche Eingangsspannung,
    b) die Spannung am Lastwiderstand bei leitender und gesperrter Diode,
    c) die maximale Schaltleistung,
    d) den geringsten Wert des Lastwiderstands.
23. Berechnen Sie die Diodenverlustleistung, wenn die Diode BAV 17 (Aufg. 22) unter Einhaltung des Arbeitspunkts mit dem Tastgrad $g = 0{,}3$ periodisch schaltet.
24. Berechnen Sie den Minimalwert des Lastwiderstands, der über eine Diode $P_{tot} = 300$ mW im Arbeitspunkt 0,86 V, $T_j = 25$ °C an $U_e = 12$ V geschaltet werden kann. Welche maximale Schaltleistung wird dabei erbracht?
25. Welchen Minimalwert darf ein Lastwiderstand annehmen, wenn bei $U_F = 0{,}76$ V, $U_e = 12$ V und $P_{tot} = 250$ mW mit $g = 0{,}2$ geschaltet wird? Wie groß sind die Diodenverlustleistung und die Verlustleistung im Lastwiderstand?

**Spannungsstabilisierung mit Z-Dioden**

Der Vorwiderstand $R_v$ (**11**.41 a) ist so zu dimensionieren, daß bei $U_{emin}$ und $I_{Lmax}$ der $I_{zmin}$ nicht unterschritten wird (**11**.41 b) – dann liegt der Arbeitspunkt im Knick-

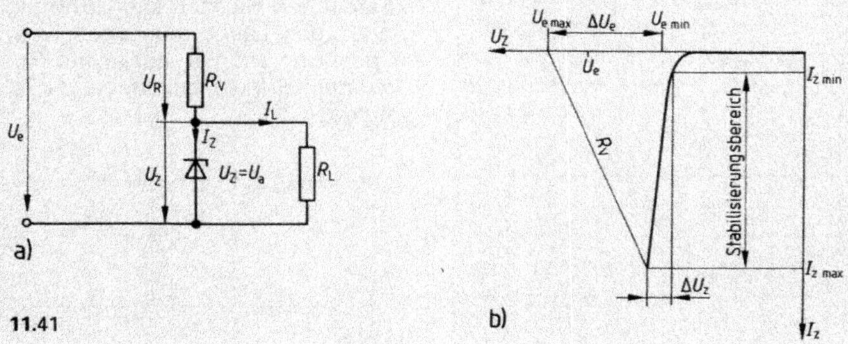


**11**.41

bereich. Außerdem darf bei $U_{emax}$ und $I_{Lmin}$ der $I_{zmax}$ nicht überschritten werden – dann liegt der Arbeitspunkt oberhalb von $P_{tot}$.

$$I_{zmin} \approx \mathbf{0{,}1} \cdot I_{zmax} \qquad P_{tot} = U_z \cdot I_{zmax}$$

$$R_v = \frac{U_e - U_z}{I_z + I_L} \qquad R_{vmin} = \frac{U_{emax} - U_z}{I_{zmax} + I_{Lmin}} \qquad R_{vmax} = \frac{U_{emin} - U_z}{I_{zmin} + I_{Lmax}}$$

**Aufgaben**

26. Berechnen Sie $I_{zmax}$ für die in Bild **11**.42 dargestellte Z-Dioden-„Familie", wenn $P_{tot} = 330$ mW beträgt. Vervollständigen Sie das Diagramm und geben Sie den Arbeitsbereich an.

27. Bestimmen Sie nach Bild **11**.42 den differentiellen Widerstand für eine Z-Diode mit der Zenerspannung a) 3,3 V, b) 10 V, c) 16 V. Tragen Sie $\Delta U_z$ und $\Delta I_z$ in ein Diagramm ein.

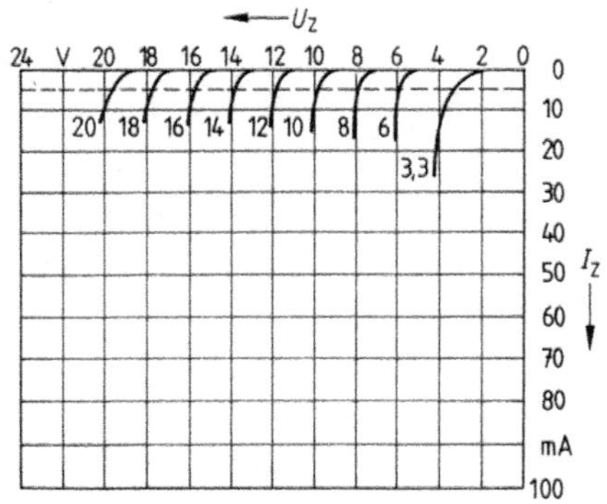


28. Die Zenerspannung einer Z-Diode ist neben der eigentlichen Zenerspannung abhängig von der Temperatur und dem Temperaturkoeffizienten. Der Unterschied der Zenerspannung wird berechnet nach der Gleichung $\Delta U_z = U_z \cdot \alpha \cdot \Delta T$. Berechnen Sie die neue Zenerspannung einer Z-Diode Z 20 bei a) 100 °C, b) 125 °C, c) 80 °C für die Bezugstemperatur 25 °C. Der Temperaturkoeffizient läßt sich aus dem Diagramm **11**.43 ermitteln.

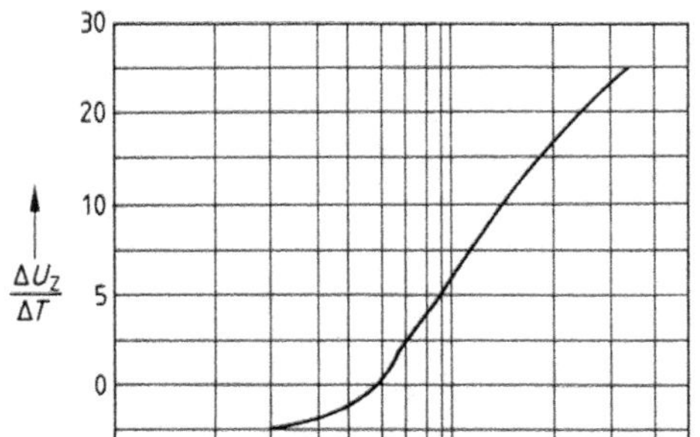


**11**.43

29. Für die Z-Diode Z 6 in der einfachen Stabilisierungsschaltung **11.44** ist im Datenblatt der maximale Zenerstrom a) 100 mA, b) 150 mA, c) 180 mA angegeben.
Berechnen Sie die Größe des Vorwiderstands $R_v$.

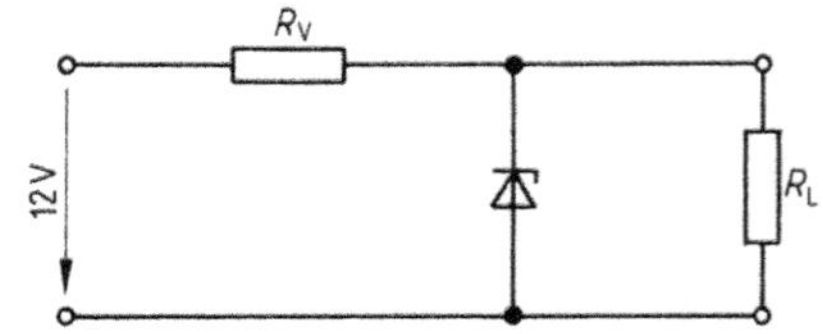


**11**.44

30. Entsprechend Bild **11**.45 wird an die Anschlußklemmen parallel zur Z-Diode ein Lastwiderstand $R_L$ angeschlossen.
Berechnen Sie den kleinstmöglichen Wert des Lastwiderstands und die Spannung am Vorwiderstand $R_v$. Entnehmen Sie die fehlenden Werte der Aufgabe 29.

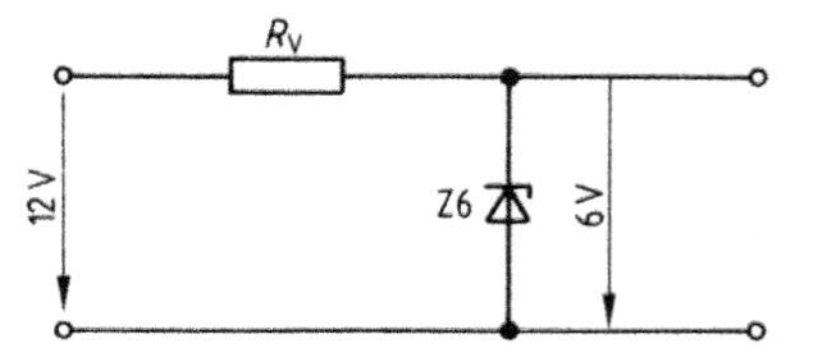


**11**.45

31. Wie groß werden die Spannungen am Vorwiderstand $R_v$ und am Lastwiderstand $R_L$, wenn der Widerstand $R_L = 30\ \Omega$ beträgt (s. Aufgabe 30). Beurteilen Sie das berechnete Ergebnis.

32. Mit der einfachen Schaltung **11**.45 soll die Spannung am Lastwiderstand auf 12 V stabilisiert werden. Die Betriebsspannung soll 36 V betragen. Zur Verfügung steht eine Z-12-Diode mit der zulässigen Verlustleistung a) 1,2 W, b) 0,8 W, c) 1 W.

    Berechnen Sie die Größe des Vorwiderstands und den kleinstmöglichen Lastwiderstand.

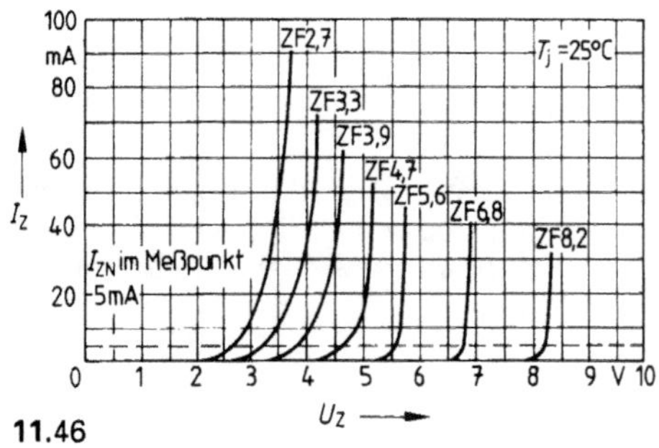


**11**.46

33. Bestimmen Sie aus den Kennlinien der Z-Dioden-Familie **11**.46 zu den vorgegebenen Spannungen $U_z$ die Ströme $I_z$.
    a) ZF 3,9: $U_{Z1} = 4$ V, $U_{Z2} = 4{,}5$ V
    b) ZF 6,8: $U_{Z1} = 6{,}8$ V, $U_{Z2} = 6{,}9$ V
    c) Ermitteln Sie aus den Wertepaaren den differentiellen Widerstand der Diode.

34. Die Versorgungsspannung $U$ einer Z-Dioden-Stabilisierungsschaltung beträgt 24 V, $U_z = 8{,}2$ V, $R_v = 180\ \Omega$.
    a) Wie groß sind $I$ und $I_z$, wenn $I_L$ = 50 mA beträgt?
    b) Wie groß ist die Verlustleistung $P_v$ der Diode?

35. In einer Verzögerungsschaltung – z. B. für Warnsirenen – soll eine Steuerspannung auf etwa 20 V stabilisiert werden, damit definierte Schaltzeiten erreichbar sind. Die Speisung erfolgt über einen Akkumulator, dessen Spannung 60 V ±10 % beträgt. Verwendet wird eine Z-Diode BZX 55 C20 mit $I_{zmax}$ = 20 mA. Der Laststrom schwankt zwischen 1 mA und 10 mA. Berechnen Sie $R_{vmin}$ und $R_{vmax}$, wählen Sie einen geeigneten Normwert und berechnen Sie die Nennleistung.

# 12 Einführung in die Steuerungs- und Digitaltechnik

## 12.1 Rechnen mit Dualzahlen

**Beim uns geläufigen Dezimalsystem** stellen wir Zahlen mit Hilfe der zehn Ziffern 0, 1, 2, bis 7, 8, 9 dar. Der Wert der Ziffer in einer Zahl ergibt sich aus ihrer Stelle innerhalb der Zahl (Stellenwertsystem). Jeder Stellenwert ist um den Faktor 10 größer als bei der rechts daneben stehenden Ziffer.

**Beispiele 12.1**

$$\begin{aligned} 6032 &= 6 \cdot 1000 + 0 \cdot 100 + 3 \cdot 10 + 2 \cdot 1 \\ &= 6 \cdot 10^3 + 0 \cdot 10^2 + 3 \cdot 10^1 + 2 \cdot 10^0 \\ 3206 &= 3 \cdot 1000 + 2 \cdot 100 + 0 \cdot 10 + 6 \cdot 1 \\ &= 3 \cdot 10^3 + 2 \cdot 10^2 + 0 \cdot 10^1 + 6 \cdot 10^0 \end{aligned}$$

**Im Dualsystem** (Zweiersystem) stehen nur die beiden Ziffern 0 und 1 zur Verfügung. Bei einer aus diesen Ziffern zusammengesetzten Zahl (Binärzahl) ist der Stellenwert jeweils um den Faktor 2 größer als bei der rechts daneben stehenden Ziffer.

**Beispiele 12.2**

$$\begin{aligned} 1011 &= 1 \cdot 8 + 0 \cdot 4 + 1 \cdot 2 + 1 \cdot 1 \\ &= 1 \cdot 2^3 + 0 \cdot 2^2 + 1 \cdot 2^1 + 1 \cdot 2^0 \\ 1101 &= 1 \cdot 8 + 1 \cdot 4 + 0 \cdot 2 + 1 \cdot 1 \\ &= 1 \cdot 2^3 + 1 \cdot 2^2 + 0 \cdot 2^1 + 1 \cdot 2^0 \end{aligned}$$

Offensichtlich ergibt sich dadurch im Dualsystem schon bei kleinen Zahlen eine hohe Stellenzahl. Der Vorteil des Dualsystems liegt jedoch darin, daß sich beide Ziffern leicht durch Bauteile darstellen lassen, die genau zwei Zustände annehmen können.

**Beispiele 12.3** Schalter aus – Schalter ein
Diode sperrt – Diode leitet
Transistor sperrt – Transistor leitet

### Umwandeln von Zahlen

**Die Umwandlung Dezimal – Dual** geschieht durch fortgesetzte Division der Dezimalzahl durch 2. Die verbleibenden Reste werden notiert und ergeben die gesuchte Dualzahl.

**Beispiele 12.4**

| Dezimalzahl 57 | Rest |
|---|---|
| 57 : 2 = 28 | 1 |
| 28 : 2 = 14 | 0 |
| 14 : 2 = 7 | 0 |
| 7 : 2 = 3 | 1 |
| 3 : 2 = 1 | 1 |
| 1 : 2 = 0 | 1 |

Dualzahl **111001**

| Dezimalzahl 216 | Rest |
|---|---|
| 216 : 2 = 108 | 0 |
| 108 : 2 = 54 | 0 |
| 54 : 2 = 27 | 0 |
| 27 : 2 = 13 | 1 |
| 13 : 2 = 6 | 1 |
| 6 : 2 = 3 | 0 |
| 3 : 2 = 1 | 1 |
| 1 : 2 = 0 | 1 |

Dualzahl **11011000**

### Aufgaben

Wandeln Sie diese Dezimalzahlen in Dualzahlen um.

| | | | | | | | | | | | | | | |
|---|---|---|---|---|---|---|---|---|---|---|---|---|---|---|
| 1. | a) | 13 | f) | 45 | 2. | a) | 101 | f) | 216 | 3. | a) | 1000 | f) | 6101 |
| | b) | 22 | g) | 66 | | b) | 413 | g) | 700 | | b) | 2010 | g) | 2984 |
| | c) | 10 | h) | 30 | | c) | 110 | h) | 625 | | c) | 1111 | h) | 7021 |
| | d) | 18 | i) | 84 | | d) | 353 | i) | 257 | | d) | 3113 | i) | 3132 |
| | e) | 51 | j) | 75 | | e) | 526 | j) | 874 | | e) | 4516 | j) | 8191 |

**Zur Umwandlung Dual – Dezimal** übertragen wir jede Ziffer der Dualzahl ihrem Stellenwert entsprechend ins Dezimalsystem und addieren die erhaltenen Dezimalzahlen.

**Beispiele 12.5**

$$1101 = 1 \cdot 2^3 + 1 \cdot 2^2 + 0 \cdot 2^1 + 1 \cdot 2^0 = 8 + 4 + 0 + 1 = \mathbf{13}$$

$$100101 = 1 \cdot 2^5 + 0 \cdot 2^4 + 0 \cdot 2^3 + 1 \cdot 2^2 + 0 \cdot 2^1 + 1 \cdot 2^0 = 32 + 0 + 0 + 4 + 0 + 1 = \mathbf{37}$$

Dieses Verfahren kann bei mehrstelligen Dualzahlen recht mühsam sein. Dann ist folgendes Verfahren einfacher. Wir gehen von der 1. Ziffer der Dualzahl aus, verdoppeln sie und addieren die 2. Ziffer. Die erhaltene Zwischenzahl verdoppeln wir und addieren die 3. Ziffer usw., bis die letzte Ziffer erreicht ist.

**Beispiele 12.6**

1101

1 = 1
2 + 1 = 3
6 + 0 = 6
12 + 1 = **13**

100101

1 = 1
2 + 0 = 2
4 + 0 = 4
8 + 1 = 9
18 + 0 = 18
36 + 1 = **37**

**Aufgaben**

Wandeln Sie diese Dualzahlen in Dezimalzahlen um.

4. a) 1010 b) 111 c) 11 d) 101 e) 110 f) 1111 g) 1101 h) 100 i) 1000 j) 1001
5. a) 10010 b) 11010 c) 10101 d) 11111 e) 10000 f) 10111 g) 11000 h) 11001 i) 10001 j) 11011
6. a) 101101 b) 110000 c) 100000 d) 101111 e) 111111 f) 1010100 g) 1111111 h) 1100110 i) 1101101 j) 1000001

**Addition von Dualzahlen**

Dualzahlen werden wie Dezimalzahlen addiert. Das „kleine Eins-Plus-Eins", die Rechenregel der Addition, ist besonders einfach, denn es ergeben sich nur vier Möglichkeiten für zwei einstellige Dualzahlen.

**Additionstafel**

0 + 0 = 0
0 + 1 = 1
1 + 0 = 1
1 + 1 = 10

**Beispiele 12.7**

|  |  |  |  |
|---|---|---|---|
| 1010 | 10111 | 1111 | |
| + 1100 | + 1001 | + 1111 | |
| 1 | 11111 | 1111 | Überträge |
| **10110** | **100000** | **11110** | |

Beim dritten Beispiel kommen wir mit der oben angegebenen Additionstafel nicht mehr aus, weil nur an der Einerstelle zwei einstellige Dualzahlen zu addieren sind, an allen anderen jedoch drei (hier kommt jedesmal noch der Übertrag hinzu). Wir brauchen daher eine Additionstafel für drei einstellige Dualzahlen.

**Additionstafel**

0 + 0 + 0 = 0
0 + 0 + 1 = 1
0 + 1 + 0 = 1
0 + 1 + 1 = 10
1 + 0 + 0 = 1
1 + 0 + 1 = 1
1 + 1 + 0 = 10
1 + 1 + 1 = 11

**Aufgaben**

1. a) 1000 + 1111
   b) 1010 + 101
   c) 11011 + 1001
   d) 10011 + 1101
   e) 10110 + 11001
   f) 11001 + 11110
   g) 110111 + 101001
   h) 111000 + 101010

2. Addieren Sie diese Dualzahlen und prüfen Sie das Ergebnis mit Dezimalzahlen.
   a) 1011 + 1100
   b) 1110 + 1101
   c) 10101 + 11010
   d) 11111 + 10111
   e) 110011 + 111010
   f) 100100 + 111111
   g) 1011001 + 1111000
   h) 1001001 + 1100110

3. Wandeln Sie folgende Dezimalzahlen in Dualzahlen um und addieren Sie diese.
   a) 53 + 46
   b) 13 + 31
   c) 10 + 65
   d) 36 + 32
   e) 77 + 106
   f) 148 + 127
   g) 137 + 284
   h) 215 + 436

## 12.2 Logische Schaltungen

Die Bezeichnung „logische Schaltung" besagt, daß Eingangs- und Ausgangssignale durch die verwendeten Bausteine binär-digital (binär = zweiwertig; digital = in Schritten) in logischen (d. h. folgerichtigen) Zusammenhang gebracht, also miteinander verknüpft werden.

Eingangssignale wollen wir mit E (bei mehreren E1, E2 usw.) bezeichnen, Ausgangssignale mit A (mehrere mit A1, A2 usw.).

Man unterscheidet folgende Grundschaltungen (**12**.1):

- UND-Schaltung
- ODER-Schaltung
- NICHT-Schaltung
- und deren Kombinationen
- UND und NICHT = NAND
- ODER und NICHT = NOR

Auf ZEIT- und SPEICHER-Funktionen soll hier noch nicht eingegangen werden.

Die Verknüpfungen lassen sich durch Zeichen darstellen (Schaltalgebra).

Es bedeuten:

$\wedge$ = UND z. B. E1 $\wedge$ E2 (lies E1 UND E2)
$\vee$ = ODER z. B. E3 $\vee$ E4 (lies E3 ODER E4)
$\bar{\ }$ = NICHT z. B. $\bar{A}$ (lies A NICHT).

Für die Signale soll gelten:

1-Signal: Ein- oder Ausgänge führen Spannung gegen einen festen Bezugspunkt.
0-Signal: Ein- oder Ausgänge führen keine Spannung gegen einen festen Bezugspunkt.

Tabelle **12.**1 zeigt eine Übersicht über die logischen Schaltungen mit Definitionen, Beispielen aus der Kontakttechnik, schaltalgebraischen Gleichungen, Wahrheits- oder Funktionstabellen und Schaltzeichen.

Tabelle **12.**1 **Logische Schaltungen**

| Benennung | UND | ODER | NICHT | NAND | NOR |
|---|---|---|---|---|---|
| Erklärung | Das Ausgangssignal A hat den Wert 1, wenn alle Eingangssignale E den Wert 1 haben. | Das Ausgangssignal A hat den Wert 1, wenn eines oder mehrere Eingangssignale den Wert 1 haben. | Das Ausgangssignal A hat den Wert 0, wenn das Eingangssignal den Wert 1 hat (Signalumkehr – Negation). | Das Ausgangssignal A hat den Wert 0, wenn alle Eingangssignale E den Wert 1 haben. | Das Ausgangssignal A hat den Wert 0, wenn eines oder mehrere Eingangssignale E den Wert 1 haben. |
| Kontaktschaltung | 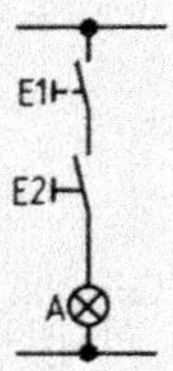 | 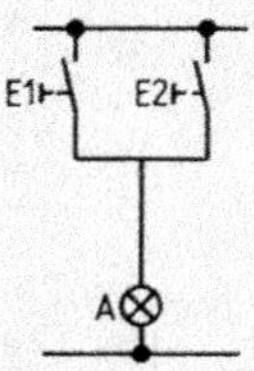 | 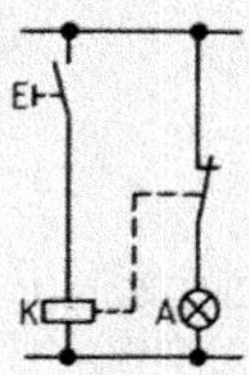 | 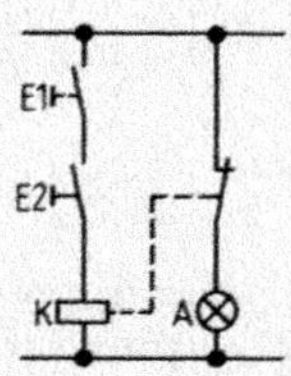 | 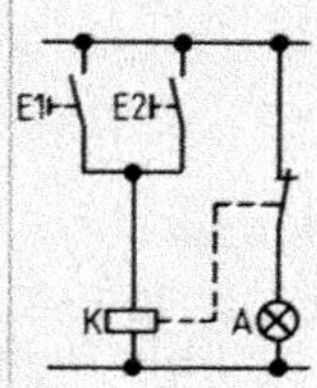 |
| Schaltalgebraische Gleichung | $E1 \wedge E2 = A$ | $E1 \vee E2 = A$ | $E = \overline{A}$<br>$\overline{E} = A$ | $E1 \wedge E2 = \overline{A}$<br>$\overline{E1 \wedge E2} = A$ | $E1 \vee E2 = \overline{A}$<br>$\overline{E1 \vee E2} = A$ |
| Wahrheitstabelle | E1 E2 A<br>0 0 0<br>0 1 0<br>1 0 0<br>1 1 1 | E1 E2 A<br>0 0 0<br>0 1 1<br>1 0 1<br>1 1 1 | E A<br>0 1<br>1 0 | E1 E2 A<br>0 0 1<br>0 1 1<br>1 0 1<br>1 1 0 | E1 E2 A<br>0 0 1<br>0 1 0<br>1 0 0<br>1 1 0 |
| Schaltzeichen Symbol | 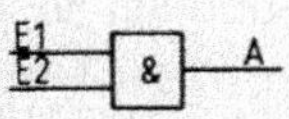 | 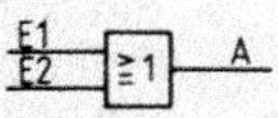 | 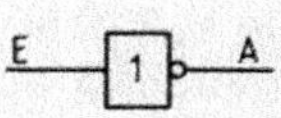 | 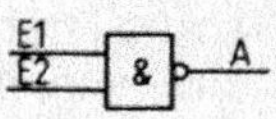 |  |

**Beispiel 12.8** Gegeben sind die digitalen Schaltungen **12.**2 a und b. In der SPS-Technik (SPS = Speicherprogammierte Steuerung) werden solche Verknüpfungsschaltungen Funktionsplan genannt. Stellen Sie für beide Schaltungen jeweils die schaltalgebraische Gleichung auf, vereinfachen Sie die Schaltungen und kommentieren Sie das Ergebnis. Prüfen Sie das Ergebnis, indem Sie die Wahrheits-(Funktions-)tabelle anfertigen und mit der Tabelle **12.**1 vergleichen.

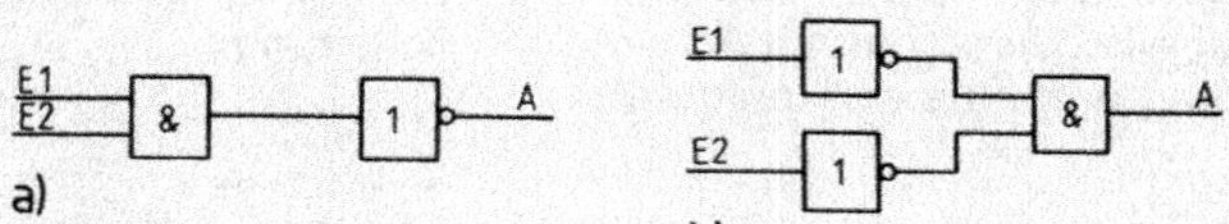


a) b)

**12.**2

**Lösung a)** $\overline{(E1 \wedge E2)} = A$

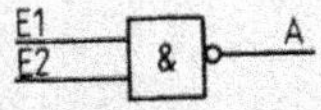


Ein nachgeschaltetes NICHT-Glied negiert praktisch das Ausgangssignal des UND-Glieds. In der Vereinfachung ergibt sich ein NAND-Glied.

**Lösung b)** $(\overline{E1} \wedge \overline{E2}) = A$

oder

$\overline{(E1 \vee E2)} = A$

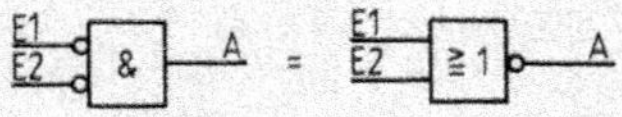


NICHT-Glieder vor die Eingänge eines UND-Glieds geschaltet negieren die Eingänge. In der Vereinfachung ergibt sich ein NOR-Glied.

| E1 | E2 | A |
|---|---|---|
| 0 | 0 | 1 |
| 0 | 1 | 1 |
| 1 | 0 | 1 |
| 1 | 1 | 0 |

a)

| E1 | E2 | A |
|---|---|---|
| 0 | 0 | 1 |
| 0 | 1 | 0 |
| 1 | 0 | 0 |
| 1 | 1 | 0 |

b)

**Aufgaben**

1. Ein ODER-Glied und ein NICHT-Glied sind in Reihe geschaltet. Entwickeln Sie zu diesem Funktionsplan die Wahrheitstabelle und die schaltalgebraische Gleichung. Vereinfachen sie die Schaltung (**12**.3).

**12**.3

2. Die Schaltung **12**.4 besteht aus zwei NICHT- und einem ODER-Glied. Stellen Sie die Wahrheitstabelle auf, entwickeln Sie die schaltalgebraische Gleichung, und vereinfachen Sie die Schaltung.

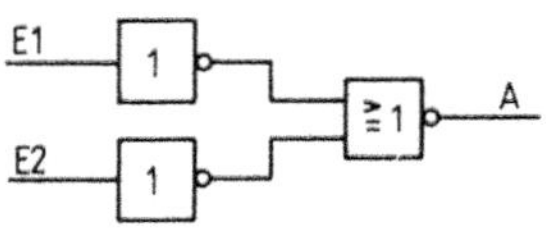


**12**.4

3. Ein NAND-Glied und ein NICHT-Glied sind in Reihe geschaltet. Entwickeln Sie aus diesem Funktionsplan **12**.5 die Wahrheitstabelle, die schaltalgebraische Gleichung und eine vereinfachte Schaltung.

**12**.5

4. Zwei NICHT-Glieder liegen jeweils vor den beiden Eingängen eines NOR-Glieds. Schreiben Sie die schaltalgebraische Gleichung und die Wahrheitstabelle. Vereinfachen Sie die Schaltung (**12**.6).

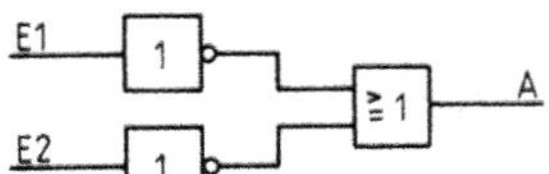


**12**.6

5. Ein NOR- und ein NICHT-Glied sind in Reihe geschaltet (**12**.7). Schreiben Sie die schaltalgebraische Gleichung und die Wahrheitstabelle. Vereinfachen Sie die Schaltung.

**12**.7

6. Stellen Sie für die Verknüpfungsschaltung **12**.8 die Wahrheitstabelle auf, entwickeln Sie die schaltalgebraische Gleichung und vereinfachen Sie die Schaltung.

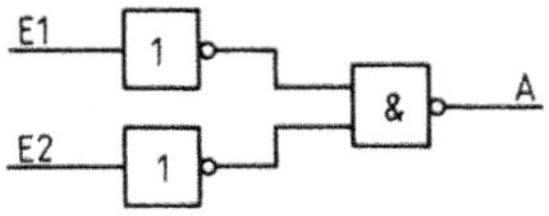


**12**.8

7. Aus NOR-Gliedern lassen sich die digitalen Grundverknüpfungs-Schaltungen NICHT, UND und ODER herstellen. Entwickeln Sie die Schaltungen und stellen Sie jeweils die schaltalgebraische Gleichung auf.
8. Die Grundfunktionen NICHT, UND und ODER lassen sich ebenfalls aus NAND-Gliedern herstellen. Entwickeln Sie auch hierzu die Schaltungen und stellen Sie jeweils die schaltalgebraische Gleichung auf.
9. Die Schaltung **12.**9 besteht aus vier NOR-Gliedern. Stellen Sie die Wahrheitstabelle auf, erläutern Sie das Ergebnis. Wie könnte man eine solche Schaltung bezeichnen?

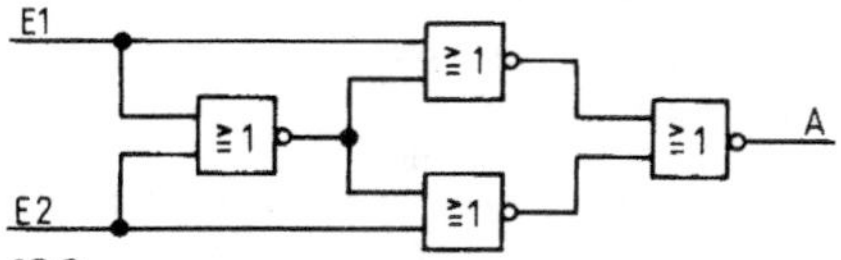


**12.**9

10. Stellen Sie für die Schaltung **12.**10 die Wahrheitstabelle auf und deuten Sie das Ergebnis. Wie könnte man diese Schaltung bezeichnen? Läßt sich die Schaltung vereinfachen?

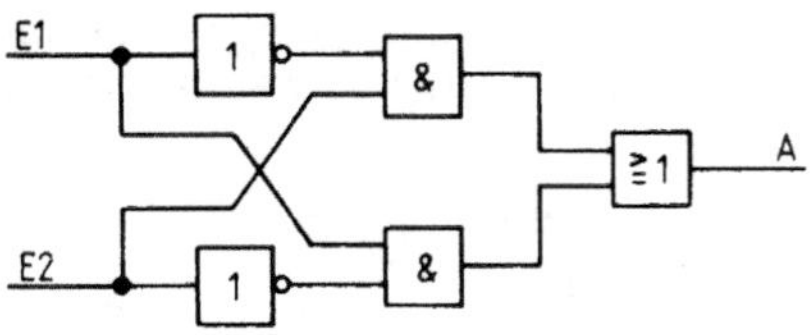


**12.**10

11. Nach der Schaltung **12.**11 leuchtet die Lampe A dann, wenn E1 betätigt UND E2 NICHT betätigt ODER E3 betätigt wird. Entwickeln Sie zu dieser Kontaktschaltung die Wahrheitstabelle, die schaltalgebraische Gleichung und eine Verknüpfungsschaltung mit digitalen Bauelementen.

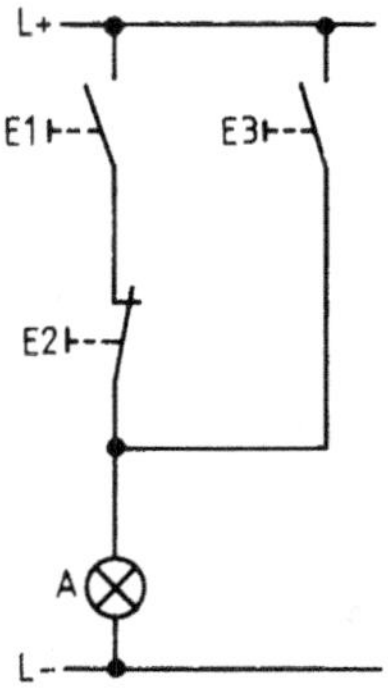


**12.**11

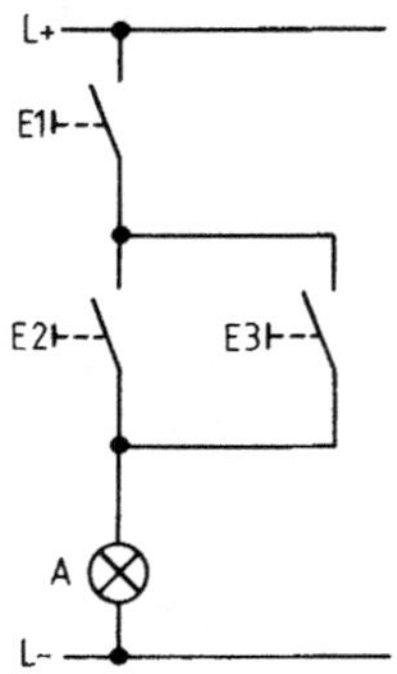


**12.**12

12. Beschreiben Sie die Funktion der Kontaktschaltung **12.**12. Entwickeln Sie die Wahrheitstabelle, die schaltalgebraische Gleichung und eine Verknüpfungsschaltung mit digitalen Bauelementen.

# 13 Einführung in die Schutzmaßnahmen

Errichtung und Betrieb elektrischer Anlagen erfordern die Einhaltung der VDE-Bestimmungen. Sie sind die Grundlage für die sichere Nutzung elektrischer Energie.

**Fehlerarten.** Folgende Fehlerarten können in elektrischen Anlagen auftreten:

- Isolationsfehler,
- Körperschluß,
- Leiterschluß,
- Kurzschluß,
- Erdschluß.

Tritt ein solcher Fehler auf, kommt es zum Fließen eines Fehlerstroms.

**Ein Fehlerstrom** ist der über einen Isolationsfehler, Körperschluß usw. fließende Strom. Seine Höhe und damit Gefährlichkeit für Menschen und Nutztiere ist abhängig vom Schleifenwiderstand der Anlage. Dieser setzt sich zusammen aus

- Widerstand des Transformators (Generators) $R_{Tr}$,
- Leistungswiderstand $R_L$,
- Widerstand der Fehlerstelle $R_F$,
- Erdungswiderstände $R_E$ und $R_B$ (Betriebserde),
- Körperwiderstand des Menschen $R_K$,
- Standortwiderstand $R_{St}$ (**13**.1).

Der Gesamtwiderstand der „Schleife" ergibt sich aus der Summe der Einzelwiderstände.

Der Widerstand des menschlichen Körpers kann im Mittel mit etwa 1000 Ω angenommen werden. Bei einem fließenden Fehlerstrom $I_F$ entsteht am menschlichen oder tierischen Körper eine Berührungsspannung $U_B$, die im Normalfall

- 50 V Wechselspannung bzw. 120 V Gleichspannung für Menschen
- 25 V Wechselspannung bzw. 60 V Gleichspannung für Tiere

nicht überschreiten soll.

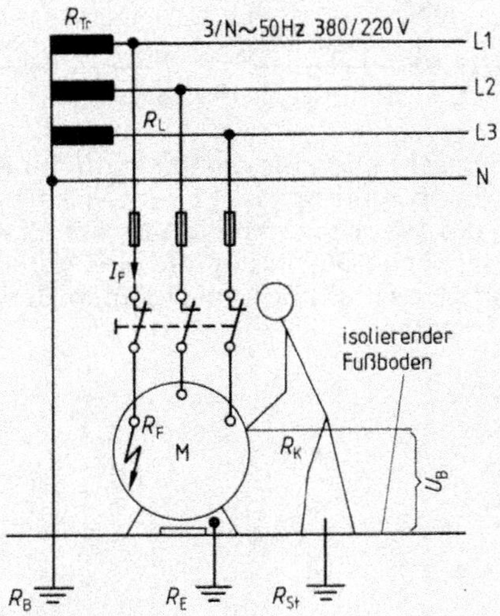


**13**.1

**Beispiel 13.1** Ein Fehlerstrom $I_F$ mit mehr als 50 mA ist für den Menschen unzulässig hoch. Wie groß dürfte die Spannung zwischen einem Außenleiter und Erde bzw. Neutralleiter höchstens sein, wenn ein Mensch mit dem Körperwiderstand $R_K = 1000\ \Omega$ einen a) blanken Außenleiter und den Neutralleiter, b) einen isolierten Außenleiter mit $R_i = 5\ k\Omega$ Isolationswiderstand und den Neutralleiter direkt berührt? Es ist angenommen, daß alle anderen Widerstände im Stromkreis vernachlässigbar klein sind.

**Lösung**
a) $U = I_F \cdot R_K = 0{,}05\ A \cdot 1000\ \Omega = \mathbf{50\ V}$
b) $U = I_F \cdot (R_K + R_i) = 0{,}05\ A \cdot (1000\ \Omega + 5000\ \Omega) = \mathbf{300\ V}$

Die Maßnahmen zum Schutz gegen gefährliche Körperströme – auch Berührungsschutz genannt – werden nach DIN VDE in drei Bereiche gegliedert:

**Schutz gegen direktes Berühren.** Diese Maßnahme ist abgestimmt auf den ungestörten Betriebsfall. Dabei wird der Mensch gegen das Berühren aktiver Teile geschützt (**13.2**), z. B. durch Isolierung der aktiven Teile.

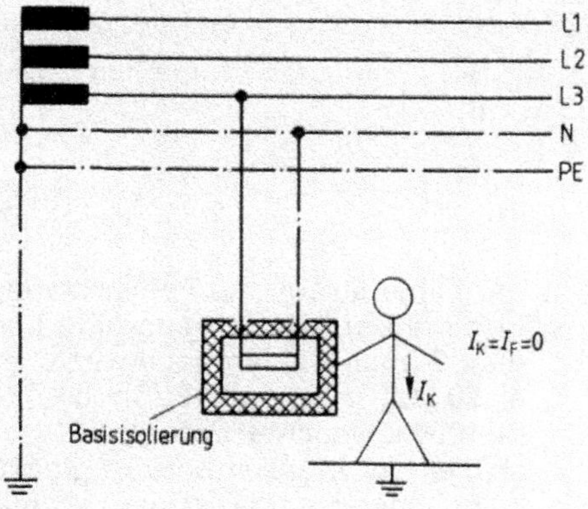


13.2

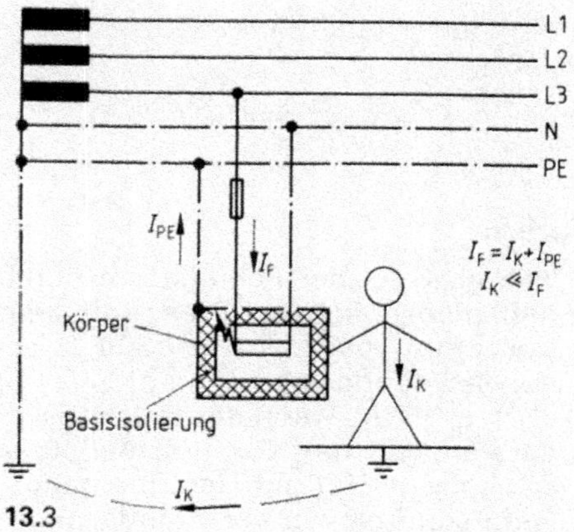


13.3

**Schutz bei indirektem Berühren.** Die Maßnahmen müssen wirksam werden, wenn z. B. durch einen Isolationsfehler (Körperschluß) leitfähige Teile von Betriebsmitteln, die nicht aktive Teile sind, unter Spannung stehen (**13.3**).

**Schutz bei direktem Berühren.** Diese Maßnahme kann bisher nur durch hochempfindliche Fehlerstrom-Schutzeinrichtungen mit einem Fehlerstrom $I_{\Delta n} \leqq 30$ mA vorgenommen werden. Sie ist immer zusätzlich anzuwenden, darf also den „Schutz gegen direktes Berühren" und den „Schutz bei indirektem Berühren" nicht ersetzen (**13.4**).

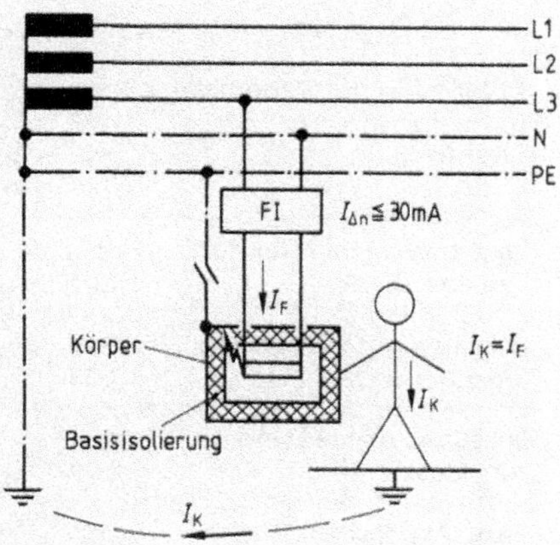


13.4

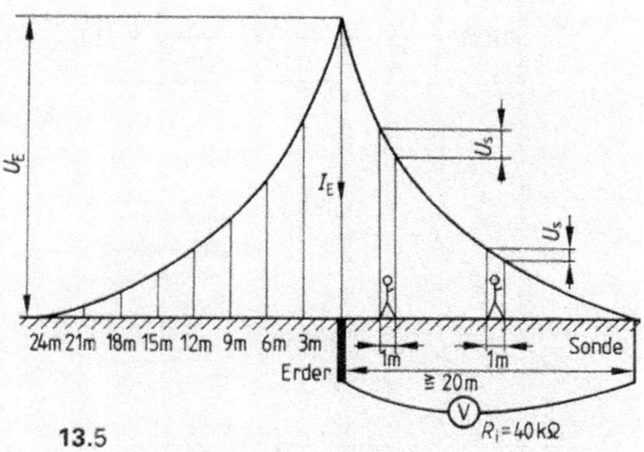


13.5

**Erderspannung – Schrittspannung.** Wird ein Erder vom Strom durchflossen (z. B. durch einen Fehler in der Anlage), besteht zwischen ihm und der Bezugserde (Neutralerde) eine Spannung, die Erderspannung $U_E$. Sie kann mit einem hochohmigen Spannungsmesser ($R_i$ etwa 40 kΩ) gemessen werden (**13**.5). Wegen des eigenartigen Spannungsverlaufs zwischen dem stromdurchflossenen Erder und einer Meßsonde spricht man von einem „Spannungstrichter".

Die Schrittspannung $U_S$ ist der Teil der Erderspannung, der von einem Menschen mit der Schrittweite 1 m – Stromweg von Fuß zu Fuß – überbrückt wird. Die Schrittspannung ist in unmittelbarer Nähe des Erders größer als ein weiterer Entfernung.

**Aufgaben**

1. Wie groß ist der Fehlerstrom durch den menschlichen Körper mit dem Körperinnenwiderstand 1300 Ω bei der Berührungsspannung a) 24 V, b) 42 V, c) 158 V, wenn der Isolationswiderstand an der Körperschlußstelle 8 Ω beträgt und der Hautübergangswiderstand sowie der Standortübergangswiderstand den Wert Null haben?
2. Der Verbraucher in Bild **13.6** hat einen vollkommenen Körperschluß. Sein Gehäuse wird von einem Menschen mit dem Körperinnenwiderstand 3 kΩ berührt. Der Gesamtwiderstand von Netzleiter, Transformator und Betriebserde beträgt 5 Ω. Wie groß sind der Fehlerstrom, die Fehlerspannung und die Berührungsspannung bei einem Standort-Übergangswiderstand
   a) 50 kΩ (isolierender Fußboden),
   b) 1000 Ω (feuchter Beton),
   c) 6 Ω (der Mensch berührt gleichzeitig einen Heizkörper der Zentralheizung oder den Wasserhahn)?
3. Für die Impedanz (Scheinwiderstand) des menschlichen Körpers zwischen der Ein- und der Austrittsstelle des Körperstroms sind neben dem eigentlichen Körperwiderstand auch die Größe der Berührungsfläche, der Kontaktdruck, die Feuchtigkeit, die Umgebungstemperatur sowie besonders auch der Stromweg und die Größe der Berührungsspannung von Bedeutung. Nach IEC (Sekretariat) 342 ist

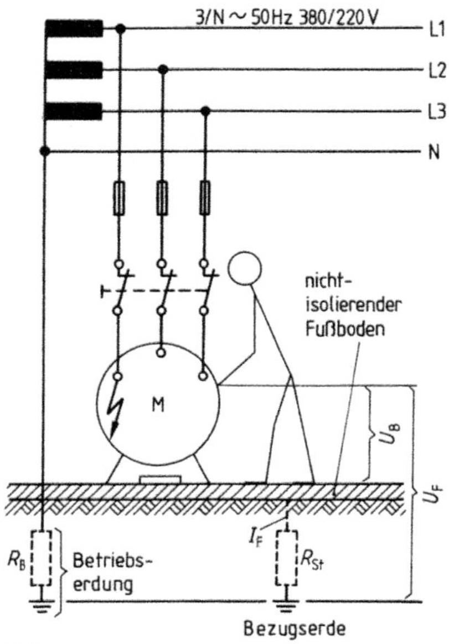


**13**.6

Tabelle **13**.7 Körperimpedanz

| Stromweg | $F_2$ | $Z_K$ in kΩ |
|---|---|---|
| linke bzw. rechte Hand zu beiden Füßen | 1,0 | 1,2 |
| linke bzw. rechte Hand zu linkem bzw. rechten Fuß | 1,33 | ? |
| linke bzw. rechte Hand zum Gesäß | 0,73 | ? |
| linke bzw. rechte Hand zum Rücken | 0,67 | ? |
| linke bzw. rechte Hand zum Brustkorb | 0,60 | ? |
| linke Hand zur rechten Hand | 1,33 | ? |

die Veränderung der Körperimpedanz bei verschiedenen Stromwegen als Faktor $F_2$ festgelegt (**13**.7).

Berechnen Sie für eine Referenz-Körperimpedanz $Z_{KRef}$ = 1,2 kΩ für den Stromweg „linke Hand zu beiden Füßen" ($F_2$ = 1) die Körperimpedanz $Z_K$ für die übrigen angegebenen Stromwege und tragen Sie diese Werte in die Tabelle ein.

4. In Bild **13**.8 sind die Zeit-Strom-Gefährdungsbereiche von Körper-Wechselströmen 50 Hz bzw. 60 Hz nach IEC (Sekretariat) 353 für Erwachsene beim Stromweg „linke Hand zu beiden Füßen" dargestellt. Bestimmen Sie aus diesem Bild die Zeit, bei der die Flimmerschwelle (meist tödliche Wirkung) überschritten wird, wenn die Körperströme 30 mA, 50 mA, 100 mA und 200 mA betragen.

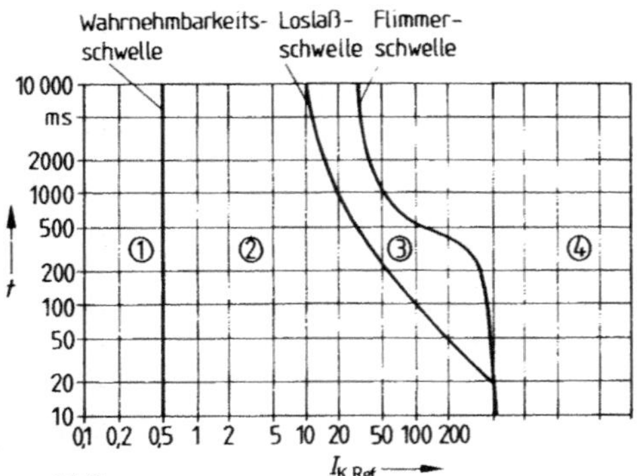


**13**.8

5. Ein Mensch mit dem Körperwiderstand a) 1200 Ω, b) 1500 Ω, c) 900 Ω berührt das leitende Gehäuse eines mit Körperschluß behafteten Geräts für 380 V (220 V gegen Erde) mit einer Hand und mit der anderen Hand eine Aluminiumtür. Messungen ergaben für den Erdungswiderstand (Tür – Erde) den Wert 450 Ω und für den Fehlerwiderstand am schadhaften Gerät 350 Ω. Wie groß sind in der Anlage der Fehlerstrom und die Berührungsspanung? (Leitungswiderstand und Widerstand des Transformators können bei der Rechnung vernachlässigt werden.)

6. Die Fehlerspannung $U_F$ der defekten Anlage aus Aufgabe 5 soll meßtechnisch erfaßt werden. Dazu wird der Körperwiderstand $R_K$ ersetzt durch einen Spannungsmesser mit $R_i$ = 40 kΩ. Zum Ermitteln der Berührungsspannung $U_B$ werden Spannungsmesser mit $R_i$ = 1 kΩ bzw. 3 kΩ verwendet. Wie groß sind die meßtechnisch erfaßten Werte für die Fehlerspannung und die Berührungsspannung, wenn für die Messung von $U_B$ ein Spannungsmesser mit a) $R_i$ = 1 kΩ, b) 3 kΩ verwendet wird?

7. Ein Mensch mit dem Körperwiderstand 1100 Ω steht auf einem PVC-Fußboden (Standortwiderstand) mit $R_{St}$ = a) 180 kΩ, b) 150 kΩ, c) 20 kΩ. Er berührt einen spannungsführenden Leiter im 380/220-V-Netz. Wie hoch ist die Berührungsspannung?

8. Wie groß werden der Fehlerstrom und die Berührungsspannung des Menschen aus Aufgabe 7, wenn er gleichzeitig mit dem spannungsführenden Leiter einen geerdeten Wasserhahn mit dem Erdungswiderstand $R_E$ = a) 8 Ω, b) 36 Ω, c) 2 Ω berührt?

9. Der Widerstand der Fehlerstelle eines Drehstrommotors für 380/220 V mit Körperschluß beträgt 80 Ω. Die Berührungsspannung eines Menschen, der den Motor berührt, soll 50 V nicht überschreiten. Welchen Widerstandswert muß der Standort aufweisen, wenn der Körperwiderstand des Menschen mit a) 1 kΩ, b) 1,5 kΩ, c) 2 kΩ angenommen wird?

10. In einer elektrischen Anlage beträgt die Spannung gegen Erde 235 V/50 Hz. Mit einem Spannungsmesser $R_i$ = 1,2 kΩ werden zwischen dem isolierten Standort und der Erde a) 3 V, b) 12 V, c) 8 V gemessen.
Welchen Wert hat der Standortwiderstand?

11. Die Erderspannung in einer fehlerhaften Anlage wird mit 1200 V gemessen. Ermitteln Sie nach Bild **13**.5 die Spannungen für je 3 m Abstand von der Erderstelle (0 m) aus bis zur 24 m entfernt angebrachten Sonde.

12. Wie groß ist die Schrittspannung eines Menschen aus der fehlerhaften Anlage Aufgabe 11 unmittelbar am Erder ( 0 bis 1 m) und in der Entfernung 12 m bis 13 m. Zum Messen der Schrittspannung soll nach VDE 0141 ein Spannungsmesser mit $R_i$ = 1 kΩ verwendet werden; zur Verfügung steht jedoch nur ein hochohmiges Meßgerät mit $R_i$ = 40 kΩ zum Messen der Erderspannung zur Verfügung. Was ist zu tun?

# Energietechnik

# 1 Spule und Kondensator im Gleichstromkreis

## 1.1 Spule

### 1.1.1 Magnetisches Feld

Den magnetischen Fluß $\Phi$, der die Querschnittsfläche $A$ durchsetzt, erhält man, indem man die magnetische Flußdichte $B$ mit der Querschnittsfläche multipliziert.

| | | |
|---|---|---|
| **Magnetischer Fluß** | $\boldsymbol{\Phi = B \cdot A}$ | $\Phi$ in Wb = Vs; $A$ in m²; $B$ in T = $\frac{\text{Wb}}{\text{m}^2} = \frac{\text{Vs}}{\text{m}^2}$ |
| **Durchflutung** | $\boldsymbol{\Theta = I \cdot N}$ | $I$ und $\Theta$ in $A$ |
| **Magnetische Feldstärke** | $\boldsymbol{H = \frac{\Theta}{l} = \frac{I \cdot N}{l}}$ | $\Theta$ in $A$; $l$ in cm oder m; $H$ in $\frac{\text{A}}{\text{cm}}$ oder $\frac{\text{A}}{\text{m}}$ |

Die Flußdichte $B$ des Magnetfelds einer Spule steigt mit der Feldstärke $H$ und mit der Permeabilitätszahl $\mu_r$ des im Magnetfeld vorhandenen Stoffes.

| | | |
|---|---|---|
| **Magnetische Flußdichte** | $\boldsymbol{B = \mu_0 \cdot \mu_r \cdot H}$ | $B$ in T = $\frac{\text{Vs}}{\text{m}^2}$; $H$ in $\frac{\text{A}}{\text{m}}$; $\mu$ ohne Einheit |

$$\mu_0 = \frac{4\pi}{10} \cdot 10^{-6}\ \frac{\text{Vs}}{\text{Am}} = 1{,}256 \cdot 10^{-6}\ \frac{\text{Vs}}{\text{Am}} = 1{,}256 \cdot 10^{-6}\ \frac{\text{Tm}}{\text{A}}$$

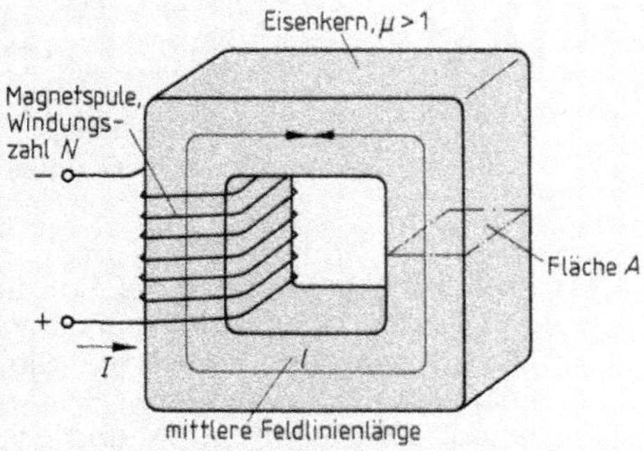


**1.1** Einflußgrößen für die Magnetfeldbildung einer Spule mit Eisenkern

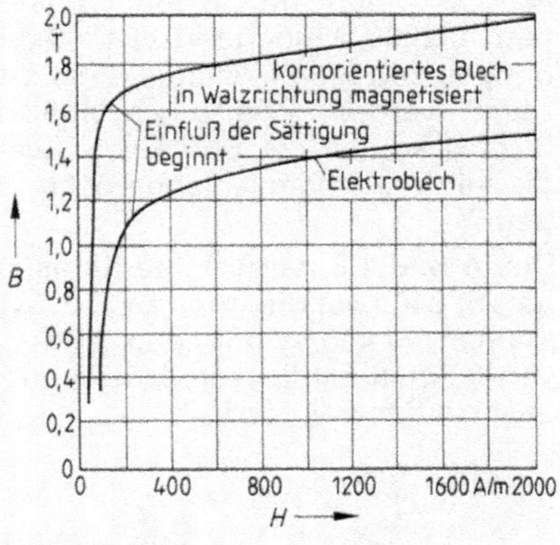


**1.2** Magnetisierungskennlinien

**Beispiel 1.1** Eine Spule mit Eisenkern hat $N$ = 650 Windungen und nimmt aus dem Netz $I$ = 1,2 A auf. Die mittlere Feldlinienlänge beträgt $l$ = 39 cm. Wie groß ist die Feldstärke $H$? Wie groß ist die Flußdichte $B$, wenn der Eisenkern aus Elektroblech besteht (vgl. **1.2**)?

**Lösung** $H = \frac{I \cdot N}{l} = \frac{1{,}2\ \text{A} \cdot 650}{0{,}39\ \text{m}} = \mathbf{2000\ \frac{A}{m}}$

$B$ (nach Bild **1.2**) etwa **1,5 T**

**Aufgaben**

1. Eine eisenlose Spule hat die Windungszahl a) 1500, b) 2100, c) 1800. Wird die Spule an 24 V Gleichspannung angeschlossen, fließen 1,5 A. Wie groß ist die Durchflutung?
2. Eine Spule mit a) 1500 Windungen, b) 2500 Windungen, c) 1800 Windungen soll die Durchflutung 6000 A liefern. Wie groß muß die Stromstärke in der Spule sein?
3. Wieviel Windungen muß eine Spule erhalten, damit bei der Stromaufnahme a) 300 mA, b) 372 mA, c) 266 mA die Durchflutung 930 A erzeugt wird?
4. Auf einem Spulenkörper stehen diese Angaben:
   a) 300 Windungen 4 A,
   b) 600 Windungen 2 A,
   c) 1200 Windungen 1A.

   Wie groß ist die Feldstärke der Spule, wenn die mittlere Feldlinienlänge 24 cm beträgt und der angegebene Erregerstrom fließt?
5. In einer Spule mit a) 1800 Windungen, b) 2000 Windungen, c) 4000 Windungen soll die Feldstärke 6 A/cm erzeugt werden. Wie groß muß die Stromstärke in der Spule sein, wenn die mittlere Feldlinienlänge 0,3 m beträgt?
6. Die in Bild **1**.3 dargestellte Ringspule hat a) 240 Windungen, b) 350 Windungen, c) 450 Windungen. Sie wird von 0,8 A durchflossen. Wie groß ist die erzeugte Feldstärke?

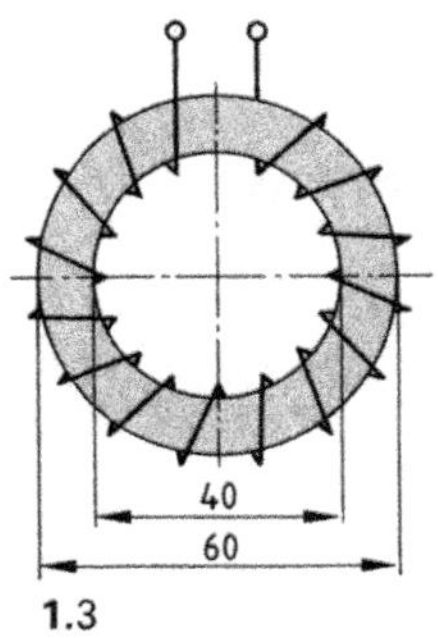


**1**.3

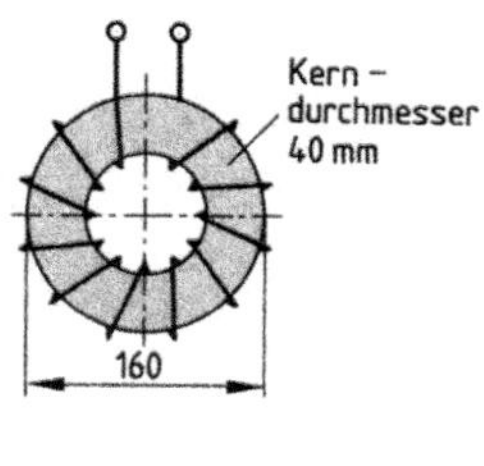


**1**.4

7. Die Ringspule **1**.4 hat a) 1600 Windungen, b) 2200 Windungen, c) 2600 Windungen und soll die Feldstärke 40 A/cm erzeugen. Der Widerstand der Spule beträgt 38,2 Ω. Wie groß muß die Spulenspannung sein, damit der erforderliche Erregerstrom fließt?
8. Der magnetische Fluß in dem runden Kern eines Elektromagneten soll $12 \cdot 10^{-3}$ Vs betragen. Wie groß ist die Flußdichte, wenn der Kern den Durchmesser a) 125 mm, b) 140 mm, c) 150 mm hat?
9. Wie groß ist die Permeabilität einer Eisensorte, wenn die Feldstärke a) 1000 A/m, b) 12 A/cm, c) 8 A/cm die Flußdichte 1,1 T erzeugt?
10. Im Luftspalt einer Gleichstrommaschine beträgt die Flußdichte 0,6 Vs/m². Wie groß ist die für die Luftspaltbreite a) 1 mm, b) 2 mm, c) 3 mm erforderliche Durchflutung? Wie groß ist der magnetische Fluß im Luftspalt (**1**.5) bei der Pollänge 100 mm?

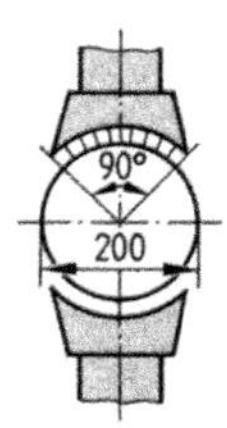


**1**.5

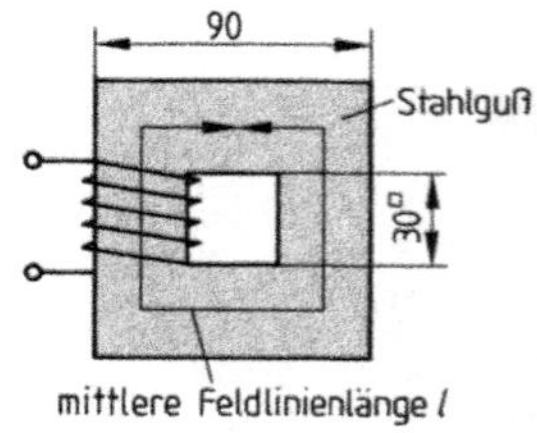


**1**.6

11. Im Spulenkern **1**.6 soll die Flußdichte a) 1 Vs/m², b) 1,2 Vs/m², c) 0,9 Vs/m² erzeugt werden. Berechnen Sie die Feldstärke, die mittlere Feldlinienlänge, die Durchflutung und Stromstärke in der Spule mit 800 Windungen.
12. In einem Stahlgußring mit dem Außendurchmesser 200 mm und dem Kerndurchmesser 40 mm soll der magnetische Fluß $3{,}14 \cdot 10^{-4}$ Wb erzeugt werden. Die Erregerspule hat a) 500 Windungen, b) 800 Windungen, c) 1200 Windungen.

    Berechnen Sie die Flußdichte, die mittlere Feldlinienlänge, die Durchflutung, die Stromstärke und die prozentuale Erhöhung des Erregerstroms, wenn der Ring einen 3 mm breiten Luftspalt erhält (der Streufluß bleibt unberücksichtigt).

13. Der Eisenkern aus Elektroblech nach Bild **1**.7 soll den magnetischen Fluß $13{,}5 \cdot 10^{-4}$ Vs führen. Der Füllfaktor des Eisens wird mit 0,9 angenommen. Die Erregerspule hat a) 2000 Windungen b) 2500 Windungen, c) 3500 Windungen.
Berechnen Sie die Flußdichten im Eisenkern und im Luftspalt (Streufluß bleibt unberücksichtigt), die erforderlichen Feldstärken und Durchflutungen für den Eisenkern und den Luftspalt sowie die erforderliche Stromstärke in der Erregerspule.

14. Im 2 mm breiten Luftspalt des in Bild **1**.8 gezeigten Eisenkörpers eines Elektromagneten aus Elektroblech mit dem Füllfaktor 0,85 soll die Flußdichte a) 1,275 T, b) 1,02 T, c) 1,19 T entstehen (Streufluß nicht berücksichtigen). Wie groß muß die Windungszahl der Erregerwicklung sein, wenn der höchstzulässige Erregerstrom 2 A betragen soll?

15. Der in Bild **1**.9 dargestellte Eisenkörper eines Elektromagneten besteht aus Elektroblech mit dem Füllfaktor 0,9. Der Anker ist aus massivem Gußeisen hergestellt. Im Eisenkern soll die Flußdichte 0,67 Vs/m² betragen. Aus räumlichen Gründen kann die Windungszahl der Erregerspule höchstens a) 4000, b) 3500, c) 4500 betragen. Berechnen Sie die Erregerstromstärke (der Streufluß wird nicht berücksichtigt).

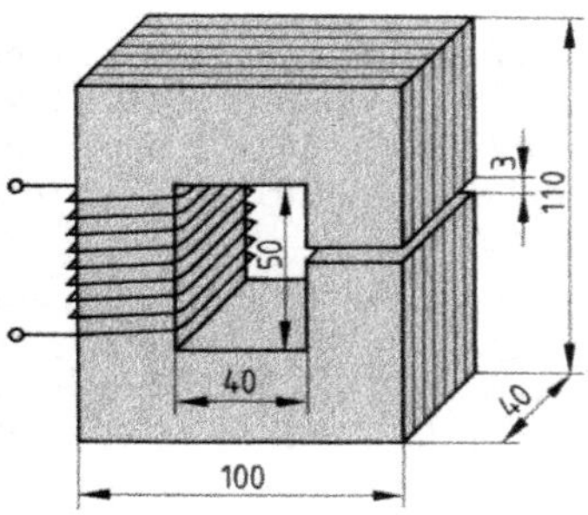


**1**.7

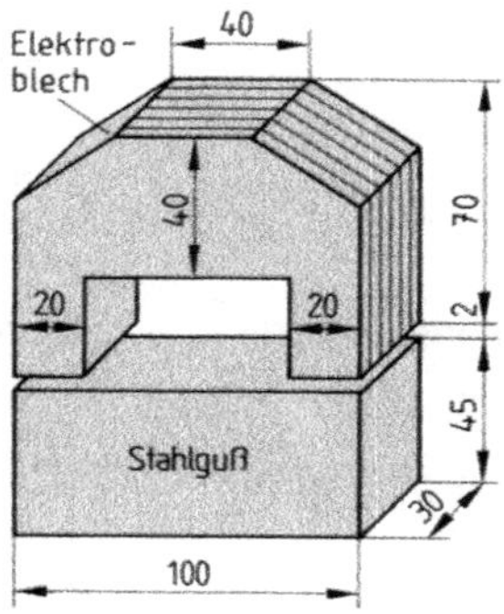


**1**.8

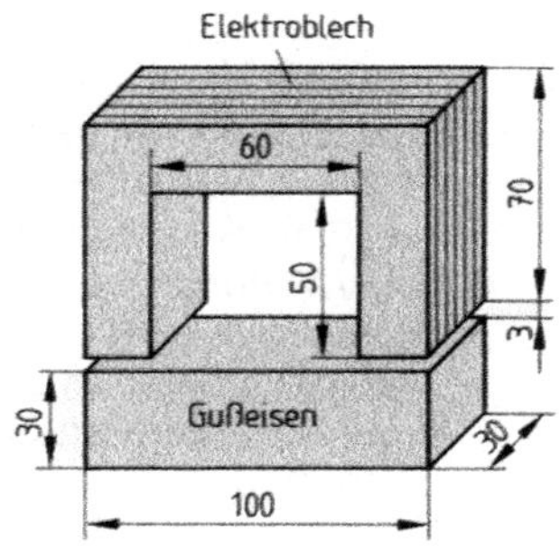


**1**.9

## 1.1.2 Induktivität

Die Induktivität $L$ einer Spule ist ein Maß für ihre Fähigkeit, eine Selbstinduktionsspannung zu erzeugen.
Einheit der Induktivität ist das Henry (H). 1 H = 1 Vs/A.

**1**.10 Schaltzeichen (allgemein)

Eine Spule hat die Induktivität 1 H, wenn bei einer gleichmäßigen Änderung des Spulenstroms um 1 A je Sekunde (1 A/s) die Selbstinduktionsspannung 1 V induziert wird.

Die Induktivität $L$ einer Spule ist um so größer, je größer die Windungszahl $N$, der Spulenquerschnitt $A$, die relative Permeabilität $\mu_r$ des Eisenkerns und je kleiner die Feldlinienlänge $l$ sind.

| | |
|---|---|
| **Induktivität** | $L = \dfrac{\mu_0 \cdot \mu_r \cdot N^2 \cdot A}{l}$ |

$L$ in $\frac{Vs}{A} = H$ $\quad$ $A$ in m² $\quad$ $l$ in m

$\mu_0 = 1{,}256 \cdot 10^{-6} \ \frac{Vs}{Am}$

**Beispiel 1.2** Eine Spule ohne Eisenkern hat die Windungszahl $N = 515$ und den Spulenquerschnitt $A = 4\ \text{cm}^2$. Die mittlere Feldlinienlänge wird mit $l = 20$ cm ermittelt. Wie groß ist die Induktivität $L$ der Spule?

**Lösung** $$L = \frac{\mu \cdot N^2 \cdot A}{l} = \frac{1{,}256 \cdot 10^{-6}\ \text{Vs/Am} \cdot 1 \cdot 515^2 \cdot 4 \cdot 10^{-4}\ \text{m}^2}{0{,}2\ \text{m}} = \mathbf{0{,}666\ mH}$$

**Aufgaben**

1. Eine Spule ohne Eisenkern hat die Windungszahl a) 850, b) 1260, c) 1820 und den Spulenquerschnitt 3 cm². Die mittlere Feldlinienlänge wird mit etwa 35 cm ermittelt. Wie groß ist die Induktivität der Spule?
2. Eine eisenlose Spule mit dem Querschnitt 9 cm² und der mittleren geschätzten Feldlinienlänge 25 cm hat die Induktivität a) 0,8 mH, b) 1,2 mH, c) 6 mH. Wie groß ist die Windungszahl der Spule?
3. Ermitteln Sie aus der Magnetisierungskennlinie für Elektroblech in Bild **1**.2 die Abhängigkeit $\mu = \mu_o \cdot \mu_r$ von der Feldstärke und zeichnen Sie diese als Kennlinie auf.
4. Die Windungszahl einer Spule mit der Induktivität 3 H wird von 650 auf a) 920, b) 1180, c) 500 geändert. Um wieviel Prozent ändert sich die Induktivität?
5. In der Gleichung $L = \frac{\mu_o \cdot \mu_r \cdot N^2 \cdot A}{l} = \frac{\mu \cdot N^2 \cdot A}{l}$ können die magnetischen Eigenschaften des Spulenkerns $\mu_o$, $\mu_r$, $A$ und $l$ zusammengefaßt werden zu dem Ausdruck „magnetischer Leitwert" $\Lambda$ (griech. Lambda) $= \frac{\mu \cdot A}{l}$. Berechnen Sie den magnetischen Leitwert für einen Spulenkern mit $\mu = 2 \cdot 10^{-5}$ Vs/Am, $A = 5\ \text{cm}^2$ und $l = 8$ cm.
6. Eine Spule hat den magnetischen Leitwert $1{,}5 \cdot 10^{-7}$ Vs/A und die Windungszahl a) 500, b) 800, c) 1200. Berechnen Sie die Induktivität der Spule.
7. Welche Windungszahl muß eine Spule mit dem magnetischen Leitwert $2 \cdot 10^{-7}$ Vs/A erhalten, damit die Induktivität a) 24,5 mH, b) 40,5 mH, c) 4,5 mH beträgt?
8. Für eine Ringspule mit Eisenkern soll die Permeabilitätszahl berechnet werden. Folgende Werte der Ringspule sind bekannt: Induktivität 1,2 H, mittlere Feldlinienlänge 12 cm, Spulenquerschnitt 3 cm² und Windungszahl a) 850, b) 1200, c) 320.

## 1.1.3 Selbstinduktion

Wird eine Spule an Gleichspannung angeschlossen, ändert sich beim Einschalten und Ausschalten des Stroms der von ihr umfaßte magnetische Fluß. Es entsteht eine Selbstinduktionsspannung $U_i$, deren Höhe von der Induktivität $L$ der Spule und der Stromänderungsgeschwindigkeit $\Delta I / \Delta t$ abhängt.

$$\boldsymbol{U_i = L \frac{\Delta I}{\Delta t}}$$

$U_i$ in V; $L$ in H $= \frac{\text{Vs}}{\text{A}} = \Omega\text{s}$; $\Delta I$ in A; $\Delta t$ in s

Werden im Stromkreis liegende Widerstände $R$ (z. B. der Eigenwiderstand der Spule) berücksichtigt, erfolgt der Stromanstieg bzw. -abfall verzögert. Die Zeitkonstante $\tau$ der Spule wird berechnet mit der Gleichung

$$\boxed{\tau = \frac{L}{R}} .\qquad \tau \text{ in s} \qquad L \text{ in H} = \frac{\text{Vs}}{\text{A}} = \Omega\text{s} \qquad R \text{ in } \Omega = \frac{\text{V}}{\text{A}}$$

Einschalt- und Ausschaltvorgang verlaufen nach einer e-Funktion (**1**.11, **1**.12).

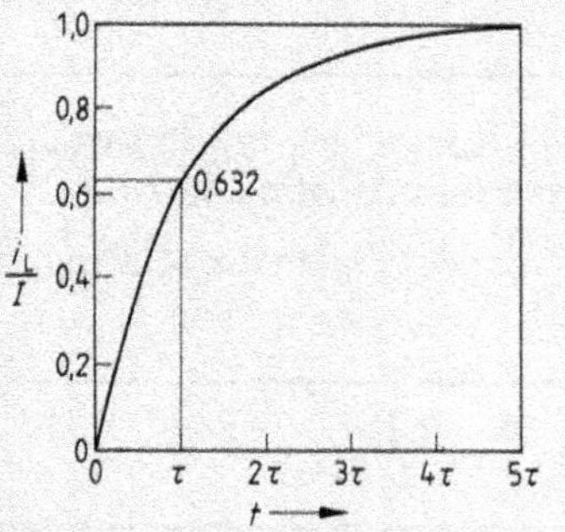


**1**.11 Einschalten

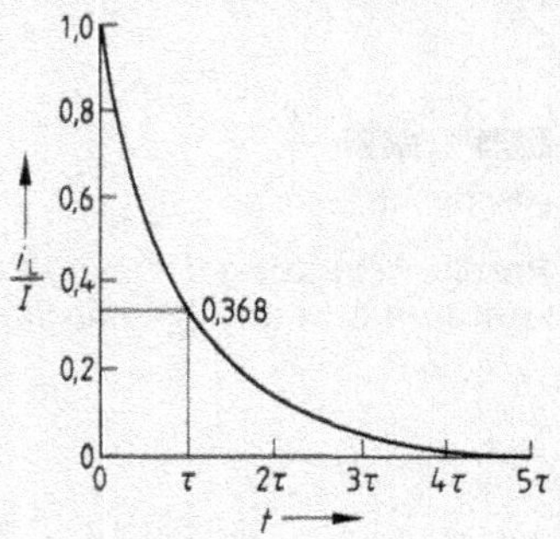


**1**.12 Ausschalten

**Beispiel 1.3** In einer Spule mit der Induktivität $L = 50$ mH ändert sich die Stromstärke in $t = 5$ ms gleichmäßig um $I = 10$ A. Wie hoch ist die Selbstinduktionsspannung $U_i$?

**Lösung** $U_i = L \cdot \frac{\Delta I}{\Delta t} = 50 \cdot 10^{-3}\ \frac{\text{Vs}}{\text{A}} \cdot \frac{10\ \text{A}}{5 \cdot 10^{-3}\ \text{s}} = \mathbf{100\ V}$

**Aufgaben**

1. In einer Spule mit der Induktivität 20 mH ändert sich die Stromstärke gleichmäßig in 10 ms von a) 4,5 A, b) 6 A, c) 7,5 A auf 1,5 A. Wie hoch ist die erzeugte Selbstinduktionsspannung?
2. Die Erregerwicklung einer Gleichstrommaschine hat die Induktivität 2 H. Beim Abschalten in a) 0,4 ms, b) 0,5 ms, c) 0,8 ms sinkt die Erregerstromstärke gleichmäßig von 2,2 A auf 0 A ab. Wie hoch ist die in der Erregerwicklung erzeugte Selbstinduktionsspannung?
3. Das induktive Vorschaltgerät (Drossel) einer Leuchtstofflampen-Anlage hat die Induktivität a) 1,5 H, b) 1,2 H, c) 1,8 H. Unterbricht der Starter den Stromkreis, sinkt die Stromstärke gleichmäßig in 0,2 ms von 0,9 A auf 0 A ab. Wie hoch ist die in der Drossel erzeugte Selbstinduktionsspannung?
4. Eine Spule mit der Induktivität 100 mH hat den Wirkwiderstand (Drahtwiderstand) a) 1,67 Ω, b) 1,25 Ω, c) 0,667 Ω. Wie groß ist die Zeitkonstante?
5. Eine Spule hat die Induktivität 0,8 H und den Wirkwiderstand 36 Ω. Die Zeitkonstante soll 10 ms betragen. Welchen Wert muß ein mit der Spule in Reihe zu schaltender Widerstand haben?
6. Eine Spule hat den Wirkwiderstand a) 2 Ω, b) 3 Ω, c) 1,5 Ω. In Reihe mit ihr ist ein Widerstand mit 2 Ω geschaltet. Wie groß ist die Induktivität der Spule, wenn die Zeitkonstante mit 0,25 s ermittelt wird?
7. Der magnetische Leitwert einer Spule beträgt $2,5 \cdot 10^{-7}$ Vs/A. Sie hat a) 600 Windungen, b) 800 Windungen, c) 1000 Windungen. Wie groß ist die Zeitkonstante, wenn die Spule mit einem Widerstand 2 Ω in Reihe geschaltet wird?

## 1.1.4 Schaltungen von Induktivitäten

**In einer Reihenschaltung** ist die Gesamtinduktivität gleich der Summe der Einzelinduktivitäten (**1**.13).

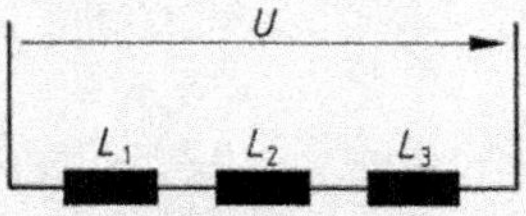


**1**.13 Reihenschaltung

$$L = L_1 + L_2 + L_3 + \dots$$

Bei $n$ gleichen Spulen mit der Induktivität $L_1$ ist die Gesamtinduktivität $L = n \cdot L_1$.

**In einer Parallelschaltung** ist der Kehrwert der Gesamtinduktivität gleich der Summe der Kehrwerte der Einzelinduktivitäten (**1**.14).

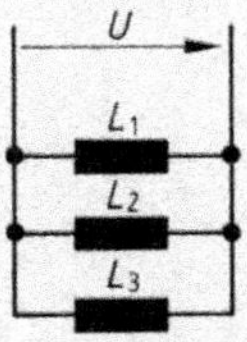


**1**.14 Parallelschaltung

$$\frac{1}{L} = \frac{1}{L_1} + \frac{1}{L_2} + \frac{1}{L_3} + \dots$$

Bei $n$ gleichen Spulen mit der Induktivität $L_1$ ist die Gesamtinduktivität $L = L_1/n$.

**Beispiel 1.4** Wie groß ist die Gesamtinduktivität $L$ von zwei parallelgeschalteten Spulen mit $L_1 = 2{,}5$ H und $L_2 = 4$ H?

**Lösung** $\frac{1}{L} = \frac{1}{L_1} + \frac{1}{L_2} = \frac{1}{2{,}5\,\text{H}} + \frac{1}{4\,\text{H}} = \frac{6{,}5\,\text{H}}{10\,\text{H}^2}$ $L = \mathbf{1{,}54\,H}$

**Aufgaben**

1. Vier Spulen mit der Induktivität von je a) 0,2 H, b) 0,6 H, c) 0,8 H werden einmal in Reihe und einmal parallelgeschaltet. Wie groß ist jeweils die Gesamtinduktivität?
2. Wie groß ist die Gesamtinduktivität von fünf Spulen in Parallelschaltung mit den Einzelinduktivitäten 0,9 H, 780 mH, 1,2 H, 620 mH und 1 H?
3. Zu zwei parallelgeschalteten Spulen mit den Induktivitäten 0,8 H und a) 0,6 H, b) 1,2 H, c) 0,8 H soll eine Spule in Reihe geschaltet werden, damit die Gesamtinduktivität 1 H wird. Welche Induktivität muß diese Spule haben?

# 1.2 Kondensator

## 1.2.1 Kapazität

Die Kapazität $C$ eines Kondensators wird nach dem englischen Physiker Michael Faraday in Farad (F) angegeben. Sie hängt von der Bauart des Kondensators ab.

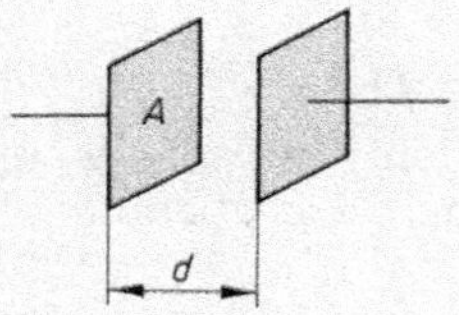


**1.15** Plattenkondensator

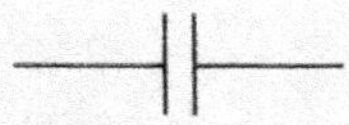

**1.16** Schaltzeichen

$$C = \frac{\epsilon \cdot A}{d} \qquad \epsilon = \epsilon_0 \cdot \epsilon_r$$

$C$ in F $= \frac{\text{As}}{\text{V}}$ — $A$ (Plattengröße) in $m^2$, $d$ (Plattenabstand) in m

Tabelle **1.17** **Dielektrizitätszahlen**

| Material | $\varepsilon_r$ |
|---|---|
| Vakuum | 1 |
| Luft | 1 |
| Papier | 2 bis 6 |
| Glas | 5 bis 6 |
| Glimmer | 7 |
| Aluminiumoxid | 8 |
| Tantalpentoxid | 25 |
| Condensa | 40 bis 80 |
| Keramik | $10^3$ bis $6 \cdot 10^4$ |

$\varepsilon_0$ (Dielektrizitätskonstante) $= 8{,}86 \cdot 10^{-12} \frac{\text{As}}{\text{V}}$ $\varepsilon_r$ (Dielektrizitätsauswahl) ohne Einheit (**1**.17)

Ein Kondensator hat die Kapazität 1 F, wenn die Spannung 1 V die Ladung 1 As (As = Amperesekunde) erzeugt. Die Ladung 1 As wird auch 1 Coulomb genannt.

Der Wert 1 F ist sehr groß. Man arbeitet daher in der Praxis mit Teilen von 1 F. Üblich sind Mikrofarad (μF), Nanofarad (nF) und Pikofarad (pF).

**Beispiel 1.5** Die Plattengröße eines Kondensators beträgt $A = 80\ \text{cm}^2$. Das Dielektrikum zwischen den Platten mit $\varepsilon_r = 2$ ist $d = 0{,}708$ mm dick; damit ist auch der Plattenabstand $d$ gegeben. Wie groß ist die Kapazität $C$ des Kondensators?

**Lösung**

$$C = \frac{\varepsilon \cdot A}{d} = \frac{8{,}86 \cdot 10^{-12} \frac{\text{As}}{\text{Vm}} \cdot 2 \cdot 80 \cdot 10^{-4}\ \text{m}^2}{0{,}708 \cdot 10^{-3}\ \text{m}} = 200 \cdot 10^{-12}\ \text{F} = \mathbf{200\ pF}$$

**Aufgaben**

1. Ein Plattenkondensator hat die Plattengröße a) 24 $\text{cm}^2$, b) 36 $\text{cm}^2$, c) 40 $\text{cm}^2$. Als Dielektrikum dient Glimmer mit der Dicke 0,5 mm. Berechnen Sie die Kapazität des Kondensators.
2. Ein Scheibenkondensator hat die Kapazität a) 6,3 nF, b) 8,2 nF, c) 10 nF. Der Durchmesser der Scheiben beträgt 20 mm, der Abstand 1,5 mm. Berechnen Sie die Dielektrizitätszahl.
3. Ein Plattenkondensator soll die Kapazität 1 F haben. Wie groß muß die Fläche sein, wenn Luft als Dielektrikum vorhanden ist und der Plattenabstand a) 1,5 mm, b) 2,2 mm, c) 3 cm betragen soll?
4. Die Kapazität eines Kondensators soll in Abhängigkeit von der Plattengröße 0 $\text{dm}^2$ bis 5 $\text{dm}^2$ bei gleichbleibendem Plattenabstand 1 mm und gleichbleibender Dielektrizitätszahl a) für Luft, b) für Papier mit $\varepsilon_r = 2$, c) für Glimmer grafisch dargestellt werden.
5. Bild **1**.18 zeigt die Abhängigkeit der Kapazität eines Kondensators vom Plattenabstand bei gleichbleibender Plattengröße. Ermitteln Sie aus den Kennlinien a) für Luft, b) für Ölpapier $\varepsilon_r = 2$, c) für Benzin $\varepsilon_r = 1{,}5$ die Plattengrößen.

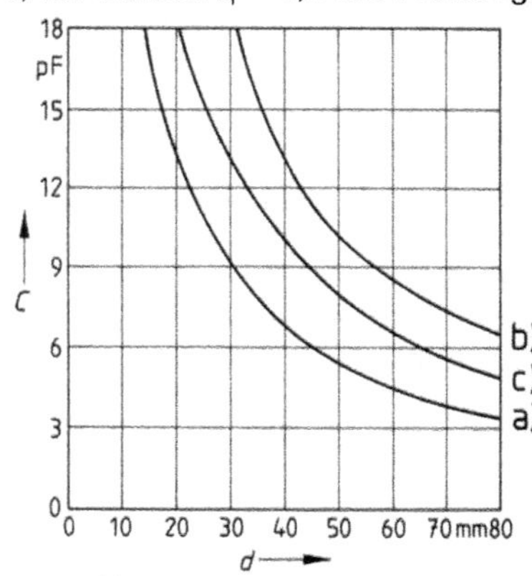


**1**.18 Abhängigkeit der Kapazität vom Plattenabstand

## 1.2.2 Ladung und Feldstärke

**Die Ladung $Q$** eines Kondensators wird in Amperesekunden (As) angegeben. Schließt man einen Kondensator mit der Kapazität $C$ an eine Gleichspannung $U$ an, wird die Ladung $Q$ berechnet mit der Gleichung

$$Q = U \cdot C \qquad Q = I \cdot t.$$

$Q$ in As oder Coulomb (C)
$U$ in V  $I$ in A  $t$ in s
$C$ in F $= \frac{\text{As}}{\text{V}}$

**Beispiel 1.6** Ein Kondensator mit der Kapazität $C = 10\ \mu\text{F}$ wird an die Gleichspannung $U = 24$ V angeschlossen. Wie groß ist die Ladung?

**Lösung** $Q = U \cdot C = 24\ \text{V} \cdot 10 \cdot 10^{-6}\ \frac{\text{As}}{\text{V}} = \mathbf{240 \cdot 10^{-6}\ As}$

**Die elektrische Feldstärke $E$** wird in $\frac{\text{Newton}}{\text{Amperesekunde}}\ \left(\frac{\text{N}}{\text{As}}\right)$ angegeben.

$$E = \frac{F}{Q}$$

$E$ in $\frac{\text{N}}{\text{As}}$  $F$ in N
$Q$ in As

Nach den Gesetzen der Mechanik ist die Kraft $F$ der Quotient aus der Arbeit $W$ und der Weglänge $s$, also $F = W/s$. $s$ ist die Weglänge zwischen den Ladungen des Kondensators, also der Plattenabstand $d$. Dann gilt auch

$$E = \frac{F}{Q} = \frac{W}{d \cdot Q} = \frac{P \cdot t}{d \cdot I \cdot t} = \frac{U \cdot I \cdot t}{d \cdot I \cdot t} = \frac{U}{d} \text{ mit der Einheit } \frac{\text{V}}{\text{m}}.$$

**Aufgaben**

1. Ein Kondensator mit a) 0,5 µF, b) 4 µF, c) 32 µF Kapazität ist auf 600 V aufgeladen. Wie groß ist seine Ladung?
2. Wie groß ist die höchstzulässige Spannung, an die ein Kondensator mit der Kapazität a) 10 µF, b) 32 µF, c) 0,47 µF angeschlossen werden darf, wenn die Ladung 0,004 As nicht überschreiten soll?
3. Ein Kondensator nimmt an der Gleichspannung 60 V die Ladung a) 10 mAs, b) 0,3 mAs, c) 10,8 mAs auf. Wie groß ist seine Kapazität?
4. Der Kondensator mit 630 nF in einer Impulsschaltung wird 20 ms lang mit dem Ladestrom a) 6 mA, b) 500 µA, c) 18 mA aufgeladen. Wie hoch ist nach dieser Zeit die Kondensatorspannung?
5. Ein auf 200 V aufgeladener Kondensator mit a) 4 µF, b) 10 µF, c) 16 µF soll sich in einer elektronischen Schaltung in 8 ms über einen Widerstand entladen. Für welche Stromstärke muß dieser Widerstand mindestens ausgelegt sein?
6. An einen Plattenkondensator mit dem Plattenabstand a) 6 mm, b) 9 mm, c) 12 mm wird die Gleichspannung 20 kV angeschlossen. Wie hoch ist die Feldstärke?
7. Die Durchschlagfestigkeit von Glimmer beträgt etwa 50 kV/mm. Welche Dicke muß das Dielektrikum aus Glimmer mindestens aufweisen, wenn ein Kondensator an a) 5000 V, b) 15 000 V, c) 60 000 V angeschlossen werden soll?
8. Die Durchschlagfestigkeit von Luft beträgt etwa 20 kV/cm. Bei welchem Abstand der Platten wird die Luftstrecke eines Plattenkondensators durchschlagen, wenn dieser an a) 6 000 V, b) 30 000 V, c) 10 000 V angeschlossen wird?

### 1.2.3 Lade- und Entladevorgang

Ein Kondensator wird geladen, wenn er an eine Spannung angeschlossen wird. Werden im Stromkreis liegende Widerstände $R$ (z. B. Leitungswiderstände, Widerstände von Meßgeräten) berücksichtigt, erfolgen Lade- und Entladevorgang verzögert. Dabei ist die Zeitkonstante $\tau$ (griech. tau) von Bedeutung. Man versteht unter der Zeitkonstanten für ein RC-Glied die Zeit, die den Kondensator auf etwa 63 % der angelegten Spannung auflädt; beim Entladen die Zeit, in der die Kondensatorspannung $U_c$ auf 100 % – 63 % = 37 % der vollen Ladespannung abgesunken ist.

$$\boldsymbol{\tau = R \cdot C}$$ $\tau$ in s $\quad R$ in $= \frac{V}{A}$ $\quad C$ in F $= \frac{As}{V}$

Lade- und Entladevorgang verlaufen nach einer e-Funktion. Nach etwa 5 $\tau$ sind sie praktisch beendet (**1**.19).

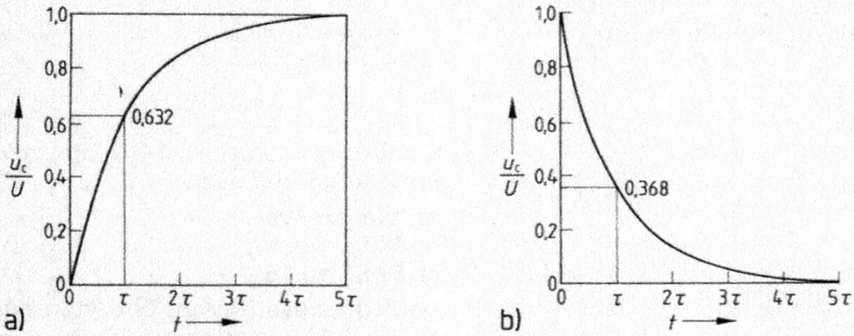


**1**.19 a) Laden, b) Entladen

Mathematisch ermittelt man das Verhältnis des Augenblickswerts (Momentanwert) $u_c$ zum Endwert U beim Laden mit der Gleichung

$$\boldsymbol{\frac{u_c}{U} = 1 - e^{-\frac{t}{\tau}}}.$$ e Basis der natürlichen Logarithmen

**Mit dem Taschenrechner** erfolgt diese Berechnung so:

Für $t = \tau$ gilt : $\frac{u_c}{U} = 1 - e^{-1}$

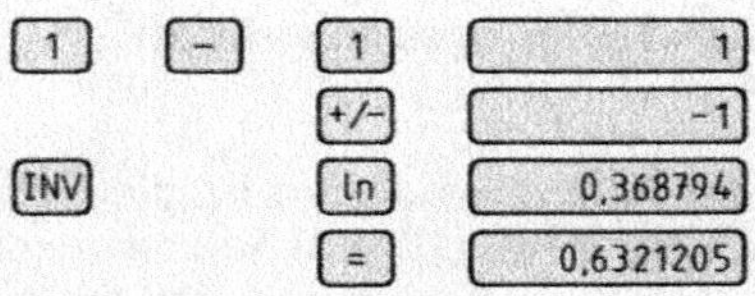


damit $u_c = \mathbf{0{,}632 \cdot U}$

**Beispiel 1.7** Für das Zeitglied einer elektronischen Schaltung soll die Zeitkonstante $\tau$ drei Sekunden betragen. Es steht ein Kondensator mit $C = 1000\ \mu F$ zur Verfügung. Welchen Wert muß der Widerstand $R$ des RC-Glieds haben?

**Lösung** $\tau = R \cdot C$

$$R = \frac{\tau}{C} = \frac{3\ s}{1000 \cdot 10^{-6}\ \frac{As}{V}} = \frac{3\ s \cdot 10^6\ V}{1000\ As} = 3000\ \frac{V}{A} = 3000\ \Omega \text{ oder } \mathbf{3\ k\Omega}$$

**Aufgaben**

1. Ein Kondensator mit der Kapazität 25 µF wird in Reihenschaltung mit dem Widerstand a) 220 kΩ, b) 1,5 MΩ, c) 33 kΩ an die Gleichspannung 220 V gelegt. Zu berechnen ist die Zeitkonstante. Nach wieviel Sekunden ist der Ladevorgang beendet?
2. Ein Kondensator mit der Kapazität a) 10 µF, b) 47 nF, c) 2,2 µF soll an der Gleichspannung 50 V in 7,5 s aufgeladen werden. Wie groß muß der Wert des in Reihe zu schaltenden Widerstands sein?
3. Der Kondensator $C_1$ in der Schaltung **1**.20 ist nach a) 0,15 s, b) 0,1 s, c) 0,22 s aufgeladen. Auf welchen Wert verändert sich die Ladezeit, wenn der Kondensator $C_2$ dazugeschaltet wird?

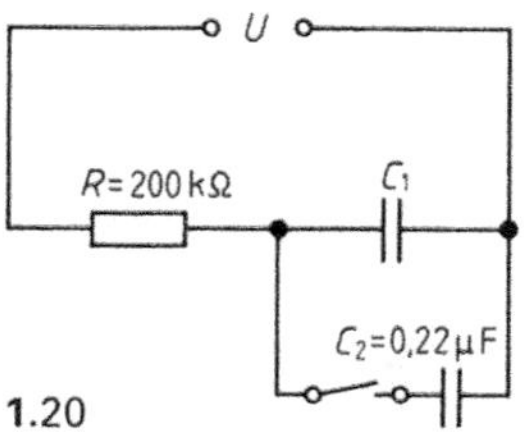

**1**.20

4. Der Widerstand und der Kondensator
   a) 33 kΩ und 50 µF,
   b) 270 kΩ und 470 nF,
   c) 2,2 kΩ und 68 nF

   liegen in Reihenschaltung an der Gleichspannung 200 V. Wie groß sind die Zeitkonstante sowie die Klemmenspannungen an Widerstand und Kondensator zum Zeitpunkt $\tau$?
5. In der Schaltung **1**.21 beträgt der veränderliche Widerstand $R_2$ = a) 200 kΩ, b) 100 kΩ, c) 500 kΩ. Zwischen welchen Werten läßt sich damit die Ladezeit des Kondensators mit der Kapazität 1,4 µF verändern? Wie groß ist die Spannung am Widerstand $R_1$ zum Zeitpunkt $\tau$?

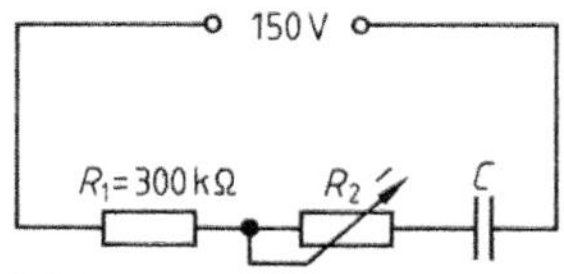

**1**.21

6. Ein Kondensator wird an Gleichspannung angeschlossen
   a) 1 µF an 200 V,
   b) 100 µF an 5 V,
   c) 68 µF an 15 V.

   Der Kondensator wird über den Widerstand 2 MΩ entladen. Nach wieviel Sekunden ist der Entladevorgang beendet? Wie groß ist die Klemmenspannung am Kondensator zum Zeitpunkt $\tau$?

## 1.2.4 Kondensatorschaltungen

**In einer Parallelschaltung** ist die Gesamtkapazität gleich der Summe der Einzelkapazitäten (**1**.22). Dabei kann angenommen werden, daß der Plattenabstand $d$ der einzelnen Kondensatoren gleich ist, die Plattengröße $A$ sich aber durch die Parallelschaltung vergrößert.

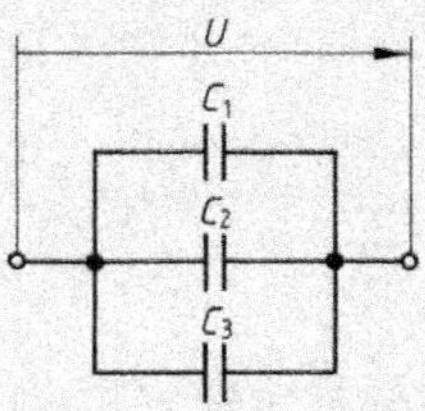

**1**.22 Parallelschaltung

$$C = C_1 + C_2 + C_3 + \dots$$

Bei $n$ gleichen Kondensatoren mit der Kapazität $C_1$ ist die Gesamtkapazität $C = n \cdot C_1$.

**In einer Reihenschaltung** ist der Kehrwert der Gesamtkapazität gleich der Summe der Kehrwerte der Einzelkapazitäten (**1**.23). Dabei kann angenommen werden, daß die Plattengröße *A* der einzelnen Kondensatoren gleich ist, der Plattenabstand *d* sich aber durch die Reihenschaltung vergrößert.

$$\frac{1}{C} = \frac{1}{C_1} + \frac{1}{C_2} + \frac{1}{C_3} + \ldots$$

Bei *n* gleichen Kondensatoren mit der Kapazität $C_1$ ist die Gesamtkapazität $C = C_1/n$.

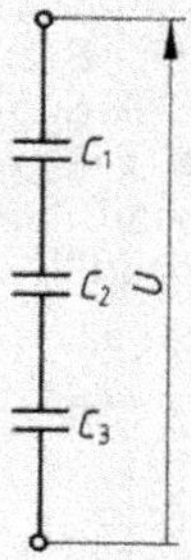


**1**.23 Reihenschaltung

**Beispiel 1.8** Wie groß ist die Gesamtkapazität *C* von zwei in Reihe geschalteten Kondensatoren mit $C_1 = 10\,\mu F$ und $C_2 = 50\,\mu F$?

**Lösung** $\frac{1}{C} = \frac{1}{C_1} + \frac{1}{C_2} = \frac{1}{10\,\mu F} + \frac{1}{50\,\mu F} = \frac{60\,\mu F}{500\,(\mu F)^2}$ $\quad C = \mathbf{8{,}33\,\mu F}$

**Aufgaben**

1. Vier Kondensatoren mit der Kapazität von a) 4 µF, b) 25 µF, c) 1500 pF sind parallelgeschaltet. Wie groß ist die Gesamtkapazität?
2. Wie groß ist die Gesamtkapazität, wenn fünf Kondensatoren mit der Kapazität a) 25 µF, b) 10 µF, c) 0,25 µF in Reihe geschaltet werden?
3. Gebraucht wird die Gesamtkapazität 1,8 µF. Zur Verfügung stehen Kondensatoren mit der Kapazität

   a) 12,6 µF, b) 5,4 µF, c) 9 µF.

   Wieviel Kondensatoren sind in Reihe zu schalten?
4. Drei Kondensatoren mit der Kapazität
   a) 10 µF, 4 µF und 2 µF
   b) 0,5 µF, 0,25 µF und 0,1 µF
   werden zusammengeschaltet. Wie groß ist die Gesamtkapazität für Parallel- und Reihenschaltung?
5. Durch Zuschalten eines Kondensators zu einem anderen Kondensator mit der Kapazität
   a) 12 µF, b) 33 nF, c) 1500 pF
   soll die Gesamtkapazität
   a) 3 µF, b) 11 nF, c) 500 pF
   erreicht werden. Wie groß muß die Kapazität des zuzuschaltenden Kondensators sein?
6. Ein Kondensator hat die Kapazität 25 µF. Sie soll um a) 5 %, b) 12,5 %, c) 15 % vergrößert werden. Welchen Wert muß die Kapazität des parallelgeschalteten Kondensators haben?
7. Wie groß sind die Ersatzkapazitäten für die Kondensatorschaltungen **1**.24?

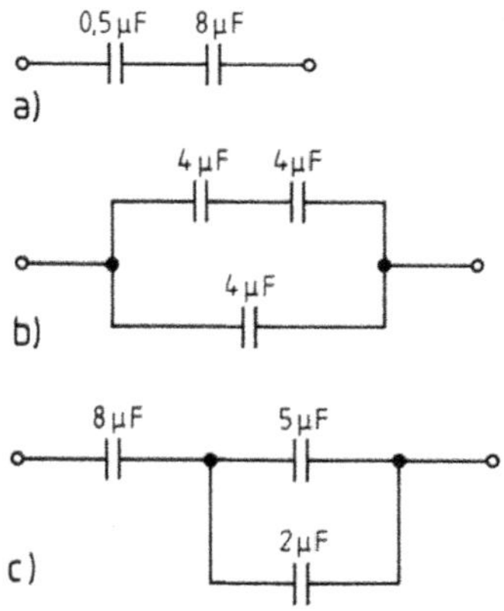


**1**.24

8. Drei Kondensatoren $C_1 = 4\,\mu F$, $C_2 = 8\,\mu F$ und $C_3 = 16\,\mu F$ sind in Reihe geschaltet.
   a) Wie groß ist die Ersatzkapazität?
   b) Um welchen Wert ändert sie sich, wenn entweder der Kondensator $C_1$, der Kondensator $C_2$ oder der Kondensator $C_3$ durchgeschlagen ist?

9. Vier gleiche Kondensatoren mit der Kapazität a) 68 μF, b) 100 μF, c) 2,2 μF sind nach Bild **1**.25 zusammengeschaltet. Wie groß ist die Gesamtkapazität bei geöffnetem und geschlossenem Schalter für die Schaltungen I und II?

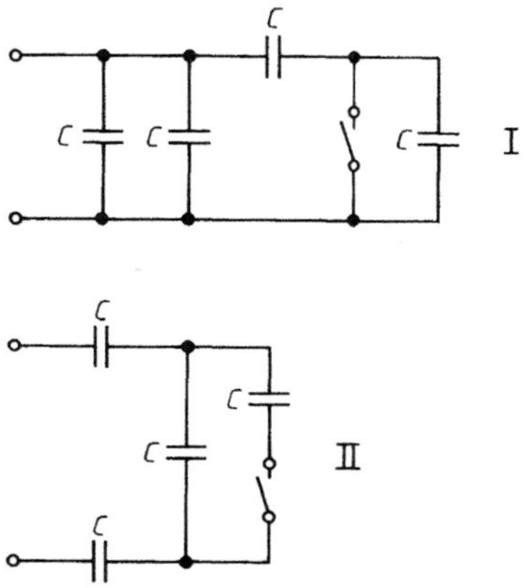


**1**.25

10. Welche Kapazitätswerte lassen sich mit Hilfe von drei Kondensatoren a) 8 μF, b) 6 μF, c) 0,5 μF durch verschiedene Schaltungen erreichen?

11. Ein Kondensator mit der Kapazität 6 μF ist mit einem zweiten Kondensator parallelgeschaltet. Diese Schaltung nimmt an der Gleichspannung a) 400 V, b) 600 V, c) 300 V die Ladung 4,8 mC auf.

    Wie groß ist die Kapazität des zweiten Kondensators? Wie groß ist die Ladungsaufnahme bei Reihenschaltung?

12. Der Kondensator $C_1$ in der Schaltung **1**.26 ist nach a) 0,3 s, b) 0,2 s, c) 0,4 s aufgeladen. Auf welchen Wert verändert sich die Ladezeit, wenn der Kondensator $C_2$ dazugeschaltet wird?

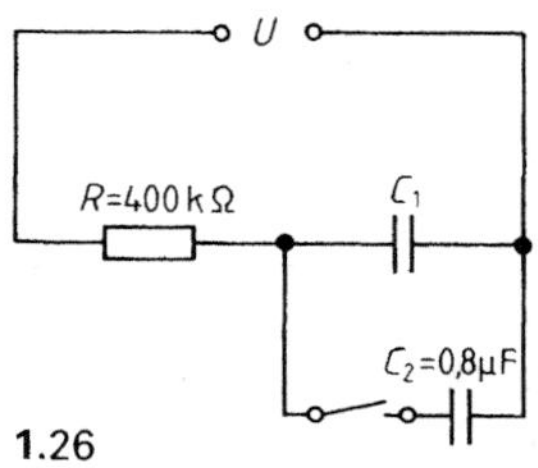


**1**.26

# 2 Wechselstromkreis

## 2.1 Induktiver und kapazitiver Blindwiderstand, Wirk- und Scheinwiderstand

**Induktiver Blindwiderstand $X_L$.** Eine im Wechselstromkreis liegende Spule hat neben ihrem Wirkwiderstand $R$ einen induktiven Blindwiderstand $X_L$, der mit der Induktivität $L$ der Spule und der Frequenz $f$ des Wechselstroms zunimmt (**2**.1).

$$X_L = 2 \cdot \pi \cdot f \cdot L$$
$$\omega = 2 \cdot \pi \cdot f$$

$L$ in H $= \frac{\text{Vs}}{\text{A}}$ $\quad \omega$ in $\frac{1}{\text{s}}$

$f$ in Hz (Hertz) $= \frac{1}{\text{s}}$

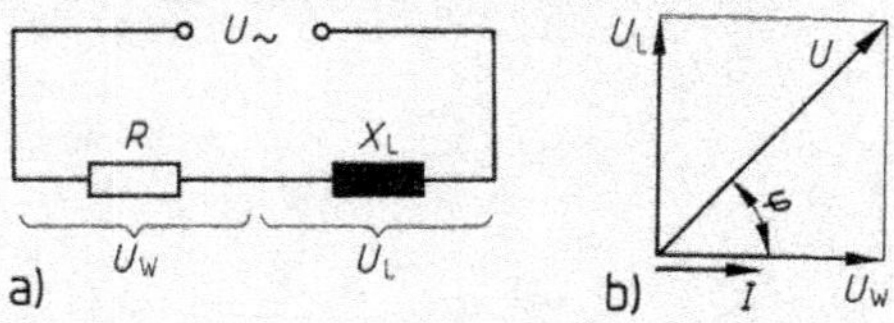


**2**.1

**Kapazitiver Blindwiderstand $X_C$.** Ein an Wechselspannung angeschlossener Kondensator hat den kapazitiven Blindwiderstand $X_C$, der mit der Kapazität $C$ und der Frequenz $f$ des Wechselstroms abnimmt (**2**.2).

$$X_C = \frac{1}{2 \cdot \pi \cdot f \cdot C}$$
$$\omega = 2 \cdot \pi \cdot f$$

$C$ in F $= \frac{\text{As}}{\text{V}}$ $\quad \omega$ in $\frac{1}{\text{s}}$

$f$ in Hz $= \frac{1}{\text{s}}$

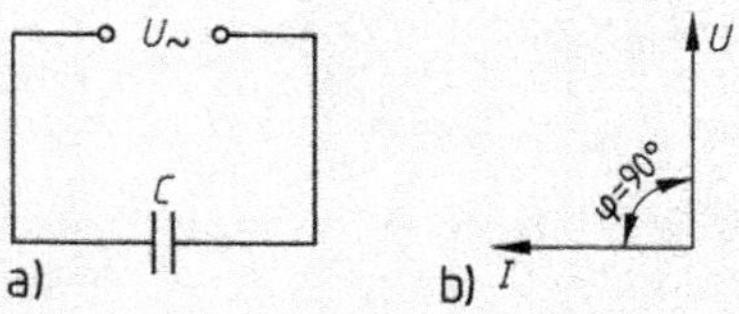


**2**.2

**Der Scheinwiderstand $Z$** ist der wirksame Wechselstromwiderstand im Spulen- bzw. Kondensatorstromkreis. Es gelten folgende Beziehungen:

**Spule**

mit Berücksichtigung des Wirkwiderstands (**2**.3)

$$Z^2 = R^2 + X_L^2$$

$$\cos \varphi = \frac{R}{Z} \qquad \sin \varphi = \frac{X_L}{Z}$$

**Kondensator**

mit Berücksichtigung eines Wirkwiderstands (**2**.4)

$$Z^2 = R^2 + X_C^2$$

$$\cos \varphi = \frac{R}{Z} \qquad \sin \varphi = \frac{X_C}{Z}$$

$Z$, $R$, $X_L$ und $X_C$ in Ω $\qquad$ $\cos \varphi$ und $\sin \varphi$ ohne Einheit

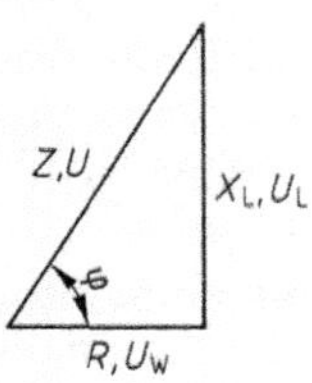


**2**.3

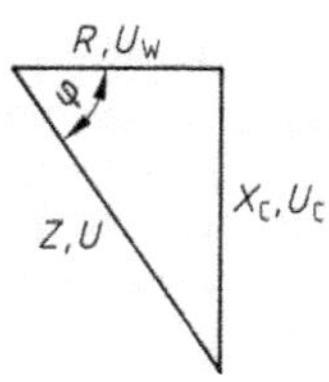


**2**.4

**Beispiel 2.1** Eine Spule nimmt an der Gleichspannung $U_- = 12$ V die Stromstärke $I_- = 0{,}5$ A auf. An der Wechselspannung $U_\sim = 230$ V mit der Frequenz $f = 50$ Hz beträgt die Stromaufnahme $I_\sim = 4$ A. Wie groß sind die Widerstände $R$, $X_L$ und $Z$, die Induktivität $L$, der Phasenverschiebungswinkel $\varphi$ zwischen der Spannung und dem Strom bei Anschluß an Wechselspannung sowie die Wirkspannung $U_w$ und die Blindspannung $U_L$?

**Lösung**

$$R = \frac{U_-}{I_-} = \frac{12\ \text{V}}{0{,}5\ \text{A}} = \mathbf{24\,\Omega}$$

$$Z = \frac{U_\sim}{I_\sim} = \frac{230\ \text{V}}{4\ \text{A}} = \mathbf{57{,}5\,\Omega}$$

$$X_L = \sqrt{Z^2 - R^2} = \sqrt{(57{,}5\,\Omega)^2 - (24\,\Omega)^2} = \mathbf{52{,}3\,\Omega}$$

$$L = \frac{X_L}{2\pi f} = \frac{52{,}3\,\Omega}{314\,\frac{1}{\text{s}}} = 0{,}166\,\Omega\text{s} = \mathbf{0{,}166\ H}$$

$$\cos\varphi = \frac{R}{Z} = \frac{24\,\Omega}{57{,}5\,\Omega} = 0{,}4174 \qquad \varphi = \mathbf{65{,}3^\circ}$$

$$U_w = U \cdot \cos\varphi = 230\ \text{V} \cdot 0{,}4174 = \mathbf{96\ V}$$

$$U_L = U \cdot \sin\varphi = 230\ \text{V} \cdot 0{,}9087 = \mathbf{209\ V}$$

**Beispiel 2.2** Ein Kondensator mit der Kapazität $C = 10\ \mu$F liegt an der Wechselspannung $U = 24$ V mit der Frequenz $f = 100$ Hz. Wie groß sind der kapazitive Blindwiderstand $X_C$ und die Stromaufnahme $I_C$?

**Lösung**

$$X_C = \frac{1}{2 \cdot \pi \cdot f \cdot C} = \frac{1}{2 \cdot 3{,}14 \cdot 100\frac{1}{\text{s}} \cdot 10 \cdot 10^{-6}\frac{\text{As}}{\text{V}}} = \mathbf{1592\,\Omega}$$

$$I_C = \frac{U}{X_C} = \frac{24\ \text{V}}{1592\,\Omega} = 0{,}0151\ \text{A} = \mathbf{15{,}1\ mA}$$

**Aufgaben**

1. Wie groß ist der induktive Blindwiderstand einer Spule mit der Induktivität a) 80 mH, b) 3 H, c) 0,4 H, wenn sie an eine Wechselspannung mit der Frequenz 50 Hz angeschlossen wird?
2. Eine Spule mit der Induktivität 0,02 H ist an eine Wechselspannung mit der Frequenz a) 100 Hz, b) 1,2 kHz und c) $16\frac{2}{3}$ Hz angeschlossen. Wie groß ist ihr induktiver Blindwiderstand?
3. Wie groß muß die Frequenz der angelegten Wechselspannung sein, damit eine Spule mit der Induktivität 1,5 H den induktiven Blindwiderstand a) 471 Ω, b) 1,413 kΩ, c) 157 Ω aufweist?
4. Wie groß ist die Stromstärke $I$, die durch eine Spule mit der Induktivität a) 2,8 H, b) 180 mH, c) 10 H fließt, wenn sie an eine Wechselspannung mit 230 V 50 Hz angeschlossen wird und der Wirkwiderstand vernachlässigt werden kann?
5. Wie groß ist der Scheinwiderstand einer Spule mit dem Wirkwiderstand 450 Ω und dem induktiven Blindwiderstand a) 630 Ω, b) 420 Ω, c) 1,45 kΩ?
6. Wie groß sind induktiver Blindwiderstand und Induktivität einer Spule mit dem Wirkwiderstand 34 Ω und dem Scheinwiderstand a) 54 Ω, b) 66 Ω, c) 81 Ω bei Anschluß an 50 Hz?
7. Der Wirkwiderstand einer Spule beträgt 16 Ω. Wird die Spule an eine Wechselspannung 24 V 50 Hz angeschlossen, beträgt die Stromstärke a) 1,2 A, b) 0,8 A, c) 0,6 A. Wie groß sind der induktive Blindwiderstand und die Induktivität der Spule?

8. An eine Spule mit der Induktivität a) 0,16 H, b) 0,12 H, c) 0,07 H und dem Wirkwiderstand 20 Ω wird die Wechselspannung 230 V 50 Hz gelegt. Wie groß sind der induktive Blindwiderstand, der Scheinwiderstand, die Stromaufnahme und der Phasenverschiebungswinkel zwischen der Spannung und dem Strom?
9. Eine Drosselspule mit dem Wirkwiderstand 300 Ω und der Induktivität 2,4 H wird an die Wechselspannung 40 V mit der Frequenz a) 60 Hz, b) $16\frac{2}{3}$ Hz, c) 50 Hz angeschlossen. Wie groß sind die Stromaufnahme, die Wirkspannung, die induktive Blindspannung und der Phasenverschiebungswinkel?
10. Wie groß sind Induktivität, Wirk- und induktive Blindspannung eines induktiven Verbrauchers mit dem Wirkwiderstand 16,4 Ω, der an der Wechselspannung 120 V 50 Hz die Stromstärke a) 4 A, b) 3 A, c) 2,4 A aufnimmt?
11. Eine Lichtbogenlampe benötigt bei der Spannung 38 V die Stromstärke a) 7,2 A, b) 3,6 A, c) 5,15 A. Um sie an der Spannung 110 V 50 Hz betreiben zu können, soll ihr eine Drosselspule vorgeschaltet werden, deren Wirkwiderstand 4,2 Ω beträgt.
Wie groß sind der induktive Blindwiderstand, die Induktivität, der Scheinwiderstand und die Spannung an den Klemmen der Drosselspule?
12. Zu einer Spule mit dem Wirkwiderstand 6,6 Ω und der Induktivität 0,04 H soll ein Wirkwiderstand in Reihe geschaltet werden, damit der Scheinwiderstand der Schaltung a) 25 Ω, b) 50 Ω, c) 30 Ω beträgt.
Wie groß muß dieser Widerstand sein, wenn die Netzfrequenz 50 Hz beträgt?
13. Der Wirkwiderstand einer Spule beträgt 20 Ω. Sie nimmt bei Anschluß an 230 V 50 Hz die Stromstärke 2 A auf.
Wie groß muß ein vorgeschalteter Wirkwiderstand sein, der die Stromaufnahme auf a) 1 A, b) 1,5 A, c) 0,8 A begrenzt?
14. Der Widerstand **2.5** mit 25 Ω liegt in Reihe mit einer Spule an der Wechselspannung 230 V und a) 50 Hz, b) $16\frac{2}{3}$ Hz, c) 60 Hz. Die Spule hat den Wirkwiderstand $R_{Sp} = 10\ \Omega$ und die Induktivität 200 mH. Wie groß sind die Spannung $U_w$ am Widerstand, die Wirk- und induktive Blindspannung sowie die Klemmenspannung $U_{Sp}$ an der Spule? Wie groß sind die Phasenverschiebungswinkel der Spule und der gesamten Schaltung?

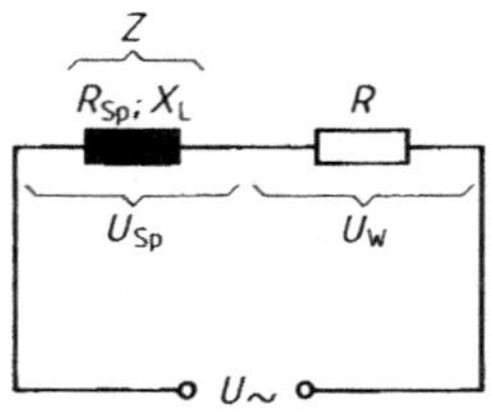

**2.5**

15. Eine Spule mit dem Wirkwiderstand 100 Ω und der Induktivität 0,4 H liegt mit einer zweiten Spule, deren Wirkwiderstand ebenfalls 100 Ω, aber deren Induktivität a) 0,8 H, b) 0,6 H, c) 0,2 H beträgt, in Reihe an 230 V 50 Hz.
Wie groß sind Stromaufnahme, Wirkspannungen, induktive Blindspannungen und Klemmenspannungen der Spulen sowie die Phasenverschiebungswinkel der Spulen und der Phasenverschiebungswinkel der Schaltung?
16. Zwei in Reihe geschaltete Spulen nehmen an 230 V 50 Hz die Stromstärke a) 0,773 A, b) 1,2 A, c) 0,645 A auf. Wie groß ist die Induktivität der einen Spule mit dem Wirkwiderstand 78 Ω, wenn die andere Spule den Wirkwiderstand 56 Ω und die Induktivität 300 mH hat? Wie groß ist die Spannung an jeder Spule?
17. Wie groß ist der kapazitive Blindwiderstand eines Kondensators mit der Kapazität a) 2 μF, b) 8 μF, c) 25 μF an der Frequenz 50 Hz?
18. Wie groß muß die Kapazität eines Kondensators sein, dessen kapazitiver Blindwiderstand an 50 Hz a) 398 Ω, b) 99,5 Ω, c) 6370 Ω betragen soll?

19. Der Strommesser in Bild **2.6** zeigt a) 23,6 mA, b) 44,3 mA, c) 94,2 mA an. Wie groß sind die kapazitive Blindleistung, der kapazitive Blindwiderstand und die Kapazität des Kondensators, wenn die Frequenz 100 Hz beträgt?

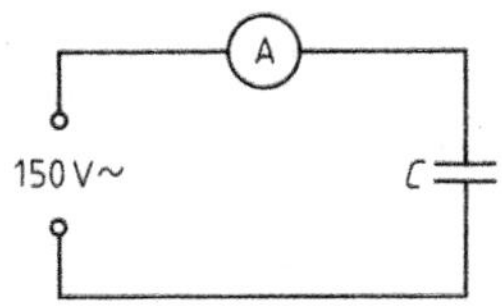


**2.6**

20. Die Strommessung eines an 230 V angeschlossenen Kondensators mit der Kapazität 16 µF ergibt a) 1,2 A, b) 1,6 A, c) 0,7 A. Wie groß ist die Frequenz der Wechselspannung?
21. Ein Kondensator mit der Kapazität a) 2 µF, b) 4 µF, c) 1 µF liegt in Reihe mit dem Widerstand 1 kΩ an der Spannung 230 V 50 Hz. Wie groß sind der Scheinwiderstand, die Stromaufnahme und die Spannungen am Kondensator und am Widerstand?
22. In einer Reihenschaltung aus Kondensator mit der Kapazität 0,5 µF und einem Widerstand fließt bei Anschluß an 230 V 50 Hz die Stromstärke 30 mA. Wie groß ist der Widerstand? Wie groß muß der Widerstand gewählt werden, wenn dieselbe Stromstärke bei a) 100 Hz, b) 60 Hz, c) 800 Hz fließen soll?
23. Eine Projektorglühlampe a) 180 W, b) 150 W, c) 300 W für 150 V soll mit Hilfe eines vorgeschalteten Kondensators an 230 V 50 Hz betrieben werden. Wie groß muß die Kapazität des Kondensators sein?

## 2.2 Parallelschalten von Blind- und Wirkwiderständen

Wird zu einem rein induktiven oder kapazitiven Blindwiderstand ein Wirkwiderstand parallelgeschaltet, liegen die Widerstände $X_L$ bzw. $X_C$ und $R$ an der gleichen Spannung $U$. Der fließende Blindstrom $I_L$ bzw. $I_C$ ist gegenüber dem Wirkstrom $I_W$ um 90° phasenverschoben.

- $I_L$ eilt $I_W$ um 90° nach (**2.7**),
- $I_C$ eilt $I_W$ um 90° voraus (**2.8**),
- $I_W$ liegt mit $U$ in Phase (**2.7** und **2.8**).

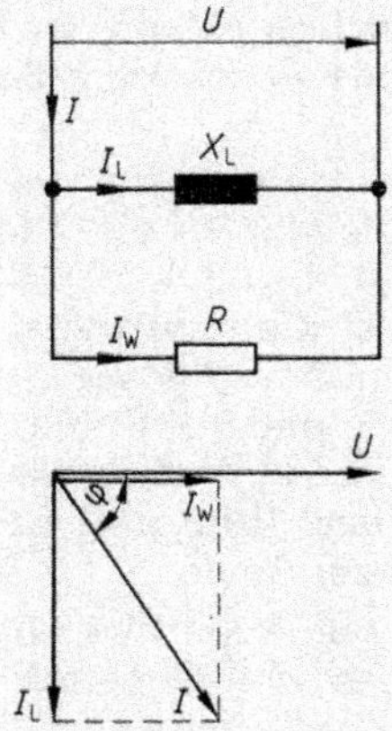


**2.7**

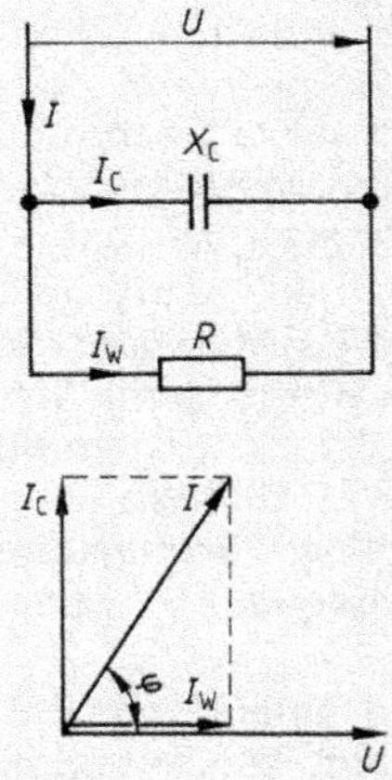


**2.8**

**Der Gesamtstrom** ergibt sich aus der geometrischen Addition von $I_L$ bzw. $I_C$ und $I_W$ (**2.7**, **2.8**).

**Der Gesamtwiderstand *Z*** wird berechnet

| für $X_L$ und $R$: | | für $X_C$ und $R$: |
|---|---|---|
| $\left(\frac{1}{Z}\right)^2 = \left(\frac{1}{X_L}\right)^2 + \left(\frac{1}{R}\right)^2$ | | $\left(\frac{1}{Z}\right)^2 = \left(\frac{1}{X_C}\right)^2 + \left(\frac{1}{R}\right)^2$ |
| $I^2 = I_L^2 + I_w^2$ | bzw. | $I^2 = I_C^2 + I_w^2$ |
| Es gelten ferner: | | |
| $\cos\varphi = \frac{I_W}{I} \quad \sin\varphi = \frac{I_L}{I}$ | bzw. | $\sin\varphi = \frac{I_C}{I}$ |

Wird z. B. bei einer Spule der Wirkanteil berücksichtigt (**2**.9a), gilt das Zeigerdiagramm **2**.9b. Der Gesamtstrom läßt sich zeichnerisch durch geometrische Addition von $I_W$ und $I_{Sp}$ bestimmen.

Eine mathematische Lösung erfolgt mit dem Kosinussatz, der für die Seite $a$ ($I$) im stumpfwinkligen Dreieck (**2**.9c) allgemein lautet:

$$a^2 = b^2 + c^2 - 2bc \cdot \cos\alpha$$

Für den Winkel $\gamma$ ($\varphi$) gilt:

$$\cos\gamma = \frac{a^2 + b^2 - c^2}{2\,ab}$$

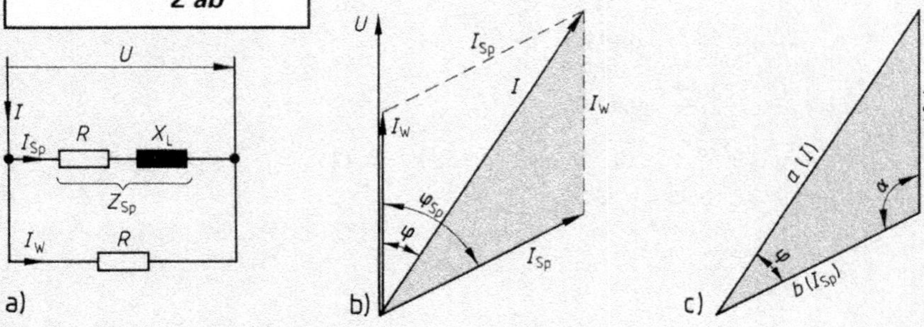


**2**.9

Werden zwei Spulen parallelgeschaltet, sind beide Ströme $I_{Sp1}$ und $I_{Sp2}$ gegenüber $U$ phasenverschoben (**2**.10a). $I$ berechnen wir wie bei Bild **2**.9.

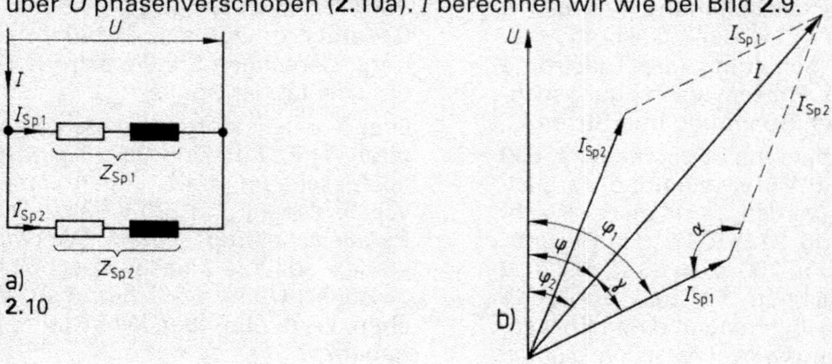


**2**.10

**Beispiel 2.3** Zwei Spulen sind parallelgeschaltet. Messungen ergeben für
Spule 1: $I_{Sp1} = 2{,}3$ A und $\cos \varphi_1 = 0{,}442$,
Spule 2: $I_{Sp2} = 2{,}7$ A und $\cos \varphi_2 = 0{,}928$.
Wie groß sind der Gesamtstrom $I$ und der Phasenverschiebungswinkel $\varphi$ zwischen $U$ und $I$?

**Lösung** $\cos \varphi_1 = 0{,}442$ entspricht dem Winkel $\varphi_1 = 63{,}8°$,
$\cos \varphi_2 = 0{,}928$ entspricht dem Winkel $\varphi_2 = 21{,}9°$.

$I^2 = I^2_{Sp1} + I^2_{Sp2} - 2\, I_{Sp1} \cdot I_{Sp2} \cdot \cos \alpha$

$I^2 = (2{,}3\text{ A})^2 + (2{,}7\text{ A})^2 - 2 \cdot 2{,}3\text{ A} \cdot 2{,}7\text{ A} \cdot (-0{,}744) = 21{,}8\text{ A}^2$

$\mathbf{I = 4{,}67\ A}$

$\alpha = (90° - \varphi_1) + 90° + \varphi_2$

$\alpha = (90° - 63{,}8°) + 90° + 21{,}9° = 138{,}1°$

$$\cos \gamma = \frac{a^2 + b^2 - c^2}{2\,ab} = \frac{(4{,}7\text{ A})^2 + (2{,}3\text{ A})^2 - (2{,}7\text{ A})^2}{2 \cdot 4{,}7\text{ A} \cdot 2{,}3\text{ A}} = 0{,}9306$$

$\gamma = 21{,}47°$

$\varphi = \varphi_1 - \gamma = 63{,}8° - 21{,}5° = \mathbf{42{,}3}°$

**Beispiel 2.4** Ein Kondensator mit $C = 10\ \mu$F und ein Widerstand mit $R = 250\ \Omega$ liegen in Parallelschaltung an 230 V 50 Hz.
Wie groß sind die fließenden Teilströme $I_C$, $I_W$, der Gesamtstrom $I$ und der Leistungsfaktor $\cos \varphi$?

**Lösung**

$$X_C = \frac{1}{\omega \cdot C} = \frac{1}{314\,\frac{1}{\text{s}} \cdot 10 \cdot 10^{-6}\,\frac{\text{As}}{\text{V}}} = 318\ \Omega$$

$$I_C = \frac{U}{X_C} = \frac{230\text{ V}}{318\ \Omega} = \mathbf{0{,}723\ A}$$

$$I_W = \frac{U}{R} = \frac{230\text{ V}}{250\ \Omega} = \mathbf{0{,}92\ A}$$

$$I = \sqrt{I_C^2 + I_W^2} = \sqrt{(0{,}723\text{ A})^2 + (0{,}92\text{ A})^2} = \mathbf{1{,}17\ A}$$

$$\cos \varphi = \frac{I_W}{I} = \frac{0{,}92\text{ A}}{1{,}17\text{ A}} = \mathbf{0{,}786}$$

## Aufgaben

1. Eine Spule mit der Induktivität 150 mH liegt parallel zu einem Wirkwiderstand a) 33 Ω, b) 27 Ω, c) 47 Ω an der Wechselspannung 12 V 50 Hz. Berechnen Sie den Gesamtwiderstand der Schaltung, die Teilströme sowie den Phasenverschiebungswinkel zwischen Spannung und Strom.
2. Zu einer Spule mit der Induktivität 600 mH soll ein Wirkwiderstand parallelgeschaltet werden, damit an der Wechselspannung 24 V 50 Hz der Gesamtwiderstand a) 100 Ω, b) 80 Ω, c) 120 Ω wird. Berechnen Sie den erforderlichen Wirkwiderstand und den Phasenverschiebungswinkel zwischen $U$ und $I$.
3. Zu einem Wirkwiderstand a) 60 Ω, b) 100 Ω, c) 150 Ω soll eine Spule parallelgeschaltet werden, damit an der Wechselspannung 16 V 50 Hz die Gesamtstromaufnahme 300 mA beträgt. Berechnen Sie die erforderliche Induktivität der Spule.
4. Drei Kondensatoren mit den Kapazitäten 4 μF, 2 μF und 0,5 μF sind parallelgeschaltet und liegen an der Wechselspannung 230 V 50 Hz. Durch Parallelschaltung eines Wirkwiderstands soll die Phasenverschiebung zwischen $U$ und $I$ 50° betragen. Welchen Wert muß der Wirkwiderstand haben?

5. Ein Kondensator a) 10 μF, b) 25 μF, c) 600 nF ist an Wechselspannung $f = 1$ kHz angeschlossen. Parallel dazu liegt ein Wirkwiderstand mit 20 Ω. Wie groß ist die Gesamtstromaufnahme der Schaltung? Wie groß ist der Phasenwinkel zwischen $U$ und $I$?
6. Zu einem Wirkwiderstand a) 100 Ω, b) 150 Ω, c) 70 Ω soll ein Kondensator an 24 V 100 Hz parallelgeschaltet werden, damit der Phasenwinkel zwischen der Spannung und dem Gesamtstrom 30° beträgt. Welche Kapazität muß der Kondensator haben?
7. Parallel zu einer eisenlosen Spule mit dem Wirkwiderstand 30 Ω und dem induktiven Blindwiderstand a) 40 Ω b) 30 Ω, c) 50 Ω liegt ein Wirkwiderstand 49 Ω an der Wechselspannung 230 V 50 Hz. Wie groß sind der Scheinwiderstand der Spule, die Teilströme in Wirkwiderstand und Spule, der Gesamtstrom und der Wechselstromwiderstand der ganzen Schaltung?
8. Die in Bild **2**.11 dargestellte Parallelschaltung aus einer Spule mit dem Wirkwiderstand 16 Ω und der Induktivität a) 100 mH, b) 1 H, c) 50 mH sowie dem Wirkwiderstand $R = 40$ Ω liegt an 230 V 50 Hz. Wie groß sind der induktive Blindwiderstand und der Scheinwiderstand der Spule, die Stromstärke im Widerstand $R$, die Stromstärke in der Spule, die Gesamtstromaufnahme, der Scheinwiderstand der Schaltung und der Phasenwinkel zwischen der Spannung und dem Gesamtstrom?
Zeichnen Sie das Stromdreieck!

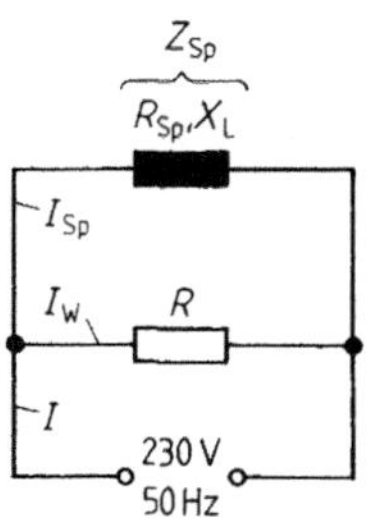


**2**.11

9. Die in Bild **2**.12 dargestellten Spulen mit vernachlässigbar kleinen Eisenverlusten liegen an der Wechselspannung 230 V.

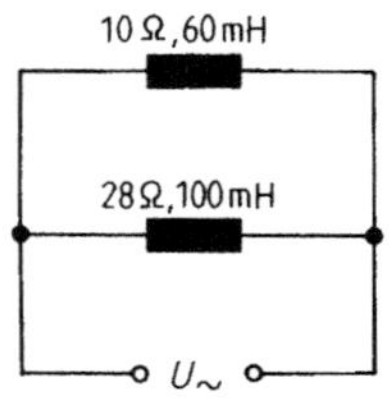


**2**.12

Wie groß sind Wirk- und induktiver Blindstrom in der Zuleitung, wenn die Frequenz a) 50 Hz, b) 100 Hz, c) 200 Hz beträgt?
Wie groß ist der Scheinwiderstand der Schaltung?
10. In der Anlage **2**.13 mit der Betriebsspannung 230 V 50 Hz sind a) 60, b) 30, c) 80 Glühlampen mit je 60 W und zwei Motoren angeschlossen. Der erste Motor nimmt bei Nennleistung 27 A bei $\cos \varphi_1 = 0{,}78$ auf, der zweite Motor 16,3 A bei $\cos \varphi_2 = 0{,}77$. Wie groß sind die Stromstärke in der Zuleitung und der Leistungsfaktor ($\cos \varphi$) der gesamten Anlage, wenn alle Lampen eingeschaltet sind und beide Motoren mit Nennleistung belastet sind?

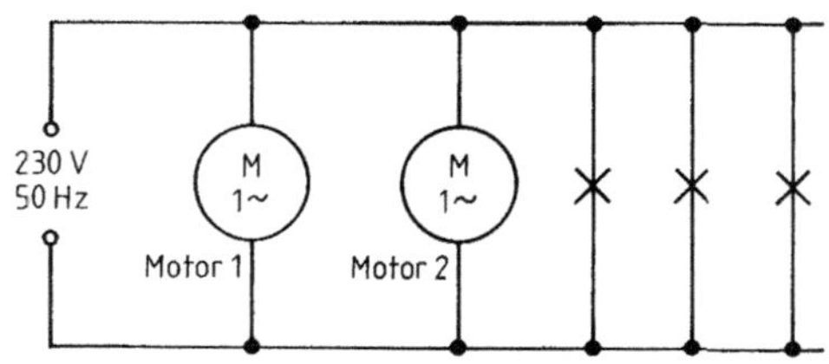


**2**.13

## 2.3 Spule und Kondensator im Wechselstromkreis

### 2.3.1 Reihenschaltung

Bei der Reihenschaltung von Spule und Kondensator im Wechselstromkreis wirken die Augenblickswerte der Blindspannungen von Spule und Kondensator einander entgegen und heben sich teilweise auf (**2**.14).

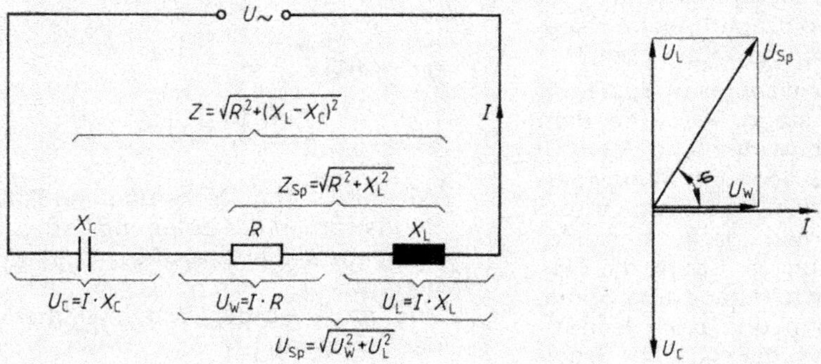


**2**.14

**Spannungsresonanz.** Sind der induktive Blindwiderstand $X_L$ der Spule und der kapazitive Blindwiderstand $X_C$ des Kondensators gleich groß, sind auch die Blindspannungen $U_L$ und $U_C$ gleich groß und heben sich auf. In diesem Fall können die Spulenspannung und die Kondensatorspannung extrem hohe Werte annehmen und die angelegte Spannung um ein Vielfaches übersteigen. Man bezeichnet diesen Zustand als Spannungsresonanz.

**Beispiel 2.5** Eine Spule mit der Induktivität $L = 2{,}55$ H und dem Wirkwiderstand $R = 300\ \Omega$ ist mit einem Kondensator $C = 7{,}95\ \mu$F in Reihenschaltung an die Wechselspannung $U = 230$ V 50 Hz angeschlossen. Wie groß sind der induktive Blindwiderstand der Spule $X_L$, der kapazitive Blindwiderstand des Kondensators $X_C$, der Scheinwiderstand $Z$ der Schaltung, die Stromaufnahme $I$ und die Spannung $U_{Sp}$ an der Spule?

**Lösung**

$$X_L = 2\pi f \cdot L = 2 \cdot 3{,}14 \cdot 50\ \frac{1}{\text{s}} \cdot 2{,}55\ \frac{\text{Vs}}{\text{A}} = \mathbf{800\ \Omega}$$

$$X_C = \frac{1}{2\pi f \cdot C} = \frac{1}{2 \cdot 3{,}14 \cdot 50\ \frac{1}{\text{s}} \cdot 0{,}00000795\ \frac{\text{As}}{\text{V}}} = \mathbf{400\ \Omega}$$

$$Z = \sqrt{R^2 + (X_L - X_C)^2} = \sqrt{(300\ \Omega)^2 + (800\ \Omega - 400\ \Omega)^2} = \mathbf{500\ \Omega}$$

$$I = \frac{U}{Z} = \frac{230\ \text{V}}{500\ \Omega} = \mathbf{0{,}46\ A}$$

$$Z_{Sp} = \sqrt{R^2 + X_L^2} = \sqrt{(300\ \Omega)^2 + (800\ \Omega)^2} = \mathbf{854\ \Omega}$$

$$U_{Sp} = I \cdot Z_{Sp} = 0{,}46\ \text{A} \cdot 854\ \Omega = \mathbf{393\ V}$$

**Aufgaben**

1. Eine Spule mit dem Wirkwiderstand 30 Ω und dem induktiven Blindwiderstand 70 Ω liegt in Reihe mit einem Kondensator, dessen kapazitiver Blindwiderstand a) 30 Ω, b) 100 Ω, c) 70 Ω beträgt, an 230 V 50 Hz.

   Wie groß sind der Scheinwiderstand der Schaltung, die Stromaufnahme, Wirkspannung, induktive Blindspannung und Klemmenspannung an der Spule, die Klemmenspannung am Kondensator und der Phasenverschiebungswinkel?
2. Eine Spule mit dem Wirkwiderstand 60 Ω liegt in Reihe mit einem Kondensator an der Wechselspannung 230 V 50 Hz. Die Stromaufnahme beträgt a) 0,5 A, b) 2 A, c) 1 A. Am Kondensator werden 517 V, an der Spule 300 V gemessen.

   Wie groß sind der Scheinwiderstand der Schaltung, der kapazitive Blindwiderstand des Kondensators sowie der Schein- und der induktive Blindwiderstand der Spule?
3. Eine Spule mit dem Wirkwiderstand 10 Ω und der Induktivität 1,5 H wird mit einem Kondensator mit der Kapazität a) 2 μF, b) 0,5 μF, c) 4 μF in Reihe geschaltet. Wie groß muß die Frequenz für den Resonanzfall sein?
4. Wie groß ist die Spannung $U_C$ am Kondensator der in Bild **2.15** dargestellten Schaltung, wenn der Wirkwiderstand der Spule 15 Ω und ihre Induktivität a) 1 H, b) 3 H, c) 8 H betragen?

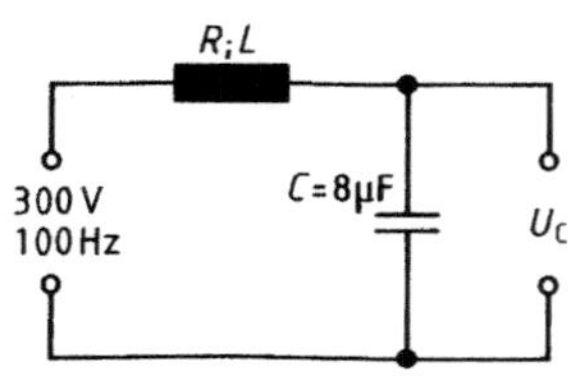


2.15

5. Eine Reihenschaltung besteht aus einem Kondensator mit der Kapazität 4 μF und einer Spule mit dem Wirkwiderstand 25 Ω und der Induktivität 0,85 H. Wie groß sind der Gesamtwiderstand sowie die Klemmenspannungen von Spule und Kondensator, wenn die Schaltung an 120 V mit der Frequenz a) 50 Hz, b) 60 Hz, c) 100 Hz angeschlossen wird?
6. Wie groß muß der Kapazitätswert eines Kondensators sein, der an 50 Hz in Reihe mit einer Spule, die den Wirkwiderstand 20 Ω und die Induktivität 0,4 H hat, einen Scheinwiderstand a) 96 Ω, b) 33 Ω, c) 88 Ω ergeben soll?
7. Ein Kondensator mit der Kapazität 10 μF liegt in Reihe mit einer Spule mit dem Wirkwiderstand 16 Ω und der Induktivität a) 0,6 H, b) 0,4 H, c) 1,4 H an der Wechselspannung 230 V 50 Hz. Wie groß ist die Stromaufnahme?

   Durch Änderung der Frequenz soll Resonanz hergestellt werden. Wie groß sind die Stromaufnahme im Resonanzfall und die Resonanzfrequenz?
8. Wie groß muß die Kapazität des Kondensators in Bild **2.16** sein, damit Resonanz eintritt? Der Wirkwiderstand der Spule beträgt 38 Ω und ihre Induktivität a) 845 mH, b) 211 mH, c) 317 mH. Für welche Spannung muß der Kondensator bemessen sein?

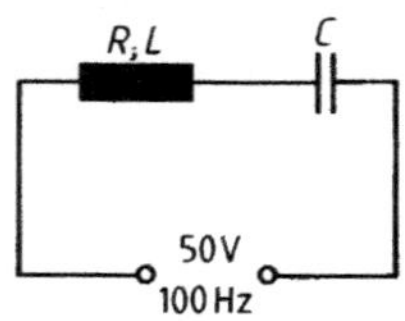


2.16

9. Zu einer Spule mit der Induktivität a) 706 mH, b) 496 mH, c) 1,34 H und dem Wirkwiderstand 80 Ω soll ein Kondensator in Reihe geschaltet werden. Wie groß muß die Kapazität sein, wenn bei 100 Hz der Phasenverschiebungswinkel 30° el, induktiv, erreicht werden soll?
10. Die Stromstärke durch eine an 150 V 50 Hz angeschlossene Spule mit dem Wirkwiderstand 10 Ω beträgt 5,1 A. Sie sinkt jedoch um a) 3 A, b) 4,23 A, c) 1,1 A, wenn ein Kondensator dazugeschaltet wird. Wie groß sind die Induktivität der Spule und die Kapazität des Kondensators?

## 2.3.2 Parallelschaltung

Bei der Parallelschaltung von Spule und Kondensator im Wechselstromkreis wirken die Augenblickswerte der Blindströme von Spule und Kondensator einander entgegen und heben sich teilweise auf (**2**.17).

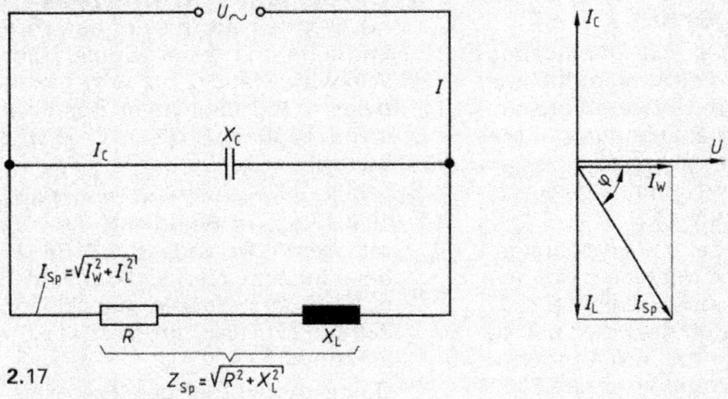


**2**.17

**Stromresonanz.** Sind der induktive Blindwiderstand $X_L$ der Spule und der kapazitive Blindwiderstand $X_C$ des Kondensators gleich groß, sind auch die Blindströme $I_L$ und $I_C$ gleich groß und heben sich auf. In diesem Fall können der Spulenstrom und der Kondensatorstrom extrem hohe Werte annehmen und den Gesamtstrom in der Zuleitung um ein Vielfaches übersteigen. Man bezeichnet diesen Zustand als Stromresonanz.

**Beispiel 2.6** Zu einer Spule mit $R = 50\ \Omega$ und $L = 0{,}2$ H wird entsprechend Bild **2**.17 ein Kondensator mit $C = 20\ \mu$F parallelgeschaltet.
Wie groß sind der Spulenstrom $I_{Sp}$, der Kondensatorstrom $I_C$ und der Gesamtstrom $I$ der Schaltung beim Anschluß an 230 V und 50 Hz?

**Lösung** Der Gesamtwiderstand der Spule ist

$$Z_{Sp} = \sqrt{R^2 + X_L^2} = \sqrt{(50\ \Omega)^2 + \left(2 \cdot 3{,}14 \cdot 50\ \frac{1}{\text{s}} \cdot 0{,}2\ \frac{\text{Vs}}{\text{A}}\right)^2} = 80{,}3\ \Omega.$$

Dann ist der Spulenstrom

$$I_{Sp} = \frac{U}{Z_{Sp}} = \frac{230\ \text{V}}{80{,}3\ \Omega} = \mathbf{2{,}86\ A.}$$

Da der Leistungsfaktor $\cos\varphi = \dfrac{50\ \Omega}{80{,}3\ \Omega} = 0{,}623$ ist, betragen der Wirkanteil des Spulenstroms

$$I_W = I_{Sp} \cdot \cos\varphi = 2{,}86\ \text{A} \cdot 0{,}623 = 1{,}78\ \text{A}$$

und der induktive Blindanteil

$$I_L = \sqrt{I^2 - I_W^2} = \sqrt{(2{,}86\ \text{A})^2 - (1{,}78\ \text{A})^2} = 2{,}24\ \text{A}.$$

Der Kondensatorstrom ist

$$I_C = \frac{U}{X_C} = 230\ \text{V} \cdot 2 \cdot 3{,}14 \cdot 50\ \frac{1}{\text{s}} \cdot 20\ \frac{\text{As}}{\text{V}} \cdot 10^{-6} = \mathbf{1{,}44\ A.}$$

Da der induktive Blindanteil des Spulenstroms und der Kondensatorstrom gegeneinanderwirken und sich z. T. aufheben, gilt für den Gesamtstrom

$$I = \sqrt{(I_L - I_C)^2 + I_W^2} = \sqrt{(2{,}24\ \text{A} - 1{,}44\ \text{A})^2 + (1{,}78\ \text{A})^2} = \mathbf{1{,}95\ A.}$$

## Aufgaben

1. Wie groß ist die Frequenz, bei der für die Parallelschaltung aus einem Kondensator mit der Kapazität a) 1 µF, b) 0,5 µF, c) 6 µF und einer Spule mit dem Wirkwiderstand 30 Ω und der Induktivität 4 H Resonanz eintritt?
2. Eine verlustlose Spule mit der Induktivität 0,4 H und ein Kondensator mit der Kapazität a) 32 µF, b) 20 µF, c) 50 µF liegen parallel an 230 V 50 Hz. Wie groß sind die Einzelströme in Spule und Kondensator und der Gesamtstrom in der Anschlußleitung?
3. Zu einer Spule mit 25 Ω Wirkwiderstand und der Induktivität 420 mH soll ein Kondensator parallelgeschaltet werden. Wie groß muß dessen Kapazität sein, damit bei a) 100 Hz, b) 800 Hz, c) 300 Hz Resonanz eintritt?
4. Wie groß ist die für eine Spule erforderliche Induktivität, damit bei Parallelschaltung mit einem Kondensator mit der Kapazität a) 12 µF, b) 8 µF, c) 20 µF bei 60 Hz Resonanz eintritt? Der Wirkwiderstand der Spule beträgt 8 Ω.
5. Der Wirkwiderstand der Spule in Bild **2**.18 beträgt 40 Ω, die Induktivität a) 100 mH, b) 60 mH, c) 150 mH.

   Wie groß sind der Scheinwiderstand der Spule, der Spulenstrom, der Phasenverschiebungswinkel zwischen angelegter Spannung und Spulenstrom, der Wirkstrom- und induktive Blindstromanteil der Spule, der kapazitive Blindwiderstand des Kondensators, der Kondensatorstrom, der Gesamtstrom, der Gesamtwiderstand und Gesamt-Phasenverschiebungswinkel?

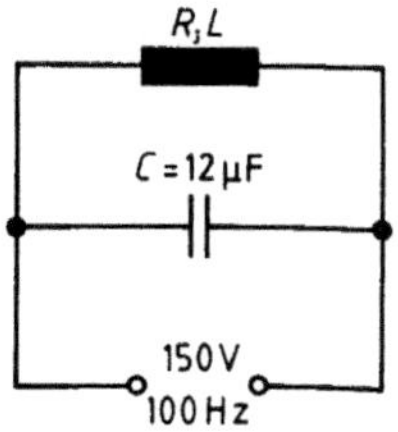


**2**.18

6. Eine Spule mit dem Wirkwiderstand 15 Ω und der Induktivität 80 mH sowie ein Kondensator mit der Kapazität a) 4 µF, b) 6 µF, c) 1 µF liegen parallel an 100 V 200 Hz. Wie groß sind die Stromaufnahme, der Gesamtwiderstand und der Phasenverschiebungswinkel der Schaltung?

   Wie groß werden diese Werte, wenn ein 200-Ω-Widerstand dazu parallelgeschaltet wird?
7. Wird zu einer an 230 V 50 Hz angeschlossenen Spule mit dem Wirkwiderstand 20 Ω ein Kondensator parallelgeschaltet, sinkt die Stromaufnahme von a) 4,3 A, b) 2,6 A, c) 3,5 A auf 2,1 A.

   Wie groß sind induktiver Blindwiderstand, Induktivität und der Leistungsfaktor der Spule?

   Wie groß sind kapazitiver Blindstrom, kapazititver Blindwiderstand und Kapazität des Kondensators?
8. Parallel zu einer Spule mit dem Wirkwiderstand 50 Ω und der Induktivität a) 400 mH, b) 600 mH, c) 300 mH liegt ein Kondensator mit der Kapazität 10 µF an der Spannung 230 V 50 Hz. Um wieviel Milliampere ändert sich die Stromaufnahme der Schaltung, wenn noch ein zweiter Kondensator mit 6 µF dazu parallelgeschaltet wird?
9. Die Stromaufnahme der Schaltung in Bild **2**.19 beträgt a) 1,1 A, b) 1 A, c) 0,8 A. Wie groß ist die Kapazität des Kondensators, wenn der Wirkwiderstand der Spule 40 Ω und ihre Induktivität 300 mH betragen?

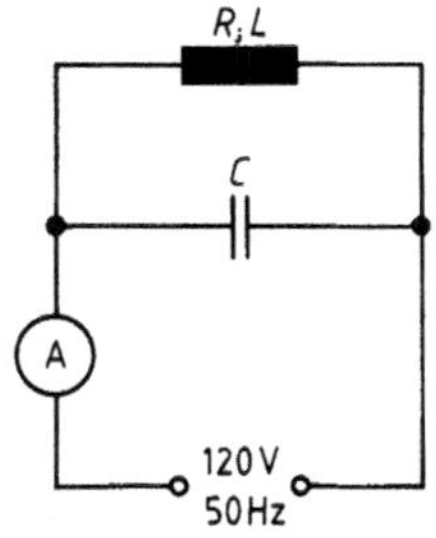


**2**.19

10. Die Leistungsaufnahme eines Geräts für 230 V 50 Hz beträgt 190 W. In der Zuleitung wird die Stromstärke a) 1,9 A, b) 1,6 A, c) 2,3 A gemessen.

Wie groß sind die Scheinleistung, der Leistungsfaktor, der Blindleistungsfaktor, der Scheinwiderstand und der induktive Blindwiderstand?

Wie groß muß die Kapazität eines Kondensators sein, der parallel zum Gerät geschaltet wird, damit in der Zuleitung nur noch der Wirkstrom fließt? Wie groß ist dieser Wirkstrom?

## 2.4 Blind-, Wirk- und Scheinleistung

**Die kapazitive Blindleistung $Q_C$** im Kondensatorstromkreis dient zum Aufrechterhalten des elektrischen Wechselfelds.

**Die induktive Blindleistung $Q_L$** im Spulenstromkreis dient zum Aufrechterhalten des magnetischen Wechselfelds.

**Die Wirkleistung $P$** ist ein Maß für die dem Stromkreis entzogene Energie. Sie wird vom Leistungsmesser angezeigt.

**Die Scheinleistung $S$** ist kein Maß für die Umwandlung der elektrischen Energie im Stromkreis, sondern nur eine Rechengröße. Man berechnet sie für das einphasige Wechselstromnetz mit der Gleichung

$$S = U \cdot I.$$

$S$ in VA (Voltampere) $U$ in V $I$ in A

Zwischen den Leistungen gilt nach dem Lehrsatz des Pythagoras diese Beziehung:

$$S^2 = P^2 + Q^2$$

$S$ in VA $P$ in W
$Q$ in Var (Voltampere reaktiv)

Die Wirkleistung $P$ kann auch ermittelt werden durch Multiplikation der Scheinleistung $S$ mit dem Leistungsfaktor (Wirkfaktor) cos $\varphi$.

$$P = S \cdot \cos\varphi$$

cos $\varphi$ ohne Einheit

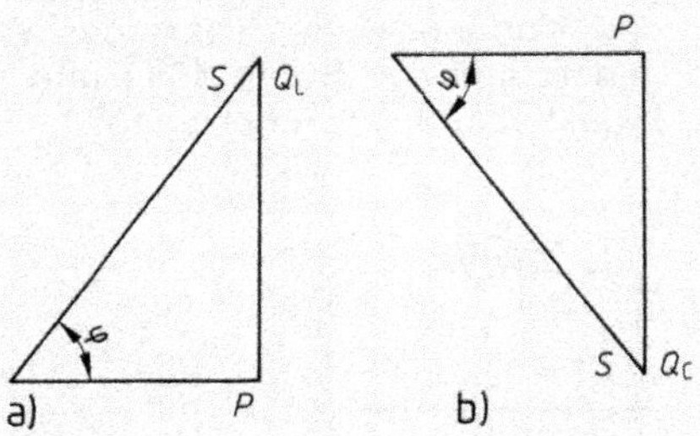

2.20

Die kapazitive Blindleistung $Q_C$ bzw. die induktive Blindleistung $Q_L$ erhält man auch durch Multiplikation der Scheinleistung $S$ mit dem Blindleistungsfaktor (Blindfaktor) sin $\varphi$ (**2.20**).

$$Q_C = S \cdot \sin\varphi \qquad Q_L = S \cdot \sin\varphi$$

sin $\varphi$ ohne Einheit

**Beispiel 2.7** Ein Wechselstrommotor für $U = 230$ V hat den Nennstrom $I = 5$ A. Mit einem Leistungsmesser wird die Wirkleistungsaufnahme $P = 800$ W gemessen. Wie groß sind die Scheinleistung $S$, der Wirkfaktor (Leistungsfaktor) $\cos\varphi$, der Blindfaktor $\sin\varphi$, die Blindleistung $Q_L$, der Wirkstrom $I_W$, der Blindstrom $I_L$ sowie die dem Netz nach 8 Stunden entnommene Wirkarbeit $W$?

**Lösung**

$$S = U \cdot I = 230\ \text{V} \cdot 5\ \text{A} = \mathbf{1150\ VA}$$

$$\cos\varphi = \frac{P}{S} = \frac{800\ \text{W}}{1150\ \text{VA}} = \mathbf{0{,}696}$$

$\cos\varphi = 0{,}696$ entspricht $\varphi = 46°$ und $\sin\varphi = \mathbf{0{,}718}$

$$Q_L = S \cdot \sin\varphi = 1150\ \text{VA} \cdot 0{,}718 = \mathbf{826\ Var}$$

$$I_W = I \cdot \cos\varphi = 5\ \text{A} \cdot 0{,}696 = \mathbf{3{,}48\ A}$$

$$I_L = I \cdot \sin\varphi = 5\ \text{A} \cdot 0{,}718 = \mathbf{3{,}59\ A}$$

$$W = P \cdot t = 800\ \text{W} \cdot 8\ \text{h} = 6400\ \text{Wh} = \mathbf{6{,}4\ kWh}$$

**Beispiel 2.8** Ein Kondensator mit der Kapazität $C = 100\ \mu$F ist an die Wechselspannung $U = 24$ V 50 Hz angeschlossen. Wie groß ist die Blindleistungsaufnahme $Q_C$?

**Lösung 1**

$$X_C = \frac{1}{2\pi f \cdot C} = \frac{1}{2 \cdot 3{,}14 \cdot 50\ \frac{1}{\text{s}} \cdot 0{,}0001\ \frac{\text{As}}{\text{V}}} = 31{,}8\ \Omega$$

$$I_C = \frac{U}{X_C} = \frac{24\ \text{V}}{31{,}8\ \Omega} = 0{,}755\ \text{A}$$

$$Q_C = U \cdot I_C = 24\ \text{V} \cdot 0{,}755\ \text{A} = \mathbf{18{,}1\ Var}$$

**Lösung 2**

$$Q_C = \frac{U^2}{X_C} = \frac{(24\ \text{V})^2}{31{,}8\ \Omega} = \mathbf{18{,}1\ Var}$$

## Aufgaben

1. Ein Wechselstrommotor mit dem Leistungsfaktor 0,78 nimmt die Stromstärke a) 10,9 A, b) 7,6 A, c) 12,5 A aus dem 230-V-Netz auf. Wie groß ist seine aufgenommene Wirkleistung?
2. Wie groß ist die Stromstärke in der Zuleitung zu einem Wechselstrommotor für 230 V 50 Hz, der bei dem Leistungsfaktor 0,76 aus dem Netz die Wirkleistung a) 3,4 kW, b) 2,2 kW, c) 7,6 kW aufnimmt?
3. Der in Bild **2**.21 dargestellte Motor nimmt a) 4,7 A, b) 3,6 A, c) 5,2 A auf. Der Leistungsmesser zeigt 740 W an. Wie groß sind die Scheinleistung und die induktive Blindleistung?

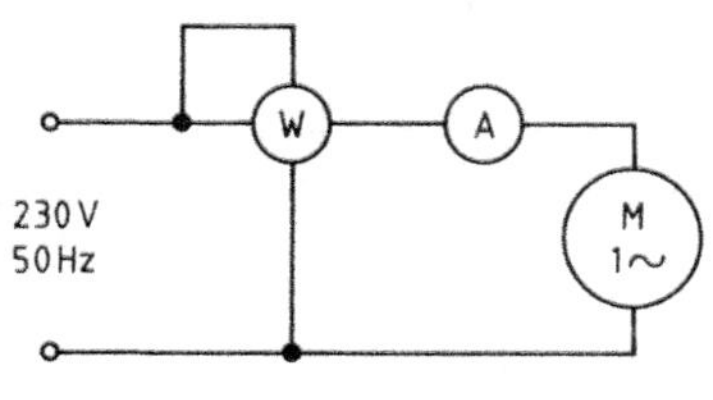


**2**.21

4. Für einen Verbraucher hat man ermittelt, daß die Scheinleistung a) 850 VA, b) 750 VA, c) 930 VA und die Wirkleistung 500 W betragen. Wie groß sind die induktive Blindleistung und der Leistungsfaktor?
5. Wie groß sind Wirkleistung und induktive Blindleistung in einer Anlage, wenn der Phasenverschiebungswinkel a) 60°, b) 30°, c) 45° und die Scheinleistung 1200 VA betragen?
6. Der Leistungsfaktor eines Elektromotors für 230 V 50 Hz beträgt a) 0,76, b) 0,84, c) 0,87. Ein vorgeschalteter Leistungsmesser zeigt 1,2 kW an. Wie groß sind Scheinleistung und induktive Blindleistung sowie die Stromstärke in der Zuleitung?
7. Wie groß ist der Leistungsfaktor einer an 230 V liegenden Drosselspule, wenn die Stromaufnahme a) 0,8 A, b) 0,35 A, c) 0,5 A und die Wirkleistung 40 W gemessen werden?

8. Ein Notstromaggregat für 230 V 50 Hz ist mit 44 A belastet. Die Wirkleistung beträgt a) 8,1 kW, b) 6,9 kW, c) 9 kW. Wie groß sind Scheinleistung, Leistungsfaktor und induktive Blindleistung?
9. Ein Wechselstrommotor mit dem Leistungsfaktor a) 0,75, b) 0,73, c) 0,8 nimmt aus dem 230-V-Netz die Stromstärke 4,87 A auf. Wie groß ist die dem Netz in 5 Stunden entnommene elektrische Arbeit?
10. Ein Wechselstrommotor hat das in Bild **2**.22 wiedergegebene Leistungsschild. Wie groß sind der Wirkungsgrad der Maschine und die induktive Blindleistung?

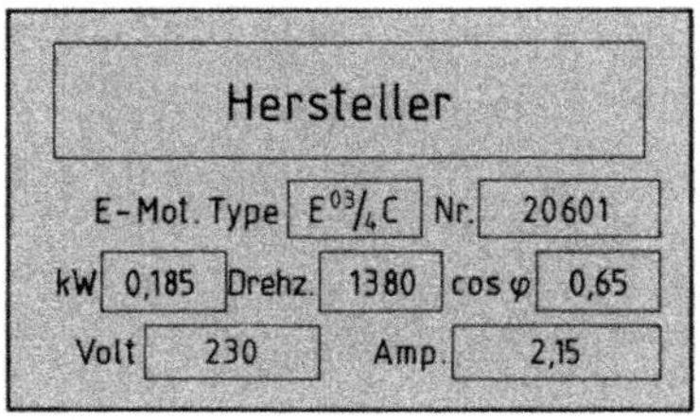


**2**.22

11. Wie groß ist die Wirkleistung eines Verbrauchers, für den die induktive Blindleistung a) 890 Var, b) 750 Var, c) 1150 Var und der Blindleistungsfaktor 0,65 festgestellt werden?
12. Die Stromaufnahme eines Rundfunkempfängers beträgt am 230-V-Netz 395 mA. Am Zähler mit der Zählerkonstanten 1200 1/kWh wird eine Ankerumdrehung in a) 38 s, b) 42 s, c) 40 s festgestellt. Wie groß ist der Leistungsfaktor des Geräts?
13. Eine Spule, die an der Gleichspannung a) 24 V, b) 60 V, c) 120 V die Stromstärke 60 mA aufnimmt, hat dieselbe Stromaufnahme auch an der Wechselspannung 230 V 50 Hz. Wie groß sind die Wirk-, Schein- und die induktive Blindleistung sowie der Leistungsfaktor der Spule?
14. Ein an 230 V angeschlossener Fernsehempfänger nimmt a) 820 mA, b) 637 mA, c) 685 mA auf; der Leistungsfaktor beträgt 0,85. Wie teuer ist der monatliche Betrieb, wenn eine Kilowattstunde 0,25 DM kostet und das Gerät täglich durchschnittlich 4 1/2 Stunden eingeschaltet ist?
15. Wie groß sind Schein-, induktive Blind- und Wirkleistung einer eisenlosen Spule mit dem Wirkwiderstand 20 Ω und der Induktivität a) 160 mH, b) 120 mH, c) 70 mH, die an 230 V 50 Hz angeschlossen ist?
16. Eine Magnetspule mit vernachlässigbar kleinen Eisenverlusten, zu deren Herstellung a) 819 m, b) 985 m, c) 1295 m Kupferdraht mit 1,4 mm Ø verwendet wurden, nimmt an 230 V 50 Hz die Stromstärke 4,8 A auf. Wie groß sind Schein-, Wirk- und induktive Blindleistung der Spule?
17. Wie groß ist die Wärmemenge, die stündlich in einer eisenlosen Spule mit dem Wirkwiderstand 16 Ω und der Induktivität a) 40 mH, b) 80 mH, c) 120 mH bei Anschluß an 230 V 50 Hz entwickelt wird?
18. Eine Projektorlampe mit a) 150 W, b) 180 W, c) 250 W für 150 V ist nach Bild **2**.23 über eine Drosselspule, die den Wirkwiderstand 24 Ω hat und deren Eisenverluste vernachlässigbar klein sind, an 230 V 50 Hz angeschlossen. Wie groß sind die Induktivität der Spule, die Wirk-, induktive Blindleistung und Scheinleistung der Schaltung?

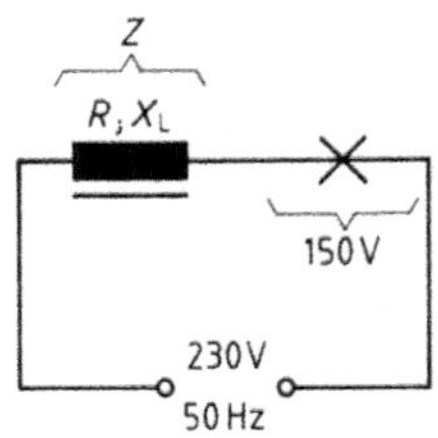


**2**.23

19. Auf dem Leistungsschild eines älteren Wechselsstrommotors sind nur noch die Spannungsangabe 220 V 50 Hz und die Leistungsangabe zu erkennen. Wird der Motor mit der angegebenen Leistung belastet, nimmt er die nachstehende Stromstärke auf, während ein Leistungsmesser folgendes anzeigt:

| | Nennleistung | Strom | Leistung |
|---|---|---|---|
| a) | 4,05 kW | 26,5 A | 4800 W |
| b) | 1,1 kW | 8,7 A | 1480 W |
| c) | 2,2 kW | 15,9 A | 2800 W |

Wie groß sind der Wirkungsgrad und der Leistungsfaktor?

20. Für einen Handwerksbetrieb wird der monatliche Verbrauch mit 5340 kWh und a) 3400 kVarh, b) 4250 kVarh, c) 4820 kVarh festgestellt. Wie groß ist der mittlere Leistungsfaktor der Anlage?

21. Wie groß ist die elektrische Arbeit, die eine Spule mit vernachlässigbar kleinen Eisenverlusten dem 230-V-Netz täglich entnimmt, wenn sie den Wirkwiderstand 25 Ω und die Induktivität a) 180 mH, b) 120 mH, c) 250 mH hat, die Netzfrequenz 50 Hz ist und die Spule ständig eingeschaltet ist?

22. Ein Wechselstromgenerator liefert die Klemmenspannung 230 V. Er ist durch a) 50, b) 120, c) 30 Glühlampen zu je 60 W und einen 2,2-kW-Motor mit dem Wirkungsgrad 0,76 und dem Leistungsfaktor 0,77 belastet. Wie groß ist die abgegebene Scheinleistung des Generators?

23. Eine Zentrifuge wird von einem Motor mit der Leistung a) 4 kW, b) 6 kW, c) 3 kW, dem Wirkungsgrad 0,83 und dem Leistungsfaktor 0,78 angetrieben. Zugeschaltet wird eine Förderpumpe, deren Antriebsmotor mit dem Wirkungsgrad 72 % und dem Leistungsfaktor 0,7 1 kW leistet. Die Netzspannung beträgt 400 V 50 Hz. Wie groß sind Scheinleistung und Leistungsfaktor der Anlage?

24. Der Wirkleistungsbedarf einer mit 400 V 50 Hz betriebenen Anlage beträgt 12,6 kW. Der Leistungsfaktor ist dabei 0,5.

Wie groß muß der Querschnitt der Zuleitung gewählt werden? Zulässige Belastung der Leitung nach DIN VDE 0636 Gruppe B2.

Wie groß ist die Kupferersparnis für die 1000 m lange Zuleitung, wenn der Leistungsfaktor der Anlage auf a) 0,68, b) 0,79, c) 0,92 verbessert wird?

25. Eine Spule mit Eisenkern ist entsprechend Bild 2.24 an 230 V 50 Hz angeschlossen. Folgende Meßwerte wurden ermittelt:

| a) | b) | c) |
|---|---|---|
| $R = 1{,}5\,\Omega$ | $R = 0{,}8\,\Omega$ | $R = 2{,}16\,\Omega$ |
| $I = 3$ A | $I = 2{,}7$ A | $I = 1{,}8$ A |
| $P = 62$ W | $P = 71$ W | $P = 25$ W |

Berechnen Sie die Scheinleistung, die induktive Blindleistung, den Leistungsfaktor, die Kupferverluste $P_{vCu}$ und die Eisenverluste $P_{vFe}$.

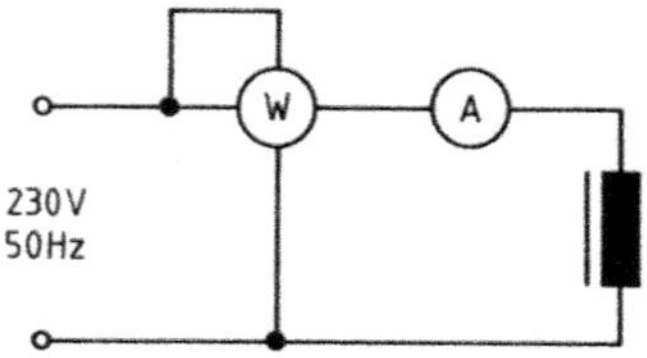


2.24

26. In der Schaltung 2.25a wurde an den Klemmen $Z_x$ das zu untersuchende Bauteil angeschlossen. Die Zeitablenkung beträgt 2 ms/cm, der Ablenkfaktor $A_{YI}$ 10 V/cm und der Ablenkfaktor $A_{YII}$ 2 V/cm. Dem Eingang YI ist ein Teiler 10 : 1 vorgeschaltet, der Meßwiderstand beträgt a) 1 Ω, b) 0,5 Ω und c) 2 Ω. Das Oszillogramm zeigt Bild 2.25b.

Welche Art von Widerstand wurde angeschlossen? Wie groß sind die genormte Klemmenspannung $U$, der Effektivwert des Stroms und die Wirkleistung?

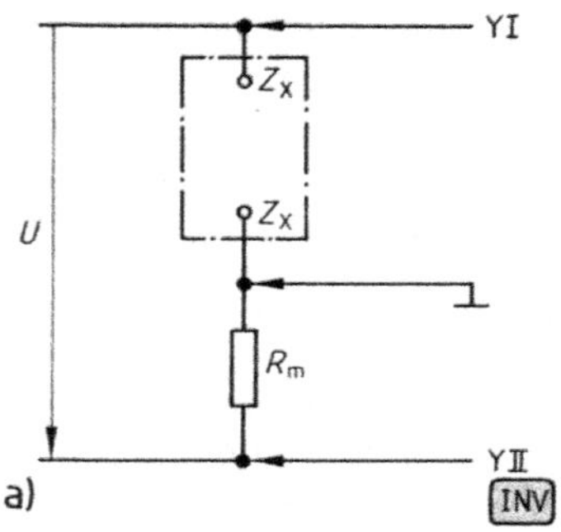


a)

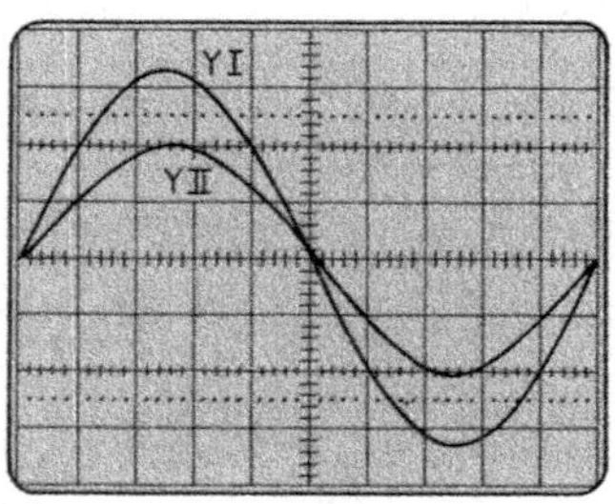


b)

2.25

27. Ein Kondensator ist an den Klemmen $Z_x$ der Schaltung **2**.25a angeschlossen. Die Ablenkfaktoren betragen $A_{YI}$ = 20 mV/cm und $A_{YII}$ = 0,5 V/cm, der Meßwiderstand 1 Ω. Das Oszillogramm zeigt Bild **2**.26.

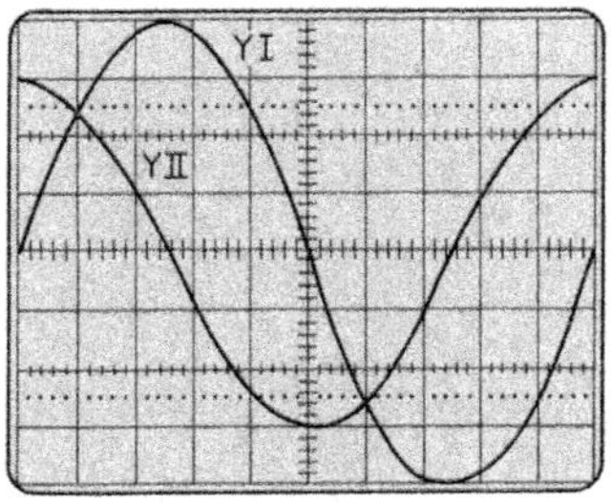


**2**.26

Wie groß sind die Kapazität des Kondensators und die Blindleistung, wenn die Zeitablenkung a) 2 ms/cm, b) 0,5 ms/cm, c) 0,2 ms/cm eingestellt ist?

28. An den Klemmen $Z_x$ der Schaltung **2**.25a ist eine Drossel angeschlossen. Die Klemmenspannung beträgt $U$ = 110 V. Das zugehörige Oszillogramm zeigt Bild **2**.27. Vor dem Eingang YI wurde ein Teiler 10 : 1 angeschlossen. Der Zeitablenkfaktor beträgt 2 ms/cm, und der Ablenkfaktor $A_{YII}$ a) 0,2 V/cm, b) 0,5 V/cm, c) 0,1 V/cm. Der Meßwiderstand ist $R_m$ = 1 Ω.

Wie groß ist der Ablenkfaktor $A_{YI}$? Ermitteln Sie den Effektivwert des Stroms, die Phasenverschiebung, die Induktivität der Drossel, die Schein-, Wirk- und Blindleistung.

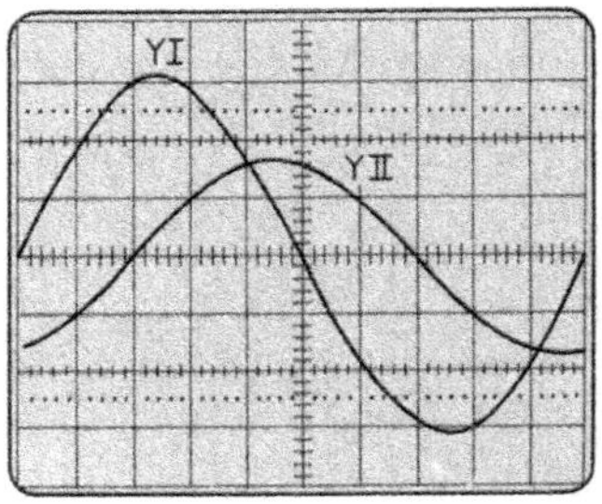


**2**.27

## 2.5 Kompensation des induktiven Blindstroms

Die Entlastung der Leitungen vom induktiven Blindstrom erreichen wir durch Zuschalten von Kondensatoren zu den induktiven Verbrauchern.

Im vollständig kompensierten Wechselstromkreis fließt zwischen Spannungserzeuger und Verbraucher nur Wirkstrom. Der Leistungsfaktor beträgt dann $\cos\varphi = 1$.

**Zum Berechnen der erforderlichen kapazitiven Blindleistung** verwendet man das in Bild **2**.28 dargestellte erweiterte Leistungsdreieck. Hierin sind $P$ die Wirkleistung des Verbrauchers, $Q_1$ die Blindleistung, $S_1$ die Scheinleistung und $\varphi_1$ der Phasenverschiebungswinkel vor der Kompensation. $Q_2$ ist die Blindleistung, $S_2$ die Scheinleistung und $\varphi_2$ der Phasenverschiebungswinkel nach der Kompensation. Die durch den Kondensator zu kompensierende Blindleistung beträgt:

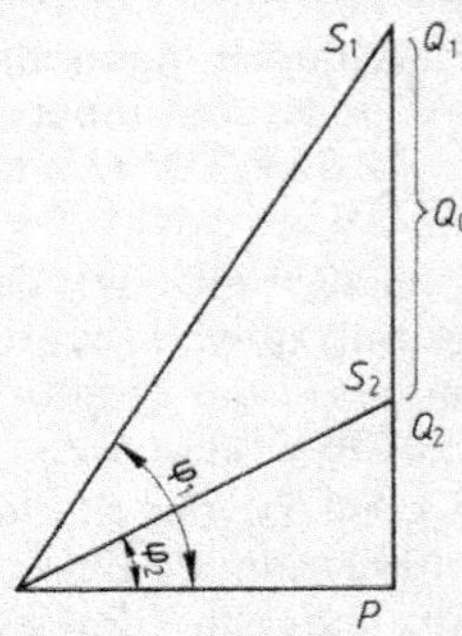


**2**.28

$$Q_C = Q_1 - Q_2 \qquad Q_C = P(\tan\varphi_1 - \tan\varphi_2)$$

**Die Kapazität des Kompensationskondensators** erhält man mit der Formel

$Q_C = \dfrac{U^2}{X_C}$. Nach Einsetzen von $X_C = \dfrac{1}{2 \cdot \pi \cdot f \cdot C}$ ist

$$Q_C = 2 \cdot \pi \cdot f \cdot C \cdot U^2.$$

$U$ in V $\quad f$ in Hz $= \frac{1}{s}$ $\quad C$ in F $\quad Q_C$ in Var

**Beispiel 2.9** Eine Leuchtstofflampenanlage für $U = 230$ V 50 Hz nimmt die Leistung 3,3 kW auf. Bedingt durch die induktiven Vorschaltgeräte ist der Leistungsfaktor $\cos\varphi_1 = 0{,}5$. Wie groß sind die Blindleistung $Q_C$ und die Kapazität $C$ der zur Blindstromkompensation nötigen parallelgeschalteten Kondensatoren, damit der Leistungsfaktor $\cos\varphi_2 = 1$ wird?

**Lösung** Bei Kompensation von $\cos\varphi_1 = 0{,}5$ auf $\cos\varphi_2 = 1$ muß $Q_C = Q_L$ sein.

$$S = \frac{P}{\cos\varphi_1} = \frac{3{,}3\text{ kW}}{0{,}5} = 6{,}6\text{ kVA}$$

$$Q_C = Q_L = \sqrt{S^2 - P^2} = \sqrt{(6{,}6\text{ kVA})^2 - (3{,}3\text{ kW})^2} = \mathbf{5{,}72\text{ kVar}}$$

Man erhält aus $Q_C = \dfrac{U^2}{X_C} = 2\pi f \cdot C \cdot U^2$ die Kapazität

$$C = \frac{Q_C}{2\pi f \cdot U^2} = \frac{5720\text{ Var}}{2 \cdot 3{,}14 \cdot 50\,\frac{1}{\text{s}} \cdot (230\text{ V})^2} = \mathbf{344\ \mu F}.$$

**Beispiel 2.10** Der Leistungsfaktor der Anlage nach Beispiel 2.9 soll von $\cos\varphi_1 = 0{,}5$ auf $\cos\varphi_2 = 0{,}9$ erhöht werden. Wie groß ist jetzt die Kapazität $C$ des zur Blindstromkompensation erforderlichen Kondensators?

**Lösung** $Q_1 = 5{,}72$ kVar $= Q_C$ aus dem Beispiel 2.9

$$S_2 = \frac{P}{\cos\varphi_2} = \frac{3{,}3\text{ kW}}{0{,}9} = 3{,}67\text{ kVA}$$

$$Q_2 = \sqrt{S_2^2 - P^2} = \sqrt{(3{,}67\text{ kVA})^2 - (3{,}3\text{ kW})^2} = 1{,}6\text{ kVar} \quad \text{oder}$$

$$Q_2 = S_2 \cdot \sin\varphi_2 = 3{,}67\text{ kVA} \cdot 0{,}436 = 1{,}6\text{ kVar}$$

$$Q_C = Q_1 - Q_2 = 5{,}72\text{ kVar} - 1{,}6\text{ kVar} = 4{,}12\text{ kVar} \quad \text{oder kürzer}$$

$$Q_C = P(\tan\varphi_1 - \tan\varphi_2) = 3{,}3\text{ kW}\,(1{,}732 - 0{,}4843) = 4{,}12\text{ kVar}$$

$$C = \frac{Q_C}{2\pi f \cdot U^2} = \frac{4120\text{ Var}}{314\,\frac{1}{\text{s}} \cdot (230\text{ V})^2} = 0{,}000248\,\frac{\text{As}}{\text{V}} = \mathbf{248\ \mu F}$$

## Aufgaben

1. Wie groß muß die Kapazität eines Kondensators sein, der zu einer Leuchtstofflampe für 230 V 50 Hz parallelgeschaltet wird, um den induktiven Blindstrom a) 0,19 A, b) 0,24 A, c) 0,15 A zu kompensieren?
2. Wie groß ist der induktive Blindstrom eines Kondensators mit der Kapazität a) 120 µF, b) 80 µF, c) 180 µF an 400 V 50 Hz, der vollständig kompensiert werden kann?
3. Eine kleine Leuchtstofflampen-Anlage braucht an 230 V 50 Hz die Blindleistung a) 2,4 kVar, b) 1,8 kVar, c) 3,2 kVar. Wie groß muß die Kapazität eines Kondensators sein, der diese Blindleistung voll kompensieren soll?
4. Die Stromaufnahme einer Quecksilberdampflampe mit induktivem Vorschaltgerät (**2.29**) beträgt a) 0,72 A, b) 0,62 A, c) 1,1 A an 230 V 50 Hz. Die Nennleistung der Lampe ist angegeben mit a) 75 W, b) 59 W, c) 135 W.

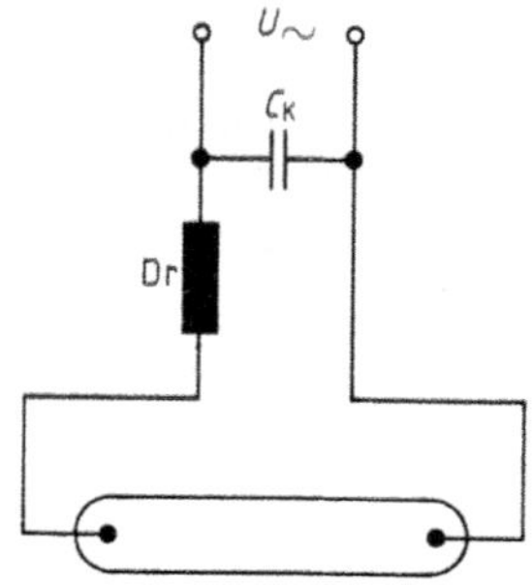

2.29

Wie groß sind der Leistungsfaktor, der kapazitive Blindleistungsbedarf und die Kapazität des Kondensators, wenn die induktive Blindleistung voll kompensiert werden soll?

5. Der Leistungsfaktor einer Leuchtstofflampenanlage, die an 230 V 50 Hz die Wirkleistung a) 5,5 kW, b) 4,8 kW, c) 7 kW aufnimmt, beträgt 0,56. Wie groß sind die kapazitive Blindleistung und die Kapazität der Kondensatoren, durch die der Leistungsfaktor auf 0,9 verbessert wird?
6. Auf welchen Wert verändert sich der Leistungsfaktor, wenn zu einer an 230 V 50 Hz angeschlossenen Quecksilberdampf-Hochdrucklampe mit dem Leistungsfaktor 0,48 und der Leistungsaufnahme a) 89 W, b) 59 W, c) 137 W ein Kondensator mit der Kapazität 7 µF parallelgeschaltet wird?
7. Die Strom- und Leistungsaufnahme einer Leuchtstofflampe mit induktivem Vorschaltgerät betragen 430 mA und 49 W. Die Netzspannung wird mit 225 V, die Netzfrequenz mit 50 Hz gemessen. Wie groß muß die Kapazität des Kondensators gewählt werden, der den Leistungsfaktor auf a) 0,95, b) 0,9, c) 1,0 verbessert?
8. Der Blindleistungsbedarf einer mit Leuchtstofflampen bestückten Beleuchtungsanlage von 230 V 50 Hz beträgt a) 10 kVar, b) 14 kVar, c) 8 kVar, der Leistungsfaktor 0,63. Wie groß sind die kapazitive Blindleistung und die Kapazität der erforderlichen Kondensatoren, wenn der Leistungsfaktor der Anlage auf 0,95 verbessert werden soll?
9. Einer an 230 V 50 Hz betriebenen Leuchtstofflampe wurde zur Kompensation ein Kondensator mit der Kapazität 4,5 µF parallelgeschaltet (**2.30**) und der Leistungsfaktor dadurch auf a) 0,99, b) 0,95 verbessert.

   Wie groß sind die kompensierte induktive Blindleistung und der ursprüngliche Leistungsfaktor, wenn die Leistungsaufnahme a) 42 W, b) 50 W beträgt?

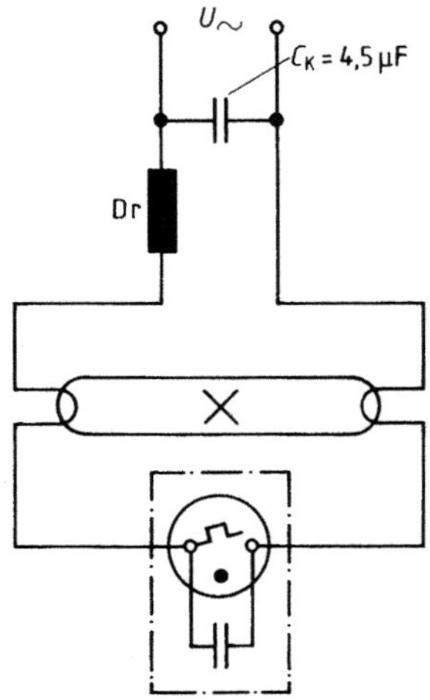


**2.30**

10. Zur Beleuchtung einer Gebäudefassade werden Quecksilberdampf-Hochdrucklampen eingesetzt, und zwar
    a) sechs, b) zehn, c) zwei Lampen 250 W,
    drei Lampen 700 W und eine Lampe 2000 W. Zusammen mit den Vorschaltdrosseln beträgt die Leistungsaufnahme der Lampen 265 W, 729 W und 2100 W. Die Stromaufnahme der Anlage wird gemessen mit
    a) 44,5 A, b) 52,5 A, c) 36,5 A,
    die Netzspannung mit 230 V 50 Hz.

    Wie groß müssen kapazitive Blindleistung und Kapazität der Kondensatoren sein, um den Leistungsfaktor auf 0,95 zu verbessern?

    Wie groß muß die Kapazität der Kondensatoren gewählt werden, wenn zur Beleuchtung zusätzlich einhundert 60-W-Glühlampen installiert werden?

# 3 Drehstrom

## 3.1 Sternschaltung

Bei der Sternschaltung **3.1** werden je zwei Strangspannungen $U_{St}$ miteinander zur Leiterspannung $U$ verkettet. Es sind also zwei Spannungen – die Leiterspannung $U$ und die Strangspannung $U_{St}$ – verfügbar.

$$U = 1{,}73 \cdot U_{St}$$

Der Strangstrom $I_{St}$ und der Leiterstrom $I$ sind gleichgroß.

$$I = I_{St}$$

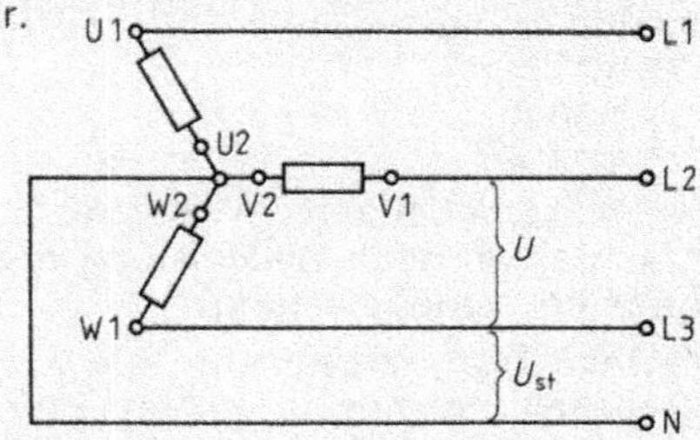


3.1

Die Leistungen bei der Sternschaltung berechnet man für den Fall gleichmäßiger (symmetrischer) Belastung mit diesen Formeln:

$$S = 1{,}73 \cdot U \cdot I$$
$$P = 1{,}73 \cdot U \cdot I \cdot \cos\varphi$$
$$Q = 1{,}73 \cdot U \cdot I \cdot \sin\varphi$$
oder $$Q = \sqrt{S^2 - P^2}$$

$S$ in VA  $U$ in V  $I$ in A
$P$ in W  $Q$ in Var
$\cos\varphi$ und $\sin\varphi$ ohne Einheit

Bei Schieflast (unsymmetrische Belastung) muß man die Drehstromleistung aus der Summe der drei Strangleistungen berechnen.

**Beispiel 3.1** Ein Elektrowärmegerät hat drei Heizwiderstände mit je $R = 80\,\Omega$, die in Sternschaltung an $U = 400$ V 50 Hz angeschlossen sind. Wie groß sind die Stromstärke $I_{St}$ in jedem Heizwiderstand und die Gesamtleistungsaufnahme $P$ des Geräts?

**Lösung** Da die Heizwiderstände reine Wirkwiderstände sind, ist der Leistungsfaktor $\cos\varphi = 1$.

Im Drehstromnetz mit der Leiterspannung $U = 400$ V ist die Strangspannung

$$U_{St} = \frac{U}{1{,}73} = \frac{400\text{ V}}{1{,}73} = 230\text{ V}. \qquad \text{Damit ist } I_{St} = I.$$

$$I = \frac{U_{St}}{R} = \frac{230\text{ V}}{80\,\Omega} = \mathbf{2{,}875\ A} = I_{St}$$

$$P = 1{,}73 \cdot U \cdot I \cdot \cos\varphi = 1{,}73 \cdot 400\text{ V} \cdot 2{,}875\text{ A} \cdot 1 = \mathbf{1992\ W}$$

**Aufgaben**

1. Zwischen einem Außenleiter und dem Neutralleiter wird in einem Drehstrom-Vierleiternetz die Spannung a) 277 V, b) 480 V gemessen. Wie groß ist die Spannung zwischen zwei Außenleitern?

2. Ein Drehstromgenerator in Sternschaltung liefert bei der Klemmenspannung 690 V den Nennstrom a) 400 A, b) 350 A, c) 450 A. Wie groß ist die Nenn-Scheinleistung des Generators?

3. Ein Drehstromgenerator mit der Nennleistung 1 MVA gibt in Sternschaltung die Nennspannung a) 10 kV, b) 6 kV, c) 15 kV zwischen den Außenleitern ab. Wie groß ist der Nennstrom des Generators?
4. Auf dem Leistungsschild eines vierpoligen Drehstrommotors stehen u.a. folgende Angaben: 230/400 V
   a) 20,9/12 A,
   b) 52,1/30 A,
   c) 43,5/25 A,
   $\cos \varphi = 0{,}8$; 1420 $\text{min}^{-1}$. Wie groß ist die aufgenommene Wirkleistung des Motors bei Nennbelastung?
5. Ein Drehstrom-Heizofen für 400 V in Sternschaltung hat in jedem Heizstrang den Widerstand a) 40 Ω, b) 60 Ω, C) 80 Ω. Wie groß sind Stromaufnahme und Nennleistung?
6. Drei Glühlampen für 230 V mit den Nennleistungen
   a) 200 W, 200 W, 100 W,
   b) 200 W, 100 W, 100 W,
   c) 100 W, 100 W, 60 W
   sind entsprechend Bild **3**.2 an die Leiterspannung 400 V angeschlossen. Wie groß ist die Stromstärke im Neutralleiter *N*?
   Die Aufgabe ist zeichnerisch zu lösen!

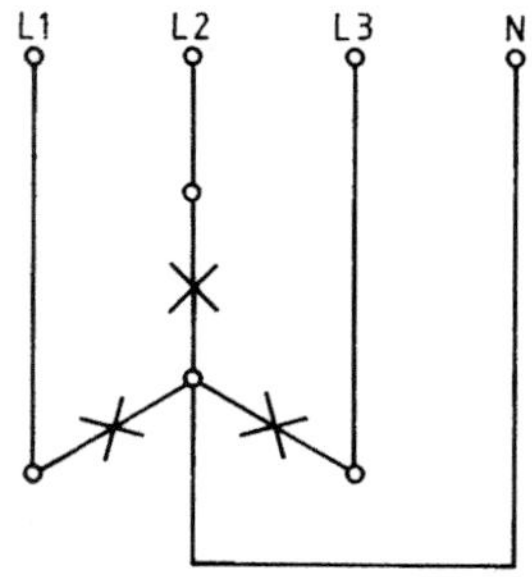


**3**.2

7. Drei Widerstände je a) 5 Ω, b) 10 Ω, c) 15 Ω liegen in Sternschaltung an der Leiterspannung 400 V. Wie groß ist die Gesamtleistung?
   Wie groß wird die Stromstärke im Neutralleiter, wenn eine der drei Außenleitungen unterbrochen ist?
   Wie groß ist die Leistungsaufnahme, wenn eine Zuleitung unterbrochen ist und der Neutralleiter fehlt?
8. Ein Drehstrom-Heizofen hat je Wicklungsstrang 9 Ω Widerstand. Die Leiterspannung des Netzes ist a) 400 V, b) 480 V, c) 690 V.
   Wie groß ist die Verminderung der Leistungsaufnahme des Ofens, wenn ein Außenleiter unterbrochen wird und für den Fall 1: kein Neutralleiter mitverlegt wurde und den Fall 2: ein Neutralleiter angeschlossen ist?
9. Drei Heizwiderstände mit den Strangwiderständen
   a) 20 Ω, 15 Ω, 8 Ω,
   b) 18 Ω, 12 Ω, 6 Ω,
   c) 16 Ω, 10 Ω, 4 Ω
   liegen in Sternschaltung am 400-V-Netz. Wie groß ist die dem Netz entnommene Leistung? Wie groß ist die Stromstärke im Neutralleiter?
10. Jeder Wicklungsstrang eines Drehstrom-Heizofens hat den Widerstand a) 20 Ω, b) 15 Ω, c) 12 Ω. Der Ofen ist in Sternschaltung an das 400-V-Vierleiternetz angeschlossen. Um wieviel Prozent verringert sich die Heizleistung des Ofens, wenn entsprechend Bild **3**.3 in jede Zuleitung der Vorwiderstand 5 Ω geschaltet wird?

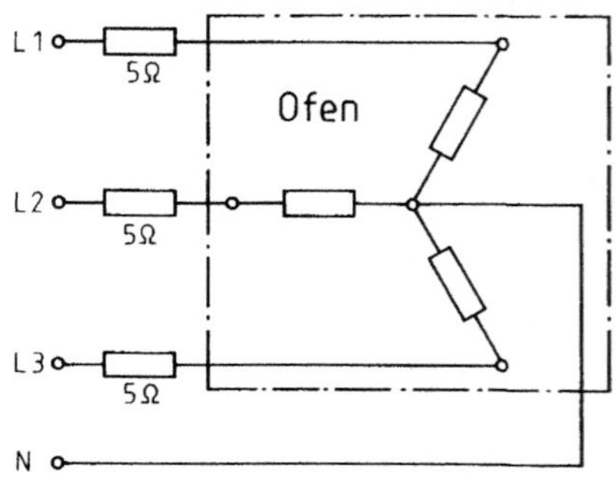


**3**.3

Wie groß müßte der Widerstandswert jedes der drei Vorwiderstände sein, damit die Leistungsaufnahme des Ofens um 20 % verringert wird?

## 3.2 Dreieckschaltung

In der Dreieckschaltung **3.4** ist nur eine Spannung verfügbar.

$$U = U_{St}$$

Bei der Dreieckschaltung werden je zwei Strangströme $I_{St}$ miteinander zum Leiterstrom $I$ verkettet.

$$I = 1{,}73 \cdot I_{St}$$

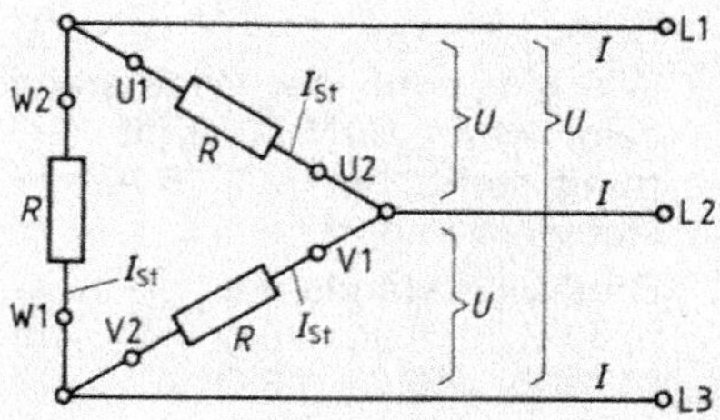


3.4

Die Leistungen bei der Dreieckschaltung berechnet man für den Fall gleichmäßiger Belastung mit den Formeln wie bei der Sternschaltung.

Bei Schieflast muß man die Drehstromleistung aus der Summe der drei Strangleistungen berechnen.

**Beispiel 3.2** Die drei Heizwiderstände des Beispiels 3.1 werden in Dreieckschaltung an $U = 400$ V 50 Hz angeschlossen. Wie groß sind die Stromstärke $I_{St}$ in jedem Heizwiderstand, die Stromaufnahme $I$ in der Zuleitung und die Gesamtleistung $P$ des Geräts?

**Lösung** Jeder Heizwiderstand liegt an der Leiterspannung $U$.

$$I_{St} = \frac{U}{R} = \frac{400\text{ V}}{80\ \Omega} = \mathbf{5\ A}$$

Dann ist der Leiterstrom

$I = 1{,}73 \cdot I_{St} = 1{,}73 \cdot 5\text{ A} = \mathbf{8{,}65\ A}$.

$P = 1{,}73 \cdot U \cdot I \cdot \cos\varphi = 1{,}73 \cdot 400\text{ V} \cdot 8{,}65\text{ A} \cdot 1 = \mathbf{5986\ W}$

**Aufgaben**

1. Ein Drehstromgenerator in Dreieckschaltung liefert bei Nennbelastung den Leiterstrom a) 400 A, b) 450 A, c) 350 A. Wie groß ist die Stromstärke in einem Wicklungsstrang des Generators?
2. Im Wicklungsstrang eines in Dreieck geschalteten Drehstrommotors fließen a) 12 A, b) 25 A, c) 35 A. Wie groß ist die Stromaufnahme des Motors?
3. Ein in Dreieck geschalteter Drehstromgenerator mit der Nennleistung a) 37000 kVa, b) 25 MVA, c) 16 MVA liefert die Nennspannung 10 kV. Wie groß sind Nennstrom und Strangstrom des Generators?
4. Ein Drehstrom-Heizofen für 400 V in Dreieckschaltung hat für jeden Heizstrang den Widerstand a) 12 Ω, b) 8 Ω, c) 16 Ω. Wie groß sind seine Stromaufnahme und seine Nennleistung?
5. Ein Heißwasserspeicher für 400 V in Dreieckschaltung hat je Wicklungsstrang den Heizwiderstand a) 10 Ω, b) 12 Ω, c) 16 Ω. Wie groß sind Stromaufnahme und Leistungsaufnahme?

   Auf wieviel Prozent der Nennleistung sinkt die Leistungsaufnahme ab, wenn eine Zuleitung unterbrochen ist?
6. Für einen kleinen Drehstrom-Heizofen, der je Wicklungsstrang den

Widerstand a) 63,5 Ω, b) 76 Ω, c) 95 Ω hat, soll ein Heizstrang erneuert werden. Die Netzspannung beträgt 400 V. Wie groß ist die Nennleistung des Ofens?

Wie lang muß der Widerstandsdraht sein, wenn CuNi44-Draht zur Verfügung steht, der mit 15 A/mm² belastet werden darf?

7. Drei Widerstände mit
a) 12 Ω, 9 Ω, 6 Ω;
b) 16 Ω, 10 Ω, 8 Ω;
c) 24 Ω, 15 Ω, 12 Ω
sind entsprechend Bild **3**.5 an ein 400-V-Netz angeschlossen.

Wie groß sind die Stromstärken in den drei Zuleitungen und die Gesamt-Leistungsaufnahme?

8. In einem Heißwasserspeicher sollen a) 200 l, b) 150 l, c) 250 l Wasser in 6 Stunden von 15 °C auf 90 °C erwärmt werden. Der Speicher ist für den Anschluß an 400 V zu bemessen und hat den Wirkungsgrad 95 %. Wie groß muß jeder der in Dreieck geschalteten Widerstände sein?

Wie lange dauert der Aufheizvorgang, wenn eine Zuleitung unterbrochen ist?

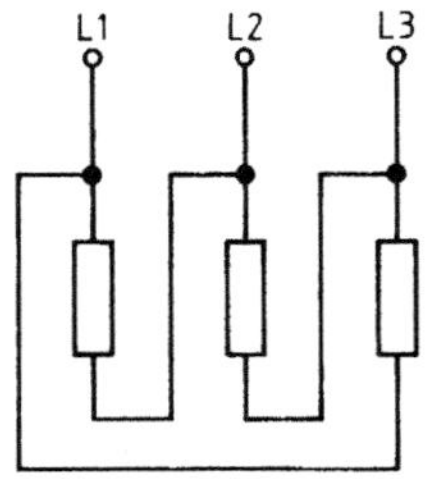

**3**.5

## 3.3 Stern- und Dreieckschaltung

**Aufgaben**

1. Ein Drehstromgenerator in Sternschaltung liefert bei a) 400 V, b) 690 V Klemmenspannung den Nennstrom 120 A. Welche Spannungs- und Stromangabe stände auf dem Leistungsschild, wenn der Generator für gleiche Leistungsangabe in Dreieck umgeschaltet wird?
2. Der Einschaltstrom eines Drehstrommotors für 400 V in Dreieckschaltung beträgt a) 60 A, b) 30 A, c) 90 A. Wie groß ist die Stromaufnahme beim Anlassen in Sternschaltung an 400 V?
3. Ein Drehstrom-Heizofen für 690 V in Dreieckschaltung hat je Wicklungsstrang den Widerstand a) 75 Ω, b) 24 Ω, c) 36 Ω. Wie groß sind Stromaufnahme und Leistungsaufnahme, wenn der Ofen in Sternschaltung an 690 V angeschlossen wird?
4. Ein Drehstrom-Glühofen für 400 V in Dreieckschaltung (**3**.6) hat die Nennleistung a) 12 kW, b) 18 kW, c) 24 kW. Die Heizwicklung ist umschaltbar in Sternschaltung (**3**.7) und in Reihenschaltung der drei Wicklungsstränge an zwei Außenleiter (**3**.8).

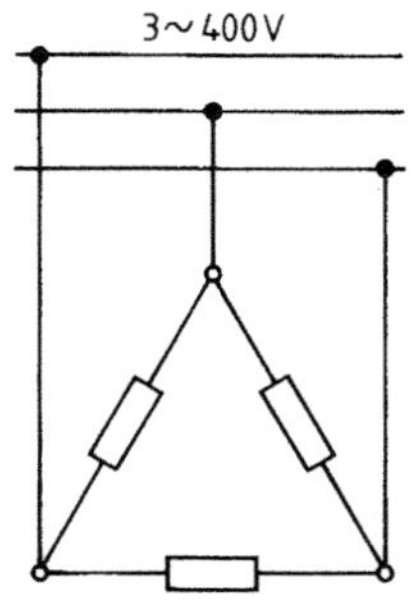

**3**.6

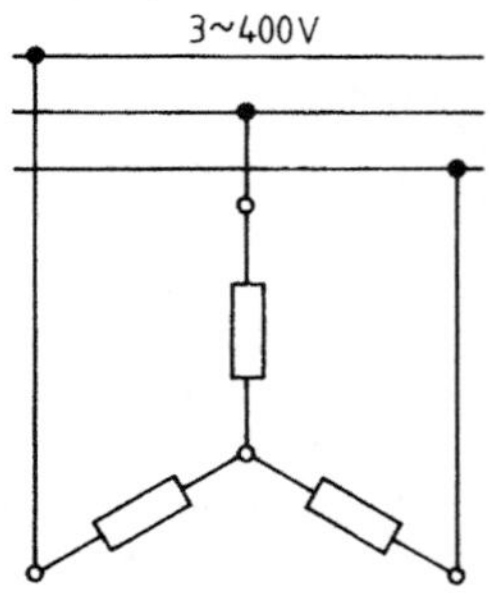

**3**.7

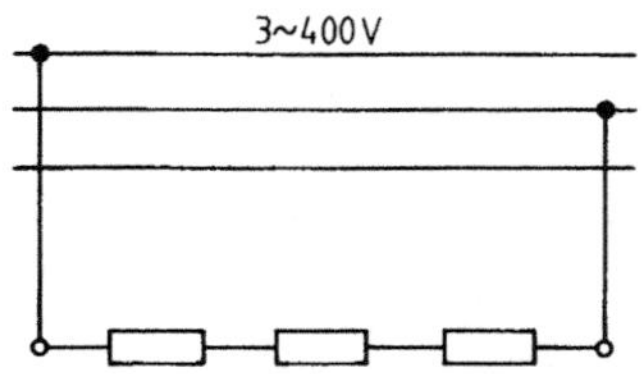

**3**.8

Berechnen Sie die Stromaufnahme für Dreieckschaltung, die Strom- und Leistungsaufnahme für Sternschaltung, die Strom- und Leistungsaufnahme für Reihenschaltung und den Widerstand eines Heizstrangs.

5. Ein 3-kW-Drehstrommotor mit der Spannungsangabe 400/690 V hat bei Nennbelastung den Leistungsfaktor 0,8 und den Wirkungsgrad 80 %. Der Motor wird über einen Motorschutzschalter an ein 400-V-Netz angeschlossen. Auf welchen Auslösestrom muß der Schutzschalter eingestellt werden?
6. Ein Notstromaggregat für 400 V speist zwei Heizöfen. Beide Öfen sind in Sternschaltung angeschlossen und haben gleich große Heizwiderstände. Um wieviel Prozent erhöht sich die Stromaufnahme, wenn einer der beiden Öfen in Dreieck umgeschaltet wird?
7. Ein von Dreieck in Stern umschaltbarer Heizofen ist für a) 400 V, b) 230 V Nennspannung bemessen. Bei dem Ofen erhöht sich nach der Umschaltung von Stern in Dreieck die Leistungsaufnahme um 6 kW. Wie groß ist der Widerstand jedes einzelnen Heizstrangs?
8. Drei Lampen für 230 V mit einer Leistung von a) 100 W, b) 200 W c) 150 W sind entsprechend Bild **3**.9 angeschlossen.

   Wie groß ist die Spannung an jeder Lampe, wenn eine der drei Zuleitungen unterbrochen ist?

   Wie groß wird die Aufnahmeleistung, wenn die Lampen in Sternschaltung an die Außenleiterspannung 230 V angeschlossen werden?

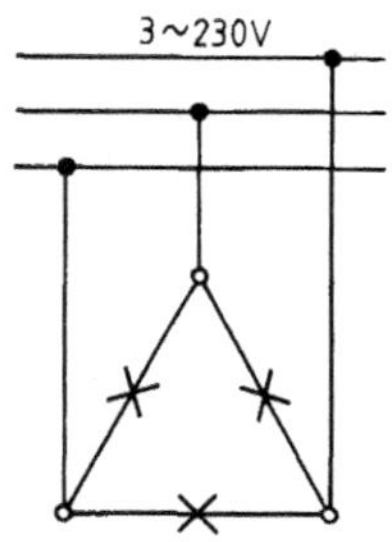


**3**.9

# 4 Transformatoren

## 4.1 Einphasentransformatoren

### 4.1.1 Hauptgleichung und Berechnung von Kleintransformatoren

Aus der Hauptgleichung $U_{10} = U_{20} = 4{,}44 \cdot N \cdot f \cdot A_{Fe} \cdot \hat{B}$ ergibt sich die je Windung induzierte Spannung

$$\boxed{U_W = 4{,}44 \cdot f \cdot A_{Fe} \cdot \hat{B}.}$$

Dann ist die Windungszahl je Volt induzierter Spannung

$$N_V = \frac{1}{4{,}44 \cdot f \cdot A_{Fe} \cdot \hat{B}}.$$

Unter Berücksichtigung der Spannungsfälle im Transformator erhält man mit den Nennspannungen $U_{1N}$ und $U_{2N}$ die Windungszahlen der Transformatorwicklungen:

$$N_1 = U_{1N} \cdot N_{V1} \qquad \text{und} \qquad N_2 = U_{2N} \cdot N_{V2}.$$

Da sich der eingangsseitige Nennstrom aus $I_1$ und $I_0$ geometrisch zusammensetzt, erhält man mit Einführung des Stromerhöhungsfaktors $f_I$ den primärseitigen Nennstrom aus

$$I_{1N} = \frac{S_N}{U_{1N}} \cdot f_I.$$

Berechnungen sind mit Anwendung der in Tabelle **4.1** gegebenen Werte für ausgewählte Kernquerschnitte möglich.

**Beispiel 4.1** Ein Transformator mit dem Kern M102a liegt an 230 V 50 Hz. Seine ausgangsseitige Nennspannung beträgt 12 V. Wie groß sind die Nennströme und die Windungszahlen?

**Lösung** $I_{1N} = \frac{S_N}{U_{1N}} \cdot f_I = \frac{154\ \text{VA}}{230\ \text{V}} \cdot 1{,}193 = \mathbf{0{,}8\ A}$ $\qquad I_{2N} = \frac{S_N}{U_{2N}} = \frac{154\ \text{VA}}{12\ \text{V}} = \mathbf{12{,}8\ A}$

$N_1 = U_{1N} \cdot N_{V1} = 230\ \text{V} \cdot 2{,}94\ \text{V}^{-1} = \mathbf{676}$ $\qquad N_2 = U_{2N} \cdot N_{V2} = 12\ \text{V} \cdot 3{,}19\ \text{V}^{-1} = \mathbf{38}$

(Die zur Berechnung erforderlichen Angaben sind Tab. **4.1** entnommen.)

**Aufgaben**

1. Ein Transformator mit dem Kern a) M65, b) M85a, c) EI150b wird an einem 50-Hz-Netz betrieben. Berechnen Sie die ein- und ausgangsseitig je Windung induzierten Spannungen.
2. Der Transformator a) M74, b) EI120a, c) EI150a liegt an 230 V 50 Hz. Seine ausgangsseitige Nennspannung beträgt 14 V. Berechnen Sie die Nennströme, die Windungszahlen, die Leiterquerschnitte und die Summe aller Verluste.
3. Ein Kleintransformator für a) 230 V/12 V, b) 400 V/24 V, c) 230 V/115 V und 50 Hz speist die Ohmsche Last 280 W. Suchen Sie aus der Tabelle **4.1** den geeigneten Kern aus und berechnen Sie die Windungszahlen, die Leiterquerschnitte und die Summe aller Verluste.

Tabelle **4**.1 **Daten zur Berechnung von Kleintransformatoren nach DIN 41 302**

| | | | | | | | | | | | | | | |
|---|---|---|---|---|---|---|---|---|---|---|---|---|---|---|
| Scheinleistung in VA | $S_N$ | 3,9 | 16,3 | 31,1 | 65 | 87 | 154 | 218 | 220 | 285 | 455 | 580 | 700 | 820 |
| Kernblech | Typ | M42 | M55 | M65 | M74 | M85a | M102a | M102b | EI120a | EI120b | EI150a | EI150b | UI114a | UI114a |
| Maximale magnetische Induktion in T | $\hat{B}$ | 1,42 | 1,44 | 1,43 | 1,47 | 1,45 | 1,46 | 1,44 | 1,47 | 1,45 | 1,47 | 1,43 | 1,57 | 1,78 |
| Kernquerschnitt in cm² | $A_{Fe}$ | 1,52 | 3,09 | 4,7 | 6,6 | 8,2 | 10,5 | 15,8 | 14,2 | 18,4 | 21,3 | 25,6 | 12,6 | 12,6 |
| Windungszahl je Volt in $V^{-1}$ | $N_{V1}$ | 20,9 | 10,15 | 6,7 | 4,65 | 3,8 | 2,94 | 1,98 | 2,16 | 1,69 | 1,44 | 1,23 | 2,28 | 2,0 |
| | $N_{V2}$ | 37,41 | 13,27 | 8,17 | 5,27 | 4,23 | 3,19 | 2,11 | 2,31 | 1,79 | 1,51 | 1,33 | 2,41 | 2,102 |
| Stromdichte in A/mm² | $S$ | 6,9 | 5,1 | 3,86 | 3,69 | 3,67 | 3,13 | 2,96 | 2,88 | 2,78 | 2,46 | 2,34 | 2,36 | 2,42 |
| Wirkungsgrad in % | $\eta \approx$ | 47 | 69 | 75 | 83 | 86 | 87 | 89 | 89 | 90 | 91 | 92 | 92 | 93 |
| Stromerhöhungsfaktor | $f_I$ | 1,353 | 1,264 | 1,247 | 1,214 | 1,21 | 1,193 | 1,179 | 1,18 | 1,17 | 1,162 | 1,146 | 1,144 | 1,143 |
| Blechsorte | | V130–35 B | | | | | | | | | | | | VM 111-35 |

4. Ein Steuertransformator für a) 400 V/230 V, b) 230 V/24 V hat am 50-Hz-Netz die Nennleistung 220 VA. Berechnen Sie die Windungszahlen, die Nennströme und Leiterquerschnitte der Wicklungen.
5. Ein Netztransformator für 50 Hz und 230 V/24 V soll einen Ohmschen Verbraucher mit der Stromaufnahme 6,4 A versorgen. Wählen Sie aus Tab. **4**.1 den geeigneten Kern aus und berechnen Sie die erforderlichen Wickeldaten.
6. Berechnen Sie die Wickeldaten eines Transformators mit dem Kernblech a) M102a, b) EI150a, c) UI114a für die Nennspannungen 230 V/115 V bei 50 Hz.
7. Berechnen Sie die Windungsspannung bei 50 Hz für den Transformator mit dem Kernblech a) M42, b) M65 für die beiden Transformatoren mit UI114-Kern. Warum unterscheiden sich die Windungsspannungen bei den Transformatoren mit dem UI114-Kern?
8. Ein Transformator speist eine Gleichstromversorgung mit $U_d$ = 12 V und $I_d$ = 8 A. Die Gleichrichtung erfolgt über eine Einphasen-Brückenschaltung mit Siliziumdioden, an denen je 1 V abfällt. Berechnen Sie die erforderliche Transformatorbauleistung, wenn a) keine Glättung und b) Kondensatorglättung vorliegt. Wählen Sie aus der Tab. **4**.1 den passenden Transformator aus (s. Tab. **8**.15).
9. Der Transformator M102b speist eine B2U-Gleichrichterschaltung mit dem Wirkungsgrad 80 %. Berechnen Sie die dem Gleichrichter entnehmbare Gleichstromleistung und die vom Transformator aufgenommene Wirkleistung (s. Tab. **8**.15).

## 4.1.2 Transformator im Leerlauf

**Spannungsübersetzung.** Das Verhältnis der Spannungen $U_1$ und $U_2$ im Leerlauf ist gleich dem Verhältnis der Windungszahlen $N_1$ und $N_2$ (**4**.2).

$$\frac{U_1}{U_2} = \frac{N_1}{N_2} = \ddot{u}$$

$U_1$ und $U_2$ in V

$N$ und $\ddot{u}$ (Übersetzungsverhältnis) ohne Einheit

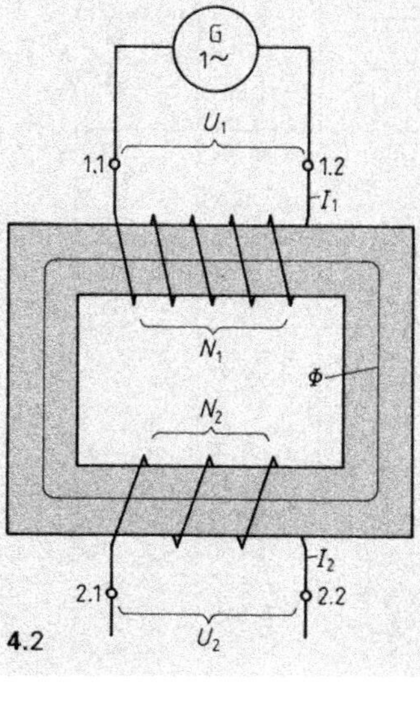


**4**.2

**Leerlaufversuch.** Die im Leerlauf bei primärseitiger Nennspannung gemessene Wirkleistung ist gleich den Eisenverlusten bei Nennbetrieb $P_{0N} = P_{FeN}$ (**4**.3).

$$P_{0N} = U_{1N} \cdot I_{1N} \cdot \cos\varphi_0$$

$\cos\varphi_0$ im Leerlauf etwa 0,1 bis 0,4

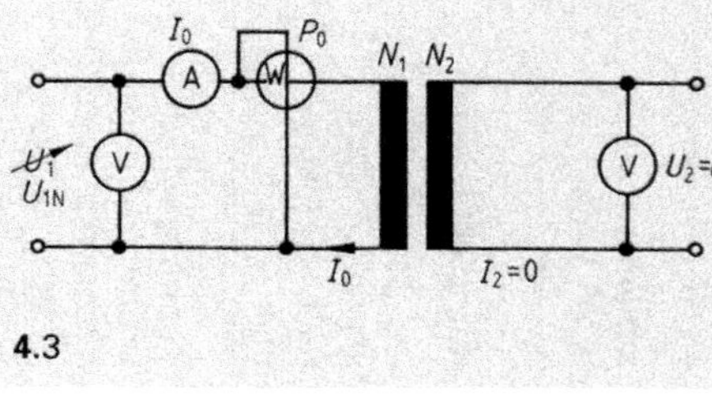


**4**.3

**Die relative Spannungsänderung** $u_A$ zwischen Leerlauf und Nennspannung erhält man bei Kleintransformatoren ($S_N$ < 16 kVA) nach der Gleichung

$$u_A = \frac{U_{20} - U_{2N}}{U_{20}}.$$

**Beispiel 4.2** Ein Einphasentransformator mit der Windungszahl $N_1 = 300$ in der Aufnahmewicklung und $N_2 = 1200$ in der Abgabewicklung wird an $U_1 = 230$ V angeschlossen. Wie groß ist die Abgabespannung $U_2$, wenn Verluste nicht berücksichtigt werden?

**Lösung** Aus der Gleichung der Spannungsübersetzung $\frac{U_2}{U_1} = \frac{N_2}{N_1}$ ist

$$U_2 = \frac{N_2 \cdot U_1}{N_1} = \frac{1200 \cdot 230\ \text{V}}{300} = \mathbf{920\ V.}$$

**Aufgaben**

1. Im Leerlaufversuch wurden für einen Steuertransformator mit $S_N$ = 200 VA, 230 V/24 V folgende Werte gemessen:

| $U_1$ in V | 10 | $U_{KN}$ | 20 | 40 | 60 | 100 |
|---|---|---|---|---|---|---|
| $U_{20}$ in V | 1,16 | 1,93 | 2,3 | 4,66 | 6,96 | 11,6 |
| $I_{10}$ in mA | 12,6 | 17,6 | 19,7 | 29,4 | 36,6 | 50,1 |

| $U_1$ in V | 140 | 160 | 180 | 200 | 220 | 230 |
|---|---|---|---|---|---|---|
| $U_{20}$ in V | 16,2 | 18,6 | 21,1 | 23,1 | 25,5 | 26,7 |
| $I_{10}$ in mA | 63,7 | 17,2 | 79,3 | 88,2 | 99,6 | 106 |

   a) Zeichnen Sie die Kennlinien $I_{10} = f(U_1)$ und $U_{20} = f(U_1)$, analysieren Sie deren Verlauf und begründen Sie, warum sich die Steigung der Kennlinien ändert. Berechnen Sie die Scheinwiderstände der Primärwicklung bei den Spannungen $U_1$ = 50 V und $U_1$ = 200 V.

   b) Die an $U_1$ = 230 V aufgenommene Wirkleistung beträgt 8 W. Berechnen Sie für diesen Arbeitspunkt die aufgenommene Blindleistung und den Leistungsfaktor im Leerlauf. Leiten Sie aus Ihren Ergebnissen eine Begründung für die Notwendigkeit ab, Transformatoren großer Nennleistung nicht im Leerlauf zu betreiben.

2. Ein Schutztransformator übersetzt von 230 V auf a) 24 V, b) 42 V, c) 65 V. Seine Oberspannungswicklung hat 1500 Windungen. Berechnen Sie die Windungszahl der Unterspannungswicklung.

3. In einem Netzgerät für 230 V 50 Hz Netzspannung arbeitet ein Transformator mit der sekundärseitigen Leerlaufspannung a) 24 V, b) 42 V, c) 65 V. Die Ausgangswicklung hat 325 Windungen. Berechnen Sie die Windungszahl der Eingangswicklung.

4. Die Eingangswicklung eines Einphasentransformators hat 1200 Windungen und liegt an 230 V. Berechnen Sie die ausgangsseitige Leerlaufspannung, wenn die Ausgangswicklung a) 312, b) 229, c) 131 Windungen hat.

5. Ein Einphasentransformator gibt im Leerlauf a) 30 V, b) 70 V, c) 50 V ab. Die Ausgangswicklung hat
a) 104, b) 244, c) 182 Windungen.
Für welche Eingangsspannung ist der Transformator berechnet? $N_1$ = 800 Wdg.

6. Ein Transformator für 230 V 50 Hz hat die primärseitige Windungszahl je Volt $N_V = 2{,}48\ \text{V}^{-1}$. Berechnen Sie für die ausgangsseitige Leerlaufspannung a) 24 V, b) 65 V, c) 115 V die Windungszahl.

7. Im Katalog eines Herstellers ist der Spannungsanstieg bei Leerlauf für

einen 1-kVA-Steuerstransformator mit $u_A = 3{,}2\ \%$ angegeben. Berechnen Sie die Leerlaufspannung für das Spannungsverhältnis a) 230 V/24 V, b) 230 V/110 V, c) 230 V/230 V.

8. Die Leerlaufspannung eines Anpaßtransformators für 230 V/24 V beträgt a) 29,28 V, b) 30,36 V. Berechnen Sie den prozentualen Spannungsanstieg im Leerlauf.

9. Ein 1-kVA-Transformator für Gleichrichterbetrieb ermöglicht über primärseitige Anzapfungen die Nennspannungen 230 V/17 V, 29 V, 31 V. Der prozentuale Spannungsanstieg im Leerlauf ist mit 3,2 % angegeben. Berechnen Sie die einstellbaren Leerlaufspannungen.

10. Ein ortsveränderlicher Sicherheitstransformator mit 0,63 kVA für Schutzkleinspannung hat a) 230 V/24 V, b) 230 V/42 V. Der Hersteller nennt einen prozentualen Leerlaufspannungsanstieg von 3 %. Berechnen Sie die Leerlaufspannung. Stellen Sie fest, welche Folgen ein irrtümlicher Anschluß an ein 400-V-Netz hätte. Begründen Sie, warum die Ausgangsspannung dabei nicht proportional ansteigt.

11. Dem Leistungsschild eines Kleintransformators sind die folgenden Nenndaten entnommen: 230 V/24 V, 3,1 A/14,3 A, 50 Hz. Im Leerlaufversuch ergeben sich $I_{10} = 0{,}23$ A und $P_{0N} = 19$ W.
   a) Berechnen Sie den prozentualen Anteil des Leerlaufstroms vom Nennstrom und den Leistungsfaktor im Leerlauf.
   b) Wieviel Prozent Kupferverluste sind in den Leerlaufverlusten enthalten, wenn die Primärwicklung den Widerstand 2,35 Ω hat?
   c) Warum sind die im Leerlauf auftretenden Kupferverluste vernachlässigbar gering?
   d) Berechnen Sie den in $I_{10}$ enthaltenen Magnetisierungsstrom in µA.

### 4.1.3 Transformator im Kurzschlußversuch und im Kurzschlußbetrieb

**Die relative Kurzschlußspannung $u_K$** eines Transformators ist die Spannung in Prozent der Nennspannung, die bei kurzgeschlossener Ausgangswicklung Nennströme fließen läßt.

$$u_{KN} = \frac{U_{KN}}{U_{1N}} \cdot 100\ \%$$

**Die im Kurzschlußversuch** gemessene Wirkleistung ist gleich den Kupferverlusten im Nennbetrieb (**4.4**).

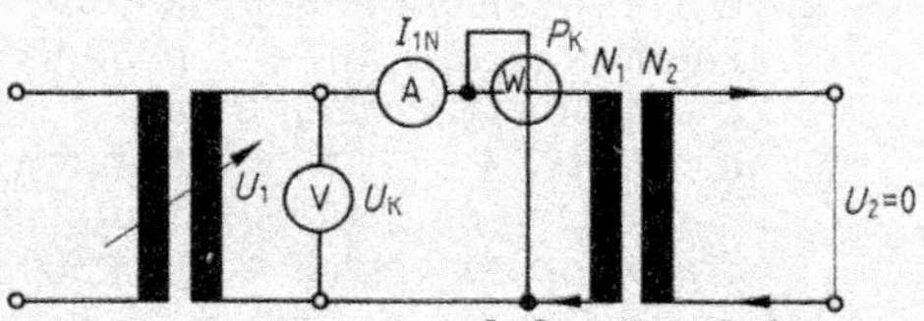

4.4

$$P_{KN} = P_{CuN} = I_{1N}^2 \cdot R_1 + I_{2N}^2 \cdot R_2$$
oder
$$P_{KN} = U_{KN} \cdot I_{1N} \cdot \cos \varphi_K\ .$$

Bei ausgangsseitigem Klemmenkurzschluß fließen die Dauerkurzschlußströme

$$I_{K1} = \frac{I_{1N}}{u_{KN}} \cdot 100\ \% \quad \text{und} \quad I_{K2} = \frac{I_{2N}}{u_{KN}} \cdot 100\ \%\ .$$

**Beispiel 4.3** Der Transformator EI150b (Tab. **4**.1) hat die Nennspannung 230 V/42 V und $u_{KN}$ = 6 %. Seine Eisenverluste betragen 13 W, die Kupferverluste teilen sich in gleiche Anteile auf.

Berechnen Sie die Nennströme, die Windungszahlen, die Kurzschlußspannung, die Summe aller Verluste, die Wicklungswiderstände und die Kurzschlußströme.

**Lösung**

$$I_{2N} = \frac{S_N}{U_{2N}} = \frac{580\ \text{VA}}{42\ \text{V}} = \mathbf{13{,}8\ A}$$

$$I_{1N} = \frac{S_N}{U_{1N}} \cdot f_l = \frac{580\ \text{W}}{230\ \text{V}} \cdot 1{,}146 = \mathbf{2{,}89\ A}$$

$$P_{VN} = \frac{P_N}{\eta} - P_N = \frac{580\ \text{W}}{0{,}92} = \mathbf{50{,}43\ W}$$

$$P_{CuN} = P_{VN} - P_{FeN} = 50{,}43\ \text{W} - 13\ \text{W} = \mathbf{37{,}43\ W}$$

$$P_{Cu1} = P_{Cu2} = 0{,}5 \cdot P_{CuN} = 0{,}5 \cdot 37{,}43\ \text{W} = \mathbf{18{,}72\ W}$$

$$R_1 = \frac{P_{Cu1}}{I_{2N}^2} = \frac{18{,}72\ \text{W}}{2{,}89^2\ \text{A}^2} = \mathbf{2{,}24\ \Omega}$$

$$R_2 = \frac{P_{Cu2}}{I_{1N}^2} = \frac{18{,}72\ \text{W}}{13{,}8^2\ \text{A}^2} = \mathbf{0{,}098\ \Omega}$$

$$I_{K1} = \frac{I_{1N}}{u_{KN}} \cdot 100\ \% = \frac{2{,}83\ \text{A}}{6\ \%} \cdot 100\ \% = \mathbf{48{,}17\ A}$$

$$I_{K2} = \frac{I_{2N}}{u_{KN}} \cdot 100\ \% = \frac{13{,}8\ \text{A}}{6\ \%} \cdot 100\ \% = \mathbf{230{,}17\ A}$$

$$N_1 = N_{V1} \cdot U_{1N} = 1{,}23\ \text{V}^{-1} \cdot 230\ \text{V} = \mathbf{283}$$

$$N_2 = N_{V2} \cdot U_{2N} = 1{,}33\ \text{V}^{-1} \cdot 42\ \text{V} = \mathbf{56}$$

**Aufgaben**

1. Die Nenndaten eines Netzanschlußtransformators sind u.a. 80 VA, 230 V/24 V. Seine Wicklungswiderstände betragen $R_1$ = 30,7 Ω und $R_2$ = 540 mΩ. Im Kurzschlußversuch werden gemessen: $U_{KN}$ = 28,3 V, $I_{1N}$ = 0,38 A, $I_{2N}$ = 3,3 A und $P_{KN}$ = 10,4 W.
   Berechnen Sie die relative Kurzschlußspannung, die primär- und sekundärseitigen Kupferverluste und den Leistungsfaktor. Warum sind die Eisenverluste vernachlässigbar klein?
2. Um die Gesamtverluste eines Transformators im Nennbetrieb zu erfassen, wird ein Trenntransformator mit den Wicklungswiderständen $R_1$ = 3,7 Ω und $R_2$ = 1,55 Ω, den Nennströmen $I_{1N}$ = 1,85 A und $I_{2N}$ = 3,15 A durch Ohmsche Widerstände belastet. Dabei zeigen Leistungsmesser $P_1$ = 428 W und $P_2$ = 388 W an.
   Berechnen Sie die primär- und sekundärseitigen Kupferverluste, den Anteil der Eisenverluste und den Wirkungsgrad bei Ohmscher Belastung.
3. Ein Schutztransformator untersetzt von a) 230 V, b) 400 V, c) 500 V auf 42 V. Damit bei kurzgeschlossener Ausgangswicklung in der Eingangswicklung der Nennstrom fließt, müssen 20 V anliegen. Berechnen Sie die relative Kurzschlußspannung.
4. Zwei Transformatoren mit 230 V und 400 V primärseitiger Nennspannung und gleicher Nennleistung haben die Nennkurzschlußspannung 12 V. Warum unterscheiden sich die beiden Transformatoren in ihrem Spannungsverhalten?
5. Der primärseitige Nennstrom eines Trenntransformators für 230 V/230 V beträgt 11 A. Seine relative Kurzschlußspannung ist a) 1,8 %, b) 4,4 %, c) 18 %. Berechnen Sie die Kurzschlußspannung und den Dauerkurzschlußstrom, der netzseitig auftritt.

Wodurch unterscheiden sich die Transformatoren a) bis c) hinsichtlich ihrer Fähigkeit, den Kurzschlußstrom in Netzen zu begrenzen?

6. Die Transformatoren in Aufgabe 5 speisen über einen Gleichrichter den Gleichspannungszwischenkreis eines Frequenzumrichters. Die ungeladenen Zwischenkreiskondensatoren wirken ähnlich einem Kurzschluß. Der hohe Anfangsladestrom soll auf $10 \cdot I_{1N}$ begrenzt werden.
   a) Den wievielfachen Wert des Kurzschlußscheinwiderstands des Transformators müßte ein Widerstand zur Einschaltstrombegrenzung haben?
   b) Bei welchem Transformator kann auf eine externe Einschaltstrombegrenzung verzichtet werden? Skizzieren Sie eine geeignete Schaltung für eine externe Einschaltstrom-Begrenzungseinrichtung.
7. Nach Herstellerangaben soll für einen 1-kVA-Einphasentransformator ein primärseitiger Kurzschlußschutz mit Diazed-Schmelzsicherungen erfolgen. Die eingangsseitige Nennspannung ist 230 V, die relative Kurzschlußspannung beträgt 2,5 %. Zur Verfügung stehen Diazed-Sicherungseinsätze mit den Nennströmen 6 A, 10 A und 16 A der Betriebsklasse gL. Bestimmen Sie den geeigneten Sicherungseinsatz.
8. Ein Netzanschlußtransformator hat folgende Nenndaten: 230 V/24 V, 0,46 A/4,16 A, $u_{KN} = 8{,}2$ %.
   a) Berechnen Sie die Nennkurzschlußströme.
   b) Bestimmen Sie den Nennstrom eines Diazed-Sicherungseinsatzes der Betriebsklasse gL für einen primärseitigen Kurzschlußschutz.
9. Laut Hersteller hat ein Steuertransformator 1,6 kVA, 230 V/230 V, $u_{KN} = 5{,}1$ % und einen relativen Spannungsfall bei Ohmscher Nennlast von 5 %.
   a) Berechnen Sie die Kurzschluß- und die Leerlaufspannung.
   b) Warum unterscheiden sich die beiden prozentualen Spannungsangaben?

### 4.1.4 Transformator bei Belastung

**Die Stromübersetzung** des idealen Transformators ist

$$\frac{I_1}{I_2} = \frac{U_2}{U_1} = \frac{N_2}{N_1} = ü\,.$$

**Die Nennströme** realer Transformatoren mit Nennleistungen über 16 kVA berechnet man unter Vernachlässigung der Verluste nach

$$I_{1N} = \frac{S_N}{U_{1N}} \quad \text{und} \quad I_{2N} = \frac{S_N}{U_{2N}}\,.$$

Die Nennströme von Transformatoren mit $S_N < 16$ kVA werden mit folgenden Gleichungen berechnet:

$$I_{1N} = \frac{S_N}{U_{1N}} \cdot f_I \quad \text{oder} \quad I_{1N} = \frac{S_{1N}}{U_{1N}} \quad \text{und} \quad I_{2N} = \frac{S_{2N}}{U_{2N}}$$

**Als Nennleistung** wird auf dem Leistungsschild die maximal abgebbare Scheinleistung angegeben (**4.5**).

**Nennspannungen** auf der Ausgangsseite sind bei Transformatoren mit $S_N < 16$ kVA die Spannungen unter Ohmscher Nennlast, bei Transformatoren höherer Leistung sind die genannten Ausgangsspannungen Leerlaufspannungen.

**Der Wirkungsgrad** bei Ohmscher Nennlast wird berechnet nach

$$\eta_N = \frac{P_N}{P_N + P_{FeN} + P_{CuN}}.$$

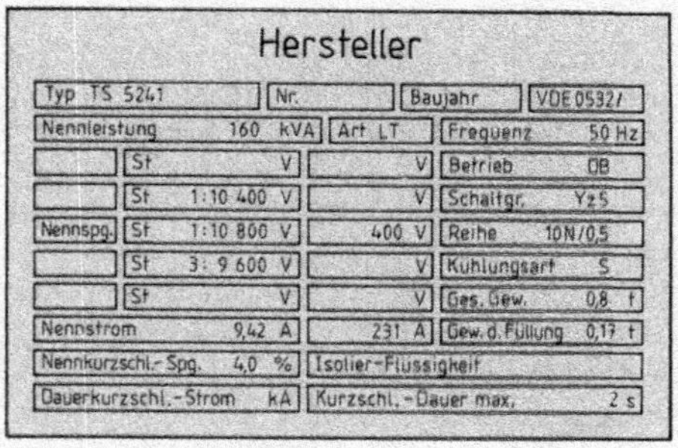


4.5 Leistungsschild

**Leistungsfaktoren** auf der Eingangs- und Ausgangsseite unterscheiden sich im Nennbetrieb mit Ohmscher Nennlast nur geringfügig, so daß mit $\cos \varphi_1 = \cos \varphi_2$ gerechnet wird.

**Beispiel 4.4** Ein Einphasentransformator mit der Nennleistung 25 kVA untersetzt von 1 kV auf 230 V. Sein Nennleistungsfaktor ist 0,8, sein Wirkungsgrad 90 %. Wie groß sind die Nennströme und die abgegebene Wirkleistung?

**Lösung** $I_{2N} = \frac{S_N}{U_{2N}} = \frac{25000\ \text{VA}}{230\ \text{V}} = \mathbf{108{,}7\ A}$

$I_{1N} = \frac{S_N}{U_{1N} \cdot \eta_N} = \frac{25000\ \text{VA}}{1000\ \text{V} \cdot 0{,}9} = \mathbf{27{,}8\ A}$ (Verluste berücksichtigt)

$P_N = S_N \cdot \cos \varphi_2 = 25\ \text{kVA} \cdot 0{,}8 = \mathbf{20\ kW}$

**Aufgaben**

1. Ein 700-VA-Steuertransformator für 400 V/230 V 50 Hz hat den sekundärseitigen Nennstrom 3,04 A und den Stromerhöhungsfaktor a) 1,44, b) 1,143. Berechnen Sie den eingangsseitigen Nennstrom.
2. Der Transformator in einer Förderbandsteuerung hat eingangsseitig 400 V 50 Hz. Die abgabeseitigen Nennspannungen betragen $U_{21} = 12$ V, $U_{22} = 12$ V und $U_{23} = 6$ V. Die Primärwicklung hat 864 Windungen, die Windungszahl je Volt Ausgangsspannung ist $N_V = 2{,}88\ \text{V}^{-1}$.

   Berechnen Sie die Windungszahlen der Ausgangswicklungen und vergleichen Sie die berechneten Werte mit denen, die sich für den Fall eines idealen Transformators ergeben. Begründen Sie die Unterschiede.
3. Ein 700-VA-Transformator mit UI114a-Kern (Tab. **4**.1) hat primärseitig 400 V 50 Hz. Seine beiden Ausgangswicklungen haben die Nenndaten 230 V/2 A und 24 V/10 A. Berechnen Sie die Windungszahlen aller Wicklungen und den primärseitigen Nennstrom.

   Berechnen Sie alle Windungszahlen unter der Annahme, daß es sich bei den Ausgangsspannungen um Leerlaufspannungen handelt. Vergleichen Sie die entsprechenden Ergebnisse miteinander und ziehen Sie die Schlußfolgerung für die Wicklungsberechnung unter Verwendung der Leerlaufspannungen.
4. Ein Schutztransformator mit der Nennleistung a) 40 VA, b) 60 VA, c) 80 VA liefert bei Anschluß an 230 V die Ausgangsspannung 24 V, wenn er mit Ohmscher Nennleistung belastet wird. Berechnen Sie die Nennströme und die Summe aller Verluste, wenn der Nennlastwirkungsgrad 80 % beträgt.

5. Der Klingeltransformator **4**.6 liefert bei der Ausgangsspannung 8 V den Nennstrom a) 150 mA, b) 250 mA, c) 94 mA. Berechnen Sie seine Nennleistung, wenn der Nennlastwirkungsgrad 85 % beträgt.

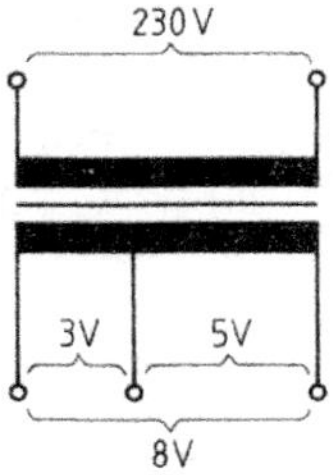


**4**.6

6. Von einem 175-kVA-Einphasentransformator sind bekannt: $U_{1N}$ = 5,8 kV, $N_1$ = 540 Windg. und $N_2$ = 96 Windg. Berechnen Sie die Nennströme und ausgangsseitige Klemmenspannung.

7. Ein Steuertransformator mit der Nennleistung a) 1 kVA, b) 1,5 kVA, c) 1,8 kVA hat folgende Leerlauf- und Kurzschlußverluste:
   a) 80 W und 31 W,
   b) 120 W und 47 W,
   c) 150 W und 50 W.
   Berechnen Sie den Nennstrom bei Anschluß an 230 V und den Nennlastwirkungsgrad bei $\cos \varphi_2 = 1$.

8. Ein Transformator mit 30 kVA Nennleistung und 5000 V/231 V nimmt im Leerlaufversuch 250 W und im Kurzschlußversuch 800 W auf. Berechnen Sie den Nennlastwirkungsgrad und die Nennströme a) unter Vernachlässigung der Verluste, b) unter Berücksichtigung der Verluste. Um wieviel Prozent unterscheiden sich beide Werte des eingangsseitigen Nennstroms?

## 4.1.5 Transformator bei beliebiger Belastung, Wirkungsgrad und Jahreswirkungsgrad

**Für den Transformatorwirkungsgrad** gilt allgemein

$$\eta = \frac{P_2}{P_1}.$$

Mit $P_2 = U_2 \cdot I_2 \cdot \cos \varphi_2$ und $P_1 = P_2 + P_{Cu} + P_{Fe}$ wird der Transformatorwirkungsgrad bei beliebiger Belastung nach folgender Gleichung berechnet:

$$\eta = \frac{U_2 \cdot I_2 \cdot \cos \varphi_2}{U_2 \cdot I_2 \cdot \cos \varphi_2 + P_{Cu} + P_{Fe}}$$

Der Transformatorwirkungsgrad ist bei $\cos \varphi_2$ = konst. maximal, wenn $P_{Fe} = P_{Cu}$ ist.

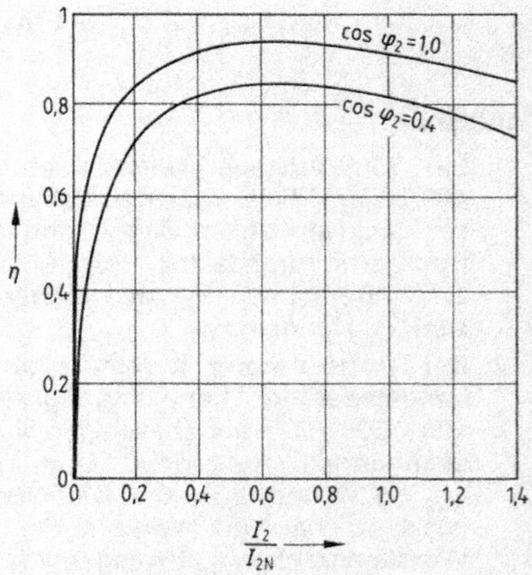


**4**.7 Transformatorwirkungsgrad

**Der Jahreswirkungsgrad $\eta_a$** wird nach folgender Gleichung berechnet:

$$\eta_a = \frac{W_{ab}}{W_{ab} + W_{Fe} + W_{Cu}}$$

Mit $W_{ab} = P_2 \cdot t_B$, $W_{Fe} = P_{Fe} \cdot t_E$ und $W_{Cu} = P_{Cu} \cdot t_B$ erhält man:

$$\eta_a = \frac{P_2 \cdot t_B}{P_2 \cdot t_B + P_{Fe} \cdot t_E + P_{Cu} \cdot t_B}$$

$t_B$ Belastungsdauer
$t_E$ Einschaltdauer

**Beispiel 4.5** Ein Transformator mit $S_N$ = 30 kVA, 5000 V/230 V nimmt im Leerlauf 300 W und im Kurzschlußversuch 800 W auf. Wie groß ist der Wirkungsgrad bei $\cos \varphi_2 = 0{,}8$ und $S_2 = S_N$?

**Lösung**

$$\eta = \frac{S_2 \cdot \cos \varphi_2}{S_2 \cdot \cos \varphi_2 + P_{CuN} + P_{FeN}}$$

$$\eta = \frac{30 \cdot 10^3\,\text{VA} \cdot 0{,}8}{30 \cdot 10^3\,\text{VA} \cdot 0{,}8 + 800\,\text{W} + 300\,\text{W}} = \mathbf{0{,}96}$$

## Aufgaben

1. Mit einem 200-VA-Transformator ergaben sich an konstanter Eingangsspannung und unterschiedlicher Ohmscher Belastung folgende Werte:
   $P_1$ = 44 W, $U_2$ = 22,9 V, $I_2$ = 1,5 A und
   $P_1$ = 80 W, $U_2$ = 22 V, $I_2$ = 3 A.

   Berechnen Sie die beiden Wirkungsgrade und geben Sie an, warum sie sich unterscheiden.
2. Ein 120-VA-Transformator hat bei $\cos \varphi_2 = 1$ den Nennlastwirkungsgrad 88 %. Berechnen Sie die Summe aller Transformatorverluste und den Wirkungsgrad bei $\cos \varphi_2 = 0{,}6$ und Nennleistung.
3. Ein 220-VA-Steuertransformator für 230 V/25 V hat die Wicklungswiderstände $R_1$ = 4,86 Ω und $R_2$ = 0,13 Ω. Messungen ergaben diese Werte:

| $U_1$ in V | $I_1$ in A | $P_1$ in W | $\cos \varphi_1$ |
|---|---|---|---|
| 230 | 0,657 | 148 | 0,98 |
| 230 | 1,13 | 256 | 0,995 |

| $U_2$ in V | $I_2$ in A | $P_2$ in W | $\cos \varphi_2$ |
|---|---|---|---|
| 25,9 | 5,04 | 130 | 0,997 |
| 25,3 | 9,06 | 227 | 1 |

   Berechnen Sie
   a) die Kupfer- und Eisenverluste und begründen Sie, warum die Kupferverluste unterschiedlich sind;
   b) den Wirkungsgrad für die beiden Belastungen und begründen Sie, warum sich die Werte unterscheiden.
4. Die 930 m² Grundfläche eines Verwaltungsgebäudes werden mit der Verlustwärme eines 31,5-MVA-Transformators einer Umspannanlage beheizt. Die Verlustenergie wird dem Transformatoröl mit Wärmepumpen entzogen. Bei Belastung mit 50 % von $S_N$ betragen die Verluste 66 kW, bei 90 % von $S_N$ treten 150 kW Verlustleistung auf.
   a) Berechnen Sie den Wirkungsgrad bei den angegebenen Belastungen.
   b) Die mittlere Verlustleistung von 108 kW wird im Jahr während 1500 Stunden mit dem Anlagenwirkungsgrad 62 % genutzt. Wieviel Liter leichtes Heizöl mit dem mittleren Heizwert $H$ = 42,7 MJ/kg und der Dichte 0,84 kg/l werden durch die Verlustwärmenutzung jährlich eingespart, wenn der Ölheizkessel den Wirkungsgrad 90 % hat?
5. Ein 1-MVA-Gießharztransformator hat den Nennlast-/Gerätewirkungsgrad 98,7 %. Bei Ohmscher Nennbelastung ist $\cos \varphi_1 = 0{,}985$.

   Berechnen Sie die aufgenommene Scheinleistung und die Magnetisierungsblindleistung.
6. Ein 10-MVA-Transformator für 20 kV/6,6 kV hat 12,5 kW Eisenverluste und 47,5 kW Kupferverluste.

   Berechnen Sie
   a) den Nennleistungswirkungsgrad,
   b) die aufgenommene Scheinleistung bei $\cos \varphi_1 = 0{,}98$.
   c) Nennen Sie drei technische Maßnahmen, mit denen in Transformatoren dieser Leistung die Eisenverluste im Verhältnis zu den Kupferverlusten gering zu halten sind.

7. 1960 wurden die Verluste eines 1600-kVA-Transformators mit 26,5 kW angegeben; heute betragen die Verluste eines vergleichbaren Transformators nur noch 17,5 kW.

   Berechnen Sie die beiden Nennlastwirkungsgrade und leiten Sie aus einem Vergleich drei Auswirkungen auf die Gesamtenergiebilanz unserer Landesversorgung ab, die ein Ersatz der alten Transformatoren durch verlustärmere hätte.

8. Der Wirkungsgrad eines Transformators ist maximal, wenn seine Eisen- und Kupferverluste gleich sind. Im Nennbetrieb hat ein 20-kVA-Transformator folgende Daten: $P_{FeN} = 150$ W, $P_{CuN} = 620$ W, $R_1 = 27{,}75\ \Omega$ und $R_2 = 0{,}123\ \Omega$, 20 kV/400 V.

   Berechnen Sie

   a) den Nennlastwirkungsgrad bei $\cos\varphi_2 = 1$ und $\cos\varphi_2 = 0{,}7$,
   b) die Ströme, bei denen der Wirkungsgrad maximal ist,
   c) Leiten Sie aus den Ergebnissen zu b) ab, warum es unter energiewirtschaftlichen Gesichtspunkten nicht immer sinnvoll ist, Transformatoren mit ihrer Nennleistung zu belasten.

9. Ein Transformator mit 100 kVA Nennleistung und 6 kV/0,4 kV wird durch Motoren mit Nennleistung bei $\cos\varphi_2 = 0{,}82$ belastet. Die Wicklungsverluste des Transformators betragen 2 % seiner Nennleistung, die Eisenverluste sind mit 600 W angegeben.

   Berechnen Sie die Wicklungsverluste in Watt, den Wirkungsgrad und die aufgenommene Scheinleistung, wenn $\cos\varphi_1 = 0{,}8$ ist.

10. Nach DIN 42 523 hat ein 100-kVA-Transformator 440 W Eisenverluste und 1700 W Kupferverluste. In einer Konstruktion mit reduzierten Leerlaufverlusten hat er bei gleichen Kupferverlusten den Nennleistungswirkungsgrad 98 %. Um wieviel Prozent wurden die Eisenverluste reduziert?

11. Ein 160-kVA-Transformator hat $P_{Fe} = 640$ W und $P_{Cu} = 1900$ W. Er bleibt das ganze Jahr am Netz und wird während dieser Zeit mit Ohmscher Nennleistung belastet.

    Berechnen Sie den Jahreswirkungsgrad.

12. Die Kupferverluste eines 50-kVA-Transformators betragen 1,1 kW, seine Eisenverluste 320 W. Bei einer jährlichen Einschaltzeit von 8760 Stunden hat er den Jahreswirkungsgrad

    a) 70 %, b) 80 %, c) 90 %.

    Berechnen Sie die Zeit der Belastung mit Ohmscher Nennlast.

13. Ein 75-kVA-Transformator hat 330 W Eisenverluste und 1550 W Kupferverluste. Bei einer jährlichen Einschaltzeit von 8760 Stunden wird er während 5670 Stunden mit Nennleistung belastet. Sein Jahreswirkungsgrad beträgt 82 %.

    Berechnen Sie den mittleren Leistungsfaktor.

14. Zwei Transformatoren mit je 10 kVA Nennleistung und dem Nennlastwirkungsgrad 96 % sollen hinsichtlich ihres Jahreswirkungsgrads verglichen werden. Beide werden täglich vier Stunden lang mit Vollast betrieben. Transformator A soll den höchsten Wirkungsgrad bei Nennleistung haben, so daß für ihn $P_{CuN} = P_{FeN}$ gilt. Bei Transformator B gilt dagegen $P_{CuN} : P_{FeN} = 3 : 1$.

    Berechnen Sie

    a) die Summe aller Verluste von Transformator A und B,
    b) die Nennkupfer- und Nenneisenverluste beider Transformatoren,
    c) den Jahreswirkungsgrad beider Transformatoren, wenn beide jährlich 8760 Stunden eingeschaltet sind,
    d) die jährlich durch den Transformator mit dem höheren Jahreswirkungsgrad eingesparte Energie.

### 4.1.6 Übertrager

**Widerstandstransformation.** Im Transformator/Übertrager werden die Widerstände im Quadrat des Übersetzungsverhältnisses transformiert. Das wird vorzugsweise in der Nachrichtentechnik zur Leistungsanpassung genutzt.

$$\ddot{u} = \sqrt{\frac{Z_1}{Z_2}} = \sqrt{\frac{R_1}{R_2}}$$

**100-V-Anpassung.** Leistungsverstärker mit 100-V-Normausgang haben bei der Abgabe ihrer Nennleistung eine Ausgangsspannung von 100 V. Alle angeschlossenen Verbraucher (z. B. Lautsprecher in Bild **4**.8) muß man über Transformatoren (Übertrager) an diese Spannung anpassen.

$$\ddot{u} = \frac{100\ \text{V}}{\sqrt{P_L \cdot Z_L}} = \frac{100\ \text{V}}{U_L}$$

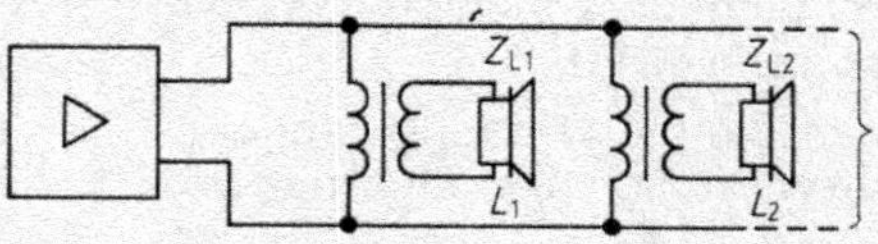


**4**.8

**Beispiel 4.6** An einem 100-V-Normausgang sind zwei Lautsprecher angeschlossen:
Lautsprecher 1 hat $P_{L1}$ = 30 W und $Z_{L1}$ = 8 Ω,
Lautsprecher 2 hat $P_{L2}$ = 20 W und $Z_{L2}$ = 4 Ω.
Die Übersetzungsverhältnisse und die Scheinwiderstände/Impedanzen der Primärwicklungen der erforderlichen Anpassungsübertrager sind zu berechnen.

**Lösung**

$$\ddot{u}_1 = \frac{100\ \text{V}}{\sqrt{P_{L1} \cdot Z_{L1}}} = \frac{100\ \text{W}}{\sqrt{30\ \text{W} \cdot 8\ \Omega}} = \mathbf{6{,}45}$$

$$Z_1 = \ddot{u}_1^2 \cdot Z_{L1} = 41{,}67 \cdot 8\ \Omega = \mathbf{333{,}3}\ \Omega$$

$$\ddot{u}_2 = \frac{100\ \text{V}}{\sqrt{P_{L2} \cdot Z_{L2}}} = \frac{100\ \text{V}}{\sqrt{20\ \text{W} \cdot 4\ \Omega}} = \mathbf{11{,}18}$$

$$Z_2 = \ddot{u}_2^2 \cdot Z_{L2} = 125 \cdot 4\ \Omega = \mathbf{500}\ \Omega$$

**Aufgaben**

1. Zur Anpassung eines Mikrofons an einen Verstärker ist ein Übertrager zu berechnen. Die vorliegenden Impedanzen/Scheinwiderstände sind $Z_1$ = 500 Ω und $Z_2$ = 5,6 Ω. Welche Windungszahl muß die Sekundärwicklung des Übertragers haben, wenn seine Primärwicklung 86 Windungen hat?
2. Ein NF-Übertrager soll einen Lautsprecher mit $Z_2$ = 4 Ω an den Ausgangswiderstand eines Verstärkers mit $Z_1$ = 880 Ω anpassen. Berechnen Sie $\ddot{u}$ und $N_1$, wenn $N_2$ = 40 Windungen beträgt.
3. Ein verlustloser Übertrager mit $N_1$ = 800 Windungen und $N_2$ = 80 Windungen wird mit $R_2$ = 2 Ω belastet. Berechnen Sie $I_2$, $I_1$ und $Z_1$, wenn $U_1$ = 40 V beträgt.
4. Bild **4**.9 zeigt die Schaltung einer Übertragerkopplung. Berechnen Sie für die gegebenen Daten die Impedanz des Lautsprechers, damit Leistungsanpassung vorliegt.

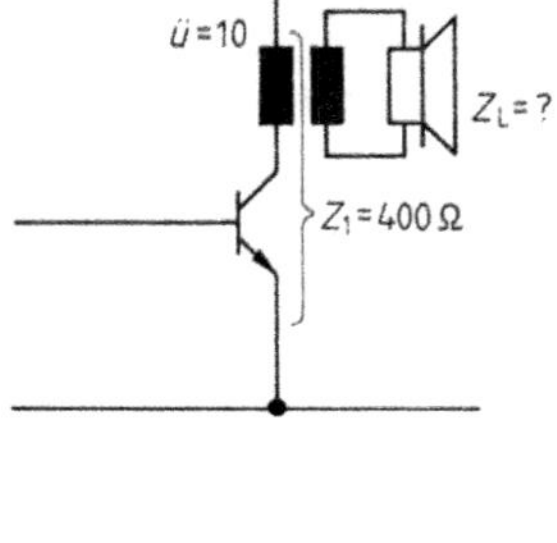


**4**.9

5. Ein Leistungsverstärker mit 100-V-Normausgang (**4**.10) speist drei Lautsprechergruppen $L_1$, $L_2$ und $L_3$. Für diese Gruppen sind gegeben

   $Z_{L1}$ = 12 Ω und $P_{L1}$ = 20 W,
   $Z_{L2}$ = 16 Ω und $P_{L2}$ = 16 W,
   $Z_{L3}$ = 20 Ω und $P_{L3}$ = 64 W.

   Berechnen Sie die Übersetzungsverhältnisse der drei Übertrager.

6. Ein dynamisches Mikrofon gibt die Leerlaufspannung 0,25 mV ab und hat einen Widerstand von $Z_1$ = 150 Ω. Zur Leistungsanpassung wird es mit einem Übertrager an einen Verstärker mit dem Eingangswiderstand 12 kΩ angeschlossen (**4**.11).

   Berechnen Sie die Windungszahl der Ausgangswicklung des Übertragers und die Eingangsspannung des Verstärkers.

7. Ein Transistor-Ausgangsübertrager in einem einfachen NF-Verstärker hat $ü$ = 500 : 50. Der Widerstand des angepaßten Lautsprechers ist mit 8 Ω vorgegeben.
   a) Berechnen Sie den Ausgangswiderstand der Verstärkerstufe.
   b) Warum darf der Lautsprecher nicht ohne Übertrager angeschlossen werden?

8. Der Scheinwiderstand eines Ausgangsübertragers in einer Transistor-Endstufe beträgt $Z_L$ = 5 Ω. Der Transistor arbeitet gleichstrommäßig im Arbeitspunkt $U_{CE}$ = 6 V und $I_C$ = 1,2 A. Berechnen Sie das Übersetzungsverhältnis des Übertragers.

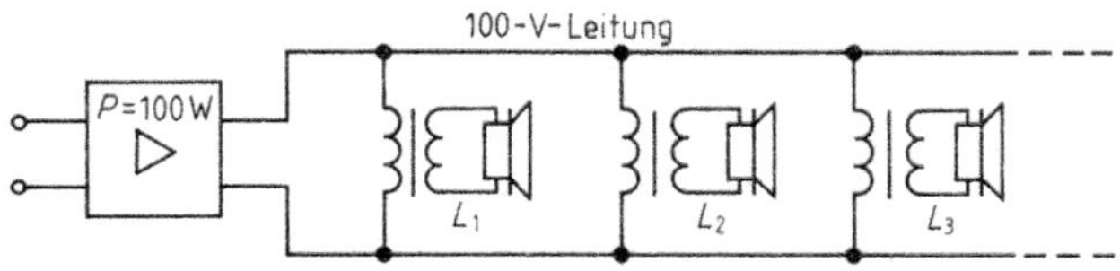


**4**.10

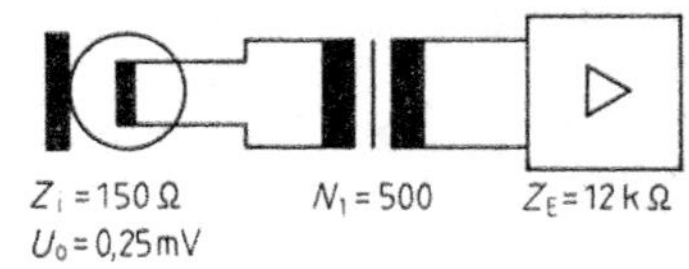


**4**.11

## 4.2 Sondertransformatoren

### 4.2.1 Strom- und Spannungswandler (**4**.12)

**Das Übersetzungsverhältnis $k_I$** von Stromwandlern ist das Verhältnis von Primär- und Sekundärstrom – umgekehrt wie beim allgemeinen Transformator.

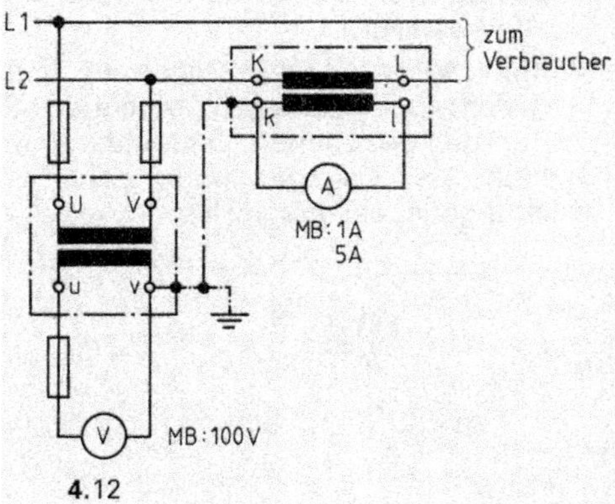


**4**.12

$$k_I = \frac{I_{1N}}{I_{2N}} = \frac{N_2}{N_1}$$

Es ist bis auf einen geringen Fehler gleich dem Verhältnis $N_2 : N_1$.

**Der Stromwandlerfehler $F_I$** wird berechnet nach

$$F_I = \frac{I_2 \cdot k_I - I_{1N}}{I_{1N}} \cdot 100\,\%$$

bei einer eingangsseitigen Belastung mit $I_{1N}$ und einer Bürde von 25 % bis 100 % der Nennbürde bei cos $\varphi$ = 0,8. Wandlerfehler werden nach VDE 0414 durch die Wandlerklassen angegeben.

**Da Spannungswandler** fast im Leerlauf betrieben werden, ist ihr Übersetzungsverhältnis

$$k_U = \frac{U_{1N}}{U_{2N}} = \frac{N_1}{N_2}\ .$$

**Der Spannungswandlerfehler $F_U$** wird berechnet nach

$$F_U = \frac{U_2 \cdot k_U - U_1}{U_1} \cdot 100\ \%$$

bei $U_1$ = 0,8 $U_{1N}$ bis 1,2 $U_{1N}$ und bei einer Bürde von 25 % bis 100 % der Nennbürde. Wandlerfehler werden durch die Klassen der Spannungswandler angegeben.

**Beispiel 4.7** Ein Stromwandler mit $S_N$ = 30 VA und 200 A/1 A ist durch den Meßkreiswiderstand mit Nennleistung belastet. Er soll wegen eines Defekts durch einen Wandler gleicher Nennleistung, aber mit $k_I$ = 200 A/5 A ersetzt werden. Prüfen Sie, ob das zulässig ist.

**Lösung** Die Bürde $Z$ ist $Z = \frac{S_N}{I_{2A}^2} = \frac{30\ \text{VA}}{1^2\ \text{A}^2} = 30\ \Omega.$

Schließt man den Wandler mit $I_{2B}$ an diese Bürde an, wird die Scheinleistung $S_B = I_{2B}^2 \cdot Z = 5^2\ \text{A}^2 \cdot 30\ \Omega = 750\ \text{VA}.$

Da $S_B = 25 \cdot S_{BN}$ ist, wäre der zweite Wandler stark überlastet, also unzulässig.

**Aufgaben**

1. In einer Schaltanlage ist ein Stromwandler mit der Übersetzung 400 A/5 A installiert. Welcher Laststrom fließt im Netz, wenn der Strommesser a) 2 A, b) 3 A, c) 4 A anzeigt?
2. In einer Schaltanlage arbeitet ein Spannungswandler mit der Übersetzung $\frac{30\ \text{kV}}{\sqrt{3}} / \frac{100\ \text{V}}{\sqrt{3}}$. Welchen Wert zeigt der Spannungsmesser an, wenn die Netzspannung 21 kV beträgt?
3. Bild **4.13** zeigt das Leistungsschild eines Stromwandlers. Berechnen Sie
   a) die Anzeige des Strommessers, wenn im Netz 110 A fließen,
   b) die exakten Werte des Laststroms und des angezeigten Stroms, wenn der Strommesser die Klasse 2,5 hat,
   c) den Scheinwiderstand der Bürde des Wandlers bei Nennbelastung.

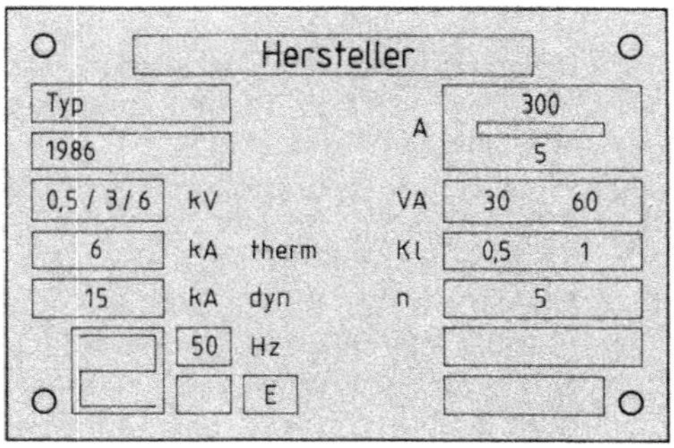


**4**.13

4. Ein Stromwandler hat $k_I$ = 100 : 1. Wie groß ist der Strom in der Sammelschiene, wenn der Strommesser 3 A anzeigt?
5. Ein Durchsteck-Stromwandler mit $k_I$ = 10 : 1 ist netzseitig von 3 A durchflossen. Wie hoch ist die Anzeige bei a)

einmaligem, b) zweimaligem, c) dreimaligem Durchstecken des Primärleiters?

6. Ein Durchsteck-Stromwandler hat das maximale Übersetzungsverhältnis $k_I = 400 : 5$.

   Berechnen Sie den Primärstrom, wenn der Strommesser 3 A anzeigt und der Primärleiter

   a) einmal, b) zweimal, c) achtmal durchgefädelt wird.

7. Ein sekundärseitig umschaltbarer Stromwandler hat die Angaben $\frac{100/75/50\ \text{A}}{1\ \text{A}}$. Der 1-A-Meßbereich des Strommessers hat 50 Skalenteile. Berechnen Sie die drei Primärströme, wenn jeweils 40 Skalenteile angezeigt werden.

8. Ein Kilowattstundenzähler hat die Nenndaten 3 x 100 V/5 A; der vorgeschaltete Spannungswandler hat $k_U$ = 20 kV/100 V, der verwendete Stromwandler $k_I$ = 300 A/5 A. Welche Wirkarbeit wurde einem Drehstrom-Dreileiternetz entnommen, wenn sich der Zählerstand um 200 kWh verändert hat?

9. Ein primärseitig umschaltbarer Stromwandler hat die Übersetzungsverhältnisse $\frac{400/300/200\ \text{A}}{5\ \text{A}}$.

   Berechnen Sie den Netzstrom, wenn der Strommesser in den drei Bereichen jeweils 4 A anzeigt.

10. In einer Hauptverteilung liegt ein Stromwandler mit $k_I$ = 300 A/5 A. Ein Zwischenwandler hat $k_I$ = 5 A/1 A.

    Berechnen Sie die Stromstärke in der Primärwicklung des Hauptwandlers, wenn der Strommesser 0,7 A anzeigt.

11. Bild **4**.14 zeigt das Leistungsschild eines Spannungswandlers.

    a) Geben Sie das Übersetzungsverhältnis an.

    b) Berechnen Sie die anliegende Netzspannung, wenn der Ausschlag des Spannungsmessers zwei Drittel des Skalenendwerts beträgt.

    c) Wie hoch ist der exakte Wert der Netzspannung, wenn der Spannungsmesser 50 V anzeigt und dieser die Klasse 2,5 aufweist?

12. Zum Messen der Spannung zwischen Außen- und Neutralleiter eines Drehstromnetzes wird ein Niederspannungs-Kleinwandler mit

    a) $k_U = \frac{490\ \text{V}/\sqrt{3}}{100\ \text{V}/\sqrt{3}}$,

    b) $k_U = \frac{400\ \text{V}/\sqrt{3}}{100\ \text{V}/\sqrt{3}}$,

    c) $k_U = \frac{1000\ \text{V}/\sqrt{3}}{100\ \text{V}/\sqrt{3}}$

    eingesetzt. Berechnen Sie die Höhe der Netzspannungen, wenn ein Spannungsmesser jeweils 50 V anzeigt.

13. Ein Niederspannungs-Kleinwandler hat $k_U$ = 600 V/100 V, a) Klasse 0,5 b) Klasse 1. Seine Nennleistung beträgt 30 VA in Klasse 0,5 und 25 VA in Klasse 1. Berechnen Sie den Leitwert der Nennbürde.

14. Ein umschaltbarer Stromwandler hat die in Bild **4**.15 angegebenen Nenndaten. Berechnen Sie die Primärstromstärken, wenn der Strommesser jeweils 1 A anzeigt.

15. Berechnen Sie den Widerstand der Nennbürde für einen Stromwandler mit den Nenndaten $S_N$ = 10 VA und $k_I$ = 150 A/5 A.

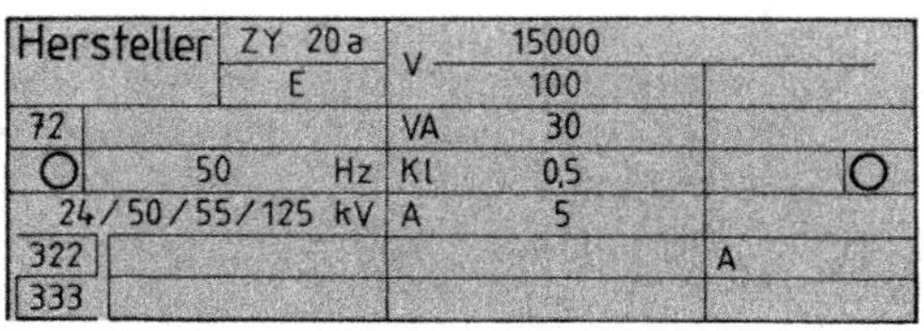


**4**.14

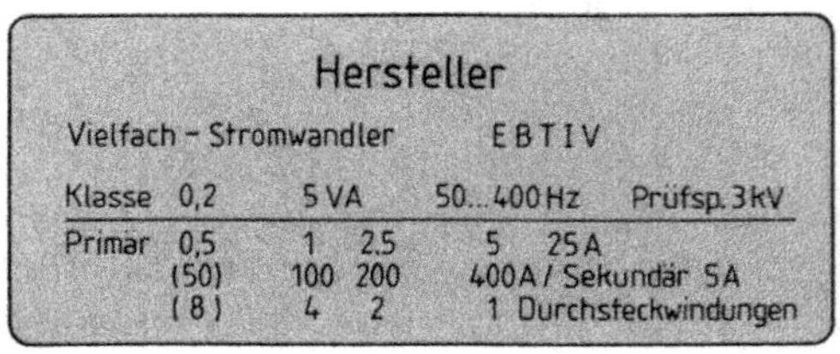


**4**.15

16. Die Nenndaten eines Spannungswandlers lauten: $k_U = 400$ V/100 V und 15 VA/100 VA. Berechnen Sie den Bürdenwiderstand, bei dem die Grenzleistung des Wandlers nicht überschritten wird.
17. Die Überwachung der Stromaufnahme eines Drehstrommotors mit den Nenndaten 400 V, 7,5 kW, cos $\varphi$ = 0,82 und dem Wirkungsgrad 82 % soll mit einem Strommesser mit 1 A Meßbereich erfolgen. Zur Auswahl stehen zwei Durchsteck-Stromwandler mit $k_{Ia} = 400$ A/1 A und $k_{Ib} = 150$ A/5 A. Die Anzeige des Strommessers soll möglichst hoch sein. Wählen Sie den geeigneten Wandler aus und geben Sie an, wie oft der Außenleiter auf der Primärseite durchzufädeln ist, um einen großen Zeigerausschlag zu erhalten.
18. Ein Summenstromwandler für drei Hauptwandler (**4**.16) hat den Sekundär-Nennstrom 1 A. Die Teilströme werden über drei Hauptwandler mit $k_{I1}$ = 200 A/1 A und $k_{I2} = k_{I3}$ = 400 A/1 A gemessen. In den drei Stromkreisen der Anlage fließen $I_1 = 100$ A, $I_2 = 300$ A und $I_3 = 400$ A. Wieviel Skalenteile umfaßt der Zeigerausschlag des Strommessers, dessen Skalenteilung/Empfindlichkeit 20 Skt/A beträgt?

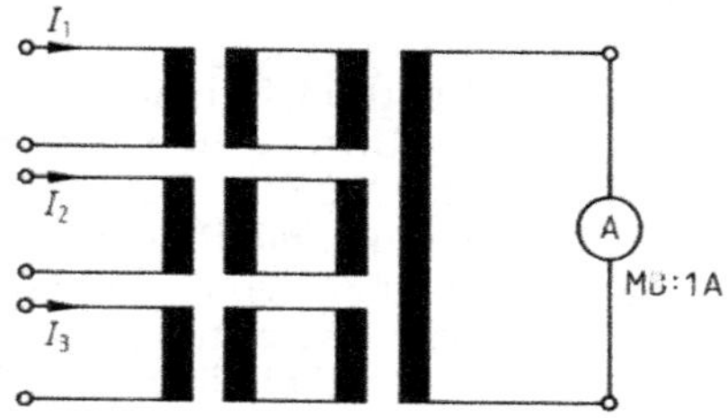

**4**.16

## 4.2.2 Spartransformator

**Die Bauleistung** eines Spartransformators bei $U_2 < U_1$ (**4**.17a) und bei $U_2 > U_1$ (**4**.17b) beträgt

$$S_B = S_D \cdot \left(1 - \frac{1}{ü}\right)$$

$$S_B = S_D \cdot (1 - ü).$$

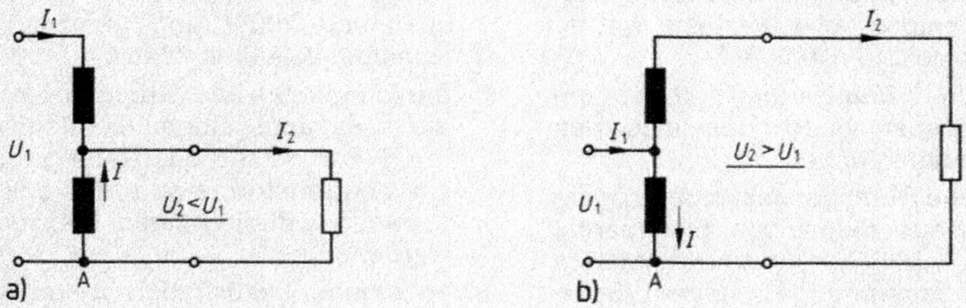

**4**.17

**Die Durchgangsleistung** ist

$$S_D = U_2 \cdot I_2 .$$

**Beispiel 4.8** Ein Volltransformator hat $U_{1N} = 120$ V, $U_{2N} = 160$ V, $I_{1N} = 16$ A und $I_{2N} = 12$ A. Wie groß ist die Nennleistung des Transformators und wie groß wäre die Bauleistung eines gleichwertigen Spartransformators, wenn die Verluste nicht berücksichtigt werden?

**Lösung** $S_N = U_{1N} \cdot I_{1N} = U_{2N} \cdot I_{2N} = 120\,V \cdot 16\,A = 160\,V \cdot 12\,A = \mathbf{1920\,VA}$

Die Nennleistung des Volltransformators wäre die Durchgangsleistung eines Spartransformators mit der Bauleistung

$$S_B = S_D \cdot (1 - ü) = 1920\,VA \cdot (1 - \frac{120\,V}{160\,V}) = \mathbf{480\,VA}.$$

Aus dem Eisengerüst eines 1920-VA-Volltransformators ließe sich also die vierfache Leistung herausholen, wenn er als Spartransformator betrieben wird.

## Aufgaben

1. Die Nenn-/Durchgangsleistung eines idealen Spartransformators beträgt 1 kVA, seine Übersetzung ist a) 230 V / 200 V, b) 230 V/260 V. Berechnen Sie die Nennströme, die Bauleistung und das Verhältnis von Durchgangsleistung und Bauleistung. Skizzieren Sie die Ersatzschaltbilder der Transformatoren a) und b), tragen Sie die Stromverteilung ein und berechnen Sie die jeweilige Stromstärke im gemeinsamen Wicklungsteil.
2. Ein Zweiwicklungstransformator für 230 kV/115 kV hat die Bauleistung 100 MVA. Welche Durchgangsleistung hätte er, wenn er bei gleicher Baugröße und sonst gleichen Abmessungen als Spartransformator hergestellt worden wäre?
3. Ein Volltransformator hat folgende Nennwerte: $U_{1N} = 230$ V, $I_{1N} = 20$ A, $U_{2N} = 120$ V und $I_{2N} = 38{,}3$ A. Bei Vernachlässigung aller Verluste hat er die Nennleistung 4600 VA.
   a) Welche Bauleistung müßte ein Spartransformator für dieselben Nenndaten haben?
   b) Welche Durchgangsleistung könnte man aus demselben Eisengerüst des 4600-VA-Volltransformators bei Verwendung in einem Spartransformator herausholen?
4. Ein idealer Spartransformator liegt eingangsseitg an 120 V und hat ausgangsseitig die Leerlaufspannung 160 V. Er wird mit 12 A belastet. Berechnen Sie den Primärstrom und den Strom im gemeinsamen Wicklungsteil. Skizzieren Sie das Ersatzschaltbild und tragen Sie die Stromverteilung ein.
5. Die Spannungsübersetzung eines idealen Spartransformators ist 230 V/ 200 V, seine Nennströme betragen $I_{1N} = 2$ A und $I_{2N} = 2{,}3$ A. Berechnen Sie die Durchgangs-/Nennleistung, die Bauleistung und die Stromstärke im gemeinsamen Wicklungsteil.
6. Der UI114a-Kern (Tab. **4.**1) ist bei Verwendung in einem Volltransformator für die Nennleistung 820 VA geeignet.
   a) Welche Nennleistung hätte ein Spartransformator mit diesem Kern, dessen Nennspannungsverhältnis 230 V/200 V ist?
   b) Berechnen Sie alle Stromstärken des Spartransformators bei Ohmscher Nennbelastung und dem Wirkungsgrad 90 %.
7. Ein idealer Spartransformator hat $N_1 = 50$ Windungen und $N_2 = 60$ Windungen; er liegt an der Eingangsspannung 200 V und überträgt die Durchgangsleistung 720 VA.

   Berechnen Sie die Nennströme und die ausgangsseitige Leerlaufspannung. Für welche Bauleistung müßte ein Volltransformator unter den gegebenen Bedingungen ausgelegt werden?
8. In einem Labortransformator liegt netzseitig ein Trenntransformator mit $ü = 230$ V/230 V. Zur Einstellung der Ausgangsspannung dient der nachgeschaltete Spartransformator mit den Nenndaten 0 bis 250 V/4 A und der Windungsspannung 0,5 V.

   Berechnen Sie:
   a) Die Windungszahl des Spartransformators und sein Windungszahlverhältnis bei $U_2 = 200$ V,

b) den induktiv übertragenen Leistungsanteil unter Belastung mit 200 V/4 A,

c) die resultierende Kurzschlußspannung, wenn der Trenntransformator $u_{kN}$ = 4,9 % und der Spartransformator $u_{kN}$ = 3 % hat.

9. Ein Transistorpulsumrichter zur Versorgung eines Hauptspindelantriebs in einer CNC-Drehmaschine hat die Anschlußspannung 3 x AC 165 V. Um ihn an ein Drehstromnetz mit 3 x AC 400 V anschließen zu können, wird a) ein Spartransformator, b) ein Trenntransformator als Anpaßtransformator zwischengeschaltet (**4**.18). Die Transformatoren haben die Nennspannungen 400 V/165 V. Beide haben die Nennleistung 24 kVA.

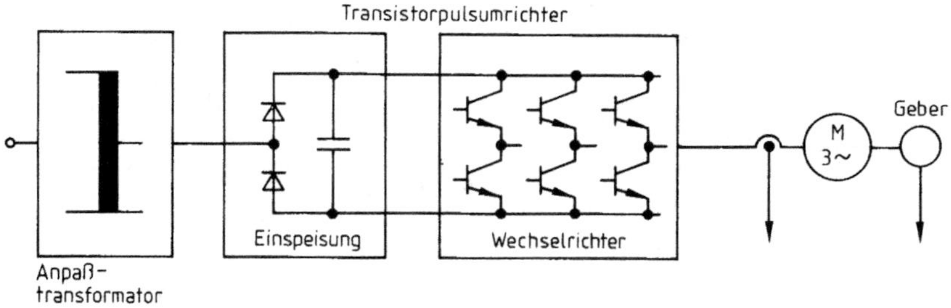


**4**.18

Berechnen Sie das Verhältnis der Bauleistungen von Voll- und Spartransformatoren zueinander.

Warum müssen Transformatoren dieser Nennleistung in dem genannten Anwendungsfall über externe Einschaltstrombegrenzungen in Betrieb genommen werden?

10. Drei Spartransformatoren mit $U_{1N}$ = 3 x AC 400 V und $U_{2N}$ = 3 x AC 165 V haben folgende weitere Nenndaten:

a) $S_N$ = 5 kVA, $P_{FeN}$ = 71 W, $P_{CuN}$ = 108 W, $u_{kN}$ = 2,2 %,

b) $S_N$ = 12 kVA, $P_{FeN}$ = 55 W, $P_{CuN}$ = 232 W, $u_{kN}$ = 1,9 %,

c) $S_N$ = 16 kVA, $P_{FeN}$ = 79 W, $P_{CuN}$ = 396 W, $u_{kN}$ = 2,5 %.

Berechnen Sie die Nennströme, den Strom im gemeinsamen Wicklungsteil und den Wirkungsgrad bei Ohmscher Nennlast.

11. Ein Spartransformator in YNa0-Schaltung (**4**.19) hat die Nennspannungen 415 V/165 V und die Nennleistung a) 24 kVA, b) 28 kVA, c) 32 kVA. Berechnen Sie seine Bauleistung.

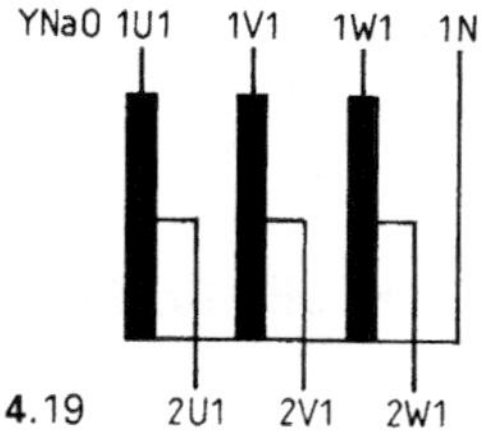


**4**.19

12. Die Durchgangsleistung eines idealen Spartransformators für $U_{1N}$ = 230 V mit $S_B$ = 700 VA beträgt 2100 VA. Berechnen Sie die ausgangsseitige Nennspannung und alle Ströme. Kontrollieren Sie Ihre Ergebnisse, indem Sie die auftretenden Leistungen mit der Bauleistung vergleichen.

13. Das Eisengestell des Spartransformators in Aufgabe 12 wird für einen Spartransformator mit 230 V/115 V verwendet.

a) Berechnen Sie die übertragbare Durchgangsleistung und alle Ströme bei Belastung mit Ohmscher Nennlast.

b) Vergleichen Sie Ihre Lösungen mit denen aus Aufgabe 12 und begründen Sie die Abweichungen.

c) Leiten Sie aus dem Ergebnisvergleich eine Bedingung ab, die eindeutig für den Einsatz eines Spartransformators spricht, wenn man auf Potentialtrennung verzichten kann.

14. Berechnen Sie die Bauleistung eines idealen Spartransformators für 230 V/ 200 V, wenn er mit 200 VA belastet wird.

   a) Berechnen Sie alle Ströme und die Leiterquerschnitte in den beiden Wicklungsteilen, wenn die maximale Stromdichte 3,5 A/mm² zulässig ist.

   Für denselben Anwendungsfall ist zu überlegen, ob Potentialtrennung erforderlich ist, so daß ein Trenntransformator durchzurechnen ist.

   b) Berechnen Sie die Nennströme und die Leiterquerschnitte dieses idealen Volltransformators.

   c) Vergleichen Sie Ihre Lösungen a) und b). Was folgern Sie daraus?

### 4.2.3 Klingel-, Schweiß- und Zündtransformator

**Aufgaben**

1. Für einen Klingeltransformator mit den Nenndaten 230 V/8 V, 1 A wurden die folgenden Kennliniendaten aufgenommen: $U_1$ = 230 V = konst. und

| | | | | | |
|---|---|---|---|---|---|
| $I_1$ in mA | 7,6 | 22 | 33 | 47 | 60 |
| $U_2$ in V | 15 | 14 | 13 | 12 | 10,4 |
| $I_2$ in A | 0 | 0,2 | 0,4 | 0,6 | 0,8 |
| $I_1$ in mA | 73 | 86 | 100 | 110 | 122 |
| $U_2$ in V | 8,8 | 7 | 5 | 2,7 | 0 |
| $I_2$ in A | 1,0 | 1,2 | 1,4 | 1,6 | 1,77 |

   a) Zeichnen Sie die Kennlinie $U_2$ in Abhängigkeit von $I_2$ und analysieren Sie ihren Verlauf.

   b) Berechnen Sie die Scheinleistungen $S_1$ und $S_2$ und zeichnen Sie ihre Kennlinien in Abhängigkeit von $i_1$ bzw. $I_2$. Analysieren Sie ihren Verlauf.

2. Ein Einphasen-Schweißtransformator hat die Leerlaufspannung $U_{20}$ = 70 V. Er ist auf den Schweißstrom $I_2$ = 110 A eingestellt. Dabei werden die Brennspannungen/Lichtbogenspannungen $U_2$ a) = 42 V, b) = 13 V gemessen. Berechnen Sie den Innen-Scheinwiderstand des Transformators und den jeweiligen Lichtbogenwiderstand. Schließen Sie aus Ihren Ergebnissen auf die jeweilige Lichtbogenlänge.

3. In Streufeldtransformatoren erreicht man ein sehr spannungsweiches Verhalten durch nachgeschaltete Streuinduktivitäten oder durch einen magnetischen Nebenschluß, mit dem der Schweißtransformator zwischen den Kennlinien 1 und 2 einstellbar ist (**4**.20).

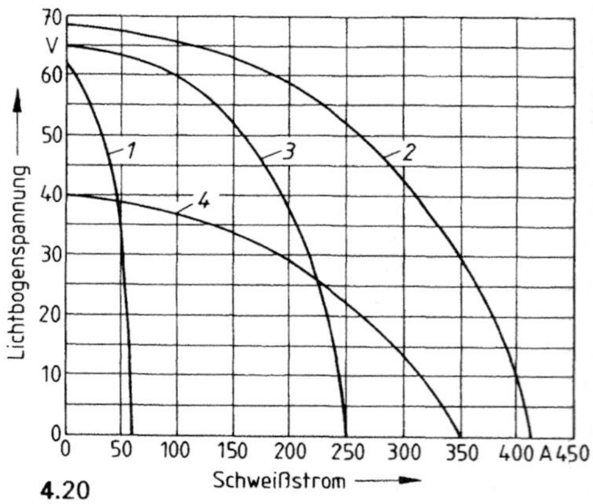


**4**.20

   a) Für welche Elektrodendicke wird man eine Einstellung nahe Kennlinie 1 und 2 wählen?

   b) Entnehmen Sie den Kennlinien 3 und 4 die Leerlaufspannung, den Kurzschlußstrom und die Lichtbogenspannung beim Schweißstrom 200 A.

   c) Wie groß ist die Änderung des Schweißstroms, wenn infolge des Elektrodenabbrands die Lichtbogenlänge und folglich dessen Widerstand größer werden und $U_L$ auf 40 V ansteigt?

4. In einem Gleichrichtergerät, einphasig ungesiebt, Welligkeit 48,3 %, $P_d$ = 500 W, $U_d$ = 24 V, ist ein Einphasentransformator mit $U_{1N}$ = 400 V eingebaut. Bestimmen Sie unter Verwendung der Tabelle **8**.15 die Gleichrichterschaltung und berechnen Sie

a) den Nenngleichstrom,
b) die Leerlaufgleichspannung, wenn der Spannungsanstieg auf der Gleichstromseite bei Leerlauf $u_A$ = 9 % beträgt,
c) die ausgangsseitige Nennspannung des Transformators und seine Bauleistung.

5. Ein Steuertransformator mit der Eingangsnennspannung 400 V 50 Hz hat zwei Abgabewicklungen. Die eine speist Wechselstromverbraucher mit 230 V, 1,5 A, $\cos \varphi = 1$; die zweite speist einen Brückengleichrichter aus Siliciumdioden mit den Gleichstromdaten 42 V/4 A. Berechnen Sie die Nenn-/Bauleistung des erforderlichen Transformators und suchen Sie aus Tab. **4**.1 den geeigneten Transformator aus. Berechnen Sie alle Wickeldaten des gewählten Transformators und den Wirkungsgrad der vorliegenden Stromversorgung bei Ohmscher Nennbelastung und dem Gleichrichterwirkungsgrad 0,8.

6. Das Leistungsschild des Zündtransformators eines Ölbrenners trägt die Angaben 265 VA, 230 V/2 x 5 kV gegen Masse, 1,15 A/23 mA, AB 33 % ED in 3 min. Berechnen Sie
a) die Amplitude der Spannung zwischen den Zündelektroden des Brenners und die abgegebene Scheinleistung.
b) Erklären Sie die technische Bedeutung der Leistungsangabe und der Betriebsartenkennzeichnung.

## 4.3 Drehstromtransformator

### 4.3.1 Schaltungen und Betriebsdaten

**Für Drehstromtransformatoren** gelten dieselben formalen Zusammenhänge wie für Einphasentransformatoren. Bei Berechnungen ist lediglich in Abhängigkeit der vorliegenden Schaltung der Verkettungsfaktor $\sqrt{3}$ zu berücksichtigten (s. Tabelle 8 im Anhang).

**Beispiel 4.9** Ein Drehstromtransformator hat folgende Nenndaten:
$S_N$ = 50 kVA, 6000 V/400 V, Schaltgruppe Yd5. Berechnen Sie die Nennströme und das Übersetzungsverhältnis der Wicklungen.

**Lösung**

$$I_{1N} = \frac{S_N}{U_{1N} \cdot \sqrt{3}} = \frac{50000\ \text{VA}}{6000\ \text{V} \cdot \sqrt{3}} = \mathbf{4{,}8\ A}$$

$$I_{2N} = \frac{S_N}{U_{2N} \cdot \sqrt{3}} = \frac{50000\ \text{VA}}{400\ \text{V} \cdot \sqrt{3}} = \mathbf{72\ A} \qquad I_{2NStr} = \frac{72\ \text{A}}{\sqrt{3}} = \mathbf{41{,}7\ A}$$

Da $S_N$ > 16 kVA ist, werden die Nennströme unter Vernachlässigung der Verluste berechnet.

$$\frac{N_1}{N_2} = \frac{U_{1N}}{U_{2N} \cdot \sqrt{3}} = \frac{6000\ \text{V}}{400\ \text{V} \cdot \sqrt{3}} = \mathbf{8{,}66 : 1}$$

**Aufgaben**

1. Ein D-Transformator für 5200 V/230 V in Yd-Schaltung soll in Dy-Schaltung betrieben werden. Für welche Nennspannungen ist er nach einer Umschaltung geeignet?
2. Ein D-Transformator hat primärseitig eine Wicklung für die Strangspannung 230 V; sekundärseitig hat er je Strang zwei gleiche Wicklungen für je 55 V. Für welche Nennspannungen ist er unter Ausnutzung aller Schaltungsmöglichkeiten verwendbar?
3. Ein Drehstromtransformator in Yy-Schaltung mit der Nennleistung

50 kVA hat einen Schenkel- und Jochquerschnitt von $A_{Fe} = 115\ cm^2$ und $\hat{B} = 1{,}5$ T. Berechnen Sie die Windungszahlen für die Nennspannungen 10 kV/400 V zum Betrieb am a) 50-Hz-Netz, b) 60-Hz-Netz.

4. Ein Drehstromtransformator für 50 Hz mit $S_N = 50$ kVA hat einen Schenkel- und Jochquerschnitt von $A_{Fe} = 126 \cdot 10^{-4}\ m^2$ für $\hat{B} = 1{,}37$ T. Die Wicklungen mit $N_1 = 1600$ und $N_2 = 66$ sind in Sternschaltung miteinander verkettet. Berechnen Sie die ein- und ausgangsseitigen Induktions- und die Nennspannungen.

5. Auf dem Leistungsschild eines Drehstromtransformators der Schaltgruppe Yy0 steht die Spannungsangabe a) 6 kV/400 V, b) 10 kV/3 kV, c) 1,2 kV/0,4 kV. Die Ausgangswicklung hat je Wicklungsstrang 620 Windungen. Wie groß ist die Windungszahl je Wicklungsstrang der Eingangswicklung?

6. Ein Drehstromtransformator mit der Nennleistung
a) 80 kVA, b) 120 kVA, c) 150 kVA
untersetzt von 10 kV auf 400 V. Die Eingangswicklung des in Yy6 geschalteten Transformators hat je Wicklungsstrang a) 820 Windungen, b) 1250 Windungen, c) 1650 Windungen.
Wie groß ist die Windungszahl je Strang der Ausgangswicklung unter Berücksichtigung von 5 % Spannungsfall?

7. Ein Drehstromtransformator der Schaltgruppe Dy5 untersetzt von 3 kV auf 230 V. Wie groß muß die Windungszahl je Strang der Eingangswicklung sein, wenn die Ausgangswicklung je Wicklungsstrang a) 320 Wdg., b) 450 Wdg., c) 600 Wdg. hat?

8. Ein Drehstrom-Verteilungstransformator der Schaltgruppe Yz5 untersetzt von 1 kV auf 400 V. Die Eingangswicklung hat je Strang a) 800 Windungen, b) 1200 Windungen, c) 1500 Windungen. Wie groß ist die Windungszahl je Halbstrang der Ausgangswicklung?

9. Ein 250-kVA-Drehstromtransformator in Yyn0-Schaltung hat 30 kV ± 2,5 %/ 400 V 50 Hz. Sein Eisenkernquerschnitt beträgt 105 cm², magnetisiert ist er mit $\hat{B} = 1{,}5$ T. Berechnen Sie die Windungszahlen der Primär- und der Sekundärwicklung. Bei welchen Windungszahlen liegen die Anzapfungen zur Umschaltung der Primärwicklung?

## 4.3.2 Belastung von Drehstromtransformatoren

**Aufgaben**

1. Die Nennleistung eines Drehstromtransformators der Schaltgruppe Yy6 beträgt a) 250 kVA, b) 150 kVA, c) 180 kVA. Die Spannungsangabe auf dem Leistungsschild lautet 6 kV/ 400 V. Der Wirkungsgrad wird vom Hersteller mit 94 % angegeben. Wie groß sind der Nennstrom und die Stromaufnahme bei Nennbelastung?

2. Ein Verteilungstransformator der Schaltgruppe Dy5 hat die Nennleistung 200 kVA. Der Transformator untersetzt von 10 kV auf 400 V. Die Leerlaufverluste betragen 3 kW, die Kurzschlußverluste 5 kW.
Wie groß sind Nennstrom, Aufnahmestrom und Wirkungsgrad bei Nennbelastung, wenn der Leistungsfaktor a) 0,84, b) 0,86, c) 0,88 beträgt?

3. Ein Drehstromtransformator hat 9600 kVA, 13,8 kV/815 V, 60 Hz, Schaltgruppe Dy5, $u_{KN} = 8{,}5$ %, $P_{FeN} = 15{,}9$ kW, $P_{CuN} = 49{,}5$ kW. Berechnen Sie die Strang- und Leiterwerte der Nennströme, den Wirkungsgrad bei $\cos \varphi_2 = 0{,}8$ und die Kurzschlußströme.

4. In einem Steinkohlekraftwerk erzeugt der 850-MVA-Drehstromgenerator die Spannung 21 kV, die in einem Maschinentransformator mit 800 MVA auf 220 kV hochgespannt und in einem Eigenbedarfstransformator mit 80/40/40 MVA auf 10 kV herunter-

transformiert wird. Berechnen Sie für den Maschinentransformator

a) die Nennströme,
b) die Summe seiner Verluste, wenn der Wirkungsgrad 99,9 % beträgt.
c) Begründen Sie anhand der Strangströme und Strangspannungen, warum Maschinentransformatoren in Yd- und nicht in Dy-Schaltung betrieben werden.
d) Berechnen Sie die Kurzschlußströme des Maschinentransformators, dessen relative Kurzschlußspannung 11,8 % beträgt.

5. Ein 50-kVA-Drehstromtransformator in Yy-Schaltung hat die Nennspannungen 10 kV/400 V. Durch primärseitige Anzapfungen sind 9,6/10/10,4 kV Eingangsspannung möglich. Berechnen Sie die Nennströme, die prozentuale Spannungsänderung beim Übergang von der Normalstufe auf eine der beiden anderen Stufen und die einstellbaren Ausgangsspannungen.

6. Zur Reduzierung des Einschaltstroms eines Drehstrom-Käfigläufermotors mit 500 kW Nennleistung wird ein Anlaßtransformator in Sparschaltung (**4**.21) verwendet. Bei direkter Einschaltung am 500-V-Drehstromnetz beträgt der Anlaufstrom $I_A = 4 \cdot I_N$. Der als ideal anzusehende Spartransformator wird zum Anlassen auf 250 V eingestellt. Berechnen Sie den relativen Anlaufstrom auf der Motorseite und ebenso auf der Netzseite.

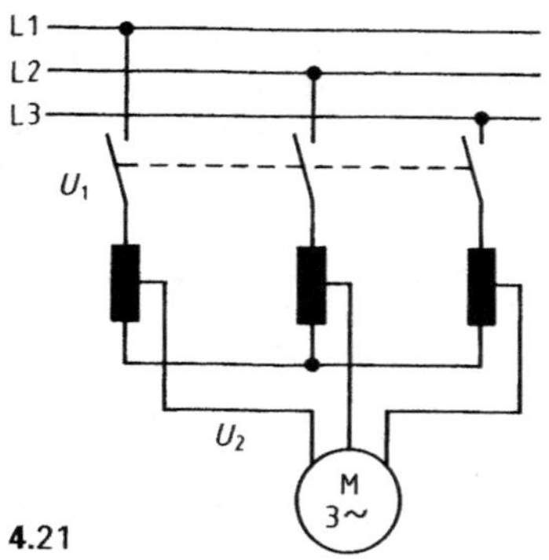


**4**.21

7. Ein Drehstrom-Netzausläufer versorgt einen abgelegenen Bauernhof mit elektrischer Energie. Der Anschlußwert beträgt 65 kVA. Infolge Spannungsfalls auf der Leitung beträgt die Spannung am Speisepunkt statt 400 V nur noch 380 V. Berechnen Sie die Bauleistung des hierfür eingesetzten Spartransformators und begründen Sie, warum in diesem Fall ein Spartransformator einem Volltransformator vorzuziehen ist.

8. Ein Drehstrom-Spartransformator in YNa0-Schaltung hat die Nenndaten 400 V/165 V und 5 kVA. Im Kurzschluß nimmt er 339 A auf.
   a) Berechnen Sie die relative Kurzschlußspannung und den sekundärseitigen Kurzschlußstrom.
   b) Skizzieren Sie das Ersatzschaltbild des Kurzschlußkreises und begründen Sie, warum der gemeinsame Wicklungsteil dieses kurzgeschlossenen Spartransformators nicht überlastet wird.

9. Ein 5-kVA-Drehstromtransformator in YNy0-Schaltung für 400 V/165 V, 7,45 A/17,5 A, $u_{KN} = 2,5\,\%$ hat im Nennbetrieb die Verluste $P_{CuN} = 124$ W und $P_{FeN} = 95$ W. Berechnen Sie die Kurzschlußspannung, den Dauerkurzschlußstrom in der Primärwicklung, den Scheinwiderstand und den Widerstand eines Wicklungsstrangs.

10. Die Bestell- und Projektierungsdaten eines Drehstrom-Spartransformators in YNa0-Schaltung (s. **4**.19) lauten: 3 x 400 V/3 x 165 V, 32 kVA, $P_{FeN} =$ 151 W, $P_{CuN} = 491$ W, $u_{KN} = 1,6\,\%$.
    a) Berechnen Sie die Bauleistung, die Nennströme, die Kurzschlußspannung und den Wirkungsgrad bei Ohmscher Nennlast.
    b) Kontrollieren Sie die Werte der von Ihnen berechneten Ströme, indem Sie mit ihnen die Bauleistung berechnen.
    c) Warum haben Spartransformatoren eine geringe relative Kurzschlußspannung? Leiten Sie aus Ihrer Antwort eine Begründung über das Spannungsverhalten von Spartransformatoren ab.
    d) Berechnen Sie den Dauerkurzschlußstrom des vorliegenden Spartransformators.

### 4.3.3 Parallelschalten von Transformatoren

**In der Parallelschaltung** von Transformatoren erfolgt die Lastübernahme $S_{ÜA}$ und $S_{ÜB}$ der Transformatoren A und B im Verhältnis der Nennleistungen $S_{NA}$ und $S_{NB}$ und im umgekehrten Verhältnis der Nennkurzschlußspannungen $u_{KNA}$ und $u_{KNB}$.

$$\frac{S_{ÜA}}{S_{ÜB}} = \frac{S_{NA} \cdot u_{KNB}}{S_{NB} \cdot u_{KNA}}$$

$S_{Ü1}$ und $S_{Ü2}$, $S_{N1}$ und $S_{N2}$ in VA
$u_{KNA}$ und $u_{KNB}$ in Prozent der Eingangsspannung

Werden drei oder mehr Transformatoren parallelgeschaltet, muß zur Berechnung eine resultierende relative Kurzschlußspannung zugrundegelegt werden.

$$u_K = \frac{S}{\frac{S_{NA}}{u_{KNA}} + \frac{S_{NB}}{u_{KNB}} + \frac{S_{NC}}{u_{KNC}} + \ldots}$$

$S$ (Gesamtscheinleistung) in VA
$u_K$ resultierende relative Kurzschlußspannung in Prozent der Eingangsspannung.

**Beispiel 4.10** Es sollen drei Transformatoren parallel geschaltet werden.
Transformator A: $S_{NA} = 160$ kVA, $u_{KNA} = 4\,\%$
Transformator B: $S_{NB} = 400$ kVA, $u_{KNB} = 6\,\%$
Transformator C: $S_{NC} = 250$ kVA, $u_{KNC} = 4\,\%$
Die Belastung durch das Netz betrage $S = 810$ kVA. Zu berechnen sind die resultierende relative Kurzschlußspannung, die von den einzelnen Transformatoren übernommenen Teilleistungen und die maximal zulässigen Teilleistungen, damit kein Transformator überlastet wird.

**Lösung** Die resultierende Kurzschlußspannung ist

$$u_K = \frac{S}{\frac{S_{NA}}{u_{KNA}} + \frac{S_{NB}}{u_{KNB}} + \frac{S_{NC}}{u_{KNC}}} = \frac{810\text{ kVA}}{\frac{160\text{ kVA}}{4\,\%} + \frac{400\text{ kVA}}{6\,\%} + \frac{250\text{ kVA}}{4\,\%}} = \mathbf{4{,}79\,\%}.$$

Die einzelnen Transformatoren übernehmen die Leistungen

$$S_A = S_{NA}\frac{u_K}{u_{KNA}} = 160\text{ kVA}\,\frac{4{,}79\,\%}{4\,\%} \qquad S_C = S_{NC}\frac{u_K}{u_{KNC}} = 250\text{ kVA}\,\frac{4{,}79\,\%}{4\,\%}$$

$$S_A = \mathbf{192\ kVA} \qquad S_C = \mathbf{299\ kVA}$$

$$S_B = S_{NB}\frac{u_K}{u_{KNB}} = 400\text{ kVA}\,\frac{4{,}79\,\%}{6\,\%} = \mathbf{319\ kVA} \qquad S_{ges} = S_A + S_B + S_C = \mathbf{810\ kVA}$$

Würde man die Transformatoren bei einer Netzleistung von 810 kVA parallel schalten, wären die Transformatoren A und C um 19,75 % überlastet. Es ist zweckmäßig, sowohl die Nennleistung als auch die relative Kurzschlußspannung von Transformator A zugrundezulegen und damit die Berechnung der Lastverteilung zu wiederholen.

$$S'_A = S_{NA}\frac{u_{KNA}}{u_{KNA}} = 160\text{ kVA}\,\frac{4\,\%}{4\,\%} \qquad S'_C = S_{NC}\frac{u_{KNA}}{u_{KNC}} = 250\text{ kVA}\,\frac{4\,\%}{4\,\%}$$

$$S'_A = \mathbf{160\ kVA} \qquad S'_C = \mathbf{250\ kVA}$$

$$S'_B = S_{NB}\frac{u_{KNA}}{u_{KNB}} = 400\text{ kVA}\,\frac{4\,\%}{6\,\%} = \mathbf{266\ kVA} \qquad S'_{ges} = S'_A + S'_B + S'_C = \mathbf{676\ kVA}$$

Dies bedeutet, daß die drei Transformatoren nur mit ingesamt 676 kVA belastet werden dürfen, damit keiner von ihnen überlastet wird. Man müßte deshalb für die vorliegende Netzlast von 810 kVA einen vierten Transformator mit $u_{KN} = 4\,\%$ und $S_N = 160$ kVA parallelschalten.

**Aufgaben**

1. Drei Einphasentransformatoren mit $S_{NA} = 1{,}6$ kVA, $u_{KNA} = 5{,}1$ %, $S_{NB} = 2{,}5$ kVA, $u_{KNB} = 4{,}4$ % und $S_{NC} = 4$ kVA, $u_{KNC} = 3{,}6$ % sind parallel geschaltet. Berechnen Sie
   a) die resultierende relative Kurzschlußspannung,
   b) die Lastübernahme jedes Transformators in Prozent seiner Nennleistung, wenn man eine Gesamtlast von 8,1 kVA anschließt,
   c) die maximal entnehmbare Scheinleistung.
2. Ein Drehstromtransformator A mit 315 kVA 5 kV/400 V in Dy5-Schaltung soll zu einem zweiten Drehstromtransformator mit 315 kVA 5 kV/231 V in Dd6-Schaltung parallelgeschaltet werden. Prüfen Sie, ob das nach Nutzung aller Umschaltmöglichkeiten zulässig ist.
3. Ein Drehstromtransformator mit der Nennleistung
   a) 200 kVA, b) 300 kVA, c) 400 kVA
   sowie der Kurzschlußspannung 3 % und ein Drehstromtransformator mit
   a) 300 kVA, b) 700 kVA, c) 600 kVA
   sowie der Kurzschlußspannung 4 % sollen parallel arbeiten. Wie verteilt sich die Gesamtlast
   a) 500 kVA, b) 1 MVA, c) 1 MVA
   auf die beiden Transformatoren?
4. Zwei Transformatoren gleicher Schaltgruppe speisen ein Drehstrom-Vierleiternetz. Der eine Transformator hat die Nennleistung 100 kVA und die Kurzschlußspannung
   a) 3 %, b) 3,5 %, c) 3,2 %.
   Der andere Transformator hat die Nennleistung 50 kVA und die Kurzschlußspannung
   a) 4 %, b) 4,5 % und c) 4,2 %.
   Welche Last kann der zweite Transformator übernehmen, ohne überlastet zu werden, wenn der erste voll belastet ist?
   Welche Last übernimmt jeder Transformator, wenn die Gesamtlast 150 kVA beträgt?
   Welche Last kann jeder der beiden Transformatoren übernehmen, ohne daß einer von ihnen überlastet wird?
5. Zu einem Transformator der Schaltgruppe Dy5 und der Nennleistung
   a) 350 kVA, b) 400 kVA, c) 450 kVA
   soll nach Bild **4**.22 ein zweiter Transformator gleicher Schaltgruppe und der Nennleistung
   a) 250 kVA, b) 200 kVA, c) 150 kVA
   parallelgeschaltet werden. Der erste Transformator hat die Kurzschlußspannung 3 %, der zweite 2,5 %. Welche Belastung kann der erste Transformator übernehmen, ohne überlastet zu werden, wenn der zweite Transformator voll belastet ist?
   Wie verteilt sich die Gesamtlast 600 kVA auf beide Transformatoren?

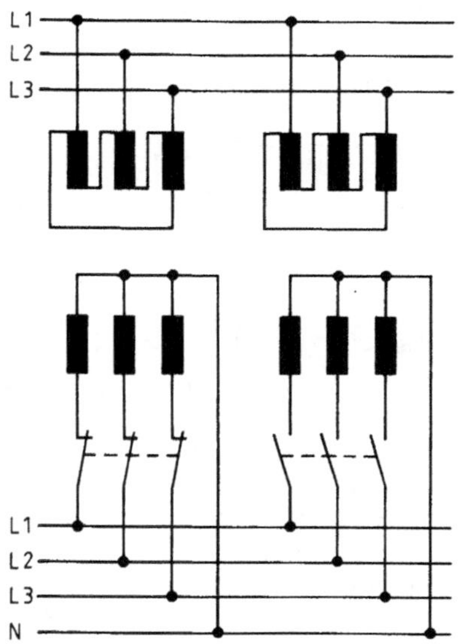


**4**.22

6. Drei Transformatoren der Schaltgruppe Yy0 sollen ein Drehstrom-Vierleiternetz speisen. Die Transformatoren haben folgende Nennleistungen und Kurzschlußspannungen:
   a) 120 kVA und 3,0 %,
   b) 80 kVA und 2,5 %,
   c) 300 kVA und 3,5 %.
   Mit wieviel Prozent der Nennleistung wird jeder Transformator belastet, wenn die Gesamtlast 500 kVA beträgt? Beurteilen Sie das berechnete Ergebnis!

# 5 Generatoren und Motoren

## 5.1 Einphasen- und Drehstromgenerator

Einphasengeneratoren enthalten einen Wicklungsstrang. Drehstromgeneratoren (Dreiphasengeneratoren) enthalten drei Wicklungsstränge, die um 120° el gegeneinander versetzt sind (**5**.1).

Zwischen der Drehzahl (Umdrehungsfrequenz) $n$, der Polpaarzahl $p$ und der Frequenz $f$ der erzeugten Wechselspannung besteht folgender Zusammenhang:

$$n = \frac{60 \cdot f}{p}$$

$n$ in $\frac{1}{\text{min}}$ bzw. $\text{min}^{-1}$ 60 in $\frac{\text{s}}{\text{min}}$

$f$ in Hz $= \frac{1}{\text{s}}$ $p$ ohne Einheit

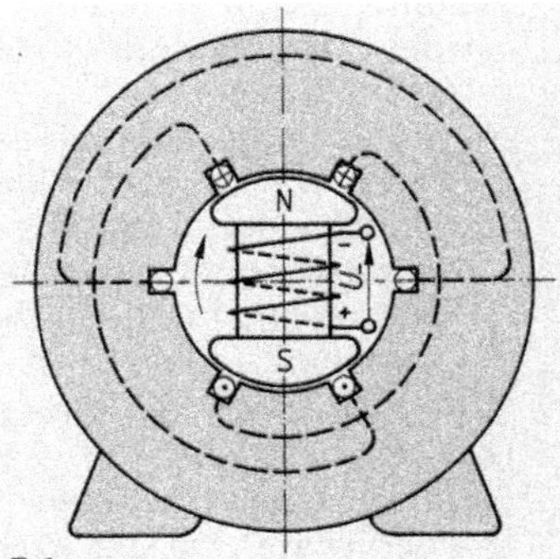


**5**.1

**Beispiel 5.1** Ein vierpoliger Drehstromgenerator speist ein Drehstromvierleiternetz mit der Frequenz $f = 50$ Hz. Mit welcher Drehzahl wird der Generator angetrieben?

**Lösung** $n = \frac{f \cdot 60}{p} = \frac{50 \frac{1}{\text{s}} \cdot 60 \frac{\text{s}}{\text{min}}}{2} = \mathbf{1500\ min^{-1}}$

**Aufgaben**

1. Ein sechspoliger Drehstromgenerator soll eine Wechelspannung mit der Frequenz a) 25 Hz, b) 60 Hz, c) $16\frac{2}{3}$ Hz erzeugen. Wie groß muß seine Antriebsdrehzahl sein?
2. Ein achtpoliger Drehstromgenerator wird mit a) 2700 $\text{min}^{-1}$, b) 1800 $\text{min}^{-1}$, c) 3000 $\text{min}^{-1}$ angetrieben. Wie groß ist die Frequenz der erzeugten Wechselspannung?
3. Die Drehzahl eines Einphasen-Bahngenerators beträgt a) 250 $\text{min}^{-1}$, b) 1000 $\text{min}^{-1}$, c) 500 $\text{min}^{-1}$. Die erzeugte Wechselspannung hat die Frequenz $16\frac{2}{3}$ Hz. Wie groß ist die Polzahl des Generators?
4. Ein zehnpoliger Drehstromgenerator soll Wechselspannung mit der Frequenz 50 Hz erzeugen. Um wieviel Umdrehungen in der Minute muß die Antriebsdrehzahl erhöht werden, wenn sie a) 500 $\text{min}^{-1}$, b) 540 $\text{min}^{-1}$, c) 560 $\text{min}^{-1}$ beträgt?
5. Ein vierpoliger Turbogenerator für 60 Hz wird von einer Dampfturbine angetrieben. Die Antriebsdrehzahl der Turbine beträgt a) 1900 $\text{min}^{-1}$, b) 2000 $\text{min}^{-1}$, c) 2100 $\text{min}^{-1}$. Um wieviel Prozent muß sie verringert werden, um die geforderten 60 Hz einzuhalten?
6. Ein Einphasengenerator liefert bei 5000 V Nennspannung den Nennstrom a) 430 A, b) 520 A, c) 670 A. Wie groß ist die Nennleistung des Generators in MVA?
7. Ein Drehstromgenerator gibt bei der Nennspannung 6 kV den Nennstrom a) 386 A, b) 241 A, c) 627 A ab. Wie groß ist seine Nennleistung in MVA?
8. In Bild **5**.2 ist die Abwicklung einer Ständerwicklung für einen Drehstromgenerator dargestellt. Wie groß muß die Antriebsdrehzahl sein, wenn der Generator Spannung mit der Fre-

quenz a) 50 Hz, b) 60 Hz, c) 16 $\frac{2}{3}$ Hz erzeugen soll?

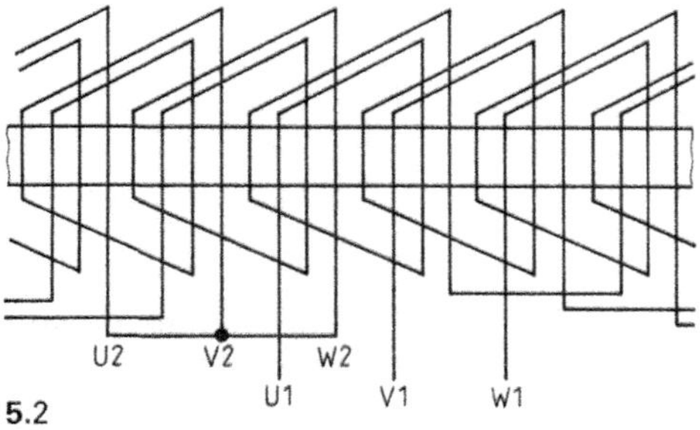

5.2

9. Der zwölfpolige Drehstromgenerator eines Notstromaggregats wird von einem Dieselmotor angetrieben. Bei Nennbelastung beträgt die Antriebsdrehzahl a) 480 $min^{-1}$, b) 160 $min^{-1}$, c) 576 $min^{-1}$.

   Um wieviel Prozent weicht die erzeugte Frequenz von der Nennfrequenz a) 50 Hz, b) 16 $\frac{2}{3}$ Hz, c) 60 Hz ab?
10. Ein Einphasen-Wechselstromgenerator hat die Nennleistung 200 kVA und die Nennspannung a) 3 kV, b) 6 kV, c) 10 kV. Wie groß ist sein Nennstrom?
11. Wie groß ist der Nennstrom eines Drehstromgenerators mit der Nennleistung 370 kVA und der Nennspannung a) 6 kV, b) 3 kV, c) 10 kV?
12. Eine Dampfturbine mit der Nennleistung 294 kW treibt einen Drehstromgenerator mit dessen Nennleistung 265 kVA an. Der Nenn-Leistungsfaktor ist a) 0,95, b) 0,92, c) 0,98. Wie groß ist der Wirkungsgrad des Generators?
13. Ein Drehstromgenerator mit der Nennleistung 5000 kVA erzeugt bei 6 kV den Nennstrom 482 A. Bei Nennbelastung beträgt der Wirkungsgrad des Generators
   a) 90 %, b) 77,5 %, c) 80,5 %.
   Die treibende Turbine gibt
   a) 5300 kW, b) 5260 kW, c) 5890 kW
   ab. Wie groß ist der Leistungsfaktor des Generators?
14. Ein Drehstromgenerator speist ein Drehstrom-Vierleiternetz 230/400 V. An das Netz sind Motoren angeschlossen, die bei dem mittleren Leistungsfaktor 0,75 die Wirkleistung a) 30 kW, b) 35 kW, c) 45 kW entnehmen. Außerdem werden aus dem Netz Glühlampen mit der Gesamtleistung 6 kW gespeist. Wie groß ist die abgegebene Scheinleistung des Generators?
15. Ein Drehstrom-Vierleiternetz 230/400 V wird von einem Drehstromgenerator mit der Nennleistung 100 kVA gespeist. An das Netz sind Drehstrommotoren mit der Gesamtleistung 60 kW und dem mittleren Leistungsfaktor 0,7 angeschlossen. Außerdem werden aus dem Netz Glühlampen und Heizgeräte mit der Gesamtleistung a) 10 kW, b) 12 kW, c) 8 kW gespeist. Mit wieviel Prozent der Nennleistung ist der Generator belastet? Wie groß ist der Leistungsfaktor?

## 5.2 Kraftwirkung magnetischer Felder

Befindet sich ein stromdurchflossener Leiter in einem Magnetfeld, wirkt auf ihn eine Kraft, die mit der Flußdichte *B* des Magnetfelds und der Stromstärke *I* sowie mit der wirksamen Länge des Leiters *l* im Magnetfeld wächst.

$$F = B \cdot I \cdot l \cdot N$$

*F* in N (Newton) *I* in A $1\,A = \frac{1\,W}{1\,V} = 1\frac{Nm}{Vs}$

*B* in $Vs/m^2$ *l* in m *N* ohne Einheit

**Beispiel 5.2** Auf einen Leiter mit der Länge $l = 20$ cm, der sich in einem magnetischen Feld mit der Flußdichte $B = 0{,}8\ \text{Vs/m}^2$ befindet, soll die Kraft $F = 2$ N ausgeübt werden. Wie groß muß die Stromstärke $I$ durch den Leiter sein?

**Lösung** $$I = \frac{F}{B \cdot l \cdot N} = \frac{2\ \text{N}}{0{,}8\ \frac{\text{Vs}}{\text{m}^2} \cdot 0{,}2\ \text{m} \cdot 1} = 12{,}5\ \frac{\text{Nm}}{\text{Vs}} = \mathbf{12{,}5\ A}$$

**Aufgaben**

1. Wie groß ist die Kraft, die auf einen 0,12 m langen Leiter ausgeübt wird, wenn er sich in einem Magnetfeld mit der Flußdichte 0,8 Vs/m² befindet und von a) 16 A, b) 12 A, c) 8 A durchflossen wird?
2. Auf einen 4 cm langen Leiter soll die Kraft a) 0,5 N, b) 0,7 N, c) 0,9 N ausgeübt werden, wenn er sich in einem Magnetfeld mit der Flußdichte 1,1 Vs/m² befindet. Wie groß muß die Stromstärke im Leiter sein?
3. Ein Kupferleiter mit dem Querschnitt 2,5 mm² darf mit der Stromdichte 8 A/mm² belastet werden. Auf den voll belasteten Draht mit der wirksamen Länge a) 15 cm, b) 12 cm, c) 20 cm soll die Kraft 3,6 N ausgeübt werden. Wie groß muß die Flußdichte des Magnetfelds sein?
4. Eine stromdurchflossene Spule mit 24 Windungen befindet sich in einem Magnetfeld mit der Flußdichte 1,2 Vs/m². Die wirksame Leiterlänge je Spulenseite und Windung beträgt 30 cm. Wie groß muß die Stromstärke in der Spule sein, damit auf die drehbar angebrachte Spule die Gesamtkraft a) 161 N, b) 138 N, c) 104 N wirkt?
5. Eine Spule hat a) 18 Windungen, b) 15 Windungen, c) 22 Windungen und besteht aus Kupferdraht mit dem Durchmesser 0,6 mm. Die Stromdichte soll 6 A/mm² nicht überschreiten. Die wirksame Leiterlänge je Spulenseite und Windung beträgt 25 cm. Wie groß muß die Flußdichte des Magnetfelds sein, damit auf die drehbare Spule die Gesamtkraft 18,3 N ausgeübt wird?
6. Eine quadratische Spule aus Kupferdraht mit dem Drahtdurchmesser 1,2 mm hat die Maße 12 cm x 12 cm. Sie ist drehbar in einem homogenen Magnetfeld mit der Flußdichte 1,3 Vs/m² angeordnet. Die Stromdichte im Spulendraht soll 8 A/mm² nicht überschreiten. Wie groß muß die Windungszahl der Spule sein, damit die Gesamtkraft a) 107 N, b) 102 N, c) 94 N beträgt?

## 5.3 Einphasen- und Drehstrommotor (Asynchronmotor)

Die durch die drei Strangströme des Drehstroms in den drei Spulen der Ständerwicklung eines Drehstrommotors entstehenden Wechselfelder bilden gemeinsam ein Drehfeld, wenn die Spulen um 120° gegeneinander versetzt sind.

**Schlupfdrehzahl.** Das Drehfeld versetzt einen Läufer mit geschlossener Wicklung in asynchrone Drehung. Der Unterschied zwischen der Drehzahl $n_d$ des Drehfelds und der Drehzahl $n$ des Läufers wird als Schlupfdrehzahl $n_s$ bezeichnet.

$$n_s = n_d - n$$

**Schlupf**. Das Verhältnis der Schlupfdrehzahl $n_s$ zur Drehzahl $n_d$ des Drehfelds heißt Schlupf $s$. Der Schlupf wird meist in Prozent angegeben:

$$s = \frac{n_s}{n_d} \cdot 100\ \%$$

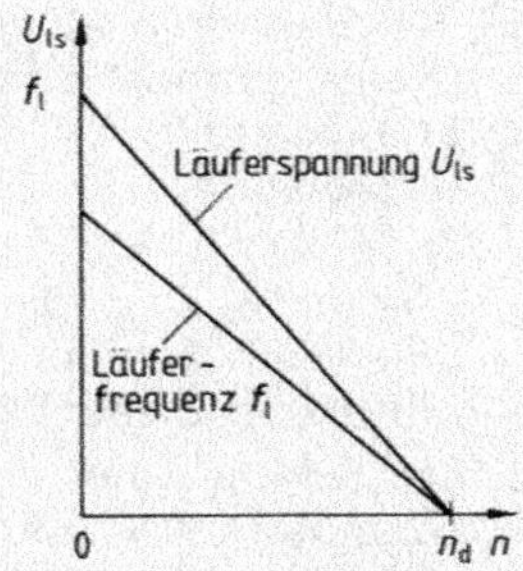

5.3

**Die Läuferfrequenz $f_l$** berechnet man aus der Schlupfdrehzahl $n_s$ und der Polpaarzahl $p$ der Maschine entsprechend Bild **5.3** mit der Formel

$$f_l = \frac{n_s \cdot p}{60}.$$

$n_s$ in $\frac{1}{\text{min}}$ oder $\text{min}^{-1}$ 60 in $\frac{\text{s}}{\text{min}}$ $f$ in Hz $= \frac{1}{\text{s}}$

$p$ ohne Einheit

**Die Läuferspannung $U_{ls}$** bei Motorbetrieb folgt aus dem Schlupf $s$ und der Läuferstillstandsspannung $U_l$ (**5.3**).

$$U_{ls} = \frac{s \cdot U_l}{100}$$

$U_l$ und $U_{ls}$ in V  $s$ in Prozent

**Beispiel 5.3** Ein vierpoliger Drehstrom-Asynchronmotor hat nach der Leistungsschildangabe die Nenndrehzahl $n = 1440\ \text{min}^{-1}$ bei der Frequenz $f = 50$ Hz. Wie groß sind die Drehzahl $n_d$ des Drehfelds, die Schlupfdrehzahl $n_s$ und der Schlupf $s$?

**Lösung**

$$n_d = \frac{60 \cdot f}{p} = \frac{60\ \frac{\text{s}}{\text{min}} \cdot 50\ \frac{1}{\text{s}}}{2} = \mathbf{1500\ min^{-1}}$$

$$n_s = n_d - n = 1500\ \text{min}^{-1} - 1440\ \text{min}^{-1} = \mathbf{60\ min^{-1}}$$

$$s = \frac{n_s}{n_d} = \frac{60\ \text{min}^{-1}}{1500\ \text{min}^{-1}} = 0{,}04 = \mathbf{4\ \%\ der\ Drehfelddrehzahl}$$

**Beispiel 5.4** Wie groß ist die Läuferspannung $U_{ls}$ eines sechspoligen Drehstrom-Schleifringläufermotors für 50 Hz bei seiner Kippdrehzahl, die bei 62 % der Drehfelddrehzahl $n_d$ liegt? Zwischen zwei Schleifringen des Läufers wird die Läufer-Stillstandsspannung $U_l = 120$ V gemessen.

**Lösung**

Die Drehfelddrehzahl ist $n_d = \frac{60 \cdot f}{p} = \frac{60\ \frac{\text{s}}{\text{min}} \cdot 50\ \frac{1}{\text{s}}}{3} = 1000\ \text{min}^{-1}$.

Dann ist die Kippdrehzahl $n_k = 62\ \%$ von $1000\ \text{min}^{-1} = 620\ \text{min}^{-1}$

und die Schlupfrehzahl $n_s = 1000\ \text{min}^{-1} - 620\ \text{min}^{-1} = 380\ \text{min}^{-1}$

sowie der Schlupf bei Kippdrehzahl $s_k = \frac{n_s}{n_d} = \frac{380\ \text{min}^{-1}}{1000\ \text{min}^{-1}} = 0{,}38 \mathrel{\hat{=}} 38\ \%$.

Dann ist die Läuferspannung bei Kippdrehzahl

$$U_{ls} = \frac{s_k \cdot U_l}{100\ \%} = \frac{38\ \% \cdot 120\ \text{V}}{100\ \%} = \mathbf{45{,}6\ V.}$$

**Aufgaben**

1. Die Nenndrehzahl eines vierpoligen Drehstrommotors für 50 Hz beträgt
   a) 1440 $min^{-1}$,
   b) 1460 $min^{-1}$,
   c) 1420 $min^{-1}$.

   Wie groß sind die Schlupfdrehzahl und der Schlupf des vierpoligen Motors bei dieser Läuferdrehzahl?
2. Der Schlupf eines vierpoligen Einphasenmotors für 230 V 50 Hz beträgt a) 4 %, b) 4,4 %, c) 4,6 %. Wie groß ist die Nenndrehzahl des Motors?
3. Die Nenndrehzahl eines vierpoligen Motors für 400 V 50 Hz beträgt
   a) 1400 $min^{-1}$,
   b) 1410 $min^{-1}$,
   c) 1450 $min^{-1}$.

   Wie groß sind die Schlupfdrehzahl und der Schlupf in Prozent?
4. Ein sechspoliger Schleifringläufermotor für 400 V 50 Hz hat die Nenndrehzahl
   a) 960 $min^{-1}$,
   b) 880 $min^{-1}$,
   c) 920 $min^{-1}$.

   Wie groß ist die Läuferfrequenz bei Nenndrehzahl?
5. Um die Läuferfrequenz und die Läuferdrehzahl eines vierpoligen Drehstrom-Schleifringläufermotors für 400 V 50 Hz bei Nenndrehzahl zu bestimmen, werden nach Bild **5**.4 Strommesser in den Läuferkreis geschaltet. Infolge der geringen Läuferfrequenz pendeln deren Zeiger. Es werden in 30 Sekunden a) 60, b) 90, c) 75 Perioden der Pendelbewegung gezählt. Wie groß sind Läuferfrequenz und Läuferdrehzahl?
6. Für einen Schleifringläufermotor gelten folgende Nennwerte: 5,5 kW, 400 V, 50 Hz, $\cos \varphi = 0{,}82$ sowie
   a) $n = 920$ $min^{-1}$, $U_1 = 170$ V,
   b) $n = 2880$ $min^{-1}$, $U_1 = 120$ V,
   c) $n = 1420$ $min^{-1}$, $U_1 = 70$ V.

   Wie groß ist die Läuferspannung bei Nenndrehzahl?
7. Ein zweipoliger Drehstrommotor für 400 V 50 Hz hat den Nennstrom a) 2,4 A, b) 2,7 A, c) 3,2 A. Sein Wirkungsgrad beträgt 78 %, sein Leistungsfaktor 0,8. Wie groß sind Scheinleistung, Wirkleistung, Blindleistung und Nennleistung des Motors bei Nennbelastung?
8. Zur Ermittlung seines Leistungsfaktors wird ein vierpoliger Drehstrommotor nach Bild **5**.5 über einen Einphasenleistungsmesser und einen Strommesser an das Netz angeschlossen. An der Netzspannung 400 V werden folgende Werte gemessen:
   a) 500 W; 2,8 A,
   b) 667 W; 3,7 A,
   c) 833 W; 4,5 A.

   Berechnen Sie den Leistungsfaktor.

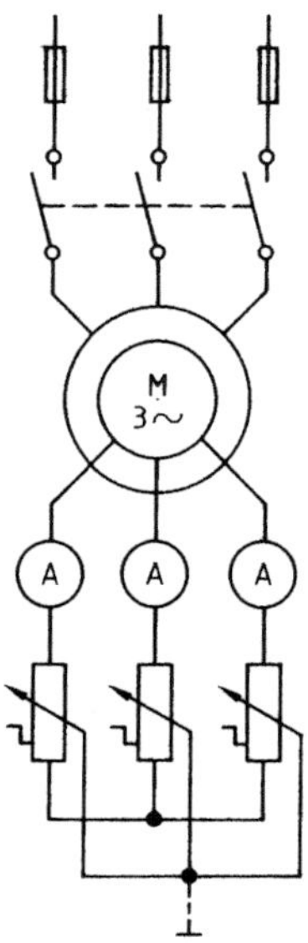

**5**.4

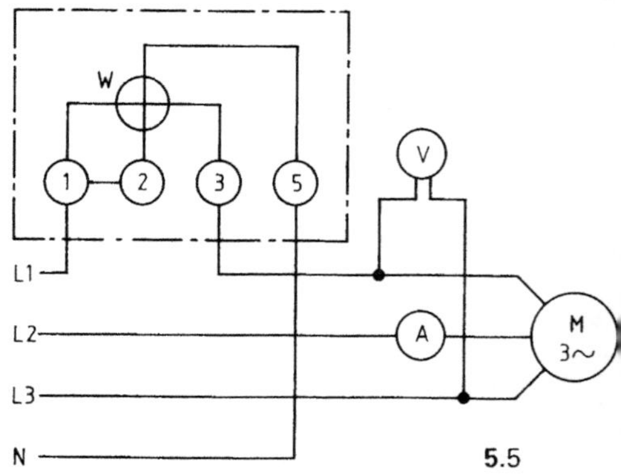

**5**.5

9. Ein Einphasenmotor für 230 V 50 Hz hat die Nennleistung a) 1,5 kW, b) 1,1 kW, c) 2,2 kW. Bei Nennbelastung beträgt der Wirkungsgrad 70 %, der Leistungsfaktor 0,75. Wird der Motor mit der halben Nennleistung belastet, sinken der Wirkungsgrad auf 66 % und der Leistungsfaktor auf 0,55. Um wieviel Prozent sinkt die Stromaufnahme bei halber Belastung gegenüber der Stromaufnahme bei Vollast?

10. Ein Drehstrommotor mit der Nennleistung 5,5 kW nimmt an 400 V 50 Hz den Nennstrom 12,8 A auf. Der Leistungsfaktor ist bei Nennbelastung a) 0,8, b) 0,82, c) 0,86. Wie groß ist der Wirkungsgrad?

11. Von einem vierpoligen Einphasenmotor für 230 V 50 Hz sollen Wirkungsgrad und Leistungsfaktor bei Nennbelastung bestimmt werden. Der Motor wird zu diesem Zweck über einen Zähler mit 300 $kWh^{-1}$ nach Bild **5.6** angeschlossen, und die Zählerscheibenumdrehungen werden während zwei Minuten gezählt.

Dabei werden folgende Werte ermittelt:

| | Nennleistung | Nennstrom | Zählerscheibenumdrehungen |
|---|---|---|---|
| a) | 2 kW | 14,2 A | 25 |
| b) | 3 kW | 21,3 A | 37,5 |
| c) | 5,5 kW | 39 A | 69 |

Berechnen Sie den Wirkungsgrad und den Leistungsfaktor.

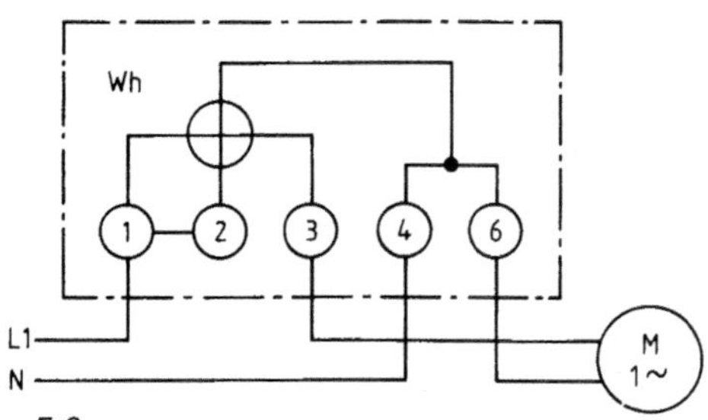


**5**.6

12. Ein vierpoliger Drehstrommotor für 50 Hz wird an 400 V angeschlossen. Durch Bremsversuch sollen seine Nenndrehzahl und Kippdrehzahl bestimmt werden. Der Meßversuch ergibt folgende Werte (Angaben in Prozent der Drehfelddrehzahl):

| | Nenndrehzahl | Kippdrehzahl |
|---|---|---|
| a) | 92 % | 73 % |
| b) | 94 % | 78 % |
| c) | 96 % | 69 % |

Wie groß sind Nenndrehzahl und Kippdrehzahl des Motors?

13. Ein Drehstrommotor für 500 V 50 Hz ist über einen Motorschutzschalter an das Netz angeschlossen. Der Schalter ist auf den Auslösestrom 29 A eingestellt. Um wieviel Prozent ist die Schaltereinstellung zu groß, wenn von dem Motor noch folgende Nennwerte bekannt sind: $\cos \varphi = 0{,}8$, $\eta = 80$ %, $n = 1440$ $min^{-1}$ und 15 kW?

14. Ein vierpoliger Drehstrom-Schleifringläufermotor für 400 V 50 Hz hat die Nennleistung a) 11 kW, b) 5,5 kW, c) 7,5 kW. Bei Nennlast betragen der Leistungsfaktor 0,86 und der Wirkungsgrad 84 %. Die Läuferspannung ist auf dem Leistungsschild mit 150 V angegeben. Wie groß sind Nennstrom und Läuferstrom bei Nennbelastung?

15. Von einem Drehstrommotor sind folgende Nennwerte bekannt:

a) 18,5 kW 230/400 V 50 Hz 960 $min^{-1}$,
b) 37 kW 230/400 V 50 Hz 960 $min^{-1}$,
c) 22 kW 230/400 V 50 Hz 960 $min^{-1}$.

Beim Bremsversuch mit einer Wasserwirbelbremse am 400-V-Netz zeigen die Meßgeräte bei Nennbelastung folgende Werte an:

a) 39,7 A $\cos \varphi = 0{,}84$,
b) 78 A $\cos \varphi = 0{,}84$,
c) 48,8 A $\cos \varphi = 0{,}84$.

Wie groß sind Wirkungsgrad, Schein-, Wirk- und Blindleistung des Motors bei dieser Belastung?

16. Von einem Drehstrommotor für 400 V 50 Hz mit dem Wirkungsgrad 80 % und dem Leistungsfaktor 0,85 wird bei Belastung die Stromaufnahme gemessen. Dabei ergeben sich die folgenden Werte:

a) 22 A bei Nennleistung 11 kW,
b) 15 A bei Nennleistung 7,5 kW,
c) 32 A bei Nennleistung 18,5 kW.

Mit wieviel Prozent der Nennleistung ist der Motor bei dieser Stromaufnahme belastet? (Wirkungsgrad und Leistungsfaktor werden konstant angenommen.)

17. Bild **5**.7 zeigt das Leistungsschild eines Drehstrommotors. Berechnen Sie für Nennbelastung: Schein-, Blindleistung, Wirkleistungsaufnahme, Blindleistungsfaktor, Läuferschlupf in % bei Nenndrehzahl, Läuferspannung und Läuferfrequenz bei Nenndrehzahl.

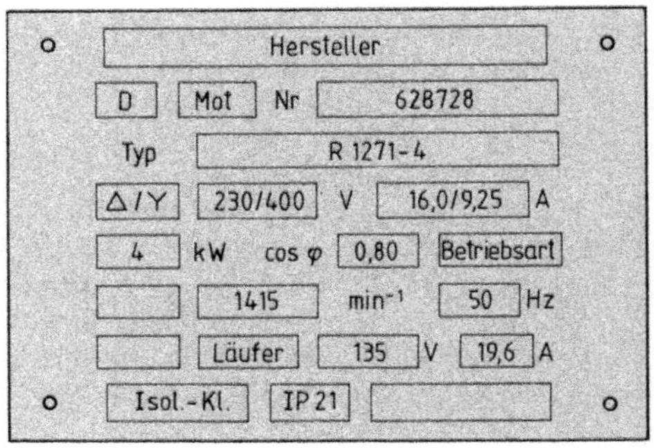


**5**.7

## 5.4 Blindstromkompensation von Einphasen- und Drehstrommotoren

Die Berechnung der Blindleistung und der Kapazität der für die Blindstromkompensation erforderlichen Kondensatoren ist bereits im Abschn. 2.5 behandelt.

Bei der Einzelkompensation von Einphasen- und Drehstrommotoren erhält man die Verbesserung des Leistungsfaktors auf 0,9 bis 0,95, wenn die Blindleistung des Kompensationskondensators etwa 35 % der Motornennleistung beträgt.

Bei Drehstrommotoren werden die Kompensationskondensatoren fast ausschließlich in Dreieck geschaltet. Sie liegen dann an der vollen Außenleiterspannung und können die dreifache Blindleistung gegenüber der Sternschaltung kompensieren (**5**.8).

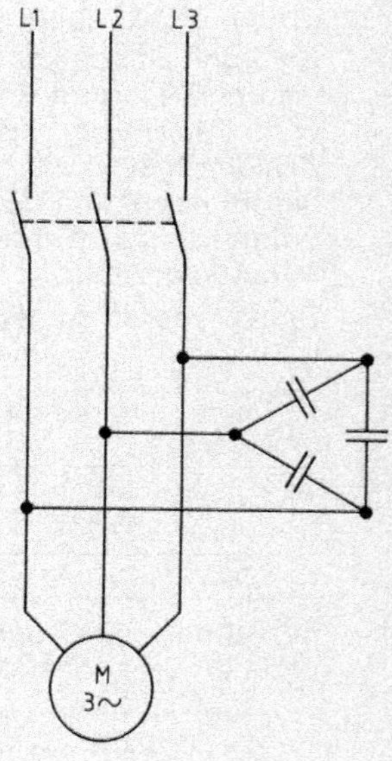


**5**.8

**Beispiel 5.5** Ein Einphasenmotor hat die Nenndaten $U$ = 230 V, $f$ = 50 Hz, $I$ = 15 A, cos $\varphi_1$ = 0,8. Durch Zuschalten eines Kondensators soll der Leistungsfaktor auf cos $\varphi_2$ = 0,95 erhöht werden. Wie groß muß die Kapazität $C$ des Kompensationskondensators sein?

**Lösung** Blindleistung $Q_{L1}$ vor der Kompensation

$$Q_{L1} = U \cdot I_1 \cdot \sin \varphi_1 = 230\ \text{V} \cdot 15\ \text{A} \cdot 0{,}6 = 2070\ \text{Var}$$

$$P = U \cdot I_1 \cdot \cos \varphi_1 = 230\ \text{V} \cdot 15\ \text{A} \cdot 0{,}8 = 2760\ \text{W}$$

Scheinleistung $S_2$ nach der Kompensation

$$S_2 = \frac{P}{\cos \varphi_2} = \frac{2760\ \text{W}}{0{,}95} = 2905\ \text{VA}$$

Blindleistung $Q_{L2}$ nach der Kompensation

$$Q_{L2} = \sqrt{S_2^2 - P^2} = \sqrt{(2905\ \text{VA})^2 - (2760\ \text{W})^2} = 906\ \text{Var} \quad \text{oder}$$

$$Q_{L2} = S_2 \cdot \sin \varphi_2 = 2905\ \text{VA} \cdot 0{,}312 = 906\ \text{Var}$$

Blindleistung $Q_C$ des Kompensationskondensators

$$Q_C = Q_1 - Q_2 = 2070\ \text{Var} - 906\ \text{Var} = 1164\ \text{Var}$$

**Lösung,** Fortsetzung

und Kapazität des Kondensators

$$C = \frac{Q_C}{2\pi f \cdot U^2} = \frac{1164\ \text{Var}}{314\ \frac{1}{\text{s}} \cdot (230\ \text{V})^2} = 0{,}00007007\ \frac{\text{Vs}}{\text{A}} = \mathbf{70\ \mu F} \quad \text{oder kürzer}$$

$$P = U \cdot I \cdot \cos\varphi_1 = 230\ \text{V} \cdot 15\ \text{A} \cdot 0{,}8 = 2760\ \text{W}$$

$$Q_C = P(\tan\varphi_1 - \tan\varphi_2) = 2{,}76\ \text{kW}\ (0{,}75 - 0{,}329) = 1{,}16\ \text{kVar}$$

$$C = \frac{Q_C}{2\pi f \cdot U^2} = \frac{1160\ \text{Var}}{2 \cdot 3{,}14 \cdot 50\ \text{Hz}\ (230\ \text{V})^2} = 70 \cdot 10^{-6}\ \text{F} = \mathbf{70\ \mu F}$$

**Aufgaben**

1. An den Anschlußklemmen eines Einphasenmotors für 230 V 50 Hz liegt entsprechend Bild **5**.9 ein Kondensator mit der Kapazität a) 4 μF, b) 6 μF, c) 12 μF. Wie groß ist die kompensierte Blindleistung?

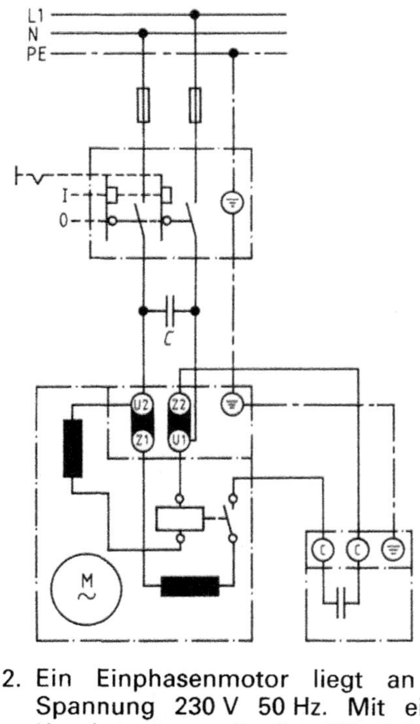


5.9

2. Ein Einphasenmotor liegt an der Spannung 230 V 50 Hz. Mit einem Kondensator soll die Blindleistung a) 45,6 Var, b) 76 Var, c) 122 Var kompensiert werden. Wie groß muß die Kapazität des Kondensators sein?
3. Die Blindleistung a) 1,2 kVar, b) 1,5 kVar, c) 0,8 kVar eines Drehstrommotors für 500 V 50 Hz soll kompensiert werden. Die Kondensatoren sollen in Dreieck geschaltet werden. Wie groß muß die Kapazität jedes Kondensators sein?
4. An den Klemmen eines Drehstrommotors für 400 V 50 Hz sind drei Kondensatoren entsprechend Bild **5**.10 angeschlossen. Jeder Kondensator hat die Kapazität a) 12 μF, b) 8 μF, c) 15 μF. Wie groß ist die Blindleistung, die die Kondensatoren kompensieren?

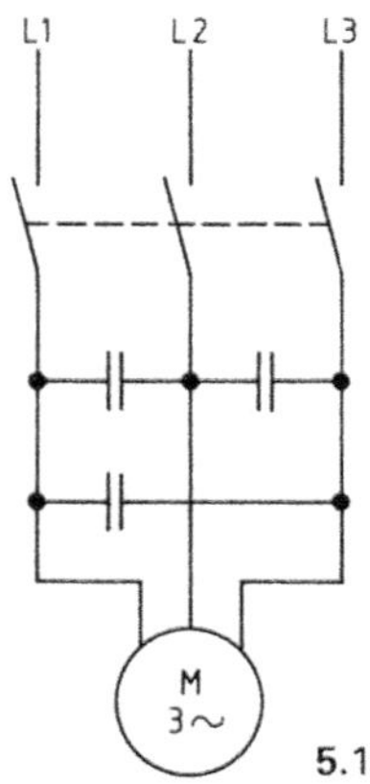


5.10

5. Ein Drehstrommotor hat folgende Nennwerte: $\cos\varphi = 0{,}84$, $\eta = 78\ \%$, 400 V 50 Hz sowie a) 5,5 kW, b) 7,5 kW, c) 10 kW. Mit drei in Dreieck geschalteten Kondensatoren soll die Blindleistung vollständig kompensiert werden. Wie groß muß die Kapazität jedes Kondensators sein?
6. Der Leistungsfaktor eines Einphasenmotors soll von 0,7 auf 0,9 erhöht werden. Der Motor leistet a) 600 W, b) 400 W, c) 800 W an 230 V 50 Hz.

Bei Nennbelastung beträgt sein Wirkungsgrad 75 %.

Berechnen Sie die dem Netz entnommene Blindleistung vor und nach der Kompensation sowie die Kapazität des erforderlichen Kompensationskondensators.

7. Ein Einphasenmotor hat die Nennleistung 600 W und liegt an 230 V 50 Hz. Der Nennstrom beträgt 5,2 A, der Leistungsfaktor 0,75. Ein Kondensator mit der Kapazität a) 8 µF, b) 10 µF, c) 12 µF wird an die Klemmen U und V angeschlossen.

   Auf welchen Wert wird der Leistungsfaktor erhöht, und wie groß wird die Stromaufnahme bei Nennbelastung?

8. Von einem Drehstrommotor sind folgende Nennwerte bekannt: 11 kW, 400 V 50 Hz, $\cos\varphi = 0{,}84$ sowie $\eta$ a) 80 %, b) 82 %, c) 78 %. Drei Kondensatoren mit je 30 µF in Dreieckschaltung werden zur Kompensation des Blindstroms hinzugeschaltet.

   Wie groß ist der Leistungsfaktor nach der Kompensation?

   Auf welchen Betrag sinkt die Stromaufnahme nach der Kompensation bei gleicher Belastung?

9. Ein Drehstromtransformator mit der Nennleistung 200 kVA speist ein Netz mit 500 V 50 Hz. Der Leistungsfaktor des Netzes beträgt 0,45.

   Wie groß ist die Wirkleistung, mit der der Transformator belastet werden kann, wenn ein Gruppenkondensator mit einer Kapazität von a) 60 kVar, b) 80 kVar, c) 100 kVar zugeschaltet wird?

   Wie groß wird der Leistungsfaktor nach der Kompensation?

10. Der Einphasengenerator für 230 V 50 Hz eines Notstromaggregats speist entsprechend Bild **5**.11 einen Motor mit der Nennleistung von a) 1 kW, b) 2,5 kW, c) 1,5 kW, dem Leistungsfaktor 0,78 und dem Wirkungsgrad 75 %. Außerdem werden von dem Generator Glühlampen mit der Gesamtleistung 750 W gespeist.

    Wie groß ist der Gesamtstrom des Generators bei dieser Belastung?

    Wie groß muß die Kapazität des Kompensationskondensators sein, damit die Blindleistung vollständig kompensiert wird?

    Wie groß ist der Leistungsfaktor der Anlage ohne Kompensation?

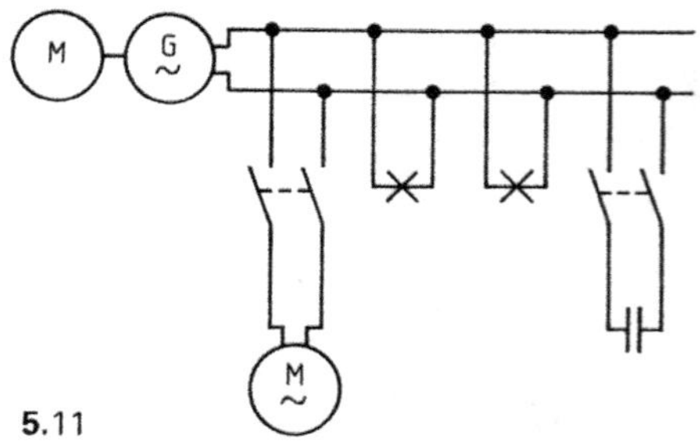


**5**.11

## 5.5 Umwickeln von Wechselstrommaschinen

### 5.5.1 Andere Spannung

Soll eine Maschinenwicklung für eine andere Spannung umgewickelt werden, muß sich die neue Windungszahl $N_2$ zur alten Windungszahl $N_1$ verhalten wie die neue Spannung $U_2$ zur alten Spannung $U_1$.

$$\frac{N_2}{N_1} = \frac{U_2}{U_1}$$

$N_1$ und $N_2$ ohne Einheit $\quad$ $U_1$ und $U_2$ in V

Der Querschnitt $A_2$ des neuen Drahtes muß sich zum Querschnitt $A_1$ des alten Drahtes verhalten wie die alte Spannung $U_1$ zur neuen Spannung $U_2$.

$$\frac{A_2}{A_1} = \frac{U_1}{U_2}$$

$A_1$ und $A_2$ in mm² $U_1$ und $U_2$ in V

**Beispiel 5.6** Der Stator eines älteren Einphasen-Wechselstrommotors für $U_1 = 110$ V hat 24 Nuten. In jeder Nute sind 63 Drähte (also $N_1 = 63$) mit dem Durchmesser $d_1 = 0{,}7$ mm untergebracht. Mit welcher Windungszahl $N_2$ und welchem Drahtdurchmesser $d_2$ muß die Wicklung ausgeführt werden, damit der Motor mit gleicher Leistung an 230 V betrieben werden kann?

**Lösung**

$$N_2 = \frac{U_2 \cdot N_1}{U_1} = \frac{230\text{ V} \cdot 63}{110\text{ V}} = \mathbf{132}$$

$$A_1 = \frac{d_1^2 \cdot \pi}{4} = \frac{(0{,}7\text{ mm})^2 \cdot 3{,}1416}{4} = 0{,}385\text{ mm}^2$$

$$A_2 = \frac{U_1 \cdot A_1}{U_2} = \frac{110\text{ V} \cdot 0{,}385\text{ mm}^2}{230\text{ V}} = 0{,}184\text{ mm}^2$$

$$d_2 = \sqrt{\frac{4 \cdot A_2}{\pi}} = \sqrt{\frac{4 \cdot 0{,}184\text{ mm}^2}{3{,}1416}} = \mathbf{0{,}48\text{ mm}}$$

**Aufgaben**

1. Ein Drehstrommotor mit der Nennleistung 500 W für 230/400 V hat einen Stator mit 24 Nuten. In jeder Nute liegen 147 Drähte mit dem Drahtdurchmesser 0,55 mm. Der Motor soll an 230 V in Sternschaltung betrieben werden. Berechnen Sie die neuen Wickeldaten.
2. Der Stator eines Drehstrommotors für 230/400 V hat 36 Nuten. In jeder Nut liegen 30 Drähte mit dem Drahtdurchmesser 1,2 mm. Der Motor soll auf 400 V Dreieckschaltung umgewickelt werden. Wie groß müssen die neue Windungszahl und der neue Drahtdurchmesser werden?
3. Die Statorwicklung eines Käfigläufermotors soll von
   a) 500-V-Sternschaltung,
   b) 500-V-Dreieckschaltung,
   c) 400-V-Sternschaltung
   
   auf 400-V-Dreieckschaltung umgewickelt werden. Der Stator hat 36 Nuten; in jeder Nut liegen 15 Drähte (Einschichtwicklung) mit dem Drahtdurchmesser 2,6 mm. Berechnen Sie die neuen Wickeldaten.
4. Ein Drehstrom-Schleifringläufermotor soll
   a) von 230/400 V auf 500-V-Dreieckschaltung,
   b) von 400-V-Dreieckschaltung auf 500-V-Dreieckschaltung,
   c) von 500-V-Sternschaltung auf 500-V-Dreieckschaltung
   
   umgewickelt werden. Folgende Wickeldaten wurden ermittelt:
   
   **Stator:** 60 Nuten, je Nut 16 Drähte (Einschichtwicklung) mit dem Drahtdurchmesser 1,9 mm.
   
   **Läufer:** 90 Nuten, je Nut 8 Drähte (Einschichtwicklung) mit dem Drahtdurchmesser 2,8 mm.
   
   Berechnen Sie die neuen Wickeldaten.
5. In einer Nut mit dem Querschnitt 120 mm² liegen 80 Drähte mit dem Durchmesser 1 mm blank/1,1 mm mit Isolation. Die Wicklung soll von 24 V auf a) 80 V, b) 120 V, c) 220 V umgewickelt werden. Die Isolationsstärke bleibt erhalten.
   
   Stellen Sie fest, ob die neue Wicklung in der Nut unterzubringen ist.

### 5.5.2 Andere Frequenz

Soll eine Wechselstrommaschine für den Betrieb an gleich großer Spannung anderer Frequenz umgewickelt werden, müssen sich die Quadrate der Windungszahlen $N_2$ und $N_2$ umgekehrt verhalten wie die Frequenzen $f_1$ und $f_2$.

$$\frac{N_2^2}{N_1^2} = \frac{f_1}{f_2}$$

$N_1$ und $N_2$ ohne Einheit $\qquad$ $f_1$ und $f_2$ in Hz (Hertz) $= \frac{1}{s}$

Die Quadrate der Querschnitte $A_1$ und $A_2$ verhalten sich wie die Frequenzen $f_1$ und $f_2$

$$\frac{A_1^2}{A_2^2} = \frac{f_1}{f_2}$$

$A_1$ und $A_2$ in $mm^2$ $\qquad$ $f_1$ und $f_2$ in Hz (Hertz) $= \frac{1}{s}$

**Beispiel 5.7** Ein vierpoliger Drehstromasynchronmotor für $f_1 = 60$ Hz mit der Nenndrehzahl $n_1 = 1750\ min^{-1}$ soll für den Betrieb an gleicher Spannung, aber $f_2 = 50$ Hz umgewickelt werden. Die Windungszahl jeder Spule in der Statorwicklung beträgt $N_1 = 30$ mit dem Drahtdurchmesser $d_1 = 1{,}4$ mm. Wie lauten die neuen Wickeldaten?

**Lösung** Durch Umformen der Gleichung $\frac{N_2^2}{N_1^2} = \frac{f_1}{f_2}$ erhält man

$$N_2 = N_1 \sqrt{\frac{f_1}{f_2}} = 30 \sqrt{\frac{60\ \text{Hz}}{50\ \text{Hz}}} = \mathbf{33}$$

und aus $\frac{A_1^2}{A_2^2} = \frac{f_1}{f_2}$

$$A_2 = A_1 \sqrt{\frac{f_2}{f_1}} = 1{,}54\ \text{mm}^2 \sqrt{\frac{50\ \text{Hz}}{60\ \text{Hz}}} = 1{,}4\ \text{mm}^2$$

und $d_2 =$ **1,34 mm.**

## Aufgaben

1. Ein sechspoliger Drehstrom-Asynchronmotor für 60 Hz mit der Nenndrehzahl 1150 $min^{-1}$ soll für den Betrieb an gleicher Spannung, aber für die Frequenz 50 Hz umgewickelt werden. In jeder Nut des Stators liegen

   a) 20 Drähte mit 1,1 mm Durchmesser,
   b) 60 Drähte mit 0,6 mm Durchmesser,
   c) 45 Drähte mit 0,8 mm Durchmesser.

   Berechnen Sie die neuen Wickeldaten.

   Wie groß ist die neue Drehzahl, wenn angenommen wird, daß sich der Läuferschlupf nicht ändert?

2. Ein vierpoliger Drehstrommotor für 400 V und 50 Hz ist umgewickelt worden auf 400 V und 60 Hz. Die Ursprungswicklung hatte nach Aussagen des Herstellers folgende Wikkeldaten:

   a) 36 Nuten, je Nut 36 Drähte mit 0,9 mm Durchmesser
   b) 24 Nuten, je Nut 24 Drähte mit 1,2 mm Durchmesser
   c) 48 Nuten, je Nut 18 Drähte mit 1,4 mm Durchmesser

   Nach der Umwicklung auf die neue Frequenz wurden folgende Daten ermittelt:

a) 30 Drähte mit $d = 1{,}04$ mm,
b) 25 Drähte mit $d = 1{,}25$ mm,
c) 15 Drähte mit $d = 1{,}35$ mm.

Stellen Sie fest, ob die neuen Wickeldaten richtig sind, und geben Sie gegebenenfalls die richtigen Werte an.

3. Ein Drehstrommotor für 400 V und 60 Hz soll auf 400 V und 50 Hz umgewickelt werden. Die Originalwicklung hat die Daten:

a) 40 Drähte in jeder Nut mit 0,75 mm Durchmesser,
b) 70 Drähte in jeder Nut mit 0,66 mm Durchmesser,
c) 90 Drähte in jeder Nut mit 0,5 mm Durchmesser.

Berechnen Sie die neuen Wickeldaten.

# 6 Gleichstrommaschinen

## 6.1 Gleichstromgenerator

**Die Klemmenspannung *U*** des belasteten Generators ist um den inneren Spannungsfall $I_A \cdot R_A$ in der Ankerwicklung geringer als seine Quellenspannung $U_q$.

$$U = U_q - I_A \cdot R_A$$

$U_q$ und $U$ in V $\quad$ $I_A$ in A $\quad$ $R_A$ in Ω

Die Höhe der in einer Maschine erzeugten Quellenspannung $U_q$ nimmt mit der Flußdichte $B$, der wirksamen Leiterlänge $l$, der Geschwindigkeit $v$ und der Windungszahl $N$ zu.

$$U_q = B \cdot l \cdot v \cdot N$$

$B$ in Vs/m² $\quad$ $l$ in m $\quad$ $v$ in m/s $\quad$ $N$ ohne Einheit

**Beispiel 6.1** Ein Gleichstromgenerator hat den Nennstrom $I = 120$ A und den Ankerwiderstand $R = 0{,}167$ Ω. Er soll die Klemmenspannung $U = 220$ V erzeugen. Wie hoch muß die Quellenspannung $U_q$ sein?

**Lösung** $U_q = U + I_A \cdot R_A = 220\text{ V} + 120\text{ A} \cdot 0{,}167\ \Omega = 240\text{ V}$

### Aufgaben

1. Ein Gleichstrom-Nebenschlußgenerator für 230 V und 40 A hat bei Nennbelastung den Wirkungsgrad a) 73 %, b) 78,2 %, c) 83,6 %. Wie groß muß die von einem Dieselmotor aufzubringende Abgabeleistung sein, um den Gleichstromgenerator mit Nennleistung anzutreiben?
2. Ein Gleichstromgenerator liefert im Leerlauf 235 V. Nach dem Leistungsschild ist der Nennstrom a) 50 A, b) 62,5 A, c) 83,5 A. Die Ankerwicklung hat den Widerstand 0,08 Ω. Wie groß ist die Klemmenspannung des Generators bei Nennbelastung?
3. Der Ankerstrom eines Nebenschlußgenerators beträgt bei Nennbelastung a) 20 A, b) 30 A, c) 50 A. Im Leerlauf liefert die Maschine 240 V, bei Nennbelastung 220 V. Wie groß ist der Widerstand der Ankerwicklung?
4. Der Gleichstrom-Nebenschlußgenerator **6.1** mit der Nennleistung 50 kW und dem Ankerwiderstand 0,05 Ω liefert bei Nennbelastung a) 230 V, b) 120 V, c) 460 V. Der Erregerstrom beträgt 2% des Nennstroms. Wie

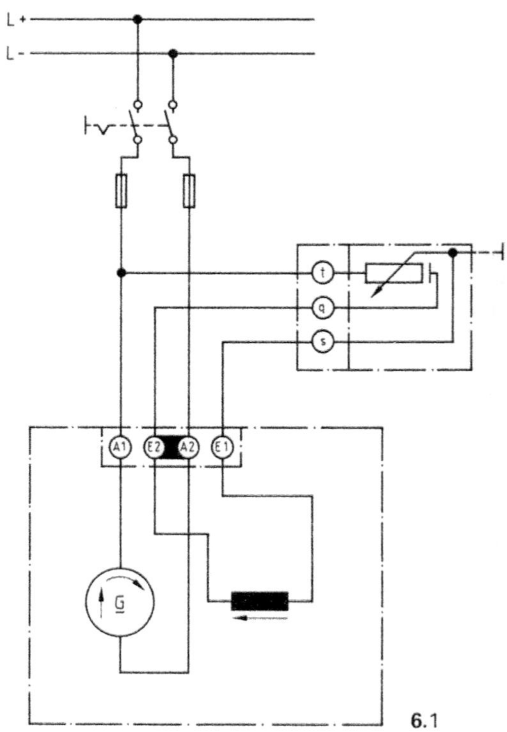


**6.1**

groß sind der Erregerstrom, der Widerstand der Erregerwicklung und die Leerlaufspannung des Generators?

5. Der Erregerstrom eines Gleichstrom-Nebenschlußgenerators soll mit einem Feldsteller um 40 % geschwächt werden (**6**.1). Die Nennspannung des Generators beträgt 120 V, die Nennleistung 2 kW und der Erregerstrom a) 8 %, b) 10 %, c) 12 % des Nennstroms. Wie groß muß der Widerstand des Feldstellers sein?
6. Die Erregerverluste eines Gleichstrom-Nebenschlußgenerators mit der Nennleistung 120 kW für 500 V betragen 5 % der Nennleistung. Die Ankerwicklung hat den Widerstand a) 0,012 Ω, b) 0,015 Ω, c) 0,018 Ω. Zwischen den Bürsten und dem Kollektor tritt bei Nennbelastung der Spannungsabfall 2 V auf. Die übrigen Verluste der Maschine werden auf 1 % der Nennleistung geschätzt. Wie groß ist der Wirkungsgrad des Generators bei Nennbelastung?
7. Die Erregerwicklung eines Gleichstrom-Nebenschlußgenerators für die Klemmenspannung 220 V nimmt den Erregerstrom 0,3 A auf. Nach längerer Betriebszeit sinkt dieser Strom auf a) 0,26 A, b) 0,24 A, c) 0,28 A ab. Wie hoch ist die Temperaturzunahme der Wicklung?
8. Die Klemmenspannung eines Gleichstromgenerators soll 500 V betragen. Der Nennstrom ≈ Ankerstrom ist auf dem Leistungsschild mit a) 25 A, b) 36 A, c) 18 A angegeben. Der Ankerwiderstand wurde mit 0,5 Ω ermittelt. Zwischen den Bürsten und dem Kollektor wird ein Übergangswiderstand mit 0,3 Ω angenommen. Wie groß ist die in der Ankerwicklung induzierte Quellenspannung?
9. Ein Gleichstromgenerator mit den Nennwerten 120 kW, 500 V, 240 A liefert im Leerlauf ($I \approx 0$) die Spannung a) 506,5 V, b) 510 V, c) 508 V. Wie groß ist der Innenwiderstand?
10. In der Ankerwicklung eines Gleichstromgenerators wird die Quellenspannung 230 V induziert. Der Nennstrom ≈ Ankerstrom beträgt a) 10 A, b) 12 A, c) 8 A, die Nenndrehzahl ist mit 1500 $\text{min}^{-1}$ angegeben, die Ankerwicklung hat den Widerstand 0,5 Ω. Auf welchen Wert muß die Drehzahl absinken, damit die Maschine im Motorbetrieb 10 A aus dem Netz aufnimmt? (Angenommen konstantes Magnetfeld und Proportionalität zwischen Quellenspannung und Drehzahl.)

## 6.2 Gleichstrommotor

Gleichstrommotoren haben den gleichen Aufbau wie Gleichstromgeneratoren. Im Betrieb ist jeder Gleichstrommotor gleichzeitig ein Gleichstromgenerator, weil in seiner umlaufenden Ankerwicklung eine Gegenspannung $U_g$ induziert wird, die um den inneren Spannungsfall $I_A \cdot R_A$ in der Ankerwicklung geringer ist als die angelegte Spannung $U$.

$$U_g = U - I_A \cdot R_A$$

$U$ und $U_g$ in V $I_A$ in A $R_A$ in Ω

**Anlasser** begrenzen den Anzugsstrom (Einschaltstrom) auf den zulässigen Wert.

**Das Drehmoment** $M$ eines Motors wird berechnet mit den Gleichungen:

$$M = \frac{P}{2 \cdot \pi \cdot n} = \frac{P}{\omega}$$

oder

$$M = B \cdot l \cdot I \cdot r \cdot N$$

$M$ in Nm $P$ in Nm/s $n$ in $s^{-1}$
$\omega$ (Winkelgeschwindigkeit) in $s^{-1}$
$B$ in $Vs/m^2$ $l$ (wirksame Leiterlänge) in m
$I$ in A = W/V = Nm/Vs $r$ (Abstand des Ankerleiters vom Wellenmittelpunkt) in m
$N$ (Anzahl der wirksamen Ankerleiter) ohne Einheit

**Die Drehzahl *n*** eines Gleichstrommotors läßt sich steuern durch Änderung der Ankerspannung $U$ bzw. der induzierten Gegenspannung $U_g$ oder durch Ändern des magnetischen Flusses $\Phi$.

$$n = \frac{U}{\Phi \cdot C}$$

$n$ in $s^{-1}$ $U$ in V $\Phi$ in Vs $C$ (Konstante)

**Beispiel 6.2** Ein Gleichstrommotor für $U = 220$ V hat den Nennstrom $I_A = 30$ A. Der Ankerwiderstand beträgt $R_A = 0{,}4\ \Omega$. Wie groß ist die Gegenspannung $U_g$ bei Nennbelastung des Motors?

**Lösung** $U_g = U - I_A \cdot R_A = 220\ \text{V} - 30\ \text{A} \cdot 0{,}4\ \Omega = \mathbf{208\ V}$

**Beispiel 6.3** Welchen Gesamtwiderstand muß der Anlasser $R_{Anl}$ eines Gleichstrommotors für $U = 220$ V und dem Nennstrom $I_A = 30$ A haben, wenn der Ankerwiderstand $R_A = 0{,}4\ \Omega$ beträgt und der Anlaufspitzenstrom (Einschaltstrom) $I_{sp}$ das 1,5fache des Nennstroms nicht überschreiten soll?

**Lösung**

$$I_{sp} = 1{,}5 \cdot I_A = 1{,}5 \cdot 30\ \text{A} = 45\ \text{A}$$

$$U_A = I_{sp} \cdot R_A = 45\ \text{A} \cdot 0{,}4\ \Omega = 18\ \text{V}$$

$$U_{Anl} = U - U_A = 220\ \text{V} - 18\ \text{V} = 202\ \text{V}$$

$$R_{Anl} = \frac{U}{I_{sp}} = \frac{202\ \text{V}}{45\ \text{A}} = \mathbf{4{,}49\,\Omega} \quad \text{oder}$$

$$R_{Anl} = \frac{U}{I_{sp}} - R_A = \frac{220\ \text{V}}{45\ \text{A}} - 0{,}4\ \Omega = \mathbf{4{,}49\,\Omega}$$

**Aufgaben**

1. Der Wirkungsgrad eines Gleichstrommotors mit der Nennleistung von a) 5,5 kW, b) 2,8 kW, c) 7,5 kW und der Nennspannung 220 V beträgt 80 %. Wie groß ist der Nennstrom des Motors?
2. Ein Gleichstrom-Nebenschlußmotor nimmt an 220 V einen Nennstrom a) 22,8 A, b) 34,2 A, c) 45,6 A auf. Der Wirkungsgrad beträgt 81 %. Eine Messung des Erregerstroms ergibt 1,8 A. Wie groß sind die Nennleistung und der Widerstand der Erregerwicklung?
3. Der Gleichstrom-Nebenschlußmotor **6**.2 für 220 V hat u. a. folgende Nenndaten:
   a) 10 kW und 57 A,
   b) 15 kW und 85,5 A,
   c) 25 kW und 142 A.

   Die Ankerwicklung hat den Widerstand 0,2 Ω und die Erregerwicklung 110 Ω. Wie groß ist die in der Ankerwicklung induzierte Gegenspannung?

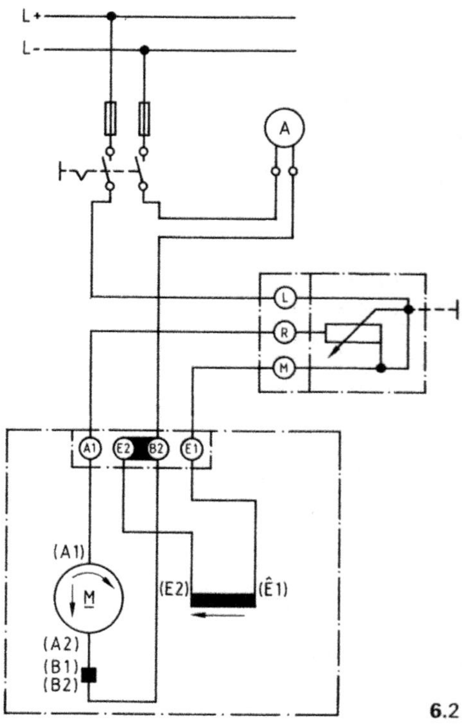


**6**.2

4. Der Erregerstrom eines Gleichstrom-Nebenschlußmotors beträgt 1,2 A. Dem Leistungsschild sind u. a. noch folgende Werte zu entnehmen:
a) 4 kW 220 V 24,2 A,
b) 6 kW 220 V 36,4 A,
c) 8 kW 220 V 48,4 A.
Wie groß sind der Wirkungsgrad, der Widerstand der Erregerwicklung und der Erregerstrom in Prozent des Nennstroms?
5. Der Erregerstrom eines Gleichstrom-Nebenschlußmotors soll um 30 % geschwächt werden. Der Motor hat für den Anschluß an 110 V die Nennleistung 4 kW und den Wirkungsgrad 70 %. Der Widerstand der Erregerwicklung beträgt a) 800 Ω, b) 1200 Ω und c) 1500 Ω. Wie groß muß der Widerstand des Feldstellers sein?
6. Ein kleiner Reihenschlußmotor für 110 V nimmt den Nennstrom 2 A auf. Der Motor ist über einen 55-Ω-Widerstand an 220 V angeschlossen. Wie groß ist die Spannung an den Anschlußklemmen des Motors im Leerlauf, wenn der Leerlaufstrom a) 40 %, b) 30 %, c) 35 % des Nennstroms beträgt?
7. Die Stromaufnahme des Gleichstrom-Reihenschlußmotors **6**.3 beträgt am 220-V-Netz 5 A. Ankerwicklung und Erregerwicklung des Motors haben zusammen den Widerstand a) 1,5 Ω, b) 1,2 Ω, c) 1,8 Ω. Wie groß muß der Widerstand des Anlassers sein, der den Anzugsstrom des Motors auf das Zweifache des Nennstroms begrenzt?
8. Der Anzugsstrom eines Gleichstrom-Nebenschlußmotors soll auf das Zweifache des Nennstroms begrenzt werden. Auf dem Leistungsschild des Motors stehen u. a. folgende Angaben: 18,5 kW 220 V 104 A Erregerstrom 5 A. Die Ankerwicklung hat den Widerstand a) 0,08 Ω, b) 0,06 Ω, c) 0,04 Ω. Wie groß muß der Widerstand des Anlassers sein?
9. Ein Gleichstromanlasser hat den Widerstand 1,5 Ω. Kann man den Anlasser für einen Gleichstrom-Reihenschlußmotor mit folgenden Nenndaten verwenden, ohne daß der Anzugsstrom das Zweifache des Nennstroms überschreitet?
a) 2,5 kW, 110 V, $\eta = 82{,}6\,\%$, $R_A = 0{,}5\ \Omega$,
b) 2,43 kW, 220 V, $\eta = 84{,}5\,\%$, $R_A = 0{,}5\ \Omega$,
c) 2,21 kW, 220 V, $\eta = 82{,}0\,\%$, $R_A = 0{,}5\ \Omega$.

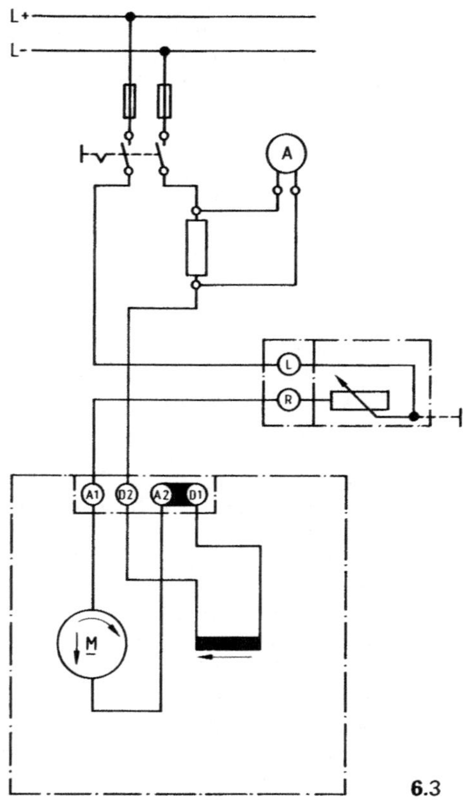

**6**.3

10. Die Flußdichte im Luftspalt eines Gleichstrommotors beträgt a) 0,8 Vs/m², b) 1 Vs/m², c) 1,2 Vs/m², die wirksame Leiterlänge 30 cm, der Leiterstrom 10 A und der Abstand eines Ankerleiters von der Wellenmitte 20 cm. Wie groß ist das auf einen Leiter ausgeübte Drehmoment?
11. Von einem Gleichstrommotor mit der Nennleistung a) 10 kW, b) 15 kW, c) 7,5 kW wird das Drehmoment 67,3 Nm verlangt. Wie groß muß bei Nennleistung die Drehzahl der Maschine sein?
12. Das auf einen Ankerleiter ausgeübte Drehmoment in einem Gleichstrommotor soll durchschnittlich 0,54 Nm betragen. Die Flußdichte im Luftspalt

ist a) 0,9 $Vs/m^2$, b) 0,7 $Vs/m^2$, c) 1,1 $Vs/m^2$, die wirksame Leiterlänge 25 cm, der Ankerdurchmesser 40 cm. Wie groß muß die Stromstärke im Ankerleiter sein?

13. Wieviel Ankerleiter müssen angebracht werden, wenn die Maschine der Aufgabe 12 zwei parallele Ankerzweige hat und der Polbedeckungsfaktor mit 2/3 angenommen wird, um das Nennmoment a) 64,8 Nm, b) 72 Nm, c) 83 Nm zu erzeugen?

14. Ein Gleichstrommotor nimmt an 220 V den Nennstrom ≈ Ankerstrom 15 A auf. Die Ankerwicklung hat den Widerstand 0,2 Ω. Die Nenndrehzahl ist auf dem Leistungsschild mit 1450 $min^{-1}$ angegeben. Beim Absenken einer Last im Kranbetrieb erhöht sich die Motordrehzahl auf 1490 $min^{-1}$. Wie groß ist die Stromstärke, die der Motor als Generator an das Netz abgibt? (Angenommen wird konstantes Magnetfeld und Proportionalität zwischen Quellenspannung und Drehzahl.)

15. Die Nennleistung eines Gleichstrom-Nebenschlußmotors für 220 V beträgt 3 kW, der Nennstrom 20,5 A. Der Widerstand des Ankers wird mit 2,57 Ω, der der Erregerwicklung mit 440 Ω ermittelt. Bei Belastung des Motors mit Nennleistung beträgt die Nenndrehzahl 1150 $min^{-1}$. Der Motor wird zum Antrieb eines Förderbands eingesetzt, d. h. das Nutzmoment (Lastmoment) ist unabhängig von der Drehzahl konstant. Das Verlustmoment und der Einfluß der Ankerrückwirkung sollen nicht berücksichtigt werden.
    a) Wie ändern sich Drehzahl und Ankerstrom, wenn vom Motor das doppelte Lastmoment verlangt wird?
    b) Welche Auswirkungen ergeben sich, wenn in den Ankerkreis ein zusätzlicher Festwiderstand mit 1,1 Ω eingeschaltet wird?

16. Ein Nebenschlußmotor braucht zum Heben einer Last 7,5 kW. Sein Wirkungsgrad beträgt a) 85 %, b) 82 %, c) 78 %, der Wirkungsgrad des Windwerks 50 %.
    Wie groß ist die Leistungsaufnahme des Motors beim Heben?
    Wie groß ist die Nutzleistung, die der Motor als Generator im Senkbetrieb an das Netz zurückgibt, wenn gleicher Maschinenwirkungsgrad vorausgesetzt wird?

17. Von einem Gleichstrom-Nebenschlußmotor sind folgende Daten bekannt: 7,5 kW, 220 V, 40 A, Nenndrehzahl 1390 $min^{-1}$, Ankerwiderstand a) 0,4 Ω, b) 0,6 Ω, c) 0,8 Ω.
    Wie groß ist die Leerlaufdrehzahl des Motors?
    Wie groß wird die Drehzahl im Senkbetrieb als Kranmotor ohne zusätzlichen Ankerwiderstand, wenn die „Stromabgabe" 20 A betragen soll?
    Wie groß wird die Drehzahl bei ebenfalls 20-A-Stromabgabe, wenn in den Ankerkreis ein Zusatzwiderstand 2 Ω geschaltet wird?

18. Ein Gleichstrom-Nebenschlußmotor hat folgende Nenndaten: 220 V, 6 A, 1 kW. Der Ankerwiderstand beträgt 3 Ω und die Leerlaufdrehzahl 1500 $min^{-1}$. Wie ändert sich die Drehzahl in Abhängigkeit vom Belastungsstrom, wenn in den Ankerkreis ein Festwiderstand 20 Ω geschaltet wird?

19. Gegeben sind die Nenndaten des Motors Aufgabe 18. Der Widerstand der Erregerwicklung beträgt 800 Ω. Auf welchen Wert erhöht sich die Drehzahl, wenn ein Feldsteller mit a) 500 Ω, b) 800 Ω, c) 300 Ω in den Erregerstromkreis geschaltet wird? (Betrieb im Proportionalbereich der Magnetisierungskennlinie.)

20. Von einem Gleichstrom-Nebenschlußmotor sind folgende Nenndaten bekannt: 220 V, 10 kW, 50,5 A, 1500 $min^{-1}$, Ankerwiderstand 0,2 Ω, Widerstand der Erregerwicklung 100 Ω.
    Welche Widerstandswerte müssen ein Feldsteller und ein Vorwiderstand im Ankerstromkreis erhalten, wenn die Drehzahlen auf 2500 $min^{-1}$ herauf- und auf a) 1000 $min^{-1}$, b) 800 $min^{-1}$, c) 1200 $min^{-1}$ herabgesetzt werden sollen? (Betrieb wie bei Aufgabe 19.)

21. In einer zweipoligen Gleichstrommaschine hat der magnetische Fluß eines Pols mit der Austrittsfläche 15 cm x 15 cm die Größe $2{,}475 \cdot 10^{-2}$ Vs. In diesem Feld befindet sich ein Anker mit der wirksamen Gesamtleiterzahl 244. Wie groß ist die auf den Anker ausgeübte Gesamtkraft, wenn jeder Ankerleiter von a) 6 A, b) 8 A, c) 5 A durchflossen wird?

22. Ein zweipoliger Gleichstrommotor hat im Luftspalt ein Magnetfeld mit dem Gesamtfluß $5{,}2 \cdot 10^{-2}$ Vs. In diesem Feld mit der Polaustrittsfläche 20 cm x 20 cm soll sich ein Anker mit der Gesamtumfangskraft
a) 312 N, b) 500 N, c) 748 N
drehen. Der Ankerdurchmesser beträgt 20 cm. Jeder wirksame Ankerleiter soll von höchstens
a) 5 A, b) 8 A, c) 12 A
durchflossen werden. Wieviel wirksame Ankerleiter sind unterzubringen? Mit welcher Drehzahl (Angabe in $\text{min}^{-1}$) muß der Anker angetrieben werden, damit der Motor im Generatorbetrieb die Quellenspannung 220 V liefert?

## 6.3 Umwickeln von Gleichstrommaschinen

### 6.3.1 Andere Drehzahl

Soll ein Gleichstrommotor für eine andere Drehzahl umgewickelt werden, sind nur die Wickeldaten für die Ankerwicklung zu ändern, wenn die Betriebsspannung unverändert bleibt. Es gilt: Das Produkt aus der neuen Windungszahl $N_2$ im Anker und der neuen Drehzahl $n_2$ muß gleich dem Produkt aus der alten Windungszahl $N_1$ und der alten Drehzahl $n_1$ sein.

$$\boldsymbol{N_2 \cdot n_2 = N_1 \cdot n_1}$$

$N_1$ und $N_2$ ohne Einheit $\quad$ $n_1$ und $n_2$ in $\text{min}^{-1}$

Der Querschnitt $A_2$ des neuen Drahtes in der Ankerwicklung muß sich zum Querschnitt $A_1$ des alten Drahtes verhalten wie die neue Drehzahl $n_2$ zur alten Drehzahl $n_1$.

$$\boldsymbol{\frac{A_2}{A_1} = \frac{n_2}{n_1}}$$

$A_1$ und $A_2$ in $\text{mm}^2$ $\quad$ $n_1$ und $n_2$ in $\text{min}^{-1}$

**Beispiel 6.4** Ein älterer Gleichstromgenerator mit $n_1 = 2300\ \text{min}^{-1}$ soll von einem vierpoligen Drehstrommotor mit $n_2 = 1440\ \text{min}^{-1}$ angetrieben werden und dabei seine Nennspannung erzeugen. Die Windungszahl $N_1$ jeder Spule der Ankerwicklung beträgt 45 mit dem Drahtdurchmesser $d_1 = 1{,}1$ mm. Wie lauten die neuen Wickeldaten für den Gleichstromgenerator?

**Lösung** Nach der Gleichung $N_2 \cdot n_2 = N_1 \cdot n_1$ erhält man

$$N_2 = \frac{N_1 \cdot n_1}{n_2} = \frac{45 \cdot 2300\ \text{min}^{-1}}{1440\ \text{min}^{-1}} = \mathbf{72} \qquad \text{und aus } \frac{A_2}{A_1} = \frac{n_2}{n_1}$$

$$A_2 = \frac{A_1 \cdot n_2}{n_1} = \frac{0{,}95\ \text{mm}^2 \cdot 1440\ \text{min}^{-1}}{2300\ \text{min}^{-1}} = 0{,}595\ \text{mm}^2.$$

$$d_2 = \sqrt{\frac{A_2 \cdot 4}{\pi}} = \sqrt{\frac{0{,}595\ \text{mm}^2 \cdot 4}{3{,}14}} = \mathbf{0{,}87\ mm}$$

**Aufgaben**

1. Ein Gleichstrommotor soll
   a) von 1950 $min^{-1}$ auf 1500 $min^{-1}$,
   b) von 2300 $min^{-1}$ auf 1500 $min^{-1}$,
   c) von 2100 $min^{-1}$ auf 1500 $min^{-1}$
   umgewickelt werden. Jede Ankerspule hat 30 Windungen mit dem Drahtdurchmesser 0,3 mm. Wie lauten die neuen Wickeldaten?
2. Der Anker einer vierpoligen Gleichstrommaschine soll umgewickelt werden von 1450 $min^{-1}$ auf a) 980 $min^{-1}$, b) 750 $min^{-1}$, c) 2800 $min^{-1}$. Die Ursprungswicklung hatte folgende Wickeldaten: 16 Nuten, 32 Lamellen; in jeder Nut 48 Drähte mit dem Durchmesser 0,8 mm, Zweischichtwicklung.

   Berechnen Sie die neue Windungszahl jeder Ankerspule und den neuen Drahtdurchmesser.
3. Ein Gleichstrom-Nebenschlußgenerator hat die Nenndrehzahl a) 2100 $min^{-1}$, b) 1850 $min^{-1}$, c) 2700 $min^{-1}$. Der Generator soll von einem Drehstrommotor mit der Drehzahl 1460 $min^{-1}$ angetrieben werden und dabei seine volle Netzspannung 220 V erzeugen. Der Anker hat 33 Nuten und 99 Lamellen. In jeder Nut liegen 30 Drähte mit dem Durchmesser 1,2 mm.

   Wie groß müssen die neue Windungszahl für jede Ankerspule und der neue Drahtdurchmesser sein?
4. Der Anker eines Gleichstrommotors für a) 600 $min^{-1}$, b) 2100 $min^{-1}$, c) 1800 $min^{-1}$ soll bei unveränderter Spannung auf 1500 $min^{-1}$ umgewickelt werden. Die alten Wickeldaten lauten: 27 Nuten, 81 Lamellen; in jeder Nut 120 Drähte mit dem Drahtdurchmesser 0,8 mm.

   Berechnen Sie die neuen Wickeldaten.
5. Auf dem Leistungsschild eines sechspoligen Gleichstrommotors stehen u. a. folgende Angaben: 3,2 kW, 220 V, 1450 $min^{-1}$. Der Wirkungsgrad wird mit 80 % angenommen. Der Motor soll für die Drehzahl a) 920 $min^{-1}$, b) 730 $min^{-1}$, c) 490 $min^{-1}$ umgewickelt werden. Folgende Wickeldaten werden vorgefunden: Der Anker hat 26 Nuten und 78 Kollektorlamellen; in jeder Nut liegen 30 Drähte (Zweischichtwicklung) mit dem Drahtdurchmesser 1,5 mm. Die Erregerwicklung besteht aus je zwei in Reihe geschalteten Spulen, zu den anderen parallelgeschaltet. Jede Spule hat 2200 Windungen mit der mittleren Windungslänge 60 cm und dem Drahtdurchmesser 0,5 mm.

   Berechnen Sie den Nennstrom des Motors, die neuen Wickeldaten für den Anker, den Gesamtwiderstand der Erregerwicklung und den Erregerstrom. (Alle Drähte sind aus Kupfer.)
6. Auf dem Leistungsschild eines vierpoligen Gleichstrom-Nebenschlußmotors stehen u. a. folgende Angaben: 20 kW, 220 V, 103 A und 1850 $min^{-1}$. Der Motor soll bei gleicher Spannung für die Drehzahl a) 1460 $min^{-1}$, b) 980 $min^{-1}$, c) 2850 $min^{-1}$ umgewickelt werden. Der Anker hat 31 Nuten und 93 Kollektorlamellen. In jeder Nut liegen 36 Drähte mit dem Durchmesser 2,8 mm.

   Berechnen Sie den Wirkungsgrad des Motors, die neuen Wickeldaten und die tatsächliche Drehzahl bei der angenommenen neuen Windungszahl.
7. Ein zweipoliger Gleichstrommotor hatte u. a. folgende Nenndaten: 1,5 kW, 120 V, 16,7 A, 2320 $min^{-1}$. Nach Angaben des Herstellers hatte der Anker 16 Nuten und 48 Kollektorlamellen. In jeder Nut sollten 66 Drähte liegen mit dem Durchmesser 0,95 mm (blank) und 1,25 mm (mit Isolation). Die Erregerwicklung bestand aus zwei Spulen in Reihenschaltung, jede Spule mit 2400 Windungen und 0,45 mm Drahtdurchmesser. Nach Aussage des Besitzers ist die Maschine für den Betrieb an 220 V und auf die Drehzahl
   a) 1480 $min^{-1}$, b) 960 $min^{-1}$, c) 2840 $min^{-1}$
   umgewickelt worden, ohne die Isolationsstärke zu verändern.

   Rechnen Sie nach, ob diese vorgefundenen Wickeldaten richtig sind:
   Ankerwicklung
   a) 31 Windungen/Spule und 0,45 mm Drahtdurchmesser,
   b) 48 Windungen/Spule und 0,3 mm Drahtdurchmesser,
   c) 16 Windungen je Spule und 0,7 mm Drahtdurchmesser.

Erregerwicklung:

a) 3260 Windungen und 0,36 mm,
b) 5800 Windungen und 0,29 mm,
c) 1960 Windungen und 0,5 mm.

Korrigieren Sie den evtl. vorhandenen Fehler bei den Wickeldaten und stellen Sie fest, wodurch er entstanden sein könnte. Ermitteln Sie außerdem die neue Drehzahl der Maschine bei den vorgefundenen Wickeldaten.

### 6.3.2 Andere Spannung

Soll eine Spule für den Anschluß an eine andere Spannung umgewickelt werden, muß sich die neue Windungszahl $N_2$ zur alten Windungszahl $N_1$ verhalten wie die neue Spannung $U_2$ zur alten Spannung $U_1$. Dieses gilt sowohl für Maschinen aller Art als auch für Spulen allgemein (**6**.4).

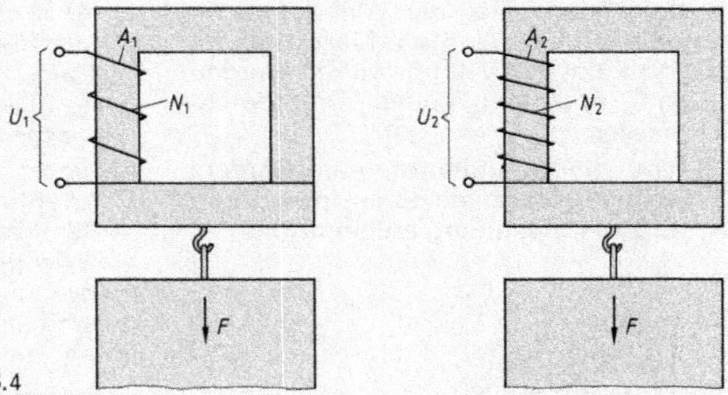


**6**.4

$$\boxed{\frac{N_2}{N_1} = \frac{U_2}{U_1}}$$

$N_1$ und $N_2$ ohne Einheit $\qquad$ $U_1$ und $U_2$ in V

Der Querschnitt $A_2$ des neuen Drahtes muß sich zum Querschnitt $A_1$ des alten Drahtes verhalten wie die alte Spannung $U_1$ zur neuen Spannung $U_2$.

$$\boxed{\frac{A_2}{A_1} = \frac{U_1}{U_2}}$$

$A_1$ und $A_2$ in $mm^2$ $\qquad$ $U_1$ und $U_2$ in V

**Beispiel 6.5** Die Magnetspule eines Elektrokrans soll von 220 V auf 60 V umgewickelt werden. Die bisherige Windungszahl betrug 1100, der Drahtquerschnitt 1,2 $mm^2$. Wie groß sind die neue Windungszahl und der neue Drahtquerschnitt?

**Lösung** Aus $\frac{N_2}{N_1} = \frac{U_2}{U_1}$ wird nach Umstellung der Gleichung

$$N_2 = \frac{U_2 \cdot N_1}{U_1} = \frac{60\ \text{V} \cdot 1100}{220\ \text{V}} = \mathbf{300}$$

und aus $\frac{A_2}{A_1} = \frac{U_1}{U_2}$ nach Umformung

$$A_2 = \frac{U_1 \cdot A_1}{U_2} = \frac{220\ \text{V} \cdot 1{,}2\ \text{mm}^2}{60\ \text{V}} = \mathbf{4{,}4\ mm^2}.$$

**Aufgaben**

1. Die Erregerspule eines Gleichstrommagneten soll von 110 V auf 42 V umgewickelt werden. Die Spule hat a) 1500 Windungen, b) 1800 Windungen, c) 1200 Windungen. Der Drahtquerschnitt beträgt 0,2 mm². Berechnen Sie die neue Windungszahl und den neuen Drahtquerschnitt.
2. Die Erregerwicklung des in Bild **6**.5 dargestellten Eisenkörpers einer Gleichstrommaschine besteht aus vier in Reihe geschalteten Spulen zu je a) 800 Windungen, b) 700 Windungen, c) 900 Windungen mit dem Drahtquerschnitt 0,5 mm².

   Berechnen Sie die Windungszahl jeder Spule, wenn die Maschine von 440 V auf 220 V umgewickelt werden soll, und den neuen Drahtdurchmesser.

   Was müßte unternommen werden, wenn die Maschine ohne Umwicklung für 220 V Spannung arbeiten soll?

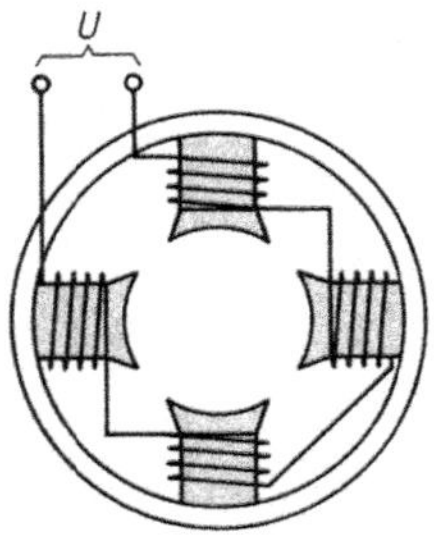


**6**.5

3. Die Erregerspule eines Elektromagneten für a) 24 V, b) 42 V, c) 65 V hat 300 Windungen mit 0,8 mm Drahtdurchmesser. Sie soll für den Anschluß an 110 V umgewickelt werden. Berechnen Sie die neuen Wickeldaten.
4. Die Erregerwicklung eines Gleichstrom-Nebenschlußgenerators soll von 110 V auf 230 V umgewickelt werden. Jede der in Reihe geschalteten Spulen aus Kupferdraht mit dem Durchmesser a) 0,4 mm, b) 0,3 mm, c) 0,6 mm hat 800 Windungen. Berechnen Sie die neue Windungszahl und den neuen Drahtdurchmesser.
5. Eine Gleichstrom-Schützspule für 220 V hat 3000 Windungen aus Kupferdraht mit a) 0,3 mm, b) 0,2 mm, c) 0,4 mm Durchmesser. Die Spule soll für die Steuerspannung 24 V umgewickelt werden. Berechnen Sie die neuen Wickeldaten der Spule.
6. Die Erregerspule eines Elektromagneten soll von 110 V auf 24 V umgewickelt werden. Die Spule besteht aus Kupferdraht mit 0,4 mm Durchmesser und hat den Widerstand
   a) 40 Ω, b) 60 Ω, c) 70 Ω.

   Wie groß müssen die neue Windungszahl und der neue Drahtdurchmesser sein, wenn die mittlere Windungslänge mit
   a) 32 cm, b) 48 cm, c) 56 cm
   ermittelt wurde?
7. Jede der in Bild **6**.6 dargestellten Spulen eines Elektromagneten hat a) 1200 Windungen, b) 1000 Windungen, c) 800 Windungen und den Drahtdurchmesser 0,4 mm. Die Spulen werden von 0,5 A durchflossen. Wie groß wird die Stromaufnahme, wenn die Spulen parallelgeschaltet und an 220 V angeschlossen werden?

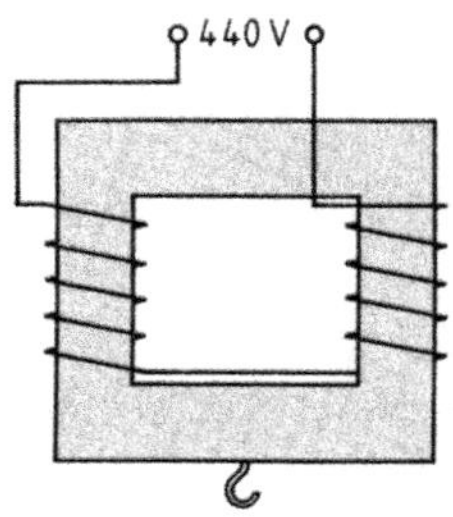


**6**.6

8. Eine Magnetspule aus Kupferdraht mit dem Durchmesser 0,8 mm liefert die Durchflutung 2800 A. Die mittlere Windungslänge ist 40 cm, der Erregerstrom 1 A. Die Spule soll bei gleichen magnetischen Verhältnissen für den Anschluß an a) 60 V, b) 80 V, c) 100 V umgewickelt werden. Berechnen Sie die neue Windungszahl, den neuen Drahtquerschnitt und -durchmesser.
9. Eine Erregerspule aus Kupferdraht mit dem Durchmesser 0,5 mm für eine vierpolige Gleichstrommaschine hat die mittlere Windungslänge

112 cm und ist für die Stromdichte 4 A/mm² ausgelegt. Wie groß müssen die Windungszahl und der Drahtdurchmesser werden, wenn die Maschine von 120 V auf a) 220 V, b) 440 V, c) 500 V umgewickelt werden soll?

10. Eine Magnetspule aus Kupferdraht mit dem Durchmesser 0,8 mm erzeugt die Durchflutung 1000 A. Beim Anschluß an 24 V beträgt die Stromdichte 2 A/mm². Die Spule soll für den Anschluß an a) 65 V, b) 110 V, c) 120 V umgewickelt werden. Berechnen Sie die neuen Wickeldaten.

11. Ein Gleichstromanker hat in jeder Nut 66 Drähte (Zweischichtwicklung). Der Drahtdurchmesser beträgt 1,3 mm. Der Anker soll
a) von 320 V auf 220 V,
b) von 120 V auf 220 V,
c) von 190 V auf 220 V
umgewickelt werden. Berechnen Sie die Windungszahl je Spule und den neuen Drahtdurchmesser.

12. Von einem Gleichstrommotor werden folgende Wickeldaten aufgenommen:
**Erregerwicklung:** Vier Spulen in Reihe. Jede Spule 1200 Windungen mit dem Drahtdurchmesser 0,6 mm.
**Ankerwicklung:** 33 Nuten 99 Kollektorlamellen. In jeder Nute 72 Drähte (Zweischichtwicklung) mit dem Drahtdurchmesser 1,1 mm.
Die Maschine soll
a) von 440 V auf 230 V,
b) von 320 V auf 230 V,
c) von 190 V auf 230 V
umgewickelt werden. Berechnen Sie die neuen Wickeldaten für beide Wicklungen.

13. In einer Nut mit dem Querschnitt 120 mm² liegen 80 Drähte mit dem Durchmesser 1 mm blank/1,1 mm mit Isolation. Die Wicklung soll von 24 V auf a) 80 V, b) 120 V, c) 220 V umgewickelt werden. Die Isolationsstärke bleibt erhalten. Stellen Sie fest, ob die neue Wicklung in der Nut unterzubringen ist.

## 6.4 Raumbedarf von Wicklungen

Der für Wicklungen erforderliche „Raumbedarf" (Wickelfläche) $A_w$ wird berechnet mit der Gleichung

$$\boldsymbol{A_w = h_w \cdot t_w}$$

$A_w$ Wickelfläche in mm²
$t_w$ Wickeltiefe in mm
$h_w$ Wickelhöhe in mm

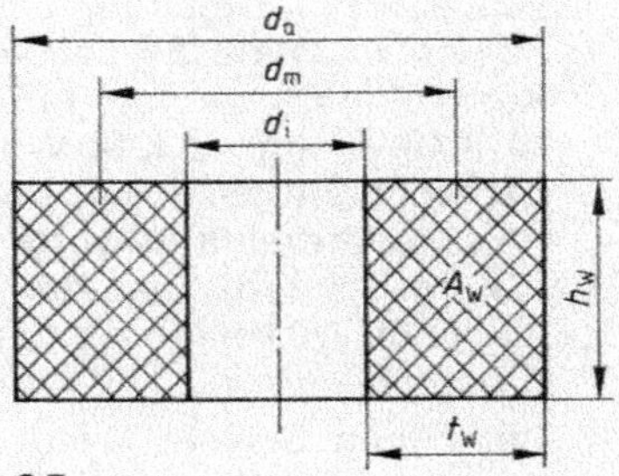


6.7

Die Gleichung $R = \frac{\rho \cdot l}{A}$ kann mit $I$ multipliziert werden. Dann ergibt sich

$$U = \frac{\rho \cdot l \cdot I}{A} = \frac{l \cdot I}{\gamma \cdot A} \quad \text{oder mit } l = l_m \cdot N$$

$$\boldsymbol{U = \frac{\varrho \cdot l_m \cdot N \cdot I}{A} = \frac{\varrho \cdot l_m \cdot \Theta}{A} = \varrho \cdot l_m \cdot N \cdot S.}$$

$U$ in V　$\rho$ in Ω mm²/m
$N$ ohne Einheit　$I$ in A
$A$ in mm²　$\Theta$ in A　$S$ in A/mm²

**Beispiel 6.6** Die für eine Erregerspule einer Gleichstrommaschine zur Verfügung stehende Wickelfläche $A_w$ beträgt 60 mm x 40 mm. Wieviel Windungen $N$ können bei einem Durchmesser $d$ des isolierten Drahtes mit 1,24 mm untergebracht werden?

**Lösung** Jeder Draht nimmt die Fläche $d^2$ in Anspruch. Damit lassen sich

$$N = \frac{A_w}{d^2} = \frac{60\ \text{mm} \cdot 40\ \text{mm}}{(1{,}24\ \text{mm})^2} = \textbf{1560 Windungen} \text{ unterbringen.}$$

**Beispiel 6.7** Eine Spule hat in jeder Wicklungslage 66 Drähte mit dem Durchmesser des isolierten Drahtes $d$ = 1,48 mm. Die Lagenzahl beträgt 30. Wie groß sind die Wickelfläche $A_w$ und die Windungszahl $N$?

**Lösung**

$h_w$ = 66 · 1,40 mm = 97,7 mm

$t_w$ = 30 · 1,48 mm = 44,4 mm

$A_w$ = 97,7 mm · 44,4 mm = **4338 mm²**

$N$ = 66 · 30 = **1980 Windungen.**

## Aufgaben

1. Der runde Eisenkern eines Elektromagneten hat einschließlich Isolation den Durchmesser a) 20 mm, b) 30 mm, c) 40 mm. Er soll mit 3614 Windungen Kupferlackdraht ($\rho$ = 0,02 Ω · mm²/m) von 0,4 mm/0,43 mm Durchmesser (blank/mit Isolation) bewickelt werden. Die zur Verfügung stehende Wickelhöhe beträgt 60 mm.

   Berechnen Sie die Windungszahl je Lage, die Lagenzahl, den Außendurchmesser der Spule, den Widerstand, die Masse der Spule (Kupfer) sowie die Stromdichte im Spulendraht bei Anschluß an 24 V.

2. Der Eisenkern für die Erregerspule einer Gleichstrommaschine hat einschließlich Isolation die Maße 60 mm x 40 mm. Es soll auf diesem Kern eine Spule mit a) 960 Windg., b) 1040 Windg., c) 1280 Windg. untergebracht werden. Der Durchmesser des Kupferdrahts ist vorgegeben mit 1,4 mm/1,6 mm. Die zur Verfügung stehende Wickelhöhe wird mit 40 mm ermittelt.

   Berechnen Sie die Windungszahl je Lage, die Lagenzahl, die ungefähren Außenabmessungen der Spule, den Spulenwiderstand (Kupfer mit $\rho$ = 0,02 Ω · mm²/m), die Masse sowie die Spulenspannung, damit die Stromdichte 4 A/mm² nicht überschritten wird.

3. Die rechteckige Erregerspule einer Gleichstrommaschine mit dem Kernmaß einschließlich Isolation 70 mm x 55 mm soll bei der Stromaufnahme a) 5 A, b) 6 A, c) 7 A die Durchflutung 3300 A liefern. Die verfügbare Wickelhöhe beträgt 50 mm. Zur Verwendung kommt Kupferdraht ($\rho$ = 0,02 Ω · mm²/m) mit dem Durchmesser 2,2 mm/2,6 mm.

   Berechnen Sie die äußeren Spulenabmessungen, den Spulenwiderstand, die Stromdichte und die Kupfermasse.

4. Eine runde Magnetspule soll bei Anschluß an 110 V die Durchflutung a) 1000 A, b) 1500, c) 2000 A liefern. Der Kerndurchmesser beträgt einschließlich Isolation 34 mm, die Wickelhöhe 40 mm, und die Stromdichte soll 2 A/mm² nicht überschreiten. Verwendet werden soll Kupferdraht ($\rho$ = 0,02 Ω · mm²/m) mit einer Isolationsdicke 0,035 mm.

   Berechnen Sie den Drahtdurchmesser blank und mit Isolation, den Erregerstrom, die Windungszahl, den Spulenwiderstand, den Außendurchmesser der Spule sowie die Kupfermasse.

5. Die Durchflutung einer zweipoligen Nebenschlußmaschine für 220 V soll insgesamt 7800 A betragen. Der rechteckige Polkern für eine Erregerspule hat die Maße 55 mm x 45 mm zusätzlich 2,5 mm Kernisolation. Die zur Verfügung stehende Wickelhöhe beträgt 95 mm; die Stromdichte soll a) 2,4 A/mm², b) 2,2 A/mm², c) 1,8 A/mm² nicht überschreiten. Leitfähigkeit des Spulendrahts 50 m/Ω · mm².

   Berechnen Sie den Drahtdurchmesser blank plus 0,02 mm Isolation, die Spulenabmessungen, den Widerstand einer Spule und die Kupfermasse einer Spule.

# 7 Sonder- und Kleinmaschinen

## 7.1 Gleichstrom-Scheibenläufermotor

Für den Gleichstrom-Scheibenläufermotor und andere Servomotoren gelten u. a. folgende spezifische Kenndaten:

**Die EMK-Konstante $k_E$** ist das Verhältnis von Motor-EMK (Gegenspannung) zur Drehzahl, bezogen auf 1000 $min^{-1}$. Mit ihr läßt sich die Drehzahl bei verschiedenen Klemmenspannungen, Belastungen und Motortemperaturen berechnen.

$$n = \frac{U - I \cdot R_A}{k_E}$$

$R_A$ = Ankerkreiswiderstand $\qquad$ $k_E$ in V/1000 $min^{-1}$

Infolge Erwärmung erhöht sich im Betrieb der Ankerkreiswiderstand um etwa 40 %.

**Die Drehmomentkonstante $k_T$** gibt das je 1 A erzeugte innere Drehmoment $M_i$ an. Das innere Moment erhält man nach der Gleichung

$$M_i = k_T \cdot I.$$

**Die Dämpfungskonstante $k_D$** gibt den drehzahlabhängigen Drehmomentverlust $M_D$, bezogen auf 1000 $min^{-1}$ an.

$$M_D = k_D \cdot n$$

Unter Berücksichtigung der konstanten Reibungs-Drehmomentverluste $M_F$ läßt sich das Drehmoment an der Welle $M_W$ wie folgt berechnen:

$M_W = M_i - M_F - M_D$

$M_W = k_T \cdot I - (M_F + k_D \cdot n)$

**Die elektrische Zeitkonstante $\tau_{el}$** ist das Verhältnis aus Ankerinduktivität $L_A$ und Ankerkreiswiderstand $R_A$.

$$\tau_{el} = \frac{L_A}{R_A}$$

Sie bestimmt den Stromanstieg und den dazu proportionalen Momentanstieg. Der Stromanstieg folgt der Gleichung

$$i = I \cdot (1 - e^{-\frac{t}{\tau_{el}}}).$$

**Beispiel 7.1** Ein DC-Scheibenläufermotor mit der Nenndrehzahl 3000 $min^{-1}$ und dem Nennmoment 1954 Ncm hat die spezifischen Kenndaten $k_E$ = 56,66 V $10^{-3}$ min, $k_T$ = 54,11 Ncm/A, $k_D$ = 28 Ncm $10^{-3}$ min und $M_F$ = 45,5 Ncm sowie $R_A$ = 0,116 Ω.

Berechnen Sie von diesem Motor den Nennstrom, die Nennspannung und die Betriebstemperatur.

**Lösung** Die Summe der Drehmomentverluste ist bei Nennbetrieb

$M_V = M_F + n_N \cdot k_D = 45{,}5\ \text{Ncm} + 28\ \text{Ncm} \cdot 10^{-3} \cdot 3 \cdot 10^3 = 129{,}5\ \text{Ncm}.$

Das erzeugte innere Moment ist dann

$M_i = M_N + M_V = 1954\ \text{Ncm} + 129{,}5\ \text{Ncm} = 2083{,}5\ \text{Ncm}.$

Daraus ergibt sich der Nennstrom

$$I_N = \frac{M_i}{k_T} = \frac{2083{,}5\ \text{Ncm} \cdot \text{A}}{54{,}11\ \text{Ncm}} = \mathbf{38{,}5\ A}.$$

Mit dem Ankerkreiswiderstand im Nennbetrieb

$R_{AN} = 1{,}4 \cdot R_A = 1{,}4 \cdot 0{,}116\ \Omega = 0{,}1624\ \Omega$

ergibt sich die Nennspannung

$U_N = \text{EMK} + I_N \cdot R_{AN} = k_E \cdot n_N + I_N \cdot R_{AN}$

$U_N = 56{,}66\ \text{V} \cdot 10^{-3} \cdot 3 \cdot 10^3 + 38{,}5\ \text{A} \cdot 0{,}1624\ \Omega = \mathbf{176{,}2\ V}.$

Unter der Annahme, daß das Leitermaterial im Ankerkreis den Temperaturbeiwert $\alpha = 0{,}004\ \text{K}^{-1}$ (Kupfer) hat, ergibt sich die Betriebstemperatur bei Nennbetrieb

$$\Delta\vartheta_N = \frac{\Delta R_A}{R_A \cdot \alpha} = \frac{0{,}0464\ \Omega \cdot \text{K}}{0{,}116\ \Omega \cdot 0{,}004} = \mathbf{100\ K}$$

$\vartheta_N = \Delta\vartheta_N + 25\ °\text{C} = \mathbf{125\ °C}.$

**Aufgaben**

1. Ein Scheibenläufermotor hat die EMK-Konstante 68 V · $10^{-3}$ min. Berechnen Sie die induzierte Gegenspannung bei a) 1000 $\text{min}^{-1}$, b) 2000 $\text{min}^{-1}$, c) 3000 $\text{min}^{-1}$.
2. Die Drehmomentkonstante eines Scheibenläufermotors beträgt 65 Ncm/A. Berechnen Sie das erzeugte innere Drehmoment bei a) 5 A, b) 10 A, c) beim Nennstrom 34 A.
3. Ein Scheibenläufermotor hat bei 25 °C den Ankerkreiswiderstand 0,65 Ω, $L_A$ = 200 µH und den Nennstrom 16 A.

   Berechnen Sie

   a) die elektrische Zeitkonstante,

   b) die Zeit zum Anstieg des Stroms auf $I_N$, wenn der „kalte" Motor eingeschaltet wird. Wie lange dauert der Aufbau des Nennmoments?
4. Der konstante Momentverlust durch Reibung beträgt bei einem Scheibenläufermotor 45,5 Ncm. Er hat die Dämpfungskonstante 28 Ncm · $10^{-3}$ min. Berechnen Sie die Summe der Reibungsverluste für a) 1000 $\text{min}^{-1}$, b) 2000 $\text{min}^{-1}$, c) 3000 $\text{min}^{-1}$.
5. Berechnen Sie die Nenndrehzahl eines Scheibenläufermotors mit der Nennspannung 237 V, dem Ankerkreiswiderstand bei 25 °C von 0,1 Ω, dem Nennstrom 61 A und der EMK-Konstanten 76,15 V · $10^{-3}$ min.
6. Berechnen Sie für den Scheibenläufer M1 in Tabelle **7**.1

   a) das erzeugte innere Drehmoment und die Summe aller Momentverluste in Prozent von $M_N$,

   b) die bei Nenndrehzahl induzierte Spannung /EMK und die Nennspannung,

   c) die Anstiegszeit bis zum Fließen des Nennstroms unter Nennbetriebstemperatur,

   d) die Stromwärmeverluste und den Wirkungsgrad bei Nennlast.
7. Berechnen Sie den Wirkungsgrad des Motors M2 in Tab. **7**.1.
8. Auf welche Stromstärke und auf welche Spannung muß der Gleichstromsteller zur Versorgung des Motors M3 in Tab. **7**.1 eingestellt werden, wenn

Tabelle 7.1 **Betriebswerte von Scheibenläufermotoren**

| 1. Nennwerte | | | M1 | M2 | M3 | M4 |
|---|---|---|---|---|---|---|
| 1.1 Nenndrehmoment | $M_N$ | Ncm | 124 | 310 | 958 | 1353 |
| 1.2 Nenndrehzahl | $n_N$ | $min^{-1}$ | 3000 | 3000 | 3000 | 3000 |
| 1.3 Nennleistung | $P_N$ | W | | | 3000 | 4250 |
| 1.4 Nennspannung | $U_N$ | V | | 130 | 140 | 155 |
| 1.5 Nennstrom | $I_N$ | A | 7,7 | 9,0 | 25 | |
| **2. Spezifische Kennwerte** | | | **M1** | **M2** | **M3** | **M4** |
| 2.1 Drehmomentkonstante | $k_T$ | Ncm/A | 17,0 | 37,2 | 41,1 | 45,8 |
| 2.2 EMK-Konstante | $k_E$ | $V/10^3\ min^{-1}$ | 17,8 | 39,0 | 43,5 | 48,0 |
| 2.3 Dämpfungskonstante | $k_D$ | $Ncm/10^3\ min^{-1}$ | 1,96 | 6,4 | 12,0 | 12,8 |
| 2.4 Drehzahlsteifigkeit | $k_0$ | $min^{-1}/Ncm$ | 3,1 | 0,65 | 0,18 | 0,1 |
| 2.5 Reibungsdrehmoment | $M_F$ | Ncm | 4,2 | 7,0 | 14,2 | 17,6 |
| 2.6 Anschlußwiderstand (25 °C) | $R_A$ | Ohm | 0,95 | 0,94 | 0,31 | 0,22 |
| 2.7 Ankerinduktivität | $L_A$ | mH | 0,1 | 0,1 | 0,1 | 0,1 |

der Motor im Arbeitspunkt 3000 $min^{-1}$ und 600 Ncm bei 25 °C zu versorgen ist?

9. Berechnen Sie den Wirkungsgrad des Scheibenläufermotors M4 nach Tab. 7.1, wenn dieser im Arbeitspunkt 2000 $min^{-1}$ und 1353 Ncm unter Nennbetriebstemperatur betrieben wird. Auf welche Spannung ist der Stromrichter einzustellen?

## 7.2 Schrittmotor

**Der Schrittwinkel** $\alpha$ ist der geometrische Winkel, um den sich die Motorwelle je Steuerimpuls dreht. Er wird berechnet nach

$$\alpha = \frac{360°}{2 \cdot p \cdot m}$$

$p$ ≙ Polpaarzahl
$m$ ≙ Anzahl der Wicklungsphasen

**Schrittzahl je Umdrehung** $z$

$$z = \frac{360°}{\alpha}$$

**Schrittfrequenz** $f_z$ in Hz

$$f_z = \frac{n \cdot z}{60} = \frac{n \cdot 360°}{\alpha \cdot 60}$$

$n$ ≙ Drehzahl in $min^{-1}$

Solange der Schrittmotor keine Schrittfehler macht, ist die Schrittfrequenz $f_z$ gleich der Steuerfrequenz $f_S$.

**Winkelgeschwindigkeit** $\omega$

$$\omega = \frac{2 \cdot \pi \cdot f_z}{z} = \frac{f_z \cdot 2 \cdot \pi \cdot \alpha}{360°}$$

**Beispiel 7.2** In einem Positioniersystem wird der Transportschlitten über einen von einem Schrittmotor bewegten Zahnriemenantrieb verfahren (**7**.2). Das Zahnrad auf der Motorwelle hat den Durchmesser $d = 36$ mm. Wieviel Umdrehungen und Schritte sind zum Verfahren von 0,72 m erforderlich, wenn der Schrittwinkel $\alpha = 0{,}72°$ beträgt?

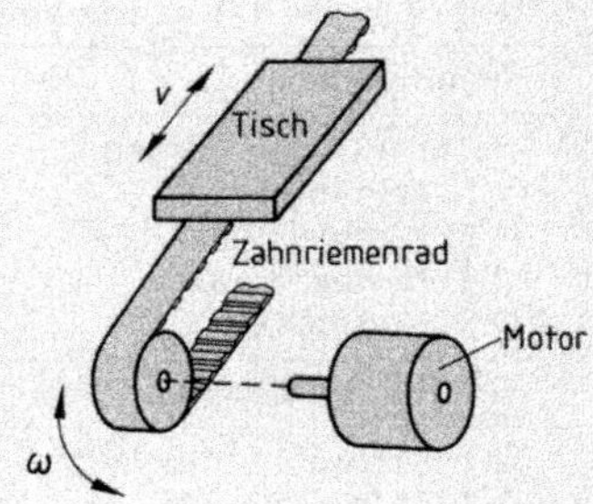


**7**.2

**Lösung** Der je Umdrehung zurückgelegte Weg entspricht dem Umfang $U$ des Zahnrads

$U = d \cdot \pi = 0{,}036\ \text{m} \cdot \pi = 0{,}1131\ \text{m}$.

Die Anzahl der Umdrehungen $n$ ergibt sich aus

$$n = \frac{s}{U} = \frac{0{,}72\ \text{m}}{0{,}1131\ \text{m}} = \mathbf{6{,}37}.$$

Die Schrittzahl des Motors ist

$$z = \frac{360°}{\alpha} = \frac{360°}{0{,}72°} = 500.$$

Die Summe der erforderlichen Schritte $Z$ ist

$Z = n \cdot z = 6{,}37 \cdot 500 = \mathbf{3185}$.

## Aufgaben

1. Berechnen Sie die Polzahl eines Schrittmotors mit zwei Phasen und dem Schrittwinkel 9°.
2. Berechnen Sie die Schrittzahl eines Fünfphasen-Schrittmotors mit dem Schrittwinkel a) 7,2°, b) 3,6°, c) 1,8°.
3. Welche Drehzahl hat ein Schrittmotor bei der Schrittfrequenz 5 kHz und den Schrittwinkeln nach Aufgabe 2?
4. Berechnen Sie die Winkelgeschwindigkeit eines Schrittmotors mit dem Schrittwinkel 4,5°, wenn dieser mit a) 2 kHz, b) 5 kHz, c) 8 kHz angesteuert wird und kein Schrittfehler auftritt.
5. Ein Schrittmotor mit $\alpha = 7{,}5°$ wird a) im Vollschrittbetrieb, b) im Halbschrittbetrieb mit $f_s = f_z = 4$ kHz angesteuert. Berechnen Sie die Drehzahlen.
6. Berechnen Sie die Schrittfrequenz und den Schrittwinkel eines Schrittmotors, der die Schrittzahl 48 und die Drehzahl 5625 min$^{-1}$ hat.
7. Das Diagramm **7**.3 zeigt den typischen Frequenzverlauf beim Starten und Stoppen eines Schrittmotors (leicht idealisiert). Die gewünschte Frequenz $f_{zmax}$ wird nach Ablauf der

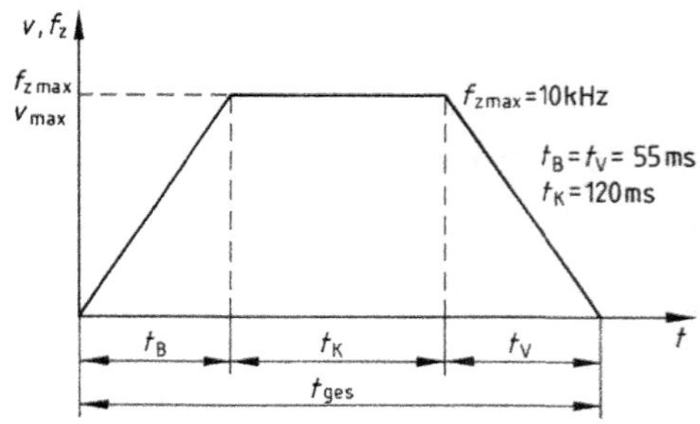


**7**.3

Beschleunigungszeit $t_B$ (Hochlaufzeit) erreicht. Dann fährt der Motor mit $f_{zmax}$ = konstant und kommt nach der Verzögerungszeit $t_V = t_B$ zum Stillstand.

Berechnen Sie den zurückgelegten Weg in Schritten und den gesamten Drehwinkel eines 100-poligen Fünfphasen Schrittmotors im Vollschritt- und im Halbschrittbetrieb.

8. In einem CNC-Positioniersystem treibt ein Schrittmotor den Laufwagen über einen Zahnriemen an (**7**.2). Der kleinste impulsmäßig kontrollierbare Weg (Auflösung) beträgt $\Delta s = 0{,}075$ mm, die maximale Verfahrgeschwindigkeit ist $v_{max} = 2$ m/s. Berechnen Sie die maximale Schrittfrequenz eines Schrittmotors mit dem Schrittwinkel 0,36°.

9. Ein Schrittmotor mit $\alpha = 0{,}72°$ ist direkt in eine Gewindespindel (**7**.4) gekoppelt und treibt über sie einen Zustelltisch an. Der Verfahrweg je Schritt ist $\Delta s = 0{,}02$ mm. Im Eilgang beträgt die Verfahrgeschwindigkeit $v_E = 7$ m/min, im Start-Stop-Betrieb arbeitet das System mit $v_{St} = 1$ m/min. Berechnen Sie die Steigung $h_{sp}$ der Gewindespindel, die maximale Schrittfrequenz $f_{zmax}$ und die Start-Stop-Frequenz $f_{Am}$.

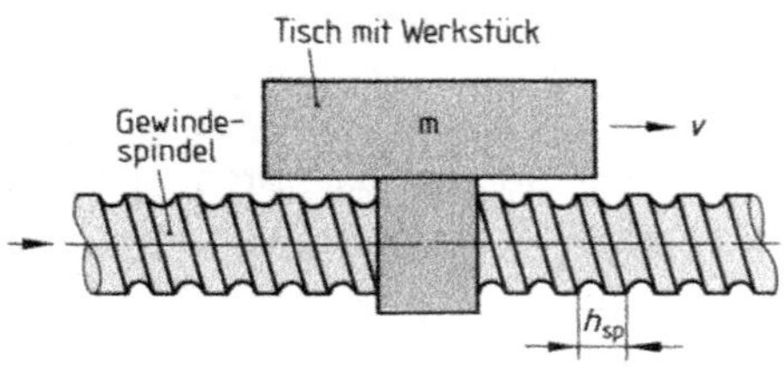


**7**.4

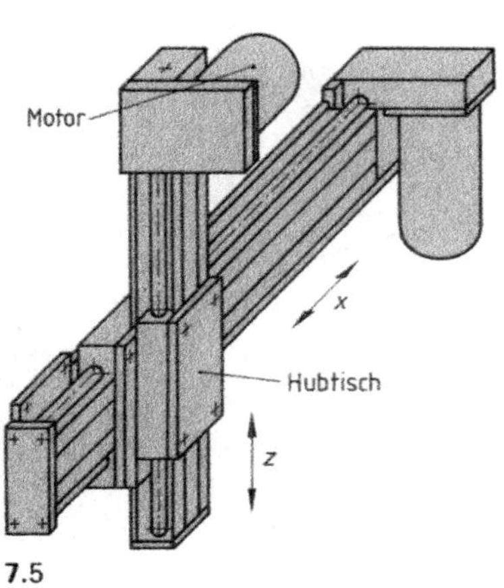


**7**.5

10. In einer Fertigungsstraße wird ein Linearmodul (**7**.5) über einen Zweiphasen-Schrittmotor mit der Schrittzahl 400 entsprechend dem Bewegungsdiagramm **7**.3 angetrieben. Die Betriebsdaten lauten: $t_{ges} = 0{,}96$ m, $v_{max} = 0{,}7$ m/s, $f_{zmax} = 7$ kHz, $t_B = t_V$, Beschleunigung 70 Hz/ms. Berechnen Sie den gesamten Verfahrweg in Schritten und in Metern.
**7**.5

11. Bild **7**.6 zeigt das Diagramm eines Fünfphasen-Schrittmotors. Entnehmen Sie dem Diagramm
   a) für Halbschrittbetrieb das Drehmoment bei $f_z$ = 50 kHz und $f_z$ = 100 Hz,
   b) für Vollschrittbetrieb die Schrittfrequenz bei $M = 500$ Ncm und bei $M = 670$ Ncm.
   c) Bestimmen Sie den Schrittwinkel bei Halb- und Vollschrittbetrieb.

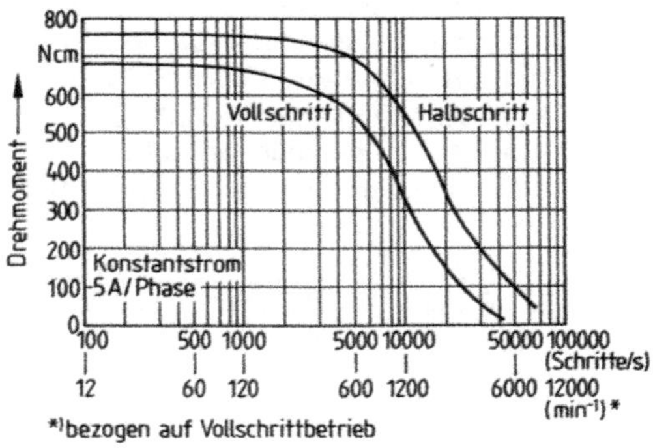


**7**.6

12. Entnehmen Sie Bild **7**.7 die Start- und Betriebsgrenzfrequenz für Unipolar- und Bipolarbetrieb beim Lastmoment a) 20 Ncm, b) 30 Ncm, c) 40 Ncm.

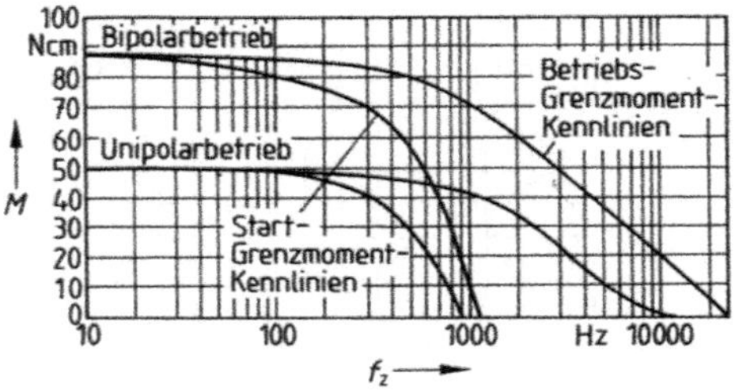


**7**.7

## 7.3 Einphasen-Synchron- und -Asynchronmotoren

### Aufgaben

1. Nach Herstellerangaben hat ein Synchronmotor in einem Betriebsstundenzähler folgende Daten: 230 V 50 Hz, $P_{zu}$ = 1,5 W, $S_N$ = 1,8 VA, Synchrondrehzahl $n_S$ = 375 min$^{-1}$, Synchrondrehmoment $M_S = 25 \cdot 10^{-4}$ Nm.

   Berechnen Sie die Stromaufnahme, die Nennleistung, den Wirkungsgrad, den Leistungsfaktor und die Polzahl des Motors.

2. Ein Synchronmotor mit Hystereseläufer für 230 V 50 Hz soll an 400 V angeschlossen werden. Dazu empfiehlt der Hersteller von Vorwiderstand $R_V$ = 6 kΩ. Die weiteren Daten des Motors lauten: $P_{zu}$ = 6 W, $S_N$ = 6,7 VA, $n_S$ = 3000 min$^{-1}$ und $M_S = 10^{-3}$ Nm.

   Berechnen Sie den Nennstrom, die Nennleistung, die Verlustleistung im Vorwiderstand und den Wirkungsgrad und den Leistungsfaktor des Motors mit Vorwiderstand bei Nennbetrieb.

3. Bild **7**.8 zeigt die Kennlinien eines Magnetläufer-Synchronmotors mit einem Getriebe der Übersetzung 375 : 1, wie er z. B. in Zeitschaltuhren oder Programmschaltwerken verwendet wird.

   a) Lesen Sie die Werte für das Synchronmoment $M_S$ und das Einlaufmoment $M_E$ in Abhängigkeit der Spannungsschwankungen $U/U_N$ = 0,85, 1 und 1,1 ab.

   b) Berechnen Sie den Getriebewirkungsgrad, die abgegebene Motorleistung und dessen Wirkungsgrad, wenn er bei der Synchrondrehzahl 375 min$^{-1}$ die Wirkleistung 1,45 W aufnimmt und dabei das Synchron $M_{SMot}$ = 0,234 Ncm in das Getriebe einspeist.

4. Ein Synchron-Servomotor mit sinusförmiger EMK hat die in Bild **7**.9 dargestellten Kennlinien.

   a) Entnehmen Sie dem Diagramm die Werte für die Nenndrehzahl, das Nennmoment und das Dauerstillstandsmoment $M_0$.

   b) Berechnen Sie die Stromaufnahme für die vier Betriebsarten bei $n$ = 2000 min$^{-1}$. Unter Berücksichtigung der Drehmomentverluste $M_v$ hat der Motor die Drehmomentkonstante $k_T$ = 0,66 Nm/A.

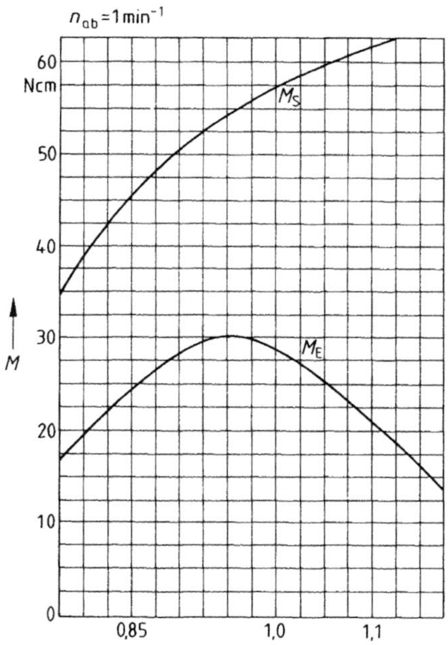


**7**.8

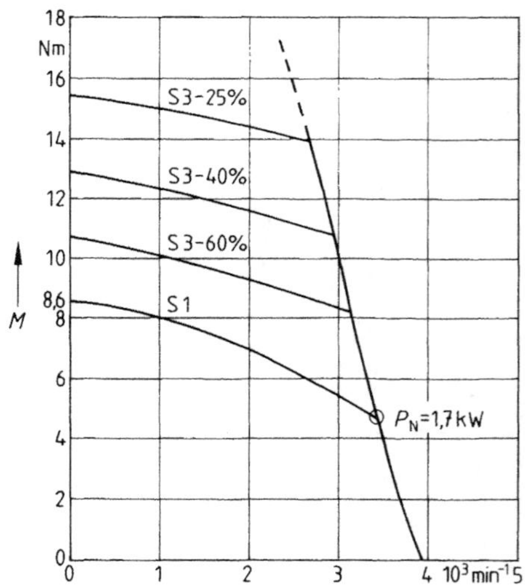


**7**.9

5. Der Wicklungswiderstand eines Synchron-Servomotors beträgt 0,94 Ω, seine elektrische Zeitkonstante ist $\tau_{el}$ = 3,1 ms. Berechnen Sie die Induktivität der Wicklung.

6. Ein vierpoliger Kondensatormotor in einem Fernkopierer hat folgende Nenndaten: 230 V 50 Hz, $P_{zu}$ = 65 W, $P_N$ = 30 W, $n_N$ = 1400 min$^{-1}$.

   Berechnen Sie das Nennmoment, den Nennschlupf und die Kapazität des erforderlichen Betriebskondensators, wenn je Kilowatt Motorleistung $Q_{CB}$ = 1 kVar benötigt wird.

7. Auf dem Leistungsschild eines Kondensatormotors wie in Aufgabe 6 ist die Spannungsangabe nicht mehr lesbar. Am Motor befindet sich aber ein Betriebskondensator mit der Angabe $C_B$ = 2 µF/450 V. Berechnen Sie anhand dieser Angabe die Nennspannung des Motors.

8. Drei zweipolige Kondensatormotoren haben die Kennlinien in Bild **7**.10.

   a) Lesen Sie aus dem Diagramm die Werte für das Anzugs-, Kipp- und Nennmoment ab.

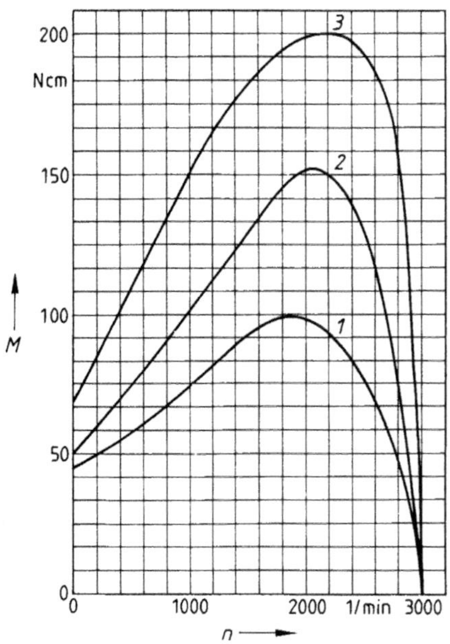


**7**.10

   b) Berechnen Sie die Kapazität des erforderlichen Betriebskondensators. Weitere Nenndaten sind 230 V 50 Hz

| Kennlinie | $P_{zu}$ in W | $n_N$ in min$^{-1}$ |
|---|---|---|
| 1 | 250 | 2770 |
| 2 | 320 | 2800 |
| 3 | 375 | 2820 |

   c) Berechnen Sie den Wirkungsgrad bei Nennbetrieb.

9. Ein Universalmotor für 230 V 50 Hz hat nach Herstellerangaben die Kennlinien **7**.11.

   a) Entnehmen Sie dem Diagramm die Werte für $I_N$, $M_N$, $P_{2N}$, $P_{1N}$ und $n_N$.

   b) Berechnen Sie die aufgenommene Scheinleistung, den Leistungsfaktor und den Wirkungsgrad bei Nennbetrieb.

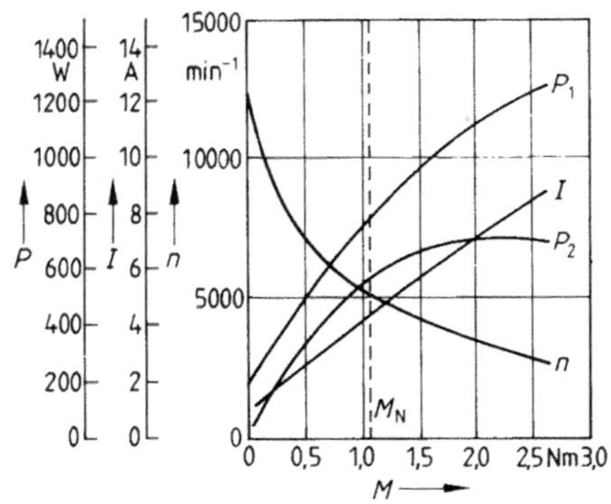


**7**.11

10. Ein elektronisch kommutierter Gleichstrommotor (Elektronikmotor), der z. B. in einem Videorekorder oder Tonbandgerät arbeitet, hat die Drehmomentkonstante $k_T = 67 \cdot 10^{-3}$ Nm/A. Er entwickelt das Anzugsmoment 0,9 Nm. Berechnen Sie den Anlaufstrom.

11. Ein Universalmotor für 230 V 50 Hz hat $P_{2N}$ = 270 W und $n_N$ = 9000 min$^{-1}$. Seine Kennlinien zeigt Bild **7**.12. Zeichnen Sie die Kennlinien des Wirkungsgrads in Abhängigkeit vom Drehmoment und vergleichen Sie den

maximalen Wirkungsgrad mit dem bei Nennlast. Warum unterscheiden sich die beiden Werte?

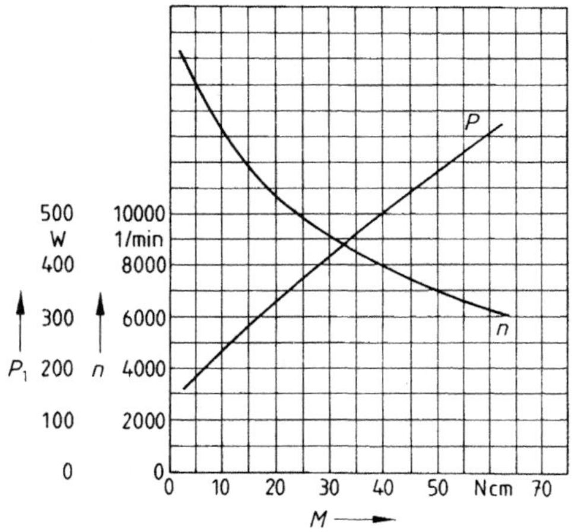


**7**.12

12. Eine Reihe zweipoliger Spaltpolmotoren für 230 V 50 Hz hat laut Hersteller die Kennlinien **7**.13.

 a) Lesen Sie aus den Kennlinien 1 bis 4 die Werte für das Anzugs-, Kipp- und Nennmoment ab. Weitere Nenndaten sind:

| Kennlinie | $P_{zu}$ in W | $n_N$ in $min^{-1}$ |
|---|---|---|
| 1 | 19 | 2650 |
| 2 | 25 | 2600 |
| 3 | 38 | 2600 |
| 4 | 55 | 2650 |

 b) Berechnen Sie die abgegebene Nennleistung und den Wirkungsgrad.

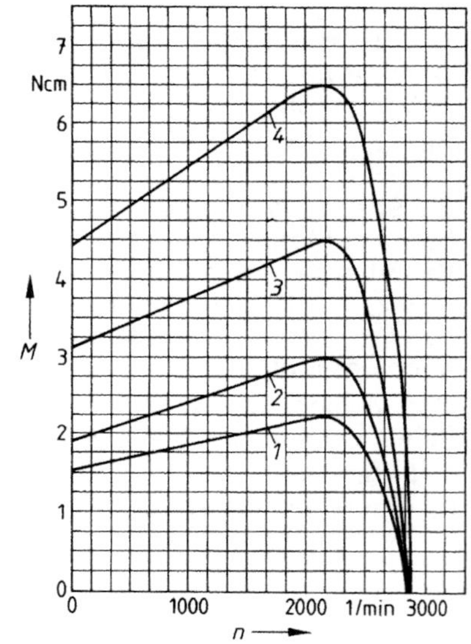


**7**.13

# 8 Leistungselektronik

## 8.1 Kühlung von Halbleiterbauelementen

Die in der Sperrschicht von Halbleitern entstehende Wärmeleistung $P_V$ (totale Verlustleistung $P_{tot}$) muß an die Umgebung abgeleitet werden. Die abgegebene Wärmeleistung ist um so größer, je größer die Temperaturdifferenz zwischen der Sperrschichttemperatur und der Umgebungstemperatur und je kleiner der gesamte Wärmewiderstand $R_{th}$ ist.

$$P_V = \frac{\Delta T}{R_{th}}$$

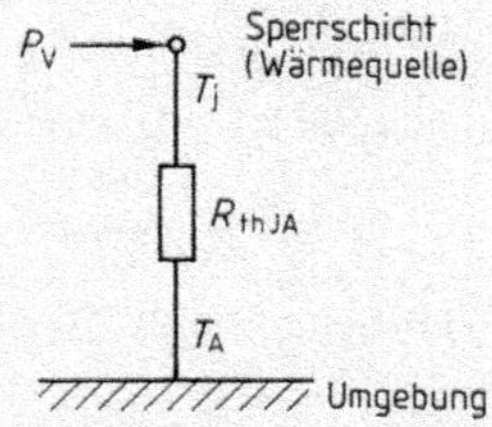

8.1

**Bei Kleinleistungsbauelementen** wird in Datenblättern für direkte Leiterplattenmontage der gesamte Wärmewiderstand $R_{thJA}$ zwischen Sperrschicht und Umgebung angegeben. Bei erhöhter Umgebungstemperatur muß die Leistung reduziert werden, damit $T_{jmax}$ nicht überschritten wird (**8**.1).

$$R_{thJA} = \frac{T_j - T_A}{P_V}$$

**Leistungshalbleiter mittlerer Leistung** bis etwa 15 A können mit aufsteckbaren Leichtkühlkörpern versehen oder auf Kühlbleche montiert werden. Die Ableitung der Verlustwärme hängt vom Material und der Dicke des Bleches ab (**8**.2). Der Wärmewiderstand wird dann als „Reihenschaltung" aus einzelnen Teilwiderständen aufgefaßt (**8**.3).

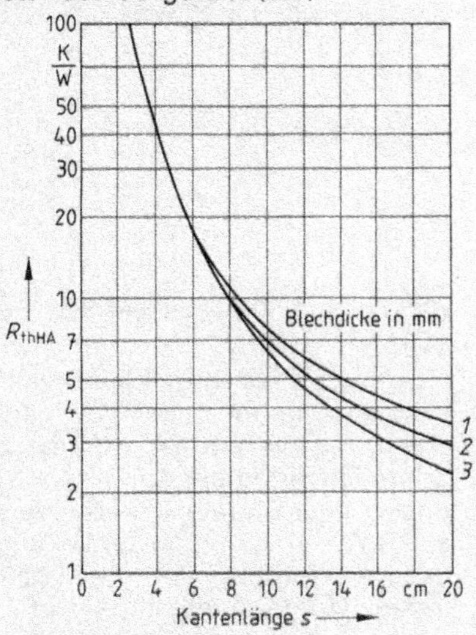


**8**.2 Wärmewiderstand von quadratischen blanken Aluminiumblechen

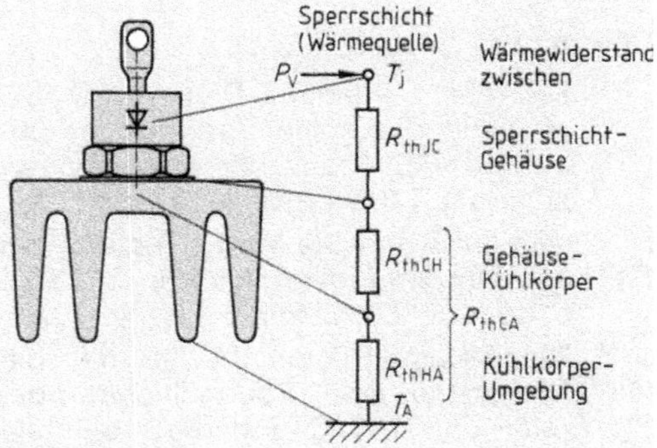


**8**.3

**Leistungshalbleiter höherer Leistung** werden auf stark gerippte Kühlkörper aus massivem Aluminium montiert. Die Hersteller geben hierfür bestimmte Wärmewiderstände des Kühlkörpers selbst $R_{thHA}$ oder den Wärmewiderstand $R_{thCA}$ des Kühlkörpers einschließlich des Wärmeübergangs an.

$$\boldsymbol{R_{thJA} = R_{thJC} + R_{thCH} + R_{thHA}}$$

Die Wärmewiderstände gelten im allgemeinen für Konstantstrom oder bei Leistungsdioden und Leistungsthyristoren für Stromflußwinkel von 180°. Bei anderen Impulsbelastungen finden sich „Korrektur"-Diagramme in den Datenblättern (vgl. Aufgabe 12).

**Beispiel 8.1** Die Diode BAY 46 hat bei $T_A = 25$ °C die Grenzdaten: $P_{tot} = 250$ mW und $T_{jmax} = 150$ °C. Berechnen Sie den Wärmewiderstand. Welche Verlustleistung in Prozent von $P_{tot}$ darf die Diode bei $T_A = 75$ °C umsetzen?

**Lösung**

$$R_{thJA} = \frac{T_j - T_A}{P_{tot}} = \frac{150\ °C - 25\ °C}{250\ mW} = \mathbf{500\ K/W}$$

Die reduzierte Verlustleistung ist

$$P'_{tot} = \frac{T_j - T_A}{R_{thJA}} = \frac{150\ °C - 75\ °C}{500\ K/W} = 150\ mW.$$

Das entspricht der prozentualen Leistung

$$p'_{tot} = \frac{P'_{tot}}{P_{tot}} = \frac{150\ mW}{250\ mW} = \mathbf{0{,}6 = 60\ \%}.$$

**Beispiel 8.2** In einem Leistungsthyristor entsteht die Verlustwärme 15 W. Er ist auf einem Kühlkörper aufgeschraubt. Der Wärmewiderstand des Thyristors beträgt $R_{thJC} = 2{,}4$ K/W, die maximale Sperrschichttemperatur 125 °C und die Umgebungstemperatur 45 °C. Welchen Wärmewiderstand darf der Kühlkörper einschließlich des Übergangswärmewiderstandes höchstens aufweisen?

**Lösung**

$$R_{thJA} = \frac{T_j - T_A}{P_{tot}} = \frac{125\ °C - 45\ °C}{15\ W} = 5{,}33\ K/W$$

$$R_{thCA} = R_{thJA} - R_{thJC} = 5{,}33\ K/W - 2{,}4\ K/W = \mathbf{2{,}93\ K/W}$$

## Aufgaben

1. Für die Si-Planar-Z-Diode ZPD 6,8 sind die maximale Sperrschichttemperatur 175 °C und der Wärmewiderstand $R_{thJA}$ 0,3 K/mW angegeben.
   Wie groß darf die Verlustleistung bei der Umgebungstemperatur a) 25 °C, b) 40 °C, c) 55 °C sein?
2. Die Si-Schaltdiode BAV 70 hat die höchstzulässige Sperrschichttemperatur von 150 °C und die maximale Verlustleistung 300 mW. Berechnen Sie den maximal zulässigen Wärmewiderstand $R_{thJA}$ wenn das Bauteil bei der Umgebungstemperatur a) 40 °C, b) 50 °C, c) 60 °C eingesetzt werden soll.
3. Für verschiedene Kleinthyristoren sind im Datenblatt der Wärmewiderstand $R_{thJA} = 72$ K/W, die maximale Sperrschichttemperatur $T_j = 115$ °C und die totale Verlustleistung a) 0,9 W, b) 1,0 W, c) 1,1 W angegeben. Berechnen Sie die höchstzulässige Umgebungstemperatur.
4. Im Datenblatt werden für die Si-Leistung-Z-Dioden der Reihe ZL bei der Sperrschichttemperatur 150 °C und der Umgebungstemperatur 45 °C

die totalen Verlustleistungen $P_{tot}$ = 1,3 W ohne Kühlkörper bzw. $P_{tot}$ = 10,5 W mit Kühlkörper angegeben.

a) Wie groß sind die Wärmewiderstände des Bauteils ohne und mit Kühlkörper?

b) Um wieviel Prozent ist die Verlustleistung zu reduzieren, wenn die Z-Diode bei der Umgebungstemperatur 55 °C eingesetzt wird?

5. Die Universaldiode BAY 17 hat folgende Grenzdaten: $T_{jmax}$ = 175 °C, $P_{tot}$ = 400 mW bei $T_A$ = 25 °C und $R_{thJA}$ = 0,375 K/mW.

a) Berechnen Sie die zulässigen Verlustleistungen bei $T_A$ = 65 °C und 175 °C.

b) Zeichnen Sie die Verlustleistung in Abhängigkeit von der Umgebungstemperatur $T_A$ = 25 °C bis 175 °C.

6. Berechnen Sie den Wärmewiderstand der Z-Diode BZX 55 ... anhand der in Bild **8**.4 dargestellten Kennlinie ($T_{jmax}$ = 175 °C).

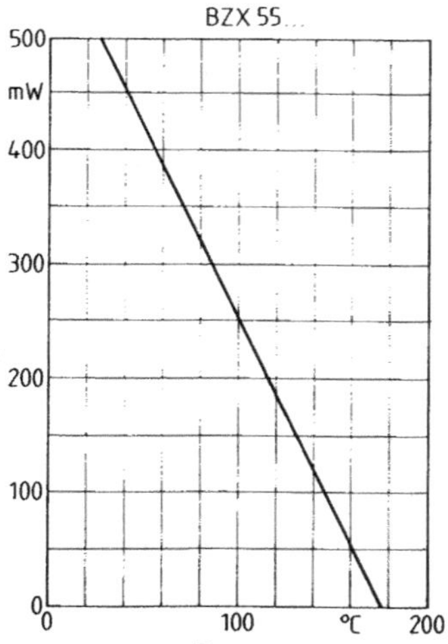


**8.4**

7. Wird der Transistor 2 N 3055 mit Kühlkörper betrieben, hat er bei der Sperrschichttemperatur 175 °C den Wärmewiderstand $R_{thJC}$ = 1,5 K/W. Welche Verlustleistung darf bei der Umgebungstemperatur a) 25 °C, b) 40 °C, c) 55 °C auftreten, wenn der Wärmewiderstand des Kühlkörpers $R_{thHA}$ = 2,5 K/W und der Übergangswärmewiderstand der Isolier-Glimmerscheibe $R_{thCH}$ = 0,4 K/W betragen?

8. Im Datenblatt der Z-Diode ZX 6,2 stehen die Werte $T_{jmax}$ = 150 °C, $R_{thJC}$ = 5 K/W, $R_{thCH}$ = 1,5 K/W. Das Kühlblech hat den Wärmewiderstand 20 K/W, die Umgebungstemperatur beträgt 50 °C. Um wieviel Prozent kann die Verlustleistung vergrößert werden, wenn es durch ein quadratisches a) 1 mm, b) 2 mm, c) 3 mm dickes blankes Aluminiumblech mit der Kantenlänge 12 cm ersetzt wird?

9. Welche Kantenlänge muß ein 2 mm dickes blankes Aluminiumblech haben, wenn der Leistungstransistor BD 235 im SOT-32-Gehäuse ($R_{thJC}$ = 10 K/W) isoliert befestigt wird ($R_{thCH}$ = 4 K/W)? Die Verlustleistung ist 5,5 W, die Sperrschichttemperatur 150 °C und die Umgebungstemperatur a) 35 °C, b) 40 °C, c) 55 °C.

10. Für den Schalttransistor BCY 59 mit der maximalen Sperrschichttemperatur 200 °C und dem Gehäuse TO-18 ist die Temperaturabhängigkeit der zulässigen Gesamtverlustleistung dem Diagramm **8**.5 zu entnehmen ($R_{thJA}$ ohne Kühlkörper und $R_{thJC}$ für Kühlkörpereinsatz).

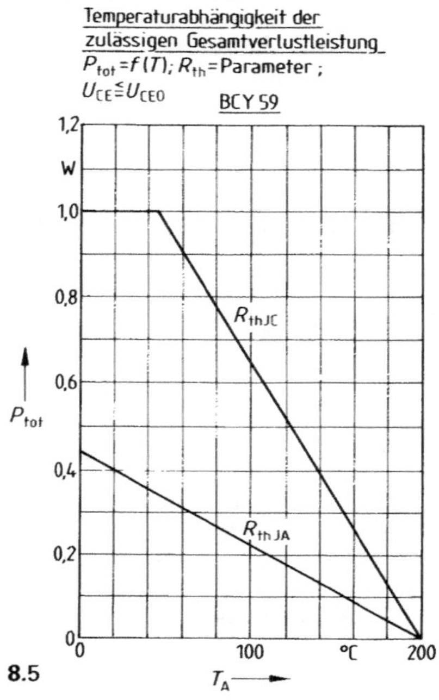


**8.5**

a) Ermitteln Sie die beiden Wärmewiderstände für die Umgebungstemperatur 45 °C.

b) Der Transistor wird mit einem aufsteckbaren Leichtkühlkörper versehen, der einschließlich des Wärmeübergangs den Wärmewiderstand 75 K/W hat. Wie groß ist die zulässige Verlustleistung bei der Umgebungstemperatur 60 °C?

11. Die Leistungsdiode SSi F 3840 (s. Datenblatt im Anhang Tab. 9) ist in einer halbgesteuerten Sechspuls-Brückenschaltung B6H mit rechteckförmigen Stromblöcken beim Stromflußwinkel $\lambda = 120°$ belastet. Die Umgebungstemperatur beträgt $T_A = 50$ °C, die Durchlaßverluste $P_F$ sind 43 W.

a) Berechnen Sie $R_{thJA}$ und $R_{thCA}$ für Konstantstrom.

b) Ermitteln Sie aus den Diagrammen den Wärmewiderstand $R_{thCA} + \Delta r$ (für Kontstantstrom einschließlich Übergangs- und Zusatzwärmewiderstand) und den Zusatzwärmewiderstand $\Delta r$, der die Belastung mit Stromblöcken berücksichtigt.

12. Werden Transistoren impulsartig belastet, kann die zulässige Impulsverlustleistung größer als die Verlustleistung bei Konstantstrom sein. Das Diagramm **8.6** zeigt die Impulswärmewiderstände $r_{thJC}$ des Transistors BCY 59 zwischen Sperrschicht und Gehäuse. Er wird mit dem Tastgrad $g = 0{,}1$ und der Impulsdauer $t_i = 1$ ms betrieben.

a) Entnehmen Sie dem Diagramm den Impulswärmewiderstand.

b) Wie groß ist die zulässige Impulsverlustleistung unter den Bedingungen der Aufgabe 10b)?

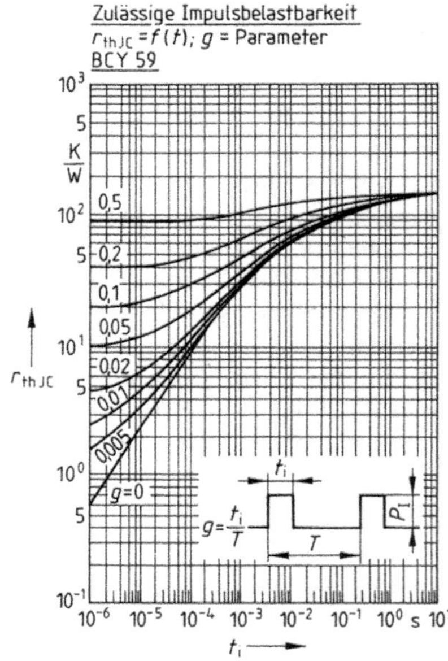


**8.6**

## 8.2 Dioden und Thyristoren

### 8.2.1 Verluste

Bei Dioden- und Thyristorenkennlinien (**8.**7 und **8.**8) wird der Strom $I$ als Funktion der Spannung $U$ angegeben.

Während des Betriebs von Dioden und Thyristoren entsteht die totale Verlustleistung $P_{tot}$, die sich aus Durchlaß-, Sperr-, Schalt-, und ggf. Steuerverlusten zusammensetzt. Im allgemeinen sind die Durchlaßverluste weitaus am größten. Nur diese wollen wir daher berechnen und setzen die totale Verlustleistung den Durchlaßverlusten gleich ($P_{tot} = P_D$ bzw. $P_{tot} = P_T$).

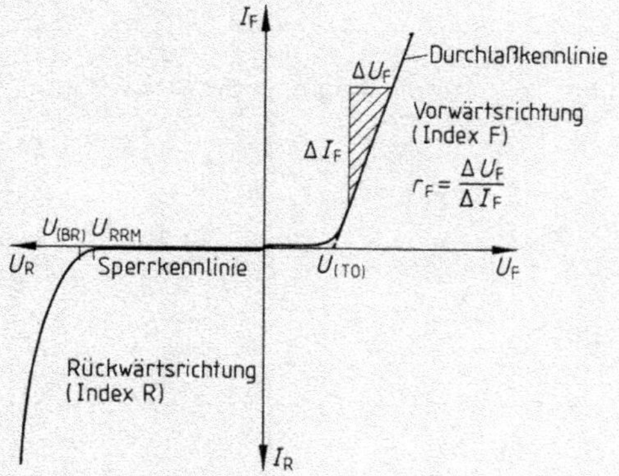


8.7 Diodenkennlinien

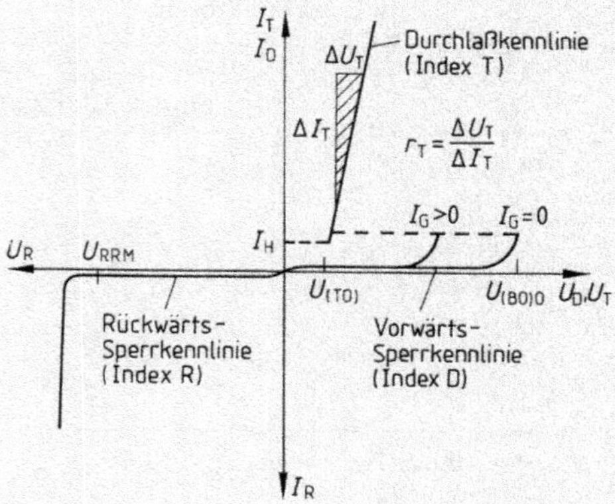


8.8 Thyristorenkennlinien

**Durchlaßverlust für Belastung mit Konstantstrom**

| | |
|---|---|
| **Diode** $P_D = U_F \cdot I_F$ | **Thyristor** $P_T = U_T \cdot I_T$ |

**Bei impulsartiger Belastung** der Bauteile ist ein höherer Spitzenstrom zulässig, als er sich nach der Berechnung aus der Verlustleistung ergibt (**8**.6).

In der Leistungselektronik werden die Bauteile mit Stromblöcken bei der Frequenz 50 Hz belastet. Dann muß der Mittelwert der Durchlaßverluste $P_{DAV}$ bzw. $P_{TAV}$ mit Hilfe des arithmetischen Mittelwertes $I_{FAV}$ bzw. $I_{TAV}$ und des Effektivwertes $I_{FRMS}$ bzw. $I_{TRMS}$ berechnet werden. Die Werte der Widerstandsersatzgeraden, Schleusenspannung $U_{(T0)}$ und differentieller Widerstand $r_T$, sind den Datenblättern zu entnehmen.

**Durchlaßverlust für Belastung mit Stromblöcken**

**Diode**

$$P_{DAV} = U_{(T0)} \cdot I_{FAV} + r_T \cdot I^2_{FRMS}$$

$$P_{DAV} = U_{(T0)} \cdot I_{FAV} + r_T \cdot I^2_{FAV} \cdot F^2$$

**Thyristor**

$$P_{TAV} = U_{(T0)} \cdot I_{TAV} + r_T \cdot I^2_{TRMS}$$

$$P_{TAV} = U_{(T0)} \cdot I_{TAV} + r_T \cdot I^2_{TAV} \cdot F^2$$

| | |
|---|---|
| Index AV | arithmetischer Mittelwert |
| Index RMS | Effektivwert |
| $F$ | Formfaktor |

Für häufig vorkommende Stromformen in den Bauelementen der Leistungselektronik zeigt Tab. **8**.9 die Faktoren zum Berechnen des arithmetischen Mittelwerts und die Formfaktoren $F$ zum Ermitteln des Effektivwerts.

In den Datenblättern der Dioden und Thyristoren (s. Anhang) finden sich Diagramme, aus denen sich die Verlustleistung direkt in Abhängigkeit vom arithmetischen Mittelwert und der Kurvenform des Stroms ablesen läßt.

Tabelle **8.9** **Stromformen in den Bauelementen, arithmetischer Mittelwert und Formfaktoren**

| Schaltung | M1, M2, B2 ohne Stromglättung | M2, B2 mit Stromglättung | M3, B6 mit Stromglättung |
|---|---|---|---|
| Stromform | 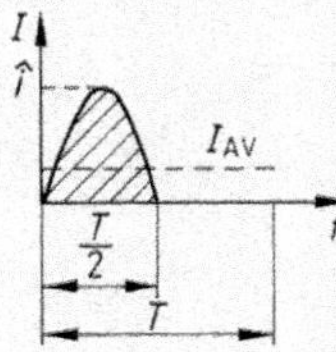 | 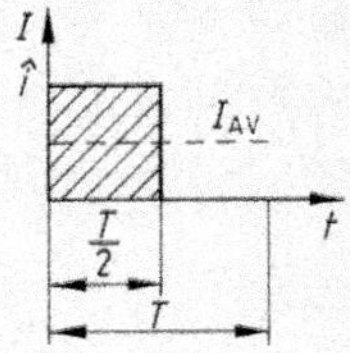 | 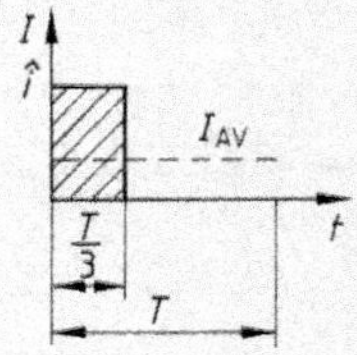 |
| arithmetischer Mittelwert $I_{AV}$ | $0{,}318 \cdot \hat{\imath}$ | $0{,}5 \cdot \hat{\imath}$ | $0{,}33 \cdot \hat{\imath}$ |
| Formfaktor $F = \frac{I_{RMS}}{I_{AV}}$ | 1,57 | 1,41 | 1,73 |

**Beispiel 8.3** Für eine Diode mit der totalen Verlustleistung $P_{tot} = 3$ W ist der maximale Durchlaß-Gleichstrom 2 A bei der Umgebungstemperatur $T_A = 50$ °C angegeben. Dem Datenblatt sind der Wärmewiderstand $R_{thJA} = 40$ K/W und die Schleusenspannung $U_{(T0)} = 0{,}7$ V zu entnehmen. Wie groß sind die Durchlaßspannung $U_F$, der differentielle Widerstand $r_T$ und die zulässige Sperrschichttemperatur $T_j$?

**Lösung**

$$U_F = \frac{P_{tot}}{I_F} = \frac{3\text{ W}}{2\text{ A}} = \mathbf{1{,}5\ V}$$

$$r_T = \frac{U_F - U_{(T0)}}{I_F} = \frac{1{,}5\text{ V} - 0{,}7\text{ V}}{2\text{ A}} = \mathbf{0{,}4\ \Omega}$$

Mit $P_{tot} = \frac{T_j - T_A}{R_{thJA}}$ ist die Sperrschichttemperatur

$$T_j = T_A + P_{tot} \cdot R_{thJA} = 50\text{ °C} + 3\text{ W} \cdot 40\text{ K/W} = \mathbf{170\ °C}.$$

**Beispiel 8.4** Die Diode SSiF 38 (Anhang Tab. 9) wird in der Zweipuls-Brückenschaltung mit sinusförmigen Strom $\hat{\imath}_F = 90$ A (Sinushalbwelle) belastet. Wie groß sind der Mittelwert der Durchlaßverluste und der Spitzenwert der Durchlaßspannung?

Lösung

Im Datenblatt des Anhangs sind für die Widerstandsersatzgerade angegeben: $U_{(T0)} = 0{,}725$ V und $r_T = 4{,}65$ mΩ. Die fehlenden Werte entnehmen wir der Tab. **8.9.**

$$I_{FAV} = \hat{\imath}_F \cdot 0{,}318 = 90\text{ A} \cdot 0{,}318 = 28{,}62\text{ A}$$

$$P_{DAV} = U_{(T0)} \cdot I_{FAV} + r_T \cdot I_{FAV}^2 \cdot F^2$$

$$P_{DAV} = 0{,}725\text{ V} \cdot 28{,}62\text{ A} + 4{,}65\text{ m}\Omega \cdot 28{,}62^2\text{ A}^2 \cdot 1{,}57^2$$

$$P_{DAV} = 20{,}74\text{ W} + 9{,}39\text{ W} = \mathbf{30{,}13\ W}$$

Der Spitzenwert der Durchlaßspannung ist

$$\hat{u}_F = U_{(T0)} + \hat{\imath}_F \cdot r_T = 0{,}725\text{ V} + 90\text{ A} \cdot 4{,}65\text{ m}\Omega = \mathbf{1{,}14\ V}.$$

**Aufgaben**

1. Berechnen Sie anhand der Kennlinie 1N4148 (**8**.10) den Temperaturkoeffizienten des Sperrstroms in Abhängigkeit von der Änderung der Sperrschichttemperatur $\Delta T_j$ = a) 10 K, b) 20 K, c) 50 K, bezogen auf $U_R$ = 20 V. Legen Sie $T_j$ = 50 °C und 100 °C für $\Delta T_j$ zugrunde.

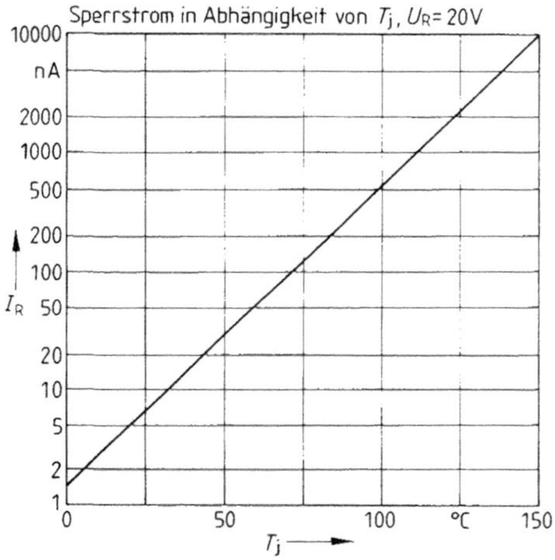


**8**.10

2. Die Diode BAY 80 hat folgende Kennlinienwerte:

| | | | | | |
|---|---|---|---|---|---|
| $U_F$ in V | 0,52 | 0,70 | 0,78 | 0,86 | 0,92 |
| $I_F$ in mA | 0,1 | 5 | 10 | 20 | 50 |
| $U_F$ in V | 1,00 | 1,07 | 1,13 | 1,20 | |
| $I_F$ in mA | 100 | 150 | 200 | 250 | |

Die Diode wird mit einem Widerstand 30 Ω in Reihe geschaltet und in Durchlaßrichtung an 6 V angeschlossen. Berechnen Sie die Verlustleistung im Vorwiderstand und die maximale Eingangsspannung, wenn in der Diode 300 mW umgesetzt werden dürfen.

3. a) Durch eine Diode mit $P_{tot}$ = 250 mW fließt bei $T_A$ = 25 °C der maximale Durchlaßstrom 250 mA. Berechnen Sie die maximale Durchlaßspannung.

   b) Die Schleusenspannung beträgt 0,7 V. Berechnen Sie den differentiellen Durchlaßwiderstand bei $I_F$ = 250 mA.

4. Für eine Universaldiode werden folgende Kennlinienwerte ermittelt:

| | | | | | |
|---|---|---|---|---|---|
| $U_F$ in V | 0,57 | 0,62 | 0,68 | 0,74 | 0,80 |
| $I_F$ in mA | 0,1 | 0,2 | 0,5 | 1,0 | 2,0 |
| $U_F$ in V | 0,85 | 0,89 | 0,92 | 0,94 | |
| $I_F$ in mA | 4,0 | 6,0 | 8,0 | 10,0 | |

Die Diode liegt in Reihe mit einem Widerstand 100 Ω an der Eingangsspannung 1 V und dient zur Stabilisierung kleiner Spannungen:

   a) Zeichnen Sie die Diodenkennlinie $I_F = f(U_F)$. Maßstäbe: 1 cm ≙ 0,1 V, 1 cm ≙ 1 mA.

   b) Lesen Sie aus dem Diagramm $I_F$, $U_{Rv}$ und $U_F$ ab, nachdem Sie in den Durchlaß-Kennlinienquadranten die Widerstandsgerade für $R_v$ = 100 Ω eingetragen haben.

   c) Ermitteln Sie die Spannungsschwankung $\Delta U_F$ an der Diode, wenn die Eingangsspannung um 20 % ansteigt.

5. Eine Siliciumdiode wird in Reihe mit einem Vorwiderstand in Durchlaßrichtung an der Eingangsspannung 12 V betrieben. Dem Datenblatt wurden folgende Grenzwerte entnommen: $I_{Fmax}$ = 250 mA, $P_v$ = 300 mW. Berechnen Sie den geringstmöglichen Vorwiderstandswert.

6. Eine Schaltdiode hat $P_{tot}$ = 400 mW. Sie schaltet bei $U_F$ = 0,9 V und $U_e$ = 12 V einen Lastwiderstand. Berechnen Sie die maximale Schaltleistung, den minimalen Lastwiderstand, den Lastwiderstand bei $U_F$ = 0,9 V, $I_F$ = 100 mA und die dabei auftretende Diodenverlustleistung.

7. Die Universaldiode BAY 42 wird im Schaltbetrieb bei a) $T_A$ = 50 °C, b) $T_A$ = 90 °C im Arbeitspunkt $I_F$ = 100 mA in Reihe mit einem Vorwiderstand in

Durchlaßrichtung an 6 V betrieben. Berechnen Sie für die beiden Arbeitspunkte $R_{vmin}$, $P_{Rv}$, $P_v$, $U_F$ und $R_F$. Entnehmen Sie die fehlenden Werte dem Bild **8**.11

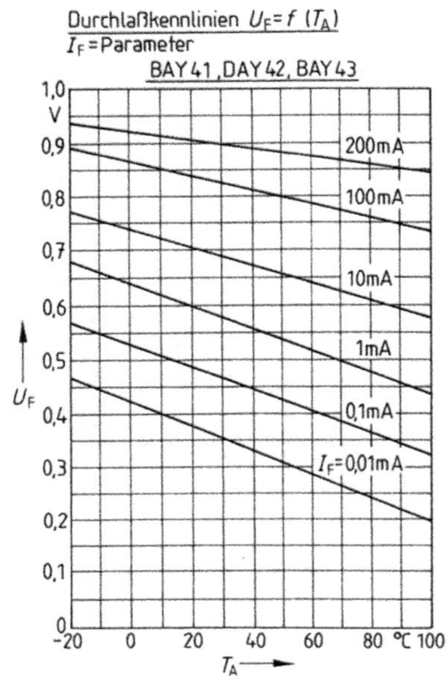


**8**.11

8. In einem Dioden-Eingangsschutzsystem für einen elektronischen Baustein (CMOS) mit dem Eingangswiderstand $R_E = 10\ M\Omega$ arbeitet eine Diode SD 101A in Reihe mit dem Vorwiderstand 270 Ω. Die Diode schützt den Baustein vor negativen Eingangsspannungen; der Vorwiderstand begrenzt den Eingangsstrom (**8.12**). Berechnen Sie $I_F$, $P_v$ und $P_{Rv}$.

9. Die Diode BAW 76 hat laut Datenblatt $P_{tot} = 500$ mW bei $T_A = 25$ °C, $T_{jmax} = 200$ °C, $R_{thJA} = 0{,}35$ K/mW. Sie soll in Reihe mit $R_{Lmin}$ an $U_e = 9$ V bei $U_F = 1$ V einen Gleichstrom schalten.
   a) Berechnen Sie die maximale Schaltleistung und den minimalen Lastwiderstand.
   b) Welcher Tastgrad müßte vorliegen, damit sich die Diode unter $T_A = 100$ °C und $U_F = 1{,}2$ V für die vorliegende Schaltung eignet?

10. Die Diode in Aufgabe 9 wird während $t_i = 10^{-5}$ s bei $g = 0{,}1$ periodisch belastet. Berechnen Sie für $T_A = 60$ °C die Durchlaßspannung, damit nach Bild **8**.13 $I_{FRM}$ fließen kann.

11. Die schnelle Schaltdiode BAW 75 arbeitet in der Logikschaltung einer Rechenmaschine. Sie hat laut Datenblatt bei $T_A = 25$ °C eine zulässige Verlustleistung $P_{tot} = 500$ mW, $I_F = 30$ mA bei $U_F = 1$ V. Die Diode schaltet die periodische Rechteckspannung $U_e = 5{,}25$ V mit $f = 2$ kHz bei $t_i = 2 \cdot 10^{-4}$ s.
    Berechnen Sie den Tastgrad, die maximale Schaltleistung, den minimalen Lastwiderstand, den Lastwiderstand und die Diodenverlustleistung bei $U_F = 1$ V (**8**.13).

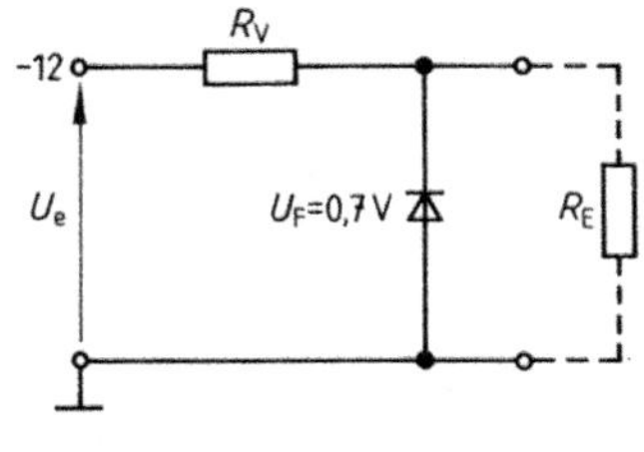


**8**.12

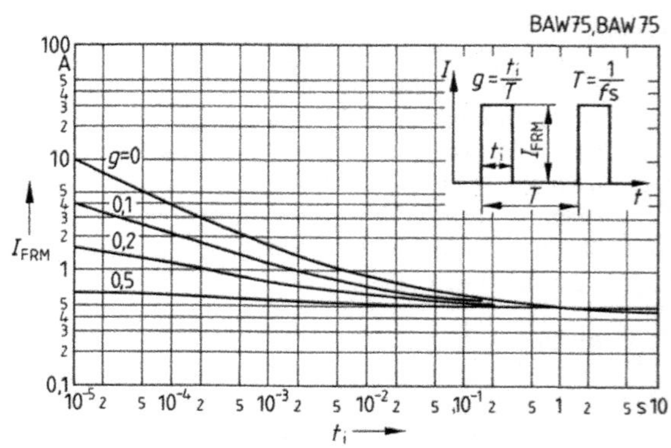


**8**.13

12. Die Diode BAW 75 schaltet einen Gleichstrom periodisch ein und aus.
   a) Lesen Sie aus dem Diagramm **8**.13 den periodischen Durchlaß-Spitzenstrom $I_{FRM}$ für $g = 0{,}5$ und $g = 0{,}1$ jeweils bei $t_i = 10^{-4}$ s ab.
   b) Bewerten Sie die Ergebnisse.
   c) Welche maximale Schaltfrequenz ist bei $g = 0{,}2$ und $I_{FRM} = 1$ A zulässig?
13. Welcher periodische Durchlaß-Spitzenstrom darf durch eine Diode mit $P_{tot} = 400$ mW fließen, wenn $P_v = P_{tot}$, $U_e = 12$ V, g = 0,5, $U_F = 1{,}2$ V und $R_L = 8{,}5\ \Omega$ betragen?
14. Durch die Diode D 24 N (**8**.14) fließen rechteckförmige Stromblöcke mit a) $I_{FAV} = 33$ A, b) $I_{FAV} = 30$ A, c) $I_{FAV} = 35$ A und der Stromleitdauer 120° ≙ $T/3$.
   Wie groß sind der Spitzenwert des Stroms und der Durchlaßspannung? Prüfen sie, ob der Grenzeffektivstrom der Diode überschritten wird.
15. Berechnen Sie den Mittelwert der Durchlaßverluste der Diode D 10 N (**8**.14) mit dem Durchlaßstrom (Sinushalbwelle)
   a) 10 A, b) 16 A, c) 5 A.
16. Die mittlere Verlustleistung der Diode D 251 N (**8**.14) beträgt 321 W für den Dauergrenzstrom $I_{FAVM} = 250$ A. Ermitteln Sie über den Formfaktor die Kurvenform des Stroms und dessen Spitzenwert.
17. Wie groß darf der Wärmewiderstand $R_{thCA}$ des Kühlkörpers einschließlich des Übergangs-Wärmewiderstands der Diode D 24 N (**8**.14) bei $T_A = 25$ °C sein?
18. Für den Thyristor T 10 N (Datenblatt s. Anhang Tab. 11) ist der Dauergrenzstrom $I_{TAVM} = 10$ A (Sinushalbwelle) angegeben. Berechnen Sie
   a) die Verlustleistung und ermitteln Sie aus den Diagrammen
   b) den zulässigen Durchlaßgleichstrom (DC) bei gleicher Verlustleistung und
   c) die höchstzulässige Kühlmitteltemperatur für Luftselbstkühlung des Kühlkörpers KL 21 B.
19. Im Datenblatt der Diode S Si F 38 (Anhang Tab. 9) sind die Grenzgleichströme für verschiedene Kühlkörper und Stromkurvenformen angegeben. Vergleichen Sie die mittleren Durchlaßverluste unter den verschiedenen Bedingungen.

Tabelle **8**.14 **Leistungsdioden**

| | höchste periodische Spitzensperrspannung | Grenzeffektivstrom | Dauergrenzstrom | Schleusenspannung | diffentieller Durchlaßwiderstand | Wärmewiderstand Sperrschicht – Gehäuse | höchstzulässige Sperrschichttemperatur |
|---|---|---|---|---|---|---|---|
| Typ<br>Type | $U_{RRM}$<br><br>in V | $I_{FRMSM}$<br><br>in A | $I_{FAVM}/t_C$<br><br>in A/°C | $U_{(TO)}$<br>$t_{vj} = t_{vj\,max}$<br>in V | $r_T$<br>$t_{vj} = t_{vj\,max}$<br>in mΩ | $R_{thJC}$<br>180° el sin.<br>in °C/W | $t_{vj\,max}$<br><br>in °C |
| D 10 N | 400 1400<br>800 1600<br>1200 | 25 | 16/ 49<br>10/100 | 0,8 | 24 | 3,6 | 150 |
| D 24 N<br>D 24 NR | 400 1400<br>800 1600<br>1200 | 55 | 35/ 64<br>24/100 | 0,8 | 8 | 1,65 | 150 |
| D 251 N | 800 1400<br>1200 1800 | 400 | 250/130<br>255/128 | 0,7 | 0,95 | 0,156 | 180 |

### 8.2.2 Gleichrichterschaltungen

In Gleichrichterschaltungen können mehrere Stromrichterventile in Reihe oder parallel geschaltet sein. Daher weicht DIN VDE für Gleichrichterschaltungen von den Mittelwertbezeichnungen AV (arithmetischer Mittelwert) und RMS (Effektivwert) ab.

Benennung der Größen nach DIN VDE 0558 Teil 1:

**Spannungen**

| | |
|---|---|
| $U_L$ | netzseitige Leiterspannung |
| $U_{v0}$ | ventilseitige Leerlaufspannung, verkettet |
| $U_{di}$ | ideelle Gleichspannung, arithemtischer Mittelwert |
| $U_{deff}$ | Gleichspannung, Effektivwert |
| $U_{im}$ | Scheitelsperrspannung am Ventil |

**Ströme**

| | |
|---|---|
| $I_{Li}$ | netzseitiger ideeller Leiterstrom, Effektivwert |
| $I_v$ | ventilseitiger Leiterstrom des Transformators, Effektivwert |
| $I_d$ | Gleichstrom, arithmetischer Mittelwert |
| $I_{deff}$ | Gleichstrom, Effektivwert |
| $I_{pmittel}$ | Zweigstrom (Ventilstrom, arithmetischer Mittelwert |
| $I_{peff}$ | Zweigstrom (Ventilstrom), Effektivwert |

**Leistungen**

| | |
|---|---|
| $P_d$ | Wirkleistung auf der Gleichstromseite (entspricht beim ideellen Wirkungsgrad 1 der Eingangs-Wirkleistung) |
| $S_T$ | Transformatorenbauleistung |

**Welligkeit**

| | |
|---|---|
| $w_u$ | Spannungswelligkeit (Brummspannung)<br>Wechselspannungsgehalt $U_w$ (Effektivwert) der Gleichspannung $U_{di}$ |

**Kenndaten für Stromrichterschaltungen.** Die Werte der Tab. **8.**15 sind ideelle Werte (Rechenwerte) für sinusförmige Anschlußspannung bei Vernachlässigung von Spannungsfällen und ohne Gegenspannung im Gleichstromkreis. Die Werte gelten für Ohmsche Last in Diodenschaltungen und bei Vollaussteuerung in Thyristorschaltungen. Zusätzliche Werte für induktive Last stehen in Klammern.

**Die Effektivwerte** werden mit Dreheisenmeßinstrument oder digitalen „Echteffektivwertmeßgeräten" gemessen. Aus ihnen berechnet man die in Ohmschen Widerständen umgesetzte Leistung.

**Die arithmetischen Mittelwerte** werden mit Drehspulmeßinstrumenten oder mit „üblichen" digitalen Vielfachmeßinstrumenten gemessen. Sie sind maßgeblich für die Drehmoment- und Drehzahlberechnung von Gleichstrommaschinen sowie für die Vorgänge in der Elektrochemie.

Bei Ohmscher Last lassen sich die Gleichströme berechnen.

$$I_d = \frac{U_{di}}{R_L} \qquad I_{deff} = \frac{U_{deff}}{R_L}$$

Die in dem Lastwiderstand in Wärme umgesetzte Leistung berechnet sich aus den Effektivwerten.

$$P = U_{deff} \cdot I_{deff} = I_{deff}^2 \cdot R_L = \frac{U_{deff}^2}{R_L}$$

Tabelle 8.15 **Kenndaten für Stromrichterschaltungen**

| Kennzeichen Name | Schaltung | Puls-zahl $p$ | $\frac{U_{di}}{U_{V0}}$ | $\frac{U_{deff}}{U_{V0}}$ | $\frac{I_v}{I_d}$ | $\frac{I_{Li}}{I_{di}}$ | $\frac{U_{im}}{U_{di}}$ | $\frac{I_{pmi}}{I_d}$ | $\frac{I_{peff}}{I_d}$ | $\frac{S_T}{U_{di} \cdot I_d}$ | $w_U = \frac{U_w}{U_{di}}$ |
|---|---|---|---|---|---|---|---|---|---|---|---|
| M1U Einpuls-Mittelpunkt-schaltung | 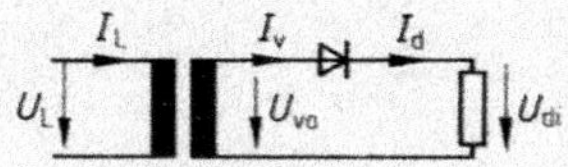 | 1 | 0,45 | 0,707 | 1,571 | $\frac{1{,}211}{ü}$ | 3,142<br>6,28* | 1,0 | 1,57 | 3,09 | 121 % |
| M2U Zweipuls-Mittelpunkt schaltung | 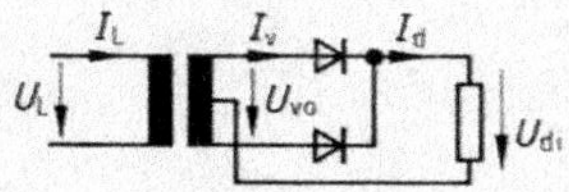 | 2 | 0,45 | 0,5 | 0,785<br>(0,707) | $\frac{0{,}555}{ü}$<br>$\left(\frac{0{,}5}{ü}\right)$ | 3,142<br>3,142* | 0,5 | 0,785<br>(0,707) | 1,48<br>(1,341) | 48,3 % |
| M3U Dreipuls-Mittelpunkt-schaltung | 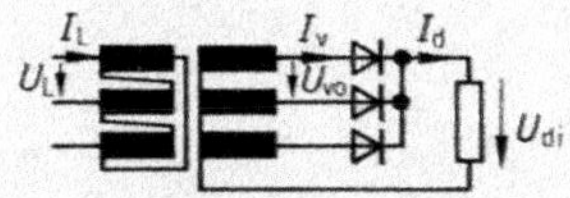 | 3 | 0,675 | 0,686 | 0,588<br>(0,577) | $\frac{0{,}478}{ü}$<br>$\left(\frac{0{,}472}{ü}\right)$ | 2,094 | 0,333 | 0,588<br>(0,577) | 1,35 | 18,3 % |
| B2U Zweipuls-Brücken-schaltung | 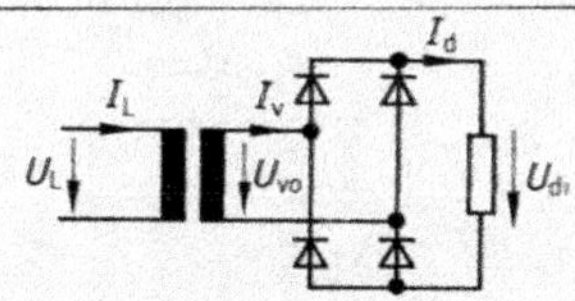 | 2 | 0,9 | 1 | 1,11<br>(1,0) | $\frac{1{,}11}{ü}$<br>$\left(\frac{1{,}0}{ü}\right)$ | 1,571<br>1,571* | 0,5 | 0,785<br>(0,707) | 1,23<br>(1,11) | 48,3 % |
| B6U Sechspuls-Brücken-schaltung | 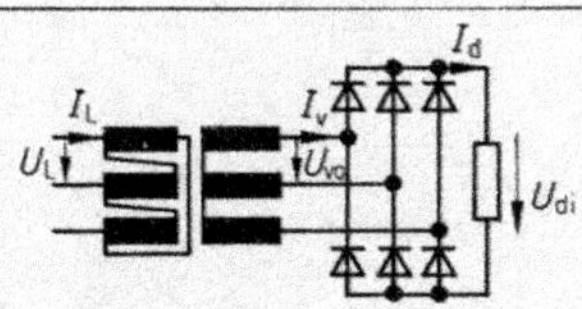 | 6 | 1,350 | 1,371 | 0,820<br>(0,816) | $\frac{0{,}820}{ü}$<br>$\left(\frac{0{,}816}{ü}\right)$ | 1,047 | 0,333 | 0,58<br>(0,577) | 1,05 | 4,2 % |

* mit Ladekondensator

**Dimensionierung der Stromrichter-Ventile.** Ist in einem Zweig jeweils nur ein Ventil eingesetzt, gilt für die Dimensionierung:

**1. Strombelastbarkeit**

| | |
|---|---|
| **Grenzgleichstrom und Dauergrenzstrom** | $I_{FAVM} \geqq I_{FAV} = I_{pmittel}$ |
| **Grenzeffektivstrom** | $I_{FRMSM} \geqq I_{FRMS} = I_{peff}$ |

**2. Sperrspannung**

Wegen der Induktivitäten im Stromkreis können periodische Spannungsspitzen auftreten. Das berücksichtigt man durch einen Spannungssicherheitsfaktor $k = 1{,}5$ bis 2,5. Dann ist die höchste periodische Spitzensperrspannung

$$\boldsymbol{U_{RRM} \geqq k \cdot U_{im}}\,.$$

**Beispiel 8.5** Eine Zweipuls-Brückenschaltung B2U ist über einen Transformator mit dem Übersetzungsverhältnis $ü = 8{,}625$ an 230 V, 50 Hz angeschlossen. Der Schaltung soll die Wirkleistung 100 W entnommen werden.
Wie groß sind die ideelle Gleichspannung $U_{di}$, der Lastwiderstand $R_L$, die notwendige Strombelastbarkeit und Sperrspannung der Dioden bei dem Spannungssicherheitsfaktor $k = 1{,}8$ sowie die Bauleistung des Transformators?

**Lösung** Es werden die Werte der Tabelle **8.**15 verwendet. Ventilseitige Leerlaufspannung des Transformators:

$$U_{v0} = \frac{U_L}{ü} = \frac{230\ \text{V}}{8{,}625} = 26{,}67\ \text{V}$$

Ideelle Gleichspannung:

$$U_{di} = 0{,}9 \cdot U_{v0} = 0{,}9 \cdot 26{,}67\ \text{V} = \mathbf{24\ V}$$

Der Lastwiderstand muß aus der Leistung und dem Effektivwert der Gleichspannung berechnet werden.

$$U_{deff} = 1 \cdot U_{v0} = 1 \cdot 26{,}67\ \text{V} = 26{,}67\ \text{V} \qquad R_L = \frac{U_{deff}^2}{P_d} = \frac{(26{,}67\ \text{V})^2}{100\ \text{W}} = \mathbf{7{,}11\,\Omega}$$

Strombelastbarkeit der Dioden, arithmetischer Mittelwert:

$$I_d = \frac{U_{di}}{R_L} = \frac{24\ \text{V}}{7{,}11\ \Omega} = 3{,}375\ \text{A}$$

$$I_{pmi} = 0{,}5 \cdot I_d = 0{,}5 \cdot 3{,}375\ \text{A} = 1{,}688\ \text{A} \qquad I_{FAVM} \geqq I_{pmi} = \mathbf{1{,}688\ A}$$

Effektivwert:

$$I_{peff} = 0{,}785 \cdot I_d = 0{,}785 \cdot 3{,}375\ \text{A} = 2{,}65\ \text{A} \qquad I_{FRMSM} \geqq I_{peff} = \mathbf{2{,}65\ A}$$

Sperrspannung:

$$U_{im} = 1{,}571 \cdot U_{di} = 1{,}571 \cdot 24\ \text{V} = 37{,}7\ \text{V}$$

$$U_{RRM} \geqq k \cdot U_{im} = 1{,}8 \cdot 37{,}7\ \text{V} = \mathbf{67{,}9\ V}$$

Transformatorenbauleistung:

$$S_T = 1{,}23 \cdot U_{di} \cdot I_d = 1{,}23 \cdot 24\ \text{V} \cdot 3{,}375\ \text{A} = 99{,}6\ \text{W} \approx \mathbf{100\ W}$$

**Beispiel 8.6** In einer Dreipuls-Mittelpunktschaltung M3U, die an 400 V 50 Hz angeschlossen ist, werden die Dioden S Si F 38 auf dem Kühlkörper FK 06 (Anhang Tab. 9) verwendet.
Wie groß ist die ideelle Gleichspannung? Welcher maximale Gleichstrom kann der Schaltung entnommen werden? Wie lautet die genaue Bezeichnung der Dioden, wenn der Spannungssicherheitsfaktor 2,5 ist?

**Lösung** Ideelle Gleichspannung:

$U_{di} = 0{,}675 \cdot U_{v0} = 0{,}675 \cdot 400\ \text{V} = \mathbf{270\ V}$

Laut Datenblatt ist der Grenzgleichstrom der Dioden $I_{FAV} = 31$ A bzw. $I_{pmi} = I_{FAV} = 31$ A und damit der Gleichstrom

$$I_d = \frac{I_{pmi}}{0{,}333} = \frac{31\ \text{A}}{0{,}333} = \mathbf{93{,}1\ A}.$$

Sperrspannung:

$U_{im} = 2{,}094 \cdot U_{di} = 2{,}094 \cdot 270\ \text{V} = 565{,}4\ \text{V}$

$U_{RRM} \geqq k \cdot U_{im} = 2{,}5 \cdot 565{,}4 = \mathbf{1413{,}5\ V}$

Damit müssen die Dioden **S Si F3883** verwendet werden.

## Aufgaben

1. Einer Einpuls-Mittelpunktschaltung M1U will man entnehmen:
   a) $U_{di} = 24$ V, $I_d = 200$ mA,
   b) $U_{di} = 48$ V, $I_d = 150$ mA,
   c) $U_{di} = 12$ V, $I_d = 80$ mA.
   Berechnen Sie die Ausgangsspannung $U_{v0}$, den Ausgangsstrom $I_v$ und die Bauleistung $S_T$ des Transformators.
2. Eine M1U-Schaltung ist über einen Transformator mit dem Übersetzungsverhältnis a) 5,48, b) 2,09, c) 9,58 an das 230-V-Netz angeschlossen. Der Ohmsche Lastwiderstand beträgt 68 Ω.
   Berechnen Sie den arithmetischen Mittelwert und den Effektivwert von Gleichspannung und Gleichstrom, die Wirkleistung und die Transformatorenbauleistung.
3. Einem Lötkolben mit den Nenndaten 230 V und a) 40 W, b) 100 W, c) 60 W wird in den Lötpausen eine Diode vorgeschaltet.
   Um wieviel Prozent verringern sich die Stromaufnahme (Effektivwert) und die Leistung des Lötkolbens in den Lötpausen gegenüber dem Netzbetrieb?
4. Wie groß darf die Eingangswechselspannung einer Zweipuls-Mittelpunktschaltung M2U sein, wenn die Dioden den Grenzwert $U_{RRM}$ a) 60 V, b) 100 V, c) 150 V haben? Der Spannungs-Sicherheitsfaktor wird mit $k = 1{,}8$ angenommen.
5. Mit einem Drehspulinstrument werden am Ausgang einer Zweipuls-Brückenschaltung B2U die Spannung a) 207 V, b) 99 V, c) 37,8 V und der Strom 2 A gemessen.
   Wie groß sind die Anschlußspannung, der Ohmsche Lastwiderstand und der arithmetische Mittelwert des Diodenstroms?
6. Die Erregerwicklung eines Gleichstrommotors (induktive Last) wird über eine B2U-Schaltung an der Wechselspannung a) 400 V, b) 230 V, c) 110 V betrieben. Es sind Dioden mit der höchsten periodischen Spitzensperrspannung $U_{RRM} = 600$ V und dem Grenzgleichstrom $I_{FAVM} = 4$ A eingesetzt.
   Beurteilen Sie den vorhandenen Spannungs-Sicherheitsfaktor. Wie groß ist die maximal zulässige Stromaufnahme der Erregerwicklung?
7. Der Brückengleichrichter **8**.16 für die Nennanschlußspannung 250 V und die kapazitiven Nenngleichströme 1,5 A mit und 1 A ohne Kühlblech

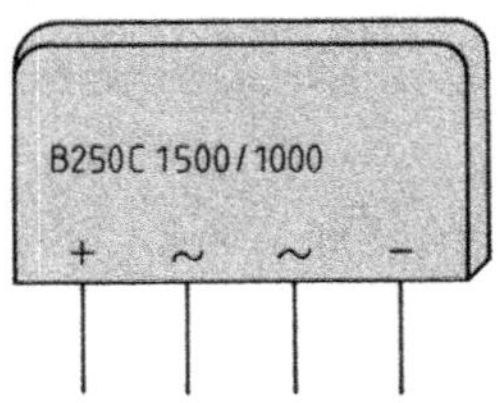


**8**.16 Brückengleichrichter

darf laut Datenblatt bei Ohmscher Last mit 1,8 A/1,2 A belastet werden.

Welcher kleinste Ohmsche Lastwiderstand darf bei der Anschlußspannung 230 V verwendet werden, und wie groß ist die umgesetzte Leistung? Begründen Sie, warum die Nenngleichströme bei Ohmscher Last größer als bei kapazitiver sind.

8. Ein Brückengleichrichter mit dem Aufdruck B 80 C 5000/3300 wird ohne Kühlblech mit den Nennwerten betrieben. Wie groß sind die Scheitelsperrspannung und der Strom $I_{FAV}$ der einzelnen Dioden?

9. Für eine Versuchsanlage wird Gleichspannung 4500 V gebraucht, die Belastbarkeit muß 1200 A betragen. Vorgeschlagen werden eine
   a) Zweipuls-Brückenschaltung,
   b) Sechspuls-Brückenschaltung,
   c) Dreipuls-Mittelpunktschaltung.

   Ermitteln Sie Zahl und Schaltung der Dioden mit der Nennanschlußspannung 1000 V und dem Grenzgleichstrom 300 A sowie die Ausgangsspannung des Transformators.

10. Ein Drehstromgleichrichter mit den Daten
    a) $U_{di} = 350$ V und $I_d = 300$ A,
    b) $U_{di} = 700$ V und $I_d = 160$ A,
    c) $U_{di} = 500$ V und $I_d = 440$ A

    ist über einen Dy5 Stromrichtertransformator ans 3-kV-Netz angeschlossen. Die Windungszahl der Eingangswicklung ist je Strang 7200 Windungen.

    Berechnen Sie für eine M3U- und eine B6U-Schaltung die Bauleistung, die Ausgangsspannung und die Strangwindungszahl der Sekundärwicklung sowie die Stromaufnahme des Transformators.

11. Für ein Gleichstromschweißgerät ist eine halbgesteuerte Sechspuls-Brückenschaltung B6H über einen Stromrichtertransformator Dy5 an das 400-V-Drehstromnetz angeschlossen. Der maximale Schweißstrom beträgt $I_d$ = 650 A, die maximale Schweißspannung $U_{di} = 46$ V.

    Ermitteln Sie das Übersetzungsverhältnis, die Stromaufnahme und die Bauleistung des Transformators. Dimensionieren Sie die Dioden hinsichtlich der Strombelastbarkeit und der Sperrspannung bei dem Spannungs-Sicherheitsfaktor 2.

12. Die Diode S Si F 3840 (s. Anhang Tab. 9) ist auf dem Kühlkörper Gk11 ($T_A = 45$ °C) montiert. Die möglichen Gleichrichterschaltungen werden über entsprechende Stromrichtertransformatoren an 400 V betrieben.

    Bestimmen Sie jeweils bei $k = 2$ die maximalen Werte von $I_d$, $U_{di}$, $U_{v0}$ sowie das Übersetzungsverhältnis und die Bauleistung des Transformators bei den Schaltungen
    a) M1U mit Widerstandslast,
    b) B2U mit Widerstandslast,
    c) B2U mit induktiver Last,
    d) M2U mit Widerstandslast,
    e) M3U mit induktiver Last,
    f) B6U mit induktiver Last.

13. Die Schaltungen M3U und B6U mit der Gleichspannung $U_{di} = 440$ V sollen jeweils über einen Stromrichtertransformator mit der Bauleistung a) 12 kVA, b) 8 kVA, c) 40 kVA angeschlossen werden. Vergleichen Sie für beide Schaltungen Scheitelsperrspannung und Diodenströme sowie die Gleichstromleistungen $U_{di} \cdot I_d$.

### 8.2.3 Glätten von Strom und Spannung

**Die Spannungswelligkeit $w_U$** gibt den Effektivwert des Wechselspannungsgehalts $U_W$ der Gleichspannung $U_{di}$ an. Der Wechselspannungsgehalt wird auch als Brummspannung $U_{br}$ bezeichnet (**8.**17). Sie setzt sich mathematisch betrachtet aus einer sinusförmigen Grundwelle $U_{W1}$ und vielen kleinen sinusförmigen Ober-

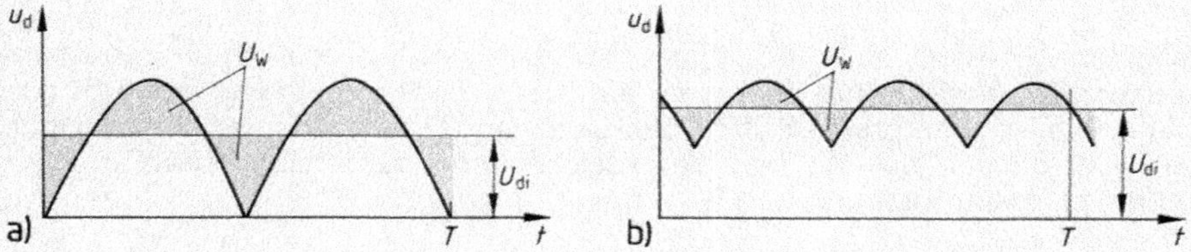


**8.17** Wechselspannungsgehalt (Brummspannung)
a) einer Zweipulsschaltung, b) einer Dreipulsschaltung

wellen zusammen. Die Frequenz der Grundwelle $f_1 = p \cdot f$ ergibt sich aus der Pulszahl $p$ der Gleichrichterschaltung und der Netzfrequenz $f$.

$$w_U = \frac{U_W}{U_{di}} \quad \text{(Werte s. Tabelle 8.15)}$$

$w_U$ Spannungswelligkeit
$U_W$ Wechselspannungsgehalt (Brummspannung)
$U_{di}$ ideelle Gleichspannung (arithmetischer Mittelwert)

**Stromwelligkeit** $w_I = I_W/I_d$. Bei Ohmscher Belastung sind die Kurvenformen von Spannung und Strom gleich, damit auch deren Welligkeit.

$$w_I = w_U \quad \text{für Ohmsche Belastung}$$

$w_I$ Stromwelligkeit

**Stromglättung.** Der Gleichstrom kann durch eine mit der Last in Reihe geschaltete Glättungsdrossel geglättet werden (**8.**18).

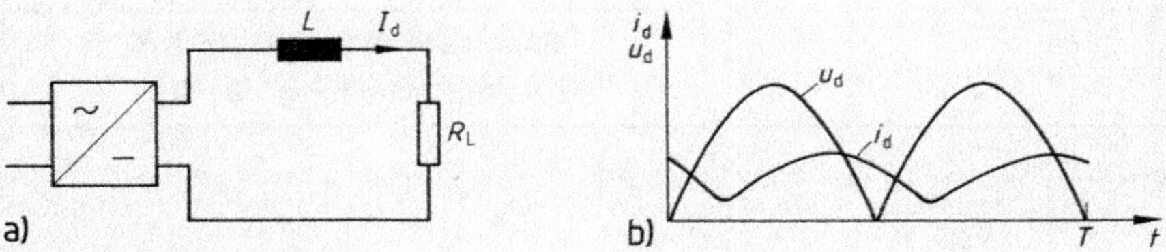


**8.18** Geglätteter Gleichstrom
a) Schaltung, b) Liniendiagramm

Betrachtet man den Wechelspannungs- und Wechselstromgehalt auf der Gleichstromseite einer Gleichrichterschaltung vereinfacht nur als sinusförmige Grundwelle, läßt sich aus $Z = U_W/I_W$ und $Z^2 = X_L^2 + R^2$ die Gleichung für die Induktivität der Glättungsdrossel herleiten.

$$\textbf{Glättungsinduktivität}\ L = \frac{1}{p \cdot 2 \cdot \pi \cdot f} \cdot \sqrt{Z^2 - R_L^2}$$

$$Z = \frac{w_U}{w_I}\, R_L$$

$L$ Induktivität der Glättungsdrossel
$f$ Netzfrequenz
$p$ Pulszahl
$R_L$ Ohmscher Lastwiderstand

**Spannungsglättung mit Ladekondensator.** Zur Glättung der Ausgangsspannung einer Gleichrichterschaltung wird parallel zu den Ausgangsklemmen ein Ladekondensator $C_L$ geschaltet (**8**.19). Ohne Lastwiderstand lädt er sich auf den Spitzenwert der Eingangswechselspannung auf. Der Wechselspannungsanteil (Brummspannung) ist dann praktisch Null. Bei Belastung entlädt sich der Kondensator in den Sperrphasen der Dioden. Der Gleichspannungsmittelwert nimmt ab, die Brummspannung zu.

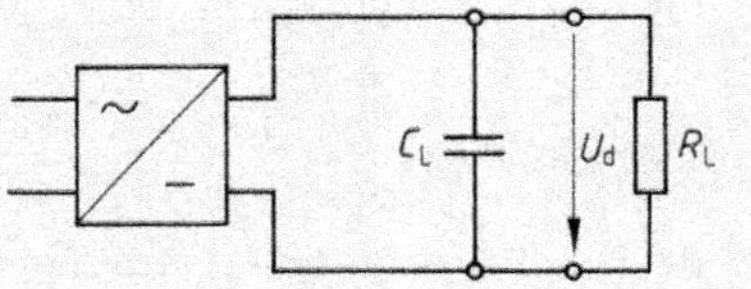


**8**.19
Spannungsglättung a) Schaltung,
b) Liniendiagramm einer Einpulsschaltung,
c) Liniendiagramm einer Zweipulsschaltung

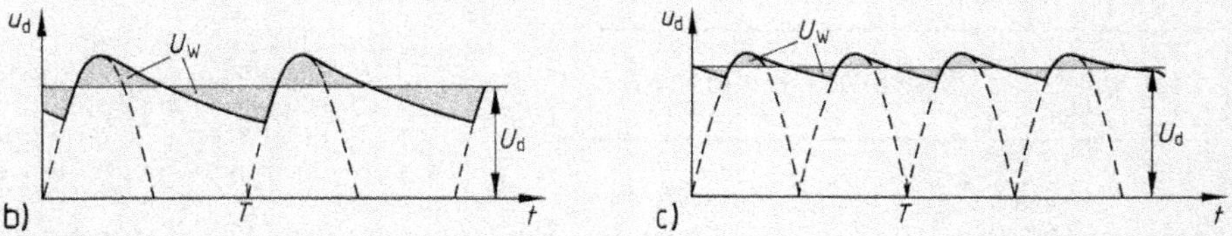


Die Kapazität des Ladekondensators wird betimmt von der Größe des zulässigen Wechselspannungsgehalts $U_W$, dem Laststrom, der Art der Gleichrichterschaltung und der Frequenz des Wechselspannungsgehalts. In der Praxis darf eine bestimmte Größe des Ladekondensators nicht überschritten werden, um den Gleichrichter nicht zu zerstören. Die Kapazität des zulässigen Ladekondensators ist den Datenblättern der Gleichrichter zu entnehmen. Häufig wird $C_L$ so dimensioniert, daß die Spannungswelligkeit noch 5 % beträgt.

$$C_L = \frac{k \cdot I_d}{p \cdot f \cdot U_W}$$

**Einpulsschaltung** $k = 0{,}25$

**Zweipulsschaltung** $k = 0{,}2$

**Beispiel 8.7** Durch eine Glättungsdrossel soll die Stromwelligkeit $w_I = 5\ \%$ bei einer M3U-Schaltung erreicht werden. Der Gleichrichter ist an 400 V, 50 Hz angeschlossen und mit $R_L = 15\ \Omega$ belastet.

Wie groß sind der Wechselspannungsgehalt der Gleichspannung (Brummspannung) und die Induktivität der Glättungsdrossel?

**Lösung** Aus Tabelle **8**.15:

$U_{di} = 0{,}675 \cdot U_{v0} = 0{,}675 \cdot 400\ \text{V} = 270\ \text{V}$

$U_W = w_U \cdot U_{di} = 0{,}183 \cdot 270\ \text{V} = \mathbf{49{,}4\ V}$

Berechnung der Glättungsdrossel:

$$Z = \frac{w_U}{w_I} R_L = \frac{18{,}3\ \%}{5\ \%}\ 15\ \Omega = 54{,}9\ \Omega$$

$$L = \frac{1}{p \cdot 2 \cdot \pi \cdot f}\sqrt{Z^2 - R^2} = \frac{1}{3 \cdot 2 \cdot \pi \cdot 50\ \text{Hz}}\sqrt{(54{,}9\ \Omega)^2 - (15\ \Omega)^2} = \mathbf{56\ mH}$$

**Beispiel 8.8** Welche Kapazität muß der Ladekondensator eines Zweipuls-Brückengleichrichters haben, der die Brummspannung auf 5 % der Gleichspannung $U_{di} = 60$ V herabsetzt, wenn der Laststrom 1,2 A und die Netzfrequenz 50 Hz betragen.

**Lösung** $$C_L = \frac{k \cdot I_d}{p \cdot f \cdot U_W} = \frac{0{,}2 \cdot 1{,}2\ \text{A}}{2 \cdot 50\ \text{Hz} \cdot 0{,}05 \cdot 60\ \text{V}} = \mathbf{800\ \mu F}$$

**Aufgaben**

1. Vergleichen Sie die Wechselspannungsgehalte und deren Grundfrequenzen für
   a) eine M1U und eine B2U an der Anschlußspannung 230 V, 50 Hz,
   b) eine M3U und eine B6U an der Anschlußspannung 400 V, 50 Hz.
2. Für welche Gleichrichterschaltungen ist der Wechselspannungsanteil der Gleichspannung a) 100 V, b) 50 V, c) 125 V, wenn die Anschlußspannung 230 V, 50 Hz beträgt?
3. Im Gleichstromkreis einer B6U, die mit dem Ohmschen Widerstand 30 Ω belastet ist, beträgt der Wechselstromanteil $I_W$ a) 0,765 A, b) 0,56 A, c) 0,644 A. Wie groß sind $U_{di}$ und die Ausgangsspannung des Stromrichtertransformators?
4. Die Gleichrichterschaltung B2U ist an 230 V, 50 Hz angeschlossen und mit dem Wirkwiderstand 12 Ω belastet. Die Stromwelligkeit soll durch eine Glättungsdrossel auf $w_I$ a) 20 %, b) 10 %, c) 15 % herabgesetzt werden. Wie groß sind Blindwiderstand und Induktivität der Glättungsdrossel?
5. Der Anker einer Gleichstrommaschine mit dem Ankerwiderstand 3,75 Ω und der Ankerinduktivität $L_A$ = 31 mH ist über eine Zweipuls-Brückenschaltung ans 50-Hz-Netz angeschlossen. Der Hersteller schreibt die Vorschaltung einer Glättungsdrossel mit der Induktivität a) 47 mH, b) 33 mH, c) 68 mH vor.

   Wie groß ist die Stromwelligkeit, wenn der Einfluß der Gegenspannung der Maschine auf die Kurvenverläufe vernachlässigt wird?

   Wird die Maschine über eine Sechspuls-Brückenschaltung angeschlossen, ist laut Hersteller keine Glättungsdrossel erforderlich. Wie groß ist die Stromwelligkeit?
6. Der Gleichstrom einer an der Netzfrequenz 50 Hz angeschlossenen Dreipuls-Mittelpunktschaltung darf die Stromwelligkeit 8,3 % aufweisen. Die Glättungsdrossel hat die Induktivität a) 24 mH, b) 33 mH, c) 47 mH.

   Welcher Wirkwiderstand darf angeschlossen sein? Welchen Einfluß hat ein größerer/kleiner Wirkwiderstand auf die Stromwelligkeit?
7. Welche Kapazität hat der Ladekondensator eines Zweipuls-Brückengleichrichters, wenn bei einem Wechselspannungsgehalt $U_W$ = 5 % der Gleichspannung $U_{di}$ a) 24 V, b) 42 V, c) 12 V ein Laststrom $I_L$ = 2,2 A fließt? ($f_{Netz}$ = 50 Hz)
8. Eine Einpuls-Mittelpunktschaltung ist an 24 V, 50 Hz angeschlossen. Der Ladekondensator $C_L$ a) 2200 µF, b) 1500 µF, c) 1800 µF soll die Spannungswelligkeit auf 5 % der ungeglätteten Gleichspannung herabsetzen. Wie groß darf der Laststrom sein?
9. Wie groß ist die Kapazität eines Ladekondensators bei einem Spannungswandler mit Zweipuls-Brückengleichrichter, der mit einer Frequenz $f$ a) 25 kHz, b) 15 kHz, c) 12,5 kHz arbeitet, wenn $I_L$ = 0,4 A und $U_{di}$ = 30 V betragen? Die Brummspannung soll 5 % von $U_{di}$ sein.
10. Wie groß ist der Wechselspannungsgehalt einer M2U bei a) $C_L$ = 470 µF, b) $C_L$ = 680 µF, c) $C_L$ = 1000 µF, $I_L$ = 350 mA, $U_{di}$ = 30 V und der Netzfrequenz 50 Hz?
11. Die Gleichrichterbrücke B 80 C 3200/2200 wird ohne Kühlblech mit Nennspannung betrieben. Im Datenblatt ist der Ladekondensator mit $C_L \leqq$ 2500 µF angegeben.
    a) Wie groß ist die Ausgangsspannung im Leerlauf mit und ohne Ladekondensator?
    b) Wie groß ist die Spannungswelligkeit im Nennbetrieb bei größtmöglichem Ladekondensator?
    c) Warum darf keine größere Kapazität verwendet werden?
12. Der Schaltung M1U mit $C_L$ a) 56 µF, b) 120 µF, c) 680 µF wird der Strom 50 mA entnommen. Welche Kapazität muß ein zweiter Kondensator haben, wenn bei einer um 30 mA höheren Stromentnahme der Wechselspannungsgehalt unverändert bleiben soll?

Um den Wechselspannungsgehalt der Gleichspannung – Brummspannung – an der Last noch weiter herabzusetzen, werden dem Ladekondensator Siebglieder nachgeschaltet (**8**.20). Siebglieder sind Tiefpässe. Der Siebfaktor *s* ist das Verhältnis aus dem Eingangs-Wechselspannungsgehalt $U_{W1}$ und dem Ausgangs-Wechselspannungsgehalt $U_{W2}$ des Siebglieds.

$$s = \frac{U_{W1}}{U_{W2}}$$

$U_{W1}$ Eingangs-Wechselspannungsgehalt
$U_{W2}$ Ausgangs-Wechselspannungsgehalt
$s$ Siebfaktor

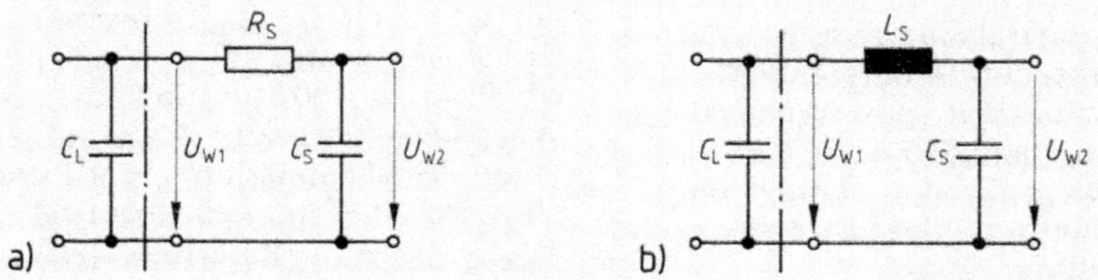


**8**.20 Siebglieder
a) RC-Siebglied, b) LC-Siebglied

$$s \approx \omega_W \cdot R_S \cdot C_S \qquad s \approx \omega_W^2 \cdot L_S \cdot C_S$$
$$s \approx p \cdot 2 \cdot \pi \cdot f \cdot R_S \cdot C_S \qquad s \approx (p \cdot 2 \cdot \pi \cdot f)^2 \cdot L_S \cdot C_S$$

$R_S$ Siebwiderstand
$L_S$ Induktivität der Siebdrossel
$C_S$ Siebkondensator
$p$ Pulszahl der Gleichrichterschaltung
$f$ Netzfrequenz

Um die Spannungsfälle an Widerstand bzw. Induktivität geringzuhalten, können mehrere Siebglieder in Reihe geschaltet werden.

**Gesamtsiebfaktor** $s_g = s_1 \cdot s_2 \cdot \ldots \cdot s_n$

Diese Gleichung gilt nur unter der praxisgerechten Bedingung, wenn $X_{CS}$ des vorgeschalteten Siebglieds sehr viel kleiner als $Z$ des nächsten ist.

**Beispiel 8.9** Der Eingangs-Wechselspannungsgehalt eines RC-Glieds aus $R_S = 330\ \Omega$ und $C_S = 100\ \mu F$ beträgt $U_{W1} = 4$ V bei der Wechselspannungsfrequenz 100 Hz. Wie groß sind der Siebfaktor *s* und der Ausgangs-Wechselspannungsgehalt $U_{W2}$?

**Lösung** $s \approx \omega_W \cdot R_S \cdot C_S = 2 \cdot \pi \cdot 100\ \text{Hz} \cdot 300\ \Omega \cdot 100\ \mu F = \mathbf{20{,}7}$

$U_{W2} = \frac{U_{W1}}{s} = \frac{4\ V}{20{,}7} = \mathbf{193\ mV}$

**Beispiel 8.10** Welchen Siebfaktor hat ein LC-Siebglied aus $L_S = 10$ H und $C_S = 32\ \mu F$, das einem Zweiweg-Gleichrichter mit Ladekondensator für Netzwechselspannung 50 Hz nachgeschaltet ist?

**Lösung** $s \approx (p \cdot 2 \cdot \pi \cdot f)^2 \cdot L_S \cdot C_S = (2 \cdot 2 \cdot \pi \cdot 50\ \text{Hz})^2 \cdot 10\ H \cdot 32\ \mu F \approx \mathbf{126}$

**Aufgaben**

1. Am Ladekondensator einer Zweipuls-Brückengleichrichterschaltung wird der Eingangs-Wechselspannungsgehalt $U_{W1} = 2$ V gemessen. Das nachgeschaltete RC-Siebglied mit $C_S$ a) 1000 µF, b) 820 µF, c) 1200 µF soll einen Siebfaktor $s = 50$ haben. Die Netzfrequenz beträgt 50 Hz. Wie groß sind $R_S$ und der Ausgangs-Wechselspannungsgehalt $U_{W2}$?
2. Der Eingangs-Wechselspannungsgehalt eines RC-Siebglieds soll bei $f_{Br} = 100$ Hz von a) $U_{W1} = 4$ V, b) $U_{W1} = 3$ V, c) $U_{W1} = 5$ V auf eine Ausgangsbrummspannung $U_{W2} = 0{,}1$ V verringert werden. Bei einem mittleren Gleichstrom von 150 mA soll der Gleichspannungsfall an $R_S$ nicht mehr als 4 V betragen. Berechnen Sie den Siebfaktor und die Bauteile des Siebglieds.
3. Welcher Wechselspannungsgehalt ist am Siebkondensator vorhanden, wenn $R_S =$ a) 12 Ω, b) 10 Ω, c) 15 Ω, $X_{CS} = 1{,}5$ Ω und $U_{W1}1 = 2{,}2$ V betragen?
4. Die Ausgangsgleichspannung 12 V eines Einphasen-Netzgeräts für 50 Hz mit Brückengleichrichter, Ladekondensator und RC-Siebglied darf beim Laststrom a) 60 mA, b) 50 mA, c) 70 mA einen Wechselspannungsgehalt von 10 mV aufweisen. Am Ladekondensator liegt eine Gleichspannung 24 V mit der Spannungswelligkeit 0,05. Berechnen Sie $C_L$, $R_S$, $C_S$ und $s$.
5. Da die Siebdrossel mit $L = 4$ H eines nostalgischen Rundfunkgeräts verschmort ist, soll sie durch einen Siebwidersand ersetzt werden. An $R_S$ darf bei $I_L$ a) 50 mA, b) 60 mA, c) 80 mA eine Gleichspannung $U_{RS}$ von höchstens 30 V abfallen. Das Gerät hat eine Zweiweg-Gleichrichterschaltung und $C_S = 50$ µF.

   Berechnen Sie den Siebfaktor des LC-Siebglieds und den größtmöglichen Siebfaktor des RC-Siebglieds. Welche Schlußfolgerung läßt sich ziehen bzw. welche Lösungsmöglichkeiten bieten sich an?
6. Die Gleichspannung eines Einpuls-Gleichrichters für die Netzfrequenz 50 Hz mit Ladekondensator soll mit zwei gleichen Siebgliedern $C_{S1} = C_{S2} = 100$ µF gesiebt werden. Gesamtsiebfaktor $s_g$ a) 1000, b) 800, c) 1200.

   Welchen Siebfaktor muß jedes Siebglied haben, welche Widerstandswerte haben beide Siebglieder?
7. Wie groß sind die Siebfaktoren eines LC-Siebglieds aus $L = 5$ H, C = 47 µF
   a) bei Einpulsgleichrichtung,
   b) bei Zweipulsgleichrichtung der Netzspannung mit der Frequenz 50 Hz?
8. Welchen Siebfaktor muß ein Siebglied haben, wenn die Ausgangsbrummspannung noch a) 1 %, b) 2 %, c) 0,8 % der Eingangsbrummspannung betragen darf? Welche Werte müßten $R_S$ und $L_S$ haben, wenn $C_S = 100$ µF und $f_{Br} = 100$ Hz sind?
9. Ein Netzgerät mit Brückengleichrichter für 230 V, 50 Hz soll eine Ausgangsspannung von a) 24 V, b) 12 V, c) 15 V haben, die beim Laststrom 400 mA die Ausgangsbrummspannung 50 mV aufweisen darf. Als Lade- und Siebkondensator werden 1000 µF verwendet.

   Berechnen Sie bei Verwendung eines RC-Siebglieds den Siebwiderstand, die Ausgangsspannung des Transformators und sein Übersetzungsverhältnis.

## 8.3 Bipolare Transistoren

### 8.3.1 Kennwerte und Kennlinien

**Transistorspannungen und -ströme.** Entsprechend der Normung werden die Spannungen in der Reihe der Indizes und die in den Transistor hineinfließenden Ströme positiv gezählt. Für die NPN- und PNP-Transistoren ergeben sich die in Bild **8.21** dargestellten Vorzeichen für Spannungen und Ströme.

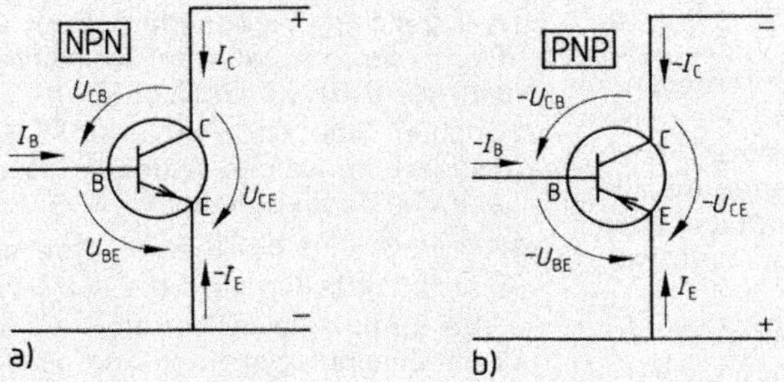


**8.21**

Nach den Kirchhoffschen Regeln ergeben sich folgende Gleichungen:

$$U_{CE} = U_{CB} + U_{BE}$$

**NPN:** $-I_E = I_C + I_B$

**PNP:** $I_E = (-I_C) + (-I_B)$

$I_E$ Emitterstrom
$I_C$ Kollektorstrom
$I_B$ Basisstrom
$U_{CE}$ Kollektor-Emitter-Spannung
$U_{CB}$ Kollektor-Basis-Spannung
$U_{BE}$ Basis-Emitter-Spannung

**Kennlinien.** Die Abhängigkeit der Transistorgrößen werden u. a. in folgenden Kennlinien dargestellt (**8.22**):

- Eingangskennlinie $I_B = f(U_{BE})$
- Stromsteuerkennlinie $I_C = f(I_B)$
- Ausgangskennlinienfeld $I_C = f(U_{CE})$

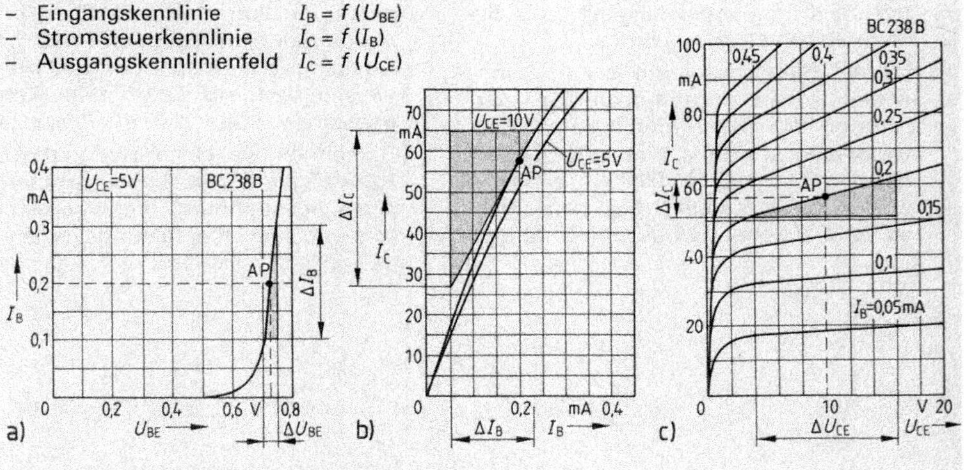


**8.22** Kennlinien des NPN-Transistors BC 238 B
a) Eingangskennlinie, b) Stromsteuerkennlinie, c) Ausgangskennlinienfeld

In Datenblättern findet man diese und andere Kennlinien häufig im logarithmischen Maßstab dargestellt (s. Anhang).

Die elektrischen Kennwerte der Transistoren sind vom jeweiligen Arbeitspunkt abhängig. In den Datenblättern werden sie für festgelegte Randbedingungen angegeben. Zu unterscheiden sind die Werte beim Betrieb mit reiner Gleichspannung („statische" Werte) und die Werte für die Verstärkung kleiner Wechselspannungen („dynamische" Werte). Hierbei sind kleine Signalwechselspannungen in einem Arbeitspunkt der Gleichspannung überlagert.

**Die statischen Werte** werden aus den Größen $U_{BE}$, $U_{CE}$, $I_B$ und $I_C$ des Arbeitspunkts ermittelt.

**Die dynamischen Werte** ermittelt man, indem man Steigungsdreiecke im festgelegten Arbeitspunkt einzeichnet und die Größen $\Delta U_{BE}$, $\Delta U_{CE}$, $\Delta I_B$ und $\Delta I_C$ abliest.

**Die Stromverstärkung** in Emitterschaltung ist für den Verstärkerbetrieb der Transistoren eine wichtige Kenngröße.

| statischer Wert | dynamischer Wert |
|---|---|
| **Gleichstromverstärkung** | **Wechselstromverstärkung** |
| $B = \frac{I_C}{I_B}$ | $\beta = \frac{\Delta I_C}{\Delta I_B}$ |

**Die Ein- und Ausgangswiderstände** sind für die Anpassung der Signalquelle bzw. der Last wichtig.

| statischer Wert | dynamischer Wert |
|---|---|
| **Gleichstrom-Eingangswiderstand** | **Wechselstrom-Eingangswiderstand** |
| $R_{BE} = \frac{U_{BE}}{I_B}$ | $r_{BE} = \frac{\Delta U_{BE}}{\Delta I_B}$ |
| **Gleichstrom-Ausgangswiderstand** | **Wechselstrom-Ausgangswiderstand** |
| $R_{CE} = \frac{U_{CE}}{I_C}$ | $r_{CE} = \frac{\Delta U_{CE}}{\Delta I_C}$ |

**Beispiel 8.11** Bei einem NPN-Transistor betragen $U_{BE} = 0{,}6$ V, $U_{CE} = 12{,}5$ V, $I_B = 0{,}2$ mA und $I_C = 30$ mA. Wie groß sind $U_{CB}$ und $I_E$?

**Lösung** $U_{CE} = U_{CB} + U_{BE}$; $U_{CB} = U_{CE} - U_{BE} = 12{,}5\text{ V} - 0{,}6\text{ V} = \mathbf{11{,}9\text{ V}}$

$-I_E = I_C + I_B = 30\text{ mA} + 0{,}2\text{ mA} = \mathbf{30{,}2\text{ mA}}$

**Beispiel 8.12** Bei einem PNP-Transistor sind $-U_{CE} = 0{,}6$ V, $-U_{BE} = 0{,}65$ V, $-I_B = 2$ mA und $-I_C = 60$ mA. Wie groß sind $U_{CB}$ und $I_E$?

**Lösung** $U_{CB} = U_{CE} - U_{BE} = -6\text{ V} - (-0{,}65\text{ V}) = \mathbf{-5{,}35\text{ V}}$

$I_E = (-I_C) + (-I_B) = 60\text{ mA} + 2\text{ mA} = \mathbf{62\text{ mA}}$

**Beispiel 8.13** Wie groß sind die (statische) Gleichstrom- und die (dynamische) Wechselstromverstärkung sowie der (statische) Gleichstrom- und der (dynamische) Wechselstrom-Eingangs- und -Ausgangswiderstand des Transistors BC 238B mit den Kennlinien **8**.22, wenn $I_B = 0{,}2$ mA und $I_{CE} = 10$ V betragen?

**Lösung** Gleichstromwerte können aus den Kennlinien für den jeweils angegebenen Arbeitspunkt (AP) abgelesen werden:

$I_C = 57$ mA, $U_{BE} = 0{,}725$ V.

$$B = \frac{I_C}{I_B} = \frac{57\text{ mA}}{0{,}2\text{ mA}} = \mathbf{285}$$

$$R_{BE} = \frac{U_{BE}}{I_B} = \frac{0{,}725\text{ V}}{0{,}2\text{ mA}} = \mathbf{3625\ \Omega}$$

$$R_{CE} = \frac{U_{CE}}{I_C} = \frac{10\text{ V}}{57\text{ mA}} = \mathbf{175\ \Omega}$$

Die Wechselstromwerte ergeben sich aus den eingezeichneten Steigungsdreiecken.

$$\beta = \frac{\Delta I_C}{\Delta I_B} = \frac{38\text{ mA}}{0{,}175\text{ mA}} = \mathbf{217}$$

$$r_{BE} = \frac{\Delta U_{BE}}{\Delta I_B} = \frac{50\text{ mV}}{0{,}2\text{ mA}} = \mathbf{250\ \Omega}$$

$$r_{CE} = \frac{\Delta U_{CE}}{\Delta I_C} = \frac{12\text{ V}}{11\text{ mA}} = \mathbf{1090\ \Omega}$$

## Aufgaben

1. Wie groß sind die Gleichstromverstärkung $B$ und der Emitterstrom von NPN-Transistoren bei
   a) $I_B = 25\ \mu$A und $I_C = 7{,}5$ mA,
   b) $I_B = 0{,}2$ mA und $I_C = 30$ mA,
   c) $I_B = 15$ mA und $I_C = 900$ mA?
2. Wie groß sind $-I_B$ und $B$ von PNP-Transistoren bei
   a) $-I_C = 30$ mA und $I_E = 30{,}2$ mA,
   b) $-I_C = 2$ mA und $I_E = 2{,}03$ mA,
   c) $-I_C = 268$ mA und $I_E = 270$ mA?
3. Beim Transistor 2N 3055 werden folgende Ströme gemessen:
   a) $I_B = 30$ mA und $-I_E = 1{,}8$ A,
   b) $I_B = 60$ mA und $-I_E = 2{,}8$ A,
   c) $I_B = 200$ mA und $I_C = 5{,}6$ A.
   Wie groß sind $I_C$ und $B$?
4. Bestimmen Sie die fehlende dritte Transistorspannung.
   a) $U_{CE} = 6{,}5$ V, $U_{BE} = 0{,}65$ V,
   b) $-U_{CB} = 4{,}8$ V, $-U_{BE} = 0{,}3$ V,
   c) $U_{CE} = 4{,}8$ V, $U_{BE} = 0{,}65$ V.
   d) Um welche Transistoren handelt es sich: NPN, PNP, Ge, Si?
5. Wie groß sind die Stromverstärkung $B$ und die Kollektor-Emitterspannung $U_{CE}$ des Transistors **8**.23?

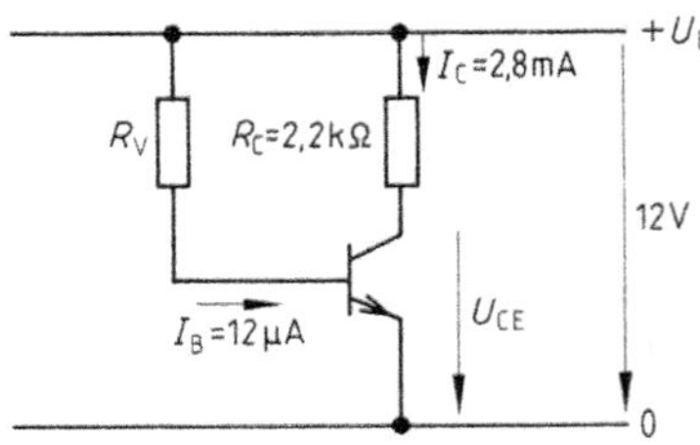


**8**.23

6. An den Transistoren eines defekten Verstärkers werden die Spannungen gegen Minus nach Tab. **8**.24 gemessen. Welche(r) Transistor(en) kann (können) nicht arbeiten bzw. defekt sein? Die Betriebspannung beträgt $U_B = 15$ V.

Tabelle **8**.24

| | Potential in V an B | C | E | $U_{BE}$ | $U_{CE}$ | i.O./defekt/ falsche Spannung |
|---|---|---|---|---|---|---|
| a) | 1,8 | 1,5 | 1,8 | | | |
| b) | 2,5 | 2,5 | 0,05 | | | |
| c) | 0,9 | 7,0 | 1,2 | | | |
| d) | 5,6 | 0 | 6,2 | | | |

7. In einem Gerät werden an einem Transistor folgende Spannungen gegen Minus gemessen (**8**.25):

| | an der Basis | am Kollektor | am Emitter |
|---|---|---|---|
| a) | 1,4 V | 5,6 V | 0,8 V |
| b) | 1,2 V | 5,4 V | 0,5 V |
| c) | 1,35 V | 5,2 V | 0,65 V |

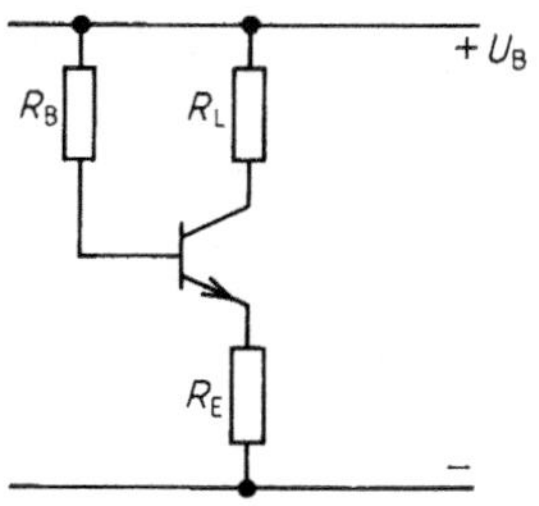


**8**.25

Wie groß sind die Spannungen $U_{CE}$, $U_{BE}$ und $U_{CB}$? Der Widerstand $R_E$ dient zur Temperaturstabilisierung.

8. Bestimmen Sie für den Transistor BC 238B die Basis-Emitterspannung $U_{BE}$ und den Gleichstrom-Eingangswiderstand aus der Eingangskennlinie **8**.22a) bei $I_B$ a) 50 µA, b) 0,2 mA, c) 0,350 mA.

9. Wie groß sind bei einem Transistor nach der Stromsteuerkennlinie **8**.26 der Kollektorstrom $I_C$, der Emitterstrom $-I_E$ und die Gleichstromverstärkung B, wenn der Basisstrom $I_B$ a) 0,1 mA, b) 0,2 mA, c) 0,4 mA beträgt?

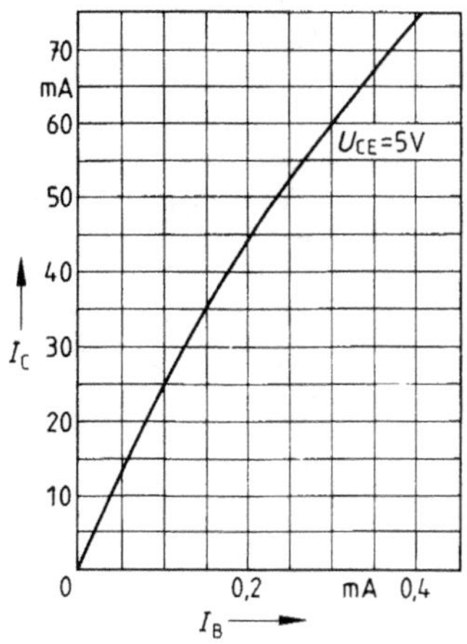


**8**.26

10. Der Leistungs-Darlingtontransistor CC 50 R 600 K wird mit dem Kollektorstrom $I_C = 50$ A betrieben. Die Gleichstromverstärkung $B$ ist mit typisch 200 und mindestens 70 angegeben. In welchem Streubereich liegen die erforderlichen Basisströme $I_B$?

11. Wie groß sind der Mittelwert der Gleichstromverstärkung und die möglichen prozentualen Abweichungen (Streuwerte für $T_A = 25$ °C, $U_{CE} = 5$ V) des Transistors BC 238B nach Diagramm **8**.27 für den Kollektorstrom a) 0,1 mA, b) 1 mA, c) 2 mA?

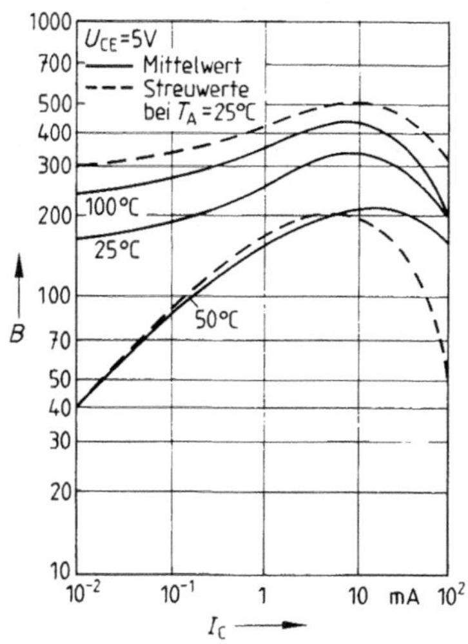


**8**.27

12. Welcher Basistrom ist für den Transistor 2N 3055 nach dem Diagramm $B = f(I_C)$ (s. Anhang Tab. 10) bei verschiedenen Kollektorströmen $I_C$ und Gehäusetemperaturen $T_G$ erforderlich, wenn
a) $I_C = 3$ A, $T_G = 25$ °C,
b) $I_C = 3$ A, $T_G = 125$ °C,
c) $I_C = 10$ A, $T_G = 125$ °C?

13. Ermitteln Sie aus der Eingangskennlinie des Transistors 2N 3055 (s. Anhang Tab. 10) den Gleichstrom- und den Wechselstrom-Eingangswiderstand für $U_{BE}$ a) 1 V, b) 1,75 V, c) 2 V bei $T_G = 25$ °C.

14. Der Transistor BC 238B mit der Ausgangskennlinie **8**.22c, wird im Arbeitspunkt mit $U_{CE} = 6$ V und $I_B =$

150 µA betrieben. Wie groß sind der Kollektorstrom, der Gleichstrom- und der Wechselstrom-Ausgangswiderstand?

15. Welche Wechselstromverstärkung $\beta$ hat ein Transistor bei $I_B$ a) 100 µA, b) 0,2 mA, c) 0,3 mA nach der Stromsteuerkennlinie **8.26**?

16. Der Transistor 2N 3055 (Anhang Tab. 10) wird im Arbeitspunkt bei der Gehäusetemperatur 125 °C mit $U_{CE}$ = 10 V und $U_{BE}$ = 1,5 V betrieben. Die Spannung $U_{BE}$ ändert sich im Arbeitspunkt um ±0,25 V. Bestimmen Sie
    a) die Gleichstromwerte $I_B$, $I_C$, $B$, $R_{BE}$ und $R_{CE}$,
    b) die Änderungen $\Delta I_B$ und $\Delta I_C$,
    c) die Wechselstromverstärkung $\beta$ und den Wechselstrom-Eingangswiderstand $r_{BE}$.

17. Wird beim Transistor BSY 62 die Kollektor-Emitterspannung $U_{CE1}$ = 4 V auf $U_{CE2}$ = 12 V erhöht, steigt der Kollektorstrom $I_{C1}$ = 8 mA auf $I_{C2}$ = 8,35 mA; $I_B$ = 0,1 mA = konstant.
    a) Wie groß ist der Wechselstrom-Ausgangswiderstand $r_{CE}$?
    b) Wie groß ist der Gleichstrom-Ausgangswiderstand $R_{CE}$, wenn der Arbeitspunkt bei $U_{CE}$ = 8 V liegt und die Ausgangskennlinie linear verläuft?

## 8.3.2 Verlustleistung und Arbeitspunkteinstellung

**Leistungshyperbel.** Die totale Verlustleistung eines Transistors darf im Betrieb die zulässigen Werte nicht überschreiten. Sie setzt sich aus der Verlustleistung des Eingangs- und Ausgangskreises zusammen:

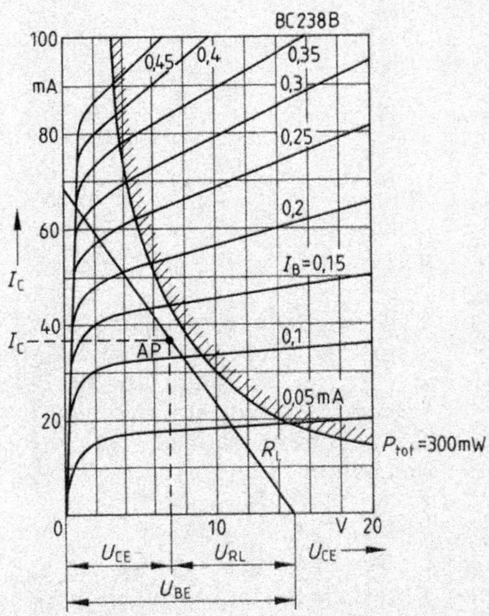


**8.28** Ausgangskennlinienfeld des Transistors BC 238B mit Leistungshyperbel und Widerstandsgerade $R_C$

$$P_{tot} = P_{BE} + P_{CE} = U_{BE} \cdot I_B + U_{CE} \cdot I_C .$$

Da die Eingangsverluste meist sehr gering sind, vernachlässigt man sie und rechnet häufig nur mit den Ausgangsverlusten.

$$\boldsymbol{P_{tot} \approx P_{CE} = U_{CE} \cdot I_C}$$

$P_{tot}$ totale Verlustleistung

Trägt man die Wertepaare von $U_{CE}$ und $I_C$ für eine bestimmte, im Datenblatt angegebene Verlustleistung in das Ausgangskennlinienfeld des Transistors ein, ergibt sich eine Leistungshyperbel (**8.28**).

**Der Kollektorwiderstand** (Lastwiderstand) $R_C$ muß in Verstärkerschaltungen so gewählt werden, daß die totale Verlustleistung nicht überschritten wird. Daher darf die Widerstandgerade $R_C$ nicht die Leistungshyperbel im Ausgangs-Kennlinienfeld schneiden. (Ausnahme bei schnellen Schaltanwendungen s. Abschn. 8.3.5.)

**Wärmewiderstände** in Abhängigkeit von der Verlustleistung und Temperatur wurden in Abschn. 8.1 behandelt.

**Basisvorwiderstand und Basisspannungsteiler.** Der Arbeitspunkt auf der Widerstandsgerade $R_C$ wird in Großsignal-Verstärkerschaltungen häufig so gewählt, daß $U_{CE} = 0{,}5 \cdot U_B$ ist. Für diesen Arbeitspunkt sind bestimmte Eingangsgrößen notwendig, die sich über einen Basisvorwiderstand $R_B$ oder einen Basisspannungsteiler $R_B/R_q$ einstellen lassen. Damit beim Basisspannungsteiler die Spannung $U_{BE}$ trotz schwankendem $I_B$ ziemlich konstant bleibt (Basisspannungssteuerung), läßt man durch $R_q$ einen Querstrom $I_q = m \cdot I_B$ fließen (**8.29**).

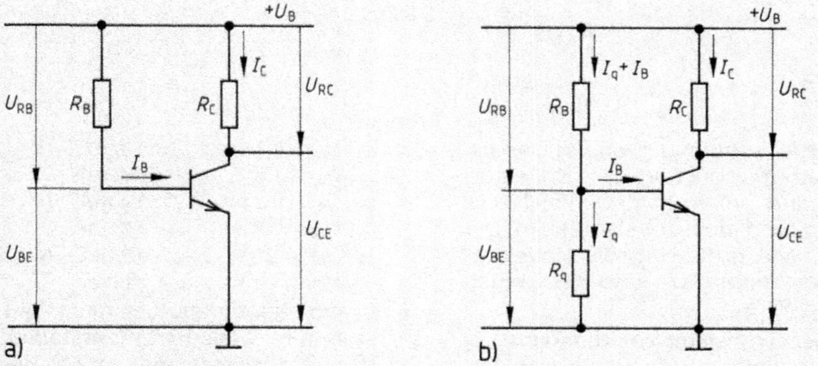


**8.29** Erzeugen der Basisvorspannung
a) mit Basisvorwiderstand $R_B$, b) mit Basisspannungsteiler $R_B/R_q$

| | |
|---|---|
| **Spannung am Kollektorwiderstand** | $U_{RC} = I_C \cdot R_C = U_B - U_{CE}$ |
| **Basisvorwiderstand** | $R_B = \dfrac{U_B - U_{BE}}{I_B}$ |
| **Basisspannungsteiler** | $R_q = \dfrac{U_{BE}}{I_q} = \dfrac{U_{BE}}{m \cdot I_B}$ |
| | $R_B = \dfrac{U_B - U_{BE}}{I_q + I_B}$ |
| **Querstromverhältnis** | $m = \dfrac{I_q}{I_B}$, typisch: $m = 5$ bis $10$ |

**Beispiel 8.14** Stellen Sie fest, ob der Kollektorlastwiderstand $R_C = 220\ \Omega$ den Transistor BC 238B mit dem Ausgangskennlinienfeld (**8.28**) überlastet, wenn die Betriebsspannung 15 V beträgt.

**Lösung** Für $U_{CE} = 0$ V gilt $I_{C1} = \dfrac{U_B - U_{CE}}{R_C} = \dfrac{15\ \text{V} - 0\ \text{V}}{220\ \Omega} = \mathbf{68\ mA.}$

Für $U_{CE} = 15$ V gilt $I_{C2} = \dfrac{U_B - U_{CE}}{R_C} = \dfrac{15\ \text{V} - 15\ \text{V}}{220\ \Omega} = \mathbf{0\ mA.}$

Diese beiden Werte bestimmen als Endpunkte den Verlauf der Widerstandsgeraden. Der „verbotene" Bereich oberhalb der Leistungshyperbel wird durch die Widerstandsgerade nicht erreicht und der Transistor daher **nicht überlastet**.

**Beispiel 8.15** Um den im Ausgangskennlinienfeld (**8**.28) eingezeichneten Arbeitspunkt des Transistors BC 238B einzustellen, verwenden wir einen Basisspannungsteiler mit $m = 5$. Ermitteln Sie mit Hilfe der Eingangskennlinie (**8**.22a) die Widerstände $R_B$ und $R_q$.

**Lösung** Aus den Kennlinien ergibt sich für den Arbeitspunkt $I_B$ = 0,12 mA und $U_{BE}$ = 0,71 V.

$$R_q = \frac{U_{BE}}{5 \cdot I_B} = \frac{0{,}71\ \text{V}}{5 \cdot 0{,}12\ \text{mA}} = \mathbf{1183\ \Omega}$$

$$R_B = \frac{U_B - U_{BE}}{6 \cdot I_B} = \frac{15\ \text{V} - 0{,}71\ \text{V}}{6 \cdot 0{,}12\ \text{mA}} = \mathbf{19{,}8\ k\Omega}$$

**Aufgaben**

1. Die Betriebsspannung eines Transistors beträgt $U_B$ = 6 V, der Kollektorwiderstand $R_C$ a) 150 Ω, b) 120 Ω, c) 100 Ω und der Kollektorstrom $I_C$ = 30 mA. Wie groß sind die Kollektor-Emitterspannung $U_{CE}$ und die Verlustleistung $P_{tot}$?
2. Für einen Transistor soll die Basisvorspannung mit einem Basisvorwiderstand eingestellt werden (**8**.29a). Vorgegeben sind:

   a) $U_{BE}$ = 0,2 V, $I_B$ = 10 μA, $I_C$ = 0,6 mA,

   b) $U_{BE}$ = 280 mV, $I_B$ = 140 μA, $I_C$ = 8,4 mA,

   c) $U_{BE}$ = 180 mV, $I_B$ = 85 μA, $I_C$ = 6,2 mA.

   Die Betriebsspannung beträgt 5 V, die Kollektor-Emitterspannung 2,5 V.

   Wie groß müssen der Basisvorwiderstand $R_B$ und der Kollektorwiderstand $R_C$ sein?
3. Von einer Verstärkerstufe nach Bild **8**.29a sind bekannt: $U_B$ = 18 V, $R_C$ = 200 Ω, $U_{CE}$ = 9 V, $U_{BE}$ = 0,63 V, Stromverstärkung $B$ mit a) 120, b) 200, c) 160. Berechnen Sie den Basisvorwiderstand $R_B$.
4. Basisspannung $U_{BE}$ = 0,62 V und Basisstrom $I_B$ = 12 μA sollen mit einem Basisspannungsteiler mit m = 10 eingestellt werden. Welche Werte haben $R_B$ und $R_q$, wenn die Betriebsspannung 12 V beträgt?
5. Der Arbeitspunkt des Transistors BC 337 in Emitterschaltung wird über einen Basisspannungsteiler eingestellt. Berechnen Sie für das Querstromverhältnis $m = 5$ die Widerstände $R_L$, $R_q$ und $R_B$, wenn folgende Werte gegeben sind:

   a) $U_{BE}$ = 0,75 V, $I_B$ = 0,6 mA, $U_B$ = 12 V, $U_{CE}$ = 7,5 V, $I_C$ = 150 mA

   b) $U_{BE}$ = 0,74 V, $I_B$ = 0,4 mA, $U_B$ = 10 V, $U_{CE}$ = 5 V, $I_C$ = 110 mA

   c) $U_{BE}$ = 0,7 V, $I_B$ = 0,2 mA, $U_B$ = 15 V, $U_{CE}$ = 7,5 V, $I_C$ = 50 mA
6. In der Verstärkerstufe nach Bild **8.30** soll die Gleichstromverstärkung $B$ des Transistors bestimmt werden. Die Betriebsspannung beträgt a) 12 V, b) 10 V, b) 8 V. Die anderen Werte sind dem Schaltbild zu entnehmen.

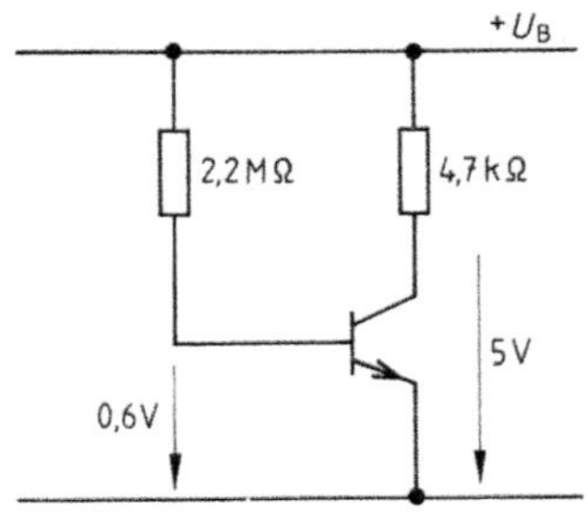


**8**.30

7. Von einer Verstärkerstufe in Emitterschaltung sind bekannt: $U_B$ = 12 V, $R_C$ = 500 Ω, $R_q$ = 1,5 kΩ, $R_B$ = 20 kΩ, $B$ = 80. Der Gleichstrom-Eingangswiderstand beträgt $R_{BE}$ = 3,5 kΩ.

   Wie groß sind $U_{BE}$, $I_{RB}$, $I_B$, $I_C$ und $U_{CE}$?
8. Tragen Sie in das Ausgangskennlinienfeld des Transistors BC 238B (**8**.28) die Widerstandsgeraden des Kollektorlastwiderstands ein, und prüfen Sie, ob diese Betriebswerte zulässig sind.

   a) $U_B$ = 20 V, $R_C$ = 250 Ω,

   b) $U_B$ = 10 V, $R_C$ = 100 Ω,

   c) $U_B$ = 20 V, $R_C$ = 500 Ω.

9. Ermitteln Sie für den Transistor BC 238B (**8.28**) den keinstmöglichen Kollektorlastwiderstand für die Betriebsspannung a) 16 V, b) 12 V, c) 10 V.
10. Der Transistor BC 238B wird über einen Basisvorwiderstand $R_B$ mit dem Kollektorlastwiderstand $R_C$ a) 100 Ω, b) 280 Ω, c) 160 Ω an $U_B = 10$ V betrieben. Der Arbeitspunkt soll so eingestellt werden, daß $U_{CE} = 1/2\ U_B$ ist. Ermitteln Sie mit Hilfe der Kennlinie **8.22** $I_C$, $I_B$, $U_{BE}$, $R_B$ und $P_{tot}$.
11. Zeichnen Sie in das Ausgangskennlinienfeld des Transistors 2 N 3055 (s. Datenblatt im Anhang Tab. 10) die Verlustleistungshyperbel für die Gehäusetemperatur $T_G$ a) 25 °C, b) 75 °C, c) 125 °C ein ($P_{VBE}$ unberücksichtigt).
12. Der Transistor 2 N 3055 (Datenblatt im Anhang Tab. 10) liegt mit dem Kollektorwiderstand $R_C = 5\ \Omega$ an der Betriebsspannung 40 V. Er soll mit $I_B = 100$ mA über einen Basisspannungsteiler ($m = 5$) angesteuert werden. Dimensionieren Sie den Basisspannungsteiler und ermitteln Sie die Verlustleistung des Transistors und des Kollektorwiderstands.
13. Wird der NF-Leistungstransistor 2 N 3055 ohne Kühlkörper betrieben, hat er einen Wärmewiderstand $R_{thJA} = 30$ K/W. Berechnen Sie die maximal zulässige Verlustleistung, wenn $T_A$ a) 25 °C, b) 40 °C, c) 100 °C und $T_j = 200$ °C betragen.
14. Welchen Wärmewiderstand müßte ein Kühlkörper einschließlich des Wärmeübergangswiderstands bei der Umgebungstemperatur 25 °C haben, wenn der Transistor 2 N 3055 mit der maximalen Verlustleistung 115 W betrieben werden soll? (Werte s. Datenblatt Anhang Tab. 10).
15. Welche Verlustleistung darf am Transistor 2 N 3055 (s. Datenblatt im Anhang Tab. 10) auftreten, wenn der Wärmewiderstand des Kühlkörpers 2,5 K/W und der Isolierglimmerscheibe 0,4 K/W betragen? Wie groß darf der kleinste Lastwiderstand $R_C$ sein, wenn die Betriebsspannung 40 V beträgt?
16. Die Transistoren in Darlingtonschaltung (**8.31**) mit den Gleichstromverstärkungen $B_1 = 120$ und $B_2 = 20$ werden mit dem Basisstrom $I_{B1} = 0{,}5$ mA angesteuert. Bei der Ermittlung von $I_E$ ist jeweils $I_B$ zu berücksichtigen.
    Wie groß sind die Verlustleistungen des Transistors V2, des Lastwiderstands $R_C$ und die Eingangsleistung von V1, wenn $U_{BE1}$ 0,75 V beträgt?

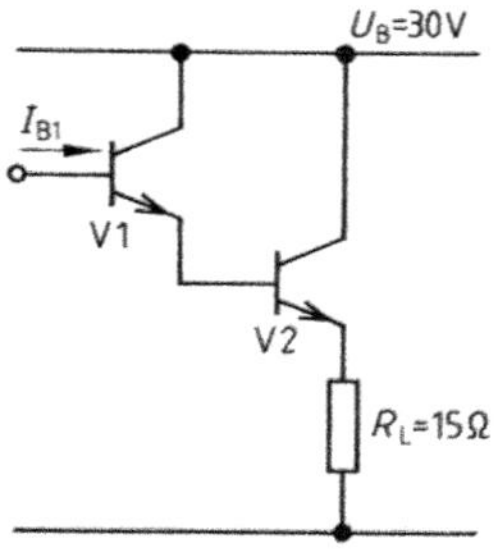


**8.31**

17. Die Transistoren in Darlingtonschaltung (**8.31**) haben die Gleichstromverstärkungen $B_1 = 100$ und $B_2 = 25$.
    a) Welcher Basisstrom $I_{B1}$ ist notwendig, damit bei durchgesteuertem Transistor V2 die Spannung $U_{CE2} = 0{,}4$ V beträgt? (Bei der Ermittlung von $I_E$ ist $I_B$ nicht zu berücksichtigen.)
    b) Wie groß sind die Verlustleistungen im Transistor V2 und im Lastwiderstand $R_C$?

### 8.3.3 Verstärkungsbestimmung im Kennlinienfeld

Der Transistor arbeitet in Emitterschaltung nach Bild **8.32**. Bei bekanntem Basisstrom liegt der Arbeitspunkt AP im Kennlinienfeld fest. Durch eine Änderung der Basisspannung um $\Delta U_{BE}$ erreicht man $\Delta I_B$, $\Delta I_C$ und $\Delta U_{CE}$. Aus den Differenzen kann man die Betriebsverstärkung des Transistors berechnen.

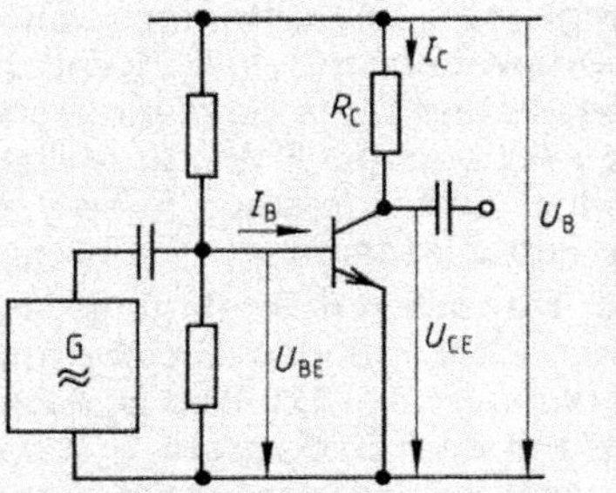


| | |
|---|---|
| **Wechselspannungsverstärkung** | $V_u = \frac{\Delta U_{CE}}{\Delta U_{BE}}$ |
| **Wechselstromverstärkung** | $V_i = \frac{\Delta I_C}{\Delta I_B}$ |
| **Leistungsverstärkung** | $V_p = V_u \cdot V_i$ |

8.32

**Beispiel 8.16** Vom Transistor in der Verstärkerstufe in Emitterschaltung nach Bild 8.32 liegt das Mehrquadranten-Kennlinienfeld 8.33 vor. $U_B$ = 12 V, $R_C$ = 4,7 kΩ, $I_B$ = 5 µA.

a) Welche Spannungen und Ströme stellen sich im Arbeitspunkt AP ein?

b) Wie groß sind $V_i$, $V_u$ und $V_p$, wenn $\Delta I_B$ 6 µA beträgt?

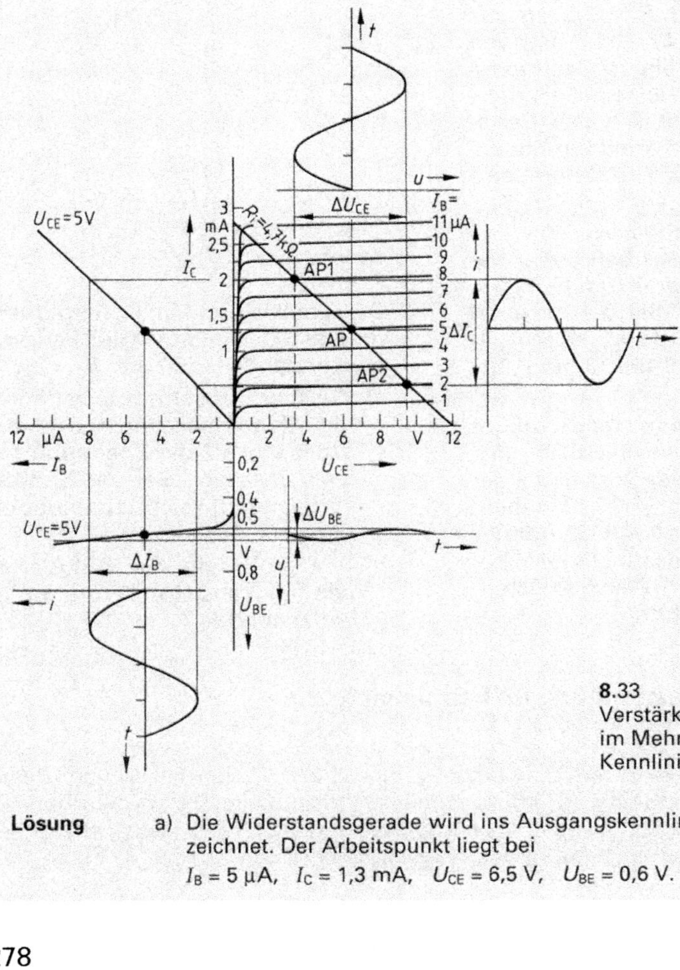


**8.33**
Verstärkungsermittlung im Mehrquadranten-Kennlinienfeld

**Lösung** a) Die Widerstandsgerade wird ins Ausgangskennlinienfeld $I_C = f(U_{CE})$ eingezeichnet. Der Arbeitspunkt liegt bei

$I_B$ = 5 µA, $I_C$ = 1,3 mA, $U_{CE}$ = 6,5 V, $U_{BE}$ = 0,6 V.

**Lösung,** Fortsetzung

b) Die Spannungen und Ströme für $\Delta I_B = 6\ \mu A$ werden nach folgenden Werten zusammengestellt und anschließend die Verstärkungen berechnet.

| Arbeitspunkt | $\frac{I_B}{\mu A}$ | $\frac{I_C}{mA}$ | $\frac{U_{CE}}{V}$ | $\frac{U_{BE}}{V}$ |
|---|---|---|---|---|
| AP 1<br>AP 2 | 8<br>2 | 2,0<br>0,55 | 3,2<br>9,8 | 0,63<br>0,57 |
| | $\Delta I_B = 6\ \mu A$ | $\Delta I_C = 1{,}45$ mA | $\Delta U_{CE} = 6{,}6$ V | $\Delta U_{BE} = 60$ mV |

Wechselstromverstärkung $V_i = \frac{\Delta I_C}{\Delta I_B} = \frac{1{,}45\ mA}{6\ \mu A} = \mathbf{242}$

Wechselspannungsverstärkung $V_u = \frac{\Delta U_{CE}}{\Delta U_{BE}} = \frac{6{,}6\ V}{60\ mV} = \mathbf{110}$

Leistungsverstärkung $V_p = V_u \cdot V_i = 110 \cdot 242 = \mathbf{26620}$

**Aufgaben**

1. Der NPN-Transistor BC 141 wird mit dem Wechselspannungssignal $\Delta U_{BE} = 200$ mV angesteuert. Dabei stellen sich folgende Arbeitspunkte ein:
AP1: $I_{B1} = 1$ mA, $I_{C1} = 0{,}15$ A, $U_{CE1} = 10{,}5$ V
AP2: $I_{B2} = 8$ mA, $I_{C2} = 0{,}9$ A, $U_{CE2} = 1{,}5$ V.
Bestimmen Sie $V_u$, $V_i$, $V_p$ und den Kollektorwiderstand $R_C$.

2. a) Im Ausgangskennlinienfeld **8**.34 soll der Arbeitspunkt für $U_B = 40$ V, $R_C = 500\ \Omega$, $I_B = 0{,}15$ mA festgelegt werden. Wie groß sind $U_{CE}$, $U_{RC}$ und $I_C$?
b) Welche neuen Arbeitspunkte ($U_{CE}$, $U_{RC}$, $I_C$) ergeben sich, wenn $I_{B1} = 100\ \mu A$ und $I_{B2} = 200\ \mu A$ betragen?
c) Wie groß ist die Stromverstärkung?

3. Von dem Transistor mit dem Ausgangskennlinienfeld **8**.34 sind die Arbeitspunkte bekannt.
AP1: $I_{B1} = 50\ \mu A$, $U_{CE1} = 25$ V,
AP2: $I_{B2} = 250\ \mu A$, $U_{CE2} = 5$ V.
Wie groß sind $R_C$, $U_B$, $I_C$ und $V_i$?

4. Für einen Transistor in Emitterschaltung mit dem Mehrquadranten-Kennlinienfeld **8**.35 sind bekannt: $U_B = 10$ V, $R_C = 1\ k\Omega$, $I_B = 15\ \mu A$.

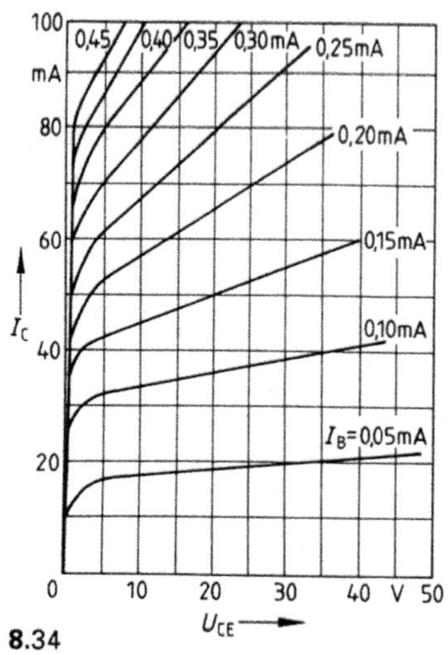


**8**.34

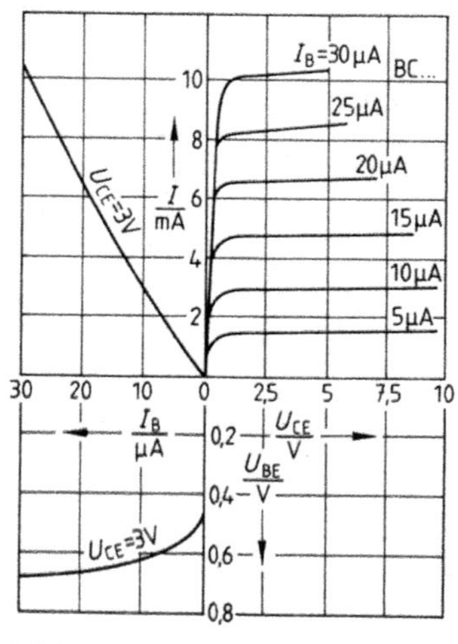


**8**.35

a) Bestimmen Sie den Arbeitspunkt ($U_{CE}$, $I_C$, $U_{BE}$).

b) Ermitteln Sie $V_u$, $V_i$ und $V_p$, wenn $\Delta I_B$ 10 µA beträgt.

c) Welche Eingangs-Wechselstromleistung $P_e$ ergibt sich für b)?

5. Beim Transistor mit dem Ausgangskennlinienfeld **8.35** wird der Arbeitspunkt bei $I_C = 3{,}1$ mA und $U_{CE} = 4$ V festgelegt. Bei einem Basis-Wechselstromanteil $i_{BSS} = 10$ µA soll eine Kollektorwechselspannung $U_{CESS} = 3$ V entstehen. Welche Werte haben der Kollektorwiderstand $R_C$ und die Betriebsspannung $U_B$?

6. Der Arbeitspunkt des Transistors BC 238 mit dem Kennlinienfeld **8.36** liegt bei $I_B = 100$ µA und $U_{CE} = 0{,}5\ U_B$. Die Kollektorverlustleistung $P_{CE} = I_C \cdot U_{CE}$ beträgt im Arbeitspunkt 250 mW. Wie groß ist $R_C$?

7. Für den Transistor BC 238 (Kennlinienfeld **8.36**) liegen folgende Daten des Arbeitspunkts vor: $U_B = 24$ V, $I_C = 32$ mA und $U_{CE} = 9$ V.

a) Bestimmen Sie im Arbeitspunkt $I_B$ und $U_{BE}$.

b) Berechnen Sie $R_B$ und $R_q$ des Basisspannungsteilers mit $m = 10$, den Kollektorwiderstand $R_C$ sowie die Verlustleistungen des Transistors und des Kollektorwiderstands.

c) Bestimmen Sie die Verstärkungsfaktoren $V_u$, $V_i$ und $V_p$ für $\Delta I_B = 100$ µA.

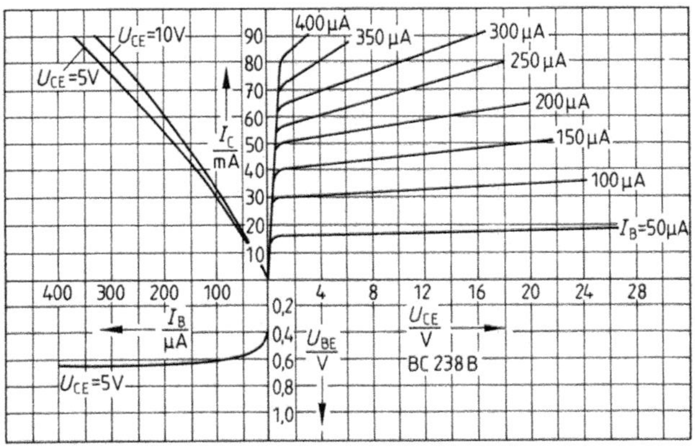


**8**.36

## 8.3.4 Arbeitspunktstabilisierung

**Stromgegenkopplung durch Emitterwiderstand.** Der Arbeitspunkt einer Verstärkerstufe in Emitterschaltung kann durch Einfügen eines Emitterwiderstands $R_E$ (**8**.37) stabilisiert werden. Dabei wird dem Emitterwiderstand häufig ein Emitterkondensator parallel geschaltet, um die Wechselstromverstärkung der Stufe nicht zu sehr zu vermindern. Die Spannungsaufteilung ergibt sich aus Bild **8**.37.

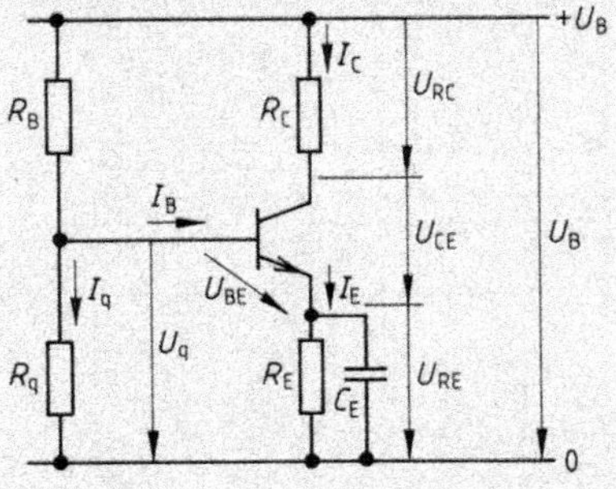


**8**.37

$$U_B = U_{RC} + U_{CE} + U_{RE}$$
$$U_{RE} = I_E \cdot R_E = (I_C + I_B) \cdot R_E$$
$$U_q = U_{BE} + U_{RE}$$
$$I_C = B \cdot I_B$$
$$I_q = m \cdot I_B$$

**Spannungsgegenkopplung.** Eine Arbeitspunktstabilisierung ergibt sich ebenfalls, wenn der Basisvorwiderstand nicht an die Betriebsspannung $U_B$, sondern an den Kollektor des Transistors angeschlossen wird (**8**.38). Dann ergeben sich die Gleichungen:

**Basisvorwiderstand** $R_B = \frac{U_{CE} - U_{BE}}{I_B}$

**Kollektorwiderstand** $R_C = \frac{U_B - U_{CE}}{I_B + I_C}$

$I_C = B \cdot I_B$

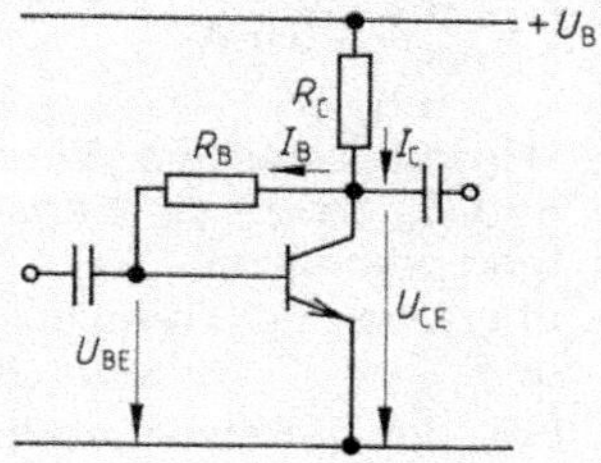

**8**.38

**Beispiel 8.17** Von einer Verstärkerstufe nach Bild **8**.37 sind bekannt: $B = 250$, $U_B = 24$ V, $I_B = 0{,}1$ mA, $U_{BE} = 0{,}6$ V, $U_{CE} = 12$ V, $I_q = 1$ mA, $R_E = 50\ \Omega$. Berechnen Sie $R_q$, $R_v$, $R_C$.

**Lösung** $I_C = B \cdot I_B = 250 \cdot 0{,}1\text{ mA} = 25\text{ mA}$

$U_{RE} = (I_C + I_B) \cdot R_E = (25\text{ mA} + 0{,}1\text{ mA}) \cdot 50\ \Omega = 1{,}255\text{ V}$

$$R_C = \frac{U_B - (U_{CE} + U_{RE})}{I_C} = \frac{24\text{ V} - (12\text{ V} + 1{,}255\text{ V})}{25\text{ mA}} = \mathbf{430\ \Omega}$$

$$R_q = \frac{U_{BE} + U_{RE}}{I_q} = \frac{1{,}855\text{ V}}{1\text{ mA}} = \mathbf{1{,}855\ k\Omega}$$

$$R_v = \frac{U_B - U_q}{I_B + I_q} = \frac{24\text{ V} - 1{,}855\text{ V}}{1\text{ mA} + 0{,}1\text{ mA}} = \mathbf{20{,}13\ k\Omega}$$

**Beispiel 8.18** Nach Bild **8**.38 soll der Arbeitspunkt eingestellt werden. Gegeben sind $R_C = 2\ \text{k}\Omega$, $U_B = 12$ V, $U_{CE} = 6{,}5$ V, $U_{BE} = 0{,}6$ V und $B = 150$.

a) Wie groß ist der Kollektorstrom $I_C$?

b) Welchen Wert hat der Basisvorwiderstand $R_B$?

**Lösung** a) Aus $R_C = \frac{U_B - U_{CE}}{I_C \cdot (1 + 1/B)}$ ergibt sich $I_C = \frac{U_B - U_{CE}}{R_C \cdot (1 + 1/B)}$

$$I_C = \frac{12\text{ V} - 6{,}5\text{ V}}{2\ \text{k}\Omega \left(1 + \frac{1}{150}\right)} = \mathbf{2{,}74\ mA} \qquad I_B = \frac{I_C}{B} = \frac{2{,}74\text{ mA}}{150} = 18{,}2\ \mu\text{A}$$

b) $R_B = \frac{U_{CE} - U_{BE}}{I_B} = \frac{6{,}5\text{ V} - 0{,}6\text{ V}}{18{,}2\ \mu\text{A}} = \mathbf{324\ k\Omega}$

**Aufgaben**

1. Von einer Transistorverstärkerstufe (**8**.37) mit dem Emitterwiderstand $R_E = 1/5\ R_C$ und Basisspannungsteiler sind gegeben:

   a) $U_B = 9$ V, $R_C = 1{,}5\ \text{k}\Omega$, $I_B = 25\ \mu$A, $B = 120$,

   b) $U_B = 12$ V, $R_C = 2{,}2\ \text{k}\Omega$, $I_B = 25\ \mu$A, $B = 100$,

   c) $U_B = 9$ V, $R_C = 1{,}5\ \text{k}\Omega$, $I_B = 30\ \mu$A, $B = 80$.

   Berechnen Sie $I_C$, $R_E$, $U_{RE}$ und $U_{CE}$ zuerst mit der vereinfachten Annahme $I_C = I_E$, dann unter Berücksichtigung von $I_E = I_B + I_C$.

2. Ein Verstärker mit Ge-Transistor (**8**.37) in Emitterschaltung mit der Betriebsspannung 9 V und $U_{RE} = 1{,}2$ V soll folgende Betriebswerte haben:

   a) $U_{CE} = 1{,}5$ V, $U_{BE} = 180$ mV, $I_C = 1{,}5$ mA, $I_B = 20\ \mu$A, $I_q = 0{,}1$ mA,

b) $U_{CE} = 1{,}2$ V, $U_{BE} = 210$ mV,
$I_C = 1{,}8$ mA, $I_B = 30$ µA,
$I_q = 0{,}24$ mA,

c) $U_{CE} = 1{,}4$ V, $U_{BE} = 200$ mV,
$I_C = 1{,}6$ mA, $I_B = 25$ µA,
$I_q = 0{,}50$ mA.

Wie groß sind die Widerstände $R_E$, $R_q$ und $R_B$ sowie die Kapazität des Emitterkondensators, wenn die tiefste zu übertragende Frequenz 30 Hz beträgt und $X_{CE} = 0{,}1\ R_E$ betragen soll?

3. Bei der Verstärkerstufe mit Emitterwiderstand (**8**.37) und BD 235 sind bekannt:
$U_B = 60$ V, $I_q = 5\ I_B$, $R_E = 56\ \Omega$ sowie
a) $U_{BE} = 0{,}65$ V, $B = 80$,
$I_B = 1$ mA, $U_{CE} = 30$ V,
b) $U_{BE} = 0{,}68$ V, $B = 75$,
$I_B = 2$ mA, $U_{CE} = 18$ V,
c) $U_{BE} = 0{,}62$ V, $B = 80$,
$I_B = 0{,}5$ mA, $U_{CE} = 40$ V.
Berechnen Sie $R_q$, $R_B$, $R_C$ sowie $C_E$, wenn die tiefste zu übertragende Frequenz 25 Hz und $X_{CE} = 0{,}1\ R_E$ betragen soll.

4. Um in einer Verstärkerstufe in Emitterschaltung den defekten Siliziumtransistor gegen einen Ersatztyp auszuwechseln, ist die Stromverstärkung $B$ zu ermitteln. An einer intakten Vergleichsstufe werden die Spannungen nach Bild **8**.39 gemessen.

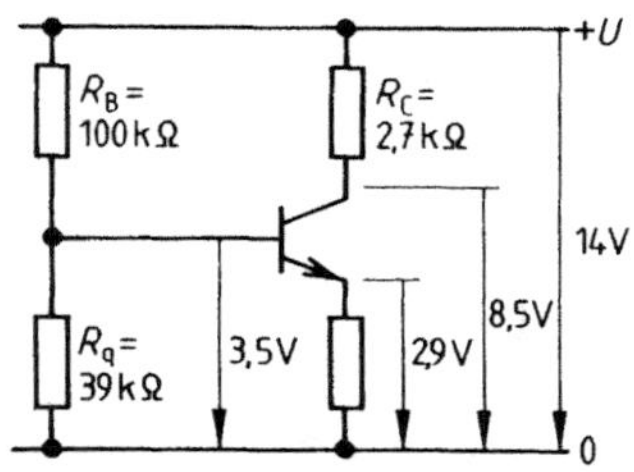


**8**.39

5. Von einer Verstärkerstufe nach Bild **8**.38 sind bekannt:
a) $U_B = 12$ V, $U_{CE} = 5$ V,
$R_C = 1{,}5$ kΩ, $B = 300$,
$U_{BE} = 0{,}65$ V,
b) $U_B = 9$ V, $U_{CE} = 4$ V,
$R_C = 1{,}5$ kΩ, $B = 250$,
$U_{BE} = 0{,}62$ V,
c) $U_B = 15$ V, $U_{CE} = 7$ V,
$R_C = 1{,}5$ kΩ, $B = 280$,
$U_{BE} = 0{,}67$ V.
Wie groß ist $R_B$?

6. Die in Bild **8**.40 dargestellte Transistorverstärkerstufe arbeitet mit folgenden Betriebswerten:
a) $U_B = 9$ V, $U_{CE} = 4{,}5$ V,
$U_{BE} = 0{,}7$ V, $I_C = 5$ mA,
$I_B = 0{,}1$ mA,
b) $U_B = 12$ V, $U_{CE} = 6$ V,
$U_{BE} = 0{,}68$ V, $I_C = 3$ mA,
$I_B = 0{,}05$ mA,
c) $U_B = 6$ V, $U_{CE} = 3$ V,
$U_{BE} = 0{,}75$ V, $I_C = 12$ mA,
$I_B = 0{,}15$ mA.

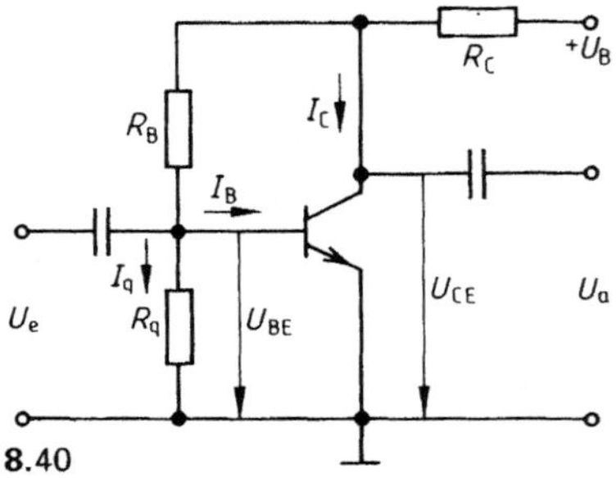


**8**.40

Berechnen Sie die Widerstände $R_C$, $R_q$ und $R_B$ mit $m = 5$, den Gleichstrom-Verstärkungsfaktor $B$ und die Kollektorverlustleistung.

7. Mit einem NF-Transistor (Ausgangskennlinienfeld, **8**.41) soll eine Verstärkerstufe nach Bild **8**.38 aufgebaut werden. Bei einer Betriebsspannung $U_B = 5$ V sollen $U_{CE} = 2{,}5$ V und $I_B = 1{,}5$ µA bei $U_{BE} = 0{,}57$ V betragen. Berechnen Sie $R_B$ und $R_C$.

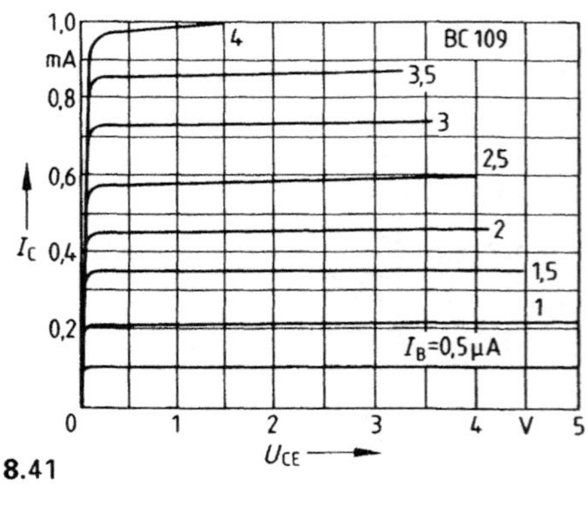


**8**.41

### 8.3.5 Transistor als Schalter

**Übersteuerungsfaktor.** Im Schaltbetrieb übersteuert man den Transistor, um die Durchlaßspannung am Transistor gering zu halten und um hohe Schaltgeschwindigkeiten zu erreichen. Der Übersteuerungsfaktor *ü* ist das Verhältnis der Basisströme $I_{B1}$ zu $I_{B0}$ (**8**.42). Dabei ist der Basisstrom $I_{B0}$ der Strom, bei dem die Übersteuerung beginnt ($U_{CB} = 0$, $U_{CE} = U_{BE}$). In Datenblättern wird für Übersteuerung die kleinstmögliche Durchlaßspannung als Sättigungsspannung $U_{CEsat}$ in Abhängigkeit vom Kollektorstrom $I_C$ angegeben (**8**.45). Dabei ist die Stromverstärkung $B_{min}$ kleiner als die Stromverstärkung $B$ im Verstärkerbetrieb.

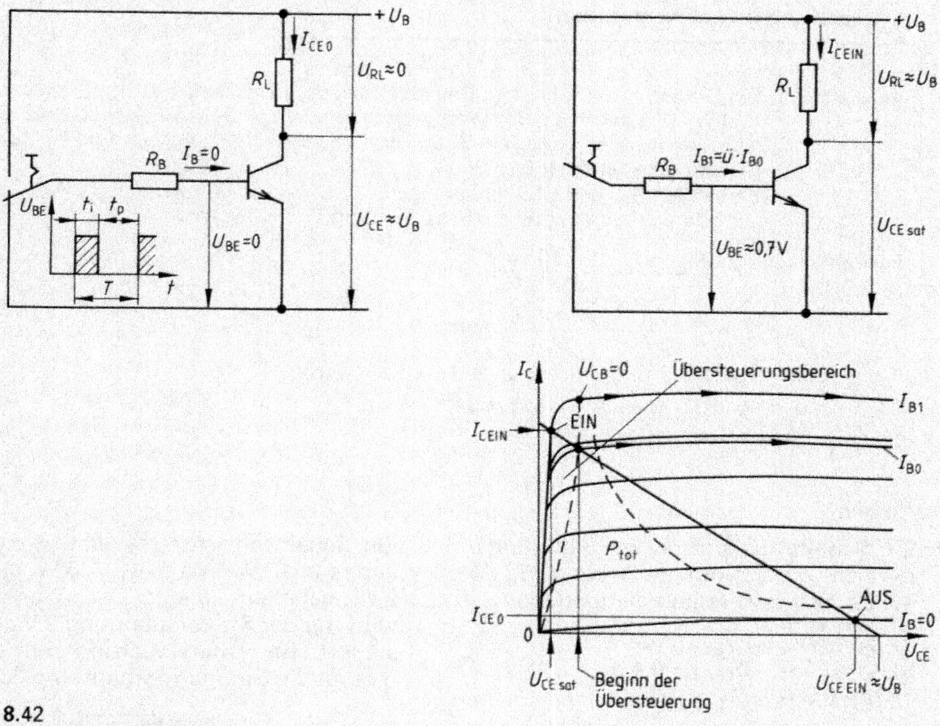


**8**.42
Transistor im Schaltbetrieb

$$\ddot{u} = \frac{I_{B1}}{I_{B0}} \qquad \text{oder} \qquad \ddot{u} = \frac{B_{min} \cdot I_{B1}}{I_{CEIN}} \qquad I_{CEIN} \approx \frac{U_B}{R_L}$$

**Der Basisvorwiderstand $R_B$** begrenzt den Basisstrom. Ist die Eingangsspannung gleich der Betriebsspannung, ergibt sich sein Wert aus

$$R_B = \frac{B_{min} \cdot R_L}{\ddot{u}}.$$

**Die Verlustleistung des Transistors** ist im Schaltbetrieb bei gleichem Kollektorwiderstand (Lastwiderstand) geringer als im Arbeitspunkt eines Verstärkers. Daher darf die Widerstandsgerade $R_L$ die Leistungshyperbel $P_{tot}$ schneiden. Die Schaltverluste ergeben sich aus den dynamischen Verlusten während des Ein- und Ausschaltvorgangs und den statischen Verlusten im Durchlaß- und Sperrzustand. Die Hersteller geben Kennlinien für die Impulsbelastbarkeit an (vgl. Aufgabe 7.).

Im Durchlaßzustand sind die Leistungen im Transistor und im Lastwiderstand:

| | |
|---|---|
| **Durchlaßverluste des Transistors** | $P_V = U_{CEsat} \cdot I_{CEIN}$ |
| **Schaltleistung des Transistors (Leistung im Lastwiderstand)** | $P_S \approx U_B \cdot I_{CEIN}$ |

**Beispiel 8.19** Ein Schalttransistor hat laut Datenblatt bei dem Einschaltstrom $I_{CEIN} = 500$ mA und $I_{B1} = 50$ mA eine Sättigungsspannung $U_{CEsat} = 300$ mV. Dabei sinkt die Gleichstromverstärkung auf $B_{min} = 35$. Der Lastwiderstand beträgt $R_L = 68\ \Omega$, die Betriebsspannung $U_B = 34$ V.

Berechnen Sie den Übersteuerungsfaktor $ü$, den Basisvorwiderstand $R_B$, die Durchlaßverluste $P_V$ und die Schaltleistung $P_S$ des Transistors.

**Lösung**

$$ü = \frac{B_{min} \cdot I_{B1}}{I_{CEIN}} = \frac{35 \cdot 50\ \text{mA}}{500\ \text{mA}} = \mathbf{3{,}5}$$

$$R_B = \frac{B_{min} \cdot R_L}{ü} = \frac{35 \cdot 68\ \Omega}{3{,}5} = \mathbf{680\ \Omega}$$

$$P_V = U_{CEsat} \cdot I_{CEIN} = 300\ \text{mV} \cdot 500\ \text{mA} = \mathbf{150\ mW}$$

$$P_S = U_B \cdot I_{CEIN} = 34\ \text{V} \cdot 500\ \text{mA} = \mathbf{17\ W}$$

**Aufgaben**

1. Ein Schalttransistor hat im Sättigungsbereich die Stromverstärkung $B_{min} = 10$. Es sind in Kennlinien angegeben

   a) $I_C = 1$ A, $U_{CEsat} = 0{,}7$ V,
   b) $I_C = 0{,}5$ A, $U_{CEsat} = 0{,}4$ V,
   c) $I_C = 0{,}3$ A, $U_{CEsat} = 0{,}3$ V.

   Damit der Transistor die minimale Sättigungsspannung aufweist, wird er mit $ü = 2{,}5$ betrieben. Welcher Basisstrom $I_{B1}$ ist erforderlich?

2. Der Transistor BC 238B soll einen Lastwiderstand $R_L$ schalten:

   a) $U_B = 15$ V, $R_L = 150\ \Omega$,
   b) $U_B = 15$ V, $R_L = 250\ \Omega$,
   c) $U_B = 5$ V, $R_L = 80\ \Omega$.

   Bei Übersteuerung mit $ü = 3$ beträgt die Stromverstärkung 20. Wie groß sind $I_{B1}$ und $R_B$?

3. Ein Schalttransistor soll eine Kontrolllampe a) 12 V, 6 W, b) 12 V, 3 W, c) 6 V, 2 W schalten (**8.43**). Der Transistor wird mit der Steuerspannung 2 V angesteuert. Bei Übersteuerung mit $ü = 3$ beträgt die Sättigungsspannung 0,2 V.

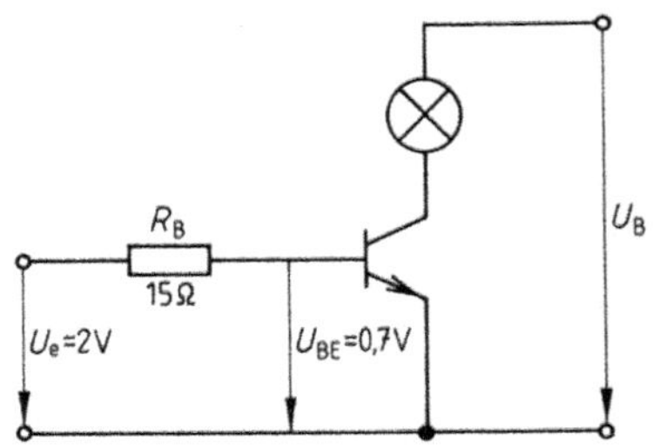


**8.**43

   Wie groß muß $B_{min}$ des Transistors sein? Wie groß sind die Schaltleistung und die Durchlaßverluste?

4. Im Schaltverstärker **8.44** sind zwei Transistoren eingesetzt, für die folgende Daten gelten:
   $V1$: $U_{BE1} = 0{,}7\,V$, $B_{min1} = 20$, $U_{CEsat1} = 0{,}2\,V$,
   $V2$: $U_{BE2} = 0{,}7\,V$, $B_{min2} = 30$, $U_{CEsat2} = 0{,}3\,V$.
   Beide Transistoren werden mit $\ddot{u} = 3$ betrieben.
   a) Wie groß sind $I_{C2}$ und $I_{C1}$, wenn keine Eingangsspannung $U_e$ anliegt?
   b) Welchen Wert müssen $R_{C1}$ und $R_{B1}$ aufweisen?
   c) Wie groß sind die Schaltleistung und die Durchlaßverluste beider Transistoren?

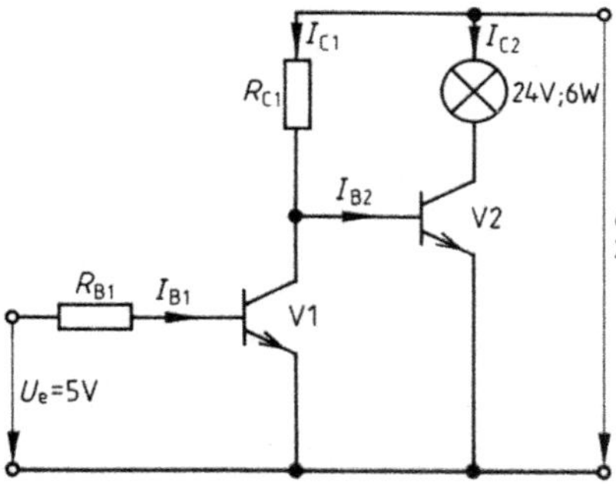


**8.44**

5. Der Transistor BC 546 schaltet an der Betriebsspannung 12 V den Strom 100 mA. Aus Kennlinie $U_{CEsat} = f(I_C)$ (**8.45**) sind für die Temperaturen a) 25 °C, b) 100 °C, c) –50 °C die Sättigungsspannungen zu entnehmen. Wie groß sind die Durchlaßverluste und die Schaltleistung?

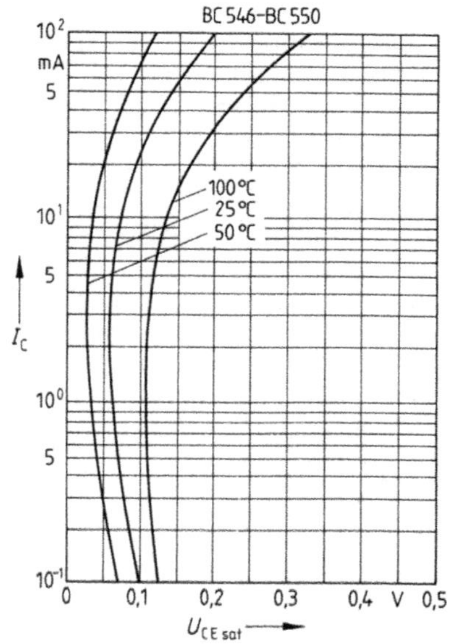


**8.45**

6. Der Transistor 2 N 3055 soll nach Bild **8.42** den Strom 10 A an der Betriebsspannung a) 60 V, b) 40 V, c) 50 V schalten. Wie groß ist $R_B$ zu wählen, wenn bei $\ddot{u} = 2{,}5$ die Stromverstärkung $B_{min} = 10$ beträgt?

7. Der Transistor 2 N 3055 (Datenblatt s. Anhang Tab. 10) arbeitet im Impulsbetrieb an der Betriebspannung 30 V. Wie groß muß der Mindestlastwiderstand $R_L$ bei einer Impulsdauer a) 100 ms, b) 1 ms, c) 50 µs sein ($U_{CE} <$ 7,5 V)?

## 8.4 Feldeffekttransistoren (FET)

Bei Feldeffekttransistoren wird die Leitfähigkeit eines N- oder P-dotierten Kanals innerhalb des Halbleiters durch ein elektrisches Feld gesteuert. Verglichen mit bipolaren Transistoren werden sie leistungslos gesteuert, so daß wir wegen des hohen Eingangswiderstands $> 10^6\,\Omega$ den Eingangsstrom gleich Null setzen ($I_G = 0$). Für die verschiedenen Arten der FET gibt die Übertragungskennlinie $I_D = f(U_{GS})$, $U_{DS}$ = konstant (Drainstrom in Abhängigkeit von der Steuerspannung Gate-Source bei konstanter Drain-Source-Spannung) Auskunft über die notwendige Polarität der Steuerspannung. Tabelle **8.46** zeigt die Schaltzeichen und die Übertragungskennlinien der N-Kanal FET. Grundsätzlich gilt, daß bei allen N-Kanal-FET die Leitfähigkeit mit positiver werdender Gate-Source-Spannung zunimmt, während sie bei P-Kanal FET abnimmt.

Tabelle **8**.46 **Feldeffekttransistoren FET**

| **Sperrschicht-FET (J-FET)** | **Isolierschicht-FET (IG-FET)** | |
|---|---|---|
| | Verarmungstyp, selbstleitend | Anreichungstyp, selbstsperrend |
| N-Kanal 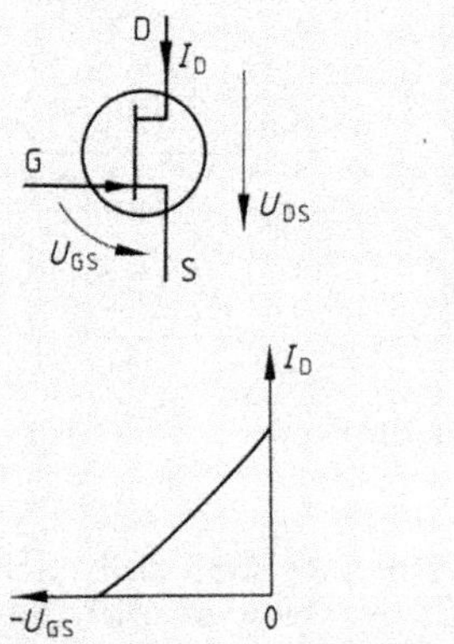  | N-Kanal 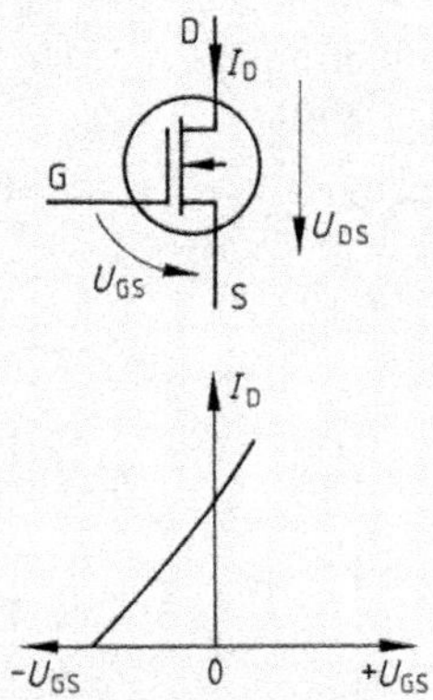  | N-Kanal 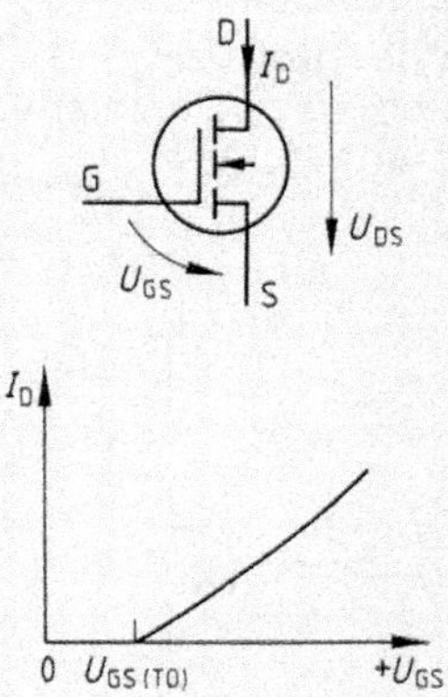  |

## Sourceschaltung zur Verstärkung von Wechselspannungssignalen

**Für selbstleitende FET** (J-FET und IG-FET, Verarmungstyp) wird die Gate-Source-Steuerspannung in der Schaltung **8**.47 automatisch erzeugt. Die am Sourcewiderstand $R_S$ abfallende Spannung $U_{RS}$ ist zugleich die Gate-Source-Spannung $-U_{GS}$, da das Gate über einen hochohmigen Gatewiderstand $R_G$ auf Massepotential liegt.

| | |
|---|---|
| **Gate-Source-Spannung** | $\mid -U_{GS} \mid = U_{RS} = I_D \cdot R_S$ |
| **Drain-Source-Spannung** | $U_{DS} = U_B - I_D (R_D + R_S)$ |
| **Gesamtverlustleistung** | $P_{tot} = U_{DS} \cdot I_D$ |

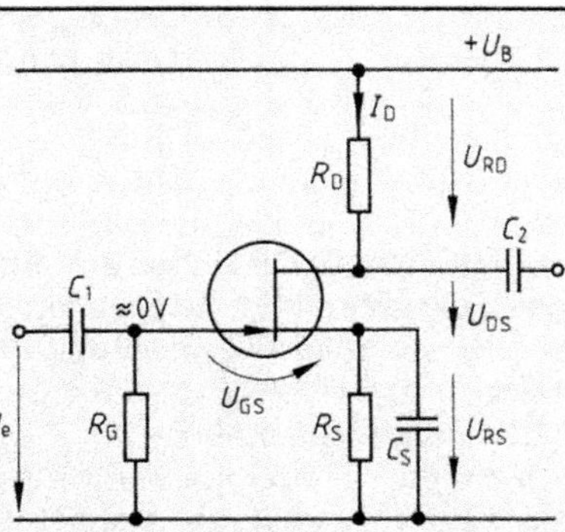


**8**.47 Sperrschicht-FET in Sourceschaltung

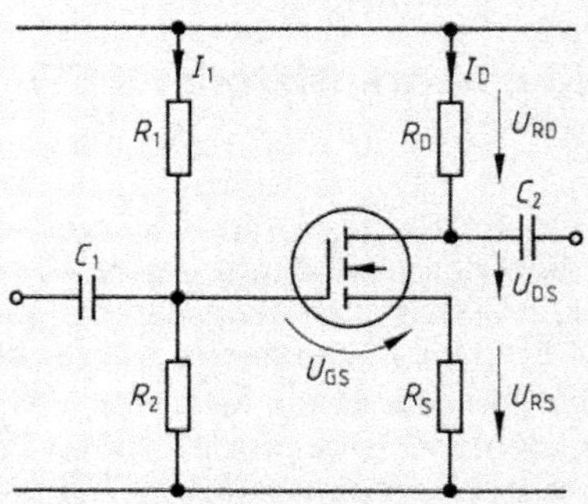


**8**.48 Selbstsperrender IG-FET, Anreicherungstyp, in Sourceschaltung

Für selbstsperrende IG-FET (Anreicherungstyp) muß nach Schaltung **8**.48 ein Gatespannungsteiler verwendet werden, der beim N-Kanal FET die notwendige positive Gatevorspannung erzeugt. Der Widerstand $R_S$ dient zur Arbeitspunktstabilisierung. Auch selbstleitende FET können zusätzlich einen Gatespannungsteiler erhalten.

**Beispiel 8.20** Bei einer FET-Verstärkerstufe nach Bild **8**.47 soll mit $R_S$ die Gatespannung $-U_{GS} = 1{,}7$ V erzeugt werden. An $R_D = 1{,}5$ kΩ fällt eine Spannung $U_{RD} = 5{,}4$ V ab. Wie groß ist $R_S$?

**Lösung** Aus $U_{RD}$ und $R_D$ ergibt sich

$$I_D = \frac{U_{RD}}{R_D} = \frac{5{,}4\ \text{V}}{1{,}5\ \text{k}\Omega} = 3{,}6\ \text{mA} \qquad R_S = \frac{U_{GS}}{I_D} = \frac{1{,}7\ \text{V}}{3{,}6\ \text{mA}} = 472\ \Omega \approx \mathbf{470\ \Omega}.$$

## Aufgaben

1. Im Stromlaufplan eines mit N-Kanal-J-FET und P-Kanal-J-FET bestückten Verstärkers werden folgende Spannungen gegen Minuspotential (Masse) gemessen. Skizzieren Sie die Schaltung und ergänzen Sie die fehlenden Spannungen $U_{GS}$ und $U_{DS}$ sowie den Transistortyp.

| | Potential in V an G | D | S |
|---|---|---|---|
| a) | 0 | 12 | 1,2 |
| b) | 11 | 6 | 10 |
| c) | 6,7 | 18 | 9 |
| d) | 0,3 | 11,8 | 2,4 |

2. Die Gate-Source-Spannung eines Sperrschicht-FET $-U_{GS} = 1{,}5$ V soll mit einem Sourcewiderstand $R_S$ erzeugt werden (**8**.47). Der Drainstrom beträgt a) 1,2 mA, b) 2 mA, c) 3 mA.
   Welchen Widerstandswert hat $R_S$, welchen Normwiderstand aus der Reihe E12 kann man verwenden?
3. Welchen Widerstandswert hat $R_S$ für die Sourceschaltung **8**.47 mit einem BF 245, wenn $U_B = 20$ V, $R_D = 4{,}7$ kΩ, $U_{DS} = 8$ V und $-U_{GS}$ a) 0,8 V, b) 1 V, c) 1,5 V betragen?
4. Welche Gate-Source-Spannung stellt sich bei einem selbstleitenden N-Kanal-J-FET nach Bild **8**.47 ein, wenn
   a) $U_B = 24$ V, $R_D = 5{,}6$ kΩ, $I_D = 2$ mA, $U_{DS} = 11$ V,
   b) $U_B = 12$ V, $R_D = 2{,}7$ kΩ, $I_D = 2$ mA, $U_{DS} = 5{,}4$ V,
   c) $U_B = 12$ V, $R_D = 3{,}3$ kΩ, $I_D = 1{,}5$ mA, $U_{DS} = 6$ V
   betragen?
5. Von einer Verstärkerstufe in Bild **8**.47 sind gegeben: $U_B = 12$ V, $U_{DS} = 5$ V, $-U_{GS} = 0{,}8$ V, $I_D = 0{,}65$ mA. Der Widerstand $R_G$ soll gleich dem kapazititven Blindwiderstand des Kondensators $C_1 = 4{,}7$ nF für die untere Grenzfrequenz 50 Hz sein. Berechnen Sie
   a) die Widerstände $R_D$, $R_S$ und $R_G$,
   b) die Normwiderstände aus der Reihe E12.
   c) Welche Aufgabe hat der Kondensator $C_1$? Begründen Sie, warum sein Kapazitätswert für die untere Grenzfrequenz berechnet ist.
6. Für einen selbstleitenden IG-FET in Sourceschaltung **8**.49 soll die Gate-Source-Spannung im Arbeitspunkt

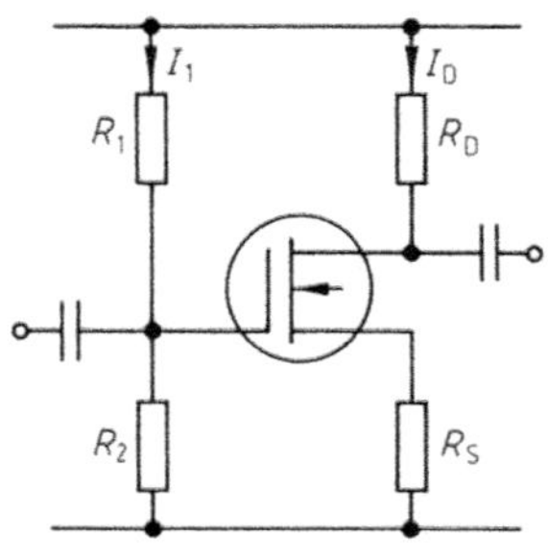


**8**.49

0 V sein. Der Sourcewiderstand $R_S$ ist 1,5 kΩ und $I_D$ = 1,5 mA.

a) Wie groß sind die Widerstände $R_1$ und $R_2$ des Gatespannungsteilers bei $U_B$ = 20 V und $I_1$ = 0,8 μA?

b) Wählen Sie Normwiderstände aus der Reihe E24 aus.

c) Wie wirkt sich eine Verringerung des Widerstandes $R_2$ bei sonst gleichbleibenden Widerständen aus?

7. Für eine Sourceschaltung mit Anreicherungs-MOS-FET (**8**.48) sind gegeben:

a) $U_B$ = 20 V, $I_D$ = 1,5 mA, $R_S$ = 1,5 kΩ, $U_{GS}$ = 4 V, $I_1$ = 0,5 μA,

b) $U_B$ = 15 V, $I_D$ = 2 mA, $R_S$ = 1,2 kΩ, $U_{GS}$ = 5 V, $I_1$ = 0,8 μA,

c) $U_B$ = 12 V, $I_D$ = 1 mA, $R_S$ = 1,5 kΩ, $U_{GS}$ = 3 V, $I_1$ = 0,5 μA.

Berechnen Sie die Widerstände des Gatespannungsteilers.

8. In einer Sourceschaltung nach Bild **8**.48 ohne Sourcewiderstand mit einem selbstsperrenden MOS-FET BSS 87 in SMD-Technik (Ausgangscharakteristik **8**.50) soll der Arbeitspunkt so eingestellt werden, daß beim Drainstrom 0,2 A an $R_D$ die halbe Betriebsspannung $U_B$ = 10 V abfällt.

a) Zeichnen Sie die Arbeitsgerade ein und ermitteln Sie den Drainwiderstand.

b) Bestimmen Sie die Widerstände $R_1$ und $R_2$ für $I_1$ = 2,5 μA.

c) Wie groß wird die Verlustleistung des MOS-FET, wenn die Betriebsspannung auf 15 V ansteigt?

9. Die Umgebungstemperatur beträgt in einer Sourceschaltung mit dem MOS-FET BSS 87 $T_A$ = 50 °C.

a) Um wieviel Prozent muß die Verlustleistung gegenüber der maximalen Verlustleistung nach der Kennlinie **8**.51 reduziert werden?

b) Zeichnen Sie in die Ausgangscharakteristik **8**.50 die Leistungshyperbel ein.

c) Bestimmen Sie den kleinsten Normwert (E12) des Drainwiderstands für die Betriebsspannung 10 V, wenn kein Sourcewiderstand verwendet ist.

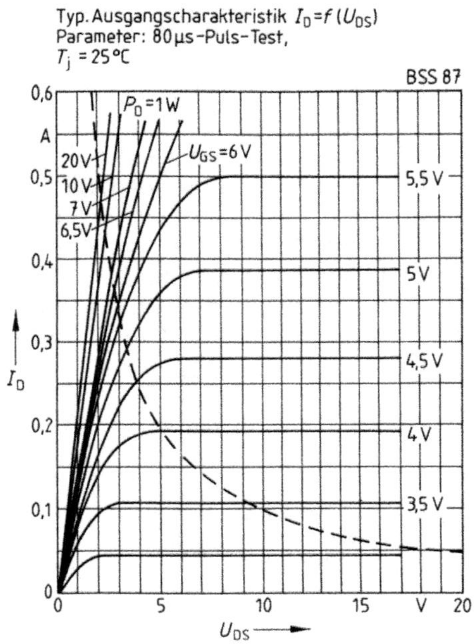


**8**.50

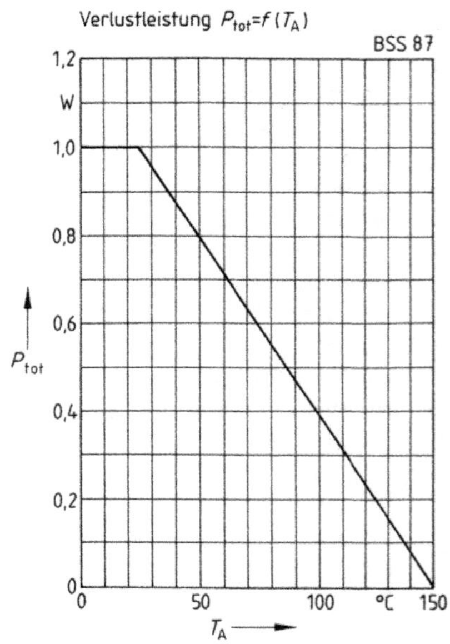


**8**.51

10. In einem Gleichstromsteller mit Pulsbreitensteuerung zur Drehzahlsteuerung eines Gleichstrommotors nach Bild **8**.52 ist der V-MOS-FET BUZ 84 eingesetzt. Die Betriebsspanung $U_B$ = 310 V wird mit der Taktfrequenz 18 kHz und dem variablen Tastverhältnis 0,01 bis 0,6 auf den Anker geschaltet. Der geglättete Ankerstrom beträgt 6 A.

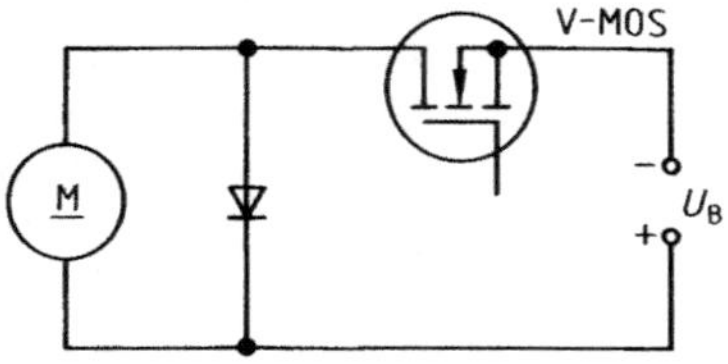


**8**.52

a) In welchen Grenzen wird die Motorspannung geändert?

b) Bestimmen Sie die Verlustleistung des MOS-FET während der Einschaltzeit, wenn im Datenblatt der Widerstand $R_{D(on)}$ = 2 Ω angegeben ist.

c) Welche Aufgabe hat die eingezeichnete Diode?

11. Ein Leistungsschütz soll mit einer Mikroprozessorsteuerung (MC) über einen Optokoppler und einem Leistungs-V-MOS-FET geschaltet werden (**8**.53). Die Durchlaßspannung $U_{CE}$ des Optokopplers wird mit 0,5 V angenommen. Im Datenblatt sind für den V-MOS-FET BUZ 44 A angegeben: $P_{tot}$ = 75 W ($T_{case}$ = 25 °C), $I_{Dmax}$ = 5,6 A, Drain-Source-Einschaltwiderstand $R_{D(on)}$ = 1,1 Ω.

a) Welchen Schaltzustand weist das Schütz im Sperr- und Durchlaßzustand des Transistors BC 308 A auf?

b) Wie groß sind die Steuerspannung $U_{GS}$ und die Sperrspannung $U_{DS}$ des MOS-FET?

c) Welchen Mindestwiderstand muß das Schütz haben, damit der zulässige Drainstrom nicht überschritten wird? Welche Verlustleistung entsteht im MOS-FET?

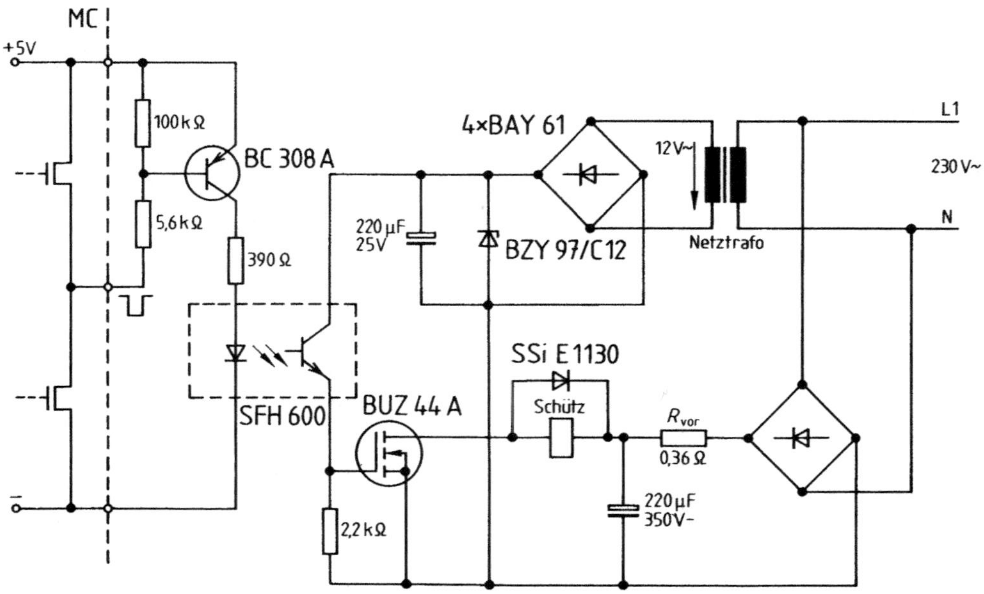


**8**.53

## 8.5 Schaltungen mit Operationsverstärkern

Operationsverstärker sind integrierte Schaltungen, die in der Steuerungs- und Regelungstechnik eingesetzt werden. Sie haben, bezogen auf die Ausgangsspannung, einen invertierenden (–) und einen nichtinvertierenden (+) Eingang. Bei Verstärkungsfrequenzen von $10^4$ und größer ist nur eine sehr geringe Spannungsdifferenz (mV) zwischen den hochohmigen Eingängen erforderlich, um am Ausgang die Sättigungsspannung zu erreichen. Bei symmetrisch angeschlossener Betriebsspannung kann die Ausgangsspannung positiv und negativ werden.

Durch Beschaltung des Operationsverstärkers mit Widerständen und Kondensatoren können die gewünschten Eigenschaften erreicht werden (**8**.54). Für die Ableitung der Formeln des beschalteten Operationsverstärkers ist idealisiert angenommen, daß die Spannungsdifferenz zwischen den Eingängen 0 V beträgt und die Eingangsströme Null sind.

Tabelle **8**.54 **Schaltungen mit Operationsverstärkern**

a) Komparator ohne Hysterese

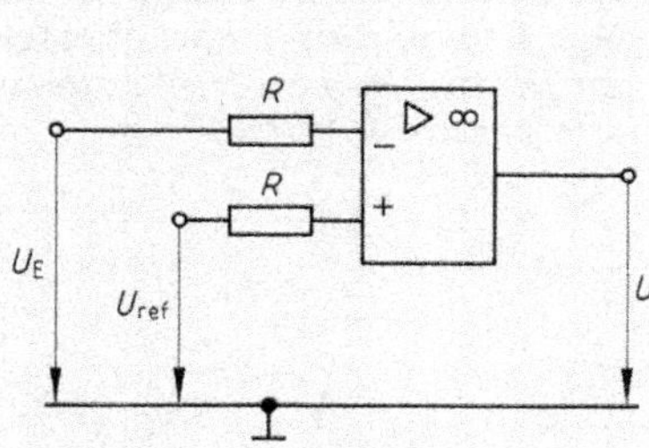


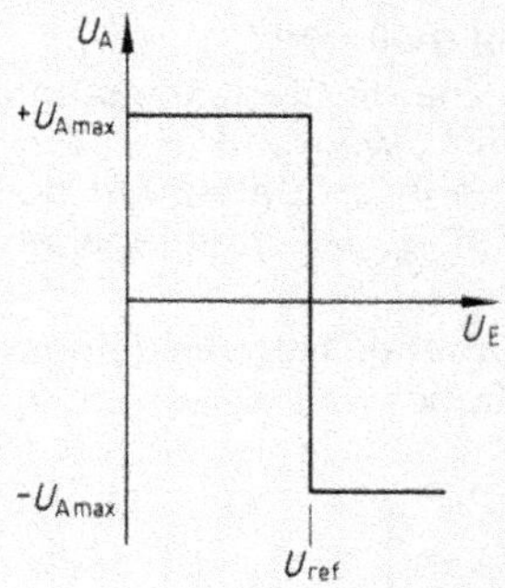


Wenn $U_E > U_{ref}$, ist $U_A = -U_{Amax}$
wenn $U_E < U_{ref}$, ist $U_A = U_{Amax}$

b) Invertierender Verstärker

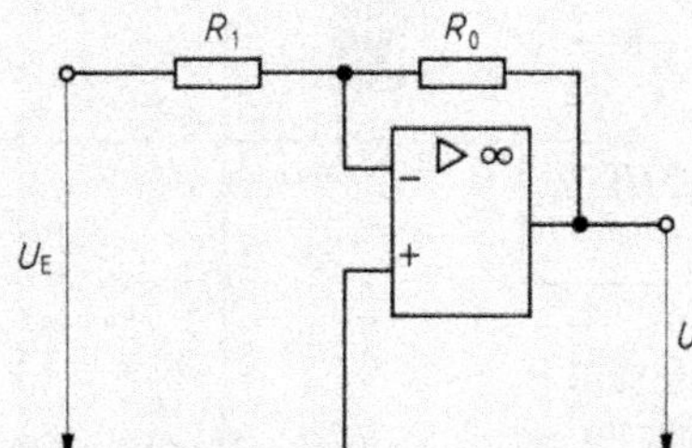


$U_A = -V_U \cdot U_E$

$$U_A = -\frac{R_0}{R_1} \cdot U_E$$

c) Nichtinvertierender Verstärker

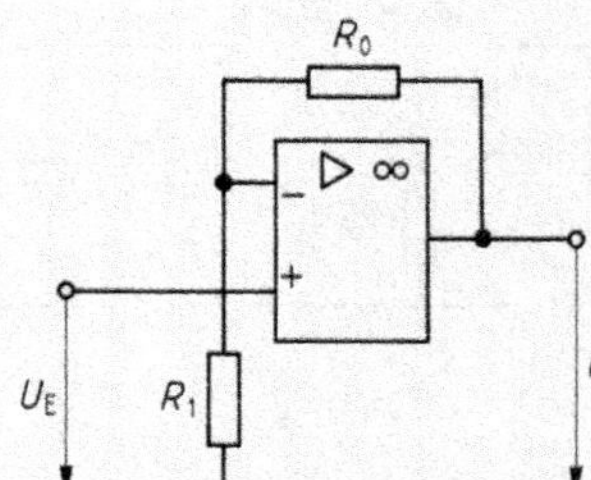


$U_A = V_U \cdot U_E$

$$U_A = \left(1 + \frac{R_0}{R_1}\right) \cdot U_E$$

Fortsetzung s. nächste Seite

Tabelle **8**.54, Fortsetzung

d) Summierer

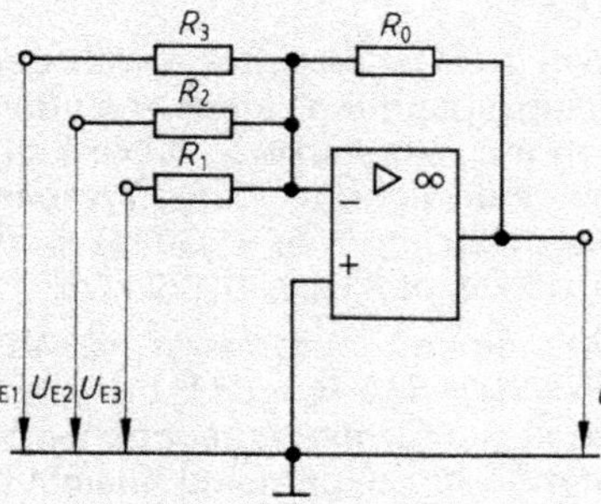


$$U_A = -R_0 \cdot \left(\frac{U_{E1}}{R_1} + \frac{U_{E2}}{R_2} + \frac{U_{E3}}{R_3}\right)$$

e) Subtrahierer

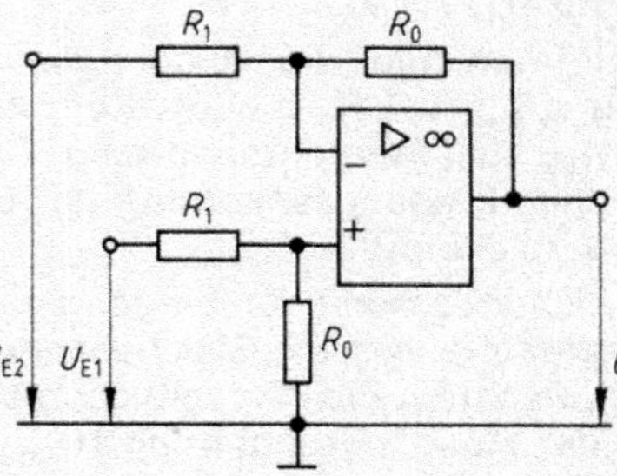


$$U_A = -\frac{R_0}{R_1} \cdot (U_{E2} - U_{E1})$$

f) Integrierer

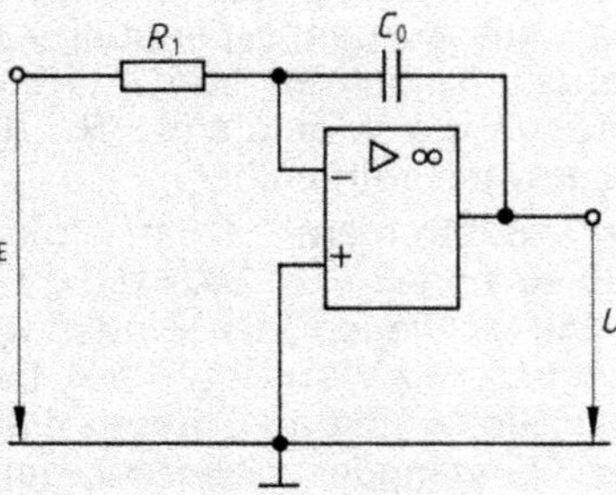


$$\Delta U_A = -\frac{1}{R_1 \cdot C_0} \cdot U_E \cdot \Delta t$$

g) Differenzierer

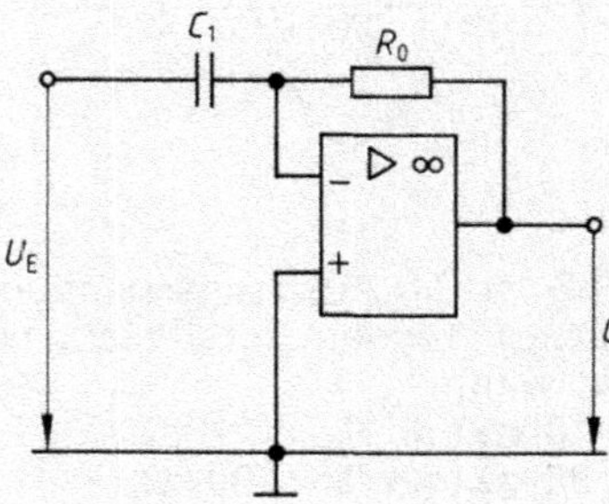


$$U_A = -R_0 \cdot C_1 \frac{\Delta U_E}{\Delta t}$$

**Beispiel 8.21** Wie groß ist die Eingangsspannung $U_E$ eines invertierenden Verstärkers (**8**.54a) mit $R_0 = 100\ \text{k}\Omega$ und $R_1 = 10\ \text{k}\Omega$, wenn die Ausgangsspannung $U_A = 10\ \text{V}$ beträgt?

**Lösung** $$U_E = \frac{U_A}{-\frac{R_0}{R_1}} = \frac{10\ \text{V}}{-\frac{100\ \text{k}\Omega}{10\ \text{k}\Omega}} = \mathbf{-1\ V}$$

**Beispiel 8.22** Auf einen Integrierer (**8**.54f) mit $R_1 = 22\ \text{k}\Omega$ und $C_0 = 0{,}5\ \mu\text{F}$ wird zum Zeitpunkt $t_0 = 0$ sprunghaft die Eingangsspannung $U_E = 2\ \text{V}$ geschaltet. Im Ausgangszustand ist $U_{A0} = -5\ \text{V}$. Wie groß ist die Ausgangsspannung nach $t_1 = 30\ \text{ms}$?

**Lösung** $$\Delta U_A = -\frac{1}{R_1 \cdot C_0} \cdot U_E \cdot \Delta t = -\frac{1}{22\ \text{k}\Omega \cdot 0{,}5\ \mu\text{F}} \cdot 2\ \text{V} \cdot 30\ \text{ms} = -5{,}45\ \text{V}$$

$$U_A = U_{A0} + \Delta U_A = -5\ \text{V} + (-5{,}45\ \text{V}) = \mathbf{-10{,}45\ V}$$

**Aufgaben**

1. Welche Eingangsspannung muß am invertierenden Eingang eines Komparators **8**.54a liegen, damit am Ausgang a) $-U_{Amax}$, b) $+U_{Amax}$, c) 0 V zu messen ist? Die Referenzspannung beträgt $U_{ref} = 4$ V.
2. Bestimmen Sie die Ausgangsspannung ($U_{Amax} = \pm 12$ V) eines Komparators für die Referenzspannung 2,5 V und die Eingangsspannung a) –5 V, b) 3 V, c) 200 mV.
3. Am nichtinvertierenden Eingang eines Komparators liegt die Gleichspannung +1 V. Zeichnen Sie den zeitlichen Verlauf der Ausgangsspannung ($U_{Amax} = \pm 10$ V), wenn am invertierenden Eingang die sinusförmige Wechselspannung nach Bild **8**.55 liegt.

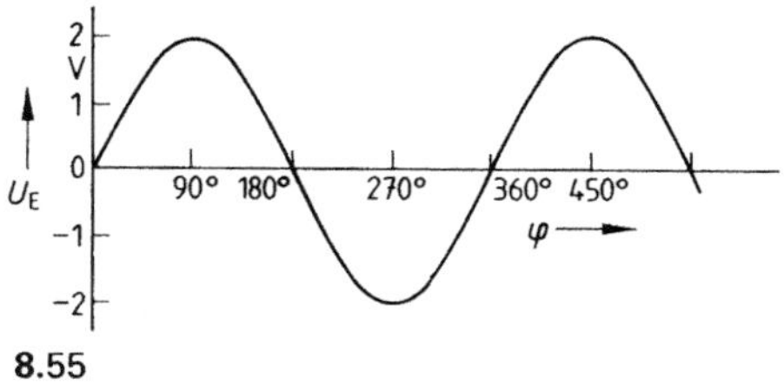


**8**.55

4. Wie groß ist die Ausgangsspannung eines invertierenden Verstärkers bei $U_E = 2$ V, wenn
   a) $R_1 = 10$ kΩ und $R_0 = 22$ kΩ,
   b) $R_1 = 22$ kΩ und $R_0 = 100$ kΩ,
   c) $R_1 = 68$ kΩ und $R_0 = 33$ kΩ sind?
5. An einem P-Regelglied mit der Schaltung **8**.54b soll der Verstärkungsfaktor zwischen 1 und 100 eingestellt werden können. In welchem Bereich muß $R_0$ veränderbar sein, wenn $R_1 = 10$ kΩ beträgt?
6. Beim Invertierer **8**.54b wurde mit einem Oszilloskop die Ausgangswechselspannung $u_{ASS} = 15$ V gemessen. Welchen Effektivwert hat die sinusförmige Eingangsspannung, wenn $R_0 = 150$ kΩ und $R_1 =$ a) 22 kΩ, b) 47 kΩ, c) 33 kΩ betragen?
7. Der nichtinvertierende Verstärker **8**.54c ist mit $R_0 = 22$ kΩ und $R_1 = 10$ kΩ beschaltet. Bestimmen Sie $U_A$ für die Eingangsspannung a) 2 V, b) –4 V, c) –3V.
8. Die Verstärkung eines nichtinvertierenden Verstärkers **8**.54c soll a) 10, b) 50, c) 300 betragen. $R_0$ ist 47 kΩ und $U_A = 10$ V. Wie groß sind $R_1$ und $U_E$?
9. Wie groß ist der Effektivwert der Ausgangsspannung eines nichtinvertierenden Verstärkers **8**.54c mit der sinusförmigen Eingangsspannung $u_{ESS} = 200$ mV, $R_0 = 330$ kΩ und $R_1 =$ a) 15 kΩ, b) 33 kΩ, c) 120 kΩ?
10. Bei einem Summierer **8**.54d sind $R_1 = R_2 = R_3 = R_0 = 68$ kΩ. Vereinfachen Sie für die angegebenen Widerstände die allgemeine Gleichung für die Ausgangsspannung des Summierers. Wie groß ist $U_A$, wenn $U_{E1} =$ –3 V, $U_{E2} = 1$ V und $U_{E3} = 4$ V sind?
11. Am Summierer **8**.54d sollen die maximalen Eingangsspannungen $U_{E1} =$ 200 mV, $U_{E2} = 600$ mV und $U_{E3} = 1$ V so addiert werden, daß sie einzeln jeweils die Ausgangsspannung –3 V ergeben. $R_0$ beträgt 56 kΩ. Wie groß müssen die Widerstände $R_1$, $R_2$ und $R_3$ gewählt werden?
12. Am Subtrahierer **8**.54e mit $R_0 =$ 120 kΩ und $R_1 =$ a) 180 kΩ, b) 270 kΩ, c) 150 kΩ liegen die Eingangsspannung $U_{E1} = 4$ V und $U_{E2} = 6$ V. Bestimmen Sie $U_A$ und die Potentiale an beiden Eingängen des Operationsverstärkers gegenüber Masse.
13. Die Eingangsspannung $U_{E2}$ eines Subtrahierers **8**.54e ist zu bestimmen, wenn $R_0 = 10$ kΩ, $R_1 = 22$ kΩ, $U_{E1} = 3$ V und die Ausgangsspannung a) –1,5 V, b) +5 V, c) 0 V betragen.
14. Wie groß ist in 200 ms die Änderung der Ausgangsspannung eines Integrierers, wenn $R_1 = 22$ kΩ, $C_0 = 5$ µF und die Eingangsspannung a) 2 V, b) –4 V, c) 0 V betragen. Bestimmen Sie für die Schaltung die Änderungsgeschwindigkeit $\Delta U_A/\Delta t$ für die verschiedenen Eingangsspannungen.
15. Die Integrierzeit der Schaltung **8**.54f soll 50 ms betragen. Dies ist die Zeit, in der sich die Ausgangsspannung um den Betrag der Eingangsspannung ändert. Leiten Sie die allge-

meine Gleichung für $T_I$ ab. Wie groß muß $C_0$ sein, wenn $R_1$ = a) 10 kΩ, b) 56 kΩ, c) 100 kΩ beträgt?

16. An einem Differenzierer **8**.54g liegt eine dreieckförmige Eingangsspannung nach Bild **8**.56. Zeichnen Sie den Verlauf der Ausgangsspannung $R_0 = 10$ kΩ und $C_1$ = a) 1 µF, b) 500 nF, c) 1,2 µF.

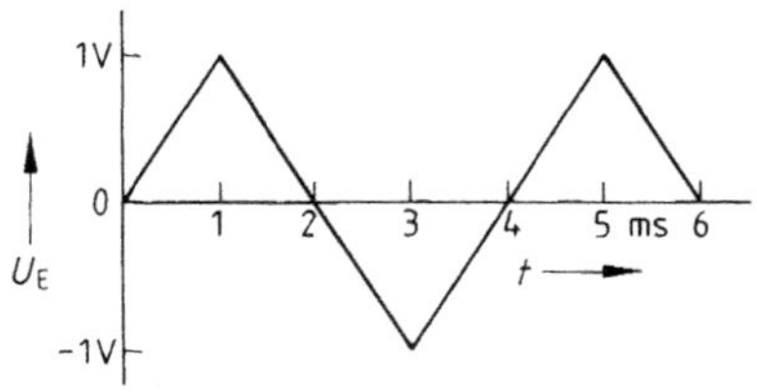


**8**.56

17. Welchen Verlauf muß die Eingangsspannung eines Differenzierers **8**.54g aufweisen, damit sich eine nadelförmige Ausgangsspannung nach Bild **8**.57 ergibt?

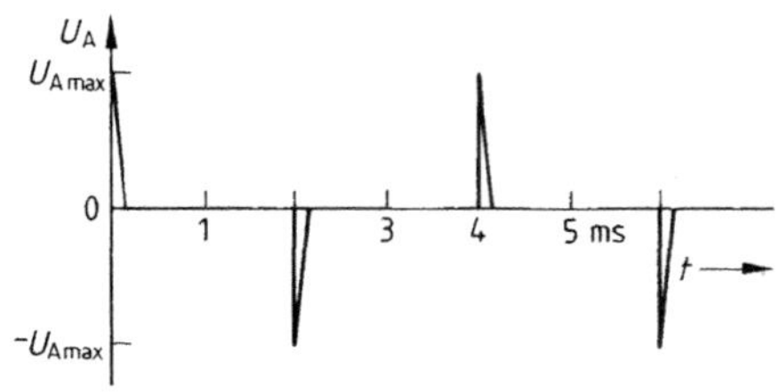


**8**.57

18. An verschiedenen Schaltungen mit Operationsverstärkern liegt die Eingangsspannung nach Bild **8**.58. Zeichnen Sie den zeitlichen Verlauf der Ausgangsspannung für einen invertierenden Verstärker mit $R_0 = 100$ kΩ und $R_1 = 33$ kΩ, einen nichtinvertierenden Verstärker mit $R_0 = 150$ kΩ und $R_1 = 56$ kΩ sowie einen Integrierer mit $R_1 = 100$ kΩ und $C_0 = 5$ nF. Die Sättigungsspannung beträgt $U_{Amax} = \pm 12$ V.

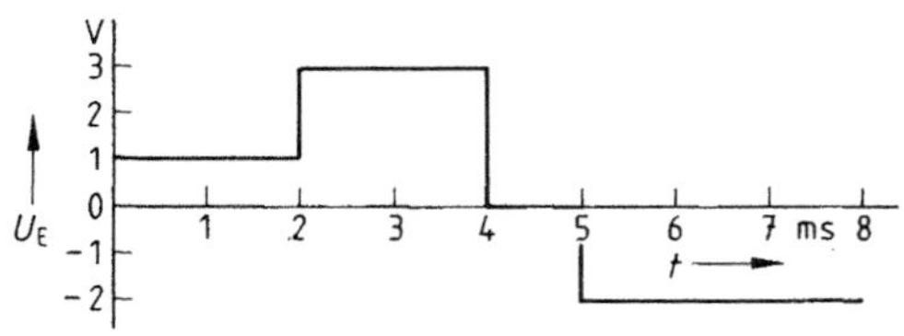


**8**.58

19. Bild **8**.59 zeigt die Ausgangsspannung eines invertierenden Verstärkers mit $R_0 = 100$ kΩ und $R_1 = 22$ kΩ bzw. eines Integrierers mit $R_1 = 10$ kΩ und $C_0 = 1{,}5$ µF. Zeichnen Sie den zeitlichen Verlauf der Eingangsspannung.

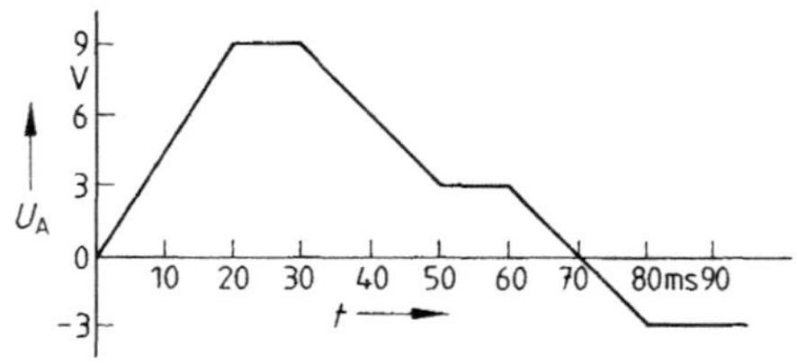


**8**.59

20. In Bild **8**.60 sind die Beschaltung und die Eingangsspannung eines Operationsverstärkers dargestellt. Bestimmen Sie den zeitlichen Verlauf der Ausgangsspannung. Im Anfangszustand ist der Kondensator nicht geladen.

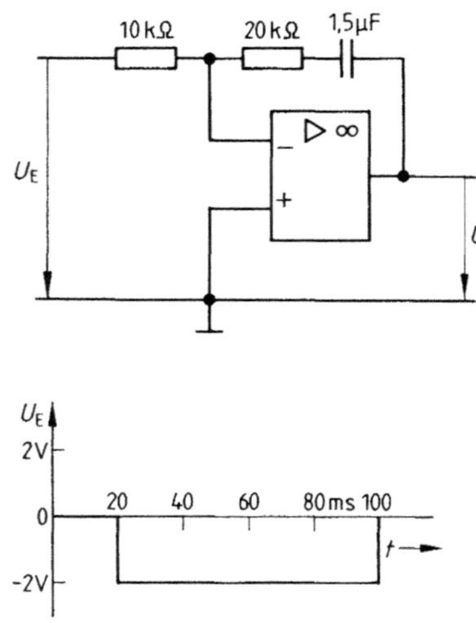


**8**.60

## 8.6 Thyristoren

### 8.6.1 Ansteuern von Thyristoren und TRIACs

**Thyristoren** sind steuerbare Gleichrichter. Kathodenseitig steuerbare Thyristoren (P-Gate-Thyristoren) werden durch einen positiven Spannungsimpuls am Gate gezündet (**8**.61). Zur sicheren Zündung müssen die Werte von Gatespannung $U_G$ und Gatestrom $I_G$ im Bereich der sicheren Zündung (III) des Eingangskennlinien-Streubands (**8**.62) liegen.

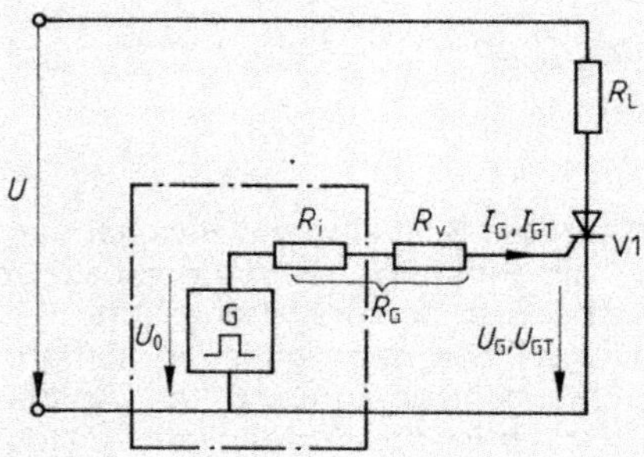


**8**.61

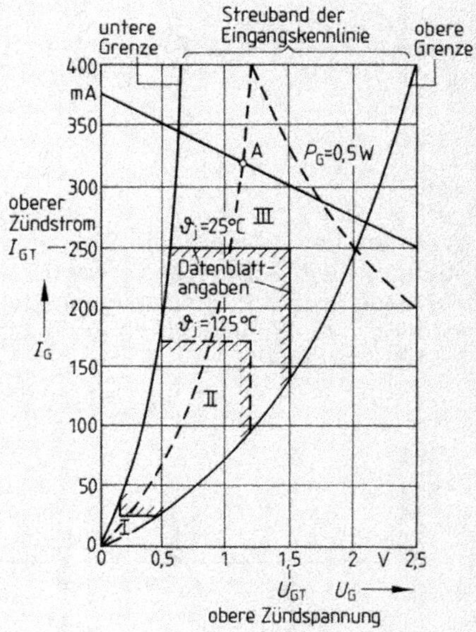


**8**.62

Im Datenblatt sind als charakteristische Mindestwerte die obere Zündspannung $U_{GT}$ und der obere Zündstrom $I_{GT}$ angegeben. Die zulässige Impulssteuerleistung $P_G$ ist abhängig von der Impulsdauer. Der Gatewiderstand $R_G$ muß so bemessen sein, daß $U_{GT}$ und $I_{GT}$ bei einer bestimmten Leerlaufspannung der Pulsspannungsquelle $U_0$ erreicht werden und die zulässige Impulsleistung nicht überschritten wird.

| **Gatesteuerleistung** | **Gatewiderstand** | |
|---|---|---|
| $P_G = U_G \cdot I_G$ | $R_G = \dfrac{U_0 - U_G}{I_G}$ | $R_G = R_1 + R_V$ |

**Steuerwinkel**. Der Zündimpuls mit dem Steuerwinkel $\alpha$ (Zündwinkel) wird heute meist durch integrierte Zündimpulsschaltungen erzeugt. Dabei bildet das IC intern eine Rampenspannung nach Bild **8**.63. Der Steuerwinkel ergibt sich aus dem Schnittpunkt der Rampenspannung $U_R$ und der von außen angelegten Steuerspannung $U_{St}$. Die Widerstände $R_1$ und $R_3$ begrenzen den Steuerwinkel.

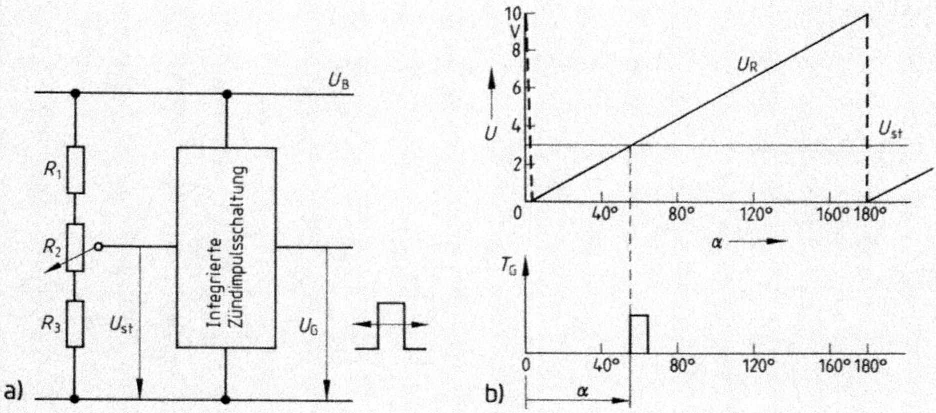


8.63

**Beispiel 8.23** Ein Thyristor mit dem Eingangskennlinien-Streuband **8.62** wird im Arbeitspunkt A aus einem Impulsgenerator mit dem Gatewiderstand $R_G = 19\ \Omega$ angesteuert. Der Zündwinkel von 80° wird mit einer integrierten Zündimpulsschaltung bestimmt. Wie groß muß die Leerlaufspannung des Impulsgenerators sein? Wie groß ist die Steuerspannung $U_{St}$?

**Lösung** Im Arbeitspunkt A sind $U_G = 1{,}2$ V und $I_G = 320$ mA. Damit sind die Leerlaufspannung

$U_0 = U_G + I_G \cdot R_G = 1{,}2\ \text{V} + 320\ \text{mA} \cdot 19\ \Omega = \mathbf{7{,}28\ V}$

und die Steuerspannung ist nach Bild **8.63**b $U_{St} = \mathbf{4{,}3\ V}$.

**TRIACs** werden z. B. für Wechselstromsteller (Dimmer) eingesetzt. Die Zündimpulse erzeugt man oft über RC-Schaltungen in Verbindung mit einem Diac. Die Grundschaltung zeigt Bild **8.64**. Die Phasenverschiebung der Kondensatorspan-

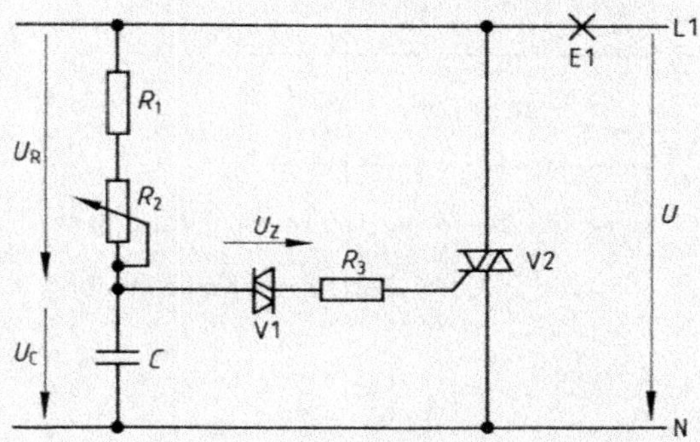


8.64

nung $U_C$ gegenüber der Netzspannung $U$ und die Größe von $U_C$ werden durch den Stellwiderstand $R_2$ verändert (**8.65**a). Ist der Augenblickswert der Kondensatorspannung $u_C$ so groß wie die Kippspannung des Diacs $U_{(B0)}$ (**8.65**b), entlädt sich der Kondensator impulsartig über den Diac und den Schutzwiderstand $R_3$ auf das Gate des TRIACs und zündet diesen.

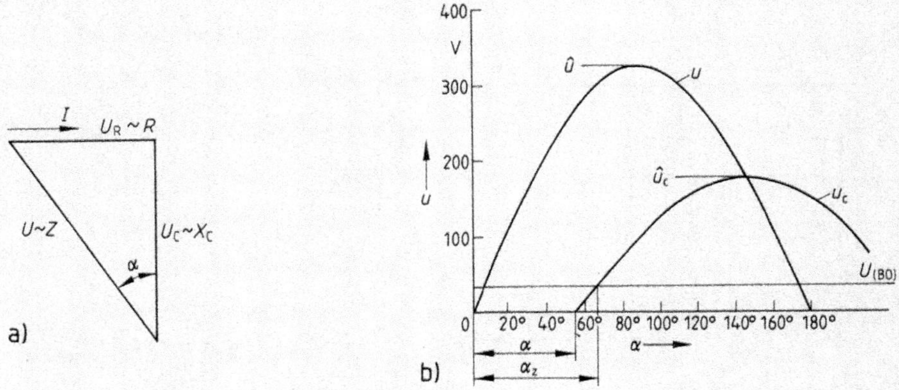


8.65

Aus dem Widerstandsdreieck **8**.65a ergibt sich der Phasenwinkel $\alpha$ zwischen der Betriebswechselspannung $U \sim Z$ und der Kondensatorspannung $U_C \sim X_C$ aus $\tan \alpha = R/X_C$ und $X_C = \dfrac{1}{2 \cdot \pi \cdot f \cdot C}$ mit

$$\tan \alpha = R \cdot 2 \cdot \pi \cdot f \cdot C.$$

Der Maximalwert der Kondensatorspannung wird ohne Berücksichtigung von *V*1 und *V*2 berechnet mit der cos-Funktion

$$\hat{u}_C = \sqrt{2} \cdot U \cdot \cos \alpha.$$

**Der Steuerwinkel $\alpha_Z$** ist aus dem Zeitdiagramm ersichtlich. Rechnerisch ergibt er sich aus der Gleichung

$$\alpha_Z = \alpha + \arcsin \frac{U_{(B0)}}{\hat{u}_C}.$$

**Beispiel 8.24** In der Dimmerschaltung nach Bild **8**.64 betragen $R_1 = 1\ \text{k}\Omega$, der eingestellte Widerstand $R_2 = 9\ \text{k}\Omega$ und die Kapazität $C = 0{,}47\ \mu\text{F}$. Die Betriebsspannung ist 230 V 50 Hz, die Kippspannung des Diac $U_{(B0)} = 32$ V. Wie groß ist der Steuerwinkel $\alpha_Z$?

**Lösung** $\tan \alpha = (R_1 + R_2) \cdot 2 \cdot \pi \cdot f \cdot C = (1\ \text{k}\Omega + 9\ \text{k}\Omega) \cdot 2 \cdot \pi \cdot 50\ \text{Hz} \cdot 0{,}47\ \mu\text{F} = 1{,}477$

Daraus $\alpha = 55{,}9°$

$\hat{u}_C = U \cdot \sqrt{2} \cdot \cos \alpha = 230\ \text{V} \cdot \sqrt{2} \cdot \cos 55{,}9° = 182{,}3$ V

Die Netzspannung und die Kondensatorspannung sind in das Liniendiagramm **8**.65b eingetragen. Hier ist der Steuerwinkel $\alpha_Z =$ **66°** abzulesen. Oder rechnerisch:

$$\alpha_Z = \alpha + \arcsin \frac{U_{(B0)}}{\hat{u}_C} = 55{,}9° + \arcsin \frac{32\ \text{V}}{182{,}3\ \text{V}} = \mathbf{66°}$$

**Aufgaben**

1. Wie groß sind die Gatespannung $U_G$ und die Gatesteuerleistung $P_G$ des Thyristors T 10N (Datenblatt Anhang Tab. 11) für einen Arbeitspunkt an der oberen Grenze des Eingangskennlinien-Streubands, wenn der Zündstrom a) 30 mA, b) 100 mA, c) 150 mA beträgt?
2. Bei einem Zündimpuls von a) 10 ms, b) 1 ms, c) 0,5 ms soll die zulässige Steuerimpulsleistung des Thyristors T 10N (Anhang Tab. 11) an der unteren Grenze des Eingangskennlinien-Streubands nicht überschritten werden. Wie groß sind Gatespannung und Gatestrom?
3. Ein kleiner Thyristor braucht die obere Gatespannung 0,8 V und den oberen Gatestrom 6 mA. Er wird über einen Gatewiderstand mit der Betriebsspannung $U_B = 12$ V gezündet.
   a) Welchen höchsten Widerstandswert darf der Gatewiderstand haben?
   b) Welchen minimalen Wert kann $R_G$ haben, wenn bei $U_G = 1$ V die Gatesteuerleistung 0,5 W betragen darf?
4. Ein Thyristor mittlerer Leistung wird mit einem Gatesteuerimpuls von $t = 10$ µs gezündet. Die Gatespannung beträgt 6 V, der Gatestrom a) 500 mA, b) 1 A, c) 300 mA. Die Pulsspannungsquelle mit $U_0 = 10$ V und $R_i = 1{,}5\ \Omega$ steuert den Thyristor. Wie groß ist die Pulssteuerleistung? Wie groß ist der Gatevorwiderstand $R_V$ zu wählen?
5. Wie groß muß die Steuerspannung einer integrierten Zündimpulsschaltung für den Steuerwinkel a) 30°, b) 90°, c) 160° gewählt werden?
6. Wie groß ist der Steuerwinkel einer integrierten Zündimpulsschaltung bei der Steuerspannung a) 1 V, b) 3 V, c) 9 V?
7. In der Schaltung **8**.63a betragen $R_1 = 4{,}7$ kΩ, $R_2 = 10$ kΩ, $R_3 = 2{,}2$ kΩ und $U_B = 15$ V Gleichspannung. Wie groß sind der minimale und der maximale Steuerwinkel?
8. Der minimale Steuerwinkel $\alpha_{min} = 25°$ und der maximale Steuerwinkel $\alpha_{max} = 155°$ soll mit der Schaltung **8**.63a bei der Betriebsspannung $U_B = 12$ V eingestellt werden. Der Widerstand $R_2$ beträgt a) 10 kΩ, b) 15 kΩ, c) 22 kΩ. Wie groß sind $R_1$ und $R_3$ zu wählen?
9. Für eine vollgesteuerte Zweipuls-Brückenschaltung sollen als kleinster Steuerwinkel die Gleichrichter-Trittgrenze $\alpha_G = 30°$ und als größter Steuerwinkel die Wechselrichter-Trittgrenze $\alpha_W = 150°$ eingestellt werden. Wie groß müssen in der Schaltung nach **8**.63a mit $U_B = 10$ V die Widerstände $R_1$ und $R_3$ sein, wenn $R_2$ a) 10 kΩ, b) 15 kΩ, c) 22 kΩ ist?
10. Der Thyristor T 10N (Datenblatt s. Anhang Tab. 11) wird über einen Optokoppler angesteuert. Den Schaltungsausschnitt zeigt Bild **8**.66. Die Spannung $U_{CE}$ des Optokopplers wird mit 0,5 V angenommen.

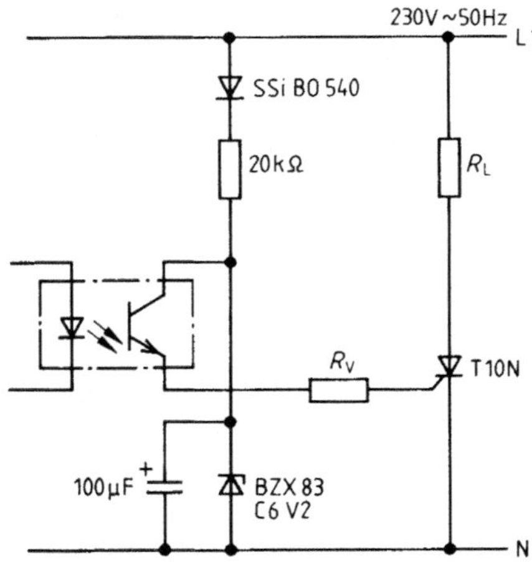


**8.66**

a) Wie groß muß der Gatevorwiderstand gewählt werden, wenn der Zündstrom 40 mA an der unteren Grenze des Eingangskennlinien-Streufelds gewählt wird?

b) Beurteilen Sie, ob der Lastwiderstand auch zwischen dem Thyristor und dem N-Leiter angeschlossen werden darf.

11. Wie groß sind der Maximalwert der Kondensatorspannung $\hat{u}_C$ und der Phasenwinkel $\alpha$ zwischen der Betriebsspannung 230 V 50 Hz und der Kondensatorspannung des Phasenstellglieds nach Bild **8.**64 ohne Berücksichtigung von $V1$ und $V2$, wenn $R_1 = 2{,}2\ \text{k}\Omega$, $C = 0{,}68\ \mu\text{F}$ und $R_2 =$ a) 0 kΩ, b) 22 kΩ, c) 50 kΩ betragen?

12. Eine Dimmerschaltung nach Bild **8.**64 mit $R_1 = 1\ \text{k}\Omega$, $R_2 = 50\ \text{k}\Omega$, $C = 0{,}47\ \mu\text{F}$ ist an 230 V 50 Hz angeschlossen. Die Kippspannung des Diacs beträgt 35 V.
    a) Zwischen welchen Werten kann der Steuerwinkel eingestellt werden?
    b) Wie groß sind die Spannungen am Phasenstellglied $R_1$, an $R_2$ und $C$ nach dem Zünden des TRIACs?

13. In der Schaltung nach Bild **8.**64 mit der Betriebsspannung 230 V 50 Hz und $R_1 = 10\ \text{k}\Omega$, $R_2 = 250\ \text{k}\Omega$ und $C = 0{,}22\ \mu\text{F}$ ist parallel zur Reihenschaltung $R_1$ und $R_2$ der Widerstand $R_3 = 330\ \text{k}\Omega$ geschaltet. Die Kippspannung des Diacs beträgt 32 V.
    a) Welche Ladung hat der Kondensator beim Erreichen der Kippspannung?
    b) Wie groß sind (ohne Berücksichtigung von $V1$ und $V2$) $u_C$ und $\alpha$, wenn der Widerstand $R_2$ zwischen 0 Ω und 250 kΩ verändert wird?
    c) Welcher minimale und maximale Steuerwinkel läßt sich einstellen?

### 8.6.2 Gleichstrom- und Wechselstromsteller

**Gleichstromsteller** können mit Transistoren oder Thyristoren und einer entsprechenden Löschschaltung aufgebaut sein (**8.**67a). Sie schalten die Gleichspannung an einem Verbraucher periodisch ein und aus. Mit dem Tastgrad $g = t_i/T$ ändert sich der Mittelwert der Gleichspannung. Es gilt für den

| | |
|---|---|
| **arithmetischen Mittelwert** | $U_{2AV} = U_1 \cdot \frac{t_i}{T}$ |
| **Effektivwert** | $U_{2RMS} = U_1 \cdot \sqrt{\frac{t_i}{T}}$. |

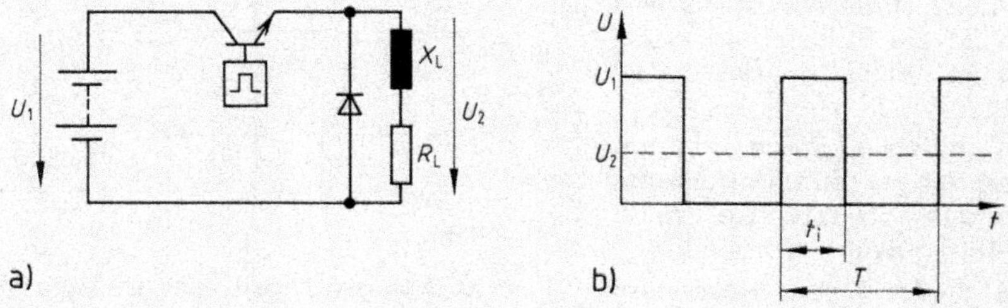


**8.**67

**Wechselstromsteller.** TRIACs oder antiparallelgeschaltete Thyristoren werden als Leistungssteller im Wechsel- oder auch Drehstromkreisen eingesetzt (**8.**68a). Dabei sind zwei Steuerungsarten zu unterscheiden: die Phasenanschnitt- und die Schwingungspaketsteuerung.

**Phasenanschnittsteuerung** nach Bild **8.**68b. Die Größe der Ausgangsspannung $U_\alpha$ ist abhängig vom Steuerwinkel $\alpha$ und der Lastart. Die Steuerkennlinie eines Einphasenstellers (**8.**68c) zeigt für Ohmsche und induktive Last das Verhältnis der „angeschnittenen" Ausgangsspannung $U_\alpha$ zur Eingangswechselspannung $U_S$. Zwischen beiden Kennlinien liegen die Werte für Ohmsch-induktive Last.

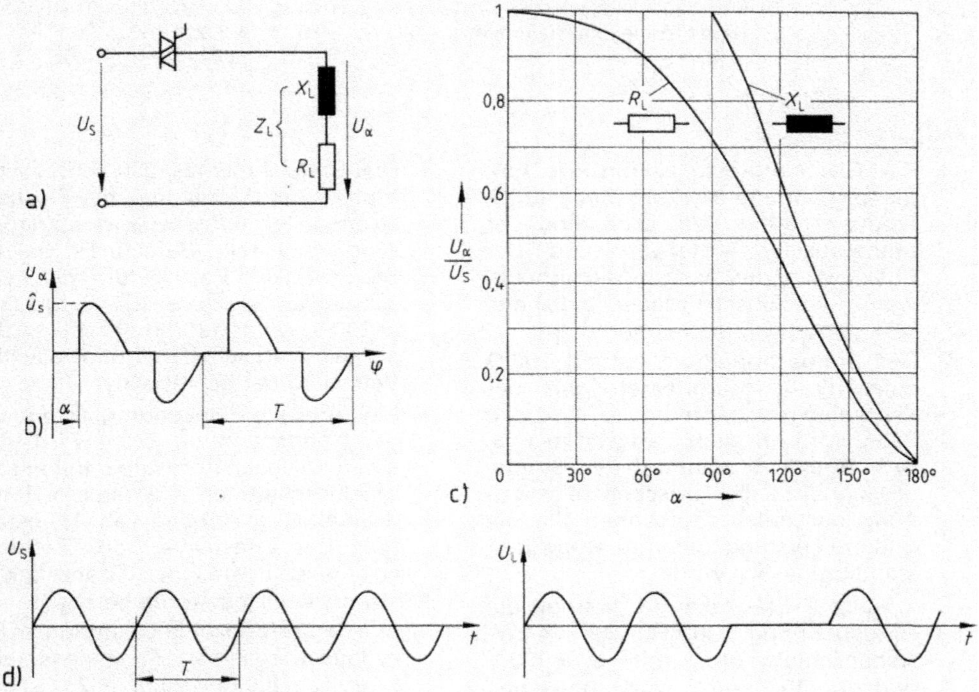


8.68

**Bei der Schwingungspaketsteuerung** (Periodengruppen-, Vollwellensteuerung) werden vollständige Perioden der Wechselspannung ein- oder ausgeschaltet (**8.**68d). Die umgesetzte Leistung ist abhängig von dem Verhältnis Einschaltdauer $t_E$ und Schaltperiode $T_S$. Ausgehend von der maximalen Leistung $P_{max}$ bei ungeschalteter Wechselspannung gilt

$$P = P_{max} \cdot \frac{t_E}{T_S}.$$

**Beispiel 8.25** Über einen Gleichstromsteller wird die Spannung 110 V an den Lastwiderstand $R_L = 30\ \Omega$ mit dem Tastgrad $t_i/T = 1:5$ geschaltet. Wie groß sind der arithmetische Mittelwert und der Effektivwert der Lastspannung? Welche Leistung wird umgesetzt?

**Lösung** $U_{2AV} = U_1 \cdot \frac{t_i}{T} = 110\ \text{V} \cdot \frac{1}{5} = \mathbf{22\ V}$ $\qquad U_{2RMS} = U_1 \cdot \sqrt{\frac{t_i}{T}} = U_1 \cdot \sqrt{\frac{1}{5}} = \mathbf{49{,}2\ V}$

$$P = \frac{U_{2RMS}^2}{R_L} = \frac{(49{,}2\ \text{V})^2}{30\ \Omega} = \mathbf{80{,}7\ W}$$

**Beispiel 8.26** Ein 50-Ω-Heizwiderstand wird über einen TRIAC an 230 V 50 Hz geschaltet.

a) Wie groß ist der Steuerwinkel, wenn die Leistung 529 W beträgt?

b) Wie groß ist für die gleiche Leistung die Einschaltdauer bei Schwingungspaketsteuerung, wenn die Schaltperiode 3 s beträgt?

**Lösung**

a) Für 529 W beträgt die Spannung $U_\alpha$ = 162,6 V. Damit ist das Verhältnis $U_\alpha/U_S$ = 0,707. Nach Bild **8.**68c ist der Steuerwinkel **90°**.

b) Für das Leistungsverhältis $P/P_{max}$ = 0,5 ist auch das Verhältnis $t_E/T_S$ = 0,5. Damit ist die Einschaltdauer $t_E = 0{,}5 \cdot T_S = 0{,}5 \cdot 3$ s = **1,5 s.**

## Aufgaben

1. Ein Gleichstromsteller mit der Eingangsspannung 60 V arbeitet mit der Frequenz 3 kHz. Wie groß sind der arithmetische Mittelwert und der Effektivwert der Ausgangsspannung, wenn die Einschaltdauer a) 0,1 ms, b) 0,2 ms, c) 0,3 ms beträgt?
2. Der Bremschopperwiderstand 200 Ω eines Frequenzumrichters mit der Zwischenkreisspannung $U_Z = U_1$ = 320 V wird mit dem Tastgrad a) 1 : 3, b) 1 : 5, c) 1 : 9 während des Bremsvorgangs an die Zwischenkreisspannung geschaltet. Berechnen Sie die mittlere Leistung, die im Bremswiderstand umgesetzt wird.
3. In einem Elektrokarren beträgt die Akkuspannung 180 V. Der 4-kW-Nebenschlußmotor mit $U_N$ = 150 V und $n_N$ = 1500 min$^{-1}$ wird über einen Gleichstromsteller mit der Pulsfrequenz 1 kHz betrieben. Wie groß muß die Impulszeit $t_i$ für a) $n_N$, b) 1000 min$^{-1}$, c) 500 min$^{-1}$ sein, wenn der Spannungsfall im Anker jeweils 15 V beträgt? (Anmerkung: Die induzierte Quellenspannung $U_g$ ist der Drehzahl $n$ proportional.)
4. Eine Glühlampe 230 V/100 W wird über einen Wechselstromsteller mit Phasenanschnittsteuerung (Dimmer) betrieben. Berechnen Sie Spannung, Stromstärke und Leistung beim Steuerwinkel
   a) 60°, b) 90°, c) 150°.
5. Welcher Steuerwinkel eines Wechselstromstellers ist einzustellen, damit die Leistung
   a) 50 %, b) 25 %, c) 70 %
   der Nennleistung entspricht?
6. Die Drehzahl eines 230-V-Universalmotors wird mit einem Wechselstromsteller in Phasenanschnittsteuerung eingestellt. Berechnen Sie den Steuerwinkelbereich für die Maschinenspannung a) 150 V, b) 115 V, c) 200 V, wenn der Motor im Grenzfall als rein Ohmsche bzw. rein induktive Belastung betrachtet wird.
7. Eine größere Beleuchtungsanlage mit der Nennspannung 230 V wird über einen Wechselstromsteller mit antiparallelgeschalteten Thyristoren T **10**N (Datenblatt s. Anhang Tab. 11) betrieben. Der Effektivwert des Betriebsstroms soll 80 % des Grenzeffektivstroms der Thyristoren betragen.
   a) Wie groß darf die Leistung der Beleuchtungsanlage höchstens sein? (s. Tab. **8.**9 in Abschn. 8.2.)
   b) Welchen Wert hat der Lastwiderstand $R_L$ der Anlage?
   c) Bei welchem Steuerwinkel ist die Leistung 3,25 kW ($R_L$ = konst.)?
8. Ein Heizofen 3 kW, 230 V wird mit Schwingungspaketsteuerung betrieben. Die Schaltfrequenz beträgt $f_S$ = 5 Hz, die Einschaltdauer $t_E$ = a) 40 ms, b) 80 ms, c) 120 ms. Berechnen Sie die Heizleistung und die ein- bzw. ausgeschalteten Perioden der Wechselspannung 50 Hz.
9. Die Heizleistung eines kleinen Glühofens für 230 V 50 Hz mit dem Heizwiderstand 26 Ω wird in Periodengruppensteuerung mit der Schaltfrequenz $f_S$ = 2 Hz betrieben. Berechnen Sie
   a) die Nennheizleistung bei direktem Anschluß an die Wechselspannung,

b) die kleinste bzw. größte Einschaltdauer im gesteuerten Betrieb, damit die mittlere Leistung zwischen 20 % und 80 % der Nennleistung zu verändern ist,

c) die mittlere Leistung, wenn jeweils 10 Perioden der Wechselspannung eingeschaltet werden.

10. Mit der Schwingungspaketsteuerung soll die Leistung zwichen 1 % und 99 % der Wechselstrom-Nennleistung am 50-Hz-Netz verändert werden. Die kleinste Einschaltdauer $t_{Emin}$ soll a) 40 ms, b) 20 ms, c) 60 ms betragen. Wie groß sind die Schaltfrequenz und die größte Einschaltdauer zu wählen?

### 8.6.3 Gesteuerte Gleich- und Wechselrichter

Werden die Dioden der Gleichrichterschaltungen nach Tabelle **8**.15 ganz oder teilweise durch Thyristoren ersetzt, erhält man voll- oder halbgesteuerte Gleichrichterschaltungen. Vollgesteuerte Schaltungen erhalten die zusätzliche Kennzeichnung „C" (z. B. vollgesteuerte Zweipuls-Brückenschaltung B2C), die halbgesteuerte die zusätzliche Kennzeichnung „H" (z. B. halbgesteuerte Zweipuls-Brückenschaltung B2H). Die Gleichspannung kann durch den Steuerwinkel eingestellt werden.

**In den Steuerkennlinien** ist das Verhältnis des arithmetischen Mittelwerts der ideellen gesteuerten Gleichspannung $U_{di\alpha}$ zur ideellen Gleichspannung bei Vollaussteuerung $U_{di}$ in Abhängigkeit vom Steuerwinkel $\alpha$ dargestellt (**8**.69). Zu unterscheiden sind die Steuerkennlinien nach Stromrichterschaltung und Lastart. Für Vollaussteuerung gelten alle Werte der Tabelle **8**.15.

**Wechselrichterbetrieb.** Vollgesteuerte Schaltungen können in Verbindung mit einer Energiequelle auf der Gleichstromseite (z. B. einem Gleichstromgenerator) im Wechselrichterbetrieb arbeiten. Dann ist die gesteuerte Gleichspannung negativ.

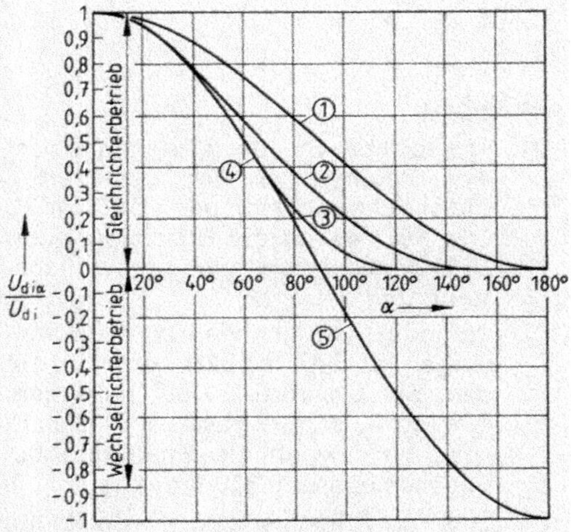


**8**.69 Steuerkennlinien netzgeführte Gleich- und Wechselrichter, arithmetischer Mittelwert

Gleichrichterbetrieb

1 B2H, B6H, alle Lastarten
M1C, M2C, B2C
2 M3C
3 B6C
} bei lückendem Strom (z. B. Widerstandslast)

4 alle vollgesteuerte mehrpulsige Gleichrichter bei nichtlückendem Strom (z. B. Stromglättung durch Induktivität)

Wechselrichterbetrieb

5 alle vollgesteuerte mehrpulsige Stromrichter bei nichtlückendem Strom (z. B. Stromglättung durch Induktivität, Wechselrichtertrittgrenze ≈ 150°)

**Beispiel 8.27** An 400 V Wechselspannung sind der Anker eines Gleichstrommotors über eine vollgesteuerte Zweipuls-Brückenschaltung B2C und die Erregerwicklung über eine halbgesteuerte Zweipuls-Brückenschaltung B2H angeschlossen. Die Ankernennspannung des Motors beträgt 260 V, die Erregernennspannung 310 V. Für die Ströme wird Stromglättung angenommen.

a) Wie groß sind die Steuerwinkel für den Nennbetrieb?

b) Wie groß ist der Steuerwinkel des Ankerstromrichters im Wechselrichterbetrieb bei der Ankerspannung –150 V?

**Lösung** a) Aus Tabelle **8**.15 ergibt sich die Spannung bei Vollaussteuerung
$U_{di} = 0{,}9 \cdot U_v = 0{,}9 \cdot 400\ \text{V} = 360\ \text{V}$.
Anker-Steuerwinkel (**8**.69, Kennlinie *4*)
$\frac{U_{di\alpha}}{U_{di}} = \frac{260\ \text{V}}{360\ \text{V}} = 0{,}722$, daraus $\alpha = \mathbf{43°}$
Erreger-Steuerwinkel (**8**.69, Kennlinie *1*)
$\frac{U_{di\alpha}}{U_{di}} = \frac{310\ \text{V}}{360\ \text{V}} = 0{,}861$, daraus $\alpha = \mathbf{43°}$

b) Im Wechselrichterbetrieb ist die Ankerspannung negativ, $U_{di} = -150$ V.
Wechselrichter-Steuerwinkel (**8**.69, Kennlinie *5*)
$\frac{U_{di}}{U_{di\alpha}} = \frac{-150\ \text{V}}{360\ \text{V}} = -0{,}417$, daraus $\alpha = \mathbf{113°}$

**Aufgaben**

1. Vergleichen Sie bei Widerstandslast die Steuerwinkel der gesteuerten Gleichrichterschaltungen B2C, M3C und B6C, damit die Gleichspannung 30 % der Gleichspannung bei Vollaussteuerung beträgt.
2. Bei induktiver Last werden die Schaltungen a) B2C, b) B2H, c) M1C mit dem Steuerwinkel $\alpha = 60°$ betrieben. Wie groß ist die gesteuerte Gleichspannung, wenn die Spannung bei Vollaussteuerung 210 V beträgt?
3. Eine vollgesteuerte Zweipuls-Brückenschaltung wird bei lückendem Strom an der Netzspannung 230 V betrieben. Berechnen Sie die Ausgangsspannung für den Steuerwinkel a) 80°, b) 100°, c) 130°.
4. Thyristor T 10N (Datenblatt im Anhang Tab. 11) ist in der Schaltung B2C bei Stromglättung an 230 V Wechselspannung angeschlossen. Berechnen Sie
   a) den Spitzenwert der Gleichspannung ohne und mit Berücksichtigung der oberen Durchlaßspannung (max. Spannungsfall) der Thyristoren,
   b) die ideelle Gleichspannung bei Vollaussteuerung und die Gleichspannung unter Berücksichtigung des Spannungsfalls,
   c) die Ausgangsspannung des Stromrichters beim Steuerwinkel 60° ohne bzw. mit Berücksichtigung des Spannungsfalls.
5. Die Nennspannung der Erregerwicklung einer Gleichstrommaschine beträgt 310 V. Sie soll über eine halbgesteuerte Gleichrichterschaltung ans 400/230-V-Netz angeschlossen werden. Wählen Sie eine Schaltung, die bei möglichst kleinem Steuerwinkel betrieben werden kann. Wie groß ist der Steuerwinkel bei welcher Schaltung?
6. Der Anker einer Gleichstrommaschine wird bei Stromglättung über eine vollgesteuerte Sechspuls-Brückenschaltung mit der Nennspannung a) 460 V, b) 400 V, c) 420 V betrieben. Der Stromrichter ist ans 400-V-Netz angeschlossen. Wie groß ist der Steuerwinkel?
7. Die Wirbelstrombremse am Drehwerk eines Krans ist über eine halbgesteuerte Zweipuls-Brückenschaltung an die Wechselspannung 400 V angeschlossen. Beim Steuerwinkel 60° beträgt die Stromaufnahme 12 A. Wie groß sind Gleichspannung und Stromaufnahme bei a) Vollaussteuerung, b) $\alpha = 100°$, c) $\alpha = 120°$?
8. Wie groß ist die Gleichspannung einer Gleichstrommaschine an der Wechselrichtertrittgrenze, wenn sie über eine a) B6C an 400 V Drehstrom, b) B2C an 230 V Wechselspannung, c) B2C an 400 V Wechselspannung angeschlossen ist?
9. Der Anker eines Gleichstrom-Hubantriebs ist über eine B2C-Schaltung an

das 230-V-Wechselstromnetz angeschlossen. Beim Absenken der Last arbeiten die Nebenschlußmaschine als Generator und der Stromrichter als Wechselrichter. Wie groß ist der Steuerwinkel, wenn der Betrag der Ankerspannung für verschiedene Drehzahlen a) 150 V, b) 100 V, c) 50 V beträgt?

10. Der Thyristor T 10N (Datenblatt im Anhang Tab. 11) mit der Spitzensperrspannung 800 V ist im Ankerstromrichter mit der Schaltung B2H an 230 V Wechselspannung eingesetzt. Berechnen Sie
    a) den maximal zulässigen Ankerstrom (arithmetischer Mittelwert) des Motors,
    b) die Höhe der Gleichspannung beim Steuerwinkel 30°,
    c) die Verluste bei Vollaussteuerung und den Spannungssicherheitsfaktor des Thyristors.

11. Von einem 2,3-kW-Gleichstrom-Nebenschlußmotor sind gegeben: $U_{AN}$ = 170 V, $n_N$ = 1770 min$^{-1}$, $I_{AN}$ = 16 A, Ankerwiderstand $R_a$ = 0,75 Ω. Der Anker ist über eine B2C-Schaltung an 230 V Wechselspannung angeschlossen. Der Ankerstrom wird als geglättet angenommen.
    a) Wie groß sind Steuerwinkel und Ankergegenspannung im Nennbetrieb?
    b) Wie groß sind bei Ankernennstrom und $n'$ = 1000 min$^{-1}$ die Ankergegenspannung, die Ankerspannung und der Steuerwinkel?
    c) Prüfen Sie, ob der Thyristor T 10N (Datenblatt im Anhang Tab. 11) für den Ankerstromrichter eingesetzt werden kann. Welche Sperrspannung ist bei dem Spannungssicherheitsfaktor $k$ = 2,2 zu wählen?

12. Für einen innengekühlten fremderregten Gleichstrommotor mit einer Nennleistung 73,5 kW sind angegeben: Ankernennspannung 520 V, Ankernennstrom 155 A, Nenndrehzahl 1500 min$^{-1}$, Ankerwiderstand 0,13 Ω. Der Anker ist über eine B6C-Schaltung an 500 V Drehstrom angeschlossen. Im Wechselrichterbetrieb soll bei Nennstrom die Drehzahl 1000 min$^{-1}$ erreicht werden. Berechnen Sie für Nennstrom
    a) den Ankerspannungsfall,
    b) die Anker-Gegenspannung im Gleichrichter- und Wechselrichterbetrieb,
    c) die Ankerspannung und den Steuerwinkel im Wechselrichterbetrieb.

13. Eine fremderregte Gleichstrommaschine mit der Ankernennspannung 400 V und dem Ankernennstrom 110 A wird über einen Stromrichtertransformator Dy5 und eine gesteuerte Dreipuls-Mittelpunktschaltung M3C am 400-V-Drehstromnetz betrieben. Der Strom ist geglättet, bei $\alpha = 0°$ herrscht Ankernennspannung.
    a) Bestimmen Sie Übersetzungsverhältnis und Typenleistung des Stromrichtertransformators.
    b) Berechnen Sie den Effektivwert und den arithmetischen Mittelwert des Thyristorstroms.
    c) Berechnen Sie die Ankerspannung bei dem Steuerwinkel 60°.

## 8.7 Stabilisierte Netzgeräte

### 8.7.1 Einfache Spannungsregler

**Kenndaten.** Spannungsstabilisierte Netzgeräte halten, die Ausgangsspannung $U_a$ trotz schwankender Eingangsspannung $U_e + \Delta U_e$ oder Ausgangsbelastung $\Delta I_L$ annähernd konstant (**8.**70). Auch die der Eingangsspannung überlagerte Brummwechselspannung wird geschwächt.

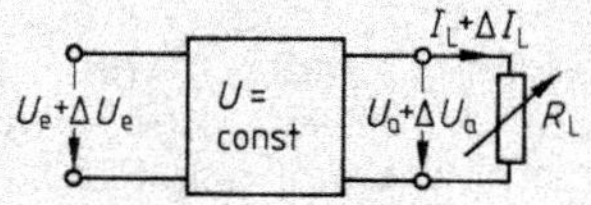


8.70 Spannungsregler mit Ein- und Ausgangsgrößen

| | |
|---|---|
| **Stabilisierungsfaktor** | $S = \frac{\Delta U_e \cdot U_a}{\Delta U_a \cdot U_e}$ |
| **Siebfaktor** | $s = \frac{\Delta U_e}{\Delta U_a}$ |
| **Innenwiderstand** | $r_i = \frac{\Delta U_a}{\Delta I_L}$ |

**Beispiel 8.28** Ein spannungsstabilisiertes Netzgerät wird mit einer Eingangsspannung $U_e = 24\ \text{V} \pm 2\ \text{V}$ betrieben. Die Ausgangsspannung $U_a = 9$ V schwankt dabei um $\pm$ 0,1 V. Wie groß sind Stabilisierungs- und Siebfaktor?

**Lösung** $S = \frac{\Delta U_e \cdot U_a}{\Delta U_a \cdot U_e} = \frac{4\ \text{V} \cdot 9\ \text{V}}{0{,}2\ \text{V} \cdot 24\ \text{V}} = \frac{36\ \text{V}}{4{,}8\ \text{V}} = \mathbf{7{,}5}$ $\qquad s = \frac{\Delta U_e}{\Delta U_a} = \frac{4\ \text{V}}{0{,}2\ \text{V}} = \mathbf{20}$

**Serienstabilisierung** (8.71). Kollektor-Emitterstrecke des Längstransistors und Lastwiderstand bilden einen Spannungsteiler mit veränderlichem Teilverhältnis. Durch die stabilisierte Basisspannung dieses Transistors ist auch die Ausgangsspannung konstant. Der Basisstrom bildet die Belastung für die Z-Diodenschaltung.

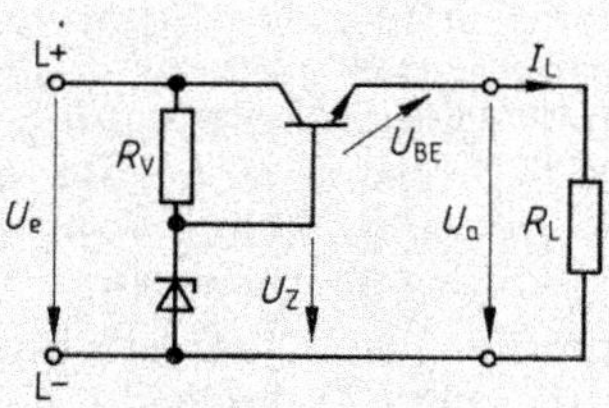


8.71 Spannungsregler mit Längstransistor

| | |
|---|---|
| **Ausgangsspannung** | $U_a = U_e - U_{CE}$ |
| | $U_a = I_L \cdot R_L$ |
| | $U_a = U_Z - U_{BE}$ |
| **Eingangsspannung** | $U_e \geqq U_a + 3\ \text{V}$ |
| **Basisvorwiderstand** | $R_v = \frac{U_e - U_Z}{I_Z + I_B}$ |
| **Verlustleistung des Längstransistors** | $P_v = \frac{U_e - U_a}{I_L}$ |

**Strombegrenzung, Stromabschaltung** (8.72). Um den Spannungsregler gegen Überstrom zu schützen, wird in den Laststromkreis ein Strommeßwiderstand $R_m$

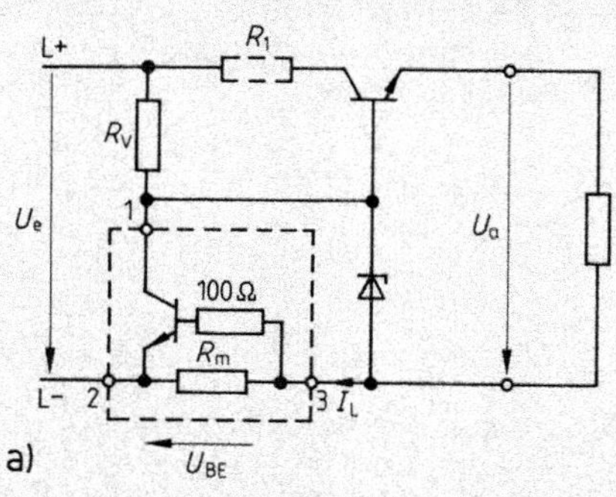


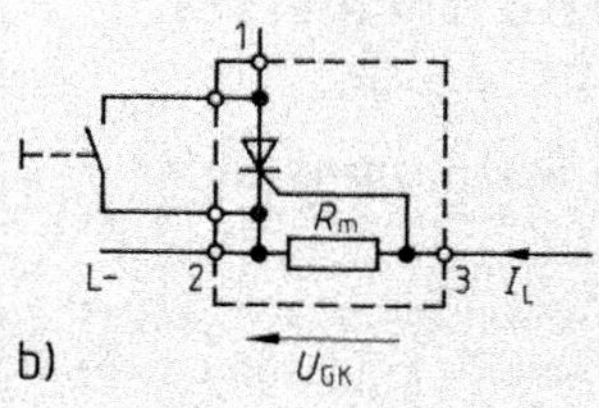


8.72 Elektronische Sicherung
a) mit Transistor (Strombegrenzung), b) mit Thyristor (Stromabschaltung)

geschaltet. Erreicht der Spannungsfall an $R_m$ einen Schwellwert (meist $U_{BE}$ eines Transistors oder $U_{GK}$ eines Thyristors), begrenzt das Gerät den Strom oder schaltet ganz ab.

**Strommeßwiderstand** $R_m = \frac{U_{BE}}{I_{L\,max}}$ bzw. $R_m = \frac{U_{GK}}{I_{L\,max}}$

**Beispiel 8.29** Bei einem Spannungsregler soll eine Strombegrenzung bei $I_{L\,max} = 300$ mA einsetzen. Der zugehörige Steuertransistor benötigt $U_{BE} = 0{,}65$ V. Welchen Widerstandswert hat $R_m$?

**Lösung** $R_m = \frac{U_{BE}}{I_{L\,max}} = \frac{0{,}65\text{ V}}{0{,}3\text{ A}} = 2{,}17\ \Omega \approx \mathbf{2{,}2\ \Omega}$

## Aufgaben

1. Bei einem Spannungsregler sinkt die Ausgangsspannung von 30 V auf 29,8 V, wenn der Laststrom von 0,2 A auf 2 A ansteigt. Wie groß ist der Innenwiderstand $r_i$ des Reglers?
2. Die Ausgangsspannung $U_a = 5$ V eines einfachen Spannungsreglers schwankt um ±0,1 V, wenn sich die Eingangsspannung $U_e = 12$ V um ±10 % ändert. Wie groß ist der Stabilisierungsfaktor des Reglers?
3. Bei einem Spannungsregler werden folgende Messungen durchgeführt:
   a) Wird $R_L$ von 100 Ω auf 50 Ω geändert, sinkt $U_a$ von 12 V auf 11,8 V. Wie groß ist der Innenwiderstand $r_i$ des Reglers?
   b) Der Eingangsspannung $U_e = 20$ V ist ein Wechselspannungsanteil $U_{W1} = 1{,}5$ V überlagert. Bei $U_a = 12$ V sind noch $U_{W2} = 50$ mV vorhanden. Wie groß sind Sieb- und Stabilisierungsfaktor?
4. Von der Stabilisierungsschaltung **8**.71 sind bekannt: $I_C = 240$ mA, $B = 60$, $U_{BE} = 0{,}7$ V, $I_Z = 16$ mA, $U_Z = 12$ V, $U_e = 23$ V.
   a) Wie groß sind $U_a$ und $I_L$?
   b) Welchen Widerstandswert und welche Belastbarkeit hat $R_v$?
5. Mit einem Spannungsregler mit Siliziumtransistor ($U_{BE} = 0{,}7$ V, $B = 50$) soll aus der Eingangsspannung $U_e = 14$ V eine Ausgangsspannung $U_a = 9$ V gewonnen werden. Der Lastwiderstand beträgt $R_L = 45$ Ω.
   a) Welche Z-Spannung muß die Diode haben?
   b) Welchen Widerstandswert hat $R_v$, wenn $I_Z = 9{,}7$ mA betragen soll?
   c) Welchen Wirkungsgrad ($P_a : P_e$) hat die Schaltung?
6. Gegeben ist der Spannungsregler **8**.71 mit folgenden Daten: $U_e = 20$ V, $U_a = 12$ V, $I_{L\,min} = 10$ mA, $I_{L\,max} = 300$ mA, $U_{BE} = 0{,}7$ V, $B = 50$, $I_{Z\,min} = 10$ mA.
   a) Welchen Widerstandswert hat $R_v$ für den angegebenen Laststrombereich?
   b) Welche maximale Kollektor-Verlustleistung tritt am Transistor auf?
   c) Der Transistor hat einen Wärmewiderstand $R_{thJC} = 35$ K/W. Welchen Wärmewiderstand $R_{thCA}$ muß ein Kühlkörper für den obigen Fall haben, wenn $T_j = 150$ °C und $T_A = 40$ °C sein dürfen?
7. Häufig schaltet man bei Spannungsreglern einen Vorwiderstand $R_1$ in die Kollektorleitung des Längstransistors, so daß sich die Verlustleistung aufteilt (**8**.73).

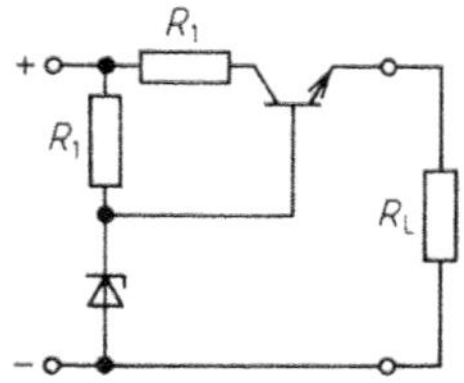


**8**.73 zu Aufgabe 7

a) Berechnen Sie zunächst den Basisvorwiderstand $R_v$ für folgende Daten: $U_e = 12$ V, $U_a = 5$ V, $I_L = 0{,}5$ A, $U_{BE} = 0{,}7$ V, $B = 80$, $I_Z = 10$ mA.

b) Die Ausgangsklemmen werden kurzgeschlossen. Durch den hohen Strom steigt $U_{BE}$ auf 0,85 V, und $B$ sinkt auf 60. Wie groß sind der Kurzschlußstrom und die Gesamtverlustleistung am Transistor und am Widerstand $R_1$?

c) Der Widerstand von $R_1$ soll so festgelegt werden, daß die Verlustleistung des Transistors höchstens 10 W beträgt. Wie groß sind dann $R_1$ und $P_{R1}$?

d) Welche Spannungen fallen an $R_1$ und an der Kollektor-Emitterstrecke des Transistors bei Normalbetrieb mit $I_L = 0{,}5$ A ab? Ist die Schaltung dann noch funktionsfähig?

8. Ein Spannungsregler soll bei einem Strom $I_{L\,max} = 1{,}7$ A abschalten. Verwendet wird die Schaltung nach Bild **8**.72b. Der Thyristor braucht eine Steuerspannung $U_{GK} = 0{,}8$ V. Welchen Widerstandwert und welche Belastbarkeit muß der Strommeßwiderstand $R_m$ haben?

9. Der Strommeßwiderstand für die Strombegrenzung nach Bild **8**.72a mit $I_{L\,max} = 2$ A und $U_{BE} = 0{,}66$ V ist zu berechnen. Allerdings sind nur je ein Widerstand der E12-Reihe zwischen 0,22 Ω und 1 Ω mit 0,5 W Belastbarkeit verfügbar.
   a) Welche beiden Widerstände sind zu kombinieren, damit sich der gesuchte Widerstandswert ergibt?
   b) Wie teilt sich die Gesamtleistung auf die beiden Widerstände auf?

10. Bei einem Labornetzgerät soll sich die Strombegrenzung in drei Stufen mit $I_{L1} = 10$ mA, $I_{L2} = 100$ mA und $I_{L3} = 1$ A einstellen lassen. Beim Umschalten von einen in den anderen Bereich darf der Stromkreis nicht unterbrochen werden.
   a) Wie sind die Strommeßwiderstände zu schalten?
   b) Welche Widerstandswerte sind nötig, wenn die $U_{BE}$ des Begrenzungstransistors 0,68 V beträgt?

### 8.7.2 Spannungsregler mit Regelverstärker

Zur Verbesserung der Stabilisierung wird ein Regelverstärker mit Transistor verwendet (**8**.74). Mit dem Spannungsteiler $R_1$ bis $R_3$ wird die Ausgangsspannung eingestellt. Schleiferstellung in Richtung $R_1$ bewirkt die kleinste Ausgangsspannung.

$$\frac{U_a}{U_{BE2} + U_Z} = \frac{R_1 + R_2 + R_3}{R_2 + R_3}, \text{ wenn } I_{B2} \ll I_q \text{ ist.}$$

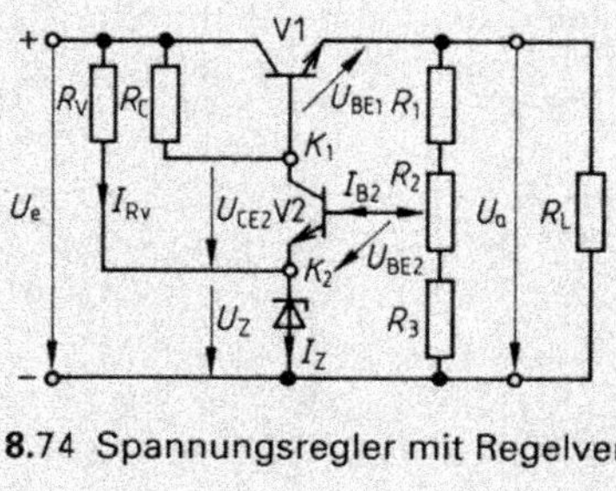


**8**.74 Spannungsregler mit Regelverstärker

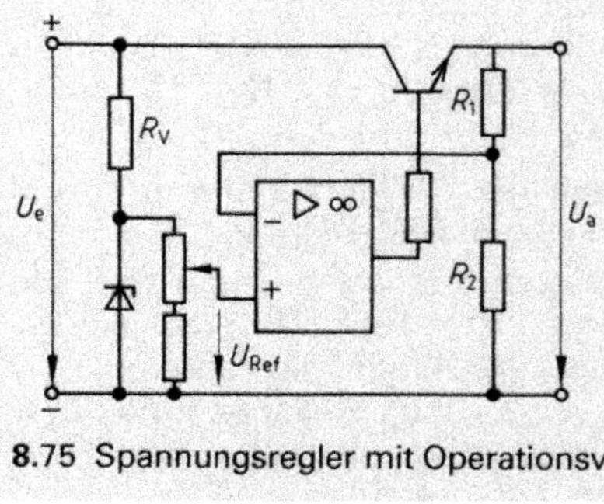


**8**.75 Spannungsregler mit Operationsverstärker

| | |
|---|---|
| **Kleinste Ausgangsspannung** | $U_{a\,min} = (U_{BE2} + U_Z) \cdot \left(\frac{R_1 + R_2 + R_3}{R_2 + R_3}\right)$ |
| **Größte Ausgangsspannung** | $U_{a\,max} = (U_{BE2} + U_Z) \cdot \left(\frac{R_1 + R_2 + R_3}{R_3}\right)$ |
| | $U_a = U_Z + U_{CE2} - U_{BE1}$ |

Strom im Knoten 1: $I_{RC} = I_{B1} + I_{C2}$
Strom im Knoten 2: $I_Z = I_{RV} + I_{E2} \approx I_{Rv} + I_{C2}$

Wird als Regelverstärker ein Operationsverstärker verwendet (**8**.75), ist die Spannung am Steuereingang (invertierender Eingang) stets so groß wie die Referenzspannung $U_{Ref}$ am nichtinvertierenden Eingang.

$$\frac{U_a}{U_{Ref}} = \frac{R_1 + R_2}{R_2} \quad \text{und} \quad \frac{R_1}{R_2} = \frac{U_{R1}}{U_{R2}} = \frac{U_a - U_{Ref}}{U_{Ref}}$$

Bei einstellbaren integrierten Spannungsreglern ist die Referenzspannungsquelle im IC enthalten (**8**.76).

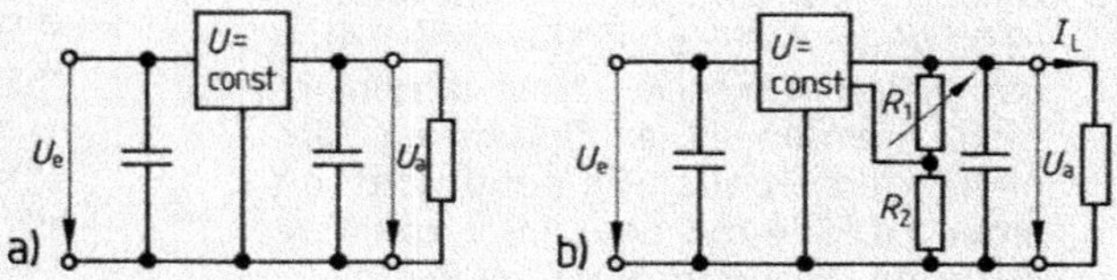


8.76
Integrierter Spannungsregler
a) für Festspannungen,
b) einstellbar

| | |
|---|---|
| **Ausgangsspannung beim integrierten Spannungsregler** | $U_a = U_{Ref} \cdot \left(\frac{R_1 - R_2}{R_2}\right)$ |

**Beispiel 8.30** Die Ausgangsspannung eines integrierten Spannungsreglers LM 317 soll zwischen 1,2 V (= $U_{Ref}$) und 12 V einstellbar sein. $I_q$ soll 1 mA bei $U_a$ = 1,2 V betragen. Welche Widerstandswerte haben $R_1$ und $R_2$ des Spannungsteilers?

**Lösung**

$$R_1 = R_2 \cdot \left(\frac{U_a - U_{Ref}}{U_{Ref}}\right) = 1{,}2\ \text{k}\Omega \left(\frac{12\ \text{V} - 1{,}2\ \text{V}}{1{,}2\ \text{V}}\right) = \mathbf{10{,}8\ k\Omega}$$

$$R_2 = \frac{U_{Ref}}{I_q} = \frac{1{,}2\ \text{V}}{1\ \text{mA}} = \mathbf{1{,}2\ k\Omega}$$

**Aufgaben**

1. Gegeben ist der Spannungsregler mit Regelverstärker und Kurzschlußstrombegrenzung **8**.77 auf S. 154.
   a) Zwischen welchen Werten läßt sich die Ausgangsspannung einstellen?
   b) Wie groß ist im Normalbetrieb die höchste Verlustleistung des Transistors?
   c) $R_1$ und $R_2$ des Basisspannungsteilers sollen durch einen Festwiderstand ersetzt werden, so daß die Ausgangsspannung auf $U_a = 9$ V fest eingestellt ist. Welcher Widerstand ist erforderlich?
2. Im Spannungsregler **8**.77 sind folgende Größen zu berechnen:
   a) bei $U_a = 5$ V und $I_L = 0{,}3$ A: $U_1$, $I_{RC}$, $I_{C2}$ und $I_Z$.
   b) bei $U_a = 5$ V und $I_L = 0$: $I_Z$ und $P_Z$.

c) bei $U_a = 12$ V und $I_L = 0{,}3$ A: $P_v$ des $V1$, $U_{CE2}$ und $I_q$ ($I_{B2}$ kann vernachlässigt werden).

3. Beim Spannungsregler **8**.77 werden die Ausgangsklemmen kurzgeschlossen.
   a) Wie hoch ist der Kurzschlußstrom ($U_{BE3} = 0{,}7$ V)?
   b) Welcher Kollektorstrom fließt durch $V3$ ($U_{CE\,sat} = 0{,}1$ V)?
   c) Welche Verlustleistung tritt an $V1$ auf?

4. Zwischen welchen Werten läßt sich die Ausgangsspannung des Spannungsreglers mit Operationsverstärker (**8**.75) einstellen, wenn die Spannung am Eingang $U_e$ von 3 V bis 6 V verändert werden kann und $R_1 = 10$ kΩ sowie $R_2 = 4{,}7$ kΩ betragen?

5. Der Spannungsregler mit Operationsverstärker **8**.75 soll für eine Ausgangsspannung $U_a = 12$ V dimensioniert werden. Die Spannung am nichtinvertierenden Eingang wird mit einer Z-Diode mit $U_Z = 6{,}8$ V konstant gehalten (Potentiometer entfällt).
   a) Welche Widerstände $R_1$ und $R_2$ sind nötig, wenn der Querstrom $I_q = 1$ mA betragen soll?
   b) Durch die Z-Diode fließt ein Strom $I_Z = 14$ mA. Wie groß ist $R_v$ bei einer Eingangsspannung $U_e = 18$ V?

6. Ein integrierter Spannungsregler für $U_a = 12$ V und $I_L = 5$ A hat eine maximale Verlustleistung $P_{tot} = 50$ W. Wie groß darf die Eingangsspannung höchstens sein?

7. Der Spannungsregler aus Aufgabe 6 wird mit $U_e = 27$ V betrieben. Welcher maximale Laststrom darf entnommen werden, ohne daß $P_{tot}$ überschritten wird?

8. Für eine Logiksteuerung wird eine Gleichspannung $U = 5$ V bei $I_L = 0{,}9$ A gebraucht. Diese soll mit einem integrierten Spannungsregler aus $U_e = 12$ V gewonnen werden. Der Regler hat eine Verlustleistung $P_{tot} = 3{,}25$ W ohne Kühlkörper und $P_{tot2} = 13{,}75$ W mit Kühlkörper. Die Umgebungstemperatur beträgt $T_A = 30$ °C.
   a) Auf welche Temperatur würde sich die Sperrschicht erwärmen, wenn der IC ohne Kühlkörper betrieben würde ($R_{thJA} = 35$ K/W)?
   b) Welche Kantenlänge muß ein quadratisches Kühlblech aus 2 mm dickem Aluminiumblech haben, wenn die Sperrschichttemperatur $T_j = 150$ °C, $T_A = 30$ °C und $R_{thJC} = 4$ K/W betragen? Verwenden Sie dazu die Kennlinie des Blechs aus Abschnitt 8.1.

9. Die Ausgangsspannung eines integrierten Spannungsreglers LM 317 soll zwischen 2 V und 14 V einstellbar sein (**8**.78).

   Weitere Daten: $U_e = 18$ V, $U_{Ref} = 1{,}2$ V, $P_{tot} = 25$ W, $R_{thJC} = 4$ K/W, $T_j = 150$ °C, $T_A = 35$ °C.
   a) Berechnen Sie die Spannungsteilerwiderstände $R_1$ und $R_2$, wenn $R_3 = 1$ kΩ beträgt.
   b) Der IC ist auf einem Kühlkörper mit $R_{thCA} = 1{,}5$ K/W montiert. Welcher maximale Strom kann bei $U_a = 2$ V entnommen werden?

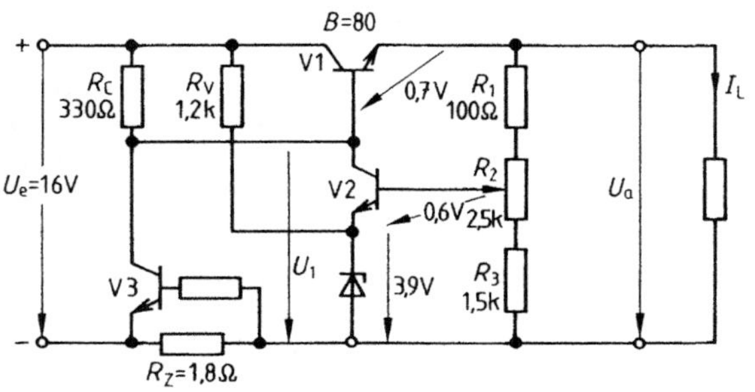


**8**.77 zu Aufgabe 1 bis 3

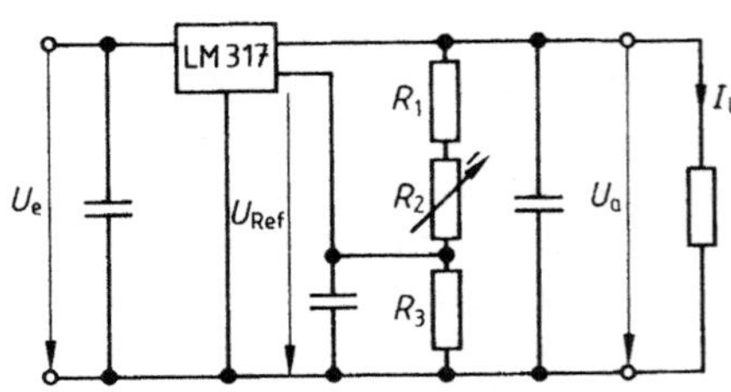


**8**.78 zu Aufgabe 9

# 9 Antriebstechnik

## 9.1 Mechanische Übertragung der Motorleistung

### 9.1.1 Mechanische Arbeit und Leistung

**Mechanische Arbeit.** Wird ein Körper mit der Kraft $F$ entlang der Strecke $s$ bewegt, wird dabei die mechanische Arbeit $W$ verrichtet.

$$W = F \cdot s$$

$F$ in N  $s$ in m
$W$ in Nm = J = Ws

Die mechanische Leistung $P$ ist der Quotient aus Arbeit $W$ und Zeit $t$.

$$P = \frac{W}{t} = \frac{F \cdot s}{t} = F \cdot v$$

$W$ in Nm  $t$ in s
$F$ in N  $s$ in m
$P$ in $\frac{\text{Nm}}{\text{s}} = \frac{\text{J}}{\text{s}} = \text{W}$  $v$ in $\frac{\text{m}}{\text{s}}$

$1\,\text{W} = 1\,\frac{\text{Nm}}{\text{s}}$  $1\,\text{kW} = 1\,\frac{\text{kNm}}{\text{s}}$

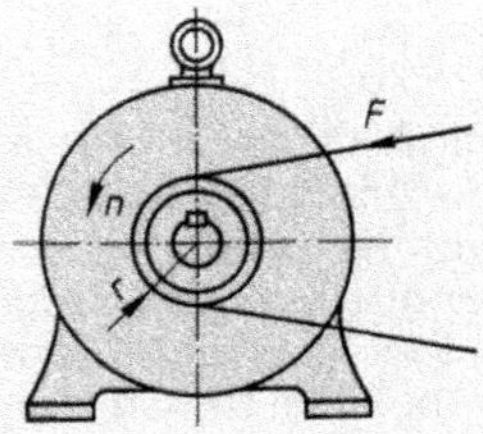


**9.1** Ermitteln der Motorleistung

**Mechanische Leistung bei der Drehbewegung.** Bei Drehbewegungen wird statt der Kraft $F$ das Drehmoment $M$ und statt der Geschwindigkeit $v$ die Drehzahl $n$ zugrunde gelegt. Die Leistung $P$ eines Motors muß also aus $M$ und $n$ ermittelt werden.

Die Leistung $P$ des in Bild **9**.1 dargestellten Motors wird über einen Treibriemen auf die angetriebene Maschine übertragen. Im Treibriemen wirkt die Riemenzugkraft $F$. Die Riemengeschwindigkeit $v$ ist gleich der Umfangsgeschwindigkeit der Riemenscheibe.

**Umfangsgeschwindigkeit der Riemenscheibe**

$$v = d \cdot \pi \cdot n = r \cdot 2 \cdot \pi \cdot n = r \cdot \omega$$

$v$ in m/s oder $s^{-1}$
$d$ und $r$ in m
$n$ oder $\omega$ in $s^{-1}$ oder $min^{-1}$

Setzen wir diese Formel in die Leistungsformel $P = F \cdot v$ ein, erhalten wir $P = F \cdot r \cdot 2 \cdot n$. Da $F \cdot r$ das Drehmoment $M$ des Motors ist, ergibt sich:

**Motorleistung** $P = M \cdot n \cdot 2 \cdot \pi = M \cdot \omega$

$P$ in kW  $M$ in Nm
$n$ oder $\omega$ in $min^{-1}$

Da 1 Nm/s = 1 W und 1 $min^{-1}$ = 60 $s^{-1}$ sind, erhält man zur Berechnung der Motorleistung $P$ in kW aus Drehmoment $M$ und Drehzahl $n$ mit $\frac{2\,\pi}{60 \cdot 1000} = \frac{1}{9550}$ folgende Formel:

**Motorleistung** $P = \frac{M \cdot n}{9550}$

$P$ in kW  $M$ in Nm
$n$ in 1/min oder $min^{-1}$

**Beispiel 9.1** Ein Motor gibt bei der Drehzahl $n = 950\ \text{min}^{-1}$ die Leistung $P = 1{,}1$ kW ab. Der Riemenscheibendurchmesser beträgt $d = 180$ mm. Wie groß sind das Drehmoment $M$ des Motors und die Riemenzugkraft $F$?

**Lösung** Nach Umformen der Gleichung $P = \frac{M \cdot n}{9550}$ erhält man

$$M = \frac{9550 \cdot P}{n} = \frac{9550\ \frac{\text{s}}{\text{min}} \cdot 1{,}1\ \text{kW}}{950\ \text{min}^{-1}} = \mathbf{11\ Nm.}$$

$$F = \frac{M}{r} = \frac{11\ \text{Nm}}{0{,}09\ \text{m}} = \mathbf{122\ N}$$

## Aufgaben

1. Ein Drehstrom-Käfigläufermotor ist für den Anschluß an 400 V 50 Hz vorgesehen. Nennmoment und Drehzahl bei Nennbelastung betragen
   a) 56 Nm und 920 $\text{min}^{-1}$,
   b) 38,8 Nm und 1420 $\text{min}^{-1}$,
   c) 18,4 Nm und 2920 $\text{min}^{-1}$.
   Wie groß ist die Nennleistung des Motors in Kilowatt?
2. Das Anzugsmoment eines Drehstrommotors mit der Nennleistung 15 kW und der Nenndrehzahl
   a) 720 $\text{min}^{-1}$,
   b) 1460 $\text{min}^{-1}$,
   c) 2800 $\text{min}^{-1}$
   beträgt das 1,4fache des Nennmoments. Wie groß ist das Anzugsmoment?
3. Um die Nennleistung zu ermitteln, wird ein Drehstrommotor mit einer Backenbremse abgebremst (**9**.2). Der Hebelarm der Bremse beträgt $l$ = 60 cm. Es werden folgende Meßwerte ermittelt:
   a) 730 $\text{min}^{-1}$ und $F$ = 163 N,
   b) 960 $\text{min}^{-1}$ und $F$ = 124 N,
   c) 1410 $\text{min}^{-1}$ und $F$ = 84,4 N.
   Wie groß ist die Nennleistung?

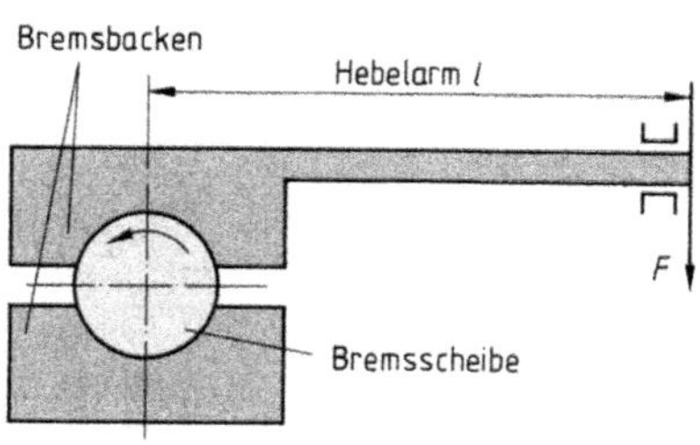


**9**.2

4. Ein Drehstrommotor wird durch eine Wirbelstrombremse mit Nennleistung belastet (**9**.3). Auf dem Leistungsschild des Motors stehen u. a. folgende Angaben: 5,5 kW 230/400 V, 22,5/13 A, $\cos \varphi = 0{,}84$. Der Motor entwickelt bei Nennstromaufnahme das Drehmoment
   a) 37,7 Nm, b) 56,5 Nm, c) 18,5 Nm.
   Wie groß sind die Nenndrehzahl des Motors und sein Wirkungsgrad bei Nennbelastung?

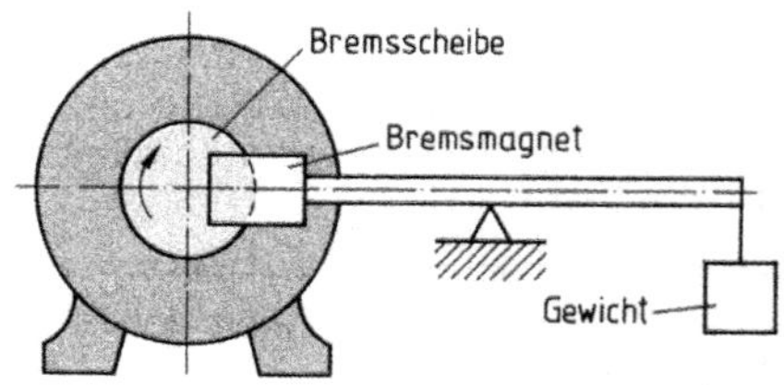


5. Ein Einphasenmotor wird an einer Bandbremse mit Nennleistung belastet (**9**.4). Die Bremsscheibe hat den Durchmesser 100 mm. Beim Bremsversuch werden folgende Meßwerte aufgenommen:
   a) 230 V, 7,44 A, 1400 $\text{min}^{-1}$, $F$ = 113 N, $P$ = 1315 W,
   b) 230 V, 22,7 A, 1400 $\text{min}^{-1}$, $F$ = 390 N, $P$ = 4 kW,
   c) 230 V, 18,2 A, 1400 $\text{min}^{-1}$, $F$ = 270 N, $P$ = 3 kW.
   Wie groß sind Wirkungsgrad und Leistungsfaktor des Motors bei Nennbelastung?

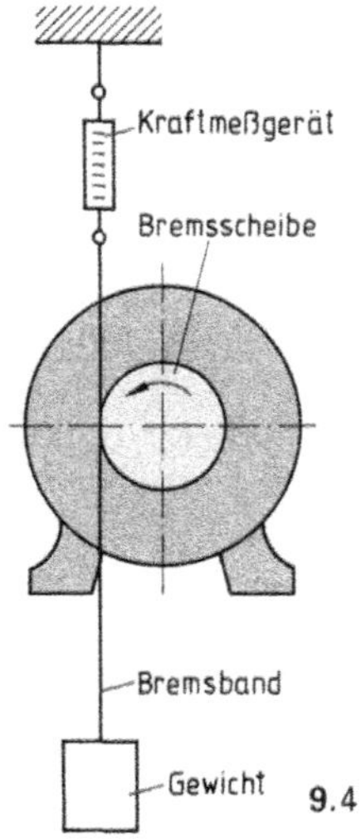

9.4

6. Zur Ermittlung der Betriebskennlinie wird ein vierpoliger Schleifringläufermotor vom Leerlauf (etwa 1500 $min^{-1}$) bis zur Kippdrehzahl 800 $min^{-1}$ stufenweise belastet. Während des Bremsversuchs an der Wirbelstrombremse mit der Hebelarmlänge 975 mm beträgt die Netzspannung 380 V 50 Hz. Die beim Bremsversuch gemessenen Werte stehen in der Tabelle **9**.5.

Tabelle **9**.5

| n in $min^{-1}$ | $F$ in N | $I$ in A | cos $\varphi$ |
|---|---|---|---|
| 1500 | – | 8 | 0,625 |
| 1450 | 54,5 | 15 | 0,82 |
| 1400 | 82,2 | 25 | 0,86 |
| 1350 | 91,3 | 29 | 0,85 |
| 1300 | 100,0 | 35 | 0,845 |
| 1250 | 107,0 | 38 | 0,825 |
| 1200 | 113,0 | 41 | 0,8 |
| 1150 | 117,0 | 44 | 0,78 |
| 1100 | 121,0 | 47 | 0,75 |
| 1050 | 124,0 | 49 | 0,73 |
| 1000 | 126,0 | 52 | 0,69 |
| 950 | 128,0 | 54 | 0,66 |
| 900 | 129,0 | 56 | 0,63 |
| 850 | 130,0 | 58 | 0,6 |
| 80 | 131,0 | 60 | 0,565 |

a) Stellen Sie für den Motor folgende Größen in Abhängigkeit von der Drehzahl durch Kennlinien dar: Drehmoment $M$, aufgenommene Wirkleistung $P_{zu}$, Abgabeleistung $P_{ab}$, Wirkungsgrad $\eta$, Stromaufnahme $I$ und Leistungsfaktor cos $\varphi$.

b) Wie groß sind Nennstrom, Nennleistung und Nennleistungsfaktor, wenn die Nenndrehzahl 1450 $min^{-1}$ beträgt?

## 9.1.2 Riementrieb

Durch Riemen- und Rädertrieb kann man Drehzahl und Drehmoment eines Motors den Erfordernissen der anzutreibenden Maschine anpassen.

**Riementrieb**. Die Produkte aus Drehzahl $n$ und Durchmesser $d$ für treibende und getriebene Riemenscheibe sind gleich groß (**9**.6).

$$d_1 \cdot n_1 = d_2 \cdot n_2$$

$d_1$ und $d_2$ in mm $\quad$ $n_1$ und $n_2$ in $\frac{1}{\text{min}}$ oder $min^{-1}$

**Die Übersetzung *i*** berechnen wir aus der Formel

$$i = \frac{n_1}{n_2} = \frac{d_2}{d_1}.$$

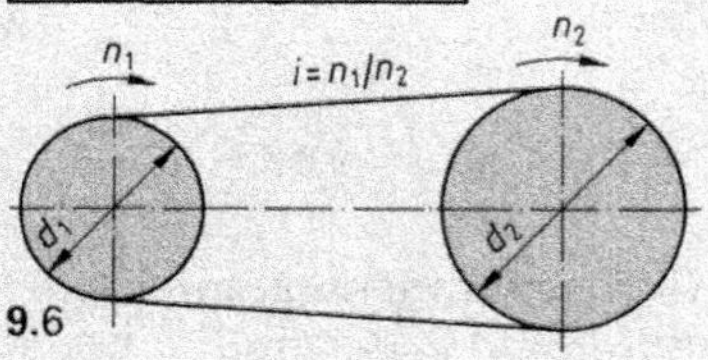

9.6

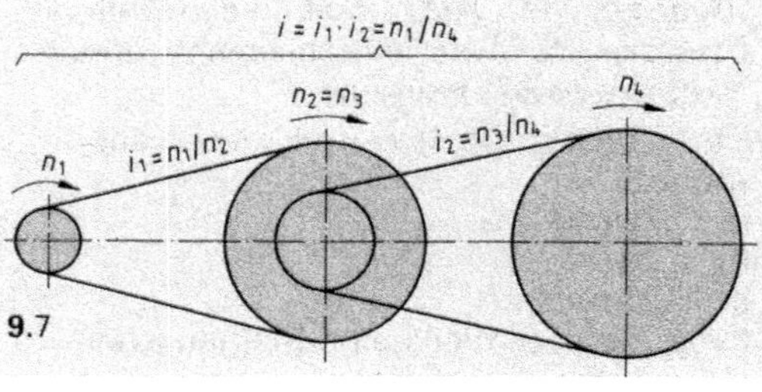

9.7

**Bei mehrfacher Übersetzung** (**9**.7) gilt für die Gesamtübersetzung

$$i = \frac{\textbf{Drehzahl des ersten Rades}}{\textbf{Drehzahl des letzten Rades}}.$$

Ferner gilt: Die Gesamtübersetzung $i$ ist gleich dem Produkt der Einzelübersetzung $i_1$, $i_2$ ...

$$i = i_1 \cdot i_2 \cdot i_3 \ldots$$

**Beispiel 9.2** Ein Drehstrommotor mit $n_1 = 1440\ \text{min}^{-1}$ und dem Riemenscheibendurchmesser $d_1 = 280$ mm soll eine Kreissäge mit $n_2 = 780\ \text{min}^{-1}$ antreiben. Wie groß sind der erforderliche Riemenscheibendurchmesser der Kreissäge und das Übersetzungsverhältnis?

**Lösung** Aus der Gleichung $n_1 \cdot d_1 = n_2 \cdot d_2$ erhält man durch Umformen

$$d_2 = \frac{d_1 \cdot n_1}{n_2} = \frac{280\ \text{mm} \cdot 1440\ \text{min}^{-1}}{780\ \text{min}^{-1}} = \mathbf{520\ mm.}$$

$$i = \frac{n_1}{n_2} = \frac{1440\ \text{min}^{-1}}{780\ \text{min}^{-1}} = \mathbf{1{,}85 : 1}$$

**Aufgaben**

1. Ein Drehstrommotor mit dem Riemenscheibendurchmesser 160 mm treibt über Keilriemen eine Kreissäge an. Die nachstehenden Werte sind bekannt:

| Motordrehzahl | erforderliche Drehzahl der Kreissäge |
|---|---|
| a) 975 $\text{min}^{-1}$ | 2600 $\text{min}^{-1}$ |
| b) 1420 $\text{min}^{-1}$ | 2270 $\text{min}^{-1}$ |
| c) 725 $\text{min}^{-1}$ | 1450 $\text{min}^{-1}$ |

Wie groß muß der Riemenscheibendurchmesser an der Kreissäge sein?

2. Ein Kompressor soll mit 250 $\text{min}^{-1}$ angetrieben werden. Seine Riemenscheibe hat den Durchmesser a) 320 mm, b) 280 mm, c) 240 mm. Als Antriebsmotor steht ein Drehstrommotor mit der Nenndrehzahl 725 $\text{min}^{-1}$ zur Verfügung. Wie groß muß der Durchmesser für die Riemenscheibe des Motors gewählt werden?

3. Ein Drehstrommotor mit der Nenndrehzahl
   a) 920 $\text{min}^{-1}$,
   b) 710 $\text{min}^{-1}$,
   c) 1420 $\text{min}^{-1}$
   hat auf seiner Welle eine Riemenscheibe mit dem Durchmesser 80 mm. Der Motor treibt über Keilriemen eine Pumpe an, deren Riemenscheibendurchmesser 100 mm beträgt. Wie groß ist die Drehzahl der Pumpe?

4. In Bild **9**.8 ist ein Stufenscheibengetriebe einer Bohrmaschine dargestellt. Welche Bohrspindeldrehzahlen lassen sich mit dem Getriebe einstellen, wenn der treibende Motor die Drehzahl
   a) 700 $\text{min}^{-1}$,
   b) 910 $\text{min}^{-1}$,
   c) 1410 $\text{min}^{-1}$
   hat und 2 % Riemenschlupf zu berücksichtigen sind?

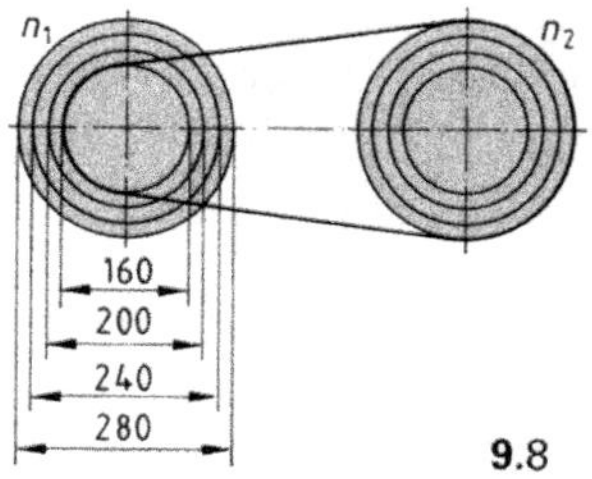


**9**.8

5. Ein Gleichstromgenerator mit der Nenndrehzahl 2200 $\text{min}^{-1}$ hat auf seiner Welle eine Riemenscheibe mit

dem Durchmesser 160 mm. Ein Drehstrommotor mit der Nenndrehzahl 1480 $min^{-1}$ und dem Riemenscheibendurchmesser a) 220 mm, b) 210 mm, c) 205 mm treibt den Generator an. Um wieviel Prozent weicht die Antriebsdrehzahl des Generators von seiner Nenndrehzahl ab?

6. Eine Kreissäge hat den Blattdurchmesser 55 cm. Sie soll mit der Umfangsgeschwindigkeit a) 27,5 m/s, b) 35 m/s, c) 40 m/s angetrieben werden. Zum Antrieb dient ein Drehstrommotor mit der Nenndrehzahl 1420 $min^{-1}$ und dem Riemenscheibendurchmesser 100 mm. Wie groß muß der Riemenscheibendurchmesser an der Säge sein, wenn 2 % Riemenschlupf zu berücksichtigen sind?

7. Eine Schleifscheibe nach Bild **9**.9 wird von einem Drehstrommotor mit der Nenndrehzahl von
   a) 960 $min^{-1}$,
   b) 1440 $min^{-1}$,
   c) 2800 $min^{-1}$
   angetrieben. Wie groß ist die Umfangsgeschwindigkeit der Schleifscheibe, wenn der Durchmesser der Motorriemenscheiben **114** mm beträgt und der Riemenschlupf nicht berücksichtigt werden soll?

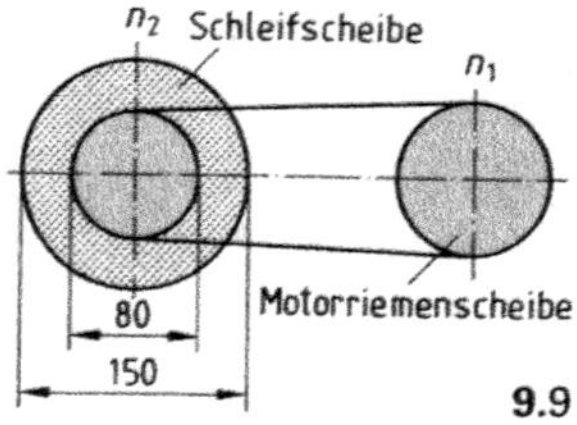

**9**.9

8. Die in Bild **9.10** dargestellte Kreissäge mit dem Blattdurchmesser a) 20 cm, b) 25 cm, c) 33,3 cm wird von einem Drehstrommotor für **400 V 50 Hz** und Nennleistung 2 kW angetrieben.
   Wie groß ist die Umfangskraft an der Säge?

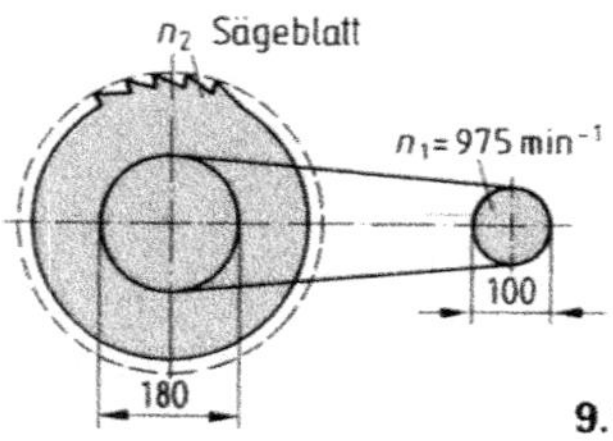

**9**.10

## 9.1.3 Zahnrad- und Schneckentrieb

**Beim Zahnradtrieb** sind die Produkte aus Drehzahl $n$ und Zähnezahl $z$ für das treibende und getriebene Zahnrad gleichgroß (**9**.11).

$$z_1 \cdot n_1 = z_2 \cdot n_2$$

$$i = \frac{n_1}{n_2} = \frac{z_2}{z_1}$$

$z_1$ und $z_2$ ohne Einheit

$n_1$ und $n_2$ in $\frac{1}{min}$ oder $min^{-1}$

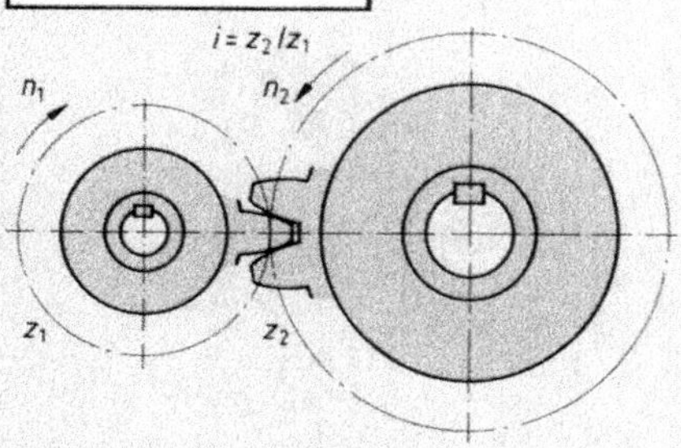

**9**.11

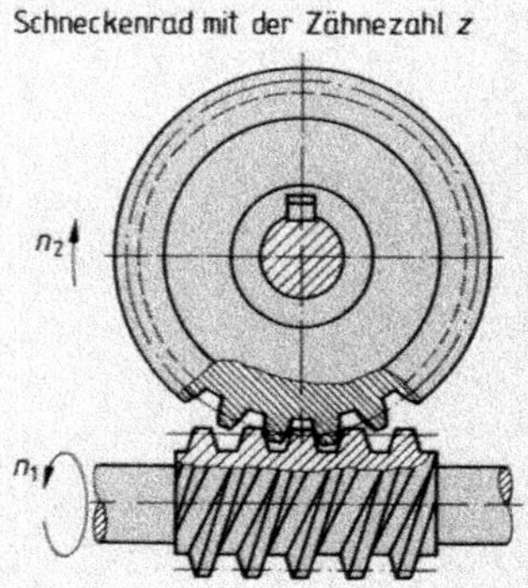

**9**.12

**Für den Schneckentrieb (9.12) gilt:**

$$n_1 \cdot g = n_2 \cdot z$$

$$i = \frac{n_1}{n_2} = \frac{z}{g}.$$

$n_1$ und $n_2$ in $\frac{1}{\text{min}}$ oder $\text{min}^{-1}$

z und g ohne Einheit

Bei mehrfacher Übersetzung gilt für die Gesamtübersetzung $i$ wie beim Riementrieb

$$i = i_1 \cdot i_2 \cdot i_3 \ldots$$

**Beispiel 9.3** Wie groß ist bei einem zweistufigen Zahnradgetriebe die Drehzahl $n_4$ bei $z_1 = 20$, $z_2 = 64$, $z_3 = 24$ und $z_4 = 90$, wenn das Getriebe von einem Drehstrommotor mit der Drehzahl $n_1 = 960\ \text{min}^{-1}$ angetrieben wird?

**Lösung** $i_1 = \frac{z_2}{z_1} = \frac{64}{20} = \frac{16}{5}$ $\qquad i_2 = \frac{z_4}{z_3} = \frac{90}{24} = \frac{15}{4}$

$$i = i_1 \cdot i_2 = \frac{16 \cdot 15}{5 \cdot 4} = \frac{12}{1}$$

$$n_4 = \frac{n_1}{i} = \frac{960\ \text{min}^{-1}}{12} = \mathbf{80\ min^{-1}}$$

**Aufgaben**

1. Ein Drehstrommotor mit der Nenndrehzahl
   a) 960 $\text{min}^{-1}$,
   b) 1440 $\text{min}^{-1}$,
   c) 720 $\text{min}^{-1}$
   soll eine Arbeitsmaschine mit der Drehzahl 192 $\text{min}^{-1}$ antreiben. Die Maschine hat ein Zahnrad mit 120 Zähnen. Wieviel Zähne muß das treibende Zahnrad auf der Motorwelle haben?
2. Das Zahnrad einer Seilwinde (**9**.13) mit 144 Zähnen soll mit der Drehzahl a) 80 $\text{min}^{-1}$, b) 120 $\text{min}^{-1}$, c) 245 $\text{min}^{-1}$ angetrieben werden. Wie groß muß die Nenndrehzahl eines Antriebsmotors sein?
3. Mit der Räderwinde nach Bild **9**.14 soll die Last $G$ mit der Geschwindigkeit 0,8 m/s gehoben werden. Der Durchmesser der Seiltrommel beträgt 150 mm, das Übersetzungsverhältnis der Zahnräder ist
   a) 24,5 : 1, b) 12 : 1, c) 8 : 1.
   Der Wirkungsgrad des Getriebes wird mit 80 % angenommen.

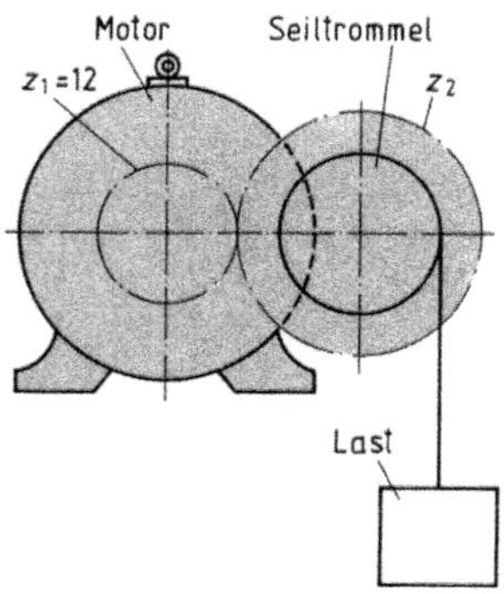


**9**.13

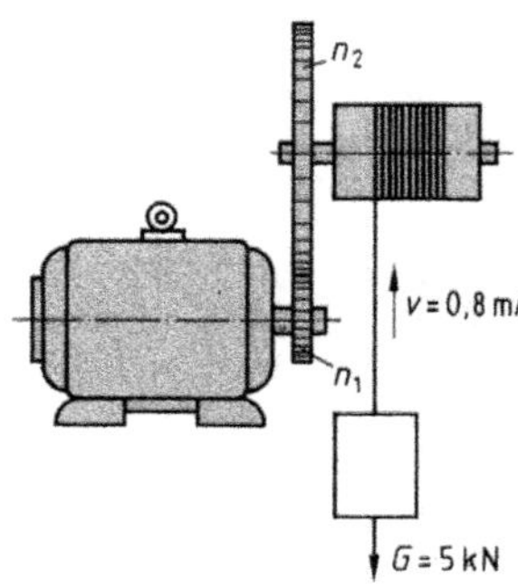


**9**.14

Mit welcher Drehzahl $n_2$ muß das Zahnrad der Seilwinde angetrieben werden?

Wie groß müssen die Drehzahl $n_1$ des Antriebsmotors und seine Antriebsleistung sein?

4. Wie groß ist die Drehzahl eines Schneckenrads mit 60 Zähnen, das über eine zweigängige Schnecke von einem Motor mit der Nenndrehzahl
   a) 2940 $min^{-1}$,
   b) 1440 $min^{-1}$,
   c) 900 $min^{-1}$
   angetrieben wird?
5. Die Drehzahl eines Schneckenrads mit 120 Zähnen soll 26 $min^{-1}$ betragen. Um wieviel Prozent weicht diese Drehzahl vom geforderten Wert ab, wenn die treibende eingängige Schnecke von einem zweipoligen Drehstrommotor mit 2880 $min^{-1}$ angetrieben wird?
6. Berechnen Sie vom Zahnradgetriebe **9**.15 die Drehzahl $n_4$ und die Übersetzung *i*. Die Drehzahl des Antriebsmotors beträgt
   a) 480 $min^{-1}$, b) 500 $min^{-1}$, c) 720 $min^{-1}$.

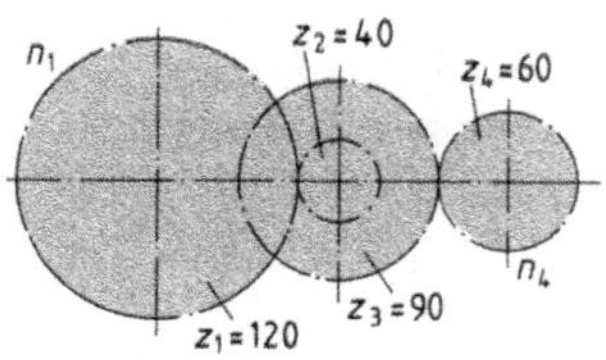

**9**.15

7. In Bild **9**.16 ist eine Kettenwinde dargestellt. Mit welcher Geschwindigkeit in Meter je Sekunde wird die Last $G$ = 2000 N gehoben, wenn die Drehzahl der Kurbel

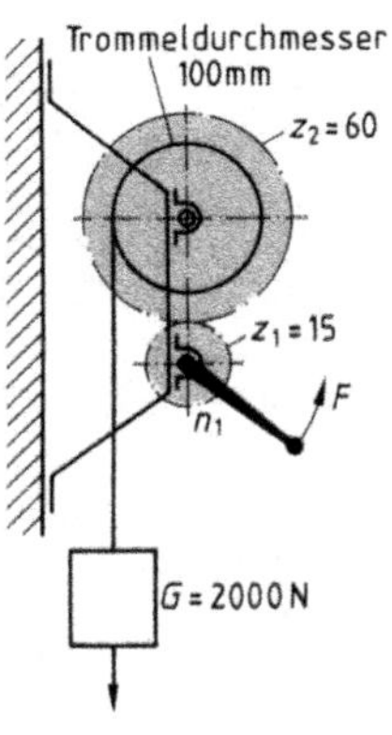

**9**.16

   a) 60 $min^{-1}$, b) 45 $min^{-1}$, c) 80 $min^{-1}$
   beträgt?
8. Durch das Verschieberadgetriebe **9**.17 lassen sich die Zahnräder 1 und 4, 2 und 5 sowie 3 und 6 in Eingriff bringen. Welche Drehzahlen kann man an der Welle $W_2$ einstellen, wenn die Welle $W_1$ von einem polumschaltbaren Motor mit folgenden Drehzahlen angetrieben wird:
   a) 480 $min^{-1}$, 700 $min^{-1}$, 940 $min^{-1}$
   b) 720 $min^{-1}$, 950 $min^{-1}$, 1400 $min^{-1}$
   c) 460 $min^{-1}$, 740 $min^{-1}$, 1420 $min^{-1}$?

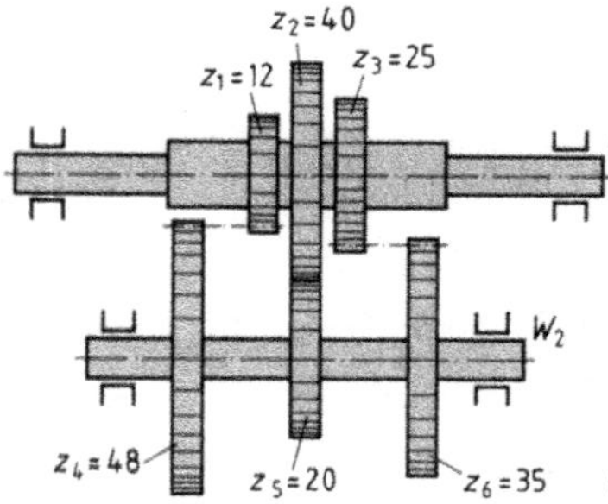

**9**.17

9. Ein Drehstrommotor treibt über Zahnräder und eine Schnecke das Zahnrad 6 (**9**.18). Wie groß ist die Drehzahl dieses Zahnrads, wenn die Nenndrehzahl des Motors
   a) 2800 $min^{-1}$, b) 1400 $min^{-1}$, c) 960 $min^{-1}$
   beträgt?

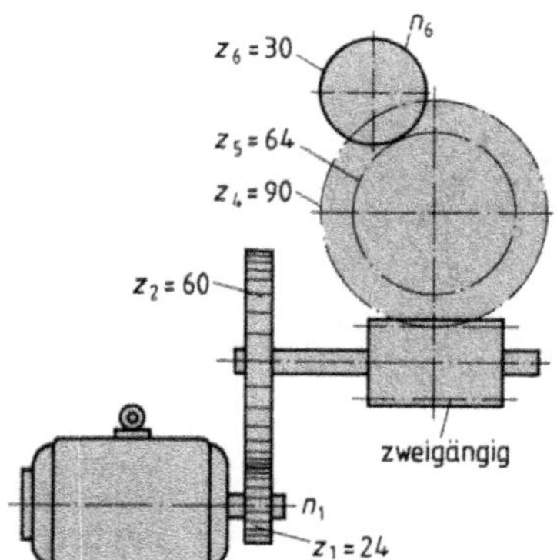

**9**.18

## 9.2 Betriebsarten

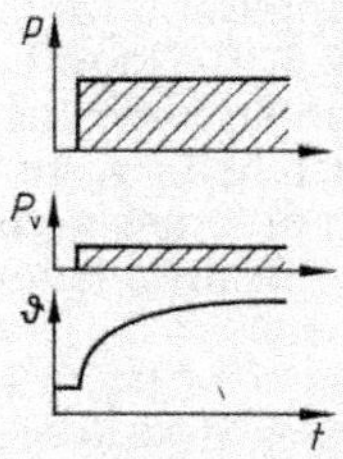

Betriebsart S1
Dauerbetrieb

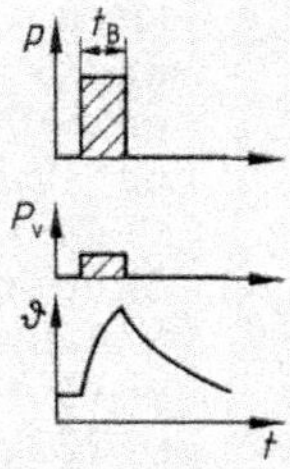

Betriebsart S2
Kurzzeitbetrieb

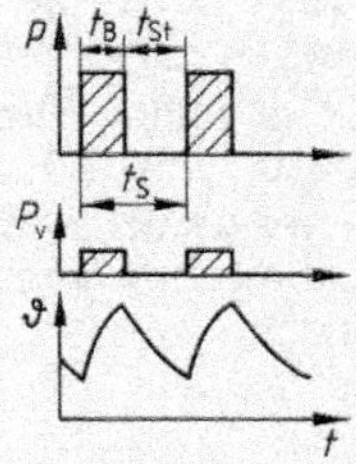

Betriebsart S3
Aussetzbetrieb

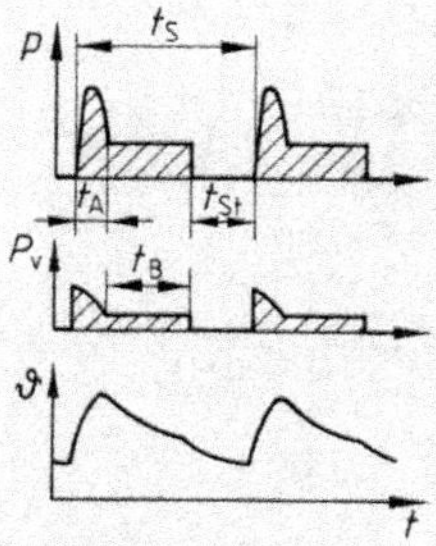

Betriebsart S4
Aussetzbetrieb mit Einfluß des Anlaufvorgangs

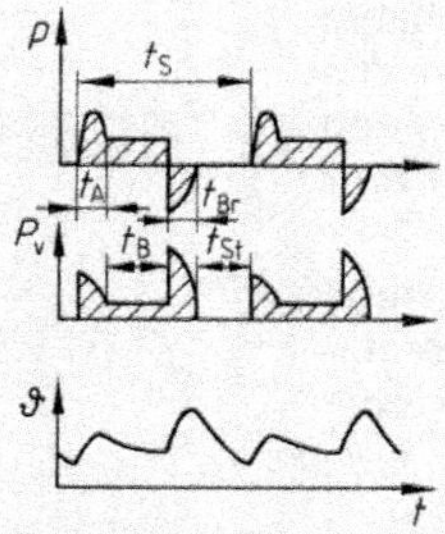

Betriebsart S5
Aussetzbetrieb mit elektrischer Bremsung

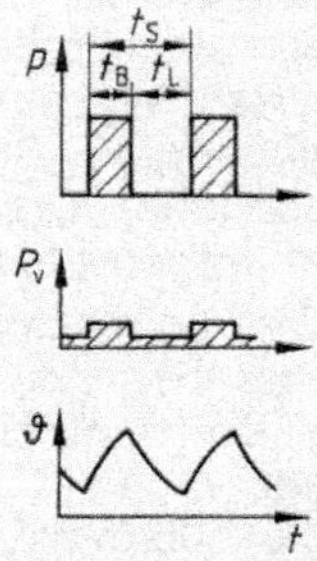

Betriebsart S6
Ununterbrochener periodischer Betrieb mit Aussetzbelastung

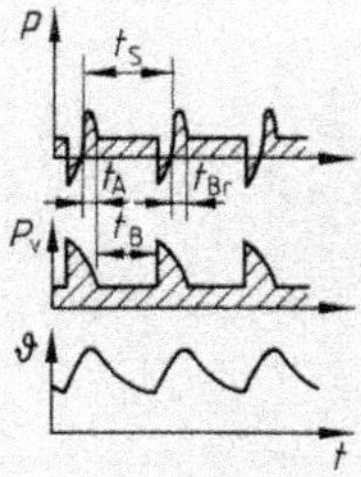

Betriebsart S7
Ununterbrochener periodischer Betrieb mit elektrischer Bremsung

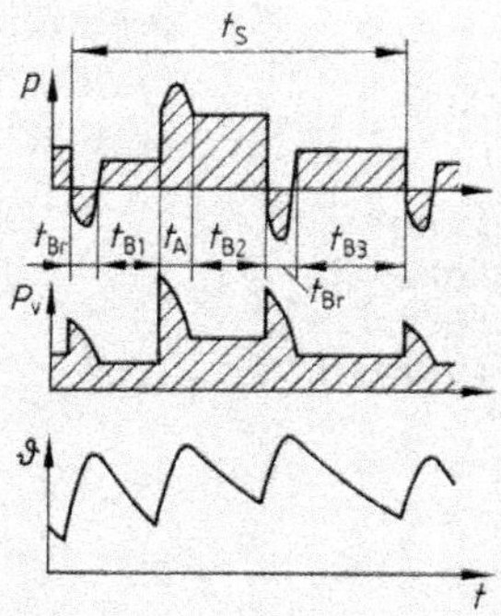

Betriebsart S8
Ununterbrochener periodischer Betrieb mit Drehzahländerung

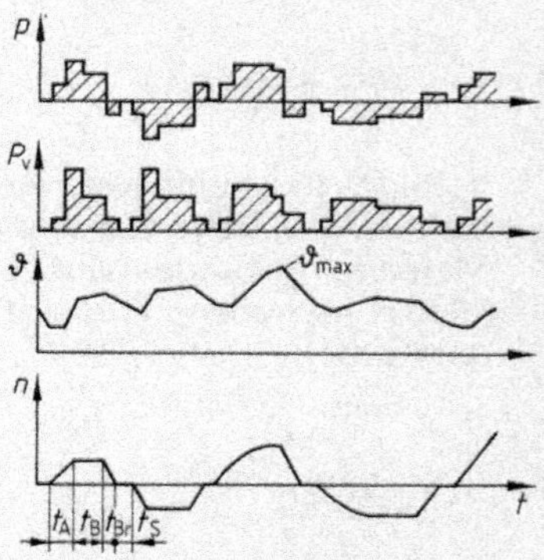

Betriebsart S9
Ununterbrochener Betrieb mit nichtperiodischer Last- und Drehzahländerung

Für die Belastung eines Motors (Generators) ist die zulässige Grenztemperatur der Isolation entscheidend. Diese soll im Betrieb nicht überschritten werden, um die „Lebensdauer" einer Maschine zu gewährleisten. Andererseits will man möglichst nah an diese zulässige Erwärmungsgrenze herankommen, damit die

Maschine „wirtschaftlich" arbeitet. Auch wenn auf dem Leistungsschild eine bestimmte Betriebsart angegeben ist (z. B. S2), läßt sich die Maschine in einer anderen Betriebsart betreiben (z. B. S1). Zur Umrechnung gelten u. a. folgende Gleichungen:

| | |
|---|---|
| **Dauerbetrieb in Kurzzeitbetrieb**<br>**S1 S2** | $P(S2) = P(S1)\sqrt{\dfrac{1}{1 - e^{-\frac{t_B(S2)}{\tau_E}}}}$ |
| **Dauerbetrieb in Aussetzbetrieb**<br>**S1 S3** | $P(S3) = P(S1)\sqrt{1 + \dfrac{\tau_E}{\tau_A} \cdot \dfrac{t_{St}}{t_S}}$ |
| **Dauerbetrieb in ununterbrochenen Betrieb mit Aussetzbelastung**<br>**S1 S6** | $P(S6) = P(S1)\sqrt{1 + \dfrac{t_L}{t_B}}$ |
| **Aussetzbetrieb in Aussetzbetrieb**<br>**S3 $ED_1$ S3 $ED_2$** | $P(ED_2) = P(ED_1)\sqrt{\dfrac{ED_1}{ED_2}}$ |

$t_L$ Leerlaufzeit
$t_{St}$ Stillstandzeit
$t_{Br}$ Bremszeit
$t_B$ Belastungszeit
$t_S$ Spieldauer
$t_r$ relative Einschaltdauer (ED)
$\tau_E$ Erwärmungszeitkonstante
$\tau_A$ Abkühlungszeitkonstante

**Beispiel 9.4** Auf dem Leistungsschild eines Motors ist die Nennleistung mit $P = 5{,}5$ kW S3-ED 40 % angegeben. Mit welcher Leistung darf der Motor im Aussetzbetrieb S3 mit ED 60 % betrieben werden?

**Lösung** $P_{(ED_2)} = P_{(ED_1)}\sqrt{\dfrac{ED_1}{ED_2}} = 5{,}5\text{ kW}\sqrt{\dfrac{40\,\%}{60\,\%}} = \mathbf{4{,}5\text{ kW}}$

**Beispiel 9.5** Ein Motor soll im S3-Betrieb arbeiten. Messungen ergaben folgende Betriebszeiten: Belastungszeit 2 Minuten, Stillstandszeit 3 Minuten. Für welche relative Einschaltdauer (ED = $t_r$) ist der Motor auszuwählen?

**Lösung** Spieldauer = Belastungszeit + Stillstandzeit $t_S = t_B + t_{St}$

Damit ED $(t_r) = \dfrac{t_B}{t_S} = \dfrac{2\text{ min}}{2\text{ min} + 3\text{ min}} = 0{,}4$ oder **40 %**

**Aufgaben**

1. Die Spieldauer eines Antriebs beträgt a) 7,5 min, b) 6 min, c) 4 min. Wie lange darf die Belastungszeit für einen Motor mit ED = 15 % dauern?
2. Wie groß muß die relative Einschaltdauer (ED) eines Motors mit der Betriebsart S4 sein, wenn durch Messungen folgende Durchschnittszeiten ermittelt wurden:
   Anlaufzeit 0,2 min
   Belastungszeit 2 min
   Stillstandszeit 1,5 min?

3. Wie lange muß ein Motor der Betriebsart S6 mindestens leer laufen, damit bei der Belastungszeit 1,5 min die relative Einschaltdauer a) 15 %, b) 40 %, c) 25 % eingehalten wird?

4. Für einen Kranhubmotor werden folgende durchschnittlichen Betriebszeiten ermittelt:

   Last heben 2 min
   Last verfahren 2,5 min
   Last senken 1,5 min
   Stillstand 3 min

   a) Ermitteln Sie die relative Einschaltdauer des Hubmotors.

   b) Welche Betriebsart liegt vor?

   Beachten Sie: Elektrische Bremsung beim Senken.

5. Ein Drehstrommotor mit der Nennleistung a) 10 kW, b) 5,5 kW, c) 7,5 kW S3-ED 40 % soll im Dauerbetrieb eingesetzt werden. Mit welcher Leistung darf er belastet werden?

6. Ein Drehstrommotor hat die Nennleistung a) 15 kW, b) 7,5 kW, c) 10 kW für Dauerbetrieb. Er soll im Kurzzeitbetrieb (S2) mit der durchschnittlichen Belastungszeit 3 min eingesetzt werden. Die Erwärmungszeitkonstante wurde mit 12 min ermittelt. Mit welcher Leistung darf der Motor belastet werden?

7. Ein Motor mit der Nennleistung a) 2,2 kW, b) 5 kW, c) 7,5 kW für Dauerbetrieb soll im Aussetzbetrieb S3 arbeiten. Messungen ergaben die folgenden Durchschnittzeiten:

   Belastungszeit 4 min
   Spieldauer 10 min
   Erwärmungszeitkonstante = Abkühlungszeitkonstante 30 min

   Mit welcher Leistung darf der Motor im S3-Betrieb belastet werden?

8. Ein im S6-Betrieb arbeitender Motor leistet 7,9 kW. Die Belastungszeit dauert a) 4 min, b) 3,5 min, c) 2,5 min und die Spieldauer 10 min. Mit welcher Leistung könnte dieser Motor im Dauerbetrieb eingesetzt werden?

9. Ein Drehstrommotor mit der Nennleistung 7,5 kW für Dauerbetrieb hat die Erwärmungszeitkonstante 20 min und die Abkühlungszeitkonstante 30 min. Berechnen Sie die zulässigen Leistungen für den Einsatz des Motors in

   a) Betriebsart S6 mit ED 25 %
   b) Betriebsart S3 mit ED 40 %,
   c) Betriebsart S2 mit Belastungszeit 20 min.

10. Von einem Drehstrommotor mit der Nennleistung a) 5 kW, b) 3 kW, c) 1,1 kW sind die Erwärmungskurve und die Abkühlungskurve aufgenommen worden (**9**.20). Der Motor soll im Aussetzbetrieb S3 mit der durchschnittlichen Belastungszeit 3,5 min bei der Spieldauer 10 min eingesetzt werden. Berechnen Sie die Leistung in dieser Betriebsart.

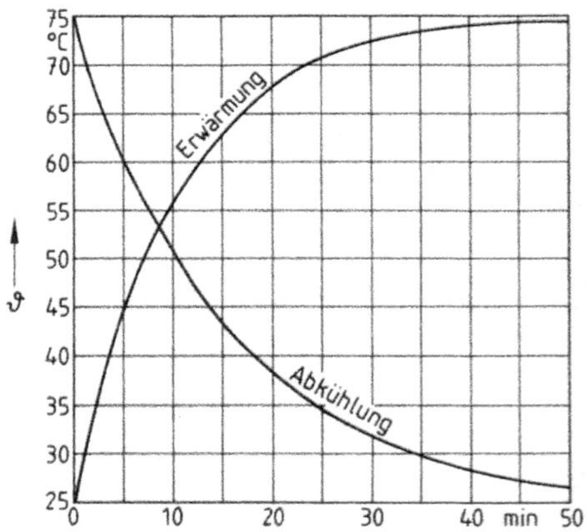


**9**.20

11. Ein Drehstrommotor, dessen Leistungsschild in Bild **9**.21 dargestellt ist, soll im Dauerbetrieb eingesetzt werden. Berechnen Sie die neue Nennleistung und den neuen Nennstrom, wenn angenommen wird, daß sich Leistungsfaktor und Wirkungsgrad nicht ändern.

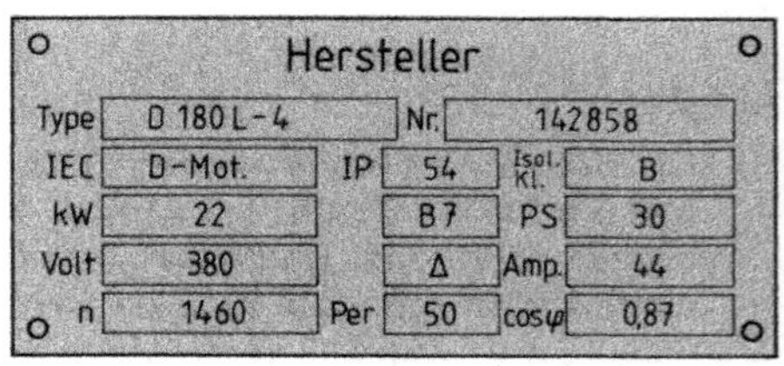


**9**.21

12. Der Drehstrommotor, dessen Leistungsschild in Bild **9**.22 dargestellt ist, soll im S3-Betrieb eingesetzt werden. Messungen ergaben die Betriebszeiten: Belastungszeit 2,4 min, Stillstandszeit 3,6 min. Die erforderliche Leistung ist 30 kW. Stellen Sie fest, welchen Wert die relative Einschaltdauer hat und ob die Motorleistung ausreicht.

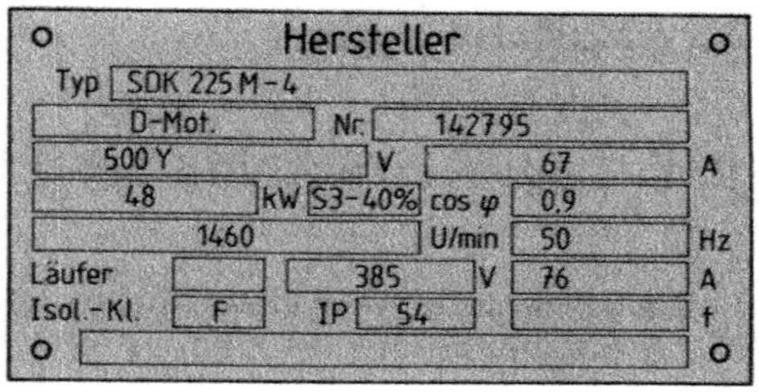


**9**.22

# 10 Digitaltechnik

## 10.1 Zahlensysteme und ihre Umwandlungen

**Das Dezimalzahlensystem** (unser gebräuchliches Zahlensystem) hat die Basis 10 mit den möglichen Ziffern 0, 1, 2, 3, ... 9.

**Beispiel 10.1** 6372,5

$= 6 \cdot 10^3 + 3 \cdot 10^2 + 7 \cdot 10^1 + 2 \cdot 10^0 + 5 \cdot 10^{-1}$

$= 6 \cdot 1000 + 3 \cdot 100 + 7 \cdot 10 + 2 \cdot 1 + 5 \cdot 0{,}1$

$= 6000 + 300 + 70 + 2 + 0{,}5$ = **6372,5**

**Das Dualzahlensystem** hat die Basis 2 mit den möglichen Ziffern 0 und 1.

**Beispiel 10.2** 110101

$= 1 \cdot 2^5 + 1 \cdot 2^4 + 0 \cdot 2^3 + 1 \cdot 2^2 + 0 \cdot 2^1 + 1 \cdot 2^0$

$= 1 \cdot 32 + 1 \cdot 16 + 0 \cdot 8 + 1 \cdot 4 + 0 \cdot 2 + 1 \cdot 2$

$= 32 + 16 + 0 + 4 + 0 + 1$ = **53**

**Das Hexadezimalzahlensystem** (auch Sedezimalzahlensystem genannt) hat die Basis 16 mit den möglichen Ziffern 0, 1, 2, ... 9, A, B, C, D, E, F.

**Beispiel 10.3** C31F

$= C \cdot 16^3 + 3 \cdot 16^2 + 1 \cdot 16^1 + F \cdot 16^0$

$= 12 \cdot 4096 + 3 \cdot 256 + 1 \cdot 16 + 15 \cdot 1$

$= 49152 + 768 + 16 + 15$ = **49951**

Tabelle 10.1 **Gegenüberstellung verschiedener Zahlensysteme**

| Zahlensystem | Basis | Koeffizienten | Zahlenbeispiel (Dezimalzahl 187) |
|---|---|---|---|
| Dezimalzahlen | 10 | 0 1 2 3 4<br>5 6 7 8 9 | $1 \cdot 10^2 + 8 \cdot 10^1 + 7 \cdot 10^0$<br>100 + 80 + 7 = **187** |
| Dualzahlen | 2 | 0 1 | $1 \cdot 2^7 + 0 \cdot 2^6 + 1 \cdot 2^5 + 1 \cdot 2^4 + 1 \cdot 2^3 + 0 \cdot 2^2 + 1 \cdot 2^1 + 1 \cdot 2^0$<br>128 + 0 + 32 + 16 + 8 + 0 + 2 + 1 = **187**<br>1 0 1 1 1 0 1 1 |
| Hexadezimal-zahlen | 16 | 0 1 2 3<br>4 5 6 7<br>8 9 A B<br>C D E F | $B \cdot 16^1 + B \cdot 16^0$<br>11 · 16 + 11 · 1 = **187**<br><br>BB |

### Umwandlungen

**Beispiel 10.4** Umwandeln einer Dezimalzahl in eine Hexadezimalzahl

| Dezimal-zahl | : | Basis des Hexadezimal-systems | = | Rest = Ziffernfolge der Hexadezimalzahl (von rechts) |
|---|---|---|---|---|
| 3111 | : | 16 | 194 | 7 |
| 194< | : | 16 | 12 | 2 |
| 12< | : | 16 | 0 | C (12) |

C 2 7

**Beispiel 10.5** Umwandlen einer Dezimalzahl in eine Dualzahl

| Dezimalzahl | : | Basis des Dualsystem | = | Rest = Ziffernfolge der Dualzahl, (von rechts) |
|---|---|---|---|---|
| 311 | : | 2 | 155 | 1 |
| 155< | : | 2 | 77 | 1 |
| 77< | : | 2 | 38 | 1 |
| 38< | : | 2 | 19 | 0 |
| 19< | : | 2 | 9 | 1 |
| 9< | : | 2 | 4 | 1 |
| 4< | : | 2 | 2 | 0 |
| 2< | : | 2 | 1 | 0 |
| 1< | : | 2 | 0 | 1 |

1 0 0 1 1 0 1 1 1

**Beispiel 10.6** Umwandeln einer Dualzahl in eine Hexadezimalzahl

| Dualzahl $2^3$ | $2^2$ | $2^1$ | $2^0$ | $2^3$ | $2^2$ | $2^1$ | $2^0$ | $2^3$ | $2^2$ | $2^1$ | $2^0$ | Hexadezimalzahl |
|---|---|---|---|---|---|---|---|---|---|---|---|---|
| | | | | 1 | 1 | 1 | 0 | 1 | 0 | 0 | 1 | E9 |
| | | | | 8 | +4 | +2 | | 8 | | | +1 | |
| | | | | E (14) | | | | 9 | | | | |
| | | 1 | 0 | 0 | 1 | 1 | 0 | 0 | 1 | 0 | 1 | 265 |
| | | 2 | | | 4 | +2 | | | 4 | | +1 | |
| | | | | | 6 | | | | 5 | | | |
| | 1 | 0 | 1 | 1 | 1 | 1 | 1 | 1 | 1 | 0 | 0 | 5FC |
| | 4 | | +1 | 8 | +4 | +2 | +1 | 8 | +4 | | | |
| | 5 | | | F (15) | | | | C (12) | | | | |

**Beispiel 10.7** Umwandeln einer Hexadezimalzahl in eine Dualzahl

| Hexadezimalzahl | $2^3$ | $2^2$ | $2^1$ | $2^0$ | Dualzahl $2^3$ | $2^2$ | $2^1$ | $2^0$ | $2^3$ | $2^2$ | $2^1$ | $2^0$ |
|---|---|---|---|---|---|---|---|---|---|---|---|---|
| | | | | | E (14) | | | | 9 | | | |
| | | | | | 8 | +4 | +2 | | 8 | | | +1 |
| E9 | | | | | 1 | 1 | 1 | 0 | 1 | 0 | 0 | 1 |
| | | | | | 9 | | | | C (12) | | | |
| | | 4 | | | 8 | | | +1 | 8 | +4 | | |
| 49C | | 1 | 0 | 0 | 1 | 0 | 0 | 1 | 1 | 1 | 0 | 0 |
| | B (11) | | | | D (13) | | | | 7 | | | |
| | 8 | | +2 | +1 | 8 | +4 | | +1 | | 4 | +2 | +1 |
| BD7 | 1 | 0 | 1 | 1 | 1 | 1 | 0 | 1 | 0 | 1 | 1 | 1 |

## Aufgaben

1. Berechnen sie für eine Zahl mit a) 4, b) 7, c) 2 Ziffern die maximale Anzahl darstellbarer Zahlen im Dezimal-, Dual- und Hexadezimalzahlensystem.
2. Welches Zahlensystem ist zu wählen, um mit maximal 5 Ziffern die Zahlen a) 30, b) 1000000, c) 32700, d) 90000 darzustellen?
3. Berechnen Sie die Anzahl der Ziffern, die man im Dezimal-, Dual- und Hexadezimalzahlensystem mindestens braucht, um die Zahlen a) 40, b) 3972, c) 10439670 darzustellen.
4. Wandeln Sie diese Dezimalzahlen in Dualzahlen um:

| | | |
|---|---|---|
| a) 10 | d) 109 | g) 4514 |
| b) 24 | e) 375 | h) 25400 |
| c) 51 | f) 1635 | i) 62859 |

5. Wandeln Sie diese Dezimalzahlen in Dualzahlen um:

| | |
|---|---|
| a) 0,5 | c) 0,5625 |
| b) 0,75 | d) 0,09375 |

6. Wandeln Sie diese Dezimalzahlen in Hexadezimalzahlen um:

| | | |
|---|---|---|
| a) 8 | d) 2748 | g) 6534 |
| b) 21 | e) 3225 | h) 46514 |
| c) 10009 | f) 5111 | i) 629417 |

7. Wandeln Sie diese Dualzahlen in Dezimalzahlen um:

| | | |
|---|---|---|
| a) 10 | d) 10101 | g) 10011100 |
| b) 111 | e) 110011 | |
| c) 1001 | f) 1010101 | |

8. Wandeln Sie folgende Hexadezimalzahlen in Dezimalzahlen um:

| | | |
|---|---|---|
| a) 9 | d) ABC | g) CAD85 |
| b) 36 | e) 3F21 | h) 1A2B3C |
| c) A1 | f) D5A3 | |

9. Wandeln Sie diese Dualzahlen in Hexadezimalzahlen um:

| | | |
|---|---|---|
| a) 100 | d) 1010101 | g) 100010011 |
| b) 1000 | e) 1001001 | |
| c) 10000 | f) 11011001 | |

10. Wandeln Sie diese Hexadezimalzahlen in Dualzahlen um:

| | | |
|---|---|---|
| a) 8 | d) CC | g) A65 |
| b) E | e) 2AA | h) 138F |
| c) 24 | f) 400 | i) 78F0 |

## 10.2 Logische Verknüpfungen

Tabelle 10.2 **Übersicht über logische Verknüpfungen**

| Verknüpfung | Schaltzeichen | Funktionstabelle | Funktionsgleichung |
|---|---|---|---|
| UND | 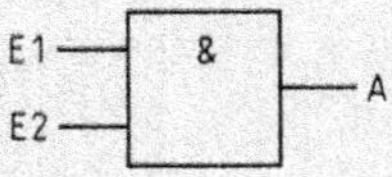 | E1 E2 A<br>0 0 0<br>0 1 0<br>1 0 0<br>1 1 1 | $A = E1 \wedge E2$ |
| ODER | 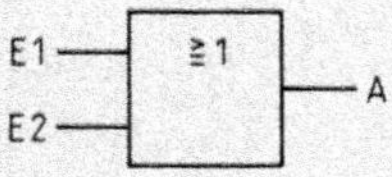 | E1 E2 A<br>0 0 0<br>0 1 1<br>1 0 1<br>1 1 1 | $A = E1 \vee E2$ |
| NICHT | 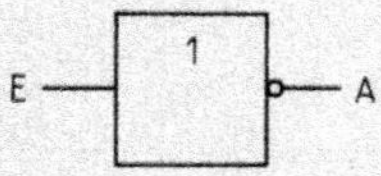 | E A<br>0 1<br>1 0 | $A = \overline{E}$ |
| NOR (ODER-NICHT) | 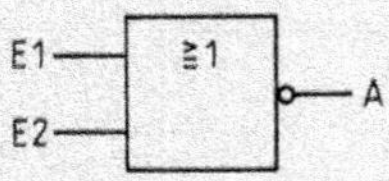 | E1 E2 A<br>0 0 1<br>0 1 0<br>1 0 0<br>1 1 0 | $A = \overline{E1 \vee E2}$ |
| NAND (UND-NICHT) | 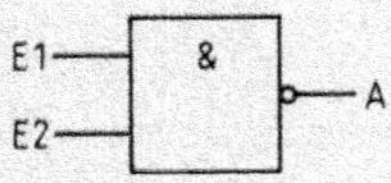 | E1 E2 A<br>0 0 1<br>0 1 1<br>1 0 1<br>1 1 0 | $A = \overline{E1 \wedge E2}$ |
| Äquivalenz (EX-NOR) | 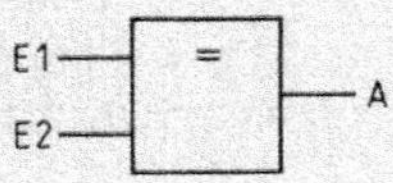 | E1 E2 A<br>0 0 1<br>0 1 0<br>1 0 0<br>1 1 1 | $A = (E1 \wedge E2) \vee (\overline{E1} \wedge \overline{E2})$<br>$A = E1 \longleftrightarrow E2$ |
| Antivalenz (EX-OR) | 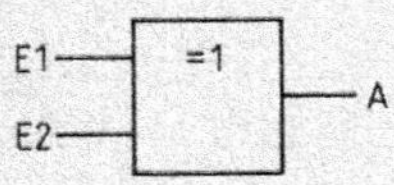 | E1 E2 A<br>0 0 0<br>0 1 1<br>1 0 1<br>1 1 0 | $A = (E1 \wedge \overline{E2}) \vee (\overline{E1} \wedge E2)$<br>$A = E1 \not\longleftrightarrow E2$ |

## Tabelle **10.3 Verknüpfungen mit NOR- und NAND-Gliedern**

Spalten: Verknüpfung | Grundfunktion | mit NOR-Bausteinen | mit NAND-Bausteinen

### UND

**Schaltzeichen**

Grundfunktion:

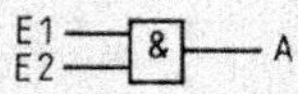


mit NOR-Bausteinen:

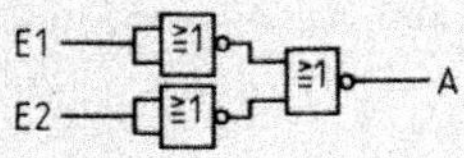


mit NAND-Bausteinen:

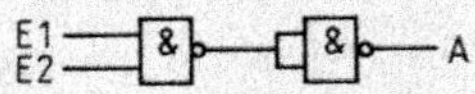


**Funktionsgleichung**

| Grundfunktion | mit NOR-Bausteinen | mit NAND-Bausteinen |
|---|---|---|
| $A = E1 \wedge E2$ | $A = \overline{\overline{E1} \vee \overline{E2}} = E1 \wedge E2$ | $A = \overline{\overline{E1 \wedge E2}} = E1 \wedge E2$ |

**Funktionstabelle**

Grundfunktion:

| E1 | E2 | A |
|---|---|---|
| 0 | 0 | 0 |
| 0 | 1 | 0 |
| 1 | 0 | 0 |
| 1 | 1 | 1 |

mit NOR-Bausteinen:

| E1 | E2 | $\overline{E1}$ | $\overline{E2}$ | $\overline{E1} \vee \overline{E2}$ | A |
|---|---|---|---|---|---|
| 0 | 0 | 1 | 1 | 1 | 0 |
| 0 | 1 | 1 | 0 | 1 | 0 |
| 1 | 0 | 0 | 1 | 1 | 0 |
| 1 | 1 | 0 | 0 | 0 | 1 |

mit NAND-Bausteinen:

| E1 | E2 | $\overline{E1 \wedge E2}$ | A |
|---|---|---|---|
| 0 | 0 | 1 | 0 |
| 0 | 1 | 1 | 0 |
| 1 | 0 | 1 | 0 |
| 1 | 1 | 0 | 1 |

### ODER

**Schaltzeichen**

Grundfunktion:

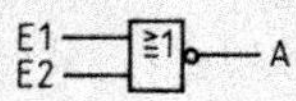


mit NOR-Bausteinen:

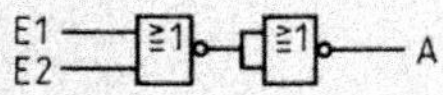


mit NAND-Bausteinen:

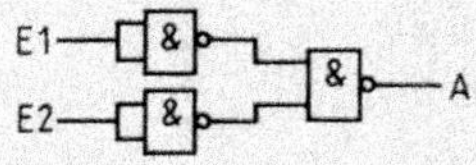


**Funktionsgleichung**

| Grundfunktion | mit NOR-Bausteinen | mit NAND-Bausteinen |
|---|---|---|
| $A = E1 \vee E2$ | $A = \overline{\overline{E1 \vee E2}} = E1 \vee E2$ | $A = \overline{\overline{E1} \wedge \overline{E2}} = E1 \vee E2$ |

**Funktionstabelle**

Grundfunktion:

| E1 | E2 | A |
|---|---|---|
| 0 | 0 | 0 |
| 0 | 1 | 1 |
| 1 | 0 | 1 |
| 1 | 1 | 1 |

mit NOR-Bausteinen:

| E1 | E2 | $\overline{E1 \vee E2}$ | A |
|---|---|---|---|
| 0 | 0 | 1 | 0 |
| 0 | 1 | 0 | 1 |
| 1 | 0 | 0 | 1 |
| 1 | 1 | 0 | 1 |

mit NAND-Bausteinen:

| E1 | E2 | $\overline{E1}$ | $\overline{E2}$ | $\overline{E1} \wedge \overline{E2}$ | A |
|---|---|---|---|---|---|
| 0 | 0 | 1 | 1 | 1 | 0 |
| 0 | 1 | 1 | 0 | 0 | 1 |
| 1 | 0 | 0 | 1 | 0 | 1 |
| 1 | 1 | 0 | 0 | 0 | 1 |

### NICHT

**Schaltzeichen**

Grundfunktion:

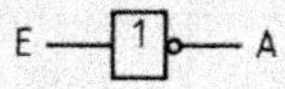


mit NOR-Bausteinen:

mit NAND-Bausteinen:

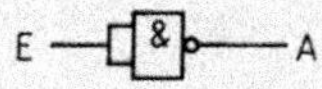


**Funktionsgleichung**

| Grundfunktion | mit NOR-Bausteinen | mit NAND-Bausteinen |
|---|---|---|
| $A = \overline{E}$ | $A = \overline{E \vee E} = \overline{E}$ | $A = \overline{E \wedge E} = \overline{E}$ |

**Funktionstabelle** (Grundfunktion, mit NOR-Bausteinen, mit NAND-Bausteinen, jeweils gleich):

| E | A |
|---|---|
| 0 | 1 |
| 1 | 0 |

| E | A |
|---|---|
| 0 | 1 |
| 1 | 0 |

| E | A |
|---|---|
| 0 | 1 |
| 1 | 0 |

### NOR

**Schaltzeichen**

Grundfunktion:

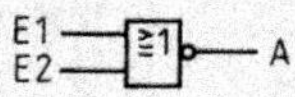


mit NOR-Bausteinen:

mit NAND-Bausteinen:

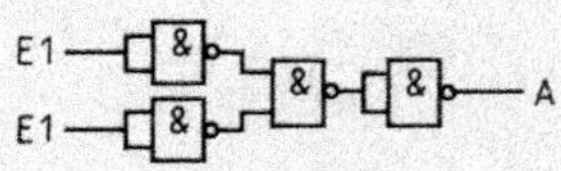


**Funktionsgleichung**

| Grundfunktion | mit NOR-Bausteinen | mit NAND-Bausteinen |
|---|---|---|
| $A = \overline{E1 \vee E2}$ | $A = \overline{E1 \vee E2}$ | $A = \overline{\overline{\overline{E1} \wedge \overline{E2}}} = \overline{E1 \vee E2}$ |

**Funktionstabelle**

Grundfunktion:

| E1 | E2 | A |
|---|---|---|
| 0 | 0 | 1 |
| 0 | 1 | 0 |
| 1 | 0 | 0 |
| 1 | 1 | 0 |

mit NOR-Bausteinen:

| E1 | E2 | A |
|---|---|---|
| 0 | 0 | 1 |
| 0 | 1 | 0 |
| 1 | 0 | 0 |
| 1 | 1 | 0 |

mit NAND-Bausteinen:

| E1 | E2 | $\overline{E1}$ | $\overline{E2}$ | $\overline{E1} \wedge \overline{E2}$ | A |
|---|---|---|---|---|---|
| 0 | 0 | 1 | 1 | 1 | 1 |
| 0 | 1 | 1 | 0 | 0 | 0 |
| 1 | 0 | 0 | 1 | 0 | 0 |
| 1 | 1 | 0 | 0 | 0 | 0 |

### NAND

**Schaltzeichen**

Grundfunktion:

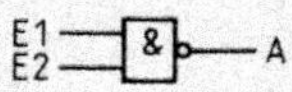


mit NOR-Bausteinen:

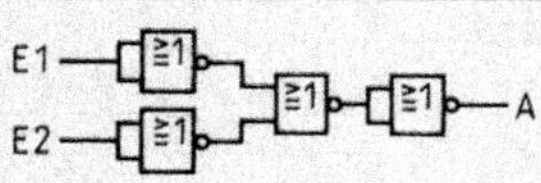


mit NAND-Bausteinen:

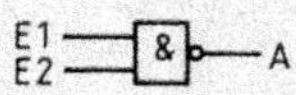


**Funktionsgleichung**

| Grundfunktion | mit NOR-Bausteinen | mit NAND-Bausteinen |
|---|---|---|
| $A = \overline{E1 \wedge E2}$ | $A = \overline{\overline{\overline{E1} \vee \overline{E2}}} = \overline{E1 \wedge E2}$ | $A = \overline{E1 \wedge E2}$ |

**Funktionstabelle**

Grundfunktion:

| E1 | E2 | A |
|---|---|---|
| 0 | 0 | 1 |
| 0 | 1 | 1 |
| 1 | 0 | 1 |
| 1 | 1 | 0 |

mit NOR-Bausteinen:

| E1 | E2 | $\overline{E1}$ | $\overline{E2}$ | $\overline{E1} \vee \overline{E2}$ | A |
|---|---|---|---|---|---|
| 0 | 0 | 1 | 1 | 1 | 1 |
| 0 | 1 | 1 | 0 | 1 | 1 |
| 1 | 0 | 0 | 1 | 1 | 1 |
| 1 | 1 | 0 | 0 | 0 | 0 |

mit NAND-Bausteinen:

| E1 | E2 | A |
|---|---|---|
| 0 | 0 | 1 |
| 0 | 1 | 1 |
| 1 | 0 | 1 |
| 1 | 1 | 0 |

## Aufgaben

1. Gegeben ist die Schaltung **10.4**. Entwickeln Sie die zugehörige Funktionstabelle (Wahrheitstabelle) und benennen Sie diese Schaltung.

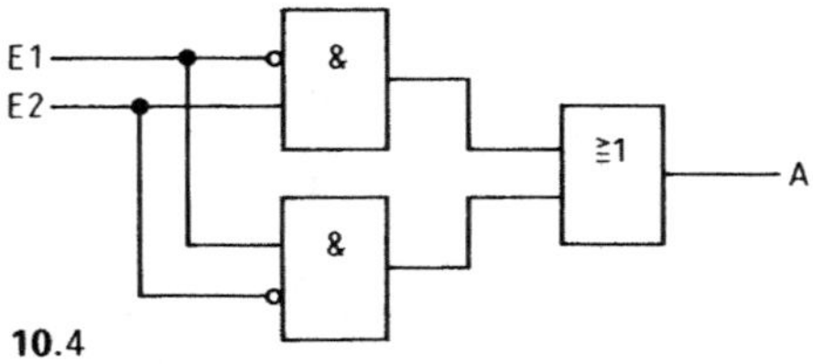


**10.4**

2. Entwickeln Sie aus der Schaltung **10.4** eine wirkungsgleiche Schaltung mit einem UND-, einem ODER- und einem NAND-Glied.
3. Gegeben ist die Schaltung **10.5**. Entwickeln Sie die zugehörige Funktionstabelle und benennen Sie die Schaltung.

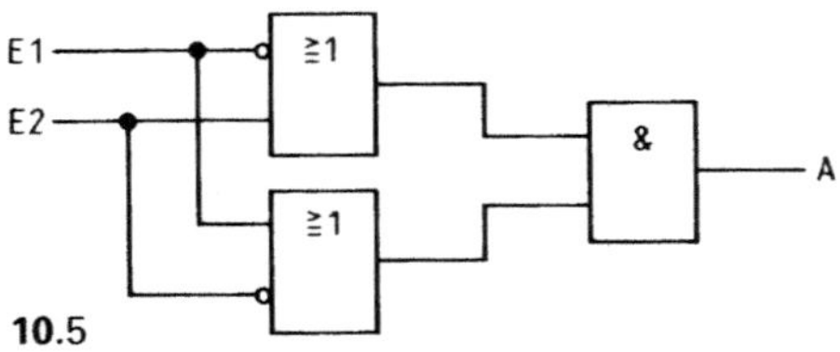


**10.5**

4. Entwickeln Sie aus der Schaltung **10.5** eine wirkungsgleiche Schaltung mit zwei NICHT-, zwei UND- und einem ODER-Glied.
5. Aus der Aufgabenstellung für eine elektronische Steuerung ergab sich die Gleichung
   $A = (\overline{E1} \wedge \overline{E2}) \vee (E1 \wedge \overline{E2}) \vee (E1 \wedge E2)$.
   Entwickeln Sie daraus eine logische Verknüpfungsschaltung.
6. Gegeben ist die Verknüpfungsschaltung **10.6**. Entwickeln Sie die schaltalgebraische Gleichung und eine Schaltung mit Kontaktbauelementen (Öffner und Schließer).

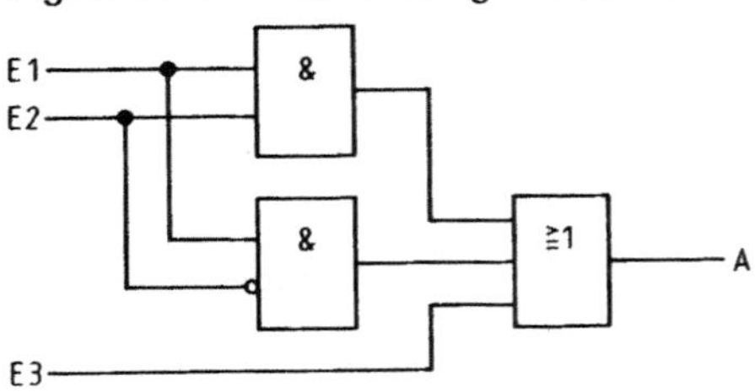


**10.6**

7. Gegeben sind die beiden Kontaktschaltungen **10.7**. Entwickeln Sie für beide eine Funktionstabelle. Um was für Schaltungen handelt es sich?

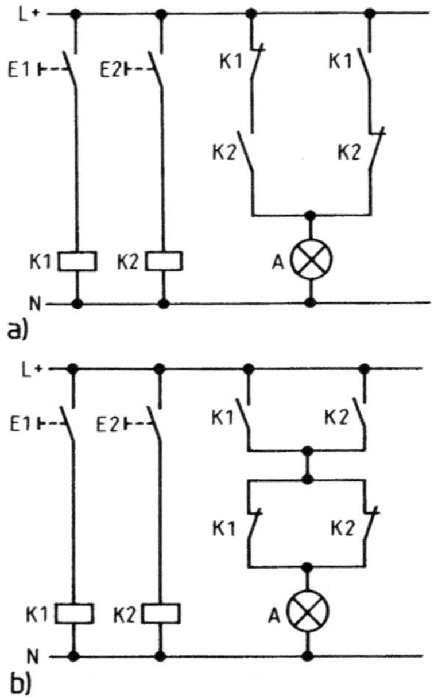


**10.7**

8. Ermitteln Sie aus der Schaltung **10.8** die Funktionsgleichung, stellen Sie eine Funktionstabelle auf und setzen Sie die Schaltung um in eine funktionsgleiche mit NAND-Gliedern und eine mit NOR-Gliedern.

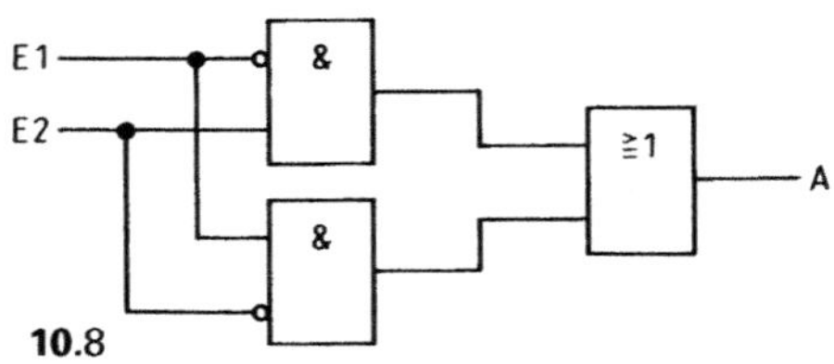


**10.8**

9. Gegeben ist die Funktionstabelle **10.9**. Entwerfen Sie dazu eine Schaltung mit NAND-Bausteinen und eine funktionsgleiche Schaltung mit NOR-Bausteinen. Wie lautet die schaltalgebraische Gleichung?

| E1 | E2 | A |
|---|---|---|
| 0 | 0 | 1 |
| 0 | 1 | 0 |
| 1 | 0 | 0 |
| 1 | 1 | 1 |

**10**.9

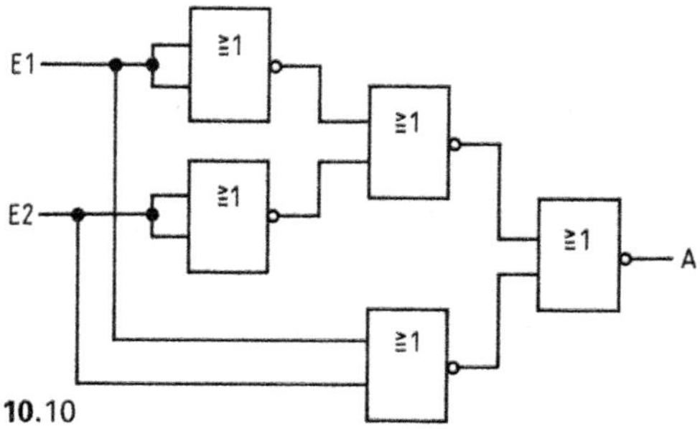


**10**.10

10. Aus der Aufgabenstellung für eine Steuerung ergab sich die Schaltung **10**.10 mit NOR-Bauelementen. Wandeln Sie sie in eine vereinfachte, aber wirkungsgleiche Schaltung mit NAND-Bauelementen um.

## 10.3 Regeln der Schaltalgebra

UND-Verknüpfung (Konjunktion) und ODER-Verknüpfung (Disjunktion) sind gleichwertig. Deshalb Klammer setzen

- bei der konjunktiven Verknüpfung von Disjunktionen.

**Beispiel 10.8** $A = (E1 \vee E2) \wedge (E3 \vee E4)$

- bei der disjunktiven Verknüpfung von Konjunktionen.

**Beispiel 10.9** $A = (E1 \wedge E2) \vee (E3 \wedge E4)$

Das Negationszeichen bindet stärker als andere Zeichen. Deshalb können die Klammern entfallen.

**Beispiel 10.10** $E1 \wedge (\overline{E2 \vee E3}) = E1 \wedge \overline{E2 \vee E3}$

**Kommunitativgesetz.** Die Reihenfolge der Variablen ist beliebig.

**Beispiele 10.11** $E1 \wedge E2 = E2 \wedge E1 \qquad E1 \vee E2 = E2 \vee E1$

**Assoziativgesetz.** Bei längeren Ausdrücken lassen sich beliebige Variablen zusammenfassen.

**Beispiele 10.12** $E1 \wedge E2 \wedge E3 \wedge E4 = (E1 \wedge E2) \wedge (E3 \wedge E4)$
$E1 \vee E2 \vee E3 \vee E4 = (E1 \vee E2) \vee (E3 \vee E4)$

Dieses Gesetz ist wichtig für die Realisierung von Schaltungen. Verknüpfungen mehrerer Variablen können aufgeteilt werden.

**Distributivgesetz.** Klammen können aufgelöst werden.

**Beispiele 10.13** $(E1 \wedge E2) \vee (E3 \wedge E4) = (E1 \vee E3) \wedge (E1 \vee E4) \wedge (E2 \vee E3) \wedge (E2 \vee E4)$
$(E1 \vee E2) \wedge (E3 \vee E4) = (E1 \wedge E3) \vee (E1 \wedge E4) \vee (E2 \wedge E3) \vee (E2 \wedge E4)$

Umgekehrt kann man auch ausklammern, um Funktionsgleichungen zu verkürzen und damit Schaltungen zu vereinfachen.

Für die Verknüpfung der binären Werte 0 und 1 ergeben sich folgende Beziehungen:

| | | | | |
|---|---|---|---|---|
| Negation: | $\overline{0} = 1$ | $\overline{1} = 0$ | $\overline{\overline{0}} = 0$ | $\overline{\overline{1}} = 1$ |
| Konjunktion: | $0 \wedge 0 = 0$ | $0 \wedge 1 = 0$ | $1 \wedge 0 = 0$ | $1 \wedge 1 = 1$ |
| Disjunktion: | $0 \vee 0 = 0$ | $0 \vee 1 = 1$ | $1 \vee 0 = 1$ | $1 \vee 1 = 1$ |
| Äquivalenz: | $0 \leftrightarrow 0 = 1$ | $0 \leftrightarrow 1 = 0$ | $1 \leftrightarrow 0 = 0$ | $1 \leftrightarrow 1 = 1$ |
| Antivalenz: | $0 \nleftrightarrow 0 = 0$ | $0 \nleftrightarrow 1 = 1$ | $1 \nleftrightarrow 0 = 1$ | $1 \nleftrightarrow 1 = 0$ |

Für die Verknüpfung von Variablen mit den binären Festwerten 0 bzw. 1 gelten diese Beziehungen:

| | | | | |
|---|---|---|---|---|
| Konjunktion: | $E1 \wedge 0 = 0$ | $E1 \wedge 1 = E1$ | $E1 \wedge E1 = E1$ | $E1 \wedge \overline{E1} = 0$ |
| Disjunktion: | $E1 \vee 0 = E1$ | $E1 \vee 1 = 1$ | $E1 \vee E1 = E1$ | $E1 \vee \overline{E1} = 1$ |
| Äquivalenz: | $E1 \leftrightarrow 0 = \overline{E1}$ | $E1 \leftrightarrow 1 = E1$ | $E1 \leftrightarrow E1 = 1$ | $E1 \leftrightarrow \overline{E1} = 0$ |
| Antivalenz: | $E1 \nleftrightarrow 0 = E1$ | $E1 \nleftrightarrow 1 = E1$ | $E1 \nleftrightarrow E1 = 0$ | $E1 \nleftrightarrow \overline{E1} = 1$ |

**de Morgansche Gesetze.** Mit ihnen läßt sich jede Schaltung aus UND-Gliedern und Invertern in Schaltungen aus ODER-Gliedern und Invertern überführen und umgekehrt.

**Beispiele 10.14** $A = E1 \wedge E2 = \overline{\overline{E1} \vee \overline{E2}}$  $A = E1 \vee E2 = \overline{\overline{E1} \wedge \overline{E2}}$

$A = \overline{E1 \wedge E2} = \overline{E1} \vee \overline{E2}$  $A = \overline{E1 \vee E2} = \overline{E1} \wedge \overline{E2}$

## 10.4 Disjunktive und konjunktive Normalform

**Ein Minterm** ist eine UND-Verknüpfung, in der alle Variablen nicht invertiert oder invertiert vorkommen. Jeder Minterm hat nur einmal den Wert 1, sonst immer den Wert 0 (**10.**11).

Tabelle **10.**11 **Minterme einer Schaltung mit 3 Eingangsvariablen**

| Zeile | E1 | E2 | E3 | $E1 \wedge E2 \wedge E3$ | $E1 \wedge E2 \wedge \overline{E3}$ | $E1 \wedge \overline{E2} \wedge E3$ | $E1 \wedge \overline{E2} \wedge \overline{E3}$ | $\overline{E1} \wedge E2 \wedge E3$ | $\overline{E1} \wedge E2 \wedge \overline{E3}$ | $\overline{E1} \wedge \overline{E2} \wedge E3$ | $\overline{E1} \wedge \overline{E2} \wedge \overline{E3}$ |
|---|---|---|---|---|---|---|---|---|---|---|---|
| 0 | 0 | 0 | 0 | 0 | 0 | 0 | 0 | 0 | 0 | 0 | 1 |
| 1 | 0 | 0 | 1 | 0 | 0 | 0 | 0 | 0 | 0 | 1 | 0 |
| 2 | 0 | 1 | 0 | 0 | 0 | 0 | 0 | 0 | 1 | 0 | 0 |
| 3 | 0 | 1 | 1 | 0 | 0 | 0 | 0 | 1 | 0 | 0 | 0 |
| 4 | 1 | 0 | 0 | 0 | 0 | 0 | 1 | 0 | 0 | 0 | 0 |
| 5 | 1 | 0 | 1 | 0 | 0 | 1 | 0 | 0 | 0 | 0 | 0 |
| 6 | 1 | 1 | 0 | 0 | 1 | 0 | 0 | 0 | 0 | 0 | 0 |
| 7 | 1 | 1 | 1 | 1 | 0 | 0 | 0 | 0 | 0 | 0 | 0 |

**Maxterme** sind ODER-Verknüpfungen, in der alle Variablen invertiert oder nicht invertiert vorkommen. Jeder Maxterm hat nur einmal den Wert 0, sonst immer den Wert 1 (**10.**12).

Tabelle **10.12** **Maxterme einer Schaltung mit 3 Eingangsvariablen**

| Zeile | E1 | E2 | E3 | $E1 \vee E2 \vee E3$ | $E1 \vee E2 \vee \overline{E3}$ | $E1 \vee \overline{E2} \vee E3$ | $E1 \vee \overline{E2} \vee \overline{E3}$ | $\overline{E1} \vee E2 \vee E3$ | $\overline{E1} \vee E2 \vee \overline{E3}$ | $\overline{E1} \vee \overline{E2} \vee E3$ | $\overline{E1} \vee \overline{E2} \vee \overline{E3}$ |
|---|---|---|---|---|---|---|---|---|---|---|---|
| 0 | 0 | 0 | 0 | 0 | 1 | 1 | 1 | 1 | 1 | 1 | 1 |
| 1 | 0 | 0 | 1 | 1 | 0 | 1 | 1 | 1 | 1 | 1 | 1 |
| 2 | 0 | 1 | 0 | 1 | 1 | 0 | 1 | 1 | 1 | 1 | 1 |
| 3 | 0 | 1 | 1 | 1 | 1 | 1 | 0 | 1 | 1 | 1 | 1 |
| 4 | 1 | 0 | 0 | 1 | 1 | 1 | 1 | 0 | 1 | 1 | 1 |
| 5 | 1 | 0 | 1 | 1 | 1 | 1 | 1 | 1 | 0 | 1 | 1 |
| 6 | 1 | 1 | 0 | 1 | 1 | 1 | 1 | 1 | 1 | 0 | 1 |
| 7 | 1 | 1 | 1 | 1 | 1 | 1 | 1 | 1 | 1 | 1 | 0 |

**Beispiel 10.15** Eine Steuerung hat drei Eingangsvariable E1, E2 und E3. Nach einem vorgegebenen Schaltauftrag soll der Ausgang A bei den Schaltkombinationen 0 0 1, 0 1 0 und 1 1 0 den Wert 1 haben. Schreiben Sie die disjunktive Normalform.

**Lösung**

| Zeile | E1 | E2 | E3 | A | Minterme |
|---|---|---|---|---|---|
| 0 | 0 | 0 | 0 | 0 | |
| 1 | 0 | 0 | 1 | 1 | $\overline{E1} \wedge \overline{E2} \wedge E3$ |
| 2 | 0 | 1 | 0 | 1 | $\overline{E1} \wedge E2 \wedge \overline{E3}$ |
| 3 | 0 | 1 | 1 | 0 | |
| 4 | 1 | 0 | 0 | 0 | |
| 5 | 1 | 0 | 1 | 0 | |
| 6 | 1 | 1 | 0 | 1 | $E1 \wedge E2 \wedge \overline{E3}$ |
| 7 | 1 | 1 | 1 | 0 | |

Die ODER-Verknüpfung aller Minterme mit dem Wert 1 ergibt die disjunktive Normalform.

$A = (\overline{E1} \wedge \overline{E2} \wedge E3) \vee (\overline{E1} \wedge E2 \wedge \overline{E3}) \vee (E1 \wedge E2 \wedge \overline{E3})$

## 10.5 Vereinfachen von Schaltungsfunktionen

### 10.5.1 KV-Diagramm

Die Lösung mit Hilfe des KV-Diagramms (KV = **K**arnaugh **V**eitch) ist ein grafisches Verfahren, um Funktionen zu vereinfachen (**10**.13).

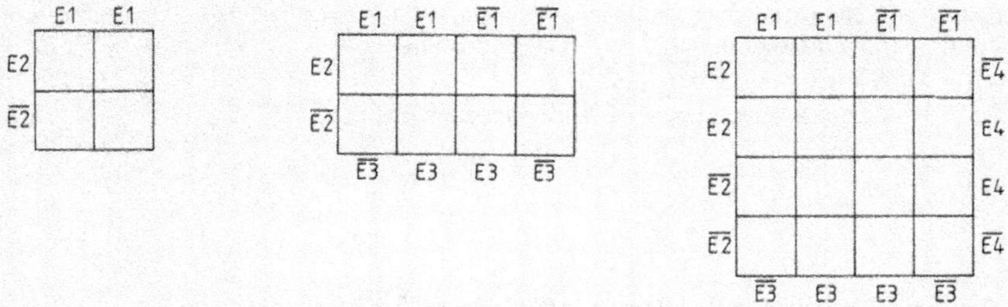


**10**.13 KV-Tafel für 2, 3 und 4 Variable

**Beispiel 10.16** Aus der Aufgabenstellung für eine Steuerung ergab sich folgende Funktionsgleichung:

$A = (E1 \wedge E2 \wedge E3) \vee (E1 \wedge E2 \wedge \overline{E3}) \vee (\overline{E1} \wedge \overline{E2} \wedge E3) \vee (\overline{E1} \wedge \overline{E2} \wedge \overline{E3})$

Entwickeln Sie daraus eine Schaltung und vereinfachen Sie die Gleichung und die Schaltung mit Hilfe des KV-Diagramms. Um was für eine Schaltung handelt es sich?

**Lösung**

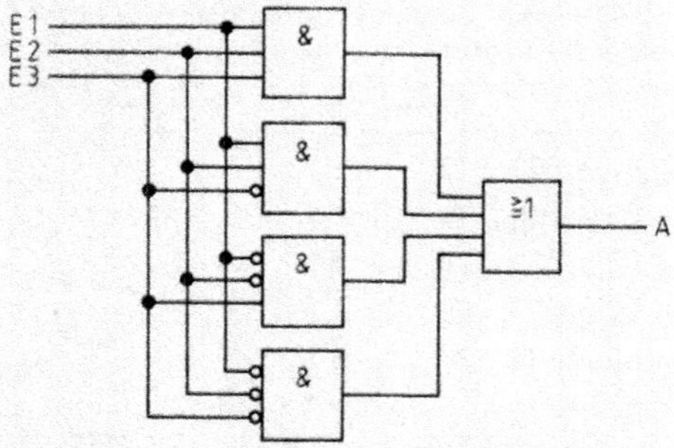


**10**.14

**Vereinfachen** **1. Schritt:** In die Felder der KV-Tafel für 3 Variable werden die Felder mit 1 gekennzeichnet, für die am Ausgang A 1-Signal gilt.

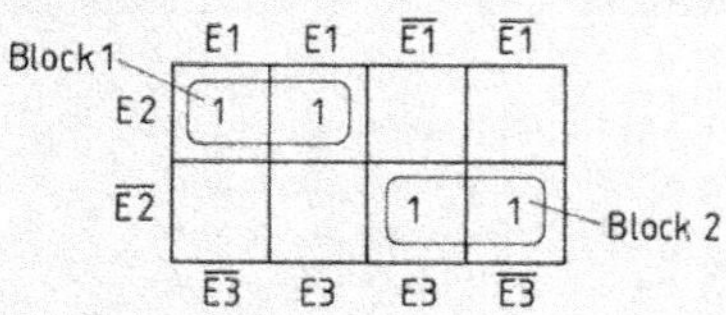


**10**.15

**2 Schritt:** Je zwei nebeneinander- (oder auch übereinander-) liegende Felder werden zu Blöcken zusammengefaßt (hier Block 1 und Block 2).

**3. Schritt:** Aussagen, die in einem Block negiert und nicht negiert vorkommen, entfallen bei der Vereinfachung. Zu unserem Beispiel sind dies im Block 1 E3 und $\overline{E3}$, im Block 2 ebenfalls E3 und $\overline{E3}$.

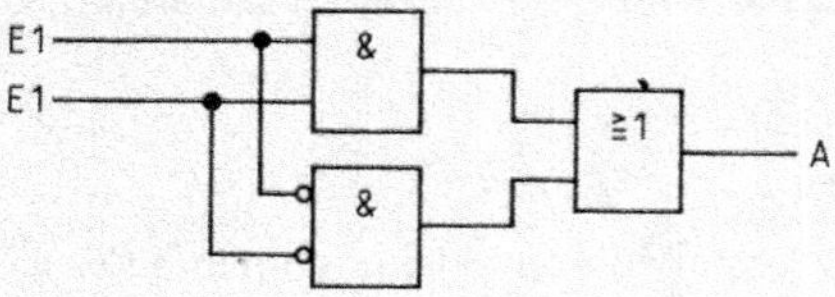


**10**.16

**Vereinfachen,** Fortsetzung

**4. Schritt:** Damit ergibt sich aus dem KV-Diagramm die vereinfachte Funktionsgleichung

$A = (E1 \wedge E2) \vee (\overline{E1} \wedge \overline{E2})$.

Es handelt sich um eine **Äquivalenzschaltung**.

## 10.5.2 Rechnerisches Verfahren nach Quine-McCluskey

Dieses rechnerische Verfahren geht von der disjunktiven Normalform einer Funktion aus. Wir wollen das an einem Beispiel durcharbeiten.

**Beispiel 10.17** Gegeben ist die folgende Funktionsgleichung:

$$A = (\overline{E1} \wedge \overline{E2} \wedge \overline{E3}) \vee (\overline{E1} \wedge \overline{E2} \wedge E3) \vee (\overline{E1} \wedge E2 \wedge \overline{E3}) \vee (\overline{E1} \wedge E2 \wedge E3) \vee (E1 \wedge \overline{E2} \wedge E3) \vee (E1 \wedge E2 \wedge \overline{E3})$$

Die Terme ordnen wir am besten gruppenweise in einer Liste 1 an und versehen sie mit einer Kennziffer.

| Kennz. | Liste 1 | Kennz. | Liste 2 | Kennz. | Liste 3 |
|---|---|---|---|---|---|
| 1 | $\overline{E1} \wedge \overline{E2} \wedge \overline{E3}$ | 12 | $\overline{E1} \wedge \overline{E2}$ | 1234 | $\boxed{\overline{E1}}$ |
| 2 | $\overline{E1} \wedge \overline{E2} \wedge E3$ | 13 | $\overline{E1} \wedge \overline{E3}$ | 1324 | $\overline{E1}$ |
| 3 | $\overline{E1} \wedge E2 \wedge \overline{E3}$ | 24 | $\overline{E1} \wedge E3$ | | |
| 4 | $\overline{E1} \wedge E2 \wedge E3$ | 25 | $\boxed{\overline{E2} \wedge E3}$ | | |
| 5 | $E1 \wedge \overline{E2} \wedge E3$ | 34 | $\overline{E1} \wedge E2$ | | |
| 6 | $E1 \wedge E2 \wedge \overline{E3}$ | 36 | $\boxed{E2 \wedge \overline{E3}}$ | | |

Wir vergleichen zeilenweise die Gruppen der Kennziffern 1 bis 6, ob sich nicht dadurch Variable eliminieren lassen, daß die Zeilen bis auf e i n e negierte und nicht negierte Variable gleich sind. Hier lassen sich zusammenfassen bzw. eliminieren:

Kennziffern 1 und 2 $\overline{E1} \wedge \overline{E2}$ E3 wird eliminiert
Kennziffern 1 und 3 $\overline{E1} \wedge \overline{E3}$ E2 wird eliminiert
Kennziffern 2 und 4 $\overline{E1} \wedge E3$ E2 wird eliminiert
Kennziffern 2 und 5 $\overline{E2} \wedge E3$ E1 wird eliminiert
Kennziffern 3 und 4 $\overline{E1} \wedge E2$ E3 wird eliminiert
Kennziffern 3 und 6 $E2 \wedge \overline{E3}$ E1 wird eliminiert

Die Ergebnisse werden in Liste 2 wieder gruppenweise zusammengefaßt.

Das Verfahren wird fortgesetzt, bis sich keine Variablen mehr eliminieren lassen (hier bis Liste 3). Die verbleibenden Terme werden disjunktiv verknüpft und entsprechen der vereinfachten Schaltungsfunktion. Es ergibt sich:

$A = \overline{E1} \vee (\overline{E2} \wedge E3) \vee (E2 \wedge \overline{E3})$
Kennz. 1234 25 36

Terme können auch dann noch entfallen, wenn ihre Kennziffern schon in anderen Termen der vereinfachten Funktionen enthalten sind.

**Aufgaben**

1. Vereinfachen Sie mit Hilfe der Schaltalgebra diese Funktionen:
   a) $(E1 \vee 0) \wedge (E1 \vee 1)$
   b) $(\overline{E1} \wedge E2) \vee (E1 \wedge E2)$
   c) $(E1 \vee \overline{E2}) \vee (1 \vee \overline{E2})$
   d) $E3 \cdot (E1 \vee \overline{E2}) \vee \overline{E3} \cdot (E1 \vee \overline{E2})$
2. Vereinfachen Sie nach Quine-McCluskey die Funktion
   $A = (E1 \wedge E2) \vee (\overline{E1} \wedge E2)$.
3. Vereinfachen Sie die Funktion
   $A = (\overline{E1} \wedge E2) \vee (E1 \wedge \overline{E2}) \vee (\overline{E1} \wedge \overline{E2}) \vee (E1 \wedge E2)$
   a) nach dem KV-Diagramm,
   b) nach Quine-McCluskey.
4. Gegeben sind die beiden KV-Diagramme **10**.17. Schreiben Sie die vereinfachte Funktionsgleichung.

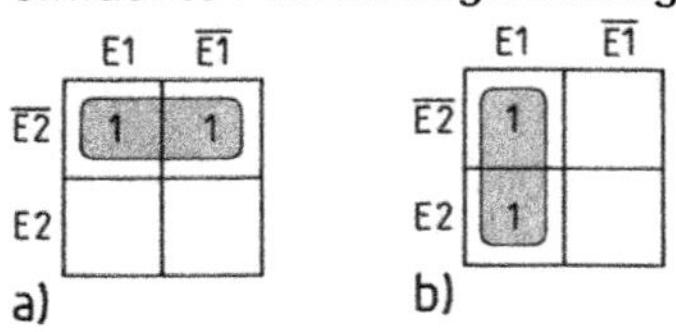


**10**.17

5. Vereinfachen Sie nach Quine-McCluskey diese Funktionsgleichung und begründen Sie:
   $A = (E1 \wedge E2 \wedge E3) \vee (E1 \wedge E2 \wedge \overline{E3}) \vee (\overline{E1} \wedge E2 \wedge E3) \vee (\overline{E1} \wedge \overline{E2} \wedge E3)$
6. Aus einer Steuerungsaufgabe ergibt sich folgende Funktionsgleichung:
   $A = (\overline{E1} \wedge E2 \wedge \overline{E3}) \vee (\overline{E1} \wedge \overline{E2} \wedge E3) \vee (E1 \wedge E2 \wedge \overline{E3}) \vee (\overline{E1} \wedge E2 \wedge E3)$
   Vereinfachen Sie die Gleichung
   a) mit KV-Diagramm,
   b) rechnerisch nach Quine-McCluskey.
7. Vereinfachen Sie diese Funktionsgleichung
   a) nach KV-Diagramm,
   b) nach Quine-McCluskey.
   $A = (E1 \wedge E2 \wedge E3 \wedge E4) \vee (\overline{E1} \wedge E2 \wedge E3 \wedge E4) \vee (E1 \wedge E2 \wedge \overline{E3} \wedge E4) \vee (\overline{E1} \wedge E2 \wedge \overline{E3} \wedge E4) \vee (\overline{E1} \wedge E2 \wedge \overline{E3} \wedge \overline{E4})$.

# 10.6 Kippschaltungen

## 10.6.1 Schmitt-Trigger

Bei Schmitt-Triggern schaltet der Ausgang in Abhängigkeit von der Eingangsspannung (**10**.18). Ein analoges Signal wird in ein digitales umgewandelt. Die Schaltung kann in unterschiedlichen Technologien aufgebaut werden.

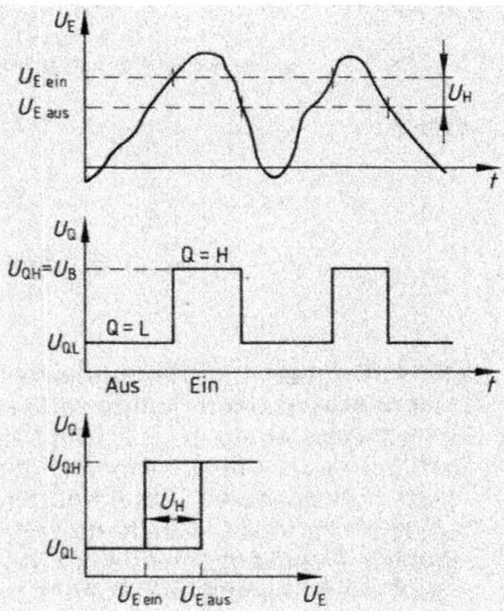


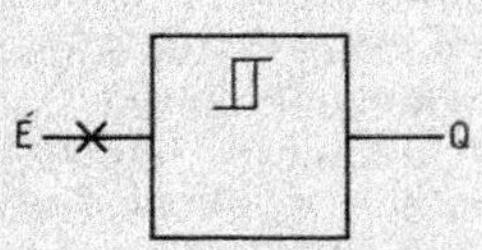


**10**.18 Schaltverhalten des Schmitt-Triggers

**Schmitt-Trigger mit Transistoren.** Bild **10.**19 zeigt einen Schmitt-Trigger mit diskreten Bauelementen. Bei ungleichen Kollektorwiderständen $R_C$ und unter Vernachlässigung des Querstroms gilt vereinfacht für die Schaltschwellen:

| | |
|---|---|
| **Einschaltschwellenspannung (V1 wird leitend, V2 wird gesperrt)** | $U_{Eein} = \frac{R_E}{R_E + R_{C2}} \cdot U_B + 0{,}7\ V$ |
| **Ausschaltschwellenspannung (V1 wird gesperrt, V2 wird leitend)** | $U_{Eaus} = \frac{R_E}{R_E + R_{C1}} \cdot U_B + 0{,}7\ V$ |
| **Schalthysterese** | $U_H = U_{Eein} - U_{Eaus}$ |

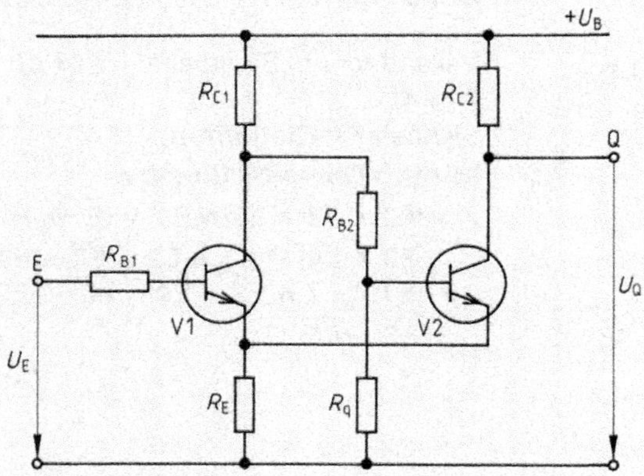


**10.**19 Schmitt-Trigger

**Beispiel 10.18** Für den Schmitt-Trigger **10.**19 gelten die Werte $U_B = 12\ V$, $R_{B1} = 1{,}5\ k\Omega$, $R_{B2} = 2{,}2\ k\Omega$, $R_q = 3{,}9\ k\Omega$, $R_{C1} = 470\ \Omega$, $R_{C2} = 180\ \Omega$ und $R_E = 39\ k\Omega$. Wie groß ist die Schalthysterese?

**Lösung**

$$U_{Eein} = \frac{R_E}{R_E + R_{C2}} \cdot U_B + 0{,}7\ V = \frac{39\ \Omega}{39\ \Omega + 180\ \Omega} \cdot 12\ V + 0{,}7\ V = 2{,}84\ V$$

$$U_{Eaus} = \frac{R_E}{R_E + R_{C1}} \cdot U_B + 0{,}7\ V = \frac{39\ \Omega}{39\ \Omega + 470\ \Omega} \cdot 12\ V + 0{,}7\ V = 1{,}62\ V$$

$$U_H = U_{Eein} - U_{Eaus} = 2{,}84\ V - 1{,}62\ V = \mathbf{1{,}22\ V}$$

**Schmitt-Trigger mit Operationsverstärkern.** Ein Schmitt-Trigger kann auch mit Operationsverstärkern aufgebaut werden (**10.20**). Das Überschreiten der positiven Schwellenspannung $U_{Eein}$ bewirkt das Umschalten auf die negative Sättigungsspannung $U_{A-}$, und das Überschreiten der negativen Schwellenspannung $U_{Eaus}$ ergibt die positive Sättigungsspannung $U_{A+}$. Gegenüber anderen Schmitt-Triggern nimmt die Schaltung mit Operationsverstärkern jedoch positives und negatives Ausgangspotential an. Auch die Eingangsspannung muß positive und negative Werte annehmen können.

**Schaltschwellen**

$$|U_{\mathrm{Eein}}| = |U_{\mathrm{Eaus}}| = \frac{R_1}{R_1 + R_0} \cdot U_{\mathrm{Amax}}$$

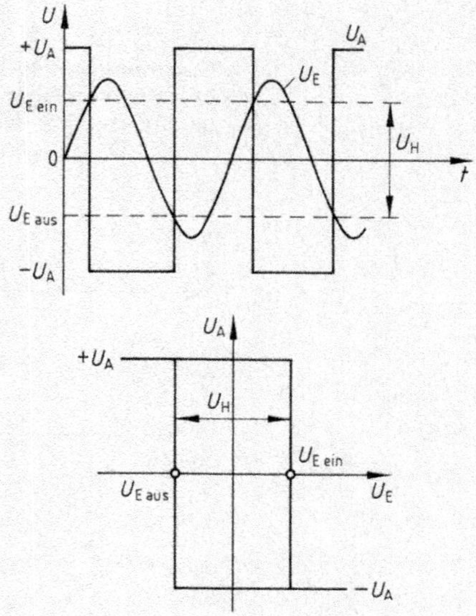


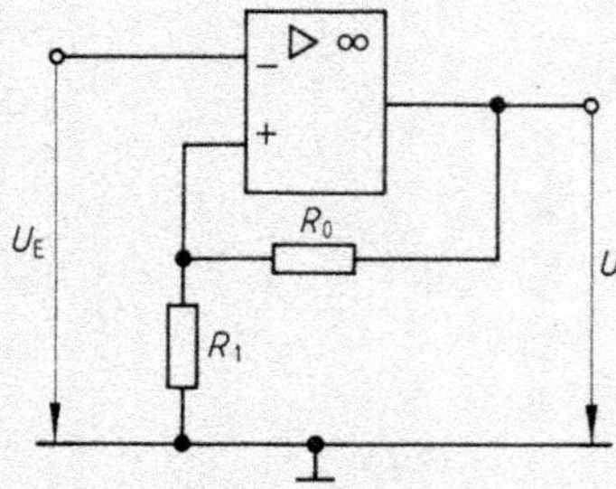


**10**.20 Schwellwertschalter mit Operationsverstärker

**10**.21 Schaltverhalten

**Schmitt-Trigger in TTL-Technik.** Die integrierte digitale Schaltung SN 7418 in LS-TTL-Technik enthält zwei invertierende Schmitt-Trigger mit je 4 Eingängen.
Im Datenblatt sind u. a. folgende Werte angegeben:

| | | | | | |
|---|---|---|---|---|---|
| Versorgungsspannung $V_{CC}$ | nom. | 5 V | (min 4,75 V, max 5,25 V) | | |
| Ausgangsstrom $I_{OH}$ | max. | –400 μA | Ausgangsspannung $V_{OH}$ | min. | 2,7 V |
| | | | | typ. | 3,4 V |
| Ausgangsstrom $I_{OL}$ | max. | 8 mA | Ausgangsspannung $V_{OL}$ | min. | 0,25 V |
| | | | | typ. | 0,4 V |
| Eingangsschwellenspannung $V_{T+}$ | | 1,85 V | Eingangsschwellenspannung $V_{T-}$ | | 1,0 V |

**10**.22 Datenblattauszug SN 7418

**Beispiel 10.19** Mit dem integrierten Schmitt-Trigger SN 7418 sollen 50 Hz-Rechteckimpulse aus der Wechselspannung $U$ = 3 V, 50 Hz abgeleitet werden (**10**.23).

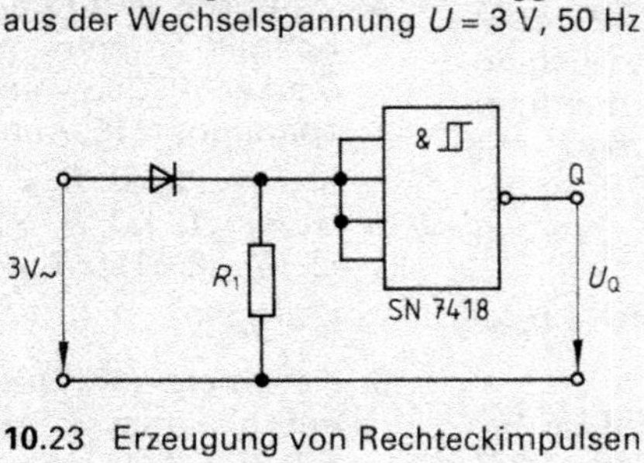


**10**.23 Erzeugung von Rechteckimpulsen

**Lösung** Am Eingang des Schmitt-Triggers liegt die gleichgerichtete Spannung

$\hat{u}_E = \sqrt{2} \cdot U - 0{,}7\ V = \sqrt{2} \cdot 3\ V - 0{,}7\ V = 3{,}5\ V.$

Die Spannungsverläufe zeigt Diagramm **10.**24 unter Verwendung der typischen Datenblattangaben. $U_i$ stellt das interne Signal des Schmitt-Triggers vor der Invertierung dar.

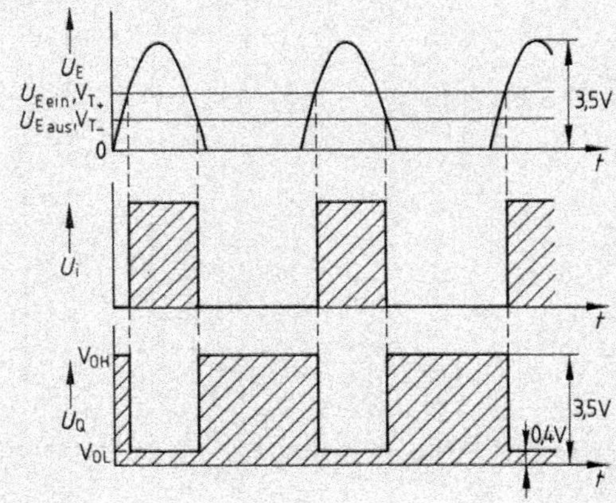


**10.24**

## Aufgaben

1. Der mit diskreten Bauelementen aufgebaute Schmitt-Trigger **10.**19 an der Betriebsspannung 9 V hat die folgenden Widerstandswerte: $R_{B1} = 10\ k\Omega$, $R_{B2} = 6{,}8\ k\Omega$, $R_q = 15\ k\Omega$, $R_{C1} = 2{,}2\ k\Omega$, $R_{C2} = 470\ \Omega$ und $R_E = 68\ \Omega$.
   a) Berechnen Sie die Ein- und Ausschaltsschwellenspannung sowie die Hysteresespannung.
   b) Wie groß ist im Grundzustand Aus die Ausgangsspannung $U_{QL}$ ohne und mit Berücksichtigung von $U_{CEsat} = 0{,}2\ V$, wenn in beiden Fällen der Basisstrom unberücksichtigt bleibt?
2. Der Schmitt-Trigger aus Beispiel **10.**18 befindet sich im Grundzustand Aus. Die Spannungen des durchgeschalteten Transistors werden mit $U_{CEsat} = 0{,}2\ V$ und $U_{BE} = 0{,}7\ V$ angenommen, die Basisströme werden vernachlässigt.
   a) Welcher Transistor leitet bzw. sperrt?
   b) Wie groß sind $U_{RE}$, $U_{QL}$ und $U_{Rq}$?
   c) Wie groß ist $U_{BE1}$, wenn $U_E = 1{,}5\ V$ beträgt?
3. Der Schmitt-Trigger aus Beispiel **10.**18 befindet sich im Grundzustand Ein. Die Spannungen des durchgeschalteten Transistors sind $U_{CEsat} = 0{,}2\ V$ und $U_{BE} = 0{,}7\ V$.
   a) Wie groß ist $U_{RE}$ ohne Berücksichtigung von $I_q$ ($I_q \ll I_{RE}$)?
   b) Begründen Sie, warum V2 sicher sperrt.
   c) Wie groß muß die Gleichstromverstärkung $B_{min}$ des Transistors V1 sein, damit er mit dem Übersteuerungsfaktor $ü = 3$ sicher durchschaltet, wenn $U_E = 2{,}8\ V$ beträgt.
4. Wie groß ist die Schalthysterese des Schmitt-Triggers mit Operationsverstärker **10.**20, wenn die Sättigungsspannung $\pm 15\ V$ und
   a) $R_0 = 22\ k\Omega$, $R_1 = 4{,}7\ k\Omega$,
   b) $R_0 = 12\ k\Omega$, $R_1 = 3{,}3\ k\Omega$,
   c) $R_0 = 8{,}2\ k\Omega$, $R_1 = 2{,}7\ k\Omega$

   betragen?
5. An einem mit Operationsverstärkern aufgebauten Schmitt-Trigger (**10.**20) mit $R_0 = 4\ k\Omega$ und $R_1 = 1\ k\Omega$ liegt die Eingangswechselspannung $U = 3{,}54\ V$,

200 Hz. Die Sättigungsspannung beträgt ±12,5 V. Berechnen Sie

a) die Ein- und Ausschaltschwellenspannung sowie die Schalthysterese,

b) den Phasenwinkel der Wechselspannung im Schaltaugenblick,

c) die Dauer des H- und L-Pegels der Ausgangsspannung.

6. An den miteinander verbundenen Eingängen des Schmitt-Triggers SN 7418 (**10**.23) liegt eine Sägezahnspannung (**10**.25). Ermitteln Sie zeichnerisch den Spannungsverlauf am Ausgang $Q$ und bestimmen Sie den Tastgrad $g = t_i/T$.

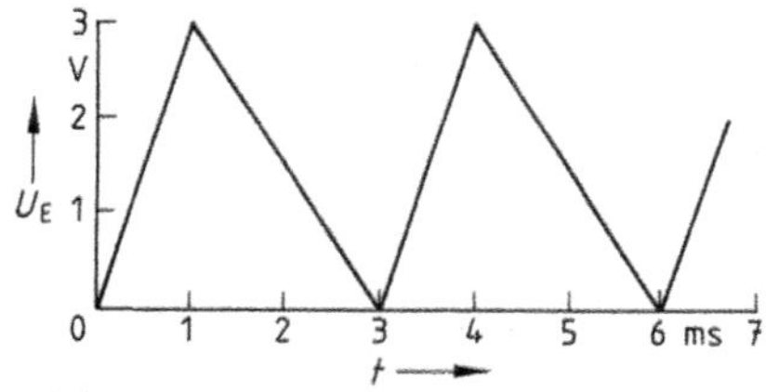


**10**.25

7. Bei einem Schmitt-Trigger mit Operationsverstärker (**10**.20) beträgt die Sättigungsspannung ±10 V. Die Schalthysterese soll 4,5 V betragen. Wie groß ist $R_0$ aus der Reihe E24 zu wählen, wenn $R_1$ a) 12 kΩ, b) 22 kΩ, c) 18 kΩ beträgt?

8. Berechnen Sie die Impuls- und Pausendauer der Ausgangsspannung $U_Q$ aus Beispiel **10**.19.

9. Mit dem LS-TTL Schmitt-Trigger SN 7418 (**10**.22) sollen aus einer 50 Hz-Wechselspannung nach Schaltung **10**.26 Rechteckimpulse abgeleitet werden.

a) Zeichnen Sie die Spannungsverläufe (vgl. Beispiel **10**.19).

b) Wie groß sind Frequenz und Impulsbreite der Ausgangsimpulse $U_Q$?

10. Mit einer roten Leuchtdiode soll der Schaltzustand des Schmitt-Triggers SN 7418 angezeigt werden (**10**.27). Die Durchlaßspannung der Leuchtdiode wird mit 1,45 V angenommen.

a) Welchen Schaltzustand zeigt die Leuchtdiode an?

b) Wie groß muß der Vorwiderstand der Leuchtdiode sein, damit der Ausgang des IC's nicht überlastet wird (**10**.22)?

c) Wählen Sie einen Widerstand aus der Reihe E12.

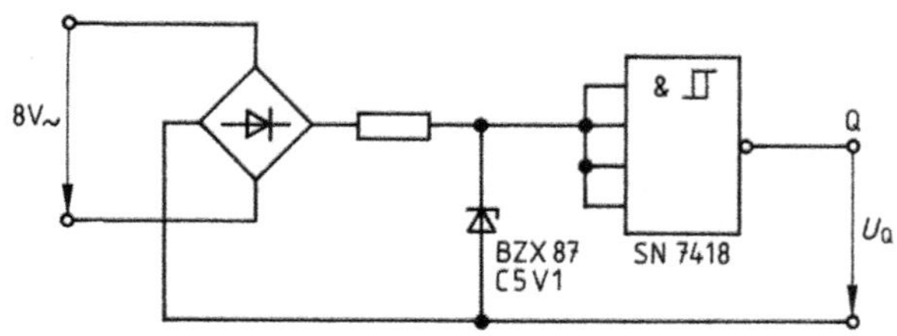


**10**.26

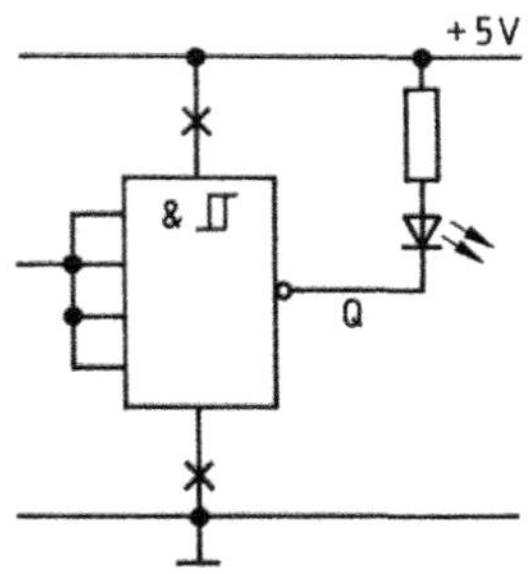


**10**.27

### 10.6.2 Astabile Kippschaltungen

**Astabile Kippschaltungen (Multivibrator, Taktgenerator)** schwingen frei. Am Ausgang wird ein Rechtecksignal erzeugt (**10**.28). Sie können in unterschiedlichen Technologien aufgebaut sein.

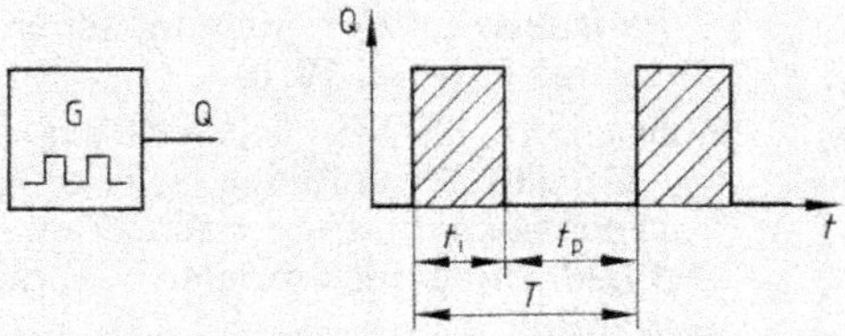


$$\textbf{Tastgrad} \quad g = \frac{t_i}{T}$$

**10.28** Taktgenerator

**Astabile Kippschaltungen mit Transistoren.** Die Basisvorwiderstände müssen so dimensioniert sein, daß die Transistoren im durchgeschalteten Zustand übersteuert betrieben werden. Die Kippfrequenz wird wesentlich durch die Zeitkonstante im Ladestromkreis bestimmt.

$$R_C \approx \frac{U_B}{I_C} \qquad R_B = \frac{(U_B - U_{BE}) \cdot B}{\ddot{u} \cdot I_C}$$

$$t_i \approx 0{,}69 \cdot R_{B2} \cdot C_2 \qquad t_p \approx 0{,}69 \cdot R_{B1} \cdot C_1 \qquad T = t_i + t_p$$

$U_B$ Betriebsspannung
$R_C$ Kollektorwiderstand
$I_C$ Kollektorstrom
$U_{BE}$ Basis-Emitterspannung $\approx 0{,}7$ V
$B$ Gleichstromverstärkung
$R_B$ Basisvorwiderstand
$t_i$ Impulsdauer
$t_p$ Impulspausendauer
$T$ Periodendauer

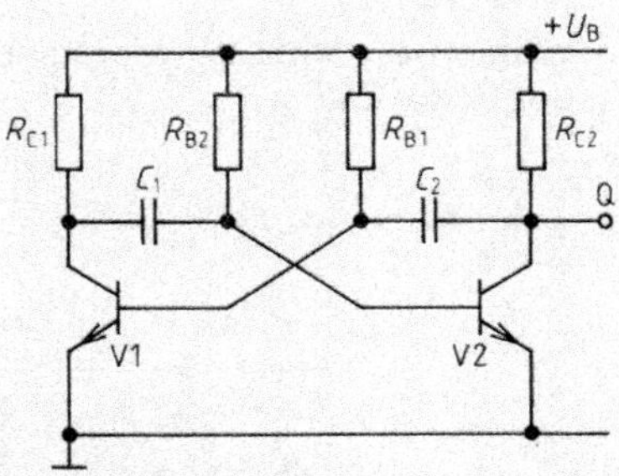


**10.29** Astabile Kippschaltung mit Transistoren

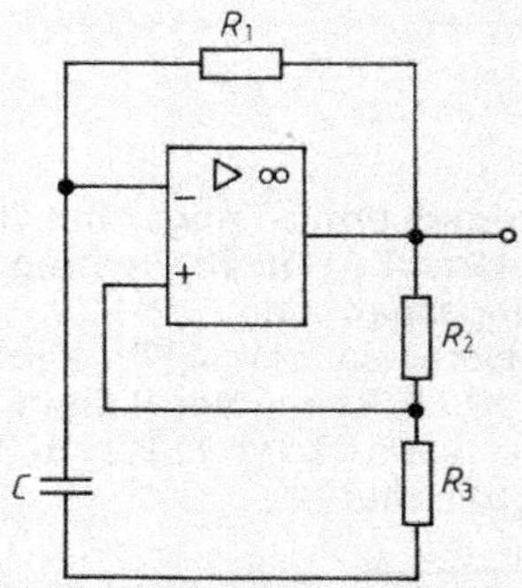


**10.30** Astabile Kippschaltung mit Operationsverstärker

**Astabile Kippschaltung mit Operationsverstärker.** Die Schaltung **10.30** erzeugt symmetrische Impulse.

$$t_i = t_p = R_1 \cdot C \cdot \ln\left(1 + 2\frac{R_3}{R_2}\right)$$

**Astabile Kippschaltung mit integrierter Schaltung.** Mit der linearen integrierten Schaltung – dem Timer NE 555 – lassen sich u. a. astabile und monostabile Kippschaltungen aufbauen. Bild **10.31** zeigt die Schaltung des Timers als astabile Kippstufe. Die beiden Operationsverstärker sind als Komparator geschaltet: Ist die Spannung am nicht invertierenden (+) Eingang positiver als am invertierenden (–) Eingang, liegt am Ausgang H-Signal. Die Widerstandswerte $R$ an den Eingängen der Komparatoren sind gleich.

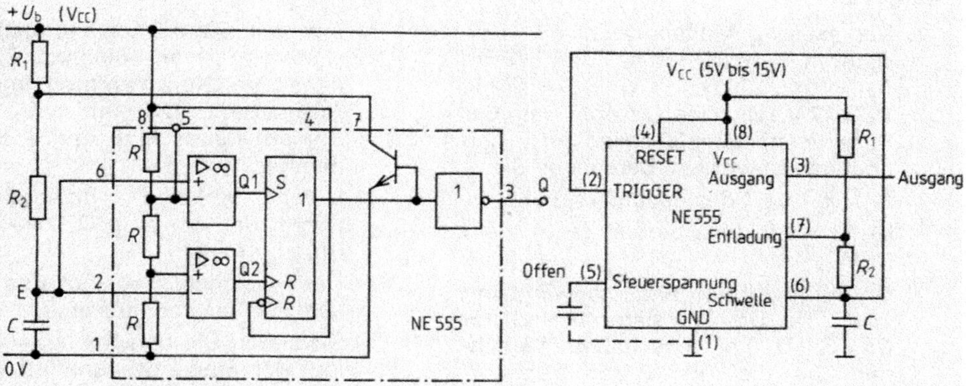


**10.31** Astabile Kippschaltung mit Timer NE 555

$$t_i = 0{,}69 \cdot (R_1 + R_2) \cdot C$$

$$t_p = 0{,}69 \cdot R_2 \cdot C$$

| | | | | | | |
|---|---|---|---|---|---|---|
| Empfohlener Arbeitsbereich: | | | | | | |
| Betriebsspannung $V_{CC}$ | 4,5 V bis 16 V | Eingangsspannung $V_{CC}$ | | | | |
| Verlustleistung | 600 mW | Arbeitstemperatur 0 °C bis 70 °C | | | | |
| Ausgangsstrom | ±200 mA | | | | | |
| Elektrische Eigenschaften: | | | | | | |
| Ausgangsspannung bei Low | ($V_{CC}$ = 15 V, | $I_{OL}$ = | 50 mA) | typ. | 0,1 V | |
| (L-Signal) | ($V_{CC}$ = 15 V, | $I_{OL}$ = | 100 mA) | typ. | 2 V | |
| | ($V_{CC}$ = 15 V, | $I_{OL}$ = | 200 mA) | typ. | 2,5 V | |
| Ausgangsspannung bei High | ($V_{CC}$ = 15 V, | $I_{OH}$ = | −100 mA) | typ. | 13,3 V | |
| (H-Signal) | ($V_{CC}$ = 15 V, | $I_{OH}$ = | −200 mA) | typ. | 12,5 V | |

**10.32** Datenblattauszug für den Timer NE 555

**Beispiel 10.20** Ein astabiler Multivibrator mit den Transistoren BC 238 B an der Betriebsspannung 12 V und den Kollektorwiderständen $R_{C1} = R_{C2} = 1\ \text{k}\Omega$ soll symmetrische Impulse mit der Taktfrequenz 2 kHz erzeugen. Der Übersteuerungsfaktor beträgt $\ddot{u} = 3$ und die Gleichstromverstärkung $B = 20$. Dimensionieren Sie die Schaltung (**10**.29).

**Lösung**

$$I_C = \frac{U_B}{R_C} = \frac{12\ \text{V}}{1\ \text{k}\Omega} = 12\ \text{mA}$$

$$R_{B1} = R_{B2} = \frac{(U_B - U_{BE}) \cdot B}{\ddot{u} \cdot I_C} = \frac{(12\ \text{V} - 0{,}7\ \text{V}) \cdot 20}{3 \cdot 12\ \text{mA}} = \mathbf{6{,}28\ k\Omega}$$

$$t_i = t_p = 0{,}5\ \text{T} = 0{,}5\ \frac{1}{f} = 0{,}5\ \frac{1}{2\ \text{kHz}} = 0{,}25\ \text{ms}$$

$$C_1 = C_2 = \frac{t_i}{0{,}69 \cdot R_B} = \frac{0{,}25\ \text{ms}}{0{,}69 \cdot 6{,}28\ \text{k}\Omega} = \mathbf{58\ nF}$$

**Aufgaben**

1. Der astabile Multivibrator mit Transistoren (**10**.29) hat die Werte $R_{B1} = R_{B2} = 22\ k\Omega$, $C_1 = C_2 = 47\ nF$, $U_B = 12\ V$. Die Transistoren mit der Stromverstärkung 30 sollen mit $ü = 2{,}5$ übersteuert werden. Berechnen Sie
   a) $t_i$, $t_p$ und $T$ des Rechtecksignals,
   b) die Kollektorwiderstände $R_{C1}$ und $R_{C2}$.
2. Der Multivibrator **10**.29 schwingt mit 15625 Hz. Die Transistoren sind mit $C_1 = C_2 = 220\ pF$ beschaltet. Berechnen Sie die Werte der frequenzbestimmenden Widerstände $R_{B1}$ und $R_{B2}$.
3. Ein unsymmetrischer Frequenzgenerator mit Transistoren (**10**.29) hat die Bauelemente: $R_{B2} = 10\ k\Omega$, $R_{B1} = 33\ k\Omega$, $C_2 = 2{,}2\ nF$, $C_1 = 4{,}7\ nF$ und $U_B = 12\ V$. Berechnen Sie für die Stromverstärkung $B = 30$ und den Übersteuerungsfaktor 3
   a) die Kollektorströme und die Kollektorwiderstände,
   b) $t_i$, $t_p$, $T$, $f$ und den Tastgrad.
4. Der Multivibrator einer Fernsteuerung ist mit einem OP aufgebaut (**10**.30). Verwendet wurden $R_1 = 6{,}8\ k\Omega$, $R_2 = 8{,}2\ k\Omega$, $R_3 = 18\ k\Omega$ und $C = 0{,}47\ \mu F$. Berechnen Sie Periodendauer und Pulsfrequenz.
5. Der Taktgenerator **10**.30 einer Digitalsteuerung soll symmetrische Impulse mit der Periodendauer $T = 20\ ms$ erzeugen. Der OP ist mit $R_1 = 1\ k\Omega$, $R_2 = 3{,}3\ k\Omega$ und $R_3 = 10\ k\Omega$ beschaltet. Berechnen Sie die nötige Ladekapazität.
6. Für einen Kennlinienschreiber ist der Taktgenerator **10**.30 mit einem OP aufgebaut. Er soll eine Taktfrequenz von 5 kHz erzeugen. Beschaltung des OP: $R_3 = 10\ k\Omega$, $R_2 = 8\ k\Omega$, $C = 10\ nF$. Auf welchen Widerstandswert muß man den 22-kΩ-Trimmer $R_1$ einstellen?
7. Die astabile Kippstufe **10**.31 ist mit dem Timer NE 555 aufgebaut. An der Betriebsspannung 12 V betragen $R_1 = 1\ k\Omega$, $R_2 = 1{,}5\ k\Omega$ und $C = 22\ nF$.
   a) Ermitteln Sie die Spannungsbereiche von $U_C$ am Eingang E, bei denen die Komparatoren an den Ausgängen $Q_1$ und $Q_2$ die Signalzustände high bzw. low annehmen.
   b) Unter welchen Bedingungen nimmt der Ausgang Q Low- bzw. High-Signal an?
   c) Über welchen Weg lädt und entlädt sich der Kondensator?
   d) Skizzieren Sie den Spannungsverlauf der Eingangsspannung (Kondensatorspannung) und der Ausgangsspannung.
   e) Berechnen Sie $t_i$, $t_p$ und $f$ des Ausgangssignals.
8. Die astabile Kippstufe **10**.31 soll eine Ausgangsspannung mit dem Tastgrad $g = 0{,}6$ und der Frequenz $f = 27\ kHz$ erzeugen. Bemessen Sie die Widerstände $R_1$ und $R_2$ für $C = 1\ nF$.
9. An einen Taktgenerator mit dem Timer NE 555 soll die Blinkschaltung **10**.33 mit $U_B = 15\ V$ angeschlossen werden. Eine grüne Leuchtdiode mit $U_F = 1{,}5\ V$, $I_F = 30\ mA$ soll die Impulsdauer und eine rote Leuchtdiode mit $U_F = 1{,}5\ V$, $I_F = 20\ mA$ die Impulspausendauer anzeigen. Berechnen Sie die Vorwiderstände $R_3$ und $R_4$ mit Hilfe der Tabelle **10**.32 (Ausgangsspannung bei kleinster Last).

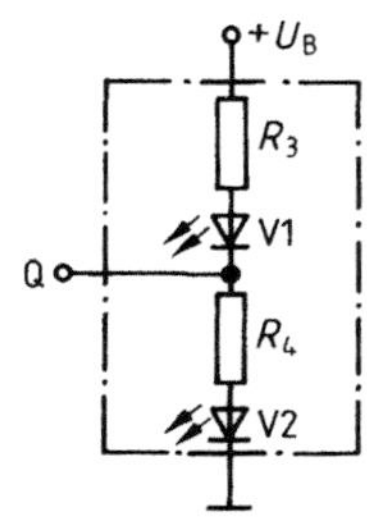


**10**.33

10. Eine Blinklampe 15 V/12 W soll über den Transistor BC 140 vom Timer NE 555 gesteuert werden, $U_B = 15\ V$. Die Blinkfrequenz soll etwa 1 Hz betragen (**10.34**).

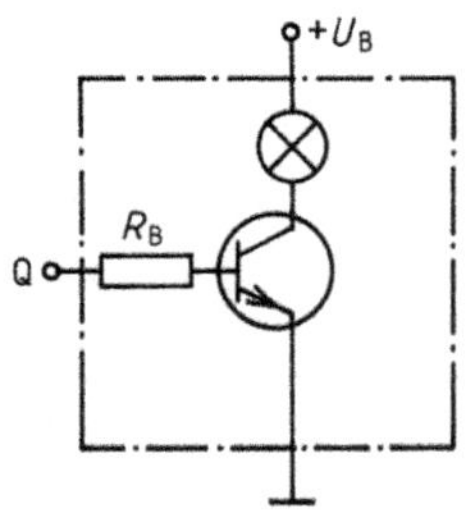

10.34

a) Bestimmen Sie mögliche Werte für $R_1$, $R_2$ und $C$ aus der Reihe E12 für die astabile Kippstufe (**10**.31).
b) Dimensionieren Sie den Basisvorwiderstand für den Übersteuerungsfaktor $ü = 3$ und der Stromverstärkung $B = 35$. Beachten Sie Tabelle **10**.32.

11. Mit der Schaltung **10**.35 läßt sich ein Rechteckgenerator aufbauen. Die Frequenz beträgt $f \approx 1/1{,}09 \cdot R \cdot C$. Bestimmen Sie die Kapazität des Kondensators, wenn die Frequenz a) 1 kHz, b) 10 kHz, c) 50 kHz betragen soll. Ergänzen Sie die Schaltung, damit der Generator mit einem Schalter gestartet und gestoppt werden kann.

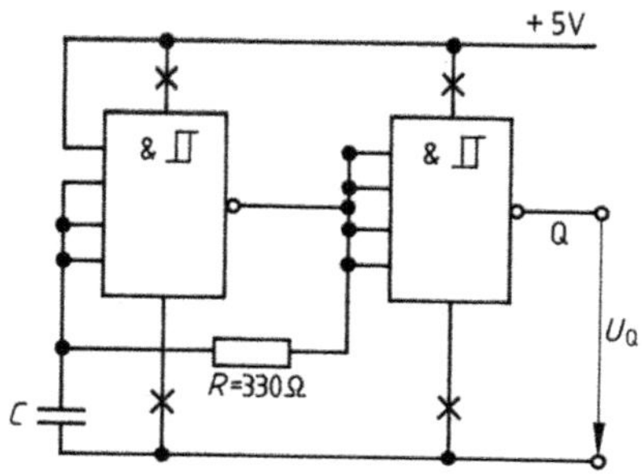

10.35

## 10.6.3 Monostabile Kippschaltungen

**Monostaible Kippschaltungen (Monoflop, Zeitglied)** erzeugen nach der Ansteuerung jeweils einen Rechteckimpuls. Bevor man die Kippschaltung erneut ansteuern kann, muß die Ladung am Kondensator C so groß sein, daß sich das Ruhepotential wieder einstellt. Die Schaltungen können mit Transistoren, Operationsverstärkern oder integrierten Digitalschaltungen aufgebaut werden.

**Monostabile Kippstufe mit Transistoren** (10.36)

| | |
|---|---|
| **Impulsdauer am Ausgang Q** | $t_i \approx 0{,}7 \cdot R_{B2} \cdot C_2$ |
| **Pausendauer am Ausgang Q** | $t_p \approx 5 \cdot R_{C1} \cdot C_2$ |

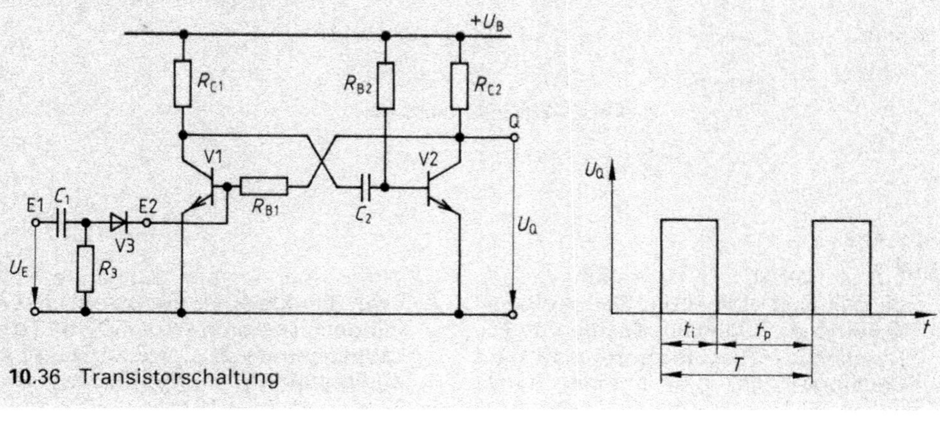

**10**.36 Transistorschaltung

### Monostabile Kippstufe mit Operationsverstärker (**10**.37)

| | |
|---|---|
| **Impulsdauer am Ausgang Q** | $t_i \approx R_1 \cdot C \cdot \ln\left(1 + \frac{R_2}{R_3}\right)$ |
| **Pausendauer am Ausgang Q** | $t_p \approx 5 \cdot R_1 \cdot C$ |

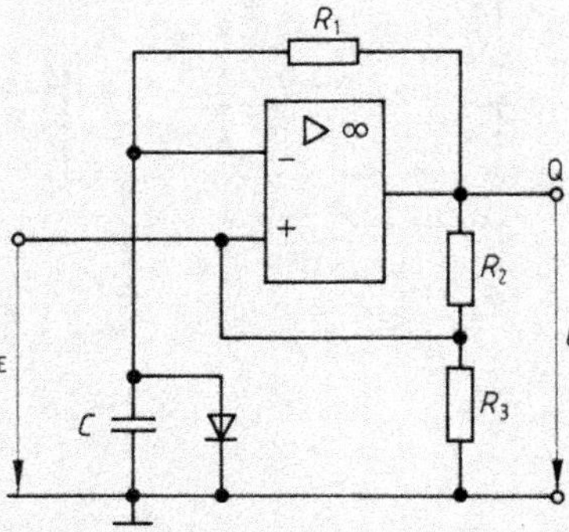


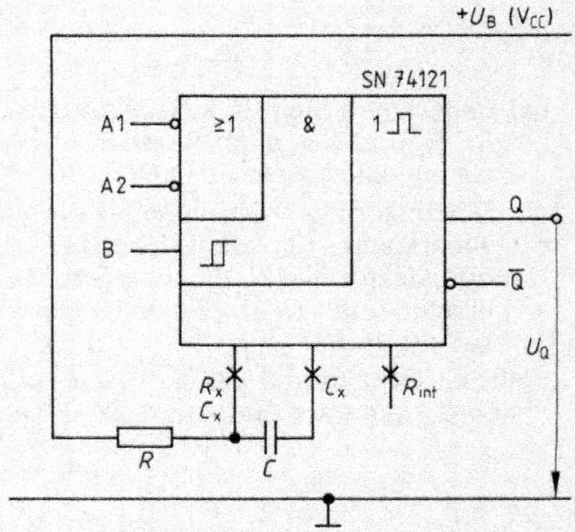


**10**.37 Monoflop mit Operationsverstärker **10**.38 Monoflop SN 74121

**Monostabile Kippstufe in TTL-Technik.** Bild **10**.38 zeigt eine nicht nachtriggerbare monostabile Kippstufe in TTL-Technik.

| | |
|---|---|
| **Impulsdauer am Ausgang Q** | $t_i \approx 0{,}7 \cdot R \cdot C$ |

**Beispiel 10.21** Ein Zeitglied mit Operationsverstärker 741 wird durch Taktimpulse angesteuert. Die Beschaltung ist mit $R_1 = 47\ \text{k}\Omega$, $C = 0{,}1\ \mu\text{F}$, $R_3 = 33\ \text{k}\Omega$ und $R_2 = 10\ \text{k}\Omega$ gegeben. Berechnen Sie die Impulsdauer der Ausgangsimpulse und die größtmögliche Taktfrequenz.

**Lösung**

$$t_i = R_1 \cdot C \cdot \ln\left(1 + \frac{R_3}{R_2}\right) = 47\ \text{k}\Omega \cdot 0{,}1\ \mu\text{F} \cdot \ln\left(1 + \frac{33\ \text{k}\Omega}{10\ \text{k}\Omega}\right) = 6{,}86\ \text{ms}$$

$$t_p = 5 \cdot R_1 \cdot C = 5 \cdot 47\ \text{k}\Omega \cdot 0{,}1\ \mu\text{F} = 23{,}5\ \text{ms}$$

$$T = t_p + t_i = 23{,}5\ \text{ms} + 6{,}86\ \text{ms} = \mathbf{30{,}36\ ms}$$

$$f = \frac{1}{T} = \frac{1}{30{,}36\ \text{ms}} = \mathbf{32{,}93\ Hz}$$

#### Aufgaben

1. Ein Zeitglied mit diskretem Aufbau (**10**.36) hat folgende Bauelemente: $R_{B2} = 10\ \text{k}\Omega$, $C_2 = 680\ \text{nF}$, $R_{C1} = 12\ \text{k}\Omega$. Berechnen Sie die Impuls- und Pausenzeit.
2. Eine monostabile Kippstufe (**10**.36) mit den Transistoren BC 107 und dem Ladekondensator $C_2 = 0{,}22\ \mu\text{F}$ hat die Widerstände $R_{C1} = R_{C2} = 2{,}2\ \text{k}\Omega$, $R_{B1} = 27\ \text{k}\Omega$ und $R_{B2} = 47\ \text{k}\Omega$.

a) Berechnen Sie die Impuls- und die Pausenzeit.

b) Die Impulszeit soll halbiert werden. Berechnen Sie den neuen Widerstandswert aus der Reihe E12.

c) Welcher Unterschied besteht bei der Ansteuerung an E1 bzw. E2?

3. Ein Monoflop mit Transistoren (**10**.36) muß Impulse von 64 µs Dauer erzeugen. Die Pausendauer soll $6 \cdot t_i$ betragen. Der Ladekondensator ist mit 1 nF angegeben. Berechnen Sie die Widerstände $R_{B2}$ und $R_{C1}$.

4. Ein Operationsverstärker ist als Monoflop (**10**.37) beschaltet. Folgende Bauelemente sind vorhanden: $R_1$ = 8,6 kΩ, $C$ = 22 nF, $R_3$ = 86 kΩ und $R_2$ = 10 kΩ. Berechnen Sie die Impuls- und Mindestpausendauer.

5. Für eine Einschaltverzögerung ist u. a. der Operationsverstärker **10**.37 mit $R_1$ = 22 kΩ, $R_2$ = 33 kΩ und $R_3$ = 56 kΩ beschaltet. Berechnen Sie den Kapazitätswert, wenn die Schaltung eine Impulszeit von 1,5 s erzeugen soll.

6. Die Impulszeit 0,2 µs soll mit einem Monoflop (**10**.37) erzeugt werden. Der Operationsverstärker ist mit $R_2$ = 3,3 kΩ, $R_3$ = 4,7 kΩ und $C$ = 2,2 nF beschaltet. Berechnen Sie den Widerstand $R_1$.

7. Die Schweißzeit einer Punktschweißmaschine soll zwischen 0,5 s und 3 s eingestellt werden können. Die Zeitbildung erfolgt mit der nicht nachtriggerbaren monostabilen Kippstufe **10**.38 in integrierter Schaltung SN 74121. Der externe Kondensator hat die Kapazität 100 µF. In welchem Bereich muß der externe Widerstand einstellbar sein?

8. An der monostabilen Kippstufe **10**.38 SN 74121 sind die folgenden Signalzustände vorhanden:

   a) A1 = L-Signal; mit welcher Signalflanke an B wird die Zeit gestartet?

   b) B = H-Signal; mit welcher Signalflanke an A2 wird die Zeit gestartet?

   c) An den Eingängen A1, A2 und B liegt H-Signal. Wodurch kann die Zeit gestartet werden?

9. Im Datenblatt sind für die monostabile Kippstufe **10**.38 SN 74121 für den jitterfreien Betrieb der Variationsbereich von $C$ mit 10 pF bis 10 µF und von $R$ mit 2 kΩ bis 40 kΩ angegeben. Welche kleinste und größte Zeit lassen sich einstellen?

10. Für die nachtriggerbare monostabile Kippstufe SN 74 LS 130 (**10**.39) ist im Datenblatt das Diagramm **10**.40 angegeben. Bestimmen Sie die Ausgangsimpulsbreite $t_w$ in µs für die externen Bauelemente $C_{ext}$ und $R_T$ mit

    a) 0,1 nF, 40 kΩ,

    b) 30 pF, 80 kΩ,

    c) 0,7 nF, 160 kΩ.

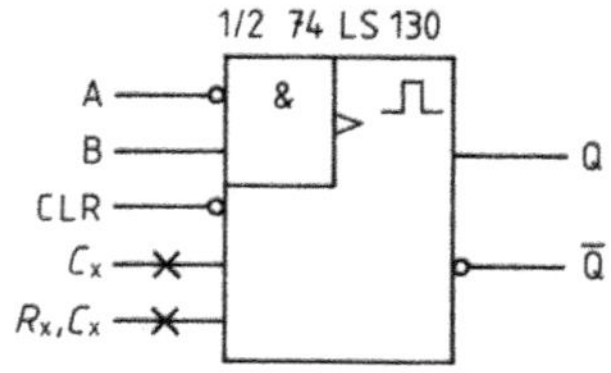


**10**.39

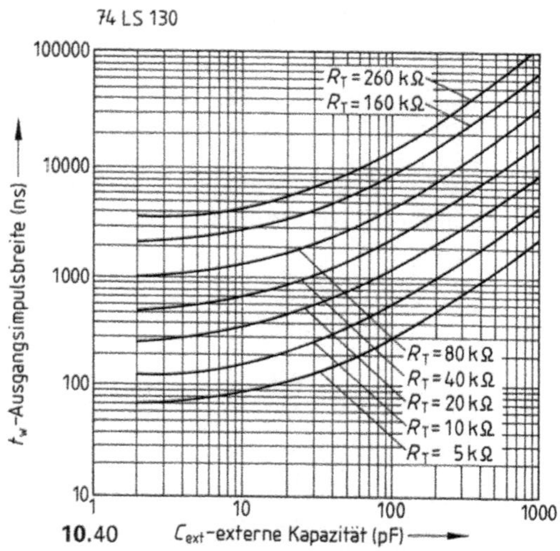


**10**.40

11. Das Monoflop SN 74 LS 130 (**10**.40) ist mit $C_{ext}$ = 20 pF und $R_T$ = 40 kΩ beschaltet.

    a) Welche Signalpegel müssen an A und B liegen, damit der Ausgang mit der ansteigenden Taktflanke auf 1 gesetzt werden kann?

b) Welche Signalpegel müssen an Clear und B anliegen, damit der Ausgang mit der abfallenden Taktflanke an A auf 1 gesetzt werden kann?

c) Wie groß darf die Taktfrequenz an einem nachtriggernden Eingang höchstens sein, damit der Ausgang nicht dauernd 1-Signal hat?

12. Bild **10.41** zeigt den Einsatz des Timers NE 555 als monostabiles Zeitglied. Die Impulsdauer $t_i$ ergibt sich aus $1{,}1 \cdot R_A \cdot C$.

a) Berechnen Sie die Impulsdauer, wenn $R_A = 1\ \text{k}\Omega$ und $C = 2{,}2\ \mu\text{F}$ betragen.

b) Wie groß muß der Mindestwiderstand von $R_L$ an der Betriebsspannung 5 V bzw. 15 V sein? (Beachte Tabelle **10.32**).

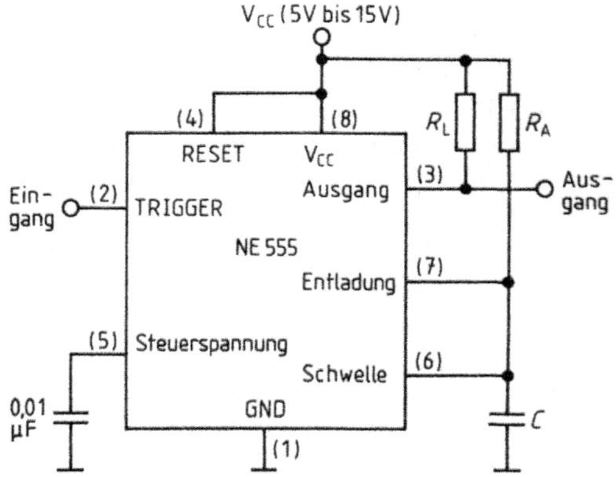


**10.41**

13. Mit dem Timer NE 555 sollen nach Schaltung **10.41** für eine Belichtungseinrichtung Impulse von $t_i = 10$ ms bis 20 s erzeugt werden. Die Kapazität beträgt 4,7 µF. In welchem Bereich muß das Potentiometer $R_A$ einstellbar sein?

## 10.7 Digitale Meßverfahren

### 10.7.1 Digital-inkrementale Weg-, Winkel- und Drehzahlmessung

**Die inkrementale (schrittweise) Messung** führt zu Weg- oder Winkelelementen (Inkremente). Diese sind Impulsen zuzuordnen, die mit Hilfe von digitalen Zählern summiert werden. Derartige Systeme enthalten optisch abgetastete Strichscheiben (Durchlichtverfahren) oder Strichspiegel (Reflexionsverfahren), die zur Aufnahme von Drehbewegungen rotieren oder zur linearen Wegmessung als Längenmaßstab ausgeführt sind (**10.42**).

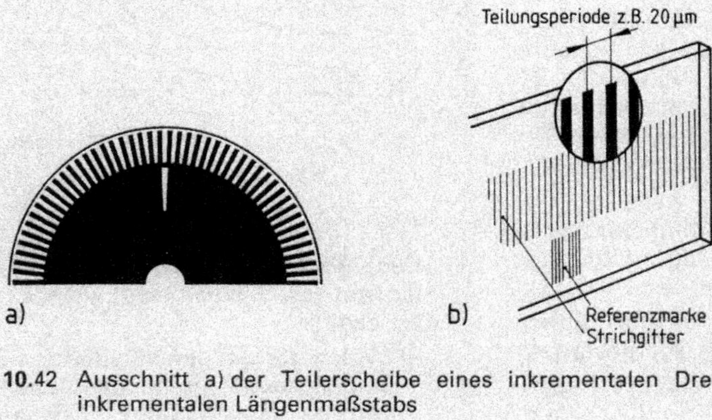


**10.42** Ausschnitt a) der Teilerscheibe eines inkrementalen Drehimpulsgebers, b) eines inkrementalen Längenmaßstabs

**Die Geberauswertung** bezieht sich bei einfachen Anwendungen auf einen Kanal. Bei anspruchsvollen Anwendungen werden die Signale von zwei Kanälen ausgewertet (**10**.42).

**Die Einfachauswertung** erfaßt nur eine Flanke der Impulsperiode eines Kanals. Dann ist Zählschritt = vierfacher Meßschritt.

**Die Zweifachauswertung** erfaßt die ansteigende und die abfallende Flanke der Impulsperiode eines Kanals. Dann ist Zählschritt = zweifacher Meßschritt.

**Die Vierfachauswertung** erfaßt die ansteigenden und die abfallenden Flanken der Impulsperioden von zwei Kanälen. Dann ist Zählschritt = Meßschritt.

**Der kleinste Meßschritt $\Delta s$** des inkrementalen Längenmaßstabs wird durch die Strichzahl $Z$, den Auswertungsfaktor $k_A$ und den Interpolationsfaktor $k_I$ der externen Auswertelektronik bestimmt.

$$\Delta s = \frac{s_P}{k_A \cdot k_I}$$

Mit Meßweg $s = Z \cdot s_P$ ergibt sich:

$$\Delta s = \frac{s}{k_A \cdot k_I \cdot Z}$$

$s_P$ Teilungsperiode ≙ 360° el
$k_A$ 1, 2, 4
$k_I$ 5, 10, 20, 25, 50, ...
$Z$ Strichzahl

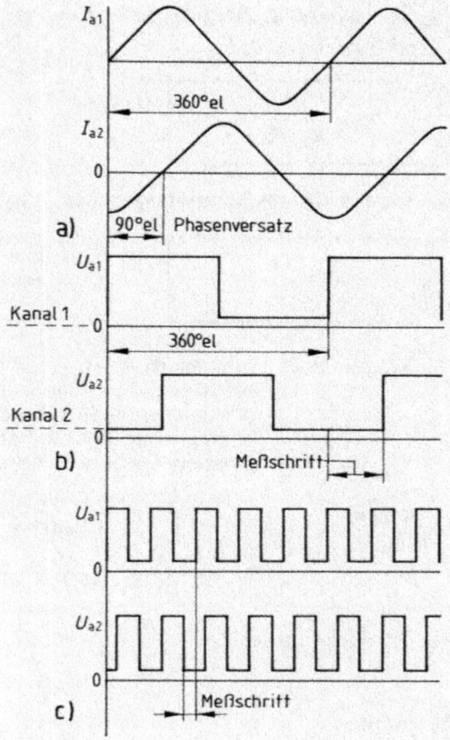


**10**.43 Signale eines inkrementalen Wegmeßsystems
a) Abtastsignale des Meßsystems,
b) Digitalisieren ohne Interpolation,
c) mit Interpolation (z. B. 5fach)

**Der kleinste Meßschritt $\Delta\alpha$** des Drehimpulsgebers ist demzufolge

$$\Delta\alpha = \frac{360°}{k_A \cdot k_I \cdot Z}.$$

**Die Drehzahl $n$** eines Drehimpulsgebers erhält man nach

$$n = \frac{f \cdot 60}{Z}.$$

$f$ Impulsfrequenz der Ausgangssignale in Hz

**Bei der indirekten inkrementalen Wegmessung** wird z. B. die lineare Bewegung eines Werkzeugmaschinentisches über eine Kugelgewindespindel (s. Bild **7**.4) in eine rotatorische umgewandelt und über einen Drehimpulsgeber gemessen.

**Das kleinste Weginkrement $\Delta s$** ist bei einer Umdrehung der Spindel mit der Steigung $h$

$$\Delta s = \frac{h}{k_A \cdot k_I \cdot Z}\,.$$

**Die maximale Schlittengeschwindigkeit $v$** ist in diesem Fall

$$v = \frac{f_{max} \cdot h}{Z}\,.$$

$f_{max}$ maximale Impulsfrequenz

**Beispiel 10.22** In einer digitalen Wegmeßeinrichtung mit der Genauigkeit 0,1 µm hat der Meßtaster den minimalen Meßschritt $\Delta s = 0{,}05$ µm. Die Strichgitterteilung des Längenmaßstabs hat die Teilungsperiode $s_P = 10$ µm. Berechnen Sie a) die Anzahl der Gitterstriche bei der Meßlänge 200 mm und b) den Interpolationsfaktor bei Vierfachauswertung.

**Lösung** a) $Z = \frac{s}{s_P} = \frac{200\ \text{mm} \cdot 10^3\ \mu\text{m}}{10\ \mu\text{m} \cdot \text{mm}} = \mathbf{20 \cdot 10^3}$ **(Striche)**

b) $k_I = \frac{s_P}{\Delta s \cdot k_A} = \frac{10\ \mu\text{m}}{0{,}05\ \mu\text{m} \cdot 4} = \mathbf{50}$

**Aufgaben**

1. Ein Drehimpulsgeber mit 1000 Strichen (hell/dunkel) wird a) einfach, b) zweifach, c) vierfach ausgewertet. Berechnen Sie das kleinste Winkelinkrement und die Anzahl der Impulsperioden je Umdrehung.
2. Ein inkrementaler Weggeber mit der Teilungsperiode 100 µm wird a) einfach, b) zweifach, c) vierfach ausgewertet. Der Meßweg beträgt 1000 mm. Berechnen Sie die Strichzahl des Maßstabs und das kleinste Weginkrement.
3. Ein Drehimpulsgeber in einer Werkzeugmaschine hat die Strichzahl a) 5000, b) 2500. Er wird vierfach ausgewertet. Berechnen Sie das kleinstmögliche Weginkrement, wenn die angekoppelte Kugelgewindespindel die Steigung 10 mm hat.
4. Die Drehimpulsgeber in Aufgabe 3 werden mit der maximalen Abtast-/Impulsfrequenz a) 160 kHz, b) 300 kHz ausgewertet. Berechnen Sie die maximale Verfahrgeschwindigkeit des angetriebenen Werkzeugmaschinentisches.
5. Ein Drehstromasynchronmotor in einem digitalen Gleichlaufantrieb ist mit einem inkrementalen Drehzahlgeber ausgerüstet. Auf dem Typenschild stehen folgende Daten: 11–26 V, 60 mA, maximale Drehzahl 12 000 $\text{min}^{-1}$, 2 x 500 Imp./Umdr. Berechnen Sie den kleinsten Positionierwinkel, der bei Vierfachauswertung des Zweikanalgebers erfaßbar ist.
6. Ein zweikanaliger inkrementaler Drehimpulsgeber hat 2500 Teilungsperioden je Umdrehung. In einem Arbeitspunkt wird die Impulsfrequenz 10 kHz gemessen. Berechnen Sie die Drehzahl im Arbeitspunkt und das kleinste Winkelinkrement bei Vierfachauswertung.
7. In den Unterlagen eines Herstellers werden für einen inkrementalen Drehgeber mit Vierfachauswertung a) ohne Interpolation $20 \cdot 10^3$, b) mit externer Interpolation $10^5$ Schritte je

Umdrehung angegeben. Berechnen Sie die Strichzahl auf der Teilerscheibe, den Interpolationsfaktor und den kleinsten Meßschritt.

8. Zur Ausrichtung einer Antenne ist ein inkrementaler Drehgeber mit dem Meßschritt 0,0005° im Einsatz. Berechnen Sie die Strichzahl der Teilerscheibe, wenn $k_A = 4$ und $k_I = 10$ sind.
9. Ein inkrementaler Standard-Längenmaßstab in einem Bestückungsautomaten für Platinen hat die Meßlänge a) 220 mm, b) 270 mm, c) 320 mm. Seine Teilungsperiode beträgt 40 µm. Berechnen Sie den Interpolationsfaktor und die Strichzahl, damit bei $k_A = 4$ das kleinste Weginkrement 1 µm beträgt.
10. Das inkrementale Wegmeßsystem in einer Koordinatenmeßmaschine mit der Meßlänge 2040 mm hat die Teilungsperiode 100 µm. Berechnen Sie den kleinsten Meßschritt, wenn $k_A = 4$ und $k_I = 5$ sind.
11. In einer Fertigungseinrichtung zur Halbleiterherstellung arbeitet ein inkrementaler Längenmaßstab mit 800 mm Meßlänge. Er hat die Teilungsperiode 10 µm. Der Hersteller empfiehlt die Meßschritte 1, 0,5, 0,2, 0,05 und 0,02 µm. Berechnen Sie den Interpolationsfaktor bei Vierfachauswertung.
12. An einem Rundtisch ist ein inkrementales Stahlbandmaß mit der Teilungsperiode 100 µm angebracht. Die fotoelektrische Abtastung erzeugt sinusförmige Signale, aus denen in einer externen Interpolationselektronik Rechtecksignale mit fünffacher Frequenz geformt werden. Der Rundtisch hat den Durchmesser 4125 mm. Berechnen Sie das kleinste Weg- und Winkelinkrement.

### 10.7.2 Absolute Drehgeber (Code-Drehgeber)

**Code-Drehgeber** (**10**.44) werden überall da eingesetzt, wo nach dem Abschalten oder nach einem Stromausfall die absolute Position eines Arbeitsgeräts zur Verfügung stehen muß. Hauptanwendungsgebiete sind Industrieroboter sowie Ventil- und Schiebersteuerungen in der Chemie. Sie leiten die Winkelposition direkt aus dem Teilungsmuster der Teilscheibe ab und geben ein Code-Signal an einen Rechner oder eine Steuerung weiter.

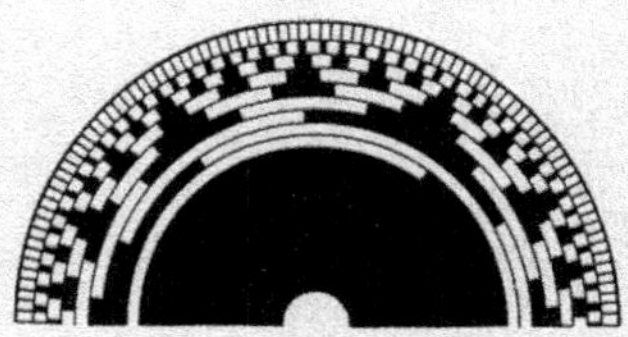

**10**.44 Ausschnitt der Teilscheibe eines absoluten Drehwinkelgebers

**Aufgaben**

1. Ein 10-Bit-Gray-Code-Drehgeber hat auf der feinsten Spur 256, auf der nächsten Spur 128 usw. Teilungsperioden. Wieviel Winkelpositionen sind mit ihm eindeutig zu kennzeichnen? Wie groß ist das Winkelinkrement?
2. In wie viele Winkelpositionen löst ein 17-Bit-Code-Winkeldrehgeber den Drehwinkel 360° auf? Wie groß ist das Winkelinkrement?
3. Ein Dual-Code-Drehgeber in einem Spiegelteleskop hat bei $k_I = 16$ den kleinsten Meßwinkel 1,236 Winkelsekunden. Wie vielen Bits entspricht diese Auflösung?
4. In Bild **10**.45 sind vier Codearten schematisch dargestellt. Berechnen Sie den kleinsten Meßschritt eines absoluten Längenmaßstabs mit Meßlänge 200 mm und den Meßschritt

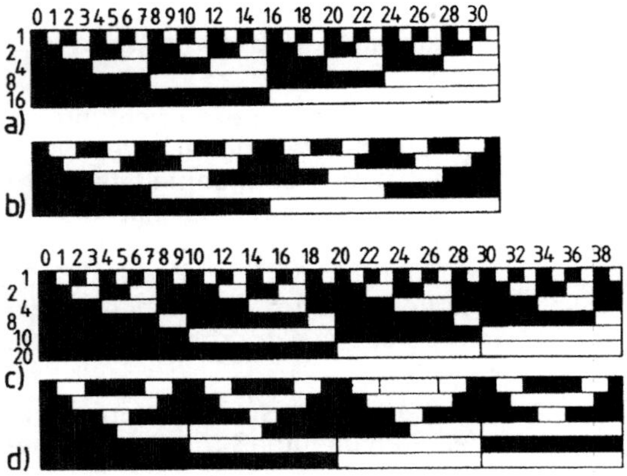


**10.45**

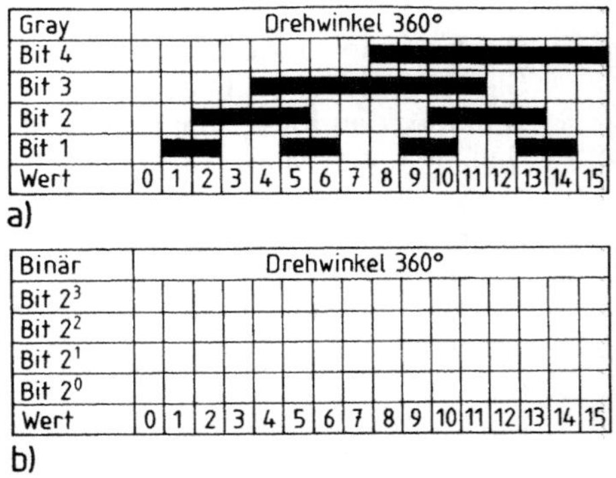


**10.46**

eines absoluten Drehimpulsgebers. Der Interpolationsfaktor ist in beiden Fällen $k_I = 5$.

5. Bild **10.46** zeigt das Codeschema eines absoluten Drehimpulsgebers im Gray-Code.
   a) Bilden Sie durch Invertierung des höchsten Bits das Komplement des Codes.
   b) Welche Möglichkeit bietet diese Ergänzung hinsichtlich der Änderung des Zahlenwerts?

6. Die Gray-Code-Bit-Kombination **10.46** soll in einem Codewandler in einen Binärcode umgewandelt werden.
   a) Zeichnen Sie zum dargestellten Codeschema das zugehörige Binärcode-Schema.
   b) Warum verwendet man in absoluten Wegmeßsystemen für Präzisionsanwendungen den (einschritttigen) Gray-Code?
   c) Zeichnen Sie die Schaltung eines einfachen Hardware-Codewandlers unter Berücksichtigung des Gray-Code-Komplements.

# 11 Automatisierungstechnik

## 11.1 Steuern und Regeln

**Steuern** ist die Beeinflussung einer Größe durch eine andere Größe, um den gewünschten Betriebszustand eines Geräts, einer Maschine oder einer Anlage herzustellen.

Eine Steuerung vollzieht sich in einem offenen Wirkungsablauf, einer Steuerkette (**11**.1).

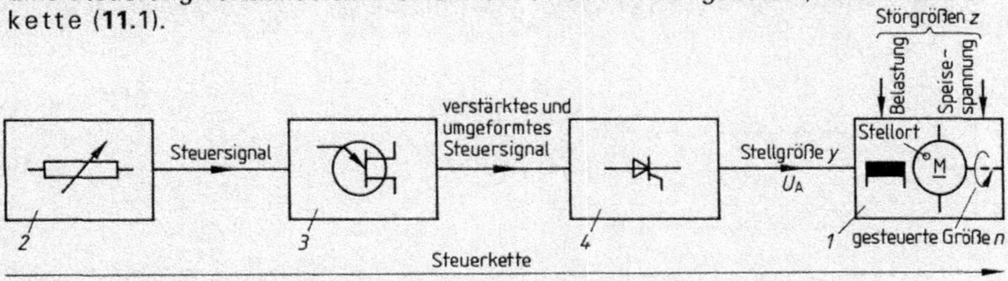


**11**.1 Signalflußplan der Drehzahlsteuerung eines Gleichstrommotors
*1* Steuerstrecke
*2* Befehlsgeber (Steuerglied)
*3* Vorverstärker
*4* Leistungsverstärker und Stellglied

**Regeln** ist ein meist selbsttätig (automatisch) verlaufender Vorgang, durch den der gewünschte Wert einer Größe (der Regelgröße) hergestellt und auch bei auftretenden Störungen aufrechterhalten wird.

Eine Regelung vollzieht sich in einem geschlossenen Wirkungsablauf, einem Regelkreis (**11**.2).

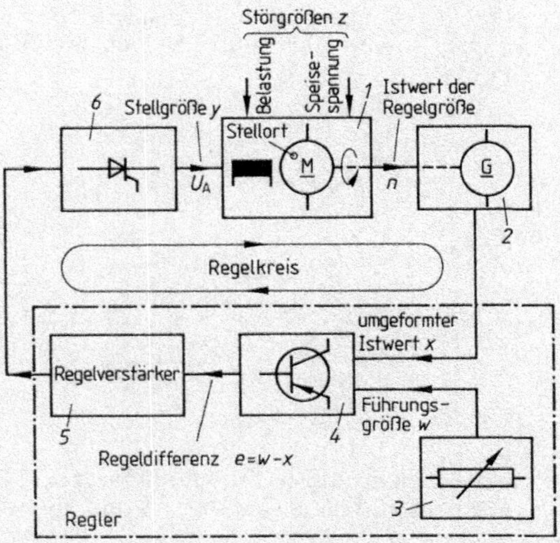


**11**.2
Signalflußplan der Drehzahlregelung eines Gleichstrommotors
*1* Regelstrecke
*2* Signal- oder Meßumformer
*3* Sollwerteinsteller
*4* Vergleicher
*5* Regelverstärker
*6* Stellglied

Sowohl bei der Steuerung als auch bei der Regelung muß die zu steuernde/zu regelnde Größe gemessen werden, um eine entsprechende Beeinflussung zu erreichen.

## 11.2 Elektrisches Messen nichtelektrischer Größen (Meßumformer)

Das Messen nichtelektrischer Größen ist von großer Bedeutung. Es werden dabei physikalische Erscheinungen genutzt, die in einem Meßumformer (Signalumformer) elektrische Größen beeinflussen. Einige Beispiele:

**Temperaturmessung mit Thermoelementen.** Fügt man zwei verschiedene Metalle (Thermopaar) durch Löten oder Schweißen zusammen, entsteht bei Temperaturerhöhung an dieser Stelle eine Spannungsdifferenz (Thermospannung) zur Umgebungstemperatur an den entgegengesetzten Stellen dieser Metalle. Diese Thermospannung kann zur Messung der Temperatur dienen (**11**.3).

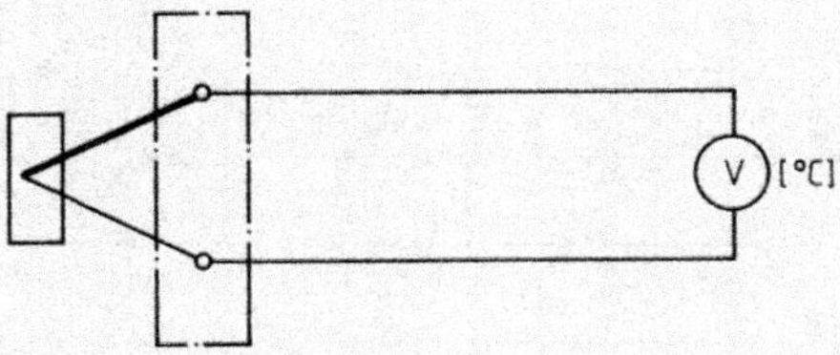


**11**.3

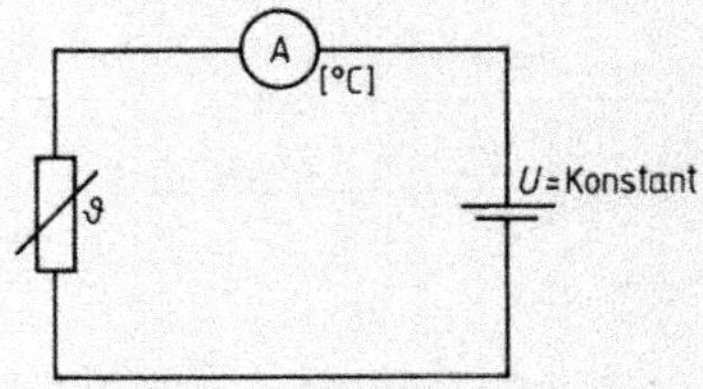


**11**.4

**Temperaturmessung mit Widerstandsthermometern.** Dem Meßprinzip liegt die Tatsache zugrunde, daß Metalle ihren Widerstand nach der bekannten Gleichung $\Delta R = a \cdot R \cdot \Delta\vartheta$ ändern. Als Widerstandsthermometer eignen sich besonders die Metalle Platin und Nickel (**11**.4).

**Kraftmessung mit Dehnungsmeßstreifen.** Dehnungsmeßstreifen (DMS) nutzen die physikalische Erscheinung, daß ein elektrisch leitender Draht bei einer durch Krafteinwirkung verursachten Längen- und Querschnittsänderung seinen Widerstand nach der bekannten Gleichung $R = \rho \cdot l / A$ ändert. Dehnungsmeßstreifen können sowohl für Zug- als auch für Druckkraftmessungen verwendet werden (**11**.5).

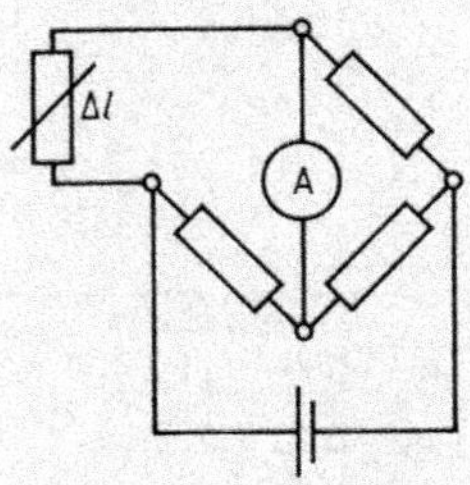


**11**.5

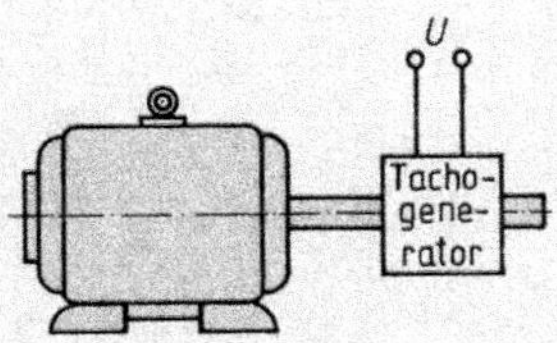


**11**.6

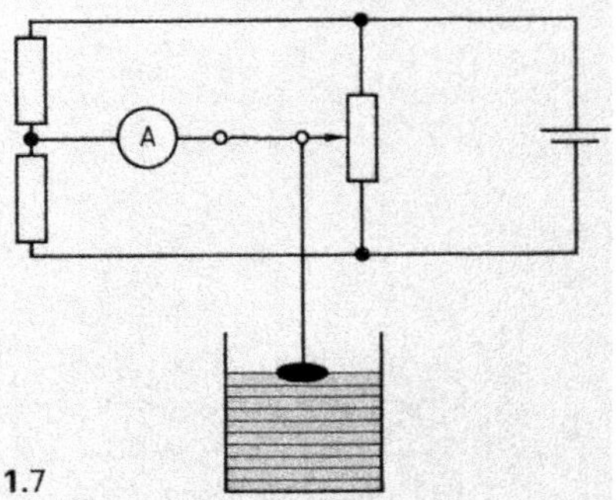


**11**.7

**Drehzahlmessung mit Tachogenerator.** Tachogeneratoren geben eine der Drehzahl propotionale Spannung ab und können daher zur Drehzahlmessung verwendet werden (**11**.6).

**Flüssigkeitsstandmessung (Potentiometerverfahren).** Der Schwimmer betätigt den Schleifer eines Potentiometers und bildet damit den jeweiligen Flüssigkeitsstand in einem Behälter als Widerstandsverhältnis ab. Der Brückenstrom ist damit ein Maß für den Flüssigkeitsstand (**11**.7).

**Beispiel 11.1** Ein Thermopaar aus Nickelchrom-Nickel (NiCr-Ni) liefert bei $\vartheta_2 = 1000\ °C$ die Thermospannung $U_2 = 41{,}31\ mV$ und bei $\vartheta_1 = 500\ °C$ eine von $U_1 = 20{,}65\ mV$. Wie groß ist die mitttlere Thermospannung je 100 K in diesem Temperaturbereich?

**Lösung** Temperaturunterschied

$\Delta\vartheta = \vartheta_2 - \vartheta_1 = 1000\ °C - 500\ °C = 500\ K$

Unterschied der Thermospannungen

$\Delta U = U_2 - U_1 = 41{,}31\ mV - 20{,}65\ mV = 20{,}66\ mV$

Je 100 K ist dann die mittlere Thermospannung

$$U_m = \frac{\Delta U}{\Delta\vartheta} \cdot 100\ K = \frac{20{,}66\ mV}{500\ K} \cdot 100\ K = \mathbf{4{,}132\ mV}.$$

**Beispiel 11.2** In der Meßschaltung nach Bild **11**.4 fließt bei der konstanten Spannung 2 V die Stromstärke $I_1 = 18{,}55\ mA$. Infolge Widerstandsänderung durch zunehmende Temperatur sinkt die Stromaufnahme des Widerstandsthermometers Pt 100 auf $I_2 = 11{,}37\ mA$. Wie groß ist die Temperaturzunahme, wenn $\alpha$ mit 0,00351 1/K angegeben ist?

**Lösung** Widerstandsänderung

$$\Delta R = R_2 - R_1 = \frac{2000\ mV}{11{,}37\ mA} - \frac{2000\ mV}{18{,}55\ mA} = 68{,}1\ \Omega$$

Aus $\Delta R = \alpha \cdot R_1 \cdot \Delta\vartheta$ folgt nach Umstellung

$$\Delta\vartheta = \frac{\Delta R}{\alpha \cdot R_1} = \frac{68{,}1\ \Omega}{0{,}00351\ \frac{1}{K} \cdot 107{,}8\ \Omega} = \mathbf{180\ K.}$$

## Aufgaben

1. Ein Thermopaar aus Eisen-Kupfernickel (Fe-CuNi) liefert je 100 K die mittlere Thermospannung 5,4 mV. Wie groß ist die Thermospannung bei a) 612 °C, b) 525 °C, c) 738 °C und der Bezugstemperatur 0 °C?
2. Ein Thermopaar aus Nickelchrom-Nickel (NiCr-Ni) liefert bei 900 °C die Thermospannung 37,36 mV und bei 300 °C eine von 12,21 mV. Wie groß ist die mittlere Thermospannung in diesem Temperaturbereich je 100 K?
3. Ein Thermoelement aus Platinrhodium-Platin (PtRh-Pt) liefert in einem begrenzten Temperaturbereich je 100 K die mittlere Thermospannung 0,643 mV. Wie groß ist die prozentuale Abweichung von diesem Wert bei der Bezugstemperatur 0 °C, wenn die Thermospannung bei 1200 °C 11,935 mV beträgt (großer Temperaturbereich)?
4. Die Temperaturmeßanordnung **11**.8 arbeitet nach dem Ausschlagverfahren, d. h. der Ausschlag des Drehspulinstruments ist ein Maß für die Temperatur. Das Anzeigegerät hat den Innenwiderstand

   a) 420 Ω, b) 450 Ω, c) 380 Ω,

   die wirksame Thermospannung beträgt 39,72 mV.

   Bei abgeglichener Schaltung hat die Leitung den Widerstand 10 Ω. Wie groß ist der Meßstrom?

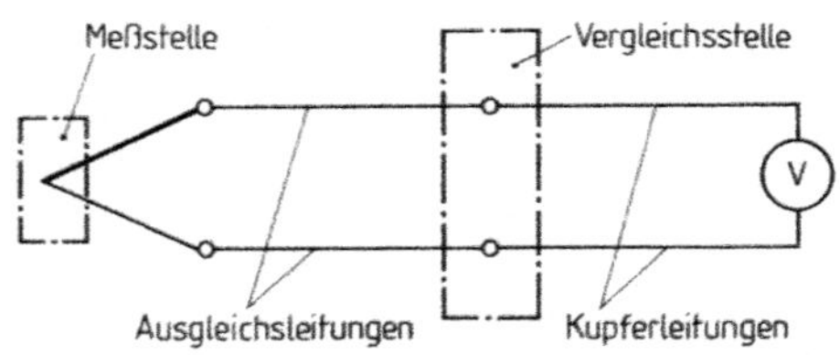


**11**.8

5. In der thermoelektrischen Spannungsreihe hat Nickelchrom gegenüber Platin je 100 K die Thermospannung 2,2 mV. Wie groß ist die Thermospannung bei dem Temperaturunterschied a) 538 K, b) 412 K, c) 618 K zwischen Meßstelle und Vergleichsstelle?

6. Oft sind an den Enden der Thermodrähte noch große Temperaturschwankungen zu erwarten. Die Thermodrähte werden deshalb durch Ausgleichsleitungen „verlängert" bis zu einem Ort mit genügend konstanter Temperatur (Vergleichsstelle). Ausgleichsleitungen werden aus Kostengründen häufig aus Sonderwerkstoffen (z. B. SoNi) hergestellt, die bis etwa 200 °C die gleichen thermoelektrischen Eigenschaften aufweisen wie die Thermodrähte.

Tabelle **11.9** **Werkstoffeigenschaften von Ausgleichsleitungen**

| Werkstoff | Mittlerer Temperaturbeiwert $\cdot 10^3$ K$^{-1}$ bis etwa 200 °C | Ω/m bei 20 °C für den Nenndurchmesser 1,38 mm | 0,2 mm |
|---|---|---|---|
| Kupfer (Cu) | 4,26 | 0,011 | – |
| Kupfernickel (CuNi) | –0,02 | 0,33 | 15,6 |
| Eisen (Fe) | 6,2 | 0,08 | 3,8 |
| SoNiCr | 6,2 | 0,08 | 3,8 |
| SoNi | 0,25 | 0,185 | 8,9 |
| SoPtRh | 4,1 | 0,011 | 0,55 |
| SoPt | 2,5 | 0,175 | 0,83 |

Berechnen Sie nach Tabelle **11.9** den Widerstand einer Ausgleichsleitung mit der Gesamtlänge von a) 6,2 m, b) 5,4 m, c) 4,8 m für die Thermoelemente Eisen-Kupfernickel, Nickelchrom-Nickel und Platinrhodium-Platin, Durchmesser jeweils 1,38 mm.

7. Das Meßwerk eines Punktdruckers hat einen Innenwiderstand von a) 80 Ω, b) 120 Ω, c) 150 Ω. Der Zeiger erreicht Vollausschlag bei 8 mV. Wieviel Ohm muß ein einzubauender Vorwiderstand haben, wenn der Punktdrucker bei Vollausschlag noch 300 °C ≙ 15,51 mV aufzeichnen soll?

8. Für Nickel beträgt der mittlere Temperaturkoeffizient (Wärmegradzahl) $\alpha = 0{,}0056$ K$^{-1}$. Berechnen Sie den Widerstand eines Nickelthermometers bei a) 150 °C, b) 180 °C, c) 90 °C, wenn bei 100 °C der Widerstand 100 Ω beträgt.

9. Für Platin beträgt der mittlere Temperaturkoeffizient $\alpha = 0{,}00385$ K$^{-1}$. Wie groß ist der Widerstand eines Platinthermometers Pt 100 bei a) 250 °C, b) 350 °C, c) 450 °C?

10. Ein Nickel-Widerstandsthermometer hat bei –120 °C den Widerstand 69,5 Ω. Wie groß ist die Temperatur, wenn der Widerstand auf a) 129,1 Ω, b) 175,9 Ω, c) 223,1 Ω gestiegen ist?

11. In der Meßschaltung nach Bild **11.10** fließt bei der konstanten Spannung 2 V die Stromstärke 18,94 mA. Infolge Widerstandsänderung des Nickelthermometers sinkt die Stromstärke auf 9,68 mA ab. Wie groß ist die Temperaturzunahme?

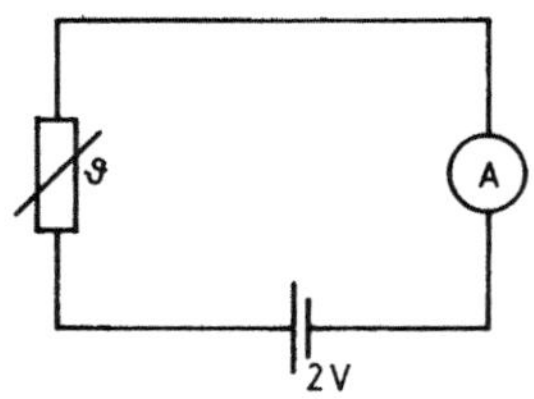


**11.10**

12. a) Wie groß ist die Stromstärke in der Meßschaltung **11.11**, wenn das Pt 100 bei 20 °C den Widerstand 107,8 Ω hat?

b) Auf welchen Wert sinkt die Stromstärke bei gleicher Spannung, wenn die Temperatur auf 400 °C gestiegen ist?

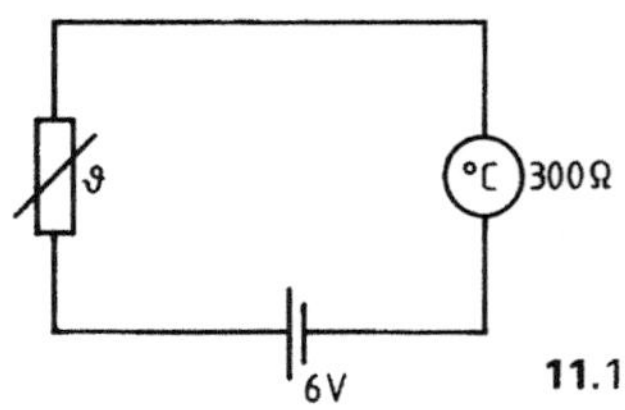


**11.11**

c) Wie groß ist die prozentuale Abweichung von diesem Wert, wenn bei 400 °C der wahre Widerstand des Thermometers nach der Grundwertreihe 280,94 Ω beträgt?

(Widerstandsänderungen des Meßgeräts, der Leitungen und des Innenwiderstand der Spannungsquelle sind nicht zu berücksichtigen.)

13. Welchen Temperaturfehler in Kelvin bewirkt ein nicht berücksichtigter Zuleitungswiderstand eines Pt-100-Widerstandsthermometers von a) 2,6 Ω, b) 2,4 Ω, c) 2,2 Ω?

14. Ein Hersteller gibt an, daß ein Quotientenmeßwerk bei 6 V Speisespannung die mittlere Stromstärke 24 mA aufnehmen darf. Berechnen Sie nach Bild **11**.12 den Vorwiderstand $R_v$ für die Betriebsspannung a) 12 V, b) 9 V und c) 24 V.

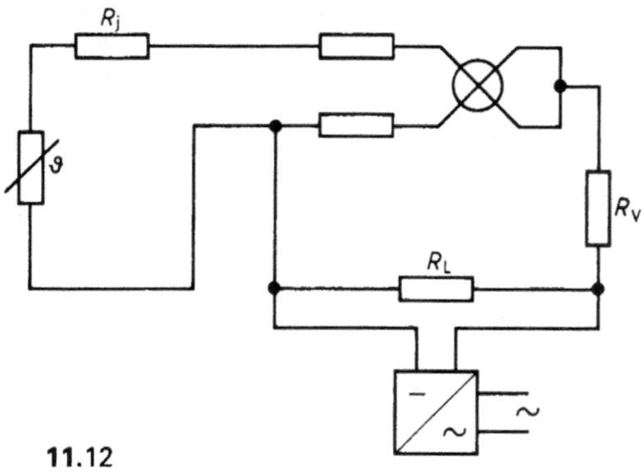


**11**.12

15. Netzgeräte sind für eine bestimmte Bürde ausgelegt, bei der die Ausgangsspannung eingehalten wird. Bei der Bürde 30 Ω gibt das Netzgerät bei 12 V die Stromstärke 0,4 A ab. Die Stromaufnahme der Meßschaltung sei mit a) 20 mA, b) 24 mA, c) 36 mA angenommen. Berechnen Sie die Größe des Lastwiderstands $R_L$ (**11**.12).

16. Für den Leitungswiderstand zwischen dem Meßwertgeber (z. B. Widerstandsthermometer) und dem Ausgabegerät werden bei Meßanlagen mit Widerstandsgeber meist 10 Ω, bei Meßanlagen mit Thermoelementen meist 20 Ω angenommen und vom Hersteller zur einwandfreien Messung im Ausgabegerät einjustiert. Dies geschieht mit den Justier-(Abgleich-)widerständen $R_j$ (**11**.13). Jede Zuleitung darf in diesem Fall 10 Ω aufweisen.

Berechnen Sie die Größe der drei Abgleichwiderstände $R_j$, wenn mit Hilfe einer Meßbrücke zwischen den einzelnen Leitungen folgende Widerstände der Schaltung gemessen werden:

a) Zuleitung I + II = 9,1 Ω
Zuleitung II + III = 8,5 Ω
Zuleitung I + III = 8,6 Ω

b) Zuleitung I + II = 8,2 Ω
Zuleitung II + III = 7,7 Ω
Zuleitung I + III = 7,5 Ω

c) Zuleitung I + II = 9,4 Ω
Zuleitung II + III = 8,8 Ω
Zuleitung I + III = 9,0 Ω

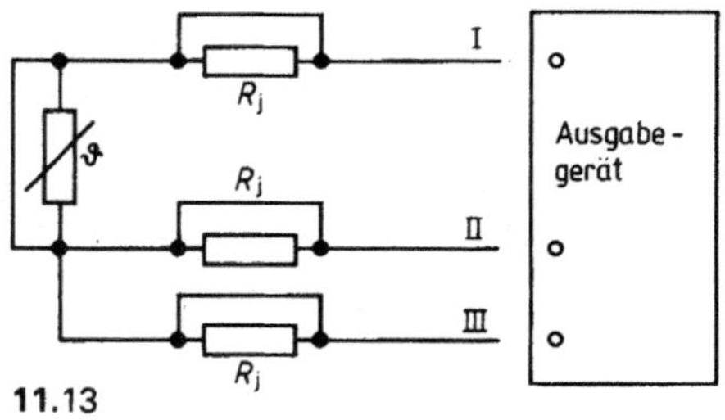


**11**.13

17. Meßumformer sind Geräte, die ein Eingangssignal möglichst eindeutig in ein damit zusammenhängendes Ausgangssignal umformen. Das Ausgangssignal ist oft ein eingeprägter Gleichstrom. „Eingeprägt" deshalb, weil große Änderungen des Ausgangswiderstands keine merklichen Änderungen des Ausgangsstroms verursachen. Es ist daher möglich, mehrere Verbraucher oder Meßgeräte in Reihenschaltung an den Meßumformer anzuschließen, ohne den Ausgangskreis abgleichen zu müssen. An einen solchen Meßumformer mit eingeprägtem Gleichstrom 0 bis 20 mA sind anzuschließen:

- ein Punktdrucker mit 80 Ω und 5 mA,
- ein Anzeigegerät mit 4 mA und a) 250 Ω, b) 200 Ω, c) 120 Ω.

Entwerfen Sie die erforderliche Schaltung. Berechnen Sie die einzubauenden Widerstände und die vom Meßumformer abzugebende Spannung.

18. Ein Meßumformer für Drehwinkel formt die Winkelverstellung
a) 0° bis 90°,
b) 0° bis 180°,
v) 0° bis 270°
in einen proportionalen eingeprägten Gleichstrom 0 mA bis 20 mA um. Wie groß ist der Ausgangsstrom für den Drehwinkel
a) 75°, b) 145°, c) 215°?

19. Auf der Rotorwelle eines zweipoligen Drehstromgenerators für 50 Hz ist ein Tachogenerator als Drehzahlmesser angebracht. Der Tachogenerator gibt eine der Drehzahl proportionale Spannung ab von
a) 4 V/100 $min^{-1}$,
b) 10 V/100 $min^{-1}$,
c) 12 V/100 $min^{-1}$.
Wie groß ist die Abgabespannung des Tachogenerators bei Synchrondrehzahl des Drehstromgenerators?

20. Berechnen Sie die vom Meßgerät angezeigten Stromwerte, wenn der Quecksilberspiegel nach der Meßanordnung **11**.14 im rechten Schenkel des U-Rohres infolge Druckdifferenzänderung über 600 mm gestiegen ist. Die Kontaktüberbrückung durch das Quecksilber soll widerstandslos angenommen werden.

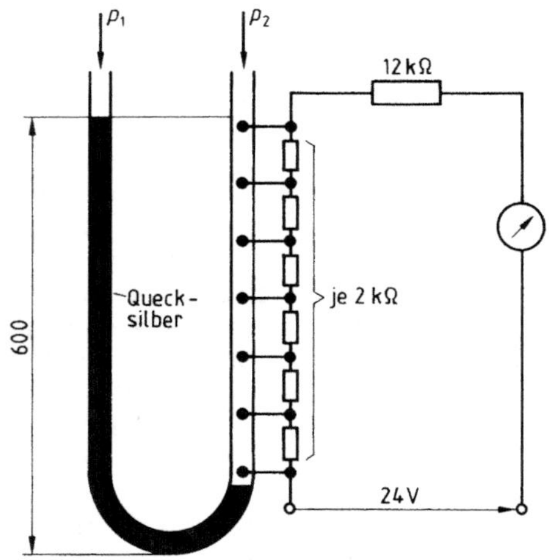

**11**.14

21. Der Widerstand 120 Ω in der Meßanordnung nach Bild **11**.15 ist ein Dehnungsmeßstreifen. Er besteht aus CuMn12Ni-Draht mit dem Durchmesser 0,01 mm. Durch Dehnen oder Stauchen treten Längen- und Querschnittsänderungen des Drahtes auf. Dadurch liegen in der Brückendiagonalen maximal 8 mV, die dem Druckmeßbereich
a) 0 bis 350 bar,
b) 0 bis 250 bar,
c) 0 bis 40 bar
proportional sind. Berechnen Sie die Drahtlänge des DMS und den herrschenden Druck, wenn die Brückenspannung 5,5 mV gemessen wird.

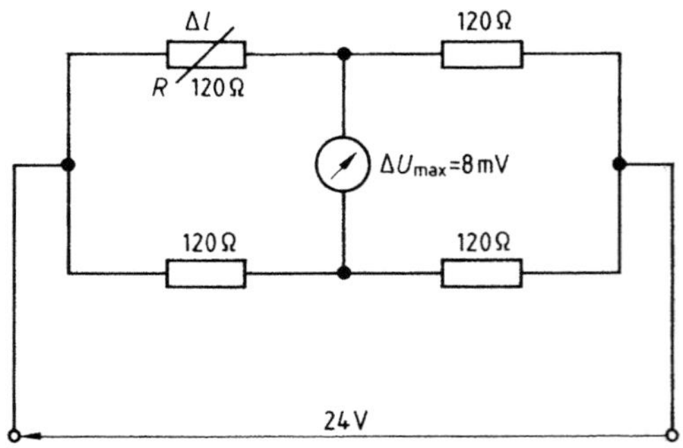

**11**.15

22. Ein elektrischer Druck-Meßumformer liefert für den Meßbereich 0 bis 40 bar ein dem Druck proportionales Ausgangssignal zwischen 4 mA und 20 mA. Wie groß ist der Ausgangsstrom für den Druck 12 bar?

## 11.3 Messen von Quellenspannungen nach dem Kompensationsverfahren

Die Meßunsicherheit von Messungen nach dem Kompensationsverfahren ist in der Regel geringer als die Messung mit Zeigerinstrumenten, weil stromlos gemessen wird, d. h. der Spannungsquelle wird im Augenblick des vollständigen Abgleichs kein Strom entnommen.

Verwendet werden zwei grundsätzliche Verfahren:

a) **Strommesserverfahren** (**11.**16)

$$U_x = I \cdot R_N$$

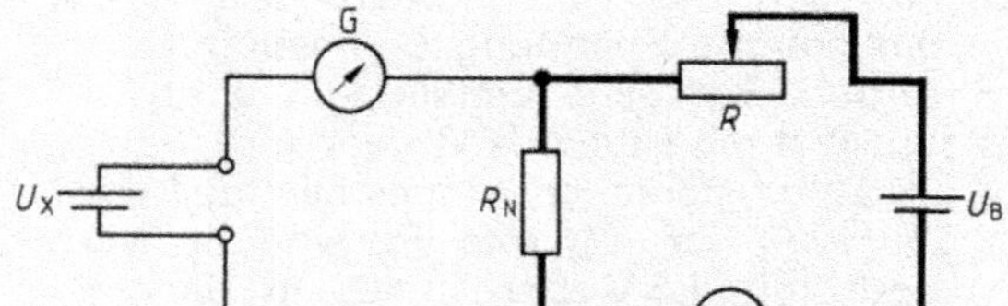


**11.**16

b) **Potentiometerverfahren** (**11.**17)

Schalterstellung I

$$U_N = I \cdot R_N$$

Schalterstellung II

$$U_x = I \cdot \Delta R_s$$

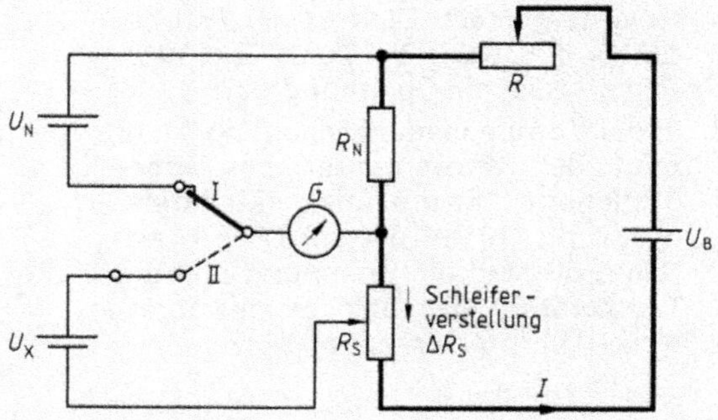


**11.**17

**Beispiel 11.3** Zur Ermittlung der Thermospannung $U_x$ (**11.**16) wird der Schleifer am Widerstand $R$ so verstellt, daß das Galvanometer G 0 V anzeigt. Das Präzisionsinstrument der Klasse 0,1 zeigt den Wert 3,367 mA an. Der Normalwiderstand $R_N$ hat den Widerstand 10 Ω. Wie groß ist die Thermospannung?

**Lösung** $U_x = U_{RN} = I \cdot R_N = 3{,}367 \text{ mA} \cdot 10\ \Omega = \mathbf{33{,}67\ mV}$

**Beispiel 11.4** Nach Bild **11.**17 soll die unbekannte Spannung $U_x$ mit Hilfe der Kompensationsschaltung gemessen werden. Der Schleifer am Widerstand $R_s = 10\ \Omega$ steht genau in der Mitte, wenn das Glavanometer G nach der Umschaltung 0 V anzeigt. Der Normalwiderstand $R_N$ hat 100 Ω, die konstante Spannung $U_N$ ist 6,3 V. Wie groß ist $U_x$?

**Lösung** $U_x = U_N \cdot \frac{R_s}{R_N} = 6{,}3 \text{ V} \frac{5\ \Omega}{100\ \Omega} = \mathbf{0{,}315\ V}$

## Aufgaben

1. Mit Hilfe des Strommesserverfahrens soll die Größe der Spannung $U_x$ bestimmt werden. Der Normalwiderstand $R_N$ hat 1000 Ω. Der Widerstand $R$ ist so eingestellt, daß das Galvanometer 0 V anzeigt und der Strommesser a) 2,8 mA, b) 2,4 mA, c) 1,6 mA. Wie groß ist die Spannung $U_x$, und wieviel Ohm sind vom Widerstand $R$ eingeschaltet bei $U_B = 4$ V? (s. Bild **11**.16)
2. Mit Hilfe des Potentiometerverfahrens soll die Spannung $U_x$ bestimmt werden. Bei Schalterstellung I wird zunächst mit Hilfe des Widerstands $R$ die Stromstärke so eingestellt, daß $U_N = I \cdot R_N$ ist. $U_N$ und $R_N$ sind bekannt mit 1,5 V bzw. 1 kΩ. In der Schalterstellung II wird durch Verstellen des Schleifers am Widerstand $R_s$ wieder Stromlosigkeit im Meßkreis hergestellt. Dies ist der Fall bei $\Delta R_s =$ a) 840 Ω, b) 720 Ω, c) 510 Ω. Wie groß ist die Spannung $U_x$?
3. In der Kompensationsschaltung **11**.18 zeigt der Strommesser bei abgeglichenem Stromkreis (Meßkreis) a) 337 μA, b) 397 μA, c) 278 μA an. Wie groß sind die Spannung und die Temperatur, die das Eisen-Kupfernickel-Thermoelement abgibt?

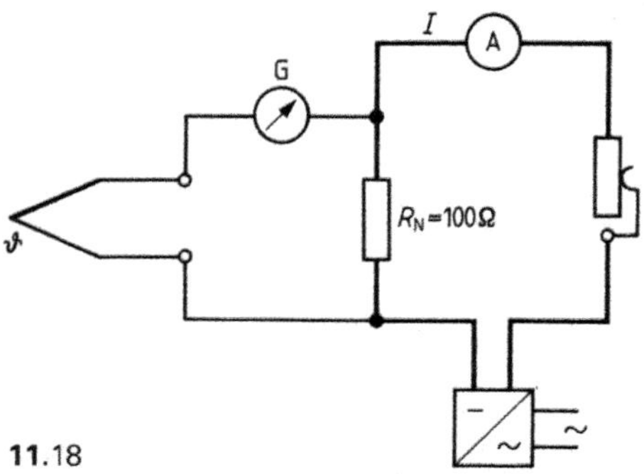


**11**.18

4. Mit Hilfe der Kompensationsschaltung **11**.19 soll die Größe der vom Nickelchrom-Nickel-Element abgegebenen Thermospannung bestimmt werden. Bei $I$ = konst = 150 μA ist der Meßkreis abgeglichen, wenn der Schleifer am Widerstand $R_s$ den Betrag $\Delta R_s =$ a) 109,2 Ω, b) 222,2 Ω, c) 275 Ω abgreift.

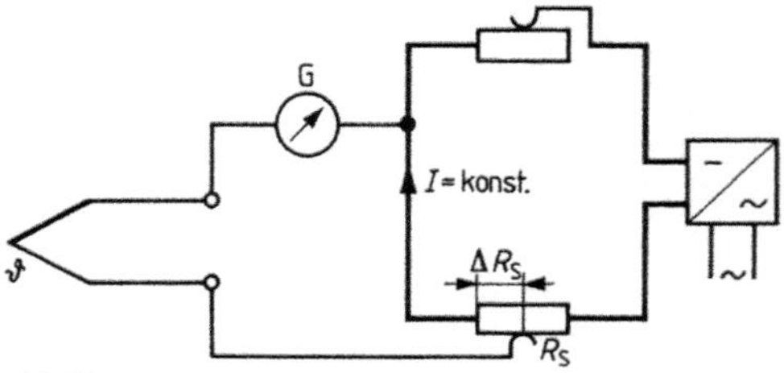


**11**.19

5. In der Schaltung **11**.20 beträgt die Temperatur an der Meßstelle des Eisen-Kupfernickel-Thermoelements
a) 200 °C ≙ 10,95 mV,
b) 400 °C ≙ 22,16 mV,
c) 600 °C ≙ 33,67 mV.

Der Innenwiderstand des Meßinstruments ist bekannt mit
a) 80 Ω, b) 400 Ω, c) 45 Ω.

Durch den Widerstand $R_j$ ist die Leitung auf 20 Ω abgeglichen. Wie groß muß die vom Kompensator gelieferte Spannung sein, damit der Meßstrom 0 A beträgt?

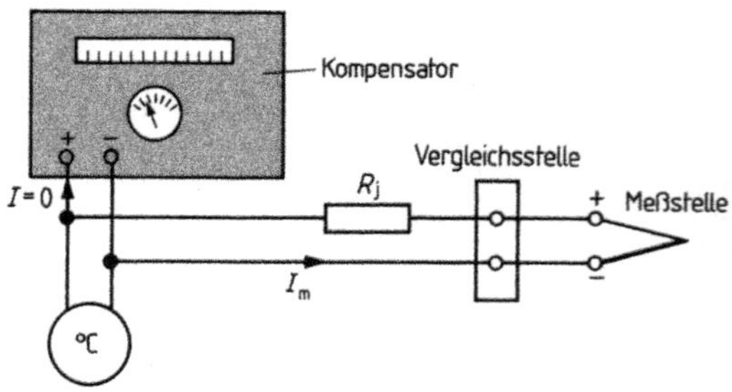


**11**.20

6. Mit Hilfe eines Kompensators soll entsprechend Bild **11**.21 die Meßunsicherheit eines Drehspulinstruments für Eisen-Kupfernickel-Thermoelemente mit der Klassenzahl 1,5 überprüft werden. Die Temperaturen von 0 °C bis 600 °C werden von einem Kompensator mit den entsprechenden Thermospannungen 0 mV bis 33,67 mV simuliert. Es ergeben sich dabei die Meßwerte nach Tabelle **11**.22.

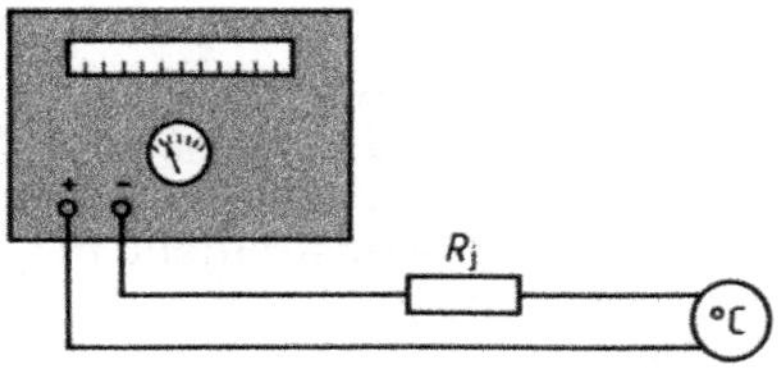


**11**.21

Tabelle **11**.22

| Einstellung in °C | Kompensator in mV | Anzeige in °C |
|---|---|---|
| 0 | 0 | 0 |
| 100 | 5,37 | 104 |
| 200 | 10,95 | 199 |
| 300 | 16,56 | 302 |
| 400 | 22,16 | 403 |
| 500 | 27,85 | 498 |
| 600 | 33,67 | 597 |

Berechnen Sie den Anzeigefehler des Instruments in Prozent vom Endausschlag bei den verschiedenen Meßwerten und stellen Sie fest, ob das Instrument im Rahmen der Klassenzahl noch zu verwenden ist.

7. Bild **11**.23 zeigt eine Kompensatorschaltung, in der die zu messende Spannung eines Thermoelements in der Diagonalen einer Brückenschaltung wirksam wird. Der vom Netzgerät abgegebene Strom $I$ ist konstant.

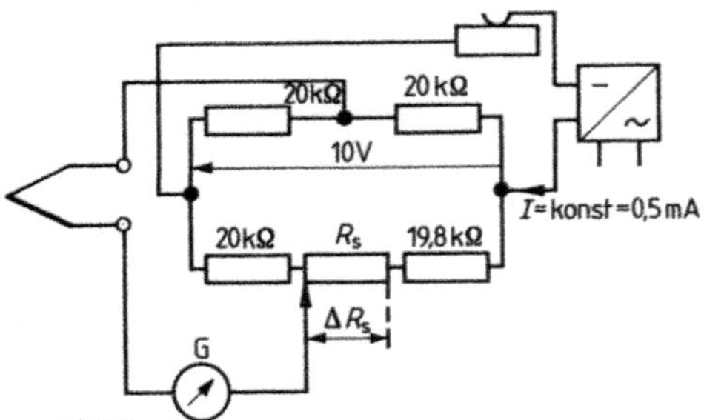


**11**.23

Berechnen Sie
a) die Größe des Widerstands $R_s$, damit die Teilströme in der Brükkenschaltung gleich groß sind,
b) die Diagonalspannung für die linke Schleiferstellung,
c) den Meßbereichsumfang für $\Delta R_s$ in Millivolt und in °C bei Verwendung eines NiCr-Ni-Thermoelements (s. Tabelle 6 im Anhang).

8. In der selbstabgleichenden Kompensationsschaltung **11**.24 liefert das Netzgerät den Konstantstrom 200 μA. Dieser Hilfsstrom soll sich in den Brückenzweigen je zur Hälfte aufteilen. Der Schleifer am Potentiometer $R_s$ soll in der linken Stellung der Temperatur 0 °C entsprechen.
a) Wie groß muß $R_s$ sein, damit der Gesamtabgriff der Spannungsänderung 15 mV des verwendeten PtRh-Pt-Thermoelements entspricht?
b) Wie groß muß $R_x$ gewählt werden?
c) Welcher Temperatur entspricht die maximale Thermospannung 15 mV? (s. Tabelle 6 im Anhang)

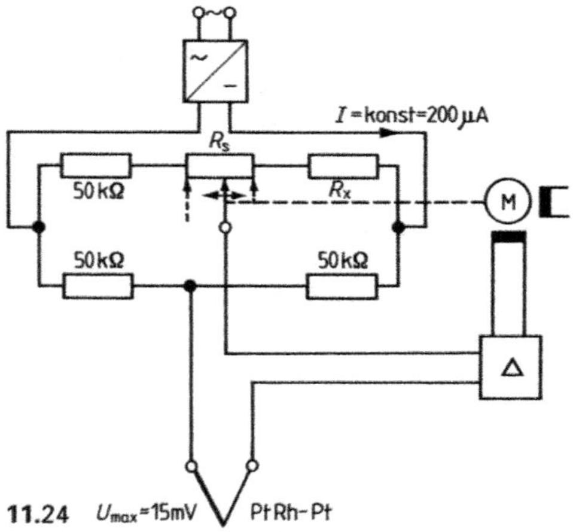


**11.24**

9. Zu der Meßschaltung **11**.25 soll die Temperatur nach dem Kompensationsverfahren gemessen werden. Berechnen Sie das Widerstandsverhältnis $R_1 : R_2$ für die gegebenen Werte, damit das eingeschaltete „Nullinstrument“ auch 0 A anzeigt. Gegeben

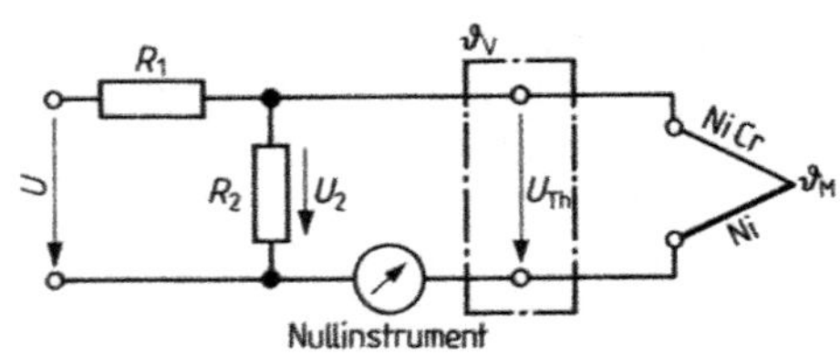


**11**.25

sind a) $U = 200$ mV, b) $U = 250$ mV und c) $U = 150$ mV; Meßstellentemperatur $\vartheta_M = 300$ °C, Vergleichsstellentemperatur $\vartheta_V = 20$ °C, Thermopaar NiCr-Ni mit der mittleren Thermospannung 0,041 mV/K.

10. Bild **11.**26 zeigt eine Meßschaltung nach dem Kompensationsverfahren. Ermitteln Sie den Meßbereich für diese Schaltung. Folgende Werte sind gegeben: $U = 410$ mV, Vergleichsstellentemperatur $\vartheta_V = 20$ °C, $R_1 = 7290\ \Omega$, $R_2 = 72\,900\ \Omega$, $R_3 = 810\ \Omega$, Thermopaar NiCr-Ni mit der mittleren Thermospannung 0,041 mV/K.

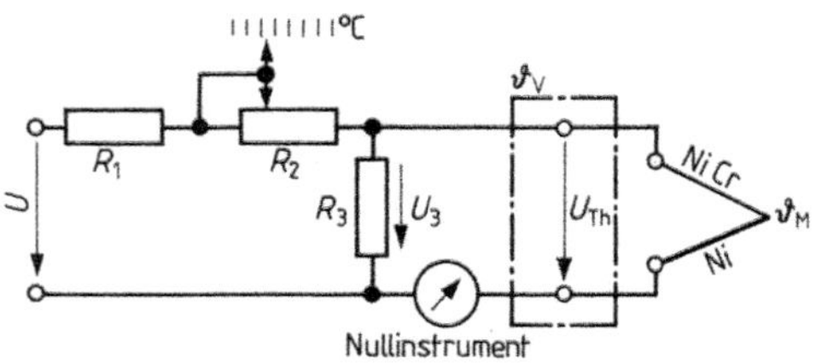


**11.**26

11. Die von einem Thermoelement abgegebene Spannung $U_x$ wird berechnet nach der Gleichung

$$U_x = \frac{R_i + 20\ \Omega}{R_i} U$$

$R_i$ Innenwiderstand des Meßwerks
$U$ angezeigte Spannung

für den Fall, daß die Leitungen vom Thermoelement zum Anzeigegerät auf 20 Ω abgeglichen sind. Der Faktor $(R_i + 20\ \Omega)/R_i$ in Abhängigkeit von $R_i$ ist in Bild **11.**27 dargestellt.

Berechnen Sie die von einem Thermoelement abgegebene Spannung, wenn vom Meßinstrument mit dem Innenwiderstand

a) 50 Ω, b) 200 Ω, c) 20 Ω

die Spannung

a) 3,01 mV, b) 5,69 mV, c) 4,78 mV

angezeigt wird.

Bestimmen sie die Meßtemperatur, wenn es sich um ein Platinrhodium-Platin-Element handelt.

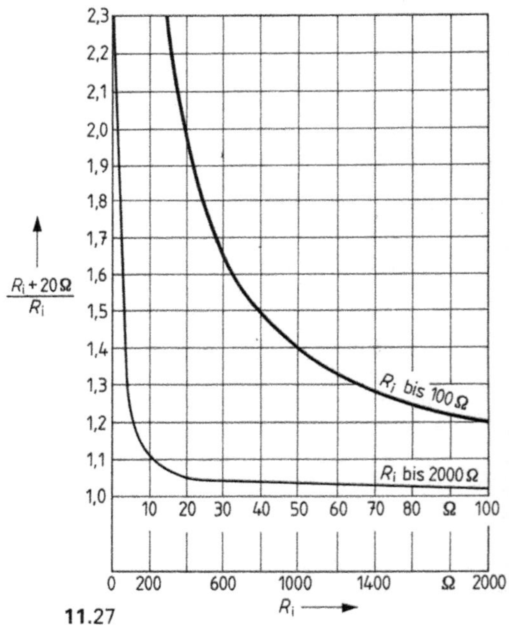


**11.**27

## 11.4 Steuerstrecken und Regelstrecken

Einteilen lassen sich Steuerstrecken/Regelstrecken nach ihrem Zeitverhalten. Man unterscheidet Regelstrecken/Steuerstrecken m i t und o h n e A u s g l e i c h. Kennzeichen einer Strecke mit Ausgleich ist der Ausgleichswert $Q$. Er ist gleich dem Quotienten aus der Stellgrößenänderung $\Delta y$ und der Regelgrößenänderung $\Delta x$.

Der Kehrwert des Ausgleichswerts heißt Übertragungsbeiwert oder Verstärkung $K_S$.

$$Q = \frac{\Delta y}{\Delta x} \qquad K_S = \frac{1}{Q} = \frac{\Delta x}{\Delta y}$$

**Beispiel 11.5** Bei einem Transistor bewirkt die Zunahme des Basisstroms $\Delta I_B$ um 2,5 mA eine Steigerung des Kollektorstroms $\Delta I_C$ von 54 mA. Wie groß sind der Übertragungsbeiwert $K_S$ und der Ausgleichswert $Q$?

**Lösung** $K_S = \frac{\Delta x}{\Delta y} = \frac{54\ \text{mA}}{2{,}5\ \text{mA}} = \mathbf{21{,}6}$

$Q = \frac{\Delta y}{\Delta x} = \frac{2{,}5\ \text{mA}}{54\ \text{mA}} = \mathbf{0{,}0463}$

Die zahlenmäßige Kennzeichnung einer Regelstrecke ohne Ausgleich ist durch den Anlaufwert $A$ festgelegt (**11**.28). Es ist der Kehrwert der größten Änderungsgeschwindigkeit $\Delta x/\Delta t$ für den Fall, daß $\Delta y$ gleich der maximalen Stellgrößenänderung $Y_h$ ist.

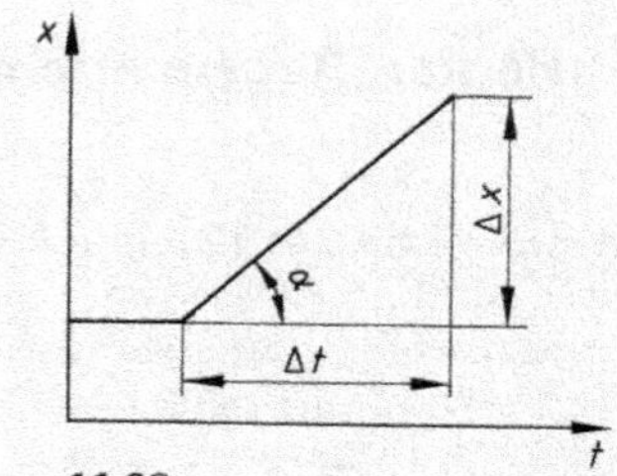


**11**.28

$$A = \frac{1}{\tan \alpha} = \frac{1}{\frac{\Delta x}{\Delta t}} = \frac{\Delta t}{\Delta x}$$

**Beispiel 11.6** Der Anlaufwert $A$ einer Regelstrecke ohne Ausgleich beträgt 8 min/m. In welcher Zeit $t$ ändert sich die Regelgröße $x$ um 1,8 m?

**Lösung** $\Delta t = A \cdot \Delta x = 8\ \frac{\text{min}}{\text{m}} \cdot 1{,}8\ \text{m} = \mathbf{14{,}4\ min}$

## Aufgaben

1. Zur Steuerung der Klemmenspannung eines Gleichstromgenerators wird in den Erregerkreis ein Feldsteller geschaltet. Die Verstärkung der Steuerstrecke (Generator) beträgt 0,15 V/Ω. Um welchen Betrag steigt die Spannung, wenn a) 80 Ω, b) 120 Ω, c) 160 Ω vom Feldstell-Widerstand abgeschaltet werden? Wie groß ist der Ausgleichswert der Spannungs-Steuerstrecke?
2. Der Übertragungsbeiwert eines elektrisch beheizten Ofens wurde mit 8 K/A ermittelt. Um wieviel Grad Celsius steigt die Temperatur im Ofen an, wenn der Heizstrom von 18 A auf a) 22,6 A, b) 25,8 A, c) 27,2 A erhöht wird? Wie groß ist der Ausgleichswert der Temperaturregelstrecke?
3. Die Antriebsdrehzahl des Förderbands nach Bild **11**.29 ist mit 600 min$^{-1}$, die Fördermenge mit 1200 kg/min festgelegt. Eine sprunghafte Veränderung der Drehzahl auf 450 min$^{-1}$ verringert die Fördermenge auf a) 900 kg/min, b) 600 kg/min, c) 1100 kg/min. Wie groß sind die Verstärkung und der Ausgleichswert der Strecke?

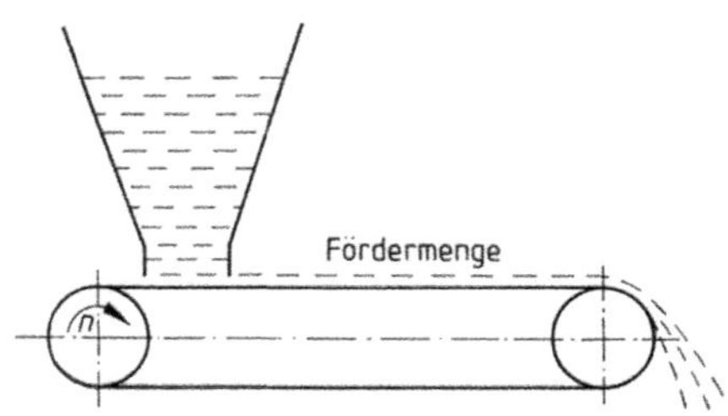


**11**.29

4. Der Anlaufwert einer Höhenstandsregelstrecke beträgt 3 s/mm. Um welchen Betrag hat sich der Höhenstand verändert, wenn das Zuflußventil für a) 45 s, b) 50 s, c) 60 s um den vollen Betrag weiter geöffnet wurde?

5. Der Anlaufwert einer Wasserstands-Regelstrecke beträgt 1,67 s/cm. Bei voller Öffnung des Einlaßventils ist der maximale Zufluß 15 $m^3$/h. Wie groß ist der Zufluß, wenn bei einer bestimmten Ventilöffnung der Flüssigkeitsstand in 3,33 min um a) 40 cm, b) 60 cm, c) 30 cm steigt?

6. Bei der Kursänderung eines Schiffes wird die Stellgröße (Ruder) sprunghaft um a) 12°, b) 15°, c) 18° verstellt. Dabei ändert sich der Kurs des Schiffes (Regelgröße) in 3,5 min um 70°. Der gesamte Stellbereich (maximale Ruderverstellung) beträgt 45°. Berechnen Sie den Anlaufwert.

## 11.5 Regler (Regeleinrichtungen)

**Zweipunktregler** (Dreipunktregler) kennen nur zwei (drei) Schaltzustände, z. B. „ein" und „aus" („stark", „schwach" und „aus"). Bild **11**.30 zeigt den zeitlichen Verlauf einer Regelgröße ohne Reglereingriff (Kurve *a*) und mit Reglereingriff (Kurve *b*). Beim Einsatz eines Zweipunktreglers schwingt die Regelgröße $x$ zwischen den Werten $x_u$ und $x_o$ mit der Schwingungsdauer $T$. Der Betrag der Regelgröße zwischen $x_u$ und $x_o$ ist die Schaltdifferenz $x_d$.

Die Schwingungsdauer $T$ wird ausreichend genau berechnet nach der Formel

$$T = 2\,\frac{x_d}{x_k}\cdot\tau.$$

$T$ Schwingungsdauer (z. B. in min)
$x_d$ Schaltdifferenz
$x_k$ Mittelwert zwischen $x_u$ und $x_o$
$\tau$ Zeitkonstante der Regelstrecke

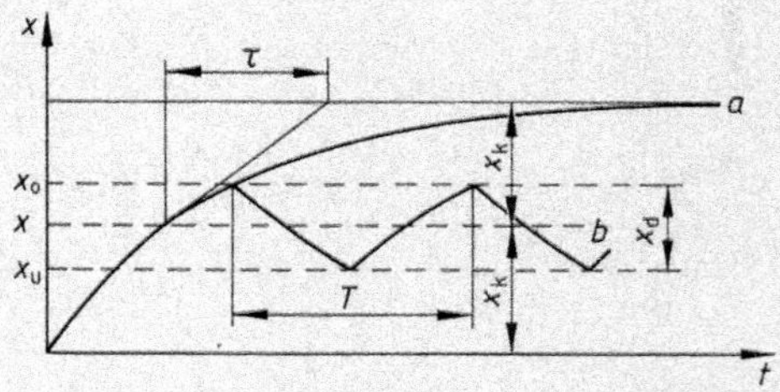

**11**.30

**Beispiel 11.7** Für einen Zweipunktregler wurden durch Versuch folgende Werte ermittelt: Schaltdifferenz $x_d = 15$ K, geregelte Temperatur $x = x_k = 150°$ (damit beträgt die Überschußleistung nach Bild **11**.30 100 %), Zeitkonstante der Regelstrecke $\tau = 6$ min. Wie groß ist die Schwingungsdauer $T$?

**Lösung** $T = 2\,\frac{x_d}{x_k}\cdot\tau = 2\,\frac{15\text{ K}}{150\text{ °C}}\cdot 6\text{ min} = \mathbf{1{,}2\text{ min}}$

**Bei einem P-Regler** (proportional wirkendem Regler) besteht zwischen der Stellgrößenänderung und der Regelgrößenänderung (Regelabweichung) ein proportionaler Zusammenhang. Das Verhältnis der Stellgrößenänderung $\Delta y$ und der Regelgrößenänerung $\Delta x$ ist der Übertragungsbeiwert (Verstärkung) $K_P$ des Reglers (**11**.31).

$$K_P = \frac{\Delta y}{\Delta x} = \frac{Y_h}{X_p}$$

$K_P$ Übertragungsbeiwert (Verstärkung)
$\Delta y$ Stellgrößenänderung
$\Delta x$ Regelgrößenänderung
$Y_h$ Stellbereich
$X_p$ Proportionalbereich (P-Bereich)

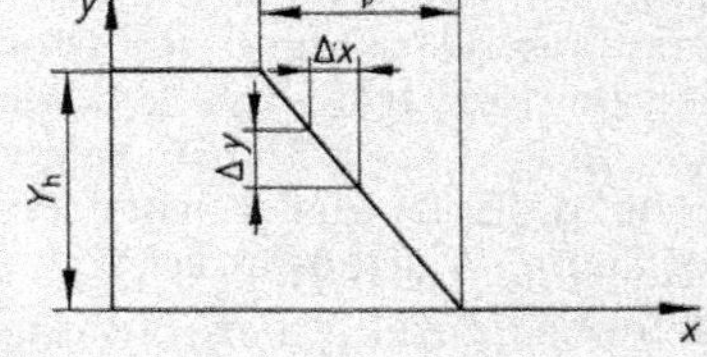

**11**.31

Die allgemeine Gleichung des P-Reglers lautet:

$$\Delta y = \frac{Y_h}{X_p} \cdot e$$

$\Delta y$ Stellgröße
$Y_h$ Stellbereich
$X_p$ Proportionalbereich (P-Bereich)
$e$ Regeldifferenz

**Beispiel 11.8** Die Verstärkung eines P-Reglers (z. B. Fliehkraftregler) beträgt $K_P = 5$ mm/min$^{-1}$. Wie groß ist der P-Bereich $X_p$ des Reglers, wenn der Stellbereich mit $Y_h = 20$ mm gegeben ist?

**Lösung** Aus $K_p = \frac{Y_h}{X_p}$ folgt nach Umstellung

$$X_p = \frac{Y_h}{K_p} = \frac{20 \text{ mm} \cdot \text{min}}{5 \text{ mm}} = \mathbf{4\ min.}$$

**Bei einem I-Regler** (integral wirkendem Regler) besteht zwischen der Stellgeschwindigkeit und der Regelgrößenänderung ein proportionaler Zusammenhang (**11**.32). Die maximale Stellgeschwindigkeit eines I-Reglers $v_{y\,max}$ ergibt sich aus der Gleichung

$$v_{y\,max} = \frac{Y_h}{T_y}.$$

Dieser Wert wird erreicht, wenn die Regeldifferenz den Wert $X_h$ (Laufbereich) erreicht. Für einen beliebigen Wert der Regeldifferenz $e$ ergibt sich die Stellgeschwindigkeit $v_y$ aus der Gleichung

$$v_y = \frac{Y_h}{T_y} \cdot \frac{e}{X_h}.$$

$v_y$ Stellgeschwindigkeit
$Y_h$ Stellbereich
$T_y$ Stellzeit
$e$ Regeldifferenz
$X_h$ Laufbereich

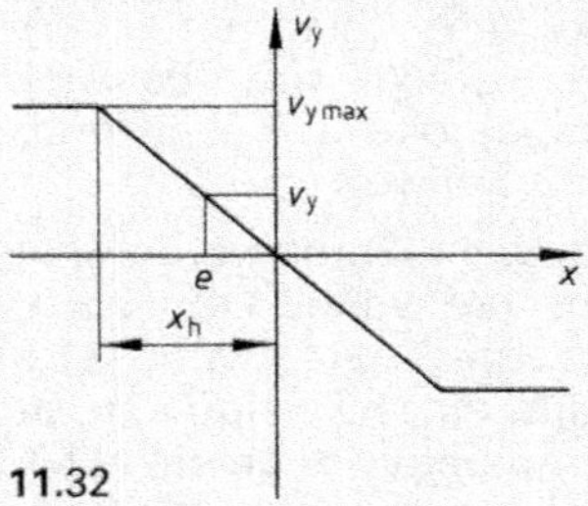


**11**.32

**Beispiel 11.9** Von einem I-Regler sind folgende Werte bekannt: Stellbereich $Y_h = 40$ mm, Stellzeit $T_y = 30$ s, Laufbereich $X_h = 50$ bar und die Regeldifferenz e = 20 bar. Wie groß ist die Stellgeschwindigkeit $v_y$ des Reglers?

**Lösung** $v_y = \frac{Y_h}{T_y} \cdot \frac{e}{X_h} = \frac{40 \text{ mm}}{30 \text{ s}} \cdot \frac{20 \text{ bar}}{50 \text{ bar}} = \mathbf{0{,}533\ mm/s}$

**Aufgaben**

1. Das Meßwerk eines elektronischen Zweipunktreglers hat den Innenwiderstand a) 72 Ω, b) 80 Ω, c) 120 Ω. Der Zeiger schlägt bei 100 mV voll aus. Eine eingebaute Quecksilberschaltröhre schaltet bei 220 V den Maximalstrom 6 A. Wie groß ist die Leistungsverstärkung des Reglers?

2. Ein elektrischer Zweipunktregler ist als Temperaturregler eingesetzt. Durch Versuche wird festgestellt, daß die Schwingungsdauer a) 1,2 min, b) 1,44 min, c) 2 min beträgt. Die Zeitkonstante der Regelstrecke ist mit 6 min bekannt. Die geregelte Temperatur soll 150 °C betragen bei der

Überschußleistung 100 %. Berechnen Sie die mittlere Schaltdifferenz.

3. In einem Glühofen soll die Temperatur mit einem Zweipunktregler auf 800 °C konstant gehalten werden. Der Meßbereich des Reglers beträgt 0 °C bis 1000 °C und die Schaltdifferenz a) 0,4 %, b) 0,3 %, c) 0,5 % vom Skalenendwert. Durch Versuche wurden die Totzeit des Regelkreises mit 1 Minute und die Zeitkonstante mit 20 Minuten ermittelt. Die Überschußleistung wird mit 100 % angenommen.

   Wie groß ist die Schwankungsbreite der Regelgröße in Kelvin und in Prozent vom Sollwert?

   Wie lange dauert eine Schwingung? (Nach Bild **11**.33? ist die Schwankungsbreite $\Delta x = x_d + 2\ x_t$.)

4. Der Glühofen aus Aufgabe 3 soll nicht mit 100 %, sondern mit 200 % Überschußleistung betrieben werden, um eine kürzere Anlaufzeit zu erreichen. Wie groß wird dann die Schwankungsbreite in Kelvin und in Prozent vom Sollwert?

5. Die maximale Temperatur eines Ofens wird bei voller Öffnung des Brennstoffventils mit 1500 °C ermittelt. Mit Hilfe eines Zweipunktreglers soll die Temperatur im Bereich 250 °C bis

   a) 900 °C, b) 1050 °C, c) 1180 °C

   geregelt werden. Totzeit und Zeitkonstante des Ofens sind durch Versuche ermittelt worden und betragen 30 s bzw. 25 min. Wie groß ist die Schwankungsbreite in Kelvin ohne Berücksichtigung der Tastzeit und die Schwankungsbreite in Prozent bezogen auf 250 °C bzw.

   a) 900 °C, b) 1080 °C, c) 1180 °C?

   (Vgl. Bild **11**.33.)

6. Der Proportionalbereich (P-Bereich) eines Drehzahlreglers beträgt 30 min$^{-1}$, der Stellbereich a) 15 mm, b) 25 mm, c) 45 mm. Der Skalenbereich ist mit 200 min$^{-1}$ angegeben.

   Wie groß ist der P-Bereich in Prozent vom Skalenbereich?

   Wie groß ist die Verstärkung des Reglers?

7. Der Skalenbereich eines Temperaturreglers beträgt 1000 °C. Durch einen Versuch wird festgestellt, daß das Zuflußventil bei 750 °C ganz geschlossen, bei a) 850 °C, b) 900 °C, c) 800 °C ganz geöffnet ist. Der Stellbereich des Ventils ist 40 mm. Berechnen Sie den P-Bereich in Kelvin, in Prozent vom Skalenendwert und in Prozent vom Istwert 750 °C sowie die Verstärkung des Reglers.

8. Die Verstärkung eines P-Reglers beträgt 3 mm/min$^{-1}$. Wie groß ist sein P-Bereich, wenn der Stellbereich a) 15 mm, b) 40 mm, c) 50 mm beträgt?

9. Bei einem P-Regler für Höhenstandsregelung beträgt die Verstärkung 8 mm/cm. Wie groß ist sein Stellbereich, wenn der P-Bereich a) 16 mm, b) 24 mm, c) 30 mm eingestellt ist?

10. Bestimmen Sie für den P-Regler einer Höhenstandsregelung nach Bild **11.34** den P-Bereich für die Drehpunktstellungen I, II und III. Der Stellbereich des Ventils beträgt a) 30 mm, b) 40 mm, c) 50 mm.

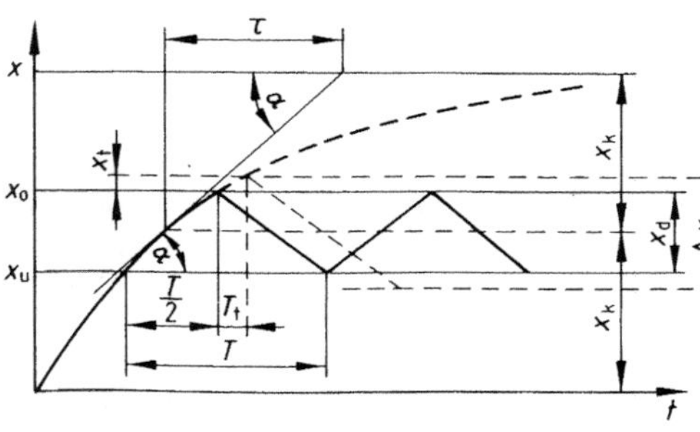


**11**.33

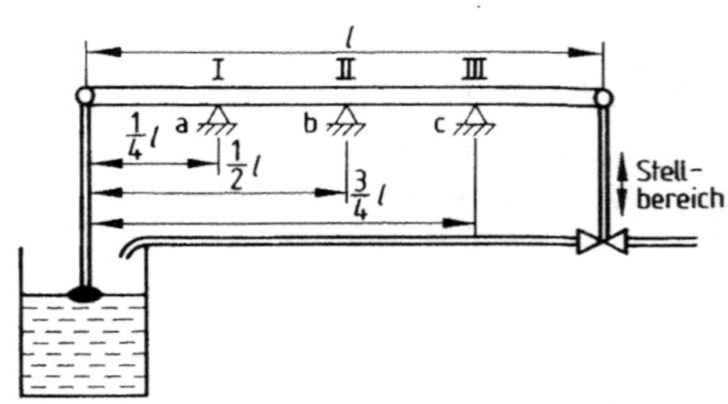


**11**.34

11. Der Stellbereich eines elektrischen P-Reglers beträgt 0 mA bis 20 mA. Als Temperaturregler eingesetzt, durchfährt er diesen Bereich bei der Temperaturänderung 20 °C. Der Meßbereich ist angegeben mit a) 400 °C, b) 600 °C, c) 800 °C. Der Sollwert ist auf 300 °C eingestellt. Wie groß sind die Verstärkung des Reglers und der P-Bereich in Prozent vom Meßbereich?

12. Der Meßbereich eines anzeigenden elektrischen Reglers umfaßt 400 °C, nämlich 50 °C bis 450 °C. Der P-Bereich ist auf a) 5 %, b) 8 %, c) 10 % eingestellt und der Sollwert auf 400 °C. Die Stellgröße hat bei dem eingestellten Sollwert ihren Höchstwert mit 20 mA und nach dem Durchfahren des Stellbereichs 0 mA. Welchen Betrag hat die Stellgröße bei 410 °C? Zeichnen Sie die Reglerkennlinie.

13. Die Stellgeschwindigkeit eines I-Reglers beträgt a) 0,2 mm/s, b) 0,3 mm/s, c) 0,9 mm/s. Wie groß ist die Stellzeit für das Durchlaufen des gesamten Stellbereichs 30 mm?

14. Um die zeitliche Abhängigkeit der Stellgeschwindigkeit $v_y$ eines I-Reglers von der Regelgröße $x$ zu ermitteln, wird die Regelgröße sprunghaft (möglichst in der Zeit 0 s) um einen bestimmten Betrag geändert.

Berechnen Sie die Stellgeschwindigkeit des I-Reglers, dessen Übergangsfunktionen in Bild **11**.35 dargestellt sind.

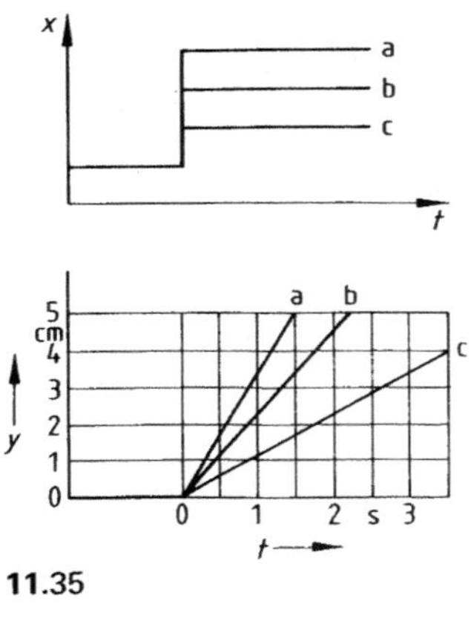


**11**.35

15. Wie groß ist der Stellbereich eines I-Reglers, der bei der Stellgeschwindigkeit a) 2,4 mm/s, b) 1,875 mm/s, c) 1,25 mm/s
den gesamten Stellbereich in
a) 25 s, b) 32 s, c) 48 s durchfährt?

16. Wirken in einem Regler ein P-Anteil und ein I-Anteil, bezeichnet man diesen als PI-Regler.

Bestimmen Sie aus Bild **11**.36 die Nachstellzeit in Sekunden (hier eingetragen $X_p = 100\,\%$) und für $X_p =$ a) 50 %, b) 75 %, c) 150 % und zeichnen Sie die neuen Sprungantworten.

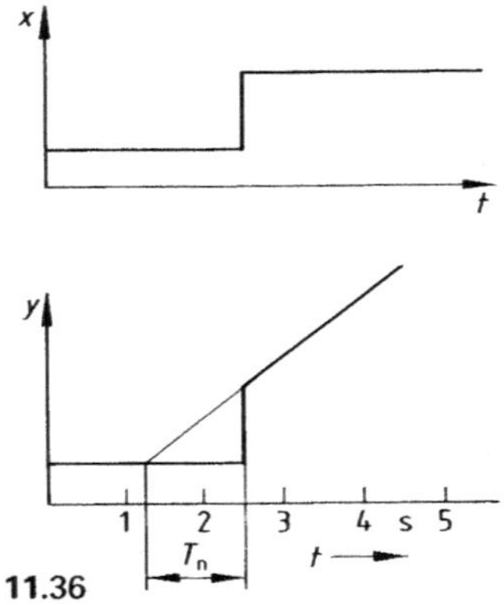


**11**.36

17. Zeichnen Sie die Sprungantwort eines PI-Reglers. Der P-Bereich ist entsprechend Bild **11**.37 auf 200 % eingestellt. Die Nachstellzeit soll a) 1 s, b) 0,5 s, c) 0,75 s betragen. Ermitteln Sie den Anstiegswinkel der Sprungantwort.

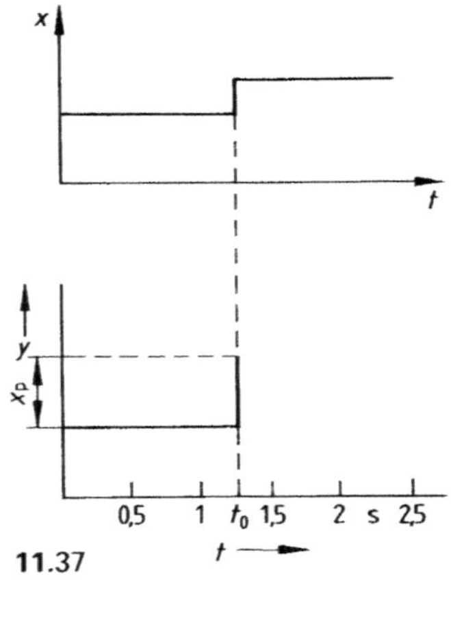


**11**.37

18. Bild **11**.38 zeigt die Sprungantwort eines PI-Reglers. Nach welcher Zeit erreicht die Stellgröße ihren Endwert, wenn der P-Bereich um a) 50 %, c) 100 %, c) 150 % vergrößert wird und die Nachstellzeit unverändert bleibt?

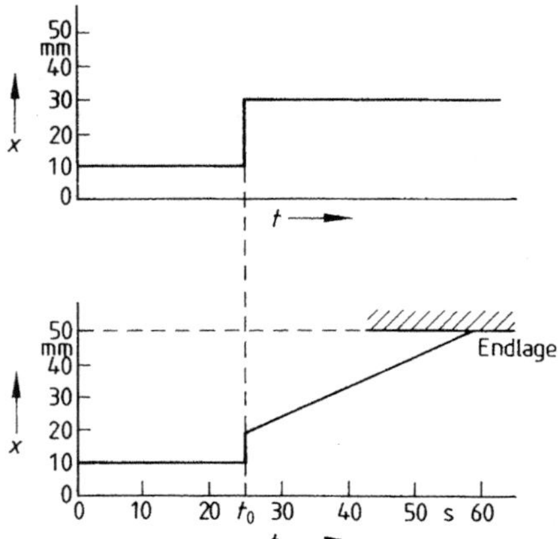


**11**.38

19. Neben dem P- und dem I-Anteil läßt sich in einem Regler auch noch ein D-Anteil (differenzierend wirkend) einbringen. In elektronischen Reglern besteht der D-Anteil häufig aus einem Kondensator. Regler mit D-Anteil sind PD-Regler und PID-Regler. Reine D-Regler und ID-Regler gibt es nicht.

    Bestimmen Sie entsprechend Bild **11**.39 die Vorhaltzeit $T_v$ des PD-Reglers.

20. Wird die Regeldifferenz eines PD-Reglers sprunghaft verstellt und sind keine „trägen" Bauelemente im Regler vorhanden (ideal), verläuft der D-Sprung „nadelförmig", d. h. unendlich hoch in unendlich kurzer Zeit. Durch praktisch immer vorhandene

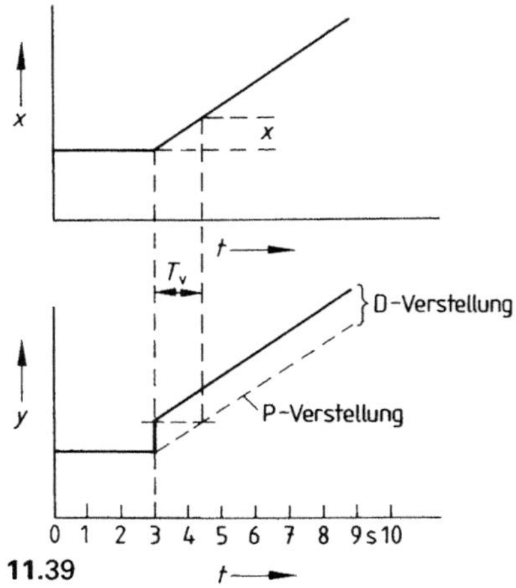


**11**.39

trägheitsbehaftete Bauteile verläuft der D-Anteil bei sprunghafter Verstellung der Regeldifferenz nach der in Bild **11**.40 dargestellten *e*-Funktion. Bestimmen Sie nach dieser Funktion die Vorhaltzeit. (Vorhaltzeit = Zeitkonstante)

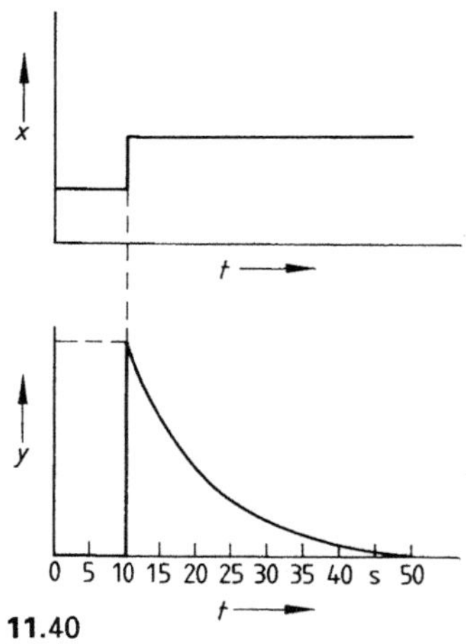


**11**.40

## 11.6 Regelkreise

Eine Regelung findet in einem Regelkreis statt (**11**.41). Er besteht im wesentlichen aus der Regelstrecke, mit der Stellgröße $y$ als Eingangsgröße und der Regelgröße $x$ als Ausgangsgröße sowie dem Regler (Regeleinrichtung) mit der Regelgröße $x$ als Eingangsgröße und der Stellgröße $y$ als Ausgangsgröße. Eine Störung $Z$ wird oft nachgeahmt durch einen Eingriff in den Regelungsablauf am Stellglied. Hier dargestellt mit $y_z$.

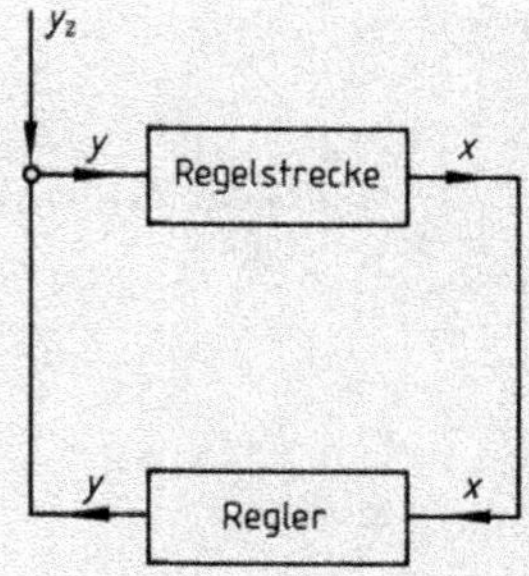


**11**.41

> Das statische Verhalten eines Regelkreises gibt an, um welchen Betrag sich die Regelgröße nach Ablauf der Regelzeit ändert.

Ohne Regler träte am Ausgang der Regelstrecke die Regelgrößenänderung $x_z = K_s \cdot y_z$ auf (**11**.42). Der Regler aber gibt sofort nach dem Auftreten einer Störung $y_z$ einen Gegenbefehl an die Stellgröße ab $y = -K_R \cdot e$. Damit wird am Stellglied $y_z = K_R \cdot e$ wirksam. Es gilt also: $x_e = (y_z - K_R \cdot e)\, K_S$ oder

$$\boldsymbol{x_e = \frac{1}{1 + K_S \cdot K_R} K_S \cdot y_z.}$$

$e$ Regeldifferenz
$K_S$ Verstärkung der Regelstrecke
$K_R$ Verstärkung des Reglers
$y_z$ am Stellglied nachgeahmte Störung

Das Produkt $K_R \cdot K_S$ heißt Kreisverstärkung $V_o$, der Ausdruck $\frac{1}{1 + K_S \cdot K_R}$ ist der Regelfaktor $R$.

Damit gilt

$$\boldsymbol{e = R \cdot x_z.}$$

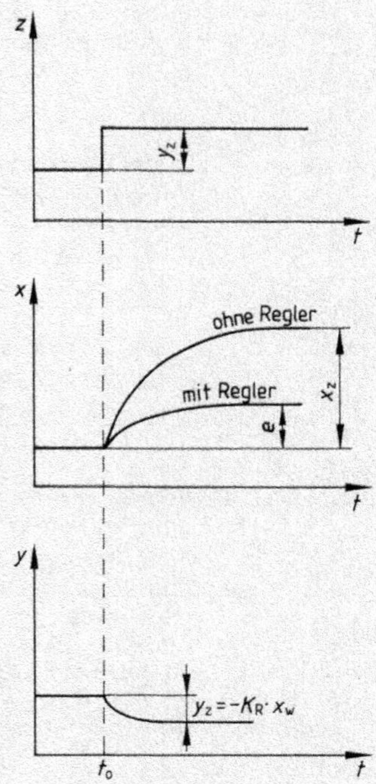


**11**.42

**Beispiel 11.10** In einem Temperaturregelkreis bewirkt eine Störung $Z$ eine Temperaturänderung $\Delta x = x_z = 30$ K. Dieselbe Änderung wird hervorgerufen, wenn das Zuflußventil um $\Delta y = 2$ mm

**Beispiel,** Fortsetzung — weiter geschlossen wird. Die Verstärkung des Reglers sei mit 2,5 mm/K angenommen. Wie groß sind der Regelfaktor $R$ und die Regeldifferenz $e$?

**Lösung** — Zunächst wird die Verstärkung der Regelstrecke $K_S$ berechnet.

$$K_S = \frac{\Delta x}{\Delta y} = \frac{30\ \mathrm{K}}{2\ \mathrm{mm}} = 15\ \frac{\mathrm{K}}{\mathrm{mm}}$$

Unter Berücksichtigung der Reglerverstärkung $K_R = 2{,}5$ mm/K ist der Regelfaktor

$$R = \frac{1}{1 + K_S \cdot K_R} = \frac{1}{1 + V_o} = \frac{1}{1 + 15\ \frac{\mathrm{K}}{\mathrm{mm}} \cdot 2{,}5\ \frac{\mathrm{mm}}{\mathrm{K}}} = \frac{\mathbf{1}}{\mathbf{38{,}5}}.$$

Dann ist die Regeldifferenz

$$e = R \cdot x_z = \frac{1}{38{,}5} \cdot 30\ \mathrm{K} = \mathbf{0{,}78\ K}.$$

> Unter dem dynamischen Verhalten eines Regelkreises versteht man den Verlauf der Regelgröße während der Regelzeit.

Das dynamische Verhalten soll an zwei Beispielen erläutert werden.

**Beispiel 11.11** Regelstrecke mit Ausgleich und ohne Totzeit mit P-Regler (**11**.43).

Die Störung $y_z$ am Eingang der Regelstrecke bewirkt eine Regelgrößenänderung $x_z$ ohne Einsatz des Reglers. Der Regelvorgang verläuft im Prinzip wie ein solcher ohne Reglereinsatz, nur daß der Endwert statt $K_S \cdot y_z$ auf $\frac{1}{1 + V_o} \cdot y_z$ herabgesetzt wird. Die Zeitkonstante des Regelkreises $\tau_{Kr}$ wird dann berechnet mit der Gleichung

$$\boldsymbol{\tau_{Kr} = \frac{\tau_S}{1 + V_o}}.$$

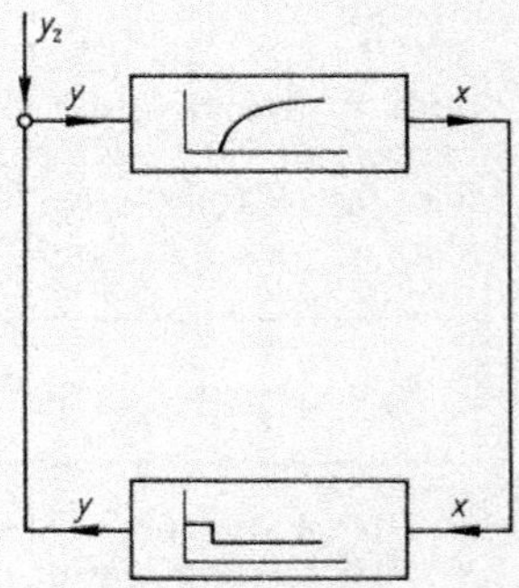

**11**.43

Ist die Zeitkonstante der Regelstrecke z. B. $\tau_S = 3$ min und die Kreisverstärkung $V_o = 5$, wird die Zeitkonstante des Regelkreises

$$\tau_{Kr} = \frac{\tau_S}{1 + V_o} = \frac{3\ \mathrm{min}}{1 + 5} = \mathbf{0{,}5\ min.}$$

**Beispiel 11.12** Regelstrecke ohne Ausgleich und P-Regler – ohne Totzeiten (**11**.44)

Eine Störung $y$ am Eingang der Regelstrecke muß eine Stellgrößenänderung $y_z$ mit entgegengesetzter Wirkung von $y$ hervorrufen, um das „Gleichgewicht" im Regelkreis wieder herzustellen. Es gilt demnach:

$y = -K_R \cdot e = -y_z$.

Hieraus folgt nach Umformung der Gleichung

$$e = \frac{y_z}{K_R} \quad \text{oder} \quad \boldsymbol{e = \frac{1}{K_R} \cdot y_z}.$$

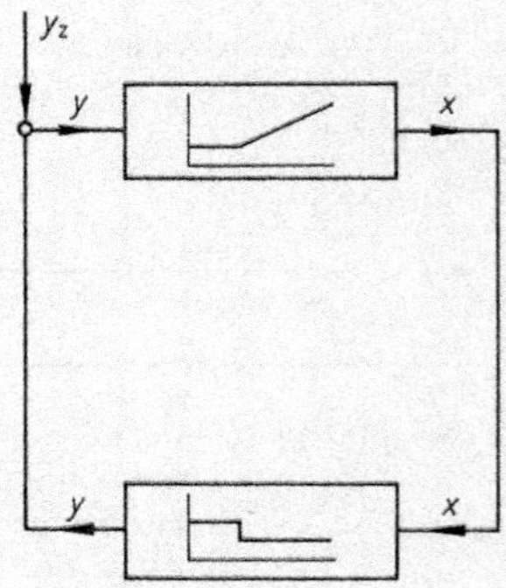

**11**.44

**Beispiel 11.12, Fortsetzung** Die Zeitkonstante des Regelkreises $\tau_{Kr}$ für das Einlaufen um diesen neuen Wert $e$ der Regelgröße ergibt sich nach der Gleichung

$\tau_{Kr} = A \cdot X_p$.

Betragen z. B. der Anlaufwert der Regelstrecke $A = 2$ s/cm und der P-Bereich des Reglers $X_p = 3$ cm, ist die Zeitkonstante

$$\tau_{Kr} = 2\ \frac{\text{s}}{\text{cm}} \cdot 3\ \text{cm} = \mathbf{6\ s}.$$

Sind im Regelkreis Totzeiten $T_t$ vorhanden (was in der Praxis eigentlich immer der Fall ist), kann die Verstärkung des Reglers nicht beliebig groß sein, weil es sonst zum „Schwingen" des Regelkreises kommt. Die kritische Verstärkung $K_{R,krit}$ eines P-Reglers in Verbindung mit einer Regelstrecke ohne Ausgleich wird berechnet nach der Gleichung

$$\boxed{K_{R,krit} = \frac{\pi}{2} \cdot \frac{A}{T_t} \cdot y_h.}$$

Die optimale Reglerverstärkung (Einstellung) ist etwa halb so groß wie die kritische Reglerverstellung.

**Aufgaben**

1. Der Übertragungsbeiwert einer Druckregelstrecke ist 1,8 bar/mm. Als Druckregler dient ein P-Regler mit der Verstärkung a) 6 mm/bar, b) 8 mm/bar, c) 12 mm/bar. Berechnen Sie die Kreisverstärkung und den Regelfaktor.
2. Der Stellbereich eines elektrischen P-Reglers beträgt 0 mA bis 20 mA. Als Temperaturregler eingesetzt, durchfährt er diesen Bereich bei der Temperaturänderung a) 20 K, b) 30 K, c) 50 K. Der Übertragungsbeiwert des Ofens wurde mit 8 K/mA ermittelt. Berechnen Sie die Reglerverstärkung, den Regelfaktor und die Regeldifferenz.
3. Der Meßbereich eines anzeigenden P-Reglers umfaßt 50 °C bis 450 °C. Der P-Bereich ist auf a) 5 %, b) 8 %, c) 10 %, der Sollwert auf 400 °C eingestellt. Die Stellgröße hat bei dem eingestellten Sollwert den Höchstwert mit 20 mA und nach dem Durchfahren des Stellbereichs 0 mA. Berechnen Sie die Reglerverstärkung, die Verstärkung der Regelstrecke und die Kreisverstärkung.
4. An einem gasbeheizten Ofen wird durch Versuch festgestellt, daß eine Druckänderung des Heizgases von 1 mbar die Temperatur um a) 25 °C, b) 20 °C, c) 35 °C verändert. Diese Temperaturänderung wird ebenso hervorgerufen, wenn die Ventilstellung des Stellglieds um a) 5 mm, b) 4 mm, c) 7 mm geändert wird. Am Regler bewirkt die Temperaturänderung 2 K eine Änderung des Ventilhubs von 4 mm. Berechnen Sie die Verstärkung der Regelstrecke, die Reglerverstärkung, die Kreisverstärkung, den Regelfaktor sowie die Regeldifferenz. Stellen Sie außerdem fest, um welchen Betrag das Ventil verstellt wird. Der Regler ist ein P-Regler.
5. Eine Änderung des Ventilhubs am Eingang eines gasbeheizten Ofens von a) 10 mm, b) 12 mm, c) 15 mm bewirkt bei konstanter Störgröße die Temperaturänderung 80 K. Am P-Regler bewirkt die Temperaturänderung 10 K die Ventilverstellung um 2 mm. Berechnen Sie die Verstärkung der Regelstrecke, des Reglers sowie die Kreisverstärkung und die Regeldifferenz.

6. Durch Versuch wurde ermittelt, daß die Zeitkonstante eines elektrisch beheizten Ofens 12 Minuten beträgt. Die Kreisverstärkung ist bekannt mit
a) 3, b) 5, c) 11.
Berechnen Sie die Zeitkonstante des Regelkreises.

7. Wie groß darf der Anlaufwert einer Höhenstands-Regelstrecke höchstens sein, damit bei dem eingestellten P-Bereich des Reglers a) 6 cm, b) 4 cm, c) 8 cm die Zeitkonstante des Regelkreises nicht größer wird als 12 Sekunden?

8. Der Anlaufwert einer Regelstrecke wird mit
a) 0,5 s/cm, b) 0,3 s/cm, c) 0,2 s/cm ermittelt.
Wie groß muß der eingestellte P-Bereich sein, damit die Zeitkonstante des Regelkreises nicht größer wird als 10 Sekunden?

9. Bei einer Flüssigkeitsstand-Regelstrecke wird das Zuflußventil um den gesamten Betrag 20 mm geöffnet. Dadurch steigt der Höhenstand in 30 Sekunden um a) 15 mm, b) 20 mm, c) 25 mm. Die Totzeit wird mit 2 Sekunden gemessen. Berechnen Sie die kritische Reglerverstärkung und den einzustellenden P-Bereich des Reglers nach der Gleichung

$$X_p = \frac{X_h}{K_{R,opt}}.$$

10. Der Anlaufwert einer Regelstrecke wird mit a) 0,5 s/cm, b) 0,4 s/cm, c) 0,2 s/cm ermittelt. Der Stellbereich ist bekannt mit 12 $m^3/h$. Wie groß darf die Totzeit höchstens sein, damit die kritische Kreisverstärkung $2{,}4 \cdot 10^3$ cm/s nicht überschritten wird? Wie groß ist der einzustellende P-Bereich des Reglers?

# 12 Licht- und Beleuchtungstechnik

## 12.1 Grundlagen

**Lichtgeschwindigkeit, Frequenz und Wellenlänge.** Die Ausbreitungsgeschwindigkeit aller elektromagnetischen Wellen, also auch die des sichtbaren Lichts, beträgt etwa 300000 km/s. Sie wird berechnet aus dem Produkt von Frequenz $f$ und Wellenlänge $\lambda$ und heißt Lichtgeschwindigkeit $c$.

**Lichtgeschwindigkeit** $c = f \cdot \lambda = 300000$ **km/s**

**Lichtstrom.** Lichtquellen geben Energie in Form von Licht ab. Die Lichtleistung bezeichnet man als Lichtstrom $\Phi$ (griechisch Phi); er wird in Lumen (lm) gemessen.

**Beleuchtungsstärke.** Der auf eine Fläche auftreffende Lichtstrom bewirkt eine bestimmte Beleuchtungsstärke $E$ in Lux (lx). Ein Lux (lx) ist die Beleuchtungsstärke, die auf der Fläche $A = 1\ m^2$ entsteht, wenn diese von dem Lichtstrom $\Phi = 1$ lm getroffen wird. Es ist also $1\ lx = 1\ lm/m^2$, und damit ist die Beleuchtungsstärke $E = \Phi/A$.

**Beleuchtungswirkungsgrad.** Bei jeder Beleuchtungsanlage entstehen Lichtverluste, weil ein Teil des in den Lampen erzeugten Lichtstroms absorbiert wird, bevor er die Arbeitsfläche erreicht. Deshalb ist der Nutzlichtstrom kleiner als der erzeugte Lichtstrom. Man bezeichnet das Verhältnis von Nutzlichtstrom und erzeugtem Lichtstrom als Beleuchtungswirkungsgrad $\eta$.

$$\eta = \frac{\textbf{Nutzlichtstrom}}{\textbf{erzeugter Lichtstrom}}$$

Der in der Lampe zu erzeugende Lichtstrom ist dann

$$\Phi = 1{,}25\ \frac{E \cdot A}{\eta}\ .$$

$\Phi$ in lm, $E$ in lx, $A$ in $m^2$, $\eta$ ohne Einheit

Durch den Faktor 1,25 wird der Lichtstromrückgang infolge Alterung und Verschmutzung der Beleuchtungsanlage berücksichtigt.

**Die Lichtausbeute** gibt an, wie weit eine Lampe elektrische Leistung in Lichtleistung umsetzt. Sie wird angegeben in Lumen/Watt (lm/W).

**Beispiel 12.1** Wie groß ist die Frequenz $f$ des Orange-Anteils im sichtbaren Lichtspektrum mit der Wellenlänge $\lambda = 620$ nm?

**Lösung**

$$f = \frac{c}{\lambda} = \frac{300000\ \frac{km}{s}}{620 \cdot 10^{-12}\ km} = \mathbf{4{,}83 \cdot 10^{14}\ Hz}$$

**Beispiel 12.2** Wie groß ist die mittlere Beleuchtungsstärke $E$ auf eine Fläche $A = 2{,}5\ m^2$, die von einer 100-W-Glühlampe mit einem Lichtstrom $\Phi = 1380$ lm erzeugt wird?

**Lösung** $E = \frac{\Phi}{A} = \frac{1380\ lm}{2{,}5\ m^2} = \mathbf{552\ lx}$

**Aufgaben**

1. Berechnen Sie die Wellenlängen des sichtbaren Lichtspektrums im Frequenzbereich von $4 \cdot 10^{14}$ Hz bis $7{,}9 \cdot 10^{14}$ Hz.
2. Der Frequenzbereich der Infrarot-(Wärme)strahlen liegt zwischen $3 \cdot 10^{10}$ Hz und $3 \cdot 10^{14}$ Hz. Berechnen Sie die entsprechenden Wellenlängen.
3. Eine Glühlampe mit der Nennleistung 40 W erzeugt den Lichtstrom a) 100 lm, b) 420 lm, c) 380 lm. Wie groß ist ihre Lichtausbeute?
4. Die Lichtausbeute einer schon älteren Leuchtstofflampe für 65 W beträgt a) 47 lm/W, b) 46 lm/W, c) 43 lm/W.

   Wie groß ist der erzeugte Lichtstrom?
5. Eine Glühlampe mit der Nennleistung 150 W liefert einen Lichtstrom a) 2100 lm, b) 2200 lm, c) 2000 lm. Wie groß ist der Nutzlichtstrom, wenn der Beleuchtungswirkungsgrad des Raumes 0,23 beträgt?
6. Der Nutzlichtstrom in einem vorwiegend direkt beleuchteten Raum mit dem Beleuchtungswirkungsgrad a) 0,42, b) 0,44, c) 0,43 soll 4800 lm betragen. Wie groß muß der erzeugte Lichtstrom sein?
7. Die Beleuchtungsstärke eines Werkstattraums soll a) 150 lx, b) 120 lx, c) 180 lx betragen. Der Raum ist 8 m lang und 5 m breit. Wie groß muß der Nutzlichtstrom sein?

## 12.2 Beleuchtungsanlagen

**Beispiel 12.3** Ein Büroraum mit der Bodenfläche 7 m x 10 m und 3,5 m Höhe mit weißer Decke und hellen Wänden soll von 100-W-Glühlampen mit 500 lx beleuchtet werden. Wie groß ist der zu erzeugende Lichtstrom $\Phi$, und wieviel Lampen $n$ sind erforderlich, wenn eine gleichförmige Beleuchtung gefordert wird? Wie groß ist die Anschlußleistung $P$?

**Lösung** Da der Raum hell und verhältnismaß niedrig ist, kann der Beleuchtungswirkungsgrad mit $\eta = 0{,}38$ angenommen werden (s. Tabelle 4 im Anhang).

$$\Phi = 1{,}25 \frac{E \cdot A}{\eta} = 1{,}25 \frac{500 \text{ lx} \cdot 70 \text{ m}^2}{0{,}38} = \mathbf{115000 \text{ lm}}$$

Eine 100-W-Glühlampe erzeugt den Lichtstrom 1380 lm (s. Tabelle 5 im Anhang).

$$n = \frac{\Phi}{\Phi_1} = \frac{115000 \text{ lm}}{1380 \text{ lm}} = \mathbf{83 \text{ Lampen}}$$

$P = 83 \text{ Lampen} \cdot 100 \text{ W/Lampe} = 8300 \text{ W} = \mathbf{8{,}3 \text{ kW}}$

**Aufgaben**

1. Eine Leuchtstofflampe mit der Nennleistung 36 W liefert den Lichtstrom 3250 lm. Wie groß ist die mittlere Beleuchtungsstärke in einem Klassenraum von 10 m Länge und 7 m Breite, wenn 24 Lampen angebracht sind und der Beleuchtungswirkungsgrad a) 0,38, b) 0,34, c) 0,3 beträgt?

   Um wieviel Prozent weicht die Beleuchtungsstärke von dem geforderten Wert 350 lx ab?
2. Ein Büroraum ist 12 m lang und 8 m breit. Er soll mit a) 200 lx, b) 250 lx, c) 240 lx beleuchtet werden. Die Beleuchtung soll vorwiegend direkt erfolgen. Wieviel Glühlampen mit der Nennleistung 150 W sind erforderlich? (s. Tabellen 4 und 5 im Anhang)
3. Die Beleuchtungsstärke in einem Verkaufsraum soll a) 220 lx, b) 200 lx, c) 240 lx betragen. Der helle Raum ist 15 m lang und 10 m breit. Um wieviel

Prozent ist die Beleuchtungsstärke zu gering, wenn 24 Leuchtstofflampen „Tageslicht weiß" mit der Leistung 36 W verwendet werden? (gleichförmige Beleuchtung mit $\eta = 0{,}3$)

4. Ein Wohnzimmer von 6 m Länge und a) 4 m Breite, b) 4,5 m Breite, c) 4,8 m Breite wird von fünf Glühlampen mit je 75 W Nennleistung beleuchtet. Die Lichtausbeute jeder Lampe wird wegen der Alterung mit 12 lm/W angenommen. Der Raum ist verhältnismäßig hell, die Beleuchtung vorwiegend indirekt. Wie groß ist die mittlere Beleuchtungsstärke im Raum?

5. Die Allgemeinbeleuchtung eines Zeichensaals mit der Länge 12 m und der Breite 7 m soll die Beleuchtungsstärke 500 lx erzeugen. Zur Verfügung stehen Leuchtstofflampen mit
   a) 36 W Lichtfarbe neutral weiß,
   b) 58 W Warmton,
   c) 40 W Warmton.

   Der Raum ist hell und soll vorwiegend direkt beleuchtet werden. Wie groß sind der von den Lampen zu liefernde Lichtstrom, die erforderliche Anzahl der Lampen und die tatsächliche Beleuchtungsstärke bei der gewählten Lampenzahl?

6. Ein kleiner hoher Lagerraum mit der Länge 5 m und der Breite 3 m wird von einer 100-W-Glühlampe gleichförmig beleuchtet. Um wieviel Prozent steigt die Beleuchtungsstärke im Raum, wenn statt der Glühlampe eine Leuchtstofflampe
   a) 18 W Warmton,
   b) 36 W Tageslicht weiß,
   c) 58 W neutral weiß
   verwendet wird?

7. Eine Sporthalle mit der Länge 25 m und der Breite 20 m soll mit 120 lx beleuchtet werden. Der Beleuchtungswirkungsgrad wird mit 0,2 angenommen. Wieviel
   a) Leuchtstofflampen 58 W Tageslicht weiß,
   b) Quecksilberdampfhochdrucklampen 125 W,
   c) Mischlichtlampen 250 W
   sind für die Beleuchtung erforderlich?

   Wie hoch sind die monatlichen Kosten (26 Tage), wenn die Beleuchtung täglich 4 Stunden eingeschaltet ist und die Kilowattstunde 0,18 DM kostet?

# 13 Elektrische Anlagen

## 13.1 Bemessen von Leitungsquerschnitten

Elektrische Leitungen sind nach DIN 57 100/VDE 0100 so zu bemessen, daß sie eine ausreichende mechanische Festigkeit haben und sich nicht unzulässig erwärmen. Außerdem soll der Spannungsfall auf den Leitungen gering sein.

**Die mechanische Festigkeit** der Leitungen wird durch Einhalten der Mindestquerschnitte gewährleistet, die in DIN 57 100/VDE 0100 Teil 523 festgelegt sind (Tabelle 3b im Anhang).

**Querschnitt kurzer Leitungen**. Zu hohe Erwärmung der Leitung infolge Überlastung und Kurzschluß wird verhindert, wenn die Leitung entsprechend DIN 57 100/VDE 0100 gesichert (Teil 430) bzw. belastet (Teil 523) wird (Tabellen **13**.21 sowie 3a, 3b im Anhang). Dort sind die zulässigen Nennströme der Sicherungen und Leitungsschutzschalter sowie die zulässigen Belastungsströme für drei Leitungsgruppen angegeben. Die Gruppen berücksichtigen u. a. die Isolation der Leitungen und damit auch die unterschiedlichen Möglichkeiten der Wärmeabgabe. Nach den Tabellen ist der Querschnitt kurzer Leitungen auszuwählen.

**Der Querschnitt längerer Leitungen** wird nach dem zulässigen Spannungsfall (Spannungsabfall) zwischen Anfang der Leitung und dem Verbraucher berechnet. Nach DIN 57 100/VDE 0100 Teil 520 darf der Spannungsfall zwischen dem Anfang der Verbraucheranlage (Hausanschlußkasten) und dem zu versorgenden Betriebsmittel nicht größer als 4 % der Netznennspannung sein. Davon gelten 0,5 % zwischen dem Hausanschlußende und dem Zähler, wenn die Nennstromstärke der vorgeschalteten Sicherung zugrundegelegt wird (**13**.1). Der zulässige Spannungsfall kann bei größerem Leistungsbedarf erhöht werden auf:

- 1 % über 100 kVA bis 250 kVA
- 1,25 % über 250 kVA bis 400 kVA
- 1,50 % über 400 kVA

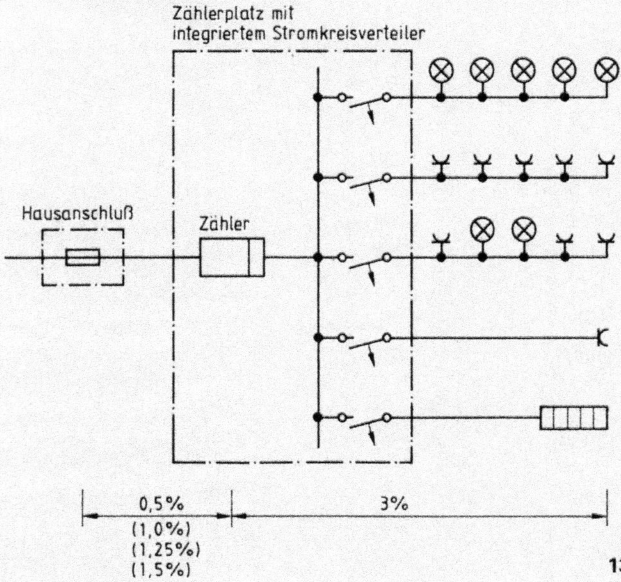


**13**.1

### 13.1.1 Gleichstromleitung

In einer Gleichstromleitung beträgt der Spannungsfall $\Delta U = U_1 - U_2$ zwischen dem Anfang und dem Ende der Leitung (**13.2**).

$$\Delta U = \frac{2 \cdot l \cdot I}{\gamma \cdot A}$$

$\Delta U$ in V $\quad l$ in m

$I$ in A $\quad A$ in mm²

$\gamma$ in $\frac{\text{m}}{\Omega \cdot \text{mm}^2}$

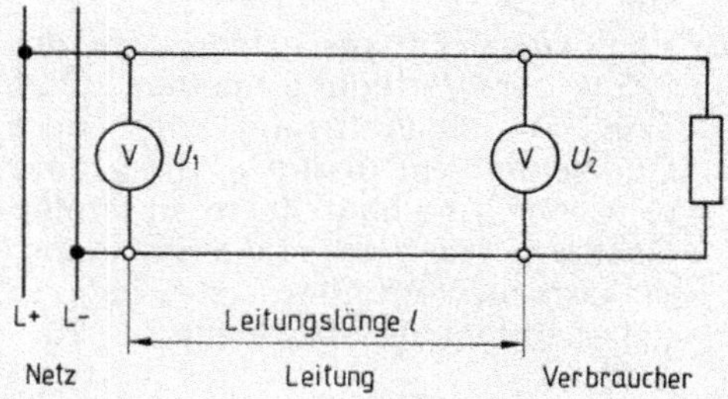


**13.2**

**Den Leistungsverlust $P_v$** der Leitung erhält man aus dem Spannungsfall $\Delta U$ und der Stromstärke $I$ oder aus dem Quadrat aus der Stromstärke und dem Leitungswiderstand.

$$P_v = \Delta U \cdot I = I^2 \cdot R$$

$P_v$ in W $\quad I$ in A

$\Delta U$ in V $\quad R$ in Ω

**Beispiel 13.1** Eine Kochplatte mit der Leistung $P = 2000$ W ist über $l = 6{,}5$ m lange zweiadrige Kupferleitung mit $A = 1{,}5$ mm² an $U = 230$ V angeschlossen. Wie groß sind der Spannungsfall $\Delta U$ in der Zuleitung und der Leistungsverlust $P_v$?

**Lösung** Aus der Leistung $P = 2000$ W und der Spannung $U = 230$ V wird die Stromstärke berechnet.

$$I = \frac{P}{U} = \frac{2000\text{ W}}{230\text{ V}} = 8{,}7\text{ A}$$ Damit sind der Spannungsfall

$$U = \frac{2 \cdot l \cdot I}{\gamma \cdot A} = \frac{2 \cdot 6{,}5\text{ m} \cdot 8{,}7\text{ A}}{56 \frac{\text{m}}{\Omega \cdot \text{mm}^2} \cdot 1{,}5\text{ mm}^2} = \mathbf{1{,}35\text{ V}}$$ und der Leistungsverlust

$$P_v = U \cdot I = 1{,}35\text{ V} \cdot 8{,}7\text{ A} = \mathbf{11{,}7\text{ W}}.$$

**Aufgaben**

1. Wie groß ist der Spannungsfall, den eine 120 m lange Zuleitung aus Kupfer mit dem Querschnitt 10 mm² zu einer Baustelle verursacht, wenn die Stromstärke in der Leitung a) 30 A, b) 40 A, c) 65 A beträgt?
2. Wie groß muß der Querschnitt einer 50 m langen Versorgungsleitung aus Kupfer gewählt werden, wenn der Spannungfall a) 4 %, b) 2,5 %, c) 3% der Betriebsspannung 220 V nicht überschreiten soll und die Stromstärke 16 A beträgt?
3. Eine Kupferleitung mit dem Querschnitt 4 mm² ist a) 43 m, b) 62 m, c) 35 m lang. Wie groß darf die Stromstärke höchstens sein, wenn der Spannungsfall nicht mehr als 3 % der Betriebsspannung 440 V am Anfang der Leitung betragen darf?
4. Wie groß muß nach DIN/VDE 0636 Gruppe C der Querschnitt einer Kupferleitung gewählt werden, wenn ein Elektrowärmegerät mit der Leistung a) 4 kW, b) 1,5 kW, c) 5,5 kW an 230 V angeschlossen werden soll?
5. Wie groß muß der Querschnitt für eine 40 m lange Aluminiumleitung zu einem Elektromotor mindestens sein, wenn der Spannungsfall bei der Netzspannung 125 V und der Stromstärke a) 9,8 A, b) 16,4 A, c) 6,5 A höchstens

3 % der Netzspannung betragen darf? Welcher Nennquerschnitt ist zu wählen?

6. Von einer Einspeisestelle, an der 225 V zur Verfügung stehen, führt eine Aluminiumleitung mit dem Querschnitt a) 16 $mm^2$, b) 25 $mm^2$, c) 10 $mm^2$ zu einem 300 m entfernten Gebäude. Wie groß ist die Spannung, die dort zur Verfügung steht, wenn in der Leitung die Stromstärke 20 A fließt?

7. An eine Steckdose, an der die Spannung 225 V gemessen wird, ist ein elektrischer Heizofen angeschlossen, der a) 7 A, b) 9,3 A, c) 12,6 A aufnimmt. Wie groß sind die am Ofen zur Verfügung stehende Spannung und der Spannungsfall in Prozent der Netzspannung, wenn eine 9 m lange Kupferleitung mit dem Querschnitt 0,75 $mm^2$ verwendet wird?

8. Eine 220-V-Verteilungstafel, die maximal mit a) 14 kW, b) 10 kW, c) 20 kW belastet wird, ist 63 m von der Anschlußstelle entfernt. Wie groß ist der erforderliche Nennquerschnitt der Aluminiumleitung zu wählen, damit der Spannungsfall 3 % der Netzspannung nicht überschreitet?

9. Der 220-V-Motor einer Wasserpumpe leistet a) 2,2 kW, b) 1,1 kW, c) 1,5 kW und hat den Wirkungsgrad 79 %. Wie groß muß der Querschnitt der Kupferleitung mindestens sein, wenn der Leistungsverlust der Leitung 6 % der dem Netz entnommenen Leistung nicht überschreiten soll? Welcher Nennquerschnitt ist zu wählen? (**13**.3)

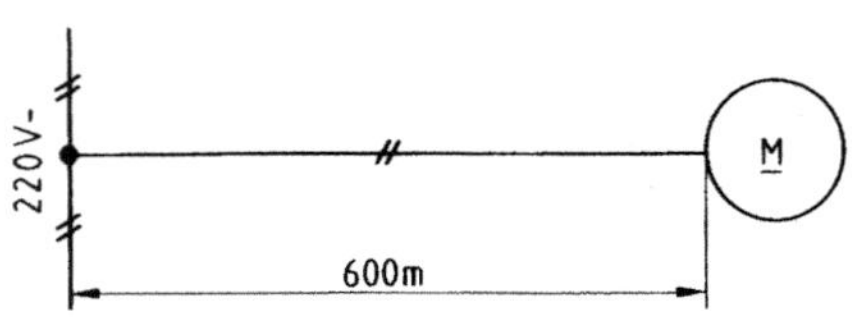


**13**.3

10. Ein Gleichstrommotor mit den Nenndaten a) 4 kW, b) 1,5 kW, c) 8,8 kW, 220 V, Wirkungsgrad 84 % ist mit einer 6 m langen Kupferleitung an das 220-V-Netz anzuschließen. Wie groß muß der Querschnitt der Leitung nach DIN/VDE 0636 Gruppe C gewählt werden?

    Wie groß sind dann Spannungsfall und Leistungsverlust?

11. An die Verteilung **13**.4 sind ein Motor mit 1,1 kW, 220 V, $\eta = 77$ %, ein Motor mit 3,4 kW, 220 V, $\eta = 83$ % und ein Motor mit a) 7,5 kW, b) 13 kW, c) 5,5 kW, 220 V, $\eta = 84$ % sowie 60 Glühlampen mit je 40 W angeschlossen.

    Wie groß muß der Querschnitt der 30 m langen Aluminiumleitung nach DIN 57 636/VDE 0636 Gruppe C sein?

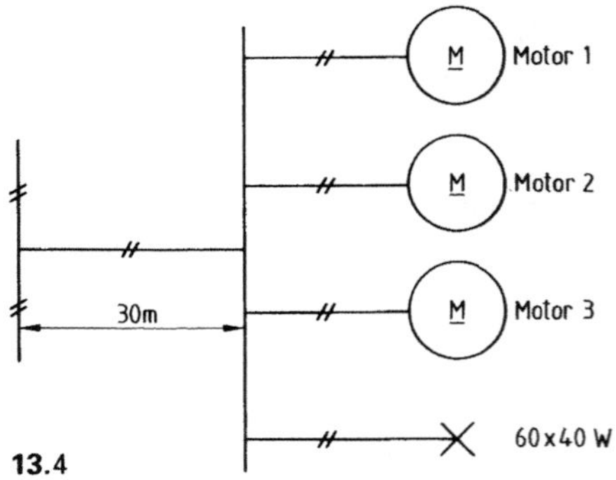


**13**.4

    Wie groß ist für diesen Querschnitt der Spannungsfall in Volt und in Prozent der Netzspannung?

12. Der Leistungsverlust in einer 800 m langen Kupferleitung soll 5 % der dem Netz entnommenen Leistung nicht überschreiten. Wie groß muß der Nennquerschnitt gewählt werden, wenn die höchste Belastung a) 48 A, b) 9 A, c) 25 A beträgt und am Verbrauchsort mindestens die Spannung 209 V zur Verfügung stehen soll?

    Wie groß ist der Leistungsverlust in Prozent der dem Netz entnommenen Leistung auf der ausgeführten Leitung, und wie ändert er sich, wenn die Temperatur der Leitung um 30 K steigt?

## 13.1.2 Wechselstromleitung

In Wechselstrom-Niederspannungsnetzen kann man den Blindwiderstand der Leitungen vernachlässigen, so daß es genügt, nur ihren Wirkwiderstand zur Ermittlung der Übertragungsverluste heranzuziehen.

**Der Spannungsfall** $\Delta U = U_1 - U_2$ in Wechselstromleitungen wird fast ausschließlich vom Wirkstrom $I_w = I \cdot \cos\varphi$ bestimmt (**13**.5). Es gilt daher:

$$\boldsymbol{\Delta U = \frac{2 \cdot l \cdot I \cdot \cos\varphi}{\gamma \cdot A}}$$

$\Delta U$ in V   $l$ in m   $I$ in A   $\gamma$ in $\frac{\text{m}}{\Omega \cdot \text{mm}^2}$

$\cos\varphi$ ohne Einheit   $A$ in $\text{mm}^2$

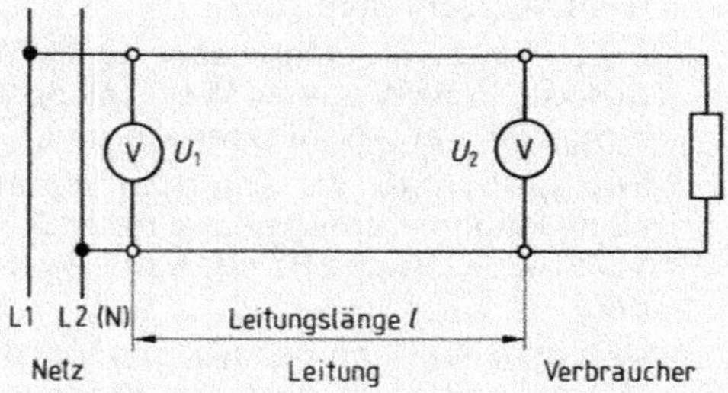


**13**.5

**Leistungsverluste** in Wechselstromleitungen entstehen nicht nur durch den Wirkstromanteil. Vielmehr ist zur Berechnung der Gesamtstrom $I$ heranzuziehen.

$$\boldsymbol{P_v = I^2 \cdot R}$$

$P_v$ in W   $I$ in A   $R$ in $\Omega$

**Beispiel 13.2** Ein Wechselstrommotor mit der Leistung $P = 700$ W für $U = 230$ V hat den Leistungsfaktor $\cos\varphi = 0{,}7$ und den Wirkungsgrad $\eta = 75\,\%$. Der Motor wird über eine zweiadrige Kupferleitung mit der Länge $l = 15$ m und dem Querschnitt $A = 1{,}5\ \text{mm}^2$ angeschlossen. Wie groß sind der Spannungsfall $\Delta U$ und der Leistungsverlust $P_v$ in der Zuleitung?

**Lösung** Aus den Motordaten wird die Stromaufnahme $I$ berechnet.

$$I = \frac{P}{U \cdot \cos\varphi \cdot \eta} = \frac{700\ \text{W}}{230\ \text{V} \cdot 0{,}7 \cdot 0{,}75} = 5{,}8\ \text{A}$$

Daraus ergeben sich der Spannungsfall

$$\Delta U = \frac{2 \cdot l \cdot I \cdot \cos\varphi}{\gamma \cdot A} = \frac{2 \cdot 15\ \text{m} \cdot 5{,}8\ \text{A} \cdot 0{,}7}{56\ \frac{\text{m}}{\Omega \cdot \text{mm}^2} \cdot 1{,}5\ \text{mm}^2} = \mathbf{1{,}45\ V}$$

und der Leistungsverlust

$$P_v = I^2 \cdot R = (5{,}8\ \text{A})^2\ \frac{2 \cdot 15\ \text{m}}{56\ \frac{\text{m}}{\Omega \cdot \text{mm}^2} \cdot 1{,}5\ \text{mm}^2} = \mathbf{12\ W.}$$

### Aufgaben

1. Ein Elektrogerät mit dem Leitungsfaktor 0,6 und der Stromaufnahme 32,4 A ist mit einer 23,0 m langen Kupferleitung mit dem Querschnitt a) 6 mm², b) 4 mm², c) 10 mm² ans Wechselstromnetz angeschlossen. Wie groß ist der Spannungsfall zwischen Anfang und Ende der Leitung?

2. Ein Wechselstrommotor für 230 V nimmt bei dem Leistungsfaktor 0,72 die Stromstärke a) 21,5 A, b) 29,8 A, c) 14 A auf. Wie groß muß der Querschnitt der 38 m langen Zuleitung aus Kupfer gewählt werden, damit der Spannungsfall kleiner als 2,5 % der Betriebsspannung bleibt?

3. Wie lang darf eine Aluminiumleitung mit dem Querschnitt 10 $mm^2$ höchstens sein, wenn der angeschlossene Verbraucher mit dem Leistungsfaktor 0,7 die Stromstärke 43 A braucht und der Spannungsfall 2,5 % der Betriebsspannung a) 400 V, b) 277 V, c) 230 V nicht überschreiten soll?

4. Ein Warmwasserspeicher a) 6 kW, b) 4 kW, c) 5 kW soll an Wechselspannung 230 V angeschlossen werden.

   Wie groß muß der Querschnitt der 12 m langen Kupferleitung nach DIN VDE 0636 Gruppe B2 gewählt werden?

   Wie groß ist dann der Spannungsfall in Volt und in Prozent der Betriebsspannung?

5. Ein Verbraucher für 230 V entnimmt dem Netz bei dem Leistungsfaktor 0,8 die Wirkleistung a) 5,3 kW, b) 6,3 kW, c) 3,8 kW.

   Wie groß ist der Spannungsfall in Prozent der Betriebsspannung in der 45 m langen Kupferzuleitung mit dem Querschnitt 4 $mm^2$?

6. Ein Wechselstrommotor mit den Nenndaten 230 V, Wirkungsgrad 78 %, Leistungsfaktor 0,81 und a) 6,5 kW, b) 9 kW, c) 4,2 kW soll mit Aluminiumleitung an das Netz angeschlossen werden (**13**.6). Der Spannungsfall soll 3 % der Betriebsspannung nicht überschreiten. Wie groß sind die Stromaufnahme und der erforderliche Leitungsquerschnitt?

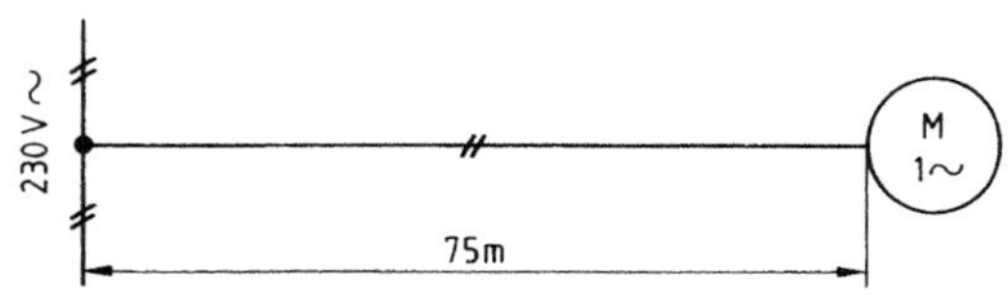


**13**.6

7. Am Ende einer 40 m langen Kupferleitung mit dem Querschnitt 6 $mm^2$ ist ein Verbraucher angeschlossen, der bei der Klemmenspannung 215 V und dem Leistungsfaktor a) 0,7, b) 0,5, c) 0,8 die Wirkleistung 4,4 kW aufnimmt. Wie groß sind die Leistungsaufnahme am Anfang der Leitung sowie der Leistungsverlust in Watt und in Prozent der Leistungsaufnahme am Anfang der Leitung?

8. Ein Elektromotor mit den Nenndaten 230 V, Wirkungsgrad 0,72, Leistungsfaktor 0,7 und a) 2,2 kW, b) 5,5 kW, c) 4 kW soll mit einer 11 m langen Kupferleitung angeschlossen werden.

   Wie groß muß der Querschnitt dieser Leitung nach DIN VDE 0636 Gruppe B2 ausgeführt werden?

   Wie groß ist dabei der Leistungsverlust in Prozent der aus dem Netz aufgenommenen Wirkleistung?

   Wie groß werden Querschnitt und prozentualer Leistungsverlust, wenn eine Aluminiumleitung verwendet wird?

9. Ein Verbraucher nimmt bei der Klemmenspannung 218 V und dem Leistungsfaktor 0,75 die Scheinleistung a) 8 kVA, b) 3,5 kVA, c) 6 kVA auf.

   Wie groß muß der Querschnitt einer 200 m langen Kupferleitung gewählt werden, damit der durch sie verursachte Leistungsverlust 3 % der dem Netz entnommenen Leistung nicht übersteigt?

   Auf welchen Betrag sinkt der Leistungsverlust, wenn der nächstgrößere Nennquerschnitt für die Leitung gewählt wird?

10. An eine Verteilung sind ein Motor mit 10 kW, Leistungsfaktor 0,87, Wirkungsgrad 81 %, ein Motor mit 4 kW, Leistungsfaktor 0,74, Wirkungsgrad 76 %, ein Wärmegerät mit 2,5 kW und 20 Glühlampen mit je 60 W ange-

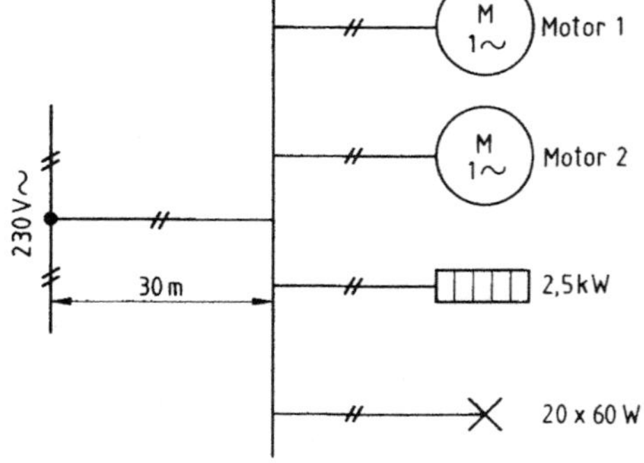


**13**.7

schlossen (**13**.7). Wie groß sind die Stromstärke in der 30 m langen Kupferleitung und der nach DIN VDE 0636 Gruppe B2 erforderliche Leitungsquerschnitt?

11. Ein Wechselstrommotor mit a) 1 kW, b) 2 kW, c) 3 kW für 230 V hat den Leistungsfaktor 0,7 und den Wirkungsgrad 75 %. Der Spannungsfall in der Zuleitung darf 3 % der Betriebsspannung nicht überschreiten.

    Berechnen Sie die maximale Zuleitungslänge, um den Spannungsfall einzuhalten, wenn der Leitungsquerschnitt aus Kupfer 2,5 mm² betragen soll.

    Wie groß wäre die mögliche Leitungslänge, wenn eine Kupferleitung mit 4 mm² Querschnitt verlegt wird?

12. Ein Wärmegerät mit der Anschlußleistung
    a) 4 kW, b) 6 kW, c) 12 kW
    für 230 V soll über eine Kupferleitung mit dem Querschnitt
    a) 2,5 mm² und Sicherung 20 A,
    b) 2,5 mm² und Sicherung 35 A,
    c) 6 mm² und Sicherung 63 A
    angeschlossen werden. Berechnen Sie die maximal mögliche einfache Leitungslänge, wenn der Spannungsfall 3 % der Nennspannung nicht überschritten werden soll.

13. Für den Anschluß eines 230-V-Geräts ist eine 30 m lange Kupferleitung mit dem Querschnitt a) 6 mm², b) 4 mm², c) 1,5 mm² verlegt worden.

    Wie groß darf der Anschlußwert des Geräts höchstens sein, wenn 3 % Spannungsfall nicht überschritten werden sollen?

    Wie groß muß der Nennstrom der Leitungsschutzsicherung gewählt werden bei Verlegung nach Gruppe C?

14. Zulässige maximale Leitungslängen lassen sich unter Berücksichtigung von Spannungsfall und Nennstromstärken der Leitungsschutzsicherungen auch in Diagrammform darstellen. Bild **13**.8 zeigt die Abhängigkeit des Spannungsfalls von der Leitungslänge für eine Kupferleitung 1,5 mm² Querschnitt und der Absicherung 16 A (Verlegung nach Gruppe B2).

    Ergänzen Sie in diesem Bild die Kennlinien für die Kupferleitungen 2,5 mm² und 20 A, 4 mm² und 25 A sowie 6 mm² und 35 A. Geben Sie die maximalen Längen an.

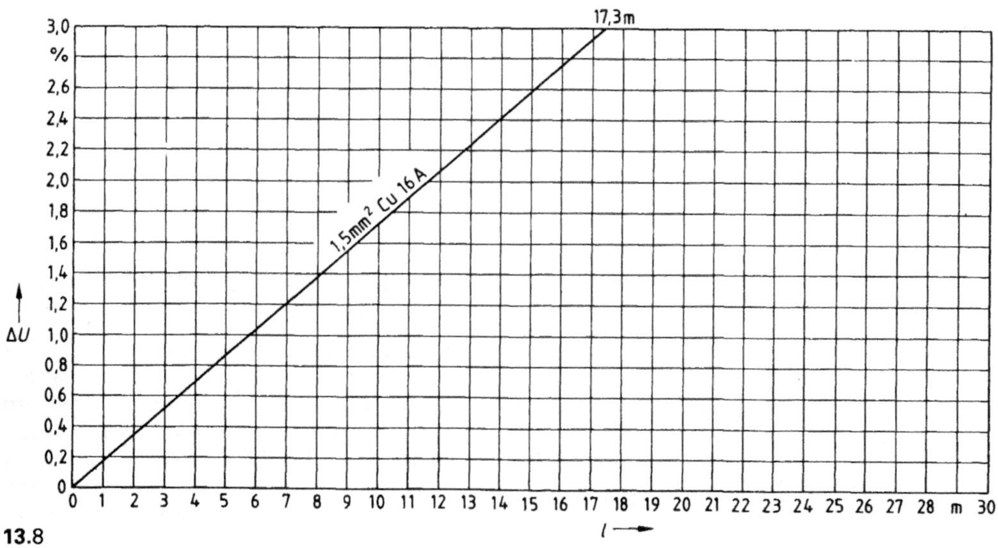


**13**.8

### 13.1.3 Drehstromleitung

**Der Spannungsfall $\Delta U = U_1 - U_2$** ist bei Drehstromleitungen die Differenz der Spannungen $U_1$ und $U_2$ zwischen je zwei Außenleitern am Anfang und am Ende der Leitung (**13**.9).

Wie beim Einphasenwechselstrom wird $\Delta U$ fast ausschließlich vom Wirkstrom $I_w = I \cdot \cos\varphi$ bestimmt. Es gilt daher:

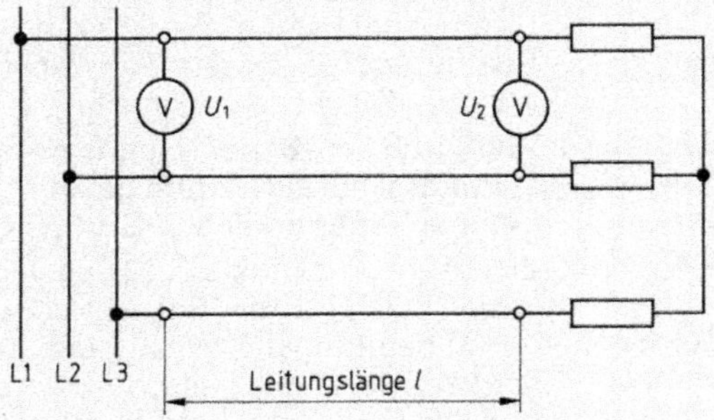


**13**.9

$$\Delta U = \frac{1{,}73 \cdot l \cdot I \cdot \cos\varphi}{\gamma \cdot A}$$

$\Delta U$ in V
$l$ in m
$I$ in A
$\cos\varphi$ ohne Einheit
$\gamma$ in $\frac{\text{m}}{\Omega \cdot \text{mm}^2}$
$A$ in $\text{mm}^2$

**Der Leistungsverlust $P_v$** in den drei Außenleitern ist bei symmetrischer Belastung

$$P_v = 3 \cdot I^2 \cdot R.$$

$P_v$ in W $\quad$ $I$ in A $\quad$ $R$ in $\Omega$

**Beispiel 13.3** Ein Drehstrommotor mit $P = 5{,}5$ kW für $U = 400$ V hat die Nennstromaufnahme $I = 12$ A. Der Leistungsfaktor ist $\cos\varphi = 0{,}8$. Der Motor wird über eine dreiadrige Kupferleitung mit $A = 2{,}5\ \text{mm}^2$ und der Länge $l = 32$ m an das Netz angeschlossen. Wie groß sind der Spannungsfall $\Delta U$ und der Leistungsverlust in den Zuleitungen?

**Lösung**

$$\Delta U = \frac{1{,}73 \cdot l \cdot I \cdot \cos\varphi}{\gamma \cdot A} = \frac{1{,}73 \cdot 32\ \text{m} \cdot 12\ \text{A} \cdot 0{,}8}{56\ \frac{\text{m}}{\Omega \cdot \text{mm}^2} \cdot 2{,}5\ \text{mm}^2} = \mathbf{3{,}8\ V}$$

$$P_v = 3 \cdot I^2 \cdot R = 3 \cdot (12\ \text{A})^2 \cdot \frac{32\ \text{m}}{56\ \frac{\text{m}}{\Omega \cdot \text{mm}^2} \cdot 2{,}5\ \text{mm}^2} = \mathbf{98{,}7\ W}$$

**Aufgaben**

1. Ein am 400-V-Drehstromnetz betriebenes Wärmegerät nimmt die Stromstärke a) 20 A, b) 15 A, c) 26 A auf. Wie groß ist der Spannungsfall zwischen Anfang und Ende der 18 m langen Kupferleitung mit dem Querschnitt 2,5 mm²?
2. Ein Durchlauferhitzer mit a) 18 kW, b) 21 kW, c) 12 kW ist ans 400-V-Drehstromnetz angeschlossen. Wie groß sind der nach DIN VDE 0636 Gruppe C erforderliche Kupferquerschnitt der Zuleitung und der bei einer 11 m langen Zuleitung verursachte Spannungsfall?
3. Wie groß muß der Querschnitt einer a) 35 m, b) 40 m, c) 26 m langen Kupferzuleitung für einen Drehstrommotor mit der Stromaufnahme 14,5 A und dem Leistungsfaktor 0,72 mindestens sein, wenn der Spannungsfall nicht mehr als 3 % der Betriebsspannung 400 V betragen darf?

   Wie groß muß der zu wählende Nennquerschnitt sein?

4. Wie lang darf eine Aluminiumleitung mit dem Querschnitt 10 mm² höchstens sein, wenn der angeschlossene Verbraucher bei dem Leistungsfaktor a) 0,68, b) 0,52, c) 0,86 die Stromstärke 32,5 A aufnimmt und der Spannungsfall nicht mehr als 2,5 % der Betriebsspannung des 480-V-Drehstromnetzes betragen soll?

5. In der Zuleitung zu einem 200 m entfernten Verbrauchers mit der Leistungsaufnahme 18 kW und dem Leistungsfaktor 0,79 soll der Spannungsfall aus besonderen Gründen nicht größer als 5 % der Betriebsspannung 400 V sein. Wie groß sind

   a) die Stromaufnahme,

   b) der erforderliche Querschnitt der Kupferleitung,

   c) die Spannung, mit der eingespeist werden muß, damit der Verbraucher seine Nennspannung erhält?

6. Ein Drehstrommotor mit den Nenndaten a) 4 kW, b) 5,5 kW, c) 3 kW, Wirkungsgrad 81 %, Leistungsfaktor 0,87, ist über eine 68 m lange Kupferleitung mit dem Querschnitt 1,5 mm² an das 400-V-Drehstromnetz angeschlossen. Wie groß sind Stromaufnahme und Leistungsverlust in der Zuleitung?

7. Ein Drehstrommotor mit den Nenndaten a) 15 kW, b) 18,5 kW, c) 11 kW, 400 V, Wirkungsgrad 84 %, Leistungsfaktor 0,88, soll angeschlossen werden. Wie groß sind der nach DIN VDE 0636 Gruppe C erforderliche Kupferquerschnitt und für den gewählten Querschnitt der Leistungsverlust in Watt und Prozent der dem Netz entnommenen Leistung, wenn die Leitung 23 m lang ist?

8. Ein Drehstrommotor mit den Nenndaten 18,5 kW, Wirkungsgrad 84 %, Leistungsfaktor 0,89, soll an ein 400-V-Drehstromnetz angeschlossen werden.

   Wie groß ist der Kupferquerschnitt, der nach DIN VDE 0636 Gruppe B2 erforderlich ist?

   Wie groß muß man den Querschnitt wählen, damit der Leistungsverlust in der 120 m langen Leitung a) 3 %, b) 5 %, c) 7 % der aus dem Netz aufgenommenen Leistung nicht überschreitet?

9. Drei Lampengruppen, bestehend aus je 150 Glühlampen mit 60 W 230 V, sind in Sternschaltung über eine 80 m lange Kupferleitung an ein 400-V-Drehstromnetz angeschlossen.

   Wie groß muß der Querschnitt einer vieradrigen Leitung gewählt werden, wenn der zulässige Spannungsfall 2 % der Lampen-Betriebsspannung nicht überschreiten soll?

   Wie groß sind die Spannungsfälle und die Leistungsverluste in den vier Leitungen, wenn die erste Lampengruppe auf 100 Lampen und die zweite auf 120 Lampen verringert wird?

10. Die Drehstromleistung von a) 30 kW, b) 45 kW, c) 20 kW soll bei der Leiterspannung 400 V mit einer 180 m langen Leitung übertragen werden.

    Wie groß muß der Querschnitt der Aluminiumleitung gewählt werden, wenn der Leistungsfaktor 0,6 beträgt und der Leistungsverlust 8 % der aus dem Netz aufgenommenen Leistung nicht überschreiten soll?

    Wie groß kann der Querschnitt gewählt werden, wenn der Leistungsfaktor auf 0,95 verbessert wird?

11. Die Leistungsaufnahme eines Wärmeschranks beträgt bei in Dreieck geschalteten Heizwiderständen 12 kW (**13**.10).

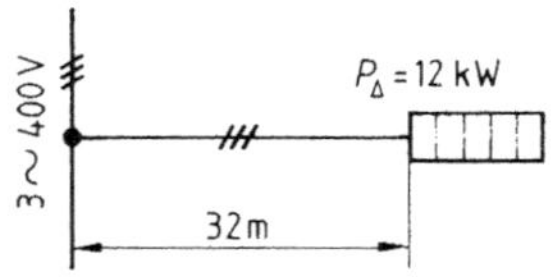


**13**.10

    Wie groß ist der Kupferquerschnitt der Zuleitungen zu wählen, damit der Leistungsverlust a) 4 %, b) 2 %, c) 6 % der aus dem Netz aufgenommenen Leistung nicht übersteigt?

    Wie groß ist der Leistungsverlust in Prozent, wenn die Widerstände in Stern geschaltet sind?

12. Am Ende einer 56 m langen Drehstromleitung sind ein Drehstrommotor mit den Nenndaten 2,2 kW, 400 V, Leistungsfaktor 0,84, Wirkungsgrad 84 %, ein Drehstrommotor mit 4 kW, 400 V, Leistungsfaktor 0,86, Wirkungsgrad 85 % ein Drehstrommotor mit 5,5 kW, 400 V, Leistungsfaktor 0,89, Wirkungsgrad 88 %, sowie 75 Glühlampen mit je 60 W 230 V angeschlossen (**13**.11).

Wie groß ist der erforderliche Kupferquerschnitt, wenn der Leistungsverlust 3 % der aus dem Netz aufgenommenen Leistung nicht überschreiten soll?

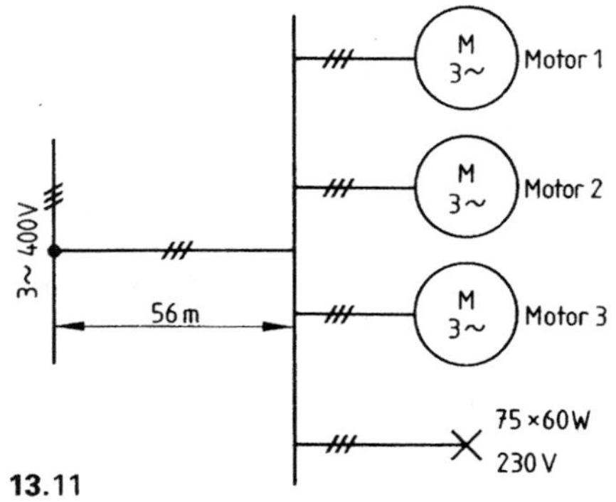


**13**.11

13. In einem Einfamilienhaus soll ein Drehstromkreis für einen Elektroherd 400 V und a) 6 kW, b) 8 kW, c) 10 kW installiert werden.

    Wie lang darf die nach DIN VDE 0636 Gruppe B2 verlegte Leitung 5 x 2,5 mm² Cu höchstens sein, wenn der Spannungsfall auf 3 % der Betriebsspannung begrenzt ist?

    Für welchen Nennstrom ist die Leitungsschutzsicherung auszulegen?

    Der Stromkreisverteiler ist entsprechend Bild **13**.1 in den Zählerplatz integriert.

14. In Bild **13**.12 ist die Abhängigkeit des Spannungsfalls von der Leitungslänge für Drehstromleitungen dargestellt. Eingetragen ist die „Kennlinie" für eine Kupferleitung 1,5 mm² Leitungsschutzsicherung 16 A (Verlegung nach DIN VDE 0636 Gruppe C). Tragen Sie die Kennlinien ein für Kupferleitungen 2,5 mm² Sicherung 20 A, 4 mm² Sicherung 25 A und 6 mm² Sicherung 35 A.

15. In einem Mehrfamilienhaus befinden sich der Zählerplatz im Keller und die Stromkreisverteiler in den Wohnungen. Die Hauptleiterlänge zwischen Zählerplatz und Stromkreisverteiler

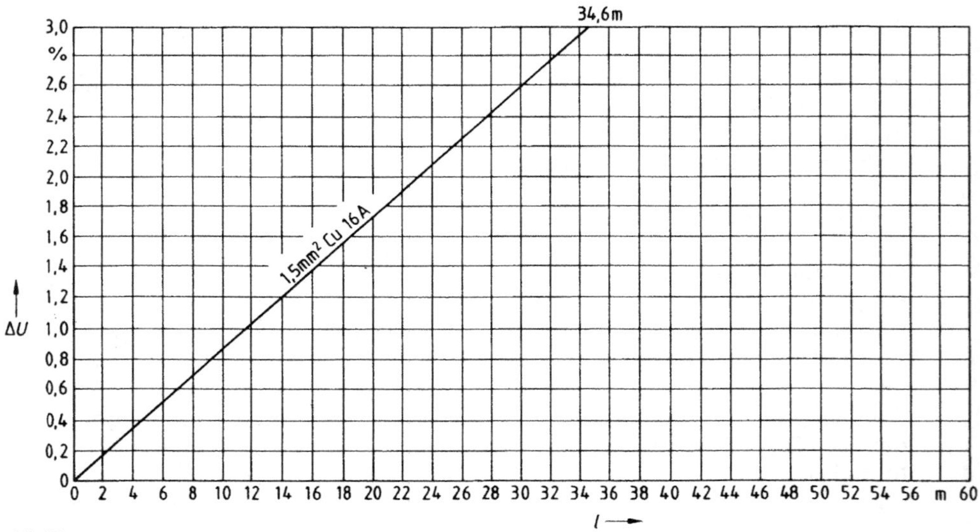


**13**.12

beträgt a) 12 m, b) 10 m, c) 8 m mit dem Querschnitt 10 mm² (**13**.13). Der Nennstrom der Leitungsschutzsicherung für die Hauptleitung beträgt 63 A.

Wie lang dürfen die vom Stromkreisverteiler abgehenden Leitungen noch maximal sein, wenn Querschnitte 3 x 1,5 mm² Cu Sicherung 16 A für Beleuchtungszwecke vorgesehen sind? Die Netzspannung ist 400/230 V, der Spannungsfall darf 3 % betragen.

Beurteilen Sie das berechnete Ergebnis!

16. Berechnen Sie die maximalen Leitungslängen für Drehstrom für die Nennquerschnitte 10 mm², 16 mm², 25 mm², 35 mm² und 50 mm² und den angegebenen Nennstromstärken der Überstromschutzorgane für die Spannungsfälle 0,5 % und 3 %. Übertragen Sie die Ergebnisse in je ein Diagramm.

| A in mm² | Überstrom-schutz-organ | $l$ in m für $U = 0{,}5$ % | $l$ in m für $U = 3$ % |
|---|---|---|---|
| 10 | 35 A | 17,6 | 105,4 |
| 10 | 50 A | | |
| 10 | 63 A | | |
| 10 | 80 A | | |
| 16 | 50 A | | |
| 16 | 63 A | | |
| 16 | 80 A | | |
| 16 | 100 A | | |
| 25 | 63 A | | |
| 25 | 80 A | | |
| 25 | 100 A | | |
| 25 | 125 A | | |
| 35 | 80 A | | |
| 35 | 100 A | | |
| 35 | 125 A | | |
| 35 | 160 A | | |
| 50 | 100 A | | |
| 50 | 125 A | | |
| 50 | 160 A | | |
| 50 | 200 A | | |

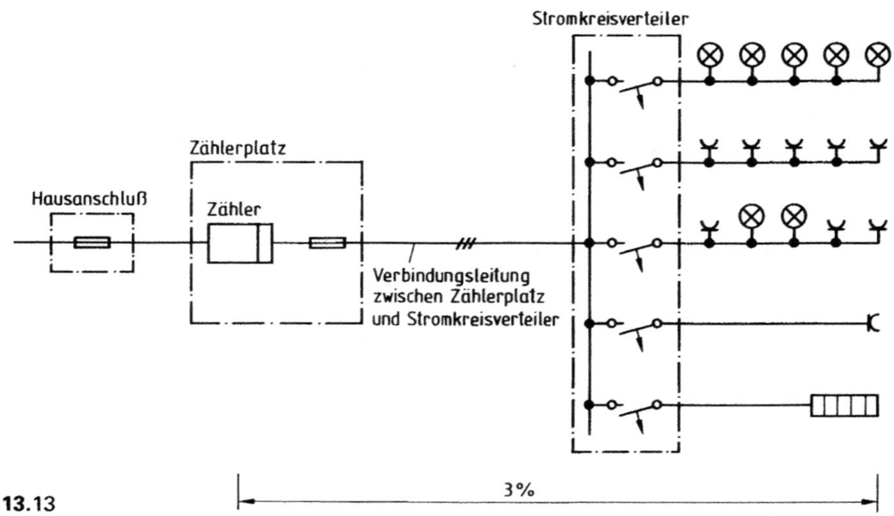


**13**.13

## 13.2 Schutzmaßnahmen in elektrischen Anlagen

### 13.2.1 Netzabhängige Schutzmaßnahmen bei indirektem Berühren

Diese Schutzmaßnahmen arbeiten mit Schutzleiter. Sie sollen beim Entstehen einer gefährlichen Berührungsspannung die Anlage sofort abschalten oder einen entstandenen Fehler melden. Die Maßnahmen sind der jeweiligen Netzform anzupassen.

Nach DIN 57 100/VDE 0100 Teil 310 wird ein Niederspannungsnetz bezeichnet nach

- **den Erdungsverhältnissen der Stromquelle** (erster Buchstabe):
  T direkte Erdung der Stromquelle (Betriebserder)
  I Isolierung aller aktiven Teile gegenüber Erde oder Verbindung eines Punktes mit Erde über eine Impedanz
- **den Erdungsverhältnissen der Körper in Verbraucheranlagen** (zweiter Buchstabe)
  N Körper direkt mit dem Beriebserder verbunden
  T Körper direkt geerdet
- **Zusatzbuchstaben**
  S Neutralleiter- und Schutzleiterfunktion durch getrennte Leiter
  C Neutralleiter- und Schutzleiterfunktion in einem Leiter (PEN-Leiter)
  Kombination von C und S

**Im TN-S-Netz** sind Überstrom-Schutzeinrichtungen und Fehlerstrom-Schutzschalter anwendbar (Abschaltung, **13.**14).

**Im TN-C-Netz** sind nur Überstrom-Schutzeinrichtungen anwendbar (Abschaltung, **13.**15).

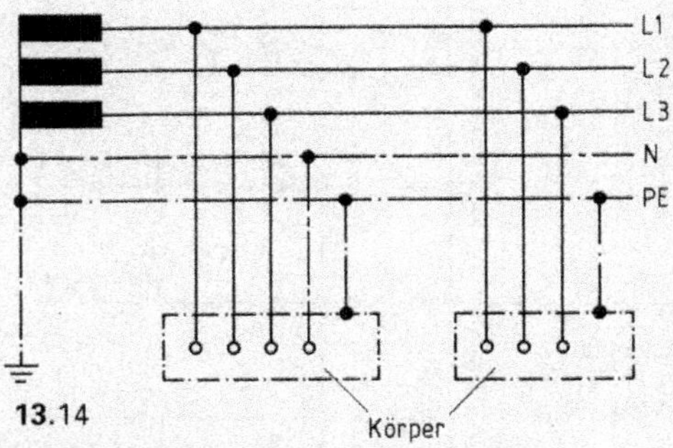


**13.**14

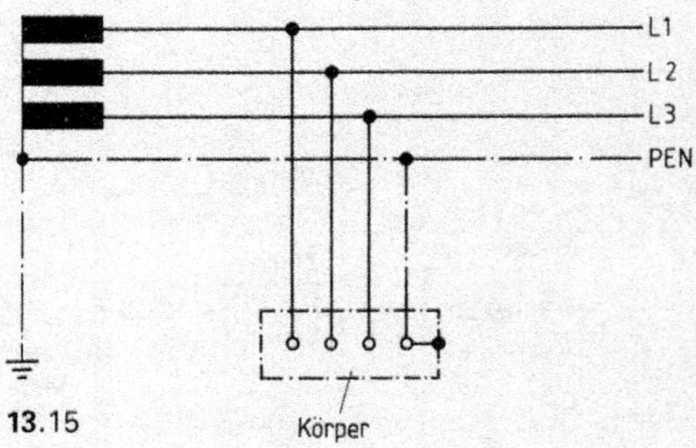


**13.**15

**Das TN-C-S-Netz** zeigt Bild **13.**16.

**Im TT-Netz** sind Überstrom-Schutzeinrichtungen, Fehlerstrom-Schutzschalter und Fehlerspannungs-Schutzschalter anwendbar (Abschaltung, **13.**17).

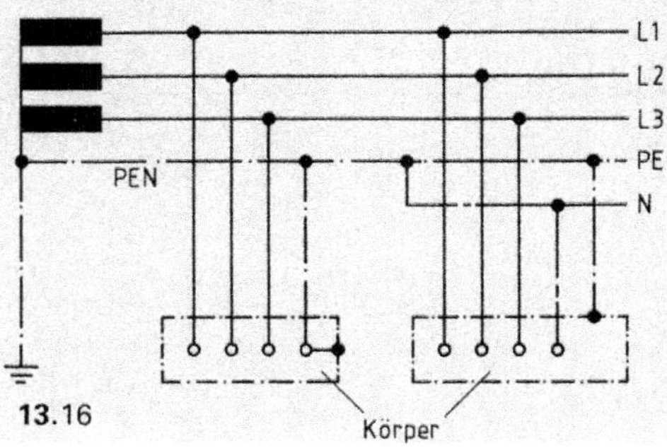


**13.**16

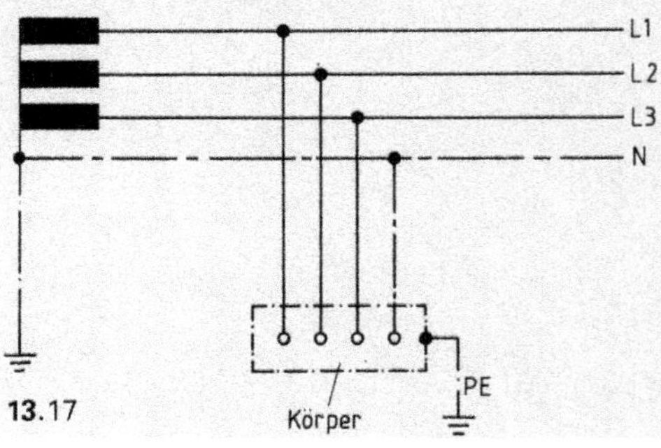


**13.**17

**Im IT-Netz** ist eine Isolations-Überwachungseinrichtung anzubringen (Meldung eines Fehlers, **13.**18).

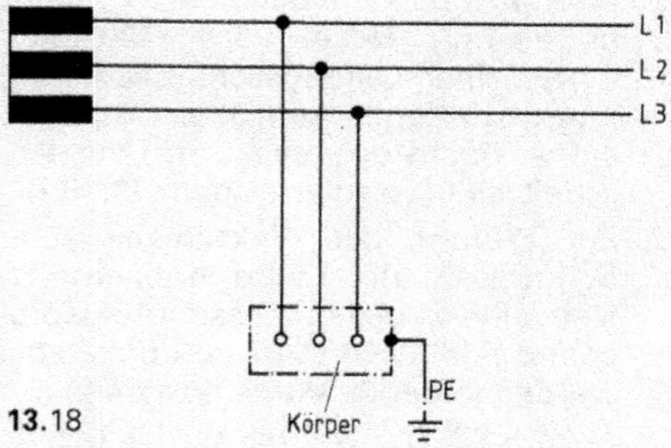


**13.**18

**Beispiel 13.4** Die Abschaltzeiten von Überstrom-Schutzeinrichtungen (0,2 s bzw. 5 s) sind nur einzuhalten, wenn der Scheinwiderstand der Fehlerschleife (Schleifenimpedanz $Z_S$) den folgenden Wert nicht überschreitet.

$$Z_S \leq \frac{U_0}{I_a}$$

$Z_S$ = Schleifenimpedanz
$U_0$ = Nennspannung eines Außenleiters gegen geerdeten Leiter
$I_a$ = Abschaltstrom

Für einen mit 16 A Leitungsschutzsicherungen abgesicherten Steckdosenkreis wurde die Schleifenimpedanz $Z_S$ = 1,2 Ω festgestellt. Ist die Abschaltbedingung erfüllt?

**Lösung** Aus der Kennlinie **13.**19 der Sicherung wird für die geforderte Abschaltzeit $t_v$ = 0,2 s der Abschaltstrom $I_a$ = 150 A ermittelt.

Bedingung $Z_S \leq \frac{U_0}{I_a}$

$Z_S \leq \frac{U_0}{I_a} = \frac{230\ \text{V}}{150\ \text{A}}$ = 1,53 Ω = **Bedingung erfüllt**

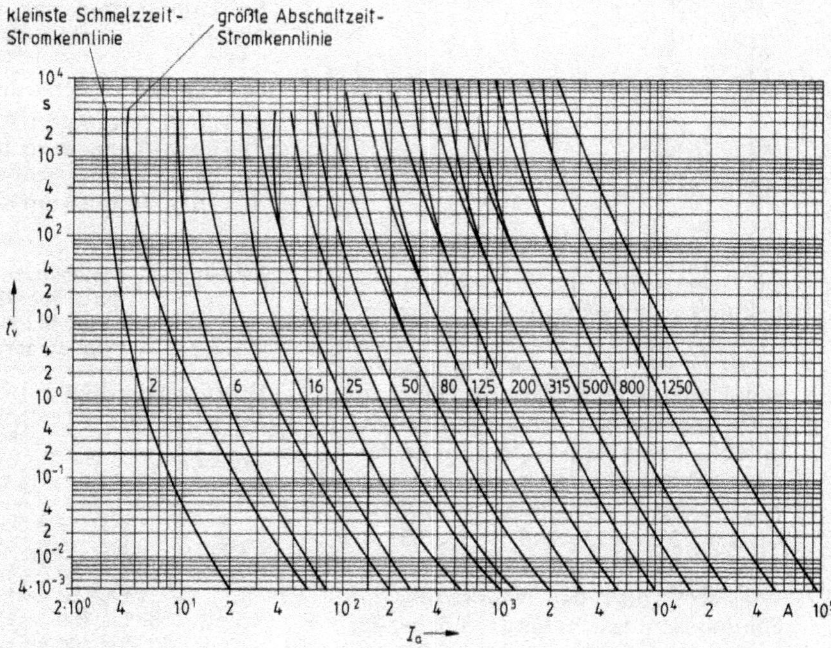


**13.**19

## Aufgaben

1. Wie groß darf die Schleifenimpedanz in einem TN-Netz 3/N ~ 400/230 V hinter einer Leitungsschutzsicherung mit dem Nennstrom a) 6 A, b) 25 A, c) 2 A höchstens sein, um die Abschaltzeit 0,2 s zu erreichen (**13**.19)?

2. Zur Prüfung der Wirksamkeit einer Schutzmaßnahme wird in einem TN-Netz eine Schleifenmessung entsprechend Bild **13**.20 durchgeführt. Dabei werden folgende Werte ermittelt:

   a) $U_0 = 230$ V, $U = 195$ V, $I = 12{,}5$ A;
   b) $U_0 = 230$ V, $U = 204$ V, $I = 8$ A;
   c) $U_0 = 230$ V, $U = 193$ V, $I = 4{,}7$ A.

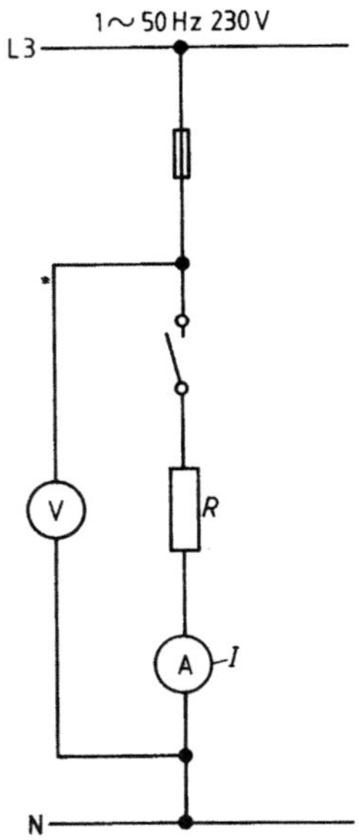


**13**.20

   Der Nennstrom der vorgeschalteten Leitungsschutzsicherung beträgt 16 A. Wie groß ist die Schleifenimpedanz? Ist die Abschaltbedingung (Abschaltzeit 0,2 s) erfüllt (s. **13**.19)?

3. Beim Messen der Schleifenimpedanz entsprechend Bild **13**.20 wurden folgende Werte gemessen:

   a) $U_0 = 230$ V, $U = 194$ V, $I = 27{,}8$ A;
   b) $U_0 = 230$ V, $U = 206$ V, $I = 6{,}33$ A;
   c) $U_0 = 230$ V, $U = 215$ V, $I = 37{,}5$ A.

   Wie groß darf der Nennstrom der Leitungsschutzsicherung höchstens sein, wenn die Abschaltzeit 0,2 s gefordert wird?

4. Ein Stromkreis mit ortsfest installierten Betriebsmittteln (zulässige Abschaltzeit 5 s) soll mit einer Leitungsschutzsicherung 35 A abgesichert werden. Die Schleifenimpedanz wurde mit a) 1 Ω, b) 1,2 Ω, c) 1,4 Ω ermittelt. Wird die Abschaltbedingung eingehalten?

5. In einem TN-Netz ist der gesamte Erdungswiderstand des mehrfach geerdeten PEN-Leiters $R_B = 2\ \Omega$. Wie groß darf der maximale Erdübergangswiderstand $R_E$ an einer Erdschlußstelle eines Außenleiters höchstens sein, wenn die Außenleiterspannung a) 400 V, b) 480 V, c) 690 V beträgt? Die Fehlerspannung darf 50 V nicht überschreiten.

6. Abschaltzeiten von Schutzeinrichtungen im TN-Netz zwischen einem Transformator und der Anschlußstelle des Hauptpotentialausgleichs einer Verbraucheranlage sind in der Regel von untergeordneter Bedeutung. Berechnen Sie die Abschaltströme für folgende Überstrom-Schutzeinrichtungen nach Tabelle **13**.21.

**Leitungsschutzsicherung**

a) Typ gL Nennstrom 6 A
b) Typ gL Nennstrom 16 A
c) Typ gL Nennstrom 35 A
d) Typ gL Nennstrom 80 A

Tabelle **13**.21 **Mindeststromwerte und die zugehörigen Abschaltzeiten bei Abschaltung im Überlastbereich**

| Überstrom Schutzeinrichtung | Nennstrombereich | Überlastabschaltung bei | Abschaltzeit |
|---|---|---|---|
| gL-Sicherung | bis 4 A | 2,1 x $I_n$ | < 1 h |
| | 6 bis 10 A | 1,9 x $I_n$ | < 1 h |
| | 16 bis 25 A | 1,75 x $I_n$ | < 1 h |
| | 32 bis 63 A | 1,6 x $I_n$ | < 1 h |
| | 80 bis 160 A | 1,6 x $I_n$ | < 2 h |
| | 200 bis 400 A | 1,6 x $I_n$ | < 3 h |
| | über 400 A | 1,6 x $I_n$ | < 4 h |

7. Wie groß wird die Fehlerspannung in einem 400-V-TN-Netz mit dem Gesamterdungswiderstand der Betriebserde 2 Ω, wenn an einer Erdschlußstelle eines Außenleiters der Übergangswiderstand a) 5 Ω, b) 8 Ω, c) 6 Ω auftritt? Beurteilen Sie das Ergebnis Ihrer Berechnung.
8. Ermitteln Sie aus Bild **13.**19 die ungefähren Faktoren, mit denen Sie die Nennstromstärke der Leitungsschutzsicherungen 6 A, 16 A, 25 A und 50 A multiplizieren müssen, um die Abschaltzeiten 0,2 s bzw. 0,5 s zu erreichen, und stellen Sie die Werte in Tabellenform zusammen.
9. Leitungsschutzschalter (LS-Schalter), auch Sicherungsautomaten genannt, haben für den Überstrombereich thermisch verzögerte und für den Kurzschlußbereich elektromagnetisch unverzögert wirkende Auslöser. Bild **13.**22 zeigt die Bezugswerte von Leitung und Schutzeinrichtung (a) sowie die Kennliniencharakteristiken B und C der LS-Schalter nach VDE 0641/11.88 (b). Entwickeln Sie aus den Bildern eine Tabelle für die Werte von $I_1$, $I_2$, $I_4$ und $I_5$ der LS-Schalter mit den Charakteristiken B und C und den Nennströmen 16 A, 20 A, 25 A, 32 A, 40 A, 50 A, 63 A.
10. Bild **13.**23 zeigt ein geerdetes Gerät (TT-Netzbereich) in einem TN-Netz.

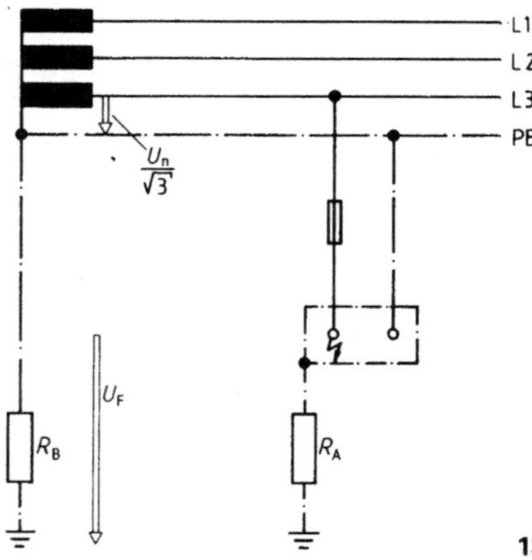


**13.**23

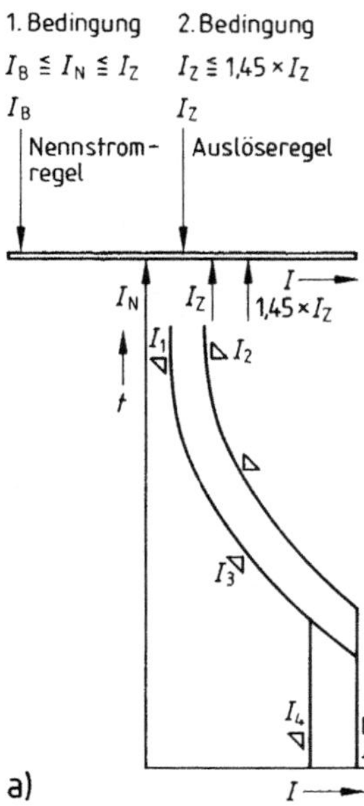


$I_B$ Betriebsstrom: Durch den Verbraucher bestimmter Strom bei ungestörtem Betrieb

$I_Z$ Zulässiger Dauerbelastungsstrom für einen Leiter

1,45 x $I_Z$ Maximal zulässiger, zeitlich begrenzter Überlaststrom

$I_N$ Nennstrom: Strom für den der LS-Schalter bemessen ist und auf den sich andere Nenngrößen beziehen

$I_1$ Kleiner Prüfstrom

$I_2$ Großer Prüfstrom

$I_3$ Toleranzeingrenzung

$I_4$ Haltestrom

$I_5$ Auslösestrom

a)

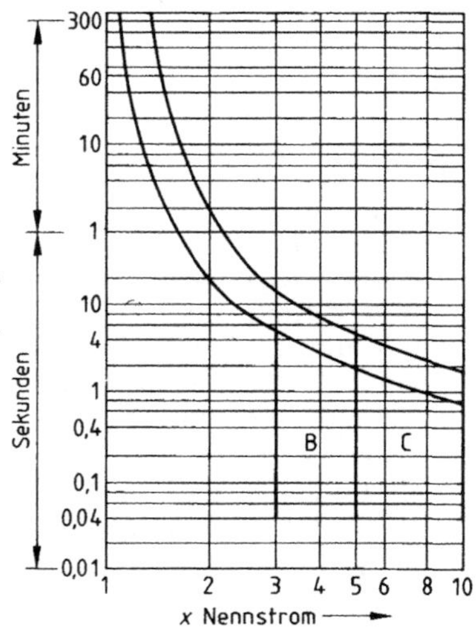


| | B | C |
|---|---|---|
| $I_1$ | 1,13 x $I_N$ | 1,13 x $I_N$ |
| $I_2$ | 1,45 x $I_N$ | 1,45 x $I_N$ |
| $I_4$ | 3 x $I_N$ | 5 x $I_N$ |
| $I_5$ | 5 x $I_N$ | 10 x $I_N$ |

b)

**13.**22
a) Bezugswerte von Leitung und Schutzeinrichtung
b) Kennliniencharakteristik B und C eines LS-Schalters nach VDE 0641/11.88

Wie groß wird die Fehlerspannung am PEN-Leiter bei einem Körperschluß, wenn der Widerstand $R_A$ a) 1 Ω, b) 2 Ω, c) 3 Ω beträgt? Es handelt sich um ein 400/230-V-Netz mit dem Gesamtwiderstand der Betriebserde $R_B$ = 2 Ω.

11. In einem TT-Netz 400/230 V (**13**.24) wurden Leitungsschutzsicherungen a) 6 A, b) 16 A, c) 25 A als Schutzeinrichtungen verwendet. Im Fall eines Körperschlusses muß der Fehlerstrom $I_F$ die Sicherungen in 5 s zum Ansprechen bringen. Berechnen Sie den Gesamtwiderstand des Fehlerstromkreises. Beurteilen Sie das berechnete Ergebnis.

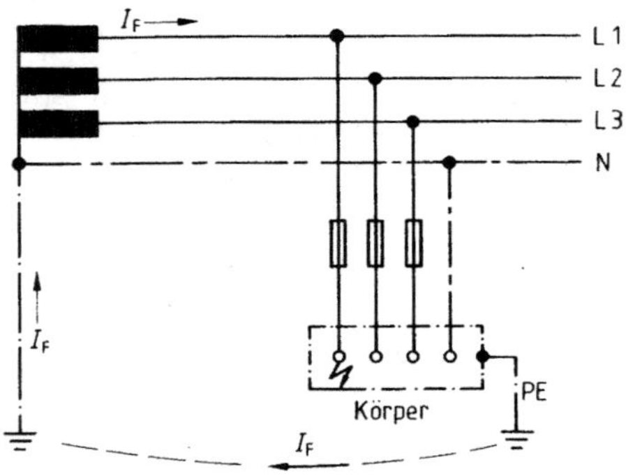


**13**.24

12. In Bild **13**.25 ist ein FI-Schalter (vorschriftswidrig) ohne Schutzleiter (gestrichelt $R_{PE}$) angeschlossen. Wie groß werden die Berührungsspannung und der Fehlerstrom, wenn folgende Werte im Stromkreis angenommen werden: $R_B$ = 2 Ω, $R_A$ = a) 10 Ω, b) 14 Ω, c) 18 Ω und die Netzspannung 400/230 V?

13. In Bild **13**.25 ist das Gerät über eine Schutzleitung PE mit $R_{PE}$ (gestrichelt) a) 0,2 Ω, b) 1 Ω, c) 0,1 Ω mit dem Erdungswiderstand $R_A$ der Anlage verbunden. Wie groß werden nun der Fehlerstrom und die Berührungsspannung bei sonst gleichen Werten wie in Aufgabe 12?

14. Schutzleiter sollen in erster Linie die „Körper“ verschiedener Betriebsmittel miteinander verbinden, um sie

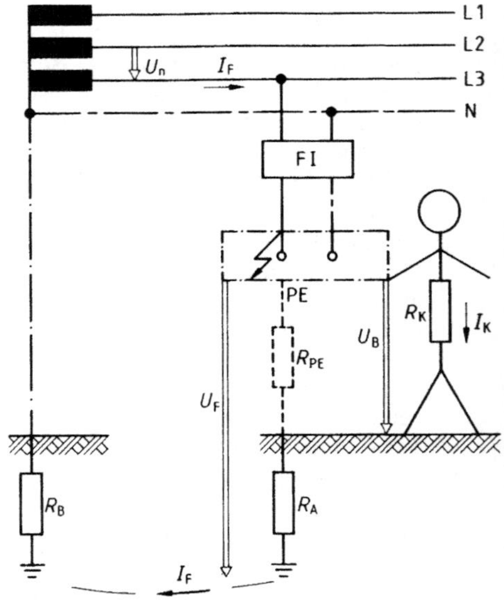


**13**.25

im Fall eines Körperschlusses näherungsweise auf gleiches Potential zu bringen und nur einen Teil der Fehler-

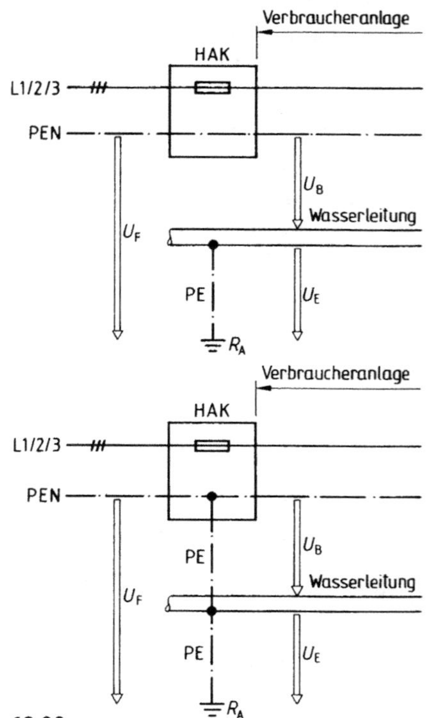


**13**.26

spannung als Berührungsspannung wirksam werden lassen. Außerdem sollen sie die Körper der Geräte möglichst „widerstandslos" mit der Anlagenerde verbinden.

Berechnen Sie nach Bild **13.**26 für die Verbraucheranlagen ohne und mit Hauptpotentialausgleich die Berührungsspannung $U_B$, wenn folgende Werte bekannt sind: Netzspannung 400/230 V, Betriebserde 2 Ω, Anlagenerde 4 Ω, Widerstand des gesamten Schutzleiters PE a) 0,3 Ω, b) 0,5 Ω, c) 0,8 Ω. Beurteilen Sie das Ergebnis.

15. Vorzugsweise für den Nennfehlerstrom $I_{\Delta n}$ von FI-Schutzschaltern sind 30 mA, 300 mA, 0,5 A und 1 A. Wie groß dürfen in einem 400/230-V-Netz die Erdungswiderstände der Anlagenerde für die vier Nennwerte maximal sein, wenn der Widerstand des Schutzleiters PE unberücksichtigt bleiben soll und die zulässige Berührungsspannung nicht überschritten werden darf?

### 13.2.2 Prüfen von Erdungsanlagen und Isolationswiderständen

**Die Erdung** ist eine Verbindung eines Punktes des Betriebsstromkreises oder eines leitfähigen Bauteils, das nicht zum Betriebsstromkreis gehört, mit dem Erdreich. Man unterscheidet die Betriebserdung und die Hilfserdung.

**Die Isolation** in elektrischen Anlagen muß in trockenen und feuchten Räumen zwischen zwei Überstrom-Schutzeinrichtungen oder hinter einer Überstrom-Schutzeinrichtung mindestens den Widerstand 1000 Ω je Volt Betriebsspannung betragen.

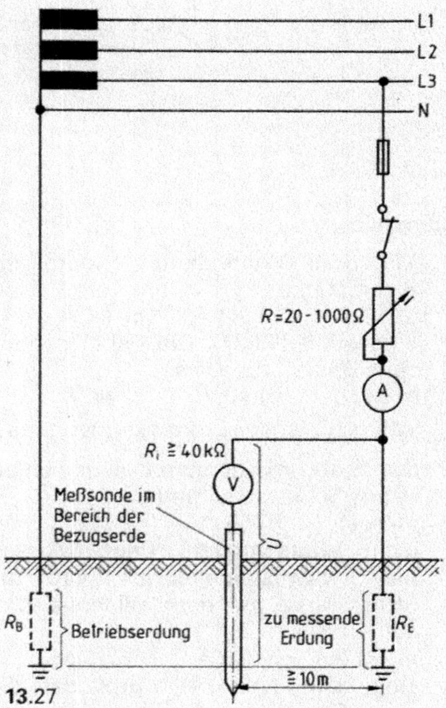

**13.**27

**Beispiel 13.5** Mit dem einstellbaren Widerstand $R$ wird die Stromstärke $I = 1{,}5$ A eingestellt. Dabei wird die Spannung $U = 45$ V gemessen (**13.**27). Wie groß ist der Erdungswiderstand $R_A$?

**Lösung** $R_A = \frac{U}{I} = \frac{45\ \text{V}}{1{,}5\ \text{A}} = \mathbf{30\ \Omega}$

**Beispiel 13.6** Mit einem Spannungsmesser, dessen Innenwidersand $R_i = 100\ k\Omega$ beträgt, wird in der Schaltung nach Bild **13**.28 die Spannung $U_i = 160\ V$ gemessen. Die Spannung zwischen L1 und Erde ist $U = 230\ V$. Wie groß ist der Standortübergangswiderstand $R_{St}$?

**Lösung** Nach den Regeln der Reihenschaltung von Widerständen gilt

$$\frac{R_{St}}{R_i} = \frac{U - U_i}{U_i}.$$

Dann erhält man

$$R_{St} = R_i \frac{U - U_i}{U_i} = 100\ k\Omega \frac{230\ V - 160\ V}{160\ V} = \mathbf{22{,}9\ k\Omega}.$$

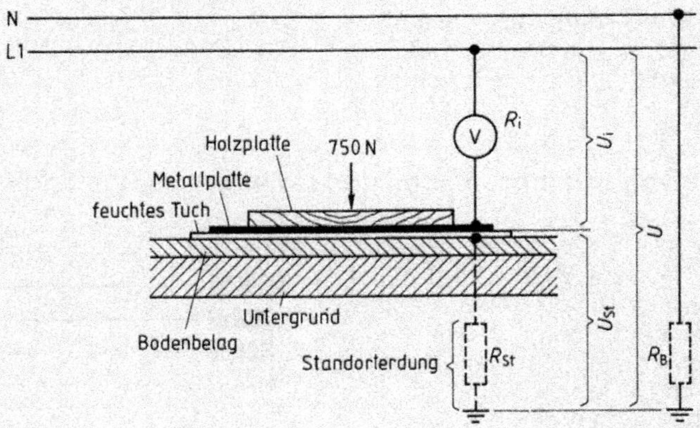


**13**.28

**Aufgaben**

1. Mit dem Widerstand *R* wird die Stromstärke
   a) 1,2 A, b) 0,8 A, c) 1,4 A
   eingestellt (**13**.27). Die dabei gemessene Spannung beträgt
   a) 34 V, b) 42 V, c) 48 V.
   Wie groß ist der Erdungswiderstand?

2. Der Erdungswiderstand einer Fehlerstrom-Schutzschaltung darf
   a) 21 Ω, b) 65 Ω, c) 8 Ω
   nicht überschreiten. Beim Messen des Erdungswiderstands wird die Stromstärke mit dem Widerstand *R* auf
   a) 1,8 A, b) 0,8 A, c) 2,6 A
   eingestellt (**13**.27). Wie groß darf die vom Spannungsmesser angezeigte Spannung höchstens sein?

3. Der Erdungswiderstand für eine Fehlerspannungs-Schutzschaltung darf
   a) 800 Ω, b) 200 Ω, c) 400 Ω
   nicht überschreiten. Beim Messen des Erdungswiderstands wird die Stromstärke mit dem Widerstand *R* auf
   a) 150 mA, b) 200 mA, c) 120 mA
   eingestellt (**13**.27). Der Spannungsmesser zeigt dabei
   a) 104 V, b) 38 V, c) 64 V an.
   Ist der Erder zulässig?

4. Für die Messung des Standort-Übergangswiderstands eines Wohnzimmerfußbodens wird ein Spannungsmesser mit dem Innenwiderstand
   a) 80 kΩ, b) 125 kΩ, c) 83,3 kΩ
   verwendet. Er zeigt
   a) 154 V, b) 136 V, c) 84 V
   Spannung an. Die Spannung zwischen einem Außenleiter und dem Neutralleiter bzw. der Erde beträgt 230 V (**13**.28). Wie groß ist der Standort-Übergangswiderstand?
   Ist die elektrische Anlage in eine Schutzmaßnahme einzubeziehen?

5. Bei der Prüfung des Isolationszustands in einem Wohnraum zeigt ein Spannungsmesser mit dem Innenwiderstand 125 kΩ

a) 138 V, b) 97,7 V, c) 73,3 V Spannung an. Die Spannung zwischen Außenleiter und Neutralleiter beträgt

a) 230 V, b) 127 V, c) 110 V.

Muß für die elektrische Anlage dieses Raums eine Schutzmaßnahme vorgesehen werden (**13**.28)?

6. Wie groß müßte die vom Spannungsmesser angezeigte Spannung sein, wenn der Standort-Übergangswiderstand a) 40 kΩ, b) 65 kΩ, c) 82 kΩ, die Spannung zwischen Außenleiter und Neutralleiter bzw. Erde 230 V und der Innenwiderstand des Spannungsmessers 83,3 kΩ betragen (**13**.28)?

7. Bei der Isolationsprüfung einer in trockenen Räumen installierten Anlage wird der Isolationswiderstand von a) 860 kΩ, b) 150 kΩ, c) 250 kΩ gemessen. Die Betriebsspannung beträgt 230 V.

   Wie groß sind der Isolationswiderstand in Ohm je Volt und der Fehlerstrom?

   Reicht der Isolationswiderstand der Anlage aus?

8. Eine im Freien verlegte Leitung hat am Netzleiter L3 einen Isolationsfehler, der zu einem Erdschluß führt (**13**.29).

   Die Isolationsmessung zwischen L3 und Erde ergibt bei abgetrenntem Kabel einen Isolationswiderstand von a) 2,4 kΩ, b) 7,5 kΩ, c) 560 Ω. Der Gesamtwiderstand von Transformator, Netzleiter und Betriebserde beträgt 4 Ω.

   Wie groß ist der Fehlerstrom bei angeschlossenem Kabel?

9. Der Isolationsfehler des Kabels in Bild **13**.29 führt im Lauf der Zeit zu einem immer kleiner werdenden Isolationswiderstand und damit zu einem so großen Fehlerstrom, daß ein Lichtbogen entsteht. Wie groß wird der Fehlerstrom sein, wenn die Brennspannung des Lichtbogens mit a) 40 V, b) 50 V, c) 45 V angenommen wird und die Schleifenimpedanz

   a) 3,4 Ω, b) 4 Ω, c) 3 Ω beträgt?

10. Die Läuferscheibe des Kilowattstundenzählers einer Verbraucheranlage am 400/230-V-Netz macht in

    a) 3 min, b) 2 min, c) 5 min

    eine Umdrehung, obwohl alle Verbraucher abgeschaltet sind. Die Zählerkonstante beträgt 2400 $kWh^{-1}$.

    Wie groß sind der Fehlerstrom, der Isolationswert der Anlage in Ohm je Volt und die Verlustleistung des Fehlerstroms?

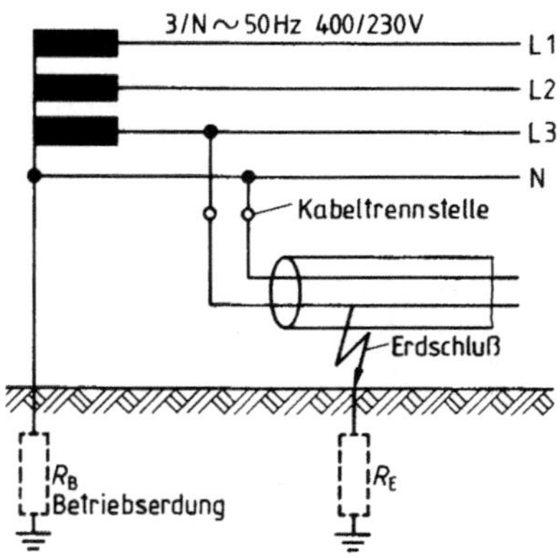


**13**.29

# Anhang

Tabelle 1 **Eigenschaften wichtiger Werkstoffe bei 20 °C**

| | Werkstoff | spezifischer Widerstand $\varrho$ in $\frac{\Omega \cdot mm^2}{m}$ | Leitfähigkeit $\gamma$ in $\frac{m}{\Omega \cdot mm^2}$ | Temperaturbeiwert $\alpha$ in $\frac{1}{K}$ | Dichte $\varrho$ in $\frac{kg}{dm^3}$ | spezifische Wärmekapazität $c$ in $\frac{KJ}{kg \cdot K}$ | elektrochemisches Äquivalent $c$ in $\frac{g}{Ah}$ |
|---|---|---|---|---|---|---|---|
| gut leitende Metalle | Silber | 0,016 | 62,5 | + 0,0038 | 10,5 | 0,235 | 4,02 |
| | Kupfer | 0,0178 | 56 | + 0,004 | 8,9 | 0,386 | 1,18 |
| | Aluminium | 0,0286 | 35 | + 0,0038 | 2,7 | 0,895 | 0,335 |
| | Stahl | 0,14 | 7,1 | + 0,0045 | 7,8 | 0,462 | 1,04 |
| | Nickel | 0,1 | 10 | + 0,004 | 8,85 | 0,450 | 1,09 |
| | Chrom | 0,026 | 38 | | 6,92 | 0,441 | 0,65 |
| | Zink | 0,063 | 16 | + 0,0037 | 7,1 | 0,395 | 1,22 |
| | Platin | 0,098 | 10,2 | + 0,0039 | 21,4 | 0,134 | |
| Widerstandslegierungen | CuMn12Ni (Manganin) | 0,43 | 2,3 | + 0,00004 | 8,4 | | |
| | CuNi44 (Konstantan) | 0,5 | 2 | 0 | 8,8 | | |
| | CuNi30Mn (Nickelin) | 0,4 | 2,5 | + 0,00023 | 8,8 | | |
| Heizleiterlegierungen | NiCr80 20 | 1,09 (1,13) | | | 8,3 | | |
| | NiCr60 15 | 1,11 (1,25) | | | 8,2 | | |
| | CrAl20 5 | 1,37 (1,43) | | | 7,2 | | |
| | CrAl 25 5 | 1,44 (1,46) | | | 7,2 | | |

1) Klammerwerte bei 1000 °C

Tabelle 2 **Magnetisierungskurven wichtiger Magnetwerkstoffe für Spulenkerne**

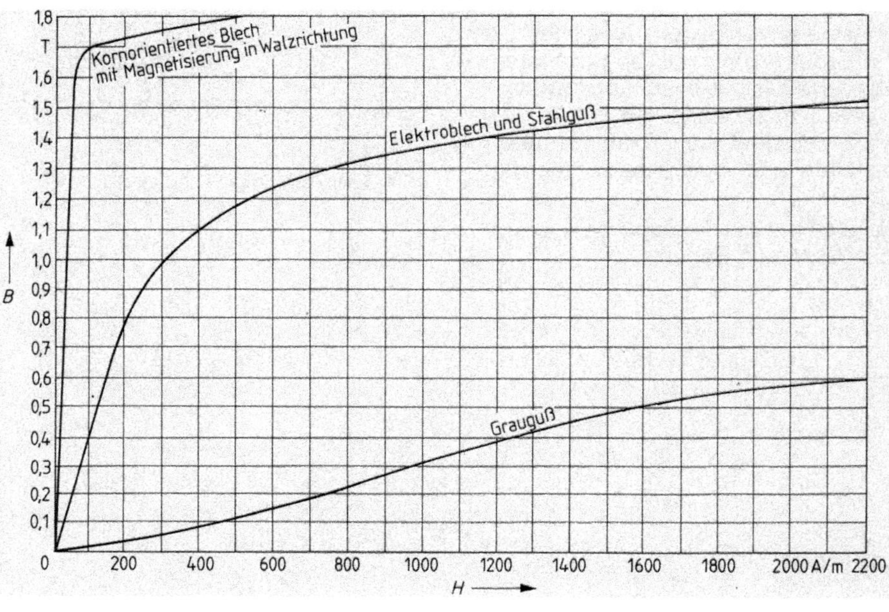

Tabelle 3a **Zuordnung von Überstrom-Schutzeinrichtungen**

Zuordnung von Leitungsschutzsicherungen gL nach DIN VDE 0636 und Leitungsschutzschaltern nach DIN VDE 0641, die der Bedingung $I_2 \leqq 1{,}45 \cdot I_n$ entsprechen. Gilt für Dauerbetrieb bei Umgebungstemperatur 25°C.

| Kabel- und Leitungsbauart mit PVC-Isolierung 1) | Bauart-Kurzzeichen 2) NYY, NYCWY, NYKY, NYM, NYBUY, NHYRUZY NYIF, NYIFY, HO7V-U, HO7V-R, HO7V-K, NYMT, NYMZ | | | | | | | | | |
|---|---|---|---|---|---|---|---|---|---|---|
| Verlegeart | Gruppe A | | Gruppe B1 | | Gruppe B2 | | Gruppe C | | Gruppe E | |
| Anzahl der belasteten Adern | 2 | 3 | 2 | 3 | 2 | 3 | 2 | 3 | 2 | 3 |
| Nennquerschnitt mm² Cu | Nennstrom der Schutzeinrichtung in A | | | | | | | | | |
| 1,5 | 16 | 10 | 16 | 16 | 16 | 10 | 16 | 16 | 20 | 20 |
| 2,5 | 20 | 16 | 25 | 20 | 20 | 20 | 25 | 25 | 25 | 25 |
| 4 | 25 | 25 | 25 | 25 | 25 | 25 | 35 | 35 | 35 | 35 |
| 6 | 35 | 25 | 40 | 35 | 35 | 35 | 40 | 40 | 50 | 40 |
| 10 | 40 | 40 | 50 | 50 | 50 | 50 | 63 | 63 | 63 | 63 |
| 16 | 63 | 50 | 80 | 63 | 63 | 63 | 80 | 80 | 80 | 80 |
| 25 | | 63 | | 80 | | 80 | | 100 | | 100 |
| 35 | | 80 | | 100 | | 100 | | 125 | | 125 |
| 50 | | 100 | | 125 | | 125 | | 160 | | 160 |
| 70 | | 125 | | 160 | | 160 | | 200 | | 200 |

**Anmerkung 1**: Es wird vorausgesetzt, daß in den jeweiligen Stromkreisen kleine Überlastungen ($I_b > I_z$) von langer Dauer nicht auftreten.

**Amerkung 2**: Die Zuordnungen nach Gruppe C können zur Vereinfachung auch bei Verlegung im Erdreich (soweit sie im Zusammenhang mit Elektro-Installationen von Wohngebäuden und Gebäuden mit vergleichbaren Anforderungen stehen) angewendet werden, wenn keine Ermittlung der zulässigen Belastbarkeitswerte für Kabel im Erdreich nach DIN VDE 0298 Teil 2/11.79 vorgenommen werden soll.

---

1) Für flexible Leitungen nach DIN VDE 0298 Teil 3/08.83 mit den Isolierstoffen PVC oder Gummi bei fester Verlegung/Anschluß kann die Tabelle auch angewendet werden.

2) Auflistung der Bauart-Kurzzeichen der Kabel und Leitungen mit Angaben über ihre Verwendung siehe DIN VDE 0298 Teil 1/11.82 und Teil 3/08.83.

Tabelle 3b **Mindestleiterquerschnitte für Leitungen nach DIN 57100 T 523/VDE 0100 T 523**

| Verlegungsart | Mindestquerschnitt in mm² bei Cu | bei Al |
|---|---|---|
| feste, geschützte Verlegung | 1,5 | 2,5 |
| Leitungen in Schaltanlagen und Verteilern<br>bei Stromstärken bis 2,5 A<br>– über 2,5 A bis 16 A<br>– über 16 A | <br>0,5<br>075<br>1,0 | <br><br>–<br> |
| offene Verlegung (auf Isolatoren)<br>– Abstand der Befestigungspunkte bis 20 m<br>– über 20 bis 45 m | <br>4<br>6 | <br>16<br>16 (mehrdrähtig) |
| bewegliche Leitungen für den Anschluß von<br>– leichten Handgeräten bis 1 A Stromaufnahme und einer größten Länge der Anschlußleitung von 2 m, wenn dies in den entsprechenden Gerätebestimmungen festgelegt ist<br>– Geräten bis 2,5 A Stromaufnahme und einer größten Länge der Anschlußleitung von 2 , wenn dies in den entsprechenden Gerätebestimmungen festgelegt ist<br>– Geräten bis 10 A Stromaufnahme, für Gerätesteck- und Kupplungsdosen bis 10 A Nennstrom<br>– Geräten über 10 A Stromaufnahme, Mehrfach-, Gerätesteckdosen und Kupplungsdosen mit mehr als 10 A bis 16 A Nennstrom | <br>0,1<br>0,5<br>0,75<br>1,0 | <br><br>–<br><br> |
| Fassungsadern | 0,75 | – |
| Lichtketten für Innenräume<br>– zwischen Lichtkette und Stecker<br>– zwischen den einzelnen Lampen | <br>0,75<br>0,5 | s. VDE 0710 T 3 |
| Starkstrom-Freileitungen | s. VDE 0211 | |

Tabelle 4 **Beleuchtungswirkungsgrad** $\eta$

| | Beleuchtungsart | | | | | | | | | |
|---|---|---|---|---|---|---|---|---|---|---|
| | direkt[1] | | vorwiegend direkt | | gleichförmig | | vorwiegend indirekt | | indirekt | |
| Lichtverteilung |  | |  | |  | |  | |  | |
| Raumflächen | hell | dunkel | hell | dunkel | hell | dunkel | hell | dunkel | hell | dunkel |
| große, niedrigere Räume | 0,5 | 0,45 | 0,45 | 0,30 | 0,38 | 0,25 | 0,33 | 0,20 | 0,30 | 0,15 |
| kleine, hohe Räume | 0,45 | 0,40 | 0,35 | 0,25 | 0,30 | 0,20 | 0,25 | 0,15 | 0,20 | 0,10 |

1) Für frei strahlende Leuchtstofflampen $\eta$-Werte mit 1,25 multiplizieren

■ lichtundurchlässig □ Milchglas

Tabelle 5 **Lichtstrom von Glühlampen und Entladungslampen**

**Glühlampen** (Standardlampen), innenmattiert oder Klarglas

| | | | | | | | |
|---|---|---|---|---|---|---|---|
| elektrische Leistung in W | 40 | 60 | 75 | 100 | 150 | 200 | 300 |
| Lichtstrom in Lumen (lm) | 430 | 730 | 960 | 1380 | 2100 | 3150 | 5000 |

**Kryptonlampen**

| | | | | | |
|---|---|---|---|---|---|
| elektrische Leistung in W | 25 | 40 | 60 | 75 | 100 |
| Lichtstrom in Lumen (lm) | 235 | 475 | 800 | 1030 | 1500 |

**Leuchtstofflampen** (Rohrdurchmesser 26 mm)

| elektrische Leistung[1] in W | Lichtstrom in Lumen für die Lichtfarben neutral weiß | warmton weiß | tageslicht weiß |
|---|---|---|---|
| 18 (23) | 1450 | 1450 | 1300 |
| 36 (46) | 3450 | 3450 | 3250 |
| 58 (70) | 5400 | 5400 | 5200 |

**Leuchtstofflampen** (Rohrdurchmesser 38 mm)

| | | | |
|---|---|---|---|
| 20 (25) | 1150 | 1150 | 1050 |
| 40 (50) | 3000 | 3000 | 2500 |
| 65 (78) | 4800 | 4800 | 4000 |

**Quecksilberdampf-Hochdrucklampen**

| | | | | |
|---|---|---|---|---|
| elektrische Leistung in W | 50 (59) | 80 (89) | 125 (137) | 250 (266)[1] |
| Lichtstrom in Lumen (lm) | 1800 | 3700 | 6300 | 13000 |

**Mischlichtlampen** (kein Vorschaltgerät erforderlich)

| | | | | |
|---|---|---|---|---|
| elektrische Leistung in W | 160 | 250 | 500 | 1000 |
| Lichtstrom in Lumen (lm) | 3100 | 5600 | 14000 | 32500 |

**Natrium-Dampflampen**

| | | | | | |
|---|---|---|---|---|---|
| elektrische Leistung in W | 18 (25) | 35 (56) | 55 (76) | 90 (113) | 135 (175)[1] |
| Lichtstrom in Lumen (lm) | 1800 | 4800 | 8000 | 13500 | 22500 |

1) Klammerwerte: Leistungsaufnahme einschließlich Vorschaltgerät

Tabelle 6 **Grundwertreihen für Thermoelemente nach DIN 43710**

| Kurzzeichen des Thermopaares | Cu-CuNi | | | Fe-CuNi | | | NiCr-Ni | | | PtRh-Pt | | |
|---|---|---|---|---|---|---|---|---|---|---|---|---|
| Plusschenkel | Kupfer | | | Eisen | | | Nickelchrom | | | Platinrhodium | | |
| Minusschenkel | Kupfernickel | | | | | | Nickel | | | Platin | | |
| Meßtemperatur in °C | Grundwerte | Zul. Abweichungen | | Grundwerte | Zul. Abweichungen | | Grundwerte | Zul. Abweichungen | | Grund werte | Zul. Abweichungen | |
| | in mV | in°C | in % | in mV | in°C | in % | in mV | in°C | in % | in mV | in°C | in % |
| –200 | –5,7 | 1) | 1) | –8,15 | 1) | 1) | | | | | | |
| –100 | –3,4 | 1) | 1) | –4,75 | 1) | 1) | | | | | | |
| 0 | 0 | – | – | 0 | – | – | 0 | – | – | 0 | – | – |
| 100 | 4,25 | | | 5,37 | | | 4,1 | | | 0,643 | | |
| 200 | 9,20 | 3 | – | 10,95 | 3 | – | 8,13 | 3 | – | 1,436 | | |
| 300 | 14,90 | | | 16,56 | | | 12,21 | | | 1,316 | 3 | – |
| 400 | 21,00 | | | 22,16 | | | 16,4 | | | 3,251 | | |
| 500 | 27,41 | – | 0,75 | 27,85 | | | 20,65 | | | 4,221 | | |
| 600 | 34,31 | | | 133,67 | – | 0,75 | 24,19 | | | 5,224 | | |
| 700 | | | | 39,72 | | | 29,14 | | | 6,260 | | |
| 800 | | | | 46,22 | – | 0,75 | 33,30 | | | 7,329 | | |
| 900 | | | | 53,14 | | | 37,36 | | | 8,432 | | |
| 1000 | | | | | | | 41,31 | | | 9,570 | – | 0,5 |
| 1100 | | | | | | | 45,16 | | | 10,741 | | |
| 1200 | | | | | | | 48,89 | – | 0,75 | 11,935 | | |
| 1300 | | | | | | | 52,46 | | | 13,138 | | |
| 1400 | | | | | | | | | | 14,337 | | |
| 1500 | | | | | | | | | | 15,530 | – | 0,5 |
| 1600 | | | | | | | | | | 16,716 | | |

1) zulässige Abweichungen nicht festgelegt

Tabelle 7 **Schaltungen von Transformatoren**

| Bezeichnung: Kennzahl | Bezeichnung: Schaltgruppe | Zeigerbild ↔ Schaltung (Oberspannungswicklung / Unterspannungswicklung; Oberspannungswicklung / Unterspannungswicklung) | Übersetzungsverhältnis $\frac{U_1}{U_2}=$ |
|---|---|---|---|
| | *Dd* 0 | 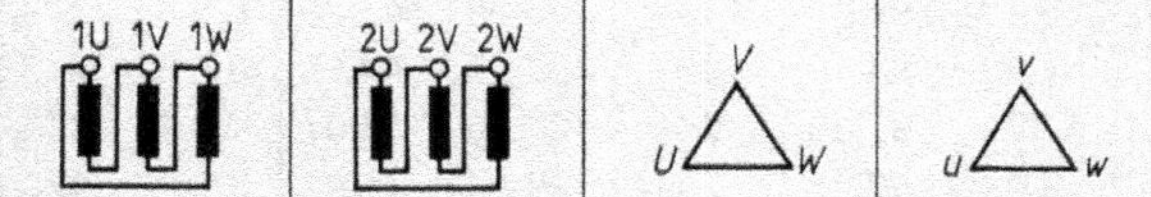 | $\frac{N_1}{N_2}$ |
| 0 | *Yy* 0 | 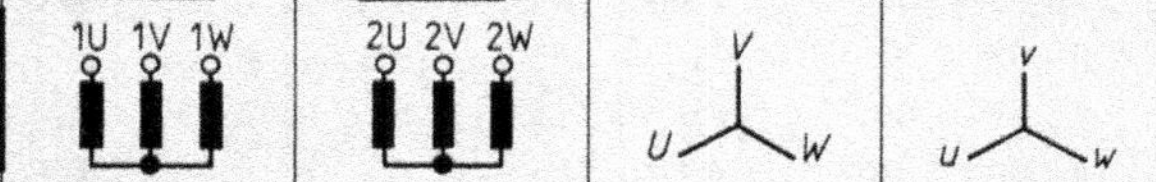 | $\frac{N_1}{N_2}$ |
| | *Dz* 0 | 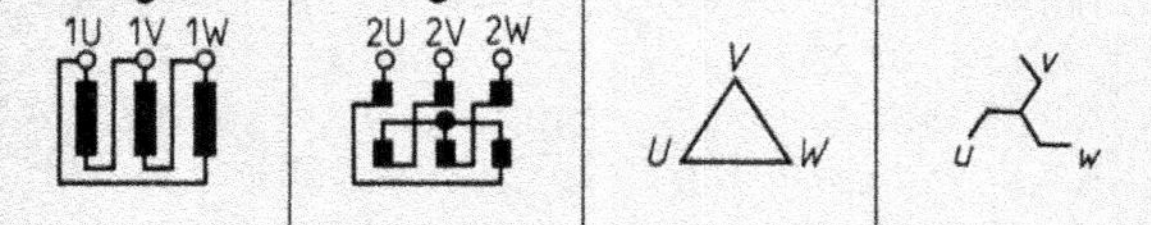 | $\frac{2N_1}{3N_2}$ |
| | *Dy* 5 | 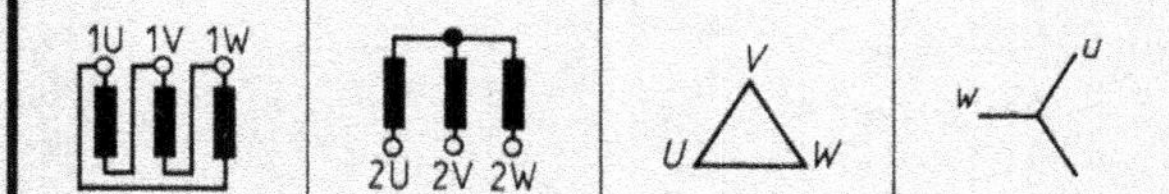 | $\frac{N_1}{\sqrt{3}\cdot N_2}$ |
| 5 | *Yd* 5 | 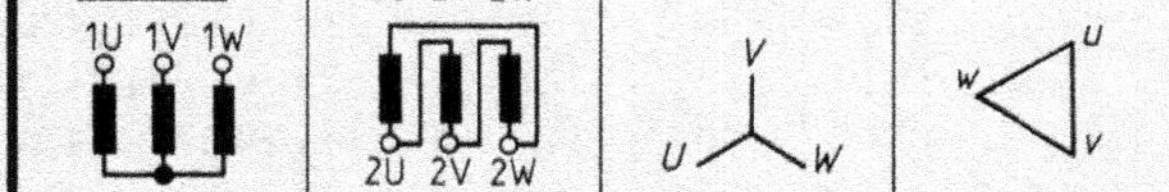 | $\frac{\sqrt{3}\cdot N_1}{N_2}$ |
| | *Yz* 5 | 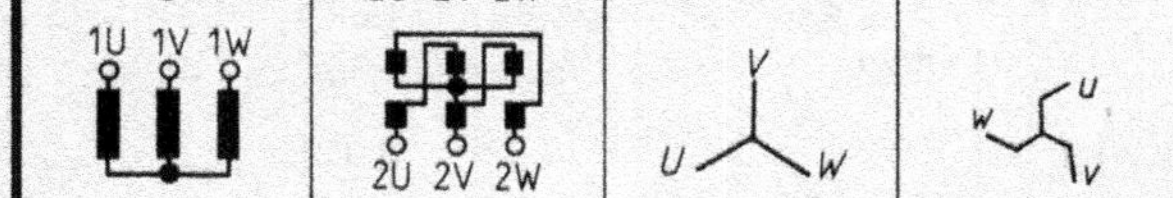 | $\frac{2N_1}{\sqrt{3}\cdot N_2}$ |
| | *Dd* 6 | 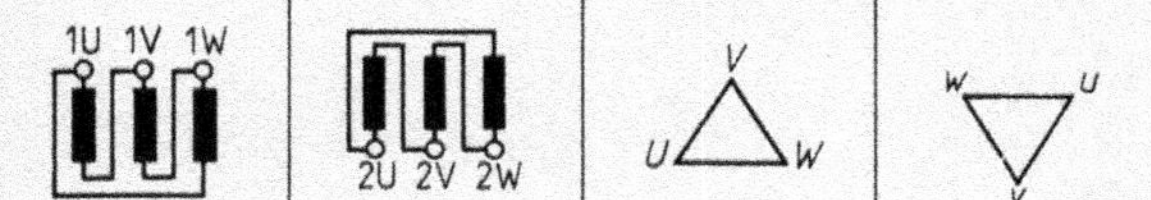 | $\frac{N_1}{N_2}$ |
| 6 | *Yy* 6 | 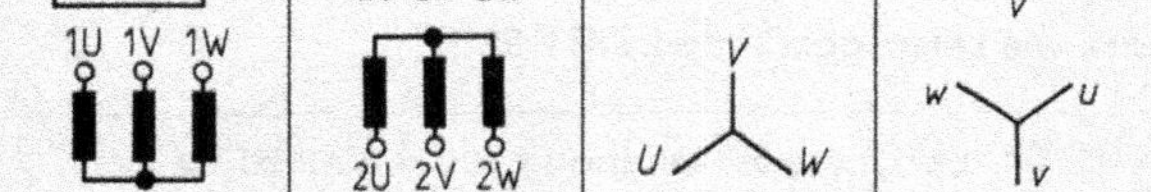 | $\frac{N_1}{N_2}$ |
| | *Dz* 6 | 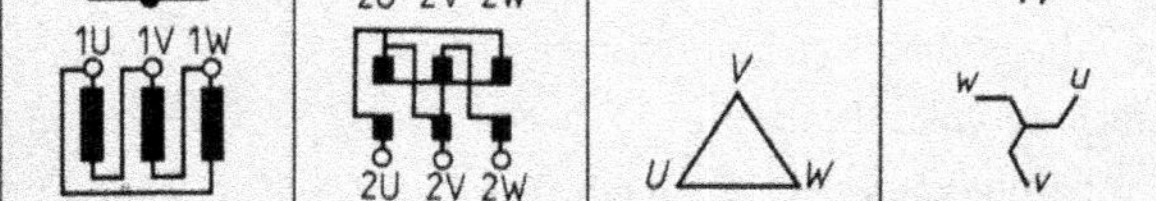 | $\frac{2N_1}{3N_2}$ |
| | *Dy* 11 | 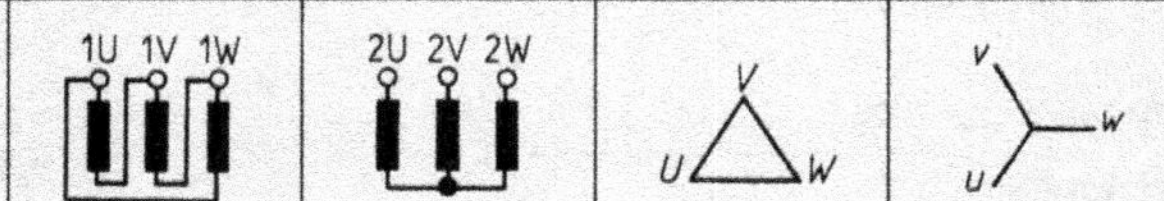 | $\frac{N_1}{\sqrt{3}\cdot N_2}$ |
| 11 | *Yd* 11 | 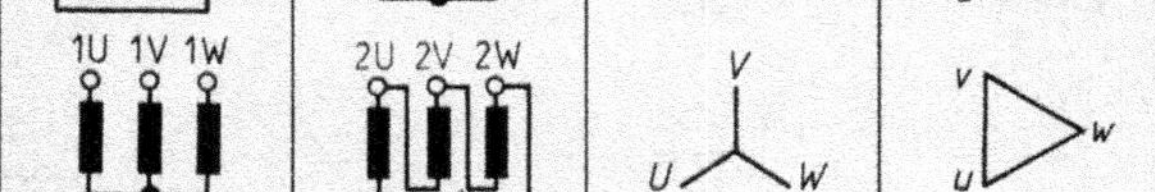 | $\frac{\sqrt{3}\cdot N_1}{N_2}$ |
| | *Yz* 11 | 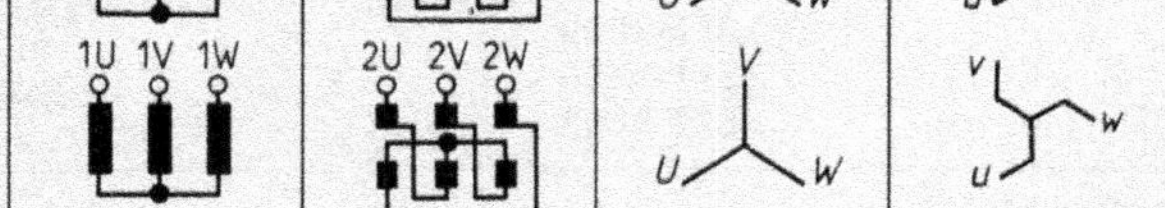 | $\frac{2N_2}{\sqrt{3}\cdot N_2}$ |

Tabelle 8 **Grundwertreihe von Platin-Widerstandsthermometern 100 Ohm bei 0 °C nach DIN 43760**

| Temp. in °C | –200 | –100 | 0 | Temp. °C | 0 | 100 | 200 | 300 | 400 | 500 |
|---|---|---|---|---|---|---|---|---|---|---|
| 0 | 18,53 | 60,20 | 100 | 0 | 100 | 138,50 | 175,86 | 212,08 | 247,07 | 280,94 |
| –5 | 16,43 | 58,17 | 98,04 | 5 | 101,95 | 140,40 | 177,70 | 213,85 | 248,79 | 282,59 |
| –10 | 14,36 | 56,13 | 96,07 | 10 | 103,90 | 142,29 | 179,54 | 215,51 | 250,51 | 284,23 |
| –15 | 12,35 | 54,09 | 94,10 | 15 | 105,85 | 144,18 | 181,37 | 217,39 | 252,23 | 285,87 |
| –20 | 10,41 | 52,04 | 92,13 | 20 | 107,80 | 146,07 | 183,20 | 219,16 | 253,95 | 287,51 |
| –25 | – | 49,99 | 90,15 | 25 | 109,74 | 147,95 | 185,03 | 220,92 | 255,66 | 289,15 |
| –30 | – | 47,93 | 88,17 | 30 | 111,68 | 149,83 | 186,85 | 222,68 | 257,37 | 290,79 |
| –35 | – | 45,87 | 86,19 | 35 | 113,61 | 151,71 | 188,67 | 224,44 | 259,08 | 292,43 |
| –40 | – | 43,80 | 84,21 | 40 | 115,54 | 153,59 | 190,49 | 226,20 | 260,79 | 294,06 |
| –45 | – | 41,73 | 82,23 | 45 | 117,47 | 155,46 | 192,31 | 227,95 | 262,49 | 295,68 |
| –50 | – | 39,65 | 80,25 | 50 | 119,40 | 157,33 | 194,13 | 229,70 | 264,19 | 297,30 |
| –55 | – | 37,57 | 78,27 | 55 | 121,32 | 159,20 | 195,94 | 231,45 | 265,88 | – |
| –60 | – | 35,48 | 76,28 | 60 | 123,24 | 161,06 | 197,75 | 233,19 | 267,57 | – |
| –65 | – | 33,38 | 74,29 | 65 | 125,16 | 162,92 | 199,55 | 234,93 | 269,26 | – |
| –70 | – | 31,28 | 72,29 | 70 | 127,08 | 164,78 | 201,35 | 236,67 | 270,95 | – |
| –75 | – | 29,17 | 70,29 | 75 | 129,00 | 166,63 | 203,15 | 238,41 | 272,63 | – |
| –80 | – | 27,05 | 68,28 | 80 | 130,91 | 168,48 | 204,94 | 240,15 | 274,31 | – |
| –85 | – | 24,92 | 66,27 | 85 | 132,81 | 170,33 | 206,73 | 241,88 | 275,98 | – |
| –90 | – | 22,78 | 64,25 | 90 | 134,70 | 172,18 | 208,72 | 243,61 | 277,64 | – |
| –95 | – | 20,65 | 62,23 | 95 | 136,60 | 174,02 | 210,31 | 245,34 | 279,29 | – |
| –100 | – | 18,53 | 60,20 | 100 | 138,50 | 175,86 | 212,08 | 247,07 | 280,94 | – |
| Ω/°C | – | 0,42 | 0,40 | Ω/°C | 0,38 | 0,37 | 0,36 | 0,35 | 0,34 | 0,33 |

Tabelle 9 **Hochsperrende Leistungsdioden SSi F 38**

**Dauergrenzstrom 65 A, Spitzensperrspannung 400 V bis 1500 V**

**Applikation** vorwiegend für netzgleichrichter aller Art

**Tablette** Silicium, volldiffundiert

**Gehäuse** Schraubgehäuse 103 C2 nach DIN 41 886 (IEC A 73 MA) mit Druckglasdurchführung, Gewinde M 8, Kupferboden vernickelt.

**Kühlkörper** Luftkühlkörper FK 06, GK 11

| **Periodische Spitzensperrspannung $V_{RRM}$** $T_j$ = –40 bis + 180 °C | **Typ** |
|---|---|
| 400 V | **SSi F 3825** |
| 700 V | **SSi F 3840** |
| 1100 V | **SSi F 3860** |
| 1500 V | **SSi F 3883** |

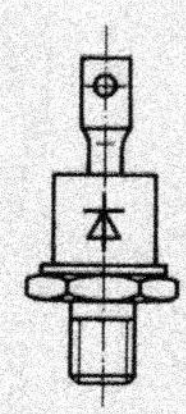

Fortsetzung s. nächste Seite

Tabelle 9, Fortsetzung

**Grenzgleichströme $I_{FAV}$ ($I_{dAV}$), bei Netzbetrieb 40 bis 60 HZ**

| Kühlkörper Typ | Kühlart | Kühl mitteltemperatur $T_A$ | 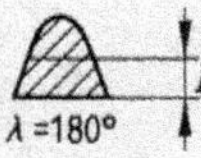 $I_{FAV}$ $\lambda = 180°$ | 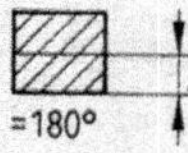 $I_{FAV}$ $= 180°$ | 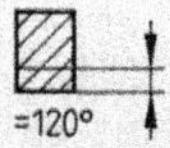 $I_{FAV}$ $= 120°$ | 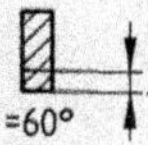 $I_{FAV}$ $= 60°$ |
|---|---|---|---|---|---|---|
| – | – | – | 65 A*) | 72 A*) | 59 A*) | 42 A*) |
| FK 06 | S | 45 °C | 34 A | 35 A | 31 A | 24 A |
| GK 11 | S | 45 °C | 49 A | 51 A | 44 A | 33 A |

*) Max. Grenzgleichstrom bezogen auf $I_{FRMS}$

**Elektrische Werte**

| **Höchstzulässige Werte** | | | **Meß- und Nebenbedingungen** |
|---|---|---|---|
| Periodische Spitzensperrspannung | $U_{RRM}$ | 400 bis 1500 V | $T_j$ = – 40 bis + 180 °C<br>= 180 °C, $t_p$ = 19 µs |
| Dauergrenzstrom | $I_{FAV(t)}$ | 65 A | $T_C$ = 119 °C, $f$ = 40 bis 60 Hz |
| Dauergleichstrom | $I_{Fdc}$ | 89 A | = 119 °C |
| Grenzeffektivstrom | $I_{FRMS}$ | 102 A | |
| Stoßstromgrenzwert | $I_{FSM}$ | 1000 A<br>800 A | $T_j$ = 25 °C<br>= 180 °C } Sinushalbwelle, 50 Hz, $v_R = 0$ |
| Grenzlastintegral | $\int i^2 dt$ | 2850 A²s<br>1850 A²s | $T_j$ = 25 °C<br>= 180 °C } $t$ = 2 bis 5 ms, $v_R = 0$ |
| | | 5000 A²s<br>3200 A²s | $T_j$ = 25 °C<br>= 180 °C } $t$ = 10 ms, $v_R = 0$ |
| **Charakteristische Werte** | | | |
| Sperrstrom | $I_R$ | 10 mA | $T_j$ = 180 °C, bei $U_{RRM}$ |
| Durchlaßspannung | $U_F$ | 1,32 V | $T_j$ = 25 °C, $I_F$ = 100 A |
| Schleusenspannung | $U_{(TO)}$ | 0,725 V | $T_j$ = 180 °C } Ersatzgerade für Verlustrechnung |
| Differentieller Wiederstand | $r_T$ | 4,65 mΩ | |
| **Thermische Werte** | | | **Meß- und Nebenbedingungen** |
| Höchste, dauernd zulässige Sperrschichttemperatur | $T_{j(L)}$ | 180 °C | |
| Betriebstemperaturbereich | $T_j$ | –40 °C bis + 180 °C | |
| Lagertemperaturbereich | $T_{stg}$ | –65 °C bis + 180 °C | |
| Wärmewiderstand | $R_{thJC}$ | 0,65 K/W<br>0,60 K/W | Grenzwert<br>Rechenwert |
| **Einsatzempfehlungen** | | | |
| Anschlußspannung | $U_{RMS}$ | 125 V<br>250 V<br>380 V<br>500 V | SSi F...25<br>SSi F...40<br>SSi F...60<br>SSi F...83, SSi |
| TSE-Beschaltung | | | für Netzbetrieb 40 Hz bis 60 Hz<br>$v_K$ = 2 bis 8 % |
| Kondensator | $C$ | 0,22 µF | $U_{RMS} \geqq 125$ V |

**Kennlinien** bei $f$ = 40 Hz bis 60 Hz, wenn nicht anders angegeben

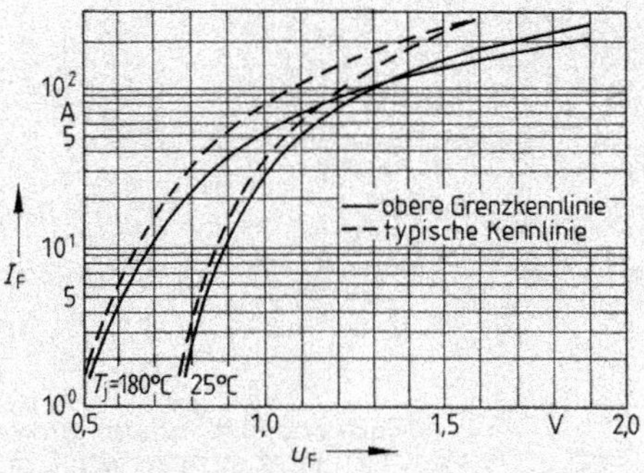


**Durchlaßkennlinien** $i_F = f(U_F)$
Parameter: Sperrschichttemperatur $T_j$

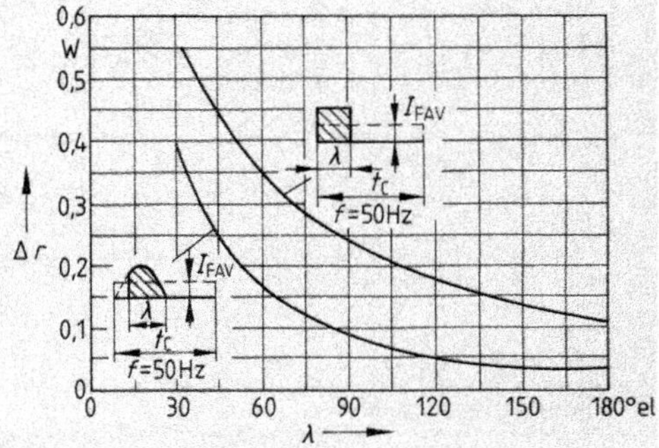


**Wärmewiderstand** $\Delta r = f(\lambda)$
Parameter: Stromform

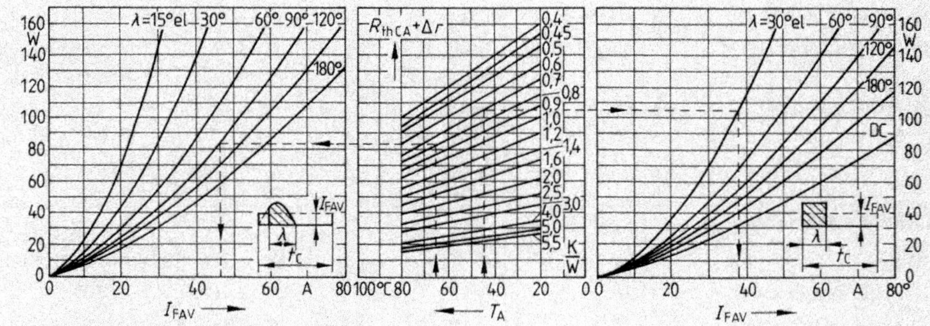


**Durchlaßverlustkennlinien** $P_F = f(I_{FAV})$
Nomogramm zur Ermittlung von Grenzgleichströmen für unterschiedliche Kühlbedingungen

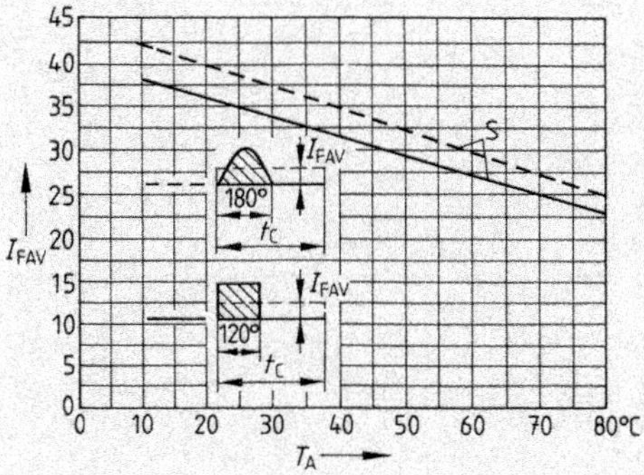


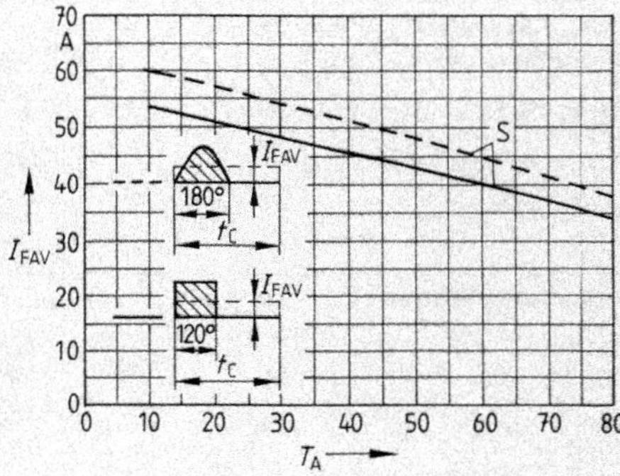


**Grenzgleichströme** $I_{FAV} = f(T_A)$ **mit Kühlkörper FK 06**
Kühlart (S) Parameter: Stromform

**Grenzgleichströme** $I_{FAV} = f(T_A)$ **mit Kühlkörper FK 06**
Kühlart (S) Parameter: Stromform

Tabelle 10 **Diffundierter NPN-Leistungstransistor 2 N 3055**
mit sehr guten second-breakdown-Eigenschaften, für NF-Endstufen hoher Leistung, Stabilisierungsschaltungen und Anwendungen als Leistungsschalter

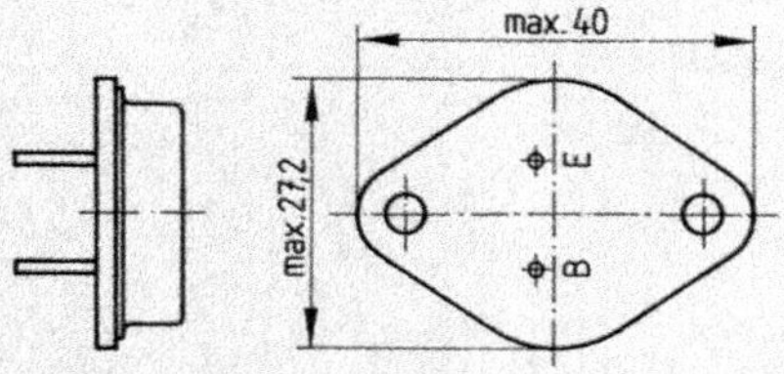


Metallgehäuse JEDEC TO-3
3 A 2 nach DIN 41 872
Gewicht ca. 20 g
Kollektor mit Gehäuse verbunden

**Grenzwerte**

| | | | |
|---|---|---|---|
| Kollektor-Basis-Spannung | $U_{CB0}$ | 100 | V |
| Kollektor-Emitter-Spannung | | | |
| bei $U_{BE} = -1{,}5$ V | $U_{CEV}$ | 90 | V |
| bei $R_{BE} = 100\ \Omega$ | $U_{CER}$ | 70 | V |
| bei $I_B = 0$ | $U_{CEO}$ | 60 | V |
| Emitter-Basis-Spannung | $U_{EBO}$ | 7 | V |
| Kollektorstrom | $I_C$ | 15 | A |
| Basisstrom | $I_B$ | 7 | A |
| Verlustleistung bei $T_G = 25$ °C | $P_{tot}$ | 115 | W |
| Sperrschichttemperatur | $T_i$ | 200 | °C |
| Lagerungstemperaturbereich | $T_S$ | –65 bis + 200 | °C |
| Löttemperatur an den Sockelstiften, ca. 1 mm vom Gehäuseboden entfernt, max 10 s | $T_L$ | 235 | °C |

**Kennwerte** bei $T_G = 25$ °C (Gehäusetemperatur)

| | | | |
|---|---|---|---|
| Kollektor-Basis-Stromverhältnis | | | |
| bei $U_{CE} = 4$ V, $I_C = 4$ A | $B$ | 20 bis 70 | |
| bei $U_{CE} = 4$ V, $I_C = 10$ A | $B$ | > 5 | |
| Kollektor-Sättigungsspannung | | | |
| bei $I_C = 4$ A, $I_B = 0{,}4$ A | $U_{CEsat}$ | < 1,1 | V |
| bei $I_C = 10$ A, $I_B = 3{,}3$ A | $U_{CEsat}$ | < 8 | V |
| Basis-Emitter-Spannung bei $U_{CE} = 4$ V, $I_C = 4$ A | $U_{BE}$ | < 1,8 | V |
| Kollektorreststrom | | | |
| bei $U_{CE} = 100$ V, $U_{BE} = -1{,}5$ V | $I_{CEV}$ | < 5 | mA |
| bei $U_{CE} = 100$ V, $U_{BE} = -1{,}5$ V, | $I_{CEV}$ | < 30 | mA |
| $T_G = 150$ °C bei $U_{CE} = 30$ V, $I_B = 0$ | $I_{CEO}$ | < 0,7 | mA |
| Emitterreststrom bei $U_{EB} = 7$ V | $I_{EBO}$ | < 5 | mA |
| Kollektor-Emitter-Durchbruchspannung | | | |
| bei $I_C = 200$ mA, $I_B = 0$ | $U_{(BR)CEO}$ | > 60 | V |
| bei $I_C = 100$ mA, $-U_{BE} = 1{,}5$ V | $U_{(BR)CEV}$ | > 90 | V |
| bei $I_V = 200$ mA, $R_{BE} = 100\ \Omega$ | $U_{(BR)CER}$ | > 70 | V |
| Kleinsignal-Stromverstärkung bei $U_{CE} = 4$ V, $I_C = 1$ A, $f = 1$ kHz | $h_{21e}$ | 15 bis 120 | |
| Transitfrequenz bei $U_{CE} = 4$ V, $I_C = 1$ A | $f_r$ | 1,5 (> 0,8) | MHz |
| Wärmewiderstand, Sperrschicht – Gehäuse | $R_{thG}$ | < 1,5 | K/W |

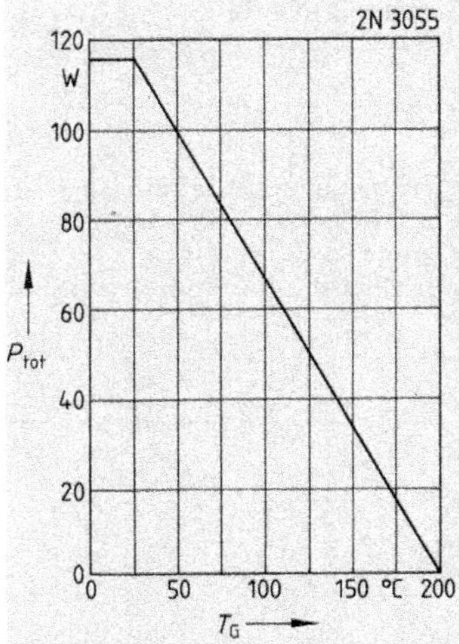


Zulässige Gesamtverlustleistung in Abhängigkeit von der Gehäusetemperatur

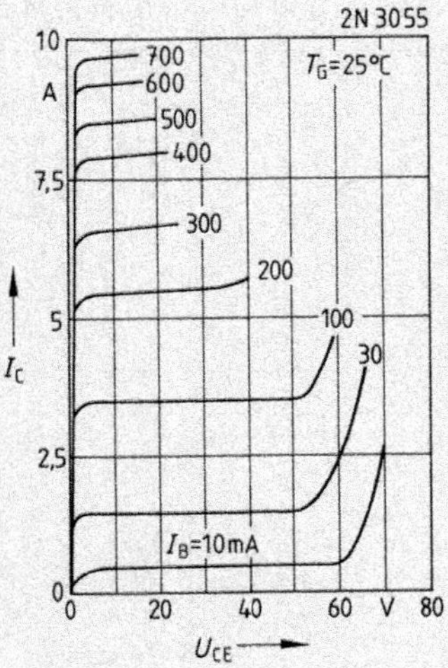


**Ausgangskennlinien**
Emitterschaltung

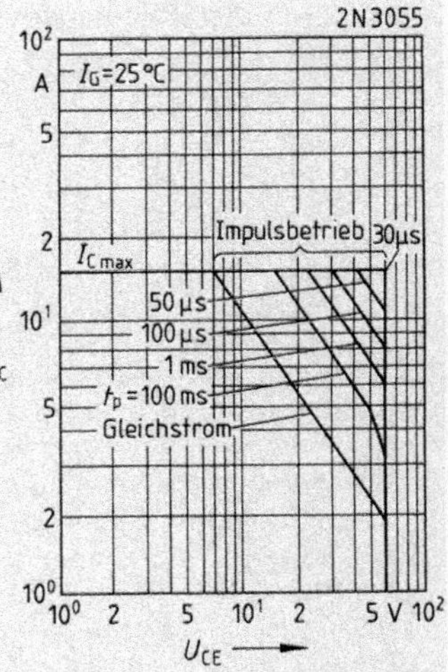


Zulässiger Kollektorstrom für Gleichstrom und Einzelimpulse in Abhängigkeit von der Kollektor-Emitter-Spannung

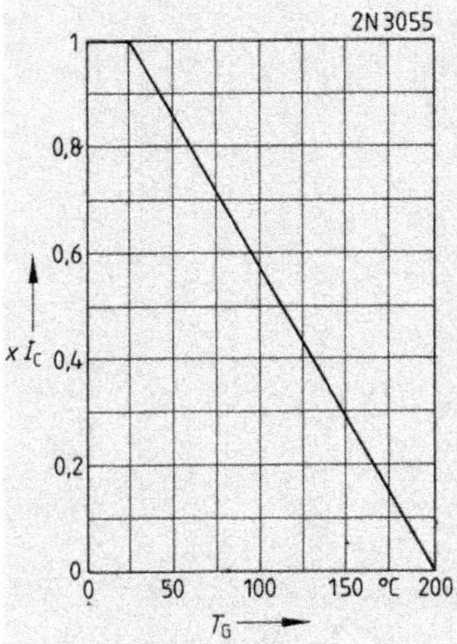


Reduktionsfaktor der zulässigemn Kollektorströme, die in nebenstehendem Bild durch die schrägen Linien begrenzt werden, in Abhängigkeit von der Gehäusetemperatur

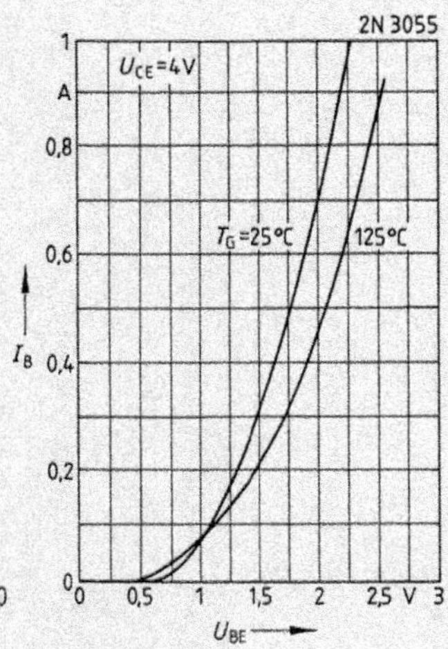


**Eingangskennlinien**
Emitterschaltung

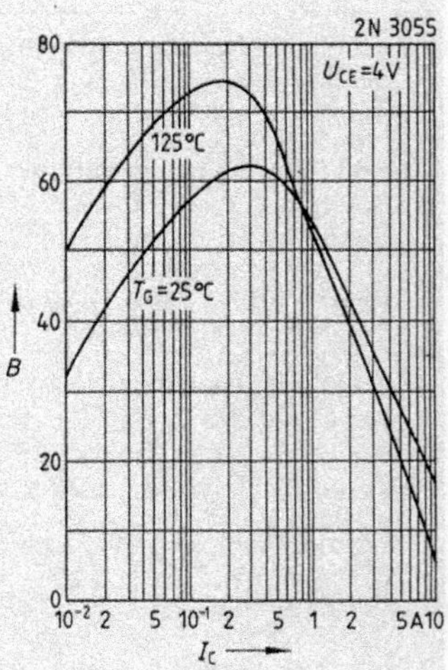


Kollektor-Basis-Stromverhältnis in Abhängigkeit vom Kollektorstrom

Tabelle 11 **Thyristor T 10 N**

| Typ<br>Type | $V_{DRM}$,<br>$V_{RRM}$<br><br>in V | $I_{TRMSM}$<br><br>in A | $I_{TSM}$<br>$t_p$ = 10 ms<br>$t_{vj} = t_{vj\,max}$<br>in A | $I_{TAVM}/t_C$<br><br>in A/°C | $I_{TAVM}$<br>Luftselbstkühlung<br>natural cooling<br>$t_A$ = 45°<br>180°el<br>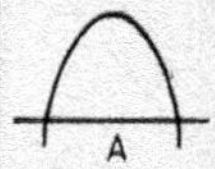<br>in A | <br><br><br><br>120°el<br>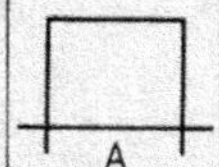<br>in A | <br>auf Kühlkörper<br>on heatsink |
|---|---|---|---|---|---|---|---|
| T 10 N | 100 bis 900 | 25 | 135 | 16/45 | 8,5 | 7,6 | KL 21 B |

**Typenreihe/Type range** T 10 N 100* 200 300 400 500 600 700 800 900*

**Elektrische Eigenschaften**

| **Höchstzulässige Werte** | | | | |
|---|---|---|---|---|
| $V_{DRM}$, $V_{RRM}$ | Periodische Vorwärts- und Rückwärts-Spitzensperrspannung | | 100 bis 900 | V |
| $I_{TRMSM}$ | Effektiver Durchlaßstrom | | 25 | A |
| $I_{TAVM}$ | Dauergrenzstrom | $t_c$ = 85°C | 10 | A |
| | | $t_c$ = 46°C | 16 | A |
| $I_{TRM}$ | Periodischer Spitzenstrom | | 150 | A |
| $I_{TSM}$ | Stoßstrom-Grenzwert | $t_p$ = 10 ms, $t_{vj}$ = 45°C | 160 | A |
| | | $t_p$ = 10 ms, $t_{vj} = t_{vj\,max}$ | 135 | A |
| $\int i^2 dt$ | Grenzlastintegral | $t_p$ = 10 ms, $t_{vj}$ = 45°C | 130 | $A^2s$ |
| | | $t_p$ = 10 ms, $t_{vj} = t_{vj\,max}$ | 90 | $A^2s$ |
| $(di/dt)_{cr}$ | Kritische Stromsteilheit | nicht periodisch | 500 | A/µs |
| | | Dauerbetrieb, $i_{TM}$ = 100 A, $v_L$ = 8 V, $i_G$ = 0,12 A, $di_G/dt \geq$ 0,12 A/µs | 100 | A/µs |
| $(dv/dt)_{cr}$ | Kritische Spannungssteilheit | $v_D$ = 67 % $V_{DRM}$, $t_{vj} = t_{vj\,max}$ | | |
| | | 5. Kennbuchstabe B | 50 | V/µs |
| | | 5. Kennbuchstabe C | 400 | V/µs |
| | | 5. Kennbuchstabe F | 1000 | V/µs |
| **Charakteristische Werte** | | | | |
| $v_T$ | Obere Durchlaßspannung | $t_{vj}$ = 25°C, $i_T$ = 40 A | 2,2 | V |
| $V_{(TO)}$ | Schleusenspannung | $t_{vj} = t_{vj}$ max | 1,1 | V |
| $r_T$ | Ersatzwiderstand | $t_{vj} = t_{vj}$ max | 24 | mΩ |
| $V_{GT}$ | Obere Zündspannung | $t_{vj}$ = 25°C, $v_D$ = 6 V, $R_A$ = 10 Ω | 2 | V |
| $I_{GT}$ | Oberer Zündstrom | $t_{vj}$ = 25°C, $v_D$ = 6 V, $R_A$ = 10 Ω | 30 | mA |
| | Unterer Zündstrom | $t_{vj} = t_{vj\,max}$, $v_D$ = 6 V, $R_A$ = 10 Ω | 0,5 | mA |
| $I_H$ | Oberer Haltestrom | $t_{vj}$ = 25°C, $v_D$ = 6 V, $R_A$ = 10 Ω | 80 | mA |
| $I_L$ | Oberer Einraststrom | $t_{vj}$ = 25°C, $v_D$ = 6 V, $R_{GK} \geq$ 20 Ω<br>$v_L$ = 8 V, $i_G$ = 0,12 A, $t_a$ = 0,1 µs, $t_g$ = 10 µs | 200 | mA |
| $i_D$, $i_R$ | Oberer Vorwärts- und Rückwärts-Sperrstrom | $t_{vj} = t_{vj\,max}$, $v_D$ ) $V_{DRM}$ ($v_R = V_{RRM}$) | 3 | mA |
| $t_{gd}$ | Oberer Zündverzug | $v_L$ = 8 V, $i_G$ = 0,12 A, $t_a$ = 0,1 µs | 2 | µs |
| $t_q$ | Typische Freiwerdezeit | Prüfbedingungen/test conditions 3.4.3.4 | 50 | µs |
| $C_{null}$ | Typische Nullkapazität | $t_{vj}$ = 25°C, $f$ = 10kHz | 150 | pF |
| **Thermische Eigenschaften** | | | | |
| $R_{thJC}$ | Innerer Wärmewiderstand | Θ = 180°el, sinus | ≦ 2,4°C/W | |
| | | DC | ≦ 2,1°C/W | |
| $t_{vj\,max}$ | Höchstzul. Sprerrschichttemperatur | | 125°C | |
| $t_{vj\,op}$ | Betriebstemperatur | | –40°C bis +125°C | |
| $t_{stg}$ | Lagertemperatur | | –40°C bis +130°C | |

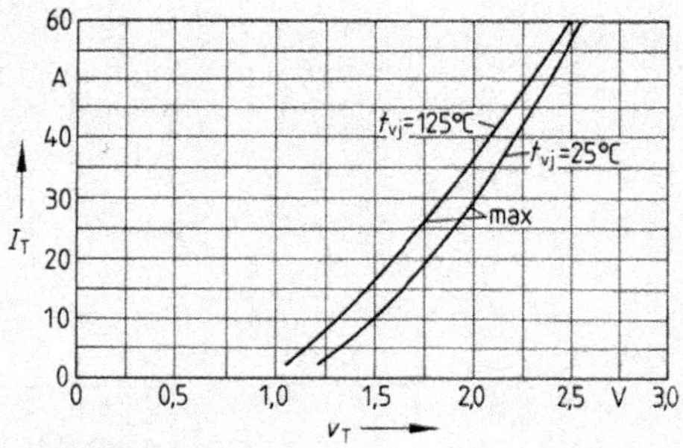


**Durchlaßkennlinien**

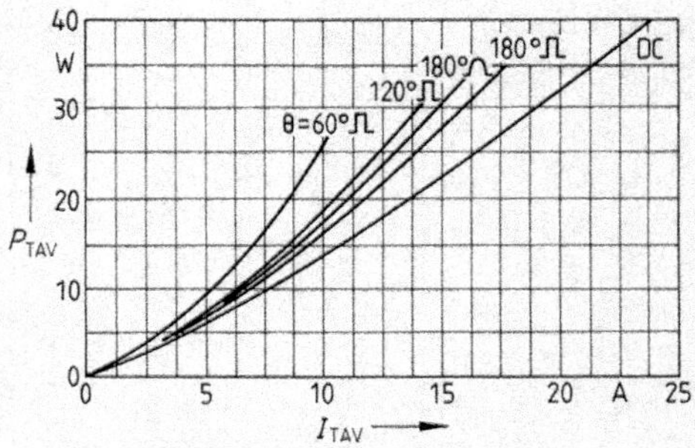


**Durchlaßverlustleistung $P_{TAV}$**

**Zündbereich und Spitzensteuerleistung bei $v_D \geq 6$ V.**

| Parameter | | a | b | c | d |
|---|---|---|---|---|---|
| Steuerimpulsdauer $t_g$ | [ms] | 10 | 1 | 0,5 | 0,1 |
| Höchstzulässige Spitzensteuerleistung | [W] | 3 | 6 | 8 | 20 |

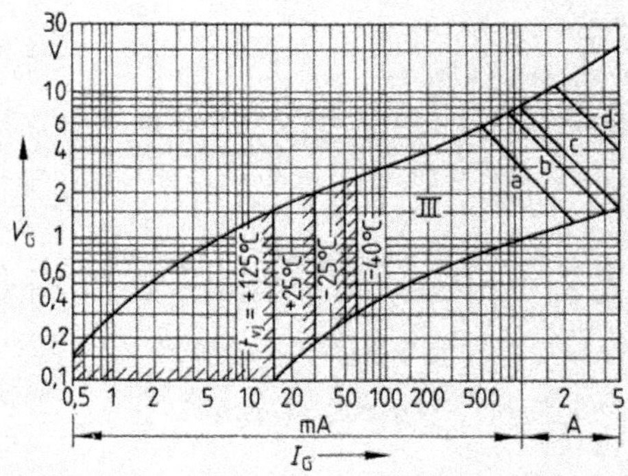

# Sachwortverzeichnis

GPSR Compliance

*The European Union's (EU) General Product Safety Regulation (GPSR) is a set of rules that requires consumer products to be safe and our obligations to ensure this.*

*If you have any concerns about our products, you can contact us on ProductSafety@springernature.com*

In case Publisher is established outside the EU, the EU authorized representative is:

Springer Nature Customer Service Center GmbH
Europaplatz 3
69115 Heidelberg, Germany

**Batch number: 08567179**

Printed by Printforce, the Netherlands